Fundamentos de engenharia

Dados Internacionais de Catalogação na Publicação (CIP)

M687f Moaveni, Saeed.
    Fundamentos de engenharia : uma introdução / Saeed
Moaveni ; revisão técnica Luiz Felipe Mendes de Moura. -
1. ed. - São Paulo, SP : Cengage Learning, 2016.
824 p.: il.; 28 cm.

    Inclui índice e apêndice.
    Tradução de: Engineering fundamentals: an introduction
to engineering (5. ed.).
ISBN 978-85-221-2555-5

    1. Engenharia. I. Moura, Luiz Felipe Mendes de.
II. Título.

                                            CDU 62
                                            CDD 620

Índice para catálogo sistemático:
                  1. Engenharia   62

(Bibliotecária responsável: Sabrina Leal Araujo - CRB 10/1507)

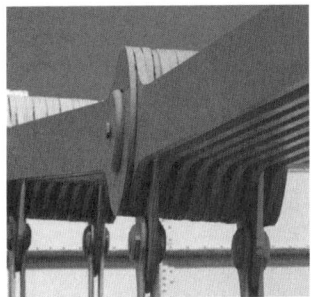

Fundamentos
de engenharia
Uma introdução

Tradução da 5ª edição norte-americana

Saeed Moaveni
Minnesota State University, Mankato

Revisão técnica
Luiz Felipe Mendes de Moura
Professor Titular da Faculdade de Engenharia
Mecânica da Universidade Estadual de
Campinas (Unicamp)

CENGAGE
Learning®

Austrália • Brasil • Japão • Coreia • México • Cingapura • Espanha • Reino Unido • Estados Unidos

CENGAGE
Learning®

**Fundamentos de engenharia: uma introdução –
Tradução da 5ª edição norte-americana**

1ª edição brasileira

Saeed Moaveni

Gerente editorial: Noelma Brocanelli

Editora de desenvolvimento: Viviane Akemi Uemura

Supervisora de produção gráfica: Fabiana Alencar
    Albuquerque

Título original: Engineering fundamentals: an introduction
    to engineering – 5th edition

(ISBN 13: 978-1-305-10572-0; ISBN 10: 1-305-10572-9)

Preparação da edição internacional: Keith McIver

Tradução: Noveritis do Brasil

Revisão técnica: Luiz Felipe Mendes de Moura

Copidesque: Áurea R. de Faria e Érika Kurihara

Revisão: Mayra Clara Albuquerque Venâncio dos Santos e
    Lilian Vismari

Diagramação: Triall Editorial

Indexação: Casa Editorial Maluhy

Capa: BuonoDisegno

Imagem da capa: nostal6ie/Shutterstock

Especialista em direitos autorais: Jenis Oh

Editora de aquisições: Guacira Simonelli

Para informações sobre nossos produtos, entre em
contato pelo telefone **0800 11 19 39**

Para permissão de uso de material desta obra,
envie seu pedido para
direitosautorais@cengage.com

© 2017 Cengage Learning. Todos os direitos reservados.

ISBN 13: 978-85-221-2555-5

ISBN 10: 85-221-2555-4

Cengage Learning
Condomínio E-Business Park
Rua Werner Siemens, 111 – Prédio 11 – Torre A – Conjunto 12
Lapa de Baixo – CEP 05069-900 – São Paulo – SP
Tel.: (11) 3665-9900 Fax: 3665-9901
SAC: 0800 11 19 39

Para suas soluções de curso e aprendizado, visite
www.cengage.com.br

Impresso no Brasil
Printed in Brazil
1 2 3   16 15 14

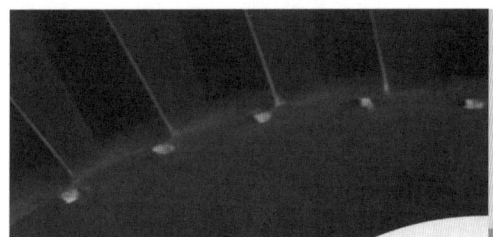

Sumário

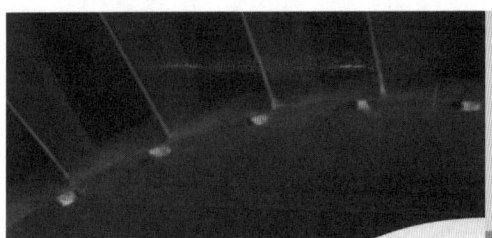

Alterações na 5ª edição

A 5ª edição, que consiste de 20 capítulos, inclui vários aspectos novos, acréscimos e alterações incorporadas em resposta aos avanços pedagógicos, sugestões e solicitações feitas por professores e alunos que usam a 4ª edição do livro. As principais alterações incluem:

Novos recursos

Para promover a aprendizagem ativa, acrescentamos oito novos aspectos na 5ª edição deste livro. Esses recursos incluem: (1) Objetivos de aprendizagem (OA), (2) Debate inicial – O que você pensa? (3) Antes de continuar, (4) Principais conceitos destacados, (5) Resumo, (6) Termos-chave, (7) Aplique o que aprendeu e (8) Exercícios de aprendizado permanente.

1. Objetivos do aprendizado (OA)

   Cada capítulo se inicia pelos objetivos de aprendizagem (OA).

2. Debate inicial

   Artigos pertinentes que servem como aberturas de capítulos para envolver os alunos e promover a aprendizagem ativa. As aberturas de discussão fornecem um contexto atual importante para o conteúdo que os alunos aprenderão. O instrutor pode iniciar a aula pedindo que os alunos leiam a seção Começo de Conversa e depois poderá fazer perguntas sobre o que os alunos pensam e quais suas reações.

3. Antes de continuar

   Este recurso encoraja os alunos a testar a compreensão e a entender o material discutido nas seções fazendo perguntas antes de continuarem com a leitura das seções seguintes.

   Vocabulário — É importante que os estudantes entendam que precisam desenvolver um vocabulário amplo para se comunicar de maneira eficiente, apropriada a engenheiros bem educados e cidadãos inteligentes. Esse recurso promove o aumento do vocabulário, pedindo aos alunos para indicar o significado de palavras novas abordadas nas seções.

4. Principais conceitos destacados

   Os principais conceitos estão destacados em caixas nas laterais e exibidas por todo o livro.

5. Resumo

   Cada capítulo termina resumindo o aprendizado dos alunos com o estudo do capítulo. Além disso, os objetivos de aprendizagem e o resumo são vinculados de modo a prover um lembrete aos alunos.

6. Termos-chave

   Os termos-chave são indexados no final de cada capítulo, de forma que os alunos podem retornar a eles para revisar.

7. Aplique o que aprendeu

   Este recurso encoraja os alunos a aplicarem o que já aprenderam, por meio de um problema ou situação interessante. Para enfatizar a importância da equipe de trabalho e encorajar a participação em grupo, muitos desses problemas requerem trabalho em grupo.

8. Exercício de aprendizado permanente

   Problemas que promovem aprendizado permanente estão indicados pela

Conteúdo adicional na 5ª edição

- Uma nova seção sobre Visual Basic para Aplicações (VBA). O VBA do Excel é uma linguagem de programação que permite aos alunos usarem os recursos de VBA para resolverem diversos problema de engenharia. Na Seção 14.5, explicaremos como inserir e recuperar dados, exibir resultados, criar uma sub-rotina e como usar as funções integradas do Excel em um programa VBA. Também explicamos como criar um loop e usar matrizes. Os alunos aprendem como criar uma caixa de diálogo personalizada.
- Mais de 50 novos problemas foram adicionados ao livro.

Organização

Este livro é organizado em seis partes e 20 capítulos. Cada capítulo começa informando seus objetivos e termina resumindo o aprendizado dos alunos com o estudo do capítulo. Inclui material suficiente para cursos inteiros de dois semestres. O objetivo dessa abordagem é dar ao professor material suficiente e flexibilidade de escolher tópicos específicos que venham a atender as necessidades. Exemplos relevantes do dia a dia, com os quais os alunos podem fazer associações facilmente, são fornecidos em cada capítulo. Cada capítulo inclui muitos problemas prontos, exigindo do aluno a coleta de informações e análise. Além disso, a busca de informações e o uso apropriado delas são encorajados neste livro, sugerindo aos alunos que realizem várias atribuições para as quais precisarão reunir informações na internet, bem como utilizar métodos tradicionais. Muitos problemas exigem dos alunos breves relatórios de forma que aprendam que os engenheiros bem-sucedidos precisam ser hábeis na escrita e na comunicação oral. Para enfatizar a importância da equipe de trabalho na engenharia e para encorajar a participação em grupo, muitos problemas atribuídos requerem o trabalho em grupo; alguns requerem a participação de toda a classe. As partes do livro são:

Parte 1: Engenharia – Uma profissão empolgante

Nos Capítulos 1 a 5, apresentaremos aos alunos a profissão de engenheiro, como se preparar para uma animadora carreira de engenharia, contando com o processo do projeto, comunicação de engenharia e ética. O Capítulo 1 oferece ampla introdução sobre a profissão de engenharia e suas ramificações. Explica alguns traços comuns de bons engenheiros. São discutidas várias carreiras da engenharia e também algumas organizações. No Capítulo 1, enfatizamos que os engenheiros são solucionadores de problema. Os engenheiros contam com bom conhecimento das leis fundamentais da física e da química, e aplicam essas leis e princípios fundamentais para projetar, desenvolver, testar e supervisionar a manufatura de milhares de produtos e serviços. Os exemplos demonstram os diversos trabalhos realizadores e desafiadores dos engenheiros. Destacamos que embora as atividades do engenheiro sejam muito variadas, há alguns aspectos e hábitos de trabalho que caracterizam os engenheiros bem-sucedidos de hoje:

- Os engenheiros são solucionadores de problemas.
- Os bons engenheiros desenvolvem um sólido conhecimento dos princípios fundamentais, que podem ser usados para resolver diversos problemas.
- Bons engenheiros são analíticos, detalhistas e criativos.
- Demonstram o desejo de estarem sempre aprendendo. Por exemplo, participam continuamente de aulas de formação, seminários e *workshops* para estarem informados sobre inovações e novas tecnologias.
- Bons engenheiros contam com boas habilidades de escrita e comunicação oral que os capacitam a trabalhar com seus colegas e conduzir suas especialidades para uma ampla gama de clientes.
- Bons engenheiros têm habilidades de gerenciamento do tempo que os capacitam a trabalhar de maneira produtiva e eficiente.
- Bons engenheiros apresentam boas "habilidades interpessoais" que os permitem interagir eficientemente com várias pessoas nas organizações.
- Engenheiros devem escrever relatórios. Esses relatórios podem ser amplos, detalhados e bastante técnicos, contendo gráficos, organogramas e plantas de engenharia. Ou podem ter uma forma reduzida, como um simples memorando ou resumo executivo.
- Os engenheiros são aptos a usar computadores de várias maneiras diferentes para modelar e analisar diversos tipos de problemas práticos.
- Bons engenheiros participam ativamente nas organizações locais e nacionais em sua área de especialização, dando seminários, *workshops* e reuniões. Muitos até fazem apresentações em reuniões profissionais.
- Os engenheiros geralmente trabalham em equipe quando consultam uns aos outros para resolverem problemas complexos. A boas habilidades interpessoais e de comunicação são cada vez mais importantes atualmente em razão do mercado global.

O Capítulo 1 explica a diferença entre *engenheiro* e *tecnólogo em engenharia,* e a diferença nas opções dessas carreiras. No Capítulo 2, a transição do ensino médio para a faculdade é explicada em termos da necessidade de formar bons hábitos de estudo e sugestões para o eficiente gerenciamento do tempo. O Capítulo 3 fornece uma introdução ao projeto de engenharia, sustentabilidade, grupo de trabalho, padrões e códigos. Demonstramos que os engenheiros, independentemente da formação, seguem determinadas etapas quando projetam produtos e serviços. O Capítulo 4 mostra que as apresentações são partes integrantes do projeto de engenharia. Dependendo do tamanho do projeto, as apresentações podem ser breves, longas, frequentes e podem seguir determinado formato que requeira cálculos, gráficos, organogramas e plantas de engenharia. No Capítulo 4 são explicadas várias formas de comunicação na engenharia, incluindo apresentação da tarefa de casa, breves comunicações técnicas, relatórios de andamento, relatórios técnicos detalhados e documentos de pesquisa. No Capítulo 5 nos concentramos em ética, observando que os engenheiros projetam muitos produtos e fornecem muitos serviços que afetam nossa qualidade de vida e segurança. Portanto, os engenheiros devem trabalhar sob certos padrões de comportamento profissional que requerem adesão aos mais altos princípios de conduta ética. Muitos estudos de casos sobre éticas na engenharia são apresentados neste capítulo.

Parte 2: Fundamentos da engenharia – Conceitos que todo engenheiro deve saber

Os Capítulo 6 a 13 concentram-se nos fundamentos de engenharia e apresentam aos alunos os princípios básicos e as leis da física que encontrarão muitas e muitas vezes durante os quatro anos seguintes. Os engenheiros bem-sucedidos desenvolvem sólido conhecimento dos fundamentos, que podem ser usados para entender e resolver diversos problemas. São conceitos que todo engenheiro, independentemente da área de especialização, deve saber.

Nesses capítulos, enfatizamos que é necessário pouco para descrever completamente os eventos e nosso meio ambiente. Incluem comprimento, tempo, massa, força, temperatura, mol e corrente elétrica. Também explicamos que não são apenas dimensões físicas que precisamos para descrever o meio ambiente, mas também de um meio para escalar ou dividir essas dimensões físicas. Por exemplo, o tempo é considerado uma dimensão física, mas pode ser dividido em porções menores e maiores, como segundos, minutos, horas, dias, anos, décadas, séculos e milênios.

Discutimos sistemas de unidades comuns e enfatizamos que os engenheiros devem saber como converter de um sistema de unidade para outro e sempre mostrar as unidades apropriadas que usam em seus cálculos. Também explicamos que as leis físicas e fórmulas que os engenheiros usam são baseadas em observações de seus arredores. Mostramos o uso da matemática e quantidades físicas básicas para expressar nossas observações.

Nesses capítulos, explicamos também que há muitas variáveis no projeto de engenharia que estão relacionadas às dimensões fundamentais (quantidades). Para tornar-se engenheiro de sucesso, o aluno deve entender completamente essas variáveis fundamentais e relacionadas e as fórmulas e leis aplicáveis. Então é importante que o aluno saiba como essas variáveis são medidas, aproximadas, calculadas ou usadas na prática.

O Capítulo 6 explica a função e a importância da dimensão fundamental e unidades em análises dos problemas de engenharia. As etapas básicas na análise de qualquer problema de engenharia são discutidas em detalhes.

O Capítulo 7 apresenta comprimento e variáveis relacionadas ao comprimento e explica sua importância no trabalho de engenharia. Por exemplo, discutimos a função da área na transferência de calor, aerodinâmica, distribuição de carga e análise de tensão. Apresentamos medidas de comprimento, área e volume, juntamente com estimativa numerica (como função de regra do trapézio) desses valores.

O Capítulo 8 considera tempo e variáveis de engenharia relacionadas a tempo. Períodos, frequências, velocidades linear e angular e acelerações, vazão volumétrica e fluxo de tráfego são discutidas no Capítulo 8.

O Capítulo 9 aborda massa e variáveis relacionadas à massa como densidade, peso específico, vazão mássica e momento de inércia da massa e sua função na análise da engenharia.

O Capítulo 10 discute a importância da força e variáveis relacionadas à força na engenharia. Os importantes conceitos na mecânica são explicados conceitualmente. O que se entende por força, força interna, reação, pressão, módulo de elasticidade, força impulsiva (força atuante ao longo do tempo), trabalho (força atuando ao longo da distância) e momento (força atuando a uma distância) são abordados em detalhes.

O Capítulo 11 apresenta temperatura e variáveis relacionadas à temperatura. Conceitos como diferença de temperatura e transferência de calor, calor específico e condutividade térmica também são abordados. Como futuros engenheiros, é importante que os alunos entendam alguns procedimentos simples de estimativa de energia diante das questão de energia atual e sustentabilidade. Por isso, trazemos uma seção de Graus-dia e Estimativa de Energia.

O Capítulo 12 considera tópicos como corrente contínua e alternada, eletricidade, componentes de circuito básico, fontes de energia e a importante função dos motores elétricos em nossa vida diária. Os sistemas de iluminação respondem pela maior parte da eletricidade usada em edifícios, e a eles dedicamos muita atenção. A Seção 12.4 apresenta a terminologia básica e os conceitos nos sistemas de iluminação. Todos os futuros engenheiros, independentemente da área de especialidade, precisam entender esses conceitos básicos.

O Capítulo 13 apresenta energia e força e explica a distinção entre esses dois tópicos. Enfatizamos a importância de compreender o que se entende por trabalho, força, energia, watts, cavalo-vapor e eficiência. Fontes de energia, geração e consumo nos Estados Unidos também são discutidos neste capítulo. Com a crescente demanda de energia no mundo posicionada como o maior desafio que enfrentamos hoje, como futuros engenheiros, os alunos precisarão entender dois problemas: fontes de energia e emissão. A Seção 13.6 apresenta fontes de energia convencionais e renováveis, geração e padrões de consumo.

Parte 3: Ferramentas de engenharia da computação – Usando *software* disponível para resolução de problemas de engenharia

Nos Capítulos 14 e 15, apresentamos o Microsoft Excel™ e o MatLab™—duas ferramentas computacionais usadas normalmente pelos engenheiros para solucionar problemas de engenharia. Essas ferramentas da computação são usadas para registrar, organizar, analisar dados usando fórmulas e apresentar os resultados da análise em formas gráficas. O MatLab também é muito versátil para os alunos usarem para escrever programas de resolução de problemas complexos.

Parte 4: Comunicação gráfica de engenharia – Conduzindo informações para outros engenheiros, operadores, técnicos e gerentes

O Capítulo 16 apresenta aos alunos os princípios e as regras de comunicação gráfica da engenharia e símbolos de engenharia. Um bom conhecimento desses princípios permitirá que os alunos transmitam e entendam as informações de forma eficiente. Explicamos que os engenheiros usam plantas técnicas para transmitir informações úteis aos outros de maneira padronizada. A planta de engenharia fornece informações como a forma do produto, as dimensões, materiais a partir dos quais o produto foi fabricado e as etapas de montagem. Algumas plantas de engenharia são específicas para determinada carreira. Por exemplo, os engenheiros civis lidam com terreno ou perímetros, topografia, construção e desenho do plano cotado. Os engenheiros elétricos e eletrônicos, podem lidar com desenhos de montagem de placa de circuito impresso, planos de perfuração de placa de circuito impresso e diagramas de fiação. Também mostramos que os engenheiros usam símbolos e sinais especiais para transmitir ideias, análises e soluções de problemas.

Parte 5: Seleção de materiais de engenharia – Uma importante decisão de projeto

Como engenheiro, se você estiver desenhando uma peça de máquina, um brinquedo, um chassi de carro, ou uma estrutura, a seleção do material é uma importante decisão de projeto. O Capítulo 17 apresenta um olhar mais atento aos materiais como metais e suas ligas, vidro, madeira, compostos e concretos que normalmente são usados em várias aplicações de engenharia. Discutimos também algumas características básicas dos materiais considerados no projeto.

Parte 6: Matemática, estatística e economia em engenharia – Por que elas são importantes?

Do Capítulo 18 ao 20 apresentamos aos alunos os importantes conceitos de matemática, estatística e economia. Explicamos que os problemas de engenharia são modelos matemáticos de situações físicas. Alguns problemas de engenharia levam a modelos lineares, ao passo que outros resultam em modelos não lineares. Alguns problemas de engenharia são formulados na forma de equações diferenciais e alguns na forma de integrais. Portanto, é essencial o bom entendimento dos conceitos matemáticos na formulação e na solução de diversos problemas de engenharia.

Além disso, os modelos estatísticos estão se tornando ferramentas comuns nas mãos de engenheiros práticos para resolverem problemas de controle de qualidade e confiabilidade, também na análise de falhas. Os engenheiros civis usam os modelos estatísticos para estudarem a credibilidade dos materiais de construção e das estruturas, a fim de gerar controle de enchentes, por exemplo. Os engenheiros elétricos usam modelos estatísticos para processamento de sinais e para desenvolver *software* de reconhecimento de voz. Os engenheiros de produção usam estatísticas para assegurar o controle de qualidade dos produtos que produzem. Os engenheiros mecânicos usam as estatísticas para estudar a falha de materiais e peças de máquinas.

Os fatores econômicos também exercem importantes funções na tomada de decisão de um projeto de engenharia. Se você projeta um produto cuja fabricação seja muito cara, então ele não poderá ser vendido a preço acessível ao consumidor e ainda ser lucrativo para a empresa.

Estudos de casos – Espetáculo da engenharia

Para enfatizar que os engenheiros são solucionadores de problemas e que aplicam as leis e os princípios da física e química, juntamente com matemática, para *projetar* produtos e serviços que usamos em nossa vida diária, incluímos estudos de caso por todo o livro. Cada estudo de caso é seguido pelos respectivos problemas. As soluções para esses problemas incorporam os conceitos de engenharia e as leis são discutidas nos capítulos precedentes. No Capítulo 5 há também diversos estudos de caso sobre ética na engenharia, da National Society of Professional Engineers, para promover a discussão sobre ética na engenharia.

Projetos

Incluímos sete projetos improvisados e econômicos que poderiam ser desenvolvidos durante as aulas. A ideia básica por trás de alguns desses projetos improvisados vieram da ASME.

Referências

Ao escrever este livro, foram consultados vários livros de engenharia, páginas da *web* e outros materiais. Em vez de fornecer uma lista com centenas de fontes, citei algumas fontes que acredito serem úteis aos alunos. Todos os alunos de engenharia iniciantes devem possuir um livro de referência escolhido em sua área. Atualmente, há vários livros de engenharia disponíveis na forma impressa ou no formato eletrônico, incluindo livros de engenharia química, de engenharia civil, de engenharia elétrica e eletrônica e de engenharia mecânica. Acredito que todos os alunos de engenharia deveriam ter livros de química, física e matemática. Esses textos podem servir como recursos complementares para todas as aulas. Muitos engenheiros podem considerar útil o livro ASHRAE, o *Fundamental Volume,* da American Society of Heating, Refrigerating, and Air Conditioning Engineers.

Neste livro, alguns dados e diagramas foram adaptados com permissão das seguintes fontes:

- Baumeister, T., et al., *Mark's Handbook*, 8th ed., McGraw Hill, 1978.
- *Electrical Wiring*, 2nd ed., AA VIM, 1981.
- *Electric Motors*, 5th ed., AA VIM, 1982.
- Gere, J. M., *Mechanics of Materials*, 6th ed., Thomson, 2004.
- Hibbler, R. C., *Mechanics of Materials*, 6th ed., Pearson Prentice Hall.
- *U.S. Standard Atmosphere*, Washington D.C., U.S. Government PrintingOffice, 1962.
- Weston, K. C., *Energy Conversion*, West Publishing, 1992.

Agradecimentos

Gostaria de expressar meus sinceros agradecimentos à equipe editorial e de produção na Cengage, especialmente Hilda Gowans, Mona Zeftel e Kristiina Paul. Também sou muito grato a Rose Kernan da RPK Editorial Services, Inc. Gostaria de agradecer também a Dr. Karen Chou da Northwestern University, Sr. James Panko e Paulsen Architects, que forneceram a seção sobre processo do projeto de engenharia civil e o estudo de caso relacionado ao projeto, e ao Sr. Pete Kjeer e Johnson Outdoors que forneceram o estudo de caso de engenharia mecânica/elétrica. Agradeço também a todos os revisores que ofereceram comentários gerais e específicos, incluindo Charles Duvall, Southern Polytechnic State University, Eddie Jacobs, University of Memphis, Thaddeus Roppel, Auburn University e Steve Warner, University of Massachusetts – Dartmouth.

Ainda gostaria de agradecer às seguintes pessoas que amavelmente forneceram seus pareceres sobre nossas seções de "Perfil do aluno" e "Perfil profissional": Nahid Afsari, Jerry Antonio, Celeste Baine, Suzelle Barrington, Steve Chapman, Karen Chou, Ming Dong, Duncan Glover, Dominique Green, Lauren Heine, John Mann, Katie McCullough, Susan Thomas e Nika Zolfaghari.

Agradeço por considerarem este livro e espero que apreciem a 5ª edição.

Saeed Moaveni

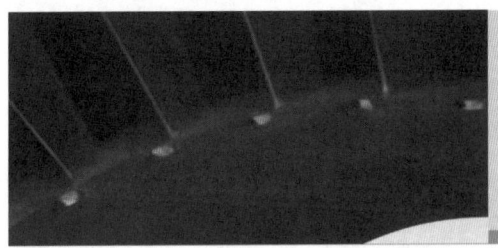

Prefácio desta edição

Esta edição de *Fundamentos de enegnharia: uma introdução*, 5ª edição, foi adaptada para incorporar o Sistema Internacional de Unidades (*Le Système International d'Unités* ou SI) em todo o livro.

Le Système International d'Unités

O Sistema de Unidades Usual Norte-Americano (USCS) utiliza as unidades FPS (pés-libras-segundos) – também conhecidas como Unidades Inglesas ou Imperiais. As unidades SI são primordialmente unidades do sistema MKS (metro-quilograma-segundo). No entanto, as unidades CGS (centímetro-grama--segundo) são comumente aceitas como unidades do SI, especialmente em livros didáticos.

Usando unidades SI neste livro

Neste livro, foram usadas tanto unidades MKS quanto CGS. As unidades USCS (U.S. Customary Units) ou FPS (foot-pound-second) usadas na edição norte americana deste livro foram convertidas em unidades SI por todo texto e problemas. Entretanto, no caso de dados provenientes de livros de referências, padrões governamentais e manuais de produtos, não é apenas extremamente difícil converter todos os valores para SI, como também invade a propriedade intelectual da fonte. Alguns dados nas figuras, tabelas e referências, portanto, permanecem em unidades FPS. Para leitores não familiarizados com a relação entre os sistemas USCS e SI, foi fornecida uma tabela de conversão na capa.

Para resolver problemas que requerem o uso de dados com fontes, os valores podem ser convertidos de unidade FPS para unidades SI logo antes de serem usados nos cálculos. Para obter quantidades--padrão e dados de manufatura em unidades SI, os leitores podem contatar as agências governamentais apropriadas ou as autoridades dos seus países.

Recursos para o professor

Estão disponíveis para professores arquivos de PowerPoint®, em português, para auxílio em sala de aula, e o Manual de Solução do Professor em unidades SI, em inglês. Este conteúdo está disponível na página do livro no *site* da Cengage.

Cengage

Engenharia

Uma profissão empolgante

N a Parte 1 deste livro, apresentaremos a profissão de engenheiro. Os engenheiros são solucionadores de problemas. Eles contam com boa compreensão das leis e princípios da química, da física e da matemática e aplicam essas leis e princípios para projetar, desenvolver, testar e supervisionar a fabricação de milhões de produtos e serviços. Os engenheiros, independentemente da formação, seguem determinadas etapas para projetar os produtos e serviços que usamos em nosso dia a dia. Engenheiros bem-sucedidos possuem boas habilidades de comunicação e trabalho em equipe. A ética desempenha um papel muito importante na engenharia. Conforme afirmado pelo código de ética da NSPE – National Society of Professional Engineers (Sociedade Nacional dos Profissionais de Engenharia) – "a engenharia é uma profissão importante e assimilável. Como membros dessa profissão, espera-se que os engenheiros apresentem os mais altos padrões de honestidade e integridade. A engenharia exerce impacto direto e vital na qualidade de vida de todas as pessoas, assim, os serviços fornecidos pelos engenheiros exigem honestidade, imparcialidade, equilíbrio e equidade e devem ser dedicados à proteção da saúde, da segurança e do bem-estar público. Os engenheiros devem trabalhar sob um padrão de comportamento profissional que requer adesão aos mais altos princípios de conduta ética". Nos próximos cinco capítulos, apresentaremos a profissão de engenheiro, como se preparar para uma animadora carreira de engenharia, o processo do projeto, a comunicação e a ética na engenharia.

> Os bons engenheiros são solucionadores de problemas e apresentam sólida compreensão das leis e dos princípios da física, da química e da matemática. Eles aplicam essas leis e princípios para projetar os produtos e serviços que usamos em nosso dia a dia. Também possuem boas habilidades de comunicação oral e escrita.

Introdução à profissão de engenheiro

carlosseller/Shutterstock.com

Golden Pixels LLC/Shutterstock.com

NASA

Os engenheiros são solucionadores de problemas. Engenheiros bem-sucedidos possuem boas habilidades de comunicação e trabalho em equipe. Normalmente possuem conhecimento das leis fundamentais da física e da matemática. Os engenheiros aplicam as leis da física, da química e da matemática para projetar, desenvolver, testar e supervisionar a fabricação de milhões de produtos e serviços e levam em conta fatores importantes como eficiência, custo, credibilidade e segurança quando projetam produtos. Os bons engenheiros dedicam-se continuamente a aprender e a servir aos outros.

OBJETIVOS DE APRENDIZADO

OA1　As obras de engenharia estão em toda parte: dar exemplos de produtos e serviços projetados por engenheiros, que tornam nossa vida melhor

OA2　A profissão de engenheiro: descrever o que os engenheiros fazem e dar exemplos de carreiras comuns nessa área

OA3　Características comuns aos bons engenheiros: descrever as características importantes dos engenheiros bem-sucedidos

OA4　Carreiras de engenharia: dar exemplos de disciplinas comuns na àrea de engenharia e como elas contribuem para o conforto e o bem-estar em nosso cotidiano

QUEM SÃO OS ENGENHEIROS?

DEBATE INICIAL

Os engenheiros são solucionadores de problemas. Eles contam com boa compreensão das leis e dos princípios da química, da física e da matemática e aplicam essas leis e princípios para projetar, desenvolver, testar e supervisionar a fabricação de milhões de produtos e serviços. Independentemente da formação, os engenheiros seguem determinadas etapas ao projetar os produtos e serviços que usamos em nossa vida diária. Engenheiros bem-sucedidos possuem boas habilidades de comunicação e de trabalho em equipe.

A ética desempenha papel muito importante na engenharia. Conforme afirmado pelo código de ética da NSPE, "a engenharia é uma profissão importante e assimilável. Como membros dessa profissão, espera-se que os engenheiros apresentem os mais altos padrões de honestidade e integridade. A engenharia exerce impacto direto e vital na qualidade de vida de todas as pessoas. Dessa forma, os serviços fornecidos pelos engenheiros exigem honestidade, imparcialidade, equilíbrio e equidade e devem ser dedicados à proteção da saúde, da segurança e do bem-estar público. Os engenheiros devem trabalhar sob um padrão de comportamento profissional que requer adesão aos mais altos princípios de conduta ética".

Para os estudantes: O que você acha que os engenheiros fazem? Por que você deseja estudar engenharia? Cite pelo menos dois produtos ou serviços que não estão disponíveis no momento e que você acredita que estarão disponíveis nos próximos vinte anos. Quais disciplinas de engenharia você acredita que estarão envolvidas no projeto e no desenvolvimento desses produtos e serviços?

Possivelmente, alguns de vocês ainda não estão certos se desejam estudar engenharia durante os próximos quatro anos e podem estar se questionando:

Eu realmente desejo estudar engenharia?

O que é engenharia e o que um engenheiro faz?

Quais são algumas das áreas de especialização na engenharia? Quantas diferentes disciplinas de engenharia existem?

Desejo me tornar engenheiro mecânico ou devo cursar engenharia civil? Ou eu seria mais feliz se me tornasse engenheiro elétrico?

Como posso saber se estou seguindo a área certa?

A demanda estará alta em minha área de especialização quando eu me formar?

Os principais objetivos deste capítulo são fornecer algumas respostas a essas e a outras perguntas que você pode estar se fazendo, e apresentar a profissão de engenheiro e suas diversas ramificações.

OA¹ 1.1   As obras de engenharia estão em toda parte

Os engenheiros fazem produtos e fornecem serviços que tornam nossas vidas melhores (veja a Figura 1.1). Para ver como os engenheiros contribuem com o conforto e o bem-estar em nosso dia a dia, amanhã de manhã, quando acordar, simplesmente olhe ao redor com mais cuidado. Durante a noite, o seu quarto se mantém na temperatura ideal graças a alguns engenheiros mecânicos que projetaram o aquecimento, o aparelho de ar-condicionado e os sistemas de ventilação de sua casa. Quando você se levanta de manhã e acende as luzes, tenha certeza de que milhares de engenheiros mecânicos e elétricos, e ainda técnicos das usinas elétricas em todo o país, contribuem para que o fluxo correto de eletricidade chegue em sua casa, sem interrupções, para que você acenda a luz ou ligue a televisão para assistir as notícias da manhã e a previsão do tempo para o dia todo. A televisão que você está usando — para assistir ao noticiário ou ver seu time favorito jogar — foi projetada por engenheiros elétricos e eletrônicos. Existem, logicamente, engenheiros de outras disciplinas envolvidos na criação do produto final, como engenheiros de produção e engenheiros industriais, por exemplo. Quando você está se preparando para tomar seu banho matinal, a água limpa que usa chega em sua casa por causa do engenheiro civil e do engenheiro mecânico. Mesmo se você morar no campo, em uma fazenda, a bomba usada para trazer água do poço até sua casa foi projetada por engenheiros mecânicos e civis. A água pode ser aquecida por gás natural trazido até a sua casa graças aos esforços de engenheiros químicos, mecânicos, civis e de petróleo. Depois do banho, quando estiver pronto para se secar com a toalha, pense sobre quais tipos de engenheiros trabalharam por trás dos bastidores para produzir as toalhas. Sim, a toalha de algodão foi feita com a ajuda de engenheiros agrícolas, industriais, de produção, químicos, de petróleo, civis e mecânicos. Pense sobre as máquinas que foram usadas para colher o algodão, transportá-lo até a fábrica, limpá-lo e tingi-lo de uma cor bonita

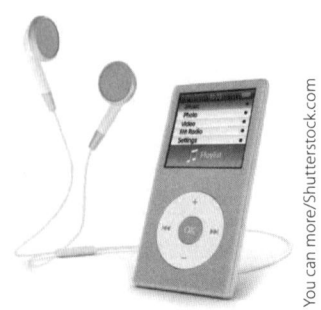

arka38/Shutterstock.com · vovan/Shutterstock.com · Alexandru Nika/Shutterstock.com · You can more/Shutterstock.com

FIGURA 1.1   Exemplos de produtos projetados por engenheiros.

que agrade seus olhos. Depois, outras máquinas foram usadas para tecer a toalha e enviá-la para as máquinas de costura, que foram projetadas por engenheiros mecânicos. O mesmo acontece com as roupas que você usa. Suas roupas podem conter algum poliéster, feito com a ajuda de engenheiros de petróleo e engenheiros químicos. "Bem," você pode dizer, "posso pelo menos me sentar e tomar meu café da manhã sem imaginar que alguns engenheiros tornam isso possível também". Mas o alimento que você está prestes a comer foi feito com a ajuda e a colaboração de várias áreas da engenharia, desde a agrícola até a mecânica. Digamos que você esteja preparando algum cereal. O leite foi mantido fresco em seu refrigerador graças aos esforços e ao trabalho dos engenheiros mecânicos, que projetaram os componentes do refrigerador, e dos engenheiros químicos, que investigaram fluidos refrigerantes alternativos com as propriedades térmicas apropriadas e outras propriedades ecológicas que podem ser usadas em seu refrigerador. Além disso, os engenheiros elétricos projetaram as unidades de controle e as usinas elétricas.

Agora você está pronto para entrar em seu carro ou pegar o ônibus para ir à escola. O carro tornou-se possível com a ajuda e a colaboração de engenheiros automotivos, mecânicos, elétricos, eletrônicos, industriais, de materiais, químicos e de petróleo. Portanto, como você pode observar, não há muita coisa que você possa fazer em sua vida diária que não esteja envolvida com o trabalho de engenheiros. Fique muito orgulhoso com sua decisão de tornar-se engenheiro. Logo você será responsável por esses esforços de bastidores com os quais contam bilhões de pessoas em todo o mundo. Mas, você poderá aceitar essa incumbência com alegria, sabendo que sua função será tornar a vida das pessoas melhor.

Os engenheiros lidam com a crescente população mundial e com as preocupações de sustentabilidade

Nós, como pessoas, independentemente de onde vivamos, precisamos das seguintes coisas: comida, roupa, abrigo, ar e água limpos. Além disso, precisamos de vários modos de transporte para chegarmos a lugares diferentes, pois podemos viver e trabalhar em cidades diferentes ou desejarmos visitar amigos e parentes em outros tantos lugares. Também gostamos de ter a sensação de segurança para podermos relaxar e nos divertir. Precisamos ser queridos e apreciados por nossos amigos e também por nossos familiares.

Cada vez mais, por causa das tendências socioeconômicas mundiais da população, das preocupações ambientais e dos recursos finitos da Terra, mais se espera dos engenheiros. Os futuros engenheiros devem fornecer bens e serviços que elevem o padrão de vida e melhorem os sistemas de saúde, além de abordar as sérias preocupações ambientais e de sustentabilidade. Na virada do século XXI, havia aproximadamente seis bilhões de pessoas habitando a Terra. Como meio de comparação, é importante observar que a população do mundo no início do século XX, aproximadamente 115 anos atrás, era de um bilhão. Pense nisso. Desde o início da existência da humanidade, chegamos a um bilhão de habitantes. Agora, foram necessários apenas 115 anos para essa população aumentar cinco vezes. Alguns de nós contamos com um padrão de vida muito bom, porém outros não, em países em desenvolvimento. Você provavelmente haverá de concordar que nosso mundo poderia ser um lugar melhor para todos, se tivéssemos comida, um lugar seguro e confortável para viver, um trabalho significativo a fazer e algum tempo para relaxar.

De acordo com as últimas estimativas e projeções do U. S. Census Bureau (Agência do Censo dos EUA), a população mundial atingirá 9,3 bilhões de pessoas por volta de 2050. Não apenas o número de habitantes da Terra continuará subindo, mas também a estrutura etária da população mundial mudará. A população mais idosa do mundo — com pelo menos 65 anos de idade — irá mais que dobrar nos próximos 25 anos (veja a Figura 1.2).

Como essas informações são relevantes? Bem, agora que você já se decidiu por estudar para ser engenheiro, deverá perceber que as coisas que fará depois da graduação são muito importantes para todos nós. O desenvolvimento econômico mundial atual não é sustentável — a população mundial já usa aproximadamente 20% a mais dos recursos do mundo do que o planeta pode sustentar (United Nations *Millenium Ecosystem Assessment Synthesis Report* – Relatório-Síntese da Avaliação do

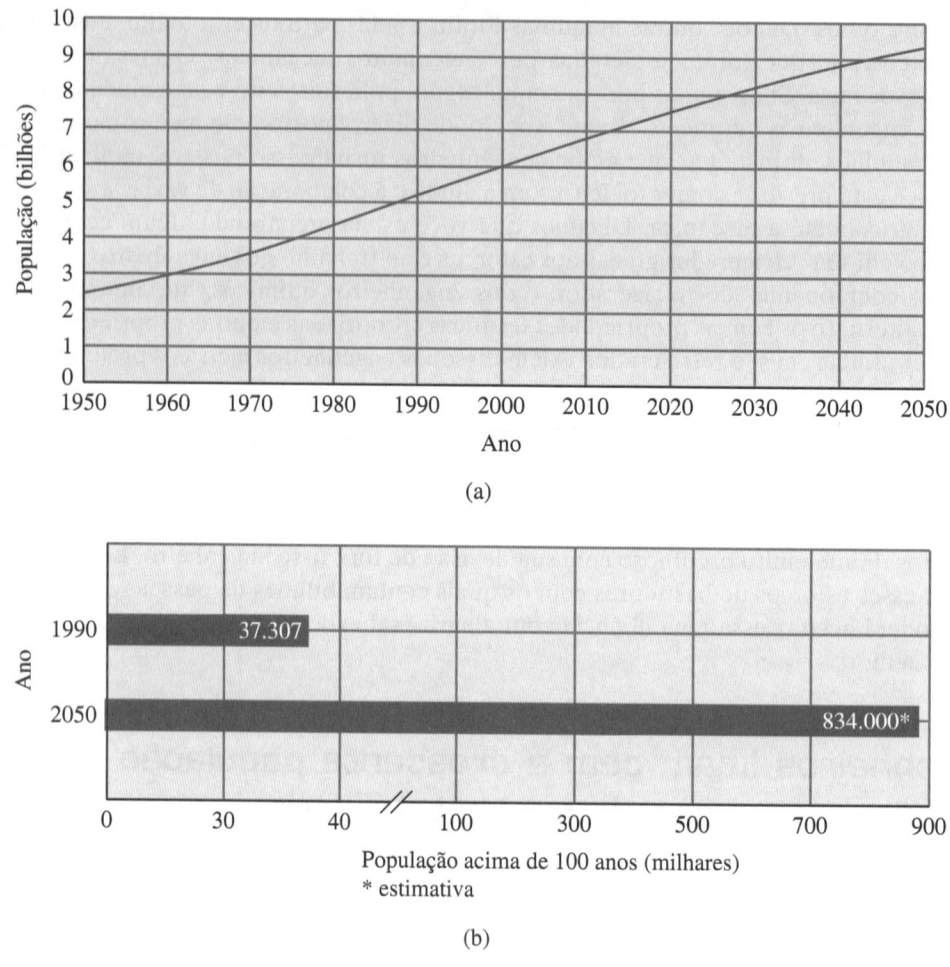

FIGURA 1.2   (a) A última projeção de crescimento da população mundial. (b) A última estimativa de crescimento da população mais idosa dos Estados Unidos.
Dados do U.S. Census Bureau

Ecossistema do Milênio das Nações Unidas – 2005). Você projetará produtos e fornecerá serviços especialmente ajustados às necessidades e demandas da crescente população idosa e de pessoas de todas as idades. Portanto, prepare-se bem para se tornar um bom engenheiro e fique orgulhoso por ter escolhido essa profissão, para contribuir com a melhora do padrão de vida de todos e, ao mesmo tempo, atender às preocupações ambientais e de sustentabilidade. A economia mundial de hoje é muito dinâmica. As empresas continuamente empregam novas tecnologias para maximizar a eficiência e os lucros. Em razão dessa contínua mudança, e das tecnologias emergentes, são criados novos empregos e outros são eliminados. Os computadores e dispositivos eletrônicos inteligentes estão continuamente remodelando nossa forma de viver. Tais dispositivos influenciam a maneira como fazemos as coisas e nos ajudam a prover as necessidades de nossas vidas – água limpa, ar limpo, alimento e abrigo. É necessário se tornar um aprendiz permanente, assim você poderá tomar decisões bem informadas e antecipar as reações com relação às mudanças globais causadas por inovações tecnológicas, bem como às mudanças populacionais e ambientais. De acordo com o Bureau of Labor Statistics, U. S. Department of Labor (Agência de Estatísticas do Trabalho do Departamento de Trabalho dos EUA), dentre as ocupações de crescimento mais rápido estão os engenheiros, especialistas em computação e analistas de sistemas.

OA² **1.2   A profissão de engenheiro**

Nas seções a seguir, primeiro discutiremos a **engenharia** em uma abordagem mais ampla e depois nos concentraremos em alguns aspectos da engenharia. Também veremos as características comuns a muitos engenheiros e discutiremos algumas disciplinas específicas da engenharia. Como dissemos anteriormente, neste capítulo, talvez alguns de vocês ainda não tenham se decidido sobre o que desejam estudar durante os anos de graduação e, consequentemente, podem ter muitas dúvidas, incluindo: O que é engenharia e o que o engenheiro faz? Quais são algumas das áreas de especialização na engenharia? Eu realmente desejo estudar engenharia? Como posso saber se estou seguindo a área certa? A demanda estará alta em minha área de especialização quando eu me formar?

As seções a seguir são destinadas a ajudá-lo a tomar a decisão que o torne feliz; não se preocupe com respostas a todas essas perguntas exatamente agora. Você terá algum tempo para pensar bem, pois a maioria dos trabalhos de curso durante o primeiro ano é similar para todos os estudantes de engenharia, independente da área específica. Assim, você terá pelo menos um ano para considerar várias possibilidades. É assim na maioria das instituições de ensino. Mesmo assim, no início você deve conversar com um conselheiro para determinar o tempo que terá para escolher uma área de especialização. Não se preocupe se optar por uma profissão e depois mudar no meio do caminho; você não estará perdendo tempo. Muitas empresas ajudam seus engenheiros a adquirir mais treinamento e formação para acompanhar as mudanças tecnológicas. Uma boa formação em engenharia permitirá que você se torne um bom solucionador de problemas por toda a vida. Durante os primeiros anos de estudo, você pode se perguntar por que precisa aprender alguns dos assuntos que está estudando. Às vezes, sua tarefa pode parecer muito irrelevante, trivial ou desatualizada. Fique descansado, pois estará aprendendo tanto conteúdo quanto estratégias de pensamento e análise que o prepararão para enfrentar os desafios futuros, alguns dos quais você ainda nem imagina que existem.

O que é engenharia e o que o engenheiro faz?

Os engenheiros aplicam as leis e os princípios da física, da química e da matemática para projetar milhões de produtos e serviços que usamos em nosso dia a dia. Esses produtos incluem automóveis, computadores, aviões, roupas, brinquedos, aparelhos domésticos, equipamentos cirúrgicos, equipamentos de refrigeração, dispositivos de cuidados com saúde e máquinas que fazem vários produtos, etc. (veja a Figura 1.3). Os engenheiros levam em conta fatores importantes como eficiência, custo, credibilidade, sustentabilidade e segurança quando projetam produtos. Eles realizam testes para ter certeza de que os produtos que projetaram suportam várias cargas e condições e continuamente procuram formas de melhorar o que já existe. Também projetam e supervisionam a construção de prédios, barragens, rodovias, sistemas de transporte de massa e de usinas, que fornecem eletricidade para indústrias, residências e escritórios. Os engenheiros exercem importante função no projeto e manutenção da infraestrutura de um país, incluindo sistemas de comunicação, serviços públicos e transporte. Estão continuamente desenvolvendo materiais novos e mais avançados para criar produtos mais leves e mais resistentes para diferentes aplicações. Também são responsáveis por encontrar maneiras de extrair petróleo, gás natural e matéria-prima e estão envolvidos na busca de novos caminhos para aumentar a colheita de frutas e vegetais, bem como melhorar a segurança de nossos produtos alimentares.

A seguir, algumas carreiras comuns para engenheiros. Além de projetar, alguns engenheiros trabalham como representantes de vendas de produtos, enquanto outros fornecem suporte técnico e solução de problemas para os clientes que adquirem esses produtos. Muitos engenheiros envolvem-se em vendas e suporte ao cliente, pois sua formação permite que expliquem e discutam as informações técnicas para auxiliar na instalação, operação e manutenção de vários produtos e máquinas. Nem todos os engenheiros trabalham para indústrias privadas; alguns trabalham para órgãos federais, estaduais e locais em vários segmentos, outros engenheiros trabalham em departamentos de Agricultura,

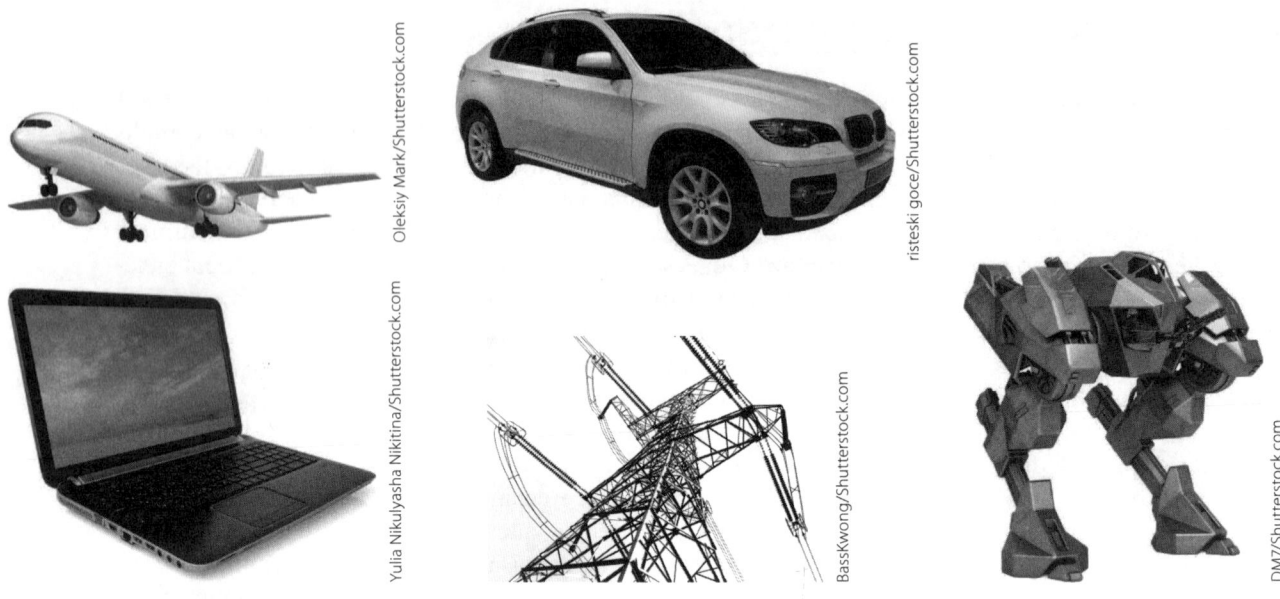

| FIGURA 1.3 | Como engenheiro, você aplicará as leis e os princípios da física, da química e da matemática para projetar vários produtos e serviços. |

Defesa, Energia e Transporte. Alguns trabalham para a NASA (National Aeronautics and Space Administration – Agência Espacial Norte-Americana). Como você pode ver, há muitas tarefas desafiadoras e atraentes para os engenheiros.

Estes são alguns outros fatos sobre a engenharia que valem ser mencionados.

- Para quase todas as tarefas de engenharia, é exigida a formação de engenheiro.

De acordo com o U.S. Bureau of Labor Statistics:

- Os salários iniciais dos engenheiros são significativamente maiores do que os salários dos que possuem bacharelado em outras áreas. As perspectivas da engenharia são muito boas. Boas oportunidades de emprego são esperadas para novos engenheiros graduados durante 2015-2025.
- A maioria dos diplomas de engenharia é concedida para engenheiros elétricos, mecânicos e civis, as "funções-mãe" de todas as outras ramificações da engenharia.

No ano de 2013, os engenheiros detiveram aproximadamente 1,6 milhão de postos de trabalho (veja a Tabela 1.1).

A distribuição de empregos por carreira é mostrada na Tabela 1.1.

Conforme mencionado anteriormente, os engenheiros ganham alguns dos maiores salários dentre os detentores de bacharelado. A média de salário inicial para engenheiros é mostrada na Tabela 1.2. Os dados mostrados nessa tabela são resultado da pesquisa de maio de 2013 conduzida pelo U.S. Bureau of Labor Statistics.

De acordo com o U.S. Bureau of Labor Statistics, a média anual de salários estava entre US$ 104.250 para engenharia da computação e US$ 74.450 para engenharia agrícola, em março de 2009.

| TABELA 1.1 | Empregos em engenharia por carreira – Dados do U. S. Bureau of Labor Statistics |

Total, Todos os engenheiros	1.547.590
Civil	262.170
Mecânico	258.630
Industrial	230.580
Elétrico	168.100
Eletrônico, exceto engenheiro da computação	135.350
Hardware de computador	77.670
Aeroespacial	71.500
Ambiental	53.020
Engenheiro de petróleo	34.910
Químico	33.300
Engenheiro de materiais	24.190
Sanitarista e engenheiro de segurança, exceto segurança da mineração	23.850
Bioquímico	19.890
Nuclear	16.400
Engenheiro de minas e engenheiro geológico, incluindo segurança da mineração	7.990
Engenheiros e arquitetos navais	6.640
Agrícola	2.590
Todos os outros engenheiros	120.810

Dados do U.S. Bureau of Labor Statistics

| TABELA 1.2 | Média salarial para engenheiros (2013) – Dados do U.S. Bureau of Labor Statistics |

Carreiras ou Especialidades	Média Salarial
Aeroespacial/aeronáutica/astronáutica	$103.870
Agrícola	74.450
Bioengenharia e engenharia biomédica	88.670
Química	95.730
Civil	80.770
Engenharia da computação	104.250
Elétrica/eletrônica e de comunicações	89.180
Industrial/de produção	80.300
Engenharia de materiais	87.330
Mecânica	82.100
Engenharia de minas e minérios	86.870
Nuclear	101.600

Dados do U.S. Bureau of Labor Statistics

Antes de continuar

Responda às perguntas a seguir para testar o que aprendeu.

1. Quais são as necessidades essenciais das pessoas?

2. Dê exemplos de produtos e serviços que tornam a vida cotidiana melhor.

3. Quais são as últimas projeções populacionais mundiais segundo o U. S. Census Bureau?

4. Dê exemplos de mudanças que continuamente alteram nosso modo de viver.

5. O que os engenheiros fazem?

OA³ 1.3   Características comuns aos bons engenheiros

Embora as atividades de um engenheiro sejam muito variadas, há alguns aspectos e hábitos de trabalho que caracterizam os engenheiros bem-sucedidos de hoje.

- Os engenheiros são solucionadores de problemas.
- Bons engenheiros desenvolvem sólido conhecimento dos princípios fundamentais da engenharia que podem ser usados para resolver grande variedade de problemas.
- Bons engenheiros são analíticos, detalhistas e criativos.
- Bons engenheiros demonstram o desejo de estar sempre aprendendo. Por exemplo, participam de aulas de educação continuada, seminários e *workshops* para estar informados sobre inovações e tecnologias emergentes. Isso é particularmente importante no mundo de hoje, pois as rápidas mudanças tecnológicas exigem que você, como engenheiro, acompanhe as novas tecnologias. Além disso, você correrá o risco de ser demitido ou ter uma promoção negada, caso não aprimore sua formação de engenharia.
- Independentemente da área de especialização, os bons engenheiros contam com conhecimento profundo, que pode ser aplicado em muitas áreas. Portanto, engenheiros bem treinados são capazes de trabalhar fora de sua área de especialização, em outros campos relacionados. Por exemplo, um bom engenheiro mecânico, com ampla base de conhecimento, pode trabalhar como engenheiro automotivo, aeroespacial ou químico.
- Bons engenheiros contam com boas habilidades de comunicação oral e escrita que os capacitam a trabalhar com seus colegas e transmitir seus conhecimentos para uma ampla gama de clientes.
- Bons engenheiros têm habilidades de gerenciamento de tempo que os capacitam a trabalhar de maneira produtiva e eficiente.
- Bons engenheiros apresentam boas "habilidades interpessoais" que os permitem interagir de maneira eficiente com várias pessoas nas organizações. Por exemplo, comunicam-se bem com especialistas de vendas e marketing e com os próprios colegas.
- Os engenheiros devem escrever relatórios. Esses relatórios podem ser extensos, detalhados e técnicos, com gráficos, diagramas e plantas, ou podem ser breves memorandos ou resumos executivos.
- Os engenheiros são hábeis no uso de computadores de várias maneiras diferentes para modelar e analisar diversos tipos de problemas práticos.

- Bons engenheiros participam ativamente das organizações locais e nacionais, em sua área de especialização, frequentando seminários, *workshops* e reuniões. Muitos até fazem apresentações em reuniões profissionais.
- Os engenheiros geralmente trabalham em equipe quando consultam uns aos outros para resolver problemas complexos. Dividem a tarefa em problemas menores e gerenciáveis para repartirem-na entre si; consequentemente, engenheiros produtivos devem trabalhar bem em equipe. As boas habilidades interpessoais e de comunicação são cada vez mais importantes por causa do mercado global. Por exemplo, várias partes de um carro são produzidas em diferentes empresas, localizadas em diferentes países. Para garantir que todos os componentes se ajustem e funcionem bem conjuntamente, a cooperação e a coordenação são essenciais, o que demanda excelentes habilidades de comunicação.

Obviamente, o interesse em criar coisas, separar coisas ou resolver quebra-cabeças não é tudo para se tornar um engenheiro. Além de ter a dedicação para o aprendizado e o desejo de encontrar soluções, o engenheiro precisa adotar determinadas atitudes e características de personalidade.

OA⁴ 1.4 Carreiras de engenharia

Agora que você já tem uma ideia geral do que os engenheiros fazem, pode refletir sobre as diversas ramificações ou especialidades na engenharia. Um bom lugar para aprender mais sobre as áreas de especialização em engenharia é a internet, em *sites* de empresas de engenharia. Explicaremos no Capítulo 2 que, ao passar um tempo lendo sobre essas empresas, você descobrirá muitos interesses comuns e uma coincidência de serviços que podem ser usados por engenheiros de várias carreiras. Segue uma lista de alguns *sites* úteis em que você pode pesquisar informações sobre as várias carreiras da engenharia.

American Academy of Environmental Engineers
www.aaees.org
American Institute of Aeronautics and Astronautics
www.aiaa.org
American Institute of Chemical Engineers
www.aiche.org
The American Society of Agricultural and Biological Engineers
www.asabe.org
American Society of Civil Engineers
www.asce.org
American Nuclear Society
www.ans.org
American Society for Engineering Education
www.asee.org
American Society of Heating, Refrigerating, and Air-Conditioning Engineers
www.ashrae.org

American Society of Mechanical Engineers
www.asme.org
Biomedical Engineering Society
www.bmes.org
Institute of Electrical and Electronics Engineers
www.ieee.org
Institute of Industrial Engineers
The Global Association of Productivity & Efficiency Professionals
www.iienet2.org
National Academy of Engineering
www.nae.edu
National Science Foundation
www.nsf.gov
National Society of Black Engineers
www.nsbe.org
National Society of Professional Engineers
www.nspe.org

Society of Automotive Engineers
www.sae.org

Society of Hispanic Professional Engineers
www.shpe.org

Society of Manufacturing Engineering
www.sme.org

Society of Women Engineers
www.swe.org

Tau Beta Pi
(All-Engineering Honor Society)
www.tbp.org

NASA Centers
Ames Research Center
www.arc.nasa.gov

Dryden Flight Research Center
www.dfrc.nasa.gov

Goddard Space Flight Center
www.gsfc.nasa.gov

Jet Propulsion Laboratory
www.jpl.nasa.gov

Johnson Space Center
www.jsc.nasa.gov

Kennedy Space Center
www.ksc.nasa.gov

Langley Research Center
www.larc.nasa.gov

Marshall Space Flight Center
www.msfc.nasa.gov

Glenn Research Center
www.grc.nasa.gov

Inventors Hall of Fame
www.invent.org

U.S. Patent and Trademark Office
www.uspto.gov

Quais são algumas das áreas de especialização em engenharia?

Há mais de vinte carreiras principais ou especialidades reconhecidas pelas sociedades de profissionais de engenharia. Além disso, em cada carreira existem várias ramificações. Por exemplo, o programa de engenharia mecânica pode ser tradicionalmente dividido em duas áreas amplas: (1) sistemas térmicos/fluidos e (2) sistemas estruturais/sólidos. Na maioria dos programas de engenharia mecânica, durante seu último ano escolar, você pode frequentar aulas opcionais que ampliam seu conhecimento básico de acordo com seus interesses. Portanto, por exemplo, se você está interessado em aprender mais sobre construir casas aquecidas durante o inverno ou resfriadas durante o verão, poderá assistir aulas sobre aquecimento, refrigeração e aparelhos de ar-condicionado. Para ter ideias adicionais sobre várias ramificações dentro das carreiras específicas de engenharia, considere a engenharia civil. As principais ramificações do programa de engenharia civil normalmente são as engenharias ambiental, geotécnica, hídrica, de transportes e estrutural. As ramificações da engenharia elétrica podem incluir geração e transmissão de energia, comunicações, controle, eletrônica e circuitos integrados.

> Os engenheiros civis projetam e supervisionam a construção de prédios, estradas e rodovias, pontes, barragens, túneis, sistemas de transporte de massa, aeroportos e sistemas municipais de abastecimento de água e esgotamento sanitário.

Nem todas as carreiras de engenharia são discutidas aqui, mas incentivamos você a visitar os *sites* das sociedades de engenharia para aprender mais sobre uma carreira de engenharia em particular.

Conselho de Credenciamento para Engenharia e Tecnologia (Accreditation Board for Engineering and Technology)

Mais de trezentas escolas e universidades nos Estados Unidos oferecem programas de bacharel em engenharia reconhecidos pelo Accreditation Board for Engineering and Technology (**ABET**). O ABET examina as credenciais das faculdades que possuem programas de engenharia, o conteúdo curricular, as instalações e as normas de admissão antes de conceder o credenciamento. Pode ser interessante procurar o *status* de credenciamento do programa de engenharia que você pretende cursar.

O ABET mantém um *site* com a lista de todos os programas credenciados; visite www.abet.org para obter mais informações. De acordo com o ABET, os programas de engenharia credenciados devem demonstrar que seus graduados, de acordo com o tempo de graduação, apresentam:

- habilidade para aplicar o conhecimento em matemática, ciências e engenharia;
- habilidade para projetar e realizar experimentos, bem como analisar e interpretar dados;
- habilidade para projetar um sistema, componente ou processo que atenda às necessidades desejadas;
- habilidade para trabalhar em equipes multidisciplinares;
- habilidade para identificar, formular e resolver problemas de engenharia;
- compreensão das responsabilidades profissionais e éticas;
- habilidade para comunicar-se eficientemente;
- instrução necessária para compreender o impacto das soluções de engenharia no contexto social e global;
- reconhecimento de necessidade e capacidade de se comprometer com um aprendizado permanente;
- conhecimento de questões contemporâneas; e
- habilidade para usar as técnicas, aptidões e ferramentas modernas de engenharia (Figura 1.4), necessárias para o exercício da profissão.

Portanto, há alguns resultados de aprendizagem esperados para um engenheiro graduado. Os programas de bacharelado em engenharia normalmente são de quatro anos; entretanto, muitos estudantes levam cinco anos para obter o diploma. Em um programa de engenharia normal, você passará os dois primeiros anos estudando matemática, inglês, física, química, engenharia introdutória, ciência da computação, ciências humanas e sociais. Esses dois primeiros anos geralmente são chamados de

Chuck Rausin/Shutterstock.com

| FIGURA 1.4 | Os engenheiros são hábeis no uso de computadores de várias maneiras diferentes para modelar e analisar diversos tipos de problemas práticos. |

pré-engenharia. Nos dois anos finais, muitos cursos são na área de engenharia mesmo, com uma concentração na ramificação escolhida. Por exemplo, durante os dois últimos anos de seus estudos em um programa de engenharia mecânica típico, você participará de cursos sobre termodinâmica, mecânica dos materiais, mecânica dos fluidos, transferência de calor, termodinâmica aplicada e projetos. Durante os últimos dois anos de seus estudos em engenharia civil, poderá esperar passar por cursos de mecânica dos fluidos, transporte, engenharia geotécnica, hidráulica, hidrologia e projetos de aço e concreto. Alguns programas oferecem um currículo de engenharia generalizado; os estudantes então deverão se especializar em escolas de graduação ou no exercício da profissão.

> Os engenheiros mecânicos são treinados em projeto, desenvolvimento, teste e manufatura de máquinas, robôs, ferramentas, equipamentos geradores de energia (como turbinas de vapor e gás), equipamentos de aquecimento, ventilação e refrigeração e motores de combustão interna.

Muitas escolas comunitárias em todo o país oferecem os dois primeiros anos de programas de engenharia, que normalmente são aceitos pelas escolas de engenharia. Algumas escolas de engenharia oferecem programas de mestrado de cinco anos (incluindo a graduação). Outras, a fim de fornecer experiência prática, têm um plano cooperativo em que os alunos assistem aulas durante os três primeiros anos e depois podem passar um semestre sem estudar para trabalhar em uma empresa de engenharia. Logicamente, depois de um semestre ou dois, os estudantes retornam à escola para concluir a formação. As escolas com programas cooperativos geralmente oferecem complementos integrais de aulas todos os semestres, assim os alunos podem obter a graduação em quatro anos, se desejarem.

O profissional de engenharia

Todos os cinquenta estados dos EUA e o Distrito de Colúmbia exigem registro para engenheiros cujo trabalho pode afetar a segurança pública. Como um primeiro passo para tornar-se um profissional de **engenharia** (PE – *professional engineer*), você deve possuir um diploma em um programa de engenharia reconhecido pelo ABET. Também é necessário ser aprovado no **Exame Fundamentos da Engenharia** (FE – *Fundamentals of Engineering Exam*).

O exame FE é destinado a recém-graduados e alunos próximos a concluir a graduação em engenharia. Trata-se de um exame feito no computador e administrado durante todo o ano por centros de teste aprovados pelo NCEES – National Council of Examiners for Engineering and Surveying (Conselho Nacional de Examinadores de Engenharia e Agrimensura). O exame FE tem duração de seis horas, inclui um tutorial, um intervalo, o exame e uma breve pesquisa no final. Trata-se de um exame sem consulta a livros, com referências eletrônicas contendo 110 perguntas de múltipla escolha. Além disso, possui perguntas no sistema internacional de unidades (SI) e no sistema americano, portanto estude o Capítulo 6 deste livro cuidadosamente. O exame é oferecido em sete carreiras: química, civil, elétrica e engenharia da computação, ambiental, industrial, mecânica e "outras". Depois de passar no exame FE, é necessário obter quatro anos de experiência de trabalho relevante em engenharia e passar em outro exame de oito horas (o exame *Principles and Practice of Engineering* – Princípios e Práticas em Engenharia), aplicado pelo estado. Os candidatos escolhem um exame em uma das 16 carreiras de engenharia. Alguns engenheiros são registrados em diversos estados. Normalmente, os engenheiros civis, mecânicos, químicos e elétricos procuram registro profissional.

Como recém-graduado, você trabalhará sob a supervisão de um engenheiro mais experiente. De acordo com suas atribuições, algumas empresas podem colocá-lo para frequentar *workshops* (breves cursos de uma semana) ou seminários de um dia inteiro para obter treinamento adicional em habilidade de comunicação, gerenciamento de tempo ou um método de engenharia específico. Na medida em que adquire mais experiência, terá mais liberdade de tomar suas decisões de engenharia. Depois de muitos anos de experiência, você pode então escolher tornar-se encarregado de uma equipe de engenheiros ou técnicos. Alguns engenheiros recém-formados não começam suas carreiras na área específica de engenharia, mas em vendas ou em marketing relacionado a produtos e serviços de engenharia.

Conforme mencionado, há mais de vinte carreiras de engenharia reconhecidas pelas sociedades profissionais. Entretanto, a grande maioria dos diplomas de engenharia emitidos é para engenheiros civis, elétricos e mecânicos. Portanto, essas disciplinas são discutidas aqui primeiramente.

Engenharia civil A engenharia civil provavelmente é a mais antiga das carreiras de engenharia. Como o nome indica, a engenharia civil está preocupada com a infraestrutura e serviços públicos. Os engenheiros civis projetam e supervisionam a construção de prédios, estradas e rodovias, pontes, barragens, túneis, sistemas de transporte de massa e aeroportos. Também estão envolvidos no projeto e supervisão de sistemas municipais de abastecimento de água e esgotamento sanitário. As principais ramificações da engenharia civil incluem as engenharias estrutural, ambiental, de transportes, hídrica e geotécnica. Os engenheiros civis (Figura 1.5) trabalham como consultores, supervisores de construção, engenheiros urbanos e engenheiros de transporte e utilidades públicas. De acordo com o Bureau of Labor Statistics, a perspectiva de trabalho em engenharia civil é boa, pois, conforme a população cresce, mais engenheiros civis são necessários para projetar e supervisionar a construção de novas casas, estradas e sistemas de abastecimento de água e esgotamento sanitário. Também são necessários na supervisão de equipes de manutenção e renovação de estruturas públicas existentes, como estradas, pontes e aeroportos.

Engenharia elétrica e eletrônica A engenharia elétrica e eletrônica é a carreira de engenharia mais ampla de todas. Engenheiros elétricos projetam, desenvolvem, testam e supervisionam a fabricação de equipamentos elétricos, incluindo iluminação e fiação de residências, automóveis, ônibus, trens, navios e aviões, a geração de energia e o equipamento de transmissão para empresas de serviços públicos, motores elétricos existentes em vários produtos, dispositivos de controle e equipamento de radar. As principais ramificações da engenharia elétrica incluem geração de energia, transmissão e distribuição de energia e controle. Os engenheiros eletrônicos (Figura 1.6) projetam, desenvolvem, testam e supervisionam a produção de equipamentos eletrônicos, incluindo *hardware* de computadores, *hardware* de redes de computadores, dispositivos de comunicação, como telefones celulares, televisores e equipamentos de vídeo e áudio, e ainda equipamentos de medição. Dentre as crescentes ramificações da engenharia eletrônica estão equipamentos de informática e comunicação. A perspectiva para engenheiros elétricos e eletrônicos é muito boa, pois as empresas e o governo precisam de computadores rápidos e sistemas de comunicação melhores. Logicamente, os dispositivos eletrônicos para o mercado consumidor também desempenharão um papel significativo no crescimento da oferta de trabalho para engenheiros elétricos e eletrônicos.

> Os engenheiros elétricos projetam, desenvolvem, testam e supervisionam a fabricação de equipamentos elétricos. Dentre eles estão iluminação e fiação de residências, automóveis, ônibus, trens, navios e aviões, equipamentos de geração e transmissão de energia para empresas de serviços públicos, motores elétricos encontrados em vários produtos, dispositivos de controle e equipamento de radar.

Engenharia mecânica A disciplina de engenharia mecânica, vem se desenvolvendo ao longo dos anos, conforme foram surgindo novas tecnologias, é uma das carreiras mais amplas da engenharia. Os engenheiros mecânicos são treinados em projeto, desenvolvimento, teste e manufatura de máquinas, robôs, ferramentas, equipamento geradores de energia, como turbinas de vapor e gás, equipamentos de aquecimento, ventilação e refrigeração e motores de combustão interna. As principais ramificações da engenharia mecânica incluem sistemas térmicos/fluidos e sistemas estruturais/sólidos. A perspectiva para engenheiros mecânicos também é muito boa, pois são necessárias máquinas mais eficientes, equipamentos de geração de energia e dispositivos produtores de energia alternativa. Você encontrará engenheiros mecânicos trabalhando para o governo federal, empresas de consultoria, vários setores manufatureiros, indústria automotiva e outras empresas de transporte.

As outras carreiras comuns na engenharia incluem engenharia aeroespacial, biomédica, química, ambiental, de petróleo, nuclear e de materiais.

© Charles Thatcher/Stone/Getty Images

FIGURA 1.5   Engenheiro civil no trabalho.

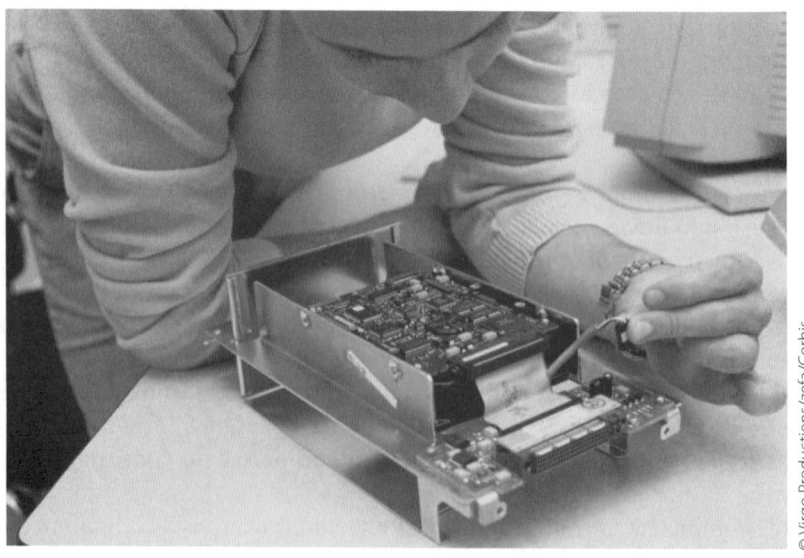

© Virgo Productions/zefa/Corbis

FIGURA 1.6   Engenheiro elétrico no trabalho.

Engenharia aeroespacial Os engenheiros aeroespaciais projetam, desenvolvem, testam e supervisionam a fabricação de aviões comerciais e militares, helicópteros, espaçonaves e mísseis. Eles trabalham em projetos que lidam com pesquisa e desenvolvimento de sistemas de controle, orientação e navegação. A maioria dos engenheiros aeroespaciais trabalha para fabricantes de aeronaves e mísseis, o Departamento de Defesa e a NASA. Se você decidir seguir a carreira de engenharia aeroespacial, pode esperar morar na Califórnia, Washington, Texas ou Flórida, pois esses são os estados com grandes empresas de fabricação de aeronaves. De acordo com o Bureau of Labor Statistics, a perspectiva de trabalho para engenheiros aeroespaciais também é muito boa. Em razão do crescimento populacional e da necessidade de atender a demanda de mais tráfego aéreo de passageiros, também são esperados mais fabricantes de aeronaves comerciais.

> Os engenheiros aeroespaciais projetam, desenvolvem, testam e supervisionam a fabricação de aviões comerciais e militares, helicópteros, espaçonaves e mísseis. Eles também trabalham em projetos que lidam com pesquisa e desenvolvimento de sistemas de controle, orientação e navegação.

Engenharia biomédica A engenharia biomédica é uma disciplina nova que combina biologia, química, medicina e engenharia para resolver grande variedade de problemas relacionados à área médica e de saúde. Os engenheiros biomédicos aplicam as leis e os princípios da química, biologia, medicina e engenharia para projetar membros artificiais, órgãos, sistemas de imagens e dispositivos usados nos procedimentos médicos. Também executam pesquisa junto a médicos, químicos e biólogos para entender melhor vários aspectos dos sistemas biológicos e do corpo humano. Além do treinamento em biologia e química, os engenheiros biomédicos apresentam sólida formação em engenharia mecânica ou elétrica.

Há muitas especializações dentro da engenharia biomédica, incluindo: biomecânica, engenharia de biomateriais, de tecidos, de imagens médicas e de reabilitação. A cirurgia baseada em computador e a engenharia de tecidos estão entre as áreas de crescimento mais rápido de pesquisas na engenharia biomédica. De acordo com o Bureau of Labor Statistics, a perspectiva de trabalho para graduados em engenharia biomédica é muito boa, em decorrência do foco em problemas de saúde e na população cada vez mais idosa.

Engenharia química Como o nome diz, os engenheiros químicos usam os princípios da química e as ciências da engenharia básica para resolver diversos problemas relacionados à fabricação de produtos químicos e seu uso em vários segmentos de mercado, incluindo farmacêutico, eletrônico e fotográfico. A maioria dos engenheiros químicos é empregada por laboratórios químicos, refinarias de petróleo, indústrias de filme, papel, plásticos, tintas e outras relacionadas. Os engenheiros químicos também trabalham em metalúrgicas, indústrias de processamento de alimentos, de biotecnologia e fermentação. Eles geralmente se especializam em determinadas áreas como polímeros, oxidação, fertilizantes ou controle de poluição. Para atender às necessidades da população em crescimento, a perspectiva de trabalho para engenheiros químicos também é boa, de acordo com o Bureau of Labor Statistics.

> Os engenheiros químicos usam os princípios da química e as ciências da engenharia básica para resolver vários problemas relacionados à fabricação de produtos químicos e seu uso em diversos segmentos de mercado, incluindo farmacêutico, eletrônico, indústrias de tintas, papel e plásticos.

Engenharia ambiental A engenharia ambiental é outra carreira nova que vem crescendo por causa da preocupação com o meio ambiente. Como o próprio nome diz, a engenharia ambiental preocupa-se em solucionar problemas relacionados ao meio ambiente. Os engenheiros ambientais aplicam as leis e os princípios da química, biologia e engenharia para tratar de problemas relacionados ao controle de poluição da água e do ar, resíduos perigosos, descarte de resíduos e reciclagem. Esses problemas, se não forem resolvidos adequadamente, afetarão a saúde pública. Muitos engenheiros ambientais estão envolvidos com o desenvolvimento de políticas e regulamentações ambientais locais,

> Os engenheiros ambientais aplicam as leis e os princípios da química, biologia e engenharia para tratar de problemas relacionados ao controle de poluição da água e do ar, resíduos perigosos, descarte de resíduos e reciclagem.

nacionais e internacionais. Eles estudam os efeitos das emissões industriais e das emissões automobilísticas que levam à chuva ácida e à degradação da camada de ozônio. Também trabalham em problemas relacionados à limpeza dos resíduos perigosos existentes. Os engenheiros ambientais trabalham como consultores ou para órgãos locais, estaduais ou federais.

De acordo com o Bureau of Labor Statistics, a perspectiva de trabalho para graduados em engenharia ambiental é muito boa, pois os engenheiros ambientais serão necessários em maior número para trabalhar e controlar os problemas ambientais descritos anteriormente. É importante observar que a perspectiva de trabalho para engenheiros ambientais, mais do que para engenheiros de outras carreiras, é afetada pela política. Por exemplo, políticas ambientais fracas podem levar a menos empregos, ao passo que políticas rigorosas podem levar a um número cada vez maior de empregos.

Engenharia de produção Os engenheiros de produção desenvolvem, coordenam e supervisionam o processo de manufatura de todos os tipos de produtos. Estão preocupados com a fabricação de produtos de maneira eficiente e a um custo mínimo. Os engenheiros de produção estão envolvidos em todos os aspectos da produção, incluindo planejamento e manuseio de materiais, projeto, desenvolvimento, supervisão e controle de linhas de montagem.

Eles utilizam robôs e tecnologias de visão artificial para fins de produção. Para demonstrar os conceitos de novos produtos e economizar tempo e dinheiro, os engenheiros de produção criam protótipos de produtos antes de passarem à produção dos produtos reais. Essa abordagem é denominada *prototipagem*. Os engenheiros de produção são empregados por todos os tipos de indústrias, incluindo automotiva, aeroespacial e de processamento e embalagem de alimentos. Prevê-se boa perspectiva de trabalho para engenheiros de produção.

Engenharia de petróleo Os engenheiros de petróleo são especializados na descoberta e produção de petróleo e gás natural. Em colaboração com geólogos, eles pesquisam o mundo subterrâneo em busca de reservas de petróleo e gás natural. Os geólogos possuem boa compreensão das propriedades das rochas que envolvem a crosta da Terra. Após avaliarem as propriedades das formações rochosas em torno dos reservatórios de petróleo e gás, os geólogos trabalham com os engenheiros de petróleo a fim de determinar os melhores métodos de perfuração. Os engenheiros de petróleo também estão envolvidos no monitoramento e na supervisão das operações de perfuração e extração de petróleo. Em colaboração com outros engenheiros especializados, os engenheiros de petróleo projetam equipamentos e criam processos para obter a recuperação de petróleo e gás mais lucrativa. Utilizam modelos de computador para simular o desempenho do reservatório, enquanto experimentam diferentes técnicas de recuperação. Se você decidir seguir engenharia de petróleo, é mais provável que trabalhe para uma das principais empresas de petróleo ou para uma das centenas de refinarias pequenas e independentes envolvidas na exploração, produção e serviços de petróleo. As empresas de consultoria de engenharia, as agências governamentais, os serviços de campo e os fornecedores de equipamentos também empregam engenheiros de petróleo. De acordo com o U.S. Department of Labor, grande número de engenheiros de petróleo está empregado no Texas, Oklahoma, Louisiana, Colorado e Califórnia, incluindo plataformas costeiras. Muitos engenheiros de petróleo norte-americanos também trabalham no exterior, em regiões de produção de petróleo como Rússia, Oriente Médio, América do Sul ou África.

A perspectiva de trabalho para engenheiros de petróleo depende dos preços do petróleo e do gás. Independentemente desse fato, se você decidir estudar engenharia de petróleo, as oportunidades de emprego devem ser favoráveis, pois o número de diplomas de engenharia de petróleo concedidos tem sido tradicionalmente baixo. Além disso, os engenheiros de petróleo trabalham no mundo todo e muitos empregadores buscam engenheiros de petróleo dos Estados Unidos para trabalhar em outros países.

Engenharia nuclear Poucas escolas de engenharia no país oferecem o programa de engenharia nuclear. Os engenheiros nucleares projetam, desenvolvem, monitoram e operam equipamentos de energia nuclear que derivam sua força da energia nuclear. Os engenheiros nucleares (Figura 1.7) estão envolvidos no projeto, desenvolvimento e operação de usinas de energia nuclear para gerar eletricidade ou acionar navios e submarinos da marinha. Eles também trabalham em áreas como produção e manipulação de combustível nuclear e no descarte seguro de seus resíduos. Alguns engenheiros nucleares estão envolvidos no projeto e desenvolvimento de equipamentos industriais e médicos para diagnósticos. Os engenheiros nucleares trabalham para a Marinha dos Estados Unidos, para empresas de serviços públicos em energia nuclear e para a Nuclear Regulatory Commission of the Department of Energy (Comissão Regulamentar de Energia Nuclear do Departamento de Energia). Por causa do alto custo e às diversas preocupações de segurança para a população, existem poucas usinas de energia nuclear em construção. Mesmo assim, a perspectiva de trabalho para engenheiros nucleares não é tão ruim, pois atualmente não há muitos graduados nessa área. Outras oportunidades de trabalho que existem para engenheiros nucleares estão nos departamentos de Defesa e Energia, na tecnologia médica nuclear e no gerenciamento de resíduos nucleares.

Engenharia de minas Há poucas escolas de engenharia de minas no país. Os engenheiros de minas, em colaboração com geólogos e engenheiros metalúrgicos, encontram, extraem e preparam carvão para uso nas empresas de serviços públicos; também procuram metais e minerais para extração, pois são matérias-primas de muitas indústrias de manufatura. Eles projetam e supervisionam a construção de minas de superfície e subterrâneas. Eles também podem se envolver no desenvolvimento de novos equipamentos de mineração para extração e separação de minérios de outros materiais que contêm os minérios desejados.

A maioria dos engenheiros de minas trabalha na indústria de mineração; alguns trabalham para agências governamentais e para a indústria de manufatura. A perspectiva de trabalho para engenheiros de minas não é tão boa quanto para as outras carreiras. A indústria de mineração é um pouco parecida com a indústria de petróleo, no que diz respeito às oportunidades de trabalho, pois está vinculada aos preços dos metais e minérios. Se o preço desses produtos estiver baixo, as mineradoras não desejarão investir em novos equipamentos ou em novas minas. De modo similar aos engenheiros de petróleo, os engenheiros de minas dos Estados Unidos podem encontrar boas oportunidades fora do país.

© Picture Contact / Alamy

FIGURA 1.7   Engenheiro nuclear no trabalho.

Engenharia de materiais Existem poucas escolas de engenharia que oferecem um programa formal em engenharia de materiais, engenharia cerâmica ou engenheira metalúrgica. Os engenheiros de materiais pesquisam, desenvolvem e testam novos materiais para vários produtos e aplicações de engenharia. Esses novos materiais podem estar na forma de ligas metálicas, cerâmicas, plásticos ou compostos. Os engenheiros de materiais estudam a natureza, a estrutura atômica e as propriedades termofísicas dos materiais. Eles manipulam a estrutura atômica e molecular dos materiais a fim de criar materiais mais leves, resistentes e duráveis. Eles criam materiais com propriedades mecânicas, elétricas, magnéticas, químicas e de transferência de calor específicas para uso em aplicações particulares: por exemplo, raquetes de tênis em grafite, que são muito mais leves e resistentes do que as antigas raquetes de madeira, os materiais compostos usados em aviões militares furtivos com propriedades eletromagnéticas específicas e os revestimentos cerâmicos no ônibus espacial, que protegiam o ônibus durante a reentrada na atmosfera (materiais cerâmicos são materiais não metálicos que podem resistir a altas temperaturas).

A engenharia de materiais pode ser ainda dividida em metalúrgica, cerâmica, plástica e em outras especialidades. Você pode encontrar engenheiros de materiais trabalhando na fabricação de aeronaves, em vários laboratórios de pesquisa e testes, em fabricantes de produtos elétricos, de pedras e de vidro. Por causa do baixo número de recém-graduados, as oportunidades de trabalho são boas para engenheiros de materiais.

Tecnologia de engenharia

No texto anterior, apresentamos a profissão de engenheiro e as diversas áreas de especialização. Agora, iremos descrever um pouco a tecnologia de engenharia. Para aqueles que tendem a ser mais ativos e menos interessados em teoria e matemática, a tecnologia de engenharia pode ser a opção certa. Os programas de tecnologia de engenharia normalmente requerem conhecimento de matemática básica até nível de cálculo integral e diferencial e mais concentração na aplicação de tecnologias e processos. Embora em menor grau do que engenheiros, os tecnólogos de engenharia usam os mesmos princípios de ciências, engenharia e matemática para ajudar os engenheiros na solução de problemas de produção, construção, desenvolvimento de produto, inspeção, manutenção, vendas e pesquisa. Eles também ajudam os engenheiros ou cientistas a definir experimentos, conduzir testes, coletar dados e calcular alguns resultados. Em geral, o escopo de trabalho de um tecnólogo de engenharia é mais orientado à aplicação e requer menos entendimento de matemática, teorias de engenharia e conceitos científicos usados em projetos complexos.

Os programas de tecnologia de engenharia geralmente oferecem o mesmo tipo de carreiras que os programas de engenharia. Por exemplo, você pode obter seu diploma em Tecnologia de Engenharia Civil, Tecnologia de Engenharia Mecânica, Tecnologia de Engenharia Eletrônica ou Tecnologia de Engenharia Industrial. Entretanto, se decidir cursar Tecnologia de Engenharia, observe que a graduação nesse estudo é limitada e o registro como profissional de engenharia pode ser mais difícil em alguns estados.

Os programas de tecnologia de engenharia também são reconhecidos pelo Accreditation Board for Engineering and Technology (ABET). De acordo com o ABET, o currículo de tecnologia de engenharia deve desenvolver eficientemente as seguintes áreas, em suporte aos resultados escolares e objetivos educacionais do programa: matemática, conteúdo técnico, física e ciências naturais e um trabalho de conclusão de curso ou experiência integrada. O conteúdo técnico de determinado programa de tecnologia de engenharia é concentrado na engenharia e na ciência aplicada e destina-se a desenvolver habilidades, métodos, procedimentos e técnicas associadas a uma disciplina técnica em particular.

De acordo com o ABET, um programa de tecnologia de engenharia reconhecido deve demonstrar que os estudantes, no momento da graduação, contam com:

Katie McCullough

Perfil profissional

Cortesia de Katie McCullough

Sempre gostei de matemática, de ciências e de resolver problemas em geral desde o primeiro e segundo graus. A engenharia despertou meu interesse como uma forma de seguir todas essas disciplinas. Quando escolhi cursar o Bacharelado em Engenharia Química passei por muitos desafios. Além das atribuições de leitura e aprendizagem dos materiais da aula, um dos maiores desafios foi decidir em qual segmento de mercado ingressar e que tipo de trabalho executar após a graduação. Duas ações me ajudaram nessa decisão: assistir a diversas aulas eletivas no departamento de engenharia e aproveitar a oportunidade de fazer um estágio.

Hoje, estou na indústria de gás e petróleo, em suporte das instalações em um sistema de tubulação de produtos refinados. Uma das coisas de que mais gostei na engenharia foi a diversidade de experiências de trabalho que já tive. Em minha posição atual, participei de investigações de acidentes e análises de risco para avaliar os perigos em uma instalação. Conduzi projetos de redução de riscos com impacto na comunidade, nos funcionários e no ambiente, minimizando riscos de vazamento e perigos de segurança. Em posições passadas, gerenciei diversos projetos comerciais e também desenvolvi programas de treinamento para engenheiros novos na instalação. Procuro estar sempre sendo desafiada por novas funções e explorar diferentes oportunidades de engenharia em minha carreira.

Cortesia de Katie McCullough

a. habilidade para selecionar e aplicar o conhecimento, técnicas, aptidões e ferramentas modernas da carreira em atividades de tecnologia de engenharia definidas amplamente;

b. habilidade para selecionar e aplicar conhecimentos de matemática, ciências, engenharia e tecnologia nos problemas de tecnologia de engenharia que requerem a aplicação de princípios, procedimentos e metodologias;

c. habilidade para conduzir testes padrão e medições, para realizar, analisar e interpretar experimentos e para aplicar resultados experimentais para melhorar processos;

d. habilidade para projetar sistemas, componentes ou processos para problemas gerais de tecnologia de engenharia de acordo com os objetivos educacionais do programa;

e. habilidade para trabalhar de maneira eficiente como membro ou líder de uma equipe de técnicos;

f. habilidade para identificar, analisar e resolver problemas gerais de tecnologia de engenharia;

g. habilidade para se expressar oralmente, por escrito e por meio de gráficos em ambientes técnicos e leigo, e aptidão para identificar e usar a literatura técnica apropriada;

h. entendimento da necessidade de comprometer-se a conduzir o próprio desenvolvimento profissional continuamente;

i. compreensão e comprometimento com responsabilidades profissionais e éticas, incluindo respeito à diversidade;

j. conhecimento do impacto das soluções de tecnologia de engenharia no contexto social e global; e

k. comprometimento com a qualidade e melhoria contínua.

Portanto, há alguns resultados da aprendizagem esperados para um profissional graduado no programa de tecnologia de engenharia.

Antes de continuar

Responda as perguntas a seguir para testar o que aprendeu.

1. Dê exemplos de características comuns aos engenheiros de sucesso.
2. Por que o aprendizado permanente é importante na engenharia?
3. Por que são importantes boas habilidades de comunicação oral e escrita na engenharia?
4. O que os engenheiros nucleares fazem?
5. O que os engenheiros de petróleo fazem?
6. Qual é a diferença entre engenharia e tecnologia de engenharia?

Vocabulário — Como engenheiro de boa formação e cidadão inteligente, é importante entender que você precisa desenvolver um vocabulário amplo para se comunicar de maneira eficiente. Indique o significado dos termos a seguir.

Profissional de engenharia _____

Engenheiro mecânico _____

Engenheiro elétrico _____

Engenheiro civil _____

Engenheiro aeroespacial _____

Engenheiro de produção _____

Engenheiro químico _____

Engenheiro ambiental _____

RESUMO

OA¹ As obras de engenharia estão em toda parte

Agora você já deve compreender como os engenheiros contribuem para o conforto e o bem-estar de nossa vida cotidiana. Os engenheiros aplicam as leis e os princípios da física, da química e da matemática para projetar milhões de produtos e serviços que usamos em nosso dia a dia. Esses produtos incluem automóveis, computadores, aviões, roupas, brinquedos, aparelhos domésticos, equipamentos cirúrgicos e equipamentos de refrigeração, dispositivos de saúde e máquinas que fazem vários produtos. Os engenheiros também exercem importante função no projeto e na manutenção da infraestrutura de um país, incluindo sistemas de comunicação, serviços públicos e transporte. Projetam e supervisionam a construção de prédios, barragens, rodovias, sistemas de transporte de massa e a construção de usinas que fornecem eletricidade para indústrias, residências e escritórios.

OA² A profissão de engenheiro

Os engenheiros levam em conta fatores importantes como eficiência, custo, credibilidade e segurança quando projetam produtos e serviços. Eles realizam testes para ter certeza de que os produtos que projetaram suportam várias condições e situações. Também procuram formas de melhorar o que já existe. Estão continuamente desenvolvendo materiais novos e mais avançados para criar produtos mais leves e mais resistentes para diferentes aplicações e são responsáveis por encontrar maneiras de extrair petróleo, gás natural e matéria-prima, envolvidos também na busca de novos caminhos para aumentar a colheita de frutas e vegetais, enquanto procuram aumentar a segurança de nossos produtos alimentares. Além de projetar, alguns engenheiros trabalham como representantes de vendas de produtos, enquanto outros fornecem suporte técnico e solução de problemas para os clientes que usam esses produtos. Muitos engenheiros decidem se envolver em vendas e suporte ao cliente, pois a formação de engenharia permite que expliquem e discutam as informações técnicas para auxiliar na instalação, operação e manutenção de vários produtos e máquinas. Nem todos os engenheiros trabalham para indústrias privadas; alguns trabalham para órgãos federais, estaduais e locais em vários segmentos. Os engenheiros trabalham em departamentos de Agricultura, Defesa, Energia e Transporte e outros engenheiros trabalham para NASA.

OA³ Características comuns aos bons engenheiros

Embora as atividades de um engenheiro sejam muito variadas, há algumas características e hábitos de trabalho que caracterizam os engenheiros bem-sucedidos de hoje. Os bons engenheiros são solucionadores de problemas e contam com sólido conhecimento dos princípios fundamentais da engenharia que podem ser usados para resolver diversos problemas. Demonstram o desejo de estar sempre aprendendo. Também contam com boas habilidades de comunicação oral e escrita que os capacitam a trabalhar com seus colegas e colocar seus conhecimentos à disposição de uma ampla gama de clientes. Os engenheiros devem escrever relatórios e esses relatórios podem ser extensos, detalhados e técnicos, com gráficos, diagramas e plantas, ou podem ser breves memorandos ou resumos executivos. Bons engenheiros têm habilidades de gerenciamento do tempo, que os capacitam a trabalhar de maneira produtiva e eficiente. Eles também participam ativamente das organizações locais e nacionais, em sua área de especialização, comparecendo a seminários, *workshops* e reuniões.

OA⁴ Carreiras de engenharia

Há mais de vinte carreiras de engenharia reconhecidas pelas sociedades profissionais. A maioria dos diplomas de engenharia emitidos é para engenheiros civis, elétricos e mecânicos. A engenharia civil é a disciplina mais antiga e, como o nome indica, preocupa-se com a infraestrutura e serviços públicos. A engenharia elétrica e eletrônica é a disciplina de engenharia mais ampla de todas. Engenheiros elétricos projetam, desenvolvem, testam e supervisionam a fabricação de equipamentos elétricos, incluindo iluminação e fiação de residências, automóveis, ônibus, trens, navios e aviões, equipamentos de geração e transmissão de energia para empresas de serviços públicos, motores elétricos existentes em vários produtos, dispositivos de controle e equipamento de radar. A carreira de engenharia mecânica talvez seja opção mais abrangente. Os engenheiros mecânicos são treinados em projeto, desenvolvimento, teste e manufatura de máquinas, robôs, ferramentas, equipamentos geradores de energia (como turbinas de vapor e gás), equipamentos de aquecimento, ventilação e refrigeração e motores de combustão interna. As outras carreiras comuns da engenharia incluem engenharia aeroespacial, biomédica, química, ambiental, de petróleo, nuclear e de materiais.

TERMOS-CHAVE

ABET	Engenharia elétrica	Engenharia de materiais
Engenharia aeroespacial	Engenheiro	Engenharia mecânica
Engenharia biomédica	Engenharia	Engenharia nuclear
Engenharia química	Engenharia ambiental	Engenharia de petróleo
Engenharia civil	*Fundamentals of Engineering Exam*	Profissional de engenharia

APLIQUE O QUE APRENDEU

Este é um projeto para a sala de aula. Cada um de vocês deverá pedir aos pais/avós que pensem em quando se formaram no colégio ou na faculdade e criem uma lista de produtos e serviços de que dispõem hoje em seu dia a dia e que não existiam naquela época. Perguntem a eles se já imaginavam que esses produtos e serviços estariam disponíveis hoje. Para ajudar na lista inicial de seus pais/avós, seguem alguns exemplos: telefones celulares, cartões de banco, computadores pessoais, *airbags* nos carros, leitoras de códigos de barra em supermercados, sistema Sem Parar, etc. Deixe que seus pais/avós expliquem como esses produtos facilitam (ou complicam) nosso dia a dia.

Em seguida, vocês compilarão uma lista de produtos ou serviços que não estão disponíveis no momento e que acreditam que estarão nos próximos vinte anos. Discutam quais carreiras de engenharia estarão envolvidas no projeto e no desenvolvimento desses produtos e serviços. De acordo com as orientações de seu instrutor, vocês poderão trabalhar em grupos. Apresente seus resultados à classe toda. Como futuro engenheiro, como você acha que pode contribuir para o conforto e o bem-estar de nossa vida cotidiana?

PROBLEMAS

Problemas que promovem aprendizado permanente estão indicados por 🔑

1.1 Observe o mundo ao seu redor. Sem quais das conquistas da engenharia você não poderia mais viver?

1.2 Usando a internet, encontre as organizações relativas às carreiras de engenharia a seguir. Dependendo de seus interesses pessoais, prepare um breve relatório de duas páginas sobre os objetivos e missões da organização que você selecionou.

Bioengenharia
Engenharia cerâmica
Engenharia química
Engenharia civil
Engenharia da computação
Engenharia elétrica
Engenharia eletrônica
Engenharia ambiental
Engenharia industrial
Engenharia de produção
Engenharia de materiais
Engenharia mecânica

1.3 Para aumentar a consciência sobre a importância da engenharia e promover a formação e as carreiras em engenharia entre a geração mais nova, prepare e faça uma apresentação de 15 minutos baseada na internet, em um *shopping center* de sua cidade. É necessário fazer um planejamento de tempo antecipado e solicitar permissão das autoridades competentes.

1.4 Se sua aula de introdução à engenharia tiver um projeto de conclusão, apresente seu trabalho final em um *shopping center* em uma data definida por seu instrutor. Se o projeto tiver um componente mais competitivo, mantenha a competição do projeto no *shopping center*.

1.5 Prepare uma apresentação oral de 15 minutos sobre engenharia e suas diversas careiras e, na próxima vez em que voltar para casa, apresente-a aos alunos de seu colégio. Solicite catálogos e folhetos ao departamento de engenharia de sua faculdade e também a empresas de engenharia para levar em sua apresentação.

1.6   Este é um projeto para a sala de aula. Prepare um *site* sobre a engenharia e suas diversas ramificações. Escolham um líder do grupo; em seguida, dividam as tarefas entre vocês. Enquanto trabalha em seu projeto, anote os pontos positivos e os negativos de trabalhar em equipe. Escreva um breve relatório sobre suas experiências a respeito desse projeto. Quais são suas recomendações para os outros alunos que podem trabalhar em um projeto similar?

1.7   Este é um projeto em equipe. Prepare uma apresentação baseada na internet sobre a história da engenharia e o futuro da engenharia. Reúna fotos, pequenos vídeos, gráficos, etc. Forneça os *links* das principais sociedades de engenharia, bem como dos principais centros de pesquisa e desenvolvimento.

1.8   Faça uma pesquisa na internet para obter informações sobre o número de engenheiros empregados em uma área específica e o salário médio nos últimos anos. Apresente suas descobertas a seu instrutor.

1.9   Se estiver planejando estudar engenharia química, investigue o que significam os seguintes termos: *polímeros, plásticos, termoplásticos* e *termoconsolidantes*. Dê no mínimo dez exemplos de produtos plásticos consumidos no dia a dia. Escreva um pequeno relatório explicando o que descobriu.

1.10   Se estiver pretendendo estudar engenharia elétrica, investigue como a eletricidade é gerada e distribuída. Escreva um breve relatório explicando o que descobriu.

1.11   Existem motores elétricos em muitos dispositivos e aparelhos em sua casa. Identifique em sua casa no mínimo três produtos que empregam motores elétricos.

1.12   Identifique no mínimo vinte materiais diferentes usados em vários produtos da sua casa.

1.13   Se estiver pretendendo estudar engenharia civil, investigue o que significa *carga morta, carga viva, carga de impacto, carga do vento* e *carga da neve* no projeto de estruturas.

Escreva um breve memorando para seu instrutor descrevendo suas descobertas.

1.14   Este é um projeto em grupo. Como você pode observar em nossa discussão sobre a profissão de engenheiro, neste capítulo, as pessoas confiam muito nos engenheiros quanto ao provimento de bons produtos e serviços seguros. E também percebeu que não há espaço para erros ou desonestidade na engenharia! Os erros cometidos por engenheiros podem custar não apenas muito dinheiro, mas também vidas. Pense nisto: Um cirurgião incompetente ou sem ética poderia causar a morte de no máximo uma pessoa de cada vez, ao passo que um engenheiro incompetente e não ético poderia causar a morte de centenas de pessoas de uma vez. Se, para economizar dinheiro, um engenheiro não ético projetar uma ponte ou parte de um avião que não atende aos requisitos de segurança, centenas de pessoas estarão em risco!

Visite o *site* da National Society of Professional Engineers e pesquise sobre ética na engenharia. Discuta por que a ética na engenharia é tão importante e explique por que se espera dos engenheiros a prática da engenharia usando os mais altos padrões de honestidade e integridade. Dê exemplos de códigos de ética na engenharia. Escreva um breve relatório para seu instrutor descrevendo suas descobertas.

1.15   O exame *Fundamentals of Engineering* é oferecido em sete carreiras: química, civil, elétrica e engenharia da computação, ambiental, industrial, mecânica e "outras disciplinas". Visite o *site* do NCEES – National Council of Examiners for Engineering and Surveying, disponível em www.ncees.org e, busque algumas perguntas que você pode esperar de matemática, probabilidade e estatística, química, ética, economia na engenharia, estática, entre outras, na carreira que você pretende estudar. No futuro, enquanto você assiste as aulas sobre esses tópicos, lembre-se da importância de se preparar para o exame FE e tornar-se um engenheiro de sucesso.

Projeto I

Objetivo: Projetar um veículo com base nos materiais relacionados abaixo e aderir às regras a seguir.

- Você deve usar todos os itens fornecidos.
- O veículo deve ser lançado de uma altura de 3 metros.
- O veículo deve pousar na área marcada (1,20 m *versus* 1,20 m).
- A cada projeto é permitida uma queda prática.
- Vence o projeto de veículo com menor tempo de queda.
- São permitidos 30 minutos para preparação.
- Explique o raciocínio aplicado em seu projeto.

Materiais fornecidos: 2 placas de papel; 1 copo de papel; 2 balões; 3 elásticos; 1 canudo; 12 etiquetas autoadesivas.

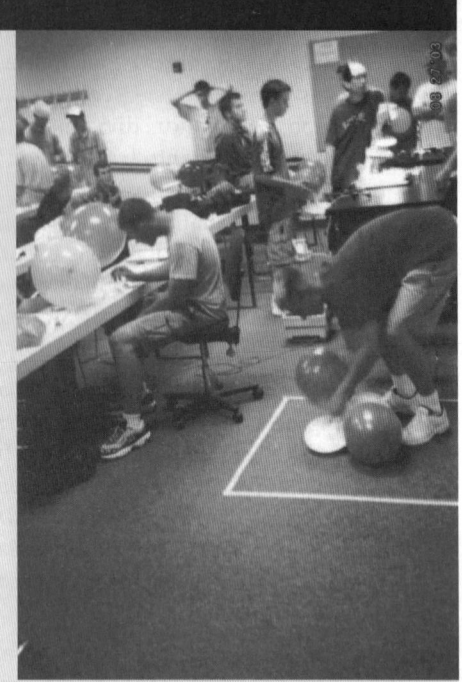

Saeed Moaveni

"Descobri que quanto mais trabalho mais sorte tenho."
– THOMAS JEFFERSON (1743–1826)

Preparando-se para uma carreira em engenharia

Ammentorp Photography/Shutterstock.com

Fazer a transição do Ensino Médio para a faculdade requer esforço extra. Para obter uma formação enriquecedora, você deve perceber que precisará estudar e se preparar desde o primeiro dia de aula, frequentar as aulas regularmente, obter ajuda de imediato, fazer boas anotações, selecionar um bom local para estudar e formar grupos de estudo. Você também deve considerar as ideias para gerenciamento de tempo discutidas neste capítulo para chegar a um planejamento semanal razoável. Sua formação é um investimento caro. Invista com sabedoria.

OBJETIVOS DE APRENDIZADO

OA¹ **A transição do Ensino Médio para a faculdade:** perceber que, no Ensino Médio, a maior parte de seu aprendizado acontece na sala de aula. Na faculdade, ao contrário, a maior parte de sua educação ocorre fora da sala de aula

OA² **Gerenciamento de tempo:** descrever maneiras de gerenciar seu tempo de modo a ter uma experiência universitária gratificante e tempo suficiente para estudo, eventos sociais e trabalho

OA³ **Hábitos e estratégias de estudo:** explicar os hábitos e as estratégias de estudo que levam a um bom desempenho acadêmico

OA⁴ **Ingresso em associações de engenharia:** descrever por que é importante ingressar em associações de engenharia

OA⁵ **Seu plano de graduação:** perceber a importância de ter um plano de graduação

PRATIQUE AS TÉCNICAS DE ESTUDO EMPREGADAS NA FACULDADE DURANTE O ENSINO MÉDIO

DEBATE INICIAL

As mudanças que os alunos enfrentam quando fazem a transição do Ensino Médio para a faculdade são inevitáveis. Os alunos do Ensino Médio terão de se acostumar às diferenças existentes entre professores universitários e professores de colégio, bem como a auditórios de palestras com centenas de alunos. Todavia, podem começar a se adaptar, ainda no Ensino Médio, aos métodos de estudo necessários na faculdade.

Os trabalhos e as avaliações, sem dúvida, tornam-se mais desafiadores quando os alunos entram na faculdade, portanto é fundamental adotar hábitos de estudo disciplinados o mais rapidamente possível. Alguns estudantes universitários costumam dizer que identificar essas estratégias de estudo durante o Ensino Médio solidifica o caminho para o sucesso na universidade.

"Os estudantes do Ensino Médio devem experimentar diversos métodos de estudo para perceber o que funciona melhor para eles", diz Lexie Swift, veterana da Universidade de Iowa. "Dessa forma, quando estiverem na faculdade saberão o que é mais eficiente para eles". É fundamental entender a importância de realmente concluir uma leitura em vez de tentar ignorá-la. Tiffany Sorensen, da turma de 2013 da Stony Brook University (SUNY) sente que esse é um conselho particularmente importante.

Ao se preparar para uma prova, os alunos de Ensino Médio devem ter o hábito de criar seus próprios guias de estudo. Caleb Zimmerman, veterano no King's College na cidade de Nova York, aconselha separar todas as informações necessárias para a prova e organizá-las em um só lugar. Ele diz que isso o ajudou muito ao estudar para as provas da faculdade. "Sempre que tenho uma prova importante, pego tudo o que vai cair nela e reúno em um só lugar. Geralmente, um documento do Word resolve", afirma. "Às vezes esse documento chega a ter de dez a vinte páginas, mas ao menos a mente não ficará dispersa". Entretanto, escolher criar um guia de estudo depende de você, mas ter um guia de estudo é uma medida muito importante para se sair bem nas provas da faculdade.

Outro elemento que não pode ser subestimado é conhecer seus professores. Alguns estudantes dizem que essa é a melhor maneira de definitivamente promover seus objetivos acadêmicos e entender melhor quais materiais separar para estudar. Os estudantes do Ensino Médio podem praticar isso agora, aproximando-se dos professores para solicitar ajuda extra e assim desenvolver relações mais próximas com eles – alguns se tornam até os primeiros candidatos a lhe escrever uma carta de recomendação depois. Zimmerman diz que se arrepende de não ter feito isso quando estava iniciando a faculdade. "Gostaria de ter conseguido conhecer melhor meus professores", afirmou. "Na maioria das vezes, os professores são surpreendentemente acolhedores e criar uma aproximação pessoal pode render boas dicas sobre a maneira como eles pensam".

Se os alunos do Ensino Médio realmente se empenharem em buscar vários métodos de estudo, concluir as tarefas na íntegra, consolidar as informações para as provas e entender exatamente de que modo as relações com professores podem ser proveitosas, o sucesso na faculdade já estará apontando no horizonte.

Fonte: Cathryn Sloane, U.S. News, outubro de 2014, 2013

Para os estudantes: Quantas horas você estudava no Ensino Médio? Quantas horas você acredita que precisará estudar agora que está na faculdade? Quais são as principais diferenças que você imagina haver entre as estruturas de ensino e aprendizado do Ensino Médio e as da universidade? Seu professor também poderá convidar alguns veteranos para compartilhar com a classe suas ideias a esse respeito.

Neste capítulo, apresentaremos algumas sugestões e ideias muito importantes que podem, se seguidas, tornar seu curso de engenharia mais gratificante. Leia esta seção com bastante cuidado, pense sobre como você pode adaptar as estratégias oferecidas aqui para obter ótimos benefícios nos anos de faculdade. Se encontrar alguma dificuldade em seus estudos, releia este capítulo para ter ideias que o ajudarão a manter certa autodisciplina.

OA¹ 2.1   A transição do Ensino Médio para a faculdade

Você agora pertence a um grupo de estudantes de elite, pois está estudando para ser engenheiro. De acordo com a *Chronicle of Higher Education* (Crônica de Ensino Superior), apenas cerca de 5% dos alunos que obtêm o bacharelado nas universidades e faculdades dos Estados Unidos são engenheiros. Você aprenderá a olhar ao seu redor de maneira diferente das outras pessoas e aprenderá como fazer perguntas para descobrir como as coisas são feitas, como elas funcionam, como melhorá-las, como projetar algo a partir de um esboço e como tirar uma ideia do papel para realmente criar algo.

Alguns alunos podem estar por conta própria pela primeira vez na vida. Fazer a transição do Ensino Médio para a faculdade pode ser uma grande etapa para você. Lembre-se de que o que fizer nos próximos quatro ou cinco anos o afetará para o resto da vida. Depende principalmente de você o quanto será feliz ou bem-sucedido. Você deve ter responsabilidade para aprender; ninguém poderá fazê-lo aprender. Dependendo da escola em que cursou o Ensino Médio, você pode não ter precisado estudar muito para ter boas notas. No Ensino Médio, a maior parte do que se aprende vem da sala de aula. Na faculdade, ao contrário, a maior parte de sua educação ocorre fora da sala de aula. Portanto, é necessário desenvolver alguns novos hábitos e abandonar outros antigos para prosperar como estudante de engenharia. O restante deste capítulo apresenta sugestões e ideias que o ajudarão a tornar sua experiência universitária mais bem-sucedida. Considere essas sugestões e tente adaptá-las a sua situação.

OA² 2.2   Gerenciamento de tempo

Cada um de nós pode contar com as mesmas 24 horas no dia, e há muito o que uma pessoa pode fazer em um dia normal para conquistar algumas coisas. Muitas pessoas precisam de aproximadamente oito horas de sono todas as noites. Além disso, todos precisamos ter tempo para trabalhar, para nos dedicar aos amigos e familiares, estudar, relaxar, nos divertir e ainda ficar um pouco à toa.

Suponha que conseguisse um milhão de dólares quando chegasse à vida adulta e lhe fosse dito que esse dinheiro seria tudo o que você teria para o resto da vida, para roupas, comida, entretenimento, lazer etc. Como gastaria esse dinheiro? Logicamente, faria esforços razoáveis para gastar e investir o dinheiro sabiamente. Você seria cuidadoso com o orçamento de várias necessidades, procurando obter o máximo de seu dinheiro. Pesquisaria boas ofertas de vendas e planejaria comprar somente o necessário, tentando não desperdiçar dinheiro. Pense em sua formação da mesma maneira.

> No Ensino Médio, a maior parte do que você aprende vem da sala de aula. Na faculdade, ao contrário, a maior parte de sua educação ocorre fora da sala de aula. Assim, é necessário desenvolver alguns hábitos de estudo novos e superar parte de seus hábitos antigos.

Não fique apenas pagando a mensalidade, sentado na sala de aula e se perdendo em devaneios. Sua formação é um investimento muito caro, que exige um gerenciamento responsável. Uma aluna de uma universidade privada solicitou a sua professora a desistência de uma disciplina porque não estava tendo o retorno que desejava. A professora perguntou a ela quanto havia pago pela disciplina. Ela disse ter gasto aproximadamente US$ 2.000 pela disciplina de quatro créditos. A professora pegou um *laptop* em sua mesa e fez a seguinte pergunta à aluna: Se você comprasse um *laptop* em uma loja de informática, o levasse para casa para instalar algum *software* nele e tivesse alguma dificuldade para fazer o computador funcionar, você o jogaria no lixo? A estudante olhou para a professora como se ela tivesse feito uma pergunta estúpida. Ela explicou à aluna que desistir de uma disciplina, cuja mensalidade ela acabara de pagar, é o mesmo, em muitos aspectos, que jogar um computador no lixo na primeira vez em que ocorre um problema com o *software*. Procure aprender com esse exemplo. Falando em linhas gerais, para muitas pessoas, aprender dá muito trabalho no início e não é muito divertido. Mas, geralmente, depois de um curto período de tempo, aprender torna-se uma diversão, algo que eleva a autoestima. Aprender e entender alguma coisa nova pode ser muito excitante. Vamos examinar o que você pode fazer para aprimorar sua aprendizagem durante os próximos anos para tornar essa educação que está recebendo agora uma experiência gratificante e recompensadora.

Vamos começar fazendo alguns cálculos simples para ver como podemos ser eficientes no uso de nosso tempo. Como o dia tem 24 horas, temos, para o período de uma semana, 168 horas disponíveis. Vamos alocar períodos liberais de tempo para algumas atividades comuns aos alunos. Ao seguir este exemplo, consulte a Tabela 2.1. Observe que os períodos de tempo alocados para várias atividades nesta tabela são bem generosos e você não será privado de sono, relaxamento ou socialização com os amigos. Esses números servem apenas para lhe dar um ponto de partida razoável, a fim de ajudar no planejamento de seu tempo em uma semana. Você pode preferir gastar uma hora do dia relaxando durante a semana e usar as horas sociais adicionais nos finais de semana. Mesmo com relaxamento e tempo social generoso, esse exemplo permite 68 horas na semana para dedicar à sua educação. Um estudante de engenharia típico precisa de 16 créditos no semestre, o que significa simplesmente que cerca de 16 horas na semana são passadas em sala de aula. Ainda temos 52 horas na semana para estudar. Uma boa regra geral é gastar pelo menos duas a três horas de estudo para cada hora na sala de aula, o que resulta em uma semana de estudos com no mínimo 32 e no máximo 48 horas. Logicamente, algumas aulas demandam mais do que outras e exigem mais tempo de preparação e tarefas, projetos e laboratório. Ainda temos de 4 a 20 horas na semana em seu planejamento para alocar a seu próprio critério.

Talvez você não seja um calouro de 18 anos de idade, cujos pais pagam as mensalidades. Pode ser um aluno mais velho, mudando de carreira. Ou pode ser casado e ter filhos, então você precisa ao menos de um trabalho de meio período. Nesse caso, obviamente, terá que fazer cortes em algumas áreas. Por exemplo, você pode querer considerar não assumir tantos créditos em um semestre e seguir um plano de cinco anos, em vez de um plano quatro anos. Dependendo de quantas horas por semana precise trabalhar, poderá replanejar seu tempo. O objetivo desse exemplo de planejamento de tempo é principalmente enfatizar a necessidade de aprender a gerenciar seu tempo com sabedoria se realmente deseja sucesso na vida. Cada indivíduo, como qualquer boa empresa faz, monitora seus recursos. Ninguém deseja que você se torne um robô e conte cada segundo de seu tempo. Esses exemplos são fornecidos para dar-lhe uma ideia de quanto tempo você tem disponível e forçá-lo a considerar quanto de seu tempo está sendo alocado e usado de modo eficiente e sábio. O ponto principal é que planejar seu tempo é muito importante.

Com exceção de alguns cursos, muitas de suas aulas terão duração de 50 minutos, com dez minutos de intervalo entre as aulas para permitir que os alunos assistam a várias aulas consecutivas. Uma outra importante razão para esses intervalos é proporcionar tempo para descansar a mente. Muitas pessoas

| TABELA 2.1 | Exemplo de atividades semanais |

Atividade	Tempo necessário por semana
Dormir: (7 dias/semana) × (8 horas/dia)	= 56 (horas/semana)
Cozinhar e alimentar-se: (7 dias/semana) × (3 horas/dia)	= 21 (horas/semana)
Fazer compras	= 2 (horas/semana)
Cuidados pessoais: (7 dias/semana) × (1 hora/dia)	= 7 (horas/semana)
Passar tempo com a família, namorado(a), relaxar, praticar esportes, exercitar-se, assistir TV: (7 dias/semana) × (2 horas/dia)	= 14 (horas/semana)
Total	**= 100 (horas/semana)**

têm tempo de atenção limitado e não podem se concentrar em determinado tópico por longos períodos sem que haja um intervalo. Ter esses intervalos é saudável; mantém a mente e o corpo saudáveis.

Normalmente, como calouro de engenharia, você pode ter uma carga similar à mostrada aqui:

Química (3)
Laboratório de química (1)
Introdução à engenharia (2)
Cálculo (4)
Produção de texto inglês (3)
Ciências humanas/sociais (3)

A Tabela 2.2 é um exemplo de cronograma para um calouro de engenharia. Você já conhece seus pontos fortes e seus pontos fracos; talvez sejam necessárias várias tentativas para chegar a um cronograma que se ajuste as suas necessidades da melhor forma. Talvez você precise modificar o exemplo de cronograma mostrado por causa de alguma variação no número de créditos ou nos requisitos de outro curso de engenharia em sua escola específica. Manter um caderno de registros diários ajuda a verificar se você está seguindo o cronograma e em que momento usa o tempo de forma ineficiente, para que possa então modificar seu cronograma.

OA³ 2.3 Hábitos e estratégias de estudo

Comece a estudar e a se preparar desde o primeiro dia de aula! Sempre é uma boa ideia ler previamente a matéria que seu professor planeja abordar na aula. Essa prática melhorará seu entendimento e a retenção do conteúdo da matéria. Também é importante repassar, mais tarde, a matéria que foi discutida na aula, no mesmo dia em que a aula foi ministrada. Quando você lê previamente a matéria de uma aula, está se familiarizando com a informação que o professor apresentará na aula. Não se preocupe se não entender tudo completamente nesse momento. Durante a aula, poderá se concentrar na matéria que não havia entendido totalmente e fazer perguntas (Figura 2.1). Quando você repassa a matéria depois da aula, tudo fica mais claro e organizado. Lembre-se de ler a matéria antes da aula e de estudá-la depois da aula no mesmo dia!

> Com 8 horas de sono à noite e 6 horas todos os dias para atividades pessoais, como cozinhar, alimentar-se, relaxar e ficar à toa, você ainda terá 10 horas por dia para outras atividades, como estudar e/ou trabalhar. Como você vai gastar suas 10 horas?

Frequente as aulas regularmente Sim, mesmo se o professor for entediante, você ainda poderá aprender muito frequentando a aula. Seu professor pode oferecer explicações adicionais e discussão de alguma matéria que pode não estar muito bem apresentada no livro. Além disso, você pode fazer perguntas na sala de aula. Se já leu a matéria antes da aula e fez anotações sobre os conceitos que não entendeu totalmente, poderá fazer perguntas durante a aula para esclarecer quaisquer dúvidas. Se precisar de ajuda extra, poderá procurar a sala do professor para pedir assistência adicional.

Obtenha ajuda de imediato Quando precisar de alguma ajuda, não espere nem um minuto para perguntar! Seu professor deve ter seu horário de atendimento afixado na porta de sua sala ou estar disponível pela internet. Os horários de atendimento geralmente são informados no programa do curso. Se, por algum motivo, não puder falar com seu professor durante o horário de atendimento, solicite um agendamento. Quase todos os professores apreciam essa aproximação do aluno (Figura 2.2). Depois de fazer um agendamento, apresente-se no horário marcado e tenha as perguntas anotadas, para que se lembre de tudo. Mais uma vez, lembre-se de que a maior parte dos professores não gosta de alunos que deixam para buscar ajuda na última hora!

Todo professor tem uma história de experiências com alunos que adiam essa busca de ajuda. Recentemente, tive um aluno que me enviou um *e-mail* no domingo, às 22h05, pedindo a prorrogação de uma tarefa que era para ser entregue no dia seguinte. Perguntei ao aluno na manhã seguinte: "Quando você começou a fazer a tarefa?". Ele respondeu: "Às 22h00 do domingo". Em outra ocasião, tive um aluno que veio ao meu gabinete e apresentou-se pela primeira vez. Pediu para que eu

TABELA 2.2	Exemplo de cronograma semanal para calouro de engenharia

Hora	Segunda	Terça	Quarta	Quinta	Sexta	Sábado	Domingo
7–8	Banho/ Vestir-se/ Café da manhã	Banho/ Vestir-se/ Café da manhã	Banho/ Vestir-se/ Café da manhã	Banho/ Vestir-se/ Café da manhã	Banho/ Vestir-se/ Café da manhã	Sono extra	Sono extra
8–9	**AULA DE CÁLCULO**	**AULA DE CÁLCULO**	Estudar Inglês	**AULA DE CÁLCULO**	**AULA DE CÁLCULO**	Banho/ Vestir-se/ Café da manhã	Banho/ Vestir-se/ Café da manhã
9–10	**AULA DE INGLÊS**	**Estudar Introdução à Engenharia**	**AULA DE INGLÊS**	Estudar Introdução à Engenharia	AULA DE INGLÊS	Compras	**HORA LIVRE**
10–11	Estudar Cálculo	**AULA DE INTRODUÇÃO À ENGENHARIA**	Estudar CH/S	**AULA DE INTRODUÇÃO À ENGENHARIA**	**Estudar Cálculo**	Compras	**HORA LIVRE**
11–12	**AULA DE CH/S**	**Estudar Química**	**AULA DE CH/S**	Estudar Química	**AULA DE CH/S**	Exercícios	**Relaxar**
12–1	Almoço	Almoço	Almoço	Almoço	Almoço	Almoço	Almoço
1–2	**AULA DE QUÍMICA**	Estudar Cálculo	**AULA DE QUÍMICA**	**Estudar Introdução à Engenharia**	**AULA DE QUÍMICA**	Relaxar	Relaxar
2–3	Estudar CH/S	**LABORATÓRIO DE QUÍMICA**	Estudar CH/S	Estudar Introdução à Engenharia	Estudar CH/S	**Estudar Química**	Estudar Português
3–4	**Estudar Cálculo**	**LABORATÓRIO DE QUÍMICA**	Estudar CH/S	Estudar Cálculo	Estudar Cálculo	**Estudar Química**	Estudar CH/S
4–5	Exercícios	**LABORATÓRIO DE QUÍMICA**	Exercícios	Exercícios	Exercícios	**Estudar Química**	**Estudar Química**
5–6	Jantar	Jantar	Jantar	Jantar	Jantar	Jantar	Jantar
6–7	**Estudar Química**	Estudar Cálculo	**Estudar Cálculo**	**Estudar Cálculo**	Relaxar	Relaxar	Jantar
7–8	**Estudar Química**	Estudar Cálculo	**Estudar Cálculo**	**Estudar Química**	Estudar Cálculo	**Estudar Introdução à Engenharia**	**Estudar Cálculo**
8–9	**Estudar Introdução à Engenharia**	**Estudar Química**	**Estudar Introdução à Engenharia**	**Estudar Química**	Diversão	Diversão	**Estudar Cálculo**
9–10	**Estudar Português**	**Estudar Química**	**Estudar Português**	**Estudar Português**	Diversão	Diversão	**Estudar Cálculo**
10–11	Relaxar/ Preparar-se para dormir	Relaxar/ Preparar-se para dormir	Relaxar/ Preparar-se para dormir	Relaxar/ Preparar-se para dormir	Diversão	Diversão	Relaxar/ Preparar-se para dormir

FIGURA 2.1 Leia previamente a matéria que seu professor planeja abordar na aula.

escrevesse uma carta de recomendação para um trabalho de verão ao qual ele estava se candidatando. Como muitos professores, eu não escrevo cartas de recomendação para alunos (nem para ninguém) que acabei de conhecer. Procure conhecer seus professores e visite-os regularmente!

Faça boas anotações Todos sabem que é uma boa ideia tomar notas durante as aulas, mas alguns estudantes podem não perceber que também devem fazer anotações enquanto leem. Procure prestar bastante atenção durante as leituras, assim poderá identificar e registrar as ideias e conceitos importantes. Se você já tiver lido antecipadamente a matéria que seu professor pretende abordar na aula, então estará preparado para fazer anotações que complementam as que você já fez no livro. Não é necessário anotar tudo que seu professor diz, escreve ou projeta na tela. O foco é escutar com atenção e anotar somente os conceitos importantes que não havia entendido bem quando leu o livro.

> Lembre-se de ler a matéria antes da aula e de estudá-la depois da aula no mesmo dia, frequente as aulas e procure sempre ajuda extra.

Use cadernos espirais para fazer as anotações. Não use folhas soltas, pois podem se perder com facilidade. Manter um caderno é um bom hábito para desenvolver agora. Como engenheiro, será necessário manter registros de reuniões, cálculos, medidas etc., com hora e data de registro, para poder usar como referência quando tiver necessidade.

Assim, é melhor manter as anotações em um caderno espiral ou em blocos com páginas costuradas para não perder nada. Estude suas anotações por pelo menos uma ou duas horas no mesmo dia em que as fez. Assegure-se de entender todos os conceitos e ideias discutidas em classe antes de tentar fazer sua tarefa. Essa abordagem ajudará a poupar muito tempo na dinâmica do estudo! Não seja daqueles alunos que gastam o menor tempo possível para entender os conceitos básicos e procuram atalhos para encontrar exemplos de problemas em livros similares para resolver o problema da tarefa. Assim, você poderá até resolver o problema da tarefa, mas não desenvolverá o entendimento da matéria. Sem um domínio firme dos conceitos básicos, você não fará bem as provas e estará em desvantagem posteriormente em outras aulas e também na vida, durante a prática da engenharia.

Faça anotações legíveis, assim você poderá voltar nelas depois se precisar refrescar a memória antes das provas. A maioria dos livros de engenharia fornece margens em branco à esquerda ou à

FIGURA 2.2   Obtenha ajuda de imediato – procure seu professor.

direita de cada página. Não hesite em tomar notas nessas margens, pois este é seu livro de estudo. Guarde todos os livros de engenharia; não os venda – algum dia poderá precisar deles. Se tiver computador, poderá fazer uma planilha com o resumo de todos os conceitos importantes. Posteriormente, poderá usar o comando *Localizar* para procurar termos e conceitos selecionados. Talvez queira inserir *links* entre conceitos relacionados em suas anotações. Anotações digitais podem ser mais demoradas para fazer, mas elas economizam tempo depois, quando você for buscar informações.

Selecione um bom local de estudo Você já deve saber que precisa estudar em um lugar confortável e com boa iluminação. Não permita distrações enquanto estiver estudando (Figura 2.3). Você não deve, por exemplo, estudar na frente da TV ou enquanto estiver assistindo a sua comédia favorita. Uma biblioteca certamente é um bom lugar para estudar, mas você pode fazer do seu quarto ou de seu apartamento um bom local de estudo (Figura 2.4). Se for o caso, converse com seu(s) companheiro(s) de quarto sobre seus hábitos e horários de estudo. Explique a ele(s) que você prefere estudar em seu próprio quarto e gostaria de não ser perturbado enquanto estuda. Se possível, encontre um companheiro de quarto veterano em engenharia, que provavelmente será mais compreensivo com suas necessidades de estudo. Lembre-se de que o colo ou os braços do(a) namorado(a) (ou qualquer outra configuração de engenharia aceitável) não são bons locais de estudo. Uma ideia útil é manter sua mesa limpa e evitar ter a foto de seu amor na sua frente. Você não vai querer passar o dia em devaneios enquanto estuda. Você terá muito tempo para isso depois.

Forme grupos de estudo Seu professor será a primeira pessoa a lhe dizer que a melhor forma de aprender algo é ensinar. Para ensinar algo, no entanto, é necessário primeiro entender os conceitos básicos. É preciso estudar por conta própria primeiro e depois reunir-se com os colegas para discutir e explicar as ideias e os conceitos principais. Todos os membros de seu grupo de estudo devem concordar que precisam vir preparados para discutir a matéria relevante e que todos devem contribuir com as discussões. Deve ficar bem claro que os grupos de estudo servem para um propósito diferente daquele de uma sessão de tutoria. Entretanto, se outro aluno em sua classe pedir ajuda, se puder ajude-o explicando novos conceitos que aprendeu. Caso sinta dificuldade em explicar a matéria para alguém, pode ser uma

FIGURA 2.3   Esta não é uma boa maneira de estudar.

lightpoet/Shutterstock.com

FIGURA 2.4   Esta, sim, é uma boa maneira de estudar.

indicação de que você não entendeu bem o conceito e precisará estudar a matéria mais detalhadamente. Então, lembre-se de que uma boa maneira de aprender algo é formar grupos de discussão, situação em que você explica ideias e conceitos para outros membros do grupo usando suas próprias palavras. *Seja um aprendiz ativo e não um aprendiz passivo!*

Prepare-se para as provas   Se você estudar e se preparar desde o primeiro dia de aula, deverá se sair muito bem nas provas. Continue sempre se lembrando de que não há, absolutamente, nenhum substituto para o hábito de estudar diariamente. Não espere para estudar na noite anterior à prova! Esse, definitivamente, não é um bom momento para aprender novos conceitos. A noite anterior à prova é o momento de revisão, somente. Antes de uma prova, gaste poucas horas revisando suas anotações e exemplos de problemas. Certifique-se de ter uma boa noite de sono, assim poderá refrescar sua mente e pensar com clareza no momento da prova. Pode ser uma boa ideia, perguntar ao professor, com antecedência, que tipo de prova ele fará, quantas perguntas haverá ou quais sugestões ele pode dar para ajudá-lo a se preparar melhor. Como em qualquer teste, assegure-se de entender o que se pede nas questões. Leia as perguntas com cuidado antes de começar a responder. Se houver alguma ambiguidade nas questões, peça esclarecimento ao professor. Depois de examinar a prova, talvez queira responder primeiro as perguntas mais fáceis e depois voltar às questões mais complicadas. Algumas pessoas sentem-se ansiosas antes de fazer uma prova. Se isso acontece reduza a ansiedade, preparando-se bem e habituando-se a registrar o tempo que leva para resolver problemas ao fazer suas tarefas.

> Escolha um bom local de estudo. Lembre-se de que o colo ou os braços do(a) namorado(a) não são bons locais de estudo.

Antes de continuar

Responda às perguntas a seguir para testar o que aprendeu.

1. Qual é a principal diferença entre estudar no Ensino Médio e na universidade?
2. Por que é importante criar um cronograma semanal para suas atividades?
3. Dê exemplos de práticas necessárias para se sair bem e ter sucesso na faculdade.
4. Dê exemplos de boas maneiras de fazer anotações.

OA⁴ 2.4 Ingresso em associações de engenharia

Há muitos motivos para ingressar em uma **associação de engenharia**. Ampliar a rede de contatos, participar de visitas a fábricas, ouvir palestrantes técnicos convidados, participar de concorrências de projetos, frequentar eventos sociais, aproveitar oportunidades de aprendizado em pequenos cursos, seminários e conferências e obter crédito estudantil e bolsas de estudo são alguns dos benefícios de ingressar nessas associações. Além disso, bons lugares para aprender mais sobre as áreas de especialização em engenharia são os *sites* das associações de engenharia. Ao passar um tempo lendo sobre essas instituições, você descobrirá que muitas compartilham interesses comuns e fornecem serviços que podem ser usados por engenheiros de várias carreiras. Você também observará que o principal objetivo dessas organizações é oferecer os seguintes benefícios:

1. Realização de conferências e reuniões para compartilhar novas ideias e resultados em pesquisa e desenvolvimento.
2. Publicação de jornais, livros, relatórios e revistas técnicas para ajudar os engenheiros a se manter atualizados sobre determinadas especialidades.
3. Oferecimento de pequenos cursos sobre desenvolvimento técnico atual para manter os profissionais atualizados em seus respectivos campos.
4. Prestação de consultoria para os governos federal e estadual sobre políticas públicas relacionadas à tecnologia.

5. Criação, manutenção e distribuição de normas e padrões que tratam das práticas corretas de projeto de engenharia para assegurar a segurança pública.

6. Fornecimento de um mecanismo de rede por meio do qual pode-se conhecer pessoas de diferentes empresas e instituições. Isso é importante por dois motivos: (1) Se houver um problema para o qual precise de assistência externa a sua empresa, você tem um conjunto de colegas com os quais se reunir para ajudá-lo a solucionar o problema. (2) Boas parcerias podem acontecer caso venha a conhecer pessoas de outras empresas que estão à procura de bons engenheiros para contratar enquanto você está em busca de novas oportunidades.

> Junte-se a uma associação de engenharia. Ampliar a rede de contatos, participar de concorrências de projetos e obter empréstimos estudantis ou bolsas são alguns dos benefícios de fazer parte dessas associações.

Descubra os diretórios de alunos das associações de engenharia em seu *campus*. Participe das primeiras reuniões. Depois de coletar informações, escolha uma organização, junte-se a ela e torne-se um participante ativo. Como poderá perceber por si mesmo, os benefícios de ser membro de uma associação de engenharia são imensos.

OA⁵ 2.5   Seu plano de graduação*

Em muitas escolas há três níveis de admissões. Primeiro, você ingressa na universidade. Para isso acontecer, você deve atender a alguns requisitos. Por exemplo, é necessário estar classificado entre os primeiros x % de sua turma no Ensino Médio, ter certa pontuação nos exames ACT ou SAT e ter muitos anos de estudo de inglês, matemática, ciências e estudos sociais. Depois de concluir o primeiro ano, pode ser necessário se candidatar para ingressar em uma faculdade que oferece o curso de engenharia de seu interesse. Para ser aceito na faculdade de engenharia em sua universidade, será necessário atender a certos requisitos adicionais. Finalmente, no final do segundo ano, depois de concluir com êxito as aulas de matemática, química, física e engenharia básica, será necessário então se candidatar e obter admissão no curso de engenharia específica, por exemplo, civil, elétrica, mecânica etc. Verifique tudo o que é necessário com seu conselheiro para entender bem quais os requisitos para admissão na faculdade e no curso específico, pois em muitas universidades a admissão em um curso de engenharia é altamente seletiva.

Também é uma boa ideia sentar-se com seu conselheiro estudantil e planejar sua graduação. Liste todas as aulas necessárias para obter sua graduação em quatro ou cinco anos. Você sempre pode modificar seu plano posteriormente, de acordo com seus interesses. Procure entender bem os pré-requisitos de cada aula e em qual semestre determinada matéria é oferecida; um fluxograma do programa do curso será bem útil. Para tornar-se consciente de suas responsabilidades sociais como engenheiro, também é necessário concluir determinado número de aulas em ciências humanas e sociais. Analise bem seus interesses atuais e planeje também as matérias eletivas em ciências humanas e sociais. Novamente, não se preocupe se seus interesses mudarem; é possível modificar seu plano. Os alunos que atualmente estudam em uma faculdade comunitária, e pretendem se transferir para uma universidade posteriormente, devem entrar em contato com a universidade, verificar os critérios e requisitos de transferência para o curso de engenharia e preparar o plano de graduação de acordo com essas diretrizes.

Outras considerações

Faça trabalhos voluntários Caso seu cronograma de estudo permita, faça algumas horas de trabalho voluntário para ajudar as pessoas que precisam em sua comunidade. As recompensas são inacreditáveis! Você não apenas se sentirá bem como ganhará um senso de satisfação e conexão com sua comunidade.

---

*   Este plano segue a formação de engenheiro nos EUA. (N.R.T.)

O sistema de voluntariado também ajuda a desenvolver habilidades de comunicação, gerenciamento ou supervisão que não podem ser desenvolvidas com a simples frequência à escola.

Vote nas eleições locais e nacionais A maioria dos alunos já estará com 18 anos ou mais. Assuma suas responsabilidades cívicas com muita seriedade. Exerça seu direito de voto e procure planejar e agir ativamente junto ao seu governo local, estadual ou federal. Lembre-se de que a liberdade não é gratuita. Seja um cidadão bom e responsável.

Conheça seus colegas de classe Há muitos outros motivos para familiarizar-se com os alunos de sua classe. Talvez queira estudar com alguns amigos da sala ou, quando precisar faltar à aula, ter um contato para saber o que foi dado na aula e quais as tarefas. Registre as seguintes informações nos programas de cursos de todas as suas aulas: nome, telefone e endereço de e-mail do aluno que senta próximo a você.

Conheça um estudante de engenharia veterano Familiarize-se com alunos de engenharia que já sejam engenheiros juniores ou seniores; eles poderão lhe fornecer informações valiosas sobre sua educação em engenharia e questões sociais do campus. Peça a seu professor para apresentá-lo a um engenheiro júnior ou sênior e registre as seguintes informações no programa do curso da aula de introdução à engenharia: nome, telefone e endereço de e-mail.

Antes de continuar

Responda às perguntas a seguir para testar o que aprendeu.

1. Por que é importante ingressar em uma associação de engenharia?

2. Explique por que é importante ter um plano de graduação.

3. Dê exemplos de recompensas que uma pessoa recebe ao participar de projetos voluntários.

4. Por que é importante conhecer alunos de anos superiores?

Suzelle Barrington

Perfil profissional

Hoje, a aspiração profissional é um desafio, com muitas oportunidades e novas ramificações surgindo regularmente. No entanto, haverá trabalho nessa área quando eu me formar daqui a três ou quatro anos? A engenharia tornou-se uma carreira interessante para mim quando descobri que poderia fazer coisas interessantes com matemática e ciências, matérias que adoro. Eu poderia aplicá-las para solucionar pequenos problemas de maneira mais simples do que se tivesse estudado física, por exemplo. Depois do primeiro ano em Ciências, decidi mudar para a faculdade de Engenharia. Ainda acredito que, como opção de carreira hoje, a engenharia abra muitas portas relacionadas a projeto e concepção. Além disso, se o ramo de engenharia que você escolher não lhe trouxer uma oportunidade direta em engenharia, é fácil usar o conhecimento básico adquirido para trabalhar em áreas relacionadas.

Há quarenta anos, aproximadamente, iniciei minha carreira como funcionária do Quebec Ministry of Agriculture, Food and Fisheries (Ministério da Agricultura, Alimentação e Pesca de Quebec), gerenciando programas de drenagem rural e projetando instalações agrícolas e para alimentos, como celeiros de grãos e armazéns apropriados para frutas e vegetais. Nessa época, éramos poucas mulheres trabalhando como engenheiras – aproximadamente 1% de fato. Mas eu não ficava pensando muito sobre isso. Estava ocupada desenvolvendo minhas habilidades e formando uma família. Hoje, a porcentagem de mulheres que trabalham como profissionais de engenharia subiu para 10%. Essa porcentagem mais alta – não apenas no mercado de trabalho, mas também na universidade – significa que ambos os sexos tendem a trabalhar conjuntamente. Em outra geração, o número de mulheres iniciando-se na carreira de engenharia provavelmente será o dobro, 20%.

Enquanto estava trabalhando para o Quebec Ministry of Agriculture, Food and Fisheries, decidi voltar para escola em tempo parcial para concluir um mestrado. As coisas correram tão bem que, no segundo ano, decidi ingressar num curso de doutorado. Cinco anos depois, com o novo título, cresci na profissão e ingressei como docente na universidade. Bem, não nos tornamos professores logo de início; é necessário galgar uma carreira, iniciando como assistente, passando a adjunto

Cortesia de Suzelle Thauvette Barrington

e então a professor titular. Essa nova profissão me abriu, mais uma vez, uma nova categoria de oportunidades.

Como professora universitária, tenho a oportunidade de compartilhar minha paixão pela engenharia. A engenharia para mim permite que a imaginação flua amplamente, criando projetos e solucionando problemas. Todos os dias, os engenheiros usam a imaginação para resolver problemas e apresentar tecnologias inovadoras que tornam a vida mais prazerosa para todos. Além disso, o engenheiro moderno deve desenvolver habilidades sociais, já que as soluções desenvolvidas precisam não somente estar integradas às necessidades da sociedade, mas devem ser aceitas pelas sociedades em geral. Por exemplo, ajudei uma comunidade de Montreal a desenvolver um centro de compostagem. O desenvolvimento do depósito de compostagem foi um trabalho fácil; selecionar o local e organizar a operação é que foram os desafios, ou ninguém teria usado aquela instalação.

Também pude, como professora universitária, mostrar a muitos alunos de ciências que a engenharia não é uma profissão abstrata. Quando comparados a outros cientistas, os engenheiros são capazes de resolver problemas rapidamente e com alto grau de precisão. Os engenheiros desenvolvem coeficientes para todas as aplicações possíveis e aplicam fatores de segurança para prevenir condições desconhecidas.

Para finalizar minha carreira universitária, aceitei a cadeira de pesquisa internacional na Université Européenne de Bretagne (Universidade Europeia da Bretanha), em Rennes, na França, onde passei um ano forçando meus quatro parceiros da universidade a trabalharem juntos para apresentar novas ideias de projetos de pesquisa. Depois, após 26 anos de pesquisa e ensino universitário, decidi participar de uma empresa de consultoria de um antigo aluno da universidade e onde dois estudantes de mestrado, que foram meus orientandos, estavam trabalhando. Por quê? Porque mais uma vez eu estava em busca de novas oportunidades. Sim, não há fim para a engenharia e suas oportunidades. Então, por que parar?

Susan Thomas

Perfil do aluno

Cortesia de Susan Thomas

Na minha juventude, em Utah, com aspirações em ser médica, minha educação no Ensino Médio estava focada em biologia, matemática e química. Meus primeiros anos de faculdade foram passados na Universidade de Utah como estudante de biologia, quando meu interesse pelo mundo complexo da medicina, surpreendentemente, mudou. Percebi que não estava amando a prática da medicina, como uma médica deveria amar, mas envolvida com a *tecnologia* da medicina; estava fascinada com raios X e tomografias computadorizadas, lasers cirúrgicos e coração artificial. Somando isso à paixão por matemática e ciências físicas, bem como a influência de um avô engenheiro bem-sucedido, tomei a decisão. Mudei meu objetivo para engenharia mecânica.

Uma das coisas mais desafiadoras nos estudos da engenharia também passou a ser um de meus maiores problemas. Como havia poucas mulheres no curso, inicialmente me senti um pouco desajustada. Entretanto, descobri que ser uma das poucas poderia me dar a oportunidade de me destacar e obter um contato mais pessoal com meus colegas e professores. A engenharia me atraía muito, pois, como Herbert Hoover uma vez disse, é "a arte de ocupar os espaços vazios da ciência com vida, conforto e esperança". Encontrei até meu nicho médico no campo da microtecnologia, que tem levado do desenvolvimento de microagulhas indolores e à futura possibilidade de minúsculos robôs injetáveis direcionados ao câncer. Quando um professor me trouxe a oportunidade de concluir meu doutorado nessa área, agarrei-a imediatamente. Minha maior aspiração é participar da pesquisa e do desenvolvimento de dispositivos médicos (microscópicos?) inovadores que farão a diferença.

RESUMO

OA¹ A transição do Ensino Médio para a faculdade

Fazer a transição do Ensino Médio para a faculdade requer esforço extra. Você deve perceber que no Ensino Médio a maior parte de seu aprendizado acontece na sala de aula. Na faculdade, ao contrário, ocorre fora da sala de aula.

OA² Gerenciamento de tempo

Sua formação é um investimento caro. Invista com sabedoria! É necessário aprender a gerenciar seu tempo com sabedoria, se você deseja ter sucesso na faculdade e na vida. Se gerenciar seu tempo adequadamente e criar um cronograma semanal para suas atividades terá uma experiência universitária mais completa e com tempo adequado para estudo, eventos sociais e trabalho.

OA³ Hábitos e estratégias de estudo

As estratégias de estudo que levam ao bom desempenho acadêmico são estudar e se preparar desde o primeiro dia de aula, frequentar as aulas regularmente, obter ajuda de imediato, fazer boas anotações, selecionar um bom local de estudo e formar grupos de estudo.

OA⁴ Ingresso em associações de engenharia

Há muitos motivos para ingressar em uma associação de engenharia. Ampliar a rede de contatos, participar de visitas a fábricas, ouvir palestrantes técnicos convidados, participar de concorrências de projetos, frequentar eventos sociais, aproveitar oportunidades de aprendizado em pequenos cursos, seminários e conferências e obter crédito estudantil e bolsas de estudo são alguns dos benefícios de ingressar nessas associações.

OA⁵ Seu plano de graduação

Também é uma boa ideia sentar-se com seu conselheiro estudantil e planejar sua graduação. Liste todas as aulas necessárias para obter sua graduação em quatro ou cinco anos. Você sempre pode modificar seu plano posteriormente, de acordo com seus interesses. Os alunos que atualmente estudam em uma faculdade comunitária, e pretendem se transferir para uma universidade posteriormente, devem entrar em contato com a universidade, verificar os critérios e requisitos de transferência para o curso de engenharia e preparar o plano de graduação de acordo com essas diretrizes.

TERMOS-CHAVE

Associação de engenharia	Plano de graduação	Trabalho voluntário
Gerenciamento de tempo	Preparação diária	Transição do Ensino Médio
Grupo de estudo	Preparação para as provas	

APLIQUE O QUE APRENDEU

1. Prepare um cronograma para o semestre atual; prepare também dois cronogramas alternativos adicionais. Discuta os prós e contras de cada cronograma. Selecione o que você acredita ser o melhor cronograma e discuta com seu professor ou conselheiro estudantil. Considere as sugestões recebidas e modifique o cronograma, se necessário; em seguida, apresente o cronograma final a seu professor. Manter um caderno de registros diários ajuda a verificar se você está seguindo o cronograma e em que momento está usando o tempo de forma ineficiente. Escreva um resumo de uma página descrevendo as atividades de cada semana que foram desviadas do cronograma inicial e indique maneiras de corrigir as falhas. Entregue a seu professor ou conselheiro estudantil um relatório resumido cobrindo o período de duas semanas. Considere esse exercício como um teste contínuo semelhante a outros testes que os engenheiros realizam regularmente para entender e melhorar as coisas.
2. Reúna-se com seu conselheiro estudantil e prepare um plano de graduação, conforme discutido na seção 2.5.

Hora	Segunda	Terça	Quarta	Quinta	Sexta	Sábado	Domingo
7–8							
8–9							
9–10							
10–11							
11–12							
12–1							
1–2							
2–3							
3–4							
4–5							
5–6							
6–7							
7–8							
8–9							
9–10							
10–11							

"*Nunca deixei que a escola interferisse na minha educação*".

– Mark Twain (1835–1910)

Introdução ao projeto de engenharia

Os engenheiros projetam milhões de produtos e serviços que usamos em nosso cotidiano. Para chegar a soluções, os engenheiros, independentemente de sua experiência, seguem algumas etapas, incluindo compreensão do problema, conceituação de ideias para possíveis soluções, avaliação detalhada das boas ideias e apresentação da solução final.

OBJETIVOS DE APRENDIZADO

OA¹ **O processo do projeto de engenharia:** explicar as etapas básicas que os engenheiros seguem para projetar algo e chegar à solução de um problema

OA² **Considerações adicionais de projeto:** descrever o que se entende por sustentabilidade e seu papel no projeto; explicar o papel da engenharia econômica e dos materiais no projeto de engenharia

OA³ **Trabalho em equipe:** explicar o que se entende por equipe de projeto e descrever as características comuns às boas equipes; explicar como as boas equipes gerenciam conflitos

OA⁴ **A programação do projeto e o quadro de tarefas:** descrever o processo que os gerentes de engenharia usam para garantir que um projeto seja concluído no prazo e dentro do orçamento alocado

OA⁵ **Normas e códigos de engenharia:** descrever por que precisamos de normas e códigos e dar exemplos de organizações de normalização nos Estados Unidos e no exterior

OA⁶ **Normas relativas à água e ao ar nos Estados Unidos:** descrever as fontes de poluentes da água potável e do ar interno e externo, bem como as normas relativas à qualidade da água e do ar nos Estados Unidos

O PROJETO

Os engenheiros, independentemente de sua experiência, seguem algumas etapas quando projetam os produtos e serviços que usamos em nosso cotidiano. Essas etapas são (1) reconhecimento da necessidade de um produto ou serviço, (2) definição e compreensão do problema (a necessidade), (3) realização de pesquisa e preparação preliminares, (4) conceituação das ideias para possíveis soluções, (5) sínteses dos resultados, (6) avaliação detalhada das boas ideias, (7) otimização do resultado para chegar à melhor solução possível e (8) apresentação da solução.

A economia também desempenha um papel importante na tomada de decisões de engenharia. O fato é que as empresas projetam produtos e prestam serviços não só para tornar nossa vida melhor, mas também para ganhar dinheiro. Como engenheiro de projeto, quer você esteja projetando a peça de uma máquina, um brinquedo ou uma estrutura para um automóvel, a seleção de materiais é também uma decisão de projeto importante. Os engenheiros também trabalham em equipe para resolver um problema. A equipe de projeto pode ser definida como um grupo de indivíduos com competências complementares, habilidades para resolver problemas, talento e que estão trabalhando em conjunto para resolver um problema. Quando um grupo de pessoas trabalha em conjunto, por vezes surgem conflitos. A gestão de conflitos é parte importante de uma equipe dinâmica. Os engenheiros também seguem uma programação para garantir que o projeto seja concluído no prazo e dentro do orçamento atribuído. Eles também asseguram que o produto ou serviço está em conformidade com as normas e códigos nacionais e internacionais.

Para os estudantes: Você já projetou alguma coisa? Seguiu etapas similares às mencionadas aqui? Se sim, explique, detalhadamente, o que elas significam. Você já trabalhou com outras pessoas em um projeto? Como você descreveria sua experiência de trabalho em equipe?

Os engenheiros são solucionadores de problemas. Neste capítulo, vamos apresentá-lo ao processo do **projeto de engenharia**. Como discutimos no Capítulo 1, os engenheiros aplicam as leis e os princípios físicos e químicos, e a matemática, para projetar os produtos e serviços que usamos em nosso dia a dia. Aqui, olharemos mais de perto o que significa o projeto e aprenderemos mais sobre como os engenheiros trabalham na criação desses produtos e serviços. Discutiremos as etapas básicas que a maioria dos engenheiros segue quando projetam algo. Também apresentaremos as considerações econômicas, a seleção de materiais, o trabalho em equipe, a programação do projeto e as normas e códigos de engenharia – todos parte integrante do processo de engenharia e do desenvolvimento de produtos e serviços.

OA¹ 3.1　O processo do projeto de engenharia

Começaremos por enfatizar o que dissemos no Capítulo 1 sobre o que os engenheiros fazem. Eles aplicam as leis da física, leis e princípios químicos e a matemática para *projetar* milhões de produtos e serviços que usamos em nosso cotidiano. Estes produtos incluem automóveis, computadores, aviões, roupas, brinquedos, eletrodomésticos, equipamentos cirúrgicos, equipamentos de aquecimento e refrigeração, dispositivos de cuidados de saúde, ferramentas e máquinas que fazem vários produtos, etc. Engenheiros levam em conta fatores importantes como custo, eficiência, confiabilidade, sustentabilidade e segurança na concepção dos produtos e realizam testes para ter certeza de que os produtos que projetam suportam diversas cargas e condições. Os engenheiros também buscam continuamente maneiras de melhorar os produtos já existentes. Também *projetam* e supervisionam a construção de edifícios, barragens, estradas e sistemas de transporte de massa e de usinas que fornecem eletricidade para indústrias, residências e escritórios. Os engenheiros desempenham um papel importante no *projeto* e na manutenção da infraestrutura das nações, incluindo sistemas de comunicação, serviços públicos e transporte. Eles desenvolvem continuamente materiais novos e mais avançados para fabricar produtos mais leves e mais resistentes para diferentes aplicações. Também são responsáveis por encontrar *maneiras adequadas* e *projetar* os equipamentos necessários para extrair petróleo, gás natural e matéria-prima.

Vamos agora olhar mais de perto o que constitui o **processo do projeto**. Estas são as etapas básicas que os engenheiros, independentemente de sua experiência, seguem para chegar a soluções para os problemas: (1) reconhecimento da necessidade de um produto ou serviço, (2) definição e compreensão do problema (a necessidade), (3) realização de pesquisa e preparação preliminares, (4) conceituação das ideias para possíveis soluções, (5) síntese dos resultados, (6) avaliação detalhada das boas ideias, (7) otimização do resultado para chegar à melhor solução possível e (8) apresentação da solução.

Tenha em mente que essas etapas, que discutiremos em breve, não são independentes umas das outras e não necessariamente se seguem na ordem em que são apresentadas aqui. Na verdade, os engenheiros muitas vezes precisam voltar para as etapas 1 e 2, quando os clientes decidem mudar os parâmetros do projeto. Muitas vezes, os engenheiros também são obrigados a fornecer, regularmente, relatórios orais e escritos. Portanto, esteja ciente de que, embora listemos a apresentação do processo do projeto como Etapa 8, ela poderia muito bem ser parte integrante de muitas outras **etapas do projeto**. Vamos agora dar uma olhada mais de perto em cada etapa, começando com a necessidade de um produto ou serviço.

> Engenheiros seguem certas etapas quando projetam produtos e serviços. Essas etapas incluem o reconhecimento da necessidade de um produto ou serviço, realização de pesquisa preliminar, gerar ideias para a solução, escolher a melhor ideia, avaliação detalhada e teste dela, otimização, se necessário, e apresentação do projeto final.

Etapa 1: Reconhecimento da necessidade de um produto ou serviço

Tudo o que você tem a fazer é olhar em volta para perceber o grande número de produtos e serviços – projetados por engenheiros – que você usa todos os dias. Na maioria das vezes, damos como garantida a disponibilidade desses produtos e serviços, até que, por alguma razão, haja uma interrupção no fornecimento desses produtos e serviços. Alguns dos produtos existentes estão constantemente sendo modificados para que se beneficiem de novas tecnologias. Por exemplo, carros e eletrodomésticos estão constantemente sendo reprojetados para incorporar novas tecnologias. Além dos produtos e serviços já em uso, novos produtos são desenvolvidos todos os dias com a finalidade de tornar nossa vida mais confortável, mais agradável e menos trabalhosa. Costuma-se dizer que sempre que alguém se queixa de uma situação, de uma tarefa, ou reclama de um produto, bem aí existe uma oportunidade para o desenvolvimento de um produto ou serviço. Como você pode perceber, a necessidade de produtos e serviços existe; o que se tem a fazer é identificá-la. A necessidade pode ser identificada por você, pela empresa na qual você eventualmente trabalha ou por um cliente que precisa da solução para um problema ou de um novo produto que desempenhe sua função de modo mais fácil e mais eficiente.

Etapa 2: Definição e compreensão do problema

Uma das primeiras coisas que você precisa fazer como engenheiro de projeto é compreender totalmente o problema. *Esta é a etapa mais importante em qualquer processo do projeto.* Se não tiver uma boa compreensão de qual é o problema ou do que o cliente quer, não chegará a uma solução relevante para a necessidade do cliente. A melhor maneira de entender completamente um problema é fazer muitas perguntas.

Você pode fazer perguntas ao cliente, tais como: Quanto você está disposto a gastar com este projeto? Existem restrições quanto ao tamanho ou aos tipos de materiais que podem ser usados?

Quando você precisa do produto ou do serviço? Quantos desses produtos você precisa? As perguntas muitas vezes levam a mais perguntas, que definirão melhor o problema. Além disso, tenha em mente que os engenheiros geralmente trabalham em um ambiente de equipe, consultando-se mutuamente para resolver problemas complexos. Eles dividem a tarefa entre si em problemas menores, mais manejáveis; consequentemente, os engenheiros produtivos devem trabalhar bem em equipes. Boas habilidades de relacionamento interpessoal e comunicação são cada vez mais importantes nos dias de hoje por causa da globalização. Você precisa ter certeza de que entende claramente a sua parte do problema e como ela se encaixa com os outros problemas. Por exemplo, várias partes de um produto podem ser fabricadas por diferentes empresas, localizadas em diferentes estados ou países. Com a finalidade de garantir que todos os componentes se encaixam e funcionam bem em conjunto, a cooperação e a coordenação são essenciais, o que exige trabalho em equipe e boas habilidades de comunicação. Certifique-se de você entendeu o problema e de que ele está bem definido, antes de passar para a próxima etapa. *Nunca é demais repetir este ponto.* Bons solucionadores de problemas são aqueles que primeiro entendem completamente qual é o problema.

Etapa 3: Pesquisa e preparação

Uma vez que você entendeu completamente o problema, a próxima etapa é recolher informações úteis. De modo geral, um bom começo é fazer pesquisas para determinar se já existe o produto que atenda a necessidade de seu cliente. Talvez um produto ou os componentes de um produto já tenham sido desenvolvidos por sua empresa, os quais você pode modificar para atender a necessidade. Você não quer "reinventar a roda". Como mencionado anteriormente, dependendo do escopo, alguns projetos requerem colaboração com outras empresas, assim você precisa descobrir o que está disponível também através dessas outras empresas. Tente recolher toda a informação que puder. É nesse ponto que você gasta muito tempo não só com o cliente, mas também com outros engenheiros e técnicos. Motores de busca na internet estão se tornando ferramentas cada vez mais importantes para reunir tais informações. Depois de ter recolhido toda a informação pertinente, você deve, em seguida, analisá-la e organizá-la de forma adequada.

Etapa 4: Conceituação

Durante esta fase do projeto, você precisa gerar algumas ideias ou conceitos que possam oferecer soluções razoáveis para o seu problema. Em outras palavras, sem a realização de qualquer análise detalhada, você precisa gerar algumas possíveis maneiras de resolver o problema. Você precisa ser criativo e talvez desenvolver várias soluções alternativas. Nesta fase do projeto, não é necessário descartar qualquer conceito de trabalho razoável. Se o problema consiste em um sistema complexo, você precisa identificar os componentes do sistema. Você ainda não precisa olhar para os detalhes de cada solução possível, mas precisa realizar análise suficiente para ver se os conceitos que está propondo têm méritos. Simplificando, você precisa perguntar a si mesmo: Os conceitos serão suscetíveis de funcionar se forem levados adiante? Durante todo o processo do projeto, você também deve aprender a programar seu tempo. Bons engenheiros têm habilidades de gerenciamento de tempo que lhes permite trabalhar de forma produtiva e eficiente. Você deve aprender a criar um diagrama de marcos, detalhando o seu planejamento de tempo para a conclusão do projeto e mostrar os prazos e as tarefas correspondentes que devem ser executadas nesses prazos.

Avaliando alternativas Depois de reduzir o projeto a alguns conceitos viáveis, costuma-se usar uma tabela de avaliação semelhante à Tabela 3.1 para avaliar conceitos alternativos em mais detalhes. Você começa atribuindo um nível de importância (I) para cada critério do projeto. Por exemplo, pode usar uma escala de 1 a 5, com I=1 indicando pouca importância e I=5 significando extremamente importante. Em seguida, avaliará (A) de que modo cada conceito viável atende a cada critério de projeto. Você pode usar a escala A=3, A=2 e A=1 para bom, regular e ruim, respectivamente.

| TABELA 3.1 | Tabela utilizada para avaliar conceitos alternativos |

Critérios do projeto	I	Projeto I			Projeto II	
		A	A × I		A	A × I
Positivos						
Originalidade						
Viabilidade						
Capacidade de fabricação						
Confiabilidade						
Desempenho						
Durabilidade						
Aparência						
Rentabilidade						
Outros						
Negativos						
Custo de produção						
Custo operacional						
Custo de manutenção						
Tempo para executar o projeto						
Impacto ambiental						
Outros						
Pontuação líquida						

Observe que os critérios de projeto que listamos na Tabela 3.1 são exemplos e não critérios absolutos de projeto. Os critérios de projeto variam de acordo com o projeto. Para o seu projeto de classe, você deve listar aqueles que sente serem importantes. Além disso, note que é costume dividi-los em positivos e negativos. Depois de atribuir os valores I e A para suas opções de projeto, você adiciona as pontuações A × I para cada projeto e seleciona o projeto com a mais alta classificação geral. Um exemplo demonstrando como avaliar alternativas é mostrado na Tabela 3.2.

TABELA 3.2 — Comparação de duas alternativas de projeto

		Projeto I		Projeto II	
Critérios de Projeto	**I**	**A**	**A × I**	**A**	**A × I**
Positivos					
Originalidade	4	2	8	3	12
Viabilidade	5	3	15	2	10
Capacidade de fabricação	5	3	15	2	10
Confiabilidade	5	3	15	3	15
Desempenho	5	3	15	2	10
Durabilidade	4	2	8	2	8
Aparência	4	2	8	3	12
Rentabilidade	5	3	15	2	10
Outros					
			99		87
Negativos					
Custo de produção	5	2	10	3	15
Custo operacional	4	2	8	2	8
Custo de manutenção	3	2	6	3	9
Tempo para executar o projeto	5	3	15	3	15
Impacto ambiental	5	2	10	3	15
Outros					
			49		62
Pontuação líquida			50		25

Etapa 5: Síntese

Recapitulando o que dissemos no Capítulo 1, os bons engenheiros têm uma sólida compreensão dos princípios fundamentais da engenharia, os quais podem usar para resolver diversos problemas. Bons engenheiros são analíticos, orientados para detalhes e criativos. Durante esta fase do projeto, você começa a considerar os detalhes. Precisa fazer cálculos, executar modelos de computador, diminuir os tipos de materiais a serem utilizados, dimensionar os componentes do sistema e responder perguntas sobre como o produto será fabricado. Você consultará os códigos e normas pertinentes e se certificará de que seu projeto estará em conformidade com esses códigos e normas. Discutiremos os códigos e normas de engenharia na Seção 3.5.

Etapa 6: Avaliação

Analise detalhadamente o problema (Figura 3.1). Você pode ter que identificar os parâmetros de projeto críticos e considerar suas influências em seu projeto final. Nesta fase, precisa ter certeza de que todos os cálculos estão corretos. Se existem algumas incertezas em sua análise, você deve executar a investigação experimental. Quando possível, modelos de trabalho devem ser criados e testados. Nesta fase do processo do projeto, a melhor solução deve ser identificada a partir das alternativas. Os detalhes de como o produto deve ser fabricado devem ser totalmente desenvolvidos.

Cortesia de DOE/NREL

FIGURA 3.1   Dois engenheiros examinando detalhes durante o processo do projeto.

Etapa 7: Otimização

Otimização significa minimização ou maximização. Existem dois grandes tipos de projeto: o projeto funcional e o projeto otimizado. Projeto funcional é o que atende a todos os requisitos de projeto preestabelecidos, mas permite melhoria em determinadas áreas. Para entender melhor o conceito de projeto funcional, consideraremos um exemplo. Vamos supor que estamos projetando uma escada de 3 metros de altura para suportar, com um certo fator de segurança, uma pessoa que pesa 1.335 newtons. Chegaremos a um projeto que consiste em uma escada de aço com 3 metros de altura e que pode suportar com segurança a carga de 1.335 N em cada degrau. A escada custaria certa quantia de dinheiro. Esse projeto atenderia a todos os requisitos, incluindo os de força e tamanho e, portanto, constitui um projeto funcional. Antes de considerarmos a melhoria em nosso projeto, precisamos nos perguntar quais critérios devemos utilizar para otimizar o projeto. A otimização do projeto é sempre baseada em algum critério particular, como custo, resistência, tamanho, peso, confiabilidade, ruído ou desempenho. Se usarmos o peso como critério de otimização, então o problema se torna minimizar o peso da escada, sem comprometer sua resistência. Podemos considerar, por exemplo, construir a escada em alumínio. Conseguiríamos também realizar a análise de tensão sobre a nova escada para ver se poderíamos remover material de determinadas seções da escada, sem comprometer os requisitos de carga e de segurança.

Outro fato importante a ter em mente é que a otimização de componentes individuais de um sistema de engenharia não conduz necessariamente a um sistema otimizado. Considere, por exemplo, um sistema fluido térmico, como um refrigerador. No que diz respeito a alguns critérios, a otimização dos componentes individuais de forma independente – como o compressor, o evaporador ou o condensador – não conduz a um sistema global otimizado (refrigerador).

Tradicionalmente, as melhorias em um projeto vêm do processo de começar com um projeto inicial, realizar uma análise, olhar para os resultados e decidir se podemos ou não melhorar

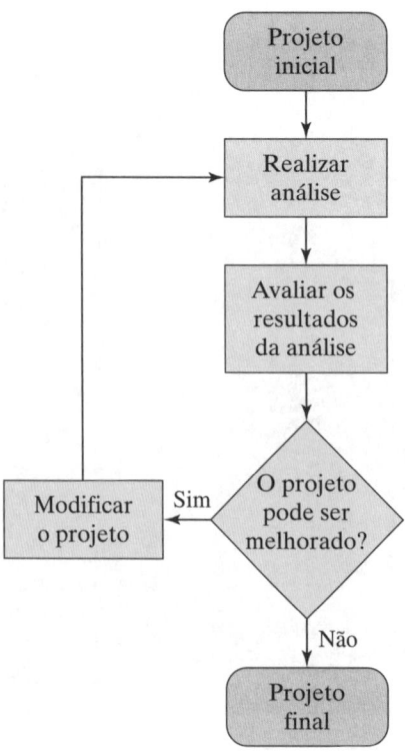

FIGURA 3.2   Procedimento de otimização.

o projeto inicial. Esse procedimento é mostrado na Figura 3.2. Nas últimas décadas, o processo de otimização tornou-se uma disciplina que varia de técnicas de programação linear para não linear. Como em qualquer disciplina, o campo da otimização tem sua própria terminologia. Há cursos avançados sobre o processo de otimização de projeto, se você quiser aprender mais sobre o assunto.

Etapa 8: Apresentação

Agora que você tem a solução final, precisa comunicá-la ao cliente, que pode ser seu chefe, outro grupo dentro de sua empresa ou um cliente externo. Você pode ter que preparar não só uma apresentação oral (Figura 3.3), mas também um relatório escrito. Como dissemos no Capítulo 1, os engenheiros devem escrever relatórios. Dependendo da dimensão do projeto, esses relatórios podem ser extensos, detalhados e técnicos, contendo gráficos, diagramas e desenhos de engenharia ou podem assumir as formas de uma breve nota ou de resumos executivos.

Lembramos novamente que, apesar de termos listado a apresentação como Etapa 8 do processo do projeto, muitas vezes os engenheiros são obrigados a fornecer relatórios orais e escritos regularmente para vários grupos. Logo, a apresentação poderia muito bem ser parte integrante de muitas outras etapas do projeto. Por causa da importância da comunicação, dedicamos um capítulo inteiro à comunicação na engenharia (veja Capítulo 4).

Finalmente, lembre-se de que, em nossa discussão no Capítulo 1 sobre os atributos dos bons engenheiros, dissemos que eles têm habilidades de comunicação oral e escrita que os equipam para trabalhar bem com seus colegas e transmitir seus conhecimentos para uma ampla gama de clientes. Além disso, os engenheiros têm boas "habilidades pessoais" que lhes permitem interagir

Bloomberg via Getty Images

FIGURA 3.3   Muitas apresentações orais também exigem que o engenheiro crie materiais escritos.

EXEMPLO 3.1

Suponha que lhe tenha sido pedido para encarrega-se da compra de alguns tanques de armazenamento para sua empresa e que para isso você tenha recebido um orçamento de US$ 1.680. Depois de alguma pesquisa, você encontra dois fabricantes de tanques que atendem suas necessidades. Do Fabricante A, você pode comprar tanques de 16 m³ de capacidade que custam US$ 120 cada. Além disso, o tipo de tanque requer uma área de 7,5 m². O Fabricante B fabrica tanques de 24 m³ de capacidade que custam US$ 240 cada e que exigem uma área de 10 m². Os tanques serão colocados na seção de um laboratório com 90 m² de espaço disponível para armazenamento. Você está procurando a maior capacidade de armazenamento dentro das limitações orçamentárias e de área. Quantos tanques de cada fabricantes você deve comprar?

Primeiro, precisamos definir a *função objetivo*, que é a função que vamos tentar minimizar ou maximizar. Neste exemplo, queremos maximizar a capacidade de armazenamento. Podemos representar essa exigência matematicamente como:

$$\text{maximizar } Z = 16\,x_1 + 24\,x_2 \tag{3.1}$$

sujeita às seguintes restrições:

$$120x_1 + 240x_2 \le 1680 \tag{3.2}$$

$$7{,}5x_1 + 10x_2 \le 90 \tag{3.3}$$

$$x_1 \ge 0 \tag{3.4}$$

$$x_2 \ge 0 \tag{3.5}$$

Na Equação (3.1), *[Z]* é a função objetivo, enquanto as variáveis x_1 e x_2 são chamadas de *variáveis de projeto* e representam o número de tanques de 16 m³ de capacidade e o número de tanques de 24 m³ de capacidade, respectivamente. As limitações impostas pelas desigualdades (3.2) a (3.5) são denominadas conjunto de *restrições*. Embora existam técnicas específicas que lidam com a resolução de problemas de programação linear (a função objetivo e as restrições são lineares), resolveremos esse problema graficamente para ilustrar alguns conceitos adicionais.

Vamos primeiro analisar como você traçaria as regiões dadas pelas desigualdades. Por exemplo, para traçar a região dada pelas desigualdades lineares $120x_1 + 240x_2 \le 1.680$, devemos primeiro traçar a linha $120x_1 + 240x_2 = 1.680$ e, então, determinar qual lado da linha representa a região. Por exemplo, depois de traçar a linha $120x_1 + 240x_2 = 1.680$, podemos testar os pontos $x_1 = 0$ e $x_2 = 0$ para ver se eles caem dentro da região de desigualdade; como a substituição desses pontos na desigualdade satisfaz a desigualdade, ou seja, $(120)(0) + (240)(0) \le 1.680$, a região sombreada representa a desigualdade dada (veja Figura 3.4(a)). Observe que se tivéssemos de substituir na desigualdade um conjunto de pontos fora da região, como $x_1 = 15$ e $x_2 = 0$, descobriríamos que esses pontos não satisfazem a desigualdade. As desigualdades (3.2) a (3.5) são representadas graficamente na Figura 3.4(b).

A região sombreada mostrada na Figura 3.4(b) é chamada *região de solução viável*. Cada ponto dentro dessa região satisfaz as restrições. No entanto, o objetivo é maximizar

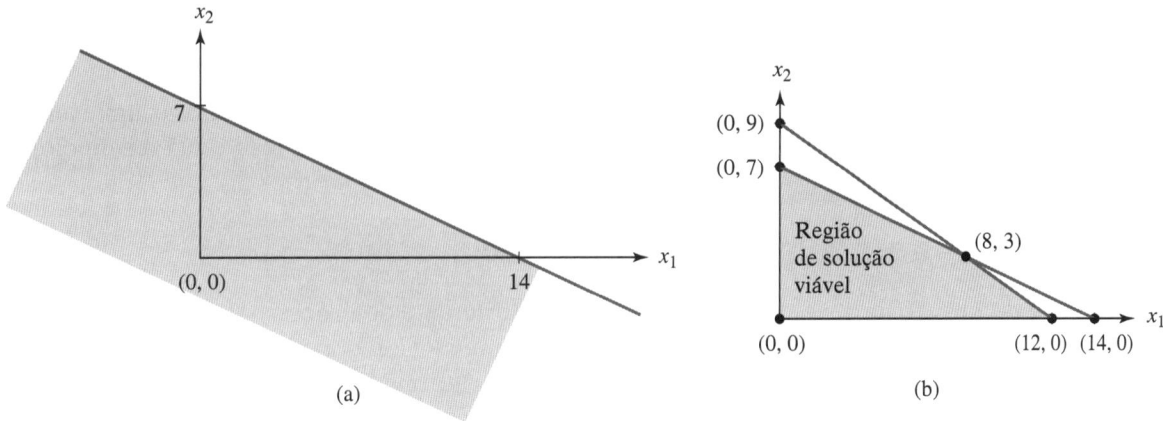

FIGURA 3.4   (a) A região dada pela desigualdade linear $120x_1 + 240x_2 \leq 1.680$.

(b) A solução viável para o Exemplo 3.1.

a função objetivo dada pela Equação (3.1). Portanto, precisamos mover a função objetivo sobre a região viável e determinar onde seu valor é maximizado. Pode ser mostrado que o valor máximo da função objetivo ocorrerá em um dos pontos de canto da região viável. Ao avaliar a função objetivo nos pontos de canto da região viável, vemos que o valor máximo ocorre em $x_1 = 8$ e $x_2 = 3$. Essa avaliação é apresentada na Tabela 3.3.

Assim, devemos comprar oito tanques de 16 m³ de capacidade do Fabricante A e três tanques de 24 m³ de capacidade do Fabricante B para maximizar a capacidade de armazenamento, dentro das restrições indicadas.

Vale a pena notar neste ponto que muitos de vocês terão aulas de projetos específicas durante os próximos quatro anos. Na verdade, a maioria dos alunos trabalhará em um projeto relativamente abrangente durante o último ano. Portanto, você aprenderá mais profundamente sobre o processo do projeto e sua aplicação em sua carreira específica. Por ora, nossa intenção foi introduzi-lo ao processo do projeto, mas tenha em mente que mais projetos virão.

TABELA 3.3   Valores da função objetivo nos pontos de canto da região viável

Pontos de canto (x_1, x_2)	Valor de $[Z] = 16x_1 + 24x_2$
(0,0)	0
(0,7)	168
(12,0)	192
(8,3)	200 (máx.)

e comunicar-se de forma eficaz com várias pessoas na organização. Eles são capazes, por exemplo, de se comunicar igualmente bem com os especialistas de vendas e de marketing e com os próprios colegas da engenharia.

Na Etapa 7 do processo do projeto, discutimos a otimização. Vamos agora usar um exemplo simples para apresentá-lo a alguns dos conceitos fundamentais da otimização e sua terminologia.

O processo do projeto na engenharia civil

O processo do projeto na engenharia civil é um pouco diferente do processo do projeto em outras disciplinas, como engenharia mecânica, elétrica ou química. Como explicamos no Capítulo 1, a engenharia civil diz respeito ao fornecimento de infraestrutura e serviços públicos. Os engenheiros civis projetam e supervisionam a construção de edifícios, estradas e rodovias, pontes, barragens, túneis, sistemas de transporte de massa e aeroportos (Figura 3.5). Também estão envolvidos no projeto e supervisão de sistemas municipais de abastecimento de água e esgotamento sanitário. Devido à natureza de seus projetos, eles devem seguir procedimentos específicos e regulamentos e normas locais, estaduais ou federais. Além disso, o processo do projeto para uma ponte será diferente do processo do projeto para um edifício ou um sistema de transporte de massa. Para

Elena Rooraid/Photo Edit

| FIGURA 3.5 | Os engenheiros civis projetam e supervisionam a construção de edifícios, estradas e rodovias, pontes, barragens, túneis, sistemas de transporte de massa e aeroportos.

explicar um pouco como um projeto de engenharia civil pode ser realizado, iremos a seguir cobrir as etapas básicas para projetar um edifício. Os processos de projeto de edifícios, como escolas, escritórios, centros comerciais, clínicas médicas e hospitais geralmente incluem as etapas apresentadas a seguir. Observe que a descrição entre parênteses corresponde às etapas de projeto que discutimos na seção anterior.

1. Reconhecimento da necessidade de um edifício (*Etapa 1: reconhecimento da necessidade de um produto ou serviço*)
2. Definição da utilização do edifício (*Etapa 2: definição e compreensão do problema*)
3. Planejamento do projeto (*Etapa 3: pesquisa e preparação*)
4. Fase de projeto esquemático (*Etapas 4 e 8: conceituação e apresentação*)
5. Fase de desenvolvimento do projeto (*Etapas 5, 6 e 8: síntese, avaliação e apresentação*)
6. Fase de documentação da construção (*Etapas 5 e 7: síntese e otimização*)
7. Fase de administração da construção

Etapa 1: Reconhecimento da necessidade de um edifício Pode haver uma série de razões para a necessidade de construção de um edifício. Em decorrência da mudança demográfica em um distrito, por exemplo, pode ser necessária uma nova escola primária; um edifício já existente pode ter de ser expandido para acomodar o aumento da população de crianças entre 6 e 12 anos de idade; uma nova clínica médica pode ser necessária para atender à crescente população idosa; uma fábrica pode precisar ser expandida para aumentar sua produção e atender à demanda.

No setor privado, a necessidade é geralmente determinada pelo proprietário de um negócio ou imóvel. No setor público, a necessidade é geralmente identificada por outros, como o diretor de uma escola ou por engenheiros da administração pública. Além disso, a necessidade deve ser aprovada pelas autoridades competentes.

Etapa 2: Definição da utilização do edifício Antes da execução de qualquer trabalho do projeto, a pessoa (cliente) que identificou a necessidade de um edifício determina os tipos de atividades que devem ocorrer no edifício. Por exemplo, no caso de uma nova escola primária, o diretor prevê o número de alunos que devem se matricular em um futuro próximo. Os dados de projeção de matrículas permitem então que o diretor determine o número de salas de aula, de laboratórios de informática e a necessidade de uma biblioteca ou de uma cafeteria. Para uma clínica médica, outras atividades são consideradas, como o número de salas de exames, laboratórios de raios X, áreas de recepção, e assim por diante. Os dados relativos aos usos e atividades ajudarão o arquiteto a determinar a área necessária para atender à necessidade projetada pelo cliente (Figura 3.6).

Etapa 3: Planejamento do projeto Durante esta fase, o cliente seleciona os locais potenciais para o novo edifício. Além do custo e da adequação da localização à construção proposta, outros fatores são considerados. Esses fatores incluem o zoneamento, o impacto ambiental, o impacto arqueológico e o fluxo de tráfego. Embora um estudo ou um projeto detalhado não seja necessário nesta fase, é importante para o cliente reconhecer todos os fatores que podem afetar o custo e a viabilidade do projeto. Por exemplo, se o local potencial for uma zona residencial, será extremamente difícil, senão impossível, mudar o zoneamento da área para comercial. Uma mudança de zoneamento exigiria audiências públicas e aprovação da prefeitura. Os problemas de impacto ambiental mais comuns podem incluir nível de ruído criado pelo tráfego adicional causado pela nova construção, reabilitação de zonas úmidas, o efeito sobre a vida selvagem, e assim por diante. Se um local contém artefatos arqueológicos, a perturbação não pode ser permitida. Pode ser necessário mudar o projeto antes que a construção comece. O conhecimento histórico do local e informações de construção de

Cortesia de DOE/NREL

| FIGURA 3.6 | Os engenheiros devem levar o uso do edifício em conta quando executam o plano do projeto. |

projetos em suas proximidades podem ajudar os engenheiros civis a avaliar a extensão de potenciais artefatos arqueológicos.

Também nesta etapa, o cliente seleciona um escritório de arquitetura ou um empreiteiro para iniciar a fase de projeto. Se o cliente selecionar um empreiteiro, então o escritório de arquitetura é contratado pelo empreiteiro. É importante notar que o escritório de arquitetura não executa o projeto; ele colabora com os engenheiros estruturais, mecânicos e elétricos, *designers* de interiores, desenhistas e gerentes de projeto para executá-lo.

Etapa 4: Fase de projeto esquemático Durante esta fase, o arquiteto consulta o cliente para entender completamente o uso pretendido para o edifício e obter o orçamento aproximado para o projeto. Prepara, então, vários projetos esquemáticos para o edifício. Por meio de uma comunicação contínua com o cliente, o arquiteto então restringe as opções a um ou dois projetos. O projeto deve mostrar o *layout* do espaço e dos ambientes. O tipo de material e o sistema de estrutura também são propostos nesta fase. O arquiteto, então, apresenta o(s) projeto(s) esquemático(s) para o cliente, obtendo dele suas observações para a próxima fase.

Etapa 5: Fase de desenvolvimento do projeto (DP) Na fase de desenvolvimento do projeto (DP), o arquiteto continua a finalizar o *layout* do prédio. Ele consulta o engenheiro estrutural nesta fase, para que possam ser determinados os limites nas dimensões de colunas e vigas. A limitação nas dimensões de vigas é influenciada pela altura do teto e pela altura total do edifício. A limitação nas dimensões de colunas afetaria a forma como os ambientes estão dispostos. Isso visa a evitar ter muitas colunas no meio da sala ou de um espaço.

Uma vez que o arquiteto tenha finalizado o *layout* das salas e dos espaços, o engenheiro estrutural começa a executar o projeto preliminar para o edifício. Os projetos preliminares do sistema AVAC (aquecimento, ventilação e ar-condicionado) serão feitos pelo engenheiro mecânico, enquanto o projeto elétrico será executado pelo engenheiro elétrico. Em seguida, o *designer* de interiores fornecerá um projeto preliminar para o interior do edifício. Com base no projeto preliminar, o empreiteiro fornecerá uma estimativa de custo para o projeto.

No final desta fase, o arquiteto, que representa os engenheiros, o *designer* de interiores e o empreiteiro devem então se reunir com o cliente para apresentar o projeto preliminar e obter dele suas observações. O cliente pode solicitar o rearranjo dos ambientes ou mudanças no *design* de interiores com base em custos ou outros fatores. Depois de receber as observações do cliente, a próxima fase do projeto é iniciada.

Etapa 6: Fase de documentação da construção (DC) Durante esta fase do projeto, é feito todo o trabalho de detalhamento. A documentação da construção inclui especificações de projeto e desenhos de arquitetos, engenheiros civis, estruturais, mecânicos, elétricos e *designers* de interiores. Em alguns projetos, o trabalho do arquiteto paisagista também está incluído. Enquanto os engenheiros trabalham nos próprios componentes do projeto, o arquiteto continua com o ajuste fino do *layout* do prédio, desde o telhado até o subsolo, incluindo todos os andares.

O engenheiro civil também fornece o desenho da planta do local, que inclui o nivelamento do solo, do perímetro do edifício até a calçada, o nivelamento da área de estacionamento e a drenagem para o escoamento superficial. Se houver estruturas instaladas e linhas de alimentação no local da construção, o engenheiro civil também precisa incluir um plano de demolição e a relocação das linhas de alimentação.

O engenheiro estrutural fornece todos os detalhes de projeto para os componentes estruturais, incluindo as fundações, vigas e colunas, paredes internas e externas, conexões, suporte adicional para aberturas como janelas, portas, suportes para telhado, suportes para pisos, toldos, e assim por diante. Os engenheiros devem ter em mente todas as especificações de projeto exigidas pelas normas de construção estabelecidas pelas autoridades locais. As normas de construção especificam não apenas os padrões de projetos de engenharia, mas também largura de corredores, número de saídas de emergência entre outros

Para que a construção possa ser iniciada, sua documentação deve ser revista e aprovada pelos inspetores da construção. Se o cliente não tiver selecionado um empreiteiro, como é comum para projetos com financiamento público, os empreiteiros interessados devem então adquirir uma cópia impressa da documentação da construção ou obtê-la no *site* da empresa de arquitetura para a preparação da oferta.

Etapa 7: Fase de administração da construção Uma vez que a documentação da construção é aprovada, e um empreiteiro geral é selecionado, a construção terá início. O empreiteiro geral terá um superintendente no local para gerenciar a construção e seu andamento, bem como para coordenar todos os subcontratados (Figura 3.7). Em projetos de grande escala, como pontes, estradas ou usinas de energia, um gerente de construção, que é um profissional de engenharia registrado, será o responsável pela supervisão local.

Um gerente de projeto que represente o arquiteto reúne-se então com o superintendente local e o cliente regularmente para rever o andamento da construção e responder a quaisquer questões que requeiram mais atenção. Muitos projetos podem exigir ajustes decorrentes de questões não previstas.

O engenheiro estrutural também visita o canteiro de obras periodicamente para observar o andamento do projeto. Essas visitas são particularmente importantes, conforme a fundação estiver sendo construída e o esqueleto do edifício, erguido mesmo que o superintendente do local garanta que os trabalhadores estão construindo de acordo com os desenhos de construção fornecidos e o gerente de projeto percorra o local com frequência, para garantir que o edifício esteja sendo construído conforme projetado, às vezes é necessário o olhar do engenheiro

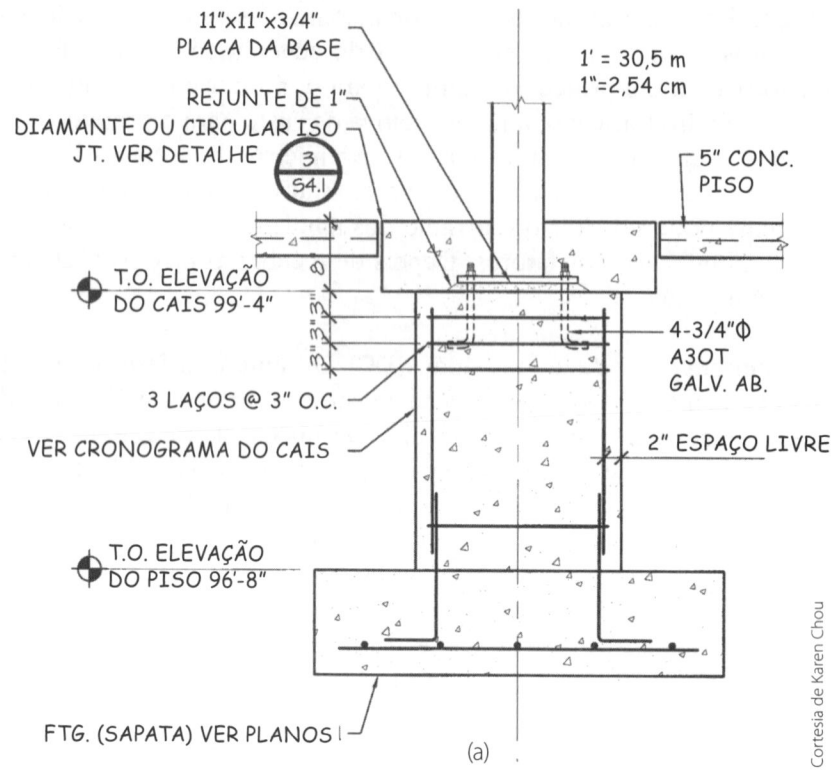

(a)

(b)

FIGURA 3.7 Os profissionais de engenharia são os responsáveis pela supervisão das plantas, bem como pela supervisão no local.

estrutural para verificar se as especificações do projeto estão sendo observadas. Além de visitar o local da construção, o engenheiro estrutural também é responsável por revisar os desenhos de oficina apresentados pelos fabricantes por intermédio do empreiteiro geral. Os desenhos de oficina (Figura 3.7(a)) mostram os detalhes dos componentes estruturais. Por exemplo, o fabricante das peças de aço deve desenhar em escala o comprimento exato das vigas a serem entregues no local. Isso inclui também o número de furos e suas dimensões para conexão em cada extremidade das vigas. A cada viga do projeto será atribuído um número de identificação único, de modo que o metalúrgico saiba exatamente a localização de cada viga no projeto.

Quando o projeto estiver concluído, o gerente de projeto percorrerá o edifício com o cliente e o superintendente para preparar uma lista de "pendências". A lista de pendências identifica as áreas que precisam ser concluídas, de acordo com certos critérios, ou ajustadas. Finalmente, o inspetor do edifício deve aprovar o edifício, antes de ser ocupado.*

OA² 3.2 Considerações adicionais de projeto

Sustentabilidade no projeto**

Nos últimos anos, você tem ouvido ou lido muito sobre **sustentabilidade**. O que significa sustentabilidade e por que é importante para você, como futuro engenheiro, obter uma boa compreensão sobre esse tema? Para começar, é importante saber que não existe uma definição universal para sustentabilidade e engenharia sustentável. Sustentabilidade significa coisas diferentes para diferentes profissões. No entanto, uma das definições geralmente aceitas é: *"projeto e desenvolvimento que satisfaz as necessidades do presente sem comprometer a capacidade das gerações futuras satisfazerem as próprias necessidades".*

Como você já sabe, os engenheiros contribuem para ambos os setores da nossa sociedade, o público e o privado. No setor privado, eles projetam e produzem os bens e serviços que usamos em nossas vidas diárias, os mesmos bens e serviços que nos permite desfrutar de um alto padrão de vida. Também já explicamos o papel do engenheiro no setor público. Os engenheiros fornecem suporte para missões locais, estaduais e federais, atendendo às nossas necessidades de infraestrutura, segurança energética e alimentar e defesa nacional. Em razão das tendências socioeconômicas mundiais, das preocupações ambientais e dos recursos finitos da Terra, espera-se cada vez mais dos engenheiros.

Como futuros engenheiros, espera-se que vocês projetem e forneçam produtos e serviços que elevem o padrão de vida e melhorem a assistência sanitária, bem como abordem as graves preocupações ambientais e de sustentabilidade. Em outras palavras, ao projetar produtos e serviços, você deve considerar a relação entre os recursos finitos da Terra e os fatores ambientais, sociais, éticos, técnicos e econômicos. Além disso, há uma competição internacional para engenheiros que possam trazer soluções que abordem segurança energética e alimentar e visem simultaneamente as questões de sustentabilidade. A escassez potencial de engenheiros com formação em sustentabilidade – engenheiros que possam aplicar os conceitos, métodos e ferramentas de sustentabilidade nos processos de tomada de decisão e de resolução de problemas – pode ter consequências graves para o nosso futuro. Por causa disso, nos últimos anos, organizações como a American Society of Civil Engineers (ASCE), a American Society for Engineering Education (ASEE), a American Society of Mechanical Engineers (ASME) e o Institute of Electrical and Electronics Engineers (IEEE) saíram em apoio à educação para a sustentabilidade nos currículos de engenharia.

---

* No Brasil, depois desta etapa, inicia-se a tramitação junto à prefeitura do local em que se localiza o edifício para obtenção do Habite-se. A prefeitura, então, vertificará se a obra corresponde ao projeto. (N.R.T)
** Baseado em Board of Direction Views Sustainability Strategy as Key Priority, ASCE News, janeiro de 2009, Volume 34, Número 1, disponível em: <http://www.asce.org/Content.aspx?id=2147484152>.

> Sustentabilidade, economia e seleção de materiais também desempenham papéis importantes nos processos de tomada de decisão em projeto.

Os engenheiros civis desempenham um papel cada vez mais importante na abordagem das questões relativas às alterações climáticas e à sustentabilidade que estão sendo discutidas nacional e internacionalmente entre legisladores e políticos. A seguinte declaração de sustentabilidade da American Society of Civil Engineers (ASCE) atesta esse fato: *"A consciência crescente do público de que é possível alcançar um ambiente sustentável, enquanto se abordam desafios como os desastres naturais e os provocados pelo ser humano, a adaptação às alterações climáticas e o abastecimento de água global, está reforçando a mudança do papel do engenheiro civil de projetista/construtor para líder político e planejador,* designer, construtor, *operador e mantenedor (sustentador) do ciclo de vida. Os engenheiros civis não são reconhecidos como contribuintes significativos para um mundo sustentável"*.

Em 4 de novembro de 2008, a diretoria da ASCE adotou a sustentabilidade como sua quarta prioridade. As outras três são renovação da infraestrutura do país, elevação do nível de educação em engenharia civil e a abordagem do papel dos engenheiros civis no ambiente profissional atual, em constante mudança. Além disso, em 8 de janeiro de 2009 o artigo da ASCE News intitulado "Board of Direction Views Sustainability Strategy as Key Priority", de William Wallace – fundador e presidente do Wallace Futures Group of Steamboat Springs, do Colorado, e autor de "Becoming Part of the Solution: The Engineer's Guide to Sustainable Development", (Washington, D.C.: American Council of Engineering Companies, 2005) – propõe cinco questões que devem ser compreendidas e espera-se que os engenheiros assumam novas responsabilidades quanto à sustentabilidade. Elas são:

1. O atual desenvolvimento econômico mundial não é sustentável – a população mundial já utiliza recursos que ultrapassam em aproximadamente mais de 20% a capacidade de suporte do planeta. (UN Millennium Ecosystem Assessment Synthesis Report, 2005.)

2. Os efeitos da ultrapassagem da capacidade de suporte da Terra já atingiram proporções de crise – os custos de energia aumentam, eventos climáticos extremos causam enormes prejuízos e há a perspectiva de aumento do nível do mar, ameaçando cidades costeiras. O aumento da população mundial ultrapassa a capacidade das instituições de enfrentá-lo.

3. Será necessário muito trabalho para que o desenvolvimento mundial se torne sustentável – uma revisão completa dos processos, sistemas e infraestrutura mundiais terá de ser empreendida.

4. A comunidade da engenharia deveria estar liderando o caminho para o desenvolvimento sustentável, mas ainda não assumiu essa responsabilidade. Os engenheiros civis têm poucos incentivos para mudar. A maioria dos engenheiros civis entrega projetos de engenharia convencionais que atendem aos códigos de construção e protegem o *status quo*.

5. Pessoas de fora da comunidade da engenharia estão capitalizando essa nova oportunidade – empresas de contabilidade e arquitetos são exemplos citados por Wallace. Os arquitetos ajustam suas práticas de acordo com o U.S. Green Building Council's Leadership in Energy and Environmental Design (LEED) Green Building Rating System (Sistema de Classificação da LEED – Liderança em Energia e Projeto Ambiental – do Conselho de Construção Sustentável dos EUA).

Como mencionado, outras organizações também têm percebido a importância da sustentabilidade no ensino da engenharia. Por exemplo, em janeiro de 2009, o Institute of Electrical and Electronics Engineers (IEEE) formou o Sustainability Ad Hoc Committee (Comitê *Ad Hoc* para a Sustentabilidade) para mapear e coordenar as questões relacionadas com a sustentabilidade no IEEE. Também estudou atividades de sustentabilidade de outras organizações para determinar áreas de colaboração e teve papel ativo na criação de uma rede mundial de monitoramento da Terra para "tomar o pulso do planeta". O projeto, conhecido como Global Earth Observation System of Systems (GEOSS) (Sistema de Sistemas de Observação Global da Terra), envolve a coleta de dados de milhares de sensores, medidores, boias e estações meteorológicas em todo o globo. O objetivo do GEOSS é ajudar a promover o desenvolvimento sustentável. O IEEE define o desenvolvimento sustentável como *"o desenvolvimento que satisfaz as necessidades do presente sem comprometer a capacidade das gerações futuras satisfazerem as próprias necessidades"*. Como é evidente pelas abordagens assumidas e declarações feitas por diferentes associações de engenharia, a sustentabilidade tem que ser uma parte importante de sua educação em engenharia e de qualquer projeto de engenharia. Vamos agora definir os principais conceitos, métodos e ferramentas de sustentabilidade. Estes termos são autoexplicativos; pense sobre eles por um momento e, em seguida, explique com suas palavras o que eles significam para você.

Principais conceitos de sustentabilidade – compreensão dos recursos finitos da Terra e das questões ambientais, das questões socioeconômicas relacionadas com a sustentabilidade, dos aspectos éticos da sustentabilidade e do desenvolvimento sustentável.

Principais métodos de sustentabilidade – análise baseada em ciclo de vida; gestão de recursos e resíduos (material, energia); análise do impacto ambiental.

Principais ferramentas de sustentabilidade – avaliação de ciclo de vida; avaliação ambiental; utilização de indicadores de desenvolvimento sustentável; sistema de classificação do U.S. Green Building Council (USGBC) Leadership in Energy and Environmental Design (LEED).

Como afirmado em seu *site*, o "LEED é um sistema de certificação de construção verde reconhecido internacionalmente atuando como entidade externa na verificação de que um edifício ou comunidade foi projetado e construído utilizando estratégias destinadas a melhorar o desempenho em todas as áreas mais importantes: economia de energia, eficiência da água, redução de emissões de CO_2, melhoria da qualidade ambiental interna e manejo de recursos e sensibilidade a seus impactos. Desenvolvido pelo U.S. Green Building Council (USGBC), o LEED fornece aos proprietários de edifícios e operadores uma estrutura concisa para identificação e implementação de soluções práticas e mensuráveis para projeto, construção, operações e manutenção de edifícios verdes". Você pode conhecer mais sobre o LEED visitando o *site* www. usgbc. org/LEED.

À medida que faz cursos adicionais em engenharia e projeto, você gradualmente estudará mais detalhadamente esses conceitos, métodos e ferramentas e os aplicará às soluções de problemas de engenharia e projeto.

Engenharia econômica

Os fatores econômicos sempre desempenham papéis importantes na tomada de decisões nos projetos de engenharia. Se você projetar um produto cuja fabricação seja muito cara, ele não poderá ser vendido a um preço que os consumidores possam pagar e ainda ser rentável para sua empresa. O fato é que as empresas projetam produtos e prestam serviços não só para tornar nossa vida melhor, mas também para ganhar dinheiro. No Capítulo 20, discutiremos os conceitos básicos da engenharia econômica. As informações fornecidas no Capítulo 20 não se aplicam somente a projetos de engenharia. Elas também podem ser aplicadas para financiamentos de carros, casas ou operações de empréstimo e investimentos em bancos.

Seleção de materiais

Como engenheiro de projeto, quer você esteja projetando a peça de uma máquina, um brinquedo ou uma estrutura para um automóvel, a seleção de materiais é uma decisão de projeto importante. Há uma série de fatores que os engenheiros consideram quando selecionam materiais para aplicações específicas. Eles levam em conta, por exemplo, propriedades do material como densidade, resistência máxima, flexibilidade, usinabilidade, durabilidade, expansão térmica, condutividade elétrica e térmica e resistência à corrosão. Eles também consideram o custo do material e a facilidade com que ele pode ser reparado. Os engenheiros estão sempre à procura de maneiras de utilizar materiais avançados para fabricar produtos mais leves e mais resistentes para diferentes aplicações.

No Capítulo 17, vamos olhar mais de perto os materiais que normalmente são usados em várias aplicações de engenharia. Também discutiremos algumas das características físicas básicas dos materiais considerados no projeto. Vamos examinar a aplicação e as propriedades de materiais sólidos comuns como metais e suas ligas, plásticos, vidro, madeira e dos materiais que se solidificam ao longo do tempo, como o concreto. Também vamos investigar detalhadamente os fluidos básicos, como o ar e a água.

Por ora, deve ficar claro que as propriedades e os custos dos materiais são importantes fatores de projeto. Em geral, as propriedades de um material podem ser divididas em três grupos: elétricas, mecânicas e térmicas. Em aplicações elétricas e eletrônicas, por exemplo, a resistividade elétrica de um material é importante. Quanta resistência ao fluxo de eletricidade o material oferece? Em muitas aplicações de engenharia mecânica, civil e aeroespacial, as propriedades mecânicas são importantes. Essas propriedades incluem módulo de elasticidade, módulo de rigidez, resistência à tração, resistência à compressão, relação resistência-peso, módulo de resiliência e módulo de dureza. Em aplicações que lidam com fluidos (líquidos e gases), são importantes as propriedades termofísicas como densidade, condutividade térmica, capacidade calorífica, viscosidade, pressão de vapor e compressibilidade. A expansão térmica de um material, seja ele sólido ou fluido, é também um importante fator no projeto. A resistência à corrosão é outro fator importante que deve ser considerado durante a seleção de materiais.

As propriedades de um material dependem de muitos fatores, incluindo como ele foi processado, sua idade, composição química exata e presença de qualquer heterogeneidade ou defeito. As propriedades do material também mudam com a temperatura e o tempo de vida do material. A maioria das empresas que vendem materiais fornecerá, mediante pedido, informações sobre as propriedades importantes dos materiais que fabricam. Tenha em mente que, na prática de engenharia, você deve usar os valores dos fabricantes em seus cálculos de projeto. Os valores fornecidos neste e em outros livros devem ser utilizados como valores típicos, não como valores exatos.

Nos próximos capítulos, explicaremos detalhadamente as propriedades dos materiais e o que elas significam. Por uma questão de continuidade da apresentação, faremos a seguir um resumo de importantes propriedades dos materiais.

> **Resistividade elétrica** – O valor da resistividade elétrica é uma medida da resistência do material ao fluxo de eletricidade. Por exemplo, plásticos e materiais cerâmicos tipicamente têm alta resistividade, enquanto os metais normalmente têm baixa resistividade. A prata e o cobre estão entre os melhores condutores de eletricidade.

> **Densidade** – A densidade é definida como massa por unidade de volume; é uma medida de quanto um material é compacto para determinado volume. Por exemplo, a densidade média de ligas de alumínio é de 2.700 kg/m^3; a densidade do aço é de 7.850 kg/m^3; portanto, a densidade do alumínio é aproximadamente um terço da densidade do aço.

Módulo de elasticidade (Módulo de Young) – O módulo de elasticidade é uma medida da facilidade com que um material irá esticar ao ser puxado (sujeito a uma força de tração) ou encurtar ao ser empurrado (sujeito a uma força de compressão). Quanto maior o valor do módulo de elasticidade, maior será a força necessária para esticar ou encurtar o material. Por exemplo, o módulo de elasticidade da liga de alumínio está na faixa de 70 a 79 GPa (gigapascal, giga=10^9), ao passo que o aço tem um módulo de elasticidade na faixa de 190 a 210 GPa; logo, o aço é cerca de três vezes mais rígido que as ligas de alumínio.

Módulo de rigidez (Módulo de cisalhamento) – O módulo de rigidez é uma medida da facilidade com que um material pode ser torcido ou cortado. O valor do módulo de rigidez, também chamado módulo de cisalhamento, mostra a resistência de um dado material à deformação por cisalhamento. Os engenheiros consideram o valor do módulo de cisalhamento ao selecionar materiais para eixos, hastes que estão sujeitas a binários de torção. Por exemplo, o módulo de rigidez ou módulo de cisalhamento de ligas de alumínio está na faixa de 26 a 36 GPa, ao passo que o módulo de cisalhamento do aço está na faixa de 75 a 80 GPa. Portanto, o aço é aproximadamente três vezes mais rígido em cisalhamento que o alumínio.

Resistência à tração – A resistência à tração de um material é determinada pela medição da carga de tração máxima que uma amostra de material em forma de barra retangular ou cilindro pode suportar sem danificar-se. A resistência à tração ou a resistência máxima de um material é expressa como a força de tração máxima por unidade de área transversal da amostra. Quando uma amostra de material é testada quanto à resistência, a carga de tração aplicada aumenta lentamente. No início do teste, o material deformará elasticamente, o que significa que se a carga for removida, o material retornará ao seu tamanho e forma originais, sem qualquer deformação permanente. O ponto em que o material deixa de apresentar esse comportamento elástico é chamado de ponto de escoamento. A tensão de escoamento representa a carga máxima que o material pode suportar sem qualquer deformação permanente. Em certas aplicações de projetos de engenharia, a resistência ao escoamento é usada como a resistência à tração.

Resistência à compressão – Alguns materiais são mais fortes na compressão do que em tensão; o concreto é um bom exemplo. A resistência à compressão de um material é determinada pela medição da carga de compressão máxima que uma amostra de material em forma de barra retangular, cilindro ou cubo pode suportar sem danificar-se. A resistência à compressão máxima de um material é expressa como a força de compressão máxima por unidade de área transversal da amostra. O concreto tem resistência à compressão na faixa de 10 a 70 MPa (megapascal, mega=10^6).

Módulo de resiliência – Módulo de resiliência é uma propriedade mecânica do material que indica o quanto ele é eficaz na absorção de energia mecânica, sem sofrer qualquer dano permanente.

Módulo de rigidez – Módulo de rigidez é uma propriedade mecânica do material que indica a capacidade de suportar sobrecarga antes de se quebrar.

Relação resistência-peso – Como o nome indica, é a relação entre a resistência do material e seu peso específico (peso do material por unidade de volume). Com base na aplicação, os engenheiros usam a resistência ao escoamento ou a resistência máxima do material quando determinam sua relação resistência-peso.

Expansão térmica – O coeficiente de expansão linear pode ser utilizado para determinar a mudança no comprimento (o comprimento original) de um material que ocorreria se a temperatura do material fosse alterada. Esta é uma importante propriedade a ser considerada ao projetar produtos e estruturas que podem experimentar uma oscilação relativamente grande de temperatura durante sua vida útil.

Condutividade térmica – Condutividade térmica é uma propriedade que mostra o quanto um material é bom em transferir energia térmica (calor) de uma região de alta temperatura para uma região de baixa temperatura em seu interior.

Capacidade calorífica – Alguns materiais são melhores do que outros no armazenamento de energia térmica. O valor da capacidade calorífica representa a quantidade de energia térmica necessária para elevar a temperatura de uma massa de um quilograma de um material em um grau Celsius. Materiais com grandes valores de capacidade calorífica são bons em armazenar energia térmica.

Viscosidade, pressão de vapor e módulo de compressibilidade volumétrica são propriedades adicionais dos fluidos que os engenheiros consideram no projeto.

Viscosidade – O valor da viscosidade de um fluido representa uma medida da facilidade com que um dado fluido pode fluir. Quanto maior for o valor da viscosidade, mais resistência ao fluxo um fluido apresentará. Por exemplo, seria necessária menos energia para o transporte de água em um tubo do que para o transporte de óleo lubrificante ou glicerina.

Pressão de vapor – Sob as mesmas condições, os fluidos com valores de pressão de vapor baixos não evaporam tão rapidamente como aqueles com valores de pressão de vapor altos. Por exemplo, se você deixar uma panela com água e uma panela com glicerina lado a lado, em uma sala, a água vai evaporar e deixar a panela muito antes que se note qualquer alteração no nível da glicerina.

Módulo de compressibilidade volumétrica – O módulo de compressibilidade de um fluido indica o quanto esse fluido é compressível. Com que facilidade se pode reduzir o volume de um fluido quando sua pressão é aumentada? Por exemplo, como veremos no Capítulo 10, seria necessária uma pressão de $2,24 \times 10^9$ N/m^2 para reduzir 1 m^3 de volume de água em 1%, ou seja para reduzi-lo a um volume final de 0,99 m^3.

Patentes, marcas comerciais e direitos autorais

Antigamente, as informações e invenções comerciais eram mantidas na família e passadas de uma geração para outra. Por exemplo, quando um fabricante de arado criava um projeto melhor, ele mantinha os detalhes do projeto para si e compartilhava as especificações da nova invenção apenas com sua família, incluindo os filhos, irmãos, e assim por diante. Os novos projetos e invenções permaneciam na família para proteger o negócio e impedir que outros os copiassem. No entanto, novos projetos e invenções precisam ser compartilhados para que possam trazer melhorias à vida de todos. Ao mesmo tempo, as pessoas que formulam uma nova ideia devem se beneficiar dela. Informações e invenções comerciais, se não estiverem protegidas, podem ser roubadas. Pode-se ver então que, para que um governo promova novas ideias e invenções, ele também deve proporcionar meios para proteger os criadores de roubo de novas ideias e invenções, as quais são consideradas *propriedade intelectual.*

Patentes, marcas comerciais, marcas de serviço e direitos autorais são exemplos de meios pelos quais a propriedade intelectual é protegida pelas leis dos Estados Unidos e de outros países.

Patente Quando uma pessoa inventa algo nos Estados Unidos, para impedir que terceiros fabriquem, usem ou vendam sua invenção, pode registrar uma patente no U.S. Patent and Trademark Office (Escritório de Marcas e Patentes dos EUA). O direito dado pela patente na língua do estatuto e da própria concessão inclui "o direito de impedir que outros façam, usem, coloquem à venda ou vendam" a invenção nos Estados Unidos ou que "importem" a invenção para os Estados Unidos. Outros países têm leis de patentes semelhantes.

É importante compreender que a patente não concede ao inventor o direito de fazer, usar ou vender a invenção, mas impede que outros façam, usem ou vendam a invenção. Para novas patentes, uma invenção está protegida por um período de vinte anos a partir da data em que o pedido foi registrado.

O U.S. Patent and Trademark Office recomenda que todos os candidatos potenciais contratem os serviços de um advogado ou agente de patentes registrado para preparar e executar suas solicitações. A patente de um projeto é válida por 14 anos a partir da data em que foi concedida. A patente de uma utilidade é válida por 17 anos a partir da data de sua concessão ou vinte anos a partir da primeira data de depósito, a que for mais antiga. A patente de utilidade é emitida para o modo de funcionamento e uso de um item, enquanto a patente de projeto protege a aparência de um item. Uma empresa que quer vender seus produtos internacionalmente pode ter de requerer patentes em vários países, dependendo das leis desses países.

Marca comercial e marca de serviço Marca comercial é um nome, palavra ou símbolo que uma empresa usa para diferenciar seus produtos de outros. É importante observar que o direito de marca comercial emitido para uma empresa impede que outros utilizem a mesma marca ou uma marca similar, mas não proíbe que outras empresas fabriquem os mesmos produtos ou produtos similares. Coke® e Pepsi® são exemplos de produtos semelhantes com diferentes marcas comerciais. A marca de serviço é um nome, palavra ou símbolo que uma empresa usa para distinguir seus serviços de outros. Marca de serviço é o mesmo que marca comercial, exceto pelo fato de que se aplica a um serviço e não a um produto.

Direito autoral É uma forma de proteção oferecida pelas leis dos Estados Unidos para os autores de obras originais. As leis de direitos autorais cobrem obras literárias, dramáticas, musicais, artísticas e outros tipos de trabalho intelectual, e podem ser aplicadas tanto para trabalhos publicados como inéditos. As leis de direitos autorais protegem a forma de expressão utilizada pelos autores e não o conteúdo ou o assunto da obra. Por exemplo, um autor pode escrever um livro sobre os fundamentos da física. A lei de direitos autorais protege a obra do autor, impedindo que outras pessoas reproduzam a maneira exata como as coisas foram explicadas ou descritas. Não impede que outras pessoas escrevam outros livros sobre os mesmos fundamentos da física nem proíbe que outros usem as leis fundamentais da física. As obras criadas após 1º de janeiro de 1978 são protegidas pelas leis de direitos autorais pelo período de vida do autor mais setenta anos após sua morte. Para um trabalho que tenha dois ou mais autores, o prazo se estende, nos Estados Unidos, à vida do último autor sobrevivente mais setenta anos. Também é importante observar que, atualmente, não existem leis de direitos autorais internacionais que protejam a obra de um autor em todo o mundo, embora a maioria dos países sejam membros da Convenção de Berna para a Proteção de Obras Literárias e Artísticas.

Antes de continuar

Responda às perguntas a seguir para testar o que aprendeu.

1. Descreva as etapas básicas que os engenheiros seguem para projetar algo.

2. Descreva o processo pelo qual os engenheiros avaliam alternativas.

3. Com suas palavras, explique o que é sustentabilidade.

4. Por que a economia e a seleção de materiais desempenham papéis importantes no processo de tomada de decisões de projeto?

5. Como a propriedade intelectual é protegida nos Estados Unidos?

Vocabulário – Como engenheiro de boa formação e cidadão inteligente, é importante entender que você precisa desenvolver um vocabulário amplo a fim de se comunicar de maneira eficiente. Indique o significado dos termos a seguir.

Otimização

Sustentabilidade

LEED _____

Marca comercial _____

Patente _____

Direito autoral _____

Trademark _____

Patent _____

Copyright _____

OA³ 3.3 Trabalho em equipe

Uma **equipe de projeto** pode ser definida como um grupo de indivíduos com competências complementares, habilidades para resolver problemas, talento e que estão trabalhando em conjunto para solucionar um problema ou atingir um objetivo comum. O objetivo pode ser o fornecimento de um serviço, a concepção, desenvolvimento e fabricação de um produto ou o aprimoramento de um produto ou serviço existente.

> Uma equipe de projeto pode ser definida como um grupo de indivíduos com competências complementares, habilidades para resolver problemas, talento e que estão trabalhando em conjunto para solucionar um problema.

Uma boa equipe é aquela que consegue o melhor de cada um. Os indivíduos que compõem uma boa equipe sabem quando se comprometer para o bem da equipe e de seu objetivo comum. A comunicação é parte essencial de um trabalho em equipe bem-sucedido. Os indivíduos que compõem uma equipe precisam também entender claramente o papel de cada membro e como cada tarefa se encaixa no conjunto.

Características comuns às boas equipes

Cada vez mais, os empregadores estão à procura de pessoas que não apenas tenham boa compreensão dos fundamentos da engenharia mas que também possam trabalhar bem com outras pessoas, em um ambiente de equipe. As equipes bem-sucedidas têm as seguintes características:

1. O projeto a elas atribuído deve ter objetivos claros e realistas. Esses objetivos devem ser compreendidos e aceitos por todos os membros da equipe.
2. Devem ser compostas de indivíduos com competências complementares, habilidades para resolver problemas, experiência e talento.
3. Devem ter bons líderes.
4. Sua liderança e o ambiente em que as discussões acontecem devem promover a abertura, o respeito e a honestidade.
5. Suas necessidades e objetivos devem vir antes das necessidades e objetivos individuais.

Além dessas características, o Dr. R. Meredith Belbin, em seu livro *Management Teams: Why They Succeed or Fail* identifica funções adicionais para bons membros de equipes. Uma equipe com membros que representem os papéis secundários a seguir tende a ser muito bem-sucedida.

O **organizador** é alguém experiente e confiante. Tem a confiança dos membros e serve como coordenador para todo o projeto. O organizador não precisa ser o membro mais inteligente ou mais criativo da equipe; no entanto, precisa ser bom em esclarecer metas e em antecipar tomada de decisões.

O **criador** é alguém hábil em apresentar novas ideias, compartilhá-las com os outros membros e deixar a equipe desenvolvê-las ainda mais. O criador também é bom em resolver problemas difíceis, mas pode ter problemas em seguir certos protocolos.

O **coletor** é alguém entusiasmado e hábil em obter coisas, procurar possibilidades e desenvolver contatos.

O **motivador** é alguém enérgico, confiante e sociável. Ele é bom em encontrar maneiras de contornar obstáculos. Como o motivador é lógico, e não gosta de indefinições, ele é hábil em tomar decisões objetivas.

O **avaliador** é alguém inteligente e capaz de compreender o escopo completo do projeto. Também é bom em julgar resultados corretamente.

O **trabalhador em equipe** é alguém que tenta fazer com que todos se unam, porque não gosta de atritos ou problemas entre os membros da equipe.

O **solucionador** é alguém confiável, decisivo e que pode transformar conceitos em soluções práticas.

O **finalizador** é alguém com quem se pode contar quando se trata de terminar uma tarefa no prazo. O finalizador é detalhista e pode se preocupar com o cumprimento de tarefas por parte da equipe.

Há muitos outros fatores que influenciam o desempenho de uma equipe, incluindo:
- a forma como uma empresa está organizada;
- como os projetos são atribuídos;
- quais recursos estão disponíveis para que a equipe execute suas tarefas; e
- uma cultura corporativa em que abertura, honestidade e respeito sejam valores promovidos pela empresa.

Estes fatores são considerados externos ao ambiente da equipe, o que significa que os membros da equipe não têm muito controle sobre eles. No entanto, existem alguns fatores internos ao ambiente da equipe que seus membros podem controlar. A comunicação, o processo de tomada de decisões e o nível de colaboração são exemplos de fatores controláveis no nível da equipe.

Resolução de conflitos

Quando um grupo de pessoas trabalha em conjunto, podem surgir conflitos. Os conflitos podem ser o resultado de mal-entendidos, diferenças de personalidade ou da forma como os eventos e ações são interpretados por um membro da equipe. A gestão de conflitos é parte importante da dinâmica da equipe. Quando se trata de administrar conflitos, as pessoas tendem a agir de acordo com uma das formas descritas a seguir. Há aquelas que, em um ambiente de equipe, tentam evitar conflitos. Embora essa possa parecer uma boa abordagem, demonstra baixa assertividade e baixo nível de cooperação. Sob essas condições, a pessoa assertiva dominará, tornando difícil o progresso como um todo. *Os complacentes* são altamente cooperativos, mas sua baixa assertividade pode resultar em decisões fracas para a equipe. Isso ocorre porque as ideias da pessoa mais assertiva do grupo podem não refletir necessariamente a melhor solução. *Os condescendentes* demonstram um nível moderado de assertividade e cooperação. Soluções condescendentes devem ser consideradas como último recurso. Mais uma vez, ao adotar uma atitude condescendente, a equipe pode ter sacrificado a melhor solução para o bem da unidade do grupo. Uma abordagem melhor é a "resolução de conflitos" *colaborativa*, que demonstra um elevado nível de assertividade e cooperação por parte da equipe. Com essa abordagem, em vez de apontar o dedo para alguém e culpar um indivíduo pelo problema, o conflito é tratado como um problema a ser resolvido pela equipe. A equipe propõe soluções, meios de avaliação e talvez combine soluções para chegar à solução ideal.

No entanto, com a finalidade de alcançar uma solução para um problema, deve ser definido um plano com medidas claras. A boa comunicação é parte integrante de qualquer resolução de conflitos. Uma das regras mais importantes da comunicação é assegurar que a mensagem enviada é a mensagem recebida – sem mal-entendido. Os membros da equipe devem ouvir uns aos outros. Bons ouvintes não interrompem; eles permitem que o interlocutor se sinta à vontade e não se irritam ou criticam. Você pode fazer perguntas relevantes a seu interlocutor para permitir que ele saiba que você realmente está ouvindo.

Agora você tem alguma ideia sobre o trabalho em equipe e o que faz com que uma equipe seja bem-sucedida; a seguir, discutiremos a programação do projeto.

OA⁴ 3.4   A programação do projeto e o quadro de tarefas

Programação de projeto é um processo que os gerentes de engenharia usam para garantir que um projeto seja concluído no prazo e dentro do orçamento alocado. Uma boa programação atribuirá a quantidade adequada de tempo para várias atividades do projeto. Ela também fará uso de pessoal e dos recursos disponíveis para o planejamento, organização e controle da execução do projeto. Uma programação bem planejada também pode melhorar a eficiência da operação e eliminar a redundância em atribuições de tarefas. Um exemplo simples de programação de projeto e atribuição de tarefas é mostrado na Tabela 3.4. Essa programação foi usada para uma concepção de projeto pequena em uma aula de introdução à engenharia.

> Programação de projeto é um processo que os gerentes de engenharia usam para garantir que um projeto seja concluído no prazo e dentro do orçamento alocado.

TABELA 3.4 Exemplo de um quadro de tarefas

Tarefa	Pessoal	Semana												
		1	2	3	4	5	6	7	8	9	10	11	12	13
		9/9	9/16	9/23	9/30	10/7	10/14	10/21	10/28	11/4	11/11	11/18	11/25	12/2
Pesquisa e preparação	Jim e Julie													
Relatórios de progresso	Lisa													
Desenvolvimento de conceito	Jim, Julie, and Lisa													
Síntese e avaliação	Jim, Julie e Lisa													
Fabricação	Operador-chefe													
Teste	Julie e Lisa													
Otimização	Julie													
Preparação dos relatórios escritos e orais	Lisa													
Apresentação final	Jim, Julie e Lisa													

Antes de continuar

Responda às perguntas a seguir para testar o que aprendeu.

1. Explique o que se entende por equipe de projeto e descreva as características comuns às boas equipes.

2. Descreva como as boas equipes gerenciam conflitos.

3. Qual é o processo que os gerentes de engenharia usam para garantir que um projeto seja concluído no prazo e dentro do orçamento?

Vocabulário – Como engenheiro de boa formação e cidadão inteligente, é importante entender que você precisa desenvolver um vocabulário amplo a fim de se comunicar de maneira eficiente. Indique o significado dos termos a seguir.

Equipe de projeto _____

Resolução de conflitos _____

Quadro de tarefas _____

OA⁵ 3.5   Normas e códigos de engenharia

As normas e os códigos existentes garantem que temos estruturas seguras, sistemas de transporte seguros, água potável segura, qualidade do ar interno/externo segura, produtos seguros e serviços confiáveis. As normas também favorecem a uniformidade na dimensão de peças e componentes produzidos por diferentes fabricantes em todo o mundo.

Por que precisamos de normas e códigos?

Normas e códigos têm sido desenvolvidos ao longo dos anos por várias organizações para garantir a segurança dos produtos e a confiabilidade dos serviços. As organizações normalizadoras definem as normas oficiais para abastecimento de alimentos seguro, estruturas seguras, sistemas de água seguros, sistemas elétricos, de transporte e de comunicação seguros e confiáveis, e assim por diante. Além disso, as normas e os códigos também favorecem a uniformidade na dimensão de peças e componentes produzidos por diferentes fabricantes em todo o mundo (Figura 3.8). Na atual economia global, em que as peças de um produto são fabricadas em um lugar e montadas em outro, existe uma necessidade maior do que nunca de uniformidade e compatibilidade em peças e componentes e na forma como são fabricados. Essas normas asseguram que as peças fabricadas em um lugar possam ser facilmente combinadas na linha de montagem com as peças fabricadas em outros lugares. O automóvel é um bom exemplo desse conceito. Ele tem literalmente milhares de peças fabricadas por diversas empresas em diferentes partes dos Estados Unidos e do mundo e todas essas peças devem se encaixar corretamente.

> Normas e códigos têm sido desenvolvidos ao longo dos anos por várias organizações para garantir a segurança dos produtos e a confiabilidade dos serviços.

Para lançar mais luz sobre por que precisamos de normas e códigos, vamos considerar produtos com os quais nós todos estamos familiarizados, como, por exemplo, sapatos ou camisas. Nos Estados

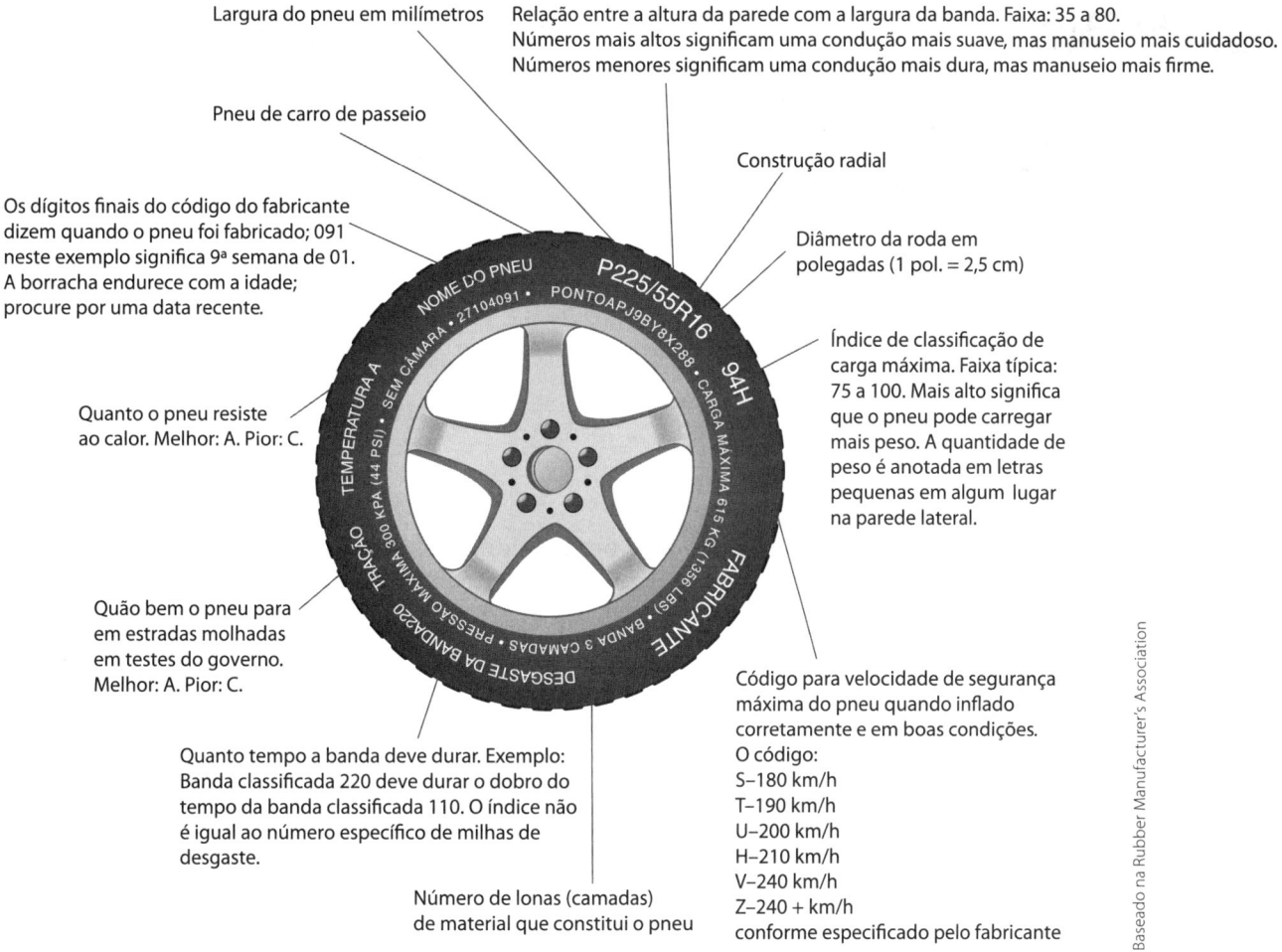

Largura do pneu em milímetros

Relação entre a altura da parede com a largura da banda. Faixa: 35 a 80.
Números mais altos significam uma condução mais suave, mas manuseio mais cuidadoso.
Números menores significam uma condução mais dura, mas manuseio mais firme.

Pneu de carro de passeio

Construção radial

Os dígitos finais do código do fabricante dizem quando o pneu foi fabricado; 091 neste exemplo significa 9ª semana de 01. A borracha endurece com a idade; procure por uma data recente.

Diâmetro da roda em polegadas (1 pol. = 2,5 cm)

Índice de classificação de carga máxima. Faixa típica: 75 a 100. Mais alto significa que o pneu pode carregar mais peso. A quantidade de peso é anotada em letras pequenas em algum lugar na parede lateral.

Quanto o pneu resiste ao calor. Melhor: A. Pior: C.

Quão bem o pneu para em estradas molhadas em testes do governo. Melhor: A. Pior: C.

Código para velocidade de segurança máxima do pneu quando inflado corretamente e em boas condições.
O código:
S–180 km/h
T–190 km/h
U–200 km/h
H–210 km/h
V–240 km/h
Z–240 + km/h
conforme especificado pelo fabricante

Quanto tempo a banda deve durar. Exemplo: Banda classificada 220 deve durar o dobro do tempo da banda classificada 110. O índice não é igual ao número específico de milhas de desgaste.

Número de lonas (camadas) de material que constitui o pneu

Baseado na Rubber Manufacturer's Association

FIGURA 3.8 Normas e códigos têm sido desenvolvidos ao longo dos anos para garantir que temos estruturas seguras, sistemas de transporte seguros, sistemas elétricos seguros, água potável segura e qualidade do ar interno/externo segura. O pneu é um bom exemplo de produto de engenharia que adere a tais normas. Existem muitas organizações normalizadoras nacionais e internacionais que estabelecem essas normas oficiais. As normas e os códigos também asseguram uniformidade na dimensão de peças e componentes produzidos por vários fabricantes em todo o mundo.

Unidos, os tamanhos-padrão de sapatos são 9, 10 ou 11, e assim por diante, como mostrado na Tabela 3.5. Na Europa, os tamanhos-padrão de sapatos são 43, 44 ou 45, e assim por diante. Os tamanhos-padrão de camisas nos Estados Unidos são 15, 15 1/2 ou 16, enquanto na Europa são 38, 39 ou 41 etc. Se um fabricante de camisas europeu quer vender camisas nos Estados Unidos, ele tem que classificá-las de modo que as pessoas entendam os tamanhos para que possam escolher a camisa do tamanho correto. Por outro lado, se um fabricante de calçados dos Estados Unidos quer vender sapatos na Europa, tem que classificá-los de forma que os tamanhos sejam compreendidos pelos clientes europeus. Não seria mais fácil se cada fabricante de calçados ou camisas do mundo usasse identificações de tamanho uniformes para eliminar a necessidade de referência cruzada? Esses exemplos simples demonstram a necessidade de uniformidade no tamanho e na forma como os produtos são rotulados. Agora, pense sobre todas as partes e componentes possíveis que são fabricados todos os dias por milhares de empresas em todo o mundo: peças e componentes como parafusos, porcas, cabos, tubos, canos, vigas, engrenagens, tintas, adesivos, molas, cabos, ferramentas, madeiras, elementos de fixação etc. Se cada

| TABELA 3.5 | Tamanhos-padrão de sapatos e camisas nos Estados Unidos e na Europa |

Camisas masculinas							
Europa	36	37	38	39	41	42	43
EUA	14	$14\frac{1}{2}$	15	$15\frac{1}{2}$	16	$16\frac{1}{2}$	17
Sapatos masculinos							
Europa	38	39	41	42	43	44	45	46
EUA	5	6	7	8	9	10	11	12

fabricante construísse produtos utilizando os próprios padrões e especificações, essa prática poderia levar ao caos e a muitas peças com desajuste. Felizmente, existem normas internacionais que são seguidas por muitos fabricantes em todo o mundo.

Um bom exemplo de produto que usa padrões internacionais é o seu cartão de crédito ou o seu cartão de banco (Figura 3.9). Eles funcionam em todos os caixas eletrônicos ou leitores de cartão de crédito do mundo. O tamanho dos cartões e o formato das informações que eles contêm estão de acordo com a norma definida pela International Organization of Standards (ISO) (Organização Internacional para Normalização), o que permite que eles sejam lidos por máquinas de todos os lugares. A velocidade dos filmes da câmara de 35 mm (por exemplo, 100, 200, 400) é um outro exemplo de uso das normas ISO por fabricantes de filmes. Um outro exemplo são os símbolos de advertência e funcionais baseados nas normas ISO mostrados no painel de instrumentos do seu carro e que se tornaram comuns. As normas ISO estão sendo implementadas por mais e mais empresas ao redor do mundo todos os dias.

Existem muitas organizações normalizadoras no mundo, entre elas várias associações de engenharia. Lembre-se de que vimos no Capítulo 2 que a maioria das associações nacionais/internacionais de engenharia cria, mantém e distribui códigos e normas que tratam da uniformidade na dimensão de peças e de práticas corretas de projeto de engenharia para que a segurança pública seja assegurada. Na verdade, a American Society of Mechanical Engineers (ASME) discutiu em sua primeira reunião em 1880 a necessidade de dimensões padronizadas para parafusos. Aqui

ded pixto/Shutterstock.com

| FIGURA 3.9 | Exemplo de produto em conformidade com a norma ISO.

vamos nos concentrar em algumas das maiores organizações normalizadoras dos Estados Unidos, Canadá, Europa e Ásia. Vamos descrever brevemente o papel dessas organizações e como elas podem interagir. Entre as organizações mais conhecidas e reconhecidas internacionalmente estão o American National Standards Institute (ANSI) (Instituto Nacional Americano de Normas), a American Society for Testing and Materials (ASTM), (Sociedade Americana para Testes e Materiais) a Canadian Standards Association (CSA) (Associação Canadense de Normas), o British Standards Institute (BSI) (Instituto Britânico de Normas), o German *Deutsches Institut für Normung* (DIN) (Instituto Alemão de Normalização) a *Association Française de normalisation* (AFNOR) (Associação Francesa de Normalização), a Swedish *Standardiserigen I Sverige* (SIS) (Instituto Sueco de Normalização), o China State Bureau of Quality and Technical Supervision (CSBTS) (Agência Estatal de Qualidade e Supervisão Técnica da China), a International Organization for Standardization (ISO) (Organização internacional para Normalização) e a marcação Cε da União Europeia. Vamos descrever brevemente essas organizações nas seções a seguir.

Exemplos de organizações normalizadoras nos Estados Unidos

American National Standards Institute O American National Standards Institute (**ANSI**) foi fundado em 1918 por cinco sociedades de engenharia e três agências governamentais para administrar e coordenar as normas nos Estados Unidos. O ANSI é uma organização sem fins lucrativos, apoiada por várias organizações públicas e privadas. O instituto em si não desenvolve as normas, e sim auxilia grupos qualificados, como diversas organizações de engenharia, no desenvolvimento de normas, além de definir os procedimentos a serem seguidos. Hoje, o American National Standards Institute representa os interesses de mais de mil empresas e outros membros. De acordo com o American National Standards Institute, existem mais de 13 mil normas ANSI aprovadas em uso hoje e mais normas estão sendo desenvolvidas.

> Entre as organizações mais conhecidas e reconhecidas internacionalmente estão o American National Standards Institute (ANSI), a American Society for Testing and Materials (ASTM), a International Organization for Standardization (ISO) e a marcação Cε da União Europeia.

American Society for Testing and Materials (ASTM) Fundada em 1898, a **ASTM** International é uma organização sem fins lucrativos. Publica normas e procedimentos de teste considerados orientações técnicas autorizadas para a segurança, confiabilidade e uniformidade de um produto. O teste é realizado pelos laboratórios membros nacionais e internacionais. A ASTM International recolhe e publica o trabalho de mais de cem comitês de redação de normas que tratam de métodos de ensaio de materiais. Por exemplo, a ASTM define os procedimentos-padrão para testes e práticas para determinar as propriedades elásticas de materiais, testes de impacto, testes de fadiga, propriedades de cisalhamento e de torção, tensão residual, teste de flexão e dobramento, compressão, ductilidade e dilatação térmica linear. A ASTM também define as normas de dispositivos e equipamentos médicos, incluindo cimentos ósseos, parafusos, porcas, pinos, próteses e placas e as especificações para ligas utilizadas em implantes cirúrgicos. Isolamento elétrico e normas relacionadas com a eletrônica também são definidos pela ASTM. Outros exemplos do trabalho da ASTM incluem:

- Diretrizes de ensaio para avaliar as propriedades mecânicas do silício ou outros procedimentos de teste de semicondutores como o dióxido de germânio.
- Métodos de ensaio para vestígios de impurezas metálicas em alumínio-cobre e alumínio-silício em grau eletrônico.

- Normas relativas à análise química de tintas ou detecção de chumbo em pinturas, juntamente com testes para medir as propriedades físicas de camadas de tinta aplicadas, como espessura da película, resistência física e resistência ao entorno ambiental ou químico.
- Procedimentos-padrão para avaliar as propriedades de combustíveis para motores, *diesel* e aviões, petróleo bruto, fluidos hidráulicos e óleos isolantes elétricos.
- Procedimentos de ensaio para medir propriedades de isolamento de materiais.
- Procedimentos-padrão para teste do solo, como características de densidade, textura do solo e teor de umidade.
- Testes e procedimentos relacionados com construção de edifícios, como a medição do desempenho estrutural de telhados de chapa metálica.
- Testes para avaliar as propriedades de fibras têxteis, incluindo algodão e lã.
- Normas para tubos de aço, tubulação e acessórios.

Você pode encontrar as normas específicas que tratam de quaisquer dos materiais destes exemplos no *Annual Book* da ASTM, que inclui grandes volumes de normas e especificações das seguintes áreas:

Produtos de ferro e aço
Produtos de metais não ferrosos
Métodos de ensaio de metais e procedimentos analíticos
Construção
Derivados de petróleo, lubrificantes e combustíveis fósseis
Tintas, revestimentos relacionados e aromáticos
Têxteis
Plásticos
Borracha
Isolamento elétrico e eletrônico
Água e tecnologia ambiental
Energia nuclear, solar e geotérmica
Dispositivos e serviços médicos
Métodos gerais e instrumentação
Produtos em geral, especialidades químicas e produtos de uso final

As normas ASTM estão disponíveis em CD-ROM e *on-line*. A ASTM também publica uma série de revistas:

Cement, Concrete & Aggregates
Geotechnical Testing Journal
Journal of Composites Technology and Research
Journal of Forensic Sciences
Journal of Testing and Evaluation

National Fire Protection Association (NFPA) (Associação Nacional de Combate ao Incêndio). Perdas por incêndios totalizam bilhões de dólares por ano. O incêndio, formalmente definido como o processo durante o qual ocorre a oxidação rápida de um material, emite energia radiante que não só pode ser sentida, mas também vista. Incêndios podem ser causados por sistemas elétricos avariados, superfícies quentes e materiais superaquecidos. A National Fire Protection Association (**NFPA**) é uma organização sem fins lucrativos criada em 1896 para fornecer normas e padrões para reduzir o ônus dos incêndios. A NFPA publica o *National Electrical Code*®, o *Life Safety Code*®, o *Fire Prevention Code*™, o *National Fuel Gas Code*® e o *National Fire Alarm Code*®. Ela também fornece treinamento e educação.

FIGURA 3.10

Underwriters Laboratories (UL) O Underwriters Laboratories Inc. (**UL**) é uma organização sem fins lucrativos que realiza testes e certificações de segurança de produtos. Fundado em 1894, hoje o Underwriters Laboratories tem laboratórios nos Estados Unidos, Inglaterra, Dinamarca, Hong Kong, Índia, Itália, Japão, Cingapura e Taiwan. Sua marca de certificação, mostrada na Figura 3.10, é uma das mais reconhecidas em produtos.

Exemplos de normas e códigos internacionais

International Organization for Standardization (ISO) Como o nome indica, a International Organization for Standardization, fundada em 1947, é composta por uma federação de normas nacionais de vários países. A International Organization for Standardization promove e desenvolve normas que podem ser usadas por todos os países do mundo, com o objetivo de facilitar as normas que permitem a livre troca segura de mercadorias, produtos e serviços entre os países. Ela é reconhecida pela abreviatura ou forma abreviada, **ISO**, que é derivada de *isos,* palavra grega que significa "igual". À medida que tiver mais aulas de engenharia, você verá o prefixo *iso* em muitos termos de engenharia; por exemplo, *iso*bar, que significa pressão igual ou *iso*térmica, que significa temperatura igual. O nome ISO foi adotado, em vez de International Organization of Standards (IOS), para que não houvesse qualquer divergência na forma como a abreviatura é apresentada em outros idiomas.

Normas C∈ Todos os produtos vendidos na Europa devem agora atender às normas C∈. Antes da formação da União Europeia e da utilização das normas C∈, os fabricantes europeus e os que exportavam para a Europa tinham que cumprir com diferentes normas com base nos requisitos ditados por um país específico. A marcação C∈ fornece um único conjunto de normas de segurança e ambientais que é utilizado em toda a Europa. A marcação C∈ em um produto garante a conformidade com as normas europeias. As letras C∈ são as iniciais de Conformité Européenne (Conformidade Europeia).

Outras organizações normalizadoras reconhecidas internacionalmente O British Standards Institute (BSI) é outra organização normalizadora internacionalmente conhecida que trabalha com padronização. Na verdade, o BSI, fundado em 1901, é um dos organismos normalizadores mais antigos do mundo. É uma organização sem fins lucrativos que organiza e distribui as normas britânicas, europeias e internacionais. Outras organizações normalizadoras internacionalmente reconhecidas incluem o German *Deutsches Institut für Normung* (DIN), a *Association Française de normalisation* (AFNOR), a Swedish *Standardiserigen I Sverige* (SIS) e o China State Bureau of Quality and Technical Supervision (CSBTS). Visite os *sites* dessas organizações para obter mais informações sobre elas.

OA⁶ 3.6　Normas relativas à água e ao ar nos Estados Unidos

Água potável

A U.S. Environmental Protection Agency (EPA) (Agência de Proteção Ambiental dos EUA) define as normas para o nível máximo de contaminantes que podem estar presentes na água potável para que ela ainda seja considerada segura (Figura 3.11). Basicamente, a EPA define duas normas para o nível de contaminantes da água: (1) a meta de nível máximo de contaminantes (MCLG, *maximum contaminant level goal*) e (2) o nível máximo de contaminantes (MCL, *maximum contaminant level*). O MCLG representa o nível máximo de determinado contaminante na água que não provoca nenhum efeito nocivo à saúde. Por outro lado, o MCL, que pode representar níveis ligeiramente mais elevados de contaminantes na água, indica os níveis de contaminantes legalmente obrigatórios. A EPA tenta definir o MCL próximo do MCG, mas esse objetivo pode não ser atingido por razões econômicas ou técnicas. Exemplos de normas para água potável são apresentados na Tabela 3.6.

Veja o Problema 3.27 para outras normas estabelecidas pela EPA para a Surface Water Treatment Rule (SWTR) (Regra de Tratamento para as Águas de Superfície).

Ar externo

As fontes de poluição do ar externo (Figura 3.12) podem ser classificadas em três grandes categorias: *fontes estacionárias*, *fontes móveis* e *fontes naturais*. Exemplos de fontes estacionárias incluem usinas de energia, fábricas e lavanderias. As fontes móveis de poluição do ar consistem em automóveis, ônibus, caminhões, aviões e trens. Como o nome indica, as fontes naturais de poluição do ar podem incluir poeiras transportadas pelo vento, erupções vulcânicas e incêndios florestais. O Clean Air Act (Lei do Ar Limpo), que estabelece a norma para os seis principais poluentes do ar, foi sancionado em 1970. A EPA é responsável pela definição de normas para estes seis principais poluentes atmosféricos: monóxido de carbono (CO), chumbo (Pb), dióxido de azoto (NO_2), ozônio (O_3), dióxido de enxofre (SO_2) e particulados (PM, *particulate matter*). A EPA mede os níveis de concentração desses poluentes em diversas áreas urbanas e recolhe informações da qualidade do ar por medição real de poluentes de milhares de locais de monitoramento em todo o país. De acordo com um estudo realizado pela EPA (1997), entre 1970 e 1997, a população dos EUA aumentou 31% e a distância, em milhas, percorrida pelos veículos, aumentou em 127%. Durante esse período, a emissão total de poluentes atmosféricos por fontes estacionárias e móveis diminuiu 31% por causa das melhorias introduzidas na eficiência dos automóveis e nas práticas industriais, juntamente com a execução dos regulamentos do Clean Air Act.

FIGURA 3.11 A EPA define a norma para o MCL na água potável.

TABELA 3.6	Exemplos de normas para água potável nos EUA		
Contaminante	**MCLG**	**MCL**	**Fonte de contaminantes por indústria**
Antimônio	6 ppb	6 ppb	fundição de cobre, refino, encanamentos de porcelana, refino de petróleo, plásticos, resinas, baterias de armazenamento
Amianto	7 M.L. (milhões de fibras por litro)	7 M.L.	produtos de amianto, cloro, feltros e revestimento asfáltico, autopeças, refino de petróleo, tubos de plástico
Bário	2 ppm	2 ppm	fundição de cobre, autopeças, pigmentos inorgânicos, ferro cinzento nodular, siderurgia, fornos e indústrias de papel
Berílio	4 ppb	4 ppb	laminação e trefilaria de cobre, fundição de metais não ferrosos, fundições de alumínio, altos-fornos, refino de petróleo
Cádmio	5 ppb	5 ppb	fundição de zinco e de chumbo, fundição de cobre, pigmentos inorgânicos
Cromo	0,1 ppm	0,1 ppm	indústrias de celulose, pigmentos inorgânicos, fundição de cobre, siderurgia
Cobre	1,3 ppm	1,3 ppm	fundição de cobre primário, materiais plásticos, abate de aves, alimentos compostos
Cianeto	0,2 ppm	0,2 ppm	tratamento térmico, revestimento e polimento de metais
Chumbo	zero	15 ppb	fundição de chumbo, siderurgia e altos-fornos, baterias de armazenamento, encanamentos de porcelana
Mercúrio	2 ppb	2 ppb	lâmpadas elétricas, indústrias de papel
Níquel	0,1 ppm	0,1 ppm	refino de petróleo, fundições de ferro cinzento, cobre primário, altos-fornos, aço
Nitrato	10 ppm	10 ppm	fertilizantes nitrogenados, mistura de fertilizantes, indústrias de papel, alimentos enlatados, fertilizantes fosfatados
Nitrito	1 ppm	1 ppm	Nitratos em fertilizantes, uma vez introduzidos no corpo, são convertidos em nitritos
Selênio	0,05 ppm	0,05 ppm	revestimentos metálicos, refino de petróleo
Tálio	0,5 ppb	2 ppb	fundição de cobre primário, refino de petróleo, siderurgia, altos-fornos

No entanto, ainda há cerca de 107 milhões de pessoas que vivem em áreas com qualidade de ar insalubre. A EPA trabalha continuamente para definir normas e monitorar a emissão de poluentes que causam a chuva ácida e danos aos resrvatórios de água e aos peixes (atualmente, existem mais de 2.000 reservatórios de água nos Estados Unidos sob advertência quanto ao consumo de peixes), danos à camada de ozônio e aos edifícios e parques nacionais. O ar pouco saudável tem efeitos adversos para a saúde, mais pronunciados em crianças e idosos. Os problemas de saúde humana associados à má qualidade do ar incluem várias doenças respiratórias e doenças cardíacas

(a)

(b)

(c)

FIGURA 3.12   Poluição externa.

ou pulmonares. O Congresso estadunidense aprovou alterações na Lei do Ar Limpo, em 1990, as quais exigiram que a EPA abordasse o efeito de muitos poluentes tóxicos do ar com a implementação de novas normas. Desde 1997, a EPA emitiu 27 normas para o ar que devem ser plenamente aplicadas nos próximos anos. A EPA atualmente trabalha de forma individual com os estados para reduzir a quantidade de enxofre nos combustíveis e estabelecer normas de emissões mais rigorosas para automóveis, ônibus, caminhões e usinas de energia.

Todos nós precisamos compreender que a poluição do ar é uma preocupação global que pode afetar não apenas nossa saúde, mas também nosso clima. Ela pode ter provocado o início do aquecimento global, que pode levar a eventos naturais desagradáveis. Como todos nós contribuímos para esse problema, precisamos estar conscientes das consequências de nossos estilos de vida e encontrar maneiras de reduzir a poluição. Podemos usar a carona ou o transporte público para irmos para o trabalho ou escola. Não devemos deixar nossos carros ligados por longos períodos de tempo e podemos lembrar outras pessoas para consumirem menos energia. Devemos economizar energia em casa e na escola, por exemplo, apagando a luz que não está em uso em um ambiente. Em casa, no inverno, podemos ajustar o termostato para 18° C ou um pouco abaixo e usar uma blusa para nos aquecer. Durante o verão, podemos ajustar o termostato do ar-condicionado

> A U.S. Environmental Protection Agency (EPA) define as normas para o nível máximo de contaminantes, que podem estar presentes na água potável, para que ela ainda seja considerada segura. Também é responsável por definir as normas para poluentes atmosféricos, como monóxido de carbono (CO), chumbo (Pb), dióxido de nitrogênio (NO_2), ozônio (O_3), dióxido de enxofre (SO_2) e particulados (PM).

para 26° C ou um pouco acima disso. Consumindo menos energia e usando menos o automóvel, podemos ajudar nosso meio ambiente e reduzir a poluição do ar.

Ar interno

Na seção anterior, discutimos a poluição do ar externo e os efeitos relacionados à saúde. A poluição do ar interno também pode criar riscos para a saúde. De acordo com estudos da EPA sobre a exposição humana a poluentes do ar, os níveis internos de poluentes podem ser de duas a cinco vezes maiores que os níveis ao ar livre. A qualidade do ar interno é importante em residências, escolas e locais de trabalho. Como a maioria de nós gasta cerca de 90% do tempo em ambientes fechados, a qualidade do ar interno é muito importante para nossa saúde a curto e a longo prazo. Além disso, a falta de uma boa qualidade do ar interno pode reduzir a produtividade no local de trabalho ou criar um ambiente de aprendizagem desfavorável na escola, causando doença ou desconforto nos ocupantes do edifício. A falha em monitorar a qualidade do ar interno (IAQ, *indoor air quality*) ou o fracasso em evitar a poluição do ar interno também pode ter efeitos adversos sobre equipamentos e sobre a aparência física dos edifícios. Nos últimos anos, questões de responsabilidade em relação a pessoas que sofrem de tonturas, dores de cabeça ou outras doenças relacionadas com "edifícios doentes" estão se tornando uma preocupação para gestores de edifícios. De acordo com a EPA, alguns sintomas comuns de danos à saúde causados pela baixa qualidade do ar interno são

- dor de cabeça, fadiga e falta de ar;
- congestão nasal, tosse e espirros;
- irritação nos olhos, nariz, garganta e pele; e
- tonturas e náuseas.

Como você sabe, alguns desses sintomas também podem ser causados por outros fatores e não são necessariamente provocados pela má qualidade do ar. Tensão na escola, no trabalho ou em casa também podem acarretar problemas de saúde com sintomas semelhantes aos mencionados. Além disso, os indivíduos reagem de formas diferentes a problemas semelhantes em seu ambiente.

Os fatores que influenciam a qualidade do ar podem ser classificados em várias categorias: aquecimento, ventilação e sistema de ar-condicionado (AVAC); fontes de poluentes do ar interno; e ocupantes. Nos últimos anos, temos sido expostos a mais poluentes do ar interno pelas seguintes razões: (1) Com a finalidade de economizar energia, estamos construindo casas apertadas com menos entrada e saída de ar quando comparadas com as estruturas mais antigas. Além disso, as taxas de ventilação também foram reduzidas para economizar ainda mais energia. (2) Usamos na construção de casas novas, mais materiais de construção sintéticos que podem liberar vapores nocivos. (3) Usamos mais poluentes químicos, como pesticidas e produtos de limpeza domésticos.

Como mostrado na Tabela 3.7, os poluentes internos podem ser criados por fontes dentro do edifício ou ser trazidos do exterior. É importante ter em mente que o nível de contaminantes no interior de um edifício pode variar com o tempo. Por exemplo, para proteger do desgaste as superfícies de pisos, é habitual encerá-los. Durante o período em que o enceramento está acontecendo, dependendo do tipo de produto químico utilizado, é possível que pessoas próximas do local sejam expostas a vapores prejudiciais. Obviamente uma solução simples para esse problema é encerar o chão na sexta-feira, no final tarde, para evitar expor os demais ocupantes aos vapores nocivos. Além disso, essa abordagem proporcionará algum tempo para que o vapor seja esgotado para fora do edifício pelo sistema de ventilação ao longo do fim de semana, quando o edifício não está sendo ocupado.

TABELA 3.7	Fontes típicas de poluentes do ar interno.		
Fontes externas	**Equipamento do edifício**	**Componentes/Móveis**	**Outras fontes internas**
Ar externo poluído Pólen, poeira, esporos de fungos, emissões industriais e emissões de veículos	Equipamento AVAC Crescimento microbiológico em bandejas de gotejamento, canalização, serpentinas e umidificadores; ventilação inadequada dos produtos de combustão; e pó ou detritos na canalização	Componentes Crescimento microbiológico em materiais sujos ou danificados pela água, ralos secos que permitem a passagem de gases de esgoto, materiais que contêm compostos orgânicos voláteis, compostos inorgânicos, amianto danificado e materiais que produzem partículas (pó)	Laboratórios de ciências; áreas de cópia e impressão; áreas de preparação de alimentos; áreas para fumantes; materiais de limpeza, emissões do lixo; pesticidas; odores e compostos orgânicos voláteis de tintas, giz e adesivos; ocupantes com doenças transmissíveis; marcadores de apagar a seco e canetas semelhantes; insetos e outras pragas; produtos de higiene pessoal
Fontes próximas Cais de cargas, odores de lixeiras, detritos insalubres ou exaustores de edifícios perto de entradas de ar externo	Equipamento não AVAC Emissões de equipamentos de escritório e emissões de lojas, laboratórios e processos de limpeza		
Fontes subterrâneas Radônio, pesticidas e vazamento de tanques de armazenamento subterrâneo		Móveis Emissões de móveis e pavimentos novos e crescimento microbiológico sobre ou dentro de mobiliário sujo ou danificado pela água	

EPA Fact Sheets, EPA-402-F-96-004, outubro de 1996.

O objetivo principal de um sistema de aquecimento, ventilação e ar-condicionado (AVAC) bem projetado é proporcionar conforto térmico para os ocupantes. Dependendo da carga de aquecimento ou resfriamento do edifício, o ar que circula pelo edifício está condicionado por aquecimento, resfriamento, umidificação e desumidificação. O outro papel importante de um sistema AVAC bem projetado é filtrar os contaminantes ou fornecer ventilação adequada para diluir os níveis de contaminantes do ar.

Os padrões de fluxo de ar em um edifício e em torno dele também afetarão a qualidade do ar interno. O padrão de fluxo de ar no interior do edifício é normalmente criado pelo sistema AVAC de climatização. No entanto, o fluxo de ar do lado de fora, em torno do revestimento do edifício, que é ditado pelos padrões de vento, também pode afetar o padrão de fluxo de ar no interior do edifício. Ao olhar para os padrões de fluxo de ar, o conceito importante a ter em mente é que o ar sempre se move da região de alta pressão para a região de baixa pressão.

Métodos para gerenciar contaminantes

Existem várias maneiras de controlar o nível de contaminantes: (1) eliminação ou remoção da fonte, (2) substituição da fonte, (3) ventilação adequada, (4) controle de exposição e (5) limpeza do ar.

Um bom exemplo de eliminação da origem é não permitir que as pessoas fumem dentro de edifícios ou não permitir que o motor de um automóvel permaneça ligado próximo à entrada de ar externo de um edifício. Em outras palavras, eliminar a fonte antes que ela se espalhe. É importante para os engenheiros manter essa ideia em mente ao projetar os sistemas de climatização para um edifício, ou seja, evitar colocar as entradas de ar externo perto de cais de cargas ou lixeiras. Um bom exemplo de substituição de fonte é usar, para limpar banheiros e cozinhas, produtos de limpeza suaves, em vez de produtos que emitam vapores nocivos. Controle de exaustão local significa remover as fontes de poluentes antes que possam ser distribuídas pelo sistema de distribuição de ar para outras áreas de um edifício. Exemplos cotidianos incluem o uso de exaustores em banheiros para lançar fora os contaminantes nocivos. Exaustores de fumaça são um outro exemplo de remoção de exaustão local em muitos laboratórios. O ar externo limpo também pode ser misturado com o ar interno para diluir o ar contaminado. A American Society of Heating, Refrigerating and Air Conditioning Engineers (ASHRAE) (Associação Americana de Engenheiros de Aquecimento, Refrigeração e Condicionamento de Ar) estabeleceu um conjunto de códigos e normas para a quantidade de ar externo fresco, que deve ser introduzido para várias aplicações. Limpar o ar significa remover particulados e gases nocivos do ar à medida que este passa através de um sistema de limpeza. Existem vários métodos que lidam com remoção de contaminantes do ar, incluindo absorção, catálise e utilização de filtros de ar.

Finalmente, você pode chamar a atenção dos amigos, colegas e familiares para o problema da qualidade do ar interno. Todos nós precisamos estar cientes e tentar fazer a nossa parte para criar e manter a qualidade do ar interno.

Antes de continuar

Responda às perguntas a seguir para testar o que aprendeu.

1. Explique por que precisamos de normas e códigos.

2. Dê exemplos de organizações que definem normas e códigos nos Estados Unidos.

3. Dê exemplos de organizações internacionais que definem normas.

4. Dê exemplos de fontes de poluentes da água.

5. Quais são os principais poluentes do ar externo?

Vocabulário – Como engenheiro de boa formação e cidadão inteligente, é importante entender que você precisa desenvolver um vocabulário amplo a fim de se comunicar de maneira eficiente. Indique o significado dos termos a seguir.

ASTM _____

NFPA _____

ISO _____

Nível máximo de contaminantes _____

EPA _____

Lauren Heine, Ph.D

Eu me tornei engenheira ambiental porque estava interessada em gestão de resíduos e na preservação do ambiente. Obtive o Ph.D. em Engenharia Civil e Ambiental da Universidade de Duke. Meu orientador me incentivou a explorar alguns cursos não tradicionais, incluindo ética, química ambiental e toxicologia. Rapidamente me tornei viciada em resolver problemas interdisciplinares – uma extensão natural da engenharia ambiental.

Depois de me formar, tornei-me uma Fellow da American Association for the Advancement of Science (Associação Americana para o Avanço da Ciência) na U.S. Environmental Production Agency (USEPA) (Agência de Proteção Ambiental dos EUA). Escolhi trabalhar no Green Chemistry Program (Programa de Química Verde) no Office of Pollution Prevention and Toxics (Escritório para Prevenção da Poluição e Tóxicos). No meu primeiro dia no escritório, um dos chefes de filial na USEPA me perguntou como me sentia ao saber que meu diploma era obsoleto. Devo ter parecido muito confusa. Ele continuou, explicando que a engenharia ambiental trata da limpeza de resíduos no fim da linha, **mas o futuro trata de solucionar problemas desde o início**. Embora, claro, minha mente estivesse tentando descobrir como ele pretendia projetar os resíduos biológicos humanos, suas palavras fizeram muito sentido para mim.

Enquanto estive no Green Chemistry Program na USEPA, tive a oportunidade de trabalhar com um dos coautores visionários dos 12 Princípios da Química Verde. Também me tornei intrigada com o trabalho dos fundadores do projeto Cradle-to-Cradle (Conceito do Berço ao Berço). Senti-me inspirada e desafiada a trazer essas grandes ideias para a prática no mundo. Meu papel era encontrar maneiras de traduzir a grande visão e os princípios da Química Verde e do projeto Cradle-to-Cradle em produtos e processos reais. Ambas as abordagens defendem o uso do projeto para evitar problemas de resíduos e tóxicos em primeiro lugar e criar benefícios sinérgicos através do projeto de sistemas de materiais e produtos sustentáveis.

Comecei ajudando a criar uma nova organização sem fins lucrativos em Portland, Oregon, que se concentrou no trabalho com organizações para eliminar resíduos e tóxicos por meio de soluções de engenharia. Foi muito divertido trabalhar com uma diversidade de indivíduos, de impressores comerciais a fabricantes de pastilhas de silício, equipamentos de iluminação, tecnologia de

Cortesia de Lauren Heine

tratamento de águas pluviais e digestores anaeróbios em fazendas leiteiras. Eu estava na vanguarda da onda de sustentabilidade. Estou espantada agora quando olho para trás e lembro-me de como (no início) as pessoas eram muito resistentes à ideia de que a indústria poderia se esforçar para ser ao mesmo tempo rentável e benigna para o meio ambiente. As pessoas achavam que seria muito caro, mas, em vez disso, muitas descobriram que isso poderia poupar dinheiro de duas formas:

1. evitando os custos de gestão de resíduos e substâncias tóxicas; e
2. impulsionando a inovação para o desenvolvimento de novos produtos.

Desde então, tenho trabalhado com outras organizações ambientais, incluindo o Green Blue Institute (Instituto Green Blue) e a Clean Production Action (Ação para a Produção Limpa). Encontrar colegas da mesma opinião, que gostam de criar a mudança, é divertido e desafiador. Conduzi a criação do CleanGredients, um banco de dados de produtos químicos verdes para uso no projeto de produtos de limpeza ambientalmente mais seguros. Com a Clean Production Action, fui coautora do Green Screen for Safer Chemicals (Green Screen® para Produtos Químicos mais Seguros), um método para ajudar as organizações a identificar alternativas químicas mais seguras.

Ao longo do caminho, aprendi a mediação de conflitos. Não previ o quão importante esse treinamento seria. Ele me ensinou a valorizar e envolver as partes interessadas de diferentes setores e a me concentrar em soluções. Usando a mediação de conflitos e habilidades de facilitação juntamente com engenharia ambiental e química, achei maravilhosas oportunidades para criar soluções com outros cientistas e engenheiros do governo, organizações ambientais e líderes da indústria para produtos e processos mais benignos para a saúde humana e para o ambiente.

Enquanto no passado organizações ambientais, como a Clean Production Action, trabalhavam em oposição à indústria, agora há oportunidades para parcerias com empresas proativas que vão desde fabricantes de produtos de limpeza até as principais empresas e varejistas de eletrônicos para criar a mudança positiva que queremos ver no mundo. Exemplos incluem a Apple, IBM, Hewlett Packard, Wal-mart, Staples, Method Home, Seventh Generation e outras.

Engenheiros são *designers*. Enquanto engenheiros ambientais podem não trabalhar tipicamente como *designers* de produtos, não importa onde trabalhemos na cadeia de valor, precisamos projetar soluções que não levem em conta apenas custos e desempenho, mas todo o sistema ambiental, econômico e social.

Cortesia de Lauren Heine

RESUMO

OA¹ O processo do projeto de engenharia

Neste ponto você deve conhecer as etapas básicas de projeto que todos os engenheiros seguem para projetar produtos e serviços. Essas etapas são 1) reconhecimento da necessidade de um produto ou serviço, (2) definição e compreensão do problema (a necessidade), (3) realização de pesquisa e preparação preliminares, (4) conceituação das ideias para possíveis soluções, (5) síntese dos resultados, (6) avaliação detalhada das boas ideias, (7) otimização do resultado para chegar à melhor solução possível e (8) apresentação da solução.

OA² Considerações adicionais de projeto

Você também deve perceber que a engenharia econômica e a seleção de materiais desempenham papéis importantes na tomada de decisões de engenharia. Além disso, os engenheiros devem projetar e desenvolver produtos e serviços que atendam às necessidades do presente sem comprometer a capacidade das gerações futuras de satisfazer as próprias necessidades (sustentabilidade).

OA³ Trabalho em equipe

A equipe de projeto pode ser definida como um grupo de indivíduos com competências complementares, habilidade para solucionar problemas, talento e que trabalham em conjunto para resolver um problema ou atingir um objetivo comum. Uma boa equipe é a que consegue o melhor de cada um. Além disso, os objetivos de um projeto devem ser compreendidos e aceitos por todos os membros da equipe e estes devem colocar as necessidades e objetivos da equipe acima das necessidades e objetivos individuais. Uma equipe deve também ter um bom líder. Além disso, quando um grupo de pessoas trabalha em conjunto, conflitos são inevitáveis. A gestão de conflitos é parte importante da dinâmica de uma equipe.

OA⁴ A programação do projeto e o quadro de tarefas

Programação de projeto é um processo que os gerentes de engenharia usam para garantir que um projeto seja concluído no prazo e dentro do orçamento alocado. Uma programação bem planejada atribuirá o tempo adequado para diversas atividades e fará uso adequado do pessoal para eliminar a redundância em atribuições de tarefas.

OA⁵ Normas e códigos de engenharia

Normas e códigos têm sido desenvolvidos para garantir a segurança dos produtos e a confiabilidade dos serviços. Existem muitas organizações normalizadoras, as quais definem normas para abastecimento de alimentos seguro, estruturas seguras, sistemas de água, elétricos, de transporte e de comunicação seguros e confiáveis, e assim por diante. Entre as organizações mais conhecidas e reconhecidas internacionalmente estão American National Standards Institute (ANSI), American Society for Testing and Materials (ASTM), National Fire Protection Association (NFPA), Underwriters Laboratories Inc. (UL), International Organization for Standardization (ISO) e European Union C€ Standards.

OA⁶ Normas relativas à água e ao ar nos Estados Unidos

A U.S. Environmental Protection Agency (EPA) define as normas para o nível máximo de contaminantes (MCL), como chumbo, cobre, cianeto, cádmio, crômio que podem estar presentes na água potável para que ela ainda seja considerada segura. A EPA também é responsável por definir normas para os principais poluentes atmosféricos, como monóxido de carbono (CO), chumbo (Pb), dióxido de nitrogênio (NO_2), ozônio (O_3), dióxido de enxofre (SO_2) e matéria particulada (PM).

TERMOS-CHAVE

ANSI
ASTM
Engenharia econômica
Equipe de projeto
Etapas de projeto

ISO
NFPA
Normas e códigos
Programação de projeto
Projeto de engenharia

Quadro de tarefas
Resolução de conflitos
Seleção de materiais
Sustentabilidade
UL

APLIQUE O QUE APRENDEU

Organizações de engenharia, como ASME, ASCE e IEEE, promovem competições anuais de projetos de alunos que encorajam equipes de estudantes a trabalhar em conjunto e apresentar suas soluções para um problema de projeto particular. Normalmente, as equipes devem ler uma declaração do problema e, em seguida, projetar, construir e operar um protótipo que atenda aos requisitos estabelecidos na declaração do problema. Além disso, os alunos têm a oportunidade de competir com equipes de outras universidades.

Entre em contato com o departamento de alunos da ASME, ASCE ou IEEE em seu *campus* e se envolva com o concurso deste ano. Nesta fase de sua educação, talvez seja melhor juntar-se a uma equipe composta por juniores e seniores; assim, poderá se beneficiar de seu conhecimento e experiência.

© ZUMA Press, Inc. / Alamy

PROBLEMAS

Problemas que promovem aprendizado permanente estão indicados por ☛

3.1 Liste pelo menos dez produtos que já existem, que você usa e que estão constantemente sendo modificados para incorporar novas tecnologias.

3.2 Liste cinco produtos que não estão disponíveis atualmente no mercado, os quais poderiam ser úteis para nós e que provavelmente serão projetados por engenheiros e outros profissionais.

3.3 Liste cinco produtos, relacionados com os esportes, que você acha que devem ser projetados para tornar a prática esportiva mais divertida.

3.4 Liste cinco serviços *on-line* que não estão disponíveis no momento, mas que você acha que acabarão por se tornar realidade.

3.5 Vemos tampas de garrafas e de frascos de todos os tipos ao nosso redor. Investigue o projeto das tampas utilizadas nos seguintes produtos: garrafas de Pepsi ou de Coca, frascos de aspirina, frascos de xampus, de enxaguantes bucais, de produtos de limpeza líquidos, de loções para as mãos, de loções pós-barba, de tubos de *ketchup* ou de mostarda. Discuta quais parâmetros de projeto você considera importantes. Discuta as vantagens e desvantagens associadas a cada projeto.

3.6 Grampos mecânicos são usados para fechar sacos e manter coisas juntas. Investigue o projeto de grampos para papel, de grampos para cabelos e para sacos de batatas fritas. Discuta quais parâmetros de projeto você considera importantes. Discuta as vantagens e desvantagens associadas a cada projeto.

3.7 Discuta detalhadamente pelo menos dois conceitos (por exemplo, atividades, processos ou métodos) que podem ser empregados durante os horários de pico para melhor servir os clientes em mercearias.

3.8   Discuta detalhadamente pelo menos dois métodos ou procedimentos que podem ser utilizados pelas companhias aéreas para retirar a bagagem dos passageiros em casa e entregá-la no destino final.

3.9   No futuro próximo, a NASA planeja enviar uma nave espacial com seres humanos para Marte. Discuta as preocupações e problemas que devem ser considerados para essa viagem. Investigue e discuta questões como quanto tempo levaria para ir a Marte e quando a nave deve ser lançada, considerando que a distância entre a Terra e Marte muda com base em onde os planetas estão nas respectivas órbitas em torno do Sol. Que tipo e quanta reserva de alimentos são necessários para esta viagem? Que tipo de equipamento para exercícios deve estar a bordo de modo que os músculos não atrofiem durante essa longa viagem? O que deve ser feito com o lixo? Quais são as exigências de energia para essa viagem? Quais parâmetros de projeto você considera importantes para essa viagem? Escreva um relatório discutindo suas descobertas.

3.10   Você usa canetas e lapiseiras mecânicas há muitos anos. Investigue os projetos de pelo menos cinco canetas e lapiseiras diferentes. Discuta quais parâmetros de projeto você considera importantes. Discuta as vantagens e as desvantagens associadas a cada projeto. Escreva um breve relatório discutindo suas descobertas.

3.11   Esta é uma concepção de projeto para ser desenvolvida em classe. Com uma folha de alumínio de 30 cm × 30 cm, projete um barco que possa conter o maior número possível de moedas de um centavo. Quais são alguns dos parâmetros de projeto importantes para este problema? Discuta com os colegas de classe. Se quiser, escolha com antecedência um dia para realizar uma competição para determinar os bons projetos.

3.12   Esta é uma concepção de projeto para ser desenvolvida em classe. Com um feixe de canudos e clipes de papel, projete uma ponte entre duas cadeiras que estão a 50 cm de distância entre si. A ponte deve ser projetada para suportar, pelo menos, 1 kg. Se quiser, escolha com antecedência um dia para realizar uma competição para determinar os bons projetos. Discuta alguns

dos parâmetros de projeto importantes para este problema.

3.13   Identifique e faça uma lista de pelo menos dez produtos que você pode encontrar nas proximidades de sua casa e que são certificados pela Underwriters Laboratories.

3.14   Crie uma tabela mostrando os tamanhos de chapéus nos Estados Unidos e na Europa.

Estados Unidos	51	52	53	.	.	.
Europa	6 ¼	6 ⅜	6 ½	.	.	.

3.15   Crie uma tabela mostrando as dimensões de uma chave no sistema SI e no sistema americano.

3.16   Obtenha informações sobre o que significam as cores em um resistor elétrico. Crie uma tabela que mostre os códigos de resistores elétricos. Sua tabela deve ter uma coluna com as cores Preto, Marrom, Vermelho, Laranja, Amarelo, Verde, Azul, Violeta, Cinza, Branco, Ouro e Prata e uma coluna mostrando os valores. Imagine que você esteja fazendo essa tabela para outras pessoas usarem; portanto, inclua, na parte inferior da tabela, pelo menos dois exemplos de como ler os códigos de resistores elétricos.

3.17   Colete informações sobre normas para tubos de aço nos EUA (10 mm a 800 mm). Crie uma tabela que mostre a dimensão nominal, o número schedule, o diâmetro interno, o diâmetro externo, a espessura da parede e a área de secção transversal ou os mesmos dados para outro país.

3.18   Colete informações sobre as normas da American Wire Gage (AWG) (Escala Americana de Fios). Crie uma tabela para fios de cobre recozidos que mostre o número da bitola, o diâmetro em milésimos de polegada, a área de corte transversal e a resistência por 500 m. Você também pode coletar as mesmas informações em outras normas para fios.

3.19   Escreva um breve memorando para seu instrutor explicando o papel e a função do Department of Transportation (DOT) (Ministérios dos Transportes) dos EUA ou de outro país.

3.20   Obtenha informações sobre os tipos padrão de sinais utilizadas para sinalização em rodovias. A Federal Highway Administration (Departamento de Administração das Rodovias Federais) publica um conjunto de normas chamado *Standard Alphabets for Highway Signs* (Normas para Placas de Sinalização em Rodovias). Escreva um breve memorando para seu instrutor explicando suas descobertas.

3.21 Obtenha informações sobre a Nuclear Regulatory Commission (NRC) (Comissão Regulamentadora Nuclear), que define os padrões para manipulação de materiais radioativos e outras atividades com esses materiais. Escreva um breve relatório para o seu instrutor explicando suas descobertas.

3.22 Obtenha informações sobre a classificação de extintores de incêndio. Escreva um breve relatório explicando o que se entende por incêndios Classe A, Classe B, Classe C e Classe D.

3.23 Escreva um breve relatório detalhando o desenvolvimento de cintos de segurança nos automóveis. Quando foi projetado o primeiro cinto de segurança? Qual foi o primeiro fabricante a incorporar cintos de segurança como item de série nos automóveis?

3.24 Investigue a missão de cada uma das seguintes organizações normalizadoras. Para cada uma das organizações listadas, escreva um memorando de uma página para seu instrutor sobre sua missão e papel.

a. The European Committee for Electrotechnical Standardization (CENELEC) (Comitê Europeu para a Normalização Eletrotécnica)
b. European Telecommunication Standards Institute (ETSI) (Instituto Europeu de Normas de Telecomunicações)
c. Pan American Standards Commission (COPANT) (Comissão Panamericana de Normas Técnicas)
d. Bureau of Indian Standards (BIS) (*Bureau* Indiano de Normalização)
e. Hong Kong Standards and Testing Centre Ltd. (HKSTC) (Centro de Normas e Testes de Hong Kong Ltda.)
f. Korea Academy of Industrial Technology (KAITECH) (Academia Coreana de Tecnologia Industrial)
g. Singapore Academy of Industrial Technology (PSB) (Academia de Tecnologia Industrial de Singapura)
h. Standards New Zealand (SNZ) (Normalização da Nova Zelândia)

3.25 Escreva um breve relatório explicando o que se entende por certificação ISO 9001 e certificação ISO 14001.

3.26 Peça ao seu fornecedor de água para lhe dar uma lista dos produtos químicos para os quais ele testa a água. Pergunte também como a água de sua cidade está sendo tratada. Se desejar, contate o Ministério da Saúde/do Meio Ambiente para obter informações adicionais.

3.27 Colete informações sobre as normas SWTR (Surface Water Treatment Rule) estabelecidas pela EPA. Escreva um breve memorando para seu instrutor explicando suas descobertas.

3.28 Obtenha as folhas de dados do consumidor da EPA (agora disponíveis na internet), do antimônio, bário, berílio, cádmio, cianeto e mercúrio. Depois de lê-las, prepare um breve relatório explicando o que elas são, como são usadas e quais efeitos na saúde estão associados a elas.

3.29 Em 1970, o Congresso dos EUA aprovou o Occupational Safety and Health Act (OSHA) (Lei da Saúde e Segurança Ocupacional). A seguir, uma tradução do texto da lei:

Lei Pública 91-596
Congresso 91, S. 219
Terça-feira, 29 de dezembro de 1970
Conforme alterada pela Lei Pública 101-552, Seção 3101, 5 de novembro de 1990
Conforme alterada pela Lei Pública 105-198, Quinta-feira, 16 de julho de 1998
Conforme alterada pela Lei Pública 105-241
Terça-feira, 29 de setembro de 1998
Lei
Para garantir condições de trabalho seguras e saudáveis para homens e mulheres que trabalham; mediante autorização da execução de normas desenvolvidas no âmbito da Lei; pela ajuda e incentivo aos estados nos seus esforços para garantir condições de trabalho seguras e saudáveis; pelo fornecimento de pesquisa, informação, educação e treinamento no campo da saúde e segurança ocupacional; e para outros propósitos.

Seja esta Lei promulgada pelo Senado e pela Câmara dos Representantes dos Estados Unidos da América reunidos no Congresso e que ela possa ser citada como "Occupational Safety and Health Administration Compliance Assistance Authorization Act de 1998".

Visite a página do OSHA em www.osha.gov e escreva um breve relatório com os tipos de normas de segurança e saúde abrangidos por essa lei.

Para resolver os Problemas 3.30 a 3.40, você está convidado a olhar alguns exemplos de normas e códigos específicos usados em vários produtos de engenharia nos Estados Unidos. O editor e a referência são dados entre parênteses.

3.30 Requisitos gerais para ar-condicionado de helicópteros (SAE)

3.31 Códigos de segurança para elevadores e escadas rolantes (ASE, ANSI)

3.32 Chaminés e lareiras (ANSI/NFPA)

3.33 Máquinas de venda refrigeradas (ANSI/UL)

3.34 Refrigeradores de bebedouros (ANSI/UL)

3.35 Geladeiras e *freezers* domésticos (ANSI/UL)

3.36 *Trailers* (CAN/CSA)

3.37 Motores elétricos (ANSI/UL)

3.38 Bombas centrífugas (ASME)

3.39 Aquecedores de ar elétricos (ANSI/UL)

3.40 Veículos recreativos (NFPA)

Projeto II

Objetivo: Construir, com uma folha de papel A4 e 60 cm de fita adesiva, a torre mais alta que fique em pé por pelo menos 1 minuto. Trinta minutos serão permitidos para a preparação.

Sessão de *brainstorming*

Definir o objetivo e as regras fundamentais da sessão de *brainstorming*.

Exemplos de regras básicas: nenhuma crítica às ideias, conforme elas estão sendo apresentadas, uma pessoa fala por vez e por um período acordado.

Escolha um facilitador para manter o controle das regras básicas.

Registre todas as ideias onde todos possam vê-las.

Não se preocupe em parecer tolo; grave todas as suas ideias.

É uma boa prática não associar uma pessoa a uma ideia. Pense em cada ideia como uma ideia do grupo.

Saeed Moaveni

Depois do *brainstorming*

Identifique as ideias promissoras. Não avalie as ideias em detalhes ainda.

Discuta formas de melhorar as ideias promissoras.

Escolha e liste as ideias para avaliação detalhada.

Avalie as ideias mais promissoras.

Processo do projeto de engenharia civil

Estudo de Caso: Clínica de Saúde

A diretoria de uma clínica de saúde reconheceu que, para melhorar o serviço de saúde para atender às necessidades crescentes da cidade e comunidades vizinhas, precisava expandir as instalações existentes adjacentes ao hospital. A expansão dos serviços de saúde consistiu em um edifício de consultórios médicos e uma clínica. O edifício de consultórios médicos (POB, *physician office building*) deve ser anexado ao hospital existente e a clínica, ligada ao POB. As estruturas foram tratadas como

Karen Chou

projetos separados com duas equipes de projeto diferentes trabalhando neles. O foco deste estudo de caso é a clínica.

Etapa 1: Reconhecimento da necessidade de um edifício

Como foi citado anteriormente, a diretoria da clínica reconheceu a necessidade de expansão para atender à crescente demanda de serviços de saúde na cidade e nas comunidades vizinhas. Para melhor servir as pessoas nessas comunidades, a diretoria decidiu construir uma nova clínica.

Etapa 2: Definição da utilização do edifício

Após reconhecer que havia necessidade de expansão para atender à crescente demanda de serviços de saúde, a diretoria teve que definir com precisão os tipos de uso da construção. Foram considerados parâmetros como o número de salas de exames, áreas de recepção, instalações laboratoriais, como salas para raios X e ressonância magnética, escritórios, salas de reuniões e instalações administrativas para atividades de manutenção. O número previsto de pacientes, de visitantes e de funcionários também foi incluído durante esse processo de tomada de decisão. A diretoria também considerou futuras expansões potenciais, as quais, independentemente de quando possam ocorrer, podem afetar o planejamento e o projeto da estrutura atual.

Etapa 3: Planejamento do projeto

O proprietário também precisou identificar os possíveis locais de construção. Os critérios de seleção para o local são geralmente baseados em fatores econômicos, zoneamento ambiental e outros fatores. No caso da clínica, a proximidade do hospital e do futuro prédio de consultórios médicos foram os principais fatores.

Como a clínica era uma estrutura de financiamento privado, o proprietário poderia ter escolhido um arquiteto ou empreiteiro para iniciar a fase de projeto ou ter solicitado propostas de arquitetos ou empreiteiros para conduzir o projeto.

Etapa 4: Fase do projeto esquemático

Durante essa fase do processo do projeto, o arquiteto projetista (DP) se reuniu com o pessoal da clínica para saber mais sobre como a nova clínica seria usada. O DP e o empreiteiro também conheceram o orçamento estimado. Para a clínica, a coordenação adicional com o arquiteto do edifício de consultórios médicos estava assegurada, uma vez que ambos os edifícios compartilhavam algumas colunas e fundações.

A clínica foi projetada como uma estrutura de aço. Os componentes de suporte primário do edifício são fabricados em aço estrutural. Os tijolos, a alvenaria, a madeira, etc., devem fornecer acabamento e estética ao edifício. Quando o DP preparou o desenho esquemático, geralmente com múltiplas alternativas, o *designer* consultou o engenheiro estrutural para obter informações como comprimento do vão máximo das vigas de aço. Essa informação iria ajudar o arquiteto, o empreiteiro e o proprietário a determinar um bom projeto e seus custos estimados.

Etapa 5: Fase do desenvolvimento do projeto (DD)

Na fase de desenvolvimento do projeto (DD), o DP definiu os locais, dimensões e orientações das áreas de recepção, salas de exames, laboratórios, escritórios administrativos, instalações de manutenção, entradas para o edifício dos consultórios médicos e a rua. A disposição dessas salas em conjunto com o comprimento máximo do vão das vigas de aço foram usados para determinar as localizações das colunas de suporte. Esses locais são a base que o arquiteto usou para configurar as linhas de grade. Linhas de grade são um conjunto de linhas que se deslocam em duas direções. Por convenção, um conjunto de linhas é nomeado em ordem alfabética. O outro conjunto de linhas é nomeado em sequência numérica. Quando uma nova linha de grade é inserida entre duas linhas existentes, a nova linha é designada C.# ou 3.#, dependendo do sentido dessa nova linha. O sinal "#" representa um número entre 1 e 9, dependendo da localização relativa da nova linha em relação às duas existentes. Linhas de grade são usadas pelas equipes de projeto e construção para referenciar a localização de todos os componentes no projeto.

O engenheiro estrutural providenciou a dimensão dos principais componentes de suporte do edifício, como vigas, pilares e fundações. Componentes não estruturais foram negligenciados nessa fase. No entanto, o empreiteiro os incluiu no custo estimado. Os engenheiros mecânicos e elétricos providenciaram então seus projetos mecânicos e elétricos preliminares.

Um conjunto de desenhos arquitetônicos com informações estruturais, mecânicas e elétricas sobrepostas foi então fornecido para a clínica pelo empreiteiro. Após múltiplas revisões, foi aprovado o *layout* final do espaço dos usuários, o custo estimado do projeto e o projeto passou para a fase de documentação da construção.

Etapa 6: Fase de documentação de construção (DC)

Todos os projetos abrangentes detalhados - arquitetônico, estrutural, civil, interior, mecânico, elétrico, hidráulico, etc. foram realizados durante a fase de documentação de construção (DC). O gerente de projeto que representou o arquiteto durante todas as reuniões da construção foi o responsável por supervisionar a conclusão do projeto e os documentos produzidos nessa fase. O gerente de projeto também compilou um conjunto de especificações para o projeto e verificou se o projeto estava em conformidade com os códigos de construção em vigor. Cada grupo de engenharia forneceu as especificações relevantes para o grupo. Alguns requisitos de códigos de construção incluíram o número de vagas de estacionamento para deficientes, o número de saídas e as localizações e dimensões mínimas de áreas públicas e corredores, além de requisitos de segurança estabelecidos nas especificações de engenharia.

Durante essa fase, o engenheiro civil foi responsável pelo nivelamento da superfície externa do edifício (como o estacionamento e as calçadas), sinalização de estacionamento para deficientes físicos e outras sinalizações, drenagem das superfícies pavimentadas para a rede de água

pluvial, conexões da clínica para a rede de água da cidade e para a rede de esgoto.

O engenheiro estrutural foi responsável pelo projeto de todos os componentes com suporte de carga e sem suporte de carga e conexões. Alguns dos projetos incluíram o dimensionamento de vigas de aço, colunas de aço, sapatas de concreto armado isoladas, amarração necessária para suportar a carga de vento, vigas de aço para suportar o telhado e as cargas de neve. Além disso, os engenheiros estruturais também forneceram detalhes adicionais de projeto para apoiar a unidade superior no telhado (sistema mecânico para aquecimento e ar-condicionado) e equipamento de raios X. A documentação do projeto estrutural incluiu um conjunto de desenhos muito detalhados do *layout* de vigas, colunas e suas dimensões; dimensões e espaçamento de traves de aço; conexões entre vigas e colunas, traves e vigas, colunas e rodapés, etc.; detalhes do reforço de aço das sapatas; dimensões das paredes de alvenaria e reforços de aço, espaçamento de rebites de metal. Os desenhos estruturais também incluíram detalhes específicos para apoiar aberturas de portas e janelas e outros componentes arquitetônicos, como toldos nas entradas.

Como o edifício de consultórios e a clínica compartilharam uma linha de grade comum, e as vigas da clínica nessa linha de grade comum foram apoiadas pelas colunas projetadas pelos engenheiros do edifício de consultórios médicos, o engenheiro estrutural do escritório de arquitetura forneceu informações do projeto para o engenheiro do edifício de consultórios médicos.

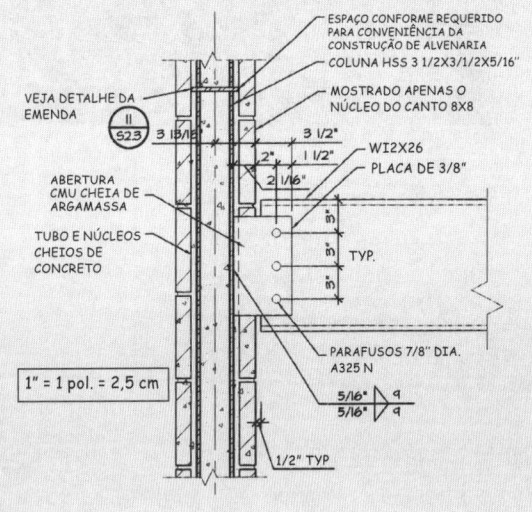

Etapa 7: Fase de administração da construção (AC)

Durante a fase de administração da construção (AC), foram realizadas reuniões semanais entre o superintendente local (do empreiteiro), o gerente de projeto (do escritório de arquitetura), representantes de diferentes subcontratados, como eletricistas, encanadores, armadores, etc. O superintendente do local foi responsável pela logística do processo de construção e por todas as comunicações entre todos os subcontratados, o gerente do projeto e a clínica. Suas principais responsabilidades eram garantir que a construção progredisse como previsto, que os suprimentos estivessem disponíveis quando necessário e que o gerente do projeto fosse informado quando preocupações ou problemas surgissem durante a construção. As atas das reuniões de construção foram registradas pelo gerente de projeto e distribuídas a todos.

Periodicamente, o gerente de projeto e o superintendente local também se reuniram com o proprietário para relatar o progresso da construção e tratar das preocupações do proprietário. O engenheiro estrutural, embora não estivesse

Karen Chou

obrigado a isso, foi fortemente recomendado a visitar o local para observar o processo de construção, especialmente durante a construção da fundação e o enquadramento do edifício, bem como a participar das reuniões de construção periodicamente durante esse tempo. O principal objetivo das observações no local era verificar se a estrutura foi construída conforme o projeto e se o projeto estava correto.

Além de visitar o canteiro de obras, foi solicitado ao engenheiro estrutural rever todos os desenhos de fabricação dos componentes estruturais, como dimensões e comprimento de vigas, detalhes de conexão, etc., que foram apresentados pelos fabricantes diretamente ou pelo empreiteiro geral.

Quando o enquadramento foi realizado, outros contratados foram ao local para fazer a fiação, o encanamento, o telhado e a instalação de equipamentos. Os *designers* de interiores começaram sua parte do projeto quando a parte interna do edifício estava pronta, como paredes, pisos e tetos. Quando o projeto chegou ao ponto em que o inspetor do edifício emitiu a licença de ocupação, os funcionários da clínica puderam começar a usá-la. O gerente do projeto, o superintendente local e a clínica realizaram uma vistoria para verificar se tudo estava aceitável. Essa vistoria também é chamada de "lista de pendências". O empreiteiro e o gerente de projeto tomaram notas de todas as correções necessárias e itens que ainda precisavam ser concluídos, como retoque na pintura, limpeza, colocação de placas de cobertura em interruptores, etc. Geralmente, o proprietário pode reter os últimos 5% a 10% do pagamento até que esteja completamente satisfeito com a construção.

Estudo de caso cortesia de Karen Chou

Processo do projeto de engenharia elétrica/mecânica

Estudo de caso: Motor de popa elétrico Minnkota* – Johnson Outdoors

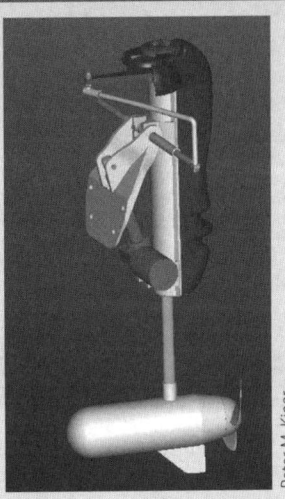

Peter M. Kjeer

O departamento de marketing da Johnson Outdoors reconheceu o crescente interesse em fontes de energia ecológicas para sua indústria náutica. A Johnson Outdoors é líder mundial na fabricação de equipamentos de lazer ao ar livre. O departamento de pesquisa e desenvolvimento e a fábrica estão localizados em Mankato, Minnesota e a sede, em Racine, Wisconsin.

Etapa 1: Reconhecimento da necessidade de um produto ou serviço

Como citado anteriormente, o departamento de marketing da Johnson Outdoors reconheceu o crescente interesse em fontes de energia ecológicas para sua indústria náutica. Para melhor atender aos consumidores e ao meio ambiente, o departamento de marketing entrou em contato com o departamento de engenharia para discutir a viabilidade de desenvolver uma nova geração de motores que fossem ecológicos. Cada vez mais, mais estados estão promulgando regulamentos banindo o uso de motores de barco a gasolina em cursos de água públicos, incluindo lagos e rios.

Etapa 2: Definição e compreensão do problema

Após o pessoal de marketing se reunir com os engenheiros, foram definidos os detalhes dos requisitos do projeto. As especificações do projeto incluíam: o motor tinha que mover uma longa estrutura flutuante de 17 pés a uma velocidade mínima de 5 mph; tinha que funcionar por pelo menos 2 horas com carga completa da bateria. Além disso, o operador do barco tinha que ter a capacidade de abaixar, levantar e inclinar (levantar o motor fora da água) a partir de um console remoto. O motor também tinha que ser compatível com o mecanismo de direção padrão da indústria.

Etapa 3: Pesquisa e preparação

Os engenheiros verificaram seu inventário de projetos existentes para determinar se já existia um motor que atendesse a alguns ou a todos os requisitos. Além disso, um estagiário de engenharia mecânica foi contratado para verificar os regulamentos estaduais sobre o uso de motores de barco a gasolina *vs.* elétrico.

Etapa 4: Conceituação

Durante essa fase do processo do projeto, 12 projetistas de engenharia reuniram-se semanalmente para realizar um *brainstorming* e trocar ideias. Eles também revisaram as informações coletadas na Etapa 3 e desenvolveram alguns conceitos para maior aprofundamento. Uma ideia adicional que surgiu foi a utilização de um atuador linear elétrico, em vez de um atuador hidráulico. Essa ideia foi posteriormente aprofundada por causa dos vazamentos potenciais associados com atuadores hidráulicos.

Etapa 5: Síntese

Durante essa fase do projeto, os engenheiros de projeto começaram a considerar os detalhes. Eles consultaram códigos e normas pertinentes para garantir que seu projeto estava em conformidade com elas. A maior parte do trabalho de projeto foi realizada em ProE® e protótipos foram construídos em laboratórios de máquinas e elétricos. Técnicos e engenheiros foram envolvidos na fabricação dos protótipos. Um resultado interessante desse projeto foi que o *design* exclusivo da hélice exigiu o uso de um processo de fabricação conhecido como fundição de precisão.

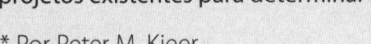

* Por Peter M. Kjeer.

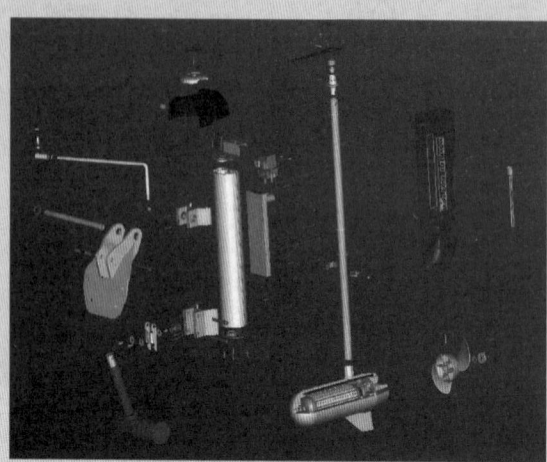

Diagrama explodido do motor.

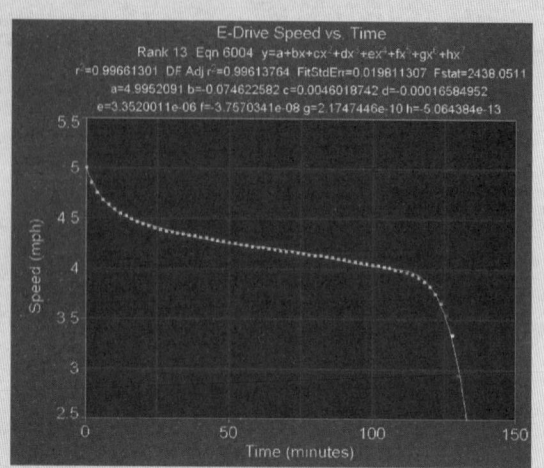

Os engenheiros usaram ProMechanica® para realizar experimentos numéricos no motor. 1 mph = 1,6 km/h

Etapa 6: Avaliação

Experimentos numéricos foram conduzidos utilizando ProMechanica®. Técnicas de elementos finitos foram usadas para verificar as tensões em componentes críticos do próprio motor, do suporte de montagem e do mecanismo de elevação. Experimentos numéricos também foram realizados para estudar a hidrodinâmica de projetos de hélices, incluindo empuxo, cavitação, velocidade e arraste. Com um equipamento GPS, a velocidade do barco foi medida ao longo de várias horas. Esse teste foi realizado para quantificar a velocidade do motor como uma função do tempo. A partir dos dados recolhidos, as funções de tempo de aceleração e posição foram determinadas matematicamente e comparadas com motores de concorrentes.

Etapa 7: Otimização

Com base nos resultados obtidos a partir da Etapa 6, foram efetuadas modificações no projeto e realizadas análises adicionais. Os experimentos numéricos de elementos finitos ajudaram a reformular significativamente o suporte de montagem para melhor suportar as condições de carga. Os resultados das experiências numéricas relacionados com o desempenho da hélice também foram utilizados para otimizar a forma da hélice para o projeto final. Muitas horas de testes também ajudaram na otimização do projeto final. Os testes incluíram testes de campo reais na água e testes de vida simulada em laboratório.

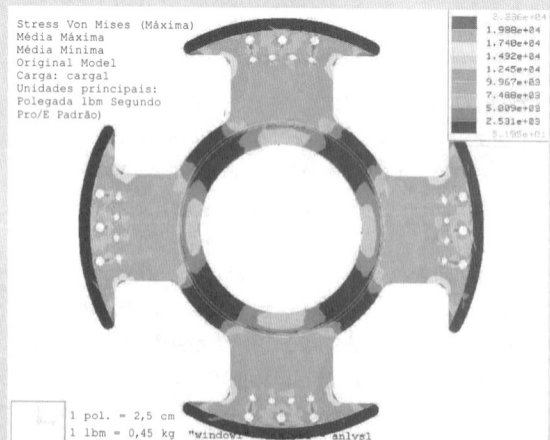

Teste real do sistema em um lago.

Teste do sistema em um laboratório.

Etapa 8: Apresentação

O processo de desenvolvimento do produto levou aproximadamente dois anos. Durante esse período, os engenheiros de projeto forneceram relatórios semanais de progresso para o restante do grupo; relatórios de *status* trimestrais, orais e escritos, foram fornecidos para o departamento de marketing e para o vice-presidente do grupo na sede. No fim do projeto, uma apresentação final foi realizada para a diretoria pelos engenheiros--chefes dos projetos mecânico e elétrico. A apresentação abordou várias questões, incluindo os custos de desenvolvimento, os custos unitários, as perspectivas de mercado, características de desempenho, resultados de testes e impacto ambiental. A duração das apresentações variou de 15 minutos a uma tarde inteira.

Caso preparado por Peter M. Kjeer

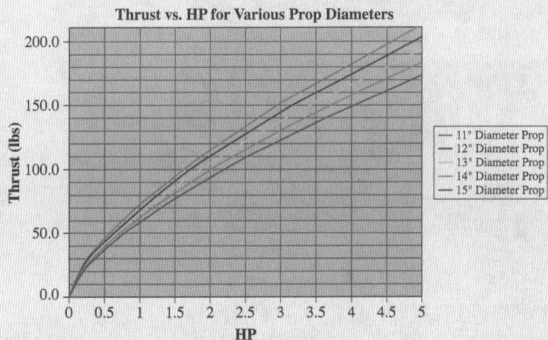

Resultados do empuxo *versus* a potência para diferentes diâmetros de hélices. 1 lbs = 4,4 N; 1″ = 1 pol. = 2,5 cm; 1 HP = 750 W

Comunicação na engenharia

Sean Prior/Shutterstock.com

Qualquer projeto de engenharia inclui apresentações. Dependendo do tamanho do projeto, elas podem ser breves, longas, frequentes, e podem seguir determinado formato que necessite de cálculos, gráficos, organogramas e plantas de engenharia.

OBJETIVOS DE APRENDIZADO

OA¹ Habilidades de comunicação e apresentação de projeto de engenharia: explicar por que um engenheiro deve ter boas habilidades para a escrita e a comunicação oral

OA² Etapas básicas da resolução de problemas de engenharia: descrever as etapas básicas necessárias para resolver um problema de engenharia

OA³ Comunicação escrita: explicar os diferentes modos de comunicação escrita em engenharia e suas finalidades

OA⁴ Comunicação oral: descrever os principais conceitos que devem ser seguidos ao fazer uma apresentação oral

OA⁵ Comunicação gráfica: perceber a importância da comunicação gráfica (plantas) na transmissão de ideias e informações do projeto

COMUNICAÇÃO: RESPONSABILIDADE DO ENGENHEIRO

DEBATE INICIAL

Que a comunicação é de responsabilidade do engenheiro isso é de natureza inerente da engenharia. Em primeira instância, a responsabilidade do engenheiro é para com a organização ou empresa para a qual ele trabalha. Os engenheiros desempenham funções específicas em empresas, indústrias, instituições públicas e agências governamentais, e sua responsabilidade é cumprir as metas nessas organizações. Portanto, comunicar-se eficientemente é de responsabilidade do engenheiro, de maneira que mudanças necessárias ocorram.

Em segundo lugar, a responsabilidade do engenheiro é para com a sociedade, pois ele exerce uma profissão cujo objetivo é melhorar as condições da vida humana, alterando o ambiente físico e os processos. A ciência e a tecnologia são consideradas a base do desenvolvimento da sociedade pós-industrial e a base dessa sociedade propriamente dita. O engenheiro precisa se comunicar eficientemente para estabelecer e manter relações entre a esfera de tecnologia e a produção, e as esferas dos serviços sociais e as instituições políticas. A responsabilidade do engenheiro de se comunicar, portanto, é um comprometimento que ele precisa aceitar. Aqueles que não assumem essa responsabilidade – de interagir com a comunidade – acabam por falhar em suas responsabilidades como engenheiros.

Baseado em Mathes, J. C., ERIC, 1980

Para os estudantes: Você concorda com o que foi exposto acima? Qual é a sua opinião sobre esse assunto? A comunicação eletrônica (ex., mensagens de texto, e-mail(s), etiquetagem, compartilhamento de arquivos eletrônicos, etc.) tem se tornado cada vez mais importante. Que tipo de alterações na comunicação você prevê nos próximos 30 anos?

Os engenheiros são solucionadores de problemas. Depois de obter a resolução de um problema, precisam comunicar de maneira eficiente sua solução a várias pessoas dentro ou fora da empresa. As apresentações fazem parte do projeto de engenharia. Como estudante de engenharia, você deve apresentar soluções para os problemas propostos nas tarefas, escrever relatórios técnicos ou fazer apresentações orais para a classe, para a organização estudantil ou para um público em conferência estudantil. No futuro, como engenheiro, talvez deverá fazer apresentações para seu chefe, colegas de grupo de projeto, pessoas de departamentos de vendas e *marketing*, ao público ou a um cliente externo. Dependendo do tamanho do projeto, as apresentações podem ser breves, longas, frequentes e podem seguir determinado formato. Poderá ser necessário fazer apresentações técnicas detalhadas, com gráficos, diagramas e plantas, ou apenas breves atualizações de projetos. Neste capítulo, explicaremos alguns formatos comuns de apresentação de engenharia.

OA¹ 4.1 Habilidades de comunicação e apresentação de trabalho de engenharia

Como estudante de engenharia, é necessário desenvolver habilidades de comunicação oral e escrita. Durante os próximos quatro ou cinco anos, você aprenderá a expressar suas ideias, apresentar o conceito de um produto ou serviço e a análise de engenharia de um problema e sua respectiva solução, ou mostrar os resultados de um trabalho experimental. Além disso, aprenderá como comunicar ideias por meio de desenhos de engenharia ou técnicas de modelagem auxiliadas por computador. Desde já, é importante entender que a habilidade em comunicar a solução para um problema é tão importante quanto a solução em si. Você pode passar meses em um projeto, mas se não puder comunicá-lo aos outros de forma eficiente, os resultados de todos os seus esforços poderão não ser entendidos e nem apreciados. A maioria dos engenheiros deve escrever relatórios. Esses relatórios podem ser extensos, detalhados e técnicos, com gráficos, diagramas e plantas, ou podem ser breves memorandos ou resumos executivos. Algumas das formas mais comuns de comunicação em engenharia são explicadas brevemente a seguir.

OA² 4.2   Etapas básicas da resolução de problemas de engenharia

> Para analisar um problema de engenharia: (1) defina o problema, (2) simplifique o problema por suposições e estimativas, (3) execute a solução ou análise e (4) verifique os resultados.

Antes de discutirmos alguns formatos comuns de apresentação de engenharia, falemos sobre as etapas básicas da resolução de um problema de engenharia. Há quatro etapas básicas a serem seguidas na análise de um problema de engenharia: (1) definição do problema, (2) simplificação do problema por suposições e estimativas, (3) execução da solução ou análise e (4) verificação dos resultados.

Etapa 1: Definição do problema

Antes de buscar a solução de um problema, você deve entendê-lo completamente. Há muitas questões a serem discutidas antes de continuar a busca pela solução. O que exatamente você deseja analisar? O que você realmente *sabe* sobre o problema, ou quais são os dados *conhecidos* sobre o problema? O que você procura? Para que exatamente você procura uma solução?

Dedicar tempo para entender o problema completamente antes de iniciar poupará muito tempo depois e ajudará a evitar frustrações. Depois de entender o problema, você provavelmente vai poder dividi-lo em duas perguntas básicas: O que você sabe? e O que você precisa descobrir?

Etapa 2: Simplificação do problema

Antes de continuar com a análise do problema, primeiro é necessário simplificá-lo.

Suposições e Estimativas Depois de entender bem o problema, você deve se fazer a seguinte pergunta: Posso simplificar o problema fazendo algumas suposições razoáveis ou lógicas e ainda obter uma solução apropriada? Ao entender as leis da física e os conceitos fundamentais, bem como saber onde e quando aplicá-los e quais são suas limitações, poderemos nos beneficiar com as suposições e a resolução do problema. Durante todo o seu curso de engenharia, ao longo dos próximos anos, é importante desenvolver um bom conhecimento sobre os conceitos básicos em cada matéria que você aprende.

Etapa 3: Executando a solução ou análise

Depois de ter estudado cuidadosamente o problema, você pode prosseguir na obtenção de uma solução apropriada. Você começará aplicando as leis da física e conceitos fundamentais que controlam o comportamento dos sistemas de engenharia para solucionar o problema. Entre as ferramentas de engenharia em seu livro, você encontrará ferramentas matemáticas. É sempre uma boa prática definir o problema na forma simbólica ou *paramétrica*, ou seja, em termos das variáveis envolvidas. Você deve aguardar até o final para substituir por valores determinados. Essa abordagem permitirá que você altere o valor para determinada variável e veja a influência disso no resultado final. A diferença entre soluções numéricas e simbólicas é explicada em mais detalhes na Seção 6.5.

Etapa 4: Verificando os resultados

A etapa final de qualquer análise de engenharia deve ser a verificação dos resultados. Resultados errados podem derivar de várias circunstâncias. Interpretar o problema incorretamente, fazer suposições equivocadas para simplificar o problema, aplicar uma lei da física inadequada ao problema e incorporar propriedades físicas inapropriadas são causas comuns de erro. Antes de apresentar sua solução ou os resultados para seu instrutor ou, futuramente, para um gerente, é necessário aprender a pensar sobre os resultados obtidos. É necessário se fazer a seguinte pergunta: Os resultados fazem sentido? Um bom engenheiro sempre deve encontrar caminhos para verificar os resultados. Pergunte-se ainda: E se eu mudar um dos seguintes parâmetros? Como isso afetaria o resultado? Considere se o resultado parecer razoável. Se você formular o problema de modo a obter o resultado na forma paramétrica (simbólica), então poderá substituir por valores diferentes para vários parâmetros e observar o resultado final. Em alguns trabalhos de engenharia, experimentos físicos reais devem ser conduzidos para verificar suas conclusões. De agora em diante, procure ter o hábito de perguntar a si mesmo se a solução encontrada para um problema faz sentido. Perguntar ao instrutor se você chegou à resposta certa ou verificar a resposta na parte de trás de seu livro não são boas providências a longo prazo. É necessário desenvolver meios para verificar seus resultados, perguntando a si mesmo as questões apropriadas. Lembre-se, quando estiver buscando uma posição no mercado, não haverá respostas em livros. Você não vai procurar seu chefe para perguntar-lhe se sua solução está correta, não é?

Apresentação de tarefas

O papel quadriculado de engenharia é especialmente formatado para uso por engenheiros e alunos de engenharia. A folha apresenta três células na parte superior que podem ser preenchidas com informações como número de curso, prazo da atribuição e seu nome. O problema determinado pode ser dividido em: seção de "Dados", seção de "Resultados" e seção de "Solução". Convém desenhar linhas horizontais para separar as informações conhecidas (seção Dados) das informações que devem ser encontradas (seção Resultados) e a análise (seção Solução), conforme a Figura 4.1. Não escreva nada no verso do papel. As linhas de grade do verso fornecem escala e um traçado para esboços, tabelas ou plotagem de dados. As linhas de grade da frente do papel servem para ajudá-lo no desenho dos objetos ou para apresentar tabelas e informações gráficas de maneira organizada. Essas linhas de grade também permitem apresentar um desenho livre de engenharia com suas dimensões. Suas tarefas de engenharia geralmente consistem em muitos problemas, portanto, você apresentará seu trabalho em muitas folhas, que podem ser grampeadas. Os professores normalmente não gostam de folhas soltas, e alguns até descontam pontos da nota de sua tarefa por causa disso, então grampeie sempre as folhas. As etapas para apresentar um problema de engenharia são demonstradas no Exemplo 4.1. Se os problemas forem simples, e se couber uma solução completa para mais de um problema em uma só página, separe os dois problemas usando uma linha mais grossa ou linhas duplas na folha, como achar melhor.

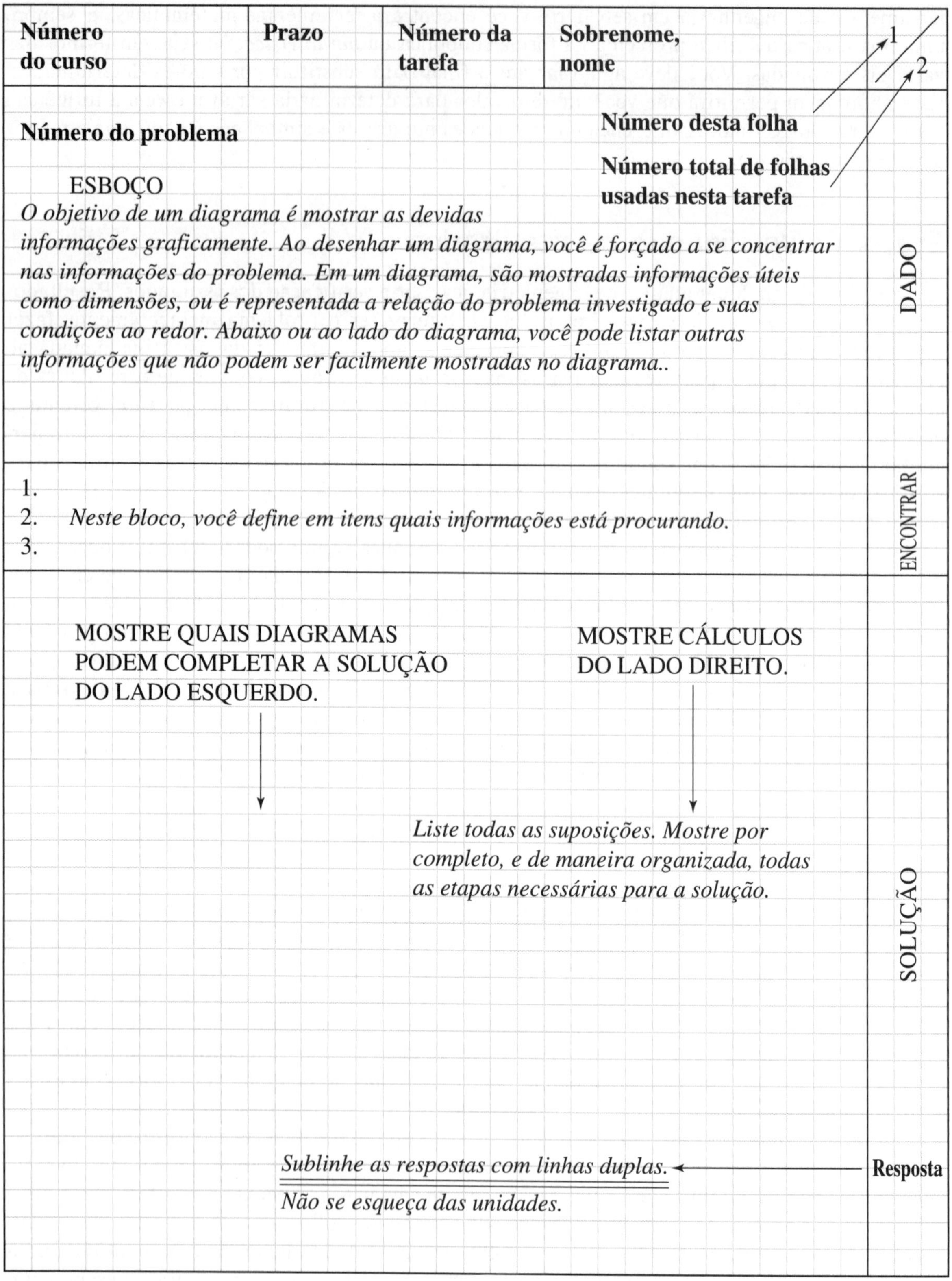

Número do curso	Prazo	Número da tarefa	Sobrenome, nome	

Número do problema

Número desta folha

Número total de folhas usadas nesta tarefa

ESBOÇO

O objetivo de um diagrama é mostrar as devidas informações graficamente. Ao desenhar um diagrama, você é forçado a se concentrar nas informações do problema. Em um diagrama, são mostradas informações úteis como dimensões, ou é representada a relação do problema investigado e suas condições ao redor. Abaixo ou ao lado do diagrama, você pode listar outras informações que não podem ser facilmente mostradas no diagrama..

DADO

1.
2.   *Neste bloco, você define em itens quais informações está procurando.*
3.

ENCONTRAR

MOSTRE QUAIS DIAGRAMAS PODEM COMPLETAR A SOLUÇÃO DO LADO ESQUERDO.

MOSTRE CÁLCULOS DO LADO DIREITO.

Liste todas as suposições. Mostre por completo, e de maneira organizada, todas as etapas necessárias para a solução.

SOLUÇÃO

Sublinhe as respostas com linhas duplas.   Resposta
Não se esqueça das unidades.

FIGURA 4.1   Exemplo de apresentação de problema de engenharia

EXEMPLO 4.1

Determine a massa de ar comprimido em um tanque de mergulho com base nas seguintes informações. O volume interno do tanque é 10 L e a pressão absoluta do ar dentro do tanque é 20,8 MPa. A temperatura do ar dentro do tanque é 20°C. Use a lei dos gases ideais para analisar este problema. A lei dos gases ideais é fornecida por

$$PV = mRT$$

em que:

P = pressão absoluta do gás, Pa

V = volume do gás, m³

m = massa, kg

R = constante do gás $\dfrac{J}{kg \cdot K}$

T = temperatura absoluta, kelvin, K

A constante do gás R para o ar é 287 J/kg · K.

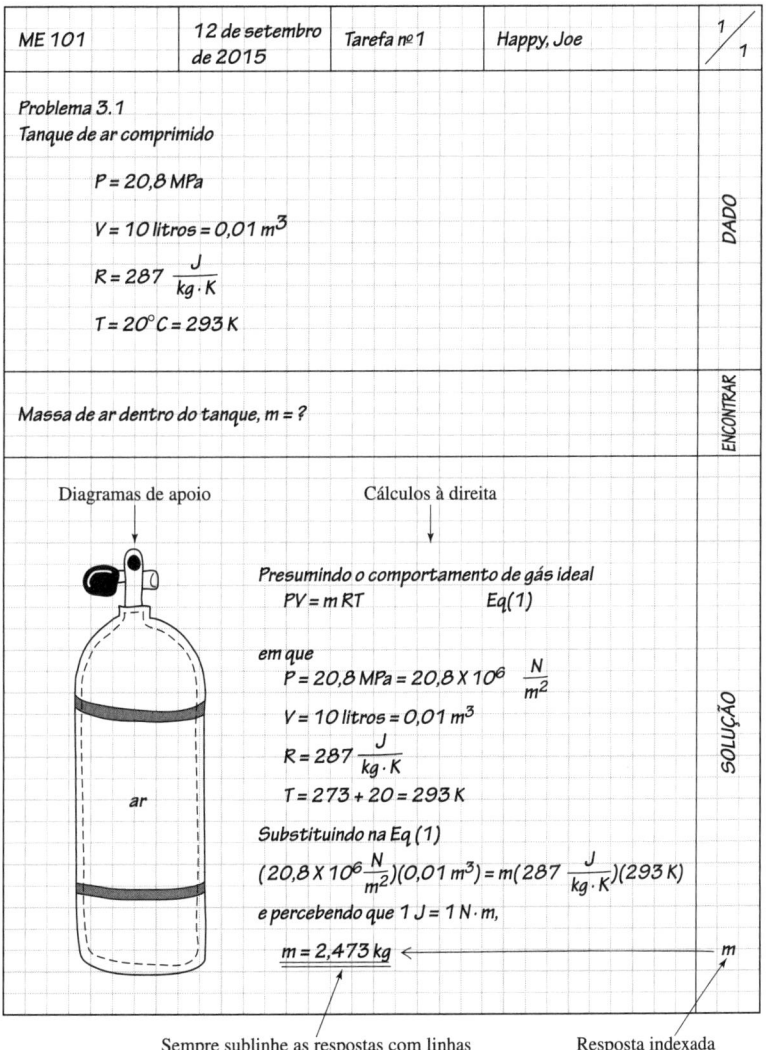

Sempre sublinhe as respostas com linhas duplas e informe as unidadess

Resposta indexada

FIGURA 4.2   Exemplo de apresentação de tarefas de engenharia para o Exemplo 4.1.

Neste momento, não se preocupe em entender a lei dos gases ideais. Essa lei será explicada com mais detalhes no Capítulo 11. O objetivo desse exemplo é demonstrar como a solução para um problema de engenharia é apresentada. Procure entender e seguir as etapas mostradas na Figura 4.2.

Antes de continuar

Responda às seguintes perguntas para testar seu conhecimento adquirido nas seções anteriores.

1. Descreva as etapas básicas envolvidas na solução de problemas de engenharia.

2. Explique como você deve apresentar seus problemas de tarefa de engenharia.

OA³ 4.3 Comunicação escrita

Apresentações escritas e orais são partes importantes da engenharia. As comunicações escritas podem ser breves, como em relatórios de progresso ou memorandos, ou podem ser longas, assumindo formatos que exigem cálculos, gráficos, diagramas e desenhos de engenharia.

Relatório de progresso

Os relatórios de progresso referem-se a comunicar aos pares em uma empresa, ou aos patrocinadores de um projeto, como está o andamento e quais dos principais objetivos do projeto já foram alcançados até o momento. De acordo com prazo total de um projeto, os relatórios de progresso podem ser escritos semanal ou mensalmente, ou após vários meses ou um ano. O formato do relatório de progresso pode ser determinado pelo gerente em uma organização ou por patrocinadores do projeto.

Resumo executivo

Os resumos executivos referem-se a comunicar aos seus superiores, como o vice-presidente da empresa, os resultados do estudo detalhado ou da proposta. O resumo executivo, como o nome indica, deve ser breve e conciso. Geralmente ele não chega a ter mais do que algumas poucas páginas. No resumo executivo, as referências podem levar a relatórios mais amplos, disponibilizando aos leitores informações adicionais se assim o desejarem.

Memorandos curtos

Os memorandos curtos também são outra forma de transmitir informações de modo breve aos interessados. Geralmente, os memorandos curtos têm duas páginas. Veja o formato geral para um memorando curto a seguir. O cabeçalho do memorando contém informações, como data, quem

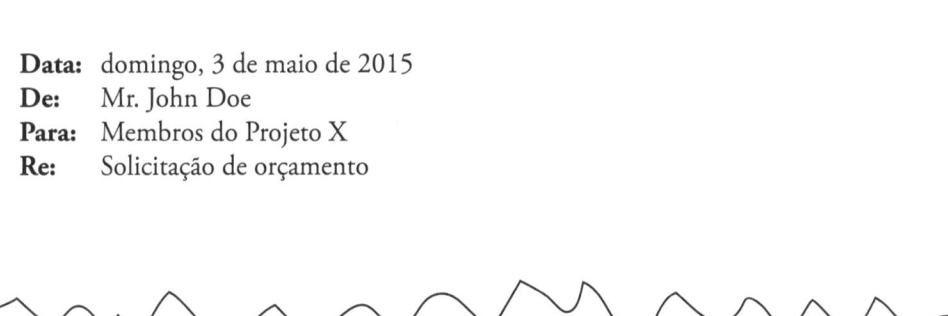

Data: domingo, 3 de maio de 2015
De: Mr. John Doe
Para: Membros do Projeto X
Re: Solicitação de orçamento

Memorandos curtos

envia o memorando, a quem se destina e a linha de assunto (Re:). Isso é seguido pelo corpo principal do memorando.

Relatório técnico detalhado

Os relatórios técnicos detalhados lidam com investigações experimentais, que geralmente contêm os seguintes itens:

Título O título de um relatório deve ser a descrição informativa breve do conteúdo do relatório. Veja a amostra de um título aceitável (capa) na Figura 4.3. Se o relatório for longo, a página de título deve ter um índice.

Resumo Essa é uma parte muito importante do relatório, pois os leitores muitas vezes a leem primeiro para então decidir se devem ler o relatório detalhadamente. No resumo, em frases completas mais concisas, você informa o objetivo, enfatiza os achados significativos e apresenta conclusões e/ou recomendações.

Objetivos O propósito da seção de objetivos é informar o que deve ser investigado por meio da realização do experimento. Certifique-se de listar seus objetivos explicitamente (ex., 1., 2.,).

Teoria e análise Há vários objetivos para a seção de teoria e análise:

- Para informar princípios pertinentes, leis e equações (as equações devem ser numeradas);
- Para apresentar modelos analíticos que serão usados no experimento;
- Para definir termos ou símbolos pouco conhecidos; e
- Para listar suposições importantes associadas ao projeto experimental.

Mecanismos e procedimentos experimentais Essa seção tem dois principais objetivos:

1. Apresentar a lista de mecanismos e instrumentos a serem usados, incluindo faixas dos instrumentos, amostras mínimas e números de identificação.
2. Descrever como você realizou o experimento. O procedimento deve ser disposto em itens (etapas 1., 2., etc.) e ter um esquema ou diagrama da configuração dos instrumentos.

Universidade All State
Departamento de Engenharia Mecânica

Título do curso

Experimento Nº _____

Título do experimento _____

_____

_____

Data de conclusão do experimento _____

Nomes dos alunos _____

_____

_____

FIGURA 4.3   Exemplo da folha de rosto (capa).

Dados e resultados O propósito desta seção é apresentar os resultados dos experimentos conforme descrito no objetivo informado, de forma tabular e/ou gráfica. Essas tabelas e gráficos mostram os resultados de todos os seus esforços. Inclua informações descritivas, como títulos, cabeçalhos de coluna ou linhas, unidades, rótulos de eixos, pontos de dados (pontos de dados devem ser marcados por ⊙, ⊡, △, etc.). Todas as figuras devem ser numeradas e ter um título descritivo. O número da figura e o título devem ser colocados abaixo da figura. Todas as tabelas devem ser numeradas e ter um título descritivo, que devem ser colocados acima dela. Às vezes é necessário observar nessa seção que você incluiu folhas de dados originais no apêndice de seu relatório.

Discussão dos resultados O propósito da seção de resultados é enfatizar e explicar ao leitor os resultados do experimento e destacar sua importância. Quando aplicável, assegure-se de comparar os resultados experimentais com os cálculos teóricos.

Conclusões e recomendações A seção de conclusões e recomendações compara seus objetivos com os resultados de seu experimento. Justifique as conclusões com materiais de referência apropriados. Certifique-se de inserir recomendações pertinentes às conclusões.

Apêndice O apêndice atende a vários propósitos:

- Fornece ao leitor cópias de todas as folhas de dados originais, diagramas e notas complementares.
- Exibe cálculos de amostra usados no processamento dos dados. Os cálculos de amostra devem conter as seguintes partes:

  Um título do cálculo
  Uma equação matemática
  Cálculo usando uma amostra de dados

Referências Uma lista de referências que foram numeradas no texto deve ser incluída no relatório. Utilize os seguintes exemplos de formatos:

  Para livros: Autor, título, editor, lugar de publicação, data (ano) e página(s).
  Para artigos de revistas: Autor, título do artigo (entre aspas), nome da revista, número do volume, número da edição, ano e página(s).
  Para materiais da internet: Autor, título, data e endereço de URL.

Antes de continuar

Responda às seguintes perguntas para testar seu conhecimento adquirido nas seções anteriores.

1. Qual é a finalidade do resumo executivo?
2. Qual é a finalidade do relatório de progresso?
3. Descreva os principais componentes do relatório técnico detalhado.

OA⁴ 4.4 Comunicação oral

O tempo todo nos comunicamos oralmente uns com os outros. A comunicação informal é parte de nossa vida diária. Podemos conversar sobre esportes, tempo, notícias do mundo ou sobre uma tarefa de casa. Algumas pessoas se expressam melhor do que outras. Às vezes dizemos coisas que são mal interpretadas e as consequências podem ser desagradáveis. No caso das apresentações formais, há determinadas regras e estratégias que devem ser seguidas. Sua apresentação oral pode mostrar os resultados de todos os seus esforços a respeito de um projeto no qual você gastou meses ou até um ano para desenvolver. Se o ouvinte não puder acompanhar como o produto foi projetado ou como a análise foi realizada, então todos os seus esforços tornam-se insignificantes. É muito importante que todas as informações sejam transmitidas de maneira que possam ser facilmente entendidas pelo ouvinte.

A apresentação técnica oral é similar à escrita em muitos aspectos. É necessário organizar-se e preparar um esboço de sua apresentação, em formato similar ao relatório por escrito. Convém escrever o que você pretende apresentar. Lembre-se, é mais difícil corrigir o que disse, depois de ter dito, do que anotar antes em um pedaço de papel e corrigi-lo antes de dizer. Você deve fazer todo esforço possível para garantir que o que foi dito (ou enviado) seja o mesmo que foi entendido (ou recebido) pelo ouvinte.

Ensaie sua apresentação antes de apresentá-la ao público. É interessante pedir a um colega que ouça e dê sugestões úteis sobre seu estilo de apresentação, modo de expor, conteúdo da fala, etc.

> Treine bem sua apresentação oral antes de apresentá-la. Peça a um colega que ouça e dê sugestões sobre seu estilo de apresentação, modo de expor, conteúdo da fala. Assegure-se de apresentar as informações de maneira que sejam facilmente entendidas pelo público.

Apresente as informações de maneira que elas sejam facilmente entendidas pelo público. Evite usar terminologias ou frases pouco familiares aos ouvintes. Você deve planejar de forma que não se detenha a explicar demais os conceitos e ideias, pois aqueles que realmente estiverem interessados em um assunto específico de sua fala poderão depois fazer perguntas.

Procure manter sua fala em torno de meia hora ou menos, pois a atenção da maioria das pessoas persiste por 20 ou 30 minutos. Se você tiver uma apresentação mais longa, poderá mesclá-la com um pouco de humor ou falar sobre coisas interessantes que estejam relacionadas ao assunto, a fim de manter a atenção do público. Mantenha o contato visual com todo o público, não apenas com uma ou duas pessoas. Nunca dê as costas para o público! Use bons recursos visuais. Use um *software* de apresentação, como PowerPoint, para preparar sua apresentação. Quando possível, incorpore diagramas, gráficos, desenhos animados, vídeos curtos ou um modelo. Quando disponível, você pode usar tecnologia de prototipagem para demonstrar conceitos de novos produtos e ter um protótipo do produto em mãos como parte da apresentação. Convém também ter cópias da apresentação, com anotações sobre conceitos e achados importantes, prontas para distribuir aos ouvintes que se mostrarem interessados. Em resumo, seja organizado, esteja bem preparado, vá direto ao ponto quando fizer uma apresentação oral e considere as necessidades e a expectativa de seus ouvintes.

Agora, temos algo a dizer sobre apresentações em Microsoft PowerPoint. Você pode usá-las para gerar e organizar seus *slides* com textos, diagramas, gráficos e videoclipes. Com o PowerPoint, também é possível criar materiais complementares (como folhetos) para seu público e notas preparatórias de sua apresentação. O PowerPoint oferece vários *modelos* atrativos e várias opções de *layout*. Além disso, para apresentações formais, você pode incluir o logotipo de sua universidade ou organização e a data na parte inferior de cada *slide* na apresentação. Como você já deve saber, para isso, é necessário criar um *slide master* primeiro. A *animação* é também outro recurso audiovisual que causa efeito em seus *slides*. Por exemplo, é possível mostrar os itens de uma lista um a um, ou fazer cada item sumir enquanto você passa para o próximo. Opções de *transição do slide* também podem proporcionar às apresentações bons efeitos de som e vídeo, quando um *slide* desaparece e o *slide* seguinte aparece. Também pode considerar o uso de *botões de ação,* que permitem mover para um *slide* específico em outro arquivo de PowerPoint, documento do Word ou arquivo em Excel sem precisar sair da apresentação atual para acessar o arquivo. O botão de ação é vinculado ao arquivo, e ao clicar sobre ele, você automaticamente vai para esse arquivo que contém o *slide* ou documento desejado. Finalmente, como já dissemos antes, depois de preparar sua apresentação, é necessário ensaiá-la bem antes de apresentá-la ao público. Outro motivo para ensaiar sua apresentação é que, normalmente, as apresentações de engenharia devem ter um tempo previsto. O PowerPoint oferece uma opção de *cronometrar o ensaio* que permite marcar o tempo da apresentação.

OA⁵ 4.5   Comunicação gráfica

Nas seções anteriores, mostramos a você como apresentar suas soluções de tarefas e escrever relatórios técnicos e de progresso, um resumo executivo e memorandos breves. Agora, discutimos a **comunicação gráfica** da engenharia. Os engenheiros usam tipos especiais de desenhos, chamados desenhos técnicos, para transmitir ideias e informações de projetos sobre os produtos. Esses desenhos retratam informações vitais, como o formato do produto, o tamanho, tipo de material

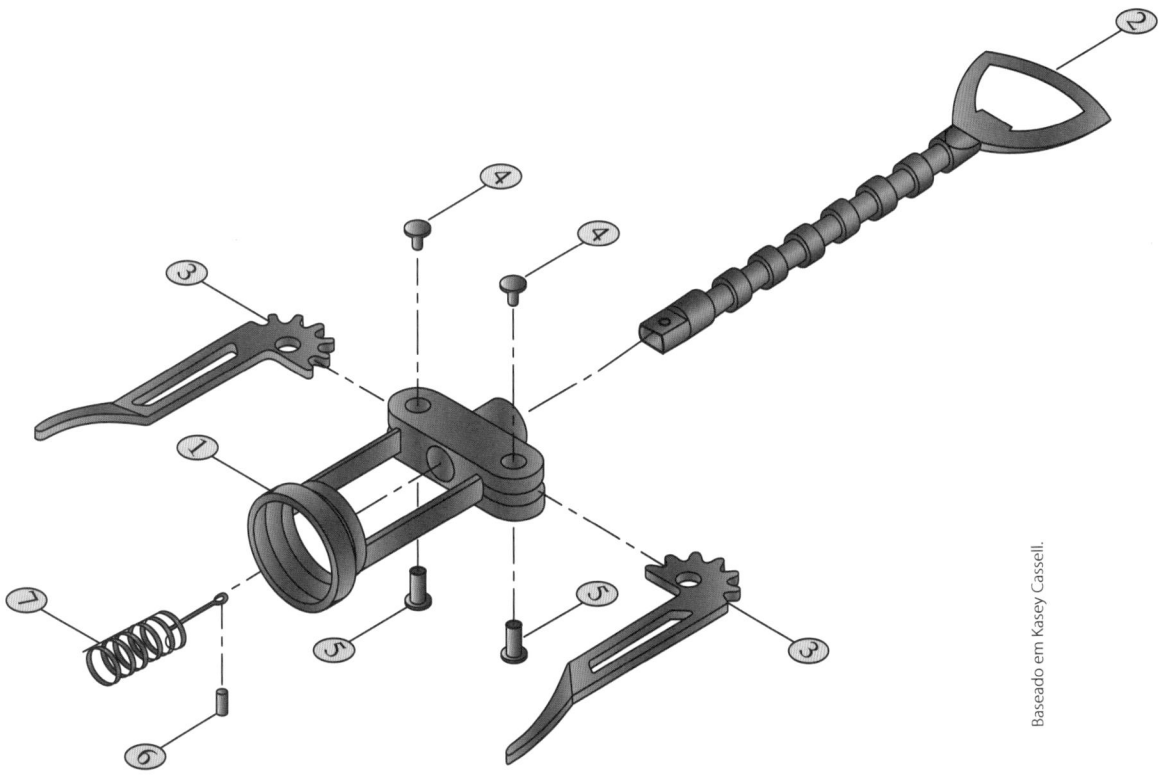

Baseado em Kasey Cassell.

FIGURA 4.4   Esquema de montagem de um saca-rolhas.

usado e etapas do conjunto. Além disso, os técnicos usam as informações fornecidas pelos engenheiros ou desenhistas nos desenhos técnicos para fazer as peças. Para sistemas complicados feitos de várias peças, os desenhos também servem como um guia de montagem, mostrando como as diversas peças se encaixam. Exemplos desses tipos de desenhos são mostrados nas Figuras 4.4 a 4.6. No Capítulo 16, fornecemos uma introdução aos princípios de comunicação gráfica da engenharia. Discutiremos por que os desenhos técnicos são importantes, como são feitos, e quais regras devem ser seguidas para criar tais desenhos. Os símbolos e sinais da engenharia também fornecem informações valiosas. Esses símbolos são a "linguagem" usada pelos engenheiros para transmitir ideias, soluções para problemas, ou análises de determinadas situações. No Capítulo 16, também discutimos a necessidade de símbolos de engenharia convencionais e mostraremos alguns símbolos comuns usados na engenharia civil, elétrica e mecânica.

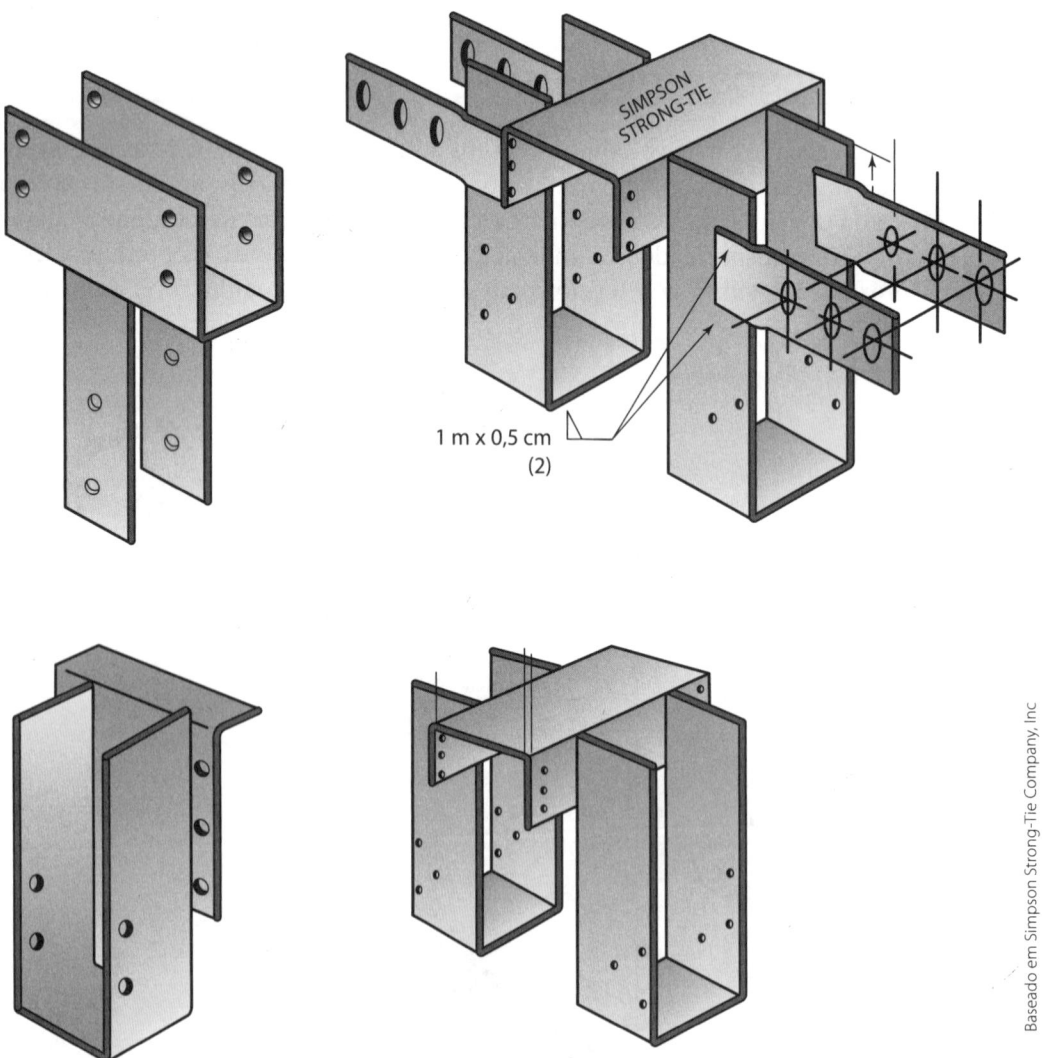

1 m x 0,5 cm
(2)

FIGURA 4.5   Conectores de vigas metálicas de fabricação *standard*.

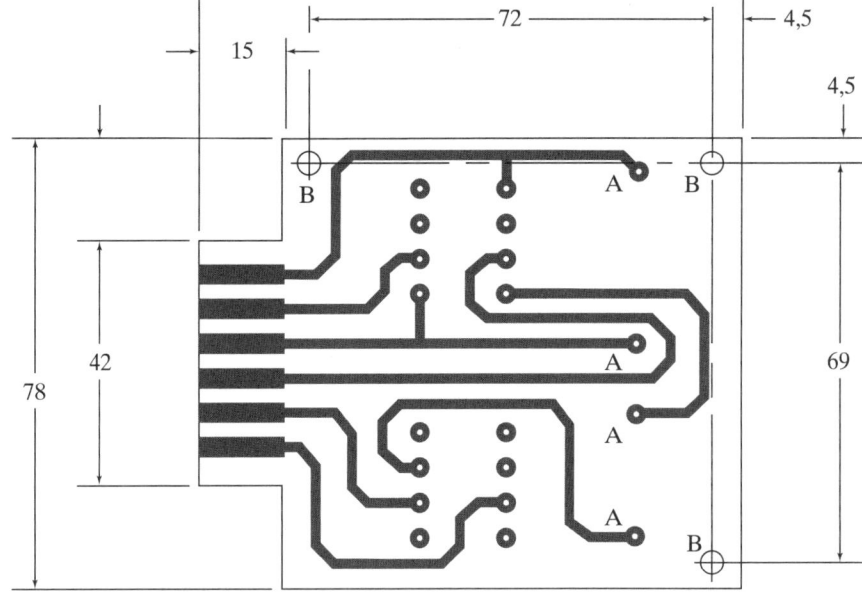

LETRA	QUANT.	TAMANHO	OBSERVAÇÕES
NENHUM	16	0,1	ATRAVÉS DO FILME
A	4	0,15	ATRAVÉS DO FILME
B	3	4	

(a) Plano de perfuração de placa de circuito impressa

Os engenheiros usam desenhos para transmitir ideias e informações do projeto. Esses desenhos retratam informações vitais, como o formato do produto, tamanho, tipo de material usado e etapas do conjunto. Para sistemas complicados feitos de várias partes, os desenhos também mostram como as partes do produto são encaixadas.

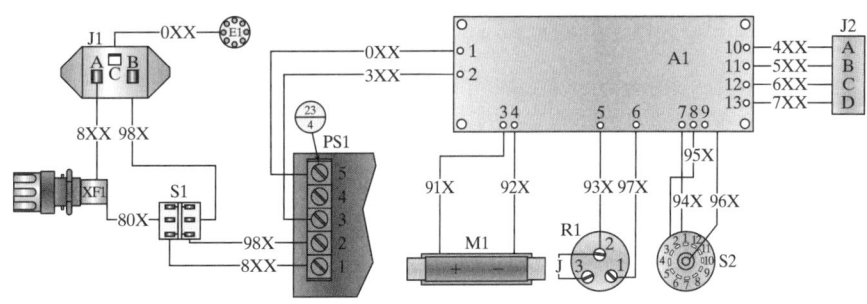

(b) Diagrama de fiação

| FIGURA 4.6 | Exemplos de desenhos usados em engenharia elétrica e eletrônica. As dimensões estão em mm. |

Antes de continuar

Responda às seguintes perguntas para testar seu conhecimento adquirido nas seções anteriores.

1. Quais são alguns dos conceitos importantes a considerar na preparação de uma apresentação oral?

2. Explique o que significa comunicação gráfica da engenharia e por que ela é importante.

RESUMO

OA¹   Habilidades de comunicação e apresentação de trabalho de engenharia

Como engenheiro, é necessário desenvolver suas habilidades de comunicação oral e escrita. Espera-se que você expresse seus pensamentos, apresente um conceito para um produto ou serviço e uma análise de engenharia de um problema com sua respectiva solução, ou mostre seus resultados em um trabalho experimental. É importante entender que a habilidade de comunicação de sua solução para um problema é tão importante quanto a solução em si.

OA²   Etapas básicas da resolução de problemas de engenharia

Ao analisar um problema de engenharia, há quatro etapas que você deve seguir: (1) definir o problema, (2) simplificar o problema por suposições e estimativas, (3) executar a solução ou análise, e (4) verificar os resultados.

OA³   Comunicação escrita

Relatórios escritos fazem parte das tarefas de engenharia. Dependendo do tamanho do projeto, você deve escrever breves e frequentes relatórios de progresso, memorandos, resumo executivo ou um longo relatório com cálculos, gráficos, diagramas e desenhos técnicos.

OA⁴   Comunicação oral

A apresentação técnica oral é similar à escrita em muitos aspectos. É necessário apresentar as informações de maneira que elas sejam facilmente entendidas pelo público. Evite usar terminologias ou frases que possam ser pouco familiares aos ouvintes. A apresentação também deve ser ensaiada para gerar um bom efeito.

OA⁵   Comunicação gráfica

Os engenheiros usam desenhos para transmitir suas ideias e informações sobre o projeto. Esses desenhos fornecem informações vitais, como o formato do produto, tamanho, tipo de material usado e etapas do conjunto. Para sistemas complicados feitos de várias partes, os desenhos também mostram como as partes são encaixadas. Além disso, é importante perceber que os técnicos usam desenhos técnicos para fazer as peças. Portanto, os desenhos precisam ser completos e abordar informações apropriadas, para que o produto seja fabricado corretamente.

TERMOS-CHAVE

Análise	Comunicação gráfica	Memorando curto
Princípios	Apresentação da tarefa	Verificação dos resultados
Definição do problema	Comunicação oral	Comunicação escrita
Resumo executivo	Relatório de progresso	

APLIQUE O QUE APRENDEU

Os sistemas de iluminação respondem pela maior parte da eletricidade usada em edifícios. A eles dedicamos muita atenção, em razão das preocupações atuais acerca de energia e sustentabilidade. Prepare uma apresentação em PowerPoint de 15 minutos sobre novos sistemas de iluminação. Inicie sua apresentação fornecendo alguns fundamentos. Por exemplo, explique o que significam iluminação, EFICÁCIA e índice de restituição de cor*. Em seguida, descreva vários tipos de luzes (ex. fluorescente compacta, LED, etc.). Prepare também uma tabela que mostre a comparação da eficiência, vida útil (horas) e índice de restituição de cor dos vários tipos de luzes. Compartilhe seus achados com a classe.

Roman Samokhin/Shutterstock.com   Dmitriy Raykin/Shutterstock.com

*   Ou temperatura da cor. (N.R.T.)

P R O B L E M A S

Os *problemas que promovem aprendizado permanente estão indicados por* 🔑

4.1 Investigue a operação de várias turbinas. Escreva 🔑 um breve relatório explicando a operação das turbinas a vapor, turbinas hidráulicas, turbinas a gás e turbinas eólicas.

4.2 Em um breve relatório, discuta por que são 🔑 necessários vários modos de transporte. Como eles evoluíram? Discuta a função do transporte público, transporte por água, transporte por rodovias, ferrovias e aviação.

4.3 Identifique os principais componentes de um 🔑 computador, e explique resumidamente a função de cada componente.

4.4 A comunicação eletrônica é cada vez mais importante. Em suas próprias palavras, identifique as diversas situações nas quais você deveria escrever uma carta, enviar um *e-mail*, fazer uma chamada telefônica ou conversar pessoalmente com alguém. Explique por que se prefere determinada forma de comunicação quando há várias disponíveis.

Você já pode ter visto exemplos de *emoticons* (derivado de 'emoções' e 'ícones') – caracteres imprimíveis simples usados em *e-mails* para transmitir expressões faciais humanas. Veja alguns exemplos de *emoticons*:

:) ou :-)	sorrindo
:-D	rindo
: (ou :-(	triste
:,(ou :.(	chorando
:-O	surpreso, chocado
;) ou ;-)	piscada
>:-O	bravo/gritando
>:-(	bravo/resmungando
: -*	beijo
: -**	retornando um beijo
<3	coração (ex. eu <3 você)
</3	coração partido

As tarefas a seguir podem ser feitas em grupo.

4.5 Prepare uma apresentação em PowerPoint de 15 minutos sobre engenharia e suas diversas carreiras, e havendo uma oportunidade, apresente-a aos alunos de sua antiga escola de ensino médio.

4.6 Prepare uma apresentação em PowerPoint de 15 minutos sobre seus planos para receber uma educação valiosa e a preparação necessária para ter uma carreira promissora em engenharia. Ao preparar sua apresentação, considere um plano detalhado de quatro ou cinco anos, envolvendo atividades extracurriculares, um estágio, atividades voluntárias, etc. Compartilhe seus planos com sua classe.

4.7 Dos assuntos apresentados neste livro, escolha um tópico, prepare uma apresentação de 15 minutos em PowerPoint e apresente em sua classe.

4.8 Se seu curso de engenharia tiver um projeto de conclusão de curso, prepare uma apresentação em PowerPoint com duração específicada por seu instrutor e apresente em sua classe na data determinada por seu instrutor.

4.9 Prepare uma apresentação em PowerPoint 🔑 de 20 minutos sobre a história e o futuro da engenharia. Inclua figuras, videoclipes breves, gráficos e outros recursos em sua apresentação.

4.10 Prepare uma apresentação em PowerPoint de 🔑 15 minutos sobre um tópico da engenharia, como uma energia alternativa ou uma questão ambiental que seja de seu interesse, sobre o qual você também gostaria de aprender. Apresente-a em sua classe.

4.11 Visite o *site* da National Society of Professional Engineers e pesquise sobre ética na engenharia. Prepare uma apresentação em PowerPoint mostrando por que a ética na engenharia é importante e explique por que honestidade e integridade na engenharia são questões essenciais. Dê exemplos de códigos de ética na engenharia. Apresente um caso relacionado à ética e envolva a sala na discussão durante sua apresentação.

4.12 Visite o *site* de uma organização de engenharia, como ASME (*American Society of Mechanical Engineers*, Sociedade Americana de Engenheiros Mecânicos), IEEE (*Institute of Electrical and Electronics Engineers*, Instituto de Engenharia Elétrica e Eletrôncia) ou ASCE (*American Society of Civil Engineers*, Sociedade Americana de Engenheiros Civis), e prepare uma apresentação em PowerPoint sobre as competições de projetos dos alunos deste ano. Leve sua apresentação para uma das reuniões de organizações de engenharia.

4.13 Prepare uma apresentação em PowerPoint de 10 minutos sobre registros profissionais em engenharia. Explique por que o registro profissional é importante e quais são os requisitos.

Problemas 4.14-4.20

Conforme descrito na parte de dados e resultados da Seção 4.3, todas as tabelas e gráficos devem ter informações descritivas, como títulos, cabeçalho de colunas ou linhas. Unidades, etiquetas de eixo e pontos de dados devem ser claramente marcados. Todas as figuras devem ser numeradas e ter um título descritivo. O número da figura e o título devem ser colocados abaixo da figura. Todas as tabelas também devem ser numeradas e ter um título descritivo. Entretanto, para tabelas, o número da tabela e o título devem ser colocados acima da tabela.

4.14 Plote os seguintes dados. Use dois eixos y diferentes. Use uma escala de zero a 30 °C para temperatura, e uma escala de zero a 9 km/h para velocidade do vento. Apresente seu trabalho usando as ideias discutidas neste capítulo e nos documentos de engenharia.

Tempo (p.m.)	Temperatura (°C)	Velocidade do vento (km/h)
1	24	4
2	27	5
3	28	8
4	28	5
5	26	5
6	24	4
7	21	3
8	20	3

4.15 Crie uma tabela que mostre a relação entre as unidades de temperatura em graus Celsius e Fahrenheit na variação de –50°C a 50°C. Use incrementos de 10°C. Apresente seu trabalho usando as ideias discutidas neste capítulo e nos documentos de engenharia.

4.16 Crie uma tabela que mostre a relação entre as unidades de massa em quilogramas e libras na variação de 50 kg a 120 kg. Use incrementos de 10 kg. Apresente seu trabalho usando as ideias discutidas neste capítulo e nos documentos de engenharia.

4.17 Os dados fornecidos mostram o resultado de um modelo conhecido como *distância de paragem* usado por engenheiros civis para projetar rodovias. Esse modelo simples estima a distância que um motorista, viajando a determinada velocidade, precisa para parar o carro após detectar um perigo. Faça a plotagem dos dados usando o papel quadriculado de engenharia e incorporando as ideias discutidas neste capítulo..

Velocidade (km/h)	Distância de paragem (m)
0	0
5	6
10	14
15	23
20	34
25	47
30	60
35	76
40	93
45	111
50	131
55	152
60	175
65	200
70	226
75	253
80	282

4.18 Os dados fornecidos representam a distribuição da velocidade para o escoamento de um fluido dentro da tubulação circular com raio de 0,1 m. Faça a plotagem dos dados usando o papel quadriculado de engenharia e incorporando as ideias discutidas neste capítulo.

Distância radial, r (m) r = 0 corresponde ao centro da tubulação	U(r) Velocidade (m/s)
–0,1	0
–0,09	0,095
–0,08	0,18
–0,07	0,255
–0,06	0,32
–0,05	0,375
–0,04	0,42

Distância radial, r (m) r = 0 corresponde ao centro da tubulação	U(r) Velocidade (m/s)
−0,03	0,455
−0,02	0,48
−0,01	0,495
0	0,5
0,01	0,495
0,02	0,48
0,03	0,455
0,04	0,42
0,05	0,375
0,06	0,32
0,07	0,255
0,08	0,18
0,09	0,095
0,1	0

Tempo (h)	Temperatura (°C)
2	121
2,2	103
2,4	89
2,6	78
2,8	69
3	62
3,2	57
3,4	52
3,6	49
3,8	46
4	44
4,2	42
4,4	40
4,6	39
4,8	38
5	38

4.19 No processo de recozimento – um processo em que materiais como vidro e metal são aquecidos a altas temperaturas e depois resfriados lentamente para torná-los mais rígidos – finas placas de aço são aquecidas até temperaturas de 900°C e depois resfriadas em um ambiente com temperatura de 35°C. Os resultados do processo de recozimento de uma placa fina são mostrados abaixo. Faça a plotagem dos dados usando o papel quadriculado de engenharia e incorporando as ideias discutidas neste capítulo.

4.20 A relação entre uma força de mola e sua deflexão é fornecida na tabela da parte superior da próxima coluna. Faça a plotagem dos resultados usando o papel quadriculado de engenharia e incorporando as ideias discutidas neste capítulo.

Tempo (h)	Temperatura (°C)
0	900
0,2	722
0,4	580
0,6	468
0,8	379
1	308
1,2	252
1,4	207
1,6	172
1,8	143

Deflexão, X (mm)	Força da mola, F (N)
0	0
5	10
10	20
15	30
20	40

4.21 Apresente o Exemplo 6.1 do Capítulo 6 usando o formato discutido na Seção 4.2. Divida o problema desse exemplo nas seções "Dados", "Resultados" e "Solução".

4.22 Apresente o Exemplo 6.3 do Capítulo 6 usando o formato discutido na Seção 4.2. Divida o problema desse exemplo nas seções "Dados", "Resultados" e "Solução".

4.23 Apresente o Exemplo 7.1 do Capítulo 7 usando o formato discutido na Seção 4.2. Divida o problema desse exemplo nas seções "Dados", "Resultados" e "Solução".

4.24 Apresente o Exemplo 7.4 do Capítulo 7 usando o formato discutido na Seção 4.2. Divida o problema desse exemplo nas seções "Dados", "Resultado" e "Solução".

4.25 Apresente o Exemplo 8.3 do Capítulo 8 usando o formato discutido na Seção 4.2. Divida o problema desse exemplo nas seções "Dados", "Resultado" e "Solução".

4.26 Apresente o Exemplo 8.4 do Capítulo 8 usando o formato discutido na Seção 4.2. Divida o problema desse exemplo em seções "Dados", "Resultados" e "Solução".

4.27 Apresente o Exemplo 9.3 do Capítulo 9 usando o formato discutido na Seção 4.2. Divida o problema desse exemplo nas seções "Dados", "Resultados" e "Solução".

4.28 Apresente o Exemplo 9.4 do Capítulo 9 usando o formato discutido na Seção 4.2. Divida o problema desse exemplo nas seções "Dados", "Resultados" e "Solução".

4.29 Apresente o Exemplo 10.7 do Capítulo 10 usando o formato discutido na Seção 4.2. Divida o problema desse exemplo nas seções "Dados", "Resultado" e "Solução".

4.30 Apresente o Exemplo 10.14 do Capítulo 10 usando o formato discutido na Seção 4.2. Divida o problema desse exemplo nas seções "Dados", "Resultados" e "Solução".

4.31 Apresente o Exemplo 11.5 do Capítulo 11 usando o formato discutido na Seção 4.2. Divida o problema desse exemplo nas seções "Dados", "Resultados" e "Solução".

4.32 Apresente o Exemplo 12.4 do Capítulo 12 usando o formato discutido na Seção 4.2. Divida o problema desse exemplo nas seções "Dados", "Resultado" e "Solução".

4.33 Apresente o Exemplo 13.1 do Capítulo 13 usando o formato discutido na Seção 4.2. Divida o problema desse exemplo nas seções "Dados", "Resultados" e "Solução".

4.34 Apresente o Exemplo 13.6 do Capítulo 13 usando o formato discutido na Seção 4.2. Divida o problema desse exemplo nas seções "Dados", "Resultados" e "Solução".

4.35 Apresente o Exemplo 13.9 do Capítulo 13 usando o formato discutido na Seção 4.2. Divida o problema desse exemplo nas seções "Dados", "Resultados" e "Solução".

"Quem nunca provou o amargo não sabe o que é doce."
– Provérbio alemão

Dr. Karen Chou

Cortesia de Karen Chou

Nasci em Hong Kong e lá vivi até os meus 14 anos. Tive três irmãos (dois mais velhos e um mais novo) e uma irmã mais velha, com uma diferença de idade de mais de 20 anos. Meus pais e meus irmãos mais velhos vieram de um vilarejo de Guangzhou (Canton), China. Minha mãe, dois irmãos e eu emigramos para os Estados Unidos em 1970. Logo depois meu pai faleceu em Hong Kong. Fui educada por minha mãe apenas, na terra das oportunidades (incertas naquela época), também fui da primeira geração que frequentou o colégio e a única que se tornou Ph.D. (*Philosophiæ Doctor*, equivalente ao título de Doutor no Brasil) nessa árvore familiar.

Escolher a engenharia como carreira foi um acidente. Essa é uma decisão da qual eu nunca me arrependerei. Quando estava no colégio, meu interesse era pela matemática. Meu professor no ensino médio sugeriu que eu considerasse a engenharia civil. Infelizmente, eu não fazia ideia do que havia além das pontes! Prometi a meu professor que consideraria essa opção e, na dúvida, escolhi uma faculdade que apresentasse programas de engenharia. Minha escolha foi pela Universidade de Tufts. Durante a orientação estudantil, um professor da faculdade de engenharia nos informou sobre a opção de formação dupla em engenharia e matemática. Isso selou minha escolha – formação dupla em engenharia civil e matemática (eu nunca tinha ouvido falar de outro tipo de engenharia mesmo). Pensei que, se não me desse bem em engenharia, sempre poderia voltar para a matemática. Após receber um B.S.C.E. (*Bachelor of Science in Civil Engineering*, Bacharel de Ciências em Engenharia Civil) com formação dupla em 1978, comecei a cursar a graduação em engenharia estrutural na Universidade de Northwestern. Após concluir meu programa M.S. (*Master of Science*, Mestrado em Ciência) em 1979, decidi participar de uma força tarefa para obter alguma experiência em engenharia antes de buscar meu Ph.D.

Educada em engenharia estrutural com os tradicionais temas de concreto e aço nos projetos de construção, meu primeiro trabalho de engenharia em tempo integral foi como engenheira estrutural na Empresa de Engenharia Mongometry-Harza (antiga Harza), em Chicago. Trabalhei com engenheiros, a maioria com diplomas de engenharia estrutural avançada em projetos de estruturas associadas com usinas hidrelétricas, como vertedouros, casa de força, captação, represas com curvatura dupla, barragens de gravidade, pilares sustentando portões, etc. Foi uma experiência muito enriquecedora, sobretudo porque raramente ensinavam essas estruturas em escolas. Eu não apenas aprendi a projetar, como também precisei aprender um novo vocabulário – componentes de projetos de usinas elétricas. Eu estava preocupada com meu preparo inadequado para ser engenheira estrutural. Meu chefe me disse que, por já ter entendido os conceitos fundamentais de mecânica de engenharia e projetos, eu me daria bem.

Enquanto estava trabalhando em tempo integral como engenheira, também tinha um desejo de obter um Ph.D. Assim, retornei à sala de aula em tempo parcial, até que finalmente voltei a estudar em tempo integral e recebi o Ph.D. em engenharia estrutural em 1983. Em vez de retornar à prática da engenharia, segui a carreira acadêmica. Entretanto, o desejo de obter mais experiência prática, assim poderia incorporá-la em sala de aula, nunca me abandonou. Por mais de 30 anos lecionei na Universidade de Syracuse (10 anos), Universidade do Tennessee, em Knoxville (8 anos) e Universidade do Estado de Minnesota, Mankato (9 anos), e agora, de volta à minha *alma mater*, Universidade Northwestern. Além disso, também fui professora visitante e adjunta na Universidade de Minnesota. A experiência em cada universidade era diferente na forma de ensinar, na pesquisa e na interação com os alunos. A posição na universidade do Estado de Minnesota também incluía a responsabilidade de iniciar um novo programa de engenharia civil que recebeu credenciamento inicial dois anos depois que o primeiro curso de engenharia civil foi oferecido. A satisfação de ver os alunos saírem bem-sucedidos é imensa. Essa experiência foi uma grande preparação para minha posição atual. Entre 2006 e 2010, também realizei meu desejo de obter experiência prática em engenharia e de trazê-la para a sala de aula. Sou engenheira registrada em sete estados. Alguns anos atrás, passei na primeira parte do exame de engenharia estrutural. Em engenharia, o

COMUNICAÇÃO NA ENGENHARIA

aprendizado permanente é fundamental, mesmo com a idade chegando!

Seria um desserviço para possíveis engenheiras em dúvida sobre a decisão de formação em engenharia se eu não mencionasse alguns obstáculos que muitas engenheiras mulheres ainda enfrentam nessa área, que é dominada por homens. Em muitos casos, a profissão de engenharia e o país enfatizaram a igualdade de oportunidades e melhoraram a atitude com relação a colegas mulheres. Tenho visto mais mulheres engenheiras e alunas. No campo acadêmico, professoras de engenharia civil ainda são poucas (continuo acreditando que haja somente uma ou duas engenheiras ou professoras de engenharia civil) dentro de cada departamento ou instituição. Esse isolamento não será muito diferente nos próximos 30 anos. A falta de interação ou inclusão por parte dos colegas homens melhorou, mas ainda não é suficiente. Isso muitas vezes dificulta a eficiência das pesquisas colaborativas na discussão da profissão. A atitude "mulheres não pertencem à engenharia" diminuiu e é menos aparente agora.

Entretanto, ainda existe. Nesta situação ainda longe de haver engenheiras mulheres, será que eu desencorajaria uma aluna ou uma mulher que estivesse considerando seguir carreira em engenharia? A resposta é ABSOLUTAMENTE NÃO!!! Eu acreditei há 30 e ainda acredito, todos nós devemos escolher uma carreira com a qual nos identificamos, independentemente do sexo e da etnia. O prazer e o desafio do trabalho e a contribuição para o bem-estar da sociedade superam os obstáculos colocados por indivíduos de mente estreita em nosso caminho. Assim, se você gosta de ciências e matemática e deseja aprender e trabalhar muito, considere a engenharia. Os desafios e as recompensas são enormes.

Cortesia de Karen Chou

Ética na engenharia

Stockbyte/Thinkstock

Os engenheiros projetam muitos produtos e fornecem diversos serviços que afetam nossa qualidade de vida e segurança. Eles supervisionam a construção de prédios, barragens, rodovias, pontes, sistemas de transporte em massa e usinas elétricas. Os engenheiros devem trabalhar sob um padrão de comportamento profissional que requer adesão aos mais altos princípios de conduta ética.

OBJETIVOS DE APRENDIZADO

OA¹ **Ética em engenharia:** explique o que significa ética na engenharia

OA² **Código de ética da Sociedade Nacional dos Profissionais de Engenharia:** dê exemplos de códigos de valores e regras de práticas

OA³ **O juramento do engenheiro:** explique o que significa o termo Juramento do Engenheiro e dê exemplos

USO DE CD-ROM PARA PROJETO DE RODOVIA: CASO N° 98-3

DEBATE INICIAL

atos: O Engenheiro A, um engenheiro químico sem experiência em construção e projeto de instalações, recebe uma solicitação por *e-mail* com as seguintes informações:

"Os engenheiros hoje não podem deixar passar um único trabalho que surja, incluindo projetos de construção novos ou pouco familiares.

Agora, graças ao novo e revolucionário CD-ROM, definir concepção e custos de qualquer projeto de construção é tão fácil quanto apontar e clicar com o *mouse* – não importa sua experiência de projeto. Por exemplo, nunca projetou uma rodovia antes? Sem problemas. Simplesmente aponte o *mouse* para a janela "Rodovia" e clique.

Inscreva-se e responda a este *e-mail* hoje e você estará entre os primeiros engenheiros que experimentarão a biblioteca interativa completa de projeto padrão que pode ajudá--lo a trabalhar mais rápido do que nunca e aumentar os lucros da sua empresa."

O Engenheiro A faz a solicitação do CD-ROM e começa a oferecer projetos de instalação e serviços de construção.

_____

NSPE (*National Society of Professional Engineers*, Sociedade Nacional dos Profissionais de Engenharia) Caso n° 98-3

Para os estudantes: Qual é a definição de ética e conduta ética? O Engenheiro A agiu com ética ao oferecer projeto de instalações e serviços de construção diante dos fatos apresentados?

Conforme o código de ética da NSPE (*National Society of Professional Engineers*, Sociedade Nacional dos Profissionais de Engenharia), "A engenharia é uma profissão importante e assimilável. Como membros desta profissão, espera-se que os engenheiros apresentem os mais altos padrões de honestidade e integridade. A engenharia exerce impacto direto e vital na qualidade de vida de todas as pessoas. Dessa forma, os serviços fornecidos pelos engenheiros exigem honestidade, imparcialidade, equilíbrio e equidade, devem ser dedicados à proteção da saúde pública, segurança e bem-estar. Os engenheiros devem trabalhar sob um padrão de comportamento profissional que requer adesão aos mais altos princípios de conduta ética". Neste capítulo, discutiremos a importância da ética em engenharia e apresentaremos detalhadamente o código de ética da NSPE. Forneceremos também dois casos de estudo que podem ser discutidos em sala de aula.

OA¹ 5.1 Ética na engenharia

Ética refere-se ao estudo da moralidade e opções morais que todos precisamos fazer em nossas vidas. As sociedades profissionais, como a médica e a engenheira, têm orientações, padrões e regras estabelecidas há muito tempo e que governam a conduta de seus membros. Essas regras também são usadas pelos membros do comitê de ética da organização profissional para interpretar dilemas éticos submetidos por um reclamante.

Conforme discutido no Capítulo 1, os engenheiros projetam muitos produtos, como carros, computadores, avião, roupas, brinquedos, aparelhos domésticos, equipamentos cirúrgicos e de refrigeração, dispositivos de saúde e máquinas que fabricam outros produtos. Os engenheiros também projetam e supervisionam a construção de prédios, barragens, rodovias e sistemas

Ética refere-se ao estudo da moralidade e escolhas morais que todos nós precisamos fazer em nossas vidas. As sociedades profissionais, como NSPE e ASME, têm orientações, padrões e regras estabelecidas há muito tempo e que governam a conduta de seus membros.

"Um homem que comete um erro e não o corrige está cometendo outro erro."
– Confúcio

de transporte em massa e a construção de usinas, que fornecem energia para empresas de manufatura, residências e escritórios. Os engenheiros exercem uma importante função no projeto e manutenção da infraestrutura de um país, o que inclui sistemas de comunicação, serviços públicos e transporte. Também estão envolvidos com meios de aumentar a produção agrícola de grãos, frutas e vegetais, além de melhorias na segurança alimentar.

Como você pode ver, as pessoas contam muito com os engenheiros para obter produtos e serviços bons e seguros. Não há espaços para erros ou desonestidade na engenharia! Os erros cometidos por engenheiros podem custar não apenas muito dinheiro, mas também vidas. Pense nisso: Um cirurgião incompetente ou sem ética poderia causar a morte de no máximo uma pessoa a cada vez (se uma mulher grávida morre na mesa de cirurgia, então seriam duas mortes); ao passo que um engenheiro incompetente e não ético poderia causar a morte de centenas de pessoas de uma só vez. Se, a fim de economizar dinheiro, um engenheiro não ético projeta uma ponte ou parte de um avião que não atende aos requisitos de segurança, centenas de pessoas estarão em risco!

Você percebe como em determinados trabalhos não há margem para erros humanos. Por exemplo, se um garçom trouxer uma Coca-cola em vez de Pepsi, como solicitada, ou em vez de trazer batatas fritas, traz anéis de cebola, você pode muito bem viver com esse erro. Esses são enganos que geralmente podem ser corrigidos sem nenhum dano a ninguém. Mas se um engenheiro incompetente ou não ético projeta incorretamente uma ponte, ou um prédio, ou um avião, ele pode ser responsável pela morte de centenas de pessoas. Portanto, você deve perceber por que é tão importante que os engenheiros praticantes futuros sigam os mais altos padrões de honestidade e integridade.

Na próxima seção, procuraremos observar o exemplo de um código de ética, a saber, o código da *National Society of Professional Engineers*. A Sociedade Norte Americana de Engenheiros Mecânicos, a Sociedade Norte Americana de Engenheiros Civis e o Instituto de Engenheiros Elétricos e Eletrônicos também seguem códigos de ética. Em geral, eles são publicados em *sites*.

OA² 5.2   Código de ética da Sociedade Nacional dos Profissionais de Engenharia

O código de ética da Sociedade Nacional dos Profissionais de Engenharia(NSPE, National Society of Professional Engineers) é bastante detalhado. O código de conduta ética da NSPE é usado nos julgamentos de casos relacionados à ética na engenharia que são trazidos ao Comitê de Revisão de Ética da NSPE. A seguir, está o código de conduta ética da NSPE.

Código de Ética para Engenheiros*

Preâmbulo Engenharia é uma importante profissão que deve ser aprendida. Como membros desta profissão, espera-se que os engenheiros apresentem os mais altos padrões de honestidade e integridade. A engenharia exerce impacto direto e vital na qualidade de vida das pessoas. Dessa

*De *Code of Ethics for Engineers by National Society of Professional Engineers*, Copyright © 2001 National Society of Professional Engineers. Reimpresso com permissão

forma, os serviços fornecidos pelos engenheiros exigem honestidade, imparcialidade, equilíbrio e equidade, e devem ser dedicados à proteção da saúde pública, da segurança e do bem-estar. Os engenheiros devem trabalhar de acordo com um padrão de comportamento profissional que requer adesão aos mais altos princípios de conduta ética.

I. Códigos de valores fundamentais No comprimento de suas obrigações profissionais, os engenheiros devem:

1. Manter em condição soberana a segurança, saúde e bem-estar da população.
2. Realizar serviços unicamente nas áreas de sua competência.
3. Divulgar declarações públicas somente de maneira objetiva e verdadeira.
4. Atuar para cada empregador ou cliente como agente responsável e digno de confiança.
5. Evitar atos enganadores.
6. Manter conduta honrada, responsável, ética e seguidora da lei, de forma a contribuir com a honra, reputação e utilidade da profissão.

II. Regras de prática

1. Os engenheiros devem manter em condição soberana a segurança, saúde e bem-estar da população.

   > No cumprimento das normas profissionais, os engenheiros devem manter soberanas as questões de segurança, saúde e bem-estar da população.

   a. Se o julgamento dos engenheiros for rejeitado sob circunstância em que haja risco à vida ou à propriedade, eles devem notificar ao seu empregador ou cliente, e a respectiva autoridade local deve ser informada.

   b. Os engenheiros devem aprovar somente os documentos de engenharia que estão em conformidade com os padrões aplicáveis.

   c. Os engenheiros não devem revelar fatos, dados ou informações sem prévio consentimento do cliente ou empregador, exceto quando autorizado ou exigido por lei ou por meio deste Código.

   d. Os engenheiros não devem permitir o uso de seu nome ou associá-lo a empreendimentos comerciais que acreditem estarem envolvidos em negócios fraudulentos ou desonestos.

   e. Os engenheiros, tendo conhecimento de alegada violação deste Código, devem informá-la aos órgãos profissionais competentes e, quando relevante, também às autoridades públicas, e devem cooperar com as autoridades apropriadas no provimento de tais informações, conforme necessário.

2. Os engenheiros devem realizar serviços unicamente nas áreas de sua competência.

   a. Os engenheiros devem aceitar atribuições somente quando qualificados por sua formação ou experiência nas respectivas áreas de especialidades envolvidas.

   b. Os engenheiros não devem incluir suas assinaturas em quaisquer planos ou documentos que tratem de matéria na qual lhes falte competência, nem qualquer plano ou documento não preparado sob sua direção ou controle.

   c. Os engenheiros podem aceitar atribuições e assumir responsabilidade pela coordenação de um projeto inteiro e podem assinar e selar os documentos de engenharia do projeto inteiro, desde que cada segmento técnico seja assinado e selado somente por engenheiros qualificados que prepararam o segmento.

3. Os engenheiros devem divulgar declarações públicas somente de maneira objetiva e verdadeira.

> Os engenheiros, no comprimento de suas obrigações profissionais, devem executar serviços somente em áreas de sua competência.

a. Os engenheiros devem ser objetivos e verdadeiros nos relatórios profissionais, declarações ou testemunhos. Eles devem incluir todas as informações relevantes e pertinentes em tais relatórios, declarações ou testemunhos, que devem mostrar a data em que o fato aconteceu.

b. Os engenheiros podem expressar publicamente opiniões técnicas, fundamentadas pelo conhecimento dos fatos e competência na matéria.

c. Os engenheiros não devem divulgar declarações, críticas ou argumentos sobre questões técnicas inspiradas ou financiadas pelas partes interessadas, a menos que precedidas por seus comentários, identificando explicitamente as partes interessadas em cujo nome estão falando, e revelando a existência de quaisquer interesses que os engenheiros possam ter na questão.

4. Os engenheiros devem atuar para cada empregador ou cliente como agente responsável e digno de confiança.

> Os engenheiros, em cumprimento de suas funções profissionais, devem atuar para cada empregador ou cliente como agente responsável e digno de confiança.

a. Os engenheiros devem revelar todos os conflitos de interesses potenciais ou conhecidos que possam influenciar ou parecer influenciar seu julgamento ou a qualidade de seus serviços.

b. Os engenheiros não devem aceitar compensação, financeira ou outra, de mais de uma parte para serviços no mesmo projeto, ou para serviços pertencentes ao mesmo projeto, a menos que as circunstâncias sejam completamente divulgadas e em conformidade com todas as partes interessadas.

c. Os engenheiros não devem solicitar ou aceitar montante pecuniário ou outra obrigação financeira, direta ou indiretamente, de agentes estranhos ao trabalho para o qual são responsáveis.

d. Os engenheiros em função pública como membros, consultores ou empregados de um órgão governamental ou paragovernamental não devem participar de decisões com respeito aos serviços solicitados ou fornecidos por eles ou por suas empresas em prática de engenharia privada ou pública.

e. Os engenheiros não devem solicitar ou aceitar um contrato de um órgão governamental no qual um diretor ou empregado de sua empresa trabalhe como membro.

5. Os engenheiros devem evitar atos enganadores.

a. Os engenheiros não devem falsificar suas qualificações ou permitir qualquer má interpretação de suas qualificações ou das de seus associados. Eles não devem diminuir nem exagerar sua responsabilidade nessa matéria quanto a atribuições prévias. Folhetos ou outras apresentações que aparecem nas solicitações de emprego não devem desrespeitar os fatos pertinentes a respeito dos empregadores, empregados, associados, *joint ventures* ou realizações anteriores.

b. Os engenheiros não devem oferecer, conceder, solicitar nem receber, direta ou indiretamente, nenhuma contribuição para influenciar um contrato por parte de autoridade pública, ou que possa ser razoavelmente constituída para o público, tendo como intenção influenciar a conquista de um contrato. Não devem oferecer nenhum presente ou outra consideração de valor para garantir o trabalho. Não devem pagar comissão, porcentagem ou taxa de corretagem a fim de assegurar um trabalho, exceto a um empregado de boa fé ou a agência comercial ou de *marketing* estabelecida e de boa fé mantidos por ele.

III. Obrigações do profissional

1. Os engenheiros devem orientar todas as suas relações com os mais altos padrões de honestidade e integridade.

   a. Os engenheiros devem saber reconhecer seus erros e não distorcer ou alterar os fatos.

   b. Os engenheiros devem aconselhar seus clientes ou empregados quando acreditarem que um projeto não será bem-sucedido.

   c. Os engenheiros não devem aceitar pagamentos externos em detrimento de seu trabalho ou interesse regular. Antes de aceitarem qualquer emprego externo de engenharia, devem notificar seus empregadores.

   d. Os engenheiros não devem tentar atrair um engenheiro de outro empregador por meio de pretensões falsas ou enganosas.

   e. Os engenheiros não devem promover seus próprios interesses à custa da dignidade e integridade de sua profissão.

2. Os engenheiros devem se esforçar o tempo todo para atender aos interesses públicos.

   a. Os engenheiros devem buscar oportunidades para participar de assuntos cívicos; orientação vocacional aos jovens e trabalhar para o avanço da segurança, da saúde e do bem-estar de sua comunidade.

   b. Os engenheiros não devem completar, assinar ou selar planos e/ou especificações que não estejam em conformidade com os padrões aplicáveis de engenharia. Se o cliente ou empregador insistir em tal conduta antiprofissional, ele deve ser notificado às autoridades competentes e retirado do serviço ou do processo.

   c. Os engenheiros devem se esforçar para ampliar o conhecimento público e apreciação da engenharia e suas conquistas.

3. Os engenheiros devem evitar toda conduta ou prática que engane o público.

   > Os engenheiros, em cumprimento de seus deveres profissionais, devem evitar atos enganosos.

   a. Os engenheiros devem evitar o uso de declarações que contenham material de má interpretação dos fatos ou omissão de algum fato.

   b. Em conformidade com o exposto anteriormente, os engenheiros devem se precaver no recrutamento de pessoal.

   c. Em conformidade com o exposto anteriormente, os engenheiros devem preparar artigos para impressão técnica ou legal, mas tais artigos não devem implicar crédito ao autor por trabalho realizado por terceiros.

4. Os engenheiros não devem divulgar, sem consentimento, informações confidenciais a respeito dos negócios ou processos técnicos do cliente ou empregador atual ou anterior, ou de órgão público para o qual trabalham.

   a. Os engenheiros não devem, sem consentimento de todas as partes interessadas, promover ou contratar novo trabalho ou prática em conexão com um projeto específico para o qual o engenheiro adquiriu conhecimento particular e especializado.

   b. Os engenheiros não devem, sem consentimento de todas as partes interessadas, participar ou representar um interesse adversário em conexão com um projeto específico em que o engenheiro obteve conhecimento especializado particular em nome de um antigo cliente ou empregador.

5. Os engenheiros não devem ser influenciados em seus deveres profissionais mediante conflitos de interesses.

a. Os engenheiros não devem aceitar considerações financeiras ou outras, incluindo projetos de engenharia gratuitos, de fornecedores de materiais ou equipamentos para especificar seu produto.

b. Os engenheiros não devem aceitar comissões ou permissões, direta ou indiretamente, de contratantes ou outras partes que lidem com clientes ou empregadores do engenheiro, em conexão com o trabalho sobre o qual o engenheiro é responsável.

6. Os engenheiros não devem tentar obter emprego ou promoção ou envolvimentos profissionais por meio de críticas infundadas a outros engenheiros, ou por outros métodos impróprios e questionáveis.

a. Os engenheiros não devem solicitar, propor ou aceitar comissão em possíveis situações, sob circunstâncias em que seu julgamento possa ser comprometido.

b. Engenheiros em posições assalariadas devem aceitar trabalho de engenharia de meio período somente consistente com as políticas do empregador e de acordo com as considerações éticas.

c. Os engenheiros não devem, sem consentimento, usar equipamento, suprimentos, laboratório ou instalações de escritório de um empregador para conduzir prática privada de terceiros.

7. Os engenheiros não devem procurar prejudicar, adulterar ou falsificar, direta ou indiretamente, a reputação profissional, prospectos, prática ou emprego de outros engenheiros. Os engenheiros que acreditem que alguém seja culpado de prática ilegal ou de falta de ética devem apresentar tais informações à autoridade competente da ação.

> Os engenheiros, em cumprimento de seus deveres profissionais, devem publicar declarações públicas somente de maneira objetiva e verdadeira.

a. Os engenheiros em prática privada não devem revisar o trabalho de outro engenheiro para o mesmo cliente, exceto com o conhecimento de tal engenheiro, ou a menos que a conexão de tal engenheiro com o trabalho tenha sido finalizada.

b. Engenheiros em empregos governamental, industrial ou educacional são incumbidos de rever e avaliar o trabalho de outros engenheiros, quando assim requerido por suas funções.

c. Engenheiros em empregos de vendas ou industrial são incumbidos de fazer comparações de engenharia de produtos relacionados com produtos de outros fornecedores.

8. Os engenheiros devem aceitar a responsabilidade pessoal de suas atividades profissionais, contanto que esse engenheiro possa reivindicar indenização de serviços que surjam de sua prática decorrente da negligência de terceiros, sendo que os interesses do engenheiro não podem ser protegidos de outra maneira.

a. Os engenheiros devem estar em conformidade com as leis de registro estadual na prática da engenharia.

b. Os engenheiros não devem se associar com parceiros não engenheiros, empresa ou parceiros como um "laranja" para atitudes não éticas.

9. Os engenheiros devem dar crédito por um trabalho de engenharia para aqueles cujo crédito é devido, e deve reconhecer os interesses de propriedade de outros.

a. Os engenheiros devem, sempre que possível, nomear a pessoa ou pessoas que possam ser responsabilizadas individualmente por projetos, invenções, escritos ou outras realizações.

b. Os engenheiros que utilizam projetos fornecidos pelo cliente reconhecem que os projetos continuam sendo propriedade do cliente e não podem ser duplicados pelo engenheiro para terceiros sem permissão expressa.

c. Os engenheiros, antes de empreenderem o trabalho de outros, no qual podem fazer melhorias, planos, projetos, invenções ou outros registros que venham a justificar direitos autorais ou patentes, devem entrar em acordo positivo a respeito da propriedade.

d. Os projetos dos engenheiros, dados, registros e notas de referência exclusivas do trabalho do empregador são propriedades do empregador. O empregador deve indenizar o engenheiro para o uso das informações para quaisquer outros propósitos além do original.

Como Revisto em Fevereiro de 2001 "Por ordem do Tribunal Distrital da Comarca de Columbia, a antiga Seção 11(c) do Código de Ética da NSPE que proibia a licitação competitiva e todas as declarações de política, opiniões, normas ou outras instruções interpretadas nesse escopo, foi revogada como interferindo ilegalmente no direito jurídico dos engenheiros, protegidos sob legislação antitruste, para fornecer informações de preço a clientes em potencial; de acordo com isso, nada contido no Código de Ética da NSPE, declarações de política, opiniões, normas ou outras orientações, proíbe a submissão de cotações de preço ou licitações concorrentes para serviços de engenharia a qualquer momento ou em qualquer valor".

Declaração do Comitê Executivo da NSPE A fim de corrigir desentendimentos indicados em algumas instâncias, desde o pronunciamento da decisão da Corte Suprema e a entrada do Julgamento Final, fica observado que na decisão de 25 de abril de 1978, a Corte Suprema dos Estados Unidos declarou: "A Lei de Sherman não exige licitação competitiva".

Ainda é observado que, conforme esclarecido na decisão da Corte Suprema:

1. Engenheiros e empresas podem recusar individualmente a realização de licitação de serviços de engenharia.
2. Os clientes não são obrigados a procurar licitações de serviços de engenharia.
3. As leis federal, estadual e local que governam procedimentos de procura de serviços de engenharia não são afetadas, e permanecem em pleno vigor e efeito.
4. Sociedades estaduais e órgãos locais são livres para procurar ativamente e agressivamente legislação para seleção profissional e procedimentos de negociação por agências públicas.
5. Normas do comitê de registro estadual de conduta profissional, incluindo normas que proíbem a licitação competitiva para serviços de engenharia, não são afetadas e permanecem em pleno vigor e efeito. Comitês de registro estadual com autoridade para adotar normas de conduta profissional podem adotar normas que conduzam procedimentos para obter serviços de engenharia.
6. Conforme observado pela Corte Suprema, "nada no julgamento impede a NSPE e seus membros de tentar influenciar a ação governamental...".

Observação: Com respeito à aplicação do Código para corporações diante de pessoas reais, a forma ou tipo de negócio não deve negar nem influenciar a conformidade de indivíduos quanto ao Código. O Código lida com serviços profissionais, serviços estes que devem ser executados por pessoas reais. Pessoas reais, por sua vez, estabelecem e praticam políticas dentro das estruturas comerciais. O Código é claramente dirigido aos engenheiros e lista incumbências aos membros da NSPE para tentar cumprir os seus princípios. Isso se aplica a todas as seções pertinentes do Código.

---

[1] "Desenvolvimento sustentável" é o desafio de atender às necessidades humanas de recursos naturais, produtos industriais, energia, alimento, transporte, moradia, e gerenciamento responsável dos resíduos, enquanto se busca preservar e proteger a qualidade ambiental e os recursos naturais de base essencial para desenvolvimento futuro. Veja mais em: <http://www.nspe.org/resources/ethics/code-ethics#sthash.P8yBvwSc.dpuf>.

OA³ 5.3 O juramento do engenheiro

O juramento do engenheiro, que foi adotado pela NSPE em 1954, é a declaração de crença, similar ao juramento de Hipócrates feito por praticantes da medicina. Foi desenvolvido para afirmar a filosofia de serviços da engenharia de maneira sucinta. O conteúdo de **O juramento do engenheiro** é:

- Oferecer o máximo de desempenho;
- Participar unicamente de empresa honesta;
- Viver e trabalhar de acordo com as leis dos homens e com os mais altos padrões de conduta profissional; e
- Colocar
  - o serviço à frente do lucro,
  - a honra e a reputação da profissão à frente da vantagem pessoal; e
  - o bem-estar público acima de todas as outras considerações.

Com humildade e de acordo com a orientação divina, faço este juramento.

Esse juramento normalmente é usado em cerimônias de graduação ou apresentações de certificado de licenciatura.

As definições adicionais a seguir devem ser estudadas cuidadosamente.

Fraude acadêmica – A honestidade é muito importante em todos os aspectos da vida. A fraude acadêmica refere-se ao comportamento que inclui colar nas provas, trapacear nos deveres de casa, em relatórios do laboratório; plágio; fingir estar doente para não fazer uma prova; assinar a folha de presença para outro aluno ou pedir que outro aluno assine por você em sua ausência. As universidades apresentam diferentes critérios para lidar com fraudes acadêmicas, inclusive punir o aluno desonesto com a repetição do curso, ou pedir-lhe que saia da sala de aula, ou colocá-lo em período experimental.

Plágio – O plágio refere-se a apresentar o trabalho de outra pessoa como se fosse seu. Você pode usar ou citar o trabalho de outros, incluindo informações de artigos de revistas, livros, fontes *on-line*, TV ou rádio, mas assegurando-se de citar de onde foram obtidas as informações. No Capítulo 4, discutimos em detalhes como apresentar as referências em comunicações orais ou escritas.

Conflito de interesses – Um conflito entre os interesses pessoais de um indivíduo e as obrigações desse indivíduo geradas pela posição que ele ocupa.

Contrato – O contrato é um acordo entre duas ou mais partes, que celebram livremente. Contrato legal é o contrato com vínculo legal, indicando que, caso não seja cumprido integralmente, poderá haver consequência legal.

Responsabilidade profissional – Trata-se da responsabilidade associada ao predomínio de um tipo especial de conhecimento para o bem-estar e benefício da sociedade.

Leia os casos – da lista a seguir – atribuídos a você por seu instrutor antes da aula e prepare-se para discuti-los na sala de aula.

2012 Milton F. Lunch concurso de ética

Fatos O Engenheiro A trabalha para a Empresa X, de propriedade do Engenheiro B. A Empresa X atualmente está passando por problemas financeiros e o Engenheiro B criou recentemente outra empresa, a Empresa Y. O Engenheiro A descobriu que o Engenheiro B recentemente aconselhou os clientes da Empresa X a enviar o pagamento do trabalho realizado pela Empresa X e seus funcionários para a Empresa Y.

Questão Quais são as obrigações éticas do Engenheiro A sob essas circunstâncias?

2013 Milton F. Lunch concurso de ética

Fatos Uma empresa de *marketing* estabelece um portal da *web* e oferece um serviço aos clientes, no qual estes inserem questões sobre vários tópicos (ex.: leis, medicina, contabilidade, engenharia, etc.) e, após o recebimento das respostas, que geralmente são bem detalhadas, o cliente paga à empresa de *marketing*, cujo serviço ele julga valioso, além da taxa de acesso para o portal da *web*. Após o recebimento do pagamento, a empresa de *marketing* transfere o pagamento do cliente para o provedor de serviços (advogado, médico, contador, engenheiro, etc.). O Engenheiro A, um engenheiro estrutural, deseja saber se seria ético de sua parte entrar nesse tipo de negócio.

Questão Seria ético para o Engenheiro A, um engenheiro estrutural, participar desse tipo de negócio?

Veja a seguir alguns casos relacionados à ética que foram trazidos à Revisão do Comitê de Ética da NSPE. Esses casos foram adaptados com permissão da Sociedade Nacional dos Profissionais de Engenharia.*

Confidencialidade de relatório de engenharia: caso nº 82-2

Fatos O Engenheiro A oferece um serviço de inspeção de residências, onde ele realiza uma inspeção de engenharia da residência para potenciais compradores. Após a inspeção, o Engenheiro A finaliza um relatório por escrito para o potencial comprador. O Engenheiro A realizou esse serviço para um cliente (marido e mulher) por uma taxa e preparou um relatório de uma página, concluindo que a residência em consideração estava no geral em boas condições, necessitando de pequenos reparos, mas anotou alguns pequenos itens que mereciam atenção. O Engenheiro A enviou esse relatório ao cliente, mostrando que havia sido encaminhada uma cópia para a imobiliária que cuidava da venda da residência. O cliente observou que essa ação prejudicou seus interesses, atrapalhando sua posição na negociação junto aos proprietários da residência. Ele também reclamou que o Engenheiro A atuou sem ética, enviando uma cópia do relatório para terceiro, que não fazia parte do contrato de serviços de inspeção.

Questão O Engenheiro A agiu sem ética enviando uma cópia do relatório de inspeção da casa à imobiliária que representava os proprietários?

Fonte: Reimpresso com permissão da NSPE (National Society of Professional Engineers) www.nspe.org

Compartilhar suíte de hotel: caso nº 87-4

Fatos O Engenheiro B é diretor de engenharia em uma grande agência governamental, que utiliza muitos consultores de engenharia. O Engenheiro A é diretor em uma grande empresa de engenharia que realiza serviços para essa agência. Ambos são membros de uma sociedade de engenharia que conduz um seminário de dois dias em uma cidade distante. Ambos planejam participar do seminário, e concordam em compartilhar os custos de uma suíte de hotel de duas camas a fim de obter melhor acomodação.

Questão Foi ético aos engenheiros A e B compartilharem a suíte do hotel?

Crédito para competição de projeto de engenharia: caso nº 92-1

Fatos O Engenheiro A é contratado por uma cidade para projetar uma ponte como parte de um sistema elevado de rodovias. O Engenheiro A então contrata os serviços do Engenheiro B, um engenheiro estrutural com especialidade em geometria horizontal, projeto de superestruturas e elevações para realizar certos aspectos dos serviços do projeto. O Engenheiro B projeta os três vãos de viga soldada curvada da ponte, elementos críticos do projeto.

Vários meses após a conclusão da ponte, o Engenheiro A entra com o projeto da ponte numa competição de projeto de pontes de uma organização nacional. O projeto da ponte sai vencedor e ganha o prêmio. Entretanto, o crédito não é dado ao Engenheiro B por sua participação do projeto.

Questão Foi ético o Engenheiro A deixar de conceder o crédito para o Engenheiro B por sua parte no projeto?

Uso dos mesmos serviços para clientes diferentes: caso nº 00-3

Fatos O Engenheiro A, um profissional de engenharia, realiza um estudo de tráfego para o Cliente X como parte do pedido de autorização do cliente ao fluxo do tráfego para desenvolvimento de uma loja. O Engenheiro A fornece um orçamento ao Cliente X para o estudo de tráfego completo.

Mais tarde, o Cliente X descobre que parte do estudo de tráfego fornecido pelo Engenheiro A para o Cliente X foi anteriormente desenvolvido pelo Engenheiro A para um desenvolvedor, o Cliente Y, em um local perto dali, e que o Engenheiro A faturou do Cliente Y pelo estudo de tráfego completo. O segundo estudo em um novo projeto para o Cliente X utilizou alguns dos mesmos dados utilizados no relatório preparado para o Cliente Y. A conclusão final do estudo de engenharia foi essencialmente a mesma nos dois estudos.

Questão Foi ético da parte do Engenheiro A cobrar do Cliente X pelo estudo de tráfego completo?

Uso de suposto material perigoso em instalação de processamento: caso nº 99-11

Fatos O Engenheiro A é formado e trabalha em instalação de manufatura de uma empresa que utiliza produtos químicos tóxicos nas operações de processamento. O trabalho do Engenheiro A não tem nada a ver com o uso e controle desses materiais.

Um produto químico chamado "MegaX" é usado no local. Histórias recentes nos noticiários informaram suspeitas de risco de alterações no material genético humano imediatas e a longo prazo pela inalação do MegaX ou contato com ele. As informações da notícia são baseadas em achados de experimentos laboratoriais feitos em ratos por um aluno graduado no departamento de fisiologia de uma universidade muito respeitada. Outros cientistas nem confirmaram nem recusaram os achados experimentais. Os governos federal e local não fizeram pronunciamentos oficiais sobre o assunto.

Vários colegas fora da empresa abordaram o Engenheiro A sobre o assunto e lhe pediram que "fizesse alguma coisa" para eliminar o uso de MegaX na instalação de processamento. O Engenheiro A menciona essa preocupação a seu gerente, que lhe responde: "Não se preocupe, temos um especialista em segurança industrial que trata desse assunto".

Após dois meses, o uso do MegaX ainda é mantido na fábrica. A controvérsia na imprensa continua, mas como não há mais evidências científicas a favor ou contra essa matéria, a questão permanece sem solução. O uso do produto químico na instalação de processamento aumentou e agora mais trabalhadores são expostos diariamente à substância do que há dois meses.

Questão O Engenheiro A tem a obrigação de tomar alguma atitude diante dos fatos e das circunstâncias?

Teste de projeto de *software*: NSPEBER caso nº 96-4

Fatos O Engenheiro A é funcionário de uma empresa de *software* e está envolvido no projeto de um *software* especializado em conexão com as operações de instalações que afetam a saúde e a segurança pública (ex.: nuclear, controle de qualidade do ar, controle de qualidade da água). Como parte do projeto de um sistema de *software* particular, o Engenheiro A conduz testes extensivos, e embora esses testes demonstrem que o uso do *software* é seguro sob os padrões vigentes, o Engenheiro A está ciente de que novos padrões estão prestes a ser liberados pelo órgão gerador de padrões – padrões que o *software* recentemente projetado não satisfaz. O teste é extremamente oneroso, e os clientes da empresa estão ansiosos para começar a usar o *software*. A empresa de *softwares* está ansiosa por atender seus clientes, e proteger suas finanças e seus trabalhadores; mas, ao mesmo tempo, seus gestores desejam ter a certeza de que o uso do *software* é seguro. Uma série de testes propostos pelo Engenheiro A provavelmente resultará na decisão de continuar com o uso do *software*. Os testes são onerosos e atrasarão o uso do *software* em no mínimo seis meses, o que colocará a empresa em desvantagem competitiva e lhe custará uma quantia significativa de dinheiro. Além disso, o atraso na implantação implicará em razoável aumento das taxas de utilidade da comissão do serviço público estadual. A empresa questiona o Engenheiro A sobre a recomendação da necessidade de testes adicionais no *software*.

Questão Conforme o Código de Ética, o Engenheiro A tem a obrigação profissional de informar à empresa os motivos que levam à necessidade de teste adicional e de sua recomendação de que ele deve ser feito?

Irregularidades: case nº 82-5

Fatos O Engenheiro A é empregado de uma grande indústria envolvida em um sólido trabalho de projetos de defesa. As atribuições do Engenheiro A estão relacionadas ao trabalho de subcontratantes, incluindo a revisão da adequação e aceitabilidade dos planos para o material fornecido por eles. No decorrer desse trabalho, o Engenheiro A avisa seus superiores por meio de memorandos sobre problemas encontrados em determinadas propostas de um dos subcontratantes, e aconselha à gerência que rejeite esse trabalho e solicite aos subcontratantes que corrijam as deficiências que ele destacou. A gerência rejeita os comentários do Engenheiro A, principalmente quanto à necessidade de refazer o trabalho de determinado subcontratante, pois a reclamação do Engenheiro A é de que a proposta do subcontratante representa grande custo e muitos atrasos. Após a troca de mais memorandos entre o Engenheiro A e seus superiores e, com a continuidade do desentendimento entre eles quanto à questão levantada pelo Engenheiro A, a gerência lhe envia um memorando crítico em seu arquivo pessoal e em seguida o afasta do trabalho por três meses, com uma observação de que, se seu desempenho no trabalho não melhorar, ele poderá ser demitido. O Engenheiro A insistiu que seu empregador tinha a obrigação de assegurar que os subcontratantes entregassem o equipamento de acordo com as especificações, como ele sempre fazia, e dessa forma economizaria substanciais despesas de defesa. Ele solicitou uma revisão ética e a determinação da propriedade de seu plano de ação, diante do grau de responsabilidade ética dos engenheiros em tais circunstâncias.

Questão O Engenheiro A tem obrigação ética, ou direito ético, de continuar seus esforços para garantir a mudança na política de seu empregador sob essas circunstâncias, ou de reportar suas preocupações à autoridade competente?

Qualificações acadêmicas: caso nº 79-5

Fatos O Engenheiro A recebeu o título de Bacharel em Ciências em 1940 com um reconhecido currículo em engenharia e depois foi registrado como profissional de engenharia em dois estados. Posteriormente, ele foi premiado e recebeu o "Título Profissional" da mesma instituição. Em 1960 recebeu o título de Ph.D. de uma organização que confere títulos com base em correspondência, sem a necessidade de qualquer adequação pessoal ou estudo na instituição, e é conhecida pelas autoridades estaduais como "fábrica de diplomas". O Engenheiro A então relacionou seu título de Ph.D. entre suas qualificações em currículos, correspondências, entre outros, sem indicar sua natureza.

Questão Foi ético da parte do Engenheiro A citar seu título de Ph.D. como qualificação acadêmica sob essas circunstâncias?

Credenciais promocionais adulteradas: caso nº 92-2

Fatos O Engenheiro A é um EIT (*Engineer in Training*, engenheiro em treinamento), empregado de uma empresa de médio porte de consultoria em engenharia em uma pequena cidade. Ele tem diploma em engenharia mecânica e executou serviços quase sempre na área de engenharia mecânica. Ele descobriu que a empresa iniciou uma campanha de *marketing* em que o classifica como engenheiro elétrico e há outros engenheiros elétricos na empresa. O Engenheiro A alerta o diretor de *marketing*, também engenheiro, sobre o erro no material promocional e o diretor de *marketing* diz que o erro será corrigido. Entretanto, após seis meses, o erro não foi corrigido.

Questão Sob essas circunstâncias, o Engenheiro A deve tomar alguma ação? Qual ou quais?

Declarações promocionais de sucesso de projeto: Caso nº 79-6

Fatos O Engenheiro A publicou um anúncio na seção de classificados de um jornal diário sob o título "Serviços Profissionais", no qual se lê na íntegra: "Engenheiro consultor para a indústria. Pode reduzir o consumo de combustível para aquecimento do processo atual em 30% a 70%, enquanto dobra a capacidade no mesmo espaço de solo. Para obter mais informações, entre em contato com Engenheiro A, telefone 123-456-7890".

Questão Foi ético o anúncio do Engenheiro A?

Uso de proposta técnica de terceiro sem consentimento: caso nº 83-3

"Conserve bons homens em sua empresa, e você aumentará seus números". – PROVÉRBIO ITALIANO

Fatos O Engenheiro B submeteu uma proposta para o conselho do condado após uma entrevista a respeito de um projeto. A proposta incluía informações técnicas e dados que o condado solicitou como base de seleção. Smith, um funcionário do condado, disponibilizou a proposta do Engenheiro B para o Engenheiro A. O Engenheiro A usou a proposta do Engenheiro B sem o consentimento do Engenheiro B para desenvolver outra proposta, que foi enviada subsequentemente ao condado. A extensão de quanto o Engenheiro A usou das informações e dados do Engenheiro B está na disputa entre as partes.

Questão Foi antiético da parte do Engenheiro A usar a proposta do Engenheiro B sem o seu consentimento para desenvolver uma segunda proposta, que seria enviada depois ao condado?

Antes de continuar

Responda às seguintes perguntas para testar seu conhecimento adquirido nas seções anteriores.

1. Em suas próprias palavras, explique o que significa ética.

2. O que é ética na engenharia e por que é importante estabelecer orientações, padrões e regras?

3. Dê dois exemplos de códigos de valores fundamentais do Código de Ética da NSPE.

4. Dê dois exemplos das obrigações profissionais da NSPE.

5. Qual é o conteúdo do Juramento do Engenheiro da NSPE?

6. Dê dois exemplos do conteúdo do Juramento do Engenheiro.

Vocabulário–Determine o significado dos termos a seguir:

Ética _____

Conflito de interesse _____

Fraude acadêmica _____

Plágio _____

Contrato _____

RESUMO

OA¹ Ética em engenharia

Até agora você deve ter aprendido que ética refere--se ao estudo da moralidade e das escolhas morais que todos nós precisamos fazer em nossas vidas. Além disso, as sociedades de engenharia profissional estabeleceram orientações, padrões e regras que governam a conduta de seus membros. Essas regras também são usadas pelos membros do comitê de ética das organizações profissionais para interpretar dilemas éticos denunciados por um reclamante.

OA² Código de ética da Sociedade Nacional dos Profissionais de Engenharia

O Código de Ética da NSPE para engenheiros inclui preâmbulo, códigos de valores fundamentais, normas para prática e obrigações profissionais. Códigos de valores fundamentais afirmam que "os engenheiros, no comprimento de suas obrigações profissionais, devem:
- Manter em condição soberana a segurança, saúde e bem-estar da população.

- Realizar serviços unicamente nas áreas de sua competência.
- Divulgar declarações públicas somente de maneira objetiva e verdadeira.
- Atuar para cada empregador ou cliente como agente responsável e digno de confiança.
- Evitar atos enganadores.
- Manter conduta honrada, responsável, ética e seguidora da lei, de forma a contribuir com a honra, reputação e emprego da profissão".

OA³ O Juramento do engenheiro

O conteúdo O Juramento do Engenheiro é uma declaração de crença semelhante ao juramento de Hipócrates feito pelos médicos. Foi desenvolvida para afirmar a filosofia de serviços da engenharia de maneira sucinta. Por exemplo, dar o máximo de seu desempenho; participar unicamente de empresa honesta; e colocar o serviço à frente dos lucros.

TERMOS-CHAVE

Códigos de valores
  fundamentais
Conflito de interesses
Contrato

Ética
Ética na engenharia
Fraude acadêmica
Obrigações profissionais

O Juramento do engenheiro
Plágio
Responsabilidade profissional
Regras de prática

APLIQUE O QUE APRENDEU

Visite o *site* da National Society of Engineers (Sociedade Nacional de Engenheiros) em www.nspe.org e procure o Concurso de Ética de Milton F. Lunch deste ano. Faça *download* das regras do concurso e leia-as cuidadosamente. Todos os trabalhos inscritos devem ter no máximo 750 palavras (Seção de Discussão e Conclusão somente) e pode ser recebido até a data determinada. Boa sorte!

PROBLEMAS

Problemas que promovem aprendizado permanente estão indicados por 🔑

5.1. Acompanhe a seguir uma série de perguntas que pertencem ao Código de Ética da NSPE. Indique se as declarações são verdadeiras ou falsas. Essas questões foram fornecidas pela NSPE.

Observação: Esse teste de ética é destinado unicamente a medir o conhecimento individual da linguagem específica contida no Código de Ética da NSPE, e não para medir o conhecimento individual sobre ética na engenharia ou sobre a ética dos engenheiros individuais ou alunos de engenharia.

1. Os engenheiros, no cumprimento das normas profissionais, consideram cuidadosamente as questões de segurança, saúde e bem-estar da população.

2. Os engenheiros podem executar serviços fora de sua área de competência desde que informem seu empregador ou cliente sobre o fato.

3. Os engenheiros podem expor declarações subjetivas e parciais se tais declarações forem feitas por escrito e consistentes com as melhores práticas de seus empregadores, cliente ou órgão público.

4. Os engenheiros devem atuar para cada empregador ou cliente como agente responsável e digno de confiança.

5. Os engenheiros não devem ser obrigados a se envolver em ações verdadeiras quando for necessário proteger a saúde, segurança ou o bem-estar público.

6. Os engenheiros estão desobrigados a seguir as provisões da lei estadual ou federal quando tais ações possam colocar em perigo ou comprometer os interesses de seu empregados ou cliente.

7. Se o julgamento dos engenheiros for rejeitado sob circunstâncias em que haja risco à vida ou à propriedade, eles devem notificar seu empregador ou cliente, e a respectiva autoridade local deve ser informada.

8. Os engenheiros podem analisar, mas não devem aprovar os documentos de engenharia que estão em conformidade com os padrões aplicáveis.

9. Os engenheiros não devem revelar fatos, dados ou informações sem prévio consentimento do cliente ou empregador, exceto quando autorizado ou exigido por lei ou por este Código.

10. Os engenheiros não devem permitir o uso de seu nome ou associá-lo a empreendimentos comerciais em que acreditam estarem envolvidos em negócios fraudulentos ou desonestos, a menos que tal empresa ou atividade seja considerada consistente com a lei estadual ou federal aplicável.

11. Os engenheiros, tendo conhecimento de alegada violação deste Código, decorrido o período de trinta dias sem que a violação tenha sido corrigida, devem informá-la aos órgãos profissionais competentes e, quando relevante, também às autoridades públicas, e devem cooperar com as autoridades apropriadas no provimento de tais informações, conforme necessário.

12. Os engenheiros devem executar tarefas somente se qualificados pela formação ou experiência nas respectivas áreas de especialidades envolvidas.

13. Os engenheiros não devem vincular assinaturas a planos ou documentos que lidam com temas nos quais lhes faltem competências, mas podem vincular assinaturas a planos ou documentos não preparados sob sua direção e controle, quando o engenheiro acredita que tais documentos foram preparados de maneira competente por terceiros.

14. Os engenheiros podem aceitar atribuições e assumir responsabilidade pela coordenação de um projeto inteiro e podem assinar e selar os documentos de engenharia do projeto inteiro, desde que cada segmento técnico seja assinado e selado somente por engenheiros qualificados que prepararam o segmento.

15. Os engenheiros devem ser objetivos nos relatórios profissionais, declarações ou testemunhos, considerando principalmente os melhores interesses de seu cliente ou empregador. Os relatórios do engenheiro devem incluir todas as informações relevantes e pertinentes, declarações ou testemunhos, que devem conter a data em que o engenheiro foi contratado pelo cliente para preparar os relatórios.

16. Os engenheiros podem expressar publicamente opiniões técnicas, fundamentadas sob conhecimento dos fatos e competência na matéria.

17. Os engenheiros não devem divulgar declarações, críticas ou argumentos sobre questões técnicas que sejam inspiradas ou financiadas pelas partes interessadas, a menos que precedidas por seus comentários, identificando explicitamente as partes interessadas em cujo nome estão falando, e revelando a existência de quaisquer interesses que os engenheiros possam ter na questão.

18. Os engenheiros não devem participar de nenhum assunto que envolva conflito de interesses potenciais ou conhecidos que possam influenciar ou parecer influenciar seu julgamento ou a qualidade de seus serviços.

19. Os engenheiros não devem aceitar compensação, financeira ou o que quer que seja, de mais de uma parte dos serviços no mesmo projeto, ou para serviços pertencentes ao mesmo projeto, a menos que as circunstâncias sejam completamente divulgadas e em conformidade com os interesses de todas as partes.

20. Os engenheiros não devem solicitar, mas podem aceitar, montante pecuniário ou outra obrigação financeira, direta ou indiretamente, de agentes estranhos ao trabalho para o qual são responsáveis, se tal compensação for completamente divulgada.

21. Os engenheiros em função pública, como membros, consultores ou empregados de órgão governamental ou paragovernamental, podem participar de decisões pertinentes aos serviços solicitados ou fornecidos por eles ou por suas empresas em prática de engenharia privada ou pública, desde que tais decisões não envolvam temas de engenharia técnica para os quais não possuam competência profissional.

22. Os engenheiros não devem solicitar ou aceitar o contrato de órgão governamental no qual um diretor ou empregado de sua empresa trabalhe como membro.

23. Os engenheiros não devem falsificar intencionalmente suas qualificações ou permitir qualquer má interpretação de suas qualificações ou das de seus associados. Os engenheiros podem aceitar crédito por trabalho anteriormente executado, durante o período em que o engenheiro era funcionário de outro empregador. Folhetos ou outras apresentações que incidem em solicitação de emprego devem indicar especificamente o trabalho executado e as datas em que o engenheiro foi contratado pela empresa.

24. Os engenheiros não devem oferecer, conceder, solicitar ou receber, direta ou indiretamente, qualquer contribuição para influenciar um contrato, por parte de autoridade pública, ou que possa ser razoavelmente constituída para o público, tendo a intenção de influenciar a conquista de um contrato, a menos que tal contribuição seja feita de acordo com as leis e regulamentações federal e estadual aplicáveis em campanha eleitoral.

25. Os engenheiros devem reconhecer seus erros após consultar seu empregador ou cliente.

ÉTICA NA ENGENHARIA

Estudo de caso da NSPE*

Veja a seguir um caso relacionado à ética que foi apresentado à Revisão do Comitê de Ética da NSPE.

Fatos

O Engenheiro A é profissional de engenharia licenciado e diretor de empresa de engenharia de grande porte. O Engenheiro B é engenheiro graduado que trabalha na indústria e também fez um estágio durante um verão na empresa que o Engenheiro A dirige. Embora o Engenheiro B tenha sido empregado do Engenheiro A, o Engenheiro A não tem conhecimento direto do trabalho do Engenheiro B. O Engenheiro B é estudante de licenciatura em engenheira e solicita ao Engenheiro A uma carta de referência para comprovar sua experiência e que ele estava sob encargo direto do Engenheiro A. O Engenheiro B presume que o Engenheiro A tenha conhecimento pessoal de seu trabalho de engenharia. O Engenheiro A questionou outras pessoas que trabalharam diretamente com o Engenheiro B sobre a experiência dele. Com base nesse questionamento, o Engenheiro A fornece uma carta de referência explicando a sua relação profissional com o Engenheiro B.

Questão

Foi ético da parte do Engenheiro A fornecer a carta de referência para o Engenheiro B, atestando sua experiência de trabalho mesmo não tendo conhecimento direto do trabalho de engenharia do Engenheiro B?

Referências

Seção II.3. – Código de Ética: Os engenheiros devem divulgar declarações públicas somente de maneira objetiva e verdadeira.

Seção II.3.a – Código de Ética: Os engenheiros devem ser objetivos e verdadeiros nos relatórios profissionais, declarações ou testemunhos. Eles devem incluir todas as informações relevantes e pertinentes em tais relatórios, declarações ou testemunhos, que deve mostrar a data em que o fato aconteceu.

Seção II.5.a – Código de Ética: Os engenheiros não devem falsificar suas qualificações ou permitir qualquer má interpretação de suas qualificações ou das de seus associados. Eles não devem diminuir nem exagerar sua responsabilidade nessa matéria quanto a atribuições prévias. Folhetos ou outras apresentações que apareçam nas solicitações de emprego não devem desrespeitar os fatos pertinentes a respeito dos empregadores, empregados, associados, joint ventures *ou realizações anteriores.*

Seção III.1. – Código de Ética: Os engenheiros devem orientar todas as suas relações com os mais altos padrões de honestidade e integridade.

Seção III.8.a. – Código de Ética: Os engenheiros devem estar em conformidade com as leis de registro estadual na prática da engenharia.

Discussão

O Comitê, em ocasiões anteriores, considerou casos que envolviam má interpretação de credenciais de um engenheiro empregado em uma empresa. No caso BER nº 92-1, o Engenheiro A era EIT, empregado de empresa de engenharia de médio porte de consultoria em engenharia em uma pequena cidade. Ele tinha diploma em engenharia mecânica e executava serviços quase sempre na área de engenharia mecânica. Ele descobriu que a empresa iniciou uma campanha de *marketing* e sua propaganda o classificava como engenheiro elétrico. Havia outros engenheiros elétricos na empresa. O Engenheiro A alertou o diretor de *marketing*, também engenheiro, sobre o erro no material promocional e o diretor de *marketing* indicava que o erro seria corrigido. Entretanto, após seis meses, o erro não foi corrigido. Em regra, a empresa deveria ter atuado para corrigir o erro. O Comitê constatou que o diretor de *marketing* da empresa havia sido informado pelo engenheiro em questão que o folheto de *marketing* da empresa continha informações incorretas, que poderiam iludir ou enganar o cliente ou potenciais clientes. Sob o caso BER nº 90-4 anterior, o diretor de *marketing* tinha obrigação ética de agir rapidamente para corrigir o erro. O Comitê observou que o diretor de *marketing*, um profissional de engenharia, tinha obrigação ética tanto para com os clientes e potenciais clientes, quanto para o Engenheiro A, em corrigir rapidamente o mal-entendido que tinha sido criado.

A Revisão do Comitê de Ética certamente pode entender neste caso o desejo do Engenheiro

A de ajudar o outro engenheiro (Engenheiro B) nas oportunidades de carreira e na sua formação como profissional de engenharia. Obviamente tal ajuda não deveria ser consequência de mau-entendimento ou de circunstâncias decepcionantes. Os engenheiros, têm a obrigação de serem honestos e objetivos em seus relatórios profissionais, e tais relatórios incluem declarações por escrito de qualificações e habilidades dos engenheiros e outros profissionais sob sua supervisão direta. Os engenheiros, que não estão em posição de oferecer a avaliação das qualificações e habilidades de outros profissionais, não deveriam fornecer tais avaliações nem preparar relatórios que impliquem tais avaliações. Declarar que é responsável direto por outro engenheiro sem realmente ter o controle direto ou a supervisão pessoal desse engenheiro é inconsistente com a carta e com o espírito do Código da NSPE.

Ao fornecer o relatório, conforme descrito, o Comitê acredita que o Engenheiro A está fornecendo a mensagem correta para o Engenheiro B sobre o que se pode esperar do Engenheiro B e de seus colegas como profissionais de engenharia. Logicamente, o Engenheiro B desejava receber uma carta de referência do Engenheiro A, diretor em uma empresa de consultoria, para melhorar as oportunidades de graduação como profissional de engenharia, e o Engenheiro B deveria adotar atitude consciente para encaminhar esse pedido. Os profissionais de engenharia sempre devem estar atentos quando à sua conduta e ações como profissionais de engenharia, pois são exemplos a outros engenheiros, particularmente aos que estão começando suas carreiras e que buscam modelos e mentores para construírem uma identidade profissional. Um profissional de engenharia que fornece esse tipo de carta de referência deve demonstrar que o autor adquiriu informações suficientes sobre o candidato para escrever uma carta substancial e detalhada sobre as capacidades técnicas das pessoas, bem como do caráter. Uma carta de recomendação para licenciatura de engenharia geralmente requer a recomendação para atestar em detalhes que o candidato possui experiência de trabalho em engenharia legítima e progressiva.

Para o Comitê, uma abordagem alternativa para o Engenheiro A teria sido sugerir ao Engenheiro B que voltasse à empresa de engenharia que o tinha contratado para obter a carta de recomendação. Dessa maneira, a carta fornecida pelo Engenheiro A teria sido adequada e ética.

Conclusão

Foi ético da parte do Engenheiro A fornecer a carta de referência para o Engenheiro B testemunhando a experiência de engenharia do Engenheiro B.

Revisão do Comitê de Ética

Lorry T. Bannes, P.E., NSPE

E. Dave Dorchester, P.E., NSPE

John W. Gregorits, P.E., NSPE

Paul E. Pritzker, P.E., NSPE

Richard Simberg, P.E., NSPE

Harold E. Williamson, P.E., NSPE

C. Allen Wortley, P.E., NSPE, Chair

Fundamentos da engenharia

Conceitos que todo engenheiro deve saber

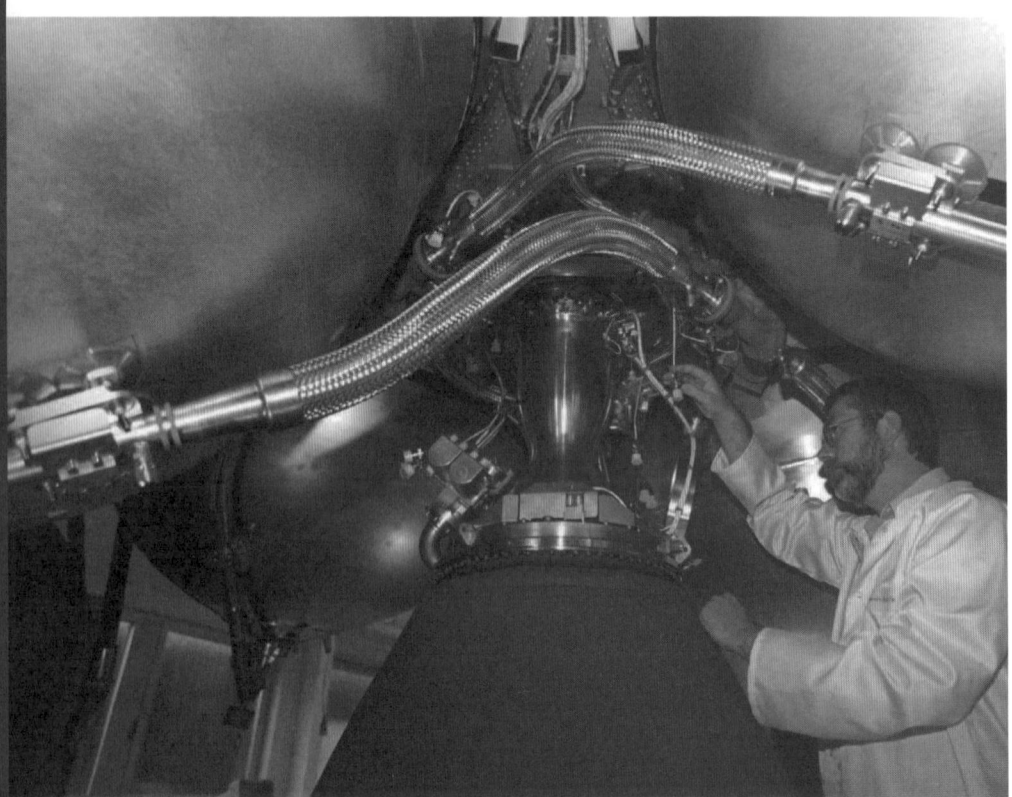

E ngenheiros resolvem problemas. Engenheiros bem-sucedidos têm boas habilidades de comunicação e formam equipes. Engenheiros bem-sucedidos desenvolvem um sólido conhecimento fundamental, usado para entender e resolver diversos problemas. Na Parte 2 deste livro, nos concentraremos nos princípios fundamentais da engenharia. São conceitos que todo engenheiro deve saber, independente da área de especialização. Observando atentamente ao redor, percebemos que todos os eventos e o meio ambiente são completamente descritos com algumas poucas grandezas físicas. Essas grandezas incluem comprimento, tempo, massa, força, temperatura, mol e corrente elétrica. Há também muitas variáveis relacionadas a essas grandezas fundamentais. Por exemplo, a dimensão de comprimento é necessária para descrever o quão alta, comprida ou larga é alguma coisa. A dimensão fundamental de comprimento e as variáveis a ela relacionadas, como área e volume, exercem funções importantes no projeto de engenharia. Para tornar-se um engenheiro bem-sucedido, o primeiro passo é entender completamente esses fundamentos e as variáveis relacionadas. Em seguida, é importante saber como essas variáveis são medidas, aproximadas, calculadas ou usadas em fórmulas da engenharia.

Dimensões fundamentais e unidades

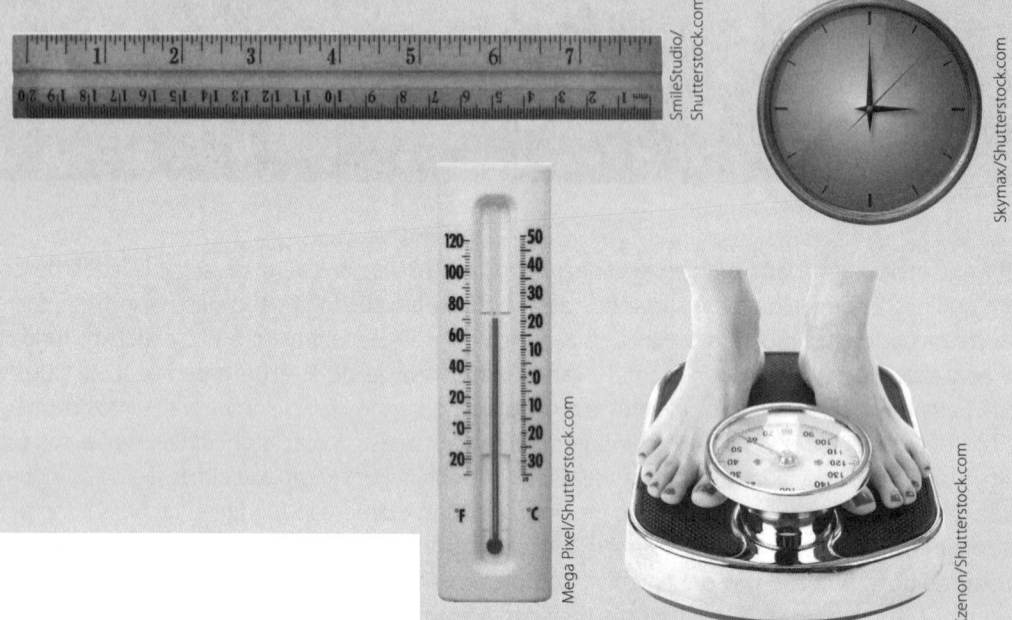

SmileStudio/Shutterstock.com

Skymax/Shutterstock.com

Mega Pixel/Shutterstock.com

Kzenon/Shutterstock.com

Dimensão é uma grandeza física, como comprimento, tempo, massa ou temperatura, que torna possível a comunicação. Por exemplo, o comprimento é necessário para descrever o quão alta, comprida ou larga é uma sala. Para descrever o quão frio ou quente é alguma coisa, precisamos de uma grandeza física ou dimensão chamada temperatura. O tempo é outra dimensão física que nos permite explicar nosso ambiente e responder a perguntas como: "Quantos anos você tem?". Também sabemos que algumas coisas têm mais massa do que outras, e para descrever essa observação é necessária outra dimensão física.

OBJETIVOS DE APRENDIZADO

OA¹ Dimensões fundamentais e unidades: explicar o que elas significam e dar exemplos

OA² Sistemas de unidades: descrever o que representa sistema de unidades e dar exemplos de SI (métrico), unidades comuns britânicas e norte-americanas para comprimento, tempo, massa, força e temperatura

OA³ Conversão de unidade e homogeneidade dimensional: converter dados de unidades SI para unidades britânicas e norte-americanas (e vice-versa) e verificar a homogeneidade dimensional em fórmulas

OA⁴ Dígitos significativos (números): explicar a extensão em que os dados registrados ou calculados são confiáveis

OA⁵ Componentes e sistemas: descrever o que eles significam e dar exemplos

OA⁶ Leis físicas e observações: explicar o que elas significam e dar exemplos

QUAL É A SUA OPINIÃO SOBRE ISSO?

CHICAGO – A veemente e cômica reação de William Holdorf contra o sistema métrico ("A foolish U.S. push to go metric," *Voice*, Jan. 3) ilustra o hábito de cada americano de exaltar seu individualismo nas mínimas provocações. É compreensível que algumas pessoas evitem seguir o sistema métrico simplesmente porque todos assim o fazem, mas a verdade é que somos beneficiados pela adoção de certas convenções universais. Assim como os numerais arábicos e o idioma inglês, o sistema métrico é conveniente e forte justamente por ser tão abrangente.

Mas essa é apenas uma vantagem circunstancial. Como o Sr. Holdorf corretamente indica, um pé ainda é exatamente tão preciso quanto um metro. A precisão depende de nossos instrumentos, e não de nossa opção de unidades. Qual é a grande sacada, então? Nosso governo está tentando somente satisfazer esses estrangeiros? Não. O sistema métrico na verdade é melhor do que isso. Suas unidades estão sistematicamente, uniformemente e, portanto, convenientemente divididas em múltiplos de 10. A fim de converter polegadas para pés, para jardas, para varas (*rods*) para estádios (*furlongs*) e para milhas, devemos dividir o valor por 12, 3, 5,5, 40 e 8, respectivamente. Para passar centímetros para decímetros, para metros, para decâmetros, para hectômetros e para quilômetros, você divide, respectivamente, por 10, 10, 10, 10 e 10.

Qual das duas listas de números você prefere memorizar na escola? Qual você escolheria se seu trabalho precisasse de medidas e conversões frequentes? No sistema métrico, tudo o que você faz é acrescentar ou excluir zeros, ou mover a vírgula decimal, ao passo que as conversões do sistema inglês geralmente exigem longas divisões ou uma calculadora.

O sistema métrico foi ajustado para nosso velho e bom sistema de número decimal, que,

para aqueles que procuram se conformar com as implicações anatômicas de pés e polegadas, é uma formidável decorrência da evolução que nos deu 10 dedos. Para melhorar ou piorar, isso nos deu uma familiaridade com o número 10 e seus múltiplos, e é por isso que o usamos como critérios (desculpe!) em expressões como "partes por milhão", "taxa de mortalidade por 1 000 nascidos vivos" e "30 por cento". Familiaridade é a única coisa que deixa nosso sistema parecer mais fácil. O sistema métrico parece difícil de compreender (ihhh!) apenas porque nunca vertemos um litro ou levantamos um quilograma. Em muitos países em que a influência comercial dos Estados Unidos confere contato frequente com essas unidades, as pessoas não estranham em comprar açúcar por libra enquanto usam quilos para assuntos oficiais e técnicos.

Eu concordo com o Sr. Holdorf. Cientificamente, ainda estamos por conta (ops!) própria, e o fato de usarmos o sistema métrico não nos remeterá de volta à Idade da Pedra. Também concordo que o público não pode — e não deveria — ser obrigado a usá-lo. É por isso que a Lei de Conversão Métrica de 1975 simplesmente sugere a conversão voluntária. Mas acredito ser perfeitamente apropriado que o governo incentive seus contratantes e agências a ficarem familiarizados com o sistema métrico.

A questão aqui não é o coração ou a alma norte-americana. É somente uma questão de ordem. Os Estados Unidos passarão a polegada (ops!) para o sistema métrico de maneira gradual. O governo pode também achar divertido adotar como *slogan* minha razão favorita para seguir o sistema métrico: Desenvolve o caráter.

Manuel Sanchez, *Chicago Tribune*, 17 de fevereiro de 1996

Para os estudantes: Como você pode ver, não houve muita mudança desde 1996. Qual é a sua opinião sobre isso? Você acha que devemos mudar para unidades métricas e, se mudarmos, quais serão os benefícios?

Neste capítulo, explicaremos as dimensões fundamentais na engenharia, como comprimento e tempo, as unidades, como metro e segundo, e sua função na análise e no projeto de engenharia. Como estudante de engenharia e, posteriormente, como profissional de engenharia, ao executar uma análise você precisará converter informações de um sistema de unidades para outro. Explicaremos corretamente as etapas necessárias para essas conversões.

Ressaltaremos também à indispensabilidade de mostrar as unidades adequadas aos cálculos. Além disso, explicaremos o que isso significa para um sistema de engenharia e um componente de engenharia. Finalmente, explicaremos as leis físicas envolvidas nas observações, e usaremos matemática para expressar nossas observações na forma de equações úteis.

OA¹ 6.1   Dimensões fundamentais e unidades

Nesta seção, apresentaremos os conceitos de dimensão e unidade. Você já usou muito esses conceitos ao longo de sua vida; aqui, neste capítulo, faremos a definição de maneira formal. Por exemplo, quando alguém pergunta a sua altura, você pode responder "Tenho 183 centímetros de altura". Ou quando perguntam qual é a temperatura do ar lá fora hoje, você pode responder algo assim: "Parece que hoje será um dia quente, chegando a 38 °C."

A evolução do intelecto humano vem se formando ao longo de milhares de anos. Homens e mulheres em todo o mundo observaram o meio ambiente e aprenderam com ele. Eles usaram o conhecimento obtido das observações da natureza para projetar, desenvolver, testar e fabricar ferramentas, abrigos, transportar água e criar meios de cultivar e produzir mais alimentos. Além disso, perceberam que precisavam de algumas poucas grandezas físicas (*dimensões*) para descrever completamente os eventos da natureza e o cenário ambiental.

> A dimensão é uma grandeza física, como comprimento, tempo, massa ou temperatura que nos permite descrever o meio ambiente e os eventos.

A *dimensão* é uma grandeza física, como *comprimento*, *tempo*, *massa* ou *temperatura*, que nos permite manter a comunicação. Por exemplo, a dimensão de comprimento era necessária para descrever o quão alto, comprido ou largo era algo. Também aprenderam que algumas coisas eram mais pesadas do que outras, havendo assim a necessidade de mais uma grandeza física (dimensão) para descrever essa observação: o conceito de **massa** e **peso**. Os primeiros homens não compreendiam o conceito de gravidade; por isso, a distinção correta entre massa e peso (que é uma força) foi desenvolvida mais tarde.

O que é **força**? A forma mais simples de interação entre dois objetos é a força de empurrar ou puxar. Quando você puxa ou empurra um aspirador de pó, a interação entre a sua mão e o aspirador de pó é chamada *força*. Nesse exemplo, a força é exercida por um corpo (sua mão) sobre outro corpo (aspirador de pó) por contato direto. Nem todas as forças resultam de contato direto. Por exemplo, a força gravitacional não é exercida por contato direto. Se você largar este livro a, digamos, 3 pés de altura do solo, o que acontecerá? Ele cairá; isso se deve à força gravitacional exercida pela Terra sobre o livro. As forças de atração gravitacional atuam a certa distância. O peso do objeto é a força exercida na massa do objeto pela gravidade da Terra. Discutiremos os conceitos de massa e força com mais detalhes nos capítulos 9 e 10.

Tempo era outra dimensão física que os homens precisavam entender para poder explicar o meio ambiente e responder a perguntas como: "Quantos anos você tem?", "Quanto tempo leva para ir de um lugar para outro?". As respostas a essas perguntas nos primórdios eram: "Tenho muitas luas", ou "Leva umas duas luas para ir desta vila até a outra, ou para ir até o outro lado da montanha". Além disso, para descrever o quão frio ou quente era alguma coisa, era necessária outra grandeza física, ou dimensão física, à qual nos referimos hoje como *temperatura*. Pense sobre a importante função da temperatura em nosso dia a dia ao descrever vários

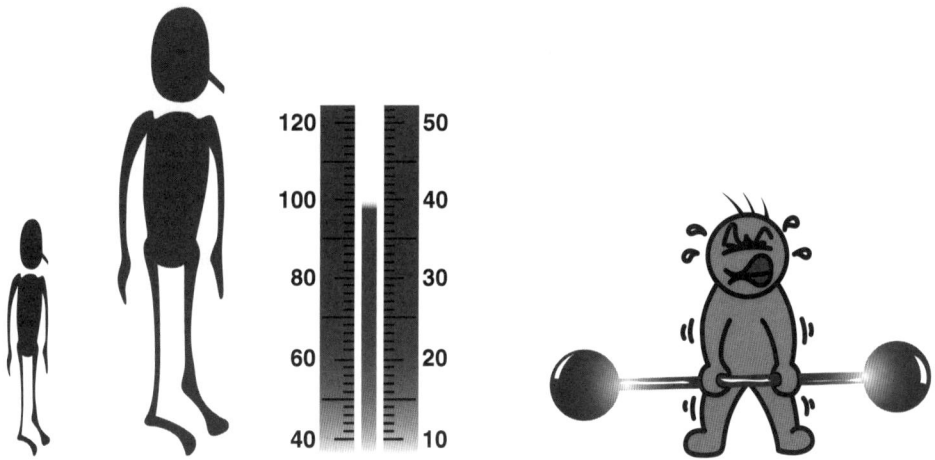

estados das coisas. Você conhece a resposta para algumas destas perguntas: "Qual é a temperatura de seu corpo?", "Qual é a temperatura do ar de seu quarto?", "Qual é a temperatura da água que você usou hoje cedo para tomar banho?", "Qual é a temperatura do ar dentro de seu refrigerador que mantém o leite gelado a noite toda?", "Qual é a temperatura do ar que sai do secador de cabelo?". Ao pensar na função da temperatura em relação à quantidade em que ela ocorre em nosso redor, percebemos que poderíamos formular centenas de perguntas desse tipo. A temperatura representa o nível de atividade molecular de uma substância. As moléculas de uma substância em alta temperatura são mais ativas do que as de uma substância em baixa temperatura.

Há muito tempo, os homens contavam com o tato ou a visão para medir o quão frio ou quente estava determinada coisa. De fato, ainda contamos hoje com o tato. Para preparar um banho de banheira, primeiro abrimos a torneira de água quente e a de água fria e a enchemos. Antes de entrar na banheira, entretanto, tocamos a água para sentir o quão quente ela está. Basicamente, você está usando o sentido do tato para obter a indicação da temperatura. Logicamente, não seria possível quantificar a temperatura da água com precisão usando somente o toque. Você não é capaz de afirmar, por exemplo, que a água está a 21 °C. Discutiremos a importância da temperatura, a medição e os conceitos de engenharia relacionados à temperatura no Capítulo 11.

Hoje, com base no que sabemos sobre a física, precisamos de **sete** *dimensões fundamentais* para nos expressarmos corretamente em nosso meio ambiente. São elas *comprimento, massa, tempo, temperatura, corrente elétrica, quantidade de substâncias* e *intensidade luminosa*. Com

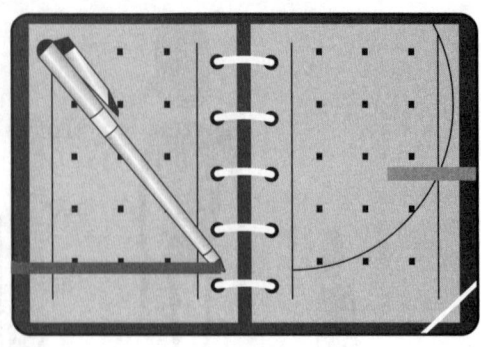

base nessas dimensões básicas, podemos extrair outras grandezas físicas necessárias para descrever como as coisas funcionam.

Por enquanto, entenda por que precisamos definir formalmente as variáveis físicas usando dimensões fundamentais. Outra informação importante é que os primeiros homens precisavam não apenas de dimensões físicas para descrever seu meio ambiente, mas também de *algum sistema para escalar ou dividir essas dimensões físicas*. Essa percepção levou ao conceito de **unidades**. Por exemplo, o tempo é considerado uma dimensão física, mas pode ser dividido em porções menores e maiores, como segundos, minutos, horas, dias, meses, anos, décadas, séculos e milênios. Hoje, quando alguém pergunta qual é a sua idade, você responde "Tenho 19 anos". Você não diz que tem aproximadamente 6 939 dias, 170 000 horas ou 612 000 000 segundos de idade — mesmo que essas declarações pudessem ser a pura verdade naquele instante! Para descrever a distância entre duas cidades, podemos dizer que elas estão a 161 quilômetros de distância uma da outra; não dizemos que elas estão a 161 000 metros de distância. Esses exemplos mostram que usamos divisões apropriadas de dimensões físicas a fim de mantermos os números gerenciáveis. Foi preciso criar uma escala apropriada das dimensões fundamentais e dividi-las adequadamente para descrever eventos particulares, o tamanho de um objeto, o estado térmico de um objeto ou sua interação com o meio ambiente corretamente, e ainda fazer isso sem muita dificuldade.

Eu tenho 612 000 000 segundos de idade e uma massa de 80 000 gramas e 0,00185 quilômetro de altura!

Antes de continuar

Responda às seguintes perguntas para testar seu conhecimento adquirido nas seções anteriores.

1. Dê o nome de pelo menos quatro dimensões físicas fundamentais.

2. Qual é a diferença entre uma dimensão e uma unidade?

3. Cite pelo menos duas unidades usadas diariamente.

4. Qual é a diferença entre massa e peso?

Vocabulário – Indique o significado dos termos a seguir:

Dimensão_____

Unidade_____

Massa_____

Temperatura_____

OA² 6.2   Sistemas de unidades

Na seção anterior, explicamos que uma dimensão ou grandeza física, como o tempo, pode ser dividida em partes menores e maiores, como segundos, horas e dias. Hoje, no mundo todo, há diversos sistemas de unidades em uso, entre os quais estão o *Sistema Internacional* (abreviado como *SI* do francês *Systéme international d'unités)*, que também é chamado de *unidades métricas*; as *unidades gravitacional britânico (BG, British Gravitational)*; e as *unidades usuais nos Estados Unidos* (*U.S. Customary units*). Vamos agora examinar esses sistemas de unidades com mais detalhes.

Sistema Internacional (SI) de unidades

Começamos esta discussão com o Sistema Internacional de unidades (SI), porque ele é o mais usado no mundo. A origem do Sistema Internacional de unidades atual é de 1799, sendo o *metro* e o *quilograma* as duas primeiras *unidades básicas*. Com a indicação do uso do *segundo* como unidade básica de tempo, em 1832, Carl Friedrich Gauss (1777–1855), uma importante personalidade em matemática e física, incluindo magnetismo e astronomia, deixou importante legado em muitas áreas da ciência e engenharia.

Apenas em 1946, a proposta de *ampere* como unidade básica para corrente elétrica foi aprovada pela Conferência Geral de Pesos e Medidas (CGPM). Em 1954, a CGPM incluiu ampere, *kelvin* e *candela* como unidades básicas. A unidade *mol* foi incluída como unidade básica pela 14ª CGPM, em 1971. Uma lista das unidades básicas do SI é fornecida na Tabela 6.1.

A lista a seguir inclui definições formais de unidades básicas conforme o Bureau International des Poids et Mesures (Agência Internacional de Pesos e Medidas).

> Metro, quilograma, segundo, kelvin (ou grau Celsius), ampere, mol e candela são unidades de comprimento, massa, tempo, temperatura, corrente elétrica, quantidade de substância e intensidade luminosa no sistema SI.

TABELA 6.1	Unidades Básicas do SI

Grandeza Física (Dimensão)	Exemplos	Nome da Unidade Básica	Símbolo
Comprimento	1,6 m–2,0 m Variação da altura da maioria dos adultos	Metro	m
Massa	50 kg–120 kg Variação da massa da maioria adultos	Quilograma	kg
Tempo	O record de velocidade de uma pessoa é 100 metros em aproximadamente 10 segundos	Segundo	s
Temperatura termodinâmica	Água congelada: 0°C ou 273 K Temperatura ambiente confortável: 22°C ou 295 K	Kelvin	K
Corrente elétrica	27 watts 120 volts 0,225 amps	Ampere	A
Quantidade de substância	Urânio 238 ← Um dos átomos mais pesados que conhecemos Ouro 197 Prata 108 Cobre 64 Cálcio 40 Alumínio 27 Carbono 12 ← O carbono comum é usado como padrão. Hélio 4 Hidrogênio 1 ← O átomo mais leve.	Mol	mol
Intensidade luminosa	Uma vela tem intensidade luminosa de aproximadamente 1 candela	Candela	cd

O **metro** é o comprimento do caminho percorrido pela luz no vácuo durante um intervalo de tempo de 1/299 792 458 de segundo.

O **quilograma** é a unidade de massa; é igual à massa do protótipo internacional do quilograma.

O **segundo** é a duração de 9 192 631 770 períodos da radiação correspondente para a transição entre os dois níveis hiperfinos do estado estável do átomo césio 133.

O **ampere** é a corrente constante que, se mantida em dois condutores paralelos retos de comprimento mínimo, de seção transversal circular negligenciável, e colocada a 1 metro de distância no vácuo, produziria, entre esses dois condutores, uma força igual a 2×10^7 newton por metro de comprimento.

O **kelvin**, uma unidade de temperatura termodinâmica, é a fração de 1/273,16 de temperatura termodinâmica do ponto triplo de água (um ponto em que coexistem o gelo, a água líquida e o vapor). A relação entre a unidade de kelvin e o grau Celsius é $K = {}^\circ C + 273,16$

O **mol** é a quantidade de substância de um sistema que contém tantas entidades elementares quanto há de átomos em 0,012 quilograma de carbono 12. Quando o mol é usado, as entidades elementares devem ser especificadas e podem ser átomos, moléculas, íons, elétrons, outras partículas ou grupos específicos de tais partículas.

A **candela** é a intensidade luminosa em determinada direção, de uma fonte que emite radiação monocromática de frequência 540×10^{12} hertz, e tem a intensidade radiante nessa direção de 1/683 watt por esterradiano.

Não é necessário memorizar as definições formais de unidades básicas conforme são fornecidas pela Agência Internacional de Pesos e Medidas (BIPM, *Bureau International des Poids et Mesures*). Em sua vida diária, você terá uma boa ideia sobre algumas delas. Por exemplo, você sabe o quanto é curto um período de tempo de um segundo e o quanto é longo um período de um ano. Às vezes é necessário desenvolver uma "percepção" para algumas unidades básicas. Por exemplo, quanto é um metro? Qual é a sua altura? Menos de 2 metros ou talvez acima de 1,5 metro? A altura da maior parte dos adultos está entre 1,6 metro e 2 metros. Logicamente, há exceções. Qual é o seu peso? Desenvolver essa "percepção" de unidades fará de você um engenheiro melhor. Por exemplo, presuma que você esteja projetando e dimensionando um novo tipo de ferramenta manual e, com base nos cálculos de tensão, chega a uma espessura média de 1 metro. Tendo uma "percepção" dessas unidades, ficará atento ao valor da espessura e perceberá que algo em seus cálculos está errado. Discutiremos em detalhes a função das unidades básicas e outras unidades derivadas nos capítulos seguintes.

Agora, voltemos nossa atenção para as unidades SI de temperatura. Você já viu um termômetro, uma haste de vidro com escala preenchida com mercúrio. Na escala **Celsius**, que é uma unidade SI, sob condições atmosféricas padrão, o valor zero era arbitrariamente atribuído para a temperatura em que a água congela e o valor de 100 era atribuído para a temperatura em que a água ferve. É importante entender que os números eram atribuídos arbitrariamente; se alguém tivesse decidido atribuir o valor de 100 à temperatura da água congelada e o valor de 1 000 à água fervente, teríamos hoje um tipo de escala de temperatura muito diferente! De fato, como você pode ver na Figura 6.1, no sistema de unidades gravitacionais britânicas e no sistema de unidades usuais nos Estados Unidos, em uma escala de temperatura **Fahrenheit** sob condições atmosféricas padrão, para a temperatura em que a água congela é atribuído o valor de 32, e para a temperatura em que a água ferve é atribuído o valor de 212.

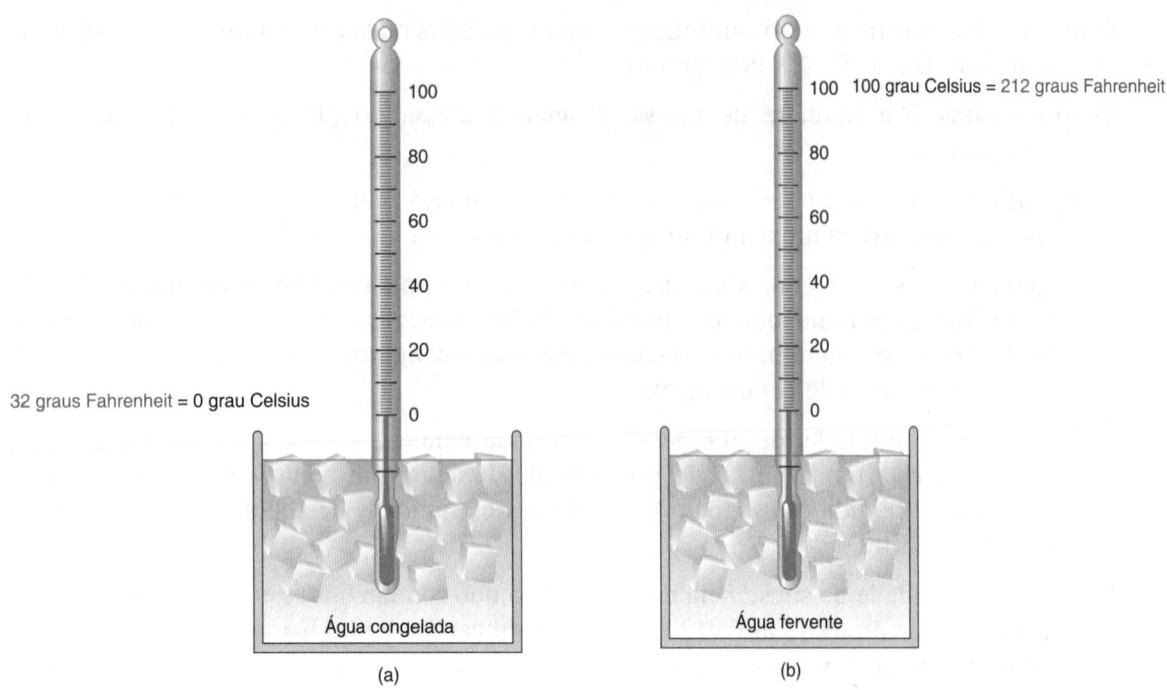

32 graus Fahrenheit = 0 grau Celsius

100 grau Celsius = 212 graus Fahrenheit

Água congelada

Água fervente

(a)

(b)

FIGURA 6.1

Como as escalas Celsius e Fahrenheit foram definidas arbitrariamente, os cientistas reconheceram a necessidade de uma escala de temperatura mais conveniente. Essa necessidade levou à definição de uma escala absoluta, as escalas *Kelvin* e *Rankine*, baseadas no comportamento de um gás ideal, cujas atividades moleculares cessam completamente na temperatura absoluta de zero. Discutiremos esse conceito com mais detalhes no Capítulo 11. Por enquanto, é importante saber que no SI a unidade de temperatura é graus Celsius (°C) ou kelvin (K) em termos de temperatura absoluta. A relação entre grau Celsius e kelvin é dada por:

$$\text{temperatura (K)} = \text{temperatura (°C)} + 273 \qquad 6.1$$

A Conferência Geral de Pesos e Medidas de 1960 também adaptou as primeiras séries de *prefixos* e símbolos de *múltiplos decimais* de unidades SI. No passar dos anos, a lista foi estendida para incluir as unidades mostradas na Tabela 6.2. Observe na Tabela 6.2 que **nano** (10^{-9}), **micro** (10^{-6}), **centi** (10^{-2}), **kilo** (10^{3}), **mega** (10^{6}), **giga** (10^{9}) e **tera** (10^{12}) são exemplos de múltiplos decimais e prefixos usados com unidades SI. Você já usa alguns desses múltiplos e prefixos nas conversas diárias, por exemplo: *mili*metro, *centí*metro, *quilô*metro, *mili*grama, *mega*bytes, *giga*bytes e *tera*bytes.

As unidades para outras grandezas, como velocidade, força, pressão e energia, usadas em cálculos de engenharia, podem ser derivadas de unidades básicas (fundamentais). Por exemplo, a unidade para força é *newton*. Ela é derivada da segunda lei de movimento de Newton. Um newton é definido como uma magnitude de força que, quando aplicada para 1 quilograma de massa, acelerará a massa à taxa de 1 metro por segundo quadrado (m/s^2). Ou seja: $1N = (1 \text{ kg})(1 \text{ m/s}^2)$. E um engenheiro bem formado sabe a diferença entre massa e peso. Como mencionado anteriormente, o peso de um objeto é a força exercida na massa do objeto pela gravidade da Terra

> Nano (10^{-9}), micro (10^{-6}), centi (10^{-2}), quilo (10^3), mega (10^6), giga (10^9) e tera (10^{12}) são exemplos de múltiplos decimais e prefixos usados com unidades SI.

TABELA 6.2	Lista dos múltiplos decimais e prefixos usados com as unidades básicas SI		
Fatores de multiplicação		**Prefixo**	**Símbolo SI**
$1.000.000.000.000.000.000.000.000 = 10^{24}$		yotta	Y
$1.000.000.000.000.000.000.000 = 10^{21}$		zetta	Z
$1.000.000.000.000.000.000 = 10^{18}$		exa	E
$1.000.000.000.000.000 = 10^{15}$		peta	P
$1.000.000.000.000 = 10^{12}$		tera	T
$1.000.000.000 = 10^{9}$		giga	G
$1.000.000 = 10^{6}$		mega	M
$1000 = 10^{3}$		quilo	k
$100 = 10^{2}$		hecto	h
$10 = 10^{1}$		deca	da
$0,1 = 10^{-1}$		deci	d
$0,01 = 10^{-2}$		centi	c
$0,001 = 10^{-3}$		milli	m
$0,000001 = 10^{-6}$		micro	μ
$0,000000001 = 10^{-9}$		nano	n
$0,000000000001 = 10^{-12}$		pico	p
$0,000000000000001 = 10^{-15}$		femto	f
$0,000000000000000001 = 10^{-18}$		atto	a
$0,000000000000000000001 = 10^{-21}$		zepto	z
$0,000000000000000000000001 = 10^{-24}$		yocto	y

e é baseada na lei universal de atração gravitacional. A relação matemática a seguir mostra a relação entre o peso de um objeto, sua massa e a aceleração decorrente da gravidade.

peso = (massa) (aceleração decorrente da gravidade)   6.2

Imagino em quanto tempo essa melancia chegará ao solo!

Esta é uma boa situação para se verificar a aceleração decorrente da gravidade da Terra cujo valor aproximado é de 9,8 m/s². Para entendermos melhor o que esse valor representa, considere uma situação em que você deixa cair algo do topo de um edifício alto. Se você fosse expressar essa observação, notaria o seguinte. No instante em que o objeto é jogado, ele tem velocidade zero. A velocidade do objeto então aumenta em 9,8 m/s a cada segundo após ser jogado, resultando em velocidades de 9,8 m/s após 1 segundo, 19,6 m/s após 2 segundos e 29,4 m/s após 3 segundos, e assim por diante. Além disso, quando um objeto muda de velocidade, dizemos que ele está acelerando. O peso é igual à força equivalente que devemos exercer para evitar que o objeto acelere. Isso você já sabe por suas experiências diárias. Por exemplo, quando você segura uma mala acima do solo, percebe a força que sua mão deve aplicar para evitar que a mala caia no chão, e assim também evitar sua aceleração.

Veja na Tabela 6.3 exemplos de unidades SI normalmente derivadas e usadas por engenheiros. As grandezas físicas mostradas na Tabela 6.3 serão discutidas em detalhes nos próximos capítulos. No início do Capítulo 7, discutiremos seu significado físico, a importância na engenharia e o uso em análises da engenharia.

TABELA 6.3	Exemplos de unidades derivadas na engenharia		
Grandeza física	**Nome da unidade SI**	**Símbolo da unidade SI**	**Expressão em termos de unidades básicas**
Aceleração			m/s^2
Ângulo	radiano	rad	
Aceleração angular			rad/s^2
Velocidade angular			rad/s
Área			m^2
Densidade			kg/m^3
Energia, trabalho, calor	joule	J	$N \cdot m$ ou $kg \cdot m^2/s^2$
Força	newton	N	$kg \cdot m/s^2$
Frequência	hertz	Hz	s^{-1}
Impulso			$N \cdot s$ ou $kg \cdot m/s$
Momento ou torque			$N \cdot m$ ou $kg \cdot m^2/s^2$
Momento			$kg \cdot m/s$
Potência	watt	W	J/s ou $N \cdot m/s$ ou $kg \cdot m^2/s^3$
Pressão, tensão	pascal	Pa	N/m^2 ou $kg/m \cdot s^2$
Velocidade			m/s
Volume			m^3
Carga elétrica	coulomb	C	$A \cdot s$
Potencial elétrico	volt	V	J/C ou $m^2 \cdot kg/(s^3 \cdot A^2)$
Resistência elétrica	ohm	Ω	V/A ou $m^2 \cdot kg/(s^3 \cdot A^2)$
Condutância elétrica	siemens	S	$1/\Omega$ ou $s^3 \cdot A^2/(m^2 \cdot kg)$
Capacitância elétrica	farad	F	C/V ou $s^4 \cdot A^2/(m^2 \cdot kg)$
Densidade do fluxo magnético	tesla	T	$V \cdot s/m^2$ ou $kg/(s^2 \cdot A)$
Fluxo magnético	weber	Wb	$V \cdot s$ ou $m^2 \cdot kg/(s^2 \cdot A)$
Indutância	henry	H	$V \cdot s/A$
Dose de radiação absorvida	gray	Gy	J/kg ou m^2/s^2

EXEMPLO 6.1

Considere um veículo de exploração com massa de 250 quilogramas sobre a Terra (gravidade$_{Terra}$=9,8 m/s²) enviado à Lua e a Marte para explorar suas superfícies. Qual é a massa do veículo na Lua, onde a aceleração da gravidade é de 1,6 m/s², e no planeta Marte, onde a aceleração da gravidade é de 3,7m/s²? Qual é o peso do veículo na Terra, na Lua e em Marte?

A massa do veículo é 250 kg na Lua e também no planeta Marte. A massa do veículo é sempre 250 kg, independentemente de onde ele esteja. Ela representa a matéria que compõe o veículo, portanto, não muda, permanece constante. Entretanto, o peso do veículo varia de acordo com a força gravitacional do local. Na Terra, o veículo terá o peso de

$$peso_{Terra} = (250\ kg)\left(9,8\ \frac{m}{s^2}\right) = 2450\ N$$

Enquanto na Lua e em Marte, os pesos do veículo serão

$$peso_{Lua} = (250\,kg)\left(1,6\frac{m}{s^2}\right) = 400\,N$$

$$peso_{Marte} = (250\,kg)\left(3,7\frac{m}{s^2}\right) = 925\,N$$

Portanto, o veículo pesará menos na superfície da Lua e demandará menos força para suspendê-lo do solo quando for necessário.

Sistema de unidades gravitacional britânico

No sistema de unidades gravitacional britânico (BG, British Gravitational), a unidade de comprimento é o **pé** (ft), que é igual a 0,3048 metro; a unidade de tempo é o **segundo**(s); e a unidade de força é a **libra** (lb), que é igual a 4,448 newtons. Observe que no sistema BG, a **libra força** é considerada uma unidade básica ou primária e a unidade de massa, o *slug*, é derivada da segunda lei de Newton. Quando um slug está sujeito à uma força libra, ele acelera a uma taxa de 1 pé por segundo quadrado (ft/s²). Ou seja, 1 lb = (1 slug) (1 ft/s²). No sistema gravitacional britânico, a unidade de temperatura (T) é expressa em graus Fahrenheit (°F) ou, em termos de temperatura absoluta, em graus Rankine (°R). A relação entre grau Fahrenheit e grau Rankine é dada por

$$T(°R) = T(°F) + 460 \qquad 6.3$$

A relação entre grau Fahrenheit e grau Celsius é dada por

$$T(°C) = \frac{5}{9}\left[T(°F) - 32\right] \qquad 6.4$$

$$T(°F) = \frac{9}{5}T(°C) + 32 \qquad 6.5$$

E a relação entre grau Rankine e Kelvin é

$$T(°R) = \frac{9}{5}T(K) \qquad 6.6$$

Exploraremos essas relações em mais detalhes no Capítulo 11.

Sistema de unidades usuais nos Estados Unidos

Nos Estados Unidos, a maioria dos engenheiros ainda usa o sistema de unidades norte-americano. A unidade de comprimento é o *pé* (ft), que é igual a 0,3048 metro; a unidade de massa é a **libra massa** (lbm), que é igual a 0,453592 kg; e a unidade de tempo é o *segundo* (s). No sistema norte-americano, a unidade de força é *libra força* (lbf) e 1 lbf é definida como o peso de um objeto com massa de lbm em determinado local, sendo que a aceleração decorrente da gravidade é de 32,2 ft/s^2. Uma libra força é igual a 4,448 newtons (N). A libra força não é definida formalmente usando a segunda lei de Newton e sim definida em um local específico. Por isso, devemos usar um fator de correção em fórmulas quando aplicamos unidades norte-americanas. As unidades de temperatura no sistema norte-americano são idênticas ao sistema BG discutido anteriormente, ou seja, *grau Fahrenheit* (°F) ou, em termos de temperatura absoluta, *graus Rankine* (°R).

Finalmente, comparando as unidades de massa no sistema BG (que é o slug) ao sistema norte-americano, observamos que 1 slug [≈] 32,2 lbm. Para os que estão ligeiramente pesados (sobrepeso), talvez seja tentador expressar sua massa em slugs, e não em libra massa ou quilograma. Por exemplo, uma pessoa que apresenta uma massa de 150 lbm ou 68 kg poderia parecer magra se expressasse sua massa como 4,6 slugs. Observe que 150 lbm = 68 k = 4,6 slugs, portanto, ela está dizendo a verdade sobre sua massa! Assim, você não precisa mentir sobre sua massa; o conhecimento das unidades pode trazer resultados instantâneos sem qualquer exercício ou dieta. (Veja o Exemplo 6.4.)

As relações entre grandezas de algumas unidades no sistema norte-americano e no SI são retratadas na Figura 6.2. Observe que *1 metro é um pouco maior do que 3 pés, 1 quilograma é ligeiramente maior do que 2 libras* e *cada diferença de 10°C é igual a uma diferença de 18 °F.*

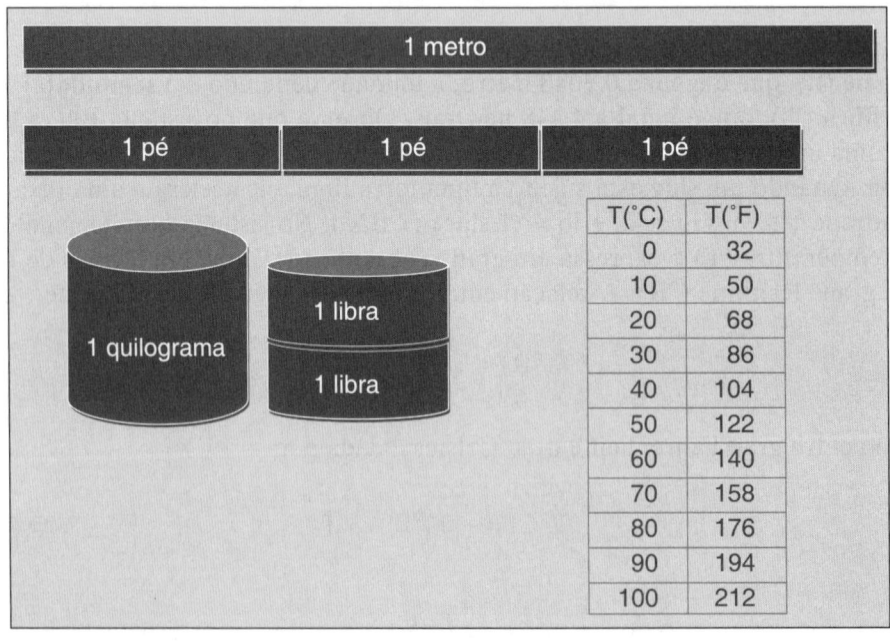

FIGURA 6.2   As relações entre grandezas de algumas unidades no sistema norte-americano e no SI.

Veja alguns exemplos de unidades no sistema norte-americano e no SI usadas em nossa vida cotidiana nas Tabelas 6.4 e 6.5, respectivamente.

TABELA 6.4	Exemplos de unidades SI de uso cotidiano
Exemplos de uso de Unidades SI	**Unidades SI empregadas**
Filme da câmera	35 mm
Dose de medicação como pílulas	100 mg, 250 mg ou 500 mg
Esportes:	
Natação	100 m de nado de peito ou borboleta
Corrida	100 m, 200 m, 400 m, 5000 m, e assim por diante
Capacidade do motor do automóvel	2,2 L (litro) 3,8 L, e assim por diante
Lâmpadas	60 W, 100 W ou 150 W
Consumo de energia	kWh (quilowatt-hora)
Frequência de sinal de transmissão de rádio	88–108 MHz (faixa de transmissão FM)
	0,54-1,6 MHz (faixa de transmissão AM)
Frequência de sinal da polícia, bombeiros	153–159 MHz
Sinais do sistema de posicionamento global	1 575,42 MHz e 1 227,60 MHz

TABELA 6.5	Exemplos de unidades do sistema norte-americano de uso cotidiano
Exemplos de uso de unidades do sistema norte-americano	**Unidades do sistema norte-americano utilizadas**
Capacidade do tanque de combustível	20 galões ou 2,67 ft^3 (1 ft^3 = 7,48 galões)
Esportes (comprimento de um campo de futebol)	100 yd ou 300 ft
Capacidade de potência de um automóvel	150 hp ou 82 500 lb · ft/s (1 hp = 550 lb · ft/s)
Distância entre duas cidades	100 milhas (1 milha = 5 280 ft)

Conforme a Tabela 6.4, uma unidade SI comum é o *litro*, que é igual a 1 000 cm^3 ou 0,264 galão (1 ≈ litro ¼ de galão), e 1 000 litros é igual a 1 metro cúbico (ou seja, 1 000 litros = 1 m^3). Observe também que 1 pé cúbico equivale a 7,48 galões (1 ≈ ft^3 [S] 7,5 galões). Também vale observar que um litro de água tem a massa de 1 quilograma e um galão de água tem a massa de aproximadamente 8,3 libras. Esses são bons números para memorizar!

O watt (W) e cavalo-vapor (hp) são unidades de força no SI e no sistema norte-americano, respectivamente; e quilowatt-hora (kWh) é uma unidade de energia SI. Discutiremos essas unidades no Capítulo 13, depois da explicação das formas diferentes de energia e força. As unidades de frequência normalmente são expressas em quilohertz (kHz), megahertz (MHz) ou gigahertz (GHz). A frequência representa o número de ciclos por segundos. Por exemplo, a corrente elétrica alternada em sua casa é de 60 ciclos por segundo (60 hertz). *Corrente alternada (ca)* é o fluxo de carga elétrica revertido periodicamente. Discutiremos esse conceito com mais detalhes no Capítulo 12, quando abordarmos eletricidade.

Antes de continuar

Responda às seguintes perguntas para testar seu conhecimento adquirido nas seções anteriores.

1. Quais são os dois sistemas de unidades mais comuns?

2. Quais são as unidades SI básicas?

3. Dê o nome de pelo menos três prefixos e símbolos de múltiplos decimais das unidades SI.

4. Quais são as unidades de massa e peso no sistema norte-americano de unidades?

5. A que se refere a temperatura zero absoluto?

6. Quais são as unidades de massa e peso em BG?

Vocabulário - Indique o significado dos termos a seguir:

Temperatura do zero absoluto_____

Escala de temperatura Rankine_____

Escala de temperatura Kelvin_____

Um slug_____

OA³ 6.3 Conversão de unidade e homogeneidade dimensional

Você já deve saber que, há pouco tempo, a Nasa perdeu uma espaçonave chamada Mars Climate Orbiter porque dois grupos de engenheiros que trabalhavam no projeto negligenciaram uma comunicação correta em seus cálculos com as devidas unidades. De acordo com a revisão interna conduzida pelo Laboratório Jet Propulsion da Nasa, "uma falha ao reconhecer e corrigir um erro na transferência de informações entre a equipe da espaçonave Mars Climate Orbiter, no Colorado, e a equipe de navegação da missão, na Califórnia, levou à perda da aeronave". As investigações da revisão local indicaram que uma equipe usou unidades norte-americanas (ex. pés e libras), enquanto a outra usou unidades SI (ex. metros e quilogramas) em uma importante operação da aeronave. De acordo com a Nasa, as informações trocadas entre as equipes envolviam delicadas manobras para posicionar a espaçonave corretamente na órbita de Marte. A Figura 6.3 fornece uma visão da missão Mars polar lander.

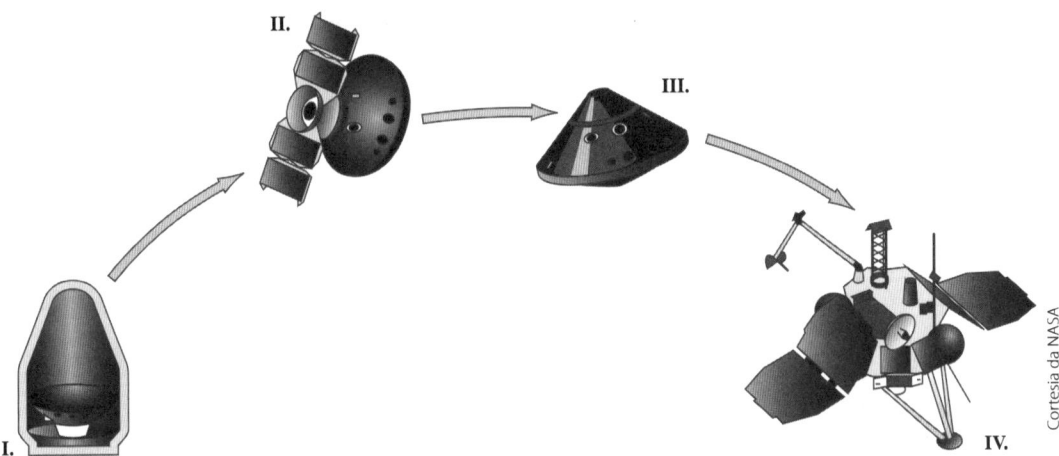

I. Lançamento
- Delta II 7425
- Lançada em 3 de janeiro de 1999
- Massa no lançamento: 574 quilogramas

II. Cruzeiro
- Controle de atitude do propulsor
- Quatro manobras de correção da trajetória (TCM, *trajectory correction maneuvers*); manobra de ajuste em 1 de setembro de 1999; 5ª TCM de emergência na entrada - 24 horas depois
- Onze meses em cruzeiro
- Controle quase simultâneo com a Mars Climate Orbiter ou Mars Global Surveyor durante a abordagem

III. Entrada, Descida, Aterrissagem
- Chegada: 3 de dezembro de 1999
- Etapa de descarte em cruzeiro; microssondas separadas na etapa de cruzeiro
- Entrada hipersônica
- Descida com paraquedas; aterrissagem propulsora
- Imagem da descida no local de aterrissagem

IV. Operações de aterrissagem
- Aterrissa na primavera marciana a 76 graus de latitude Sul, 195 graus de longitude Oeste (76S, 195W)
- 90 dias de missão em solo
- Meteorologia, captura de imagens, análise de solo, escavação
- Retransmissão de dados via Mars Climate Orbiter, Mars Global Surveyor ou antena de alto ganho direto para a Terra

FIGURA 6.3   Visão geral da missão da sonda *Mars polar lander.*

Conversão de Unidade

Observe que, como um estudante de engenharia e futuro profissional de engenharia, ao executar uma análise, você precisará converter informações de um sistema de unidades para outro. Nesta etapa de sua formação, é muito importante que você aprenda a fazer essas conversões corretamente. É importante também compreender e demonstrar todos os seus cálculos com unidades adequadas. Esse ponto nunca é suficientemente enfatizado! Mostre sempre as unidades adequadas que acompanham seus cálculos. A Tabela 6.6 mostra os fatores de conversão das dimensões fundamentais e derivadas mais usados na engenharia. No verso da contracapa deste livro há outras tabelas de conversão detalhadas. Os exemplos 6.2, 6.3, 6.4 e 6.5 mostram as etapas necessárias para fazer a conversão de um sistema de unidades para outro.

| TABELA 6.6 | Sistemas de unidades e fatores de conversão | | | |

	Sistemas de Unidades			
Dimensão	**SI**	**BG**	**Norte-americano**	**Fatores de conversão**
Comprimento	metro (m)	pé (ft)	pé (ft)	1 ft = 0,3048 1 m = 3,2808 pés
Tempo	segundo (s)	segundo (s)	segundo (s)	
Massa	quilograma (kg)	slugs*	libra massa (lbm)	1 lbm = 0,4536 kg 1 kg = 2,2046 lbm 1 slug = 32,2 lbm
Força	newton (N) $1\,N = (1\,kg)\left(1\dfrac{m}{s^2}\right)$	$1\,lbf^{**} = (1\,slug)\left(1\dfrac{ft}{s^2}\right)$	Uma libra massa *** pesa uma libra força no nível do mar	1N = 224,809E − 3 lbf 1 lbf = 4,448 N
Temperatura	graus Celsius (°C) ou kelvin (K) **** K = °C + 273,15	graus Fahrenheit (°F) ou graus Rankine (°R) °R = °F + 459,67	graus Fahrenheit (°F) ou graus Rankine (°R) °R = °F 459,67	$°C = \dfrac{5}{9}[°F - 32]$ $°F = \dfrac{9}{5}°C + 32$ $K = \dfrac{5}{9}°R$ $°R = \dfrac{9}{5}K$
Trabalho, Energia	joule (J) = (1 N)(1 m)	lbf ft = (1 lbf)(1 ft) normalmente escrito como ft · lbf	lbf · ft = (1 lbf)(1 ft)	1 J = 0,7375 ft ·lbf 1 ft = lbf 1,3558 J 1 Btu = 778,17 ft · lbf
Potência	$watt\,(W) = \dfrac{1\,joule}{1\,segundo}$ kW = 1 000 W	$\dfrac{lbf \cdot ft}{segundo} = \dfrac{(1\,lbf)(1\,ft)}{1\,segundo}$	$\dfrac{lbf \cdot ft}{segundo} = \dfrac{(1\,lbf)(1\,ft)}{1\,segundo}$	$1\,W = 0,7375\dfrac{ft \cdot lbf}{s}$ $1\,hp = 550\dfrac{ft \cdot lbf}{s}$ $1\,hp = 0,7457\,kW$

*Dimensão derivada ou secundária

** Dimensão fundamental

*** Observe que, diferentemente dos sistemas SI e BG, a relação entre libra força e libra massa não é definida pela segunda lei de Newton

**** Observe que um valor de temperatura expresso em K é lido "kelvin", e não "graus kelvin"

| EXEMPLO 6.2 |

Qual é o valor equivalente de T = 50°C em graus Fahrenheit, graus Rankine e kelvin? Para converter o valor de temperatura de Celsius para Fahrenheit, usamos a Equação (6.4) e substituímos o valor de 50 pela variável de temperatura (°C) como

$$T\left(°F\right) = \frac{9}{5}T\left(°C\right) + 32 = \frac{9}{5}\left(50\right) + 32 = 122°\,F$$

E para converter o resultado para graus Rankine, usamos a Equação (6.3), assim

$$T\left(°R\right) = T\left(°F\right) + 460 = 122 + 460 = 582°\,R$$

Finalmente, para converter o valor de T= 50°C em kelvin, usamos a Equação (6.1) ou as informações da Tabela 6.6:

$$T(\text{K}) = T(^{\circ}\text{C}) + 273 = (50) + 273 = 323\text{K}$$

EXEMPLO 6.3

Uma pessoa que tem 6 pés e 3 polegadas de altura e pesa 185 libras força(lbf) está dirigindo um carro a uma velocidade de 65 milhas por hora, percorrendo uma distância de 25 milhas entre duas cidades. A temperatura do ar fora do carro é de 80 °F. Vamos converter todos os valores fornecidos neste exemplo de unidades norte-americanas para unidades SI.

As etapas para converter a altura da pessoa de pés e polegadas para metros e centímetros são demonstradas a seguir.

$$\text{altura} = \overbrace{\left[6\,\text{pé} + \overbrace{\underbrace{(3\text{pol.})\left(\dfrac{1\,\text{pé}}{12\,\text{pol.}}\right)}_{\text{etapa 1}}}^{\text{etapa 2}} \right]\left(\dfrac{0,3048\,\text{m}}{1\,\text{pé}}\right)}^{\text{etapa 3}} = 1,905\,\text{m}$$

ou

$$\text{altura} = \overbrace{(1,905\ \text{m})\left(\dfrac{100\ \text{cm}}{1\ \text{m}}\right)}^{\text{etapa 4}} = 190,5\ \text{cm}$$

1. Inicie convertendo o valor de polegada em pés, percebendo que 1 pé é igual a 12 polegadas. A expressão $\left(\dfrac{1\,\text{pé}}{12\,\text{pol.}}\right)$ traz a mesma informação, exceto quando você escreve na forma de fração e multiplica por "3 pol.", conforme a expressão: $(3\ \text{pol.})\left(\dfrac{1\,\text{pé}}{12\ \text{pol.}}\right)$, as unidades de polegadas no numerador e no denominador são anuladas e o valor de 3 pol. agora é representado em pés.

2. Adicione 6 pés aos resultados da etapa 1.

3. Multiplique os resultados da etapa 2 por $\left(\dfrac{0,3048\,\text{m}}{1\,\text{pé}}\right)$, porque 1 pé é igual a 0,3048 m, e as unidades em pés no numerador e no denominador são anuladas. Essa etapa demonstra a altura da pessoa em metros, como vemos na expressão $\left[6\,\text{pé} + (1\,\text{pol.})\left(\dfrac{1\ \text{pé}}{12\ \text{pol.}}\right) \right]\left(\dfrac{0,3048}{1\ \text{pé}}\right)$.

4. Para converter o resultado de metros em centímetros, multiplicamos $1,905\ \text{m}\left(\dfrac{100\ \text{cm}}{1\ \text{m}}\right)$, por que 1 metro é igual a 100 cm, e essa etapa anula o metro no numerador e no denominador. Para converter o peso da pessoa de força de libra em newtons temos

$$\text{peso} = \overbrace{(185\ \text{lbf})\left(\dfrac{4,448\ \text{N}}{1\ \text{lbf}}\right)}^{\text{etapa 5}} = 822,8\ \text{N}$$

5. Para converter o peso da pessoa, multiplicamos o valor 185 lbf por (4 448 N/1 lbf), porque 1 lbf é igual a 4 448 newtons (N). Isso faz as unidades de libra força no numerador e denominador serem anuladas, e o peso da pessoa é expresso em newtons, como $(185~\text{lbf})(4.448~\text{N}/1~\text{lbf})$.
Para converter a velocidade do carro de milhas por hora em quilômetros por hora, use

$$\text{velocidade} = \overbrace{\overbrace{\overbrace{\left(65\,\frac{\text{milhas}}{\text{h}}\right)\left(\frac{5\,280~\text{pé}}{1~\text{milha}}\right)}^{\text{etapa 6}}\left(\frac{0,3048~\text{m}}{1~\text{pé}}\right)}^{\text{etapa 7}}\left(\frac{1~\text{km}}{1000~\text{m}}\right)}^{\text{etapa 8}} = 104,6\,\frac{\text{km}}{\text{h}}$$

6. Para converter a velocidade do carro de 65 milhas/h em km/h, começamos transformando o valor de 65 milhas em pés; sabendo que 1 milha é igual a 5 280 pés, multiplicamos as 65 milhas por 5 280. Assim, $\left(65\,\frac{\text{milhas}}{\text{h}}\right)\left(\frac{5\,280~\text{pé}}{1~\text{milha}}\right) = \left((65)(5\,280)\frac{\text{pé}}{\text{h}}\right)$. Esta etapa anula as unidades de milha no numerador e no denominador e resulta no valor de velocidade representado em pés por hora (pé/h).

7. Em seguida, multiplique os resultados da etapa 6 por 0,3048 m/1 ft, porque 1 pé é igual a 0,3048 metros. Essa etapa anula as unidades em pés no numerador e no denominador e leva a $\left(65\,\frac{\text{milhas}}{\text{h}}\right)\left(\frac{5\,280~\text{pé}}{1~\text{milha}}\right)\left(\frac{0,3048~\text{m}}{1~\text{pé}}\right) = 104\,607~\text{m/h}$.

8. Para converter o resultado da etapa 7 de m/h para km/h, observamos que 1 quilômetro é igual a 1 000 metros, e multiplicamos $\left(104\,607\,\frac{\text{m}}{\text{h}}\right)$ por $\left(\frac{1~\text{km}}{1000~\text{m}}\right)$ para anular a unidade de metro no numerador e no denominador. A velocidade do carro agora é expressa em quilômetros por hora (km/h).
Para converter a distância percorrida entre duas cidades de milhas para quilômetros, use etapas similares às discutidas acima.

$$\text{distância} = \overbrace{\overbrace{\overbrace{(25\,\text{milhas})\left(\frac{5\,280~\text{pé}}{1\,\text{milha}}\right)}^{\text{etapa 9}}\left(\frac{0,3048~\text{m}}{1\,\text{pé}}\right)}^{\text{etapa 10}}\left(\frac{1~\text{km}}{1000~\text{m}}\right)}^{\text{etapa 11}} = 40,2\,\text{km}$$

9. Converta milhas em pés multiplicando $(25\,\text{milhas})\left(\frac{5\,280~\text{pé}}{1~\text{milha}}\right)$

10. Converta pés em metros efetuando $(25\,\text{milhas})\left(\frac{5\,280~\text{pé}}{1~\text{milha}}\right)\left(\frac{0,3048~\text{m}}{1~\text{pé}}\right)$

11. Converta metros em quilômetros efetuando
$(25\,\text{milhas})\left(\frac{5\,280~\text{pé}}{1~\text{milha}}\right)\left(\frac{0,3048~\text{m}}{1~\text{pé}}\right)\left(\frac{1~\text{km}}{1000~\text{m}}\right)$.

Para converter a temperatura do ar de graus Fahrenheit em Celsius, substituímos $T(^\circ\text{F})$ pelo valor de 80 na Equação (6.4). Assim,

$$T(^\circ\text{C}) = \frac{5}{9}\left[T(^\circ\text{F}) - 32\right]$$

$$T(^\circ\text{C}) = \frac{5}{9}[80 - 32] = 26,7^\circ\,\text{C}$$

EXEMPLO 6.4

Você não precisa mentir sobre seu peso! Para aqueles ligeiramente pesados ou com sobrepeso, esta é uma forma de tentar expressar a massa em quilogramas em vez de expressá-la em libra massa. Por exemplo, uma pessoa que tem uma massa de 150 libras massa(lbm) poderia parecer magra se, em vez disso, convertesse esse valor em quilogramas (kg).

$$(150\,\text{lbm})\left(\frac{1\text{kg}}{2,2\,\text{lbm}}\right)=(150\,\cancel{\text{lbm}})\left(\frac{1\text{kg}}{2,2\,\cancel{\text{lbm}}}\right)=68\,\text{kg}$$

Para converter a massa de libra massa (lbm) em quilograma (kg), observamos que 1 kg é igual a 2,2 lbm. Para obter o resultado em quilogramas, multiplicamos 150 lbm pelo fator de conversão $\frac{1\text{ kg}}{2,2\text{ lbm}}$ em que se lê 1 kg é igual a 2,2 lbm. Essa etapa anula as unidades em libra massa no numerador e no denominador, conforme mostrado acima. Como você pode ver no resultado, 150 lbm é igual a 68 kg; portanto, ela está falando a verdade sobre sua massa! Assim, você não precisa mentir sobre sua massa; o conhecimento das unidades pode trazer resultados instantâneos sem qualquer exercício ou dieta!

EXEMPLO 6.5

Para os problemas a seguir, use os fatores de conversão fornecidos no verso da capa e no verso da contra-capa deste livro.

(a) Converta o valor fornecido da área A de cm² para m². Observe que $A = 100$ cm².

$$A = 100 \text{ cm}^2$$

$$A=\left(100\,\text{cm}^2\right)\left(\frac{1\text{m}}{100\,cm}\right)^2=0,01\text{ m}^2$$

(b) Converta o valor fornecido do volume V de mm³ para m³. Observe que $V = 1\,000$ mm³.

$$V = 1000 \text{ mm}^3$$

$$V=\left(100\,\text{mm}^3\right)\left(\frac{1\text{m}}{1000\,\text{mm}}\right)^3=10^{-6}\,\text{m}^3$$

(c) Converta o valor fornecido da pressão atmosférica P de N/m² para lbf/in.².

$$P = 10^5 \text{ N/m}^2$$

$$P=\left(10^5\,\frac{\text{N}}{\text{m}^2}\right)\left(\frac{1\text{lbf}}{4,448\,\text{N}}\right)\left(\frac{0,0254\,\text{m}}{1\,\text{in.}}\right)^2=14,5\,\text{lbf/in.}^2$$

(d) Converta o valor fornecido da densidade da água ρ de kg/m³ para lbm/ft³.

$$\rho = 1\,000 \text{ kg/m}^3$$

$$\rho=\left(1000\,\frac{\text{kg}}{\text{m}^3}\right)\left(\frac{1\text{lbm}}{0,4536\,\text{kg}}\right)\left(\frac{1\text{m}}{3,28\,\text{ft}}\right)^3=62,5\,\text{lbm/ft}^3$$

Homogeneidade dimensional

Outro conceito importante que você precisa entender é que todas as fórmulas usadas em análise da engenharia devem ser *dimensionalmente homogêneas*. A que se refere a expressão dimensionalmente homogênea? Você pode, digamos, somar a altura de alguém que tem 2 m a seu peso de 100 kg e uma temperatura corporal de 37 °C; ou seja, 2 + 100 + 37 = 139? Logicamente que não! O que seria o resultado desse cálculo?

Portanto, se usássemos a fórmula $L = a + b + c$, em que a variável L do lado esquerdo da equação tem uma dimensão de comprimento, então as variáveis a, b e c do lado direito da equação também devem ter dimensões de comprimento. Caso contrário, se as variáveis a, b e c tivessem

> Todas as fórmulas usadas em análises de engenharia devem ser dimensionalmente homogêneas.

dimensões como comprimento, peso e temperatura, respectivamente, essa fórmula não seria homogênea, o que seria o mesmo que somar a altura de alguém a seu peso e sua temperatura corporal (Figura 6.4)! O Exemplo 6.6 mostra como verificar a homogeneidade de dimensões em uma fórmula de engenharia.

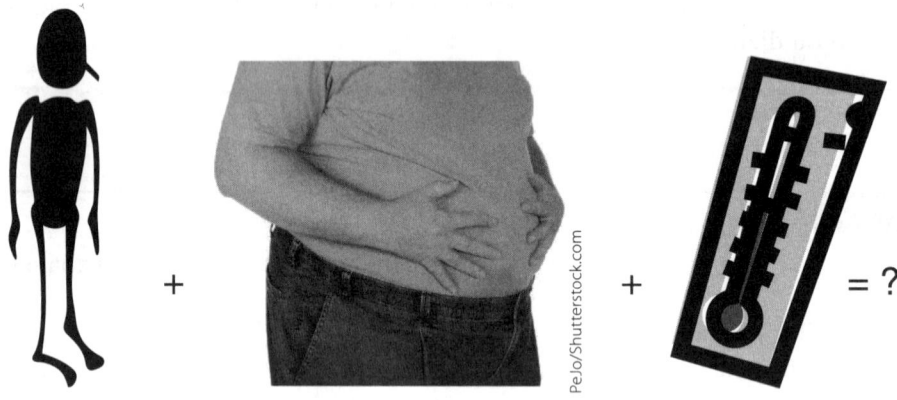

| FIGURA 6.4 | Exemplos de elementos não homogêneos. |

EXEMPLO 6.6

(a) Quando uma carga constante é aplicada a uma barra com uma seção transversal constante, conforme a Figura 6.5, o valor da deflexão do final da barra pode ser determinado com base na relação

$$d = \frac{PL}{AE} \qquad 6.7$$

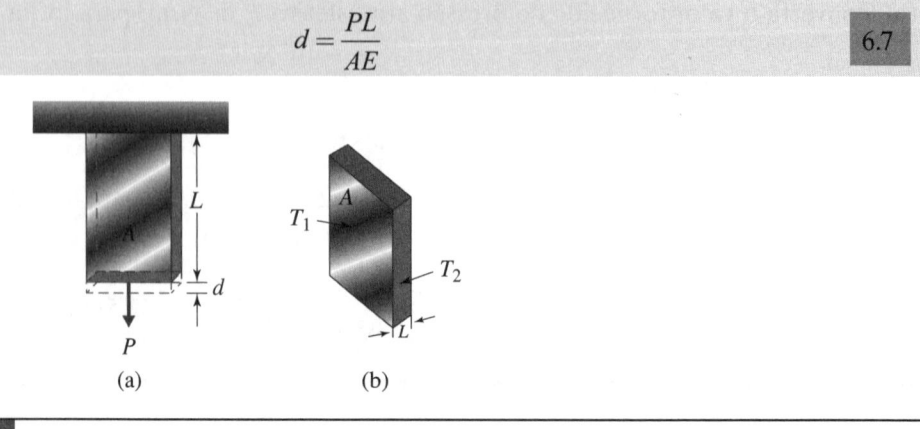

(a)   (b)

| FIGURA 6.5 | (a) A barra no Exemplo 6.6 e (b) a transferência de calor através de um material sólido. |

em que

d = deflexão final da barra em metro (m)
P = carga aplicada em newton (N)
L = comprimento da barra em metro (m)
A = área da seção transversal da barra (m²)
E = módulo de elasticidade do material
Quais são as unidades para o módulo de elasticidade?

Para que a Equação (6.7) seja dimensionalmente homogênea, as unidades do lado esquerdo da equação devem ser iguais às unidades do lado direito. Essa igualdade requer unidades de N/m² para os módulos de elasticidade, como

$$d = \frac{PL}{AE} \Rightarrow m = \frac{(N)(m)}{(m^2)E}$$

Resolvendo para as unidades de E temos N/m² (chamado newton por metro quadrado ou força por unidade de área).

(b) A taxa de transferência de calor através de um material sólido é governada pela lei de Fourier:

$$q = kA\frac{T_1 - T_2}{L} \qquad \text{6.8}$$

em que

q = taxa de transferência de calor
k = condutividade térmica do material sólido em watts por metro grau Celsius, W/m · °C
A = área em m²
$T_1 - T_2$ = diferença de temperatura °C
L = espessura do material, m
Qual é a unidade adequada para a taxa de transferência de calor q?
Substituindo pelas unidades de k, A, T_1, T_2 e L na Equação 6.8, temos

$$q = kA\frac{T_1 - T_2}{L} = \left(\frac{W}{m \cdot °C}\right)(m^2)\left(\frac{°C}{m}\right) = W$$

Disso, você pode ver que a unidade SI adequada para a taxa de transferência de calor é watt.

Soluções numéricas versus simbólicas

Durante as aulas de engenharia, preste atenção nestes dois pontos: (1) entender os conceitos básicos e princípios associados com assunto assimilado e (2) como aplicá-los na resolução de problemas físicos reais (situações). Para entender melhor os conceitos básicos, é necessário estudar cuidadosamente as demonstrações das leis vigentes e as derivações de fórmulas de engenharia, com suas limitações. Depois de ter estudado os conceitos subjacentes, é necessário aplicá-los em situações físicas, resolvendo problemas. Inicialmente, ao estudar determinado conceito, você pode pensar que o entendeu por completo, mas será pela aplicação (resolvendo os problemas da tarefa de casa) que você saberá se de fato entendeu.

Além disso, os problemas da tarefa de casa em engenharia em geral requerem uma solução numérica ou simbólica. Para problemas que exigem solução numérica, os dados são fornecidos.

Em contraposição, na solução simbólica, as etapas e a resposta final são apresentadas com variáveis que podem ser substituídas por dados – se necessário. Veja no exemplo a seguir a diferença entre soluções numéricas e simbólicas.

EXEMPLO 6.7

Determine a carga que pode ser elevada pelo sistema hidráulico a seguir. Todas as informações necessárias estão indicadas na Figura 6.6.

A relação geral entre força, pressão e área será explicada em detalhes no Capítulo 10. Neste momento, não se preocupe em entender essas relações. O objetivo deste exemplo é demonstrar a diferença entre uma solução numérica e uma solução simbólica. Os conceitos usados para resolver esse problema são $F_1 = m_1 \cdot g$, $F_2 = mg$, e $F_2 = (A_2/A_1) \cdot F_1$, em que F indica força, m indica massa, g indica aceleração decorrente da gravidade ($g = 9,81$ m/s^2) e A representa área.

Solução Numérica

Começamos substituindo os dados fornecidos nas equações apropriadas.

$$F_1 = m_1\, g = (100\,\text{kg})(9,81\,\text{m/s}^2) = 981\,\text{N}$$

$$F_2 = \frac{A_2}{A_1} F_1 = \frac{\pi(0,15m)^2}{\pi(0,05m)^2}(981\,\text{N}) = 8829\,\text{N}$$

$$F_2 = 8829\,\text{N} = (m_2\ \text{kg})(9,81\,\text{m/s}^2) \Rightarrow m_2 = 900\,\text{kg}$$

Solução Simbólica

Para este problema, podemos começar com a equação que relaciona F_2 e F_1 e, em seguida, simplificar as grandezas semelhantes como π e g desta maneira:

$$F_2 = \frac{A_2}{A_1} F_1 = m_2 g = \frac{\pi(R_2)^2}{\pi(R_1)^2}(m_1 g)$$

$$m_2 = \frac{(R_2)^2}{(R_1)^2} m_1 \Rightarrow m_2 = \frac{(15\,\text{cm})^2}{(5\,\text{cm})^2}(100\,\text{kg}) = 900\,\text{kg}$$

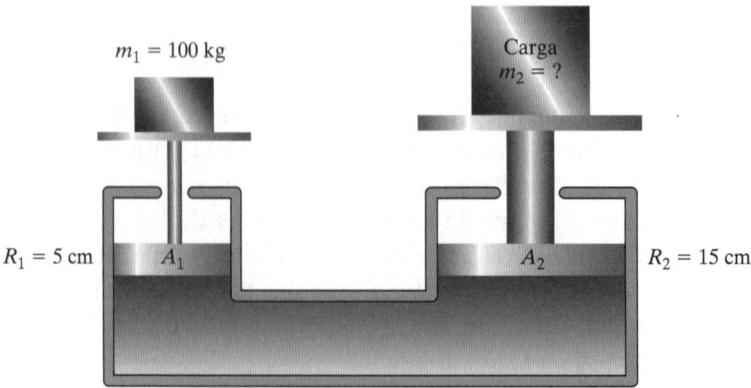

FIGURA 6.6   Sistema hidráulico do Exemplo 6.7.

Geralmente, prefere-se esta abordagem à substituição direta de valores na equação, porque ela nos permite alterar o valor de uma variável, como m_1 ou as áreas, e ver como o resultado se comporta. Por exemplo, na abordagem simbólica, podemos ver claramente que, se aumentarmos m_1 para um valor de 200 kg, m_2 muda para 1 800 kg.

Antes de continuar

Responda às seguintes perguntas para testar seu conhecimento adquirido nas seções anteriores.

1. Por que é importante saber converter de um sistema de unidades para outro?

2. A que se refere a homogeneidade dimensional? Dê um exemplo.

3. Mostre as etapas que você usaria para converter sua altura de pés e polegadas para metros e centímetros.

4. Mostre as etapas que você usaria para converter seu peso de libra-força para Newtons.

Vocabulário – Indique o significado dos termos a seguir:

Homogeneidade dimensional _____

Conversão de unidade _____

OA⁴ 6.4 Dígitos significativos (números)

Os engenheiros fazem medições e realizam cálculos. Em seguida, eles usam números para registrar os resultados de medições e cálculos. Dígitos significativos (números) representam e indicam o quanto se pode confiar nos dados registrados ou calculados. Por exemplo, considere os instrumentos mostrados na Figura 6.7. Desejamos medir a temperatura do ar de uma sala usando um termômetro, as dimensões de um cartão de crédito usando uma régua de engenharia, e a pressão de um fluido em uma tubulação usando um detector de pressão. Como você pode ver nestes exemplos, as leituras de medição ficam entre a menor divisão de escala de cada instrumento. A fim de desenvolver a leitura e manter consistência, registramos a medição de uma metade da menor divisão de escala do instrumento de medição. Uma metade da menor divisão de escala normalmente é chamada de *contagem mínima* do instrumento de medição. Por exemplo, com relação à Figura 6.7, deve ficar claro que a contagem mínima do termômetro é 1°C (a menor divisão é 2°C); a contagem mínima da régua é 0,05 mm; e do detector de pressão é 0,05 mm de água. Portanto, usando o referido termômetro, seria incorreto registrar a temperatura do ar como 21,8°C e usar esse valor para realizar outros cálculos. Em vez disso, deve ser registrado como 22 ± 1°C. Dessa forma, você informa ao usuário ou leitor de sua medição que a leitura está entre 21°C e 23°C. Observe a forma correta de registrar a confiança de uma medição usando o sinal ± e o menor valor de contagem.

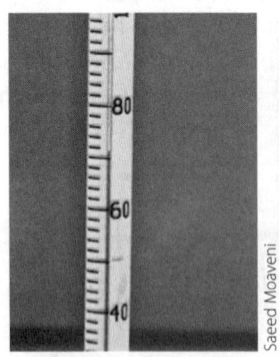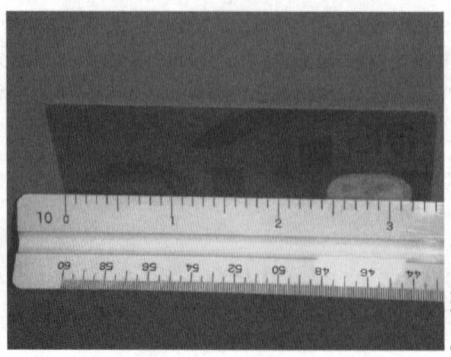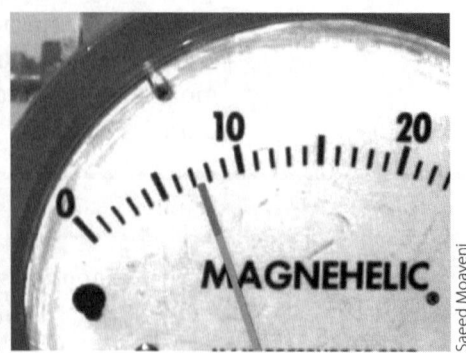

FIGURA 6.7 Exemplos de medições registradas.

Conforme afirmado anteriormente, os dígitos significativos (números) representam e conduzem o quanto se pode confiar nos dados registrados ou calculados. Os dígitos significativos são números de zero a nove. Entretanto, quando zeros são usados para mostrar a posição de uma vírgula decimal, eles não são considerados dígitos significativos. Por exemplo, cada um dos números 175, 25,5, 1,85 e 0,00125 tem três dígitos significativos. Observe que os zeros no número 0,00125 não são considerados dígitos significativos, pois são usados para mostrar a posição da vírgula decimal. Como outro exemplo, o número de dígitos significativos para o número 1 500 não está claro. Poderíamos entender que ele tem dois, três ou quatro dígitos significativos com base na função do zero. Nesse caso, se o número 1 500 fosse expresso por $1,5\times10^3$, 15×10^2, ou $0,015\times10^5$, ficaria claro que ele teria dois dígitos significativos. Ao expressar o número usando a potência de 10, podemos deixar sua precisão muito mais clara.

> Dígitos significativos (números) representam e indicam o quanto se pode confiar nos dados registrados ou calculados.

Entretanto, se o número tiver sido inicialmente expresso como 1 500,0, então teria quatro dígitos significativos e isso implicaria que a precisão do número é 1/10 000.

Regras de Adição e Subtração Ao adicionar ou subtrair números, o resultado do cálculo deveria ser registrado de modo que o último dígito significativo no resultado seria determinado pela posição da última coluna de dígitos comuns para todos os números que são adicionados ou subtraídos. Por exemplo,

152,47 +	ou	132,853 −	
3,9		5	
156,37		127,853	(Sua calculadora exibirá.)
156,4		128	(Entretanto, o resultado deve ser registrado dessa maneira.)

Os números 152,47 e 3,9 possuem cinco e dois dígitos significativos, respectivamente. Quando adicionamos esses dois números, a calculadora exibirá 156,37; entretanto, como a primeira coluna após a vírgula decimal é comum para esses números, o resultado deve ser registrado como 156,4.

Regras de Multiplicação e Divisão Quando multiplicar ou dividir números, o resultado do cálculo deve ser registrado com os últimos números de dígitos significativos fornecidos por um dos números usados no cálculo. Por exemplo,

152,47 × ou	152,47 ÷	
3,9	3,9	
594,633	39,0948717949	(Sua calculadora exibirá.)
$5,9 \times 10^2$	39	(Entretanto, o resultado deve ser registrado dessa maneira.)

Nesse exemplo, o número 152,47 tem cinco dígitos significativos e o número 3,9 tem dois dígitos significativos. Portanto, o resultado dos cálculos deve ser registrado com dois dígitos significativos, porque o número 3,9 usado nos cálculos tem ao menos dois dígitos significativos.

Finalmente, vale notar que, em muitos cálculos de engenharia, pode ser suficiente registrar os resultados com menos dígitos significativos do que os obtidos seguindo as regras expostas acima. Neste livro, apresentamos os resultados de problemas de exemplos com dois ou três pontos decimais.

OA⁵ 6.5 Componentes e sistemas

Todo produto de engenharia é construído a partir de componentes. Vejamos um exemplo simples para demonstrar o que queremos dizer com sistema de engenharia e seus componentes. Muitos de nós possuímos casacos de inverno, que podem ser comparados a um sistema. O casaco atende a uma finalidade primordial, que é adicionar isolamento ao nosso corpo para que ele não perca calor tão rapidamente e livremente quanto perderia sem essa proteção. O casaco pode ser dividido em componentes menores: o tecido, que compreende todo o corpo principal do casaco, o material isolante, o forro, linhas, zíper(es) e botões. Além disso, cada componente pode ainda ser subdividido em componentes menores. Por exemplo, o corpo principal da jaqueta pode ser dividido em mangas, gola, bolsos, e a parte da frente e a parte das costas (veja a Figura 6.8). Cada componente atende a um propósito: Os bolsos foram projetados para guardar objetos, as mangas para cobrir os braços, e assim por diante. A função principal do zíper é abrir e fechar a parte frontal da jaqueta livremente. Há também os componentes menores. Pense mais uma vez sobre o processo global do casaco e a função de cada componente. Um casaco bem planejado não apenas é atraente aos olhos, mas também tem bolsos funcionais e nos aquece durante o inverno.

Os sistemas de engenharia são similares a um casaco de inverno. Todo produto ou sistema de engenharia pode ser dividido em subsistemas menores e mais gerenciáveis, e cada subsistema pode ser ainda dividido em componentes menores e, de novo, menores. Os componentes de um sistema de engenharia bem projetado devem funcionar e se encaixar para atender ao principal propósito do produto. Vamos considerar outro exemplo comum. A função primordial de um carro é nos levar de um lugar para outro em um curto período de tempo. O carro deve fornecer um espaço interno confortável. Além disso, deve nos abrigar e proteger de elementos externos, como condições adversas e objetos perigosos. O automóvel consiste de milhares de peças. Quando observado em sua totalidade, é um sistema complicado. Milhares de engenheiros contribuem para o projeto, o desenvolvimento, o teste e a supervisão da fabricação de um automóvel. São engenheiros elétricos, engenheiros eletrônicos, engenheiros de combustão, engenheiros de materiais, peritos em aerodinâmica, vibração e controle, especialistas em sistemas de ar-condicionado, engenheiros de produção e engenheiros industriais.

> Todo produto é considerado um sistema que atende a um propósito. Um sistema é composto de peças menores chamadas componentes.

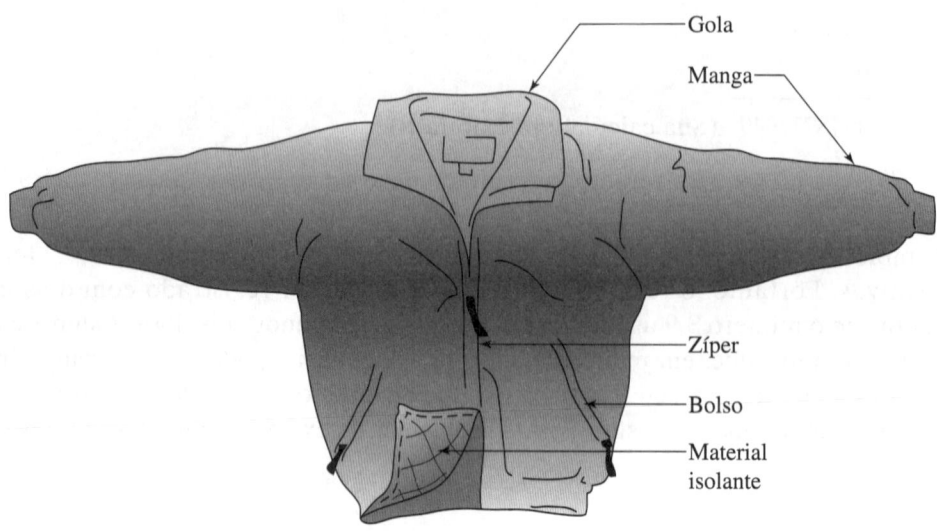

FIGURA 6.8 Um sistema simples e seus componentes.

Quando visto como um sistema, o carro pode ser dividido em subsistemas ou unidades maiores, como parte elétrica, carroceria, chassi, trem de força e sistema de ar-condicionado (veja a Figura 6.9). Cada **componente** principal pode ser ainda subdividido em subsistemas menores e seus componentes. Por exemplo, a carroceria do carro é composta de portas, dobradiças, travas, janelas, etc. As janelas são controladas por mecanismos ativados manualmente ou por motores. E o sistema elétrico de um carro consiste de bateria, partida, alternador, fiação, faróis, chaves, rádio, microprocessadores, e assim por diante. O sistema de ar-condicionado do carro consiste de componentes como ventoinha, dutos, difusores, compressor, evaporador e condensador. Novamente, cada um desses componentes pode ser ainda dividido em componentes menores. Por exemplo, a ventoinha consiste de hélice, motor e gabinete. Desses exemplos, deve ficar claro que, para entender um sistema, devemos primeiro entender o papel e a função dos componentes.

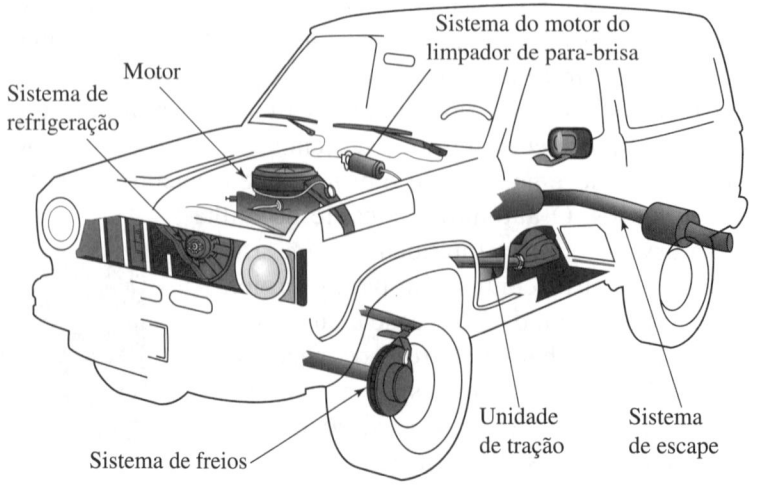

FIGURA 6.9 Um sistema de engenharia e seus componentes.

Ao longo dos próximos quatro ou cinco anos, você terá muitas aulas de engenharia que destacarão tópicos específicos. Por exemplo, aula de estática, que lida com o equilíbrio de objetos. Aprenderemos sobre a função de forças externas, forças internas, forças de reação e suas interações. Posteriormente, aprenderemos os conceitos subjacentes e condições de equilíbrio para projetar peças. Veremos também outras leis da física, princípios, matemática e correlações que permitirão a análise, o projeto, o desenvolvimento e o teste de vários componentes de um sistema. É fundamental que durante os próximos quatro ou cinco anos você entenda completamente essas leis e esses princípios, a fim de projetar componentes que se encaixem bem e trabalhem em harmonia para cumprir o objetivo primordial de determinado sistema. Assim, você pode perceber a importância de aprender os fundamentos. Caso contrário, provavelmente você projetará componentes ruins que, quando agrupados, resultarão em sistemas defeituosos!

Antes de continuar

Responda às seguintes perguntas para testar seu conhecimento adquirido nas seções anteriores.

1. Qual é a diferença entre um componente e um sistema?

2. Quais são os principais componentes de um prédio?

3. Como você define os principais componentes de um supermercado?

4. Quais são os principais componentes de uma bicicleta?

Vocabulário – Indique o significado dos termos a seguir:

Um componente _____

Um sistema _____

OA⁶ 6.6   Leis físicas e observações

Como vimos anteriormente, os engenheiros aplicam as leis da física e química e princípios da matemática para projetar milhões de produtos e serviços que usamos em nosso dia a dia. Os principais conceitos que você precisa ter em mente são leis e princípios físicos e químicos, e a matemática.

Se você recebeu uma boa formação no ensino médio, já terá ideia do que significa matemática para nós. Mas a que se referem as leis físicas? Bem, o Universo, incluindo o planeta em que vivemos, foi criado de certa maneira. Há opiniões diferentes quanto à origem do Universo. Tudo foi criado repentinamente por Deus (deuses), ou tudo começou com um *big bang*? Não pretendemos entrar nessa questão. Mas aprendemos pela observação e pelo esforço coletivo dos que viveram antes de nós que a

natureza tem sua maneira de funcionar. Por exemplo, se você soltar um objeto que está em sua mão, ele cairá no chão. Essa é uma observação com a qual todos concordam. Podemos usar palavras para explicar nossas observações ou outra linguagem, como a matemática, para expressar nossas descobertas. Isaac Newton (1642–1727) formulou essa observação em uma expressão matemática útil que conhecemos como a lei universal de atração gravitacional.

É importante lembrar que as leis físicas são baseadas em observações. Além disso, usamos a matemática e as grandezas físicas básicas para expressar nossas observações sob a forma de lei. Ainda assim, até hoje ainda não conseguimos entender completamente por que a natureza funciona da maneira como ela funciona. Sabemos apenas que é assim. Existem físicos que passam a vida tentando entender, em uma base mais fundamental, por que a natureza se comporta dessa forma. Alguns engenheiros podem se concentrar na investigação dos fundamentos, mas a maioria deles usa as leis fundamentais para criar projetos.

Por exemplo, quando você coloca um objeto quente em contato com um objeto frio, o objeto quente esfria enquanto o objeto frio esquenta, até que ambos atinjam uma temperatura de equilíbrio, em um ponto entre as duas temperaturas iniciais. Com base em sua experiência diária, você sabe que o objeto frio não fica ainda mais frio nem o objeto quente fica mais quente! Por quê? Bem, simplesmente porque é assim que a natureza funciona! A segunda lei da termodinâmica, que é baseada nessa observação, afirma que o calor flui espontaneamente de uma região de temperatura alta para uma região de temperatura baixa. O objeto com a temperatura mais alta (mais energético) transfere um pouco da energia para o objeto de temperatura mais baixa (menos energético). Quando você coloca cubos de gelo em uma garrafa de refrigerante quente, o refrigerante esfria enquanto o gelo aquece e eventualmente derrete. Você pode chamar isso de "compartilhar recursos". Infelizmente, nós, como pessoas, não seguimos essa lei em se tratando de ambiente social.

Para entender melhor a segunda lei da termodinâmica, considere outro exemplo. Você pode ter filhos jovens ou irmãos mais novos. Se você deixar uma criança por alguns instantes em uma sala com brinquedos bem arrumada e em ordem e voltar depois de alguns minutos, encontrará os brinquedos espalhados pela sala de maneira desordenada. Por que os brinquedos não estarão em ordem? Bem, só porque as coisas funcionam espontaneamente de certa maneira na natureza.

Esses dois exemplos demonstram a segunda lei da termodinâmica. As coisas na natureza funcionam em determinada direção por si mesmas.

Os engenheiros também são bons contadores. E o que isso quer dizer? Quem tem uma conta corrente sabe a importância de manter um registro preciso dela. A fim de evitar problemas, é necessário manter o controle das transações em termos de pagamentos (débitos) e depósitos (créditos). Bons contadores sabem de imediato qual é o saldo em suas contas. Eles sabem que precisam adicionar ao saldo sempre que depositarem algum dinheiro, e subtrair quando houver uma retirada da conta. Os engenheiros, como qualquer pessoa, precisam manter o controle de suas contas. Além disso, de maneira semelhante aos registros em uma conta corrente, os engenheiros controlam (registram) grandezas físicas quando analisam um problema de engenharia.

Para entender melhor esse conceito, considere o ar dentro do pneu do carro. Se não houver vazamentos, a massa de ar dentro do pneu permanecerá constante. Essa é uma declaração que expressa a *conservação da massa* com base em nossas observações. Se o pneu estiver furado, você sabe por experiência que a quantidade de ar dentro dele diminuirá até que você o leve ao borracheiro. Além disso, você sabe que o ar que escapou do pneu não foi destruído; ele simplesmente foi integrado à atmosfera ao redor. A afirmação da conservação da massa é similar ao método do contador de registrar tudo o que acontece com a massa em um problema de engenharia. O que acontece se você tentar bombear um pouco de ar para dentro daquele furo? Bem, tudo depende do tamanho do furo, da pressão e da vazão do ar pressurizado disponível para isso. Se o furo for pequeno, podemos inflar o pneu temporariamente. Mas se o furo for grande, o ar que introduzimos no pneu poderá retornar para fora. Para descrever completamente todas as situações pertinentes a esse problema de pneu, podemos expressar a conservação de massa como a taxa de entrada de ar no pneu menos a taxa de saída de ar do pneu. Esse resultado deve ser igual à taxa de acúmulo ou redução do ar dentro do pneu. Logicamente, usaremos a grandeza física massa com a matemática para expressar essa equação. Discutiremos a conservação da massa com mais detalhes no Capítulo 9.

Há outras leis físicas baseadas em observações que usamos para analisar os problemas de engenharia. *Conservação de energia* é outro bom exemplo. Ela também é similar ao método do contador que mantém controle de várias formas de energia e como elas mudam de uma forma para outra. Passaremos mais tempo discutindo a conservação de energia no Capítulo 13.

> As leis da física baseadas na observação e na experimentação são expressas por fórmulas matemáticas.

Outra lei importante da qual todos já ouviram falar é a *segunda lei de movimento de Newton*. Se você colocar um livro em uma mesa lisa e empurrá-lo com força, ele se moverá. Simplesmente é assim que as coisas funcionam. Newton observou isso e formulou sua observação que hoje em dia é chamada segunda lei de movimento de Newton. Isso não quer dizer que outras pessoas não haviam feito essa simples observação antes, mas Newton a levou um pouco mais adiante. Ele observou que, quando ele aumentava a massa do objeto que estava sendo empurrado, embora a magnitude da força permanecesse constante (empurrando com a mesma força), o objeto não se movia tão rapidamente. Observou também que havia uma relação direta entre o impulso, a massa do objeto que era empurrado e a aceleração do objeto. Observou ainda que havia uma relação direta entre a direção da força e a direção da aceleração. Newton expressou suas observações usando matemática, simplesmente afirmando que a força desequilibrada é igual à massa vezes a aceleração. Nas aulas de física poderemos estudar e explorar melhor a segunda lei de movimento de Newton. Alguns de vocês talvez tenham aulas de dinâmica que se concentra de maneira mais detalhada no movimento, nas forças e em suas relações. Não perca a ideia principal: As leis da física são baseadas em observações.

Outra ideia importante para lembrar é que uma lei da física não descreve completamente todas as situações possíveis. As leis da física têm limitações porque talvez não entendamos como a natureza funciona; assim, podemos cometer falhas ao considerar todas as variáveis que podem afetar o comportamento das coisas em nosso mundo natural. Algumas leis naturais são afirmadas de maneira particular para manter as expressões matemáticas que descrevem as observações simples. Muitas vezes recorremos ao trabalho experimental ao lidar com aplicações de engenharia específicas. Por exemplo, para entender melhor a aerodinâmica de um carro, nós o colocamos em um túnel de vento para medir a força de atrito que atua sobre ele. Podemos representar nossas observações experimentais na forma de gráfico ou de correlação que pode ser usada para fins de projeto em determinada faixa. A principal diferença entre as leis e outras formas de experimentos práticos é que as leis representam os resultados de uma observação muito maior da natureza, e quase tudo o que sabemos em nosso mundo físico obedece a

Antes de continuar

Responda às seguintes perguntas para testar seu conhecimento adquirido nas seções anteriores.

1. O que é uma lei da física e em que ela está baseada?

2. Dê dois exemplos de leis da física.

3. Descreva com suas próprias palavras a conservação de massa.

Vocabulário – Indique o significado dos termos a seguir:

Lei da física _____

Correlação _____

essas leis. As correlações da engenharia, por outro lado, aplicam-se sobre um conjunto de variáveis muito limitado e específico.

Aprendendo conceitos fundamentais da engenharia e variáveis de projetos com base em dimensões fundamentais

Uma observação aos estudantes O objetivo principal dos capítulos 7 ao 12 é apresentar alguns fundamentos da engenharia que serão revistos muitas vezes, de uma forma ou de outra, ao longo da faculdade. Procure estudar esses conceitos com cuidado e entendê-los por completo. Infelizmente, hoje, muitos estudantes se formam sem dominar esses conceitos fundamentais, conceitos que todo engenheiro, independentemente da área de especialização, precisa conhecer. Destacaremos uma forma inovadora de ensinar alguns desses conceitos fundamentais da engenharia usando dimensões fundamentais. Além disso, usaremos explicações de fácil entendimento por parte dos estudantes principiantes.

Como dissemos anteriormente, da observação atenta ao redor concluímos que são necessárias poucas grandezas físicas (dimensões fundamentais) para descrevermos completamente eventos e nosso meio ambiente. Com a ajuda dessas dimensões fundamentais, podemos então definir ou derivar as variáveis da engenharia que normalmente são usadas na análise e no projeto. Nos capítulos seguintes, você poderá observar que há muitas variáveis no projeto de engenharia que estão relacionadas às dimensões fundamentais (grandezas). Ainda conforme discutimos e ressaltamos anteriormente, precisamos não apenas de dimensões físicas para descrever o meio ambiente, mas também de um sistema para escalar ou dividir essas dimensões físicas. Por exemplo, o tempo é considerado uma dimensão física, mas pode ser dividido em porções menores e maiores (como segundos, minutos, horas e assim em diante). Para se tornar um engenheiro bem-sucedido, é necessário primeiro entender completamente esses fundamentos. Depois, é importante saber como essas variáveis são medidas, aproximadas, calculadas ou usadas em análises e projetos de engenharia. Um resumo das dimensões fundamentais e suas relações com variáveis da engenharia é fornecido na Tabela 6.7. Depois que você entender estes conceitos, explicaremos os conceitos de energia e força no Capítulo 13. Estude esta tabela cuidadosamente.

TABELA 6.7	Dimensões fundamentais e seu uso ao definir variáveis usadas em análises e projetos de engenharia				
Capítulo	Dimensão fundamental		Variáveis de engenharia relacionadas		
7	Comprimento (L)	Radiano (L/L) Tensão (L/L)	Área (L^2)	Volume (L^3)	Momento de inércia da área (L^4)
8	Tempo (t)	Velocidade angular ($1/t$) Aceleração angular ($1/t^2$) Velocidade linear (L/t) Aceleração linear (L/t^2)		Vazão volumétrica (L^3/t)	
9	Massa (M)	Vazão volumétrica (M/t) Quantidade de movimento (ML/t) Energia cinética (ML^2/t^2)		Densidade (M/L^3), volume específico (L^3/M)	

(Continua)

TABELA 6.7	Dimensões fundamentais e seu uso ao definir variáveis usadas em análises e projetos de engenharia (Continuação)

Capítulo	Dimensão fundamental		Variáveis de engenharia relacionadas		
10	Força (F)	Quantidade de movimento (LF) Trabalho, energia (FL) Impulso linear (Ft), Força (FL/t)	Pressão (F/L^2) Tensão (F/L^2) Módulo de elasticidade (F/L^2) Módulo de rigidez (F/L^2)	Peso específico (F/L^3),	
11	Temperatura (T)	Expansão térmica linear (L/LT) Calor específico (FL/MT)		Expansão térmica do volumétrica (L^3/L^3T),	
12	Corrente elétrica (I)	Carga (It)	Densidade da corrente (I/L^2)		

RESUMO

OA¹ Dimensões fundamentais e unidades

Por ora, é essencial que você entenda a importância de dimensões fundamentais na vida diária e por que, para ser um bom engenheiro no futuro, você precisa desenvolver o bom conhecimento delas. Percebemos que algumas poucas dimensões físicas são necessárias para descrever nosso ambiente e eventos diários. Por exemplo, precisamos de uma dimensão de comprimento para descrever o quão alto, comprido ou largo é algum objeto. O tempo é outra dimensão física que nos permite responder a perguntas como: "Quantos anos você tem?" ou "Quanto tempo leva para ir de um local a outro". Você também deve pressupor que hoje, com base no que sabemos sobre o mundo, precisamos de sete dimensões fundamentais para expressarmos corretamente nossas observações no meio ambiente. São elas: comprimento, massa, tempo, temperatura, corrente elétrica, quantidade de substâncias e intensidade luminosa. Também é importante saber que não basta definir essas dimensões físicas para descrever o meio ambiente, precisamos também elaborar uma forma de apresentá-las em escala ou dividi-las em unidades. Por exemplo, a dimensão tempo pode ser dividida em porções menores e maiores, como segundos, minutos, horas, dias, meses, anos, etc.

OA² Sistemas de unidades

O SI (do francês *Systéme international d' unités*) é o sistema de unidades mais usado no mundo, e é recomendável que você se familiarize com as unidades de: comprimento (metro), tempo (segundo), massa (quilograma), temperatura (kelvin ou grau Celsius), corrente elétrica (ampere), quantidade de substância (mol) e intensidade luminosa (candela). Você também precisa ter uma ideia do que essas unidades representam. Por exemplo, quanto é um quilograma ou o que um metro representa. As unidades SI também fazem uso de séries de múltiplos decimais como mega, giga, quilo, etc.

Também é necessário estar familiarizado com as unidades gravitacionais inglesas, como slugs. Há também o Sistema de Unidades usuais nos Estados Unidos. Você precisa estar familiarizado com definições formais para unidades de: comprimento (pés), tempo (segundo), massa (libra massa), temperatura (graus Rankine ou Fahrenheit), corrente elétrica (ampere), quantidade de substância (mol) e intensidade luminosa (candela). Você também precisa ter uma ideia do que essas unidades representam.

OA³ Conversão de unidade e homogeneidade dimensional

É fundamental que você saiba converter valores de um sistema de unidades para outro. Por exemplo, converter dados SI, como metro, quilograma ou kelvin, em unidades norte-americanas de pés, libra massa e Rankine, e vice-versa. Você também deve saber a que nos referimos quando dizemos que uma equação deve ser dimensionalmente homogênea. Por exemplo, suponha que alguém tenha 2 metros de altura, pese 100 kg e sua temperatura corporal seja de 37 °C; você sabe que não podemos somar esses três números, ou seja, $2 + 100 + 37 = 139$? O que seria o resultado desse cálculo? Portanto, se você usasse a fórmula $L = a + b + c$, em que a variável L do lado esquerdo da equação represente a dimensão comprimento, então as variáveis a, b e c do lado direito da equação também deveriam ter dimensões de comprimento. Senso comum!

OA⁴ Dígitos significativos (números)

Conforme explicamos neste capítulo, os engenheiros fazem medições e realizam cálculos e registram os resultados usando números. Dígitos significativos (números) representam e conduzem a extensão em que os dados registrados ou calculados são confiáveis.

OA⁵ Componentes e sistemas

Você já é capaz de explicar o que significa um sistema e seus componentes e dar exemplos. Por exemplo, cada produto que você possui ou compra é considerado um sistema formado de componentes. Na próxima vez que você comprar um produto, pense nesses termos, como um sistema e seus componentes, e fique atento sobre o tempo de vida útil do produto. Os componentes do sistema poderão ser reciclados e/ou usados para outros fins?

OA⁶ Leis físicas e observações

Você deve perceber que as leis físicas são baseadas em observações e experiências. Aprendemos, por meio de observação e pelo esforço coletivo dos que viveram antes de nós, que as coisas funcionam de certa maneira na natureza. Por exemplo, se você soltar um objeto que está em sua mão, ele cairá no chão. Essa é uma observação com a qual todos concordam. Podemos usar palavras para explicar nossas observações ou usar outra linguagem, como a matemática e as fórmulas. Sir Isaac Newton e muitos outros cientistas formularam observações em expressões matemáticas que até hoje são úteis usar para projetar várias coisas.

TERMOS-CHAVE

Ampere	Força de massa	Nano
Candela	Giga	Pé
Celsius	Kelvin	Quilo
Centi	Lei da física	Quilograma
Componente	Massa	Rankine
Dimensão	Mega	Segundo
Fahrenheit	Metro	Sistema
Força	Micro	Tera
Libra força	Mol	Unidade

APLIQUE O QUE APRENDEU

Você está planejando uma viagem de negócios aos Estados Unidos, e para se preparar bem para as conversas que poderão surgir durante sua visita, precisaria converter os seguintes dados de unidade SI em unidades norte-americanas: sua altura em metros e centímetros para pés e polegadas; sua massa de quilogramas para libras; a regulação desejada para o termostato do ar-condicionado de graus Celsius para graus Fahrenheit; um litro de água em galões; quinze litros de gasolina em galões; limites de velocidade de 30, 40, 50, 60 e 70 quilômetros por hora para milhas por hora. Monte uma tabela que possa levar com você.

PROBLEMAS

Problemas que promovem o aprendizado permanente estão indicados por 🔑

6.1 Converta as unidades SI da tabela abaixo em unidades norte-americanas. Consulte as tabelas de conversão no verso da capa e no verso da contracapa deste livro. Demonstre todas as etapas da solução. Veja os exemplos 6.3 e 6.4.

Converter de unidades SI	Em unidades norte-americanas
120 km/h	milhas/h e ft/s
1 000 W	Btu/h e hp
100 m³	ft³
80 kg	lbm
1 000 kg/m³	lbm/ft³
900 N	lbf
100 kPa	lbf/in²
9,81 m/s²	ft/s²

6.2 Converta as unidades norte-americanas da tabela ao lado em unidades SI. Consulte as tabelas de conversão no verso da capa e no verso da contracapa deste livro. Demonstre todas as etapas da solução. Veja os exemplos 6.3 e 6.4.

Converter de unidades norte-americanas	Para unidades SI
65 milhas/h	km/h e m/s
60 000 Btu/h	W
120 bm ft³	kg/m³
30 lbf/in²	kPa
200 lbm	kg
200 lbf	N

6.3 O ângulo de torção de um eixo sujeito ao torque de torção pode ser expresso pela equação:

$$\phi = \frac{TL}{JG}$$

em que

ϕ = o ângulo de torção em radianos
T = torque aplicado (N · m)
L = comprimento do eixo em metro (m)
J = momento de inércia polar do eixo (medida de resistência à torção)
G = módulo de cisalhamento do material (N/m²)

Qual é a unidade adequada para J se a equação precedente for homogênea em unidades?

6.4   Qual das seguintes equações é dimensionalmente homogênea? Demonstre.

a. $F = ma$

b. $F = m\dfrac{V^2}{R}$

c. $F(t_2 - t_1) = m(V_2 - V_1)$

d. $F = mV$

e. $F = m\dfrac{(V_2 - V_1)}{(t_2 - t_1)}$

em que

F = força (N)

m = massa (kg)

a = aceleração (m/s²)

V = velocidade (m/s)

R = raio (m)

t = tempo (s)

6.5   Determine o número de dígitos significativos para os seguintes números.

	Número de dígitos significativos
286,5	
2,2 × 10²	
2 200	
0,0286	

6.6   Apresente os resultados das seguintes operações usando o número apropriado de dígitos significativos.

	Sua calculadora exibirá	Deve ser registrado como
1,2856 + 10,1 =		
155 − 0,521 =		
155 − 0,52 =		
1 558 × 12 =		
3,585 ÷ 12 =		

6.7   Para os sistemas a seguir, identifique os principais componentes e explique em poucas palavras a função ou o papel de cada componente: a. vestido, b. calças, c. camiseta, d. sapatos, e. bicicleta, f. patins.

6.8   Para os sistemas a seguir, identifique os principais componentes:

a. refrigerador doméstico

b. computador

c. corpo humano

d. um prédio

e. aquecedor de água

f. torradeira

g. avião

6.9   Pesquise quais observações são descritas pelas seguintes leis:

a. Lei de Fourier

b. Lei de Darcy

c. Lei de viscosidade de Newton

d. Lei de resfriamento de Newton

e. Lei de Coulomb

f. Lei de Ohm

g. Lei dos gases ideais

h. Lei de Hooke

i. primeira lei da termodinâmica

j. Lei de Fick

k. Lei de Faraday

6.10   Identifique os principais componentes de um computador e explique resumidamente a função de cada componente.

6.11   Qual das seguintes equações é dimensionalmente homogênea? Demonstre.

a. $F(x_2 - x_1) = \dfrac{1}{2}mV_2^2 - \dfrac{1}{2}mV_1^2$

b. $F = \dfrac{1}{2}mV_2^2 - \dfrac{1}{2}mV_1^2$

c. $F(V_2 - V_1) = \dfrac{1}{2}mx_2^2 - \dfrac{1}{2}mx_1^2$

d. $F(t_2 - t_1) = mV_2 - mV_1$

Onde:

F = Força

x = distância

m = massa (kg)

v = velocidade (m/s)

t = tempo (s)

6.12 Um carro tem massa 1 500 kg. Expresse a massa e o peso desse carro usando unidades norte-americanas e BG. Demonstre as etapas de conversão.

6.13 Expresse a energia cinética ½ (massa) (velocidade)² de um carro de massa 1 200 kg e em movimento a uma velocidade de 100 km/h usando unidades SI, BG e norte-americanas. Demonstre as etapas de conversão.

6.14 Uma loja de máquina tem o piso em formato retangular com dimensões 30 ft por 50 ft. Expresse a área do piso em ft², m², pol² e cm². Demonstre as etapas de conversão.

6.15 O bagageiro de um carro tem 18 ft³ de capacidade. Expresse a capacidade em pol³, m³ e cm³. Demonstre as etapas de conversão.

6.16 O carro 2005 Acura RL registra um motor de 300 cavalos-vapor, 3,5 litros. Expresse o tamanho do motor em kW e pol³. Demonstre as etapas de conversão.

6.17 A densidade do ar em condições ambientes padrão é 1,2 kg/m³. Expresse a densidade em unidades BG e norte-americanas. Demonstre as etapas de conversão.

6.18 Em um dia de verão em Phoenix, Arizona, a temperatura ambiente interna é de 68 °F, enquanto a externa é de 110 °F. Qual é a diferença de temperatura externa--interna em: (a) graus Fahrenheit, (b) graus Rankine, (c) graus Celsius, e (d) Kelvin? A diferença de temperatura em graus Celsius é igual à diferença de temperatura em kelvin, e a diferença de temperatura em graus Fahrenheit é igual à diferença de temperatura em graus Rankine? Em caso positivo, por quê?

6.19 A viga engastada na ilustração é usada como suporte da carga que atua em uma sacada. A deflexão da linha central da viga é dada pela equação:

$$y = \frac{-wx^3}{24EI}\left(x^2 - 4Lx + 6L^2\right)$$

em que

y = deflexão em determinado local x (m)

w = carga distribuída

E = módulo de elasticidade (N/m²)

I = segundo momento de área (m⁴)

x = distância do suporte como mostrado (m)

L = comprimento da viga (m)

Qual é a unidade adequada para w se a equação precedente for homogênea em unidades? Demonstre todas as etapas de seu trabalho.

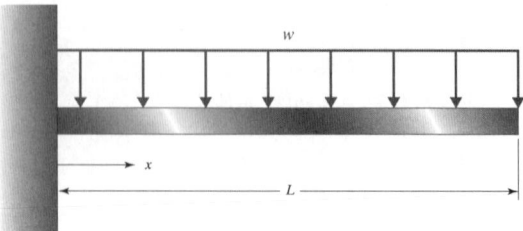

Problema 6.21   Uma viga engastada.

6.20 Um modelo conhecido como *distância de paragem* é usado por engenheiros civis para projetar rodovias. Esse modelo simples calcula a distância necessária para um motorista parar o carro após detectar um perigo. O modelo proposto pela American Association of State Highway e Transportation Officials (AASHTO) é mostrado por

$$S = \frac{V^2}{2g(f \pm G)} + TV$$

em que

S = distância de paragem (ft)

V = velocidade inicial (ft/s)

g = aceleração decorrente da gravidade, 32,2 ft/s²

f = coeficiente de fricção entre pneus e rodovias

G = inclinação de rodovia

T = tempo de reação do motorista (s)

Quais são as unidades adequadas para f e G se a equação precedente for homogênea em unidades? Demonstre todas as etapas de seu trabalho.

6.21 Em um processo de recozimento — processo em que materiais como vidro e metal são aquecidos em altas temperaturas e depois resfriados lentamente para se tornarem mais rígidos — aplica-se a equação a seguir para determinar a temperatura de uma peça fina de material após algum tempo.

$$\frac{T - T_{ambiente}}{T_{inicial} - T_{ambiente}} = \exp\left(-\frac{2h}{\rho cL}t\right)$$

em que

T = temperatura (°C)

h = coeficiente de transferência de calor

ρ = densidade (kg/m³)

c = calor específico (J/kg · K)

L = espessura da placa (m)

t = tempo (s)

Aqueles que escolherem as áreas de aeronáutica, produtos químicos, mecânicos ou usinagem de materiais estudarão em sua aula de transferência de calor os conceitos essenciais necessários para a solução deste problema. Qual é a unidade adequada para h se a equação precedente for homogênea em unidades? Demonstre todas as etapas de seu trabalho.

6.22 A resistência do ar sobre o movimento de um veículo é algo importante que os engenheiros investigam. Como você também deve saber, a força de atrito que atua sobre um carro é determinada experimentalmente colocando-se o carro em um túnel de vento. Para determinado carro, os dados experimentais são representados por um único coeficiente chamado coeficiente de atrito. Ele é definido pela equação:

$$C_d = \frac{F_d}{\frac{1}{2}\rho V^2 A}$$

em que

C_d= coeficiente de atrito

F_d= força de atrito medida (lb)

ρ = densidade do ar (slugs/ft³)

V = velocidade do ar dentro do túnel (ft/s)

A = área frontal do carro (ft²)

Qual é a unidade adequada para C_d se a equação precedente for homogênea em unidades? Demonstre todas as etapas de seu trabalho.

6.23 Aletas, ou superfícies estendidas, normalmente são usadas em diversas aplicações de engenharia para obter resfriamento. O cabeçote do motor de motocicleta, o cabeçote do motor do cortador de grama, dissipador de calor usado em equipamentos eletrônicos e trocadores de calor de tubo aletados em aquecimento de ambiente e aplicações de resfriamento são alguns exemplos. Para aletas compridas, a distribuição de temperatura ao longo da aleta é fornecida pela relação exponencial:

$$T - T_{ambiente} = (T_{base} - T_{ambiente})e^{-mx}$$

em que

T = temperatura (K)

$$m = \sqrt{\frac{hp}{kA}}$$

h = o coeficiente de transferência (W/m² K)

p = perímetro da aleta (m)

A = área da seção transversal da aleta (m²)

k = condutividade térmica do material da aleta

x = distância da base da aleta (m)

Qual é a unidade adequada para k se a equação precedente for homogênea em unidades? Demonstre todas as etapas de seu trabalho.

6.24 Uma pessoa que tem 180 cm de altura e pesa 750 newtons está dirigindo um carro a uma velocidade de 90 quilômetros por hora numa distância de 80 quilômetros. A temperatura externa é 30°C e a densidade é de 1,2 quilogramas por metro cúbico (kg/m³). Converta todos os valores fornecidos nesse exemplo de unidades SI para unidades norte-americanas.

6.25 Use os fatores de conversão fornecidos no verso da capa frontal e no verso da contracapa deste livro para converter os valores dados: (a) área A= 16 pol² para ft², (b) volume V = 64 pol³ para ft³, e (c) momento de inércia da área I = 21,3 pol⁴ para ft⁴.

6.26 A aceleração decorrente da gravidade g é 9,81 m/s². Expresse o valor g em unidade norte-americana e unidade BG. Demonstre todas as etapas de conversão.

6.27 Isaac Newton descobriu que duas massas m_1 e m_2 se atraem com uma força igual em intensidade e atuam em direções opostas, de acordo com a relação:

$$F = \frac{Gm_1 m_2}{r^2}$$

em que

F = força de atração (N)

G = Constante Gravitacional Universal

m_1 = massa de partícula –1 (kg)

m_2 = massa de partícula –2 (kg)

r = distância entre o centro de cada partícula (m)

Quais são as unidades adequadas para G se a equação precedente for homogênea em unidades?

6.28 Converta a pressão atmosférica nas unidades solicitadas. Demonstre todas as etapas de conversão. (a) 14,7 lbf/pol² para lbf/ft², (b) 14,7 lbf/pol² para Pa, (c) 14,7 lbf/pol² para kPa e (d) 14,7 lbf/pol² para bar (1 bar = 100 kPa).

6.29 Para gases sob certas condições, há uma relação entre a pressão do gás, seu volume e sua temperatura, conforme fornecido pela lei dos gases ideais. A lei dos gases ideais é

$$PV = mRT$$

em que

P = pressão absoluta do gás (Pa)

V = volume do gás (m³)

m = massa (kg)

R = constante do gás

T = temperatura absoluta (kelvin)

Quais são as unidades adequadas para R se a equação precedente for homogênea em unidades?

6.30 A quantidade de energia radiante emitida por uma superfície é fornecida por

$$q = \varepsilon \sigma A T_s^4$$

em que

q representa a taxa de energia térmica (por unidade de tempo) emitida pela superfície em watts;

ε = a emissividade da superfície $0 < \varepsilon < 1$ e sua proporcionalidade

σ = constante de Stefan-Boltzman ($\sigma = 5,67 \times 10^8$)

A representa a área da superfície em m²

T_s = temperatura de superfície do objeto expressa em kelvin

Quais são as unidades adequadas para σ se a equação for homogênea em unidades?

6.31 A temperatura corpórea de uma pessoa é controlada por (1) transferência de calor convectiva e radiativa para o meio ambiente, (2) sudorese, (3) respiração ao inspirar o ar ambiente e expirá-lo a uma temperatura próxima à temperatura corpórea, (4) circulação sanguínea perto da superfície da pele e (5) taxa metabólica.

A taxa metabólica determina a taxa de conversão de energia química em energia térmica dentro do corpo da pessoa. A taxa metabólica depende do nível de atividade da pessoa. Para expressar a taxa metabólica de uma pessoa mediana sob condições sedentárias (por unidade de área de superfície) geralmente é usada a unidade conhecida como met (1 met é igual a 58,2 W/m²). Converta esse valor em B tu/h · ft. Calcule também a quantidade de energia dissipada por uma pessoa adulta mediana que dorme 8 horas, gera 0,7 met e apresenta uma área de superfície corpórea de 19,6 ft². Expresse seus resultados em Btu e em joules (1 Btu =1 055 joules).

6.32 A *caloria* é definida como a quantidade de calor necessária para elevar 1 °C na temperatura de 1 grama de água. Além disso, o conteúdo do alimento em energia em geral é expresso em *Calorias*, o que é igual a 1 000 calorias. Converta os resultados do problema anterior em calorias (1 Btu = 252 calorias).

6.33 Converta a resistência dos materiais selecionados na tabela de MPa em ksi, em que 1 000 lbf/pol² = 1 ksi.

Material	Resistência máxima (MPa)	Resistência máxima (ksi)
Ligas de alumínio	100-550	
Concreto (compressão)	10-70	
Aço		
Máquina	550-860	
Mola	700-1 900	
Inoxidável	400-1 000	
Ferramenta	900	
Aço Estrutural	340-830	
Ligas de titânio	900-1 200	
Madeira (flexão)		
Douglas fir	50-80	
Carvalho	50-100	
Pinus	50-100	

6.34 A densidade da água é 1 000 kg/m³. Expresse a densidade da água em lbm/ft³ e lbm/galão (7,48 galões 1ft³).

6.35 A unidade geralmente utilizada para expressar o valor de isolamento da roupa é chamada de clo. 1 clo é igual a 0,155 m^2 °C/W. Expresse esse valor em unidades norte-americanas.

6.36 Converta 1 lbf · ft/s em N · m/s e mostre que 1 lbf · ft/s é igual a 1,36 W. Sabendo que 550 lbf · ft/s é igual a 1 hp (cavalo-vapor), expresse esse valor em kW.

6.37 A viscosidade do fluido exerce uma função importante nas análises de muitos problemas de dinâmica dos fluidos. A viscosidade da água pode ser determinada pela correlação:

$$\mu = c_1 10^{\left(\frac{c_2}{T - c_3}\right)}$$

em que

μ viscosidade (N/s · m^2)

T = temperatura (K)

$C_1 = 2,414 \times 10^{-5}$

$C_2 = 247,8$ (K)

$C_3 = 140$ (K)

Qual é a unidade adequada para c_1 se a equação precedente for homogênea em unidades?

6.38 Para a lei dos gases ideais fornecida no Problema 6.31, se as unidades de P, V, m e T forem expressas em lbf/ft^2, ft^3, lbm e grau Rankine (°R), respectivamente, quais são as unidades adequadas para a constante de gás R se a lei dos gases ideais for homogênea em unidades?

6.39 Para uma equação de aletas descrita no Problema 6.25, se as unidades de T, h, P, A e x forem expressas em graus Rankine (°R), Btu/h · ft^2· °R, ft, ft^2e ft, respectivamente, quais são as unidades adequadas para condutividade térmica k se a equação de aleta for homogênea em unidades? Demonstre todas as etapas de seu trabalho.

6.40 Para a parte (a) do Exemplo 6.6, se as unidades de d, P, L e A forem dadas em pol, lbf, polegadas e pol^2, respectivamente, quais são as unidades para o módulo de elasticidade E?

6.41 Para a parte (b) do Exemplo 6.6, se as unidades de k, A, $T_1 - T_2$ e L forem dadas em Btu/h · ft · °F, ft^2, °F e ft, respectivamente, qual é a unidade adequada para a taxa de transferência de calor q?

6.42 Para o coeficiente de atrito na relação do Problema 6.24, se as unidades de F_d, V, A e C_d forem expressas em N, m/s, m^2 e sem unidade, respectivamente, quais são as unidades adequadas para ρ?

6.43 Para a relação da viga engastada do Problema 6.21, se as unidades de y, w, E, x e L forem expressas em pol., lbf/pol, lbf/pol^2, pol. e pol., respectivamente, quais são as unidades adequadas para I?

6.44 A rotação de um objeto rígido é governada pela relação:

$\sum M = I\alpha$

$\sum M$ = soma dos momentos decorrentes de forças externas (N · m)

I = momento de inércia da massa

$\alpha =$ aceleração angular do objeto (rad/s^2)

Quais são as unidades adequadas para momento de inércia da massa I?

6.45 O valor da viscosidade de um fluido representa a medida da facilidade com que determinado fluido pode fluir. Quanto maior for o valor da viscosidade, mais resistência o fluido oferece para fluir. Por exemplo, seria necessário menos energia para transportar água em uma tubulação do que para transportar óleo de motor ou glicerina. A viscosidade de muitos fluidos é governada pela lei de viscosidade de Newton

$$\tau = \mu \frac{du}{dy}$$

em que

τ = tensão de cisalhamento (N/m^2)

μ = viscosidade

du = mudança na velocidade do escoamneto (m/s) em uma altura dy (m)

Quais são as unidades adequadas para a viscosidade?

6.46 A potência de saída de uma turbina de água é dada por

$$P = \rho g Q h$$

em que

P = potência

ρ = densidade da água (kg/m^3)

g = aceleração decorrente da gravidade (m/s^2)

Q = vazão da água (m^3/s)

h = coluna de água disponível (m)

Qual é a unidade adequada para a P?

6.47 A perda de carga decorrente do escoamento de um fluido dentro de um tubo é calculada com

$$h_{\text{Perda}} = f \frac{L}{D} \frac{V^2}{2g}$$

em que

h_{Perda} (m)

f = fator de atrito

L = comprimento do tubo (m)

D = diâmetro do tubo (m)

V = velocidade média do escoamento (m/s)

g = aceleração devido à gravidade (m/s^2)

Qual é a unidade adequada para o fator de atrito f?

6.48 Para o problema 6.49, h_{Perda} é expresso em pés, L e D em polegadas, V em (ft/s), e g em (ft/s^2). Qual a unidade adequada para o fator de atrito f?

6.49 Escolha um carro e pesquise suas especificações métricas (carroceria, tamanho do motor e consumo de combustível); e escolha um equipamento doméstico, como aparelho de ar-condicionado (tamanho, capacidade de resfriamento e consumo de energia). Converta suas descobertas em unidades norte-americanas.

"*Nada é tão maravilhoso que não possa existir, se admitido pelas leis da natureza.*"
– MICHAEL FARADAY (1791–1867)

Comprimento e variáveis a ele relacionadas em engenharia

BMW Z3 roadster 2.5i/3.0i

Todas as dimensões estão em milímetros.

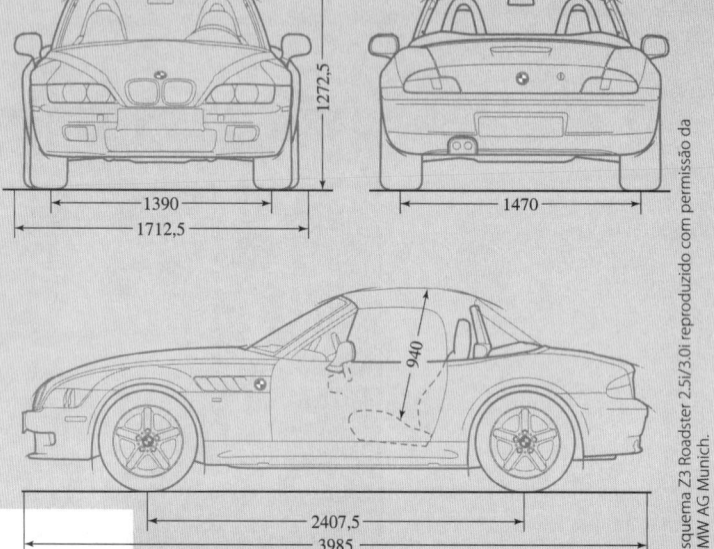

Esquema Z3 Roadster 2.5i/3.0i reproduzido com permissão da BMW AG Munich.

A ilustração mostra as principais dimensões do BMW Z3 Roadster. A grandeza fundamental comprimento e as variáveis a ele relacionadas, como área e volume (por exemplo, superfície de assento ou capacidade do bagageiro), exercem funções importantes no projeto de engenharia. Um bom engenheiro sabe medir, calcular e arredondar valores de comprimento, área e volume.

OBJETIVOS DE APRENDIZADO

OA1 **Comprimento como dimensão fundamental:** descrever a função do comprimento em análise e projeto de engenharia, bem como suas unidades, medidas e cálculos

OA2 **Razão de dois comprimentos – radianos e variações:** explicar o que significam radianos e variações – ambos em grandezas relacionadas ao comprimento – e sua função em análises e projetos de engenharia

OA3 **Área:** descrever a função da área – uma grandeza relacionada ao comprimento – em análises e projetos de engenharia, bem como suas unidades, medidas e cálculos

OA4 **Volume:** descrever a função do volume – uma grandeza relacionada ao comprimento – em análises e projetos de engenharia, bem como suas unidades, medidas e cálculos

OA5 **Segundo momento de área:** explicar o que significa segundo momento de área – uma grandeza relacionada ao comprimento – sua função em análises e projetos de engenharia, bem como seu cálculo

GEOMETRIA DA MÃO

DEBATE INICIAL

Ageometria da mão usada para reconhecimento é o tipo de biometria, cuja implantação foi a mais demorada, introduzida na sociedade no final dos anos 1980. Os sistemas foram amplamente instalados para facilitar o uso, a aceitação pública e a capacidade de integração. Uma das desvantagens da geometria da mão é que ela não é única e se limita à função de verificação.

Os dispositivos usam um conceito simples para medir e registrar comprimento, largura, espessura e área da palma da mão sobre uma placa. Os sistemas de geometria da mão usam uma câmera para capturar a imagem da silhueta da mão. A mão do usuário é colocada sobre uma placa com a palma virada para baixo e orientada por cinco pinos que detectam quando a mão está na placa. O dispositivo captura a imagem da superfície superior da mão e de uma lateral usando um espelho em ângulo. Com a captura da imagem, 31 000 pontos são analisados e 90 medições são obtidas, dentre as quais o comprimento dos dedos, a distância entre as articulações, a altura ou espessura da mão e dos dedos.

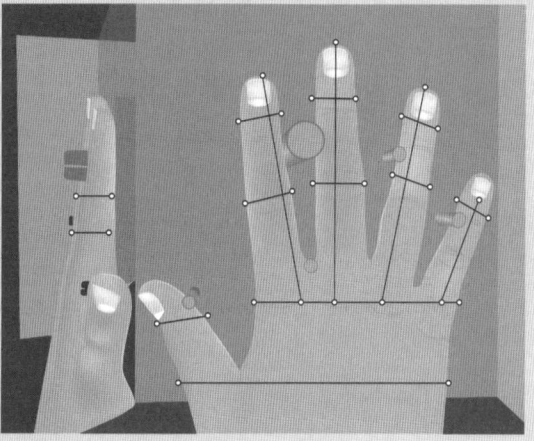

http://www.biometrics.gov

Para os estudantes: Você é capaz de dar outros exemplos de comprimento e variáveis relacionados ao comprimento na vida cotidiana? Qual é a função do comprimento e das grandezas a ele relacionadas em análises e projetos de engenharia? Dê exemplos.

Quando se tornar um profissional de engenharia, você vai continuar a aprender coisas novas, mesmo após obter o diploma. Por exemplo, em um projeto em que o barulho de uma máquina for uma preocupação, você precisará descobrir meios para reduzir o nível de ruído. Talvez durante os quatro ou cinco anos de formação em engenharia você não tenha aula de controle de ruído. Considerando sua falta de conhecimento e informação sobre esse assunto, inicialmente você poderá procurar um especialista em controle de ruído e passar para ele a tarefa. Mas seu supervisor poderá lhe informar que, em razão das restrições orçamentárias, e por ser um projeto pontual, você mesmo deverá buscar a solução. Portanto, será necessário buscar formação nova e rápida. Se você dominar os conceitos básicos da engenharia, o processo de aprendizagem será mais rápido e prazeroso. O principal desta história é que, durante os próximos quatro anos, você só precisa se preocupar em aprender bem os fundamentos.

| TABELA 6.7 | | Dimensões fundamentais e seu uso ao definir variáveis usadas em análises e projetos de engenharia | | | |

Capítulo	Dimensão fundamental		Variáveis de engenharia relacionadas		
7	Comprimento (L)	Radiano (L/L) Tensão (L/L)	Área (L^2)	Volume (L^3)	Momento de inércia da área (L^4)
8	Tempo (t)	Velocidade angular ($1/t$) Aceleração angular ($1/t^2$) Velocidade linear (L/t) Aceleração linear (L/t^2)		Vazão volumétrica (L^3/t)	
9	Massa (M)	Vazão volumétrica (M/t) Quantidade de movimento (ML/t) Energia cinética (ML^2/t^2)		Densidade (M/L^3), volume específico (L^3/M)	
10	Força (F)	Quantidade de movimento (LF) Trabalho, energia (FL) Impulso linear (Ft), Força (FL/t)	Pressão (F/L^2) Tensão (F/L^2) Módulo de elasticidade (F/L^2) Módulo de rigidez (F/L^2)	Peso específico (F/L^3),	
11	Temperatura (T)	Expansão térmica linear (L/LT) Calor específico (FL/MT)		Expansão térmica do volumétrica (L^3/L^3T),	
12	Corrente elétrica (I)	Carga (It)	Densidade da corrente (I/L^2)		

Como estudante de engenharia, é fundamental que você desenvolva um olhar atento para o seu ambiente. Neste capítulo, estudaremos a função de comprimento, área e volume com variáveis relacionadas a comprimento nas aplicações de engenharia. Veremos como essas variáveis físicas afetam as decisões em projetos de engenharia. Os tópicos introduzidos neste capítulo são fundamentais, portanto, dominá-los fará a diferença na profissão de engenheiro. Alguns conceitos e ideias apresentados aqui serão revistos sob outras formas nas próximas aulas. O principal objetivo de apresentá-los desde já é chamar a atenção para a relação entre esses conceitos e outros parâmetros de engenharia; assim, nas aulas futuras, você perceberá a importância desses conceitos ao estudar mais profundamente um tópico específico.

Reapresentamos a Tabela 6.7 para mostrar a relação entre o conteúdo deste capítulo e as dimensões fundamentais discutidas em outros capítulos.

OA¹ 7.1 Comprimento como dimensão fundamental

Quando você passa por um saguão, consegue estimar a altura do teto? Ou a largura da porta? E o comprimento do saguão? Você deve desenvolver a habilidade de estimar medidas, pois ter uma "percepção" de dimensões o ajudará na profissão de engenheiro. Se você decidir ser engenheiro de projetos, perceberá que tamanho e custo são parâmetros importantes em projetos. Depois de desenvolver a "percepção" de tamanho de objetos ao seu redor, você terá uma boa ideia das variações de valores aceitáveis em projetos.

Como você sabe, cada objeto físico tem um tamanho. Algumas coisas são maiores do que outras. Algumas coisas são mais largas do que outras. Esses são modos comuns de expressar o tamanho relativo dos objetos. Conforme discutimos no Capítulo 6, com a observação da natureza, as pessoas reconheceram a necessidade da quantificação física ou dimensão física (que hoje chamamos de **comprimento**), assim puderam descrever melhor seu ambiente. Também perceberam que ter uma definição comum para uma grandeza física, como comprimento, torna a comunicação mais fácil. Os primeiros humanos provavelmente usaram dedo, braço, passo, bastão ou corda para medir o tamanho de um objeto. O Capítulo 6 também ressalta a necessidade de ter escalas ou divisões para a dimensão comprimento a fim de tornar os números simples e gerenciáveis. Hoje, chamamos essas divisões ou escalas de *sistemas de unidades*. Neste capítulo, concentramos nossa atenção no comprimento e nas grandezas derivadas a ele relacionadas, como área e volume.

O comprimento é uma das sete dimensões fundamentais que usamos para expressar corretamente o que conhecemos do mundo natural. Na economia globalizada atual, em que os produtos são fabricados em um lugar e montados em outro, existe a necessidade ainda maior de maneiras uniformes e consistentes de comunicar informações sobre dimensão, comprimento e outras variações de comprimento, para que peças fabricadas em um lugar possam ser facilmente combinadas na linha de montagem com peças de outros lugares. Um automóvel é um bom exemplo deste conceito. Ele apresenta literalmente centenas de peças fabricadas por várias empresas em diferentes partes do mundo.

Como vimos no Capítulo 6, aprendemos com nosso ambiente e formulamos nossas observações sob a forma de leis e princípios. Usamos essas leis e princípios físicos para projetar, desenvolver e testar produtos e serviços. Você costuma observar atentamente seu ambiente? Procura aprender com base em observações do cotidiano? Aqui estão algumas questões a considerar: Você tem ideia das dimensões de uma lata de refrigerante? Quais são elas? Quais fatores desse projeto são importantes? Quem toma refrigerante todos os dias sabe que uma lata de refrigerante cabe na palma da mão. Também sabe que ela é feita de alumínio, e por isso é leve. Em sua opinião, que outros fatores são considerados no projeto de uma lata de refrigerante? Quais são as considerações importantes ao projetar a sinalização de uma rodovia? Qual deve ser a largura de um corredor? Ao projetar um supermercado, qual deve ser a largura dos corredores? Você já está na escola há pelo menos 12 anos, mas nunca pensou sobre a disposição das carteiras na sala de aula? Por exemplo, qual é a distância entre elas? Ou a que altura do chão deve estar a lousa? Para aqueles que vão de ônibus à escola, qual é a largura dos assentos de um ônibus? Qual é a largura das faixas em uma rodovia? Quais fatores são importantes ao determinar o tamanho de um assento de carro? Olhe ao redor, em casa, e pense sobre as dimensões de comprimento. Comece pela sua cama: Quais são as suas dimensões? A que distância ela está do chão? Qual é a altura-padrão para os degraus de uma escada? Quando você diz que possui uma televisão de 80 cm, a qual dimensão você está se referindo? A que altura ficam as maçanetas, o chuveiro, a pia, as tomadas, etc.?

Você está começando a perceber que o comprimento é uma dimensão fundamental normalmente usada em produtos de engenharia. Outro exemplo de aplicação em que o comprimento exerce uma função importante são os sistemas de coordenadas, usados para localizar objetos em relação a uma origem conhecida. De fato, você usa sistema de coordenadas todos os dias, mesmo sem pensar sobre isso. Quando você vai de sua casa para a escola, para o mercado ou para um almoço com um amigo, você usa sistema de coordenadas. O uso de sistemas de coordenadas é praticamente a sua segunda natureza. Digamos que você more no centro da cidade e sua escola se localize na zona norte. Você sabe a localização exata da escola com relação à sua casa, quais ruas pegar, qual é a distância e em quais direções seguir para chegar à escola. Durante toda a sua vida, você usou um sistema de coordenadas para localizar pontos e endereços mesmo sem se dar conta disso. Você também sabe o local exato dos objetos em casa em relação a outros objetos, ou por si mesmo. Você sabe onde a TV fica em relação ao sofá ou à sua cama.

> Os sistemas de coordenadas são usados para localizar objetos em relação a uma origem conhecida. Com base na localização dos objetos, usamos tipos diferentes de sistemas de coordenadas, como retangular, cilíndrico e esférico.

Há tipos diferentes de sistemas de coordenadas, como: retangular, **esférico cilíndrico**, e assim por diante, conforme a Figura 7.1. Para cada problema, com base na sua natureza, podemos usar um ou outro tipo. O sistema de coordenadas mais comum é o retangular ou **Sistema cartesiano de coordenadas** (Figura 7.1). Quando você está indo para a escola ou para um almoço com um amigo, você usa o sistema de coordenadas retangular, talvez sem usar essa terminologia. Você pode usar as direções norte, leste, oeste ou sul para chegar ao ponto de encontro; ou pensar em eixos de um sistema de coordenada retangular alinhado com, por exemplo, a direção leste–norte. Os cegos são usuários experientes dos sistemas de coordenadas retangular. Como não podem contar com a percepção visual, eles contam quantos passos são necessários em determinada direção para seguir de um local para outro. Assim, para entender melhor os sistemas de coordenadas, execute o seguinte experimento. Em casa, feche os olhos por alguns minutos e tente ir da cama até o banheiro. Observe o número de passos que você precisou dar, e em quais direções. Pense sobre isso!

Todos nós em algum momento já tentamos ir a algum lugar sem conhecer o caminho. Em outras palavras, já ficamos perdidos! As pessoas mais espertas usam um mapa ou param e solicitam informações sobre distância e direções (coordenadas x e y) até o local desejado. A Figura 7.2 mostra um exemplo de uso de mapa para se localizar. **Sistemas de coordenadas** também são integrados no *software* que opera máquinas controladas numericamente por computador Computer Numerically Controlled (CNC, Comando Numérico Computadorizado), como a fresadora ou o torno que corta materiais em formatos específicos.

Agora que você entendeu a importância da dimensão de comprimento, vejamos suas divisões e unidades. Há diversos sistemas de unidade em uso na engenharia hoje. Descreveremos dois desses sistemas: o Sistema Internacional de Unidades (SI) e as unidades norte-americanas. A unidade de comprimento no SI é o metro (m). Podemos usar os múltiplos e frações dessa unidade de acordo coma Tabela 6.2. Os múltiplos comuns do metro são micrômetro (μm), milímetro (mm), centímetro (cm) e quilômetro (km). Lembre-se de nossa discussão, no Capítulo 6, sobre unidades e prefixos de multiplicação que usamos para manter os números gerenciáveis. O Sistema Internacional de Unidades é utilizado universalmente, exceto nos Estados Unidos. A unidade de comprimento no sistema norte-americano é o pé (ft). A relação entre as unidades pé e metro é fornecida por 1 ft = 0,3048 m. A Tabela 7.1 mostra outras unidades usadas normalmente e os valores equivalentes em ordem crescente e inclui unidades SI e norte-americanas para dar a sensação de magnitude relativa.

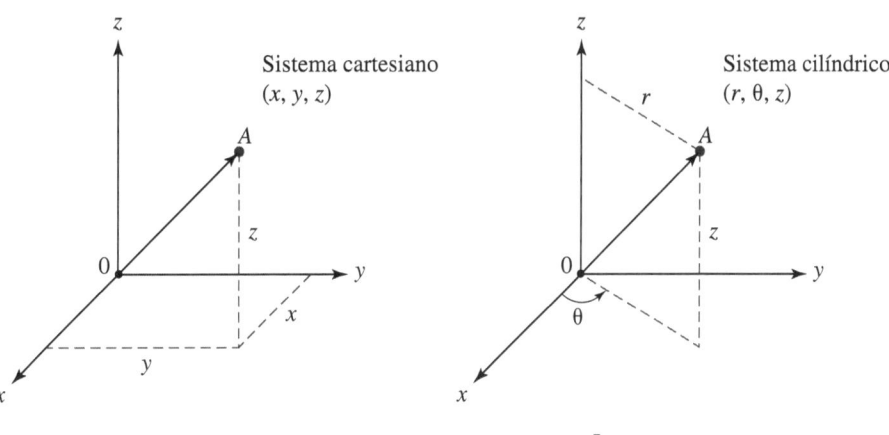

Para localizar um objeto no ponto A em relação à origem (ponto 0) do sistema cartesiano, siga o eixo x pelo valor x (ou passos) e depois pela linha pontilhada e paralela ao eixo y pelo valor y. Finalmente, siga pela linha pontilhada e paralela à direção z pelo valor z. Como você chegaria ao ponto A usando o sistema cilíndrico ou esférico? Explique.

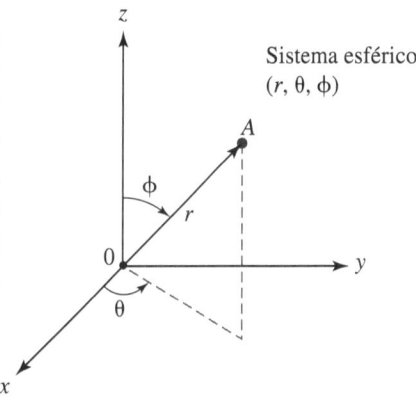

FIGURA 7.1 Exemplos de sistemas de coordenadas.

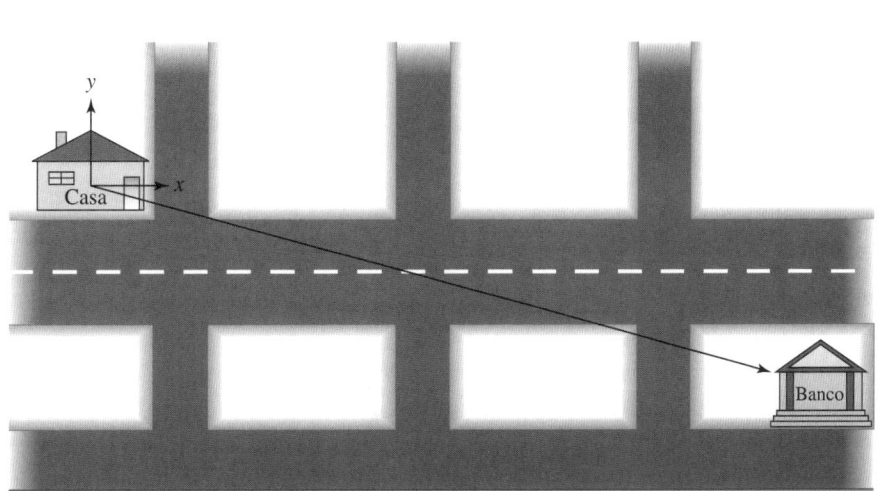

FIGURA 7.2 Um exemplo do uso do sistema de coordenadas.

Algumas dimensões interessantes no mundo natural são

O pico da montanha mais alta (Everest): 8 848 m (29 028 pés)

Oceano Pacífico: Profundidade média: 4 028 m (13 215 pés)

Maior profundidade conhecida: 11 033 m (36 198 pés)

TABELA 7.1	Unidades de comprimento e valores equivalentes

Unidades de comprimento em ordem crescente	Valor equivalente
1 angstrom	1×10^{-10} metro (m)
1 micrômetro ou 1 mícron	1×10^{-6} metro (m)
1 mil ou thou	1/1 000 pol. $\approx 2,54 \times 10^{-5}$ metro (m)
1 ponto (de impressora)	$3,514598 \times 10^{-4}$ (m)
1 milímetro	1/1 000 metro (m)
1 pica (de impressora)	4,217 milímetros (mm)
1 centímetro	1/100 metro (m)
1 polegada	2,54 centímetros (cm)
1 pé	12 polegadas (pol.)
1 jarda	3 pés (ft)
1 metro	1,0936 jarda $\approx$ 1,1 jarda (yd)
1 quilômetro	1 000 metros (m)
1 milha	1,6093 quilômetros (km) = 5 280 pés (ft)

Medições e cálculos de comprimento

Os homens já usaram o comprimento do dedo, do braço, do passo (ou o comprimento dele), de um bastão, de uma corda e de correntes, entre outras coisas, para medir o tamanho ou a disposição de um objeto. Hoje, dependendo da precisão necessária na medição e do tamanho do objeto a ser medido, usamos outros dispositivos, como régua, uma medida de comparação e uma fita de aço. Todos nós já usamos uma régua ou fita para medir a distância ou o tamanho de um objeto. Esses dispositivos são baseados em unidades definidas e aceitas internacionalmente, como milímetros, centímetros ou metros e polegadas, pés ou jardas. Para medidas mais precisas de pequenos

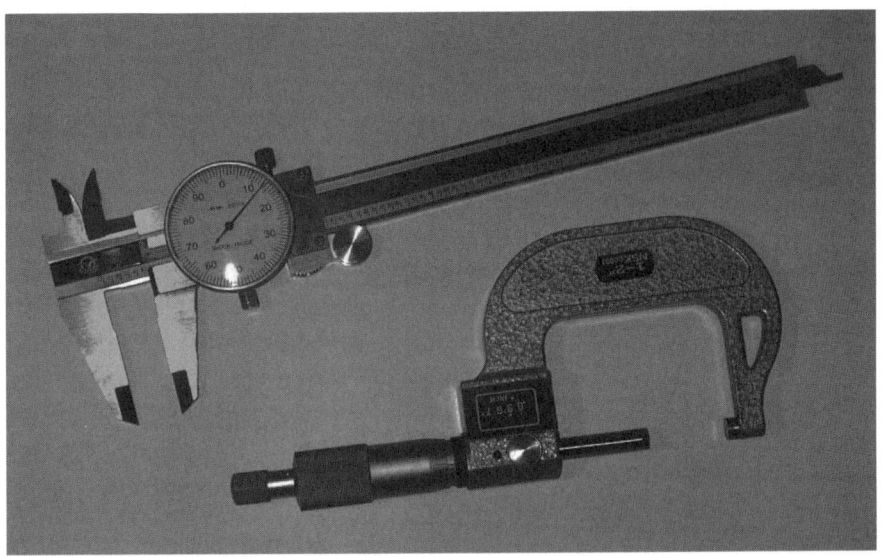

Saeed Moaveni

| FIGURA 7.3 | A escala Vernier e o micrômetro. |

objetos, desenvolvemos ferramentas de medição como micrômetro ou a escala Vernier ou paquímetro (Figura 7.3), que nos permite medir dimensões dentro de 1/100 de milímetro. De fato, os operadores usam micrômetros e escala Vernier todos os dias.

Em escala maior, você já viu os marcadores de quilômetros ao longo das rodovias. Algumas pessoas de fato usam esses marcadores para comparar a precisão do velocímetro dos carros. Medindo o tempo entre dois marcadores, você também pode verificar a precisão do velocímetro do carro. Nas últimas décadas, os instrumentos eletrônicos de medição de distância (EDMI, Electronic Distance Measuring Instruments) foram desenvolvidos para nos permitir medir distâncias de metros até muitos quilômetros com razoável precisão. Esses dispositivos eletrônicos de medição e distância são muito usados para fins de pesquisa em aplicações de engenharia civil (Figura 7.4). O instrumento envia um feixe de luz que é refletido por um sistema de refletores localizados a uma distância desconhecida. O instrumento e o sistema refletor são posicionados de forma que o feixe de luz refletido seja interceptado pelo instrumento, que interpreta as informações para determinar a distância entre ele e o refletor. O Sistema de Posicionamento Global (GPS, Global Positioning System) é outro exemplo dos recentes avanços em localização de objetos na superfície da Terra com boa precisão. Desde o ano de 2013, sinais de rádio foram enviados de aproximadamente 64 satélites artificiais em órbita na Terra. As estações de controle estão localizadas ao redor do mundo para receber e interpretar os sinais enviados pelos satélites. Embora originalmente o GPS tenha sido fundado e controlado pelo Departamento de Defesa dos Estados Unidos para aplicações militares, hoje existem centenas de milhões de usuários. Receptores de navegação por GPS são comuns em aviões, carros, ônibus, celulares e receptores manuais usados por excursionistas.

Às vezes, as distâncias ou dimensões são determinadas indiretamente usando princípios trigonométricos. Por exemplo, digamos que precisamos determinar a altura de um prédio similar ao da Figura 7.5, mas não temos dispositivos precisos para medição. Com um canudo, um transferidor e uma fita de aço podemos determinar um valor razoável para a altura do prédio, medindo o ângulo e as dimensões d e h_1. A análise é indicada na Figura 7.5. Observe que h_1 representa a distância do solo até os olhos da pessoa que está olhando pelo canudo. O ângulo α (alfa) é o ângulo que o canudo, focalizado na borda do telhado, faz com a linha horizontal. O transferidor é usado para medir esse ângulo.

| FIGURA 7.4 | Exemplo de instrumento eletrônico de medição de distância usado na topografia. |

É muito provável que você já tenha usado ferramentas de trigonometria para analisar problemas no passado. Também é possível que você não as tenha usado recentemente. Se for este o caso, então elas foram ajustadas em sua caixa de ferramentas mental em dado momento e possivelmente deixaram um pouco de ferrugem em sua cabeça! Ou talvez você nem se lembre mais de como usar corretamente essas ferramentas. Por sua importância, vamos rever algumas dessas relações e definições básicas. Para um triângulo retângulo, a relação de Pitágoras pode ser expressa por

$$a^2 + b^2 = c^2$$

No triângulo retângulo da Figura 7.6(a), o ângulo oposto ao lado a é indicado por α (alfa) e o ângulo oposto ao lado b é indicado por β (beta). As funções seno, cosseno e tangente de um ângulo são definidas por

$$\operatorname{sen}\alpha = \frac{\text{oposto}}{\text{hipotenusa}} = \frac{a}{c},\ \cos\alpha = \frac{\text{adjacente}}{\text{hipotenusa}} = \frac{b}{c},\ \tan\alpha = \frac{\operatorname{sen}\alpha}{\cos\alpha} = \frac{\text{oposto}}{\text{adjacente}} = \frac{a}{b}$$

$$\operatorname{sen}\beta = \frac{\text{oposto}}{\text{hipotenusa}} = \frac{b}{c},\ \cos\beta = \frac{\text{adjacente}}{\text{hipotenusa}} = \frac{a}{c},\ \tan\beta = \frac{\operatorname{sen}\beta}{\cos\beta} = \frac{\text{oposto}}{\text{adjacente}} = \frac{b}{a}$$

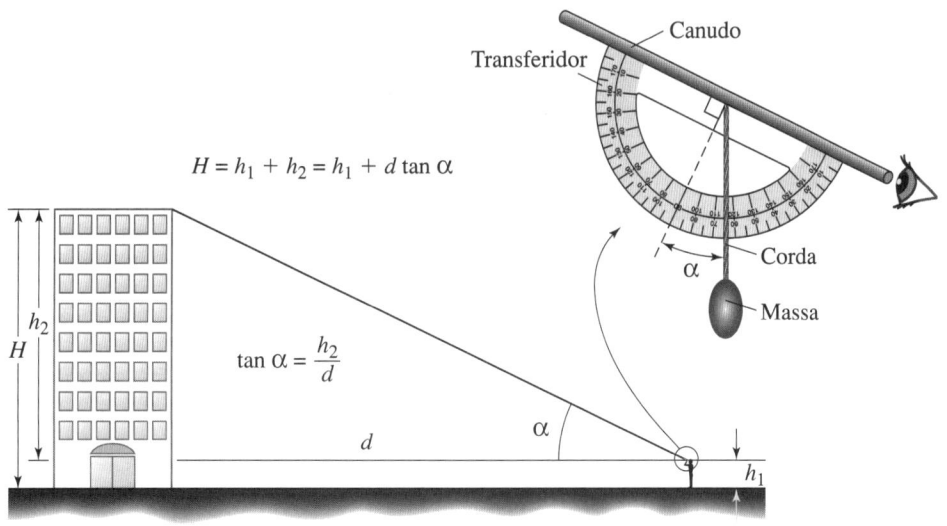

$$H = h_1 + h_2 = h_1 + d \tan \alpha$$

$$\tan \alpha = \frac{h_2}{d}$$

| FIGURA 7.5 | Como medir a altura de um prédio indiretamente. |

A lei dos senos e cossenos (regra) para um triângulo qualquer Figura 7.6(b) é

A regra do seno: $\dfrac{a}{\sin \alpha} = \dfrac{b}{\sin \beta} = \dfrac{c}{\sin \theta}$

A regra do cosseno:
$$a^2 = b^2 + c^2 - 2bc(\cos \alpha)$$
$$b^2 = a^2 + c^2 - 2ac(\cos \beta)$$
$$c^2 = a^2 + b^2 - 2ba(\cos \theta)$$

ou

$$\cos \alpha = \frac{b^2 + c^2 - a^2}{2bc}$$
$$\cos \beta = \frac{a^2 + c^2 - b^2}{2ac}$$
$$\cos \theta = \frac{a^2 + b^2 - c^2}{2ba}$$

Outras identidades de trigonometria úteis são

$$\operatorname{sen}^2 \alpha + \cos^2 \alpha = 1$$
$$\operatorname{sen} 2\alpha = 2 \operatorname{sen} \alpha \cos \alpha$$
$$\cos 2\alpha = \cos^2 \alpha - \operatorname{sen}^2 \alpha = 2\cos^2 \alpha - 1 = 1 - 2\operatorname{sen}^2 \alpha$$
$$\operatorname{sen}(-\alpha) = -\operatorname{sen} \alpha$$
$$\cos(-\alpha) = \cos \alpha$$
$$\operatorname{sen}(\alpha + \beta) = \operatorname{sen} \alpha \cos \beta + \operatorname{sen} \beta \cos \alpha$$
$$\operatorname{sen}(\alpha - \beta) = \operatorname{sen} \alpha \cos \beta - \operatorname{sen} \beta \cos \alpha$$
$$\cos(\alpha + \beta) = \cos \alpha \cos \beta - \operatorname{sen} \alpha \operatorname{sen} \beta$$
$$\cos(\alpha - \beta) = \cos \alpha \cos \beta - \operatorname{sen} \alpha \cos \beta$$

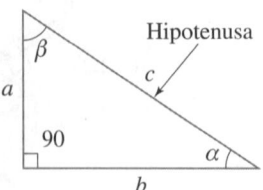
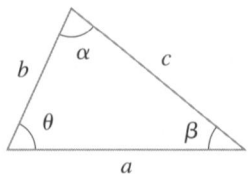

Você verá mais tarde nas aulas de física, estática e dinâmica que as relações de trigonometria são muito úteis.

Tamanhos nominais *versus* tamanhos reais

Suponha que você deva medir um pedaço de madeira 2 × 4. Se medir as dimensões da seção transversal, descobrirá que a largura real é menor que 2 polegadas (50 mm) (aproximadamente 1,5 polegada ou 40 mm) e a altura é menor de 4 polegadas (100 mm) (aproximadamente 3,5 polegadas ou 90 mm). Então, por que ele é conhecido como "2 por 4"? Os fabricantes de peças de engenharia (veja Figura 7.7) usam números redondos para facilitar a memorização, para que todos se lembrem do tamanho e assim se refiram mais facilmente a uma peça específica. O 2 × 4 é chamado de **tamanho nominal** da madeira. Se você investigar outros membros estruturais, como vigas I, também notará que o tamanho nominal fornecido pelo fabricante é diferente do **tamanho real**. A mesma situação acontece com dutos, tubos, parafusos, fios e muitas outras peças de engenharia. Os padrões são seguidos pelos fabricantes por consenso quando fornecem informações sobre o tamanho das peças fabricadas. Mas eles também fornecem os tamanhos reais das peças além dos tamanhos nominais. Isso é importante porque, como você verá nas aulas futuras de engenharia, é necessário saber os tamanhos reais das peças em vários cálculos de engenharia. Veja na Tabela 7.2 exemplos de tamanhos nominais *versus* tamanhos reais de algumas peças de engenharia.

FIGURA 7.7   Os fabricantes fornecem tamanhos reais e nominais para muitas peças e estruturas de proteção.

TABELA 7.2	Exemplos de tamanho nominal *versus* tamanho real de alguns produtos de engenharia

Dimensão de tubulação de cobre (Tipo M – para HVAC e abastecimento doméstico de água)

Tamanho nominal (pol.)	Diâmetro externo (pol.)	Diâmetro interno (pol.)	Diâmetro externo (mm)	Diâmetro interno (mm)
3/8	0,5	0,450	12,700	11,430
1/2	0,625	0,569	15,875	14,453
3/4	0,875	0,811	22,225	20,599
1	1,125	1,055	28,575	26,797
1 1/4	1,375	1,291	34,925	32,791
1 1/2	1,625	1,527	41,275	38,786
2	2,125	2,009	53,975	51,029
2 1/2	2,625	2,495	66,675	63,373
3	3,125	2,981	79,375	75,717
3 1/2	3,625	3,459	92,075	87,859
4	4,125	3,935	104,775	99,949
5	5,125	4,907	130,175	124,638

Exemplos de vigas de vergalhão nervurado padrão

Designação	Profundidade (mm)	Largura do flange (mm)	Área (mm²)
W460 × 113*	463	280	14 400
W410 × 85	417	181	10 800
W360 × 57	358	172	7 230
W200 × 46,1	203	203	5 890

*Profundidade nominal (mm) e peso (kg) a cada metro de comprimento.

OA² 7.2   Razão de dois comprimentos – radianos e variações

Radianos como razão de dois comprimentos

Considere o arco circular representado na Figura 7.8. A relação entre o comprimento do arco S, o raio do arco R e o ângulo em radianos θ, é fornecida por

> Radianos e variações são considerados variáveis relacionadas ao comprimento, pois os valores são determinados pela razão de dois comprimentos.

$$\theta = \frac{S_1}{R_1} = \frac{S_2}{R_2}$$

7.1

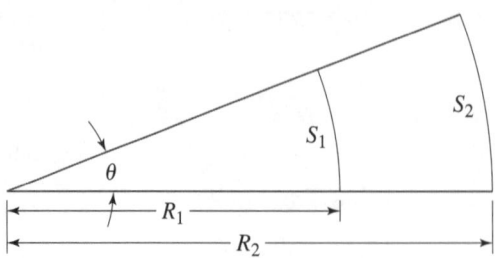

FIGURA 7.8 | A relação entre comprimento do arco, raio e ângulo.

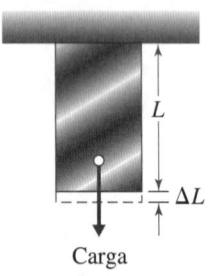

Carga

FIGURA 7.9

Barra sujeita à carga de tração.

Observe que **radianos** representa a razão de dois comprimentos e, portanto, não tem unidade. Você verá posteriormente nas aulas de física e dinâmica, que a Equação (7.1) pode ser usada como base para estabelecer a relação entre a velocidade translacional de um ponto em um objeto e sua velocidade rotacional. Observe também que 2π radianos é igual a 360 graus, e 1 radiano é igual a 57,30 graus.

Variação como razão de dois comprimentos

Quando se sujeita um material (por exemplo, no formato de uma barra retangular) a uma carga tensional (carga de tração), o material é deformado. A deformação L dividida pelo comprimento original ΔL é chamada de *variação nominal*, como mostra a Figura 7.9. No Capítulo 10, discutiremos os conceitos de tensão e variação com mais detalhes. Além

---

Antes de continuar

Responda às seguintes perguntas para testar seu conhecimento adquirido nas seções anteriores.

1. Dê exemplos da importante função do comprimento na vida diária.

2. Dê exemplos das unidades de comprimento em sistemas de unidades SI e norte-americano.

3. O que é um sistema de coordenadas? Explique.

4. Explique a diferença entre tamanho nominal e tamanho real.

5. O que os radianos representam?

6. O que a variação representa?

Vocabulário – Indique o significado dos termos a seguir:

Máquina CNC _____

Tensão _____

Sistema de coordenadas _____

disso explicaremos como as informações de tensão e variação são usadas em análises de engenharia. Mas por enquanto, lembre-se de que variação é a taxa de deformação no comprimento original, portanto, uma proporcionalidade.

$$\text{tensão} = \frac{\triangle L}{L}$$ 7.2

Observe que variação é outra variável da engenharia relacionada ao comprimento.

OA³ 7.3 Área

Área é uma grandeza física derivada ou secundária. Exerce função significativa em muitos problemas de engenharia. Por exemplo, a taxa de transferência de calor de uma superfície é diretamente proporcional à área da superfície exposta. É por isso que um motor de motocicleta ou de cortador de grama apresentam superfícies estendidas, ou aletas, conforme a Figura 7.10. Se você olhar com atenção dentro dos prédios do campus, verá trocadores de calor ou radiadores com superfícies estendidas sob janelas e algumas paredes. Como você sabe, esses trocadores de calor ou radiadores fornecem calor para as salas e corredores durante o inverno. Em outro exemplo, você já se perguntou por que o gelo moído resfria a bebida mais rapidamente do que o gelo em cubos? Simplesmente porque, com a mesma quantidade de gelo, o gelo moído tem mais superfície exposta ao líquido. Você também já deve ter notado que um bife com a mesma quantidade de carne leva mais tempo para assar do que para cozinhar. Novamente, é porque o cozido apresenta uma área de superfície maior exposta ao líquido no qual a carne está sendo cozida. Portanto, na próxima vez em que planejar fazer purê de batatas, lembre-se de primeiro cortá-las em pedaços pequenos. Quanto menores os pedaços, mais

> A área é uma variável relacionada ao comprimento, pois seu valor é determinado pelo produto de dois comprimentos. Isso exerce um papel importante na análise e no projeto de problemas de aquecimento e resfriamento, aerodinâmica, ferramentas de corte e fundações de prédios.

FIGURA 7.10   A importante função da área no projeto de vários sistemas.

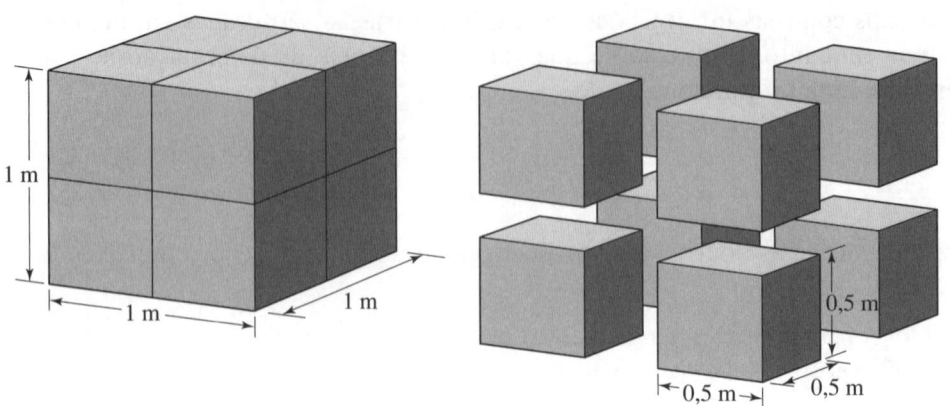

FIGURA 7.11   A relação entre a área e o volume de um cubo.

rapidamente eles cozinharão. Logicamente, o inverso também é verdadeiro. Ou seja, para reduzir a perda de calor de algo, reduza a área de superfície exposta. Por exemplo, quando sentimos frio, naturalmente nos encolhemos, o que reduz a área exposta ao ambiente frio. Observando a natureza, vemos que as árvores tiram vantagem do efeito e da importância da área de superfície. Por que elas têm várias folhas em vez de uma só folha bem grande? Porque, com várias folhas pequenas, elas podem absorver mais radiação solar. A área de superfície também é importante nos problemas de engenharia relacionados à transferência de massa. Seus pais ou avós talvez se lembrem de quando estendiam as roupas para secá-las. Elas eram penduradas em varais de forma a ter o máximo de área exposta ao ar. Roupas de cama, por exemplo, eram esticadas completamente nos varais.

Agora vamos investigar a relação entre determinado volume e a área de superfície exposta. Considere um cubo de 1 m × 1 m × 1 m. Qual é o volume? 1 m³. Qual é a área de superfície exposta desse cubo? 6 m². Se dividirmos cada dimensão desse cubo pela metade, teremos 8 cubos menores com dimensões de 0,5 m × 0,5 m × 0,5 m, como mostra a Figura 7.11. Qual é o volume total dos 8 cubos menores? Ele ainda é 1 m³. Qual é a área de superfície exposta dos cubos? Cada cubo agora tem uma área de superfície de 1,5m², o que resulta em um total de área exposta de 12 m².

Continuemos dividindo as dimensões de nosso cubo de 1 m × 1 m × 1 m original em cubos ainda menores com as dimensões de 0,25 m × 0,25 m × 0,25 m. Agora temos 64 cubos menores e observamos que o volume total dos cubos ainda é 1 m³. Entretanto, a área de superfície de cada cubo é 0,375 m², o que leva a uma área de superfície total de 24 m². Assim, o mesmo cubo dividido em 64 cubos menores agora tem uma área exposta que é quatro vezes a área exposta original.

Esse exercício mental nos dá uma boa ideia de por que, com determinada quantidade de gelo, o gelo picado resfria a bebida mais rapidamente do que os cubos de gelo. Talvez você ainda não saiba, mas tem o melhor trocador de calor e massa no mundo. Seus pulmões! Pulmões humanos são os melhores trocadores de calor e massa que conhecemos até agora, com uma densidade de área aproximada (área de superfície de troca de calor por unidade de volume) de 20 000 m²/m³.

A área também exerce uma função importante na aerodinâmica. Um exemplo a que todos estamos familiarizados é a resistência do ar no movimento de um veículo. Como vimos, a força de atrito que atua sobre um veículo é determinada experimentalmente colocando-o em um túnel de vento. A velocidade do ar dentro do túnel é manipulada e a força de atrito que atua sobre o veículo é medida. Os engenheiros aprenderam que, ao projetar novos veículos, a área exposta total e a área frontal são fatores importantes na redução da resistência do ar. Os dados experimentais em geral são determinados por um único coeficiente, chamado *coeficiente de* atrito. Ele é definido pela seguinte relação:

$$\text{coeficiente de atrito} = \frac{\text{força de atrito}}{\frac{1}{2}\left(\text{densidade do ar}\right)\left(\text{velocidade do ar}\right)^{2}\left(\text{área frontal}\right)}$$

A área frontal representa a projeção frontal da área do veículo e poderia ser aproximada simplesmente calculando 0,85 vezes a largura e a altura de um retângulo que contorna a frente do veículo. Essa é a área que você vê ao observar o carro ou caminhão de uma direção perpendicular à grade frontal. Posteriormente no curso de engenharia, talvez alguns de vocês tenham aulas de física de voo, mecânica dos fluidos ou aerodinâmica, nas quais verão que a força de sustentação atuante nas asas de um avião é proporcional à área projetada das asas. A área projetada é a área vista de cima de uma das asas perpendicularmente a ela.

A área da seção transversal exerce ainda importante função na distribuição de força sobre uma área. Fundações de prédios, sistemas hidráulicos e ferramentas de corte (veja a Figura 7.12) são exemplos de objetos para os quais a função da área é importante. Por exemplo, você já pensou por que a borda de uma faca afiada corta bem? O que queremos dizer com faca "afiada"? Uma faca afiada boa tem a área da seção transversal a menor possível ao longo da borda de corte. A pressão ao longo da borda de corte de uma faca é determinada por

$$\text{pressão na superfície de corte} = \frac{\text{força}}{\substack{\text{área da seção transversal} \\ \text{na borda de corte}}} \qquad 7.3$$

Evikka/Shutterstock.com

Taigi/Shutterstock.com

Zerbor/Shutterstock.com

Andrey Eremin/Shutterstock.com

FIGURA 7.12 A área exerce importante função no projeto de ferramentas de corte.

Veja na Equação (7.3) que, para a mesma força (impulso) na faca, pode-se aumentar a pressão do corte diminuindo a área da seção transversal. Veja na Equação (7.3) que é possível reduzir a pressão aumentando a área. Em esqui, usamos a área a nosso favor e distribuímos nosso peso sobre uma superfície maior, assim não afundamos na neve. Da próxima vez que você esquiar, pense sobre isso. A Equação (7.3) deixa igualmente claro por que os sapatos de salto alto não são projetados para a caminhada. O objetivo desses exemplos é fazê-lo perceber que a área é um parâmetro importante no projeto de engenharia. Durante sua formação em engenharia, poderá aprender muitos outros conceitos e leis diretamente ou inversamente proporcionais à área. Portanto, observe a área com atenção quando estudar vários tópicos de engenharia.

TABELA 7.3	Unidades de Área e Valores Equivalentes
Unidades de área em ordem crescente	**Valor equivalente**
1 mm²	1×10^{-6} m²
1 cm²	1×10^{-4} m² = 100 mm²
1 pol²	645,16 mm²
1 ft²	144 pol²
1 yd²	9 ft²
1 m²	1,196 yd²
1 acre	43 560 ft²
1 km²	1 000 000 m² = 247,1 acres
1 milha quadrada	2,59 km² = 640 acres

Agora que você entendeu a importância da área em análises de engenharia, vejamos suas unidades. A unidade de área no SI é o m^2. Também podemos usar os múltiplos e os submúltiplos (veja Tabela 6.2) de unidades fundamentais SI para formar outras unidades de área apropriadas, como mm^2, cm^2 e km^2, e assim por diante. Lembre-se, o motivo de usarmos essas unidades é mantermos números gerenciáveis. A Tabela 7.3 mostra outras unidades normalmente usadas na prática da engenharia hoje e seus valores equivalentes.

Cálculos de área e medição

As áreas de formatos comuns, como triângulo, círculo e retângulo, podem ser obtidas usando as fórmulas de área apresentadas na Tabela 7.4. Essas áreas simples são conhecidas como áreas primitivas. Muitas superfícies compostas, com contorno regular, podem ser divididas em áreas primitivas. Para determinar a área total de uma superfície composta, como mostra a Figura 7.13, primeiro dividimos a superfície em áreas primitivas, e depois somamos os valores dessas áreas para obter a área total da superfície composta.

Veja na Tabela 7.4 mais exemplos de fórmulas de área útil.

Aproximação de áreas planares

Há muitos problemas de engenharia prática que requerem cálculo de áreas planas em formatos irregulares. Se as irregularidades dos contornos forem tantas que tornem impossível representar o formato irregular pela soma de formas primitivas, então precisamos recorrer a um método de aproximação. Para essas situações, aproxime áreas planas usando quaisquer procedimentos discutidos a seguir.

Wlg/Shutterstock.com

FIGURA 7.13   Uma superfície composta (superfície de um dissipador de calor) que pode ser dividida em áreas primitivas.

TABELA 7.4	Algumas fórmulas úteis de área

Triângulo

$A = \dfrac{1}{2}bh$

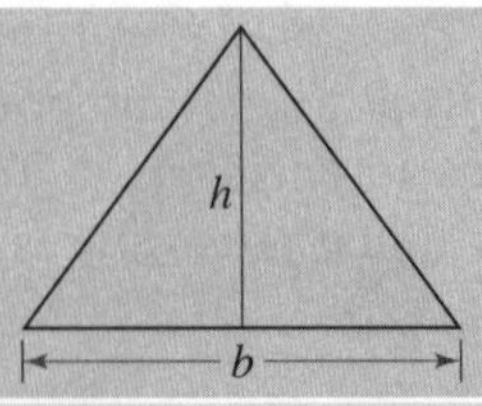

Retângulo

$A = bh$

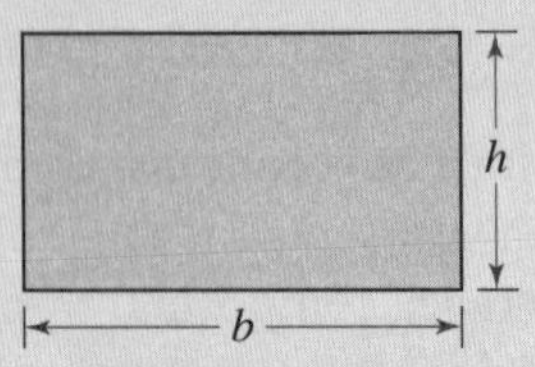

Paralelograma

$A = bh$

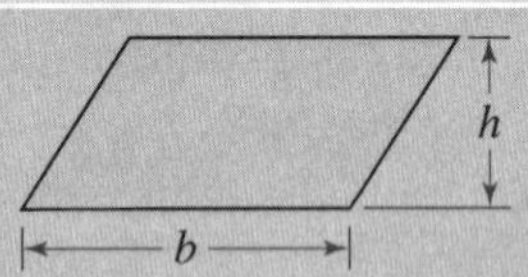

Trapezoidal

$A = \dfrac{1}{2}(a+b)h$

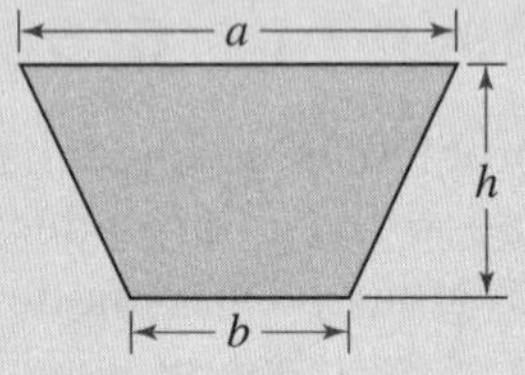

Polígono de n lados

$A = \left(\dfrac{n}{4}\right)b^2 \cot\left(\dfrac{180''}{n}\right)$

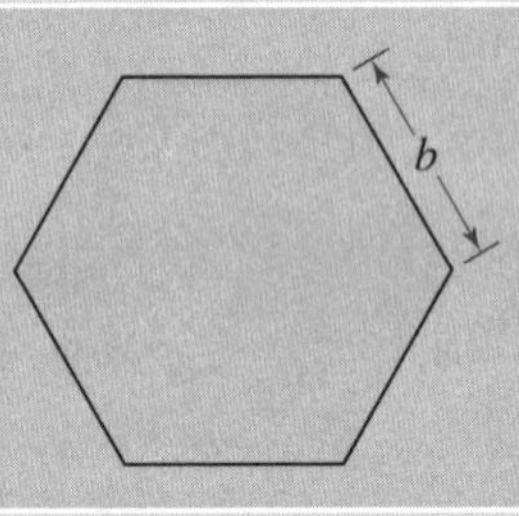

Círculo

$A = \pi R^2$

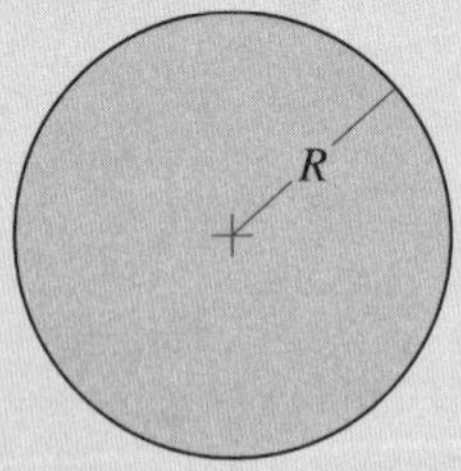

Elipse

$A = \pi ab$

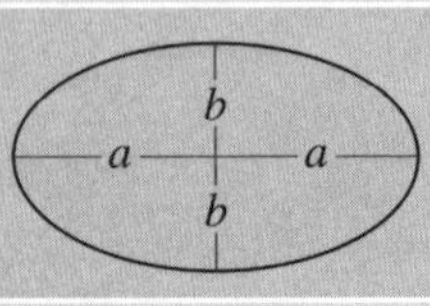

Cilindro

$A_s = 2\pi Rh$

$A_{topo} = A_{base} = \pi R^2$

$A_{total} = A_s + A_{topo} + A_{base}$

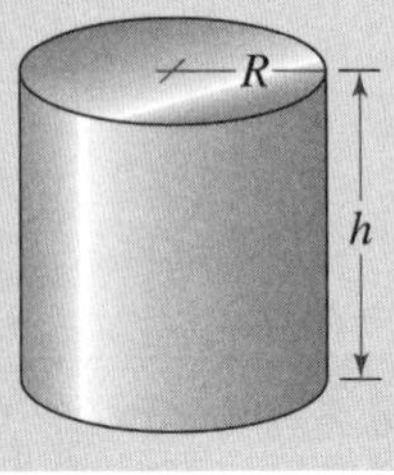

(Continua)

TABELA 7.4	Algumas fórmulas úteis de área (*Continuação*)

Cone Circular Reto

$$A_s = \pi Rs = \pi R\sqrt{R^2 + h^2}$$
$$A_{base} = \pi R^2$$
$$A_{total} = A_s + A_{base}$$

Esfera

$$A = 4\pi R^2$$

Regra Trapezoidal Você pode aproximar as áreas planas de um formato irregular com razoável precisão usando a **regra trapezoidal**. Considere a área plana representada na Figura 7.14. Para determinar a área total do formato mostrado na Figura 7.14, usamos a aproximação trapezoidal. Começamos dividindo a área total em pequenos trapezoides de altura igual *h*, como ilustra a Figura 7.14. Em seguida, usamos a soma dos trapezoides. Assim, temos a equação

$$A = A_1 + A_2 + A_3 + \ldots + A_n \qquad \boxed{7.4}$$

Substituindo os valores de cada trapezoide,

$$A \approx \frac{h}{2}(y_0 + y_1) + \frac{h}{2}(y_1 + y_2) + \frac{h}{2}(y_2 + y_3) + \cdots + \frac{h}{2}(y_{n-1} + y_n) \qquad \boxed{7.5}$$

e simplificando a Equação (7.5) temos

$$A \approx h\left(\frac{1}{2}y_0 + y_1 + y_2 + \cdots + y_{n-2} + y_{n-1} + \frac{1}{2}y_n\right) \qquad \boxed{7.6}$$

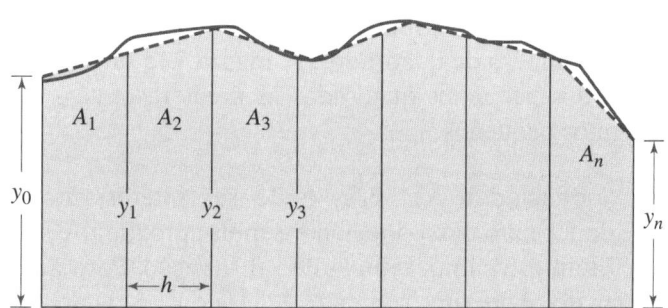

FIGURA 7.14	Aproximação de uma área plana pela regra trapezoidal.

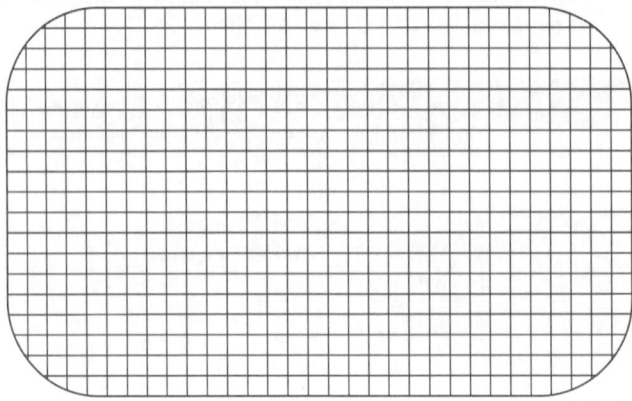

FIGURA 7.15   Aproximação de uma área plana usando pequenos quadrados.

FIGURA 7.16   Aproximação de uma área plana usando uma área retangular primitiva e pequenos quadrados e triângulos.

A Equação (7.6) é conhecida como regra trapezoidal. Observe também que se aprimora a precisão da aproximação da área usando mais trapezoides. Essa abordagem reduz o valor de h e assim melhora a precisão da aproximação.

Contagem dos quadrados Existem outras maneiras de aproximar as áreas de superfície de formatos irregulares. Uma delas é dividindo determinada área em quadrados menores de tamanho conhecido e contando o número de quadrados. A Figura 7.15 ilustra essa abordagem. Em seguida, adicionam-se as áreas dos pequenos quadrados às áreas restantes, que podem ser aproximadas pelas áreas dos triângulos pequenos.

Subtraindo áreas indesejadas Às vezes pode ser interessante primeiro encaixar área(s) primitiva(s) ao redor do formato desconhecido e depois aproximar e subtrair as áreas menores não desejadas. A Figura 7.16 mostra um exemplo de tal situação. Para áreas simétricas, lembre-se de usar a simetria do formato. Aproxime somente 1/2, 1/4 ou 1/8 da área total e depois multiplique a resposta pelo fator apropriado.

Pesando a área Outra forma de aproximação requer o uso da balança analítica precisa de laboratório de química. Suponha que o perfil da área a ser determinado possa ser desenhado em uma folha de papel A4, primeiro pese a folha de papel A4 em branco e registre o peso. Em seguida, desenhe os contornos da área desconhecida no papel em branco e recorte o contorno dessa área. Determine o peso do papel com a área desenhada nele. Por fim, compare os pesos da folha de papel em branco com o peso do papel com recorte do perfil. Ao usar esse método de aproximação, presumimos que o papel tem espessura e densidade uniformes.

EXEMPLO 7.1

Usando a regra trapezoidal, determine a área de contato com o solo do calçado esportivo da Figura 7.17. Todas as dimensões são dadas em centímetros.

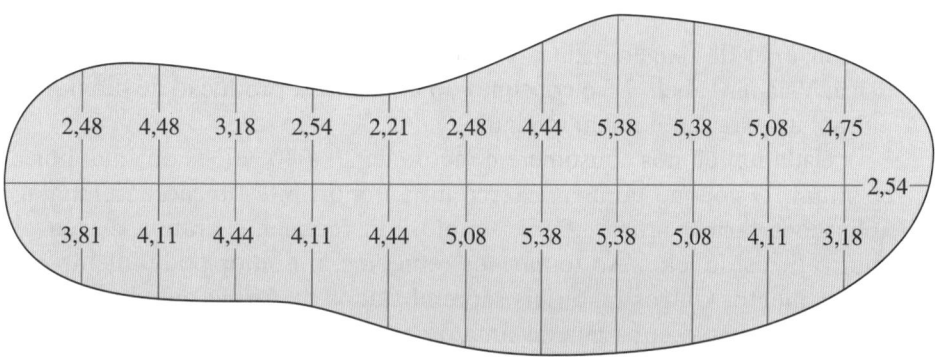

FIGURA 7.17 Perfil do calçado do Exemplo 7.1.

Dividimos o perfil em duas partes, e cada parte em 12 trapezoides de mesma altura de 2,5 cm. Aplicando a regra trapezoidal, temos

$$A \approx h\left(\frac{1}{2}y_0 + y_1 + y_2 + \cdots + y_{n-2} + y_{n-1} + \frac{1}{2}y_n\right)$$

$$A_1 \approx (2,5)\left[\frac{1}{2}(0) + 2,48 + 4,48 + 3,18 + 2,54 + 2,21 + 2,48 + 4,44\right.$$

$$\left. + 5,38 + 5,38 + 5,08 + 4,75 + \frac{1}{2}(0)\right] \approx 107 \text{ cm}^2$$

$$A_2 \approx (2,5)\left[\frac{1}{2}(0) + 3,81 + 4,11 + 4,44 + 4,11 + 4,44 + 5,08 + 5,38 + 5,38\right.$$

$$\left. + 5,08 + 4,11 + 3,18 + \frac{1}{2}(0)\right] \approx 125 \text{ cm}^2$$

Então, a área total é dada por

$$A_{\text{total}} \approx 107 + 125 \approx 232 \text{ cm}^2$$

OA⁴ 7.4 Volume

Volume é outra grandeza física importante, ou variável física, que não recebe a atenção merecida. Vivemos em um mundo tridimensional, portanto, é natural que o volume seja importante na formação e no funcionamento das coisas. Considere a função do volume em nossa vida diária. Hoje você pode se servir de uma lata de refrigerante, que em média contém 355 milímetros de sua bebida favorita. Pode dirigir um carro cujo tamanho do motor é classificado em litros de combustível. Por exemplo, se você possui um BMW 3-series, o tamanho de seu motor é de 2 litros. Dependendo do tamanho de seu carro, certamente são necessários de 57 a 77 litros de combustível para encher o tanque. Também expressamos a taxa de consumo de combustível de um carro em termos de quantidade de milhas por galão de gasolina. Os médicos nos dizem que precisamos beber ao menos 8 copos de água (aproximadamente 2,5 a 3 litros) por dia. Respiramos oxigênio a uma taxa de aproximadamente $0,0453$ m³/h. É óbvio que o volume do consumo de oxigênio ou a produção de dióxido de carbono depende do nível de atividade física. Veja na Tabela 7.5 o consumo do oxigênio, a produção de dióxido de carbono e a ventilação pulmonar para um homem mediano.

> Vivemos em um mundo tridimensional. Naturalmente, o volume teria uma importante função na formação ou no funcionamento das coisas.

Cada um de nós consome em média de 20 a 40 galões de água por dia para asseio pessoal e cozinhar. O volume também exerce uma importante função na embalagem dos alimentos e nas aplicações farmacêuticas. Por exemplo, um recipiente grande de leite é projetado para conter quatro litros de leite. Ao tomarmos remédios, o doutor pode injetar muitos mililitros de algum medicamento. Outros materiais são embalados de forma que o pacote contenha tantos litros de algo, por exemplo, uma lata de tinta de cinco litros. Logicamente, usamos volume para expressar

TABELA 7.5 — Consumo de oxigênio, produção de dióxido de carbono e ventilação pulmonar de um homem

Nível de atividade física	Consumo de oxigênio (m³/h)	Produção de dióxido de carbono (m³/h)	Taxa de respiração (m³/h)
Esforço exaustivo	0,187	0,161	4,137
Trabalho extenuante ou esportes	0,126	0,108	2,747
Exercício moderado	0,084	0,071	1,812
Exercício leve; trabalho leve	0,052	0,044	1,133
Trabalho em pé, em escritório	0,031	0,026	0,680
Sedentário, relaxado	0,020	0,018	0,453
Reclinado, em repouso	0,009	0,016	0,340

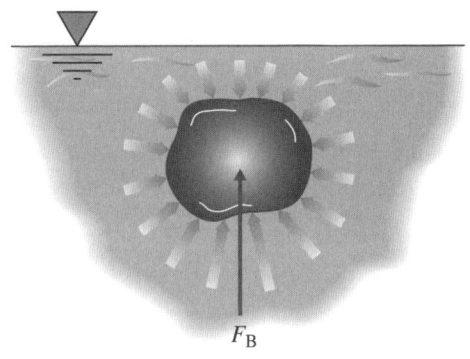

| FIGURA 7.18 | Força de flutuabilidade agindo sobre um submarino submerso. |

quantidades de vários fluidos que consumimos. O volume exerce ainda uma função significativa em muitos outros conceitos de engenharia. Por exemplo, a densidade de um material representa o quão leve ou o quão pesado um material pode ser por unidade de volume. Discutiremos a densidade e outras propriedades de massa e volume no Capítulo 9. A flutuabilidade é outro princípio da engenharia em que o volume exerce uma importante função. **Flutuabilidade** é a força que um fluido exerce sobre um objeto submerso. A força de flutuabilidade líquida surge graças à pressão mais alta exercida pelo fluido sobre as superfícies inferiores do objeto do que sobre as superfícies superiores, como mostra a Figura 7.15. Assim, o efeito líquido da distribuição da pressão do fluido atuando sobre a superfície submersa de um objeto consiste em força de flutuabilidade. A magnitude da força de flutuabilidade é igual ao peso do volume do fluido deslocado. É dada por

$$F_B = \rho V_g \qquad \text{7.7}$$

em que F_B é a força de flutuabilidade (N), ρ representa a densidade do fluido (kg/m^3) e g é a aceleração decorrente da gravidade (9,81 m/s^2). Se você submergir um objeto com volume V, conforme a Figura 7.18, verá que um volume igual de fluido deve ser deslocado para dar espaço ao volume do objeto. De fato, é possível usar esse princípio para medir o volume desconhecido de um objeto. Veja essa ideia no Exemplo 7.2. Os astronautas da Nasa também usaram a flutuabilidade e comboio subaquático para preparar a operação de reparo dos satélites em órbita. Esse tipo de comboio existe no Simulador Subaquático de Flutuabilidade Neutra, apresentado na fotografia que acompanha a Figura 7.19. As mudanças no peso aparente do astronauta permitem que ele trabalhe sob condições de gravidade quase zero (sem peso).

Agora que você entendeu o significado de volume na análise de problemas de engenharia, vejamos mais algumas unidades comuns em uso. Essas unidades estão listadas na Tabela 7.6. Enquanto passa pela Tabela 7.6, procure desenvolver a "percepção" para a ordem da quantidade de volume. Por exemplo, pergunte-se onde há mais quantidade, em uma caneca ou em um litro, e assim por diante.

Cálculos de volume

O volume de formas simples, como cilindro, cone ou esfera, pode ser obtido usando as fórmulas de volume da Tabela 7.7. Os Exemplos 7.2 e 7.3 demonstram as estimativas direta e indireta de volumes de objetos.

TABELA 7.6	Unidades de volume e valores equivalentes*
Unidades de volume em ordem crescente de capacidade	**Valor equivalente**
1 mililitro	1/1 000 litro
1 colher de chá (tsp, *teaspoon*)	4,928 milímetros
1 colher de sopa (tbsp, *tablespoon*)	3 tsp
1 onça de fluido	2 tbsp $\approx$ 1/ 1 000 ft³
1 xícara	8 onças = 16 colheres de sopa
1 pint	16 onças = 2 xícaras
1 quart	2 pints
1 litro	1 000 cm³ $\approx$ 4,2 xícaras
1 galão	4 quarts
1 pé cúbico	7,4805 galões
1 metro cúbico	1 000 litros $\approx$ 264 galões $\approx$ 35,3 ft³

* 1 mililitro < 1 colher de chá < 1 colher de sopa < 1 onça de fluido < 1 xícara < 1 pint < 1 quart < 1 litro < 1 galão < 1 pé cúbico < 1 metro cúbico.

| FIGURA 7.19 | Astronautas da Nasa treinando no Simulador Subaquático de Flutuabilidade Neutra para preparar operações de reparo do Telescópio Espacial Hubbell em órbita. |

TABELA 7.7	Algumas fórmulas úteis de volume

Cilindro

$V = \pi R^2 h$

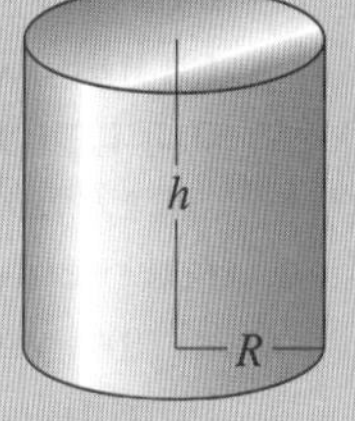

Cone circular reto

$V = \frac{1}{3}\pi R^2 h$

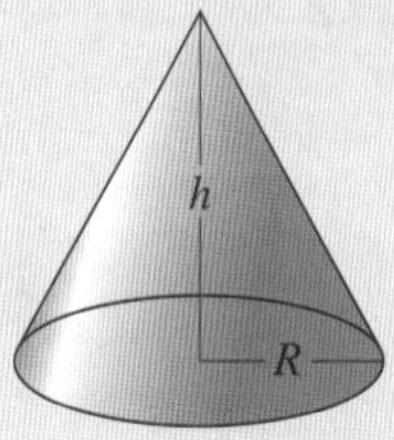

Parte de um cone

$V = \frac{1}{3}\pi h \left(R_1^2 + R_2^2 + R_1 R_2 \right)$

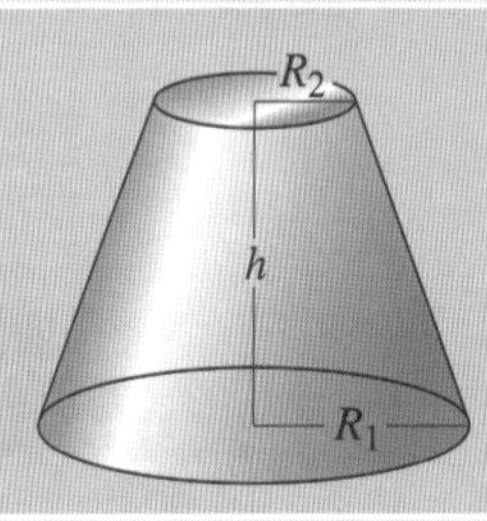

Esfera

$V = \frac{4}{3}\pi R^3$

Parte de uma esfera

$V = \frac{1}{6}\pi h \left(3a^2 + 3b^2 + h^2 \right)$

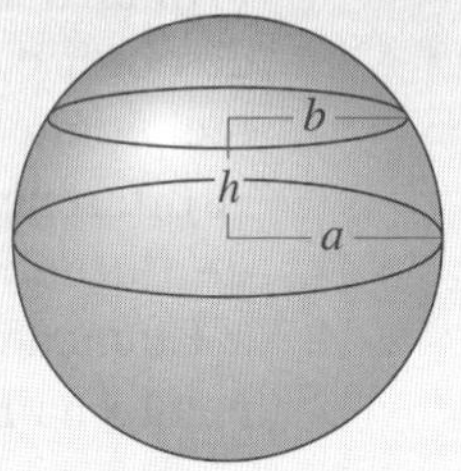

Finalmente, é válido observar que a modelagem sólida numérica é um tópico da engenharia que lida com geração computacional das áreas de superfície e volumes de um objeto real. Os programas de *software* para modelagem sólida tornam-se cada vez mais comuns na prática da engenharia. Modelos sólidos gerados por computador fornecem não apenas imagens visuais excelentes, mas informações como magnitude da área e o volume do modelo. Para gerar modelos sólidos numéricos de formatos simples, são utilizadas área e volume primitivos. Outros meios de geração de superfícies são arrastar uma linha ao longo de um caminho ou girar uma linha em torno de um eixo; assim como com as áreas, também é possível gerar volumes arrastando ou movendo uma área ao longo de um caminho ou girando uma área sobre uma linha. Discutiremos as ideias de modelagem sólida por computador com mais detalhes no Capítulo 16.

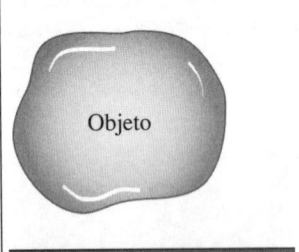

FIGURA 7.20

O objeto do Exemplo 7.2.

Determine o volume exterior do objeto ilustrado na Figura 7.20.

Neste exemplo, usaremos o efeito de flutuação para medir o volume exterior do objeto. Consideremos dois procedimentos. Primeiro, obtemos um recipiente grande o suficiente para acomodar o objeto. Em seguida, enchemos o recipiente completamente com água e o colocamos dentro de uma banheira seca, vazia. Depois, submergimos o objeto com o volume desconhecido no recipiente até que a superfície superior fique submersa na água. Isso deslocará algum volume de água, que será igual ao volume do objeto. A água que transbordar e for coletada na banheira poderá então ser medida em um cilindro graduado. Veja este procedimento na Figura 7.21.

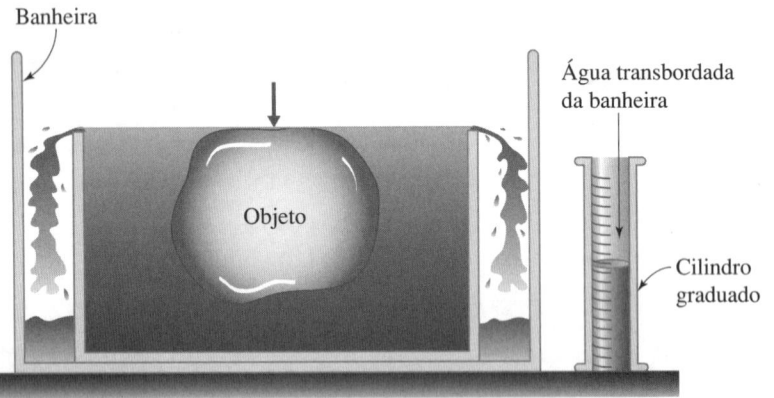

FIGURA 7.21 — Usando um volume de água deslocado para medir o volume de determinado objeto.

O segundo procedimento faz uso direto da força de flutuabilidade. Primeiro suspendemos o objeto no ar utilizando uma balança de mola, a fim de obter o peso. Depois colocamos o objeto, ainda suspenso na balança, em um recipiente cheio de água. Em seguida, registramos o peso aparente do objeto. A diferença entre o peso real do objeto e o seu peso aparente na água é a força de flutuabilidade. Sabendo a magnitude da força de flutuabilidade e usando a Equação (7.7), podemos determinar o volume do objeto. Veja esse procedimento na Figura 7.22.

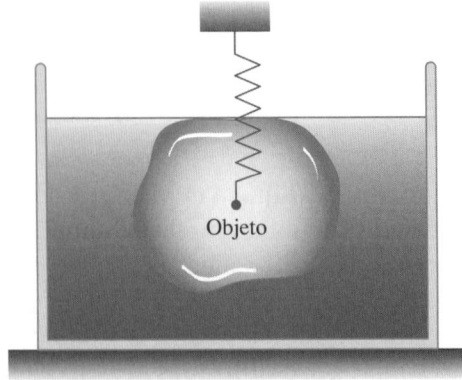

FIGURA 7.22 — Usando o peso aparente (peso real menos a força de flutuabilidade) para determinar o volume do objeto.

EXEMPLO 7.3

Calcule o volume interno de uma lata de refrigerante. Usamos uma régua para medir a altura e o diâmetro da lata, como mostra a Figura 7.23.

Podemos aproximar o volume interno da lata de refrigerante usando o volume de um cilindro com dimensões iguais:

$$V = \pi R^2 h = (3{,}1415)\left(\frac{6{,}3\ \text{cm}}{2}\right)^2 (12{,}0\ \text{cm}) = 374\ \text{cm}^3 = 374\ \text{mL}$$

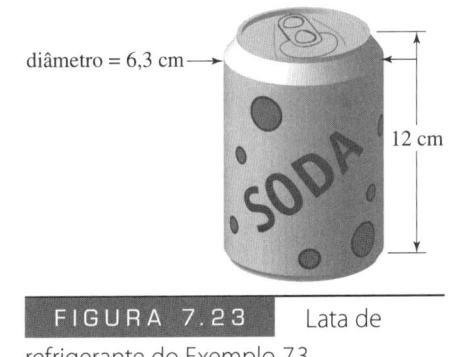

diâmetro = 6,3 cm

12 cm

FIGURA 7.23 Lata de refrigerante do Exemplo 7.3.

Comparado ao valor de 355 ml de uma lata de refrigerante típica, o valor aproximado parece razoável. A diferença entre o valor aproximado e o valor indicado pode ser explicada de várias maneiras. Primeiro, o recipiente de refrigerante não representa um cilindro perfeito. Se você olhar a lata de refrigerante de perto poderá ver que o diâmetro dela é reduzido no topo. Isso poderia explicar a avaliação excessiva do volume. Em segundo lugar, medimos o diâmetro externo da lata, não as dimensões internas. Entretanto, essa abordagem apresentará pequenas imprecisões por causa da espessura da lata.

Poderíamos medir o volume interno da lata preenchendo-a com água e depois transferindo a água para um cilindro graduado ou proveta para obtermos a leitura direta do volume.

OA⁵ 7.5 Segundo momento de área

Nesta seção, vamos estudar a propriedade de uma área chamada **segundo momento de área**. O segundo momento de área, também conhecido como **momento de inércia da área**, é uma propriedade importante da área que informa o grau de dificuldade de dobrar algo. Da próxima vez que você passar por um canteiro de obras, olhe atentamente a área transversal das vigas de suporte, e observe como as vigas estão dispostas. Preste atenção à orientação da área transversal de uma viga I, em relação às direções das cargas esperadas. A orientação das vigas está disposta na Figura 7.24(a) ou na Figura 7.24(b)?

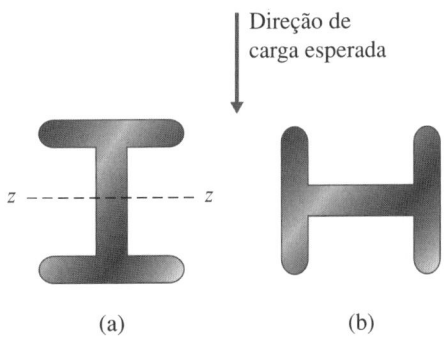

Direção de carga esperada

z ----------- z

(a)   (b)

FIGURA 7.24 Em qual direção a viga I está orientada com relação ao carregamento?

As vigas I de aço, normalmente usadas como membros estruturais para suporte de várias cargas, oferecem boa resistência à curvatura, embora usem muito menos material do que as vigas com seções transversais retangulares. Encontramos vigas I em suporte de trilhos de proteção e em pontes, bem como em telhados e pisos. A resposta à pergunta sobre a orientação das vigas I é a Figura 7.24(a). O suporte de cargas em vigas I é feito na configuração (a) porque, no eixo z–z mostrado, o valor do momento de inércia da área da viga I é superior ao da configuração (b).

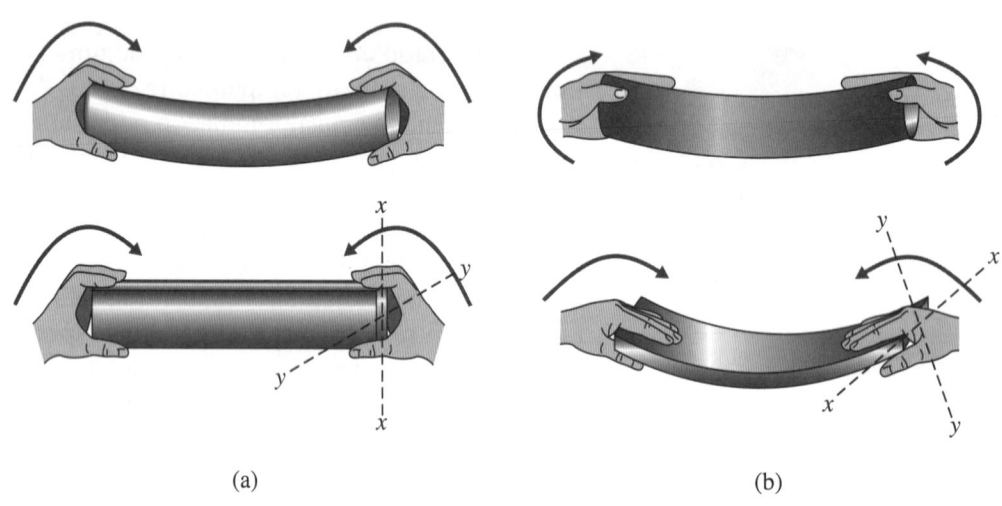

(a)   (b)

FIGURA 7.25   Curve as barras nas direções mostradas.

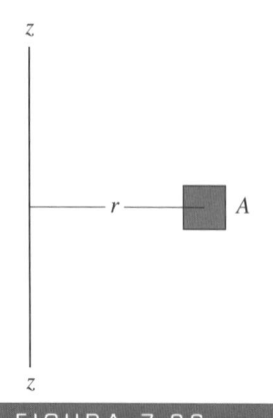

FIGURA 7.26

Elemento de área pequena localizado a uma distância r do eixo z–z.

Para entender melhor essa importante propriedade da área e a função do segundo momento de área ao medir a resistência da curvatura, tente o seguinte experimento. Pegue uma haste de madeira e uma barra fina de madeira para comparação. Primeiro tente curvar a haste nas direções mostradas na Figura 7.25.

Para relatar suas descobertas, você provavelmente notaria que a parte transversal circular da haste oferece a mesma resistência à curvatura, independentemente da direção da carga. Isso porque a seção transversal circular apresenta a mesma distribuição de área sobre um eixo que passa pelo centro da área. Observe que estamos preocupados em curvar uma barra, e não em torcê-la! Agora, tente curvar a barra fina de comparação nas direções mostradas na Figura 7.25. De que forma é mais difícil curvar a barra fina de comparação? Logicamente, é muito mais difícil curvar a barra fina de comparação nas direções mostradas na Figura 7.25(a). Novamente, em razão da orientação mostrada na Figura 7.25(a), o segundo momento de área sobre o eixo centroide é mais alto.

As aulas de estática se aprofundam na definição formal e na formulação do segundo momento de área ou momento de inércia da área e sua função no projeto de estruturas. Por ora, vamos considerar as situações simples ilustradas na Figura 7.26. Para um pequeno elemento de área A, localizado a uma distância r do eixo z–z, o momento de inércia da área é definido por

$$I_{z-z} = r^2 A$$

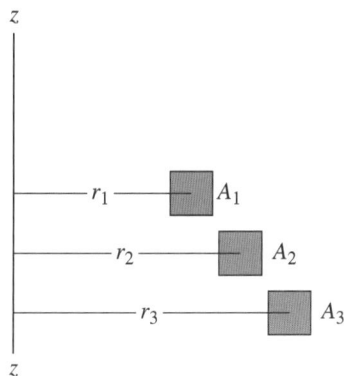

FIGURA 7.27 Segundo momento de área dos três elementos de área pequena.

Agora, vamos expandir este problema para incluir elementos de área pequena, como mostra a Figura 7.27. O momento de inércia da área para o sistema de áreas discretas mostrado sobre o eixo z–z é agora

$$I_{z-z} = r_1^2 A_1 + r_2^2 A_2 + r_3^2 A_3$$

7.9

Da mesma forma, tivemos um segundo momento de área para uma área transversal, como de um retângulo ou um círculo, somando o momento de inércia da área de todos os elementos de área pequena que compõem a seção transversal. Nas aulas de cálculo você aprenderá a usar integrais em vez de somar os termos $r^2 A$ para avaliar o momento de inércia de uma área transversal contínua. Enfim, o sinal de integral, $\int$, nada mais é do que um "S" grande, que indica a soma.

$$I_{z-z} = \int r^2 \, dA$$

7.10

Observe ainda que o motivo pelo qual essa propriedade da área é chamada de "segundo momento de área" é que a definição contém o produto de *distância ao quadrado* e uma área, assim o nome "segundo momento de área". No Capítulo 10, discutiremos a definição apropriada de momento, e como ele é usado em relação à tendência de forças desbalanceadas na rotação dos corpos. Como veremos mais tarde, a magnitude do momento de uma força sobre um ponto é igual à magnitude dessa força vezes a *distância* perpendicular entre o ponto sobre o qual o momento é obtido e a linha de ação da força. Preste atenção ao que chamamos "momento de uma força sobre um ponto ou um eixo" e na maneira como o termo *momento* é incorporado ao nome "o segundo momento de área" ou "o momento de inércia da área". Em razão do termo de distância ser multiplicado por outra grandeza (área), a palavra "momento" aparece no nome dessa propriedade de uma área.

> O segundo momento de área, também conhecido como momento de inércia da área, é uma importante propriedade da área que informa o grau de dificuldade de dobrar algo.

É possível obter o momento de inércia da área de qualquer formato geométrico executando a integração fornecida pela Equação (7.10). Você será capaz de executar a integração e entender melhor o que esses termos significam daqui a um ou dois semestres. Lembre-se de prestar muita atenção a eles nos próximos semestres.

Por enquanto, daremos fórmulas para o momento de inércia da área sem prová-las. Veja a seguir alguns exemplos de fórmulas de momento de inércia da área para alguns formatos geométricos comuns.

Retângulo

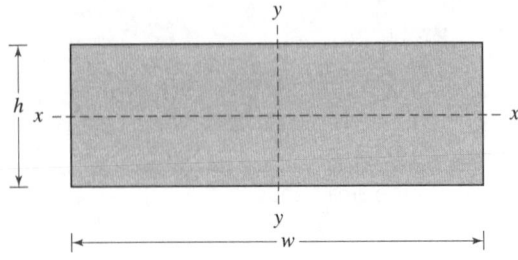

$$I_{x-x} = \frac{1}{12} w h^3$$

$$I_{y-y} = \frac{1}{12} h w^3$$

7.11

Círculo

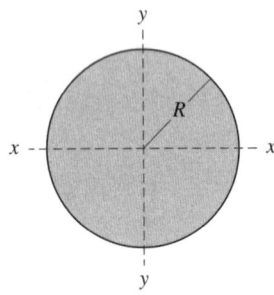

$$I_{x-x} = I_{y-y} = \frac{1}{4} \pi R^4$$

7.12

Veja na Tabela 7.8 os valores do segundo momento de área para vigas de vergalhão nervurado padrão.

No Capítulo 9, veremos outra propriedade de um objeto definida da mesma maneira: momento de inércia de massa, que fornece uma medida de resistência para movimentos rotacionais.

EXEMPLO 7.4 Calcule o segundo momento de área para uma viga de 50 mm × 100 mm com as dimensões reais mostradas na Figura 7.28.

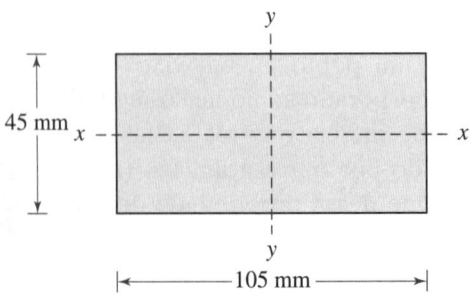

FIGURA 7.28

$$I_{x-x} = \frac{1}{12} wh^3 = \left(\frac{1}{12}\right)(105 \text{ mm})(45 \text{ mm})^3 = 8,0 \ (\times) \ 10^7 \text{ mm}^4$$

$$I_{y-y} = \frac{1}{12} hw^3 = \left(\frac{1}{12}\right)(45 \text{ mm})(105 \text{ mm})^3 = 4,3 \ (\times) \ 10^6 \text{ mm}^4$$

Observe que a madeira serrada de 50 mm × 100 mm mostrará uma resistência cinco vezes maior para ser dobrada sobre um eixo y–y do que sobre um eixo x–x.

TABELA 7.8 Exemplos do segundo momento de área de vigas padrão

Designação 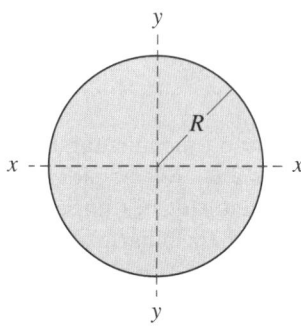	Profundidade (mm)	Largura (mm)	Área (mm²)	I_{x-x} (mm⁴)	I_{y-y} (mm⁴)
W460 × 113	463	280	14 400	554 × 10⁶	63,3 × 10⁶
W410 × 85	417	181	10 800	316 × 10⁶	17,9 × 10⁶
W360 × 57	358	172	7 230	160 × 10⁶	11,1 × 10⁶
W200 × 46,1	203	203	5 890	45,8 × 10⁶	15,4 × 10⁶

EXEMPLO 7.5 Calcule o segundo momento de área para um eixo com diâmetro de 5 cm sobre os eixos x–x e y–y mostrados na Figura 7.29.

FIGURA 7.29 Os eixos do Exemplo 7.5.

$$I_{x-x} = I_{y-y} = \frac{1}{4} \pi R^4 = \frac{1}{4}(3,1415)\left(\frac{5 \text{ cm}}{2}\right)^4 = 30,7 \text{ cm}^4$$

Finalmente, é importante ressaltar que todas as variáveis físicas discutidas neste capítulo são baseadas na dimensão fundamental do comprimento. Por exemplo, a área tem uma dimensão de (comprimento)^2, o volume tem uma dimensão de (comprimento)^3 e o segundo momento de área tem uma dimensão de (comprimento)^4. No Capítulo 8, veremos a grandeza tempo e as grandezas relacionadas o tempo e o comprimento nas análises e projetos de engenharia.

Antes de continuar

Responda às seguintes perguntas para testar seu conhecimento adquirido nas seções anteriores.

1. Dê exemplos da importante função da área em análises e projetos de engenharia.

2. Descreva dois métodos diferentes que podemos usar para determinar uma área aproximada.

3. Dê exemplos da importante função do volume em análises e projetos de engenharia.

4. O que é flutuabilidade?

5. O que representa a magnitude relativa do segundo momento de área?

Vocabulário – Indique o significado dos termos a seguir:

Coeficiente de atrito _____

Regra trapezoidal _____

Flutuabilidade _____

Momento de inércia da área _____

RESUMO

OA¹ Comprimento como dimensão fundamental

Por enquanto, entenda a dimensão fundamental de comprimento e outras variáveis a ele relacionadas, como área e volume, que exercem funções importantes em análises e projetos de engenharia. Um bom engenheiro sabe medir, calcular e aproximar comprimento e variáveis relacionadas a comprimento. O comprimento é uma das sete dimensões fundamentais que usamos para expressar corretamente o que conhecemos do mundo natural. A unidade de comprimento no sistema SI é o metro (m) e no sistema norte-americano é o pé (ft). Sistemas de coordenadas são exemplos de aplicação em que o comprimento exerce uma função importante.

Sistemas de coordenadas são usados para localizar objetos em relação a uma origem conhecida. O sistema de coordenadas mais comum é o retangular ou sistema cartesiano de coordenadas.

Dependendo da precisão necessária na medição e do tamanho do objeto a ser medido, usamos dispositivos de medição diferentes, como uma régua, uma medida de comparação, uma fita de aço, um micrômetro, a escala Vernier e instrumentos eletrônicos de medição de distância (EDMI).

OA² Razão de dois comprimentos – radianos e variações

Radianos e variações representam a razão de dois comprimentos. Radianos representam a razão entre o comprimento de um arco e o raio do arco. É adimensional. Quando parte de um material no formato de uma barra retangular está sujeita a uma carga tensional, o material será deformado. A proporção da deformação no comprimento com relação ao comprimento original da barra é chamada de variação. Variação também é adimensional.

OA³ Área

A área exerce um importante papel na análise e no projeto de muitos problemas de engenharia, como aquecimento e resfriamento, aerodinâmica, ferramentas de corte e fundações de prédios. As áreas de formatos comuns, como triângulo, círculo e retângulo, podem ser obtidas usando fórmulas de área simples. Para formatos irregulares, usamos métodos de aproximação, como a regra trapezoidal.

OA⁴ Volume

Vivemos em um mundo tridimensional, portanto, é natural que o volume seja importante na formação e no funcionamento das coisas. O volume de formas simples, como cilindro, cone ou esfera, pode ser obtido por meio de fórmulas de volume simples. Podemos usar o efeito da flutuabilidade para medir o volume exterior dos objetos com formatos irregulares. Os programas de *software* para modelagem sólida estão cada vez mais comuns na prática da engenharia. Modelos sólidos gerados por computador fornecem não apenas imagens visuais excelentes, mas também informações, como magnitude da área e o volume do modelo.

OA⁵ Segundo momento de área

O segundo momento de área, também conhecido como momento de inércia da área, é uma importante propriedade da área que informa o grau de dificuldade de dobrar algo. Observe ainda que o motivo pelo qual essa propriedade da área é chamada "segundo momento de área" é que ela é definida pelo produto da distância ao quadrado e uma área, assim o nome "segundo momento de área". Para formas geométricas comuns, podem ser usadas as fórmulas de momento de inércia da área.

TERMOS-CHAVE

Área
Cilíndrico
Comprimento
Deformação
Esférico
Flutuabilidade
Momento de inércia da área

Sistema cartesiano de
   coordenadas
Radianos
Regra trapezoidal
Segundo momento de área
Sistema cilíndrico de coordenadas
Sistemas de coordenadas

Sistema esférico de coordenadas
Tamanho nominal
Tamanho real
Volume

APLIQUE O QUE APRENDEU

Investigue as seguintes dimensões, escreva um pequeno relatório sobre suas descobertas e apresente-o para seu instrutor.

1. Meça e registre o comprimento de cada dedo de dez homens adultos de sua sala. Meça e registre também o comprimento de cada dedo de dez mulheres adultas de sua sala. Calcule as médias de homens e de mulheres, e compare os resultados de mulheres com os resultados dos homens.
2. Meça e registre a área de superfície das pernas de dez homens adultos, cobrindo suas pernas com papel, e depois medindo a área do papel. Qual a quantidade de gesso em média necessária para um molde de uma perna de homem adulto, presumindo uma espessura de 2 mm? Qual é o volume de gesso necessário?

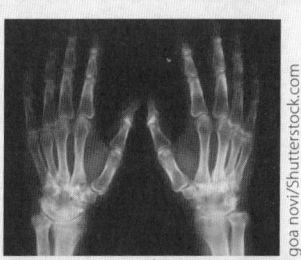

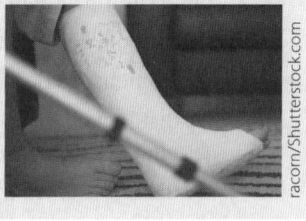

PROBLEMAS

Problemas que promovem aprendizado permanente estão indicados por 🔑

7.1 Engenheiros experientes são bons na estimativa de valores físicos sem usar ferramentas. Portanto, é necessário começar a desenvolver um "senso" para os tamanhos de várias grandezas físicas. O objetivo desse exercício é desenvolver essa capacidade. Usando a tabela abaixo, primeiro estime as dimensões dos objetos. Em seguida, meça ou pesquise as dimensões reais, e compare-os com os valores que você estimou. Qual foi a aproximação entre os valores estimados e obtidos? Ainda deseja ter uma "percepção" das unidades de comprimento?

7.2 Os exercícios a seguir foram criados para ajudá-lo a tomar consciência das várias dimensões ao seu redor. Você vê essas dimensões todos os dias, porém, talvez nunca tenha olhado para elas com olhos de um engenheiro. Meça e discuta a importância das dimensões dos seguintes itens.

a. As dimensões do seu quarto ou da sua sala de estar

b. As dimensões do corredor

c. As dimensões da janela

	Valores Estimados	Valores Medidos	Diferença			
Objeto	(cm)	(mm)	(cm)	(mm)	(cm)	mm
Este livro						
Um lápis ou uma caneta						
Um computador *laptop* (fechado)						
Uma lata de refrigerante						
A distância de casa para a escola	(km)	(m)	(km)	(m)	(km)	(m)
Use o velocímetro de seu carro para medir a distância real						
Uma cédula	(cm)	(mm)				
A altura de seu prédio de engenharia	(m)	(mm)				
A envergadura de um Boeing 747	(m)	(mm)	(m)	(mm)	(m)	(mm)

d. A largura, altura e espessura das portas de seu apartamento ou das portas do dormitório

e. A distância entre o piso e a maçaneta da porta

f. A distância entre o piso e os interruptores de luz

g. As dimensões de sua escrivaninha

h. As dimensões de sua cama

i. A distância entre o piso e a torneira do banheiro

j. A distância entre a superfície da banheira e o chuveiro

7.3 Neste exercício, explore o tamanho de sua sala de aula, a disposição das carteiras, a localização da lousa em relação à entrada principal da sala, e o tamanho da lousa em relação ao tamanho da sala. Descreva suas descobertas em um breve relatório para seu instrutor.

a. Quais são as dimensões da sala de aula?

b. Qual é a distância entre as carteiras? Essa é uma disposição confortável? Por que sim ou por que não?

c. A que distância do solo está posicionada a lousa? Qual é a sua largura? E sua altura? Qual é a sua disposição relativa na sala de aula? Um aluno sentado no fundo da sala consegue enxergar a lousa sem muita dificuldade?

7.4   Esta é uma tarefa esportiva. Primeiro observe as dimensões e, em seguida, mostre as dimensões em um diagrama. Se necessário, faça uma pesquisa para obter essas informações.

a. Uma quadra de basquete

b. Uma quadra de tênis

c. Um campo de futebol americano

d. Um campo de futebol

e. Uma quadra de vôlei

7.5   Estas dimensões se referem a sistemas de transporte. Observe as dimensões dos seguintes veículos, dê o ano do modelo e a fonte de suas informações.

a. Um carro de sua escolha

b. BMW 760 Li

c. Honda Accord

d. Qual é a largura do banco do motorista em cada um dos carros acima?

e. Um ônibus urbano

f. Qual é a largura dos bancos do ônibus?

g. Um trem de passageiros de alta velocidade

h. Qual é a largura dos bancos do trem na classe econômica?

7.6   Esta é uma tarefa de bioengenharia. Investigue as seguintes dimensões, escreva um pequeno relatório sobre suas descobertas e apresente-o ao seu instrutor.

a. Qual é o diâmetro médio de uma hemácia normal?

b. Qual é o diâmetro médio de um glóbulo branco normal?

c. Quais são os comprimentos dos intestinos humanos delgado e grosso?

7.7   Esta atividade está relacionada à engenharia civil.

a. Qual é a largura das pistas de uma rua em sua vizinhança? Converse com um engenheiro de sua cidade para obter essas informações.

b. Visite o Departamento da Rede de Transporte para descobrir qual é a largura de cada pista de uma rodovia interestadual. Todas as pistas de uma rodovia interestadual apresentam a mesma largura?

c. Descubra a altura da represa de Assuã. Qual é a largura da represa de Assuã? Qual é a área da represa na barragem? Discuta como e por que a espessura da represa varia com a altura.

d. Qual deve ser a altura das pontes interestaduais para que um caminhão médio possa passar sob elas?

e. A que altura devem ser colocados os sinais de uma rodovia?

f. Qual é a altura média de um túnel? Qual é a área de um túnel na sua entrada?

Escreva um breve relatório explicando o que descobriu.

7.8   Investigue o tamanho do sistema de água de sua vizinhança. Quais são os diâmetros internos e externos? Qual é o tamanho nominal do tubo? Qual é a área transversal do fluxo de água? Investigue o tamanho da tubulação usada em sua residência. Escreva um breve memorando para seu instrutor descrevendo suas descobertas.

7.9   Pesquise o comprimento da tubulação no Alasca. Quais são os diâmetros interno e externo dos tubos usados no transporte de óleo? Qual é a distância entre as estações de bombeamento? Qual é a espessura da tubulação? Qual é a área transversal do tubo? Qual é o tamanho nominal do tubo? Escreva um breve memorando para seu instrutor descrevendo suas descobertas.

7.10   Investigue o tamanho dos tubos usados no transporte de gás natural em seu país ou região. Quais são os diâmetros interno e externo dos tubos? Qual é a distância entre as estações de bombeamento? Qual é a área transversal do tubo? Escreva um breve memorando para seu instrutor descrevendo suas descobertas.

7.11   Investigue o diâmetro do fio elétrico usado em sua residência. Qual é a espessura das linhas de transporte? E sua área transversal? Escreva um breve memorando para seu instrutor descrevendo suas descobertas.

7.12   Qual é o intervalo do comprimento de onda operacional dos seguintes itens?

a. Um telefone celular

b. Transmissões de rádio FM

c. Transmissões de TV via satélite

Escreva um breve memorando para seu instrutor descrevendo suas descobertas.

7.13 Derive a fórmula dada para calcular a área de um trapezoide. Inicie dividindo a área total em duas áreas triangulares e uma área retangular.

7.14 Trace em uma folha de papel em branco os limites da área dos Estados Unidos mostrados no diagrama a seguir.

a. Use a regra trapezoidal para determinar a área total.

b. Aproxime a área total separando-a em vários pequenos quadros. Conte o número de quadros no total e adicione o valor que julgar necessário para a área restante. Compare suas descobertas da parte (a).

c. Use uma balança analítica de um laboratório de química para pesar uma folha de papel A4. Registre as dimensões do papel. Desenhe os contornos da área representada na figura a seguir e recorte essa área. Determine o peso do papel que tem a área desenhada nele. Compare os pesos e determine a área dos perfis dados. Quais foram as suas suposições para chegar a esta solução? Compare a área obtida por este método a seus resultados nas partes (a) e (b). Há alguma outra forma de determinar a área do perfil? Explique.

7.15 Consiga um sapato feminino de salto alto e um calçado feminino de caminhada atlética. Desenhe as superfícies de contato com o solo de cada modelo de sapato. Determine a área total de cada modelo e presuma que a mulher que utiliza esses sapatos pese 55 kg. Calcule a pressão média na parte inferior de cada modelo. Quais foram suas descobertas? Quais seriam suas recomendações? Lembre-se de que

$$\text{pressão} = \frac{\text{força}}{\text{área}}$$

7.16 Obtenha duas marcas diferentes de esquis nórdicos. Desenhe a superfície de contato esperada dos esquis com a neve. Obtenha um valor da pressão média de cada esqui, presumindo que a pessoa que usa os esquis pese 80 kg.

7.17 Calcule a pressão média esperada na estrada pelos seguintes veículos.

a. Um carro de passeio

b. Um caminhão

c. Uma escavadora

Discuta suas descobertas.

7.18 Usando a área como sua variável, sugira maneiras de resfriar mais rapidamente rosquinhas recém-assadas.

7.19 Calcule a quantidade de material necessária para fazer 100 000 sinais de "Pare". Investigue o tamanho de um lado do sinal e o tipo de material do qual ele é feito. Escreva um breve memorando para seu instrutor descrevendo suas descobertas.

7.20 Calcule a quantidade de material necessária para fazer 100 000 sinais de "Ceder passagem". Investigue o tamanho de um lado do sinal e o tipo de material do qual ele é feito. Escreva um breve memorando para seu instrutor descrevendo suas descobertas.

7.21 Conforme exposto neste capítulo, a resistência do ar no movimento de um veículo é determinada experimentalmente colocando-o em um túnel de vento. A velocidade do ar dentro do túnel é alterada e a força de atrito que atua sobre o veículo é medida. Os dados experimentais são representados por um único coeficiente chamado *coeficiente de atrito*. Ele é definido pela relação a seguir:

$$\frac{\text{coeficiente}}{\text{de atrito}} = \frac{\text{força de atrito}}{\frac{1}{2}\left(\text{densidade do ar}\right)\left(\text{velocidade do ar}\right)^2\left(\text{área frontal}\right)}$$

ou, em uma fórmula matemática,

0   500 milhas

Problema 7.14

$$C_\text{d} = \frac{F_\text{d}}{\frac{1}{2}\rho V^2 A}$$

Neste capítulo explicamos também que a área frontal A é a projeção frontal da área e poderia ser aproximada simplesmente multiplicando-se 0,85 vezes a largura e a altura de um retângulo que destaca a frente de um veículo quando você o vê perpendicularmente ao para-brisa frontal. O fator 0,85 serve para ajustar as bordas arredondadas, o espaço de abertura abaixo do para-choques, e assim por diante. Em geral os valores de coeficiente de atrito para carros esportivos estão entre 0,27 e 0,38, e para sedans, entre 0,34 e 0,5. Para este exercício será necessário obter a área frontal real de um carro. Cole uma fita métrica ou uma medida de comparação no para--choques de seu carro. A régua servirá como escala. Tire uma fotografia do carro e use os métodos apresentados neste capítulo para calcular a área frontal do carro.

7.22 Um operador em uma loja de maquinários para engenharia pediu uma chapa plástica com dimensões de 5 m × 6 m × 50 mm de largura, comprimento e espessura, respectivamente. O operador pode passar essa chapa plástica pela porta da loja, cujas dimensões são de 3 m × 4 m? Dê as dimensões máximas de uma chapa para ser retirada de dentro da loja e explique.

7.23 Investigue a capacidade de volume de um barril de óleo em galões, pés cúbicos e metros cúbicos. Determine também a capacidade de volume de um alqueire (bushel) de produtos de agricultura, em polegadas cúbicas, pés cúbicos e metros cúbicos. Escreva um breve memorando para seu instrutor descrevendo suas descobertas.

7.24 Meça o diâmetro externo de um mastro de bandeira ou de um poste de sinal luminoso passando um pedaço de barbante em torno do objeto para determinar a circunferência. Em sua opinião, por que um mastro de bandeira ou um poste de sinal luminoso é projetado para ser mais grosso na parte inferior, perto do solo, do que no topo? Explique sua resposta.

7.25 Meça a largura e o comprimento de uma esteira. Discuta os fatores que determinam a adequação dos valores que você mediu.

7.26 Reúna informações sobre os tamanhos padrão dos pneus automotivos. Crie uma lista dessas dimensões. O que significam os números indicados em um pneu? Escreva um breve memorando para seu instrutor descrevendo suas descobertas.

7.27 Visite uma loja de ferragens e obtenha informações sobre os tamanhos dos seguintes itens.
   a. Parafusos
   b. Folhas de compensado
   c. Tubos de PVC
   d. Madeira
   Crie uma lista com os tamanhos reais e nominais.

7.28 Usando apenas uma fita métrica ou uma medida de comparação, abra a porta da sala de aula em 35 graus. *Não use transferidor.*

7.29 Realize esta atividade em grupo. Determine a área da mão direita de cada colega da sua sala. Para isso, trace o contorno dos dedos da pessoa em uma folha de papel em branco e use qualquer uma das técnicas apresentadas neste capítulo para calcular a área de cada mão. Compile um banco de dados que contenha a área da mão direita de cada pessoa na sala de aula. Com base em algumas médias, classifique os dados em pequeno, médio e grande. Estime a quantidade de material (couro externo e forro interno) necessária para produzir 10 000 luvas. Quantos carretéis de linha devem ser solicitados? Descreva e/ou desenhe um diagrama com a melhor maneira de se cortar os perfis de mão em folhas de couro minimizando o desperdício de materiais.

7.30 Realize esta atividade em grupo. Em um terreno de quilômetro quadrado, quantos carros podem ser estacionados com segurança? Determine o espaço apropriado entre os carros e a largura das pistas de passagem. Prepare um diagrama mostrando sua solução e escreva um breve relatório para seu instrutor discutindo suas suposições e descobertas.

7.31 Calcule o comprimento de tubos usados para fazer um bicicletário em seu campus.

7.32   Determine a área de base de um ferro elétrico a vapor.

7.33   Determine a área de uma lâmpada fluorescente compacta de 30 W.

7.34   Verifique o volume registrado de um saco de lixo.

7.35   Discuta o tamanho de um lenço facial, uma toalha de papel e uma folha de papel higiênico.

7.36   Estime a quantidade de prata necessária para fazer um conjunto de talheres para quatro pessoas, com colheres de chá, colheres de sopa, garfos e facas (16 peças no total). Discuta suas suposições e descobertas.

7.37   Calcule o segundo momento de área de um eixo de diâmetro de 50 mm sobre os eixos x–x e y–y, conforme ilustrado a seguir.

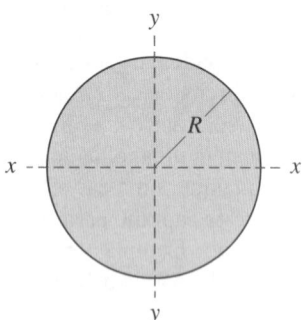

Problema 7.37

7.38   Calcule o segundo momento de área de um pedaço de madeira de 50 mm × 150 mm

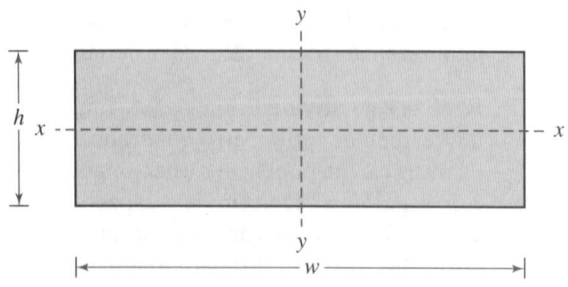

Problema 7.38

sobre os eixos x–x e y–y, conforme a figura. Visite uma loja de ferragens e meça as dimensões reais de um pedaço de madeira típico de 50 mm × 150 mm.

7.39   Calcule a força de flutuabilidade que atua em um barco parcialmente imerso (V = 5,0 m³). A densidade da água é de 1 000 kg/m³.

7.40   Quantos discos com diâmetro de 150 mm e espessura de 7,5 mm podem ser encaixados em um recipiente cilíndrico com 120 mm de comprimento e 157,5 mm de diâmetro?

7.41   Nos Estados Unidos, o consumo de combustível de um automóvel é expresso em X milhas por galão. Obtenha um único fator que possa ser usado para converter X milhas por galão em km por litro.

7.42   Calcule o comprimento do arco S_1 na figura a seguir. $R_2 = 8$ cm, $R_1 = 5$ cm e $S_2 = 6,28$ cm.

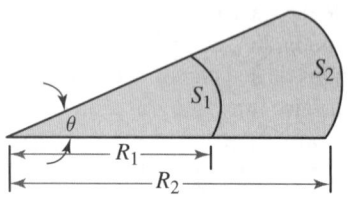

Problema 7.42

7.43   Uma barra retangular de 10 cm de comprimento (quando sujeita a uma carga de tração) deforma em 0,1 mm. Calcule a tensão normal.

7.44   Calcule o volume do material usado para fazer um tubo de cobre tipo K de 30 m de 100 mm.

7.45   Calcule o volume do material usado para fazer um tubo de cobre tipo L de 30 m de 100 mm.

7.46   Calcule o volume do material usado para fazer um tubo de cobre tipo M de 30 m de 100 mm.

7.47   Em qual fator você aumentaria a resistência à curvatura (sobre o eixo x–x) se fosse usar uma viga de W460 x 113 no lugar de W200 × 46,1?

7.48   Em qual fator você aumentaria a resistência à curvatura (sobre o eixo y–y) se fosse usar uma viga de W460 x 113 no lugar de W200 × 46,1?

7.49   Calcule a área frontal (excluindo o painel de exibição) do telefone celular ilustrado na figura a seguir.

7.50   Calcule a área frontal do carro ilustrado na figura a seguir.

Problema 7.49

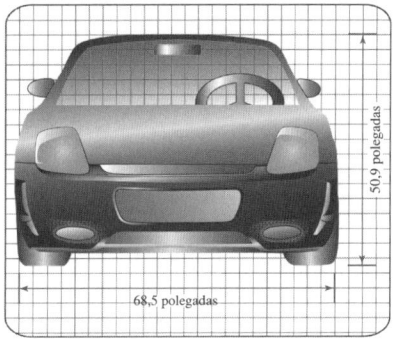

Problema 7.50

Projeto III

Objetivo: Construir um barco de chapa de alumínio com 150 mm × 150 mm, que carregará o máximo de moedas possível. Ele deve flutuar no mínimo durante 1 minuto. Trinta minutos serão permitidos para a preparação.

"Equipe de trabalho divide as tarefas e dobra o sucesso."
– ANDREW CARNEGIE (1835-1919)

Espetáculo da engenharia

O túnel n° 3* da cidade de Nova York

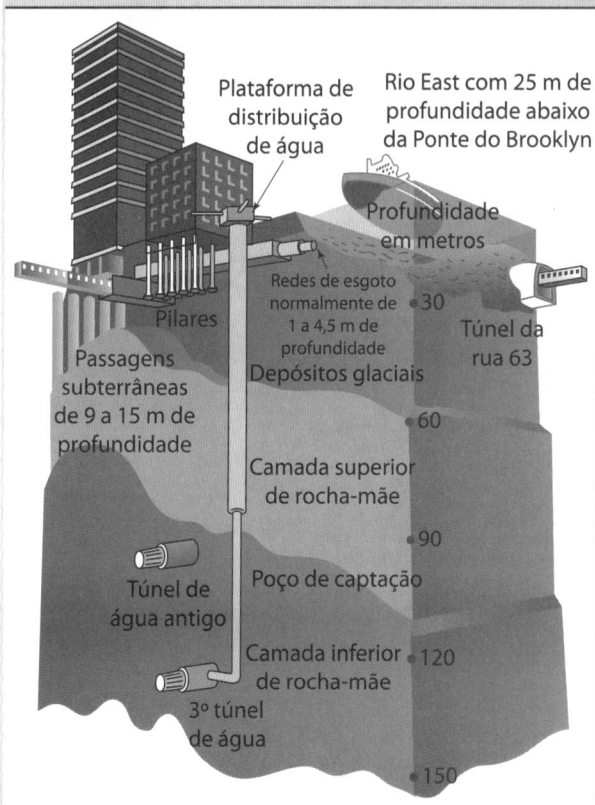

Baseado em Don Foley/National Geographic Image Collection

Em 1954, Nova York sentiu a necessidade de um terceiro túnel de água para atender à crescente demanda do sistema de abastecimento de água de mais de 150 anos. O planejamento do Túnel n° 3 da cidade começou no início dos anos 60, e a verdadeira construção teve início perto de uma década depois em 1970. O Túnel n° 3 de água da cidade de Nova York, por seu tamanho, comprimento e dispositivos de controle, e ainda pela profundidade da escavação, representa um dos projetos de engenharia mais complexos e desafiadores do mundo atual. O Túnel n° 3 da cidade de Nova York também representa o maior projeto de melhoria da capital na história da cidade. O Túnel n° 3 foi projetado para custar, depois de concluído, aproximadamente 6 bilhões de dólares. Construído pelos funcionários,

engenheiros e operários de construção subterrânea (conhecidos como *sandhogs*) do Departamento de Proteção do Ambiente da Cidade de Nova York City (DEP, Department of Environmental Protection), o túnel deverá ter um comprimento de mais de 100 km. O túnel deve ser concluído em 2020. Desde 1970, quando a construção do túnel começou, 24 pessoas morreram em acidentes relacionados à construção.

Embora o Túnel n° 3 da Cidade não venha a substituir os Túneis n° 1 e n° 2, ele ampliará e melhorará a adequação e a confiabilidade de todo o sistema de abastecimento de água, bem como melhorará o serviço e a pressão das áreas de periferia da cidade. Também permitirá que o DEP inspecione e repare os Túneis da Cidade n° 1 e n° 2 pela primeira vez desde que entraram em operação em 1917 e 1936, respectivamente.

O projeto do Túnel da Cidade n° 3 deve ser concluído em quatro etapas. A etapa 1 do projeto já foi concluída. Similar aos túneis da Cidade n° 1 e 2, a etapa 1 do Túnel n° 3 começa no Reservatório de Hillview em Yonkers. Ele é construído em pedra-mãe de 75 a 240 m abaixo da superfície e percorre 21 km, estendendo-se pelo Central Park até quase a Quinta Avenida e a Rua 78, depois se alonga ao leste pelo Rio East e a Ilha de Roosevelt, em Astoria, no Queens. A primeira etapa do túnel, cuja construção custou 1 bilhão de dólares, consiste em um túnel de pressão revestido de concreto com diâmetro de 7,3 m que desce em diâmetro para 20 pés. A água passa por essa rota e chega a 14 estações de fornecimento de água, ou "risers", e abastece o sistema de distribuição de água da cidade. Atualmente, o Túnel da Cidade n° 3 atende aos lados leste superior e oeste superior de Manhattan, Ilha Roosevelt e toda vizinhança do Bronx, a oeste do Rio Bronx.

Há quatro câmaras de válvulas exclusivas que permitirão que a etapa 1 se conecte às futuras partes do túnel sem interromper o fluxo de serviço de água. Cada uma das câmaras de válvula contém uma série de canais de 2,4 m de diâmetro

Escavação da etapa 1 do Túnel de água da Cidade nº 3 em 1972. Hoje, a água enchendo essa parte do túnel está abastecendo áreas do Bronx e Manhattan.

com válvulas e medidores de vazão para dirigir, controlar e medir o fluxo de água nas partes do túnel. A maior das câmaras de válvula está em Van Cortlandt Park, no Bronx. Construída a 75 m abaixo da superfície, essa câmara de válvula controlará o fluxo diário de água dos sistemas de abastecimento de Catskill e Delaware no Túnel nº 3. No projeto original dos dois túneis existentes, as válvulas que controlam o fluxo de água no Túnel nº 3 ficarão alojadas em grandes câmaras de válvulas subterrâneas, facilitando o acesso para serviços de manutenção. As válvulas dos Túneis da Cidade nº 1 e 2 estão no nível do túnel e, portanto, são inacessíveis quando o túnel está em operação. Três dessas quatro câmaras de válvula subterrânea exclusivas já foram construídas para permitir a conexão das etapas futuras do túnel, sem remover a água ou interromper o serviço de outras etapas do túnel. Essas três câmaras de válvula estão localizadas no Bronx em Van Cortlandt Park (Eixo 2B), em Manhattan no Central Park (Eixo 13B), e em Roosevelt Island (Eixo 15B).

A Etapa 2 da construção do Túnel da Cidade nº 3 compreende uma seção de duas fases no Brooklyn/Queens e uma seção em Manhattan. A Etapa 2 estava programada para ser concluída em 2009 a um custo aproximado de US$ 1,5 bilhão. A combinação das etapas 1 e 2 fornecerá ao sistema a capacidade de exceder um ou ambos os Túneis da Cidade nº 1 e nº 2.

A Etapa 3 envolve a construção de uma seção de 26 km de comprimento do Reservatório de Kensico até a Câmara de Válvula no Bronx, que contém água do sistema Catskill e Delaware. Quando a etapa 3 estiver concluída, o Túnel da Cidade nº 3 funcionará com mais pressão, induzida pela alta elevação do Reservatório Kensico. Também fornecerá um aqueduto adicional para suprimento de água para a cidade que contará com aquedutos paralelos em Delaware e Catskill. A Etapa 4, de comprimento de 22 km, passará de Van Cortlandt Park sob o Rio East até Woodside, Queens.

A construção das três etapas restantes do Túnel da Cidade nº 3 está sendo acelerada pelo uso de um escavador de rocha mecânico chamado máquina de perfuração de túneis (TBM, tunnel-boring machine). Essa máquina, que é inserida em partes e montada no piso do túnel, recorta partes da rocha-mãe por meio de rotações contínuas com uma série de dentes de aço. O TBM, que substitui os métodos de perfuração e detonação convencionais usados durante a construção da etapa 1, permite escavações com maior rapidez e mais segurança.

Nas fotos a seguir, observe um resumo ilustrativo dos vários aspectos do Túnel nº 3. *

Molde construído para preparar o túnel para ser revestido com concreto.

Foto de cortesia do Departamento de Proteção do Meio Ambiente da Cidade de Nova York

Esta parte concluída do túnel, com 20 pés de diâmetro, está sob o Eixo 13B, próximo ao Reservatório do Central Park.

Foto de cortesia do Departamento de Proteção do Meio Ambiente da Cidade de Nova York

Foto de cortesia do Departamento de Proteção do Meio Ambiente da Cidade de Nova York

Câmara de válvula em Van Cortlandt Park concluída no início dos anos 1990.

Foto de cortesia do Departamento de Proteção do Meio Ambiente da Cidade de Nova York

Máquina de perfuração de túneis (TBM), que foi inserida em partes e montada no chão do túnel, cortando seções de rocha-mãe na etapa 2 do Túnel da Cidade nº 3. Os dentes de aço giratórios do TBM substituem a dinamite anteriormente necessária para escavação.

Uma visão aproximada da máquina de perfuração de túneis (TBM).

Foto de cortesia do Departamento de Proteção do Meio Ambiente da Cidade de Nova York

PROBLEMA

1   Calcule o volume de terra removido para dar espaço aos 96 km e 7 m de diâmetro do túnel de água revestido com concreto. Investigue também a capacidade dos caminhões basculantes usados na remoção dos materiais retirados.

© Geray Sweeney/CORBIS

CAPÍTULO

8

Tempo e variáveis a ele relacionadas em engenharia

Tempo é uma dimensão fundamental que exerce importante função em nossa vida diária na descrição de eventos, processos e outras ocorrências ao nosso redor. Bons engenheiros reconhecem a função do tempo em suas vidas e no cálculo da velocidade e da aceleração de fluxo de materiais e substâncias, bem como no tráfego. Eles sabem o que significa *frequência* e *período* e entendem a diferença entre um processo permanente e um transiente. Bons engenheiros possuem a compreensão segura de movimento rotacional e entendem como ele difere do movimento de translação.

OBJETIVOS DE APRENDIZADO

OA¹ **Tempo como dimensão fundamental:** perceber que o tempo é uma dimensão fundamental e necessária para descrever diversos problemas de engenharia, situações e processos; explicar a diferença entre um processo permanente e um transiente

OA² **Medindo o tempo:** descrever a medida do tempo e como a forma de medi-lo evoluiu

OA³ **Períodos e frequências:** explicar a que se referem período ou frequência e como eles estão relacionados à dimensão fundamental tempo

OA⁴ **Fluxo de tráfego:** descrever variáveis de tráfego, como fluxo, densidade e velocidade média, que utilizam a dimensão fundamental tempo

OA⁵ **Variáveis de engenharia que envolvem comprimento e tempo:** descrever grandezas de engenharia, como velocidade, aceleração e vazão volumétrica, com base nas dimensões fundamentais comprimento e tempo

TEMPO

Antes do desenvolvimento da ciência moderna, o tempo era percebido por muitos homens como um círculo ou uma espiral: um padrão cíclico de renovação e renascimento. Hoje, nos soa mais familiar a tradição ocidental de tempo linear, que é a direção ou o fluxo de movimento para frente, o que representa uma linha entre o passado e o futuro, na qual está implícita a ideia de progresso. Como as descobertas da evolução vieram a sustentar grande parte da ciência moderna, a "flecha do tempo" tornou-se uma consciência coletiva.

Podemos vê-lo, senti-lo, prová-lo ou ouvi-lo. O tempo já pertence ao mundo físico. Testemunhamos sua evidência em torno da morte e da decadência. A percepção do tempo é muito mais um fenômeno humano, pois certamente somos as únicas criaturas a medi-lo, a aplicar ferramentas sobre ele e a criar ferramentas para utilizá-lo. O tempo é um aspecto do mundo real, e as características do tempo físico são determinadas pelos processos do mundo físico. É a essência da cosmologia, astronomia e da própria física, mas também é importante nas

NASA; ESA; Z. Levay and R. van der Marel, STScI; T. Hallas; and A. Mellinger

disciplinas de biologia e geologia. Sem dúvidas, ele é fundamental à tecnologia moderna. A precisão de sua medida dirige nossas vidas diárias. Dos físicos newtonianos aos einsteinianos, da mecânica quântica à termodinâmica, bem como nas comunicações via satélite, virtualmente, o tempo é a essência de todas as disciplinas científicas.

US Library of Congress, http://www.loc.gov/rr/scitech/tracer-bullets/timetb.html

Para os estudantes: Como você define o tempo? Qual é a função do tempo em nossa vida diária? Qual é a função do tempo na tecnologia e na engenharia? Dê alguns exemplos.

No capítulo anterior, consideramos a função do comprimento e dos parâmetros a ele relacionados, como área e volume, em análises e projetos da engenharia. Neste capítulo, investigaremos a função do tempo como uma dimensão fundamental, e de parâmetros a ele relacionados, como frequência e período. Primeiro discutiremos por que a variável tempo é necessária para descrever eventos, processos e outras ocorrências no mundo físico. Em seguida, explicaremos a função de período e frequência em eventos recorrentes ou periódicos (eventos que se repetem). Neste capítulo, também faremos uma breve introdução descrevendo o fluxo de tráfego. Finalmente, veremos as variáveis da engenharia que envolvem o comprimento e o tempo, incluindo velocidades e acelerações lineares, e vazão de fluidos. O movimento rotacional também será apresentado no final deste capítulo. Reapresentamos a Tabela 6.7 para mostrar a relação entre o conteúdo deste capítulo e as dimensões fundamentais discutidas em outros capítulos.

TABELA 6.7	Dimensões fundamentais e seu uso ao definir variáveis usadas em análises e projetos de engenharia			
Capítulo	**Dimensão fundamental**	**Variáveis de engenharia relacionadas**		
7	Comprimento (L)	Radiano (L/L), Deformação (L/L)	Área (L^2)	Volume (L^3)	Momento de inércia da área (L^4)
8	Tempo (t)	Velocidade angular ($1/t$), Aceleração angular ($1/t^2$), Velocidade linear (L/t), Aceleração linear (L/t^2)		Vazão volumétrica (L^3/t)	
9	Massa (M)	Vazão mássica (M/t), Momento (ML/t), Energia cinética (ML^2/t^2)		Densidade (M/L^3), Volume específico (L^3/M)	
10	Força (F)	Momento (LF), Trabalho, energia (FL), Impulso linear (Ft), Força (FL/t)	Pressão (F/L^2), Tensão (F/L^2), Módulo de elasticidade (F/L^2), Módulo de rigidez (F/L^2)	Peso específico (F/L^3)	
11	Temperatura (T)	Expansão térmica linear (L/LT), Calor específico (FL/MT)		Expansão térmica volumétrica (L^3/L^3T)	
12	Corrente elétrica (I)	Carga (It)	Densidade da corrente (I/L^2)		

OA¹ 8.1   Tempo como dimensão fundamental

Vivemos em um mundo dinâmico. Tudo no universo está em constante movimento. Pense nisso! A Terra e tudo o que está associado a ela se movem em torno do Sol. Todos os planetas solares e tudo o que os compreende estão em movimento em torno do Sol. Sabemos que tudo o que está fora de nosso sistema solar também está em movimento. Com nossa observação diária também sabemos que algumas coisas se movem com mais rapidez do que outras. Por exemplo, as pessoas podem ser mais rápidas do que as formigas, ou o coelho é mais rápido do que a tartaruga. O avião a jato em voo se move com mais rapidez do que o carro na rodovia.

Tempo é um parâmetro importante na descrição do movimento. Quanto tempo levamos para percorrer determinada distância? Há muito tempo os homens aprenderam que, por definição da variável chamada **tempo**, eles poderiam usá-la para descrever as ocorrências de eventos ao seu redor. Pense sobre as perguntas que muitas vezes nos fazemos sobre a vida: Quantos anos você tem? Quanto tempo leva para ir de um lugar a outro? Quanto tempo leva para cozinhar esse alimento? Até que horas essa loja está aberta? Quanto tempo dura suas férias? Costumamos também associar o tempo às ocorrências naturais em nossas vidas; por exemplo, para expressar a posição relativa da Terra com relação ao Sol, usamos dia, noite, 2h, ou 15h, ou 30 de maio. O parâmetro tempo foi propositadamente dividido em intervalos menores e maiores, como segundos, minutos, horas, dias, meses, anos, séculos e milênios. Estamos sempre aprendendo mais e mais sobre o meio ambiente e sobre o comportamento e o funcionamento da natureza; assim, precisamos de divisões de tempo cada vez menores, como microssegundos e nanossegundos. Por exemplo, com o advento das linhas de comunicação de alta velocidade, o tempo que os elétrons levam para se mover entre curtas distâncias pode ser medido em nanossegundos.

> Há muito tempo os homens aprenderam que, por definição da variável chamada tempo, eles poderiam usá-la para descrever as ocorrências de eventos ao seu redor.

Também aprendemos com a observação do mundo que é possível combinar o parâmetro tempo com o parâmetro comprimento e descrever a rapidez com que algo se move. Quando pensamos em rapidez, devemos ter o cuidado de informar com respeito a quê. Lembre-se, tudo no universo está em contínuo movimento.

Antes de discutirmos a função do tempo nas análises da engenharia, vamos nos concentrar na função do tempo em nossas vidas – nossa limitada estimativa de tempo. Hoje, podemos afirmar com segurança que a média de expectativa de vida de uma pessoa no mundo ocidental é de cerca de 75 anos. Vamos usar esse número e realizar algumas operações aritméticas simples para ilustrar alguns pontos interessantes. Convertendo os 75 anos em horas, temos

$$(75 \text{ anos}) \ (365{,}25 \text{ dias/ano}) \ (24 \text{ horas/dia}) = 657\ 450 \text{ horas}$$

Em média, gastamos aproximadamente 1/3 de nossas vidas dormindo; isso nos deixa 438 300 horas de vigília. Considerando a média de ingresso na faculdade aos 18 anos, temos 333 108 horas de vigília ainda disponíveis, caso cheguemos à idade de 75 anos. Pense um pouco sobre isso. Se você recebesse apenas US$ 333 108 para passar o resto de sua vida, você desperdiçaria esse dinheiro? Talvez não, especialmente se souber que não vai mais receber nem um centavo. A vida é curta! Faça bom uso de seu tempo e, enquanto isso, aproveite bem sua vida.

Agora, vejamos a função do tempo nos problemas e nas soluções de engenharia. Muitos problemas de engenharia podem ser divididos em duas grandes categorias: *permanente* e *transiente*. O problema é considerado *permanente* quando o valor da grandeza física em investigação não muda com o tempo. Por exemplo, o comprimento e a largura de nosso cartão de crédito não mudam com o tempo, caso não seja submetido à mudança de temperatura ou de carga. Se o valor de uma grandeza física mudar com o tempo, então o problema é classificado como *não permanente* ou *transiente*.

Um bom exemplo de situação *transiente* familiar a todos é a taxa de crescimento físico de uma pessoa. Desde o nosso nascimento até atingirmos o final da adolescência e o início da segunda década de vida, nossas dimensões físicas mudam com o tempo. Você se tornou mais alto, seus braços cresceram, os ombros ficaram mais largos. Logicamente, neste exemplo, não só o comprimento das dimensões mudou com o tempo, mas também a massa mudou. Outro exemplo comum de evento *transiente* com o qual você está acostumado a lidar

> Na engenharia, o problema é considerado permanente quando o valor da grandeza física em investigação não muda com o tempo. Se o valor da grandeza mudar com o tempo, então o problema é classificado como não permanente ou transiente.

Ainda há tempo para fazer algumas coisas boas na vida

é a temperatura física variável. Quando você retira do forno rosquinhas recém-assadas para que esfriem, a temperatura das rosquinhas diminui com o tempo, até que atingem a mesma temperatura do ar da cozinha. Há muitos problemas de engenharia que também são *transientes*. Você encontrará exemplos de processos *transientes* e permanentes no resfriamento de equipamentos eletrônicos, aplicações biomédicas, combustão, fundição e processamento de materiais, moldagem plástica, aplicações de aquecimento e resfriamento de edifícios e processamento de alimentos. A resposta *transiente* do sistema mecânico ou estrutural a uma força aplicada repentinamente é outro exemplo de problema *transiente* de engenharia: a resposta do sistema de suspensão do carro ao passar por um buraco ou a resposta do prédio ao terremoto.

Depois de chegar aos 20 anos de idade, minhas dimensões físicas realmente ficam permanentes? E se eu ganhar massa?

OA² 8.2   Medindo o tempo

No início, os homens contavam com a posição da Terra em relação ao Sol, à Lua, às estrelas e a outros planetas para acompanhar o tempo. O calendário lunar foi usado por muitas civilizações. Esses calendários celestiais eram úteis para marcar longos períodos de tempo, mas os homens precisavam elaborar meios de controlar intervalos de tempo menores, como os que hoje conhecemos como horas. Essa necessidade levou ao desenvolvimento dos relógios (veja a Figura 8.1). Os relógios de sol, também conhecidos como relógios de sombra, eram usados para dividir um dia em intervalos menores. O movimento da sombra no relógio solar marcava os intervalos de tempo. Como outros instrumentos inventados pelos homens, o relógio solar evoluiu para instrumentos mais elaborados que reconheceram a redução dos dias durante o inverno, quando comparados aos dias do verão, fornecendo assim mais precisão ao longo do ano. Ampulhetas (recipientes de vidro preenchidos com areia) e relógios de água estavam entre os primeiros dispositivos para medir o tempo que não faziam uso da posição da Terra com relação ao Sol ou a outros corpos celestes. Muitos de vocês já viram uma ampulheta (às vezes chamada de relógio de areia); os relógios de água eram feitos de um recipiente graduado com um pequeno orifício próximo da base. O recipiente continha água e era invertido para que a água pudesse pingar pelo orifício lentamente. Os recipientes cilíndricos graduados, nos quais a água era gotejada a uma taxa constante, também eram usados para medir a passagem de uma hora. Com o passar dos anos, o projeto dos relógios de água também se modificou. O passo seguinte na marcação de tempo veio no século XIV, quando, na Europa, foram usados relógios mecânicos por peso. Mais tarde, no século XVI, vieram os relógios carregados por mola. O projeto do mecanismo de mola finalmente levou a relógios menores e aos relógios de pulso. A oscilação de um pêndulo foi o avanço seguinte no projeto de relógios.

Por fim, relógios de quartz substituíram os relógios mecânicos na segunda metade do século XX. O relógio de quartz ou relógio de pulso usa a propriedade piezoelétrica do cristal de quartz. Um cristal de quartz, quando sujeito à pressão, cria um campo elétrico. O inverso também é verdadeiro – podemos dizer, o formato do cristal muda quando passa por um campo elétrico. Esses princípios são usados para projetar relógios que fazem o cristal vibrar e gerar um sinal elétrico de frequência constante.

Dimedrol68/Shutterstock.com   Alistair Scott/Shutterstock.com   AGCuesta/Shutterstock.com   Ian 2010/Shutterstock.com

FIGURA 8.1   Você está realmente medindo o tempo?

Conforme vimos no Capítulo 6, a frequência natural do átomo de césio foi adotada como a nova unidade padrão de tempo. A unidade de um segundo hoje é formalmente definida como a duração de 9 192 631 770 períodos da radiação correspondente à transição entre os dois níveis hiperfinos do estado estável do átomo césio 133.

Necessidade de fuso horário

Você sabe que a Terra gira em um eixo que vai do Polo Sul ao Polo Norte, e que a Terra leva 24 horas para completar uma volta sobre esse eixo. Além disso, estudando globos e mapas, talvez você tenha notado que a Terra está dividida em 360 arcos circulares de leste a oeste com distâncias iguais entre si chamados *longitudes*. A longitude zero foi arbitrariamente atribuída ao arco que passa por Greenwich, na Inglaterra. Como a Terra leva 24 horas para completar uma volta sobre seu eixo, cada 15 graus de longitude correspondem a 1 hora (360 graus/24 horas = 15 graus a cada hora). Por exemplo, uma pessoa que está 15 graus a oeste de Chicago verá o Sol exatamente na mesma posição vista por outra pessoa em Chicago uma hora antes. A Terra também está dividida em latitudes, que medem o ângulo formado pela linha que conecta o centro da Terra a um local específico na sua superfície e no plano equatorial, como mostra a Figura 8.2. A latitude varia de 0 grau (plano equatorial) a 90 graus norte (Polo Norte), e de 0 grau a 90 graus sul (Polo Sul).

A necessidade de **fuso horário** não era percebida até no final do século XIX. Foi durante a expansão das ferrovias que se percebeu a necessidade de padronizar os cronogramas. Afinal, 8h na cidade de Nova York não correspondia a 8h em Denver, Colorado. Assim, foi preciso encontrar meios de padronizar a marcação de tempo e a relação com outros locais na Terra. Foi graças ao cronograma da ferrovia e ao comércio que as nações definiram em conjunto o fuso horário. Veja na Figura 8.3 os fusos horários padrão.

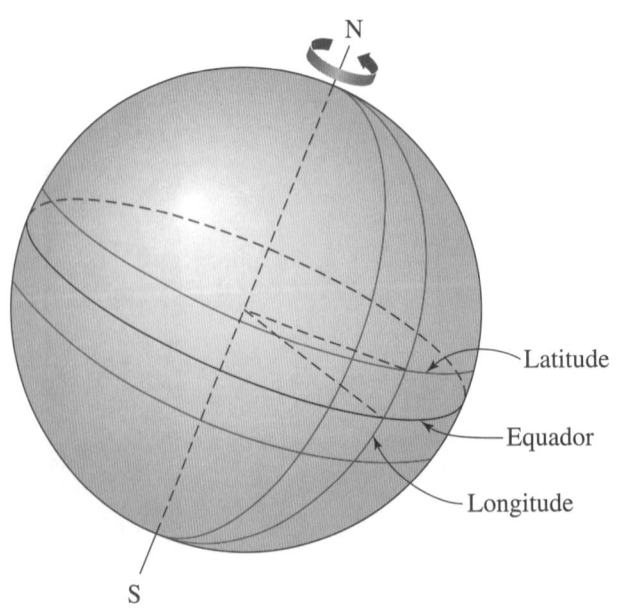

FIGURA 8.2 As longitudes e latitudes da Terra.

Horário de verão

O **horário de verão** foi originalmente posto em prática para economizar combustível (energia) nos tempos difíceis da Primeira Grande Guerra e da Segunda Guerra Mundial. A ideia é simples: definir o relógio uma hora à frente na primavera e atrasá-lo durante o verão e o início do outono, assim, estendemos as horas de luz solar e, consequentemente, economizamos energia. Por exemplo, em certo dia na primavera, sem o horário de verão, anoiteceria às 20h, mas, com os relógios adiantados em uma hora, o dia começa a escurecer às 21h. Assim, acendemos nossas luzes uma hora mais tarde. De acordo com um estudo do Departamento de Transporte dos Estados Unidos, o horário de verão economiza energia por causa da nossa tendência a passar mais tempo fora de casa. Além disso, como as pessoas em geral preferem dirigir à luz do dia, o horário de verão também pode reduzir o número de acidentes de automóveis e assim poupar muitas vidas.

Em 1966, o Congresso dos Estados Unidos aprovou a Lei de Uniformização do Tempo para estabelecer um sistema de tempo uniforme. Mais tarde, em 1986, o Congresso alterou o início do horário de verão do último sábado de abril para o primeiro sábado de abril. Em 2005, o Congresso aprovou uma emenda para que, a partir de 2007, o horário de verão fosse iniciado no segundo domingo de março e encerrado no primeiro sábado de novembro. Hoje, muitos países seguem algum tipo de programa de horário de verão. Nos países da União Europeia, o horário de verão começa no último sábado de março e continua até o último domingo de outubro.

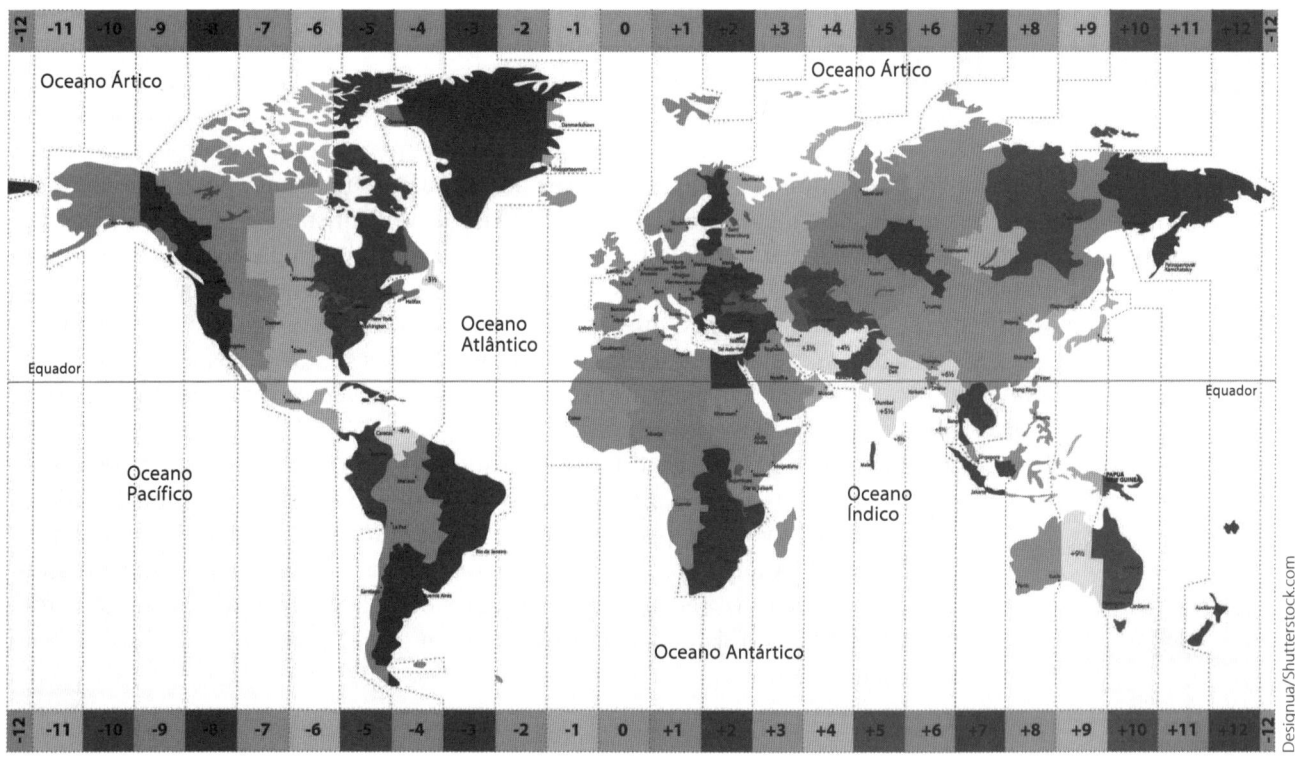

FIGURA 8.3   Fuso horário padrão. O amarelo indica os fusos horários definidos na metade da hora entre fusos horários adjacentes.

OA³ 8.3   Períodos e frequências

> Para eventos periódicos, um período é o tempo necessário para que o evento volte a se repetir. O inverso de um período é chamado frequência.

Para eventos periódicos, um **período** é o tempo necessário para que o evento volte a se repetir. Por exemplo, a cada 365,24 dias a Terra se alinha exatamente na mesma posição com relação ao Sol. A órbita da Terra em torno do Sol é periódica, pois esse evento se repete. O inverso de um período é chamado **frequência**. Por exemplo, a frequência com que a Terra circunda o Sol é de uma vez por ano.

Agora, vamos usar exemplos simples para explicar a diferença entre período e frequência. Em geral, as pessoas lavam roupas uma vez por semana ou compram doces uma vez por semana. Nesse caso, a frequência de lavar roupas e comprar doces é uma vez por semana. Ou alguém pode ir ao dentista uma vez a cada seis meses. Seis meses é a frequência de visitas ao dentista. Portanto, frequência é a medida de quantas vezes ocorre um evento ou processo, e período é o tempo necessário para que esse evento conclua um ciclo. Alguns exemplos de engenharia que incluem movimento periódico são sistemas oscilatórios, como batedeiras, misturadores e vibradores. O pistão dentro do cilindro do motor do carro é outro bom exemplo de movimento periódico. O sistema de suspensão do carro, as asas do avião em voo turbulento ou o edifício sendo abalado por ventos fortes também podem demonstrar um componente de movimento periódico.

Considere o sistema simples de massa por mola ilustrado na Figura 8.4. Esse sistema de massa por mola poderia representar um modelo muito simples de sistema vibratório, como uma batedeira ou um vibrador. O que acontece se a massa for puxada para baixo e depois for solta? A massa oscilaria em movimento para cima e para baixo. Quando você estudar vibração mecânica, aprenderá que a frequência natural não amortecida do sistema é representada por

$$f_n = \frac{1}{2\pi}\sqrt{\frac{k}{m}}$$ (8.1)

em que f_n é a frequência natural do sistema em ciclos por segundo, ou hertz (Hz), k representa a rigidez da mola ou do membro elástico (N/m) e m é a massa do sistema (kg).

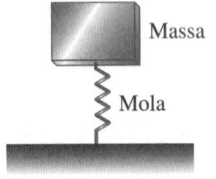

Massa

Mola

FIGURA 8.4

Um sistema de massa mola.

O período de oscilação, T, para determinado sistema – ou em outras palavras, o tempo que a massa leva para completar um ciclo – é representado por

$$T = \frac{1}{f_n}$$

8.2

Você já deve ter visto pêndulos oscilantes em relógios. O pêndulo é outro bom exemplo de um sistema periódico. O período de oscilação de um pêndulo é representado por

$$T = 2\pi \sqrt{\frac{L}{g}}$$

8.3

em que L é o comprimento do pêndulo (m) e g é a aceleração decorrente da gravidade (m/s^2). Observe que o período de oscilação não depende da massa do pêndulo. Não faz muito tempo que as companhias petrolíferas mediam alterações no período de um pêndulo oscilante para detectar variações na aceleração decorrente da gravidade, o que indicaria um reservatório subterrâneo de petróleo.

Entender os períodos e as frequências também é importante no projeto de componentes elétricos e eletrônicos. Em geral, sistemas mecânicos ativos apresentam frequências muito mais baixas do que sistemas elétricos/eletrônicos. Veja na Tabela 8.1 alguns exemplos de frequências de vários sistemas elétricos e eletrônicos

TABELA 8.1   Exemplos de frequências em alguns sistemas elétricos e eletrônicos

Aplicação	Frequência
Corrente alternada (EUA)	60 Hz
Rádio AM	540 kHz–1,6 MHz
Rádio FM	88–108 MHz
Emergência, bombeiro, polícia	153–159 MHz
Relógios de computador pessoal (desde o ano de 2013)	até 5,5 GHz
Roteador sem fio (2013)	5,8 GHz

EXEMPLO 8.1   Determine a frequência natural do sistema simples de massa mola ilustrado na Figura 8.5.

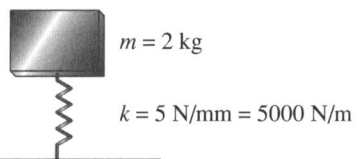

$m = 2$ kg

$k = 5$ N/mm = 5000 N/m

FIGURA 8.5   Sistema simples de massa mola.

Usando a Equação (8.1), temos

$$f_n = \frac{1}{2\pi} \sqrt{\frac{k}{m}} = \frac{1}{2\pi} \sqrt{\frac{5000\,\text{N/m}}{2\,\text{kg}}} \approx 8\,\text{Hz}$$

OA⁴ 8.4 Fluxo de tráfego

> Há uma área da engenharia civil que lida com o projeto e *layout* de rodovias, estradas e ruas, e com localização e temporização dos dispositivos de controle de tráfego que mantêm a eficiência na circulação dos veículos. Variáveis do tráfego, como a velocidade média dos carros, têm relação com o tempo.

Quem vive em cidade grande sabe o que significa tráfego (Figura 8.6). Há uma área da engenharia civil que lida com o projeto e *layout* de rodovias, estradas e ruas, e a localização e temporização dos dispositivos de controle de tráfego mantêm a eficiência na circulação dos veículos. Nesta seção, apresentamos uma visão geral de alguns conceitos elementares relacionados à engenharia de tráfego. Essas variáveis são relacionadas ao tempo. Vamos começar definindo fluxo de tráfego. Na engenharia civil, **fluxo de tráfego** é formalmente definido por

$$q = \frac{3600\,n}{T} \qquad 8.4$$

Na Equação (8.4), q representa o fluxo de tráfego em veículos por hora, n é o número de veículos que passa em um local conhecido durante um tempo T em segundos. Outra variável útil de informação de tráfego é a **densidade** – quantos carros ocupam uma rodovia. Densidade é definida por

$$k = \frac{1000\,n}{d} \qquad 8.5$$

em que k é densidade e representa o número de veículos por quilômetro, e n é o número de veículos em uma extensão de rodovia, d, medido em metros.

A velocidade média dos carros é uma informação valiosa para o projeto de uma rodovia, e também para a localização e o tempo dos dispositivos de controle de tráfego. A **velocidade média**$(\bar{u})$ dos carros é determinada por

$$\bar{u} = \frac{1}{n}\sum_{i=1}^{n} u_i \qquad 8.6$$

FIGURA 8.6   Um fluxo congestionado!

Na Equação (8.6), u_i é a velocidade dos carros individualmente (discutiremos a definição de velocidade com mais detalhes na Seção 8.5), e n representa o número total de carros. Há uma relação entre o parâmetro de tráfego – denominado, o fluxo do tráfego, densidade e velocidade média – de acordo com

$$q = k\,\overline{u} \qquad\qquad 8.7$$

em que q, k e $\overline{u}$ foram definidos anteriormente pelas Equações (8.4) a (8.6).

Veja nas Figuras 8.7 e 8.8 a relação entre fluxo, densidade e velocidade média. A Figura 8.7 mostra que, quando a velocidade média dos carros em movimento é alta, o valor de densidade é quase zero, implicando que não há tantos carros assim na extensão da rodovia. Como você pode esperar, à medida que o valor de densidade aumenta (o número de veículos por quilômetro), a velocidade média dos veículos diminui até atingir o valor zero, indicando um tráfego repleto de automóveis. A Figura 8.8 mostra a relação entre a velocidade média dos veículos e o fluxo de tráfego. Quando o tráfego está repleto de automóveis sem movimento, o fluxo de tráfego para, isto é, q atinge o valor zero. Esse é o início da região congestionada, representada na Figura 8.8. Quando a velocidade média dos veículos aumenta, o fluxo de tráfego também aumenta, atingindo eventualmente um valor máximo. Se a velocidade média dos veículos continuar aumentando, o fluxo de tráfego (o número de veículos por hora) diminuirá. Essa região é marcada por fluxo sem congestionamento.

Os engenheiros de tráfego usam vários dispositivos de medida e técnicas para obter dados em tempo real sobre o fluxo do tráfego. Eles usam as informações coletadas para fazer melhorias, tornando o movimento dos veículos mais eficiente. Talvez você já tenha visto exemplos de dispositivos de medida de tráfego como tubos de estrada pneumáticos e contadores. Outros dispositivos de medida de tráfego comuns incluem circuitos de indução magnética e radar de velocidade.

EXEMPLO 8.2

Mostre que a Equação (8.7) é dimensionalmente homogênea, introduzindo as unidades apropriadas para cada termo nessa equação.

$$q\left(\frac{\text{veículos}}{\text{hora}}\right) = \left[k\left(\frac{\text{veículos}}{\text{quilômetro}}\right)\right]\left[\overline{u}\left(\frac{\text{quilômetro}}{\text{hora}}\right)\right]$$

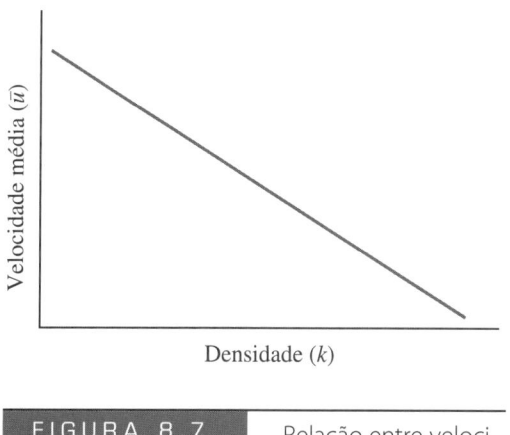

FIGURA 8.7 Relação entre velocidade e densidade

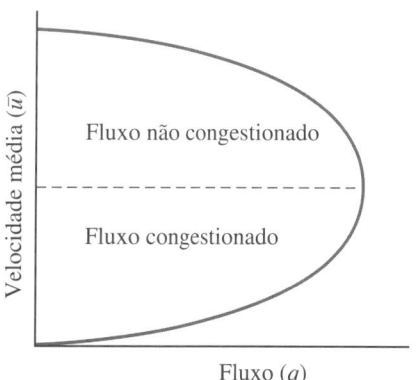

FIGURA 8.8 Relação entre velocidade e fluxo.

Antes de continuar

Responda às seguintes perguntas para testar seu conhecimento adquirido nas seções anteriores.

1. Descreva a função do tempo em eventos periódicos.

2. Explique fluxo de tráfego, densidade e velocidade média.

3. Explique como o fluxo de tráfego está relacionado à densidade e à velocidade média.

Determine o significado dos termos a seguir:

Frequência _____

Período _____

Fluxo de tráfego _____

OA⁵ 8.5 Variáveis de engenharia que envolvem comprimento e tempo

Nesta seção, estudaremos *grandezas físicas derivadas* com base em dimensões fundamentais de comprimento e tempo. Primeiro discutiremos os conceitos de velocidade linear e aceleração linear e depois definiremos vazão volumétrica.

Velocidades lineares

> Hoje usamos o tempo de dimensão fundamental em várias situações da engenharia e no cálculo de frequência, velocidade linear e rotacional, aceleração linear e fluxo de materiais e substâncias.

Começaremos explicando o conceito de velocidade linear. Conhecer a velocidade linear e a aceleração linear é importante para os engenheiros que projetam esteiras usadas para transportar bagagens nos aeroportos e em linha de montagem de produtos, elevadores, passarelas automáticas, escoamento de água e gás no interior de tubulações, sondas espaciais, montanhas-russas, sistemas de transporte (como carros, barcos, aviões e foguetes), equipamentos de remoção de neve, unidades de fita de computadores para *backup*, entre outros. Quando projetam estruturas, engenheiros civis também precisam se preocupar com velocidades, principalmente com a velocidade do vento, considerando-a nos cálculos, e considerando também a sua direção no dimensionamento de membros estruturais.

Agora vamos estudar com mais atenção a velocidade linear e a velocidade linear vetorial. Todos vocês já conhecem o velocímetro de um carro, que registra a velocidade instantânea de um carro Antes de explicar com detalhes o que significa o termo **velocidade instantânea**, vamos definir uma variável física mais fácil de entender, a **velocidade média** que é definida por

$$\text{velocidade média} = \frac{\text{distância percorrida}}{\text{tempo}}$$

8.8

Observe que as dimensões fundamentais (base) comprimento e tempo são usadas na definição da velocidade média. A velocidade média é chamada *grandeza física derivada*, pois sua definição é baseada nas dimensões fundamentais comprimento e tempo. A unidade SI para velocidade é m/s, embora para objetos em movimento rápido km/h também seja usado com frequência. Nas unidades do sistema norte-americano, ft/s e milhas/h (mph) são usadas para quantificar o módulo de um objeto em movimento. Agora, veremos o que significa velocidade instantânea e como ela está relacionada à velocidade média.

Para entender a diferença entre velocidade média e instantânea, considere o seguinte exercício mental. Imagine que você esteja indo da cidade de Nova York para Boston, uma distância de 354 km. Vamos supor que leve 4,5 horas para ir da periferia de Nova York até os limites de Boston. Da Equação (8.8), determinamos sua velocidade média, que é 79 km/h. Talvez precise parar para descansar em algum posto e tomar um café. Além disso, o limite de velocidade registrado na rodovia pode variar de 88 km/h a 105 km/h, dependendo da extensão da rodovia. De acordo com os limites de velocidade registrados, nas condições da estrada, e em como você está se sentindo, poderá dirigir mais rapidamente em alguns trechos da rodovia e mais lentamente em outros. Essas condições levam a uma velocidade média de 79 km/h. Vamos imaginar também que você tenha registrado a velocidade de seu carro indicada pelo velocímetro a cada segundo. A velocidade real do carro em determinado instante, enquanto você estava dirigindo, é chamada de **velocidade instantânea**.

Para entender melhor a diferença entre a velocidade média e a velocidade instantânea, faça a si mesmo a seguinte pergunta. Se precisassem localizar o carro, seria possível conhecendo apenas a velocidade média do carro? Isso não seria suficiente. Para saber onde o carro está a cada momento, é necessário obter mais informações, como a velocidade instantânea do carro e a direção em que ele está viajando. Isso significa que você deve saber a *velocidade instantânea* vetorial do carro. Observe que, quando dizemos velocidade vetorial de um carro, não nos referimos somente à velocidade do carro, mas também à direção na qual ele se move.

Grandezas físicas que possuem módulo e direção são chamadas *vetores*. Você aprenderá mais sobre vetores nas aulas de cálculo, física e mecânica. Por enquanto, lembre-se apenas da definição simples de uma grandeza vetorial – grandeza que possui módulo e direção. Uma grandeza física descrita apenas por um módulo é chamada grandeza *escalar*. Temperatura, volume e massa são exemplos de grandezas escalares. Veja na Tabela 8.2 exemplos da variação de velocidade de vários objetos.

> As variáveis de engenharia, como velocidade instantânea e aceleração, são vetores. Variáveis que possuem ambos, módulo e direção, são chamadas vetores.

| TABELA 8.2 | Exemplos de algumas velocidades |

Situação	m/s	km/h
Velocidade média de uma pessoa caminhando	1,3	4,7
O corredor mais rápido do mundo (100 m)	10,2	36,7
Jogador de tênis profissional rebatendo a bola	58	209
Velocidade superior de um carro esportivo	67	241
Avião Boeing 777 (velocidade de cruzeiro)	248	893
Velocidade orbital de um ônibus espacial	7 741	27 869
Velocidade orbital média da Terra em torno do Sol	29 000	104 400

Acelerações lineares

A aceleração mede o quanto a velocidade é alterada com o tempo. Um objeto que se move em velocidade constante apresenta aceleração zero. *Como velocidade é uma grandeza vetorial e possui módulo e direção, qualquer mudança na direção ou no módulo da velocidade pode criar aceleração.* Por exemplo, um carro em movimento à velocidade constante e seguindo um caminho circular apresenta um componente de aceleração por causar da mudança na direção do vetor de velocidade, como mostra a Figura 8.9. Aqui, vamos nos concentrar em um objeto que se move sobre uma linha reta. A **aceleração média** é definida por

$$\text{aceleração média} = \frac{\text{mudanças na velocidade}}{\text{tempo}} \qquad \text{8.9}$$

Mais uma vez observe que a aceleração utiliza somente as dimensões comprimento e tempo. A aceleração representa a taxa em que a velocidade de um objeto em movimento muda com o tempo. Portanto, a aceleração é a taxa de mudança com o tempo da velocidade. A unidade SI para aceleração é m/s^2 e em unidades norte-americanas ft/s^2.

A diferença entre **aceleração instantânea** e aceleração média é similar à diferença entre velocidade instantânea e velocidade média. A aceleração instantânea pode ser obtida com a Equação (8.9), tornando o intervalo de tempo cada vez menor. Ou seja, a aceleração instantânea mostra como a velocidade de um objeto em movimento muda a todo instante.

Agora, voltemos a atenção para aceleração decorrente da gravidade. Ela exerce importante função em nossa vida diária ao pesarmos os objetos e no projeto de projéteis. O que acontece quando deixamos cair um objeto de nossas mãos? Ele cai no chão. Sir Isaac Newton descobriu que duas massas se atraem de acordo com

$$F = \frac{G m_1 m_2}{r^2} \qquad \text{8.10}$$

sendo que F é a força de atração entre as massas (N), G representa a atração gravitacional universal e é igual a $6{,}7 \times 10^{-11}$ m^3/kg $\cdot$ s^2, m_1 e m_2 são as massas de cada objeto (kg), e r indica a distância entre o centro de cada objeto. Usando a Equação (8.10), podemos determinar o peso de um objeto de massa m (na Terra) substituindo m por m_1, substituindo a massa da Terra por m_2 e usando o raio

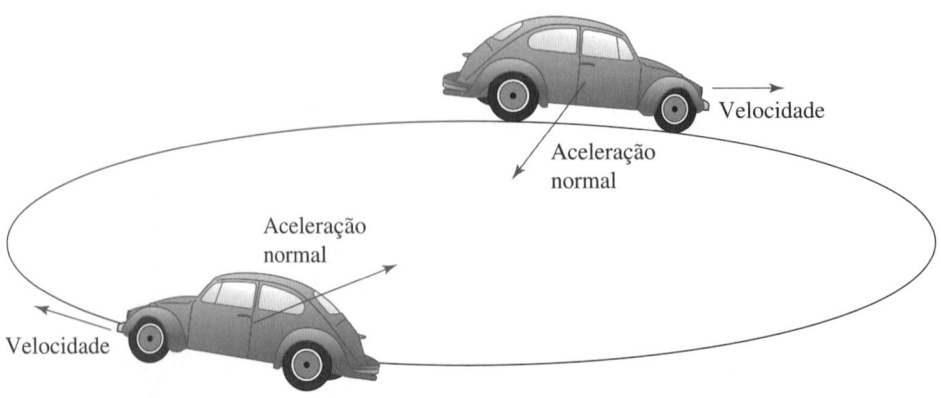

FIGURA 8.9 A aceleração de um carro em movimento em velocidade constante seguindo por um caminho circular.

da Terra como a distância r entre o centro de m_1 e o centro de m_2. Na superfície da Terra, a força de atração F é chamada *peso* de um objeto e a aceleração criada pela força refere-se à *aceleração decorrente da gravidade* (g). Na superfície da Terra, o valor de g é igual a 9,81 m/s². Em geral, a aceleração decorrente da gravidade é uma função de latitude e longitude, mas, para a maioria das aplicações práticas de engenharia próximas à superfície da Terra, o valor é de 9,81 m/s².

A Tabela 8.3 mostra velocidade, aceleração e distância percorrida por um objeto em queda do telhado de um edifício alto. Desconsideramos a resistência do ar em nossos cálculos. Observe como a distância percorrida pelo objeto em queda e a velocidade mudam com o tempo.

| TABELA 8.3 | Velocidade, aceleração e distância percorrida por um objeto em queda desconsiderando a resistência do ar |

Tempo (segundos)	Aceleração do objeto (m/s²)	Velocidade do objeto em queda (m/s) (V = gt)	Distância percorrida (m) $\left(d = \dfrac{1}{2}gt^2\right)$
0	9,81	0	0
1	9,81	9,81	4,90
2	9,81	19,62	19,62
3	9,81	29,43	44,14
4	9,81	39,24	78,48
5	9,81	49,05	122,62
6	9,81	58,86	176,58

EXEMPLO 8.3

Um carro dá a partida e acelera até a velocidade de 100 km/h em 15 segundos. A aceleração durante esse período é constante. Nos 30 minutos seguintes, o carro se move em velocidade constante de 100 km/h. Após esse tempo o motorista freia e o carro desacelera até parar totalmente em 10 segundos. A variação da velocidade do carro com o tempo é mostrada na Figura 8.10. Estamos interessados em determinar a distância total percorrida pelo carro e sua velocidade média ao longo desse percurso.

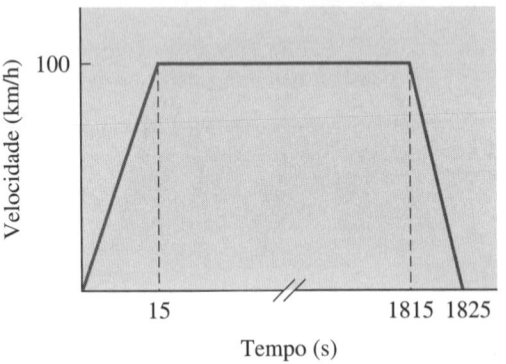

FIGURA 8.10   A variação da velocidade do carro com o tempo para o Exemplo 8.3.

Durante os 15 segundos iniciais, a velocidade do carro aumenta linearmente de zero para 100 km/h. Portanto, a velocidade média do carro é de 50 km/h nesse intervalo. A distância percorrida nesse intervalo é

$$d_1 = (\text{tempo})(\text{velocidade média}) = (15\,\text{s})\left(50\,\frac{\text{km}}{\text{h}}\right)\left(\frac{1\,\text{h}}{3600\,\text{s}}\right)\left(\frac{1000\,\text{m}}{1\,\text{km}}\right) = 208,3\,\text{m}$$

Nos 30 minutos seguintes (1 800 s), o carro se move em velocidade constante de 100 km/h e a distância percorrida nesse intervalo é

$$d_2 = (1800\,\text{s})\left(100\,\frac{\text{km}}{\text{h}}\right)\left(\frac{1\,\text{h}}{3600\,\text{s}}\right)\left(\frac{1000\,\text{m}}{1\,\text{km}}\right) = 50\,000\,\text{m}$$

Como o carro desacelera com uma taxa constante da velocidade de 100 km/h para 0, a velocidade média do carro nos últimos 10 segundos também é 50 km/h, e a distância percorrida nesse intervalo é

$$d_3 = (10\,\text{s})\left(50\,\frac{\text{km}}{\text{h}}\right)\left(\frac{1\,\text{h}}{3600\,\text{s}}\right)\left(\frac{1000\,\text{m}}{1\,\text{km}}\right) = 138,9\,\text{m}$$

A distância total percorrida pelo carro é

$$d = d_1 + d_2 + d_3 = 208,3 + 50\,000 + 138,9 = 50\,347,2\,\text{m} = 50,3472\,\text{km}$$

E, finalmente, a velocidade média do carro ao longo de todo o percurso é

$$V_{\text{média}} = \frac{\text{distância percorrida}}{\text{tempo}} = \frac{50\,347,2}{1825} = 27,56\,\text{m/s} = 99,2\,\text{km/h}$$

Vazão volumétrica

Os engenheiros projetam dispositivos de medida de fluxo para determinar a quantidade de material ou substância que flui por uma tubulação em uma fábrica de processamento. As medidas de vazão volumétrica são necessárias em muitos processos industriais para manter o controle do material transportado de um ponto a outro em uma fábrica. Além disso, conhecendo a vazão de um material, os engenheiros podem determinar a taxa de consumo a fim de providenciar o abastecimento necessário para uma operação permanente. Dispositivos de medida de fluxo também são instalados em nossas residências para determinar a quantidade de água ou gás natural usada durante um intervalo de tempo específico. Os engenheiros da cidade precisam saber as vazões volumétricas da água consumida mensalmente para fornecer o abastecimento adequado a todas as residências e edifícios comerciais. Muitas residências usam gás natural para cozinhar ou para aquecimento. Por exemplo, para que um aquecedor a gás aqueça o ar frio, o gás natural é queimado dentro de um trocador de calor que transfere o calor da combustão para o suprimento de ar frio. As empresas que fornecem gás natural precisam saber quantos metros cúbicos de gás natural são queimados por dia ou por mês, em cada residência, para realizarem a cobrança correta dos clientes. Ao dimensionar as unidades de aquecimento e resfriamento dos edifícios, a vazão volumétrica de ar quente ou frio deve ser determinada para compensar a perda de calor ou o ganho de calor de determinado edifício. As taxas de ventilação envolvidas na introdução de ar fresco em um edifício também são expressas em metros cúbicos por minuto ou por hora. Em escala menor, para manter o microprocessador em operação dentro de seu computador em uma temperatura segura, a vazão volumétrica do ar também deve ser determinada.

Outro exemplo conhecido é a vazão de uma mistura anticongelante de água para resfriar o motor do carro. Engenheiros que projetam os sistemas de resfriamento de motores de carro precisam determinar a vazão volumétrica da mistura anticongelante (litros de mistura anticongelante de água por minuto) pelo bloco do motor do carro e pelo radiador para manter o bloco do motor em temperaturas seguras.

Agora que você tem uma ideia do significado de *vazão volumétrica*, vamos defini-la de maneira formal. A **vazão volumétrica** é definida simplesmente pelo volume de determinada substância que flui em algum lugar por unidade de tempo.

$$\text{vazão volumétrica} = \frac{\text{volume}}{\text{tempo}} \qquad 8.11$$

Observe que, na definição dada pela Equação (8.11), são usadas as definições fundamentais de comprimento (comprimento ao cubo) e tempo. As unidades mais comuns para vazão volumétrica são m³/s, m³/h, L/s ou ml/s.

Um experimento divertido para você realizar Use um cronômetro e uma lata de refrigerante vazia para determinar a vazão volumétrica da água que flui de um bebedouro. Apresente os resultados em litros por segundo e em galões por minuto.

Para fluidos que fluem por tubos, conduítes ou bocais existe uma relação entre a vazão volumétrica, a velocidade média do fluido escoando e a área transversal do escoamento, de acordo com esta equação.

A vazão volumétrica é definida como o volume de uma substância (por exemplo, água) que flui em algum lugar (por exemplo, um tubo) por unidade de tempo.

$$\text{vazão volumétrica} = (\text{velocidade média})(\text{área transversal do escoamento}) \qquad 8.12$$

De fato, alguns dispositivos de medida de vazão fazem uso da Equação (8.12) para determinar a vazão volumétrica de um fluido, primeiro medindo a velocidade média do fluido e a área transversal do fluxo. Finalmente, observe que explicaremos no Capítulo 9 outra variável definida, a vazão mássica de um material fluindo, que fornece uma medida de taxa de variação com o tempo do fluxo da massa pelos tubos ou outros conduítes de transporte.

EXEMPLO 8.4

Considere o sistema de tubulação ilustrado na Figura 8.11. A velocidade média do fluxo da água através da seção de diâmetro 600 mm do sistema de tubulação é 5 m/s. Qual é a vazão volumétrica da água no sistema de tubulação? Expresse a vazão volumétrica em L/s. Para o caso de fluxo permanente de água pelo sistema de tubulação, qual é a velocidade média da água na seção de diâmetro 300 mm do sistema?

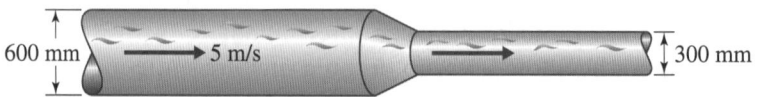

FIGURA 8.11 Sistema hidráulico do Exemplo 8.4.

Podemos determinar a vazão volumétrica da água pelo sistema hidráulico usando a Equação (8.12).

$$Q = \text{volumétrica} = (5 \text{ m/s})\left(\frac{\pi}{4}\right)(0,6 \text{ m})^2 = 1,4\,\text{m}^3/\text{s}$$

$$Q = (1,4 \text{ m}^3/\text{s})\left(\frac{1000 \text{ L}}{1 \text{ m}^3}\right) = 1400\,\text{L/s}$$

Para fluxo permanente de água pelo sistema hidráulico, a vazão volumétrica é constante. Isso nos permite calcular a velocidade da água na seção do cano de 6 pol.

$$Q = 1,4\,\text{m}^3/\text{s} = \left(\text{velocidade média}\right)\left(\text{área transversal do fluxo}\right)$$

$$1,4\,\text{m}^3/\text{s} = \left(\text{velocidade média}\right)\left(\frac{\pi}{4}\right)\left(0,3\,\text{m}\right)^2$$

$$\text{velocidade média} = 20 \text{ m/s}$$

Dos resultados deste exemplo, pode-se concluir que, quando se reduz o diâmetro do tubo de um fator 2, a velocidade da água na seção reduzida do tubo aumenta de um fator 4.

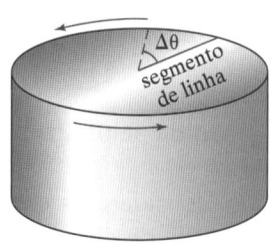

Movimento angular

Nas duas seções a seguir, discutiremos o movimento angular, incluindo velocidades e acelerações angulares de objetos rotativos.

Velocidades angulares (rotacionais) Na seção anterior, explicamos o conceito de velocidade linear e aceleração linear. Agora consideraremos variáveis que definem o movimento angular. O movimento rotacional também é bastante comum nas aplicações de engenharia. Eixos, rodas, engrenagens, brocas, polias, ventiladores ou rotores de bomba, hélices de helicóptero, unidades de disco rígido, unidades de CD, entre outros, são alguns exemplos de componentes de engenharia com movimento rotacional.

A **velocidade angular** média de um segmento linear localizado em um objeto rotativo, como um eixo, é definida como a mudança na posição angular (deslocamento angular) sobre o tempo que a linha levou para passar pelo deslocamento angular.

$$\omega = \frac{\Delta\theta}{\Delta t}$$

8.13

Na Equação (8.13), ω representa a velocidade angular média em radianos por segundo, $\Delta\theta$ é o deslocamento angular (radianos), e Δt é o intervalo de tempo em segundos. Similar à definição de velocidade instantânea fornecida anteriormente, a velocidade angular instantânea é definida tornando o intervalo de tempo cada vez menor. Mais uma vez quando falamos em velocidade angular, não nos referimos somente à velocidade da rotação, mas também à direção da rotação. É uma prática comum expressar a velocidade angular de objetos rotativos em revoluções por minuto (**rpm**) em vez de radianos por segundo (rad/s). Por exemplo, a velocidade rotacional de um rotor de bomba pode ser expressa como 1 600 rpm. Para converter o valor de velocidade angular de rpm em rad/s, faça as substituições de conversão apropriadas.

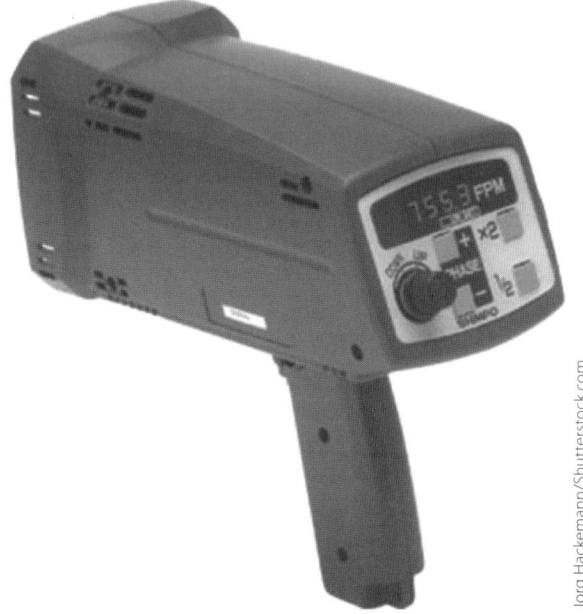

FIGURA 8.12   (a) Um estroboscópio e (b) um tacômetro.

$$1600\left(\frac{\text{revoluções}}{\text{minuto}}\right)\left(\frac{2\pi\,\text{radianos}}{1\,\text{revolução}}\right)\left(\frac{1\,\text{minuto}}{60\,\text{segundos}}\right)=167,5\frac{\text{rad}}{\text{s}}$$

Na prática, a velocidade angular dos objetos rotativos é medida pelo estroboscópio ou pelo tacômetro (Figura 8.12).

Para ter uma ideia de como alguns objetos giram rápido, considere os exemplos a seguir: a broca de um dentista gira a 400 000 rpm; a unidade de disco rígido de última geração gira a 10 000 rpm; a Terra completa uma revolução em 24 horas, assim, a sua velocidade rotacional é de 15 graus por hora, ou 1 grau a cada 4 minutos.

Existe uma relação entre velocidades linear e angular dos objetos (Figura 8.13) que não somente giram, mas também fazem translação. Por exemplo, a roda de um carro, quando não está parado, não irá apenas girar, mas também realizar translações. Para estabelecer a relação entre a velocidade rotacional e a velocidade de translação, começamos com

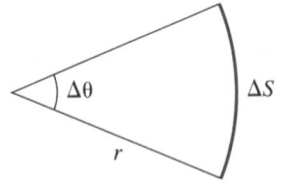

FIGURA 8.13

$$\Delta S = r\Delta\theta \qquad \text{8.14}$$

dividindo os dois lados pelo acréscimo de tempo Δt

$$\frac{\Delta S}{\Delta t}=r\frac{\Delta\theta}{\Delta t} \qquad \text{8.15}$$

e utilizando as definições de velocidades linear e angular, temos

$$V = \text{r }\omega \qquad \text{8.16}$$

Por exemplo, a velocidade linear real de uma partícula localizada a 0,1 m do centro de um eixo que está girando em velocidade angular de 1 000 rpm (104,7 rad/s) é de aproximadamente 10,5 m/s.

EXEMPLO 8.5

Determine a velocidade rotacional da roda de um carro se o carro está em translação na velocidade de 90 km/h. O raio da roda é de 400 mm.

Usando a Equação (8.16), temos

$$\omega=\frac{V}{r}=\frac{\left(55\dfrac{\text{km}}{\text{h}}\right)\left(\dfrac{1\,\text{h}}{3600\,\text{s}}\right)\left(\dfrac{1000\,\text{m}}{1\,\text{km}}\right)}{(400\,\text{mm})\left(\dfrac{1\,\text{m}}{1000\,\text{mm}}\right)}=62,5\,\text{rad/s}=597\,\text{rpm}$$

Acelerações angulares Na seção anterior, definimos velocidade angular e sua importância nas aplicações de engenharia. Aqui, definimos aceleração angular em termos de taxa de mudança da velocidade angular. Aceleração angular é uma grandeza vetorial. Observe também que, de maneira similar à relação entre aceleração média e aceleração instantânea, podemos primeiro definir a **aceleração angular média** como

$$\text{aceleração angular} = \frac{\text{mudança na velocidade angular}}{\text{tempo}} \qquad \boxed{8.17}$$

e depois definir a aceleração angular instantânea, diminuindo o intervalo de tempo na Equação (8.17).

EXEMPLO 8.6

Um eixo de motor leva 5 s para ir de zero a 1 600 rpm. Presumindo uma aceleração angular constante, qual é o valor da aceleração angular do eixo?

Primeiro, converta a velocidade angular final do eixo de rpm para rad/s.

$$1600\left(\frac{\text{revoluções}}{\text{minuto}}\right)\left(\frac{2\pi\,\text{radianos}}{1\,\text{revolução}}\right)\left(\frac{1\,\text{minuto}}{60\,\text{segundos}}\right) = 167,5\frac{\text{rad}}{\text{s}}$$

Depois use a Equação (8.17) para calcular a aceleração angular.

$$\text{aceleração angular} = \frac{\text{mudança na velocidade angular}}{\text{tempo}} = \frac{(167,5 - 0)\,\text{rad/s}}{5\,\text{s}} = 33,5\frac{\text{rad}}{\text{s}^2}$$

Finalmente, revise todos os parâmetros discutidos neste capítulo que envolvem tempo ou comprimento e tempo.

Nahid Afsari

Perfil profissional

Meu interesse em engenharia me levou a construir uma ponte de espaguete no ensino médio, para projetar a reconstrução de uma "tigela de espaguete" – *downtown Milwaukee's Marquette Interchange*. A transição da colagem da massa para parte do desenvolvimento de um projeto de U$810 milhões para o Departamento de Transporte de Wisconsin foi gratificante. Como engenheira estrutural na CH2M HILL, designada para a substituição do trevo de um complexo de alto nível que liga três rodovias interestaduais próximas à Marquette University, projetei as pontes da parte leste do projeto de meia milha de comprimento. Minha experiência diversificada também inclui um projeto "discreto", que envolvia o cruzamento de uma rodovia, por onde uma espécie de cobra ameaçada de extinção deveria chegar em segurança do outro lado da estrada.

Desde que me lembro, sempre fiquei intrigada com quebra-cabeças, em descobrir como ele funcionava e como as peças se encaixavam ao compor o todo. Gosto de resolver problemas e ter uma equipe de trabalho empenhada em um objetivo, a carreira de engenharia permite isso. Uma das coisas mais agradáveis na engenharia civil é ver o produto concluído e saber que as pessoas na comunidade serão beneficiadas com o

que a gente projetou. Além do apelo da engenharia para a minha natureza básica, também influenciou minha escolha pela profissão o fato de meu pai e meu irmão mais velho serem engenheiros e demonstrarem prazer com o que faziam.

O maior desafio que enfrentei como estudante na Universidade de Wisconsin – Madison era equilibrar o tempo de estudo com o resto de minhas atividades. No auge da vida de estudante em tempo integral para finalizar minha formação de quatro anos em engenharia, eu participava do time interuniversitário de futebol feminino e era membro do corpo estudantil da Sociedade Americana de Engenheiros Civis (participando de diversas competições específicas de canoagem regionais e estaduais). Minha agenda cheia me ensinou a priorizar e gerenciar o tempo com eficiência. Essas lições provaram ser inestimáveis em minha vida profissional, especialmente para enfrentar a atmosfera exigente de um grande escritório de projetos.

Cortesia de Nahid Afsari

Antes de continuar

Responda às seguintes perguntas para testar seu conhecimento adquirido nas seções anteriores.

1. Dê exemplos de variáveis da engenharia baseadas nas dimensões fundamentais comprimento e tempo.

2. Explique a diferença entre velocidade média e velocidade instantânea.

3. Explique o que significa aceleração angular.

4. Dê exemplos de vazão volumétrica em sua vida cotidiana.

Vocabulário – Indique o significado dos termos a seguir:

Aceleração instantânea _____

Velocidade angular _____

Vazão mássica _____

RESUMO

OA¹ Tempo como dimensão fundamental

Você deve perceber que vivemos em um mundo dinâmico. Tudo no universo está em constante estado de movimento. Hoje, você provavelmente compreende a importante função da dimensão fundamental tempo em várias situações da engenharia e no cálculo de frequência, velocidade e aceleração linear e rotacional, e fluxo de materiais e substâncias.

OA² Medindo o tempo

O tempo pode ser dividido em porções menores e maiores, como segundos, minutos, horas, dias, meses, anos. Os primeiros homens contavam com a posição relativa da Terra em relação à Lua, às estrelas ou a outros planetas para contar longos intervalos de tempo, porém, precisaram criar meios de contar intervalos de tempo menores, como os que usamos atualmente e que chamamos de horas. Os relógios de sol eram usados para dividir um dia em períodos menores. O relógio solar evoluiu com o tempo para instrumentos elaborados que reconheceram a redução dos dias durante o inverno, quando comparados aos dias do verão, fornecendo assim mais precisão ao longo do ano. O passo

seguinte na marcação de tempo veio no século XIV, quando, na Europa, foram usados relógios mecânicos por peso. Posteriormente, no século XVI, vieram os relógios carregados por mola. Por fim, relógios de quartz substituíram os relógios mecânicos na segunda metade do século XX.

A necessidade de fuso horário foi percebida no final do século XIX, durante a expansão das ferrovias. As ferrovias perceberam a necessidade de padronizar seus cronogramas. O horário de verão foi originalmente colocado em prática para economizar combustível (energia) nos tempos difíceis da Primeira Grande Guerra e da Segunda Guerra Mundial. A ideia é simples; definir o relógio uma hora à frente na primavera e atrasá-lo durante o verão e o início do outono, assim estendemos as horas de luz solar e, consequentemente, economizamos energia.

OA³ Períodos e frequências

Frequência é a medida de quantas vezes ocorre o evento ou o processo, e período é o tempo que esse evento leva para concluir um ciclo. Em outras palavras, para eventos periódicos, um período é o tempo necessário para o evento se repetir, e o inverso de um período é chamado de frequência.

OA⁴   Fluxo de tráfego

Há uma área da engenharia civil que lida com o projeto e *layout* de rodovias, estradas e ruas, e localização e temporização dos dispositivos de controle de tráfego que mantêm a eficiência na circulação dos veículos. Variáveis de tráfego, como a velocidade média dos carros e o fluxo de tráfego (número de veículos por hora), estão relacionadas ao tempo.

OA⁵   Variáveis de engenharia que envolvem comprimento e tempo

Há muitas variáveis da engenharia baseadas nas dimensões fundamentais comprimento e tempo. Entre elas estão a velocidade linear, a aceleração linear e a vazão volumétrica de material e substância. Conhecer a velocidade e a aceleração linear é importante para os engenheiros que projetam esteiras transportadoras, elevadores, passarelas automáticas, escoamento de água e gás no interior de tubulações, sondas espaciais, montanhas-russas, sistemas de transporte (como carros, barcos, aviões e foguetes) e equipamento de remoção de neve. As medidas de vazão volumétrica são necessárias para registrar a quantidade de material transportado ou consumido. Por exemplo, os engenheiros projetam dispositivos de medida de vazão para determinar o volume de água ou gás natural consumido por mês nas residências. Conhecendo a vazão de um material, os engenheiros são capazes de determinar a taxa de consumo a fim de providenciar o abastecimento necessário para uma operação permanente.

TERMOS-CHAVE

Aceleração angular
Densidade do tráfego
Fluxo de tráfego
Frequência
Fusos horários
Horário de verão
Período
Potência instantânea

RPM
Vazão volumétrica
Tempo
Velocidade angular
Velocidade instantânea
Velocidade média
Velocidade média do tráfego

APLIQUE O QUE APRENDEU

Este é um projeto para determinar o consumo de água da classe. Cada um de vocês deve determinar a quantidade de água consumida durante um ano para tomar banho e na higiene pessoal. Siga estas etapas para determinar seu consumo de água no chuveiro e na descarga.

1. Pegue um vasilhame de volume conhecido e registre o tempo necessário para enchê-lo quando colocado sob seu chuveiro.
2. Calcule a vazão volumétrica em galões por minuto. Em seguida, meça o tempo gasto, em média, quando você toma banho. Calcule o volume de água consumido diariamente.
3. Multiplique o valor diário por 365 para chegar ao valor anual.
4. Observe o tamanho da caixa de descarga do seu vaso sanitário e calcule em média quantas vezes por dia você dá a descarga.

5. Calcule o volume de água consumido diariamente.
6. Multiplique o volume diário por 365 para chegar ao volume anual.

Compile suas descobertas em um relatório e apresente-o na sala de aula. Discuta o consumo anual médio dos colegas da sala. Faça sugestões para economizar.

PROBLEMAS

Problemas que promovem a aprendizagem permanente são indicados por ☞

8.1 Crie um calendário exibindo o início e o final do horário de verão para os anos 2016 a 2022.

Ano	O horário de verão começa às 2:00h.	O horário de verão termina às 2:00h.
2016		
2017		
2018		
2019		
2020		
2021		
2022		

8.2 De acordo com os dados da análise de consumo de energia do Departamento de Transportes de 1974 e 1975, o horário de verão no mês de abril nos anos de 1974 e 1975 economizou ao país uma energia estimada equivalente a 10 000 barris de petróleo por dia. Calcule a quantidade de energia economizada nos Estados Unidos ou em seu país graças ao horário de verão no ano corrente.

8.3 Há necessidade de horário de verão para um país próximo ao equador? Explique.

8.4 Além da economia de energia, quais são as outras vantagens observadas com o horário de verão?

8.5 Todo ano, no mundo todo, celebramos determinados eventos culturais relacionados a nosso passado. Por exemplo, no Cristianismo, a Páscoa é celebrada na primavera e o Natal é celebrado em dezembro; no calendário judeu, *Yom Kippur* é celebrado no início de agosto; e o Ramadã, o tempo de jejum, é celebrado pelos muçulmanos de acordo com o calendário lunar. Converse rapidamente sobre a base dos calendários no Cristianismo, no Judaísmo, dos muçulmanos e dos chineses.

8.6 Neste problema você deverá investigar a quantidade de água desperdiçada por uma torneira com vazamento durante uma semana, um mês e um ano. Realize um experimento posicionando um recipiente sob uma torneira com vazamento e meça a quantidade de água acumulada em uma hora (você pode simular um vazamento, fechando parcialmente a torneira). Você deve projetar o experimento. Pense sobre os parâmetros necessários para fazer a medida. Expresse e projete suas descobertas em galões/dia, galões/semana, galões/mês e galões/ano. Seguindo essa proporção, qual é a quantidade de água perdida em 10 000 000 residências com torneiras vazando? Escreva um breve relatório discutindo suas descobertas.

8.7 Quando for abastecer o seu carro, determine a vazão volumétrica no posto de abastecimento. Registre o tempo necessário para bombear o volume conhecido de gasolina no tanque do seu carro. O medidor de fluxo na bomba fornece o volume em galões, assim, tudo o que você precisa fazer é medir o tempo. Investigue o tamanho dos tanques de armazenamento no posto de gasolina de sua vizinhança. Estime a frequência com que o tanque de armazenamento precisa ser reabastecido. Relate suas suposições.

8.8 Investigue as taxas de consumo de água nos Estados Unidos. Para fins de registro, é costume agrupar as principais atividades que consomem água em: público, doméstico, irrigação, pecuária, aquacultura, indústria, mineração e geração de energia termoelétrica. Por exemplo, a categoria "pecuária" representa o uso de água em operações diárias e bebedouros, ao passo que a água consumida em fazendas de pesca, camarão ou outros animais ou plantas que vivem na água é agrupada na categoria "aquacultura". Como outro exemplo, a água usada para fins industriais, como na produção de papel, aço ou produtos químicos, é classificada como "industrial". Em um breve relatório, discuta a magnitude do consumo de água anual em cada categoria.

8.9 Usando os conceitos discutidos neste capítulo, meça a vazão volumétrica da água em um bebedouro.

8.10 Converta os seguintes limites de velocidade de quilômetros por hora (km/h) em metros por segundo (m/s). Pense sobre a magnitude relativa de valores enquanto você passa de km/h para m/s. Você pode usar o Microsoft Excel para resolver este problema.

Limite de velocidade (km/h)	Limite de velocidade (m/s)
15	
25	
30	
35	
40	
45	
55	
65	
70	

8.11 Muitos proprietários de carro dirigem em média 12 000 quilômetros por ano. Suponha uma taxa de consumo de gasolina de 10 km/L e determine a quantidade de combustível gasta por 150 milhões de proprietários de carro nas seguintes bases de tempo:

a. média de base diária

b. média de base semanal

c. média de base mensal

d. média de base anual

e. período de dez anos

Expresse seus resultados em galões e litros.

8.12 Calcule a velocidade do som na atmosfera padrão dos Estados Unidos usando $c = \sqrt{kRT}$, em que c representa a velocidade do som em m/s, k é a razão do calor específico do ar ($k = 1{,}4$) e R é a constante de gás para o ar ($R = 269{,}9$ J/kg $\cdot$ K) e T representa a temperatura do ar em kelvin. A velocidade do som na atmosfera é a velocidade em que o som se propaga pelo ar. Você pode usar o Microsoft Excel para resolver este problema.

Altitude (m)	Temperatura do ar (K)	Velocidade do som (m/s)	Velocidade de som (km/h)
500	284,9		
1 000	281,7		
2 000	275,2		
5 000	255,7		
10 000	223,3		
15 000	216,7		
20 000	216,7		
40 000	250,4		
50 000	270,7		

8.13 Expresse a velocidade angular da Terra em rad/s e rpm.

8.14 Qual é o módulo da velocidade de uma pessoa no equador decorrente da velocidade rotacional da Terra?

8.15 Calcule a velocidade média da gasolina que sai no bico de uma bomba do posto de gasolina. Na próxima vez em que você for ao posto de gasolina, meça a vazão volumétrica, e depois meça o diâmetro do bico. Use a Equação (8.12) para calcular a velocidade média da gasolina que sai do bico. *Dica:* Primeiro meça o tempo que leva para abastecer tantos galões de gasolina no tanque!

8.16 Meça a vazão volumétrica de água que sai de uma torneira. Determine também a velocidade média de água que sai pela torneira.

8.17 Determine a velocidade de um ponto na superfície da Terra em m/s e em km/h. Relate suas suposições.

8.18 Em quantos fusos horários estão divididos os Estados Unidos e seus territórios?

8.19 Estime a velocidade rotacional das rodas de seu carro quando você estiver viajando a 90 km/h.

8.20 Determine a frequência natural de um pêndulo cujo comprimento seja 3 m.

8.21 Determine a constância da mola do Exemplo 8.1 se o sistema estiver oscilando a uma frequência natural de 5 Hz.

8.22 Determine o fluxo do tráfego se 100 carros passarem por um local conhecido durante 10 s.

8.23 Uma correia transportadora trabalha em cilindros de 10 cm que são conduzidos por um motor. Se a correia levar 5 s para ir de zero à velocidade de 1,1 m/s, calcule a velocidade angular final do cilindro e sua aceleração angular. Presuma aceleração constante.

8.24 Chinook, um helicóptero militar, possui dois sistemas de rotor de três hélices, que giram em direções opostas. Cada hélice apresenta um diâmetro de aproximadamente 12,5 m. As hélices podem girar a velocidades angulares de até 225 rpm. Determine a velocidade de translação de uma partícula localizada na ponta da hélice. Expresse sua resposta em m/s e em km/h.

8.25 Considere o sistema de tubulação representado na figura a seguir. A velocidade de fluxo da água através da seção de diâmetro 10 cm do sistema de tubulação é 1 m/s. Qual é a vazão volumétrica de água no sistema de tubulação? Expresse a vazão volumétrica em L/s. Para o caso de fluxo permanente de água pelo sistema de tubulação, qual é a velocidade da água na seção de diâmetro 7,5 cm do sistema?

Problema 8.25

8.26 Considere o sistema de dutos representado na figura a seguir. O ar flui por dois dutos de 20 cm por 25 cm que se juntam em um duto de 45 cm por 35 cm. A velocidade média do ar em cada um dos dutos de 20 cm × 25 cm é 10 m/s. Qual é a vazão volumétrica de ar no duto de 45 cm × 35 cm? Expresse a vazão volumétrica em m³/s. Qual é a velocidade média do ar no duto de 45 cm × 35 cm?

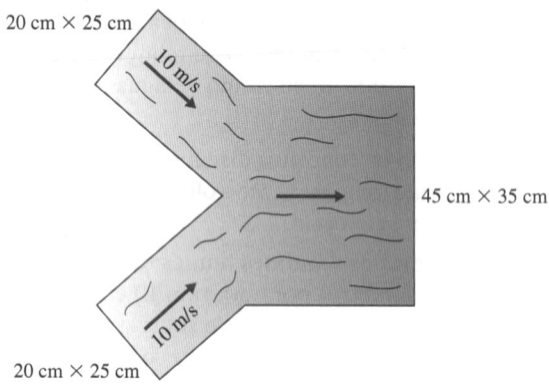

Problema 8.26

8.27 Um carro dá a partida e acelera até uma velocidade de 90 km/h em 20 segundos. A aceleração durante esse período é constante. Nos 20 minutos seguintes, o carro se move a uma velocidade constante de 90 km/h. Após esse tempo o motorista freia e o carro desacelera até parar totalmente em 10 segundos. A variação da velocidade do carro com o tempo é mostrada no diagrama a seguir. Determine a distância total percorrida pelo carro e sua velocidade média ao longo desse percurso.

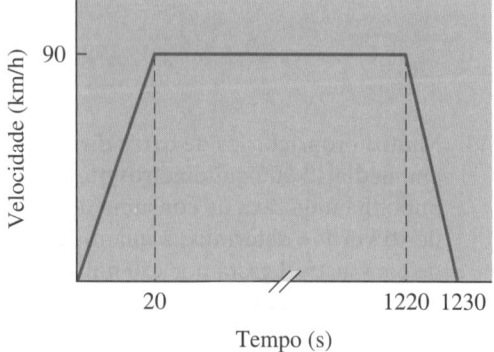

Problema 8.27

Ilustre também a aceleração do carro como uma função de tempo.

8.28 O tambor de uma secadora de roupa está girando a uma taxa de 1 revolução por segundo quando você abre repentinamente a porta da secadora. Note que o tambor leva 2 segundos para parar completamente. Determine a desaceleração do tambor. Relate suas suposições.

8.29 Uma broca de furadeira está girando a uma taxa de 1 200 revoluções por minuto quando você repentinamente para, desligando a energia. Se a desaceleração da broca for 40 rad/s², quanto tempo levará para que ela pare completamente?

8.30 Em um dia com muito vento, as turbinas eólicas giram a uma taxa de 200 revoluções por minuto, quando de repente os freios são aplicados para parar as turbinas e evitar uma falha. Se os freios causarem uma desaceleração de 2 rad/s², quanto tempo levará para que as turbinas eólicas parem?

8.31 Uma máquina de lavar louça ligada, com dimensões de 60 cm × 50 cm × 30 cm, é enchida com água de uma torneira com diâmetro interno de 2,5 cm. Se 40 segundos forem necessários para encher a máquina até o limite, calcule o fluxo volumétrico de água que sai da torneira. Qual é a velocidade média da água que sai da torneira?

8.32 Imagine que haja um vazamento no plugue da máquina descrita no Problema 8.31. Se agora 45 segundos forem necessários para encher o lavatório até o limite, calcule a vazão volumétrica do vazamento.

8.33 Um duto retangular com dimensões de 30 cm × 35 cm entrega ar-condicionado a uma sala a uma taxa de 30 m³/min. Qual deve ser o tamanho de um duto circular se a média de velocidade do ar dentro do duto permanecer a mesma?

8.34 O tanque ilustrado na figura a seguir é enchido de água pelos tubos 1 e 2. Se o nível de água for constante, qual é a vazão volumétrica de água que sai do tanque pelo tubo 3? Qual é a velocidade média de água que sai do tanque?

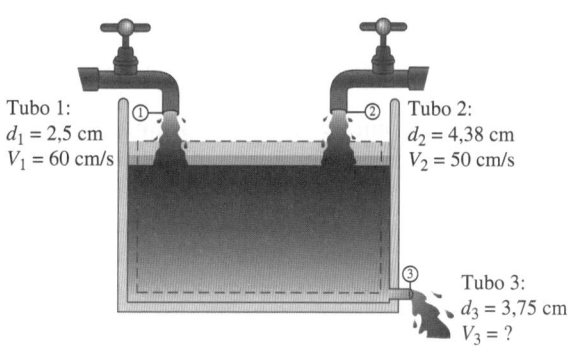

Problema 8.34

8.35 Imagine que o nível de água no Problema 8.34 suba a uma taxa de 0,1 cm/s. Sabendo que o diâmetro do tanque é de 15 cm, qual é a velocidade média da água que sai do tanque?

8.36 Se um ciclista, a partir do zero, leva 25 segundos para atingir a velocidade de 10 km/h, qual é sua aceleração? Para os 10 minutos seguintes, ele se move em velocidade constante de 10 km/h, e após esse tempo, ele freia e a bicicleta desacelera até parar em 5 segundos. Qual é a distância total percorrida pela bicicleta? Determine a velocidade média do ciclista durante os primeiros 25 segundos, 620 segundos e 625 segundos.

8.37 Um objeto é jogado do telhado de um edifício alto, a uma altura de 130 m. Faça uma tabela similar à Tabela 8.3 mostrando a velocidade e a aceleração do objeto e a distância por ele viajada como uma função de tempo.

8.38 Resolva o Problema 8.37 de uma situação em que o objeto parte para uma subida vertical em velocidade inicial de 1,2 m/s. Novamente, faça uma tabela similar à Tabela 8.3 mostrando a velocidade e a aceleração do objeto e a distância por ele viajada como uma função de tempo.

8.39 Determine a frequência natural do sistema do Exemplo 8.1 se sua massa for duplicada.

8.40 O período de oscilação de um pêndulo na Terra é de 2 segundos. Se o pêndulo oscilar em um período de 4,9 segundos na superfície da Lua, qual será a aceleração decorrente da gravidade na superfície da Lua?

8.41 Qual é o período de oscilação do pêndulo do Problema 8.40 na superfície de Marte? Considere $g_{Terra} = 9,81$ m/s^2 e $g_{Marte} = 3,70$ m/s^2.

8.42 A energia de um motor elétrico que funciona em velocidade constante de 1 600 rpm é repentinamente desligada. São necessários 10 segundos para que o motor pare totalmente. Qual é a aceleração do motor? Quantas voltas ele dá antes de parar? Relate suas suposições.

8.43 O recorde mundial de 2013 na corrida de 100 m é de 9,75 segundos e pertence ao corredor norte-americano Tyson Gay. Presumindo uma aceleração constante, determine a velocidade do Sr. Gay em distâncias de 10 m, 20 m, 30 m, ..., 80 m, 90 m e 100 m.

8.44 O recorde mundial de 2013 em salto com vara feminino é de 4,89 m e pertence a Yelena Isinbayeva, da Rússia. Se o colchão do salto com vara tiver a dimensão de 6,0 m × 8,0 m × 0,8 m, qual é a velocidade vertical da saltadora imediatamente antes de ela tocar o colchão?

8.45 Uma residência típica de quatro pessoas consome aproximadamente 300 litros de água por dia. Expresse a taxa de consumo anual de uma cidade com uma população de 100 000 pessoas. Expresse sua resposta em litros por ano e m^3 por ano.

8.46 A Sociedade Norte-Americana de Engenheiros de Aquecimento, Ventilação e Condicionamento de Ar (ASHRAE, American Society of Heating, Ventilating, and Air Conditioning Engineers) define padrões para demanda de ar exterior para fins de ventilação. Por exemplo, para um ginásio, é necessária uma demanda de ar exterior de 9,4 L/s por pessoa. Qual é o volume total do ar exterior que deve ser introduzido, durante um período de 12 horas, em um ginásio usado, em média, por 30 pessoas todo o tempo? Expresse sua resposta em litros e m^3.

8.47 Lake Mead, próximo de Hoover Dam, que é o maior lago artificial dos Estados Unidos, contém 28 537 000 acre-pés de água (um acre-pé é a quantidade de água necessária para cobrir 1 acre a uma profundidade de 1 pé). Expresse esse volume de água em m^3.

8.48 Nos próximos 5 a 10 anos, estão previstos o desenvolvimento e a instalação de turbinas eólicas com rotores com diâmetros de 180 m na Europa. Se as hélices de cada turbina girarem a uma taxa de 5 revoluções por minuto, qual será a velocidade de um ponto localizado na ponta de uma hélice? Expresse sua resposta em m/s e km/h.

8.49 A vazão do fluido de um projeto (normalmente água ou anticongelante) em um sistema de aquecedor de água solar é de 1 L/s/m^2. Se um sistema funciona continuamente por 3 horas e usa dois painéis solares (de 2 m × 4 m cada um), qual é o volume total do fluido que passa pelo coletor durante esse período? Expresse sua resposta em litros e m^3.

"Se você estudar para se lembrar, esquecerá, mas se você estudar para entender, se lembrará."

– Autor desconhecido

CAPÍTULO 9

Massa e variáveis a ela relacionadas em engenharia

Ivan Chudakov/Shutterstock.com

Um canoísta manobra seu caiaque em um evento Whitewater Slalom. Massa é outra dimensão fundamental que exerce importante função em análises e projetos de engenharia. A massa fornece a medida de resistência do movimento. Conhecer a massa é importante para determinar a quantidade de movimento de objetos em movimento.

OBJETIVOS DE APRENDIZADO

OA¹ **Massa como dimensão fundamental:** explicar o que significa massa, dar exemplos de suas unidades e descrever suas importantes funções em análises e aplicações de engenharia

OA² **Densidade, peso específico, gravidade específica e volume específico:** descrever como esses termos são usados para mostrar como são os materiais leves ou pesados

OA³ **Vazão mássica:** explicar o que significa taxa de fluxo da massa e como ela está relacionada à vazão volumétrica

OA⁴ **Momento de inércia da massa:** descrever o que significa momento de inércia da massa e sua função no movimento rotacional

OA⁵ **Quantidade de movimento:** explicar o que significa quantidade de movimento

OA⁶ **Conservação da massa:** descrever a conservação da massa de uma situação de engenharia

MEDIÇÕES DE MASSA DO OSSO

Osteoporose ou "osso poroso" é uma doença do sistema esquelético caracterizada pela baixa massa óssea e deterioração do tecido ósseo. A osteoporose provoca um alargamento dos espaços porosos no osso, fragilizando-o e elevando o risco de fraturas, sobretudo no pulso, no quadril e na coluna vertebral. Estima-se que 10 milhões de norte-americanos tenham osteoporose e mais de 34 milhões apresentem baixa massa óssea, o que faz com que tenham mais chances de ter osteoporose. Uma em cada duas mulheres e um em cada quatro homens acima de 50 anos terão fraturas relacionadas à osteoporose em suas vidas. A boa notícia é que osteoporose é uma doença que pode ser prevenida e tratada. Diagnóstico e tratamento precoces podem reduzir ou evitar fraturas.

A densidade do osso geralmente é estudada por meio de técnicas diagnósticas de medição da massa óssea pela FDA (*Food and Drug Administration*, Administração de Alimentos e Medicamentos). A densidade do osso pode ser medida no pulso, na espinha, no quadril ou no calcanhar (talão). A medição pode ser simples ou combinada para diagnosticar a doença, para monitorar alterações ósseas com progressão para doença, ou para monitorar alterações ósseas decorrentes de terapia.

A densitometria óssea é um teste radiológico de paciente ambulatorial capaz de diagnosticar a osteoporose de maneira precoce o bastante para ser tratada. A maioria das máquinas usam raios X, mas algumas usam ultrassom. A máquina de densitometria calcula a densidade do osso do paciente e cria um gráfico que a compara com a densidade normal.

Departamento de Saúde e Serviços Humanos

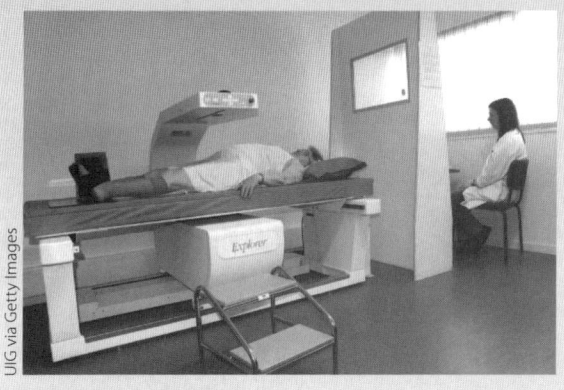

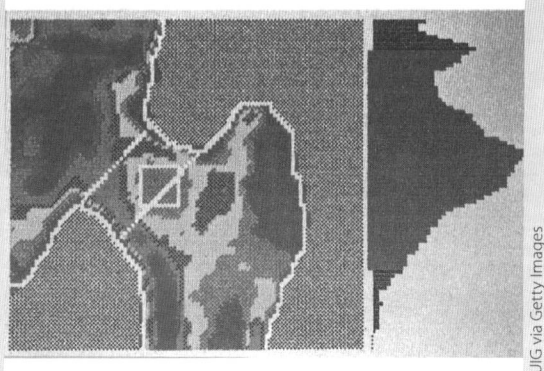

Para os estudantes: O que significa massa? Qual é o objetivo ao definir densidade? Dê exemplos de situações da vida diária em que a massa exerce uma importante função.

Nos Capítulos 7 e 8, explicamos a função de comprimento, tempo e grandezas relacionadas ao comprimento e ao tempo, como área, volume, velocidade e vazão volumétrica, em análises e projetos de engenharia. O objetivo deste capítulo é introduzir o conceito de massa e grandezas a ela relacionadas aplicados na engenharia. Começaremos discutindo os blocos de construção da matéria, isto é, os átomos e as moléculas. Apresentaremos o conceito de massa em termos de medida quantitativa de átomos contidos em uma substância. Depois definiremos e discutiremos outras grandezas de engenharia dependentes de massa, como densidade, gravidade específica, momento de inércia da massa, quantidade de movimento e vazão mássica. Neste capítulo, também consideramos a conservação da massa e sua aplicação na engenharia. Reapresentamos a Tabela 6.7 para relembrar a função de dimensões fundamentais e como elas são combinadas para definir variáveis dependentes de massa, como momento de inércia, quantidade de movimento e vazão mássica.

| TABELA 6.7 | Dimensões fundamentais e seu uso ao definir variáveis usadas em análises e projetos de engenharia |

Capítulo	Dimensão fundamental	Variáveis de engenharia relacionadas			
7	Comprimento (L)	Radiano (L/L), Deformação (L/L)	Área (L^3)	Volume (L^3)	Momento de inércia da área (L^4)
8	Tempo (t)	Velocidade angular ($1/t$), Aceleração angular ($1/t^2$), Velocidade linear (L/t), Aceleração linear (L/t^2)		Vazão volumétrica (L^3/t)	
9	Massa (M)	Vazão mássica (M/t), Quantidade de movimento (ML/t), Energia cinética (ML^2/t^2)		Densidade (M/L^3), Volume específico (L^3/M)	
10	Força (F)	Momento (LF), Trabalho, energia (FL), Impulso linear (Ft), Força (FL/t)	Pressão (F/L^2), Tensão (F/L^2), Módulo de elasticidade (F/L^2), Módulo de rigidez (F/L^2)	Peso específico (F/L^3)	
11	Temperatura (T)	Expansão térmica linear (L/LT), Calor específico (FL/MT)		Expansão térmica volumétrica (L^3/L^3T)	
12	Corrente elétrica (I)	Carga (It)	Densidade da corrente (I/L^2)		

OA¹ 9.1 Massa como dimensão fundamental

Conforme discutimos no Capítulo 6, de suas observações diárias, os homens perceberam que alguns objetos eram mais pesados do que outros, assim reconheceram a necessidade de uma grandeza física para descrever essa observação. Os primeiros homens não compreendiam o conceito de gravidade; portanto, a distinção correta entre massa e peso só foi desenvolvida mais tarde. Agora, vamos ver com mais cuidado massa como uma variável física. Considere a seguinte situação. Quando observamos ao redor, descobrimos que a matéria existe sob várias formas e formatos. Também observamos que a matéria pode mudar de formato quando sua condição e as condições do ambiente mudam. Todos os objetos e coisas vivas são feitos de matéria, e a matéria em si é feita de átomos, ou elementos químicos. Há 106 elementos químicos conhecidos até hoje. Átomos de características similares são agrupados em uma tabela chamada *tabela periódica de elementos químicos*. Veja na Figura 9.1 um exemplo de tabela periódica.

Os átomos são feitos de partículas ainda menores, chamados *elétrons*, *prótons* e *nêutrons*. Nas primeiras aulas de química você estudará essas ideias com mais detalhes, se ainda não o fez. Quem escolher a engenharia química, vai dedicar mais tempo ao estudo da química. Mas por enquanto, lembre-se de que os átomos são unidades básicas da matéria.

Os átomos são combinados naturalmente, ou em laboratório, para criar moléculas. Por exemplo, como você já deve saber, as moléculas de água são compostas de dois átomos de hidrogênio e um átomo de oxigênio. Um copo de água é composto de bilhões e bilhões de moléculas homogêneas de água. As moléculas são partes menores de determinada matéria que ainda possui suas propriedades. A matéria pode existir em quatro estados, dependendo da própria condição e das condições ao redor: sólido, líquido, gasoso ou plasma. Vamos considerar a água que bebemos todos os dias. Como já sabe, sob certas condições, a água existe no estado sólido, que chamamos de gelo. Sob pressão atmosférica padrão, a água existe no estado sólido desde que sua temperatura seja mantida a 0°C. Sob pressão atmosférica padrão, se você aquecer o gelo e consequentemente mudar sua temperatura, ele derrete e passa para o estado líquido. Sob pressão padrão no nível do mar, se você mantiver o aquecimento, a água permanece líquida até a temperatura de 100°C. Se você continuar a conduzir esse experimento acrescentando mais calor à água líquida, ela passa da fase líquida para a gasosa. Essa fase da água, em geral, é chamada vapor. Se você tiver meios de levar a água a temperaturas ainda mais altas, excedendo os 2 000°C, descobrirá que é possível quebrar as moléculas da água em átomos, e estes, por fim, em elétrons e núcleos livres, o que chamamos de **plasma**.

	IA	IIA	IIIB	IVB	VB	VIB	VIIB	VIIIB			IB	IIB	IIIA	IVA	VA	VIA	VIIA	VIIIA
1	1 **H** 1,0079																	2 **He** 4,003
2	3 **Li** 6,941	4 **Be** 9,012											5 **B** 10,811	6 **C** 12,011	7 **N** 14,007	8 **O** 15,999	9 **F** 18,998	10 **Ne** 20,180
3	11 **Na** 22,990	12 **Mg** 24,305											13 **Al** 26,982	14 **Si** 28,086	15 **P** 30,974	16 **S** 32,066	17 **Cl** 35,453	18 **Ar** 39,948
4	19 **K** 39,098	20 **Ca** 40,078	21 **Sc** 44,956	22 **Ti** 47,88	23 **V** 50,942	24 **Cr** 51,996	25 **Mn** 54,938	26 **Fe** 55,845	27 **Co** 58,933	28 **Ni** 58,69	29 **Cu** 63,546	30 **Zn** 65,39	31 **Ga** 69,723	32 **Ge** 72,61	33 **As** 74,922	34 **Se** 78,96	35 **Br** 79,904	36 **Kr** 83,8
5	37 **Rb** 85,468	38 **Sr** 87,62	39 **Y** 88,906	40 **Zr** 91,224	41 **Nb** 92,906	42 **Mo** 95,94	43 **Tc** 98	44 **Ru** 101,07	45 **Rh** 102,906	46 **Pd** 106,42	47 **Ag** 107,868	48 **Cd** 112,411	49 **In** 114,82	50 **Sn** 118,71	51 **Sb** 121,76	52 **Te** 127,60	53 **I** 126,905	54 **Xe** 131,29
6	55 **Cs** 132,905	56 **Ba** 137,327	57 **La** 138,906	72 **Hf** 178,49	73 **Ta** 180,948	74 **W** 183,84	75 **Re** 186,207	76 **Os** 190,23	77 **Ir** 192,22	78 **Pt** 195,08	79 **Au** 196,967	80 **Hg** 200,59	81 **Tl** 204,383	82 **Pb** 207,2	83 **Bi** 208,980	84 **Po** 209	85 **At** 210	86 **Rn** 222
7	87 **Fr** 223	88 **Ra** 226,025	89 **Ac** 227,028	104 **Rf** 261	105 **Db** 262	106 **Sg** 263	107 **Bh** 262	108 **Hs** 265	109 **Mt** 266	110 **Uun** 269	111 **Uuu** 272	112 **Uub** 277		114		116		118

Série Lanthanide	58 **Ce** 140,115	59 **Pr** 140,908	60 **Nd** 144,24	61 **Pm** 145	62 **Sm** 150,36	63 **Eu** 151,964	64 **Gd** 157,25	65 **Tb** 158,925	66 **Dy** 162,5	67 **Ho** 164,93	68 **Er** 167,26	69 **Tm** 168,934	70 **Yb** 173,04	71 **Lu** 174,967
Série Actinide	90 **Th** 232,038	91 **Pa** 231,036	92 **U** 238,029	93 **Np** 237,048	94 **Pu** 244	95 **Am** 243	96 **Cm** 247	97 **Bk** 247	98 **Cf** 251	99 **Es** 252	100 **Fm** 257	101 **Md** 258	102 **No** 259	103 **Lr** 262

FIGURA 9.1 Os elementos químicos atuais (2014).

Bem, o que tudo isso tem a ver com massa? A massa fornece uma medida quantitativa de moléculas ou átomos presentes em determinado objeto. A matéria pode mudar de fase, mas sua massa permanece constante. Nas aulas de dinâmica, veremos que a massa em escala macroscópica também serve como medida de resistência a um movimento. Isso você já sabe por suas observações diárias. O que é mais difícil de empurrar, uma motocicleta ou um caminhão? Lógico, é necessário mais esforço para empurrar um caminhão. Quando você tenta girar algo, a distribuição da massa sobre o centro da rotação também exerce uma função significativa. Quanto mais longe do centro da rotação a massa estiver, mais difícil será girá-la sobre esse eixo. A medida do grau de dificuldade ao girar algo em relação ao centro de rotação é chamada *momento de inércia da massa*. Discutiremos isso com mais detalhes na Seção 9.4.

O outro parâmetro relacionado à massa que investigaremos neste capítulo é a quantidade de movimento. Considere dois objetos com massas diferentes que se movem na mesma velocidade. Qual deles é mais difícil de parar, o objeto de massa menor ou o de massa maior? Novamente, você já sabe a resposta. O objeto de massa maior é mais difícil de parar. Isso também é visível no jogo de futebol americano. Se dois jogadores de massas diferentes estiverem correndo na mesma velocidade, será mais difícil bloquear o jogador maior. Essas observações levam ao conceito de quantidade de movimento, que explicaremos na Seção 9.5.

A **massa** também exerce importante função na armazenagem de energia física. Quanto mais massa o objeto possuir, mais energia térmica ele será capaz de armazenar. Alguns materiais armazenam mais energia térmica do que outros. Por exemplo, água armazena mais energia térmica do que o ar. De fato, a ideia de armazenar energia térmica dentro de um meio massivo é muito empregada no projeto de casas solares passivas. Há pisos massivos de tijolo ou concreto nas varandas. Algumas pessoas até colocam grandes barris de água nas varandas para que a água absorva a radiação solar e armazene a energia térmica para ser usada à noite. Discutiremos a capacidade térmica dos materiais com mais detalhes no Capítulo 11.

Medição de massa

O *quilograma* é a unidade de massa no SI, determinado pela massa do protótipo internacional do quilograma. Conforme explicamos no Capítulo 6, no sistema de unidades gravitacional britânico, a unidade da massa é slug, e no sistema de unidades norte-americano, a unidade da massa é lbm

(1 kg = 0,0685 slugs = 2,205 lbm e 1 slug = 32,2 lbm). Na prática, a massa de um objeto é medida de maneira indireta, verificando o seu peso. O peso de um objeto na Terra é a força exercida pela força gravitacional da Terra sobre a massa desse objeto. Você está familiarizado com balanças de mola que medem o peso de mercadorias em supermercados ou com balanças domésticas no banheiro. A força da gravidade que atua sobre a massa desconhecida fará a mola esticar ou comprimir. Medindo a deformação da mola, é possível determinar o peso e portanto a massa do objeto que provocou a deformação. Algumas balanças de mola usam transdutores de força, que consistem em um membro metálico que se comporta como uma mola, mas cuja deformação é medida eletronicamente por um medidor de tensão. Você deve entender a diferença entre peso e massa, e ter cuidado no modo de usá-los em análises de engenharia. Discutiremos o conceito de peso em mais detalhes no Capítulo 10.

> A massa serve como medida de resistência ao movimento translacional. Quando você tenta girar algo, a distribuição da massa sobre o centro da rotação também exerce uma função significativa. Quanto mais longe do centro da rotação a massa estiver, mais difícil será girá-la sobre esse eixo.

OA² 9.2 Densidade, peso específico, gravidade específica e volume específico

Na prática da engenharia, para representar o quão leve ou pesado é o material, costumamos definir propriedades com base na unidade de volume; em outras palavras, sabemos o quanto um objeto é massivo por volume de unidade. Entre 1 metro cúbico de madeira e 1 metro cúbico de aço, qual tem mais massa? O aço, logicamente! A **densidade** de qualquer substância é definida pela proporção entre a massa e o volume que ela ocupa, de acordo com

$$\text{densidade} = \frac{\text{massa}}{\text{volume}}$$

9.1

A densidade fornece uma medida de quão compacto o material está em determinado volume. Materiais, como mercúrio ou ouro, com valores de densidade relativamente altos, apresentam mais massa por metro cúbico de volume do que materiais com menos densidade, como a água. É importante observar que a densidade da matéria muda com a temperatura e também pode mudar com a pressão. A unidade SI para densidade é kg/m^3.

Peso específico é outra forma de medir o quanto de fato um material é leve ou pesado para determinado volume. O peso específico é definido pela proporção entre o peso do material e o volume que ele ocupa, de acordo com

$$\text{peso específico} = \frac{\text{peso}}{\text{volume}} \qquad \boxed{9.2}$$

Novamente, o peso de um objeto na Terra é a força decorrente da gravidade exercida sobre a massa desse objeto. Discutiremos o conceito de peso com mais detalhes no Capítulo 10. Neste capítulo, deixamos o exercício (veja o Problema 9.4) no qual você deverá mostrar a relação entre densidade e peso específico:

peso específico = (densidade) (aceleração devido à gravidade)

Outra forma comum de representar o peso e a leveza de um material é comparando a sua densidade à densidade da água. Essa comparação chama-se **gravidade específica** (ou densidade relativa) de um material e é formalmente definida por

$$\text{gravidade específica} = \frac{\text{densidade de um material}}{\text{densidade da água a } 4°\text{ C}} \qquad \boxed{9.3}$$

> Na prática da engenharia, para representar o quão leve ou pesado é o material, costumamos definir propriedades com base na unidade de volume. São exemplos a densidade e o peso específico.

É importante observar que a gravidade específica não tem unidade, pois é uma proporção entre os valores das densidades. Assim, não importa qual sistema de unidades seja usado no seu cálculo, desde que as unidades usadas sejam consistentes.

O **volume específico**, que é o inverso da densidade, é definido por

$$\text{volume específico} = \frac{\text{volume}}{\text{massa}} \qquad \boxed{9.4}$$

O volume específico em geral é usado no estudo da termodinâmica. A unidade SI para volume específico é m^3/kg.

Veja na Tabela 9.1 a densidade, a gravidade específica e o peso específico de alguns materiais.

OA³ 9.3 Vazão mássica

No Capítulo 8, discutimos a importância da vazão volumétrica. A vazão mássica é um parâmetro relacionado que exerce importante papel em muitas aplicações da engenharia. Há muitos processos industriais que dependem da medição de fluxo do fluido. A vazão mássica informa aos engenheiros a quantidade de material que está sendo usada ou movida em determinado período de tempo, para que eles possam manter o abastecimento do material. Os engenheiros usam medidores de vazão para medir vazão volumétrica ou vazão mássica de água, óleo, gás, fluidos químicos e produtos alimentares. O projeto de todo dispositivo de medida de vazão é baseado em alguns princípios da engenharia. As medidas de fluxo da massa e do volume são necessárias

TABELA 9.1	Densidade, gravidade específica e peso específico de alguns materiais (em temperatura ambiente ou na temperatura especificada)

Material	Densidade (kg/m³)	Gravidade específica	Peso específico (N/m³)
Alumínio	2 740	2,74	26 880
Asfalto	2 110	2,11	20 700
Cimento	1 920	1,92	18 840
Argila	1 000	1,00	9 810
Tijolo refratário	1 790 a 100°C	1,79	17 560
Vidro (sódico cálcico)	2 470	2,47	24 230
Vidro (chumbo)	4 280	4,28	41 990
Vidro (Pyrex)	2 230	2,23	21 880
Ferro (fundido)	7 210	7,21	70 730
Ferro (forjado)	7 700 a 100°C	7,70	75 540
Papel	930	0,93	9 120
Aço (carbono)	7 830	7,83	76 810
Aço (inoxidável 304)	7 860	7,86	77 110
Madeira (cinza)	690	0,69	6 770
Madeira (mogno)	550	0,55	5 400
Madeira (carvalho)	750	0,75	7 360
Madeira (pinho)	430	0,43	4 220
Fluidos			
Ar padrão	1,225	0,0012	12
Gasolina	720	0,72	7 060
Glicerina	1 260	1,26	12 360
Mercúrio	13 550	13,55	132 930
Óleo SAE 10 W	920	0,92	9 030
Água	1 000 a 4°C	1,0	9 810

e comuns também em nossa vida diária. Por exemplo, quando você vai a um posto de gasolina, precisa saber quantos galões de combustível serão bombeados para o tanque do seu carro. Outro exemplo é medição da quantidade de água doméstica usada ou consumida. Há mais de 100 tipos de medidores de vazão disponíveis comercialmente para medir vazão de massa e volume. A seleção de um medidor de vazão adequado depende do tipo de aplicação e de outras variáveis, como precisão, custo, intervalo, facilidade de uso, vida útil do serviço e tipo de fluido: gás ou líquido, sujo ou chorume, ou corrosivo, por exemplo.

A **vazão mássica** é definida simplesmente pela quantidade de massa que flui por algum lugar, por unidade de tempo.

$$\text{vazão mássica} = \frac{\text{massa}}{\text{tempo}} \qquad 9.5$$

As unidades mais comuns para vazão mássica são kg/s, kg/min ou kg/h. Como você mediria a vazão mássica de água que sai de uma torneira ou de um bebedouro? Coloque uma xícara sob o bebedouro e meça o tempo que leva para enchê-la. Além disso, meça a massa total da xícara e da água, depois subtraia a massa da xícara do total para obter a massa da água. Divida a massa da água pelo intervalo de tempo que levou para encher a xícara.

É possível relacionar a vazão volumétrica de um fluido com sua vazão mássica, desde que saibamos a sua densidade. A relação entre a vazão mássica e a vazão volumétrica é fornecida por

$$\text{vazão mássica} = \frac{\text{massa}}{\text{tempo}} = \frac{(\text{densidade})(\text{volume})}{\text{tempo}} = (\text{densidade})\left(\frac{\text{volume}}{\text{tempo}}\right)$$

$$= (\text{densidade})(\text{vazão volumétrica}) \qquad 9.6$$

> Medições de fluxo de massa e de volume também são necessárias e comuns em nossa vida cotidiana, por exemplo, a quantidade de água ou gás natural que é consumida por uma casa, uma cidade, um país ou ao longo de um período de meses ou um ano.

O cálculo da vazão mássica também é importante em projetos de escavação ou perfuração de túneis para determinar a quantidade de solo a ser removida em um dia ou em uma semana, levando-se em consideração o parâmetro das máquinas de perfuração e transporte.

Antes de continuar

Responda às seguintes perguntas para testar sua compreensão das seções anteriores.

1. Dê exemplos de funções da massa nas aplicações de engenharia.

2. Descreva as propriedades que representam o quão leve ou pesado é o material por unidade de volume.

3. Qual é a relação entre vazão mássica e vazão volumétrica?

Vocabulário – Indique o significado dos termos a seguir:

Peso específico _____

Gravidade específica _____

Vazão mássica _____

OA⁴ 9.4 Momento de inércia da massa

Conforme mencionado anteriormente neste capítulo, quando se trata de rotação de objetos, a distribuição da massa sobre o centro da rotação exerce uma significativa função. Quanto mais longe do centro da rotação a massa estiver, mais difícil será girá-la sobre o centro da rotação. A medida do quanto é difícil girar algo em relação ao centro de rotação é chamada de **momento de inércia da massa**. Vocês terão curso de física, e alguns podem ter aulas de dinâmica, nas quais aprenderão com mais profundidade a definição formal e formulação de momento de inércia da massa. Por enquanto, vamos considerar a situação simples ilustrada na Figura 9.2. Para uma pequena partícula m, localizada a uma distância r do eixo de rotação $z–z$, o momento de inércia da massa é definido por

$$I_{z-z} = r^2\, m \qquad\qquad 9.7$$

Agora, vamos expandir esse problema para incluir um sistema de partículas de massa, como mostra a Figura 9.3. O momento de inércia da massa para o sistema de massas representado sobre o eixo $z–z$ é agora

$$I_{z-z} = r_1^2\, m_1 + r_2^2\, m_2 + r_3^2\, m_3 \qquad\qquad 9.8$$

Da mesma forma, obtém-se o momento de inércia da massa de um corpo, como uma roda ou um eixo, somando o momento de inércia da massa de cada partícula que compõe o corpo. Enquanto você assiste às aulas de cálculo, aprenderá a usar integrais em vez de adições para avaliar o momento de inércia da massa de objetos contínuos. No final, o sinal de integral ∫ nada mais é do que um grande sinal "S", indicando a soma.

$$I_{z-z} = \int r^2\, dm \qquad\qquad 9.9$$

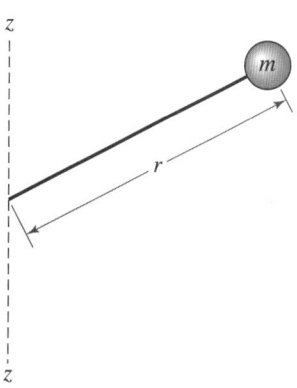

FIGURA 9.2   O momento de inércia da massa de um ponto.

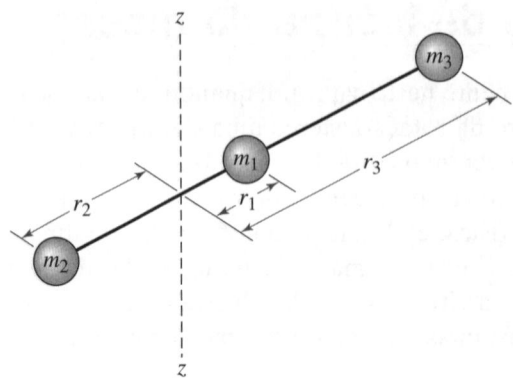

Momento de inércia da massa de um sistema que consiste em três pontos de massa.

Uma medida do grau de dificuldade ao girar algo em torno de um centro de rotação é chamada de momento de inércia da massa.

O momento de inércia da massa de objetos com vários formatos pode ser determinado pela Equação (9.9). Você será capaz desenvolver essa integração em um semestre ou dois. Veja na página a seguir exemplos de fórmulas de momento de inércia da massa para alguns corpos típicos, como cilindro, disco, esfera e placa retangular fina.

Disco

$$I_{z-z} = \frac{1}{2}mR^2 \qquad \text{9.10}$$

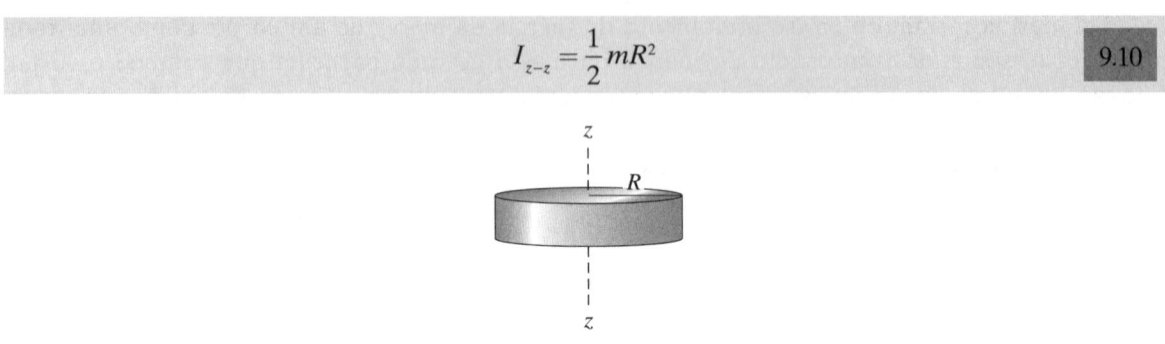

Cilindro circular

$$I_{z-z} = \frac{1}{2}mR^2 \qquad \text{9.11}$$

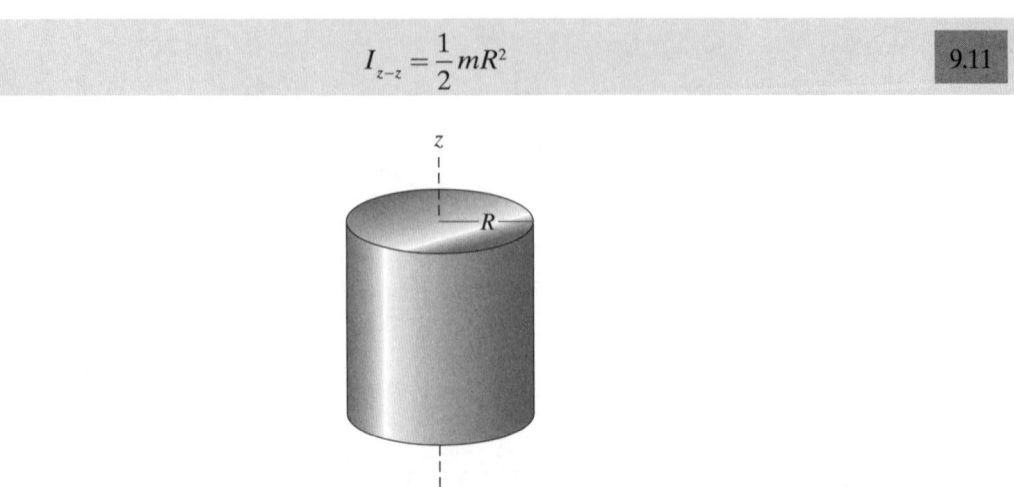

Esfera

$$I_{z-z} = \frac{2}{5}mR^2 \qquad \boxed{9.12}$$

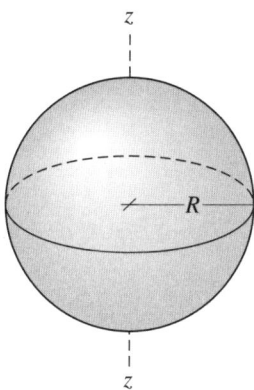

Placa retangular fina

$$I_{z-z} = \frac{1}{12}mW^2 \qquad \boxed{9.13}$$

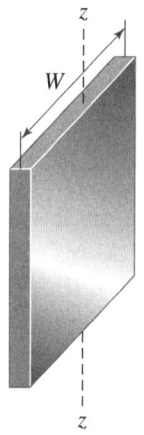

EXEMPLO 9.1

Determine o momento de inércia da massa de um eixo de aço com 2 m de comprimento e diâmetro (d) de 10 cm. A densidade do aço é 7 860 kg/m³.

Primeiro calcularemos a massa do eixo aplicando a Equação (9.1). O volume de um cilindro é dado por

$$\text{volume} = (\pi / 4)(d^2)(\text{comprimento}) = (\pi / 4)(0{,}1\text{m})^2 (2\text{m}) = 0{,}01571\text{m}^3$$

$$\text{densidade} = \frac{\text{massa}}{\text{volume}}$$

$$7860 \text{ kg/m}^3 = \frac{\text{massa}}{0{,}01571 \text{ m}^3}$$

$$\text{massa} = 123{,}5 \text{ kg}$$

Para calcular o momento de inércia da massa de um eixo sobre seu raio longitudinal, usamos a Equação (9.11).

$$I_{z-z} = \frac{1}{2}mR^2 = \frac{1}{2}(123{,}5\text{kg})(0{,}05\text{m})^2 = 0{,}154\text{kg}\cdot\text{m}^2$$

OA⁵ 9.5 Quantidade de movimento

A massa também exerce importante função nos problemas que lidam com objetos em movimento. **Quantidade de movimento** é uma variável física definida como o produto da massa pela velocidade.

$$\vec{L} = m\vec{V}$$

9.14

Na Equação (9.14), $\vec{L}$ representa o vetor da quantidade de movimento, m é a massa e $\vec{V}$ o vetor de velocidade. Como a velocidade do objeto em movimento tem uma direção, também a associamos à quantidade de movimento. A direção da quantidade de movimento é a mesma do vetor da velocidade do objeto em movimento. Portanto, um carro de 1 000 kg em movimento sentido norte a uma velocidade de 20 m/s apresenta uma quantidade de movimento de módulo 20 000 kg · m/s, na direção norte. Quantidade de movimento é um dos conceitos físicos usados com frequência de maneira abusiva por canais esportivos quando discutem eventos esportivos. Durante o período de tempo do intervalo em que os atletas param e ouvem os treinadores, o repórter esportivo pode dizer: "Bob, claramente a quantidade de movimento mudou, e a equipe B tem mais quantidade de movimento agora para o quarto tempo". Usando a definição anterior de quantidade de movimento, agora você sabe que, com relação à Terra, a quantidade de movimento de um objeto ou de uma pessoa em repouso é zero!

Como o módulo da quantidade de movimento linear é apenas massa vezes velocidade, um corpo com massa relativamente pequena

> Para um objeto em movimento, a quantidade de movimento é definida como o produto da massa pela velocidade. Quantidade de movimento é uma grandeza vetorial: isto é, uma grandeza com módulo e direção. A direção da quantidade de movimento é a mesma direção do vetor de velocidade.

poderia ter um grande valor de quantidade de movimento, dependendo de sua velocidade. Por exemplo, uma bala, com uma massa relativamente pequena, atirada de uma arma, pode causar muitos ferimentos e penetrar em uma superfície por causa de sua alta velocidade. O módulo da quantidade de movimento associado à bala poderia ser relativamente maior. Você já viu atores dublê caindo do topo de edifícios altos. Enquanto o dublê se aproxima do solo, ele tem uma quantidade de movimento relativamente grande, então, como os ferimentos podem ser evitados? É óbvio que o dublê cai sobre um saco de ar e alguns materiais macios que aumentam o tempo de contato e reduzem as forças que atuam sobre seu corpo. Discutiremos a relação entre quantidade de movimento linear e impulso linear (força que atua sobre o tempo) no Capítulo 10, após discutirmos o conceito de força.

EXEMPLO 9.2 Determine a quantidade de movimento linear de uma pessoa, cuja massa é de 80 kg, e que está correndo a uma velocidade de 3 m/s. Compare essa quantidade de movimento à de um carro de massa 2 000 kg, que está se movendo a uma velocidade de 30 m/s na mesma direção que a pessoa.

Usaremos a Equação (9.14) para resolver estas questões.

Pessoa: $\vec{L} = m\vec{V} = (80\,\mathrm{kg})(3\,\mathrm{m/s}) = 240\,\mathrm{kg\cdot m/s}$

Carro: $\vec{L} = m\vec{V} = (2\,000\,\mathrm{kg})(30\,\mathrm{m/s}) = 60\,000\ \mathrm{kg\cdot m/s}$

Energia cinética é outra grandeza que depende da massa e é usada em análises e projetos de engenharia. Um objeto com massa m se movendo a uma velocidade V tem energia cinética igual a $\frac{1}{2}mV^2$. No Capítulo 13 explicaremos o conceito de energia cinética com mais detalhes, após definirmos trabalho mec ânico.

OA⁶ 9.6 Conservação da massa

Lembre-se de que no Capítulo 6 mencionamos que os engenheiros são bons contabilistas. Na análise do trabalho de engenharia, precisamos manter o controle das grandezas físicas, como massa, energia e quantidade de movimento, entre outras. Agora, vamos observar como os engenheiros registram a massa e o procedimento de contabilidade associado (veja a Figura 9.4). Simplificando, a **conservação da massa** diz que não é possível criar ou destruir massa. Considere o seguinte exemplo. Você está tomando banho de banheira. Abre a torneira e começa a se lavar. Concentre-se na banheira. Com o ralo aberto e livre de cabelos e resíduos, a taxa em que a água chega à banheira é igual à taxa em que ela sai da banheira. Essa é uma constatação de conservação de massa aplicada à água dentro da banheira. Agora, o que acontece se o ralo ficar entupido por cabelos ou resíduos? Muitos já experimentaram isso uma vez ou outra. É hora de Liquid Drāno®! A taxa em que a água chega à banheira agora não é exatamente igual à taxa em que ela sai da banheira, pois o nível de água na banheira está subindo. Como você usaria a lei da conservação das massas para descrever essa situação? Você pode expressar isso da seguinte maneira: A taxa em que a água chega à banheira é igual à taxa em que ela sai mais a taxa de acúmulo com o tempo de massa de água dentro da banheira.

O que acontece se você tomar banho em uma banheira cheia de água? Digamos que após o banho você abra o ralo e a água comece a sair. Por ser uma pessoa impaciente, você abre lentamente o chuveiro enquanto a banheira está sendo escoada. Agora, você observa que o nível da água está diminuindo, mas a uma taxa baixa. A taxa da água que entra na banheira menos a taxa em que a água sai é igual à taxa de esgotamento (redução) da água dentro da banheira.

Agora, voltemos nossa atenção para uma apresentação de engenharia sobre conservação de massa. Na engenharia nos referimos à banheira como volume de controle, pois concentramos a atenção em um objeto específico que ocupa determinado volume no espaço. O volume de controle pode representar os limites do fluxo em uma bomba, ou uma parte de um tubo, ou o volume interior de um tanque, a passagem do fluxo em um compressor ou aquecedor de água, ou os limites de um rio. Podemos usar o exemplo do banho de banheira para formular a lei da conservação das massas, que afirma: A taxa em que o fluido entra em um volume de controle menos a taxa em que o fluido sai do volume de controle deve ser igual à taxa de acúmulo ou

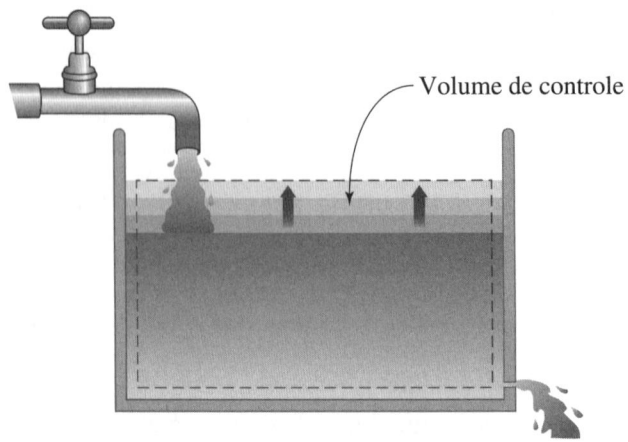

Volume de controle

FIGURA 9.4   A taxa em que a água entra no recipiente menos a taxa em que ela sai do recipiente deve ser igual à taxa de acúmulo ou esgotamento da massa de água dentro do recipiente.

esgotamento da massa de fluido dentro de determinado volume de controle. Também existe um vasto campo em matemática, operações de pesquisa, gerenciamento de engenharia e tráfego chamado *enfileiramento*. É um estudo de "filas" de pessoas que aguardam em linhas de serviço, produtos que esperam em linhas de montagem, carros que aguardam nas pistas, ou informações digitais que aguardam para passar pelas redes de computador. O que acontece durante as horas de trabalho em bancos, postos de gasolina ou caixas de supermercados? As linhas formadas por pessoas ou carros aumentam. O fluxo em uma fila não é igual ao fluxo fora da fila,

> A conservação de massa para um volume de controle afirma que a taxa em que o fluido entra em um volume de controle menos a taxa em que o fluido sai do volume de controle é igual à taxa de acúmulo ou esgotamento da massa de fluido dentro de determinado volume de controle.

portanto, a fila aumenta mais. Pense nisso em termos de conservação de massa. Durante as horas de movimento, a taxa em que as pessoas entram em uma fila não é igual à taxa em que elas saem da fila e, portanto, há uma taxa de acúmulo na fila. Essa analogia lembra outros problemas intimamente relacionados ao fluxo das coisas na vida diária.

A taxa em que a água chega à banheira é igual à taxa em que ela sai da banheira mais a taxa de acúmulo com o tempo de massa de água dentro da banheira.

Acho que convidarei minha classe amanhã para demonstrar a conservação de massa!

EXEMPLO 9.3

Qual é a quantidade de água armazenada após 5 minutos em cada um dos tanques representados na Figura 9.5? Quanto tempo levará para enchê-los por completo, sendo que o volume de cada tanque é 12 m³? Considere a densidade da água igual a 1 000 kg/m³.

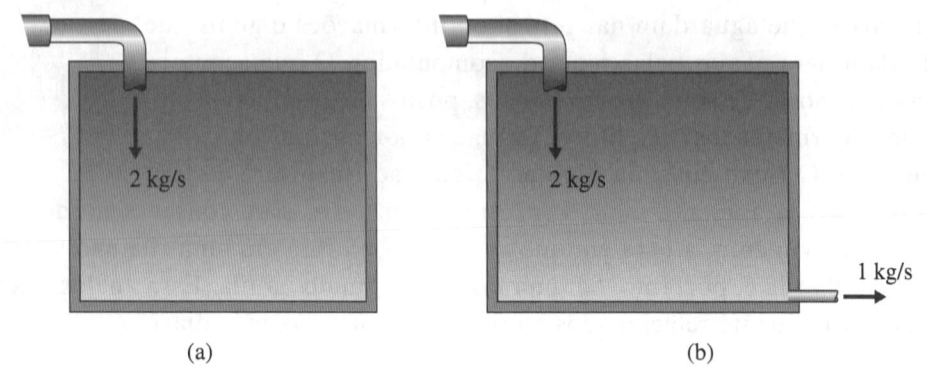

(a)   (b)

FIGURA 9.5   Os tanques do Exemplo 9.3.

Usaremos a lei da conservação da massa para resolver este problema.

$$\left(\begin{array}{l} \text{a taxa em que o fluido} \\ \text{entra em um volume} \\ \text{de controle} \end{array}\right) - \left(\begin{array}{l} \text{a taxa em que o fluido} \\ \text{sai do volume} \\ \text{de controle} \end{array}\right) = \left(\begin{array}{l} \text{a taxa de acúmulo ou} \\ \text{esgotamento da massa de} \\ \text{fluido dentro de determinado} \\ \text{volume de controle} \end{array}\right)$$

Percebendo que nenhuma água sai do tanque (a), temos

$$\left(2\,\text{kg/s}\right) - \left(0\right) = \frac{\text{alteração da massa dentro do volume de controle}}{\text{alteração no tempo}}$$

Depois de 5 minutos,

alteração da massa dentro do volume de controle

$$= (2\ \text{kg/s})(5\ \text{min})\left(\frac{60\ \text{s}}{1\ \text{min}}\right) = 600\ \text{kg}$$

Para determinar quanto tempo levará para encher o tanque, primeiro utilizaremos a relação entre a massa, a densidade e o volume — massa = (densidade) (volume) — para calcular a quantidade de massa que cada tanque comporta.

$$\text{massa} = (1\ 000\ \text{kg/m}^3)\ (12\ \text{m}^3) = 12\ 000\ \text{kg}$$

Reorganizando os termos na equação de conservação de massa, agora podemos calcular o tempo necessário para encher o tanque.

$$\text{tempo necessário para encher o tanque} = \frac{12\,000\ \text{kg}}{(2\ \text{kg/s})} = \left(6\,000\,\text{s}\right) = 100\,\text{min}$$

A água entra no tanque (b) a 2 kg/s e sai do tanque a 1 kg/s. Aplicando a conservação da massa do tanque (b), temos

$$\left(2\ \text{kg/s}\right) - \left(1\,\text{kg/s}\right) = \frac{\text{mudanças de massa dentro do volume de controle}}{\text{alteração no tempo}}$$

Depois de 5 minutos,

$$\text{alteração da massa dentro do volume de controle} = \left[\left(2\,\mathrm{kg/s}\right) - \left(1\,\mathrm{kg/s}\right)\right]\left(5\,\mathrm{min}\right)\left(\frac{60\,\mathrm{s}}{1\,\mathrm{min}}\right)$$

$$= 300\,\mathrm{kg}$$

e o tempo necessário para encher o tanque (b)

$$\text{tempo necessário para encher o tanque} = \frac{12000\,\mathrm{kg}}{\left[\left(2\,\mathrm{kg/s}\right) - \left(1\,\mathrm{kg/s}\right)\right]} = 12000\,\mathrm{s} = 200\,\mathrm{min}$$

EXEMPLO 9.4

Estamos interessados em determinar a vazão mássica de combustível de um tanque de gasolina de um carro pequeno para seu sistema de injeção de combustível. O consumo de gasolina do carro em movimento, à velocidade de 90 km/h, é 15 quilômetros por litro. A gravidade específica da gasolina é 0,72. Se houver um milhão de carros como esse na estrada, quantos quilogramas de gasolina serão queimados por hora? Primeiro, usaremos a Equação (9.3) para calcular a densidade da gasolina.

$$SG_{\text{gasolina}} = 0,72 = \frac{\text{densidade da gasolina}}{1000\,\mathrm{kg/m^3}} \rightarrow \text{densidade da gasolina} = 720\,\mathrm{kg/m^3}$$

A vazão volumétrica de combustível para um único carro é determinada por:

$$\text{vazão volumétrica} = \frac{90\,\mathrm{km/h}}{15\,\mathrm{km/litros}} = 6\,\mathrm{litros/h}$$

Em seguida, usaremos a Equação (9.6) para calcular a vazão mássica do combustível. vazão mássica = (densidade) (vazão volumétrica)

$$\text{vazão mássica} = \left(\text{densidade}\right)\left(\text{vazão volumétrica}\right)$$

$$\text{vazão mássica} = \left(720\,\frac{\mathrm{kg}}{\mathrm{m^3}}\right)\left(6\,\frac{\mathrm{litro}}{\mathrm{h}}\right)\left(\frac{1\,\mathrm{m^3}}{1000\,\mathrm{litros}}\right) = 4,32\,\mathrm{kg/h}$$

Cada carro queima 4,32 kg/h, portanto, para um milhão de caro em cada hora 4 320 000 kg de gasolina é queimada!

Antes de continuar

Responda às seguintes perguntas para testar sua compreensão das seções anteriores.

1. Explique o que o valor de momento de inércia da massa representa.

2. Explique o que o valor da quantidade de movimento representa.

3. Em suas próprias palavras, explique o princípio de conservação da massa.

Vocabulário – Indique o significado dos termos a seguir:

Momento de inércia da área _____

Quantidade de movimento_____

RESUMO

OA¹   Massa como dimensão fundamental

Agora você provavelmente entende o que significa massa e conhece suas importantes funções nas aplicações de engenharia e análises. A massa fornece uma medida quantitativa de quantas moléculas ou átomos que existem em determinado objeto. Ela também fornece uma medida de resistência para o movimento translacional, e exerce uma importante função na armazenagem de energia térmica. Quanto mais massivo for um objeto, mais energia térmica ele poderá armazenar. O quilograma é a unidade de massa no SI.

OA²   Densidade, peso específico, gravidade específica e volume específico

Na engenharia, para mostrar o quão leves ou pesados os materiais são, usamos propriedades, como densidade, peso específico, gravidade específica e volume específico. Você deve conhecer a definição formal dessas propriedades. Por exemplo, o peso específico é definido como a proporção do peso do material com relação ao volume que ele ocupa. Outra forma comum de representar o peso e a leveza de alguns materiais é comparando sua densidade à densidade da água. Essa comparação é chamada de gravidade específica de um material.

OA³   Vazão mássica

A vazão mássica é definida pela massa que flui por algum lugar, por unidade de tempo. Há muitas aplicações de engenharia que dependem da medida de fluxo do fluido. A vazão mássica informa aos engenheiros a quantidade de material ou fluido, como água ou gás natural, que está sendo usada em determinado período de tempo, para que eles mantenham o abastecimento do material ou fluido. Além disso, a vazão mássica está relacionada à vazão volumétrica, já que é conhecida a densidade do material ou fluido no fluxo. A vazão mássica é igual ao produto da vazão volumétrica e a densidade do material ou fluido.

OA⁴   Momento de inércia da massa

Enquanto a massa fornece uma medida de resistência para movimento translacional, o momento de inércia da massa fornece uma medida de resistência ao movimento rotacional. Se você tenta girar algo, a distribuição da massa sobre o centro da rotação também exerce uma função importante. Quanto mais longe do centro da rotação a massa estiver, mais resistência a massa oferecerá ao movimento rotacional.

OA⁵   Quantidade de movimento

Por enquanto, você sabe definir a quantidade de movimento para um objeto em movimento. A quantidade de movimento é definida como o produto da massa pela velocidade. Como a velocidade do objeto em movimento tem uma direção, também associamos uma direção à quantidade de movimento. A direção da quantidade de movimento é a mesma do vetor de velocidade ou do movimento do objeto. Você também deve saber que um corpo com massa relativamente pequena pode ter uma quantidade de movimento relativamente grande se ele tiver velocidade grande.

OA⁶   Conservação da massa

Na análise do trabalho de engenharia, precisamos manter o controle das grandezas físicas, como massa. A conservação da massa simplesmente afirma que não é possível criar ou destruir massa. Para manter o registro da massa, definimos o volume de controle (ou seja, o volume em investigação pelo qual a massa flui). Em seguida, a taxa em que o fluido entra em um volume de controle menos a taxa em que o fluido sai do volume de controle deve ser igual à taxa de acúmulo ou esgotamento da massa de fluído dentro de determinado volume de controle.

TERMOS-CHAVE

Conservação de massa
Densidade
Gravidade específica
Massa
Momento de inércia da massa

Quantidade de movimento
Peso específico
Plasma
Volume específico
Vazão mássica

APLIQUE O QUE APRENDEU

Discutimos flutuabilidade no Capítulo 7. O princípio da flutuabilidade geralmente é usado para determinar a porcentagem de gordura no corpo de uma pessoa. Osso, músculo e tecido magro têm gravidade específica maior do que 1 (mais pesado do que a água), enquanto o tecido gordo tem gravidade específica menor do que 1 (mais leve do que a água). Em muitas universidades, os departamentos atléticos possuem tanques com peso hidrostático relativamente grande para determinar a porcentagem de gordura no corpo de uma pessoa, medindo o seu peso individual quando ela está totalmente imersa na água. Você vai projetar uma configuração similar e simples para medir as densidades de carne magra e gorda. Você precisa comprar um quarto de libra de carne magra e um quarto de libra de carne gorda para testar seu equipamento. Escreva um breve relatório seguindo as orientações de seu instrutor. Você é capaz de determinar as densidades de carne magra e de carne gorda usando outros princípios de engenharia?

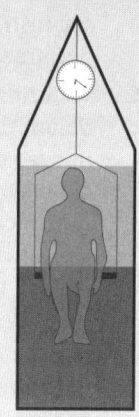

PROBLEMAS

Problemas que promovem a aprendizagem permanente são indicados por ●━

9.1 Descubra a massa dos seguintes objetos:
   a. modelo recente de um automóvel de sua escolha
   b. a Terra
   c. um Boeing 777 totalmente carregado
   d. uma formiga

9.2 A densidade do ar padrão é uma função de temperatura e pode ser aproximada usando a lei dos gases ideais, de acordo com

$$\rho = \frac{P}{RT}$$

em que
ρ = densidade (kg/m³)
P = pressão atmosférica padrão (101,3 kPa)
R = constante de gás; seu valor para o ar é 286,9

$$\left(\frac{J}{Kg \cdot K}\right)$$

T = temperatura do ar em kelvin
Crie uma tabela que mostre a densidade do ar em função da temperatura no intervalo de 0°C (273,15 K) a 50°C (323,15 K) em incrementos de 5°C. Crie também um gráfico que mostre o valor da densidade em função da temperatura.

9.3 Determine a gravidade específica dos seguintes materiais: ouro (ρ = 19 350 kg/m³), platina (ρ = 21 465 kg/m³), prata (ρ = 10 475 kg/m³), areia (ρ = 1 515 kg/m³), neve fresca (ρ = 496 kg/m³), alcatrão (ρ = 1 200 kg/m³), e borracha endurecida (ρ = 1 192 kg/m³).

9.4 Mostre que o peso específico e a densidade se relacionam de acordo com o peso específico = (densidade) (aceleração decorrente da gravidade).

9.5 Calcule os valores da quantidade de movimento para as seguintes situações:
   a. um jogador de futebol de 90 kg correndo a 6 m/s
   b. um carro de 1 500 kg se movendo a uma velocidade de 100 km/h
   c. um avião Boeing 777 pesando 200 000 kg movendo-se a uma velocidade de 500 km/h
   d. uma bala de massa 15 g disparada a uma velocidade de 500 m/s
   e. uma bola de beisebol de 140 g rolando a 120 km/h
   f. um dublê de 80 kg caindo de um prédio de dez andares e atingindo uma velocidade de 30 m/s

9.6 Investigue a vazão mássica de sangue em
●━ seu coração, e descreva suas descobertas em um breve relatório para seu instrutor.

9.7 Investigue a vazão mássica de óleo dentro
●━ de uma tubulação no Alasca, e descreva suas descobertas em um breve relatório para seu instrutor.

9.8 Investigue a vazão mássica de água pelo rio Mississípi durante um ano típico, e descreva suas descobertas em um breve relatório para seu instrutor. Explique inundação usando a declaração de conservação de massa.

9.9 Determine a vazão mássica de combustível de um tanque de gasolina de um sistema de injeção de combustível. Suponha que o consumo de gasolina do carro em movimento, a 90 km/h, seja 8,5 km/L. Considere o valor de gravidade específica de 0,72 para a gasolina.

9.10 Determine o momento de inércia da massa para os seguintes objetos: um disco fino, um cilindro circular e uma esfera. Consulte as Equações (9.10) a (9.13) para obter as relações apropriadas. Se você colocar esses objetos lado a lado sobre uma superfície inclinada, qual deles chegará à base primeiro, já que todos possuem a mesma massa e diâmetro?

9.11 O uso de ventiladores de teto para fazer circular o ar tornou-se muito comum. Crie sugestões para corrigir a rotação de um ventilador cambaleante usando o conceito de momento de inércia da massa. Como ponto de partida, use o que tiver no bolso, como moedas de dez centavos, outras moedas e gomas de mascar. Como fazer o ventilador parar de cambalear? Exercite com atenção!

9.12 Determine o momento de inércia da massa de um eixo de aço de 1 m de comprimento e 5 cm de diâmetro. Determine a massa do eixo usando as informações de densidade fornecidas na Tabela 9.1.

9.13 Determine o momento de inércia da massa de bolas de aço usadas em rolamentos de esferas. Considere o diâmetro de 2 cm.

9.14 Determine o momento de inércia da massa da Terra sobre seu eixo de rotação passando pelos polos. Considere que o formato da Terra seja esférico. Procure informações, tais como a massa da Terra e o seu raio no plano equatorial.

9.15 Na próxima vez em que você abastecer o carro, determine a vazão mássica (kg/s) de gasolina no posto de abastecimento. Registre a quantidade de gasolina inserida no tanque do carro e o tempo que levou para isso. Faça a conversão apropriada da vazão volumétrica para vazão mássica usando a densidade da gasolina.

9.16 Meça a vazão mássica de água que sai de um bebedouro colocando um copo sob a saída da água e medindo o tempo que leva para enchê-lo. Meça a massa da água subtraindo a massa do copo da massa total.

9.17 Obtenha com o laboratório de química um tubo de proveta e uma balança de precisão e meça a densidade dos seguintes líquidos:

a. óleo de cozinha

b. óleo de motor SAE 10W-40

c. água

d leite

e. etileno glicol (anticongelante)

Expresse suas descobertas em kg/m^3. Determine também a gravidade específica de cada líquido.

9.18 Obtenha peças de aço, madeira e concreto de volume conhecido. Encontre peças com formatos simples, a fim de medir as dimensões e calcular o volume rapidamente. Determine a massa colocando cada um em uma balança precisa e calcule as densidades.

9.19 Obtenha um pacote de 500 folhas de papel para computador. Desembrulhe-o e meça a altura, a largura e o comprimento da pilha. Determine o volume, meça a massa da resma e obtenha a densidade. Determine quantas resmas vêm em uma caixa-padrão. Determine a massa total da caixa. Discuta suas suposições e o procedimento de estimativa.

9.20 Nesta tarefa você investigará a quantidade de água gasta por uma torneira com vazamento. Coloque um copo grande sob a torneira que vaza. Se a torneira de sua casa não estiver com vazamento, abra-a ligeiramente para que ela pingue no copo. Registre o horário de início do experimento. Deixe que a água pingue no copo por cerca de uma ou duas horas. Registre o horário de quando você remover o copo debaixo da torneira. Determine a vazão mássica. Estime a água gasta por 100 000 torneiras vazando durante um período de um ano.

9.21 Obtenha com o laboratório de química um tubo de proveta e uma balança precisa e meça a densidade do óleo de motor SAE 10W-30. Repita o experimento dez vezes. Determine a média, a variação e o desvio padrão para suas medições de densidade.

9.22 De acordo com a Figura 9.5, qual é a quantidade de água armazenada após 20 minutos em cada um dos tanques? Qual é o tempo necessário para encher os tanques completamente, sendo que o volume do tanque é 24 m³ e o tanque (a) tem um volume de 36 m³? Considere a densidade da água igual a 1 000 kg/m³.

9.23 Investigue o tamanho do tanque de armazenamento de um posto de gasolina. Aplique a lei de conservação de massa para o fluxo de gasolina nesse posto. Desenhe o volume de controle mostrando os componentes apropriados do sistema de fluxo de gasolina. Calcule a quantidade de gasolina removida por dia do tanque de armazenamento. Com que frequência o tanque de armazenamento precisa ser reabastecido? Esse é um processo permanente?

9.24 Calcule o momento de inércia da massa do anel fino ilustrado no diagrama a seguir. Expresse sua resposta em kg · m².

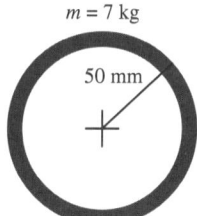

$m = 7$ kg

50 mm

Problema 9.24

9.25 Determine o momento de inércia da massa de um eixo de aço de 130 cm de comprimento e 6,4 m de diâmetro. Expresse sua resposta em kg ·m².

9.26 Determine o momento de inércia da massa de uma bola de aço com 5 cm de diâmetro. Expresse sua resposta em kg · m²

9.27 Determine o momento de inércia da massa de uma placa de aço quadrada de 100 mm. Utilize a Figura 9.13. Expresse sua resposta em lbm · in², lbm · pol² e kg · m².

9.28 Determine a gravidade específica dos seguintes gases comparando as suas densidades à densidade do ar, que é 1,23 kg/m³. Hélio: 0,166 kg/m³; oxigênio: 1,33 kg/m³; nitrogênio: 1,16 kg/m³; gás natural: 0,667 kg/m³; hidrogênio: 0,0838 kg/m³.

9.29 Calcule a alteração na quantidade de movimento de um carro cuja velocidade vai de 100 km/h a 20 km/h. O carro tem uma massa de 1 000 kg e está se movendo em linha reta.

9.30 Calcule a alteração na quantidade de movimento de um avião Boeing 777 de 200 000 kg cuja velocidade vai de 725 km/h a 290 km/h.

9.31 A energia cinética é outra grandeza da engenharia que depende da massa. Um objeto com massa m e se movendo com uma velocidade V apresenta uma energia cinética igual a $1/2\ mV^2$. No Capítulo 13, explicaremos o conceito de energia cinética com mais detalhes depois de introduzirmos trabalho. Por enquanto, calcule a energia cinética para as seguintes situações: um carro de 1 500 kg se movendo a 100 km/h e um avião Boeing 777 de 200 000 kg movendo-se a 700 km/h.

9.32 Energia cinética rotacional é outra grandeza de engenharia dependente da massa. Um objeto com momento de inércia da massa I, girando com velocidade angular de ω (rad/s), apresenta energia cinética rotacional igual a $\frac{1}{2} I \omega^2$. Determine a energia cinética rotacional de um eixo de aço de 2 m de comprimento e 5 cm de diâmetro e girando a uma velocidade angular de 100 rpm.

9.33 Determine a alteração no momento de inércia da massa de um objeto que passa a ser considerado uma massa de ponto m quando sua distância do centro de rotação é duplicada.

9.34 Uma máquina de lavar louça ligada, com dimensões de 350 mm × 400 cm × 150 mm, é enchida com a água de uma torneira com diâmetro interno de 25 mm. Se forem necessários 220 segundos para encher a máquina até o limite, calcule a vazão mássica de água que sai da torneira.

Saeed Moaveni

Problema 9.34

9.35   Imagine um vazamento no plugue da máquina descrita no Problema 9.34. Se agora forem necessários 250 segundos para enchê-la até o limite, calcule a vazão mássica do vazamento.

9.36   O tanque ilustrado a seguir é enchido pelos tubos 1 e 2. Para que o nível de água seja constante, qual é a vazão mássica de água que deve sair do tanque 3? Qual é a velocidade média de água que sai do tanque?

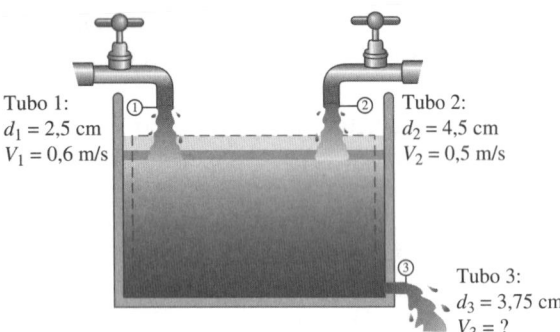

Tubo 1:
$d_1 = 2,5$ cm
$V_1 = 0,6$ m/s

Tubo 2:
$d_2 = 4,5$ cm
$V_2 = 0,5$ m/s

Tubo 3:
$d_3 = 3,75$ cm
$V_3 = ?$

Problema 9.36

9.37   Imagine que o nível de água no tanque descrito no Problema 9.36 suba a uma taxa de 4 mm/s. Sabendo que o diâmetro do tanque é de 240 mm, qual é a velocidade média da água que sai do tanque?

9.38   A densidade do ar em uma cidade (como San Diego) localizada ao nível do mar é 1,225 kg/m³, enquanto uma cidade (como Denver) localizada a uma alta altitude é 1,048 kg/m³. Considere dois auditórios, cada um com dimensões de 30 m × 50 m × 15 m, um localizado em San Diego e o outro em Denver. Calcule a massa do ar dentro de cada auditório.

9.39   Um duto retangular com dimensões de 1 m × 110 cm entrega ar-condicionado com densidade 1,2 kg/m³ para uma sala a uma taxa de 45 m³/min. Qual é a vazão mássica do ar? Qual é a velocidade média do ar no duto?

9.40   Um balão de borracha tem uma massa de 10 gramas. O balão é enchido com ar e assume a forma aproximada de uma esfera, com diâmetro de 50 cm. Qual é a massa total do balão? Qual seria a massa total do balão se ele fosse enchido com gás hélio? Expresse suas respostas em gramas.

9.41   Uma residência típica de quatro pessoas consome em torno de 300 litros de água por dia. Expresse a taxa de consumo anual de uma cidade cuja população é de 100 000 pessoas em kg/ano.

9.42   Lake Mead, próximo de Hoover Dam, que é o maior lago artificial dos Estados Unidos, contém 35 000 000 000 m³ de água. Expresse a massa do volume de água em kg.

Problema 9.42

9.43   Certa massa de ar com uma densidade de 0,45 kg/m³ entra em um mecanismo de jato experimental à taxa de 180 m/s. A área da entrada do motor é de 0,5 m². Depois que o combustível é queimado, o ar e os subprodutos da combustão saem do motor com velocidade de 650 m/s por uma saída de 0,4 m. Qual é a densidade média do gás que sai do motor?

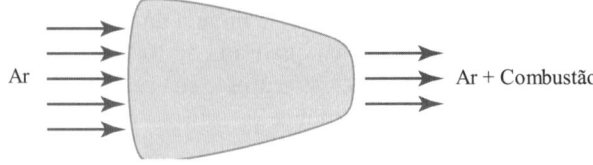

Ar   Ar + Combustão

Problema 9.43

9.44   Em uma aplicação de processamento (secagem) de alimentos, o ar ($\rho = 1,10$ kg/m³, $V = 3$ m/min) entra na câmara por um duto com dimensões de 500 mm × 450 mm e sai ($\rho = 1,10$ kg/m³) por um duto com dimensões de 400 mm × 450 mm. Qual é a velocidade média do ar no duto de saída? Expresse sua resposta em m/s.

9.45 Para medir o consumo de combustível de um cortador de grama, o combustível é retirado de um tanque que está em uma escala, como mostra a figura. O tanque e o combustível apresentam uma massa total inicial de 10 kg. Se a escala da massa tem um valor de 9,45 kg após 30 minutos, qual é o consumo de combustível do cortador de grama?

9.46 No processo de envasamento de água, as

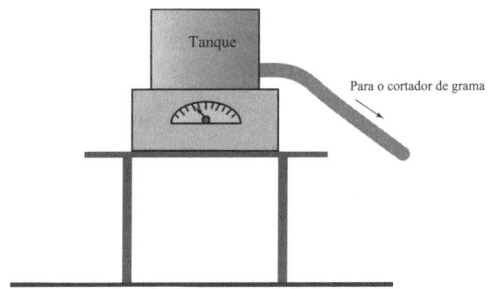

Problema 9.45

garrafas de um litro são enchidas por um sistema que fornece água filtrada para cada garrafa a uma taxa de 0,3 kg/s. Quanto tempo levamos para encher uma garrafa? Quantas garrafas podem ser enchidas em uma hora se o sistema pode encher 20 garrafas simultaneamente, com o tempo necessário de 3 segundos para mover as garrafas cheias e trazer novo lote de garrafas vazias?

9.47 A água está disponível a uma taxa de 2 000 L/min para um pequeno complexo de apartamentos, que consiste de quatro unidades. Se em determinado tempo as unidades 1, 2 e 3 estiverem consumindo 9

kg/s, 7 kg/s, 8 kg/s, respectivamente, qual quantidade de água estará disponível para a unidade 4? Expresse sua resposta em m³/s e kg/s.

9.48 Hidrômetro é um dispositivo que utiliza o princípio de flutuabilidade para medir a gravidade específica de um líquido. Projete um hidrômetro do tamanho de um bolso que possa ser usado para medir S.G. para líquidos com 1,2 < S.G. < 1,5. Especifique dimensões importantes e a massa do dispositivo. Escreva um breve relatório para seu instrutor explicando como chegou ao projeto final. Inclua um esboço mostrando a escala calibrada da qual se lê S.G. Além disso, construa um modelo e anexe a escala no modelo de trabalho. Para simplificar as coisas, presuma que o hidrômetro tenha um formato cilíndrico.

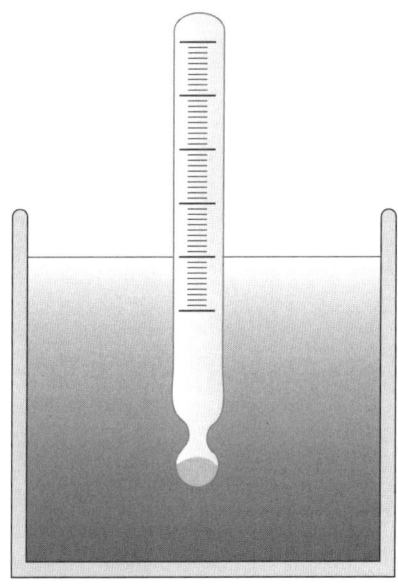

Problema 9.48

Fred Stein Archive/Contributor/Archive Photos/Getty Images

"A educação é o que permanece depois que uma pessoa esquece tudo o que aprendeu na escola."
– ALBERT EINSTEIN (1879-1955)

Projeto IV

Objetivo: Com os seguintes materiais, projete um veículo que transportará uma moeda de um centavo. O veículo deve permanecer em contato com a moeda e com o solo o tempo todo. O projeto cujo veículo transportar a moeda mais rapidamente vence. Cada projeto pode participar da corrida apenas uma vez.

Materiais fornecidos: papel para a construção (uma folha— A4 e uma folha— C4), 1 balão, 2 canudinhos e 25 cm de fita adesiva.

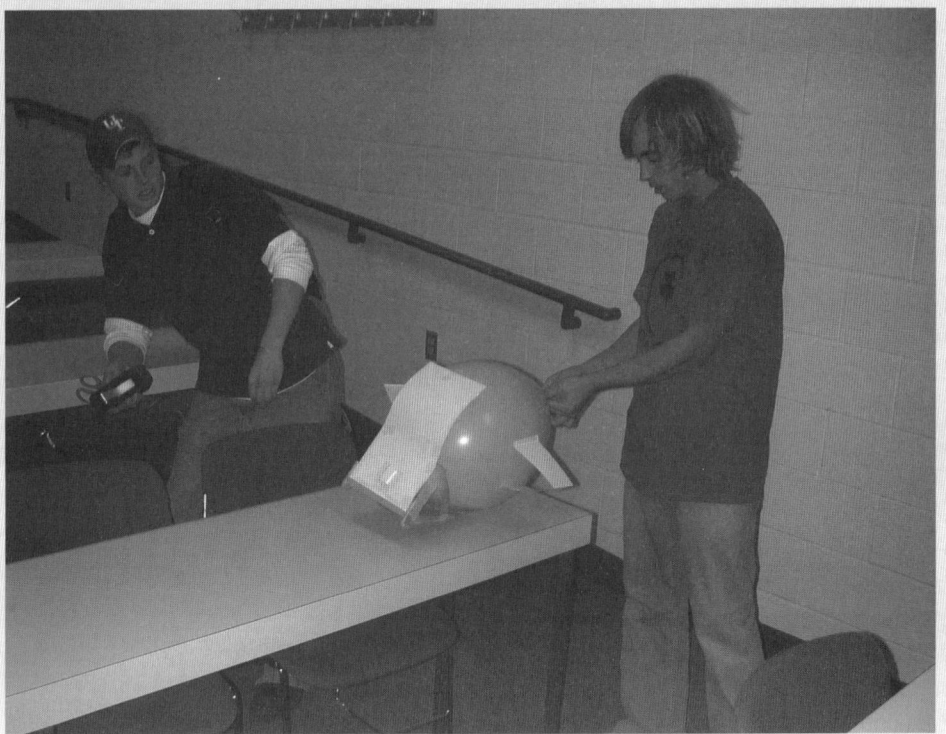

Saeed Moaveni

"Se você estudar para se lembrar, esquecerá, mas se você estudar para entender, se lembrará."
— Autor desconhecido

Força e variáveis a ela relacionadas em engenharia

Stocktrek Images/Getty Images

Para emergir, o ar é soprado para dentro do tanque de lastro do submarino para empurrar a água para fora do tanque e tornar o submarino mais leve – ele flutua na superfície. Para mergulhar, o tanque de lastro é aberto para deixar que a água entre e empurre o ar para fora. O submarino afunda. A ação de submergir e emergir do submarino demonstra a relação entre o peso do submarino e a força de flutuabilidade que atua sobre ele.

OBJETIVOS DE APRENDIZADO

OA¹   **Força:** explicar o que significa força; dar exemplos de diferentes tipos de força em análises e projetos de engenharia

OA²   **Leis de Newton na mecânica:** explicar o que significa mecânica e descrever a primeira, a segunda e a terceira lei de Newton

OA³   **Momento, torque – força atuando em uma distância:** descrever a tendência de uma força desequilibrada que resulta em rotação, flexão ou torção de um objeto; explicar também como ela é quantificada

OA⁴   **Trabalho – força atuando ao longo de uma distância:** descrever a tendência de uma força desequilibrada que poderia resultar na movimentação de um objeto ao longo de uma distância; explicar também como ela é calculada

OA⁵   **Pressão e tensão – força atuando sobre a área:** explicar como a pressão e a tensão fornecem medidas da intensidade de forças que atuam sobre áreas

OA⁶   **Impulso linear – força atuando durante um tempo:** descrever o efeito líquido de uma força desequilibrada atuando durante um período de tempo

SUBMARINOS: COMO FUNCIONAM

Os submarinos são navios completamente fechados, com formato cilíndrico, extremidades afuniladas e dois cascos: o casco interno e o casco externo. O casco interno protege a tripulação da pressão da água na imersão em profundidades do oceano, e isola o submarino de temperaturas congelantes. Esse casco é chamado casco de pressão. O casco externo forma o corpo do submarino. Os tanques de lastro, que controlam a flutuabilidade do submarino, ficam localizados entre os cascos interno e externo.

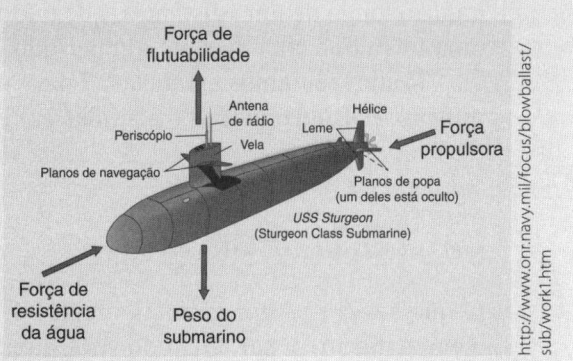

http://www.onr.navy.mil/focus/blowballast/sub/work1.htm

Para permanecer controlável e estável, o submarino submerso deve manter a condição chamada "nivelada". Isso significa que o peso deve ser perfeitamente equilibrado em todo o navio. Ele não pode ficar nem muito leve nem muito pesado seja na popa, seja na proa. A tripulação deve trabalhar de maneira contínua para manter o submarino nivelado, pois a queima de combustível e o uso de suprimentos afeta a distribuição de massa do submarino. Os chamados tanques de nivelamento – um na proa (metade dianteira do navio) e um na popa (metade traseira do navio) – ajudam a manter o nivelamento, permitindo que água seja adicionada ou expelida quando necessário. Uma vez submerso, o submarino tem dois controles para direção. O leme controla o ajuste para os lados (ou guinada), e os planos de mergulho controlam a descida ou a subida do submarino (ou inclinação). Há dois conjuntos de planos de mergulho: os planos de navegação, que estão localizados na vela, e os planos de

popa, que estão localizados na popa (atrás) do submarino, com o leme e o hélice. Alguns submarinos, incluindo a nova classe Virginia, utilizam planos de proa (planos de condução localizados na proa – a frente do submarino) em vez de planos de navegação. O submarino flutua ou submerge dependendo da sua flutuabilidade. Para emergir, o ar é soprado para dentro de um tanque de lastro para empurrar a água para fora do tanque e tornar o submarino mais leve – ele flutua na superfície. Para mergulhar, o tanque de lastro é aberto para deixar a água entrar e empurrar o ar para fora. O submarino afunda. A ação de submergir e emergir do submarino demonstra a relação entre o peso do submarino e a força de flutuabilidade que atua sobre ele. Além disso, se o submarino estiver em movimento em velocidade constante, as forças propulsoras devem ser iguais às forças de resistência da água.

http://www.onr.navy.mil/focus/blowballast/sub/work1.htm

Para os estudantes: Você é capaz de descrever as forças resultantes que atuam sobre um carro? E as forças que atuam sobre um avião? Quais são as forças que atuam sobre seu corpo quando você está sentado na cadeira? Quais são as forças que atuam sobre um prédio?

O objetivo deste capítulo é introduzir o conceito de força, os vários tipos de força e a variáveis a ela relacionadas, como pressão e tensão. Neste capítulo discutiremos as leis de Newton, que configuram o fundamento da mecânica e das análises e projetos de muitos problemas de engenharia, incluindo estruturas, estrutura de aeronave (fuselagem e asas), carroceria de automóveis, implantes médicos para quadris e outras substituições de articulações, peças de máquinas e órbitas de satélites. Explicaremos também as tendências de forças mecânicas desequilibradas que atuam em translação e rotação de objetos. Além disso, consideraremos algumas das propriedades mecânicas de materiais que mostram o quão rígido ou flexível um material é quando submetido a uma força. Em seguida, explicaremos o efeito de uma força atuante ao longo de uma distância, em termos de criar um momento em torno de um ponto; o efeito de uma força que atua ao longo de uma distância, que é formalmente definida como trabalho mecânico; e o efeito de uma força que atua durante um período de tempo, que conhecemos por **impulso linear**.

Reapresentamos a Tabela 6.7 para mostrar que o conteúdo deste capítulo está relacionado às dimensões fundamentais discutidas em capítulos anteriores.

OA¹ 10.1 Força

O que é força? A forma mais simples de uma força que representa a interação entre dois objetos é empurrar ou puxar. Quando você puxa ou empurra o cortador de grama ou o aspirador de pó, a interação entre a sua mão e o cortador de grama ou aspirador de pó é chamada *força*. Quando o automóvel puxa o trailer U-Haul, uma força é exercida pelo engate do para-choque no trailer (veja

TABELA 6.7	Dimensões fundamentais e seu uso ao definir variáveis usadas em análises e projetos de engenharia				
Capítulo	Dimensão fundamental	Variáveis de engenharia relacionadas			
7	Comprimento (L)	Radiano (L/L), Deformação (L/L)	Área (L^2)	Volume (L^3)	Momento de inércia da área (L^4)
8	Tempo (t)	Velocidade angular ($1/t$) Aceleração angular ($1/t^2$), Velocidade linear (L/t) Aceleração linear (L/t^2)		Vazão volumétrica (L^3/t)	
9	Massa (M)	Vazão mássica (M/t), Quantidade de movimento (ML/t) Energia cinética (ML^2/t^2)		Densidade (M/L^3), volume específico (L^3/M)	
10	Força (F)	Momento (LF), Trabalho, energia (FL), Impulso linear (Ft), Força (FL/t)	Pressão (F/L^2) Tensão (F/L^2) Módulo de elasticidade (F/L^2), Módulo de rigidez (F/L^2),	Peso específico (F/L^3)	
11	Temperatura (T)	Expansão térmica linear (L/LT), Calor específico (FL/MT)		Expansão térmica volumétrica (L^3/L^3T)	
12	Corrente elétrica (I)	Carga (It)	Densidade da corrente (I/L^2)		

a Figura 10.1). A interação entre o trailer e o engate do para-choque é representada por uma força. Nesses exemplos, a força é exercida por um corpo sobre outro por contato direto. Nem todas as forças resultam de contato direto, por exemplo, as forças gravitacional e magnética. Se você largar seu livro a, digamos, a 3 pés de altura do solo, o que acontecerá? Ele cairá. Isso se deve à força gravitacional exercida pela Terra sobre o livro. As forças de atração gravitacional atuam a certa distância. Um satélite em órbita em torno da Terra é puxado o tempo todo por ela em direção ao seu centro, e isso permite que o satélite permaneça em sua órbita. Discutiremos a lei universal de atração gravitacional em mais detalhes posteriormente. Todas as forças, sejam elas representadas pela interação de dois corpos em contato direto ou pela interação de dois corpos a uma distância (força gravitacional), são definidas por módulos, direções e pontos de aplicação. Os simples exemplos fornecidos na Figura 10.2 mostram os efeitos do módulo, da direção e do ponto de aplicação de uma força e sobre a maneira como um objeto se comporta. Pense sobre as diferentes situações apresentadas na Figura 10.2 e, com suas próprias palavras, explique o comportamento de cada barra e compare-o a outros casos.

(a)

(b)

| FIGURA 10.1 | (a) Força exercida pela mão sobre o cortador de grama, (b) Força exercida pelo engate do para--choque sobre o trailer |

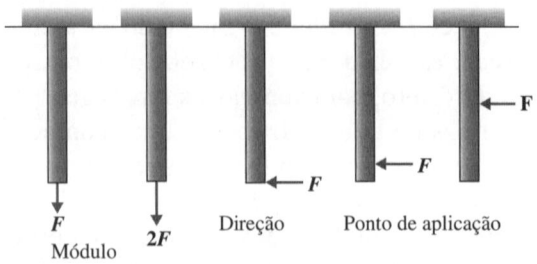

Módulo   2F   Direção   Ponto de aplicação

| FIGURA 10.2 | Exemplos simples para demonstrar o efeito de módulo, direção e ponto de aplicação de uma força sobre o mesmo objeto. Explique o comportamento em cada caso. |

Tendências da força

Agora que você entendeu o conceito de força, vamos examinar as tendências de forças aplicadas externamente. A tendência natural de uma força que atua sobre um objeto, se desequilibrada, será de translação do objeto (movê-lo) e de rotação do objeto. Além disso, as forças que atuam sobre um objeto poderiam apertar ou reduzir, alongar, curvar ou torcer o objeto. O montante pelo qual o objeto será submetido a translação, rotação, alongamento, redução, curvatura ou torção dependerá das condições de suporte, material e propriedades geométricas (comprimento, área e momento de inércia da área). Componentes da máquina, ferramentas, partes do corpo humano e membros estruturais geralmente são submetidos a tipos de carga de puxar-empurrar, curvar e torcer. Para quantificar essas tendências na engenharia, definimos os termos como *momento*, *trabalho*, *impulso*, *pressão* e *tensão*. Em engenharia aeroespacial, civil, mecânica ou de produção há aulas de mecânica básica e mecânica dos materiais, nas quais os comportamentos de forças, tensões e materiais serão explorados com mais detalhes. Veja na Figura 10.3

> A forma mais simples de uma força que representa a interação de dois objetos é empurrar ou puxar. Todas as forças, sejam elas representadas pela interação entre dois corpos em contato direto ou pela interação de dois corpos a uma distância (por exemplo, força gravitacional), são definidas por módulo, direção e ponto de aplicação.

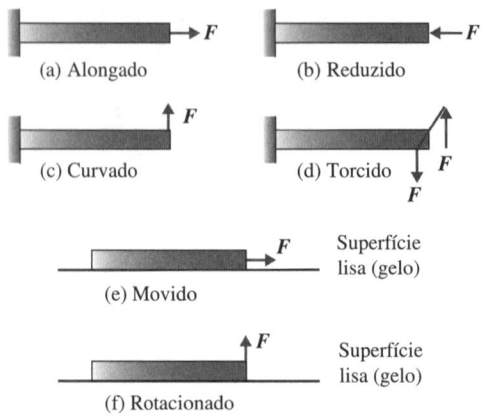

(a) Alongado   (b) Reduzido

(c) Curvado   (d) Torcido

(e) Movido   Superfície lisa (gelo)

(f) Rotacionado   Superfície lisa (gelo)

| FIGURA 10.3 | Exemplos simples para demonstrar as tendências de uma força. |

alguns exemplos simples de tendências de uma força. Em suas próprias palavras, explique o comportamento em cada caso.

Unidades de força

Newton (N) é a unidade de força no SI. Um newton é definido pela força que acelera 1 quilograma de massa a uma taxa de 1 m/s². Essa relação é baseada na lei de movimento de Newton.

$$1\,\text{newton} = (1\,\text{kg})(1\,\text{m/s}^2)\ \text{ou}\ 1\,\text{N} = 1\,\text{kg} \cdot \text{m/s}^2 \qquad \boxed{10.1}$$

Como estudante de engenharia você verá diferentes tipos de forças, como forças do vento, forças de atrito, **forças viscosas**, forças de tensão superficial, forças de contato e forças normais. Nas próximas seções, explicaremos duas forças (mola e fricção) que todo engenheiro, independentemente da área de especialização, deve saber.

Forças de mola e lei de Hooke

Muitos de vocês já viram molas usadas em carros, locomotivas, prendedor de roupa, balanças e clipes para prender sacos de batata chips. As molas também são usadas em equipamentos médicos e eletrônicos, como impressoras e copiadoras, e em muitos mecanismos de restauração (que reconfiguram um componente à posição original); ou seja, elas envolvem ampla gama de aplicações. Há diferentes tipos de molas, como molas de extensão (ou compressão) e molas de torção. Veja na Figura 10.4 alguns exemplos desses tipos de molas.

A lei de Hooke (denominada assim por ter sido proposta pelo cientista inglês Robert Hooke) afirma que, em um esforço elástico, a deformação de uma mola é diretamente proporcional à força aplicada, de acordo com

$$F = kx \qquad \boxed{10.2}$$

em que

F = força aplicada (N)

k = constante da mola (N/mm ou N/cm)

x = deformação da mola

(mm ou cm – use unidades que sejam coerentes com k)

Faixa elástica refere-se à faixa da mola, para a qual se a força aplicada sobre ela for removida, a força interna da mola retornará a mola ao seu formato e tamanho originais, sem que reste uma deformação permanente. Observe que a **força da mola** é igual à força aplicada. O valor da constante da mola depende do tipo de material do qual ela é feita. Além disso, o formato e o enrolamento da mola também afetarão seu valor k. A constante da mola pode ser determinada experimentalmente.

> A tendência natural de uma força que atua sobre um objeto é de translação ou rotação do objeto. Forças que atuam sobre um objeto também podem apertar ou reduzir, alongar, curvar ou torcer o objeto

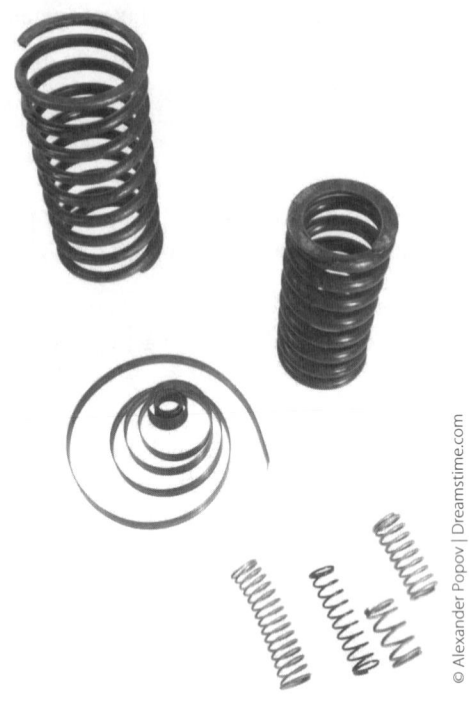

FIGURA 10.4   Exemplos de diferentes tipos de molas.

EXEMPLO 10.1

FIGURA 10.5

Configuração da mola.

Para determinada mola, a fim de investigar o valor de sua constante elástica, anexamos uma carga em uma extremidade da mola, como mostra a Figura 10.5. Medimos e registramos a deformação causada pelos pesos indicados na Tabela 10.1(a). Qual é o valor de constante da mola? Ilustramos os resultados do experimento usando Excel (Figura 10.6).

Para determinar a constante da mola k calculamos a inclinação da linha de força-deformação (lembre-se de que a inclinação da linha é determinada da inclinação = elevação/deslocamento e, para este problema, a inclinação = alteração na força/alteração na deformação). Essa abordagem leva ao valor de $k = 0,54$ N/mm.

TABELA 10.1(A)

Resultados do experimento para o Exemplo 10.1

Peso (kN)	Deformação da mola (mm)
4,9	9
9,8	18
14,7	27
19,6	36

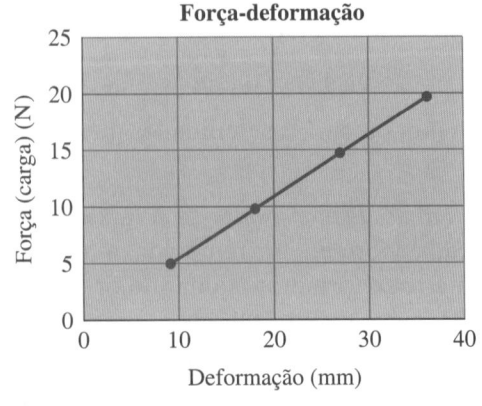

FIGURA 10.6   Gráfico da força-deformação para a mola do Exemplo 10.1.

Geralmente, ao conectar pontos de força-deformação experimentais, talvez você não consiga obter uma linha reta que passe em cada ponto experimental. Nesse caso, tente chegar ao melhor ajuste dos dados. Há procedimentos matemáticos (incluindo técnicas de quadrados mínimos) que ajudam a encontrar o melhor ajuste para um conjunto de dados. Discutiremos o ajuste da curva usando Excel na Seção 14.3. Por enquanto, desenhe apenas uma linha que ache que melhor se ajusta aos dados. Como exemplo, vimos um conjunto de dados na Tabela 10.1(b) e um ajuste correspondente na Figura 10.7.

TABELA 10.1(B)

Conjunto de pontos de dados de força-deformação

Peso (N)	Deformação da mola (mm)
5,0	9
10,0	17
15,0	29
20,0	35

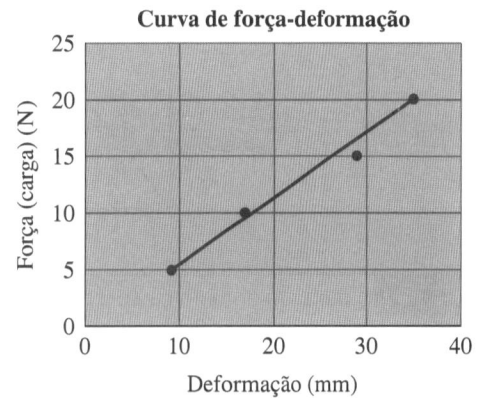

FIGURA 10.7 Um bom ajuste no conjunto de dados de força-deformação.

Forças de fricção – fricção seca e fricção viscosa

Basicamente há dois tipos de **forças friccionais** importantes no projeto de engenharia: *forças friccionais secas* e *fricção viscosa* (ou fricção de fluido). Primeiro falaremos da fricção seca, que nos permite caminhar ou dirigir nossos carros. Lembre-se do que acontece quando as forças friccionais ficam relativamente pequenas, como no caso de tentar caminhar ou dirigir o carro sobre uma placa de gelo. De forma simples, a fricção seca existe graças às irregularidades entre as superfícies de contato. Para entender melhor como as forças friccionais são desenvolvidas, imagine o seguinte experimento. Coloque um livro sobre uma mesa e comece a empurrá-lo suavemente. Você perceberá que o livro não se mexe. A força aplicada é equilibrada pela força de fricção gerada na superfície de contato. Agora, empurre o livro com mais força; perceberá que o livro não se mexe até que a força de empurrar seja maior do que a força de fricção que impede que o livro seja movido. Os resultados de seu experimento podem ser ilustrados em um diagrama similar ao da Figura 10.8. Observe que a força de fricção não é constante e atinge o valor máximo (veja o ponto *A* na Figura 10.8), que é dado por,

$$F_{max} = \mu N \qquad \text{10.3}$$

em que N é a força normal – exercida pela mesa sobre a qual o livro está disposto para evitar que ele caia – e, no caso de um livro disposto sobre a mesa, N é igual ao peso do livro, e μ é o coeficiente de fricção estática das duas superfícies envolvidas, a do livro e a da mesa. A Figura 10.8 também mostra que, uma vez em movimento, o módulo da força de fricção cai para um valor chamado *fricção dinâmica* (ou *cinética*).

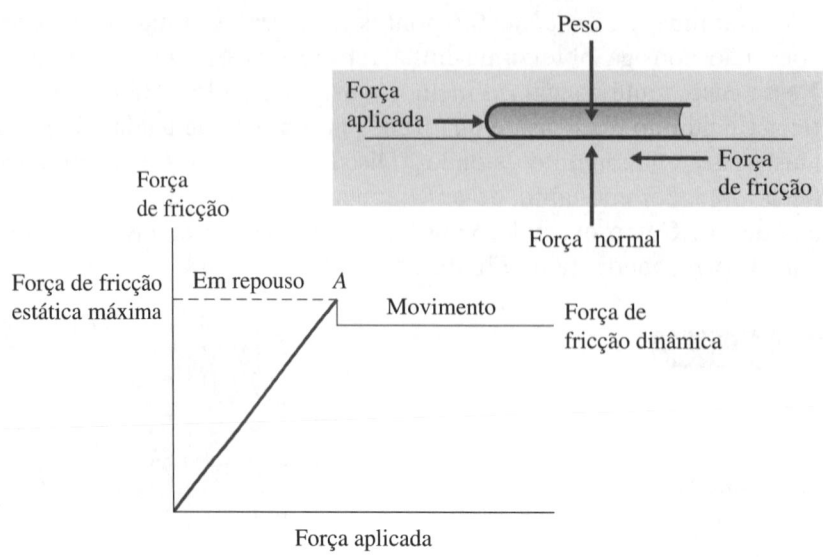

FIGURA 10.8 Relação entre força aplicada e força de fricção.

A outra forma de fricção que deve ser levada em conta na análise de engenharia é a fricção de fluido, quantificada pela propriedade de um fluido chamada *viscosidade*. O valor da viscosidade de um fluido representa a medida da facilidade com que o fluido pode fluir. Quanto maior é o valor da viscosidade, mais resistência o fluido oferece para fluir. Por exemplo, se você estiver vertendo água e mel lado a lado em uma superfície inclinada, qual dos dois líquidos flui com mais facilidade? Você sabe a resposta: A água fluirá pela superfície inclinada mais rapidamente, pois ela apresenta menos viscosidade. Fluidos com viscosidade menor precisam de menos energia para serem transportados em tubulações. Por exemplo, seria necessário menos energia para o transporte de água em um tubo do que para o transporte de óleo de motor ou glicerina. A viscosidade dos fluidos é uma função da temperatura. Em geral, a viscosidade dos gases aumenta com o aumento da temperatura, e a viscosidade de líquidos diminui com o aumento da temperatura. Conhecer a viscosidade de um líquido e como ela pode mudar com a temperatura também ajuda ao selecionar lubrificantes para reduzir o desgaste e a fricção entre as peças que se movem.

EXEMPLO 10.2 O coeficiente da fricção estática entre um livro e a superfície de uma mesa é 0,6. O livro pesa 20 N. Se uma força horizontal de 10 N for aplicada ao livro, ele se moverá? Em caso negativo, qual é o módulo da força de fricção? Qual deve ser o módulo da força horizontal para colocar o livro em movimento?

A força de fricção máxima negativa é dada por

$$F_{max} = \mu N = (0,6)(20\text{ N}) = 12\text{ N}$$

Como o módulo da força horizontal (10 N) é menor do que a força de fricção máxima (12 N), o livro não se moverá, e assim a força de fricção será igual à força aplicada. Será necessária uma força horizontal cujo módulo seja maior do que 12 N para colocar o livro em movimento.

OA² 10.2 Leis de Newton na mecânica

Conforme mencionado no Capítulo 6, as leis físicas são baseadas em observações. Nesta seção, discutiremos brevemente as **Leis de Newton**, que formam a base da mecânica. O projeto e a análise de muitos problemas de engenharia, que incluem estruturas, peças de máquina e órbitas de satélites, começam com a aplicação das leis de Newton. Muitos de vocês terão a oportunidade de assistir a aulas de física, estática ou dinâmica que explorarão as leis de Newton e suas aplicações.

A que se refere o termo mecânica

A seguir, é importante definirmos a que o termo **mecânica** se refere. Há três conceitos que devemos entender completamente: (1) a mecânica lida com o estudo do comportamento de objetos ou membros estruturais quando sujeitos a forças. Conforme vimos antes, as forças mecânicas tendem a movimentar, girar, apertar ou reduzir, alongar, curvar ou torcer objetos. (2) A que o termo *comportamento* se refere? Na mecânica, o termo *comportamento* se refere a informações sobre as deslocamentos *linear* e *angular (rotacional) do objeto, velocidade, aceleração, deformações lineares* e *angulares* e *tensões*. No Capítulo 6, vimos que os engenheiros são também contabilistas. Enquanto na prática de contabilidade os contadores registram dólares e centavos, receitas e despesas, na mecânica, os engenheiros registram forças, massas, energias, deslocamentos, acelerações, deformações, rotações e tensões. (3) Além disso, um objeto é definido pelas *características geométricas* e *propriedades do material*. As características geométricas fornecem

> A mecânica lida com o estudo do comportamento de objetos ou membros estruturais quando sujeitos a forças. Comportamento se refere a deslocamento linear ou angular, velocidade, aceleração, deformação e tensão.

informações, como comprimento, área transversal e primeiro e segundo momento de área. Por outro lado, as propriedades do material fornecem informações sobre características do material como densidade, módulo de elasticidade e módulo de cisalhamento de um objeto. A interação do objeto com o meio ambiente também é definida por *condições de contorno e iniciais* e a maneira que as forças são aplicadas. Nas seções a seguir, descreveremos cada um desses conceitos e como eles influenciam o comportamento de um objeto quando submetido a uma força, e forneceremos exemplos simples para demonstrar esses conceitos.

Primeira lei de Newton

Se determinado objeto estiver em repouso, e se não houver forças desbalanceadas atuando sobre ele, o objeto permanecerá em repouso. Se ele estiver em movimento com velocidade constante em determinada direção, e se não houver forças desbalanceadas atuando sobre ele, o objeto continuará a se mover com velocidade constante e na mesma direção. A primeira lei de Newton é bastante clara e intuitiva. Por exemplo, você sabe pelas suas experiências cotidianas que, se um livro estiver em repouso sobre uma mesa e você não empurrá-lo, puxá-lo ou levantá-lo, ele permanecerá nessa mesa, na mesma direção, até que ele seja afetado por uma força desbalanceada.

Segunda lei de Newton

Explicamos brevemente essa lei no Capítulo 6, no qual dissemos que, se você colocar um livro sobre uma mesa lisa e empurrá-lo com força suficiente, ele se moverá. Newton observou isso e formulou sua observação criando a chamada segunda lei de movimento de Newton. Ele observou que, quando se aumentava a massa do objeto que estava sendo empurrado, enquanto se mantinha o módulo da força constante, o objeto não se movia tão rapidamente e apresentava uma taxa menor de mudança de velocidade. Assim, Newton observou também que havia relação direta entre empurrar (a força), a massa do objeto que era empurrado, e a aceleração do objeto. Observou ainda que havia relação direta entre a direção da força e a direção da aceleração. A segunda lei de movimento de Newton afirma simplesmente que o efeito resultante de forças desbalanceadas é igual à massa do objeto vezes a sua aceleração, e é dada pela expressão

$$\sum \vec{F} = m\vec{a}$$

10.4

em que o símbolo $\sum$ (sigma) significa soma, F representa as forças em unidades de newtons, m é a massa do objeto em kg, e a é a aceleração resultante do centro da massa do objeto em m/s². Na Equação (10.4), a soma de forças é usada para permitir a aplicação de mais de uma força no objeto.

Terceira lei de Newton

Retornando ao nosso exemplo do livro sobre a mesa, ilustrado na Figura 10.9, como o peso do livro está empurrando a mesa para baixo, simultaneamente a mesa empurra o livro para cima. Caso contrário, a mesa não sustentaria o livro. A terceira lei de Newton afirma que para toda ação existe uma reação, e as forças de ação e reação têm o mesmo módulo e ação ao longo da mesma linha, mas apresentam direções opostas.

Lei de gravitação de Newton

O peso do objeto é a força exercida na massa do objeto pela gravidade da Terra. Newton descobriu que duas massas, m_1 e m_2, atraem-se com força igual em módulo e atuam na direção oposta, conforme a Figura 10.10 e a seguinte relação:

$$F = \frac{Gm_1 m_2}{r^2}$$

10.5

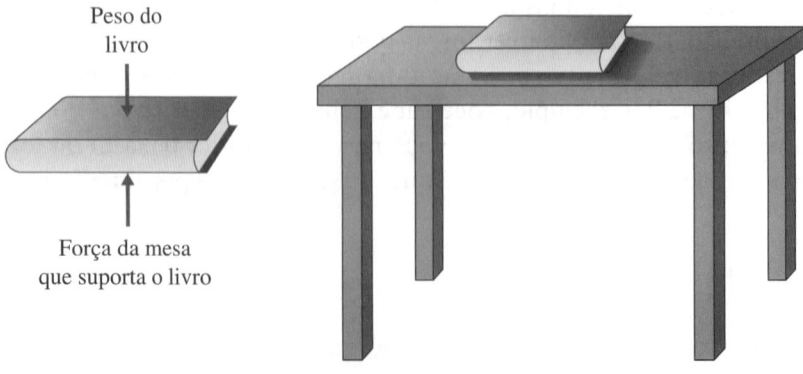

Peso do livro

Força da mesa que suporta o livro

FIGURA 10.9　As forças de ação e reação; elas possuem o mesmo módulo e a mesma linha de ação, mas agem em direções opostas.

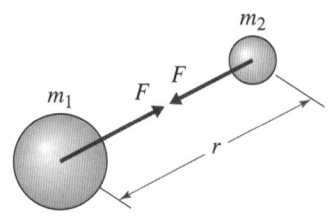

FIGURA 10.10

A atração gravitacional entre duas massas.

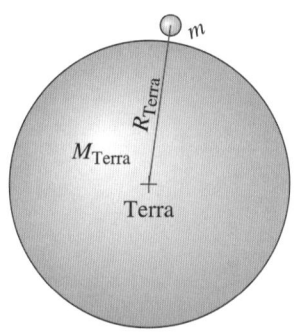

FIGURA 10.11

em que

F = força de atração (N)
G = constante gravitacional universal ($6,673 \times 10^{-11}$ m³/kg · s²)
m_1 = massa de partícula 1 (kg, veja Figura 10.10)
m_2 = massa de partícula 2 (kg, veja Figura 10.10)
r = distância entre o centro de cada partícula (m)

Usando a Equação (10.5), podemos determinar o peso de um objeto de massa m na Terra substituindo m pela massa 1 e substituindo a massa 2 pela massa da Terra ($M_{Terra} = 5,97 \times 10^{24}$ kg) e usando o raio da Terra como a distância entre o centro de cada partícula, como na Figura 10.11. Observe que o raio da Terra é muito maior do que a dimensão física de qualquer objeto na Terra e, assim, para um objeto em repouso na superfície da Terra ou próximo a ela, r poderia ser substituído por $R_{Terra} = 6\ 378 \times 10^3$ m como uma boa aproximação. Assim, o peso (P) de um objeto na superfície da Terra, com uma massa m é dado por

$$P = \frac{GM_{Terra}\, m}{R^2_{Terra}}$$

E depois de expressar $g = \dfrac{GM_{Terra}}{R^2_{Terra}}$, podemos escrever

$$P = mg \qquad \text{10.6}$$

A equação (10.6) mostra a relação entre o peso de um objeto, sua massa, e a aceleração local decorrente da gravidade. Tenha certeza de ter entendido totalmente essa relação. Como a Terra não tem o formato exatamente esférico, o valor de g varia com a latitude e a longitude. Entretanto, para muitas aplicações de engenharia, considera-se $g = 9,8$ m/s². Observe também que o valor de g diminui quando você se afasta da superfície da Terra. Esse fato fica evidente examinando a Equação (10.5) e a relação de g na Equação (10.6).

EXEMPLO 10.3

Determine o peso de um veículo de exploração cuja massa na Terra seja igual a 250 kg. Qual é a massa do veículo na Lua ($g_{Lua} = 1,6$ m/s²) e no planeta Marte ($g_{Marte} = 3,7$ m/s²)? Qual é o peso do veículo na Lua e em Marte?

A massa do veículo é 250 kg na Lua e no planeta Marte. O peso do veículo é determinado de $P = mg$:

Na Terra: $P = (250 \text{ kg})\left(9,8\,\dfrac{\text{m}}{\text{s}^2}\right) = 2450$ N

Na Lua: $P = (250 \text{ kg})\left(1,6\,\dfrac{\text{m}}{\text{s}^2}\right) = 400$ N

Em Marte: $P = (250 \text{ kg})\left(3,7\,\dfrac{\text{m}}{\text{s}^2}\right) = 925$ N

EXEMPLO 10.4

O ônibus espacial orbita ao redor da Terra em altitudes tão baixas como 250 km e altas como 965 km, dependendo de suas missões. Determine o valor de g para um astronauta dentro do ônibus espacial. Se a massa do astronauta for 70 kg na superfície da Terra, qual será o seu peso quando estiver em órbita ao redor da Terra?

Quando o ônibus espacial estiver em órbita a 250 km acima da superfície da Terra:

$$g = \frac{GM_{Terra}}{R^2} = \frac{\left(6,673 \times 10^{-11} \frac{m^3}{kg \cdot s^2}\right)(5,97 \times 10^{24} \text{ kg})}{\left[(6378 \times 10^3 + 250 \times 10^3) m\right]^2} = 9,07 \text{ m/s}^2$$

$$P = (70 \text{ kg})\left(9,07 \frac{m}{s^2}\right) = 635 \text{ N}$$

A uma altitude de 965 km:

$$g = \frac{GM_{Terra}}{R^2} = \frac{\left(6,673 \times 10^{-11} \frac{m^3}{kg \cdot s^2}\right)(5,97 \times 10^{24} \text{ kg})}{\left[(6378 \times 10^3 + 965 \times 10^3) m\right]^2} = 7,38 \text{ m/s}^2$$

$$P = (70 \text{ kg})\left(7,38 \frac{m}{s^2}\right) = 517 \text{ N}$$

Observe que nessas altitudes, um astronauta ainda tem um peso significativo. As condições de quase ausência de peso que você vê na TV são criadas pela velocidade orbital do ônibus. Por exemplo, quando o ônibus espacial circunda a Terra a uma altitude de 935 km, a uma velocidade de 7 744 m/s, ele cria uma aceleração normal de 8,2 m/s². Essa diferença entre g e aceleração normal que cria a condição de ausência de peso.

Antes de continuar

Responda às seguintes perguntas para testar sua compreensão das seções anteriores.

1. Explique o que você entende por força e dê exemplos de diferentes forças.

2. Quais são as tendências da força?

3. Em suas próprias palavras, explique o que significa mecânica.

4. Explique as Leis de Newton.

Vocabulário – Indique o significado dos termos a seguir:

Lei de Hooke _____

Constante da mola _____

Fricção seca _____

Fricção viscosa _____

Constante gravitacional universal _____

OA³ 10.3 Momento, torque – força atuando em uma distância

Como vimos anteriormente, as duas tendências da força desbalanceada que atua sobre um objeto são de translação do objeto (ou seja, para movê-lo na direção da força desbalanceada); e de girar ou dobrar ou torcer o objeto. Nesta seção, concentramos nossa atenção sobre a compreensão da tendência da força desbalanceada a girar, dobrar ou torcer objetos. Em muitas análises da engenharia é importante saber calcular momentos criados por forças sobre vários pontos e eixos. Por exemplo, todos vocês observaram que os postes de iluminação e de sinalização de tráfego são mais grossos perto do chão do que no topo. Um dos principais motivos é que a força dos ventos cria um momento de flexão, que tem um valor máximo sobre a base do poste. Assim, é necessário ter uma parte maior na base para evitar problemas. A natureza entende muito bem o conceito de momento de flexão; é justamente por isso que as árvores possuem troncos mais grossos perto do solo para suportar o momento de flexão criado pelo peso dos ramos e da carga dos ventos. Entender **momentos** ou **torques** também é importante ao projetar objetos que giram, como eixos, engrenagens ou rodas.

> A lei de atração gravitacional de Newton afirma que duas massas se atraem com uma força igual em módulo e atuam na direção oposta. Além disso, a força é diretamente proporcional à massa de cada partícula e inversamente proporcional ao centro das massas

Para conhecer melhor o conceito de momento, vamos considerar um exemplo simples. Quando você abre uma porta, aplica uma força para puxar ou empurrar sobre a maçaneta (ou puxador). A aplicação dessa força fará a porta girar sobre as dobradiças. Na mecânica, essa tendência de força é medida em termos de *momento de uma força* sobre um eixo ou um ponto. O momento tem *direção* e *módulo*. Em nosso exemplo, a direção é definida pelo senso de rotação da porta. Na Figura 10.12, olhando de cima, quando você abre a porta e aplica a força indicada, o sentido do momento é horário; e quando você a fecha, a força cria um momento em sentido anti-horário. O módulo do momento é obtido pelo produto entre o braço do momento e a força. O braço do momento representa a distância perpendicular entre a linha de ação da força e o ponto sobre o qual o objeto pode girar.

Neste livro consideramos somente o momento da força sobre um ponto. A maioria de vocês terá aulas de mecânica, em que aprenderão a calcular o módulo e a direção do momento de uma força sobre um eixo arbitrário. Veja na Figura 10.13, para um objeto que está sujeito à força *F*, a

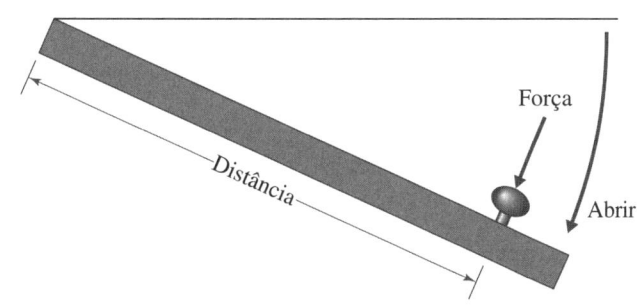

FIGURA 10.12 Momento da força criada por uma pessoa abrindo ou fechando uma porta.

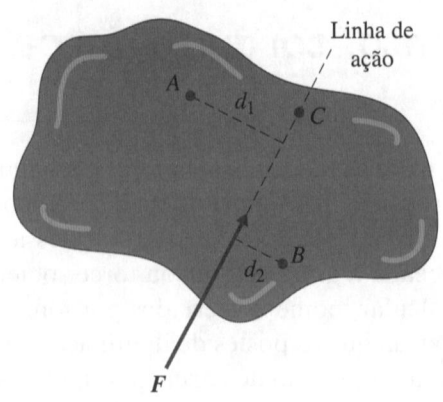

FIGURA 10.13 O momento da força F sobre pontos A, B e C.

relação entre a linha de ação da força e o braço do momento. O módulo do momento sobre pontos arbitrários *A*, *B* e *C* é dado por

$$M_A = d_1 F$$

10.7

$$M_B = d_2 F$$

10.8

$$M_C = 0$$

10.9

Observe que o momento da força F sobre o ponto C é zero, porque a linha de ação da força passa pelo ponto C, e assim o valor do braço do momento é zero. Ao calcular a soma de momentos criados por muitas forças sobre determinado ponto, certifique-se de usar o braço de momento correto para cada força, e também de se perguntar se a tendência de determinada força é girar o objeto em sentido horário ou anti-horário. Como um procedimento de contabilidade, você pode atribuir um valor positivo para rotações de sentido horário e valores negativos para rotações de sentido anti-horário ou vice-versa. A tendência geral das forças poderia então ser determinada pela soma final dos momentos. Veja essa abordagem no Exemplo 10.5.

> O momento fornece uma medida de tendência da força para girar, curvar ou torcer um objeto.

EXEMPLO 10.5 Determine a soma do momento das forças sobre o ponto *O* representado na Figura 10.14.

$$\sum M_O = (50 \text{ N})(0,05 \text{ m}) + (50 \text{ N})(0,07 \cos 35° \text{ m}) + (100 \text{ N})(0,1 \cos 35° \text{ m})$$
$$= 13,55 \text{ N} \cdot \text{m}$$

Observe que, ao calcular o momento de cada força, considera-se a distância perpendicular entre a linha de ação de cada força e o ponto *O*.

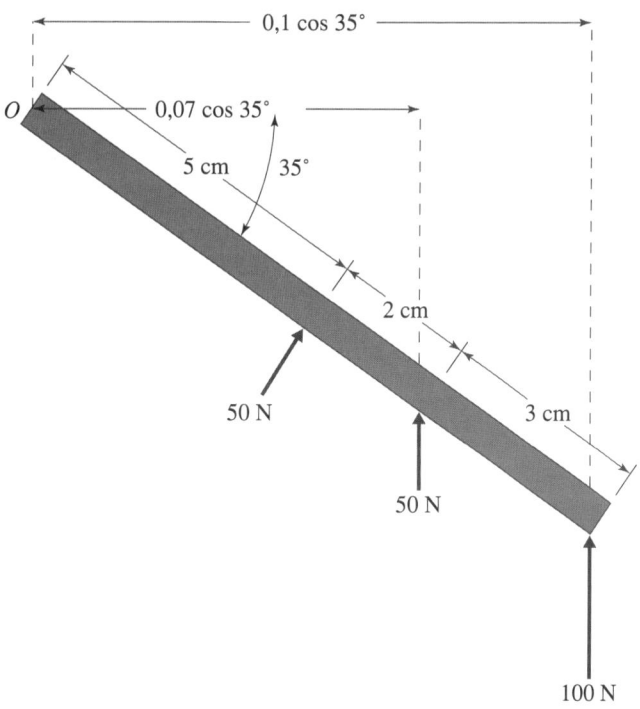

FIGURA 10.14 Gráfico do Exemplo 10.5.

Além disso, para a contabilidade, atribuímos um sinal positivo para rotação em sentido anti-horário.

EXEMPLO 10.6 Determine o momento das duas forças representadas na Figura 10.15 sobre os pontos A, B, C e D. Como você pode ver, as forças têm módulos iguais e agem em direções opostas.

$$\sum M_A = (100\,\text{N})(0) + (100\ \text{N})(0,1\ \text{m}) = 10\ \text{N·m}$$

$$\sum M_B = (100\,\text{N})(0,1\ \text{m}) + (100\ \text{N})(0) = 10\ \text{N·m}$$

$$\sum M_C = (100\,\text{N})(0,25\ \text{m}) - (100\ \text{N})(0,15\ \text{m}) = 10\ \text{N·m}$$

$$\sum M_D = (100\,\text{N})(0,35\ \text{m}) - (100\ \text{N})(0,25\ \text{m}) = 10\ \text{N·m}$$

Com relação ao Exemplo 10.6, observe que duas forças iguais em módulo e opostas em direção (não possuem a mesma linha de ação) constituem um par. Como você pode concluir dos resultados deste exemplo, o momento criado por um par é igual ao módulo da força vezes a distância perpendicular entre a linha de ação das forças envolvidas. Observe também que para este problema atribuímos um sinal positivo para rotação em sentido horário. Como a soma dos momentos tem um valor positivo, a tendência global das forças é de virar o objeto em sentido horário.

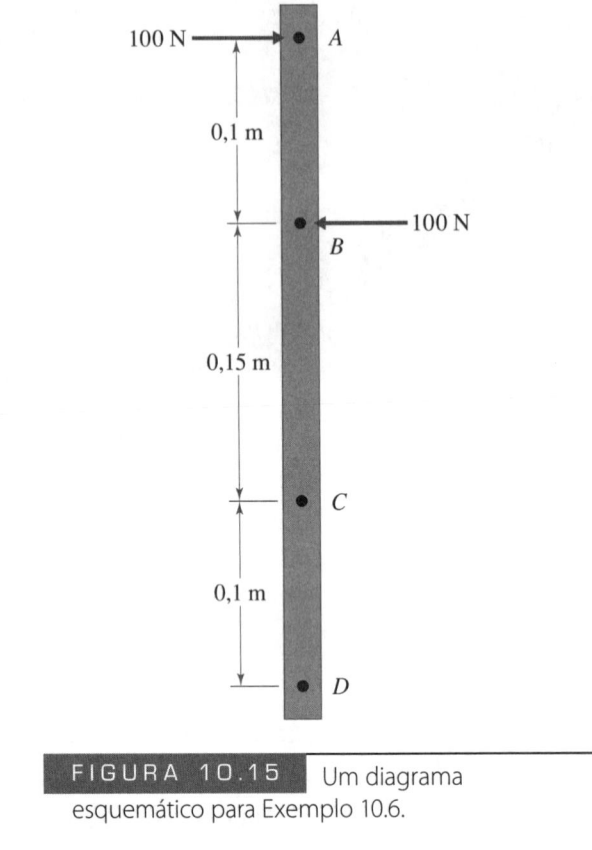

FIGURA 10.15 Um diagrama esquemático para Exemplo 10.6.

Força externa, força interna, força de reação

Explicamos anteriormente o conceito de **força externa** e momento. Agora, discutiremos o conceito de *forças internas* e *forças de reação* e *momentos*. Quando um objeto é submetido a uma força externa, **forças internas** são criadas dentro do material para o material e os componentes juntos. Veja na Figura 10.16 exemplos de forças internas. Além disso, as **forças de reações** são desenvolvidas nos limites do suporte para manter o objeto na posição, conforme planejado. A Tabela 10.2 mostra exemplos simples de várias condições de suporte e como elas influenciam o comportamento de um objeto. Tente explicar o comportamento em cada caso com suas próprias palavras. Primeiro, olhe os exemplos de suporte na primeira coluna da Tabela 10.2, em seguida, veja as forças de reação. Se precisar de ajuda, veja a coluna de explicação.

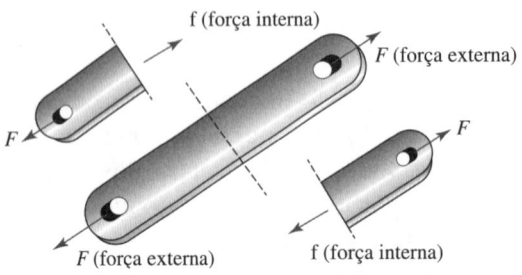

FIGURA 10.16 Exemplo de força interna. Quando você tenta separar a barra, forças internas no material da barra são desenvolvidas e mantêm as duas partes juntas como uma só barra.

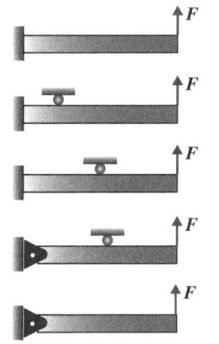

FIGURA 10.17

Exemplos simples para demonstrar o efeito de condições de contorno. Com suas próprias palavras, explique o comportamento em cada caso.

Condições de contorno e iniciais

A maneira como um objeto é mantido no lugar também influencia seu comportamento. A Figura 10.17 demonstra os efeitos das condições de contorno. Como você descreveria detalhadamente, em qualidade e em quantidade, a forma como cada viga é flexionada? É muito importante que você entenda bem quais condições de contorno referem-se às condições nos contornos do objeto. Essas condições fornecem informações sobre como o objeto é suportado em seus contornos. Também é necessário entender que, por alguma razão, condições de suporte e carga podem mudar com o tempo, e como resultado, precisamos especificar as condições iniciais antes de prever o comportamento do objeto.

TABELA 10.2   Exemplos simples para demonstrar várias condições de suporte e como elas influenciam o comportamento de um objeto

Exemplos de suporte	Explicação	Forças de reação
Suporte fixo	Para um suporte fixo, o objeto não pode ser movido para cima nem para baixo, nem pode ser movido nas laterais, ou curvado no local do ponto de suporte. Portanto, há forças de suporte (reação) nas direções vertical e horizontal e um momento de reação para impedir a rotação no local de suporte. Neste exemplo, a força externa tem a tendência de mover o objeto para cima e para a direita e de curvá-lo em direção anti-horária. Portanto, para evitar essas tendências, as forças de reação do suporte devem atuar para baixo e para a esquerda, e o momento de reação deve estar no sentido horário.	
Suporte de pino	No local de suporte, o objeto não pode ser movido para cima nem para baixo, nem pode ser movido nas laterais; entretanto, pode ser girado sobre o pino. Portanto, há somente duas forças de suporte (reação) nas direções vertical e horizontal. Nada impede o objeto de girar. Neste exemplo, a força externa tem a tendência de mover o objeto para cima e para a lateral direita e também de girá-lo no sentido anti-horário. A reação de suporte mostrada pode apenas impedir as tendências translacionais.	
Pino e rolo de apoio	Neste exemplo, adicionamos um rolo para impedir que a barra gire. Observe a mudança na direção da força vertical no rolo de apoio e adição da força de vertical para baixo no local do rolo. Você poderia explicar a diferença?	

OA⁴ 10.4 Trabalho – força atuando ao longo de uma distância

Quando você empurra um carro sem combustível ao longo de certa distância, você executa um trabalho mecânico. Quando você empurra um cortador de grama em uma certa direção, você está fazendo um trabalho. Um trabalho mecânico é realizado quando a força aplicada move o objeto ao longo de uma distância. Simplificando, o **trabalho (W)** mecânico é definido pelo produto entre a componente da força que move o objeto e a distância percorrida pelo objeto. Considere o caso ilustrado na Figura 10.18. O trabalho feito pela força que move o carro da posição 1 à posição 2 é dado por

$$W_{1-2} = (F \cos \theta)(d) \qquad \text{10.10}$$

Observe na Equação (10.10) que a componente normal da força não executa trabalho mecânico. Isso porque o carro não está se movendo em uma direção normal com relação ao solo.

> O trabalho mecânico é definido pelo produto entre a componente da força que move o objeto e a distância percorrida pelo objeto.

Assim, na próxima vez que você cortar o gramado, pergunte a si mesmo: devo empurrar o cortador de grama horizontalmente ou em ângulo? Outro ponto que você deve lembrar é que, se empurrar com força um objeto sem conseguir movê-lo, por definição, você não está fazendo nenhum trabalho mecânico, mesmo que essa ação te deixe cansado. Por exemplo, se estiver empurrando uma parede rígida em um prédio, independentemente de quanta força esteja aplicada com as mãos, a parede não deve se mover e, portanto, por definição, você não está fazendo nenhum trabalho mecânico.*

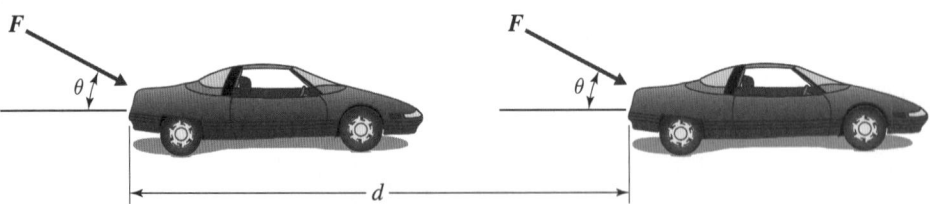

FIGURA 10.18 O trabalho feito no carro pela força F é igual a $W_{1-2} = (F\cos \theta)(d)$.

EXEMPLO 10.7 Determine o trabalho necessário para levantar uma caixa que pesa 100 N a 1,5 m do solo, conforme a Figura 10.19.

$$W = (100 \text{ N})(1,5 \text{ m}) = 150 \text{ N·m}$$

A unidade SI para o trabalho é N · m, que é chamada *joule*; assim a unidade joule (J) é definida como o trabalho feito por uma força de 1 N por uma distância de 1 m.

$$1 \text{ joule} = (1\text{N}) (1 \text{ m})$$

---

* Logicamente, seu esforço deforma a parede em uma escala tão pequena, que nem pode ser detectada a olho nu. As forças que você cria deformam o material da parede, e seu esforço é armazenado no material sob a chamada *energia de deformação*.

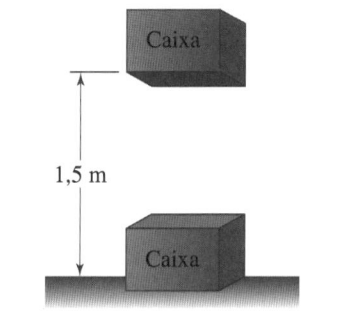

FIGURA 10.19

Caixa do Exemplo 10.7.

Os estudantes muitas vezes confundem o conceito de trabalho com o conceito de potência. A potência representa a rapidez com que você deseja realizar o trabalho. Essa é a taxa de variação com o tempo do trabalho realizado, ou em outras palavras, é o trabalho realizado dividido pelo tempo gasto. Veja no Exemplo 10.7 que, se quisermos levantar a caixa em 3 segundos, será necessária a potência

$$\text{potência} = \frac{\text{trabalho}}{\text{tempo}} = \frac{150 \text{ J}}{3 \text{ s}} = 50 \text{ J/s} = 50 \text{ watts}$$

Observe que 1 J/s é igual a 1 watt (W). Se desejar levantar a caixa em 1,5 segundo, então a potência necessária será 150 J/1,5 s ou 100 W. Assim, é necessário dobrar a potência. É importante observar que o trabalho realizado em cada caso é o mesmo; entretanto, a potência necessária é diferente. Lembre-se que, se deseja realizar o trabalho em pouco tempo, será necessário aplicar mais potência. Quanto menor o tempo, maior a potência necessária para esse trabalho. Discutiremos a potência e suas unidades com mais detalhes no Capítulo 13.

Antes de continuar

Responda às seguintes perguntas para testar seu conhecimento adquirido seções anteriores.

1. Explique o que significa momento ou torque e dê exemplos da vida diária.

2. O que é força interna?

3. O que é força de reação?

4. Explique o que significa condições de contorno e iniciais.

5. Explique o que significa trabalho e dê exemplos da vida diária.

Vocabulário – Indique o significado dos termos a seguir:

Momento _____

Força externa _____

Força interna _____

Força de reação _____

Trabalho _____

Condição de contorno _____

Condição inicial _____

OA⁵ 10.5 Pressão e tensão – força atuando sobre a área

A **pressão** fornece uma medida de intensidade de uma força que atua sobre uma área. Pode ser definida pela razão da força sobre a área de superfície de contato:

$$\text{pressão} = \frac{\text{força}}{\text{área}} \qquad \boxed{10.11}$$

Para entender melhor o que módulo da **pressão** representa, considere as situações mostradas na Figura 10.20. Primeiro, observe a situação da Figura 10.20(a), na qual posicionamos um tijolo sólido em forma de prisma retangular de dimensões 21,6 × 6,4 ×10,2 cm e peso 28 N na sua face plana. Usando a Equação (10.11) para esta orientação, a pressão na superfície de contato é

$$\text{pressão} = \frac{\text{força}}{\text{área}} = \frac{28 \text{ N}}{(0,216 \text{ m})(0,102 \text{ m})} = 1271 \frac{\text{N}}{\text{m}^2} = 1300 \text{ Pa}$$

Observe que um newton por metro quadrado é igual a um pascal (1 N/1 m² = 1 Pa). Agora, se colocarmos o tijolo na sua extremidade, conforme a Figura 10.20(b), a pressão decorrente do peso do tijolo torna-se

$$\text{pressão} = \frac{\text{força}}{\text{área}} = \frac{28 \text{ N}}{(0,064 \text{ m})(0,102 \text{ m})} = 4300 \frac{\text{N}}{\text{m}^2} = 4300 \text{ Pa}$$

É importante observar que o peso do tijolo é 28 N, independentemente de como ele seja posicionado. Mas a pressão criada na superfície de contato depende da área de superfície de contato. Quanto menor a área de contato, maior a pressão criada pela mesma força. Pelas suas próprias experiências você sabe qual das situações criaria mais dor - empurrar uma pessoa com a ponta de um alfinete ou com um dedo?

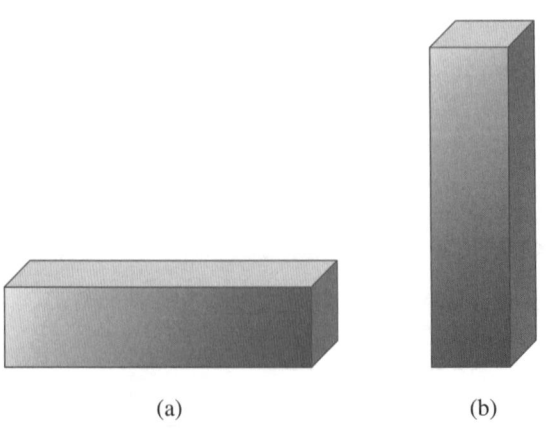

(a)   (b)

FIGURA 10.20 Um experimento demonstrando o conceito de pressão. (a) Um tijolo sólido disposto sobre sua face. (b) Um tijolo sólido disposto sobre sua extremidade. Na posição (b), o tijolo cria pressão mais alta sobre a superfície.

No Capítulo 7, quando discutimos a importância da área e sua função em aplicações de engenharia, mencionamos brevemente a importância de entender a pressão em situações, como alicerces de prédios, sistemas hidráulicos e ferramentas de corte. Dissemos também que, para projetar uma faca afiada, precisa-se projetar uma ferramenta de corte que crie grandes pressões ao longo da borda de corte. Isso é obtido reduzindo a superfície de contato ao longo da borda de corte. É muito importante entender a distribuição da pressão em fluidos em problemas de engenharia hidrostática, hidrodinâmica e aerodinâmica. *Hidrostática* refere-se à água em repouso e seu estudo; entretanto, a hidrostática envolve também outros fluidos. Um bom exemplo de problema hidrostático é calcular a pressão da água que atua sobre a superfície de uma represa e como ela varia ao longo da altura da barragem. Entender a pressão também é importante em estudos hidrodinâmicos, que lidam com a compreensão do movimento da água e outros fluidos, como os encontrados no escoamento de óleo ou água em tubulações, ou o fluxo da água em torno do casco de um navio ou submarino. As distribuições de pressão do ar exercem funções importantes na análise da resistência do ar contra o movimento dos veículos ou ao criar forças de suspensão sobre as asas de um avião. A aerodinâmica lida com o movimento do ar em torno das superfícies.

Unidades comuns de pressão

No Sistema Internacional, as unidades de pressão são expressas em pascal (Pa). Um pascal é a pressão criada por uma força newton atuando sobre uma superfície de área igual a 1 m²:

$$1\ Pa = \frac{1\ N}{m^2}$$

10.12

Há muitas outras unidades usadas para pressão. Por exemplo, a **pressão atmosférica** geralmente é dada em milímetros de mercúrio (mm Hg). Em aplicações de ar-condicionado, são muito usados centímetros de água para expressar o magnitude da pressão do ar. Essas unidades e suas relações com Pa serão explicadas no Exemplo 10.9, após explicarmos como a pressão de um fluido em repouso muda com sua profundidade.

Para fluidos em repouso, há duas leis básicas: (1) Lei de Pascal, que explica que a pressão de um fluido em um ponto é a mesma em todas as direções, e (2) a pressão do fluido aumenta com a profundidade. Mesmo se essas leis forem simples, são ferramentas poderosas para análise de vários problemas de engenharia.

> A pressão fornece uma medida da intensidade de uma força que atua sobre uma área. No Sistema Internacional, as unidades de pressão são expressas em pascal.

Lei de Pascal

A lei de Pascal afirma que para um fluido em repouso a *pressão em um ponto* é a mesma em todas as direções. Observe com atenção que estamos discutindo pressão em um ponto. Para demonstrar essa lei, considere o recipiente representado na Figura 10.21; a pressão no ponto *A* é a mesma em todas as direções.

Outro conceito simples, mas muito importante, para um fluido em repouso afirma que a pressão aumenta com a profundidade do fluido. Assim, o casco de um submarino está sujeito à pressão da água maior a 300 m de profundidade do que a 100 m. Alguns de vocês já experimentaram diretamente a variação da pressão em função da profundidade em mergulhos ou nadando em um lago. Lembre-se

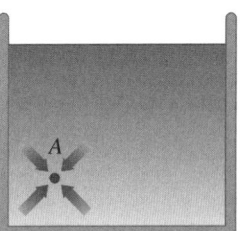

FIGURA 10.21

Em um fluido estático, a pressão em um ponto é a mesma em todas as direções.

dessa experiência, quanto mais fundo, mais pressão você sente no corpo. Com referência à Figura 10.22, a relação entre a pressão manométrica (a pressão que está acima da pressão atmosférica) e a altura de uma coluna de fluido é dada por

$$P = \rho g h \qquad \text{10.13}$$

em que

P = é a pressão do fluido no ponto B (veja Figura 10.22) (em Pa)

ρ = é a densidade do fluido (em kg/m³)

g = é a aceleração decorrente da gravidade (g = 9,8 m/s²)

h = é a altura da coluna de fluido (em m)

Ainda na Figura 10.22 temos o equilíbrio de forças entre a pressão que atua sobre a superfície inferior de uma coluna de fluido e seu peso. A Equação (10.13) é derivada da suposição de densidade de fluido constante.

Outro conceito, que está mais relacionado à distribuição de pressão do fluido, é a *flutuabilidade*. Conforme vimos no Capítulo 7, flutuabilidade é a força que um fluido exerce sobre um objeto submerso. A força de flutuabilidade líquida surge do fato de que o fluido exerce pressão mais alta nas superfícies inferiores do objeto do que nas suas superfícies superiores. Assim, o efeito líquido da distribuição da pressão do fluido sobre a superfície submersa de um objeto consiste na força de flutuabilidade. O módulo da força de flutuabilidade é igual ao peso do volume de fluido deslocado, que apresentamos novamente por conveniência.

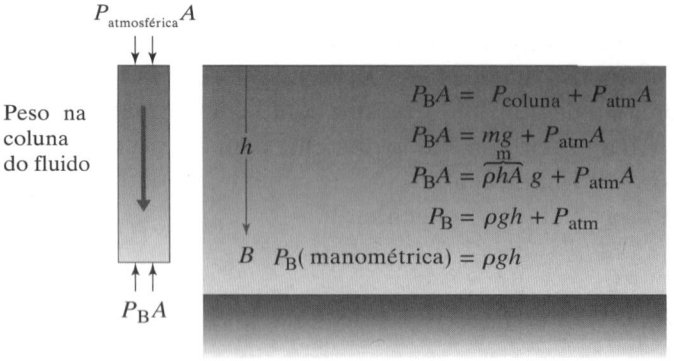

FIGURA 10.22 A variação da pressão com profundidade.

$$F_{\text{B}} = \rho V g$$

em que F_{B} é a força de flutuabilidade (N), ρ representa a densidade do fluido (kg/m³), g é a aceleração decorrente da gravidade (9,8 m/s²) e V é o volume do objeto (m³).

EXEMPLO 10.8

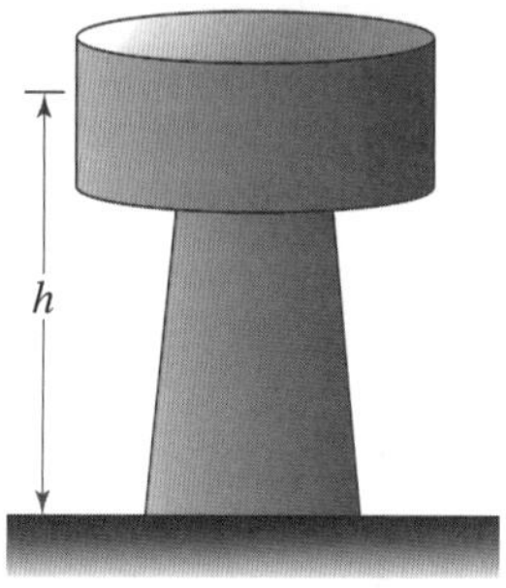

FIGURA 10.22

Torre de água do Exemplo 10.8.

A maioria de vocês já deve ter visto torres de água em torno de cidades pequenas. A função de uma torre de água é criar pressão na água do sistema municipal para atender a residências e outros usos na cidade. Para atingir esse propósito, a água é armazenada em grandes quantidades em tanques elevados. Você também deve ter notado que algumas vezes as torres de água estão localizadas em topos de montanhas ou nos pontos mais altos da cidade. A pressão da água municipal pode variar de uma cidade para outra, mas geralmente fica entre 350 kPa e 550 kPa. Vamos desenvolver uma tabela que mostre a relação entre a altura da água na torre e a pressão da água na tubulação localizada na base da torre, conforme a Figura 10.23. Calcularemos a pressão da água na tubulação localizada na base da torre na medida em que variamos a altura da água em incrementos de 3 m. Criaremos uma tabela mostrando os resultados até 1 MPa. E usando a tabela de altura – pressão, responderemos à questão "Qual seria o nível da água para criar uma pressão de 500 kPa na tubulação na base da torre?". A relação entre a altura da água na torre e a pressão dela na tubulação localizada na base da torre, conforme mostrado na Equação (10.13), é:

$$P = \rho g h$$

em que

P = é a pressão da água na base da torre de água (Pa)

ρ = é a densidade da água (igual a 1 000 kg/m^3)

g = é a aceleração decorrente da gravidade (g = 9,81 m/s^2)

h = é a altura da água acima do solo (em m)

Substituindo os valores conhecidos na Equação (10.13) temos

$$P(Pa) = 1000 \left(\frac{kg}{m^3} \right) 9,81 \left(\frac{m}{s^2} \right) \left[h(m) \right]$$

$$P(Pa) = 1000 \left(\frac{kg}{m^3} \right) 9,81 \left(\frac{m}{s^2} \right) \left[h(m) \right] = (9810) \left[h(m) \right]$$

Observe que o fator 9810 tem as unidades apropriadas que correspondem à pressão em Pa quando o valor h é uma entrada em metros. Em seguida, geramos a Tabela 10.3 substituindo por h em incrementos de 3 m na equação anterior. Pela Tabela 10.3 podemos ver que, para criar uma pressão de água de 500 kPa na tubulação na base da torre, o nível da água deve ser de aproximadamente 120 ft.

| TABELA 10.3 | Relação entre a altura da água em uma torre de água e a pressão na tubulação em sua base |

Nível da água na torre (m)	Pressão da água (kPa)	Nível de água na torre (m)	Pressão da água (Pa)
0	0	36	353
3	29	39	383
6	59	42	412
9	88	45	441
12	118	48	471
15	147	51	500
18	117		
21	206		
24	235		
27	265		
30	294		
33	324		

Pressão atmosférica

A pressão atmosférica da Terra se deve ao peso do ar atmosférico sobre a superfície da Terra. Esse é o peso da coluna de ar (até a borda externa da atmosfera) dividido por uma unidade de área na base da coluna de ar. A atmosfera padrão no nível do mar apresenta o valor de 101,325 kPa. Da definição de **pressão atmosférica** você deve perceber que ela é uma função da altitude. A variação da pressão atmosférica padrão e da densidade do ar com a altitude está apresentada na Tabela 10.4. Por exemplo, a pressão atmosférica e a densidade do ar no topo do Monte Everest está em torno de 31 kPa e 0,467 kg/m^3, respectivamente. A elevação do Monte Everest é de cerca de 9 000 m (ou para sermos exatos 8 848 m) e, assim, há menos ar no topo do Monte Everest do que no nível do mar. Além disso, a pressão do ar no topo do Monte Everest corresponde a 30% do valor da pressão atmosférica no nível do mar; e a densidade do ar, no topo, corresponde a apenas 38% da densidade do ar no nível do mar. Os novos aviões comerciais possuem uma capacidade de altitude de cruzeiro de cerca de 11 000 m. Consultando a Tabela 10.4, você vê que a pressão atmosférica nessa altitude é de aproximadamente um quinto do valor da pressão ao nível do mar, portanto, existe a necessidade de pressurização da cabine. Além disso, por causa da baixa densidade do ar nessa altitude, a energia necessária para superar a resistência do ar (para mover o avião pela atmosfera) não é tão elevada quanto em menores altitudes. Muitas vezes a pressão atmosférica é expressa em uma das seguintes unidades: pascais, milímetros de mercúrio e centímetros de mercúrio. Seus valores são

1 = atm 101325 Pa = 101,3 kPa

1 = atm 760 mm Hg

1 = atm 76 cm Hg

Estude o Exemplo 10.9 para ver como essas e outras unidades da pressão atmosférica estão relacionadas.

Pressão absoluta e pressão manométrica

A maioria dos medidores de pressão mostra a magnitude da pressão de um gás ou líquido com relação à pressão atmosférica local. Por exemplo, quando o medidor de pressão de um pneu

| TABELA 10.4 | Variação da atmosfera padrão com altitude |

Altitude (m)	Pressão atmosférica (kPa)	Densidade do ar (kg/m³)
0 (nível do mar)	101,325	1,225
500	95,46	1,167
1 000	89,87	1,112
1 500	84,55	1,058
2 000	79,50	1,006
2 500	74,70	0,957
3 000	70,11	0,909
3 500	65,87	0,863
4 000	61,66	0,819
4 500	57,75	0,777
5 000	54,05	0,736
6 000	47,22	0,660
7 000	41,11	0,590
8 000	35,66	0,526
9 000	30,80	0,467
10 000	26,50	0,413
11 000	22,70	0,365
12 000	19,40	0,312
13 000	16,58	0,266
14 000	14,17	0,228
15 000	12,11	0,195

Dados do U.S. Standard Atmosphere (1962)

EXEMPLO 10.9 Começando com uma pressão atmosférica de 101 325 Pa, expresse a magnitude da pressão nas seguintes unidades: (a) milímetros de mercúrio (mm Hg), (b) centímetros de mercúrio (em Hg) e (c) metros de água. As densidades da água e do mercúrio são: $\rho_{H_2O} = 1\ 000$ kg/m^3 e $\rho_{Hg} = 13\ 550$ kg/m^3, respectivamente.

(a) Nós começamos com a relação entre a altura de uma coluna de fluido e a pressão na base da coluna, que é

$$P = \rho gh = 101325\left(\frac{N}{m^2}\right) = 13550\left(\frac{kg}{m^3}\right)\left[9,81\left(\frac{m}{s^2}\right)\right]h\,(m)$$

E resolvendo para h, temos

$$h = 0,76\ m = 760\ mm$$

Portanto, a pressão decorrente da atmosfera padrão é igual à pressão criada na base de uma coluna de mercúrio com 760 mm de altura, isto é, 1 atm = 760 mm Hg.

(b) A seguir, nós converteremos a magnitude da pressão de milímetros de mercúrio em unidades que a expressam em polegadas de mercúrio.

$$760\,(mm\ Hg)\left(\frac{0,1\ cm}{1\ mm}\right) = 76\ cm\ Hg$$

(c) Para expressar a magnitude da pressão em metros de água, conforme fizemos na parte (a), nós começamos com a relação entre a altura da coluna de fluido e a pressão na base da coluna, que é

$$P = \rho gh = 101325\left(\frac{N}{m^2}\right) = 1000\left(\frac{kg}{m^3}\right)\left[9,81\left(\frac{m}{s^2}\right)\right]h\,(m)$$

E, em seguida, resolvemos para h, que resulta em

$$h = 10,328\ m$$

Portanto, a pressão decorrente da atmosfera padrão é igual à pressão criada na base de uma coluna de água com 10,328 m de altura, ou seja, 1 atm = 10,328 m de H$_2$O.

mostra 220 kPa, isso significa que a pressão do ar dentro do pneu está 220 kPa acima da pressão atmosférica local. De modo geral, podemos expressar a relação entre a **pressão absoluta** e **a manométrica** como

$$P_{absoluta} = P_{manométrica} + P_{atmosférica} \qquad \text{10.14}$$

O *vácuo* se refere à pressão abaixo do nível atmosférico. Portanto, as leituras negativas de pressão manométrica indicam vácuo. Alguns de vocês podem ter visto nas aulas de física do ensino médio demonstrações que lidavam com um recipiente fechado conectado a uma bomba de vácuo.

Conforme a bomba de vácuo puxa o ar para fora do recipiente, criando assim um vácuo, a pressão atmosférica que age na parte externa do recipiente causa o colapso do recipiente. Uma leitura de pressão de zero absoluto em um recipiente indica vácuo absoluto, significando que não há mais ar no recipiente. Na prática, atingir a pressão de zero absoluto não é impossível, o que significa que pelo menos um pouco de ar restará no recipiente.

EXEMPLO 10.10

Com um calibrador de pneus podemos constatar que a pressão interna do pneu do carro é de 241 kPa. Qual é a pressão absoluta do ar dentro do pneu, se o carro estiver em (a) uma cidade localizada no nível do mar, (b) uma cidade localizada no Colorado com elevação de 1 500 m? Forneça os resultados nas unidades psi e pascais.

A pressão absoluta está relacionada à pressão do medidor, de acordo com

$$P_{absoluta} = P_{manométrica} + P_{atmosférica}$$

(a) Para uma cidade localizada no nível do mar, $P_{atmosférica} = 101,325$ kPa ≈ 101 kPa,

$$P_{absoluta} = 241 \text{ kPa} = 101 \text{ kPa} = 342 \text{ kPa}$$

(b) Podemos usar a Tabela 10.4 para consultar a pressão atmosférica padrão para a cidade localizada no Colorado com elevação de 1 500 m. A pressão atmosférica a uma elevação de 1 500 m é $P_{atmosférica} = 84,55$ kPa.

$$P_{manométrica} = 241\ 325 \text{ Pa}$$

$$P_{absoluta} = 241\ 325 + 84\ 550 = 325\ 875 \text{ Pa}$$

$$= 325 \text{ kPa}$$

EXEMPLO 10.11

Um medidor de pressão de vácuo que monitora a pressão dentro de um recipiente fornece a leitura de 200 mm Hg de vácuo. Quais são as pressões absoluta e manométrica? Forneça os resultados em pascais.

A pressão de vácuo estabelecida é a pressão manométrica, e para converter as unidades de milímetros de mercúrio para pascais, usamos o fator de conversão 1 mm Hg = 133,3 Pa. Isso resulta em

$$P_{manométrica} = -200\,(\text{mm Hg}) \left(\frac{133,3 \text{ Pa}}{1 \text{ mm Hg}} \right) = -26\ 660 \text{ Pa}$$

A pressão absoluta está relacionada à pressão manométrica, de acordo com

$$P_{absoluta} = P_{manométrica} + P_{atmosférica}$$

$$P_{absoluta} = -26\ 660 + 101\ 325 = 74\ 665\ Pa$$

Observe que a pressão manométrica negativa indica vácuo ou que a pressão está abaixo do nível atmosférico.

Pressão de vapor de um líquido

Você já deve ter observado que, sob as mesmas condições ambientes, alguns líquidos evaporam mais rapidamente do que outros. Por exemplo, se você deixar uma panela com água e uma com álcool, lado a lado em uma sala, o álcool evapora e sai da panela muito antes de você notar qualquer alteração no nível de água. Isso ocorre porque o álcool tem **pressão de vapor** superior à da água. Assim, sob as mesmas condições, os fluidos com baixa pressão de vapor, como glicerina, não evaporarão tão rapidamente como aqueles com altos valores de pressão de vapor. Dito de outra forma, a determinada temperatura, os fluidos com baixa pressão de vapor exigem uma pressão externa relativamente menor na superfície livre para evitar a evaporação.

Pressão sanguínea Todos nós já estivemos em um consultório médico. Um dos primeiros procedimentos que o médico ou a enfermeira conduzirão é checar nossa pressão sanguínea (Figura 10.24). As leituras de pressão sanguínea normalmente são compostas por dois números, por exemplo 115/75 (mm Hg). O primeiro número, ou o maior, corresponde à **pressão sistólica**, que é a pressão máxima exercida quando o coração se contrai. O segundo número, ou o menor, mede a **pressão sanguínea diastólica**, que é a pressão nas artérias quando o coração está em repouso. A unidade de pressão mais usada para representar a pressão sanguínea é milímetros de mercúrio (mm Hg). Você já deve saber que a pressão sanguínea pode ser alterada de acordo com nível de atividade, dieta, temperatura, estado emocional, e assim por diante.

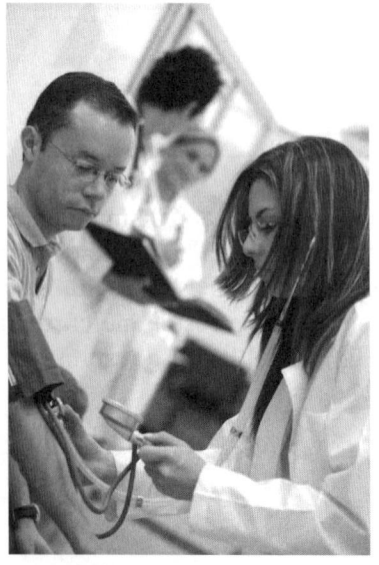

Andresr/Shutterstock.com

FIGURA 10.24 Medição da pressão sanguínea.

Sistemas hidráulicos

Máquinas de cavar hidráulicas e escavadeiras realizam em horas tarefas que costumavam levar dias ou semanas. Hoje, os sistemas hidráulicos são muito usados em diversas aplicações, como sistemas de freios e direção hidráulica de carros, sistema de controle de flap e aileron de aeronaves e macacos para elevar carros. Para entender os sistemas hidráulicos, primeiro você deve entender com clareza o conceito de pressão. Em um sistema de fluido fechado, quando uma força é aplicada em um ponto, criando pressão sobre esse ponto, ela é transmitida pelo fluido para outros pontos, desde que o fluido seja incompressível. Pressionar o pedal de freio do carro cria uma força e, consequentemente, uma pressão no cilindro mestre de freio. A força é então transmitida pelo fluido hidráulico do cilindro mestre para os cilindros das rodas, onde os pistões empurram as sapatas de freio contra os cilindros ou discos de freio. A energia mecânica é convertida em energia hidráulica e de volta em energia mecânica. Discutiremos o conceito de energia adiante neste capítulo e no Capítulo 13. A pressão de fluido hidráulico típica na linha de freio hidráulico é de cerca de 10 MPa.

Agora, vamos formular uma relação geral entre força, pressão e área no sistema hidráulico simples ilustrado na Figura 10.25. Como a pressão é praticamente constante nesse sistema hidráulico, a relação entre as forças F_1 e F_2 pode ser estabelecida da seguinte maneira:

$$P_1 = \frac{F_1}{A_1}$$ 10.15

$$P_2 = \frac{F_2}{A_2}$$ 10.16

$$P_1 = P_2 = \frac{F_1}{A_1} = \frac{F_2}{A_2}$$ 10.17

$$F_2 = \frac{A_2}{A_1} F_1$$ 10.18

É importante perceber que, quando a força F_1 é aplicada, o pistão condutor (pistão 1) se move a uma distância L_1, enquanto o pistão conduzido (pistão 2) se move por uma distância menor, L_2. Entretanto, o volume do fluido deslocado é constante, como mostra a Figura 10.25. Sabendo que no sistema fechado o volume do fluido deslocado permanece constante, podemos

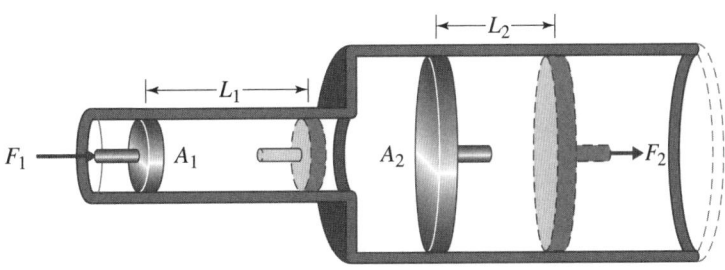

FIGURA 10.25 Um exemplo de um sistema hidráulico simples.

então determinar a distância L_2 na qual o pistão 2 se move, desde que o deslocamento do pistão 1, L_1, seja conhecido.

$$\text{volume do fluido deslocado} = A_1 L_1 = A_2 L_2 \qquad 10.19$$

$$L_2 = \frac{A_1}{A_2} L_1 \qquad 10.20$$

Além disso, a relação entre a velocidade do pistão condutor e o pistão conduzido pode ser formulada dividindo ambos os lados da Equação (10.20) pelo tempo que ele leva para mover cada pistão. Isso leva à seguinte equação:

$$V_2 = \frac{A_1}{A_2} V_1 \qquad 10.21$$

em que V_1 representa a velocidade do pistão condutor, e V_2 é a velocidade com que o pistão conduzido é movido.

Em seguida, explicaremos a operação e os componentes de sistemas hidráulicos ativados manualmente e ativados por bomba. Veja nas Figuras 10.26(a) e (b) alguns exemplos desses tipos de sistemas hidráulicos . A Figura 10.26(a) mostra um esquema de macaco hidráulico acionado manualmente. O sistema consiste de um reservatório, uma bomba manual, o pistão de carga, uma válvula de alívio e uma válvula de retenção de alta pressão. Para elevar a carga, o braço da bomba manual é empurrado para baixo; essa ação empurra o fluido no cilindro da carga, que por sua vez cria a pressão transmitida para o pistão de carga, e em consequência a carga é elevada. Para abaixar a carga, a válvula de alívio é aberta. A medida da abertura da válvula de alívio determinará a velocidade com que a carga será abaixada. Logicamente, a viscosidade do fluido hidráulico e a magnitude da carga também afetarão a velocidade de abaixamento. No sistema mostrado, o reservatório do fluido serve para abastecer a linha com a quantidade de fluido necessária a fim de estender o pistão conduzido até o nível desejado.

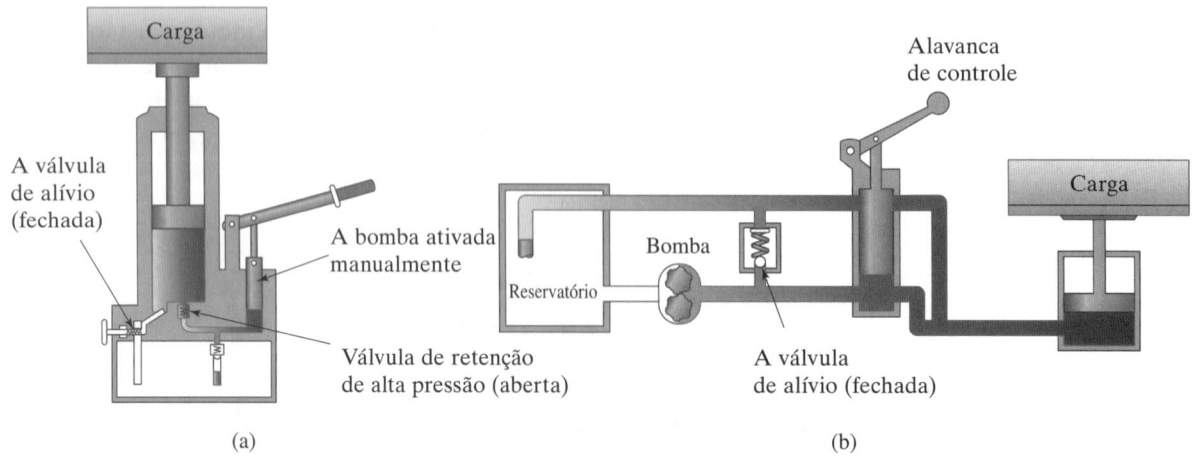

(a)   (b)

FIGURA 10.26 Dois exemplos de sistemas hidráulicos: (a) Sistema ativado manualmente. (b) Sistema de bomba de engrenagem ou rotatória.

O sistema hidráulico mostrado na Figura 10.26(b) substitui a bomba ativada manualmente por uma bomba de engrenagem ou rotatória que cria a pressão necessária na linha. Quando a alça de controle é movida para cima, ela abre a passagem para que o fluido hidráulico seja empurrado no cilindro de carga. Quando a alça de controle é empurrada para baixo, o fluido hidráulico é conduzido de volta ao reservatório, conforme mostrado. As válvulas de alívio da Figura 10.26 podem ser reguladas nos níveis de pressão desejados para controlar a pressão nas linhas, permitindo que o fluido retorne ao reservatório.

EXEMPLO 10.12

Determine a carga que pode ser levantada pelo sistema hidráulico mostrado na Figura 10.27. Use $g = 9,81$ m/s². Usamos a Equação (10.18) para resolver este problema.

$$F_1 = m_1 g = (100 \text{ kg})(9,81 \text{ m/s}^2) = 981 \text{ N}$$

$$F_2 = \frac{A_2}{A_1} F_1 = \frac{\pi (0,15 \text{ m})^2}{\pi (0,05 \text{ m})^2}(981 \text{ N}) = 8829 \text{ N}$$

$$F_2 = 8829 \text{ N} = (m_2 \text{kg})(9,81 \text{ m/s}^2) \Rightarrow m_2 = 900 \text{ kg}$$

Para este problema, poderíamos começar com a equação que relaciona F_2 e F_1 e depois simplificar as quantidades similares, como π e g, da seguinte maneira:

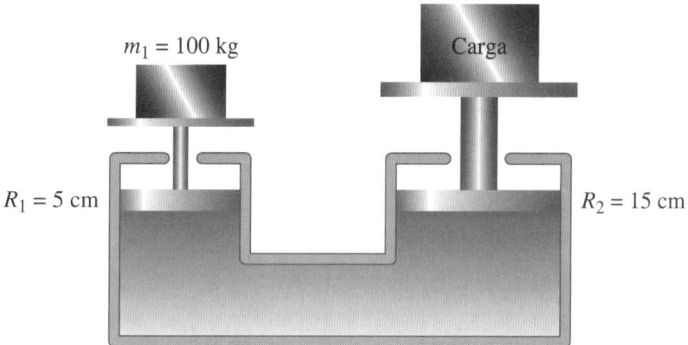

FIGURA 10.27   Sistema hidráulico do Exemplo 10.12.

$$F_1 = \frac{A_2}{A_1} F_1 = m_2 g = \frac{\pi (R_2)^2}{\pi (R_1)^2}(m_1 g)$$

$$m_2 = \frac{(R_2)^2}{(R_1)^2} m_1 = \frac{(15 \text{ cm})^2}{(5 \text{ cm})^2}(100 \text{ kg}) = 900 \text{ kg}$$

Prefere-se esta abordagem à substituição imediata de valores na equação, porque ela nos permite alterar o valor de uma variável, como m_1, ou as dimensões dos pistões, e conferir o comportamento do resultado. Por exemplo, usando a segunda abordagem, podemos ver claramente que, se m_1 é aumentado para um valor de 200 kg, então m_2 muda para 1 800 kg.

Tensão

As propriedades geométricas de um objeto, como comprimento, área e primeiro e segundo momento de área, também exercem funções significativas na maneira como o objeto reage à força. Como explicado anteriormente, quando o objeto é submetido a uma força externa, forças internas são criadas dentro do material para manter o material e os componentes juntos. A **tensão** fornece uma medida de intensidade das forças internas que atuam sobre uma área. Considere a situação ilustrada na Figura 10.28. A placa mostrada é sujeita à força compressiva. Como a força é aplicada em ângulo, ela tem dois componentes: uma componente horizontal e um vertical. A tendência da componente horizontal da força é de cortar a placa, e a tendência da componente vertical é de comprimi-la.

A razão da componente normal (vertical) da força sobre a área é chamada *tensão normal*, e a razão da componente horizontal da força (a componente da força paralela à superfície da placa) sobre a área é chamada **tensão de cisalhamento**. A componente de tensão normal geralmente é chamada **pressão**.

Outra propriedade geométrica importante de um objeto é o segundo momento de área. Conforme explicado no Capítulo 7, o segundo momento de área fornece informações sobre a quantidade de resistência oferecida por um membro às forças e aos momentos que causam a flexão. O comprimento também exerce importante função quando se trata de fletir um objeto e as tensões a ele associadas. A força que atua sobre cada viga da Figura 10.29 tende a fazer as fibras inferiores esticarem e as fibras superiores a se comprimirem. Qual viga na Figura 10.29 é mais fácil de fletir e por quê? Explique.

Módulo de elasticidade, módulo de rigidez e módulo de volume de compressibilidade

Nesta seção, discutiremos algumas propriedades importantes dos materiais. A maneira como o objeto reage à aplicação de uma força também depende das propriedades do material. Quando

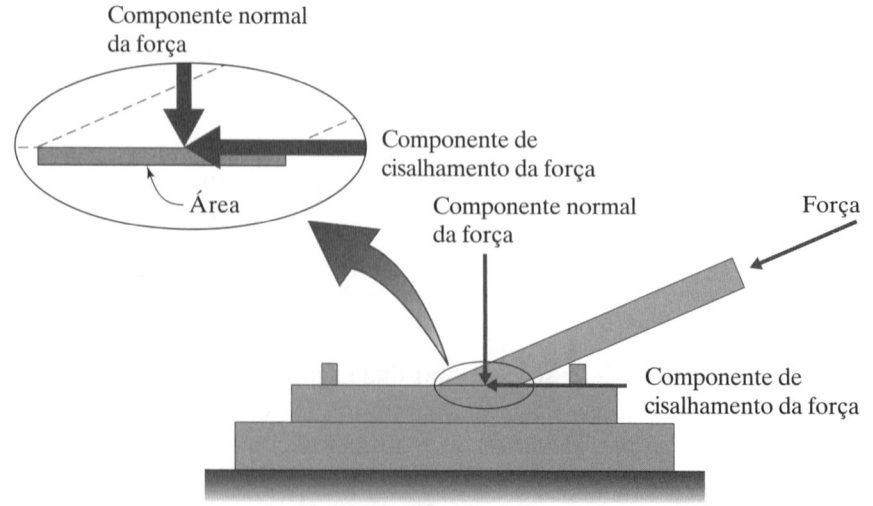

FIGURA 10.28   Placa de ancoragem submetida à força compressiva e de cisalhamento.

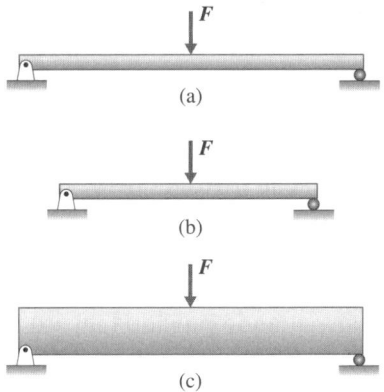

(a)

(b)

(c)

FIGURA 10.29 Exemplos simples para demonstrar o efeito do comprimento e da área transversal na flexão.

os engenheiros projetam produtos e membros estruturais, precisam saber como o material selecionado se comporta sob as forças aplicadas ou se o material conduz a energia térmica ou eletricidade satisfatoriamente. Veremos as maneiras de quantificar (medindo) a reação de materiais sólidos contra forças de empurrar e puxar ou torques de torção. Também investigaremos o comportamento de fluidos em resposta às pressões aplicadas em termos de módulo de volume de compressibilidade.

Testes de tração são executados para medir o módulo de elasticidade e a resistência dos materiais sólidos. Uma amostra de teste com tamanho em conformidade com os padrões internacionais ASTM é colocada em uma máquina de teste de tração (Figura 10.30). Quando uma amostra

© age fotostock/Alamy

FIGURA 10.30 Um exemplo de máquina de teste de tração.

de material é testada quanto à resistência, a carga de tração aplicada é aumentada lentamente. No início do teste, o material deformará elasticamente, significando que, se a carga for removida, o material retornará ao tamanho e à forma originais, sem qualquer deformação permanente. O ponto em que o material apresenta este comportamento elástico é chamado *ponto elástico*. Na medida em que o material estica, a tensão normal (a força normal dividida pela área transversal) é retratada *versus* a deformação (deformação dividida pelo comprimento original da amostra). Veja na Figura 10.31 um exemplo desses resultados do teste para uma amostra de aço.

O módulo de elasticidade, ou módulo de Young, é calculado pela inclinação do diagrama de tração-deformação sobre a região elástica. O **módulo de elasticidade** é uma forma de medir a facilidade com que o material esticará quando puxado (sujeito à força de tensão) ou o quanto será encurtado quando empurrado (sujeito à força de compressão). Quanto maior o valor do módulo de elasticidade, maior a força necessária para esticar ou reduzir o material em determinada porção. Para entender melhor o que o valor do módulo de elasticidade representa, considere o seguinte exemplo: Dada uma peça de borracha, uma de alumínio e uma de aço, todas de formato retangular, área transversal e comprimento original, conforme a Figura 10.32, qual delas será mais esticada quando submetida à mesma força *F*?

Como você já sabe por experiência própria, será necessário menos esforço para esticar a peça de borracha do que a peça de alumínio ou a de aço. De fato, a barra de aço precisará de mais força para ser esticada quando comparada a outras amostras. Isso porque o aço tem o valor de módulo de elasticidade mais alto dos três exemplos. Os resultados de nossa observação – nos exemplos citados – são expressos de uma forma geral, que se aplica a todo material sólido, pela lei de Hooke. Discutimos a lei de Hooke anteriormente, quando explicamos molas. A lei de Hooke também se aplica a esticar e comprimir uma peça de material sólido. Entretanto, para peças de material sólido, a lei de Hooke é expressa em termos de tensão e deformação, de acordo com

$$\sigma = E\varepsilon \qquad \qquad 10.22$$

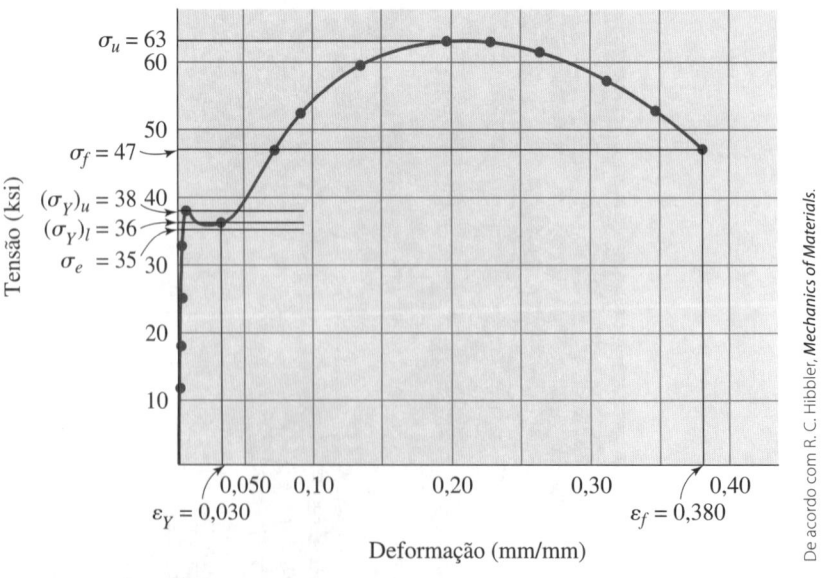

De acordo com R. C. Hibbler, *Mechanics of Materials.*

FIGURA 10.31 Diagrama de tensão-deformação para uma mostra de aço carbono (ksi = 6,9 MPa, σ_e = tensão elástica, $(\sigma_y)_u$ = tensão limite de elasticidade, $(\sigma_y)_l$ = tensão limite de escoamento, σ_u = tensão máxima e σ_f = tensão de fratura).

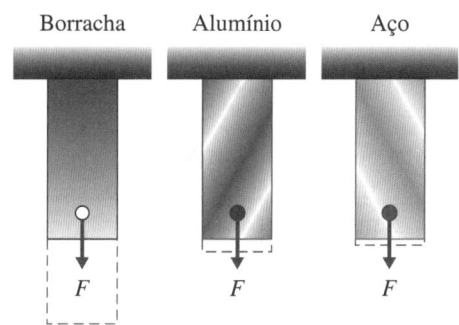

FIGURA 10.32 Se as amostras de materiais forem submetidas à mesma força, qual delas será mais esticada?

em que

σ = tensão normal (N/m^2)

E = módulo de elasticidade (às vezes chamado módulo de Young), uma propriedade do material (N/m^2)

ε = deformação normal, a razão da mudança no comprimento com relação ao comprimento original (adimensional)

Conforme explicamos anteriormente, a curva do diagrama de tensão – deformação é usada pressão para calcular o valor do módulo de elasticidade para uma amostra sólida. A equação (10.22) define a equação da linha que relaciona a tensão e a deformação no diagrama de tensão-deformação.

Como abordagem alternativa, explicaremos a seguir um procedimento simples que pode ser usado para medir E. Embora o procedimento não seja a maneira formal de obter o valor do módulo de elasticidade para um material, ele é um procedimento simples, que fornece uma percepção adicional sobre o módulo de elasticidade. Considere uma peça de formato retangular com comprimento original L e área transversal A, como mostra a Figura 10.33. Quando submetida a uma força conhecida F, a barra é esticada; ao medir a deformação da barra (comprimento final da barra menos o comprimento original), determinamos o módulo de elasticidade do material da seguinte maneira. Começando pela lei de Hooke, $\sigma = E\varepsilon$, e substituindo por σ e a deformação ε, em termos das definições elementares, temos

$$\frac{F}{A} = E\frac{x}{L} \qquad \boxed{10.23}$$

Reorganizando a Equação (10.23) para resolver para o módulo de elasticidade E, temos em que

$$E = \frac{FL}{Ax} \qquad \boxed{10.24}$$

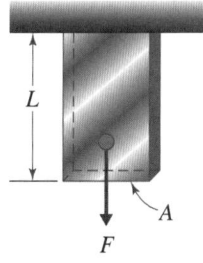

FIGURA 10.33

Uma barra retangular submetida à carga de tensão.

em que

E = módulo de elasticidade (N/m²)

F = a força aplicada (N)

L = comprimento original da barra (m)

A = área da seção transversal da barra (m²)

x = deformação, comprimento final menos comprimento original (m)

Observe que as variáveis físicas envolvidas incluem as dimensões fundamentais básicas comprimento e a área estudadas no Capítulo 7 e a variável física força deste capítulo. Observe também na Equação (10.24) que o módulo de elasticidade, E, é inversamente proporcional à deformação x; quanto mais o material estica, menor o valor de E. Veja na Tabela 10.5 os valores do módulo de elasticidade E para materiais selecionados.

> O módulo de elasticidade é uma forma de medir a facilidade com que um material esticará quando puxado ou o quanto será encurtado quando empurrado. Quanto maior o valor do módulo de elasticidade, maior a força necessária para esticar ou reduzir o material em determinada porção.

Outra propriedade importante do material é o **módulo de rigidez**, ou módulo de cisalhamento. O módulo de rigidez é uma medida da facilidade com que um material pode ser torcido ou cortado. O valor do módulo de rigidez mostra a resistência de deformação por cisalhamento de um material. Os engenheiros consideram o valor do módulo de cisalhamento ao selecionar materiais para eixos ou hastes sujeitas a binários de torção. Por exemplo, o módulo de rigidez ou módulo de cisalhamento para ligas de alumínio está na faixa de 26 a 36 GPa, ao passo que o módulo de cisalhamento para o aço está na faixa de 75 a 80 GPa. Portanto, o aço é em torno de três vezes mais rígido em cisalhamento que o alumínio. O módulo de cisalhamento é medido por uma máquina de teste de torção. Uma amostra cilíndrica de dimensões conhecidas é torcida com um torque conhecido. O ângulo de torção é medido e utilizado para determinar o valor do módulo de cisalhamento (veja o Exemplo 10.14). Os valores do módulo de cisalhamento para diversos materiais sólidos estão na Tabela 10.5.

De acordo com o comportamento mecânico, os materiais sólidos normalmente são classificados em *dúctil* ou *quebradiço*. Um material dúctil, quando submetido à carga, passará por uma considerável deformação permanente antes de se quebrar. Aço e alumínio são bons exemplos de materiais dúcteis. Por outro lado, um material quebradiço mostra pouca ou nenhuma deformação permanente antes de se quebrar. Vidro e concreto são exemplos de materiais quebradiços .

A resistência à tração e à compressão são outras importantes propriedades do material. Para prever a falha, os engenheiros realizam cálculos de tensão e os comparam à resistência à tração e à compressão dos materiais. A resistência à tração de uma peça é determinada pela medida da carga de tração máxima que uma amostra do material em formato de barra retangular ou cilindro pode suportar sem falhas. A *resistência à tração* ou a resistência máxima de um material é expressa como a força de tração máxima por unidade de área transversal original da amostra. Conforme mencionado anteriormente, quando uma amostra de material tem sua resistência testada, a carga de tensão aplicada é aumentada pouco a pouco, a fim de se determinar o módulo de elasticidade e a região elástica. No início do teste, o material se deformará elasticamente, significando que, se a carga for removida, o material retornará ao tamanho e à forma originais, sem qualquer deformação permanente. O ponto em que o material apresenta esse comportamento elástico é chamado ponto elástico. A resistência elástica representa a carga máxima que o material pode sustentar sem sofrer deformação permanente. Em muitas aplicações de projetos de engenharia, a resistência elástica ou resistência de escoamento (o valor de escoamento é muito próximo ao valor de resistência elástica) é usada como resistência à tração.

| TABELA 10.5 | Módulo de elasticidade e módulo de cisalhamento de materiais selecionados | |

Material	Módulo de elasticidade (GPa)	Módulo de cisalhamento (GPa)
Ligas de alumínio	70-79	26-30
Latão	96-110	36-41
Bronze	96-120	36-44
Ferro fundido	83-170	32-69
Concreto (compressão)	17-31	
Ligas de cobre	110-120	40-47
Vidro	48-83	19-35
Ligas de magnésio	41-45	15-17
Níquel	210	80
Plásticos		
Nylon	2,1-3,4	
Polietileno	0,7-1,4	
Rocha (compressão)		
Granito, mármore, quartzo	40-100	
Calcário, arenito	20-70	
Borracha	0,0007-0,004	0,0002-0,001
Aço	190-210	75-80
Ligas de titânio	100-120	39-44
Tungstênio	340-380	140-160
Madeira (flexão)		
Douglas fir	11-13	
Carvalho	11-12	
Pinho do sul	11-14	

De acordo com Gere, *Mechanics of Materials*, 5E. 2001, Cengage Learning.

Alguns materiais são mais fortes em compressão do que em tensão; o concreto é um bom exemplo. A resistência à compressão de uma amostra de material é determinada pela medição da carga máxima à compressão que essa amostra, em forma de barra retangular, cilindro ou cubo pode suportar sem falhas. A *resistência à compressão* máxima de um material é expressa como a força de compressão máxima por unidade de área transversal da amostra. O concreto tem uma resistência à compressão na faixa de 10 a 70 MPa. A Tabela 10.6 mostra a resistência de alguns materiais selecionados.

TABELA 10.6	A resistência de materiais selecionados

Material	Resistência de escoamento (MPa)	Resistência máxima (MPa)
Ligas de alumínio	35-500	100-550
Latão	70-550	200-620
Bronze	82-690	200-830
Ferro fundido (tensão)	120-290	69-480
Ferro fundido (compressão)		340-1 400
Concreto (compressão)		10-70
Ligas de cobre	55-760	230-830
Vidro		30-1 000
Vidro laminado		70
Fibras de vidro		7 000-20 000
Ligas de magnésio	80-280	140-340
Níquel	100-620	310-760
Plásticos		
Nylon		40-80
Polietileno		7-28
Rocha (compressão)		
Granito, mármore, quartzo		50-280
Calcário, arenito		20-200
Borracha	1-7	7-20
Aço		
Alta resistência	340-1 000	550-1 200
Usinagem	340-700	550-860
Mola	400-1 600	700-1 900
Inoxidável	280-700	400-1 000
Ferramenta	520	900
Cabo de aço	280-1 000	550-1 400
Aço estrutural	200-700	340-830
Ligas de titânio	760-1 000	900-1 200
Tungstênio		1 400-4 000
Madeira (flexão)		
Douglas fir	30-50	50-80
Carvalho	40-60	50-100
Pinheiro-americano	40-60	50-100
Madeira (compressão paralela às sementes)		
Douglas fir	30-50	40-70
Carvalho	30-40	30-50
Pinheiro-americano	30-50	40-70

De acordo com Gere, *Mechanics of Materials*, 5E. 2001, Cengage Learning.

Um dos objetivos de muitas análises estruturais é verificar falhas. A previsão de falhas é bem complexa; consequentemente, muitos pesquisadores têm estudado esse tópico. Em projetos de engenharia, para compensar o que não sabemos sobre o comportamento exato do material e/ou para explicar a carga futura que talvez não tenhamos calculado, mas com a qual alguém pode submeter a peça ou um membro estrutural, apresentamos um fator de segurança (F.S.), que é definido por

$$\text{F.S.} = \frac{P_{\text{máxima}}}{P_{\text{admissível}}}$$

10.25

em que $P_{\text{máx}}$ é a carga que pode causar falha. Para determinadas situações, convém definir o fator de segurança em termos da razão entre a tensão máxima que causaria falha e as tensões admissíveis, se as cargas aplicadas forem linearmente relacionadas às tensões. O fator de segurança do Exemplo 10.13 usando uma liga de alumínio com uma resistência de escoamento de 50 MPa é 3.1.

EXEMPLO 10.13

Um membro estrutural com seção transversal retangular, como mostra a Figura 10.34, é usado para suportar uma carga de 4 000 N distribuída uniformemente sobre a área transversal do membro. Que tipo de material deve ser usado para suportar a carga com segurança?

A seleção do material para membros estruturais depende de vários fatores, como a densidade do material, a resistência, a rigidez, a reação ao ambiente e a aparência. Neste exemplo, consideramos somente a resistência do material. A tensão normal média do membro é dada por

$$\sigma = \frac{4000 \text{ N}}{(0,05 \text{ m})(0,005 \text{ m})} = 16 \text{ MPa}$$

Um material de liga de alumínio ou aço estrutural com a resistência de escoamento de 50 MPa e 200 MPa, respectivamente, pode suportar a carga com segurança.

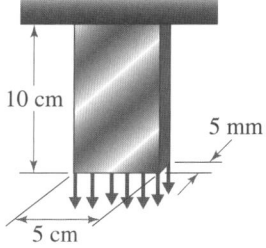

FIGURA 10.34 Membro estrutural do Exemplo 10.13.

Módulo de compressibilidade volumétrica

Muitos de vocês já bombearam ar em um pneu de bicicleta alguma vez. Com base nessa e em outras experiências você sabe que os gases são mais facilmente comprimidos do que os líquidos. Na engenharia, para ver o quão compressível é um fluido, procuramos o valor do **módulo compressibilidade volumétrica** do fluido. O valor do módulo de compressibilidade volumétrica do fluido mostra a facilidade com que o volume do fluido pode ser reduzido quando se aumenta a pressão que atua sobre ele.

EXEMPLO 10.14

Uma configuração similar à mostrada na Figura 10.35 normalmente é usada para medir o módulo de cisalhamento, G. Uma amostra de comprimento conhecido L e diâmetro D é colocada na máquina de teste. Um torque conhecido T é aplicado sobre a amostra e o ângulo de torção ϕ é medido. Então, o módulo de cisalhamento é calculado de

$$G = \frac{32\ TL}{\pi\ D^4\ \phi}$$

10.26

Usando a Equação (10.26), calcule o módulo de cisalhamento de determinada amostra com os resultados do teste de $T = 3\ 450\ N \cdot m$, $L = 20\ cm$, $D = 5\ cm$, $\phi = 0,015\ rad$.

$$G = \frac{32\ TL}{\pi\ D^4 \phi} = \frac{32\left(3450\ \text{N} \cdot \text{m}\right)\left(0,2\ \text{m}\right)}{\pi\left(0,05\ \text{m}\right)^4\left(0,015\ \text{rad}\right)} = 75\ \text{GPa}$$

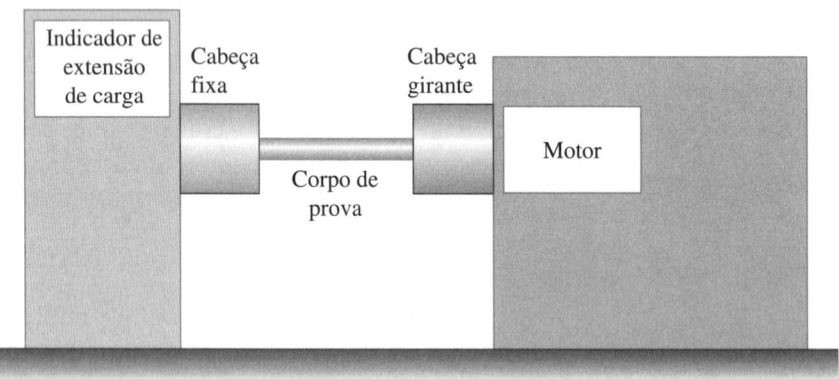

FIGURA 10.35 Uma configuração para medir o módulo de cisalhamento de um material.

O módulo de compressibilidade volumétrica é formalmente definido como

$$E_v = \frac{\text{aumento na pressão}}{\dfrac{\text{diminuição no volume}}{\text{volume original}}} = \frac{\text{aumento na pressão}}{\dfrac{\text{aumento na densidade}}{\text{densidade original}}}$$

10.27

A Equação (10.27) expressa matematicamente é

$$E_v = \frac{dP}{-\dfrac{dV}{V}} = \frac{dP}{\dfrac{d\rho}{\rho}}$$

10.28

em que

E_V = módulo de compressibilidade (N/m²)

dP = mudança na pressão (aumento de pressão) (N/m²)

dV = mudança no volume (diminuição do volume, valor negativo) (m³)

V = volume original (m³)

$d\rho$ = mudança na densidade (aumento na densidade) (kg/m³)

ρ = densidade original (kg/m³)

Quando a pressão é aumentada (uma alteração positiva no valor), o volume do fluido é reduzido (uma alteração negativa no valor) e, assim, é necessário um sinal de menos na frente do termo dV para tornar o E_V um valor positivo. Na Equação (10.28), observe também que, quando a pressão é aumentada (uma alteração positiva no valor), a densidade do fluido também é aumentada (uma alteração positiva no valor) e, assim, não é necessário um sinal de menos na frente do termo $d\rho$ para fazer de E_V um valor positivo. Veja na Tabela 10.7 valores de compressibilidade para alguns fluidos comuns.

TABELA 10.7 Os valores do módulo de compressibilidade para alguns fluidos comuns

Fluido	Módulo de compressibilidade (N/m²)
Álcool etílico	$1,06 \times 10^9$
Gasolina	$1,3 \times 10^9$
Glicerina	$4,52 \times 10^9$
Mercúrio	$2,85 \times 10^{10}$
Óleo SAE 30	$1,5 \times 10^9$
Água	$2,24 \times 10^9$

EXEMPLO 10.15

Quando estávamos definindo o módulo de compressibilidade volumétrico dissemos que, quando a pressão é aumentada, o volume do fluido diminui, e consequentemente, a densidade do fluido aumenta. Por que a densidade do fluido aumenta quando o volume diminui?

Lembre-se de que a densidade é definida pela proporção da massa com relação ao volume, conforme

$$\text{densidade} = \frac{\text{massa}}{\text{volume}}$$

Examinando essa equação, para determinada massa, podemos ver que, quando o volume é reduzido, a densidade aumenta.

EXEMPLO 10.16

Para água, começando com 1 m³ de água em um recipiente, qual é a pressão necessária para diminuir o volume de água em 1%?

De acordo com a Tabela 10.7, o módulo de compressibilidade para água é $2,24 \times 10^9$ N/m². Seria necessária uma pressão de $2,24 \times 10^7$ N/m² para diminuir o volume original de 1 m³ de água para um volume final de 0,99 m³, ou, de outra forma, em 1%. Seria necessária uma pressão de 221 atm ($2,24 \times 10^7$ N/m²) para reduzir a pressão de um volume de água em 1%.

OA⁶ 10.6 Impulso linear – força atuando durante um tempo

Até agora, definimos os efeitos de uma força que atua a uma distância em termos de criação de momento, e ao longo de uma distância na realização de trabalho. Agora consideramos a força que atua em determinado período de tempo. Entender o impulso linear e as forças impulsivas é importante no projeto de produtos, como *air bags* e capacetes esportivos para prevenir ferimentos. Entender as forças impulsivas também ajuda a projetar materiais de amortecimento para impedir danos em produtos quando são jogados ou submetidos a impacto. Na TV ou em filmes, vemos o dublê pular do telhado de um edifício de vários andares em uma cama de ar no solo e não ficar ferido. Se ele tivesse pulado sobre o pavimento de concreto, provavelmente teria morrido. Por quê? Bem, usando a cama inflada de ar, o dublê está aumentando o tempo de contato com o solo, por ficar em contato com ela por um longo período antes de parar completamente. Essa afirmação fará mais sentido após mostrarmos a relação entre o impulso linear e a quantidade de movimento linear.

Impulso linear representa o efeito líquido de uma força que atua em determinado período de tempo. Há uma relação entre o impulso linear e a quantidade de movimento linear. Explicamos a quantidade de movimento linear na Seção 9.5. Uma força que atua sobre um objeto em determinado tempo cria um impulso linear que leva à alteração na quantidade de movimento do objeto, de acordo com

$$\vec{F}_{\text{média}}\, \Delta t = m\vec{V}_{\text{f}} - m\vec{V}_{\text{i}}$$

10.29

em que

$F_{\text{média}}$ = módulo médio da força que atua sobre o objeto (N)
Δt = o período de tempo durante o qual a força atua sobre o objeto (s)
m = massa do objeto (kg)
V_{f} = velocidade final do objeto (m/s)
V_{i} = velocidade inicial do objeto (m/s)

É importante observar que a Equação (10.29) é uma relação vetorial, o que significa que ela tem módulo e direção. Usando a Equação (10.29), vamos mostrar por que o dublê não se machuca quando cai em uma cama de ar (Figura 10.36). Para efeito de demonstração, vamos presumir que o dublê está saltando de um prédio de dez andares, sendo que a altura média de cada andar é de 3 m. Além disso, vamos presumir que ele salte em uma cama de ar inflada com 3 m de altura. Vamos desconsiderar a resistência do ar durante a queda para tornar o cálculo mais simples. A velocidade do dublê bem antes de atingir a cama de ar poderia ser determinada por

$$V_{\text{i}} = \sqrt{2gh}$$

10.30

> Impulso linear representa o efeito resultante de uma força que atua em determinado período de tempo.

sendo que V_1 representa a velocidade do dublê antes de atingir a cama de ar, g é a aceleração decorrente da gravidade ($g = 9,81\ m/s^2$), e h é a altura do prédio menos a altura da cama de ar ($h = 27\ m$). Substituindo por g e h na Equação (10.30) temos uma velocidade inicial de $V_i = 23$ m/s. Também percebemos que a cama de ar diminui a velocidade do dublê para uma velocidade final zero ($V_t = 0$). Agora podemos obter $F_{\text{média}}$ pela Equação (10.29), presumindo

FIGURA 10.36 Dois dublês praticam a queda.

valores diferentes para Δt, e presumindo uma massa de 70 kg. Os resultados desses cálculos são resumidos e mostrados na Tabela 10.8. É importante observar que $F_{\text{média}}$ representa a força que o dublê exerce sobre a cama de ar e subsequentemente pelo ar até o solo. Mas você lembra da terceira lei de Newton, que afirma que para toda ação existe uma reação igual em módulo e oposta em direção. Portanto, a força média exercida pelo solo sobre dublê é igual em módulo a $F_{\text{média}}$. Observe também que a força de reação será distribuída sobre a superfície das costas do dublê e, assim, criará uma pressão relativamente pequena distribuída em suas costas. Você pode ver com esses cálculos que, quanto maior o tempo de contato, menor a força da reação, e portanto, menor a pressão sobre as costas do dublê.

TABELA 10.8 Força de reação média atuando sobre o dublê

Tempo de contato (s)	Força média de reação (N)
0,1	161 000
0,5	3 220
1,0	1 610
2,0	805
5,0	322
10,0	161

Antes de continuar

Responda às seguintes perguntas para testar seu conhecimento adquirido nas seções anteriores:

1. Explique o que significa pressão ou tensão e dê exemplos da vida diária.
2. Em suas próprias palavras, explique a lei de Pascal.
3. O que é pressão atmosférica?
4. Qual é a relação entre pressão absoluta e pressão manométrica?
5. Explique o que se entende por módulo de elasticidade e módulo de rigidez.
6. Qual é o efeito líquido da força que atua durante um período de tempo?

Vocabulário – Indique o significado dos seguintes termos:

Pressão _____

Tensão _____

Pressão absoluta _____

Pressão manométrica _____

Pressão de vapor _____

Módulo de elasticidade _____

Módulo de rigidez volumétrico _____

Impulso linear _____

RESUMO

OA¹ Força

A forma mais simples de uma força que representa a interação de dois objetos é empurrar ou puxar. Todas as forças, sejam elas representadas pela interação de dois corpos em contato direto ou pela interação de dois corpos a uma distância (força gravitacional), são definidas por módulo, direção e ponto de aplicação. Nas unidades SI, um newton é definido como a força que acelera 1 kg de massa a uma taxa de 1 m/s². As análises da engenharia podem envolver diferentes tipos de força, incluindo forças externas, forças internas, forças de reação, forças de mola, forças de fricção, forças viscosas, peso e forças decorrente da pressão.

OA² Leis de Newton na mecânica

As leis da física são baseadas em observações. As leis de Newton, que são a base da mecânica, também são baseadas na observação. A mecânica é o estudo do comportamento de objetos quando sujeitos à força. A mecânica lida com o estudo do comportamento de objetos ou membros estruturais quando sujeitos a forças. Por comportamento, nos referimos à obtenção de informações sobre a disposição linear ou angular, velocidade, aceleração, deformação e tensão dos objetos. A primeira lei de Newton estabelece que, se determinado objeto estiver em repouso, e não houver forças desbalanceadas atuando sobre ele, o objeto permanecerá em repouso.

Ou, se o objeto estiver em movimento com velocidade constante em determinada direção, e não houver forças desbalanceadas atuando sobre ele, o objeto continuará a se mover com velocidade constante e na mesma direção. A segunda lei de Newton de movimento afirma que o efeito resultante de forças desbalanceadas é igual à massa vezes a aceleração do objeto. Além disso, a direção das forças resultantes e a direção da aceleração serão a mesma. A terceira lei de Newton afirma que para toda ação existe uma reação, e as forças de ação e reação têm o mesmo módulo e ação ao longo da mesma linha, mas apresentam direções opostas.

OA³ Momento, torque – força atuando em uma distância

As duas tendências de força desbalanceada que atua sobre um objeto são de translação do objeto (ou seja, para movê-lo na direção da força desbalanceada) e de girar ou fletir ou torcer o objeto. Na mecânica, a tendência de força a girar um objeto é medida em termos de um momento de uma força sobre um eixo ou um ponto. O momento tem direção e módulo. O módulo do momento é obtido a partir do produto do braço do momento vezes a força. O braço do momento representa a distância perpendicular entre a linha de ação da força e o ponto sobre o qual o objeto pode girar.

OA⁴ Trabalho – força atuando ao longo de uma distância

O trabalho mecânico é realizado quando a força aplicada move o objeto ao longo de uma distância. Simplificando, o trabalho mecânico é definido como a componente da força que move o objeto vezes a distância que o objeto percorre. O trabalho mecânico é uma quantidade escalar e é igual à mudança na energia cinética do objeto.

OA⁵ Pressão e tensão – força atuando sobre a área

A pressão e a tensão fornecem uma medida de intensidade da força que atua sobre a área. A razão entre a componente normal (vertical) da força e a área é chamada tensão normal, e a razão entre a componente horizontal da força e a área é chamada tensão de cisalhamento. A componente de tensão normal é frequentemente chamado pressão. No Sistema Internacional de unidades, as unidades de pressão e de tensão são expressas em pascal.

A pressão atmosférica da Terra deve-se ao peso do ar na atmosfera sobre a superfície da Terra. Além disso, as leituras de pressão acima da pressão atmosférica geralmente são chamadas pressão manométrica, e o vácuo se refere a pressões abaixo do nível atmosférico. A propriedade de um fluido que mostra a facilidade com que um volume de um fluido pode ser reduzido quando a pressão que atua sobre ele é aumentada é chamada módulo de compressibilidade volumétrica.

O módulo de elasticidade é uma medida da facilidade com que um material estica quando puxado (sujeito a uma força de tração) ou encolhe quando empurrado (sujeito a uma força de compressão). Quanto maior o valor do módulo de elasticidade, maior será a força necessária para esticar ou reduzir o material em determinada quantidade. Além disso, o módulo de rigidez é uma medida da facilidade com que um material pode ser torcido ou cortado.

OA⁶ Impulso linear – força atuando durante um tempo

O impulso linear representa o efeito líquido de uma força que atua durante um período de tempo em um objeto. O impulso linear é uma grandeza vetorial e está relacionado (igual) à mudança na quantidade de movimento linear do objeto.

TERMOS-CHAVE

Força da mola	Módulo de elasticidade	Pressão diastólica
Força de fricção	Módulo de rigidez	Pressão manométrica
Força de reação	Módulo de compressibilidade	Pressão sistólica
Força externa	volumétrica	Tensão
Força interna	Momento	Tensão de cisalhamento
Força viscosa	Pressão	Torque
Impulso linear	Pressão absoluta	Trabalho
Leis de Newton	Pressão atmosférica	
Mecânica	Pressão de vapor	

APLIQUE O QUE APRENDEU

No passado, cientistas e engenheiros usavam pêndulos para medir o valor de g em um local. As forças básicas envolvidas eram a tração no fio e o peso da massa suspensa. Projete um pêndulo que possa ser usado para medir o valor de g em um local. Para medir a aceleração decorrente da gravidade, use a fórmula

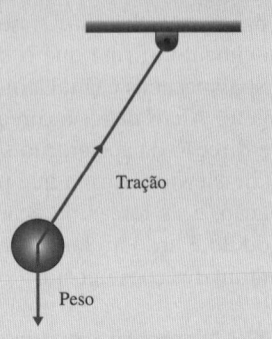

$$T = 2\pi\sqrt{\frac{L}{g}}$$

em que T é o período de oscilação do pêndulo, que é o tempo necessário para que o pêndulo conclua um ciclo. A distância entre o ponto de rotação e o centro da massa do peso morto suspenso é representada por L. Pense cuidadosamente em maneiras de aumentar a precisão do seu sistema. Descreva suas descobertas em um breve relatório.

PROBLEMAS

Problemas que promovem a aprendizagem permanente são indicados por 🔑

10.1 Projete um sistema de massa-mola que possa ser levado a Marte para medir a aceleração decorrente da gravidade na superfície desse planeta. Explique a base do seu projeto e como o sistema deve ser calibrado e usado.

10.2 Investigue o que significa carga morta, carga viva, carga de impacto, força do vento e sobrecarga da neve no projeto de estruturas.

10.3 Um astronauta tem uma massa de 68 kg. Qual é o peso do astronauta na Terra, ao nível do mar? Qual é a massa e o peso do astronauta na Lua e em Marte? Qual é a razão entre a pressão exercida pelo sapato do astronauta na Terra em relação a Marte?

10.4 Calcule a força de atração entre dois estudantes com massas de 70 kg e 80 kg. Os estudantes estão a cerca de um metro de distância um do outro. Compare suas forças de atração com seus pesos.

10.5 O ex-jogador de basquete Shaquille O'Neal pesa aproximadamente 150 kg e calça tamanho 51. Estime a pressão que ele exerce sobre o chão. Qual seria a pressão exercida por ele se o tamanho do seu sapato fosse 44? Escreva todas as suas suposições e mostre como você chegou à solução.

10.6 Investigue a relação entre as pressões descritas nas seguintes situações:
a. quando você está em pé e descalço
b. quando você está deitado de costas
c. quando está sentado em uma cadeira alta com os seus pés longe do chão e da cadeira

10.7 Investigue a pressão criada em uma superfície pelos seguintes objetos:
a. uma escavadora
b. um carro
c. uma bicicleta
d. um par de esquis cross-country

10.8 Na sua opinião existe relação entre o peso de uma pessoa, sua altura e o tamanho do seu sapato? Em caso positivo, justifique sua resposta. Os projetistas muitas vezes aprendem com o ambiente natural; será que os animais maiores têm pés maiores?

10.9 Calcule a pressão exercida pela água no casco de um submarino viajando a uma profundidade de 150 m abaixo do nível do mar. Considere que a densidade da água do oceano é $\rho = 1025$ kg/m^3.

10.10 Investigue o funcionamento dos dispositivos de medida de pressão, como manômetros, tubos Bourdon e sensor de pressão de diafragma. Escreva um breve relatório discutindo suas descobertas.

10.11 Converta as seguintes leituras de pressão de milímetros de mercúrio para pascal:

   a. 28,5 mm Hg

   b. 30,5 mm Hg

10.12 Converta as seguintes leituras de pressão de ar de cm H$_2$O para Pa.

   a. 1,5 cm H$_2$O

   b. 3,75 cm H$_2$O

10.13 Uma pessoa com hipertensão tem a pressão sanguínea diastólica/sistólica de 140/110 mm Hg. Expresse essas pressões em Pa e em cm H$_2$O.

10.14 Se um medidor de pressão manométrica em um tanque de ar comprimido fornecer a leitura 120 atm, assumindo a pressão atmosférica padrão ao nível do mar, qual é a pressão absoluta do ar em

   a. mm Hg

   b. pascal

   c. metros de água

   d. centímetros de mercúrio

10.15 Um compressor de ar capta o ar atmosférico a 101,325 kPa e aumenta sua pressão para 1,275 MPa (manométrica). O ar pressurizado é armazenado em um tanque horizontal. Qual é a pressão absoluta do ar dentro do tanque? Expresse suas respostas em

   a. MPa

   b. kPa

   c. bar

   d. atm padrão (lembre-se de que 1 atm = 101,325 kPa)

10.16 Calcule a pressão exercida pela água sobre um mergulhador que está nadando a uma profundidade de 20 m abaixo da superfície.

10.17 Investigue a gama de pressão operacional normal nos sistemas hidráulicos usados nos aplicativos a seguir. Escreva um breve relatório discutindo suas descobertas.

   a. controle dos flaps das asas das aeronaves

   b. sistema de direção do seu carro

   c. macacos usados para elevar carros em uma oficina

10.18 Usando as informações fornecidas na Tabela 10.4, determine a razão entre a pressão local e a densidade em relação aos valores no nível do mar. Determine o valor da densidade do ar na altitude de cruzeiro da maioria dos aviões comerciais.

Altitude (m)	$\dfrac{\rho}{\rho_{\text{nível do mar}}}$	$\dfrac{P}{P_{\text{nível do mar}}}$
0 (nível do mar)		
1 000		
3 000		
5 000		
8 000		
10 000		
12 000		
14 000		
15 000		

10.19 Medidores de pressão manométrica do tipo Bourdon são usados em milhares de aplicações. O testador de peso morto é um dispositivo usado para calibrar medidores de pressão. Investigue o funcionamento de um testador de pressão de peso morto. Escreva um breve relatório discutindo suas descobertas.

10.20 Investigue a gama típica de pressão nas seguintes aplicações: pneu de bicicleta, tubulação de água residencial, tubulação de gás natural e refrigerante nas tubulações do condensador e do evaporador da geladeira. Apresente suas descobertas em um breve relatório.

10.21 Converta as pressões diastólica/sistólica 115/85 de milímetros de Hg para Pa.

10.22 Determine a carga que pode ser elevada pelo sistema hidráulico ilustrado na imagem a seguir. Todas as informações necessárias estão indicadas na imagem.

10.23 Determine a carga que pode ser elevada pelo sistema ilustrado no Problema 10.22 se R_1 for reduzido para 4 cm.

10.24 Determine a carga que pode ser elevada pelo sistema ilustrado no Problema 10.22 se R2 for aumentado para 25 cm.

10.25 Determine a pressão necessária para diminuir em 2% o volume dos seguintes fluidos:

a. água

b. glicerina

c. óleo de motor SAE

10.26 Óleo SAE 30 está contido em um cilindro com diâmetro interno de 2,5 cm e comprimento de 30 cm. Qual é a pressão necessária para diminuir em 2% o volume do óleo?

10.27 Calcule a deformação de um membro estrutural feito de alumínio, se uma carga de 755 N for aplicada à barra.

O membro possui uma seção transversal retangular uniforme com as dimensões de 6 mm × 100 mm, conforme a imagem a seguir.

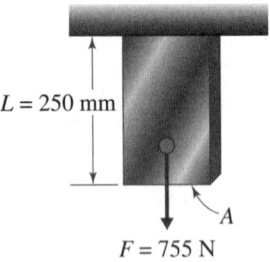

$L = 250$ mm

$F = 755$ N

A

Problema 10.27

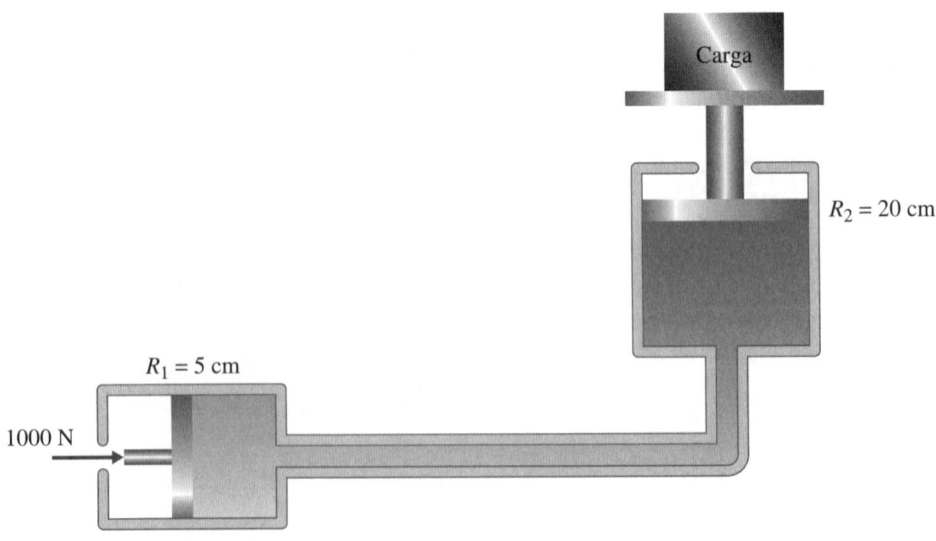

Carga

$R_2 = 20$ cm

$R_1 = 5$ cm

1000 N

Problema 10.22

10.28 Uma barra com 20 cm de diâmetro está sujeita a uma carga de tração de 1 000 N em uma extremidade c está fixa na outra extremidade. Calcule a deformação da barra se ela tiver 50 cm de comprimento.

10.29 Um membro estrutural com seção transversal retangular, conforme a imagem a seguir, é usado para dar suporte a uma carga de 2 500 N. Que tipo de material você recomenda que seja usado para suportar a carga com segurança? Baseie seus cálculos na tensão de escoamento e em um fator de segurança de 2.0.

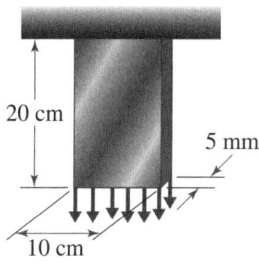

Problema 10.29

10.30 Uma chave de roda mostrada na imagem a seguir é usada para apertar o parafuso da roda. Dadas as informações no diagrama, determine o momento sobre o ponto O para as duas situações de carga exibidas:

a. fazer força perpendicular ao cabo da chave

b. fazer força com um ângulo de 75°.

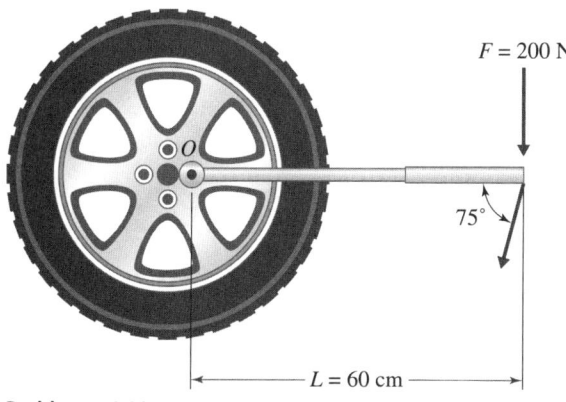

Problema 10.30

10.31 Determine o momento criado pelo peso da placa suspensa sobre o ponto O. As dimensões da placa e do suporte estão indicadas na imagem a seguir. A placa tem 2 mm de espessura e é feita de alumínio.

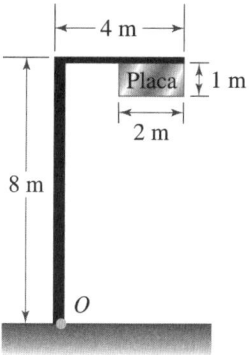

Problema 10.31

10.32 Determine o momento criado pelo peso da lâmpada sobre o ponto O. As dimensões do poste de iluminação e do braço estão indicadas na imagem a seguir. A lâmpada pesa 95 N.

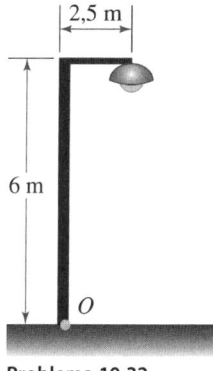

Problema 10.32

10.33 Determine o momento criado pelo peso do semáforo sobre o ponto O. As dimensões do semáforo e do braço estão indicadas na imagem a seguir. O semáforo pesa 175 N.

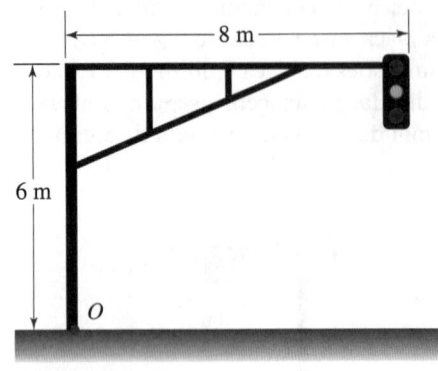

Problema 10.33

10.34 Determine a soma dos momentos criados pelas forças mostradas na figura a seguir sobre os pontos A, B, C e D.

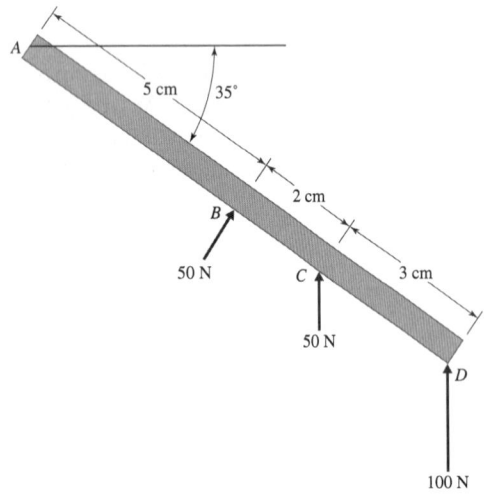

10.35 O coeficiente de fricção estática entre um bloco de concreto e uma superfície é 0,8. O bloco pesa 80 N. Se uma força horizontal de 60 N for aplicada ao bloco, o bloco se moverá? Em caso negativo, qual é o módulo da força de fricção? Qual deve ser o módulo da força horizontal para colocar o bloco em movimento?

10.36 Calcule o módulo do cisalhamento para determinada amostra de metal cilíndrica e os resultados de teste de $T = 1\,500$ N m, $L = 20$ cm, $D = 5$ cm e $\varphi = 0,02$ rad. Você pode dizer qual é esse material?

10.37 Determine a quantidade de trabalho realizada por você e por seu amigo quando cada um de vocês empurra um carro que está sem gasolina. Presuma que empurrem, cada um, com força horizontal de módulo igual a 200 N, por uma distância de 100 m. Além disso, sugira maneiras de calcular o módulo e a direção da força de empurrar.

10.38 Determine o trabalho realizado por um motor elétrico que eleva um peso de 4 kN por cinco andares com 3 m de altura cada um. Calcule a força necessária para elevar o motor do primeiro ao quinto andar em

a. 5 s

b. 8 s

Expresse os resultados em watts.

10.39 Se um computador laptop que pesa 22 N for derrubado de uma distância de 1 m do chão, determine a força de reação média do chão, se o tempo de contato for alterado usando diferentes materiais de amortecimento, conforme a tabela a seguir.

Tempo de contato (s)	Força média de reação (N)
0,01	
0,05	
0,1	
1,0	
2,0	

10.40 Obtenha os valores de pressões de vapor do álcool, água e glicerina a uma temperatura ambiente de 20 °C

10.41 Quando está aprendendo algum esporte, como tênis, golfe ou basquete, muitas vezes você ouve que deve seguir seu ritmo. Usando a Equação (10.29), explique por que seguir seu próprio ritmo é importante.

10.42 Em várias aplicações, molas calibradas são usadas para calcular a magnitude de uma força. Investigue como os dispositivos típicos de medição de força funcionam. Escreva um breve relatório discutindo suas descobertas.

10.43 Calcule o momento criado pelas forças mostradas na imagem a seguir sobre o ponto *O*.

10.44 Usamos uma configuração experimental semelhante à do Exemplo 10.1 para determinar o valor da constante de uma mola. A deformação causada pelos pesos correspondentes é fornecida na tabela a seguir. Qual é o valor da constante da mola?

Peso (N)	Deformação da mola (mm)
20	1,22
45	2,54
65	4,83
90	7,49

10.45 Se um astronauta e sua roupa espacial pesam 105 N na Terra, qual deve ser o volume da roupa espacial se ela for utilizada para a prática em condições sem gravidade em um simulador subaquático de flutuabilidade neutra semelhante ao usado pela NASA, conforme vimos no Capítulo 7?

10.46 Calcule o trabalho necessário para levantar um peso de 800 N a uma altura de 50 cm.

10.47 Sabendo que as três barras representadas na figura a seguir são feitas do mesmo material, compare a barra (a) com a barra (b): qual delas esticará mais quando estiverem sujeitas à mesma força *F*? As barras (a) e (b) possuem a mesma área de seção transversal, mas diferentes comprimentos. Ao comparar as barras (a) e (c), de comprimentos iguais, mas diferentes áreas de seção transversal, qual delas esticará mais? Explique.

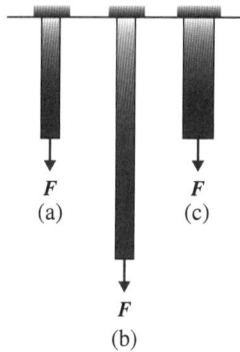

Problema 10.47

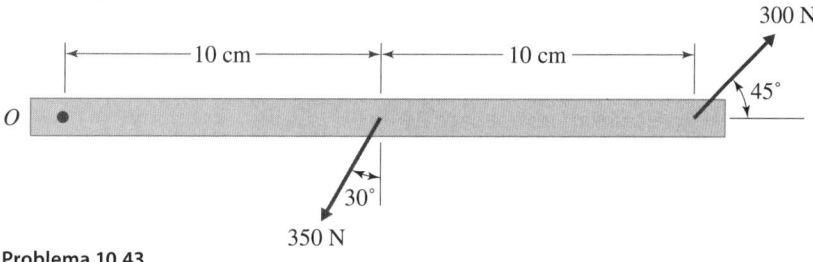

Problema 10.43

10.48 Crie uma tabela que mostre as magnitudes relativas do módulo de elasticidade do aço em relação a ligas de alumínio, ligas de cobre, ligas de titânio, borracha e madeira.

10.49 Considere as molas paralelas da imagem a seguir. Sabendo que a deformação de cada mola paralela é a mesma e que a força aplicada deve ser igual à soma das forças nas molas individuais, mostre que, para as molas paralelas, a constante de mola equivalente K_e é

$$K_e = K_1 + K_2 + K_3$$

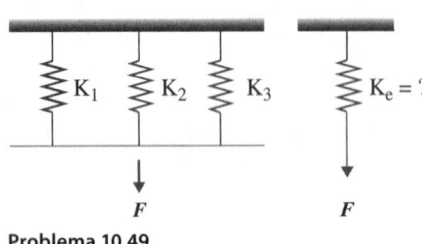

Problema 10.49

10.50 Considere as molas paralelas mostradas na imagem a seguir. Percebendo que a deformação total das molas é a soma das deformações das molas individuais, e que a força em cada mola é igual à força aplicada, mostre que, para as molas em série, a constante de mola equivalente K_e é

$$K_e = \frac{1}{\dfrac{1}{K_1} + \dfrac{1}{K_2} + \dfrac{1}{K_3}}$$

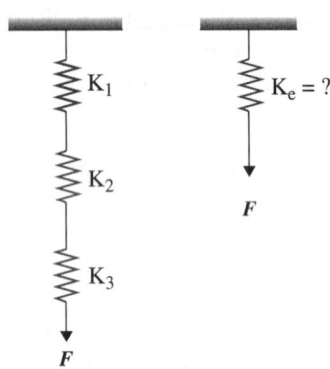

Problema 10.50

Projeto V

Objetivo: Projetar um elo estrutural (cadeia) com os materiais listados a seguir que suportarão o máximo de carga possível. O elo deve ter ao menos um orifício com diâmetro de 2 cm no centro para acomodar dois pedaços de corda. Os pedaços de corda são usados como elos para criar uma cadeia. Cada pedaço de corda é passado por dois projetos adjacentes (elos) e as extremidades são amarradas. Esse procedimento é repetido até que você crie uma cadeia feita de diferentes projetos de elos. A cadeia então será puxada por um cabo de guerra, até que um elo falhe. Os elos restantes serão reconectados conforme descrito, e o cabo de guerra é repetido até que seja declarado o vencedor. Você tem trinta minutos para preparar esse projeto.

Materiais fornecidos: 4 tiras de borracha; 50 cm de fita adesiva; 1 m de mola; 2 folhas de papel A4; 4 canudos

Espetáculo da engenharia

Caminhão de mineração Caterpillar 797*

O Caterpillar® 797, que traz muitas inovações patenteadas, foi desenvolvido a partir de uma 'folha em branco'. Mas o projeto também traz a experiência obtida de centenas de milhares de horas de operação acumuladas por mais de 35 000 caminhões de mineração e construção da Caterpillar que trabalham no mundo todo. A construção do 797 foi baseada em projetos comprovados em campo, como transmissão mecânica, eletrônicos que gerenciam e monitoram todo tipo de sistema e estruturas que fornecem durabilidade e resistência. Engenheiros de várias áreas, como mecânica, elétrica, estrutural, hidráulica e mineração, colaboraram no projeto do caminhão de mineração Caterpillar 797.

A Caterpillar desenvolveu o 797 em resposta às empresas de mineração que procuravam meios de reduzir o custo por tonelada em operações de grande escala. Portanto, o 797 é dimensionado para trabalhar com eficiência com pás carregadoras usadas em grandes operações de mineração, e a Caterpillar combinou o projeto da carcaça com o material carregado para otimizar as cargas transportadas.

O novo caminhão minerador 797 é o maior na extensa linha de caminhões fora de estrada da Caterpillar, ele é o maior caminhão minerador construído até o momento. O caminhão minerador Caterpillar 797 apresenta uma capacidade de carga de 326 toneladas métricas e funcionamento nominal com massa de 557 820 kg. Estas são as especificações do caminhão minerador Caterpillar 797:

Modelo do motor: 3524B alto deslocamento
Potência bruta a 1750 rpm: 2 537 kW
Transmissão: Caixa de transmissão planetária de 7 velocidades
Velocidade máxima: 64 km/h
Massa operacional: 1 345 000 kg
Capacidade de carga nominal: 326 toneladas métricas
Capacidade da carcaça (SAE 2:1): 220 m³
Tamanho do pneu: 58/80R63

Cortesia da Caterpillar

A seguir, um resumo sobre vários componentes do caminhão 797.

Cabine do operador confortável e eficiente

A cabine do 797 é projetada para reduzir a fadiga e melhorar o desempenho do operador, promovendo uma operação segura. Os controles e o layout proporcionam ao operador mais conforto e percepção automotiva, além de aprimorar a funcionalidade e a durabilidade. O projeto da cabine e da carroceria atende aos padrões SAE para operação contra capotamento e queda de objetos. O projeto do caminhão e da cabine fornece excepcional visibilidade em todas as direções, por exemplo, o convés livre à direta da cabine melhora as linhas de visão. A cabine espaçosa inclui dois assentos completos com suspensão a ar, para um treinador trabalhar junto ao operador.

A coluna de direção é inclinável e telescópica, assim o operador pode ajustá-la para mais conforto e controle. O monitor e teclado com sistema e gerenciamento de informações vitais (VIMS, Vital Information Management System) fornecem informações precisas sobre o *status* da máquina. O novo controle de içamento é acionado com as pontas dos dedos, permitindo que o operador o controle com facilidade e precisão – elevar, manter, flutuar e abaixar. As janelas são de acionamento eletrônico e o sistema de ar-condicionado acrescenta conforto ao operador. A cabine é montada com resiliência para abafar o ruído e a vibração, e o material de absorção de ruído nas portas e nos painéis laterais corta ainda mais o ruído externo.

Estrutura fundida Peças fundidas de aço macio abragem toda a estrutura de suporte de carga conferindo durabilidade e resistência aos impactos. As nove principais peças fundidas são fabricadas com ajuste preciso antes de serem unidas, usando tecnologia de solda robótica, que assegura completa penetração. O projeto reduz o número de juntas e soldas e assegura ao 797 uma fundação durável.

O sistema de suspensão, que utiliza amortecedores de nitrogênio sobre óleo similares aos de outros caminhões de mineração da Caterpillar, é projetado para dissipar impactos de carregamento e durante o percurso.

Motor controlado eletronicamente O novo motor a *diesel* de alto deslocamento Cat 3524B produz 2 537 kW. Ele é turbinado e pós-resfriado, e apresenta tecnologia de unidade de injeção eletrônica (EUI, electronic unit injection), que ajuda o motor a atender às regulamentações de emissões determinadas no ano 2000.

O motor utiliza dois blocos em linha conectados por um acoplador inovador e é gerenciado com precisão por controladores eletrônicos. Esses controladores eletrônicos integram as informações do motor com as da transmissão mecânica para otimizar o desempenho do caminhão, estender a vida útil dos componentes e melhorar o conforto do operador. O motor utiliza um ventilador acionado hidraulicamente para refrigeração eficiente. O projeto do ventilador e sua operação também reduzem o consumo de combustível e os níveis de ruído. O motor e seus componentes são projetados para minimizar o tempo de manutenção, o que ajuda a manter alta a disponibilidade do caminhão.

Transmissão mecânica eficiente O transmissão do 797 inclui um novo conversor de torque com embreagem de travamento que fornece alta eficiência mecânica. A nova transmissão de mudança automática traz sete velocidades para a frente e uma velocidade inversa. A tecnologia de controle eletrônico da pressão da embreagem (ECPC, electronic clutch pressure control) suaviza a mudança de marchas, reduz o desgaste e aumenta a confiabilidade. Os grandes discos da embreagem conferem capacidade de alto torque à transmissão aumentando a sua vida útil. A transmissão e o conversor de torque permitem que o caminhão mantenha bom ganho de velocidade, até atingir a velocidade máxima de 64 km/h.

O diferencial é montado na parte de trás, o que melhora o acesso à manutenção. Ele é lubrificado de maneira adequada, promovendo mais eficiência e vida útil. A ampla distribuição do peso da carga nas rodas reduz as cargas de rolamento e garante durabilidade. Um sistema hidráulico de lubrificação e refrigeração opera de maneira independente da velocidade no chão e bombeia continuamente um suprimento de óleo filtrado para cada unidade final. Freios a disco múltiplos refrigerados a óleo fornecem frenagem e retardamento com resistência à fadiga. O controle de retardamento automático (ARC, automatic retarder control) gerenciado eletronicamente é parte do motor propulsor inteligente. O ARC controla os freios a ponto de manter o motor em rotação ideal e com óleo refrigerado. O auxílio de tração eletrônica automática (AETA, automatic electronic traction aid) utiliza os freios traseiros para otimizar a tração. A combinação de bombas para deslocamento constante e deslocamento variável proporciona um fluxo regular de óleo de refrigeração dos freios para uma capacidade de retardamento constante e desempenho de pico do caminhão, como em declives.

Controle de içamento eletro-hidráulico Novo sistema hidráulico de içamento compreende controle eletrônico, válvula de medição independente (IMV, independent metering valve) e uma grande bomba de içamento. Esses recursos permitem parada repentina automática para proporcionar menos impacto sobre a estrutura, os cilindros de içamento e o operador. Esse projeto também permite que o operador module o fluxo e controle a centralização durante o descarregamento.

Operacionalidade A Caterpillar projetou o 797 para reduzir o tempo de manutenção e, assim, assegurar máxima disponibilidade. Os pontos de manutenção rotineira, como abastecimento de combustível e pontos de verificação, são próximos do nível do solo. O fácil acesso aos conectores permite que os técnicos baixem dados e calibrem as funções da máquina, ampliando, assim, os intervalos de manutenção e oferecendo mais disponibilidade. O 797 também é projetado para tornar acessíveis os principais componentes, isso reduz muito o tempo de remoção, instalação e manutenção no caminhão para todos os componentes do motor propulsor.

A fim de permitir que os técnicos subam o corpo do caminhão dentro de um edifício de manutenção de altura padrão, a parte do teto do corpo do caminhão é basculante, assim ela pode ser dobrada para trás. Na posição de teto basculado e dobrado, a altura do corpo do 797 não é maior do que o do 793, o caminhão minerador de 218 toneladas métricas da Caterpillar.

Testes Diversos caminhões de mineração 797 foram testados nos terrenos de prova da Caterpillar. Os desempenhos de avaliação em mineração também foram testados em 1999-2000. Os resultados dos testes são usados para corrigir problemas inesperados e vários ajustes em componentes do caminhão. O 797 passou a ser comercializado no mundo todo a partir de janeiro de 2001.

PROBLEMAS

1. Calcule a força de frenagem necessária para frear totalmente um caminhão em velocidade máxima numa distância de 75 m.

2. Calcule o momento linear de um caminhão com carga total e em movimento à velocidade máxima. Calcule a força necessária para fazer o caminhão parar completamente em 5 s.

3. Estime a velocidade rotacional dos pneus quando o caminhão estiver em movimento na velocidade máxima.

4. Estime o torque de saída resultante do motor na seguinte equação:

Energia = $T\omega$

em que

energia está em W

T = torque (N · m)

ω = velocidade angular (rad/s)

Temperatura e variáveis a ela relacionadas em engenharia

Aço fundido despejado por uma concha em moldes de lingote antes de ser transportado para a fábrica de processamento para fazer produtos de aço. Dependendo da quantidade de carbono no aço, a temperatura do aço fundido pode exceder 1 300 °C.

OBJETIVOS DE APRENDIZADO

OA¹ **Temperatura como dimensão fundamental:** descrever a função da temperatura na análise e em projeto de engenharia e suas unidades e medidas

OA² **Diferença de temperatura e transferência de calor:** explicar o que causa transferência de calor; os modos da transferência de calor; e o que significa resistência térmica e valor R

OA³ **Conforto térmico:** descrever os fatores que definem o conforto térmico

OA⁴ **Poder calorífico de combustíveis:** explicar o que representam os valores de aquecimento de combustíveis

OA⁵ **Graus-dia e estimativa de energia:** explicar o que significa graus-dia; descrever como os engenheiros calculam o consumo mensal ou anual para aquecer os prédios

OA⁶ **Outras propriedades relacionadas à temperatura:** explicar o que significam coeficiente de expansão térmica e calor específico

ÍNDICE DE RESFRIAMENTO PELO VENTO

DEBATE INICIAL

Em 1º de novembro de 2001, o Serviço de Meteorologia dos Estados Unidos implantou um novo índice de resfriamento pelo vento (WCT, Wind Chill Temperature) destinado a elaborar um cálculo mais preciso de como o ar frio é sentido pela pele humana. O índice usado antes por Estados Unidos e Canadá tinha por base uma pesquisa de 1945 feita pelos exploradores da Antártica, Siple e Passel. Eles mediram a taxa de resfriamento da água em um recipiente pendurado em um poste ao ar livre. Um recipiente de água congela mais rapidamente do que a carne. Como resultado, o índice de resfriamento pelo vento subestimava o tempo de congelamento e superestimava o efeito de resfriamento do vento. O índice atual é baseado na perda de calor pela pele exposta e foi testado em humanos. O gráfico de resfriamento pelo vento inclui um indicador que mostra os pontos em que a temperatura, a velocidade do vento e o tempo de exposição produzem uma queimadura pelo frio em humanos. O gráfico inclui três áreas sombreadas que indicam o perigo de queimadura pelo frio. Cada área sombreada indica quanto tempo (30, 10 e 5 minutos) uma pessoa pode ficar exposta antes de desenvolver uma queimadura pelo frio. Por exemplo, uma temperatura de 0 °F (−18 °C) e uma velocidade do vento de 15 mph (24 kph) produzem uma temperatura de resfriamento pelo vento de −19 °F (−28 °C). Sob essas condições, a pele exposta pode congelar em 30 minutos.

No início do verão de 2001, foram realizados experimentos com humanos no Instituto de Defesa Civil de Medicina Ambiental em Toronto, Canadá. Os resultados experimentais foram usados para melhorar a precisão da nova fórmula e determinar os valores de limite para queimadura pelo frio. Durante os experimentos em humanos, seis mulheres e seis homens voluntários foram colocados em um túnel de vento resfriado. Transdutores térmicos foram colados em suas faces para medir o fluxo de calor de bochechas, testas, nariz e queixo, enquanto eles caminhavam a 3 mph (1,3 m/s) em uma esteira. Cada voluntário participou de quatro experimentos de 90 minutos cada e foi exposto à variação de velocidades do vento e de temperaturas. O novo

$$\text{Wind Chill (°F)} = 35.74 + 0.6215T - 35.75(V^{0.16}) + 0.4275T(V^{0.16})$$

Where, T= Air Temperature (°F) V= Wind Speed (mph) *Effective 11/01/01*

National Weather Service

As pessoas que participaram do teste de resfriamento pelo vento caminharam na esteira em um túnel de vento refrigerado. As leituras da temperatura facial foram feitas para ajudar a refinar o novo índice de resfriamento pelo vento.

sistema de resfriamento pelo vento segue estes procedimentos:

- Calcula a velocidade do vento a uma altura média de 150 cm (altura típica da face de uma pessoa adulta) com base nas leituras na altura padrão nacional de 10 m (altura de um anemômetro).
- Tem base em um modelo de face humana.
- Incorpora a teoria moderna de transferência de calor.
- Diminui o limite de vento calmo de 1,8 m/s para 1,3 m/s.
- Utiliza um padrão consistente para resistência de tecido da pele.
- Presume nenhum impacto do sol (ou seja, céu claro à noite).

Serviço Nacional de Meteorologia

Para os estudantes: O que é temperatura? Você é capaz de dar outros exemplos da vida diária em que a temperatura e seus valores exercem importantes funções?

Neste capítulo, abordaremos temperatura, energia térmica e transferência de calor. Veremos com mais detalhes a função da temperatura e da transferência de calor em projetos de engenharia e examinaremos como isso ocorre de forma oculta em nosso dia a dia. Discutiremos a temperatura e suas escalas de valores, como Celsius, Fahrenheit, Rankine e Kelvin. Explicaremos também as várias propriedades de materiais relacionadas à temperatura, como calor específico, expansão térmica e condutividade térmica. Depois de estudar este capítulo, você terá aprendido que a transferência de energia térmica ocorre sempre que há diferença de temperatura em um objeto ou sempre que há diferença de temperatura entre dois corpos ou um corpo e o ambiente. Discutiremos concisamente os vários modos de transferência de calor, o que significa valor R de isolamento e o que significa o termo taxa metabólica. Explicaremos também o poder calorífico de combustíveis.

Para relacionar este capítulo a tudo o que você tem estudado até aqui, lembre-se de nossa discussão no Capítulo 6, quando discutimos sobre

TABELA 6.7 — Dimensões fundamentais e seu uso ao definir variáveis usadas em análises e projetos de engenharia

Capítulo	Dimensão fundamental	Variáveis de engenharia relacionadas			
7	Comprimento (L)	Radiano (L/L), Deformação (L/L)	Área (L^2)	Volume (L^3)	Momento de inércia da área (L^4)
8	Tempo (t)	Velocidade angular ($1/t$), Aceleração angular ($1/t^2$) Velocidade linear (L/t), Aceleração linear (L/t^2)		Vazão volumétrica (L^3/t)	
9	Massa (M)	Vazão mássica (M/t), Quantidade de movimento (ML/t) Energia cinética (ML^2/t^2)		Densidade (M/L^3), Volume específico (L^3/M)	
10	Massa(M)	Momento (LF), Trabalho, energia (FL), impulso linear (Ft), Força (FL/t)	Pressão (F/L^2), Tensão (F/L^2), Módulo de elasticidade (F/L^2), Módulo de rigidez (F/L^2)	Peso específico (F/L^3),	
11	Temperatura (T)	Expansão térmica linear (L/LT), Calor específico (FL/MT)		Expansão térmica volumétrica (L^3/L^3T)	
12	Corrente elétrica (I)	Carga (It)	Densidade da corrente (I/L^2)		

nosso mundo físico hoje, e sobre os sete fundamentos ou dimensões básicas usados para expressar de maneira correta o mundo natural. As sete dimensões fundamentais são *comprimento*, *massa, tempo, temperatura, corrente elétrica, quantidade de substância* e *intensidade luminosa*. Lembre-se de que, com a ajuda dessas dimensões básicas, podemos explicar outras grandezas físicas necessárias para descrever o funcionamento da natureza. Nos capítulos anteriores, você estudou as funções de comprimento, massa e tempo em análises e projetos de engenharia e em sua vida diária. Neste capítulo, discutiremos a função da temperatura, outra dimensão fundamental, ou básica, na análise de engenharia. Reapresentamos a Tabela 6.7 para lembrá-lo da função de dimensões fundamentais e como elas são combinadas para definir variáveis usadas em análises e projetos de engenharia.

OA¹ 11.1   Temperatura como dimensão fundamental

É importante entender o que significa temperatura e o que sua magnitude ou valor representa para entendermos nosso meio ambiente. Lembre-se de nossa discussão no Capítulo 6, para descrever o quão frio ou quente algo está, as pessoas precisam de uma grandeza física ou dimensão física, a que agora chamamos temperatura. Pense sobre a importante função da temperatura em nosso dia a dia na descrição do estado das coisas. Você conhece a resposta para algumas destas perguntas: Qual é a temperatura de seu corpo? Qual é a temperatura do ar ambiente? Qual é a temperatura da água que você usou hoje cedo para tomar banho? Qual é a temperatura do ar dentro de seu refrigerador que mantém o leite gelado a noite toda? Qual é a temperatura dentro da parte do freezer de seu refrigerador? Qual é a temperatura do ar que sai de seu secador de cabelo? Qual é a temperatura da superfície do elemento de aquecimento de seu fogão quando definido para alto? Qual é a temperatura da superfície do ferro usado para passar sua camisa? Qual é a temperatura de operação média dos chips eletrônicos dentro de seu aparelho de TV ou de seu computador? Qual é a temperatura dos produtos de combustão que saem do motor de seu carro? Ao começar a pensar na função da temperatura em quantificar o que ocorre ao nosso redor, percebemos que poderíamos formular centenas de perguntas desse tipo.

Independentemente de qual disciplina de engenharia você pretende cursar, é necessário desenvolver um bom entendimento do que significa temperatura e como ela é medida. A Figura 11.1 ilustra alguns dos sistemas para os quais esse entendimento é importante. Os engenheiros eletrônicos ou de computação, quando projetam computadores, televisores ou qualquer equipamento eletrônico, estão preocupados em manter a temperatura de vários componentes eletrônicos no nível operacional razoável, para que os componentes eletrônicos funcionem adequadamente. De fato, eles usam dissipadores de calor (aletas) e ventiladores para resfriar os chips eletrônicos. Os engenheiros civis precisam ter um bom conhecimento de temperatura quando projetam pavimentos, pontes e outras estruturas. Eles precisam projetar as estruturas de forma a permitir a expansão e a contração de materiais, como concreto e aço, que ocorrem em razão das alterações na temperatura ambiente. Os engenheiros mecânicos projetam equipamentos de aquecimento, ventilação e ar-condicionado (HVAC) para criar o ambiente confortável para repousar, trabalhar e jogar. Para isso, precisam entender os processos de transferência de calor e as propriedades do ar, como a temperatura e a umidade. Os engenheiros automotivos precisam ter um bom conhecimento da temperatura e das taxas de transferência de calor quando projetam o sistema de refrigeração de um motor. Engenheiros que trabalham em processamento de alimentos precisam monitorar a temperatura dos processos de secagem e refrigeração. Os engenheiros de materiais precisam ter um bom conhecimento de temperatura e transferência de calor para criar materiais com propriedades desejáveis.

As propriedades do material são função da temperatura. As propriedades físicas e térmicas de sólidos, líquidos e gases variam com a temperatura. Por exemplo, como você já deve saber, o ar frio é mais denso do que o ar quente. A resistência do ar para o movimento do carro é maior no inverno do que no verão, desde que ele esteja em movimento na mesma velocidade. Muitas pessoas que vivem em locais de clima frio sabem que é mais difícil dar a partida do carro de manhã durante o inverno. Como você sabe, a dificuldade em dar a partida é resultado da viscosidade do óleo, que aumenta quando a temperatura diminui. A variação na densidade do ar em função da temperatura é indicada na Figura 11.2. Veja na Figura 11.3 a dependência da temperatura dos óleos SAE 10W, SAE 10W-30 e SAE 30. Esses são apenas alguns exemplos de por que os engenheiros precisam de um bom conhecimento sobre a temperatura e sua função em projetos.

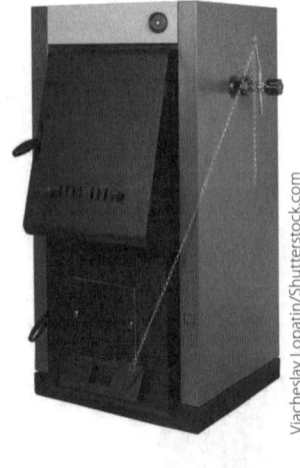

FIGURA 11.1 Exemplos de sistemas de engenharia para os quais é muito importante entender a temperatura e a transferência de calor.

Vamos agora examinar mais de perto o que significa temperatura. A temperatura fornece uma medida da atividade molecular e da energia interna de um objeto. Lembre-se de que todos os objetos e seres vivos são feitos de matéria, e a matéria em si é feita de átomos, ou elementos químicos. Além disso, os átomos são combinados naturalmente, ou em laboratório, para criar moléculas. Por exemplo, como você já deve saber, as moléculas de água são compostas de dois átomos de hidrogênio e um átomo de oxigênio. A temperatura representa o nível de atividade molecular de uma substância. As moléculas de uma substância a alta temperatura são mais ativas do que a baixa temperatura. Talvez uma forma simples de visualizar isso seja imaginar que as moléculas de um gás são pipocas em uma pipoqueira; as moléculas que estão em temperatura mais alta se movem, giram e saltam mais rapidamente do que as moléculas mais frias. Portanto, a temperatura quantifica ou fornece a medida da atividade dessas moléculas em nível microscópico. Por exemplo, as moléculas de ar são mais ativas a, digamos, 50 °C do que a 25 °C. Pode ser interessante pensar em temperatura dessa forma: Agrupamos todo movimento molecular microscópico em um único valor calculável, macroscópico, que chamamos de **temperatura**.

> A temperatura fornece uma medida da atividade molecular e da energia interna de um objeto.

Medição da temperatura e suas unidades

No início, os homens contavam com o sentido do tato ou da visão para medir o quão frio ou quente estava determinada coisa. De fato, ainda contamos com o tato hoje. Quando você planeja tomar banho de banheira, primeiro abre a torneira quente e a fria e enche a banheira de água. Antes de entrar nela, entretanto, primeiro você toca na água para sentir o quanto ela está quente.

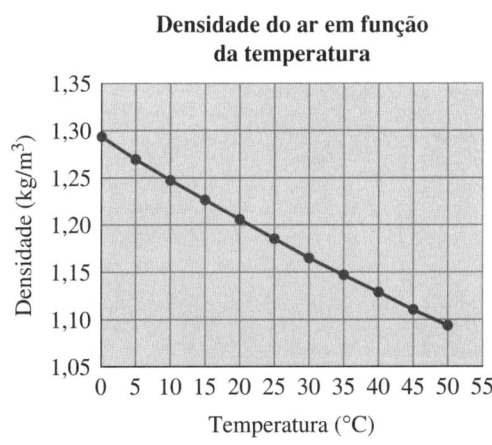

FIGURA 11.2 Densidade do ar na pressão atmosférica em função da temperatura.

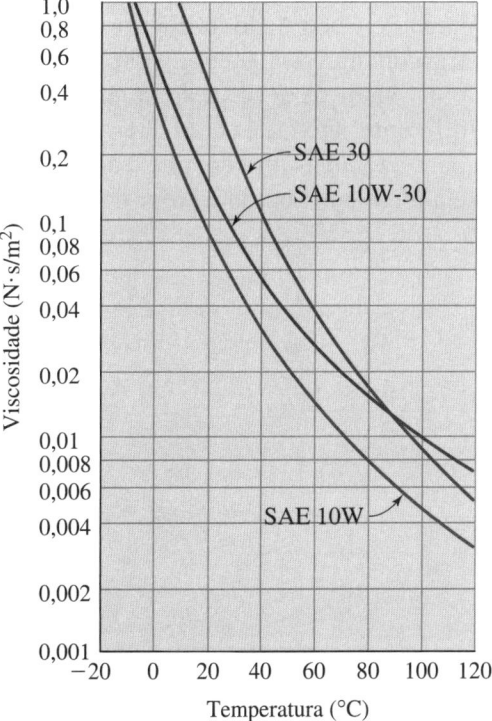

FIGURA 11.3 Viscosidade do óleo SAE 10W, SAE 10W-30 e SAE 30 em função da temperatura.

Basicamente, você está usando o sentido do tato para obter a temperatura. É óbvio que não seria possível medir a temperatura da água com precisão apenas pelo tato. Você não é capaz de afirmar, por exemplo, que a água está a 21,5 °C. Portanto, observe a necessidade de uma maneira mais precisa de medir a temperatura de algo. Além disso, quando expressamos a temperatura da água, precisamos usar um número que seja entendido por todos. Em outras palavras, precisamos estabelecer e usar as mesmas unidades e escalas que sejam entendidas por todos.

Outro exemplo de como as pessoas confiam no sentido para medir a temperatura é a maneira como os ferreiros costumavam usar os olhos para estimar o quanto o fogo estava quente. Eles julgavam a temperatura pela cor de queima do combustível antes de colocarem a ferradura ou um pedaço de ferro no fogo. De fato, essa relação entre a cor do ferro aquecido e sua temperatura real foi medida e estabelecida. A Tabela 11.1 mostra essa relação.

Desses exemplos, você percebe que nossos sentidos são úteis em julgar o quão frio ou quente algo está, mas são limitados em precisão e não podem quantificar o valor da temperatura. Assim, precisamos de um dispositivo de medida que possa fornecer informações sobre a temperatura de algo com mais precisão e eficiência.

Essa necessidade levou ao aparecimento de termômetros baseados em expansão ou contração térmica de um fluido, como o álcool ou um metal líquido, como o mercúrio. Todos vocês sabem que quase todo tipo de material passa por expansão e o seu comprimento aumenta quando ocorre aumento de temperatura; e há contração e redução de tamanho do material quando ocorre diminuição de temperatura. Discutiremos a expansão térmica do material com mais detalhes adiante, neste capítulo. Mas, por enquanto, lembre-se de que um termômetro de mercúrio é um sensor de temperatura que funciona com base no princípio de expansão ou contração do mercúrio quando sua temperatura é alterada. A maioria de vocês já viu um termômetro, uma haste de vidro com escala preenchida com mercúrio. Na escala *Celsius,* sob condições atmosféricas padrão, o valor zero era arbitrariamente atribuído à temperatura de congelamento da água, e o valor de 100 era atribuído à temperatura de ebulição da água. Esse procedimento é chamado *calibração* do instrumento e é retratado na Figura 11.4. É importante entender que os números eram atribuídos arbitrariamente; se alguém tivesse decidido atribuir um valor de 100 à temperatura da água congelada e um valor de 1 000 à água fervente, nós teríamos hoje um tipo de escala de temperatura muito diferente! De fato, em uma escala de temperatura Fahrenheit sob condições atmosféricas padrão, para a temperatura em que a água congela é atribuído o valor de 32°, e para a temperatura em que ela ferve é atribuído o valor de 212°. A relação entre as duas escalas de temperatura é dada por

| TABELA 11.1 | Relação da cor com a temperatura do ferro |

Cor	Temperatura (°C)
Vermelho-sangue escuro, vermelho-escuro	530
Vermelho-escuro, vermelho-sangue, vermelho-fraco	565
Vermelho-cereja escuro	635
Vermelho-cereja médio	675
Cereja, vermelho intenso	745
Cereja-claro, vermelho-claro	845
Laranja	900
Laranja-claro	940
Amarelo	**1 000**
Amarelo-claro	1 080
Branco	1 200

Com base em MARK'S STANDARD HANDBOOK FOR MECHANICAL ENGINEERS. 8ª EDIÇÃO de Baumeister et al.

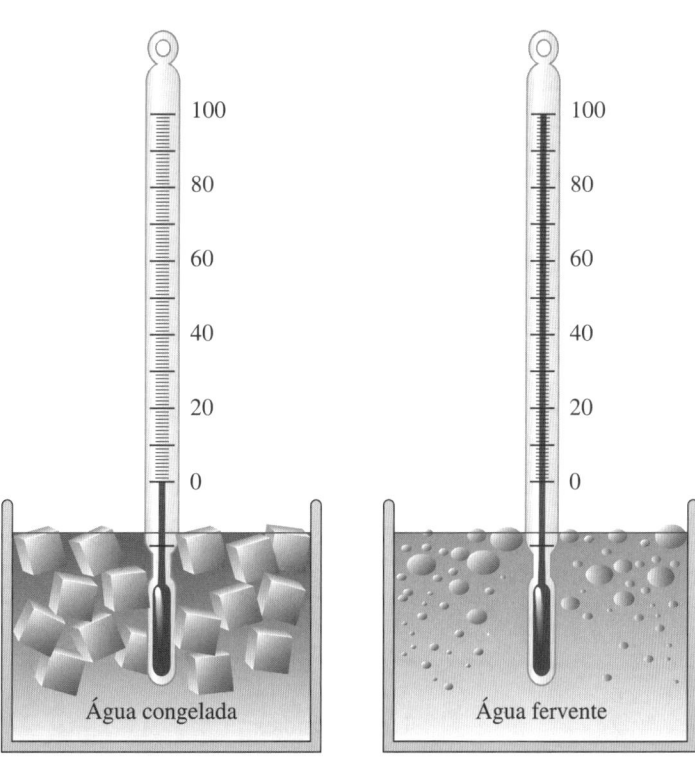

| FIGURA 11.4 | Calibração do termômetro de mercúrio. |

$$T(^\circ C) = \frac{5}{9}[T(^\circ F) - 32] \qquad \textbf{11.1}$$

$$T(^\circ F) = \frac{9}{5}[T(^\circ C)] + 32 \qquad \textbf{11.2}$$

Assim como outros instrumentos, os termômetros evoluíram com o tempo e hoje são instrumentos de precisão, que podem medir a temperatura em incrementos de até 1/100 °C.

> Como as escalas Celsius e Fahrenheit foram definidas arbitrariamente, os cientistas reconheceram a necessidade de uma escala de temperatura melhor. Essa necessidade levou à definição de escalas absolutas, as escalas Kelvin e Rankine, baseadas no comportamento do gás ideal.

Hoje também usamos outras alterações em propriedades de matéria, como resistência elétrica ou alterações ópticas ou emf (força eletromotiva) para medir temperatura. Essas mudanças de propriedade ocorrem dentro da matéria quando mudamos sua temperatura. **Termopar** e **termoresistor**, ilustrados na Figura 11.5, são exemplos de dispositivos de medida de temperatura que utilizam essas propriedades. Um termopar é composto de dois metais diferentes. Uma voltagem de saída relativamente pequena é criada quando existe diferença na temperatura entre duas junções do termopar. Essa pequena voltagem de saída é proporcional à diferença na temperatura entre duas junções. As duas combinações de metais diferentes usados em fios do termopar mais comuns são ferro/constantan (tipo J) e cobre/constantan (tipo T). (O J e o T são símbolos do Instituto Nacional de Padrões Norte-americano (ANSI, American National Standards Institute) usados para fazer referência a esses fios termopar.). Termoresitor é um dispositivo sensível a temperatura composto de material semicondutor com tais propriedades que uma pequena alteração de temperatura cria grandes mudanças na resistência elétrica do material. Portanto, a resistência elétrica do termoresistor está correlacionada ao valor de temperatura.

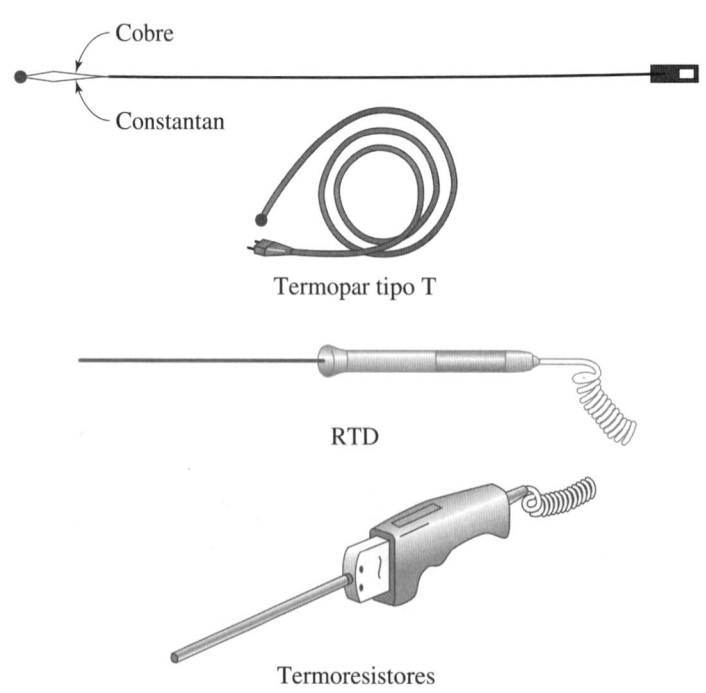

Cobre

Constantan

Termopar tipo T

RTD

Termoresistores

FIGURA 11.5 Exemplos de dispositivos de medida de temperatura.

Temperatura zero absoluto

Como as escalas Celsius e Fahrenheit foram definidas arbitrariamente, como já explicamos, os cientistas reconheceram a necessidade de uma escala de temperatura melhor. Essa necessidade levou à definição de escalas absolutas, as escalas Kelvin e Rankine, baseadas no comportamento do gás ideal. Observamos o que acontece na pressão interna dos pneus de seu carro, durante um dia frio de inverno, ou o que acontece na pressão do ar dentro de uma bola de basquete se ela for deixada fora durante uma noite fria. Em determinada pressão, como a temperatura de um gás ideal diminui, seu volume também diminui. Para gases sob certas condições, há uma relação entre a pressão do gás, seu volume e sua temperatura, de acordo com a *lei dos gases ideais*, que é fornecida por

$$PV = mRT \qquad \text{11.3}$$

em que

P = pressão absoluta do gás (Pa)

V = volume do gás (m)

m = massa (kg)

R = constante do gás ($\left(\dfrac{\text{J}}{\text{kg} \cdot \text{K}}\right)$)

T = temperatura absoluta (Kelvin)

Considere o seguinte experimento. Imagine um recipiente rígido (cápsula) preenchido com um gás. O recipiente é conectado a um medidor de pressão, que lê a pressão absoluta do gás dentro do recipiente, como mostra a Figura 11.6. Além disso, imagine que a cápsula está imersa em um ambiente cuja temperatura podemos abaixar. Logicamente, se permitirmos tempo suficiente, a temperatura do gás dentro do recipiente atingirá a temperatura de seu ambiente. Lembremos também que, como o gás é contido em um recipiente rígido, ele apresenta um volume constante e uma massa constante. Agora, o que acontece com a pressão do gás dentro do recipiente, conforme indicado pelo medidor de pressão, se diminuirmos a temperatura ambiente? A pressão diminuirá na medida em que a temperatura do gás diminuir. Podemos determinar a relação entre a pressão e a temperatura usando a lei dos gases ideais, Equação (11.3).

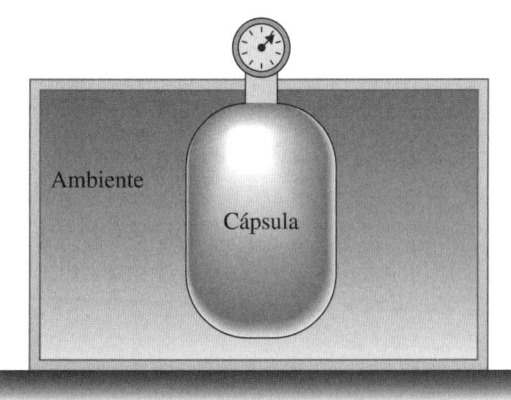

FIGURA 11.6 Cápsula usada no exemplo de temperatura de zero absoluto.

Agora, continuemos a série de experimentos. Começando com a temperatura ambiente igual a alguma temperatura de referência — digamos, T_r — e deixando tempo suficiente para que o recipiente atinja o equilíbrio com o ambiente, registramos então a pressão correspondente do gás, P_r. A pressão e a temperatura do gás se relacionam de acordo com a lei dos gases ideais:

$$T_r = \frac{P_r V}{mR} \qquad \text{11.4}$$

Agora imagine que abaixamos a temperatura ambiente para T_1, uma vez obtido o equilíbrio, registramos a pressão do gás e indicamos a leitura por P_1. Como a temperatura do gás foi abaixada, a pressão também deveria ser abaixada.

$$T_1 = \frac{P_1 V}{mR} \qquad \text{11.5}$$

Dividindo a Equação (11.5) pela Equação (11.4), temos

$$\frac{T_1}{T_r} = \frac{\dfrac{P_1 V}{mR}}{\dfrac{P_r V}{mR}} \qquad \text{11.6}$$

E após cancelar o m, o R e o V, temos

$$\frac{T_1}{T_r} = \frac{P_1}{P_r} \qquad \text{11.7}$$

$$T_1 = T_r \left(\frac{P_1}{P_r} \right) \qquad \text{11.8}$$

A Equação (11.8) estabelece uma relação entre a temperatura do gás, sua pressão e a pressão e temperatura de referência. Se continuarmos a abaixar a temperatura ambiente, a pressão do gás diminuirá, e se extrapolássemos os resultados de nossos experimentos, finalmente chegaríamos à pressão zero em temperatura zero. Essa temperatura é chamada *temperatura termodinâmica absoluta* e está relacionada às escalas Celsius e Fahrenheit. A relação entre kelvin (K) e graus Celsius (°C) em unidades SI é

$$T(K) = T(°C) + 273,15 \qquad \text{11.9}$$

A relação entre grau Rankine (R) e grau Fahrenheit (F) em unidades norte-americanas é

$$T(°R) = T(°F) + 459,67 \qquad \text{11.10}$$

Observe que o experimento não pode ser realizado até o fim, porque a temperatura do gás diminui, ela atinge um ponto em que ele será liquefeito e, assim, a lei dos gases ideais não será válida. Esse é o motivo para extrapolar o resultado a fim de obter a temperatura teórica de zero absoluto. Também é importante observar que há um limite do quanto algo pode ficar frio, mas não há limite teórico do quanto algo pode ficar quente. Finalmente, também podemos estabelecer uma relação entre o grau Rankine e Kelvin em

$$T(\text{K}) = \frac{5}{9} \, T(°\text{R})$$ **11.11**

Nas Equações (11.9) e (11.10), a menos que você esteja lidando com experimentos muito precisos, ao converter do grau Celsius para Kelvin, você pode arredondar para baixo, de 273,15 para 273. O mesmo procedimento pode ser feito ao converter do grau Fahrenheit para Rankine; arredondando para cima, de 459,67 para 460.

EXEMPLO 11.1

Qual é o valor equivalente de $T = 50$ °C em kelvins?
Podemos usar a Equação (11.9):

$T(\text{K}) = T(°\text{C}) + 273 = 50 + 273 = 323$ K

EXEMPLO 11.2

Em um dia de verão em Phoenix, Arizona, a temperatura ambiente interna é de 20 °C, enquanto a temperatura externa é de 43,3 °C. Qual é a diferença de temperatura externa-interna em (a) graus Celsius e (b) kelvin? A diferença e temperatura de 1° em Celsius é igual à diferença de temperatura de 1° em kelvins? Se positivo, por quê?

(a) $T_{\text{externa}} \, T_{\text{interna}}$ 43,3 °C –20 °C = 23,3 °C

(b) $T_{\text{externa}}(\text{K}) = T_{\text{externa}}(°\text{C}) + 273 = 43,3 + 273 = 316,3$ K

$T_{\text{interna}}(\text{K}) = T_{\text{interna}}(°\text{C}) + 273 = 20 + 273 = 293$ K

$T_{\text{externa}} - T_{\text{interna}} = 316,3 \text{ K} - 293 \text{ K} = 23,3$ K

Observe que a diferença de temperatura expressa em graus Celsius é igual à diferença de temperatura expressa em kelvins.

Deve ficar claro por enquanto que a diferença de temperatura de 1° em Celsius é igual à diferença de temperatura de 1° em kelvins. Logicamente, essa relação é verdadeira porque, quando você está calculando a diferença entre duas temperaturas e convertendo para a escala de **temperatura absoluta**, está adicionando o mesmo valor base para cada temperatura. Por exemplo, para calcular a diferença de temperatura em kelvins entre duas temperaturas T_1 e T_2 dadas em graus Celsius, você primeiro adiciona 273 a cada temperatura para converter T_1 e T_2 de graus Celsius para kelvins. Essa etapa é mostrada a seguir.

$$T_1\,(\text{K}) - T_2\,(\text{K}) = \overbrace{[\,T_1(^\circ\text{C}) + 273\,]}^{T_1\,(\text{K})} - \overbrace{[\,T_2(^\circ\text{C}) + 273\,]}^{T_2\,(\text{K})}$$
$$= T_1(^\circ\text{C}) + 273 - T_2(^\circ\text{C}) - 273$$

E, simplificando essa relação temos

$$T_1\,(\text{K}) - T_2\,(\text{K}) = T_1\,(^\circ\text{C}) - T_2\,(^\circ\text{C})$$

OA² 11.2 Diferença de temperatura e transferência de calor

A transferência de energia térmica ocorre sempre que há diferença de temperatura em um objeto, ou entre dois corpos, ou entre um corpo e seu ambiente. Essa forma de transferência de energia entre corpos de diferentes temperaturas é chamada de **transferência de calor**. Além disso, o calor sempre flui de uma região com temperatura mais alta para uma região de temperatura mais baixa. Essa informação pode ser confirmada pela observação de nosso ambiente. Quando o café quente na xícara é deixado em um ambiente, como em uma sala com temperatura baixa, o café esfria. A transferência de energia térmica ocorre do café quente pela xícara e de sua superfície aberta para o ar ambiente da sala. A transferência de energia térmica ocorre desde que haja uma temperatura diferente entre o café e o ambiente. Neste ponto, tenha certeza de que entende a diferença entre *temperatura* e *calor*. O calor é uma forma de energia que é transferida de uma região a outra, como resultado da diferença de temperatura entre as regiões; já a temperatura representa, em nível macroscópico e por um único número, o nível do movimento molecular microscópico em uma região.

Há duas unidades mais comuns que são usadas para quantificar a energia térmica em unidades SI: (1) a caloria e (2) o joule. A **caloria** é definida como a quantidade de calor necessária para elevar a temperatura de 1 grama de água em 1 °C. Observe, entretanto, que o conteúdo energético do alimento normalmente é expresso em *calorias,* que é igual a 1 000 calorias. Em unidades SI, não é feita nenhuma distinção entre as unidades de energia térmica e energia mecânica e, portanto, a energia é definida em termos de dimensões fundamentais de massa, comprimento e tempo. Discutiremos isto com mais detalhes no Capítulo 13. No sistema de unidades SI, o *joule* é a unidade de energia e está definida por

$$1\ \text{joule} = 1\ \text{N} \cdot \text{m} = 1\ \text{kg} \cdot \text{m}^2/\text{s}^2$$

Os fatores de conversão entre várias unidades de calor são dados na Tabela 11.2.

Agora que você sabe que transferência de calor ou energia térmica ocorre como resultado da diferença de temperatura em um objeto ou entre objetos, vamos ver a seguir diferentes modos de transferência de calor. Há três mecanismos pelos quais a energia é transferida de uma região de temperatura alta para uma região de temperatura baixa. Eles são referidos como *modos* de transferência de calor. Os três modos de transferência de calor são condução, convecção e radiação.

TABELA 11.2	Fatores de conversão para energia térmica e energia térmica por unidade de tempo (potência)

Relação entre unidades de energia térmica	Relação entre unidades de energia térmica por unidade de tempo (potência)
1 Btu = 1 055 J	1 W = 1 J/s
1 cal = 4,186 J	1 cal/s = 4,186 W

Condução

Condução refere-se ao modo de transferência de calor que ocorre quando existe diferença de temperatura (gradiente) em um meio. A energia é transferida dentro desse meio da região com moléculas com mais energia para a região com moléculas com menos energia. Logicamente, é a interação entre as moléculas que torna possível a transferência de energia. Para demonstrar melhor a ideia de interações moleculares, considere o seguinte exemplo de transferência de calor por condução. Todos vocês já sabem o que acontece quando se aquece uma sopa em um recipiente de alumínio sobre o fogão. Por que as alças e a tampa do recipiente de sopa ficam quentes, mesmo se não estiverem em contato direto com o fogo? Bem, vamos examinar o que acontece.

> A transferência de energia térmica ocorre sempre que existe diferença de temperatura. Essa forma de transferência de energia entre corpos de diferentes temperaturas, ou dentro do mesmo corpo com um gradiente de temperatura, é chamada transferência de calor.

Por causa da transferência de energia do elemento de aquecimento, as moléculas do recipiente na região próxima a ele tem mais energia do que as moléculas mais distantes. As moléculas com mais energia compartilham um pouco da energia com as regiões vizinhas, e as regiões vizinhas fazem o mesmo, até que a transferência de energia finalmente atinja as alças e a tampa do recipiente. A energia é transportada da região de alta temperatura para a região de baixa temperatura por atividade molecular. A taxa de transferência de calor por condução é dada pela **Lei de Fourier**, que afirma que essa taxa é proporcional à diferença de temperatura, área normal A, pela qual a transferência de calor ocorre e o tipo de material envolvido. A lei também afirma que a taxa de transferência de calor é inversamente proporcional à espessura do material sobre o qual existe a diferença de temperatura. Por exemplo, com referência à Figura 11.7, podemos escrever a lei de Fourier para uma janela de vidraça simples, como

$$q = kA\frac{T_1 - T_2}{L} \qquad \text{11.12}$$

em que

q = taxa de transferência de calor (W)

k = condutividade térmica $\left(\dfrac{\text{W}}{\text{m} \cdot {}^\circ\text{C}}\right)$

A = área transversal normal ao fluxo de calor (m²)
$T_1 - T_2$ = diferença de temperatura do material de espessura L (°C)
L = espessura do material (m)

> A taxa de transferência de calor por condução é dada pela Lei de Fourier, que afirma que a essa taxa é proporcional ao gradiente de temperatura, área térmica *A*, e o tipo de material envolvido.

A diferença de temperatura $\frac{T_1-T_2}{L}$ sobre a espessura do material normalmente é referida como *gradiente de temperatura*. Mais uma vez, lembre-se de que o gradiente de temperatura deve existir para que a transferência de calor ocorra. **Condutividade térmica** é uma propriedade dos materiais que indica o quanto o material é bom para a transferência de energia térmica (calor) de uma região de alta temperatura para uma região de baixa temperatura no interior do material. Em geral, os sólidos apresentam condutividade térmica mais alta do que os líquidos, e os líquidos possuem condutividade térmica mais alta do que os gases. A condutividade térmica de alguns materiais é apresentada na Tabela 11.3.

| TABELA 11.3 | Condutividade térmica de alguns materiais a 300 K |

Material	Condutividade térmica (W/m · K)
Ar (na pressão atmosférica)	0,0263
Alumínio (puro)	237
Liga de alumínio-2024-T6 (4,5% cobre, 1,5% magnésio, 0,6% manganês)	177
Asfalto	0,062
Bronze (90% cobre, 10% alumínio)	52
Latão (70% cobre, 30% zinco)	110
Tijolo (argila cozida)	1,0
Concreto	1,4
Cobre (puro)	401
Vidro	1,4
Ouro	317
Camada de gordura humana	0,2
Músculo humano	0,41
Pele humana	0,37
Ferro (puro)	80,2
Aço inoxidável (AISI 302, 304, 316, 347)	15,1, 14,9, 13,4, 14,2
Chumbo	35,3
Papel	0,18
Platina (pura)	71,6
Areia	0,27
Silício	148
Prata	429
Zinco	116
Água (líquida)	0,61

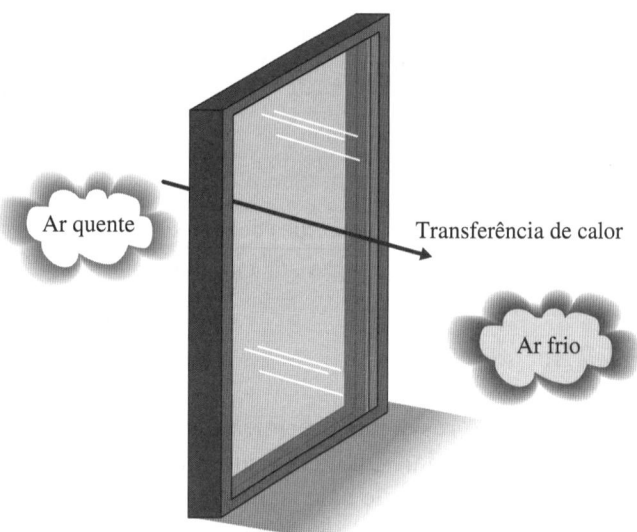

FIGURA 11.7 Transferência de calor por condução através de uma janela de vidro.

Resistência térmica

Nesta seção, explicaremos o que significa o termo **valor R** de materiais isolantes. Muitos entendem a importância de ter uma casa bem isolada, pois quanto mais a residência é bem isolada, menor será o custo de aquecimento ou refrigeração. Por exemplo, você pode ter ouvido falar que, para reduzir a perda de calor pelo sótão, algumas pessoas incluem isolamento suficiente no sótão para o valor R do isolamento ser 40. Mas o que significa um valor R de 40, e o que o valor R do material de isolamento significa em geral? Vamos reorganizar a Equação (11.12) da seguinte maneira. Começando com a Equação (11.12),

EXEMPLO 11.3

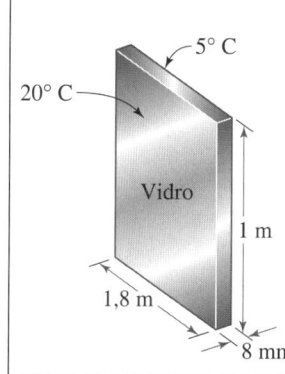

FIGURA 11.8

A vidraça simples do Exemplo 11.3.

Calcule a taxa de transferência de calor de uma janela de vidraça simples com temperatura de superfície interna de cerca de 20 °C e temperatura de superfície externa de 5 °C. A vidraça tem 1 m de altura, 1,8 m de largura e 8 mm de espessura, como mostra a Figura 11.8. A condutividade térmica da vidraça é aproximadamente $k = 1,4$ W/m · K.

$$L = 8\,(\mathrm{mm})\left(\frac{1\,\mathrm{m}}{1000\,\mathrm{mm}}\right) = 0,008\,\mathrm{m}$$

$$A = (1\,\mathrm{m})(1,8\ \mathrm{m}) = 1,8\ \mathrm{m^2}$$
$$T_1 - T_2 = 20\ °\mathrm{C} - 5\ °\mathrm{C} = 15\ °\mathrm{C} = 15\ \mathrm{K}$$

Observe que, conforme explicamos antes, a diferença de temperatura de 15 °C é igual à diferença de temperatura 15 K. Substituindo os valores de k, A, $(T_1 - T_2)$ e L na Equação (11.12), temos

$$q = kA\frac{T_1 - T_2}{L} = (1,4)\left(\frac{\mathrm{W}}{\mathrm{m}\cdot \mathrm{K}}\right)(1,8\,\mathrm{m^2})\left(\frac{15\ \mathrm{K}}{0,008\,\mathrm{m}}\right) = 4\,725\,\mathrm{W}$$

(Cuidado com letra minúscula k, que indica condutividade térmica, e a letra maiúscula K, que representa Kelvin, uma escala de temperatura absoluta.)

$$q = kA\frac{T_1 - T_2}{L}$$

11.12

e reorganizando-a, temos

$$q = \frac{T_1 - T_2}{\dfrac{L}{kA}} = \frac{\text{diferença de temperatura}}{\text{resistência térmica}}$$

11.13

e **resistência térmica** $= L/kA$.

A Figura 11.9 ilustra a ideia de resistência térmica e como ela está relacionada à espessura, área e condutividade térmica do material. Quando examinar a Equação (11.13), você deve observar o seguinte: (1) A taxa de transferência de calor (fluxo) é diretamente proporcional à diferença de temperatura; (2) a taxa de fluxo de calor é inversamente proporcional à resistência térmica — quanto mais alto o valor da resistência térmica, menor será a taxa de transferência de calor.

Ao expressar a lei de Fourier na forma de Equação (11.13), fazemos uma analogia entre o fluxo de calor e o fluxo de eletricidade em um fio. A lei de Ohm, que relaciona a tensão V à corrente I e à resistência elétrica R_e, é análoga ao fluxo de calor. A lei de Ohm é expressa por

$$V = R_e I$$

11.14

ou

$$I = \frac{V}{R_e}$$

11.15

Discutiremos a lei de Ohm com mais detalhes no Capítulo 12. Comparando a Equação (11.13) à Equação (11.15), observe que o fluxo de calor é análogo à corrente elétrica, que a diferença de temperatura é análoga à tensão, e a resistência térmica à resistência elétrica.

Agora, se prestarmos atenção à resistência térmica e à Equação (11.13), perceberemos que a resistência térmica para área unitária de um material é definida por

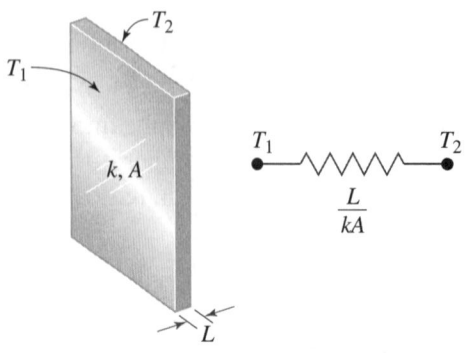

FIGURA 11.9 Uma placa do material e sua resistência térmica.

$$R' = \frac{L}{kA}$$

11.16

R' tem as unidades de °C/W (K/W). Quando a Equação (11.16) é expressa por área unitária do material, ela é referida como valor R ou fator R.

$$R = \frac{L}{k}$$

11.17

em que R tem as unidades de

$$\frac{m^2 \cdot °C}{W} \left(\frac{m^2 \cdot K}{W} \right)$$

Observe que nem R' nem R são adimensionais, e às vezes os valores R são expressos por unidade de espessura. O valor R ou o fator R de um material fornece uma medida de resistência para fluxo de calor: Quando maior o valor, maior a resistência ao fluxo de calor que o material oferece. Finalmente, quando os materiais usados para fins de isolamento têm vários componentes, o valor R total do material composto é a soma da resistência oferecida pelos vários componentes.

> O valor R de um material fornece uma medida de resistência ao fluxo de calor. Quando maior o valor, maior a resistência ao fluxo de calor que o material oferece.

Como você pode ver pelos resultados do Exemplo 11.4 e 11.5, as vidraças comuns não oferecem muita resistência ao fluxo de calor. Para aumentar o valor R das janelas, alguns fabricantes fazem janelas com vidraças triplas e preenchem o espaçamento entre as vidraças com gás argônio. Veja no Exemplo 11.8 um cálculo típico da resistência térmica total de uma parede exterior típica de residência, formada por revestimento de tapume de tábuas, revestimento, material de isolamento e placa de gesso (placa de reboco).

EXEMPLO 11.4 Determine a resistência térmica R' e o valor R para a vidraça do Exemplo 11.3.
A resistência térmica R' e o valor R da janela podem ser determinados pelas Equações (11.16) e (11.17), respectivamente.

$$R' = \frac{L}{kA} = \frac{0,008\,m}{1,4\left(\dfrac{W}{m \cdot K}\right)\left(1,8\,m^2\right)} = 0,00317\,\frac{K}{W}$$

E o valor R ou o fator R para a referida vidraça é

$$R = \frac{L}{k} = \frac{0,008\,m}{1,4\left(\dfrac{W}{m \cdot K}\right)} = 0,0057\,\frac{m^2 \cdot K}{W}$$

EXEMPLO 11.5

Uma janela de vidraça dupla é composta de duas peças de vidro, cada uma com 8 mm de espessura e condutividade térmica $k = 1,4$ W/m K. As duas vidraças são separadas por um espaço de ar de 10 mm, como mostra a Figura 11.10. Considere a condutividade térmica do ar $k = 0,025$ W/m K. Determine o valor R total para essa janela.

A resistência térmica total da janela é obtida adicionando a resistência térmica oferecida em cada painel de vidro e o espaço de ar da seguinte maneira:

$$R_{total} = R_{vidro} + R_{ar} + R_{vidro} = \frac{L_{vidro}}{k_{vidro}} + \frac{L_{ar}}{k_{ar}} + \frac{L_{vidro}}{k_{vidro}}$$

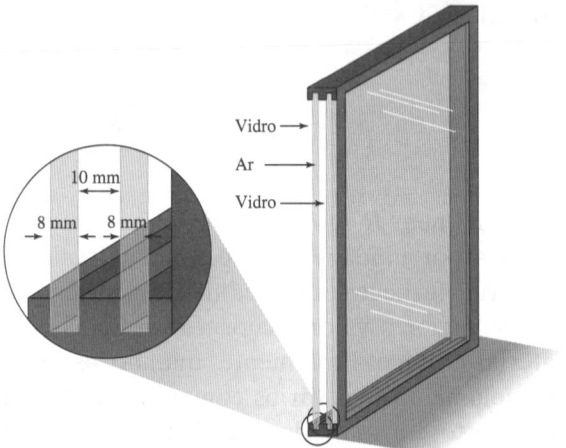

FIGURA 11.10 A janela de vidraça dupla do Exemplo 11.5.

substituindo L_{vidro}, k_{vidro}, L_{ar}, k_{ar}, temos

$$R_{total} = \frac{0,008\,(\text{m})}{1,4\left(\dfrac{\text{W}}{\text{m}\cdot\text{K}}\right)} + \frac{0,01\,(\text{m})}{0,025\left(\dfrac{\text{W}}{\text{m}\cdot\text{K}}\right)} + \frac{0,008\,(\text{m})}{1,4\left(\dfrac{\text{W}}{\text{m}\cdot\text{K}}\right)} = 0,4\left(\dfrac{\text{m}^2\cdot\text{K}}{\text{W}}\right)$$

Observe as unidades do valor R.

Convecção

A transferência de calor por **convecção** ocorre quando um fluido (um gás ou um líquido) em movimento entra em contato com uma superfície sólida cuja temperatura difere do fluido em movimento. Por exemplo, em um dia quente de verão, quando você se senta em frente ao ventilador, a taxa de transferência de calor de seu corpo quente para o ar frio em movimento ocorre por convecção. Ou, quando você está esfriando um alimento quente, como biscoitos recém-assados, assoprando sobre eles, está usando os princípios de transferência de calor por convecção. O resfriamento dos chips de computador por ventoinhas soprando neles é outro exemplo de resfriamento por transferência de calor por convecção (Figura 11.11). Há duas áreas amplas de transferência de calor por convecção: *convecção forçada* e *convecção (natural) livre*. A convecção forçada refere-se a situações em que o fluxo de fluido é causado ou forçado por um ventilador ou uma bomba. A convecção livre, por outro lado, refere-se a situações em que o fluxo do fluido ocorre naturalmente em razão da variação de densidade no fluido. É evidente que a variação de densidade é causada por uma distribuição de temperatura dentro do fluido. Quando você deixa uma torta quente para esfriar no balcão da cozinha, a transferência de calor ocorre por convecção natural. A perda de calor das superfícies exteriores do forno quente também ocorre por convecção natural. Para citar outro exemplo de convecção natural, os grandes transformadores elétricos instalados na parte externa das subestações elétricas também são refrigerados por convecção natural (em um dia calmo).

> A transferência de calor por convecção ocorre quando um fluido em movimento entra em contato com uma superfície sólida de temperatura diferente. É representada pela lei de Newton de resfriamento.

Para as situações de convecção forçada e livre, a taxa de transferência de calor geral entre o fluido e a superfície é governada pela lei de Newton de resfriamento, que é dada por

$$q = hA(T_s - T_f)$$

11.18

em que h é o **coeficiente de transferência de calor** em W/m² · K, A é a área da superfície exposta em m², T_s é a temperatura de superfície em °C, e T_f representa a temperatura do fluido em movimento em °C. O valor do coeficiente de transferência de calor para uma situação em particular é determina de uma correlação experimental; esses valores estão disponíveis em muitos livros sobre transferência de calor. Nesta fase do seu aprendizado, você não precisa se preocupar em como obter os valores numéricos dos coeficientes de transferência de calor. Entretanto, é importante que você saiba que o valor de h é mais alto para convecção forçada do que para convecção livre. É claro que você já sabe disso! Quando você quer se refrescar rapidamente, você prefere sentar-se na frente do ventilador ou em uma área da sala em que o ar está parado? Além disso,

FIGURA 11.11   CPU sendo resfriada por um ventilador.

o coeficiente de transferência de calor h é mais alto para líquidos do que para gases. Você já observou que pode caminhar de camiseta com conforto quando a temperatura do ar externo é de 20 °C, mas sentirá frio se entrar em uma piscina cuja temperatura da água esteja em 20 °C? Isso ocorre porque a água líquida tem um coeficiente de transferência de calor mais alto do que o ar e, portanto, de acordo com a lei de Newton de resfriamento, a Equação (11.18), a água remove mais calor de seu corpo. A variação típica dos valores do coeficiente de transferência de calor está descrita na Tabela 11.4.

No campo da transferência de calor, é comum definir um termo de resistência do processo de convecção, da mesma forma que se faz para o valor R na condução. A resistência de convecção térmica é definida por:

$$R' = \frac{1}{hA} \qquad \text{11.19}$$

Novamente, R' tem as unidades de °C/W (K/W). A Equação (11.19) em geral é expressa por unidade de área da exposição de superfície sólida e é chamada *resistência do filme* ou *coeficiente do filme*.

$$R = \frac{1}{h} \qquad \text{11.20}$$

TABELA 11.4	Valores comuns de coeficiente de transferência de calor

Tipo de convecção	coeficiente de transferência de calor, $h(W/m^2 \cdot K)$
Convecção livre	
Gases	2 a 25
Líquidos	50 a 1 000
Convecção forçada	
Gases	25 a 250
Líquidos	100 a 20 000

em que R tem as unidades de

$$\frac{m^2 \cdot {}^\circ C}{W} \left(\frac{m^2 \cdot K}{W} \right)$$

É importante perceber mais uma vez que R' e R são adimensionais, e eles fornecem a medida de resistência ao fluxo de calor; quanto maiores os valores de R, maior a resistência ao fluxo de calor para ou do fluido ambiente.

| EXEMPLO 11.6 | Determine a taxa de transferência de calor por convecção de um chip eletrônico cuja temperatura de superfície seja 35 °C e cuja área de superfície exposta seja 9 cm². A temperatura do ar ambiente é 20 °C. O coeficiente de transferência de calor para essa situação é $h = 40$ W/m² · K. |

$$A = 9(\text{cm}^2)\left(\frac{1\,\text{m}^2}{10.000\,\text{cm}^2}\right) = 0,0009\,\text{m}^2$$

$$T_s - T_f = 35\,°\text{C} - 20\,°\text{C} = 15\,°\text{C} = 15\,\text{K}$$

Observe novamente que a diferença de temperatura de 15 °C é igual à diferença de temperatura de 15 K. Podemos determinar a taxa de transferência de calor do chip substituindo os valores de h, A e $(T_s - T_f)$ na Equação (11.18), o que resulta em

$$q_{\text{convenção}} = hA\left(T_s - T_f\right) = 40\left(\frac{\text{W}}{\text{m}^2 \cdot \text{K}}\right)\left(0,0009\,\text{m}^2\right)\left(15\,\text{K}\right) = 0,54\,\text{W}$$

| EXEMPLO 11.7 | Calcule o fator R (resistência do filme) para as seguintes situações: (a) vento soprando numa parede, $h = 5,88$ W/m² · K, e (b) ar parado dentro de uma sala perto da parede, $h = 1,47$ W/m² · K.
Para a situação em que o vento está soprando numa parede: |

$$R = \frac{1}{h} = \frac{1}{5,88\,\text{W/m}^2 \cdot \text{L}} = 0,17\,\text{m}^2 \cdot \text{k/w}$$

E para o ar parado dentro de uma sala, perto da parede:

$$R = \frac{1}{h} = \frac{1}{1,47\,\text{W/}\left(\text{m}^2 \cdot \text{K}\right)} = 0,68\left(\text{m}^2 \cdot \text{K}\right)/\text{W}$$

| EXEMPLO 11.8 | A estrutura típica de uma parede externa (composta de travessas de 60 mm × 120 mm) de uma casa contém os materiais indicados na Tabela 11.5 e na Figura 11.12. Para a maior parte dos edifícios residenciais, a temperatura ambiente interna é mantida em torno de 21 °C. Presumindo a temperatura externa de –6 °C e a área exposta de 16 m², estamos interessados em determinar a perda de calor pela parede. |

TABELA 11.5 — Resistência térmica de materiais da parede	
Itens	**Resistência térmica em m² K/W**
1. Resistência de filme externa (inverno, vento de 24 kmph)	0,029
2. Revestimento, madeira (15 mm × 240 mm sobreposta)	0,138
3. Revestimento (15 mm regular)	0,225
4. Forro de isolamento (90 mm – 105 mm)	1,877
5. Placa de gesso (15 mm)	0,077
6. Resistência de filme interna (inverno)	0,116

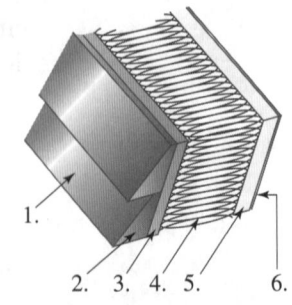

FIGURA 11.12

Camadas da parede que acompanha a Tabela 11.5

Em geral, a perda de calor por paredes, janelas, portas e telhado de uma residência ocorre por condução através dos materiais do edifício — como revestimento, material de isolamento, placa de gesso (placa de reboco), vidro, entre outros — e por convecção pelas superfícies da parede, do ar quente interno para o ar frio externo. A resistência total ao fluxo de calor é a soma da resistência oferecida em cada componente no caminho do fluxo de calor. Para uma parede plana, podemos escrever:

$$q = \frac{T_{interna} - T_{externa}}{\sum R'} = \frac{\left(T_{interna} - T_{externa}\right)A}{\sum R} \qquad 11.21$$

A resistência total ao fluxo de calor é dada por

$$\sum R = R_1 + R_2 + R_3 + R_4 + R_5 + R_6$$
$$= 0,029 + 0,138 + 0,225 + 1,877 + 0,077 + 0,116 = 2,462 \left(m^2 \cdot K\right)/W$$
$$q = \frac{\left(T_{interna} - T_{externa}\right)A}{\sum R} = \left(21 - (-6)(16)\right)/2,462 = 175,5\,W \qquad 11.22$$

Veja na Figura 11.13 o circuito de resistência térmica equivalente para este problema.

Ao realizar a análise da carga de aquecimento a fim de selecionar uma fornalha para aquecer um edifício, é comum calcular a perda de calor através de paredes, telhado, janelas e portas do edifício com $q = U\,A\,\Delta T$. Nessa equação,

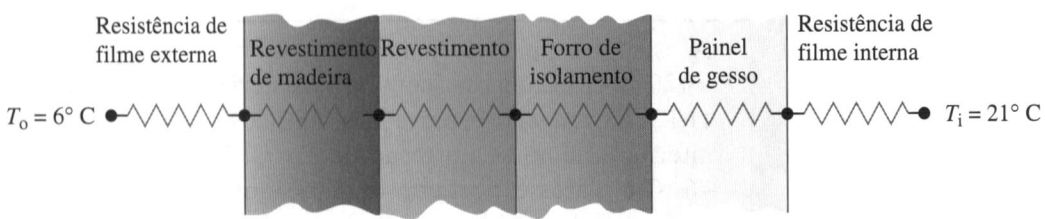

FIGURA 11.13 — A resistência térmica equivalente do Exemplo 11.8.

U representa o coeficiente global de transferência de calor, ou simplesmente o fator U para parede, telhado, janela ou porta. O fator U é a recíproca de resistência térmica total e apresenta as unidades de W/m²K. Para o problema de exemplo acima, o fator U para a parede é igual a:

$$U = \sum R = 2{,}462 = 0{,}4062 \text{ W/m}^2\text{K}$$

Usando esse valor U, a perda de calor pela parede é então calculada por $(0{,}4062 \text{ W/m}^2 \text{ K})(16 \text{ m}^2)(16 \ (6)) = 175{,}5 \text{ W}$.

Radiação

Toda matéria emite **radiação** térmica. Essa regra é verdadeira desde que o corpo em questão não esteja em temperatura zero absoluto. Quanto maior a temperatura da superfície do objeto, mais energia térmica será emitida pelo objeto. Um bom exemplo de radiação térmica é o calor radiado pela fogueira e que você pode literalmente sentir. A quantidade de energia radiante emitida por uma superfície é fornecida pela equação

$$q = \varepsilon \sigma A T_s^4 \qquad \boxed{11.23}$$

em que q representa a taxa de energia térmica, por unidade de tempo, emitida pela superfície; é a emissividade da superfície ε, $0 < \varepsilon < 1$ e σ é a **constante de Stefan– Boltzmann** ($\sigma = 5{,}67 \times 10^{-8}$W/m² $\cdot$ K⁴); A representa a área da superfície em m², e T_s é a temperatura da superfície do objeto expressa em kelvins. **Emissividade** é uma propriedade da superfície do objeto, e seu valor indica se o objeto está emitindo bem radiação térmica em comparação a um corpo negro (uma ideia de emissor perfeito). É importante observar que diferente dos modos de condução e de convecção, a transferência de calor por radiação pode ocorrer no vácuo. Um exemplo diário disso é a radiação do Sol atingindo a atmosfera da Terra passando pelo vácuo no espaço. Como todos os objetos emitem radiação térmica; é a troca de energia líquida entre os corpos que nos interessa. Por isso, os cálculos de radiação térmica geralmente são complicados por natureza e requerem um entendimento mais profundo dos conceitos adjacentes e da geometria do problema.

> Toda matéria emite radiação térmica. A quantidade de energia radiante emitida por uma superfície é governada pela lei de Stefan-Boltzmann.

EXEMPLO 11.9

Em um dia quente de verão, o telhado plano de um edifício alto atinge 50 °C de temperatura. A área do telhado é de 400 m². Estime o calor radiado desse telhado para o céu durante a noite quando a temperatura do ar ambiente ou no céu é de 20 °C. A temperatura do telhado diminui na medida em que ele esfria. Estime a taxa de energia radiada do telhado, presumindo as temperaturas do telhado de 50, 40, 30 e 25 °C. Suponha $\varepsilon = 0{,}9$ para o telhado.

Podemos determinar a quantidade de energia térmica radiada pela superfície da Equação (11.23). Para temperatura do telhado de 50 °C, temos

$$q = \varepsilon \sigma A T_s^4 = (0{,}9)\left(5{,}67 \times 10^{-8} \left(\frac{\text{W}}{\text{m}^2 \cdot \text{K}^4}\right)\right)(400\,\text{m}^2)(323 \text{ K})^4 = 222\,000\,\text{W}$$

Veja o restante da solução na Tabela 11.6.

TABELA 11.6	Resultados do Exemplo 11.9

Temperatura da superfície (°C)	Temperatura da superfície (K) T(K) = T (°C) + 273	Energia emitida pela superfície (W) $q = \varepsilon\sigma A T_s^4$
50	323	$(0,9)(5,67 \times 10^{-8})$ (400) $(323)^4$ = 222 000 W
40	313	$(0,9)(5,67 \times 10^{-8})$ (400) $(313)^4$ = 196 000 W
30	303	$(0,9)(5,67 \times 10^{-8})$ (400) $(303)^4$ = 172 000 W
25	298	$(0,9)(5,67 \times 10^{-8})$ (400) $(298)^4$ = 161 000 W

Muitos de vocês terão aulas de transferência de calor ou de fenômeno de transporte durante o terceiro ano, quando aprenderão com mais detalhes os diversos modos de transferência de calor. Também aprenderão a calcular taxas de transferência de calor em várias situações, como resfriamento de dispositivos eletrônicos, ventoinhas para transformadores ou motocicletas, e cabeçotes do motor de cortadores de grama e outros trocadores de calor, como radiador de carros ou os trocadores de calor em fornalhas e caldeiras. O objetivo desta seção foi introduzir resumidamente o conceito de transferência de calor e seus vários modos.

Antes de continuar

Responda às seguintes perguntas para testar seu conhecimento adquirido nas seções anteriores.

1. Explique o que significa temperatura e dê exemplos de sua importante função em análises e projetos de engenharia.

2. Explique por que uma temperatura absoluta é definida e dê suas unidades SI.

3. Dê exemplos de como a temperatura é medida.

4. O que causa a transferência de calor?

5. Quais são os modos de transferência de calor?

Vocabulário – Indique o significado dos termos a seguir:

Temperatura absoluta _____

Fio termopar _____

Condução _____

Convecção _____

Radiação _____

Valor R _____

OA³ 11.3 Conforto térmico

O conforto térmico humano é de especial importância para bioengenheiros e engenheiros mecânicos. Por exemplo, os engenheiros mecânicos projetam sistemas de aquecimento, ventilação e ar-condicionado (HVAC) para residências, edifícios públicos, hospitais e instalações de fábricas. Ao dimensionar os sistemas HVAC, o engenheiro deve projetar não apenas as perdas ou ganhos de calor dos prédios, mas também um ambiente onde os ocupantes se sintam confortáveis. O que nos torna termicamente confortáveis em um ambiente? Como você sabe, a temperatura do ambiente e a umidade do ar estão entre os principais fatores que definem o conforto térmico. Muitos de nós nos sentimos confortáveis em uma sala com 20 °C de temperatura e 40 a 50% de umidade relativa. Se você estiver se exercitando na esteira e assistindo a TV, talvez se sinta mais confortável em uma sala com temperatura inferior a 20 °C, digamos que 15 °C a 18 °C. Portanto, o nível de atividade também é um fator importante. Em geral, a quantidade de energia que uma pessoa gera depende de sua idade, sexo, tamanho e nível de atividade. A temperatura corpórea de uma pessoa é controlada por: (1) transferência de calor convectiva e radiativa para o meio ambiente, (2) sudorese, (3) respiração ao inspirar o ar ambiente e expirá-lo a uma temperatura próxima à corpórea, (4) circulação sanguínea perto da superfície da pele, e (5) taxa metabólica. **A taxa metabólica** determina a taxa de conversão de energia química em energia térmica dentro do organismo e depende do nível de atividade da pessoa. A unidade mais utilizada para expressar a taxa metabólica média de uma pessoa sob condições sedentárias, por área de superfície em unidade, é conhecida como *met;* 1 met é igual a 58,2 W/m². Para uma pessoa média, a área de superfície de transferência de calor de 1,82 m² é presumida ao definir a unidade de met. Veja na Tabela 11.7 a taxa metabólica para várias atividades. Como era de se esperar, a roupa também afeta o conforto térmico. A unidade geralmente utilizada para expressar o valor de isolamento da roupa é chamada *clo*; 1 clo é igual a 0,155 m² °C/W. Veja na Tabela 11.8, na página 375, os valores de isolamento de vários tipos de roupas.

> A temperatura do ambiente e a umidade do ar estão entre os principais fatores que definem o conforto térmico. O nível de atividade de uma pessoa também é um fator importante. A roupa é outro fator que afeta o conforto térmico.

EXEMPLO 11.10

Com base na Tabela 11.7, calcule a quantidade de energia dissipada, por um adulto médio, nas seguintes atividades: (a) dirigindo um carro por 3 h, (b) dormindo por 8 h, (c) caminhando a uma velocidade de 5 km/h em superfície plana por 2 h, (d) dançando por 2 h.

(a) Usando os valores médios, a quantidade de energia dissipada por um adulto que dirige um carro por 3 h é

$$\left(\frac{210 + 420}{2}\right)\left(\frac{kJ}{h \cdot m^2}\right)(1,82\,m^2)(3\,h) = 1720\,kJ$$

(b) Usando os valores médios, a quantidade de energia dissipada por um adulto que dorme por 8 h é

$$147\left(\frac{kJ}{h \cdot m^2}\right)(1,82\,m^2)(8\,h) = 2140\,kJ$$

(c) Caminhando a uma velocidade de 5 km/h em superfície plana por 2 h:

$$563\left(\frac{kJ}{h \cdot m^2}\right)(1,82\,m^2)(2\,h) = 2049\,kJ$$

(d) Dançando por 2 h:

$$\left(\frac{504 + 924}{2}\right)\left(\frac{kJ}{h \cdot m^2}\right)(1,82\,m^2)(2\,h) = 2600\,kJ$$

TABELA 11.7 Geração de calor metabólico típico para várias atividades humanas

Atividade	Geração de calor (met)
Em repouso	
Dormindo	0,7
Sentado, parado	1,0
Em pé, relaxado	1,2
Caminhando em terreno plano *	
2 milhas/h	2,0
3 milhas/h	2,6
4 milhas/h	3,8
Escritório	
Lendo, sentado	1,0
Escrevendo	1,0
Digitando	1,1
Arquivando, sentado	1,2
Arquivando, em pé	1,4
Dirigindo/Voando	
Carro	1,0 a 2,0
Avião, rotina	1,2
Avião, pouso por instrumentos	1,8
Avião, combate	2,4
Veículo pesado	3,2
Diversos trabalhos domésticos	
Cozinhando	1,6 a 2,0
Limpando a casa	2,0 a 3,4
Diversas atividades de lazer	
Dançando, social	2,4 a 4,4
Relaxamento/exercícios	3,0 a 4,0
Tênis, individual	3,6 a 4,0
Basquete	5,0 a 7,6
Luta livre, competitiva	7,0 a 8,7

Com base em American Society of Heating, Refrigerating, and Air-Conditioning Engineers. 1 milha/h = 1,6 km/h.

TABELA 11.8	Valores de isolamento típico para roupas

Roupas	Valores de isolamento (clo) 1 clo = $0,155m^2 \cdot °C/W$
Shorts para caminhada, camiseta de manga curta	0,36
Calças, camiseta de manga curta	0,57
Calças, camiseta de manga longa	0,61
Calças, camiseta de manga longa mais jaqueta	0,96
O mesmo acima, mais colete e camiseta	1,14
Calças de treino, moletom	0,74
Saia até o joelho, camiseta de manga curta, meia-calça, sandálias	0,54
Saia até o joelho, camiseta de manga curta, saiote, meia-calça	0,67
Saia até o joelho, camiseta de manga longa, saiotes, meia-calça, blusa de manga longa	1,10
O mesmo acima, com blusa em vez de jaqueta	1,04

Com base em American Society of Heating, Refrigerating and Air-Conditioning Engineers, Inc. ASHRAE 1997, Handbook-Fundamentals.

OA[4] 11.4 Poder calorífico de combustíveis

Como engenheiros, vocês precisam saber o que significa poder calorífico de um combustível. Por quê? De onde vem a energia que move seu carro? De onde vem a energia que aquece sua casa e a torna aconchegante durante os meses de inverno? Como a energia é gerada em uma usina de eletricidade convencional que fornece energia para empresas de manufatura, residência e escritórios? A resposta para todas essas questões é que a energia inicial vem dos combustíveis. Muitos combustíveis convencionais que usamos hoje para gerar energia vêm do carvão, gás natural, óleo ou gasolina. Todos esses combustíveis são feitos de carbono e hidrogênio.

Quando um combustível é queimado, seja ele gás, óleo, etc., é liberada energia térmica. O poder calorífico do combustível quantifica o montante de energia liberada quando uma massa (quilograma) ou volume (metro cúbico) de combustível é queimado. Combustíveis diferentes têm valores de poder calorífico diferentes. Além disso, de acordo com estado da água do produto de combustão, líquida ou em vapor, são reportados dois valores de poder calorífico diferentes. O poder calorífico mais alto de um combustível, como o próprio nome indica, é a maior quantidade de energia liberada pelo combustível quando os produtos da combustão incluem água na forma líquida. O poder calorífico mais baixo refere-se à quantidade de energia liberada durante a combustão, quando os produtos da combustão incluem água em vapor. Veja nas Tabelas 11.9 a 11.11 os valores de poder calorífico típicos de combustíveis líquidos, carvão e gás natural. Também, um estere de lenha (1 metro cúbico empilhada de forma organizada) apresenta um poder calorífico médio de 76,4 GJ.

> Quando um combustível é queimado, seja ele gás, óleo, etc., é liberada energia térmica. O poder calorífico de um combustível quantifica o montante de energia que é liberada quando uma massa ou volume de combustível é queimado.

TABELA 11.9	Valores do poder calorífico típicos por grau de referência da gasolina ou óleo combustível

Ref. nº	Densidade (kg/L)	Poder calorífico ((x) 10^{-7} J/L1)
1	0,8357 a 0,8027	6,56 a 6,37
2	0,8773 a 0,8369	6,79 a 6,56
4	0,9364 a 0,8894	7,10 a 6,86
5L	0,9548 a 0,9242	7,19 a 7,03
5H	0,9716 a 0,9488	7,28 a 7,16
6	1,016 a 0,9684	7,47 a 7,25
Gasolina	0,72 a 0,75	5,20 a 5,61

Com base em a American Society of Heating, Refrigerating, and Air-Conditioning Engineers.

TABELA 11.10	Poder calorífico típico de carvão

Carvão do condado e estado de	Poder calorífico superior MJ/Kg
Musselshell, Montana	28,0
Emroy, Utah	31,4
Pike, Kentucky	34,9
Cambria, Pennsylvania	36,2
Williamson, Illinois	31,8
McDowell, West Virginia	36,2

Com base em Babcock and Wilcox Company, *Steam: Its Generation and Use.*

TABELA 11.11	Poder calorífico típico de gás natural

Fonte do gás	Poder calorífico MJ/kg	Poder calorífico (MJ /m3) a 15,6 °C e 762 mm Hg
Pennsylvania	53,7	42,0
Sul da Califórnia	53,1	41,6
Ohio	51,2	35,9
Louisiana	50,6	37,3
Oklahoma	46,8	36,3

Com base em Babcock and Wilcox Company, *Steam: Its Generation and Use.*

EXEMPLO 11.11	

Qual é a quantidade de energia térmica liberada quando uma amostra de 5 kg de carvão de Emroy, Utah, é queimada?

A quantidade total de energia térmica, $E_{\text{térmica}}$, liberada quando um pouco de combustível é queimado é determinada multiplicando a massa do combustível, m, pelo poder calorífico do combustível, HV.

$$E_{\text{térmica}} = mH_{\text{V}} = (5\,\text{kg})31,4\left(\frac{\text{MJ}}{\text{kg}}\right) = 157\ \text{MJ}$$

EXEMPLO 11.12	

Calcule a quantidade total de energia térmica liberada quando 6 m³ de gás natural de Louisiana são queimados dentro de um forno de gás.

$$E_{\text{térmica}} = \left(6\,\text{m}^3\right)37,3\left(\frac{\text{MJ}}{\text{m}^3}\right) = 224\ \text{MJ}$$

Antes de continuar

Responda às seguintes perguntas para testar seu conhecimento adquirido nas seções anteriores.

1. Descreva os fatores que afetam o conforto térmico.

2. Explique o que significa taxa metabólica.

3. Que unidade geralmente é utilizada para expressar o valor de isolamento da roupa?

4. O que o poder calorífico de um combustível representa?

Vocabulário – Indique o significado dos termos a seguir:

Um Clo _____

Taxa metabólica _____

Poder calorífico _____

OA⁵ 11.5 Graus-dia e estimativa de energia

Com as preocupações atuais de energia e sustentabilidade, como futuro engenheiro, é importante entender alguns procedimentos simples de **estimativa energética**. Por exemplo, usamos **graus-dia** para estimar consumos de energia anual e mensal para aquecer um edifício. Um grau-dia (DD) é a diferença entre 18 °C (tipicamente) e a temperatura média do ar externo durante o período de 24 horas. Por exemplo, para Mankato, MN, em um dia de outubro, a baixa temperatura pode ser 3 °C, e a alta temperatura neste dia pode ser 3 °C. Então, o grau-dia nesse dia de outubro para Mankato, MN, é: DD = 18 °C – ((3 °C +–3 °C)/2) = 18 °C. Agora, se fôssemos adicionar os graus-dia para cada dia de um mês, teríamos os graus-dia totais para esse mês e, da mesma forma, se fôssemos adicionar os graus-dia de cada mês, teríamos os graus-dia do ano todo. Na prática da engenharia, valores históricos de graus-dia (com base em médias de 30 anos) são usados para estimar as taxas de consumo de energia mensal e anual para aquecer edifícios a partir das seguintes relações:

> Um grau-dia é a diferença entre 65 °F (tipicamente) e a temperatura média do ar externo durante o período de 24 horas.

$$Q_{DD} = \frac{\text{Perda de calor}\left(\dfrac{kj}{h}\right) \times 24\,h}{\text{Diferença de temperatura do projeto}\left(°C\right)} \qquad 11.24$$

$$Q_{mensal} = \left(Q_{DD}\right)\left(\text{Graus - dia mensal}\right) \qquad 11.25$$

$$Q_{anual} = \left(Q_{DD}\right)\left(\text{Graus - dia anual}\right) \qquad 11.26$$

EXEMPLO 11.13 Para um edifício localizado em Minnesota com grau-dia anual de aquecimento de 8 382, carga de aquecimento (perda de calor) de 62 000 kj/h e diferença de temperatura do projeto de 45 °C (20 °C interna e –25 °C externa), estime o consumo de energia anual. Se o edifício for aquecido por uma fornalha com eficiência de 94%, qual quantidade de gás será queimada para manter a residência a 20 °C?

Resolveremos este problema usando as Equações (11.24) e (11.26).

$$Q_{DD} = \frac{62\,000\left(\frac{kj}{h}\right) \times 24\,h}{45\left(°C\right)} = 33\,067 kj/DD$$

$$Q_{anual} = 33\,067\,kj\left(\frac{kj}{DD}\right)\left(227\;DD/ano\right) = 227 \times 10^6\;kj/ano$$

Presumindo que o gás usado em Minnesota tenha poder calorífico de 1 000 kj/m³, então, a quantidade de gás queimada na fornalha pode ser estimada em:

$$\text{Volume de gás queimado} = \left[\frac{\left(227 \times 10^6\;kj/ano\right)}{0,94}\right]\left[\frac{1}{1000\,kj/m^3}\right]$$

$$= 294\,000\;m^3/ano$$

OA[6] 11.6 Outras propriedades relacionadas à temperatura

Expansão térmica

Conforme mencionamos anteriormente neste capítulo, levar em conta a expansão e a contração térmica de materiais causadas pelas flutuações de temperatura é importante nos projetos de engenharia, como projetos de pontes, estradas, sistemas de tubulação (água quente ou tubos de vapor), blocos de motor, pás de turbinas a gás, dispositivos e circuitos eletrônicos, panelas, pneus e muitos processos de manufatura. Em geral, quando a temperatura de um material aumenta, este se expande — aumenta em comprimento, e se a temperatura do material diminui, este se contrai — diminui em comprimento. O valor desse alongamento ou dessa contração em razão do aumento ou da queda de temperatura depende da composição do material. O **coeficiente da expansão térmica** linear fornece uma medida da alteração no comprimento que ocorre por causa das flutuações de temperatura. Veja esse efeito na Figura 11.14.

O coeficiente de expansão linear, α_L, é definido como alteração no comprimento, ΔL, por comprimento original L, por aumento de temperatura em grau, ΔT, de acordo com a seguinte relação:

$$\alpha_L = \frac{\Delta L}{L\Delta T}$$

11.27

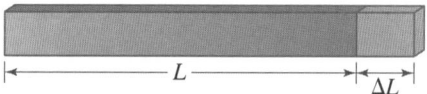

FIGURA 11.14 Expansão de um material causada pelo aumento na temperatura.

Observe que o coeficiente de expansão linear é uma propriedade do material e tem as unidades de 1/°C. Como a diferença na temperatura de 1 grau Celsius é igual à diferença de temperatura de 1 kelvin, as unidades de α_L também podem ser expressas usando 1/K. Os valores do coeficiente da expansão linear em si dependem da temperatura; entretanto, os valores médios podem ser usados para uma variação de temperatura específica. Veja na Tabela 11.12 os valores do coeficiente de expansão térmica de alguns materiais sólidos em uma faixa de temperatura de 0 °C a 100 °C. A Equação (11.27) pode ser expressa de maneira a permitir o cálculo direto da alteração no comprimento que resulta da mudança de temperatura, da seguinte maneira:

$$\Delta L = \alpha_L L \Delta T$$

11.28

TABELA 11.12 Coeficientes de expansão térmica linear para vários materiais sólidos (valor médio de 0 °C a 100 °C)

Material sólido	Valor médio de α_L (1/°C)
Tijolo	$2,9 \times 10^{-6}$
Bronze	$5,5 \times 10^{-6}$
Ferro fundido	$3,3 \times 10^{-6}$
Concreto	$4,4 \times 10^{-6}$
Vidro (placa)	$2,8 \times 10^{-6}$
Vidro (Pyrex)	$1,0 \times 10^{-6}$
Vidro (termômetro)	$2,5 \times 10^{-6}$
Alvenaria	$1,4 \times 10^{-6} - 2,8 \times 10^{-6}$
Solda	$7,4 \times 10^{-6}$
Aço inoxidável (AISI 316)	$1,6 \times 10^{-6}$
Aço (laminado liga dura)	$3,1 \times 10^{-6}$
Aço (laminado liga leve)	$3,5 \times 10^{-6}$
Madeira (carvalho) normal à fibra	$1,7 \times 10^{-6}$
Madeira (carvalho) paralela à fibra	$1,5 \times 10^{-6}$
Madeira (pinho) paralela à fibra	$1,7 \times 10^{-6}$

Com base em T. Baumeister, et al., *Mark's Handbook.*

Para líquidos e gases, convém definir o coeficiente de expansão térmica volumétrica, α_V, no lugar do coeficiente de expansão linear. O coeficiente de expansão volumétrica é definido pela variação de volume, ΔV, por volume original V por aumento na temperatura em graus, T, e é dado pela seguinte relação:

$$\alpha_v = \frac{\Delta V}{V \Delta T}$$

11.29

Observe que o coeficiente de expansão volumétrica também tem as unidades de $1/°C$. A Equação (11.29) poderia ser usada para sólidos. Além disso, para materiais sólidos homogêneos, a relação entre o coeficiente de expansão linear e o coeficiente de expansão volumétrica é dada por

$$\alpha_v = 3\alpha_L$$

11.30

EXEMPLO 11.14 Calcule a variação no comprimento de um cabo de aço inoxidável com 1 000 m de comprimento quando sua temperatura é alterada em 100 °C.

Usaremos a Equação (11.28) e a Tabela 11.12 para resolver este problema. Na Tabela 11.12 o coeficiente de expansão térmica para aço inoxidável é $\alpha = 1,6 \times 10^{-6}\ 1/°C$. Usando a Equação (11.28), temos

$$\Delta L = \alpha_L L \Delta T = (1,6 \times 10^{-6}\ 1/°C)(1000\ m)(100°C) = 0,16\ m = 16\ cm$$

Calor específico

Você já observou que alguns materiais ficam mais quentes do que outros quando expostos à mesma quantidade de energia térmica? Por exemplo, ao expor 1 kg de água e 1 kg de concreto a uma fonte de calor que oferece 100 J por segundo, vemos que o concreto tem um aumento de temperatura maior. O motivo desse comportamento do material é que, comparado com a água, o concreto tem capacidade de calor menor. Daremos uma explicação melhor sobre essa observação no Exemplo 11.13.

O **calor específico** fornece de maneira quantitativa a energia térmica necessária para elevar a temperatura de um 1 kg de massa de um material em 1 grau Celsius. Veja na Tabela 11.13 os valores do calor específico de alguns materiais em pressão constante. Para sólidos e líquidos, na ausência de alguma mudança de fase, a relação entre a energia térmica necessária ($E_{térmica}$), a massa de determinado material (m), o seu calor específico (c) e o aumento de temperatura ($T_{final} - T_{inicial}$) é dada por

$$E_{térmica} = mc(T_{final} - T_{inicial})$$

11.31

em que

$E_{térmica}$ = energia térmica (J)
m = massa (kg)
c = calor específico (J/kg · K ou J-kg · °C)
$T_{final} - T_{inicial}$ = aumento de temperatura (°C ou K)

Em seguida, veremos dois exemplos que demonstram o uso da Equação (11.31).

| **TABELA 11.13** | Calor específico (a pressão constante) de alguns materiais a 300 K |

Material	Calor Específico (J/kg. K)
Ar (na pressão atmosférica)	1 007
Alumínio (puro)	903
Liga de alumínio-2024-T6 (4,5% cobre, 1,5 % magnésio, 0,6% manganês)	875
Asfalto	920
Bronze (90% cobre, 10% alumínio)	420
Latão (70% cobre, 30% zinco)	380
Tijolo (argila cozida)	960
Concreto	880
Cobre (puro)	385
Vidro	750
Ouro	129
Ferro (puro)	447
Aço inoxidável (AISI 302, 304, 316, 347)	480, 477, 468, 480
Chumbo	129
Papel	1340
Platina (pura)	133
Areia	800
Silício	712
Prata	235
Zinco	389
Água (líquida)	4180

EXEMPLO 11.15 Um disco de alumínio com diâmetro, d, de 15 cm e espessura de 4 mm é exposto a uma fonte de calor que fornece 200 J a cada segundo. A densidade do alumínio é de 2 700 kg/m^3. Presumindo que nenhuma perda de calor ocorra no ar ambiente, calcule o aumento de temperatura do disco após 15 s.

Usaremos a Equação (11.31) e a Tabela 11.13 para resolver este problema, mas primeiro precisamos calcular a massa do disco usando as informações fornecidas.

massa = m = (densidade)(volume)

Volume = $V = \dfrac{\pi}{4}\ d^2$(espessura) = $\dfrac{\pi}{4}$ (0,15 m)^2 (0,004 m) = 7,06858 × 10^{-5} m^3

m = (7,06858 × 10^{-5} m^3)(2 700 kg/m^3) = 0,191 kg

$$E_{\text{térmico}} = mc(T_{\text{final}} - T_{\text{inicial}})$$

$$200\text{ J} = (0{,}191\text{ kg})(875\text{ J/kg} \cdot \text{K})\,(T_{\text{final}} - T_{\text{inicial}})$$

$$(T_{\text{final}} - T_{\text{inicial}}) = 1{,}2\text{ K (a cada segundo)}$$

E depois de 15 s o aumento de temperatura será (15 segundos $\times \dfrac{1{,}2\text{k}}{\text{s}} = 18$ k) 18 °C ou 18 K.

EXEMPLO 11.16

Colocamos 1 kg de água, 1 kg de tijolo e 1 kg de concreto em exposição a uma fonte de calor fornecendo 100 J a cada segundo. Presumindo que toda a energia fornecida passa para cada material e que estes estavam inicialmente na mesma temperatura, qual deles terá maior aumento de temperatura após 10 s? Resolveremos este problema usando a Equação (11.31) e a Tabela 11.13. Primeiro, vejamos os valores do calor específico para água, tijolo e concreto: $c_{\text{água}} = 4\,180$ J/kg $\cdot$ K; $c_{\text{tijolo}} = 960$ J/kg $\cdot$ K; e $c_{\text{concreto}} = 880$ J/kg $\cdot$ K.

Agora, aplicando a Equação (11.31), $E_{\text{térmico}} = mc\,(T_{\text{final}} = T_{\text{inicial}})$, em cada situação, esclarecemos que, embora cada material tenha a mesma quantidade de massa e seja exposto à mesma quantidade de energia térmica, o concreto sofrerá um aumento de temperatura maior porque ele tem o menor valor de capacidade calórica dentre os três materiais dados.

Antes de continuar

Responda às seguintes perguntas para testar seu conhecimento adquirido nas seções anteriores.

1. Explique o que significa um grau-dia.

2. Descreva o método que os engenheiros utilizam para estimar o consumo mensal e anual de energia para aquecer os edifícios.

3. Defina o coeficiente de expansão volumétrica.

4. Explique o que significa calor específico.

Vocabulário – Indique o significado dos termos a seguir:

Grau-dia _____

Coeficiente de expansão linear _____

Coeficiente de expansão volumétrica _____

Calor específico _____

RESUMO

OA¹ Temperatura como dimensão fundamental

A temperatura fornece a medida da atividade molecular e a energia interna de um objeto. Agrupamos todo movimento molecular microscópico em um único valor calculável, macroscópico, a que chamamos temperatura. Conforme explicamos neste capítulo, a temperatura exerce importante função em análises e projetos de engenharia. Na escala Celsius, sob condições atmosféricas padrão, o valor zero é arbitrariamente atribuído para a temperatura em que a água congela, e o valor 100 é atribuído para a temperatura em que a água ferve. Como escala Celsius é definida arbitrariamente, os cientistas reconheceram a necessidade de uma escala de temperatura melhor. Essa necessidade levou à definição de uma escala absoluta, que é representa pela escala Kelvin, baseada no comportamento de um gás ideal. Usamos alterações em propriedades de matéria, como resistência elétrica ou alterações ópticas ou emf (força eletromotiva), para medir a temperatura.

OA² Diferença de temperatura e transferência de calor

A transferência de energia térmica ocorre sempre que existe diferença de temperatura. Essa forma de transferência de energia entre corpos de diferentes temperaturas é chamada transferência de calor. Há três mecanismos diferentes pelos quais a energia é transferida de uma região de temperatura alta para uma região de temperatura baixa. Eles são chamados modos de transferência de calor. Condução refere-se ao modo de transferência de calor quando existe diferença de temperatura em um meio e é governada pela Lei de Fourier. O valor R de um material fornece a medida de resistência ao fluxo de calor: quanto maior o valor R, mais a resistência o material oferece ao fluxo de calor. A transferência de calor por convecção ocorre quando um gás ou um líquido em movimento entra em contato com uma superfície sólida cuja temperatura difere do fluido em movimento. Esse modo de transferência de calor é governado pela lei de Newton de resfriamento. Toda matéria emite radiação térmica. A lei de Stefan-Boltzmann determina a quantidade de energia radiante emitida por uma superfície.

OA³ Conforto térmico

A temperatura do ambiente e a umidade do ar estão entre os principais fatores que definem o conforto térmico. O nível de atividade de uma pessoa também é um fator importante. A unidade normalmente utilizada para expressar a taxa metabólica de uma pessoa média sob condições sedentárias, por unidade de área de superfície , é conhecida como *met;* 1 met é igual a 58,2 W/m². A taxa metabólica determina a taxa de conversão de energia química em energia térmica dentro do organismo. A roupa é outro fator que afeta o conforto térmico. A unidade geralmente utilizada para expressar o valor de isolamento da roupa é chamada *clo.*

OA⁴ Poder calorífico de combustíveis

Quando um combustível é queimado (gás, óleo, etc.), é liberada energia térmica. O poder calorífico de um combustível quantifica o montante de energia liberada quando uma massa (quilograma) ou volume (metro cúbico) de combustível é queimado. Combustíveis diferentes têm valores do poder calorífico diferentes.

OA⁵ Graus-dia e estimativa de energia

Grau-dia é a diferença entre 18 °C (tipicamente) e a temperatura média do ar externo durante o período de 24 horas. Na prática da engenharia, valores históricos de graus-dia, com base em média de 30 anos, são usados para estimar o consumo de energia mensal e anual para aquecer um edifício.

OA⁶ Outras propriedades relacionadas à temperatura

O coeficiente de expansão e o calor específico são exemplos de propriedades do material relacionadas à temperatura. O coeficiente de expansão linear é definido pela variação do comprimento, por comprimento original, por aumento de temperatura em grau. Para líquidos e gases, no lugar do coeficiente de expansão linear, é costume definir o coeficiente de expansão térmica volumétrica. O coeficiente de expansão volumétrica é definido pela variação do volume, por volume original, por aumento de temperatura em grau. O calor específico fornece de maneira quantitativa a energia térmica necessária para elevar a temperatura de um 1 kg de massa de um material em 1 grau Celsius.

TERMOS-CHAVE

Caloria	Convecção	Taxa metabólica
Calor específico	Emissividade	Temperatura
Coeficiente de expansão térmica	Estimativa de energia	Resistência térmica
Coeficiente de transferência de calor	Fio termopar	Temperatura absoluta
Condução	Grau-dia	Termoresistor
Condutividade térmica	Lei de Fourier	Transferência de calor
Constante de Steffan-Boltznann	Poder calorífico	Valor R
	Radiação	

APLIQUE O QUE APRENDEU

Em sua cidade, identifique uma casa que seja aquecida com gás natural e veja o tamanho de sua fornalha e a eficiência. Procure também o grau-dia de aquecimento mensal e anual da cidade para o último ano ou anterior. Com base na estimativa de energia discutida neste capítulo, calcule o consumo de gás natural mensal e anual para aquecer o edifício se ele for mantido a 20 °C. Em seguida, obtenha a conta de gás natural do último ano ou anterior e compare sua análise com a quantidade real de gás natural consumido. Discuta suas suposições e relate suas descobertas em um breve relatório.

Dmitry Bruskov/Shutterstock.com

John Mann
Perfil profissional

Quando me formei bacharel em Ciência Aplicada — Engenheira Química na Universidade de Toronto, em 1979, o quadro profissional para engenheiros recém--formados da minha área estava muito parecido com as oportunidades de hoje em dia. A indústria de petróleo no Canadá estava em expansão, com significativa expansão das refinarias e o desenvolvimento de *upgraders* para extrair petróleo das areias asfálticas de Alberta por meio do projeto Syncrude. Essa expansão era subsidiada, mas como os preços do petróleo no mundo subiram novamente, as areias petrolíferas voltaram a ter destaque como um recurso de energia confiável para o mercado norte-americano. Essa prometia ser uma época favorável aos engenheiros na indústria petrolífera.

Minha fascinação pela ciência foi desencadeada pelas conquistas do programa espacial norte-americano nos anos 1960 e 1970. Um perspicaz conselheiro estudantil do colégio notou meu interesse em matemática e ciência

Cortesia de John Mann

e me mostrou a engenharia química como uma opção de carreira. Depois de quatro anos na Universidade de Toronto, ingressei na Imperial Oil (Esso Canadá). Muito de meu trabalho focalizava acabar com o estrangulamento e aumentar a capacidade da refinaria da empresa em Vancouver. Essa foi uma grande oportunidade de ingressar e estudar toda a refinaria, de ponta a ponta, aprendendo sobre cada processo detalhadamente. A partir daí passei cinco anos na refinaria de Sarnia, Ontario, como parte da força tarefa para analisar formas de melhorar a segurança, confiabilidade e eficiência. Em seguida, voltei para a matriz em Toronto, trabalhando em simulação de processo. Minha seção foi reorganizada em TI corporativa, portanto, havia novas oportunidades para treinamento em áreas como projeto de banco de dados, diagramas de fluxo de dados e projeto de modelagem, além de simulações de modelos em projetos de fábrica.

O desenvolvimento de carreira na Esso e os programas de mentor me deram uma sólida base para avaliar a economia e trabalhar no planejamento da indústria de petróleo. Com essas habilidades mudei para uma empresa de consultoria canadense procurando projetar e desenvolver sistemas de informações de fábrica de processo na indústria de petróleo. O trabalho muitas vezes envolvia viajar para reuniões com clientes em locais como Estados Unidos, Itália, Holanda, França e Oriente Médio. Trabalhar para uma empresa menor me permitiu a experiência de interagir mais com o cliente — fazer propostas, projetar, cotar projetos e negociar termos de contrato. Pude trabalhar intimamente com outros membros da equipe, mas ao mesmo tempo o trabalho exigia habilidades em muitas áreas diferentes. Pode-se dizer que eu estava sendo posto à prova de fogo — estava aprendendo a trabalhar, mas ao mesmo tempo me divertindo com o desafio de sair da rotina.

Agora, estou trabalhando para Honeywell Canada, como parte do grupo de desenvolvimento de *software* que acrescenta valor aos sistemas de controle de processos nos quais a Honeywell é reconhecida. Nós trazemos as exigências dos clientes para o processo de desenvolvimento, solicitando informações para o cliente e extrapolando para um mercado maior, ampliando os processos de forma que eles possam acomodar diferentes requisitos de local e práticas de trabalho de nossos clientes. Eu trabalho com desenvolvedores de *software* na Índia e tenho viajado bastante para oferecer suporte de vendas e consultoria em projetos por todo o mundo. Da China ao Chile. Desde o início na indústria de petróleo, as viagens me levaram para a extração de ferro na Austrália, liquefação de carvão na África do Sul, fundição de alumínio na Argentina e extração de fosfato no Norte de Ontario.

Aos estudantes de engenharia de hoje, desejo dizer que estamos entrando numa era em que os recursos estão se tornando cada vez mais valiosos e o fator humano — na forma como usamos os recursos — precisa se concentrar em inovações tecnológicas. Diante de recursos escassos, maior será o desafio de utilizá-los de forma mais eficiente e com menos poluição no futuro próximo.

Cortesia de John Mann

PROBLEMAS

Problemas que promovem aprendizado permanente estão indicados por 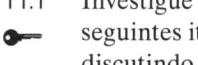.

11.1 Investigue o valor da temperatura dos seguintes itens. Escreva um breve relatório discutindo como esses valores são usados em suas respectivas áreas.

    a. Qual é a temperatura nominal de seu corpo?

    b. Qual é a variação de temperatura clinicamente chamada febre?

    c. Qual é a temperatura normal da superfície de seu corpo? Esse valor é constante?

    d. Qual é a variação de temperatura ambiente confortável? Qual é sua importância em termos de conforto térmico humano? Qual é a função da umidade?

    e. Qual é a variação de temperatura de operação do freezer no refrigerador doméstico?

11.2 Usando o Excel ou uma planilha de sua escolha, crie uma tabela de conversão de graus Fahrenheit para graus Celsius para a seguinte variação de temperatura: de 40 °F para 130 °F em incrementos de 5 °F.

11.3   Termômetros de álcool podem medir temperaturas no intervalo de 100 °F a 200 °F. Determine a temperatura em que o termômetro de álcool com escala Fahrenheit lerá o mesmo número que o termômetro com escala Celsius.

11.4   Qual é o valor equivalente de $T = 60$ °C em kelvins?

11.5   Qual é o valor equivalente de $T = 120$ °F em kelvins?

11.6   A temperatura interna de um forno é mantida a 230 °C enquanto a temperatura do ar da cozinha é de 25 °C. Qual é a diferença de temperatura do ar do forno/cozinha em graus Celsius e kelvins?

11.7   Obtenha informações sobre fios de termopar K, E e R. Escreva um breve relatório discutindo a precisão, a faixa de temperatura de utilização e em qual aplicação eles são empregados.

11.8   Um fabricante de material de isolamento de celulose de enchimento solto fornece a tabela abaixo mostrando a relação entre a espessura do material e seu valor R.

Valor R (m² · K/W)	Espessura (mm)
R-40	275
R-32	225
R-24	162
R-1 9	132
R-13	88

Calcule a condutividade térmica do material de isolamento. Determine também o quão espesso o isolamento deve ser para fornecer valores R de
a. R-30
b. R-20

11.9   Calcule o valor R dos seguintes materiais:
   a. Tijolo com espessura de 100 mm
   b. Tijolo com espessura de 10 cm
   c. Laje de concreto com espessura de 30 cm
   d. Laje de concreto com espessura de 20 cm
   e. Camada de gordura humana com espessura de 1 cm

11.10   Calcule a resistência térmica por convecção para as seguintes situações:
   a. água quente com $h = 200$ W/m² K
   b. ar quente com $h = 10$ W/m² K
   c. ar quente em movimento (com vento) $h = 30$ W/m² K

11.11   A parede exterior de alvenaria de uma casa típica, ilustrada na figura abaixo, contém os itens da tabela. Presuma a temperatura ambiente interna de 20 °C e a temperatura externa de –12 °C, com uma área exposta de 15 m². Calcule a perda de calor pela parede.

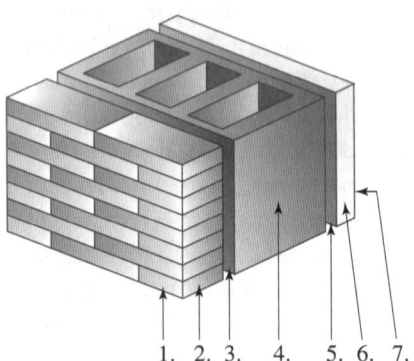

1.   2.   3.   4.   5. 6. 7.

Problema 11.11

Itens	Resistência (m² · K/W)
1. Resistência de filme externa (inverno, 24 km/h vento)	0,029
2. Tijolo à vista (100 mm)	0,075
3. Argamassa de cimento (15 mm)	0,017
4. Bloco de concreto (200 mm)	0,292
5. Espaço de ar (22 mm)	0,218
6. Placa de gesso (15 mm)	0,077
7. Resistência de filme interna (inverno)	0,116

11.12   Para aumentar a resistência térmica de uma parede estrutural exterior, como a do Exemplo 11.8, é costume usar vigas de 60 mm × 180 mm em vez de vigas de 60 mm × 120 mm a fim de permitir a colocação de mais isolamento dentro da cavidade da parede. A parede estrutural exterior (60 mm × 180 mm) de uma casa é composta dos materiais mostrados na figura a seguir. Presuma a temperatura ambiente interna de 20 °C e a temperatura externa de –12 °C, com uma área exposta de 15 m². Determine a perda de calor pela parede.

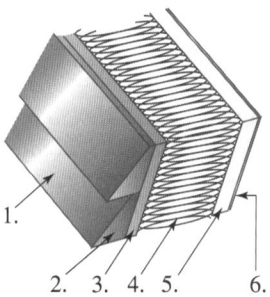

Problema 11.12

Item	Resistência (m² · K/W)
1. Resistência de filme externa (inverno, 24 km/h vento)	0,029
2. Revestimento, madeira (15mm × 240 mm sobreposta)	0,138
3. Revestimento (15 mm regular)	0,225
4. Forro de isolamento (165mm)	3,23
5. Placa de gesso (15mm)	0,077
6. Resistência de camada interna (inverno)	0,116

11.13 O teto típico de uma casa é composto dos itens mostrados na tabela a seguir. Presuma a temperatura ambiente interna de 21 °C e a temperatura externa de –10 °C, com uma área exposta de 100 m². Calcule a perda de calor pelo teto.

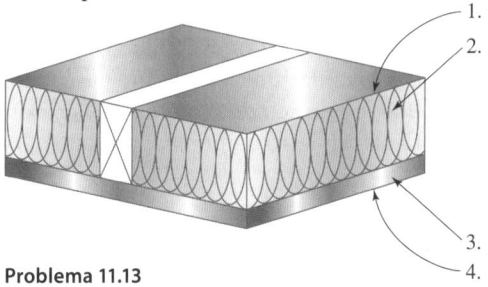

Problema 11.13

Item	Resistência (m² · K/W)
1. Resistência de filme interna do sótão	0,116
2. Forro de isolamento (180 mm)	3,23
3. Placa de gesso de 15 mm	0,077
4. Resistência de filme interna (inverno)	0,116

11.14 Calcule a alteração no comprimento da linha de transmissão de energia na região onde você mora quando a temperatura muda em 10 °C. Escreva um breve memorando para seu instrutor expondo suas descobertas.

11.15 Calcule a alteração no fio de cobre com 5 m de comprimento quando sua temperatura muda em 60 °C.

11.16 Determine o aumento de temperatura que ocorreria quando 2 kg dos seguintes materiais são expostos a um elemento de aquecimento com 500 J. Discuta suas suposições.

a. Cobre.

b. Alumínio.

c. Concreto.

11.17 A condutividade térmica de um material sólido pode ser determinada por uma configuração similar à da figura a seguir. Os termopares são colocados em intervalos de 2,5 cm no material conhecido $\left(\text{liga de cobre}, k = 52 \frac{w}{m \cdot k} \right)$ e na amostra desconhecida. O material desconhecido é aquecido na parte superior por um elemento de aquecimento e a superfície inferior da amostra é resfriada com água corrente pelo dissipador de calor conhecido. Determine a condutividade térmica da amostra desconhecida para o conjunto de dados fornecido na tabela a seguir. Presuma nenhuma perda de calor para o ambiente e um contato térmico perfeito entre a amostra e o cobre.

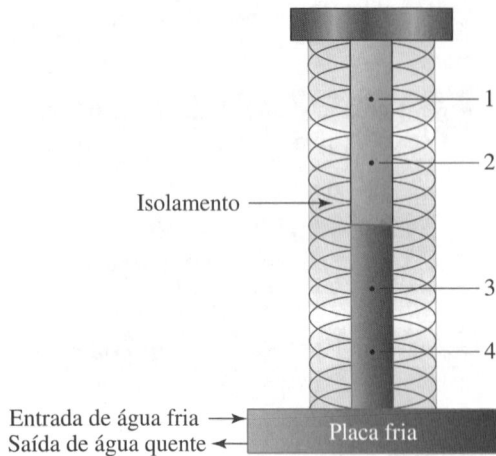

Isolamento

Entrada de água fria →
Saída de água quente ←
Placa fria

Problema 11.17

Local do Termopar	Temperatura °C	
1	120	Cobre
2	100	
3	85	
4	72	

11.18 Use a ideia básica do Problema 11.17 para projetar um dispositivo que meça a condutividade térmica de amostras sólidas no intervalo de 50 a 300 W/m · K. Escreva um breve relatório discutindo com detalhes o tamanho geral do dispositivo, seus componentes, como a fonte de aquecimento, a fonte de resfriamento, os materiais de isolamento e os elementos de medida. Inclua desenhos no relatório e uma amostra de experimento. Calcule o custo dessa configuração e acrescente-o ao seu relatório. Escreva também um breve procedimento experimental que possa ser realizado por alguém que não tenha familiaridade com o dispositivo.

11.19 Uma placa de cobre com dimensões de 3 cm × 3 cm × 5 cm (comprimento, largura e espessura, respectivamente) é exposta a uma fonte de energia térmica que libera 150 J por segundo, conforme a figura a seguir. A densidade do cobre é 8 900 kg/m³. Presumindo que nenhuma perda de calor ocorra para o ambiente, calcule o

aumento de temperatura na placa após 10 segundos.

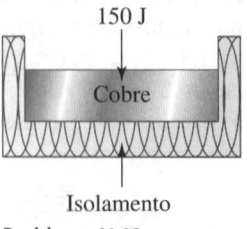

150 J

Cobre

Isolamento

Problema 11.19

11.20 Uma placa de alumínio com dimensões de 3 cm × 3 cm × 5 cm (comprimento, largura e espessura, respectivamente) é exposta a uma fonte de energia térmica que libera 150 J por segundo. A densidade do alumínio é 2 700 kg/m³. Presumindo que nenhuma perda de calor ocorra para o ambiente, calcule o aumento de temperatura na placa após 10 segundos.

11.21 Use a ideia básica do Problema 11.19 para projetar um dispositivo que meça a capacidade de calor de amostras sólidas no intervalo de 500 a 800 J/Kg · K. Escreva um breve relatório discutindo detalhadamente o tamanho geral do dispositivo, seus componentes, inclusive a fonte de aquecimento, o bloco de suporte, os materiais de isolamento e os elementos de medida. No relatório, inclua desenhos e uma amostra do experimento. Calcule o custo dessa configuração e acrescente-o ao seu relatório. Escreva também um breve procedimento experimental que poderia ser usado por alguém que não estivesse familiarizado com o dispositivo.

11.22 Como você usaria o princípio dado no Problema 11.19 para medir a saída de calor de algo? Por exemplo, use a ideia básica do Problema 11.19 para projetar uma configuração que possa ser usada para medir a saída de calor de um ferro de passar roupas.

11.23 Calorímetros são dispositivos normalmente usados para medir o poder calorífico dos combustíveis. Por exemplo, o calorímetro de fluxo de Junkers é usado para medir o poder calórico dos combustíveis gasosos. O calorímetro de bomba, por outro lado, é usado para medir o poder calorífico de combustíveis líquidos ou sólidos, como querosene, óleo de aquecimento ou carvão. Execute uma pesquisa para obter informações sobre esses dois tipos de calorímetros. Escreva um breve relatório discutindo os princípios de operação desses calorímetros.

11.24 Consulte as Tabelas 11.9 e 11.10 para responder a esta pergunta. Qual é a quantidade máxima de energia liberada quando uma amostra de 5 kg de carvão do McDowell, West Virginia, é queimada? Calcule também a quantidade de energia liberada quando 0,15 m³ de gás natural de Oklahoma é queimado.

11.25 Entre em contato com o fornecedor de gás natural em sua cidade para descobrir quanto você paga em cada ft³ de gás natural. Entre também em contato com sua companhia elétrica e descubra o quanto eles cobram em média pelo uso de eletricidade em kWh. Se uma fornalha a gás de ar quente apresenta a eficiência de 94% e um aquecedor elétrico tem eficiência de 100%, qual é a forma mais econômica de aquecer sua casa: uma fornalha a gás ou um aquecedor elétrico?

11.26 Calcule a taxa de transferência de calor de uma parede de concreto de 100 m², de tijolo com 15 cm de espessura com temperaturas interna e externa de 20 °C e 0 °C.

11.27 Para o Problema 11.26, calcule a redução na taxa de transferência de calor se for acrescentado à parede um forro de isolamento de 5 cm com condutividade térmica de $k = 0,05 \frac{W}{m \cdot k}$.

11.28 As paredes laterais de um refrigerador são feitas de duas camadas metálicas finas, cada uma com espessura de 4 mm, condutividade térmica de $k = 72 \frac{W}{m \cdot k}$, e um isolamento de espuma com 60 mm de espessura com $k = 0,05 \frac{W}{m \cdot k}$. Se as temperaturas de superfície interna e externa da parede do refrigerador forem 2 °C e 21 °C, respectivamente, calcule a perda de calor numa área de 1 m².

11.29 Calcule a quantidade de energia térmica necessária para elevar a temperatura de 80 litros de água de 20 °C para 40 °C.

11.30 Em um aquecedor de água comercial, 80 L/min de água são aquecidos de 20 °C para 60 °C. Calcule a quantidade de energia necessária por hora.

11.31 Calcule a perda de calor de uma janela com vidraça dupla composta de duas peças de vidro com espessura de 10 mm cada, com condutividade térmica de $k = 1,3 \frac{W}{m \cdot K}$. As duas vidraças são separadas por um espaço de ar com 7 mm. Considere que a condutividade térmica do ar seja $k = 0,022 \frac{W}{m \cdot K}$.

11.32 Determine a taxa de transferência de calor de um *chip* eletrônico cuja temperatura de superfície seja de 30 °C e tenha uma área de superfície exposta de 4 cm². A temperatura do ar ambiente é 25 °C. O coeficiente de transferência de calor para essa situação é $h = 25 \frac{W}{m^2 \cdot K}$. Qual é o fator R (resistência de filme) para essa situação?

11.33 Calcule a quantidade de radiação emitida para uma unidade de superfície (m²) nas seguintes situações: (a) um pavimento quente no Arizona a 50 °C e $\varepsilon \approx 0,8$, (b) uma capota de carro a 40 °C e $\varepsilon \approx 0,9$, e (c) um banhista a 38 °C e $\varepsilon \approx 0,9$. Expresse suas respostas em unidades SI e norte-americanas.

11.34 Para os Problemas 11.11, 11.12 e 11.13, calcule os fatores U.

11.35 Para o Problema 11.12, calcule a perda de calor pela parede estrutural se o forro de isolamento R-19 for substituído por isolamento de espuma com um valor R de 22.

11.36 Para o Problema 11.13, calcule a perda de calor pelo teto, se o forro de isolamento R-19 for substituído por isolamento de fibra de vidro R-40.

11.37 As janelas de 1 m² de nove anos com $U = 7 \frac{W}{m^2 \cdot k}$ foram substituídas por novas com $U = 1,8 \frac{W}{m^2 \cdot k}$. Calcule a economia de energia durante o período de 5 horas, quando T_{in} 20 °C, $T_{externa} = -10$ °C.

11.38 Para o Problema 11.37, calcule a economia em m³ de gás natural (de Louisiana). Suponha que a fornalha tenha eficiência de 92%.

11.39 Uma família utiliza 300 L de água quente por dia. A água é aquecida da temperatura da tubulação de 12 °C até 60 °C. Calcule a quantidade de gás natural (Oklahoma) necessária para aquecer a água com eficiência de 80%.

11.40 Para o problema 11.17, determine a condutividade térmica da amostra desconhecida para o conjunto de dados fornecido na tabela a seguir.

Local do termopar	Temperatura (°C)
1	125
2	105
3	80
4	75

11.41 Compare as taxas de transferência de calor das camadas de pele humana, músculo humano e tecido adiposo humano. Presuma a espessura de 5 mm e a diferença de temperatura de 2 °C em cada camada.

11.42 Calcule a taxa de transferência de calor por uma porta de 2 m² com $U = 5 \frac{W}{m^2 \cdot k}$. As temperaturas interna e externa são 20 °C e −10 °C.

11.43 Procure os valores de temperaturas diárias alta e baixa para o mês de outubro de 2014 de sua cidade e calcule o grau-dia desse mês.

11.44 Para sua cidade, calcule o grau-dia dos meses de dezembro, janeiro e fevereiro de 2014 e compare as informações com o valor de grau-dia anual de 2014.

11.45 Para um edifício localizado em Madrid, Espanha, com graus-dia (dd) de aquecimento anual de 4 654, carga de aquecimento (perda de calor) de 30 000 kj/h, e diferença de temperatura do projeto de 30 °C (20 °C interna), estime o consumo de energia anual. Se o edifício for aquecido por uma fornalha com eficiência de 92%, qual quantidade de gás será queimada para manter a residência a 20 °C? Relate suas suposições.

11.46 Para um edifício localizado em Londres, Inglaterra, com graus-dia (dd) de aquecimento anual de 5 634, carga de aquecimento (perda de calor) de 42 000 kj/h, e diferença de temperatura do projeto de 35 °C (20 °C interna), estime o consumo de energia anual. Se o edifício for aquecido por uma fornalha com eficiência de 98%, qual quantidade de gás será queimada para manter a residência a 20 °C? Relate suas suposições.

11.47 Para um edifício localizado em Moscou, Rússia, com graus-dia (dd) de aquecimento anual de 6 232, carga de aquecimento (perda de calor) de 52 000 kj/h e diferença de temperatura do projeto de 40 °C (20 °C interna), estime o consumo de energia anual. Se o edifício for aquecido por uma fornalha com eficiência de 92%, qual quantidade de gás será queimada para manter a residência a 20 °C? Explique suas suposições.

11.48 Visite o *site* do National Fenestration
       Rating Council (NFRC) em www.nfrc.org,
       e procure a definição de classificações de
       desempenho energético fornecidas de **A** até
       E. Escreva um breve relatório discutindo
       suas descobertas.

a. Fator U

b. Coeficiente de ganho térmico solar
   (SHGC)

c. Transmitância visível (VT)

d. Vazamento de ar

e. Resistência de condensação

Problema 11.48
Cortesia de The National Fenestration Rating
Council (NFRC).

12 Corrente elétrica e variáveis relacionadas em engenharia

Os engenheiros entendem a importância da eletricidade e da energia elétrica, e a função que elas exercem em nossas vidas todos os dias. Como futuros engenheiros, vocês precisam saber o que significam corrente elétrica e tensão, e conhecer a diferença entre corrente contínua e corrente alternada. Também precisam conhecer as diversas fontes de eletricidade e entender como a eletricidade é gerada.

OBJETIVOS DE APRENDIZADO

OA¹ **Corrente elétrica, tensão e energia elétrica:** descrever a função da corrente como uma dimensão fundamental nas análises de engenharia; explicar os princípios básicos da eletricidade

OA² **Circuitos elétricos e componentes:** explicar o que significam circuitos elétricos e dar exemplos de seus componentes

OA³ **Motores elétricos:** descrever a função dos motores em nossa vida diária e dar exemplos dos tipos de motores

OA⁴ **Sistemas de iluminação:** explicar a terminologia de iluminação e dar exemplos de diferentes sistemas de iluminação e suas taxas de consumo de energia

O PROCESSO DO TRANSPORTE DA ELETRICIDADE

Obter eletricidade das estações geradoras de energia e trazê-la para nossas casas e locais de trabalho é um processo desafiador. A eletricidade deve ser produzida e utilizada ao mesmo tempo, porque não é possível armazenar grandes quantidades de eletricidade. As redes de transmissão de alta voltagem (aquelas redes entre altas torres metálicas que geralmente vemos ao longo das rodovias) são usadas para conduzir a eletricidade das estações geradoras de energia para os locais onde ela é necessária. Entretanto, quando a eletricidade flui nessas redes, um pouco dela é perdida. Uma das propriedades das redes de alta voltagem é que, quanto maior a tensão, mais eficiente é o seu transporte, ou seja, as perdas são menores. Usando transformadores, a eletricidade de alta voltagem é "escalonada" várias vezes até uma tensão menor, que chega ao sistema de distribuição nos polos das instalações públicas, e é conduzida através dos fios para sua casa e local de trabalho, onde poderá ser utilizada.

Não há rede elétrica "nacional" nos Estados Unidos. Há, na realidade, três redes elétricas que operam nos 48 estados contíguos: (1) Sistema Interconectado Ocidental (para os estados a leste das Montanhas Rochosas), (2) Sistema Interconectado Ocidental (para os estados entre o Oceano Pacífico e as Montanhas Rochosas), e (3) Sistema Interconectado do Texas. Esses sistemas são independentes uns dos outros, embora estejam relacionados entre si. As principais áreas no Canadá são totalmente interconectadas com nossas redes elétricas Ocidental e Oriental, e outras partes do México possuem conexão limitada com as redes elétricas do Texas e Ocidental.

"Rede inteligente"

A "Rede inteligente" consiste de dispositivos conectados às redes de transmissão e distribuição que permitem que as utilidades públicas e os clientes recebam informações digitais da rede e se comuniquem com ela. Esses dispositivos permitem que um serviço público descubra onde

Shutter_M/Shutterstock.com

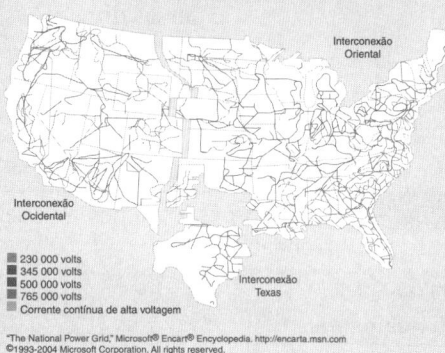

Interconexão Oriental

Interconexão Ocidental

Interconexão Texas

- 230 000 volts
- 345 000 volts
- 500 000 volts
- 765 000 volts
- Corrente contínua de alta voltagem

existe um corte de energia ou outro problema e, às vezes, até corrija o problema enviando instruções digitais. Os dispositivos inteligentes da casa, do escritório ou da fábrica informam aos consumidores quando um dispositivo está usando energia com custo muito alto permitindo o ajuste remoto das configurações. Dispositivos inteligentes se tornam uma rede inteligente quando ajudam os órgãos de serviço público a reduzirem perdas da rede, a detectarem e corrigirem problemas mais rapidamente e ajudam os consumidores a economizar energia, sobretudo quando a demanda atinge níveis mais altos ou quando é necessário reduzir essa demanda de energia para manter a confiabilidade do sistema.

Administração de Informações de Energia dos Estados Unidos

Para os estudantes: Como você consome a eletricidade? Em sua opinião, qual é a sua pegada diária, mensal e anual de consumo de energia elétrica? Você tem alguma sugestão para reduzir a sua pegada de consumo de eletricidade?

Todo engenheiro precisa entender os fundamentos da eletricidade e do magnetismo. Olhe ao redor e considere dispositivos, instrumentos e máquinas que utilizam energia elétrica. O objetivo deste capítulo é apresentar os fundamentos da eletricidade. Discutiremos brevemente o que significam carga elétrica, corrente elétrica (ambas em corrente alternada, ca, e corrente contínua, cc), resistência elétrica e voltagem. Definiremos também circuito elétrico e seus componentes. Em seguida, veremos a função dos motores elétricos em nosso dia a dia e identificaremos os fatores que os engenheiros consideram ao selecionar um motor para uma aplicação específica.

Conforme explicado no Capítulo 6, de acordo com o conhecimento de nosso mundo físico atual, precisamos de sete dimensões fundamentais ou básicas para expressar de maneira correta as leis físicas que governam nosso mundo. São elas: comprimento, massa, tempo, temperatura, energia elétrica, quantidade de substâncias e intensidade luminosa. Além disso, com a ajuda dessas dimensões básicas, podemos explicar outras grandezas físicas necessárias para descrever como a natureza funciona.

TABELA 6.7 — Dimensões fundamentais e seu uso ao definir variáveis usadas em análises e projetos de engenharia

Capítulo	Dimensão fundamental	Variáveis de engenharia relacionadas			
7	Comprimento (L)	Radiano (L/L), Deformação (L/L)	Área (L^2)	Volume (L^3)	Momento de área de inércia (L^4)
8	Tempo (t)	Velocidade angular ($1/t$), Aceleração angular ($1/t^2$), Velocidade linear (L/t), Aceleração linear (L/t^2)		Vazão volumétrica (L^3/t)	
9	Massa (M)	Vazão mássica (M/t), Quantidade de movimento (ML/t), Energia cinética (ML^2/t^2)		Densidade (M/L^3), Volume específico (L^3/M)	
10	Força (F)	Momento (LF), Trabalho, energia (FL), Impulso linear (Ft), Força (FL/t)	Pressão (F/L^2), Tensão (F/L^2), Módulo de elasticidade (F/L^2), Módulo de rigidez (F/L^2)	Peso específico (F/L^3),	
11	Temperatura (T)	Expansão térmica linear (L/LT), Calor específico (FL/MT)		Expansão térmica volumétrica (L^3/L^3T)	
12	Corrente elétrica (I)	Carga (It)	Densidade da corrente (I/L^2)		

Nos capítulos anteriores, discutimos a função das dimensões fundamentais de comprimento e as variáveis a ele relacionadas, de massa e variáveis a ela relacionadas, de tempo e variáveis a ele relacionadas, e de temperatura e variáveis a ela relacionadas em análises e projetos de engenharia. Agora, voltemos nossa atenção para a dimensão fundamental corrente.

Reapresentamos a Tabela 6.7 para lembrá-lo da função de dimensões fundamentais e como elas são combinadas para definir grandezas de engenharia usadas em análises e projetos.

OA¹ **12.1** Corrente elétrica, tensão e energia elétrica

Corrente elétrica como dimensão fundamental

Conforme vimos no Capítulo 6, a proposta de ampere como unidade básica para corrente elétrica só foi aprovada em 1946 pela Conferência Geral de Pesos e Medidas (CGPM), que o incluiu entre as unidades básicas em 1954. O **ampere** é definido formalmente como a corrente constante que, se mantida em dois condutores paralelos retos de comprimento mínimo, de seção transversal circular negligenciável e colocada a 1 metro de distância no vácuo, produziria, entre esses dois condutores, uma força igual a $2 \cdot 10^{-7}$ newtons por metro de comprimento.

Para entender melhor o que o ampere representa, precisamos nos concentrar sobre o comportamento do material subatômico. No Capítulo 9 explicamos átomos e moléculas. Um átomo apresenta três partículas subatômicas principais denominadas elétrons, prótons e nêutrons. Nêutrons e prótons formam o núcleo do átomo. A maneira como o material conduz eletricidade é influenciada pelo número e pela disposição dos elétrons. Os elétrons possuem carga negativa, ao passo que os prótons possuem carga positiva, e os nêutrons não possuem carga.

De maneira simples, a lei básica de **cargas** elétricas afirma que *cargas diferentes se atraem enquanto cargas iguais se repelem*. No SI, a unidade de carga é o coulomb (C). Um coulomb é definido pela quantidade de carga que passa por um ponto, em um fio, em 1 segundo, quando uma corrente de 1 ampere está fluindo pelo fio. No Capítulo 10, explicamos a lei universal de atração gravitacional entre duas massas. Da mesma forma, existe uma lei que descreve a força de atração elétrica entre duas partículas de cargas opostas. A força elétrica exercida por uma carga pontual sobre outra é proporcional à magnitude de cada carga e é inversamente proporcional ao quadrado da distância entre as cargas pontuais. Além disso, a força elétrica é atrativa se as cargas tiverem sinais opostos, e é repulsiva se as cargas tiverem o mesmo sinal. A força elétrica entre duas cargas pontuais é dada pela lei de Coulomb:

$$F_{12} = \frac{kq_1q_2}{r^2}$$

12.1

em que $k = 8{,}99 \times 10^9 \cdot$ N $\cdot$ m²/C², q_1 e q_2 (C) são cargas pontuais e r é a distância (m) entre elas. Outro fato importante a ser lembrado é que a carga elétrica é conservada, o que significa que ela não é criada nem destruída; ela só pode ser transferida de um objeto para outro.

Talvez você já saiba que, para a água fluir por um cano, deve existir uma diferença de pressão. Além disso, a água flui da região de alta pressão para a região de baixa pressão. No Capítulo 11, explicamos que, sempre que houver diferença de temperatura em um meio ou entre dois corpos, a energia térmica flui da região de temperatura mais alta para a região de temperatura mais baixa. De modo similar, sempre que existir diferença no potencial elétrico entre dois corpos, a carga elétrica fluirá da região de potencial elétrico mais alto para a região de potencial mais baixo. O fluxo de carga ocorrerá quando dois corpos estão conectados por um condutor elétrico, como um fio

> O fluxo de carga elétrica é chamado corrente e sua unidade é o ampere em unidades SI e norte--americanas.

de cobre. O fluxo da carga elétrica é chamado **corrente elétrica** ou simplesmente, **corrente**. A corrente elétrica, ou o fluxo de carga, é medida em amperes. Um ampere ou "amp" (A) é definido pelo fluxo de 1 unidade de carga por segundo. Por exemplo, uma torradeira que emprega 6 amps tem 6 unidades de carga fluindo pelo elemento de aquecimento a cada segundo. A quantidade de corrente que flui por um elemento elétrico depende do potencial elétrico, ou voltagem, disponível no elemento e da resistência que o elemento oferece ao fluxo de carga.

Tensão

Tensão representa a quantidade de trabalho necessária para mover uma carga entre dois pontos, e a quantidade de carga que está sendo movida entre os dois pontos por unidade de tempo é chamada corrente. A **força eletromotriz (emf)** representa a diferença do potencial elétrico entre uma área com excesso de elétrons livres (carga negativa) e uma área com déficit de elétrons (carga positiva). A tensão, ou a força eletromotriz, induz a corrente fluir em um circuito. As fontes de eletricidade mais comuns são reação química, luz e magnetismo.

> A tensão representa a quantidade de trabalho necessária para mover uma carga entre dois pontos, e a quantidade de carga que está sendo movida entre os dois pontos por unidade de tempo é chamada corrente.

Baterias Todos vocês já usaram baterias para diferentes fins em um momento ou em outro (Figura 12.1). Em todas as baterias, a eletricidade é produzida por uma reação química que ocorre dentro da bateria. Quando um dispositivo que utiliza baterias está ativo, seus circuitos criam caminhos para os elétrons fluírem. Quando o dispositivo é desligado, não há caminho para elétrons fluírem, assim a reação química para.

Uma célula de bateria consiste em compostos químicos, condutores internos, conexões positivas e negativas e o invólucro. Alguns exemplos de células são os tamanhos N, AA, AAA, C e D. A célula que não pode ser recarregada é chamada *célula primária*. A bateria alcalina é um exemplo de célula primária. Por outro lado, a *célula secundária* é uma célula que pode ser recarregada. A recarga é conseguida revertendo o fluxo de corrente de áreas positivas para negativas. As células de chumbo-ácido de seu carro e níquel-cádmio (NiCd), e as células níquel-hidreto metálico (NiMH) são exemplos de células secundárias. As baterias NiCd são as baterias recarregáveis mais usadas em telefones sem fio, brinquedos e alguns telefones celulares. As baterias NiMH, que são menores, são usadas em smartphones em razão do tamanho e da capacidade.

FIGURA 12.1

Para aumentar a saída de voltagem, as baterias geralmente são dispostas em série. Se conectarmos baterias em série, elas produzirão uma voltagem líquida que será a soma das baterias individuais. Por exemplo, se conectarmos quatro baterias de 1,5 volt em série, o potencial resultante será de 6 volts, como mostra a Figura 12.2. Baterias conectadas em uma disposição paralela, como na Figura 12.3, produzem a mesma voltagem, porém mais corrente.

Fotoemissão A **fotoemissão** é outro princípio usado para gerar eletricidade. Quando a luz chega a uma superfície com determinadas propriedades, os elétrons podem ser liberados; assim, a energia elétrica é gerada. Como exemplos de dispositivos fotovoltaicos temos medidores de luz de fotografia, células fotovoltaicas em calculadoras manuais e células solares usadas em áreas remotas para gerar eletricidade.

Os dispositivos fotovoltaicos estão se tornando cada vez mais comuns em muitas aplicações, pois não poluem o ambiente. Em geral, há duas maneiras nas quais a radiação solar é convertida em eletricidade: fototérmica e fotovoltaica. Em fábricas fototérmicas, a radiação solar é usada para produzir vapor ao aquecer a água que flui por um tubo. Os tubos passam por um coletor solar parabólico, e depois o vapor aciona um gerador. Na célula fotovoltaica, a luz é convertida diretamente em eletricidade. Células fotovoltaicas são feitas de arsenieto de gálio e apresentam eficiência de conversão de cerca de 20%. Essas células são agrupadas em satélites para criar uma matriz usada para gerar energia elétrica. Unidades de produção de energia fotovoltaica também estão se tornando comuns. Uma fazenda solar consiste em uma ampla área em que muitas matrizes solares são reunidas para converter a radiação do Sol em eletricidade.

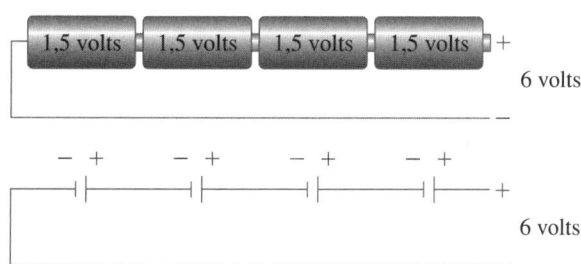

FIGURA 12.2   Baterias conectadas em série.

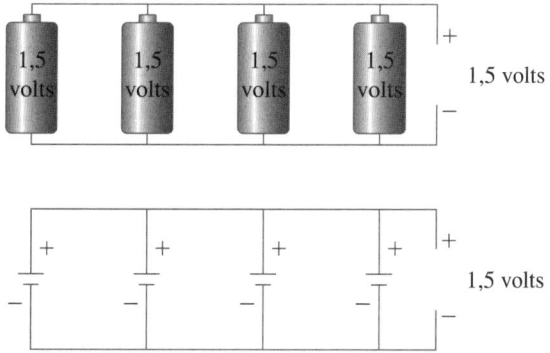

FIGURA 12.3   Baterias conectadas em paralelo.

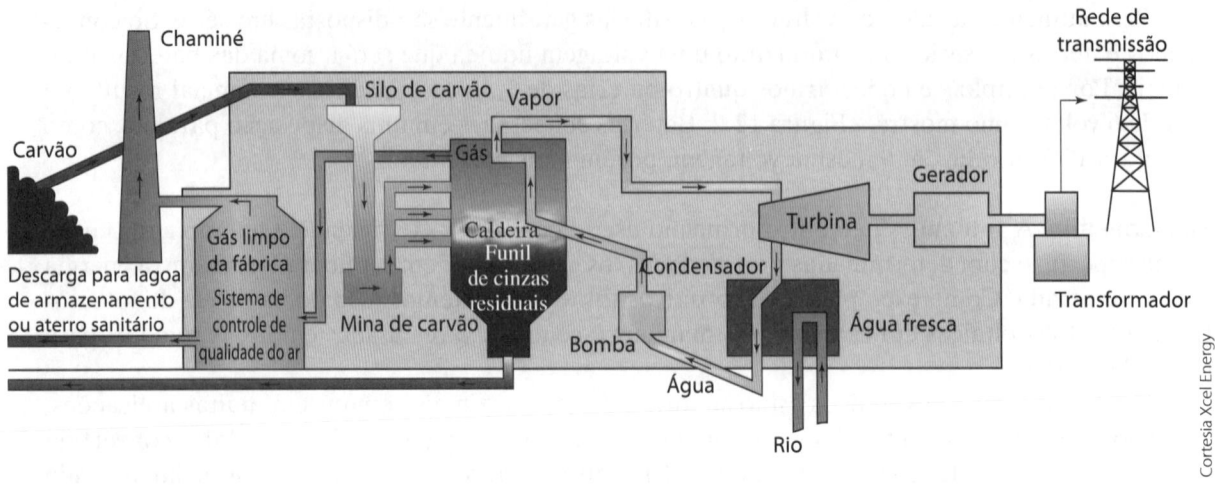

| FIGURA 12.4 | Esquema de uma fábrica de energia a vapor. |

Usinas elétricas A eletricidade consumida em casas, escolas, *shoppings* e indústrias é gerada na usina elétrica. A água é usada em todas as fábricas geradoras de energia a vapor para produzir eletricidade. Veja um esquema simples de usina elétrica na Figura 12.4. O combustível é queimado em uma caldeira para gerar calor, que por sua vez é adicionado à água em forma líquida para mudar para a forma de vapor; o vapor passa pelas pás da turbina, girando as pás, o que movimenta o gerador conectado à turbina, criando assim a eletricidade. A eletricidade é gerada por uma bobina de fios que gira dentro do campo magnético. Um condutor colocado em um campo magnético carregado terá uma corrente induzida nele. O magnetismo é o método mais comum para gerar eletricidade. O vapor de alta pressão que sai da turbina se liquefaz em um condensador e é bombeado novamente para a caldeira, fechando um ciclo, conforme a Figura 12.4. Veja a geração de eletricidade nos Estados Unidos por tipo de combustível do ano de 2013 na Figura 12.5.

Corrente contínua e corrente alternada

Corrente contínua (cc) é o fluxo de carga elétrica que ocorre em uma direção, conforme a Figura 12.6(a). A corrente contínua em geral é produzida por baterias e geradores de corrente contínua. No final do século XIX, em razão do entendimento limitado sobre os fundamentos e a tecnologia e por motivos econômicos, a corrente contínua não podia ser transmitida por longas distâncias. Portanto, ela foi substituída pela corrente alternada (ca). A corrente contínua não era economicamente viável para ser transformada, devido as altas voltagens necessárias para transmissão de longas distâncias. Entretanto, o desenvolvimento nos anos 1960 levou a técnicas que agora permitem a transmissão de corrente contínua por longas distâncias.

> Corrente contínua é o fluxo de carga que ocorre em uma direção, ao passo que corrente alternada é o fluxo de carga elétrica que reverte periodicamente.

Corrente alternada (ca) é o fluxo de carga elétrica revertido periodicamente. Conforme a Figura 12.6(b), a magnitude da corrente começa em zero, aumenta para um valor máximo e depois diminui para zero; o fluxo de carga elétrica inverte a direção, atinge um valor máximo e retorna para zero. Esse fluxo padrão é repetido de forma

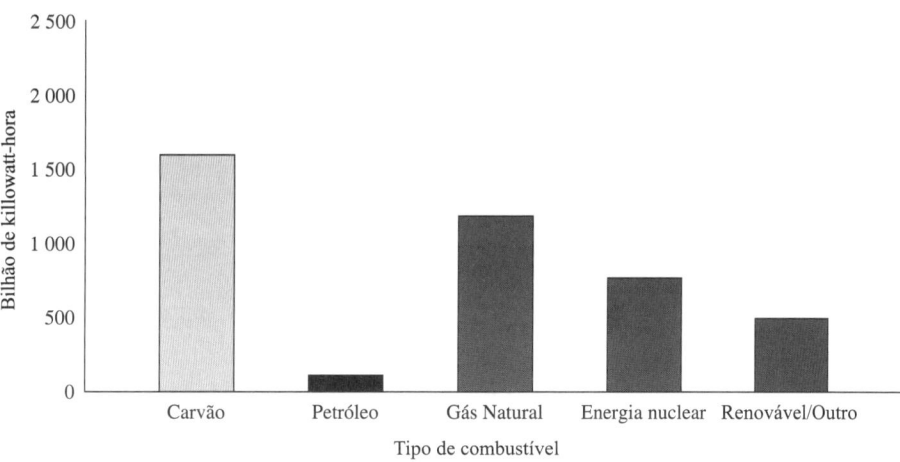

FIGURA 12.5 Geração de eletricidade nos Estados Unidos por tipo de combustível (2013).

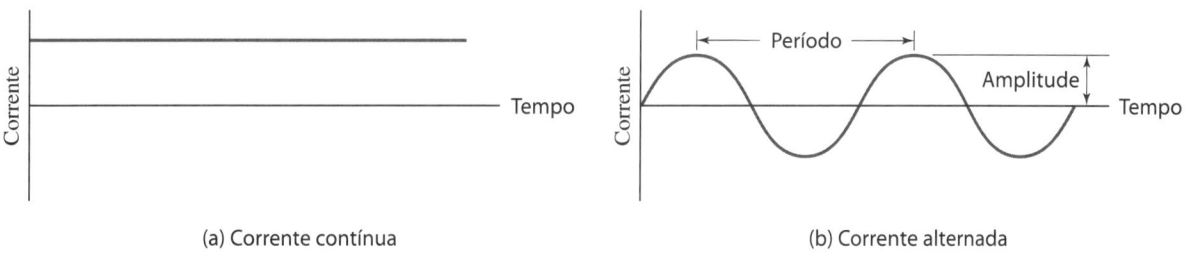

FIGURA 12.6 As correntes contínua e alternada.

cíclica. O intervalo de tempo entre o valor de pico da corrente em dois ciclos sucessivos é chamado *período*, e o número de ciclos por segundo é chamado *frequência*. O valor de pico (máximo) da corrente alternada em qualquer direção é chamado *amplitude*. A corrente alternada é criada por geradores em usinas elétricas. A corrente empregada em vários dispositivos elétricos em sua casa é a corrente alternada. A corrente alternada usada na energia doméstica e comercial é de 60 ciclos por segundo (hertz) nos Estados Unidos.

Lei de corrente de Kirchhoff

Uma das leis básicas da eletricidade que permitem a análise de correntes em circuitos elétricos é a **Lei de corrente de Kirchhoff**. A lei afirma que, em qualquer momento, a soma das correntes que entram em um nó deve ser igual a soma das correntes que saem do nó. Essa afirmação é representada na Figura 12.7. Conforme explicado, as leis físicas são baseadas em observações e a lei de corrente de Kirchhoff não é nenhuma exceção. Essa lei representa o fato físico de que a carga é sempre conservada em um circuito elétrico. A carga não pode ser acumulada ou esgotada em um nó elétrico; consequentemente, a soma das correntes que entram em um nó deve ser igual à soma das correntes que saem de um nó. Por exemplo, a lei de corrente de Kirchhoff aplicada ao circuito mostrado na Figura 12.7 leva a: $i_1 + i_2 = i_3 + i_4$.

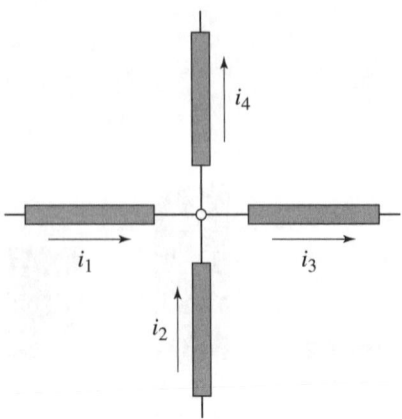

FIGURA 12.7   A soma de correntes que entram em um nó deve ser igual à soma das correntes que saem do nó: $i_1 + i_2 = i_3 + i_4$.

EXEMPLO 12.1   Determine o valor da corrente i_3 no circuito mostrado na Figura 12.8.

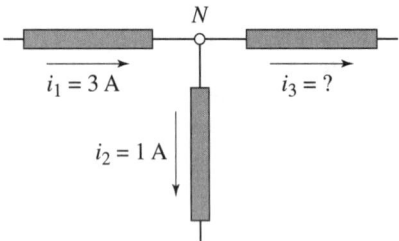

FIGURA 12.8   Circuito do Exemplo 12.1.

Podemos resolver este problema simples aplicando a lei de corrente de Kirchhoff para o nó *N*. Isso leva a:

$$i_1 = i_2 + i_3$$
$$i_3 = 2 \text{ A}$$

Distribuição de energia residencial

Os meios mais comuns pelos quais produzimos eletricidade são: magnetismo (ou seja, em usinas elétricas), reação química (baterias), iluminação (células fotovoltaicas) e conversão de energia eólica.

Veja na Figura 12.9 um exemplo de sistema de distribuição de energia residencial e de requisitos de amperagem para tomadas, luzes, equipamentos de cozinha e ar-condicionado central. Para distribuir a fiação em um edifício, primeiro é necessário elaborar um plano elétrico para o edifício. No plano, devem ser especificados os locais e os tipos de chaves e tomadas, incluindo tomadas para fogão elétrico e secadora. Discutiremos os símbolos de engenharia com mais detalhes no Capítulo 16. Por enquanto, veja os exemplos de símbolos elétricos usados na planta de casas na Figura 12.10. Veja também, na Figura 12.11, um exemplo de planta elétrica para um edifício residencial.

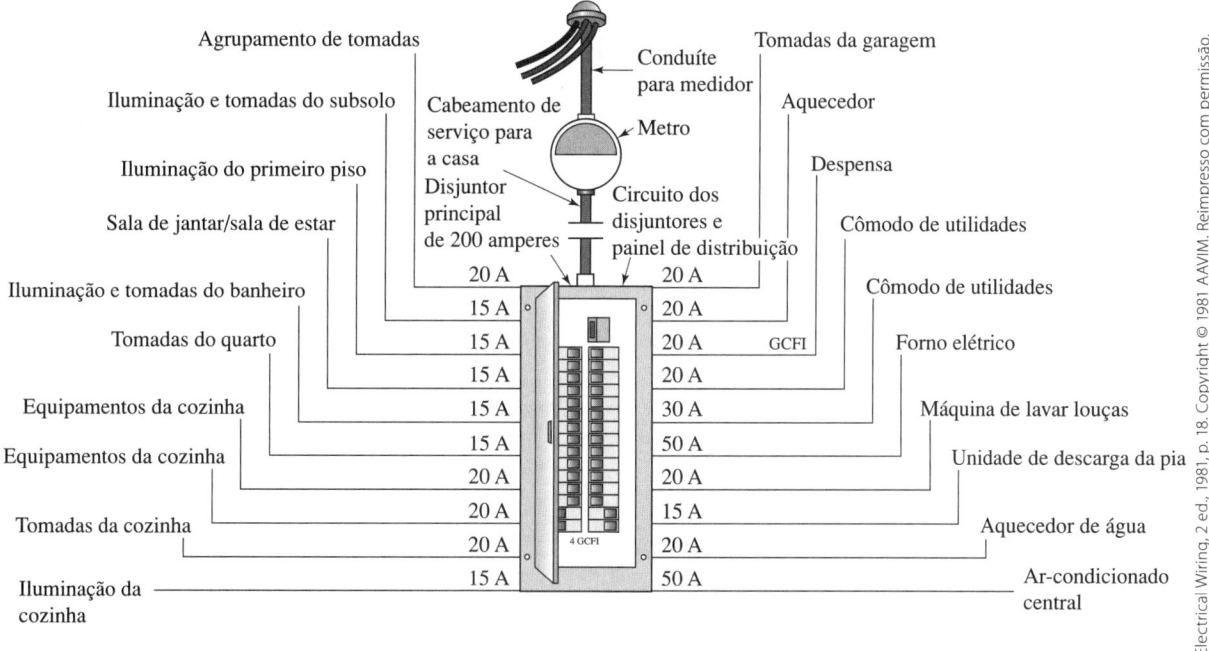

FIGURA 12.9 Exemplo de sistema de distribuição elétrica para um edifício residencial.

Símbolos elétricos comuns			
○	Tomada do teto	▨▨	Painel de entrada de serviço
─○	Tomada da parede	S	Interruptor unipolar
○$_{PS}$	Tomada do teto com interruptor de puxar	S$_2$	Interruptor bipolar
─○$_{PS}$	Tomada da parede com interruptor de puxar	S$_3$	Interruptor de 3 vias
⊜	Tomada dupla	S$_4$	Interruptor de 4 vias
⊜$_{WP}$	Tomada à prova do tempo	S$_P$	Interruptor com luz piloto
⊜$_{1,3}$	Tomada de conveniência 1 = única 3 = tripla	▪	Botão de pressão
⊜$_R$	Tomada de fogão elétrico	CH	Campainha ou alarmes
⊜$_S$	Tomada com interruptor	◄	Telefone
⊜$_D$	Tomada da secadora	TV	Tomada da televisão
⊜	Tomada dupla de fio bipartido	S	Cabos do interruptor
⬤	Tomada para finalidade especial		Luminária de teto fluorescente
D	Abertura de porta elétrica		Luminária de parede fluorescente

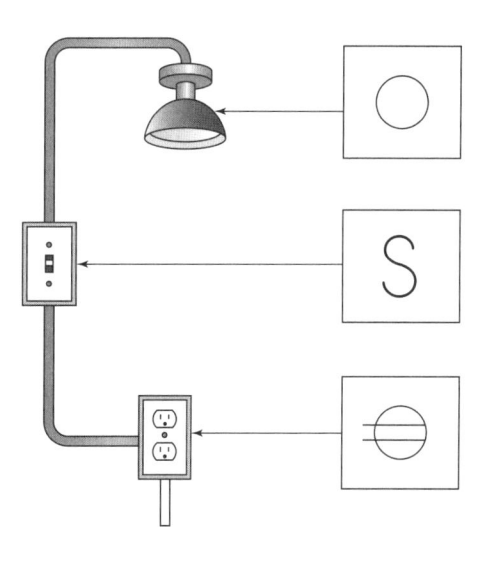

FIGURA 12.10 Exemplos de símbolos elétricos em um plano de casa.

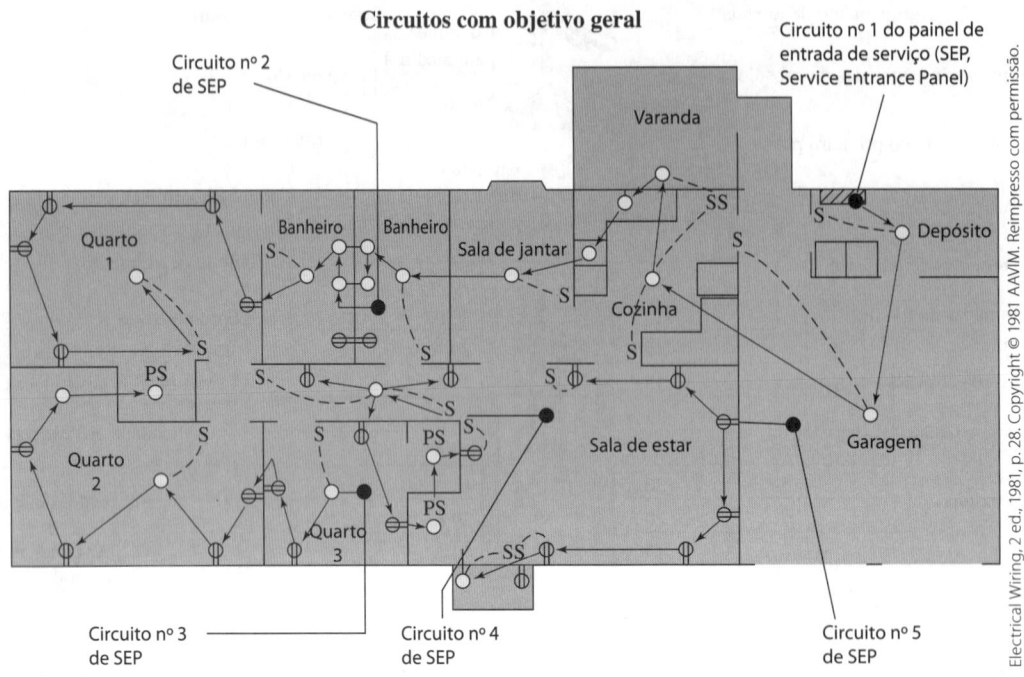

Circuitos com objetivo geral

FIGURA 12.11   Exemplos de planta elétrica de uma casa.

Antes de continuar

Responda às seguintes perguntas para testar seu conhecimento adquirido nas seções anteriores.

1. Em qual unidade a corrente elétrica é medida?

2. Explique o que significa voltagem.

3. Explique o que significa corrente contínua.

4. Explique o que significa corrente alternada.

5. Em suas próprias palavras, explique como a eletricidade é produzida em uma usina de energia convencional.

6. Explique a lei de corrente de Kirchhoff.

Vocabulário – Indique o significado dos termos a seguir:

Ampere _____

Corrente contínua _____

Corrente alternada _____

Voltagem _____

OA² 12.2 Circuitos elétricos e componentes

Circuito elétrico refere-se à combinação de vários componentes elétricos conectados entre si, por exemplo, fios (condutores), chaves, tomadas, resistores e capacitores. Primeiro vamos olhar mais de perto a fiação elétrica. Em um fio, a **resistência** à corrente elétrica depende do material do qual o fio é feito e de seu comprimento, seu diâmetro e sua temperatura. Os materiais apresentam uma variada resistência ao fluxo da corrente elétrica. **Resistividade** é uma medida de resistência de uma parte do material à corrente elétrica.

Os valores de resistividade geralmente são medidos em amostras em forma de cubos de 1 cm, ou em forma de cilindros de 1 m² de área por 1 m de comprimento. A resistência da amostra é dada por

$$R = \frac{\rho \ell}{a} \qquad \text{12.2}$$

em que ρ é a resistividade, é o comprimento da amostra e a é a área transversal da amostra. Veja na Tabela 12.1 a resistência de um fio feito de vários metais, com 1 m de comprimento e 1 m² de área. A resistência elétrica de um material varia com a temperatura. Em geral, a resistência de condutores (exceto para carbono) aumenta com a temperatura. Alguns materiais apresentam resistência quase zero a temperaturas muito baixas (próximas ao zero absoluto). Esse comportamento é denominado *supercondutividade*.

TABELA 12.1	Resistência elétrica do fio feito de vários metais, com 1 m de comprimento e 1 m² de área, a 20 °C
Metal	**Resistência (× 10⁻⁸ ohms, Ω)**
Alumínio	2,82
Latão	17,2
Cobre	1,68
Ouro	2,44
Ferro	10
Chumbo	22
Níquel	6,99
Platina	10,6
Prata	1,59
Estanho	10,9
Tungstênio	5,6
Zinco	5,9

Lei de Ohm

A **lei de Ohm** descreve a relação entre voltagem, V, resistência, R e corrente, I, de acordo com

$$V = RI \qquad \text{12.3}$$

Observe na lei de Ohm, Equação (12.3), que a corrente é diretamente proporcional à voltagem e inversamente proporcional à resistência. Quando o potencial elétrico aumenta, a corrente também aumenta; e quando a resistência aumenta, a corrente diminui. A resistência elétrica é medida em unidades de **ohms** (Ω). Um elemento com resistência de 1 ohm permite um fluxo de corrente de 1 amp quando existe um potencial de 1 volt no elemento. Explicando melhor, quando existe um potencial elétrico de 1 volt em um condutor com resistência de 1 ohm, então a corrente elétrica que fluirá pelo condutor será de 1 ampere.

EXEMPLO 12.2

A resistência elétrica de uma lâmpada é 145 Ω. Determine o valor da corrente que flui pela lâmpada quando ela é conectada a uma fonte de 120 volts.

Usando a lei de Ohm, Equação (12.3), temos

$$V = RI$$

$$I = \frac{V}{R} = \frac{120}{145} = 0,83 \text{ A}$$

Calibre Norte-Americano de Fios (AWG, American Wire Gage)

Os fios elétricos em geral são feitos de cobre ou alumínio e o seu tamanho real é expresso em números de calibre. A Medida de Fio Norte-Americano (**AWG**) é baseada em sucessivos números de calibre que têm uma razão constante de cerca de 1,12 entre seus diâmetros. Por exemplo, a razão de diâmetro entre o fio AWG nº 1 e o nº 2 é 1,12 (7,348 mm/6,544 mm = 1,12), ou, como em outro exemplo, a razão de diâmetro entre o nº 0000 e o nº 000 é 1,12 (11,684 mm/10,404 mm = 1,12). Além disso, a razão das seções de sucessivos números de calibre é de aproximadamente $(1,12)^2 = 1,25$. A razão dos diâmetros entre fios diferindo em 6 números de calibre está em torno de 2,0. Por exemplo, a razão de diâmetro entre o fio nº 1 e o nº 7 é 2 (7,348 mm/3,665 mm $\approx$ 2,0), ou a razão de diâmetros entre o nº 30 e o nº 36 é de 2 (0,255 mm/0,127 mm = 2,0). A Tabela 12.2 mostra o número de calibre, o diâmetro e a resistência para fios de cobre. Ao examiná-la, observe que, quanto menor for o número de calibre maior será o diâmetro do fio. Observe também que a resistência elétrica de um fio aumenta quando seu diâmetro diminui.

O Código Elétrico Nacional, publicado pela National Fire Protection Association, contém informações específicas sobre os tipos de fio usados na fiação geral. O código descreve os tipos de fio, temperaturas operacionais máximas, materiais de isolamento, revestimentos de tampa externa, o tipo de uso e o local específico onde o fio será usado.

Hoje, uma residência típica tem um total de 200 amperes. Você também encontrará vários tipos de fio usados para fiação em geral, classificados a partir dos Números de Calibre Norte-Americanos de 00 a 14.

| TABELA 12.2 | Exemplos de calibre de fio norte-americano (AWG) para fio de cobre sólido |

Número de medida de fio norte-americano (AWG)	Diâmetro (mm)	Resistência por 1 000 m (ohms) a 20 °C	Corrente	Uso comum
0000	11,684	0,1608		
000	10,404	0,2028		
00	9,266	0,2557	200 A	Entrada de serviço
1	7,348	0,4066		
2	6,544	0,5127	100 A	Painéis de serviço
5	4,621	1,028		
6	4,115	1,296	60 A	Fornalha elétrica
7	3,665	1,634	40 A	Utensílios de cozinha, receptáculos, luzes
10	2,588	3,277	30 A	Acessórios
12	2,053	5,211	20 A	Fiação residencial
14	1,628	8,286	15 A	Lâmpadas, luminárias
16	1,291	13,17		
18	1,024	20,95		
20	0,812	33,31		
22	0,644	52,96		
24	0,511	84,22		
26	0,405	133,9		
28	0,321	212,9		
30	0,255	338,6		
32	0,202	538,3		
34	0,16	856		
36	0,127	1 361		
38	0,101	2 164		
40	0,0799	3 441		

Energia elétrica

O consumo de **energia elétrica** de vários componentes elétricos pode ser determinado pela seguinte fórmula de energia:

$$P = VI \qquad \boxed{12.4}$$

em que P é a potência em watts, V é a voltagem e I é a corrente em amps. As unidades quilowatt-hora são usadas para medir a taxa de consumo de eletricidade nas casas e no comércio. Um quilowatt-hora representa a quantidade de energia consumida durante 1 hora por um dispositivo que utiliza um quilowatt (kW), ou 1 000 joules por segundo.

Dispositivos e consumo de energia em eletrônicos domésticos Vamos agora prestar atenção ao consumo de energia de uma casa típica, com dispositivos e equipamentos eletrônicos. Veja na Tabela 12.3 a variedade de consumo de energia em dispositivos comuns e eletrônicos, como rádio-relógio, cafeteira, lavadora de roupas, secadora de roupas, ventilador, secador de cabelo, torradeira (e forno elétrico) e aspirador de pó. Como você pode ver, os aquecedores de água, lavadoras de louças e secadoras de roupas são os devoradores de energia. Por exemplo, secadoras de roupas, dependendo do tamanho, podem consumir entre 2 000 e 5 000 watts; assim, se você ligar a secadora de roupa em 5 000 watts por 2 h, ela consumirá: (5 000 W) × (2 h) = 10 000 Wh = 10 kWh de energia. A TV LCD de 46 polegadas, um exemplo de eletrônico doméstico, consome aproximadamente 250 watts, assim, se você assistir a essa TV por 4 horas, então ela consumirá: (250 W) (4 h) 1 000 Wh = 1 kWh de energia.

EXEMPLO 12.3   Presumindo que a companhia de energia elétrica esteja cobrando de você 10 centavos para cada kWh usado, calcule o custo de ter cinco lâmpadas de 100 W ligadas das 18h às 23h todas as noites, durante 30 noites.

$$(5 \text{ lâmpada})\left(100\,\frac{W}{\text{lâmpada}}\right)\left(\frac{1\,k}{1000\,W}\right)\left(5\,\frac{h}{\text{noite}}\right)(30 \text{ noite})\left(10\,\frac{\text{centavos}}{\text{kWh}}\right)$$

$$= 750 \text{ centavos}$$

$$= \$\,7{,}50$$

TABELA 12.3	Exemplos de aparelhos domésticos e equipamentos eletrônicos e sua faixa de consumo de energia

Item	Faixa de consumo de energia (watts)
Aquário	50 - 1 210
Rádio-relógio	10
Cafeteira	900 - 1 200
Lavadora de roupas	350 - 500
Secadora de roupas	1 800 - 5 000
Máquina de lavar louças	1 200 - 2 400 *
Desumidificador	785
Cobertor elétrico-Solteiro/Casal	60/100
Ventiladores	
Teto	65 - 175
Janela	55 - 250
Aquecedor	750
Casa toda	240 - 750
Secador de cabelo	1 200 - 1 875
Aquecedor (portátil)	750 - 1 500
Ferro de passar	1 000 - 1 800
Forno de micro-ondas	750 - 1 100
Computador pessoal	
CPU – ativada/desativada	120/30 ou menos
Monitor – ativado/desativado	150/30 ou menos
Laptop	50
Rádio (estéreo)	70 - 400
Refrigerador (*frost-free*, 0,45 m³)	725
Televisões	65 - 250
Torradeira	800 - 1 400
Forno elétrico	1 225
VCR/DVD	17 - 21/20 - 25
Aspirador de pó	1 000 - 1 440
Aquecedor de água (150 L)	4 500 - 5 500
Bomba de água (poço profundo)	250 - 1 100
Cama de água (com aquecedor, sem cobertor)	120 - 380

* O uso do recurso de secar aumenta muito o consumo de energia.

Departamento de Energia dos Estados Unidos

Circuito em série

Os componentes elétricos podem ser conectados tanto em série quanto em paralelo. Conforme mencionamos anteriormente neste capítulo, há diferentes tipos de componentes elétricos. Nesta seção, veremos apenas resistores e capacitores.

Resistor é um componente elétrico que resiste ao fluxo de corrente contínua ou alternada. Os resistores protegem componentes sensíveis e controlam o fluxo da corrente em um circuito, além de dividir ou controlar voltagens em um circuito. Eles estão divididos em dois grandes grupos: os resistores de valor fixo e os resistores variáveis. Como o nome indica, os resistores de valor fixo têm um valor fixo. Já os resistores variáveis, às vezes chamados *potenciômetros*, podem ser ajustados para um valor desejado. Os resistores variáveis são muito usados em circuitos para ajustar a corrente no circuito. Por exemplo, em interruptores que permitem regular a luz. Eles também são usados para ajustar o volume do rádio. O resistor dissipa calor na medida em que a corrente elétrica flui por ele. A quantidade de calor dissipado depende da magnitude do resistor e da quantidade de corrente que passa pelo resistor.

Assim como o fluxo de água em uma série de tubos de vários tamanhos, a corrente elétrica que flui por vários elementos no circuito elétrico também é constante. Além disso, para um circuito que tem elementos em série, é verdadeiro o seguinte:

- A queda de tensão em cada elemento pode ser determinada pela lei de Ohm.
- A soma da queda de tensão em cada elemento é igual à voltagem total fornecida ao circuito.
- A resistência total é a soma da resistência no circuito.

Para resistores em série, a resistência equivalente total é igual à soma dos resistores individuais, como mostra a Figura 12.12.

$$R_{total} = R_1 + R_2 + R_3 + R_4 + R_5 \qquad \text{12.5}$$

Um problema que ocorre com um circuito com elementos dispostos em série é que, se um dos elementos falhar, a corrente é impedida de fluir por todos os demais elementos no circuito; assim o circuito todo falha. Talvez você já tenha presenciado esse problema em um conjunto de luzes de Natal. Em uma disposição em série, quando uma luz falha, a corrente para as demais luzes interrompe, resultando em desligamento de todas as luzes.

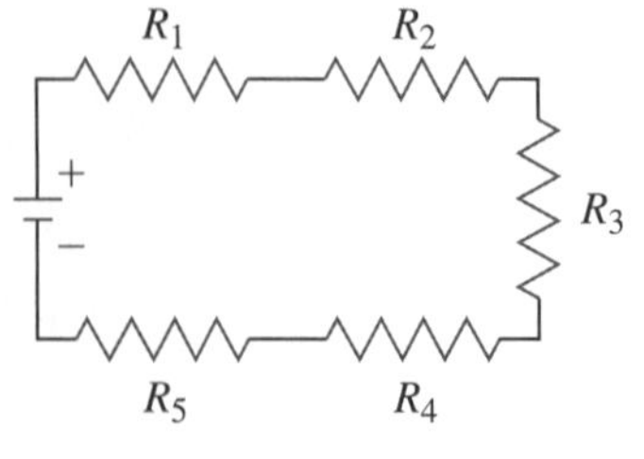

FIGURA 12.12 Resistores em série, $R_{total} = R_1 + R_2 + R_3 + R_4 + R_5$

EXEMPLO 12.4 Determine a resistência total e a corrente que flui no circuito mostrado na Figura 12.13.

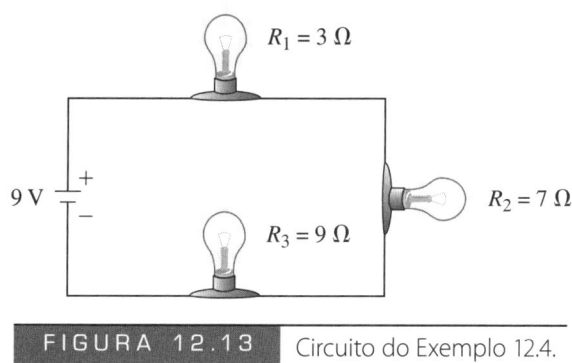

FIGURA 12.13 Circuito do Exemplo 12.4.

As lâmpadas são conectadas em uma disposição em série; portanto, a resistência total é dada por

$$R_{total} = R_1 + R_2 + R_3 = 3\ \Omega + 7\ \Omega + 9\ \Omega = 19\ \Omega$$

Agora podemos usar a lei de Ohm para determinar o fluxo da corrente pelo circuito.

$$I = \frac{V}{R_{total}} = \frac{9}{19} = 0,47\ \text{A} \approx 0,5\ \text{A}$$

Também podemos obter a queda de tensão em cada lâmpada usando a lei de Ohm:

$$V_{1\text{-}2} = R_1 I = (3)(0,47) = 1,41\ V$$
$$V_{2\text{-}3} = R_2 I = (7)(0,47) = 3,29\ V$$
$$V_{3\text{-}4} = R_3 I = (9)(0,47) = 4,23\ V$$

Observe que, desconsiderando os erros de arredondamentos, a soma da queda de tensão em cada lâmpada deve ser de 9 volts.

Circuito paralelo

Considere o circuito mostrado na Figura 12.14. Os elementos de resistência são conectados em uma disposição paralela. Nessa situação, a corrente elétrica é dividida entre cada ramificação. Para a disposição em paralelo mostrada na Figura 12.14, o potencial elétrico, ou a voltagem, em cada ramificação é a mesma. Além disso, a soma da corrente em cada ramificação é igual ao total da corrente que flui no circuito. O fluxo da corrente em cada ramificação pode ser determinado pela lei de Ohm. Observe que, diferentemente do circuito em série, se uma ramificação falhar no circuito paralelo, dependendo do tipo de falha, as demais ramificações ainda podem permanecer operacionais. Daí o motivo para usar a disposição do circuito em paralelo em fiação de diferentes partes de um edifício. Entretanto, vale observar que, se uma ramificação falhar no circuito paralelo, isso resultará no aumento de fluxo da corrente nas outras ramificações, o que poderia ser indesejado.

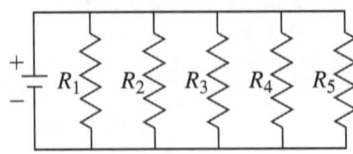

FIGURA 12.14 Resistores em paralelo, $\dfrac{1}{R_{total}} = \dfrac{1}{R_1} + \dfrac{1}{R_2} + \dfrac{1}{R_3} + \dfrac{1}{R_4} + \dfrac{1}{R_5}$

EXEMPLO 12.5

As lâmpadas do circuito do Exemplo 12.4 são dispostas em paralelo, conforme a Figura 12.15.

Determine o fluxo da corrente em cada ramificação. Calcule também a resistência total oferecida pelas lâmpadas ao fluxo de corrente.

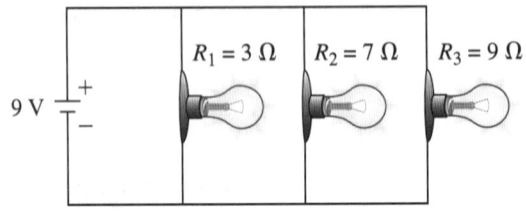

FIGURA 12.15 Circuito do Exemplo 12.5.

Como as lâmpadas são conectadas em paralelo, a queda de tensão em cada lâmpada é igual a 9 volts. Usamos a lei de Ohm para determinar a corrente em cada ramificação da seguinte maneira:

$$V = R_1 I_1 \Rightarrow 9 = 3I_1 \Rightarrow I_1 = 3{,}0 \text{ A}$$
$$V = R_2 I_2 \Rightarrow 9 = 7I_1 \Rightarrow I_2 = 1{,}3 \text{ A}$$
$$V = R_3 I_3 \Rightarrow 9 = 3I_3 \Rightarrow I_3 = 1{,}0 \text{ A}$$

A corrente total que passa pelo circuito é

$$I_{total} = I_1 + I_2 + I_3 = 3{,}0 + 1{,}3 + 1{,}0 = 5{,}3 \text{ A}$$

A resistência total é dada por

$$\frac{1}{R_{total}} = \frac{1}{R_1} + \frac{1}{R_2} + \frac{1}{R_3} = \frac{1}{3} + \frac{1}{7} + \frac{1}{9} \;\Rightarrow\; R_{total} = 1{,}7\,\Omega$$

Observe que poderíamos obter a corrente total que flui pelo circuito usando a resistência total e a lei de Ohm da seguinte maneira:

$$V = R_{total} I_{total} \;\Rightarrow\; 9 \text{ V} = \left(1{,}7\ \Omega\right)\left(I_{total}\right) \;\Rightarrow\; I_{total} = 5{,}3 \text{ A}$$

EXEMPLO 12.6   Determine o valor da corrente total no circuito mostrado na Figura 12.16.

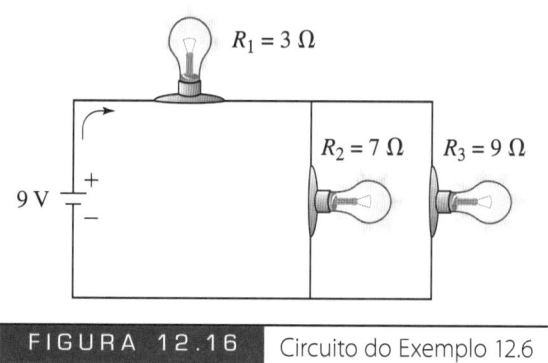

FIGURA 12.16   Circuito do Exemplo 12.6

O circuito mostrado neste exemplo tem componentes em série e em paralelo. Primeiro combinaremos as lâmpadas nas ramificações paralelas em uma resistência equivalente.

$$\frac{1}{R_{equivalente}} = \frac{1}{R_2} + \frac{1}{R_3} = \frac{1}{7} + \frac{1}{9} \quad \Rightarrow \quad R_{equivalente} E = 3,9 \, \Omega$$

Em seguida, adicionamos a resistência equivalente a R_1, observando que os dois resistores estão em série agora.

$$R_{total} = R_1 + R_{equivalente} = 3 + 3,9 = 6,9 \, \Omega$$
$$V = R_{total} I_{total} \Rightarrow 9 \, V = \left(6,9 \, \Omega\right)\left(I_{total}\right) \quad \Rightarrow \quad I_{total} = 1,3 \, A$$

Capacitores

Capacitores são componentes elétricos que armazenam energia elétrica. O capacitor possui dois eletrodos de cargas contrárias, com um material dielétrico inserido entre eles. O material dielétrico é um condutor pobre de eletricidade. Os capacitores são usados como filtros para proteger componentes sensíveis em circuitos elétricos de surtos de energia. Eles também são usados em memórias de grandes computadores para armazenar informações durante a perda temporária de energia elétrica no computador. Você também encontrará capacitores em circuitos de sintonia para receptores de rádio, aplicações de filtragem de áudio (por exemplo, controles de grave e agudo), elementos temporizadores para luzes estroboscópicas e limpadores de para-brisa intermitentes em automóveis.

A unidade básica para designar o tamanho de um capacitor é o *farad* (F). Um farad é igual a 1 coulomb por volt. Como o farad é uma unidade relativamente grande, muitos tamanhos de capacitores são expressos em microfarad ($\mu F = 10^{-6}$ F) ou picofarad (pF = 10^{-12} F).

<table>
<tr>
<td>

**Antes
de
continuar**

</td>
<td>

Responda às seguintes perguntas para testar seu conhecimento adquirido nas seções anteriores.

1. Explique o que significa circuito elétrico.

2. Qual é a classificação de amperagem típica para um edifício residencial?

3. Explique do que são feitos os fios elétricos em geral e como são expressos os tamanhos dos fios.

4. Dê alguns exemplos de classificações de potência para dispositivos e aparelhos eletrônicos.

5. Descreva a diferença entre um circuito em paralelo e um circuito em série.

6. Descreva a lei de Ohm.

Vocabulário – Indique o significado dos termos a seguir:

AWG _____

Corrente contínua _____

Corrente alternada _____

Energia elétrica _____

</td>
</tr>
</table>

OA³ 12.3   Motores elétricos

Como estudantes de engenharia, muitos de vocês terão ao menos uma aula de circuitos eletrônicos básicos, quando aprenderão sobre a teoria dos circuitos e de vários elementos, como resistores, capacitores, indutores e transformadores. Vocês também conhecerão diferentes tipos de motores e suas operações. Mesmo se estiverem estudando engenharia civil, vocês ainda terão de prestar atenção especial a essas aulas de circuitos elétricos, sobretudo na parte sobre motores, pois eles acionam dispositivos e equipamentos que tornam nossa vida muito mais confortável e menos laboriosa. Para entender a importância da função dos motores em nosso dia a dia, olhe ao redor. Podemos ver motores funcionando em todos os tipos de equipamentos, prédios comerciais, hospitais, equipamentos recreativos, automóveis, computadores, impressoras, copiadoras e muito mais. Por exemplo, em uma residência típica, sem se dar conta, você pode identificar grande número de motores funcionando silenciosamente ao seu redor. Aqui, identificamos alguns dispositivos domésticos com motores:

- Refrigerador: motor do compressor, motor do ventilador
- Triturador de resíduos

- Micro-ondas com bandeja giratória
- Exaustor de fogão com ventilador
- Ventilador de exaustão no banheiro
- Ventilador de teto da sala
- DVD player
- Furadeira ou parafusadeira elétrica manual
- Ventilador do sistema de aquecimento, ventilação e resfriamento
- Aspirador de pó
- Secador de cabelo
- Barbeador elétrico
- Computador: ventoinha de resfriamento, unidade de disco rígido

Alguns dos fatores que os engenheiros consideram ao selecionar o motor para uma aplicação são: (a) tipo do motor, (b) velocidade do motor (rpm), (c) desempenho do motor em termos de saída de torque, (d) eficiência, (e) ciclos de funcionamento, (f) custo, (g) expectativa de vida, (h) nível de ruído e (i) requisitos de manutenção e serviço. Muitos desses fatores são autoexplicativos. Discutimos a velocidade e o torque nos capítulos anteriores; em seguida, discutiremos os tipos de motor e ciclos de funcionamento.

Tipo de motor

A seleção do motor para uma aplicação depende de vários fatores, como a velocidade do motor (em rpm), o requisito de potência e o tipo de carga. Algumas aplicações lidam com cargas de partida difícil, como correias, enquanto outras lidam com cargas de partida fácil, como ventiladores. Por esse motivo, há diferentes tipos de motor. Aqui não discutiremos os princípios de funcionamento dos motores. Em vez disso, forneceremos exemplos de motores e suas aplicações, conforme a Tabela 12.4. No futuro, vocês terão aulas sobre a teoria e operação dos motores.

Ciclo de funcionamento

Os fabricantes de motores os classificam de acordo com o tempo necessário para o acionamento. Os motores geralmente são classificados como *trabalho contínuo* ou *trabalho intermitente*. Os motores de trabalho contínuo são usados quando precisam funcionar pelo período de uma hora ou mais. Em algumas aplicações, pode ser necessária a operação contínua do motor. Já em aplicações em que o motor precisa funcionar por períodos de tempo curtos e depois fica inativo, usa-se o trabalho intermitente. Os motores de trabalho contínuo são mais caros do que os motores de trabalho intermitente.

Neste capítulo, apresentaremos a eletricidade e alguns componentes elétricos básicos. Muitos terão aulas de circuito elétrico básico ao estudar eletricidade, componentes elétricos e motores com mais detalhes, portanto, agora percebam a importância de prestar muita atenção e estudar com dedicação.

TABELA 12.4 Exemplos de motores usados em diferentes aplicações

Diagramas esquemáticos para motores de CA				
Divisão de fase	Partida de repulsão Indução	Partida-capacitor	Repulsão-indução	Motor-capacitor

				Requisitos de potência elétrica	
Tipo de carga	Tipo de motor (1)	Capacidade de partida (Torque) (2)	Corrente de partida (3)	Tamanho em hp (4)	Fase (5)	Tensão (6)
Cargas de partida fácil	Indução de polo sombreado	Muito baixa, 1/2 a 1 vez o torque de funcionamento	Baixa	0,035–0,2 kW (1/20–1/4 hp)	Simples	Geralmente 120
	Divisão de fase	Baixa, 1 a $1\frac{1}{2}$ vezes o torque de funcionamento	Alta de 6 a 8 vezes a corrente de funcionamento	0,035–0,56 kW (1/20–3/4 hp)	Simples	Geralmente 120
	Divisão permanente, capacitor-indução	Muito baixa, 1/2 a 1 vez o torque de funcionamento	Baixa	0,035–0,8 kW (1/20–1 hp) Simples	Simples	Voltagem única, 120 ou 240
	Partida suave	Muito baixa, 1/2 a 1 vez o torque de funcionamento	Baixa, 2 a $2\frac{1}{2}$ vezes o torque de funcionamento	5,6–25 kW (7 $7\frac{1}{2}$–50 hp)	Simples	240
Cargas de partida difícil	Partida-capacitor, funcionamento-indução	Alta, de 3 a 4 vezes o torque de funcionamento	Média de 3 a 6 vezes a corrente de funcionamento	0,14–8 kW (1/6–10 hp)	Simples	120-240
	Partida-repulsão, Funcionamento-indução	Alta, 4 vezes o torque de funcionamento	Baixa $2\frac{1}{2}$ a 3 vezes a corrente de funcionamento	0,14–16 kW (1/6–20 hp)	Simples	120-240
	Partida-capacitor, Funcionamento-capacitor	Alta, $3\frac{1}{2}$ a $4\frac{1}{2}$ vezes o torque de funcionamento	Média de 3 a 5 vezes a corrente de funcionamento	0,4–20 kW (1/2–25 hp)	Simples	120-240
	Partida-repulsão, Funcionamento-capacitor	Alta, 4 vezes o torque de funcionamento	Baixa $2\frac{1}{2}$ a 3 vezes a corrente de funcionamento	0,8–12 kW (1–15 hp)	Simples	Geralmente 240
	Três fases, propósito geral	Média, de 2 a 3 vezes o torque de funcionamento	Alta de 3 a 6 vezes a corrente de funcionamento	0,4–300 kW (1/2–400 hp)	Três	120–240; 240–480 ou mais alta

De Electric Motors, Fifth Edition, 1982. Copyright © 1982 AAVIM. Reimpresso com permissão.

(Continua)

| TABELA 12.4 | Exemplos de motores usados em diferentes aplicações (Continuação) |

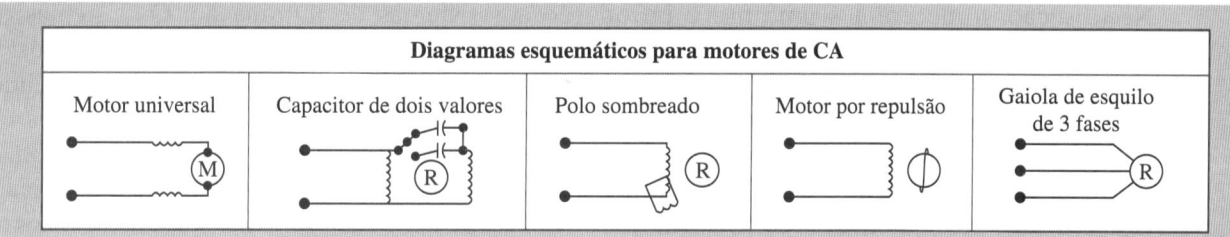

Diagramas esquemáticos para motores de CA

Motor universal | Capacitor de dois valores | Polo sombreado | Motor por repulsão | Gaiola de esquilo de 3 fases

Carga Tipo	Faixa de velocidade (7)	Reversível (8)	Custo relativo (9)	Outras características (10)	Usos típicos (11)
Carga de partida fácil	900, 1 200, 1 800, 3 600	Não	Muito baixo	Trabalho leve, baixo em eficiência	Ventiladores pequenos, ventoinhas de freezer, ventoinhas de máquinas de solda, secadores de cabelo
	900, 1 200, 1 800, 3 600	Sim	Baixo	Construção simples	Ventiladores, sopradores de forno, tornos, pequenas ferramentas, bombas a jato
	Variável 900-1 800	Sim	Baixo	Geralmente projetado de forma personalizada para aplicação específica	Compressores pequenos, ventiladores
	1 800, 3 600	Sim	Alto	Usado em motores de tamanhos que normalmente funcionam com energia de 3 fases quando energia de 3 fases não está disponível	Bombas centrífugas, ventiladores de secador de colheita, triturador de alimentos
Carga de partida difícil	900, 1 200, 1 800, 3 600	Sim	Moderado	Serviço longo, manutenção baixa, muito popular	Sistemas de água, compressores de ar, ventiladores de ventilação, trituradores, sopradores
	1 200, 1 800, 3 600	Sim	Moderado a alto	Lida com variações de cargas grandes com pouca variação na demanda de corrente	Trituradores, bombas de poço profundo, descarregadores de silo, transportadores de grãos, limpadores de celeiros
	900, 1 200, 1 800, 3 600	Sim	Moderado	Boa partida inicial e eficiência com carga completa	Bombas, compressores de ar, ventiladores de secagem, grandes transportadores, engenhos
	1 200, 1 800, 3 600	Sim	Moderado a alto	Alta eficiência, requer mais manutenção do que muitos motores	Transportadores, bombas de poço profundo, descarregadores de silo
	900, 1 200, 1 800, 3 600	Sim	Muito baixo	Construção muito simples, seguro, livre de manutenção	Transportadores, secadores, guindastes, bombas de irrigação

Fonte: AAVIM, *Motores Elétricos.*

OA⁴ 12.4   Sistemas de iluminação

Nesta seção, forneceremos uma breve introdução aos sistemas de iluminação. Os sistemas de iluminação (Figura 12.17) respondem pela maior parte da eletricidade usada em edifícios; a eles dedicamos muita atenção, em razão das preocupações atuais de energia e sustentabilidade. A energia pode ser poupada reduzindo os níveis de iluminação, aumentando sua eficiência ou obtendo benefício da luz solar. Obter benefício da luz solar refere-se a usar janelas e claraboias para trazer luz para dentro do edifício, a fim de reduzir a necessidade de iluminação artificial. Como é o caso em qualquer área nova que você explore, a *iluminação* tem a própria terminologia. Portanto, dedique um tempo a essa terminologia, assim você poderá compreender os problemas dos exemplos adiante.

Comecemos definindo a iluminação. *Iluminação* refere-se à distribuição de luz em uma superfície horizontal e a quantidade de luz emitida por uma lâmpada é expressa em **lúmenes**. Como referência, uma lâmpada incandescente de 100 watts pode emitir 1 700 lúmenes. Outra característica importante da iluminação é a sua intensidade. A *intensidade da iluminação* é a medida de como a luz é distribuída em uma área. A unidade comum de intensidade de iluminação é chamada **vela** e é igual a um lúmen distribuído em uma área de 1 pé quadrado. Para dar uma ideia do que uma vela representa, em uma noite escura, você precisa de 5 a 20 velas para enxergar o caminho. Como outro exemplo, são necessários de 30 a 50 velas para trabalhar em um escritório. Para um trabalho detalhado, como consertar um equipamento eletrônico ou um relógio de mola, é necessário uma intensidade de iluminação de algo em torno de 200 velas.

A eficácia é outro termo usado por engenheiros de iluminação. **Eficácia** é a razão de quanta luz é produzida por uma lâmpada (em lúmen) em relação ao quanto de energia é consumida pela lâmpada (em watts).

> Os sistemas de iluminação respondem pela maior parte da eletricidade usada em edifícios. A iluminação possui a própria terminologia; portanto, dedique um pouco de tempo para se familiarizar com essa terminologia.

$$\text{eficácia} = \frac{\text{luz produzida (lumens)}}{\text{consumo de energia por lâmpadas (watts)}}$$

A eficácia luminosa é usado pelos engenheiros elétricos quando projetam um sistema de iluminação ideal para um edifício ou pelo engenheiro responsável pela auditoria em uma construção a fim de verificar se o sistema de iluminação é eficiente em energia. Quando os engenheiros projetam o sistema de iluminação para um prédio,

DuleS/Shutterstock.com

FIGURA 12.17   Um sistema de iluminação.

consideram muitos fatores, como atividade, segurança e tarefa. Às vezes o sistema de iluminação é projetado para dirigir a atenção para determinado aspecto ou algo especial na construção, então o engenheiro cria o projeto para realçar a iluminação.

Como você sabe, há muitos tipos de lâmpadas e luminárias. De acordo com o Departamento de Energia dos Estados Unidos, as luzes incandescentes representavam 85% das luzes usadas nas residências em 2009. Infelizmente, as luzes incandescentes apresentam valores de eficácia muito baixos (10 a 17 lúmen/watt). Elas também têm vida útil curta (750 a 2 500 horas). Outro fator importante na escolha do sistema de iluminação para uma aplicação é a cor da fonte de luz. De acordo com a Figura 12.18, na lâmpada incandescente, a corrente elétrica passa por fios de chumbo e aquece o filamento (uma minúscula bobina de fio de tungstênio), o que por sua vez faz o tungstênio brilhar ou produzir luz. A luz produzida dessa maneira tem cor amarelada. Em geral, as cores das fontes de luz são classificadas em categorias quente ou fria. As cores amarelo-avermelhado são consideradas quentes, ao passo que as cores de azul-esverdeado são consideradas frias. Para uma fonte de luz é comum definirmos a temperatura de cor em kelvins. As temperaturas mais altas (3 600 a 5 500 K) são consideradas frias, enquanto as temperaturas de cor mais baixas (2 700 a 3 000 K) são consideradas quentes. Fontes de luz quentes são preferidas para tarefas internas em geral. Cuidado com a maneira intuitiva de definir as fontes de luz como quente e fria (temperaturas altas são frias, ao passo que temperaturas baixas são quentes!). A fidelidade com que as cores de um objeto aparecem quando iluminados por uma fonte de luz é mais importante do que a temperatura da cor da fonte de luz. Por esse motivo, é definida a variável chamada **índice de rendição da cor** (CRI, color rendition index). O CRI fornece a medida de qualidade da forma como a fonte de luz apresenta as cores verdadeiras de um objeto quando comparada à luz solar direta. O índice de rendição de cor tem uma escala de 1 a 100 com a lâmpada incandescente de 100 W, com valor CRI de aproximadamente 100. Para aplicações internas, as fontes de luz com CRI de 80 ou superior são preferidas.

Há diferentes tipos de lâmpadas incandescentes. A luz incandescente padrão é chamada tipo rosqueada A. Existem também lâmpadas de halogêneo de tungstênio e incandescentes tipo R. As lâmpadas de halogêneo de tungstênio apresentam maior eficiência do que as do tipo A, porque têm revestimento interno que reflete calor, consequentemente requerem menos energia para manter a temperatura do filamento. As luzes incandescentes tipo R também espalham e direcionam luz sobre uma área específica. Elas são muito usadas como holofotes e refletores. Veja na Tabela 12.5 as comparações de desempenho de luzes incandescentes.

Nitrogênio ou gás de argônio

Filamento

Fios de chumbo

FIGURA 12.18 Esquema de lâmpada incandescente.

O segundo tipo mais famoso de sistema de iluminação é o de lâmpadas fluorescentes, que consomem de 25% a 35% da energia das lâmpadas incandescentes e produzem a mesma quantidade de iluminação. A eficácia das lâmpadas fluorescentes está em torno de 30 a 110 lúmenes/watts. Quando comparadas às lâmpadas incandescentes, elas também apresentam vida útil mais longa, entre 7 000 a 24 000 horas. No tubo fluorescente, a corrente elétrica é conduzida por gases de mercúrio e inertes para produzir luz. As luzes fluorescentes costumavam ter pobre rendição de cor, mas com as melhorias na tecnologia, hoje em dia elas apresentam altos valores de CRI. As lâmpadas de 40 W, 4 pés (1,2 metro) e as lâmpadas de 75 W, 8 pés (2,4 metros) são as duas lâmpadas fluorescentes mais comuns. Essas lâmpadas requerem luminárias especiais, mas a nova geração de lâmpadas fluorescentes compactas (CFLs, compact fluorescent lamps) serve para as luminárias incandescentes (Figura 12.19). Embora as CFLs sejam mais caras do que as lâmpadas de luz incandescente (3 a 10 vezes), por terem longa vida útil (16 000 a 15 000 horas) e altos valores de eficácia, seu uso resulta em boa economia. Veja na Tabela 12.6 uma comparação entre diferentes tipos de luzes fluorescentes.

TABELA 12.5	Comparação de luzes incandescentes			
Tipo de iluminação incandescente	**Eficácia (lúmenes/W)**	**Vida útil (horas)**	**Índice de rendição de cor (CRI)**	**Temperatura da cor (K)**
Padrão A	10-17	750-2 500	98-100	2 700-2 800 (quente)
Halogêneo de tungstênio	12-22	2 000-4 000	98-100	2 900-3 200 (quente a neutra)
Refletor	12-19	2 000-3 000	98-100	2 800 (quente)

U.S. Department of Energy.

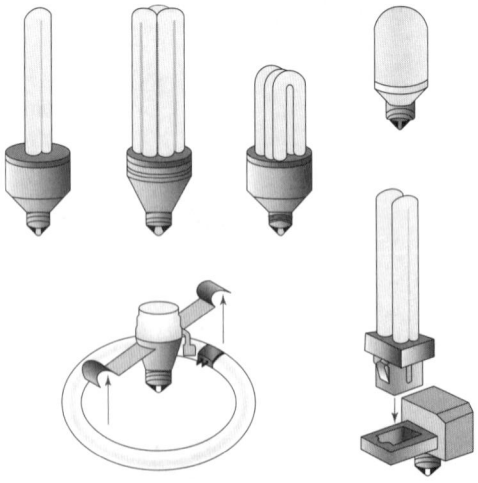

FIGURA 12.19 Exemplos de luzes fluorescente compactas que se encaixam no tipo rosqueada A.
Órgão de Eficiência de Energia e Energia Renovável do DOE.

TABELA 12.6	Comparação de luzes fluorescentes

Tipo de iluminação fluorescente	Eficácia (lúmenes/watt)	Vida útil (horas)	Índice de rendição de cor (CRI)	Temperatura da cor (K)
Tubo reto	30-110	7 000-24 000	50-90 (razoável para bom)	2 700-6 500 (quente para frio)
Lâmpada fluorescente compacta (CFL)	50-70	10 000	65-88 (bom)	2 700-6 500 (quente para frio)

Outro tipo comum de sistema de iluminação é a lâmpada de descarga de alta intensidade (HID, high-intensity discharge) (Figura 12.20). Ela apresenta os mais altos valores de eficácia e o mais longo tempo de vida útil. As lâmpadas HID são normalmente usadas em arenas fechadas ou estádios a céu aberto. Como você já sabe por experiência, elas apresentam baixo índice de rendição de cor, e quando são acionadas, levam alguns minutos para produzirem luz. Veja na Tabela 12.7 uma comparação entre diferentes tipos de luzes HID.

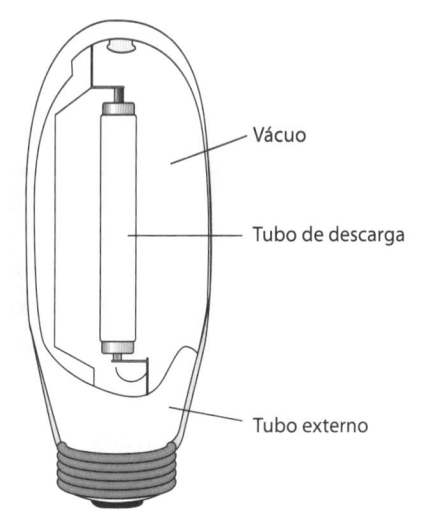

Vácuo

Tubo de descarga

Tubo externo

FIGURA 12.20	Um esquema da lâmpada

de descarga de alta intensidade.

Órgão de Eficiência de Energia e Energia Renovável do DOE.

TABELA 12.7	Comparação entre luzes de descarga de alta intensidade

Tipo de iluminação de descarga de alta intensidade	Eficácia (lúmenes/W)	Vida útil (horas)	Índice de rendição de cor (CRI)	Temperatura da Cor (K)
Vapor de mercúrio	25-60	16 000-24 000	50 (pobre para razoável)	3 200-7 000 (quente para frio)
Halogeneto de metal	70-115	5 000-20 000	70 (razoável)	3 700 (frio)
Sódio de alta pressão	50-140	16 000-24 000	25 (pobre)	2 100 (quente)

O mais novo tipo de sistema de iluminação é o que usa luzes de LED (*light emitting diode*, diodo emissor de luz). As luzes de LED se tornaram populares como alternativa para as luzes incandescentes de Natal. Duram mais do que as luzes incandescentes convencionais, com vida útil de aproximadamente 20 000 horas. Além disso, usam menos energia e operam em temperaturas frias, portanto, reduzem o risco de incêndio durante a época das férias. Estão cada vez mais populares em outras aplicações, como semáforos, luzes internas, grandes telas de exibição e telas de TV. O Departamento de Energia Norte-Americano calcula que o amplo uso de luzes de LED até por volta do ano 2027 poderia resultar em economias de energia em torno de 350×10^9 kWh.

EXEMPLO 12.7

De acordo com Sylvania, fabricante de lâmpada, o holofote de 75 W CFL consome 23 W e produz 1 250 lúmenes. Qual é a eficácia do holofote?

$$\text{eficácia} = \frac{\text{Luz produzida (lúmenes)}}{\text{Energia consumida (watts)}} = \frac{1250}{23} = 54$$

EXEMPLO 12.8

Uma luz de 100 W CFL fabricada pela Buyer's Choice consume 23 watts, tem classificação de iluminação de 1 600 lúmenes, vida útil de 8 000 horas e custa $1,81. Como alternativa, a luz incandescente de 100 W genérica custa $ 0,38, produz 1 500 lúmenes e tem vida útil de 750 horas. Vamos comparar o desempenho de cada lâmpada calculando a eficácia de cada luz, e estimando o custo de cada uma por 8 horas durante 220 dias em um ano. Considere que a eletricidade custa 9 centavos por kWh.

Para a luz de 100 W CFL da Buyer's Choice:

$$\text{eficácia} = \frac{1600}{23} = 70$$

$$\text{custo} = \left(\frac{8 \text{ horas}}{\text{dia}}\right)(220 \text{ dias})(23 \text{ W})\left(\frac{1 \text{ kW}}{1000 \text{ W}}\right)\left(\frac{\$ 0,09}{\text{kWh}}\right) = \$ 3,64$$

Para lâmpada incandescente de 100 W genérica:

$$\text{eficácia} = \frac{1500}{100} = 15$$

$$\text{custo} = \left(\frac{8 \text{ horas}}{\text{dia}}\right)(220 \text{ dias})(100 \text{ W})\left(\frac{1 \text{ kW}}{1000 \text{ W}}\right)\left(\frac{\$ 0,09}{\text{kWh}}\right) = \$ 15,84$$

Fica claro que a luz CFL é mais eficiente e apresenta funcionamento mais econômico do que a incandescente genérica.

Auditoria do sistema de iluminação

Este é um bom lugar para dizer algumas palavras sobre auditoria de energia para iluminação. Como dissemos no início desta seção, os sistemas de iluminação respondem pela maior parte da eletricidade usada em edifícios, a eles dedicamos muita atenção, em razão das preocupações atuais de energia e sustentabilidade. Uma auditoria de energia de iluminação começa com a classificação do espaço. Ou seja, qual é a finalidade desse espaço? Escritório, depósito, fábrica, etc.? Em seguida, um auditor de energia analisa as características do espaço (comprimento, largura, altura), as luminárias (tipos, quantidade e potência das lâmpadas) e seus controles. O auditor então conversa com os usuários sobre o nível de iluminação, suas tarefas, o perfil de ocupação e usando um medidor de luz mede o nível de luz do local. Em seguida, é feita uma comparação entre as medidas e os valores da recomendação da Sociedade de Engenheiros de Iluminação (IES, Illuminating Engineering Society). O auditor também calcula o consumo de energia do sistema de iluminação por unidade de área (watts/m²) e o compara para definir as orientações. Finalmente, o auditor de energia prepara um relatório de suas descobertas e uma estimativa para o custo anual de energia de iluminação, propondo meios para reduzir o consumo de energia no sistema de iluminação (por exemplo, reduzindo os níveis de iluminação, aproveitando os benefícios da luz solar ou aumentando a eficiência dos sistemas de iluminação).

Antes de continuar

Responda às seguintes perguntas para testar seu conhecimento adquirido nas seções anteriores.

1. Dê exemplos da função dos motores em sua vida cotidiana.

2. Explique o que significa iluminação e como ela é expressa.

3. Quais são os tipos comuns de sistemas de iluminação?

4. Qual tipo de sistema de iluminação apresenta o CRI mais alto?

5. Qual tipo de sistema de iluminação tem a vida útil mais longa?

6. Qual tipo de sistema de iluminação apresenta a eficácia mais alta?

Vocabulário – Indique o significado dos termos a seguir:

Ciclo de funcionamento _____

Vela _____

Eficácia luminosa _____

CRI _____

CFL _____

LED _____

J. Duncan Glover, Ph.D., P.E.

Perfil profissional

Cortesia de John Duncan Glover

Minha carreira na engenharia elétrica começou com grande interesse em matemática e desafios para resolver problemas técnicos. Mas eu também desejava aplicar minhas habilidades técnicas em aplicações práticas e tecnologias que seriam úteis para a sociedade, o que me levou a obter o Bacharelado, o Mestrado e o Doutorado em engenharia elétrica.

Com o passar dos anos trabalhei em várias empresas, incluindo dois anos no Rio de Janeiro, Brasil, como engenheiro consultor em um grande projeto hidroelétrico. Também ensinei e participei de pesquisas na engenharia elétrica por quinze anos na Northeastern University, primeiro como professor assistente e depois como professor associado. Mas em 2004, abri minha própria empresa, a Failure Electrical, LLC.

Iniciei a empresa após passar muitos anos investigando uma ampla gama de falhas em equipamentos elétricos e eletrônicos, como explosões, incêndio e ferimentos. Atualmente colaboro com investigadores de causa e origem, engenheiros mecânicos, especialistas de sistemas térmicos e outros peritos de engenharia para proporcionar uma abordagem multidisciplinar a fim de solucionar problemas técnicos complexos.

Falha Elétrica é como o CSI (*Crime Scene Investigation*, Investigação da Cena do Crime) da engenharia elétrica. Precisamos investigar o que aconteceu de errado, o porquê e o que pode ser feito para evitar que a falha se repita.

Especializando-me em problemas da área da engenharia elétrica relacionados a análise de sistemas elétricos, subsistemas e componentes (encontrando causas de incêndios elétricos), participo de investigações de: interrupções e *blackouts* do serviço público de eletricidade ; falha em equipamentos pesados, como geradores, transformadores, disjuntores de circuitos e motores; eletrocussão; falhas em equipamento de consumidores; e falhas de semicondutores, como placas de circuito impresso.

Há muitas possibilidades a explorar nessa minha área; fui feliz em perseguir algumas e me tornar parte delas.

RESUMO

OA¹ Corrente elétrica, tensão e energia elétrica

Até o momento, espera-se que você esteja familiarizado com princípios básicos da eletricidade e saiba o que significam corrente, voltagem e circuito elétrico, além de classificação de amperagem típica para a construção residencial. O fluxo da carga elétrica é chamado corrente elétrica ou simplesmente, corrente. A corrente elétrica, ou o fluxo de carga, é medida em amperes. Ampere ou "amp" (A) é definido pelo fluxo de 1 unidade de carga por segundo. A tensão representa a quantidade de trabalho necessária para mover uma carga entre dois pontos, e a quantidade de carga movida entre os dois pontos, por unidade de tempo, é chamada corrente. Além disso, a corrente contínua (cc) é o fluxo de carga elétrica que ocorre em uma direção. Baterias e sistemas fotovoltaicos criam corrente contínua. Corrente alternada (ca) é o fluxo de carga elétrica revertido periodicamente. A corrente alternada é criada por geradores em usinas elétricas. A corrente utilizada em vários dispositivos elétricos em sua casa é a corrente alternada. A corrente alternada usada na energia doméstica e comercial é de 60 ciclos por segundo (hertz) nos Estados Unidos.

OA² Circuitos elétricos e componentes

Um circuito elétrico refere-se à combinação de vários componentes elétricos conectados entre si. São exemplos de componentes elétricos: fios (condutores), chaves, tomadas, resistores e capacitores. Componentes elétricos podem ser conectados tanto em série quanto em paralelo.

Os fios elétricos em geral são feitos de cobre ou alumínio. O tamanho real dos fios é expresso em termos de número de calibre. A Medida de Fio Norte-Americano (AWG) é baseada em sucessivos números de calibre que têm uma razão constante de cerca de 1,12 entre seus diâmetros.

Resistor é um componente elétrico que resiste ao fluxo de corrente contínua ou alternada. Os resistores normalmente são usados para proteger componentes sensíveis ou para controlar o fluxo da corrente em um circuito. Resistividade é uma medida de resistência de uma parte do material à corrente elétrica. A lei de Ohm descreve a relação entre voltagem, V, resistência, R, e corrente, I, de acordo com

$$\text{voltagem} = (\text{resistência})(\text{corrente})$$

A resistência elétrica é medida em unidades de ohms (Ω). Um elemento com 1 ohm de resistência permite um fluxo de corrente de 1 amp quando existe um potencial de 1 volt no elemento. A potência elétrica de vários componentes elétricos pode ser determinada pela seguinte fórmula de potência:

$$P = (\text{voltagem})(\text{corrente})$$

Capacitores são componentes elétricos que armazenam energia elétrica.

OA³ Motores elétricos

Os motores funcionam em todos os tipos de equipamentos, residências, prédios comerciais, hospitais, equipamento recreativo, automóveis, computadores, impressoras, copiadoras e muito mais. Estes são alguns dos fatores que os engenheiros consideram ao selecionar o motor para uma aplicação: (a) tipo do motor, (b) velocidade do motor (rpm), (c) desempenho do motor em termos de saída de torque, (d) eficiência, (e) ciclos de funcionamento, (f) custo, (g) expectativa de vida, (h) nível de ruído, e (i) requisitos de manutenção e serviço.

OA⁴ Sistemas de iluminação

Espera-se também que você esteja familiarizado com a terminologia básica de iluminação e saiba calcular as taxas de consumo de energia para sistemas elétricos. Iluminação refere-se à distribuição de luz em uma superfície horizontal e à quantidade de luz emitida por uma lâmpada é expressa em lúmenes. Como referência, a lâmpada incandescente de 100 watts pode emitir 1 700 lúmenes. A unidade comum de intensidade de iluminação é chamada vela e é igual a um lúmen distribuído em uma área de 1 pé quadrado. Por exemplo, em uma noite escura, para enxergar o caminho você precisa de 5 a 20 velas. A eficácia é outro termo usado por engenheiros de iluminação e representa a razão da quantidade de luz produzida por uma lâmpada (em lúmen) pela quantidade de energia consumida pela lâmpada (em watts). A fidelidade com que as cores de um objeto aparecem quando iluminado por uma fonte de luz é representada pelo índice de rendição de cor (CRI). O índice de rendição de cor tem uma escala de 1 a 100 com a lâmpada incandescente de 100 W, com valor CRI de aproximadamente 100. Há diferentes tipos de sistema de iluminação, como lâmpadas incandescentes, lâmpadas fluorescentes, lâmpadas fluorescentes compactas, lâmpadas de descarga de alta intensidade (HID), e luzes de LED (light emitting diode).

TERMOS-CHAVE

Ampere	Corrente contínua	Ohm
AWG	Corrente elétrica	Eficácia
Capacitor	Energia elétrica	Resistência
Carga elétrica	Força eletromotriz (emf)	Resistividade
Cargas	Fotoemissor	Resistor
Ciclo de funcionamento	Índice de rendição de cor	Tensão
Circuito elétrico	Lei de Kirchhoff	Vela
Corrente	Lei de Ohm	
Corrente alternada	Lúmenes	

APLIQUE O QUE APRENDEU

Este é um projeto de aula. Você deve realizar uma auditoria de energia em iluminação em sua quadra interna de esportes. Reúna informações sobre o tamanho da quadra, perfil de ocupação — ou seja, o número de pessoas que usam a instalação a cada 15 ou 30 minutos. Obtenha também informações sobre os sistemas de iluminação (fluorescente, incandescente, vapor de mercúrio, sódio, halogeneto de metal, etc.) e sobre os dispositivos de controle usados no espaço. Calcule os watts/m² do espaço em função do tempo. Escreva um breve relatório para o seu instrutor explicando suas descobertas. Dê sugestões de melhorias para o consumo de energia com iluminação.

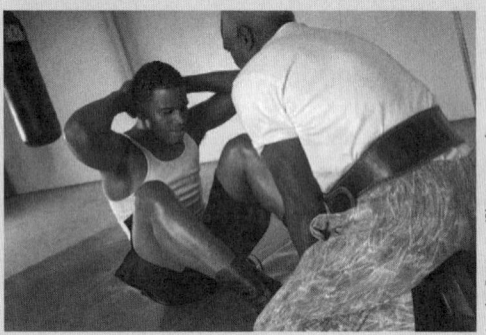

PROBLEMAS

Problemas que promovem aprendizado permanente estão indicados por ☞

12.1 Como as baterias são conectadas nos seguintes aparelhos: calculadora manual como a TI 85, lanterna e rádio portátil? As baterias estão conectadas em série ou em paralelo?

12.2 Identifique os tipos de baterias usados nos seguintes aparelhos:

a. computador *laptop*

b. barbeador elétrico

c. furadeira sem fio

d. câmara de vídeo

e. telefone celular

f. lanterna

g. relógio de pulso

h. câmera

12.3 Investigue o tamanho e o material usado para elementos de aquecimento nos seguintes aparelhos: torradeira, secador de cabelo, ferro de passar, cafeteira elétrica e fogão elétrico.

12.4 Conforme vimos, os potenciômetros (reostatos) são usados para ajustar a corrente elétrica em um circuito. Investigue os diferentes tipos de elemento de resistência usados em diversas aplicações. O elemento de resistência do reostato em geral é feito de fios ou fitas metálicos, carbono ou um líquido condutor. Por exemplo, em aplicações em que a corrente no circuito é relativamente pequena, usa-se o reostato feito de carbono. Escreva um breve relatório discutindo suas descobertas.

12.5 As fornalhas elétricas são utilizadas na produção de aço consumido nas indústrias estruturais, automotivas, ferramentaria e aviação nos Estados Unidos. As fornalhas elétricas com frequência são classificadas em fornos de resistência, fornos de arco e fornos de indução. Investigue a operação desses três tipos de fornos. Escreva um breve relatório discutindo suas descobertas.

12.6 Identifique exemplos de motores usados em um automóvel novo. Por exemplo, um motor é usado para acionar o ventilador que fornece ar quente ou frio no interior do carro.

12.7 Obtenha informações sobre a corrente elétrica e a classificação da tensão da sua residência ou de um prédio que pertença a alguém que você conheça. Se possível, faça um diagrama como o da Figura 12.9 mostrando a distribuição de energia.

12.8 Qual é a corrente que flui em cada uma das lâmpadas a seguir: 40 W, 60 W, 75 W, 100 W? Cada lâmpada é conectada a uma rede de 120 V.

12.9 Se um secador de cabelo de 1 500 W é conectado a uma rede de 120 V, qual é a corrente máxima?

12.10 Crie uma tabela que mostre a resistência relativa de fios com 1 m de comprimento e 1 m² de área, feitos dos metais da Tabela 12.1, para fios de cobre com 1 m de comprimento e 1 m² de área. Por exemplo, usando os dados fornecidos na Tabela 12.1, a resistência do fio de alumínio com 1 metro de comprimento e área de 1 m² em relação à resistência do fio de cobre com 1 m de comprimento, 1 m² de área, é 1,68 (2,82 × 10^{-8} Ω/ 1,68 × 10^{-8} Ω/10,37 Ω = 1,64).

12.11 Investigue como funcionam a bateria alcalina e a bateria de automóvel sem manutenção (chumbo-ácido, célula de gel). Escreva um breve relatório discutindo suas descobertas.

12.12 Quando submetidos à pressão, certos materiais criam uma tensão relativamente pequena. Os materiais que se comportam dessa maneira são chamados piezoelétricos. Investigue as aplicações em que os piezoelétricos são usados. Escreva um breve relatório discutindo suas descobertas.

12.13 Prepare um plano de circuito elétrico similar ao da Figura 12.11 de sua residência ou da área de seu dormitório.

12.14 O Código Elétrico Nacional (NEC, National Electrical Code) cobre instalações seguras e adequadas de fiação para dispositivos elétricos e equipamentos em construções públicas ou privadas. O código NEC é publicado pela Associação Nacional de Proteção contra Incêndio (NFPR, National Fire Protection Association) a cada três anos. Como exemplo de provisão do NEC, as tomadas em uma sala residencial devem ser instaladas de maneira que nenhum ponto na parede esteja a mais de 2 metros de distância da tomada, a fim de minimizar o uso de cabos de extensão. Após executar uma pesquisa da web ou obter uma cópia do manual NEC, dê pelo menos três exemplos de requisitos do NEC para uma residência familiar.

12.15 Obtenha um multímetro (voltímetro, medidor de ohm e de corrente) e meça a resistência e a voltagem do elemento de aquecimento da janela de trás de um carro. Determine a potência de saída do aquecedor.

12.16 Visite uma loja de ferragens e obtenha informações sobre tamanhos dos elementos de aquecimento usados em aquecedores de água domésticos. Se um aquecedor de água estiver conectado a uma rede com 240 V, determine a corrente por ele usada e sua potência.

12.17 Conforme explicado neste capítulo, o Código Elétrico Nacional fornece especificações para os tipos de fios usados para fiação em geral. Faça uma pesquisa e obtenha informações sobre tipos de fio, temperatura operacional máxima, materiais de isolamento, revestimentos de capas externas e tipos de uso. Prepare uma tabela que mostre exemplos desses códigos, o tamanho do fio, a classificação da temperatura, as previsões de aplicação, o isolamento e a cobertura externa.

12.18 Determine a resistência total e a corrente que flui no circuito mostrado na figura a seguir.

12.19 Determine a resistência total e a corrente que flui em cada ramificação do circuito mostrado na figura a seguir.

12.20 Use a lei de corrente de Kirchhoff para determinar a corrente que falta no circuito mostrado na figura a seguir.

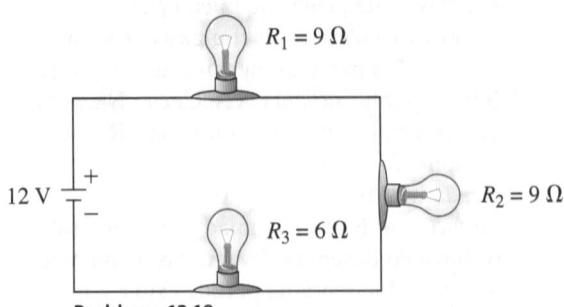

Problema 12.18

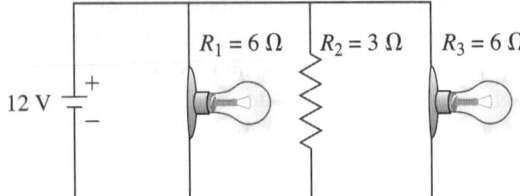

Problema 12.19

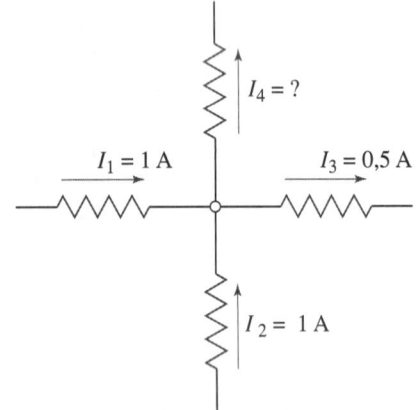

Problema 12.20

12.21 Obtenha uma lanterna e um voltímetro. Meça a resistência da lâmpada usada na lanterna. Desenhe o circuito elétrico da lanterna. Estime a corrente utilizada pela lâmpada quando a lanterna é acesa.

12.22 Entre em contato com a companhia elétrica e obtenha informações sobre as tarifas para cada quilowatt/hora de uso. Calcule o custo de seu consumo de energia elétrica para um dia normal. Faça uma lista de suas atividades diárias e calcule o consumo de energia dos aparelhos que você usou. Escreva um breve relatório discutindo suas descobertas.

12.23 Para o Exemplo 12.6, calculamos a corrente total utilizada pelo circuito. Determine a corrente em cada ramificação do circuito fornecido nesse exemplo.

12.24 Para uma bateria automotiva, investigue o que significam os seguintes termos: classificação de ampere-hora, classificação de arranque a frio e classificação de

capacidade de reserva. Escreva um breve relatório discutindo suas descobertas.

12.25 Para uma célula primária como a bateria alcalina, o que representa o termo amp-hora? Reúna informações sobre a classificação de ampere-hora para algumas baterias alcalinas. Escreva um resumo de uma página de suas descobertas.

12.26 Como você sabe, fusível é um dispositivo de segurança normalmente colocado no circuito elétrico para proteger o circuito de uma corrente excessiva. Investigue os vários tipos de fusíveis, seus formatos, materiais e tamanhos. Escreva um breve relatório discutindo suas descobertas.

12.27 Há diferentes tipos de capacitores, como cerâmica, ar, mica, papel e eletrolítico. Investigue seus usos em aplicações elétricas e eletrônicas. Escreva um breve relatório discutindo suas descobertas.

12.28 Na sala de aula, você recebe três itens: uma bateria, uma lâmpada e um pedaço de fio. Faça uma lanterna usando esses itens.

12.29 De acordo com Sylvania, fabricante de lâmpada, o holofote de 40 W CFL consome 9 watts e produz 495 lúmenes. Qual é a eficácia dessa lâmpada?

12.30 Calcule a eficáciadas seguintes lâmpadas: (a) lâmpada de LED de iluminação de realce da Sylvania, que utiliza 2 watts e produz 60 lúmenes, e (b) Sylvania 40 W CFL, que utiliza 9 watts e produz 495 lúmenes.

12.31 A lâmpada de 75 W da Sylvania Super Saver utiliza 20 watts, produz 1 280 lúmenes e custa $ 4,49. Como alternativa, a lâmpada incandescente genérica de 75 W custa $ 0,40, produz 1 200 lúmenes e tem vida útil de 750 horas. Compare o desempenho de cada lâmpada calculando a eficácia da lâmpada, e estime o custo do funcionamento de cada uma por 4 horas durante 300 dias em um ano. Presuma que a eletricidade custe 9 centavos por kWh.

12.32 Há várias maneiras de reduzir o desperdício de energia associado a sistemas de iluminação. Uma delas é usar controladores e dispositivos inteligentes, como controles de intensidade da luz, controles com sensores de movimento para acender a luz, controles de ocupação para iluminação, controles com fotocélula para iluminação e controles de temporizador para iluminação.

Escreva um breve relatório descrevendo o funcionamento desses controladores de iluminação dando exemplos de seu uso.

12.33 Visite a seção de iluminação de uma loja de ferragens e procure as seguintes informações para lâmpadas incandescentes, CFL e lâmpadas de LED comparáveis. Leia as especificações do fabricante na embalagem e registre os lúmenes, a temperatura da cor da fonte de luz e a potência em watts. Escreva um breve relatório discutindo suas descobertas.

12.34 Realize uma auditoria de energia da iluminação em sua sala de aula. Primeiro, defina as características de espaço registrando comprimento, largura e altura da sala. Em seguida, obtenha informações sobre o tipo de sistema de iluminação, o número de fontes de luz e seus controles. Consiga também informações sobre o perfil de ocupação — ou seja, o número de pessoas que usam a sala a cada hora. Calcule os watts/m² da sala de aula em função do tempo. Escreva um breve relatório para o seu instrutor explicando suas descobertas. Dê sugestões de melhorias para o consumo de energia com iluminação sua sala de aula.

Nika Zolfaghari

Perfil do aluno

Meu nome é Nika Zolfaghari e concluí minha graduação em engenharia biomédica na Ryerson University. A verdade é que nem sempre desejei ser engenheira. Na escola de ensino médio sempre fui boa aluna em matemática e ciências, mas nunca pensei em trabalhar com isso pelo resto da vida; sabia apenas que gostava de ajudar as pessoas. Quando ouvi pela primeira vez sobre engenharia, pensei em todos os estereótipos e sobre "consertar" coisas. Por sorte, meu pai é engenheiro e logo me tirou do pensamento esses estereótipos. Quando ouvi sobre engenharia biomédica, fiquei encantada. Pensei que seria a combinação perfeita de projeto inovador e ciência para ajudar a solucionar problemas do mundo real e relacionados ao corpo humano.

Quando ingressei em engenharia, estava ciente de que estaria em um campo tradicionalmente dominado por homens, com a média nacional de 17% de mulheres na engenharia. Não deixaria que isso me impedisse de participar das aulas ou de ser bem-sucedida, pois eu tinha convicção de que em termos acadêmicos não deixava nada a desejar em comparação aos homens. E ainda, as mulheres trazem alguma coisa diferente para a mesa, especialmente nos projetos de engenharia. No início, talvez eu tenha me sentido intimidada por ser a única aluna na classe e nos laboratórios, mas eu procurava não pensar muito nisso. Percebi que não havia motivo para isso, éramos todos iguais e tínhamos pensamentos e objetivos comuns.

Como parte de nosso projeto no trabalho de conclusão de curso, meus colegas e eu projetamos e construímos o protótipo de um braço protético, com o qual participamos de uma competição. Na competição,

um senhor passou por nós e perguntou sobre nosso projeto. Ele estava em uma cadeira de rodas e tinha um braço amputado. Enquanto conversávamos, ele nos disse que havia experimentado muitos braços protéticos antes, mas nenhum deles funcionou para ele, pois não levavam em conta o que o usuário desejava. Então ele nos disse que gostaria de experimentar nosso projeto, e que ele de fato o usaria. Antes de sair, ele nos agradeceu muito pelo trabalho que estávamos fazendo em nossa área, a fim de ajudar outras pessoas, como ele. Foi naquele exato momento que realmente senti a maior gratificação. Todo meu trabalho e esforço em engenharia tinha sido pago, pois eu fui capaz de proporcionar esperança para outra pessoa. Para mim, engenharia é tudo.

Passei por várias experiências nas quais fui capaz de perceber o impacto que a engenharia pode proporcionar na qualidade de vida das pessoas. Portanto, decidi ingressar em um programa de Mestrado em engenharia elétrica e da computação na Ryerson University, com especialização em engenharia biomédica. Atualmente faço pesquisas e realizo experimentos na área de lesão medular, testando como as contrações musculares são afetadas. Depois da pós-graduação, pretendo conseguir um trabalho em alguma empresa de dispositivos médicos ou em um hospital, na área de projetos.

Cortesia de Nika Zolfaghari

Cortessia de Nika Zolfaghari

Energia e força

Vitalliy/Shutterstock.com

julius fekete/Shutterstock.com

bikeriderlondon/Shutterstock.com

the808/Shutterstock.com

Sofiaworld/Shutterstock.com

gyn9037/Shutterstock.com

jenifoto1/Shutterstock.com

Maksim Toome/Shutterstock.com

Dmitrijs Mihejevs/Shutterstock.com

Glovatskiy/Shutterstock.com

abutyrin/Shutterstock.com

iStock/Thinkstock

Precisamos de energia para construir moradias, cultivar e processar alimentos, fazer mercadorias, manter nossos espaços e ter uma vida confortável. Para medir o que é necessário para mover objetos, levantar objetos, aquecer ou resfriar alimentos, a energia é definida e classificada em diferentes categorias. A potência é o tempo necessário para fazer algum trabalho. O valor da potência necessária para executar uma tarefa representa o quão rápido você deseja que a tarefa seja feita. Se você deseja que ela seja feita em um período de tempo mais curto, é necessário empregar mais potência.

OBJETIVOS DE APRENDIZADO

OA¹ **Trabalho, energia mecânica e energia térmica:** descrever como quantificamos o que é necessário para mover (energia cinética), levantar (energia potencial) e aquecer ou resfriar corpos (energia térmica)

OA² **Conservação de energia:** descrever o princípio da conservação de energia

OA³ **Força:** descrever o que significa energia; explicar a diferença entre trabalho, energia e potência

OA⁴ **Eficiência:** explicar o que significa eficiência e como ela é definida para uma usina elétrica, um motor de automóvel, um motor elétrico, uma bomba e sistemas de aquecimento e resfriamento

OA⁵ **Fontes de energia, geração e consumo:** descrever a produção de energia nos Estados Unidos e seu consumo por fonte e setor

CONSUMO DE ENERGIA NOS ESTADOS UNIDOS

DEBATE INICIAL

Veja nas figuras a seguir o consumo de energia primária nos Estados Unidos em 2013 por fonte e setor (transporte, indústria, residência e comércio). Em 2013, os Estados Unidos consumiram 29 terawatt-hora. Ou seja, 29 000 000 000 000 kWh. A maior parte da energia consumida vem do petróleo (37%), gás natural (24%) e carvão (23%). A energia nuclear e renovável representa apenas 9% e 7%, respectivamente. Um quilowatt-hora representa a quantidade de energia consumida durante 1 hora por um aparelho que utiliza 1 000 watts ou 1 quilowatt (kW). Além disso, em 2013, a maior parte da emissão de dióxido de carbono (78%) veio da queima de carvão e combustíveis derivados do petróleo para gerar eletricidade e transportar bens e pessoas.

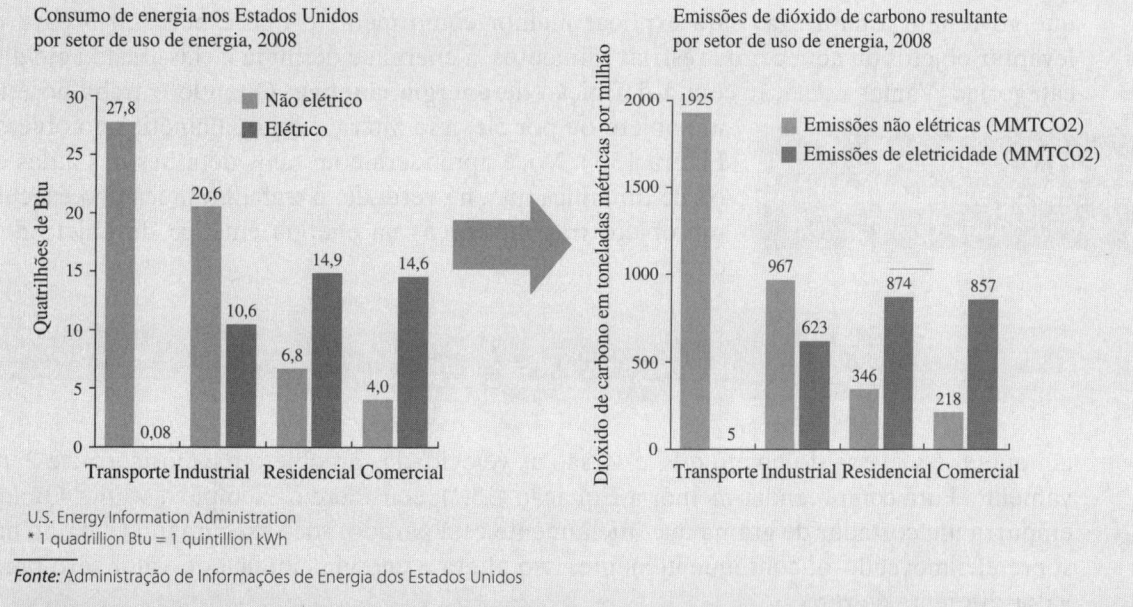

Consumo de energia nos Estados Unidos por setor de uso de energia, 2008

Emissões de dióxido de carbono resultante por setor de uso de energia, 2008

U.S. Energy Information Administration
* 1 quadrillion Btu = 1 quintillion kWh

Fonte: Administração de Informações de Energia dos Estados Unidos

Para os estudantes: Em sua opinião, qual é a sua pegada de energia anual?

O objetivo deste capítulo é introduzir o conceito de energia, os vários tipos de energia e o que significa o termo potência. Explicaremos várias formas mecânicas de energia, como energia cinética, energia potencial e energia elástica. Também lembraremos a definição de formas de energia térmica do Capítulo 11, como calor e energia interna. Em seguida, apresentaremos a conservação de energia e suas aplicações. Definiremos potência como a taxa de trabalho feito e explicaremos em detalhes a diferença entre trabalho, energia e potência. Após nossa discussão, essas diferenças devem estar claras para você. As unidades comuns de potência, watts e cavalo-vapor também serão explicadas. Assim que você tiver um bom conhecimento dos conceitos de trabalho, energia e potência, então poderá entender melhor as classificações de potência de fabricantes de máquinas e motores. Além disso, neste capítulo explicaremos o que significa o termo eficiência e veremos as eficiências de usinas elétricas, motores de combustão interna (motores de carros), motores elétricos, bombas e sistemas de aquecimento, ar-condicionado e refrigeração.

OA¹ 13.1   Trabalho, energia mecânica e energia térmica

Conforme explicado no Capítulo 10, o **trabalho** mecânico é realizado quando ele move um objeto por certa distância. Mas o que é **energia**? Energia é um dos termos abstratos do qual você já tem uma boa noção. Por exemplo, precisamos de energia para criar bens, construir moradias, cultivar e processar alimentos e manter nossas casas confortáveis, com temperatura e umidade agradáveis. Mas o que você talvez ainda não saiba é que a energia pode ter diferentes formas. Lembre-se de que cientistas e engenheiros definem termos e conceitos para explicar vários fenômenos físicos que governam a natureza. Para explicar melhor como medir o que é necessário para mover e levantar objetos ou aquecer ou resfriar alimentos, a energia é definida e classificada em diferentes categorias. Vamos começar com a definição de **energia cinética**. Quando o trabalho é feito em um objeto ou por ele, isso altera a energia cinética do objeto (veja a Figura 13.1). Você aprenderá com mais detalhes nas aulas de física ou de dinâmica que, na verdade, o trabalho mecânico executado em um objeto traz mudanças na energia cinética do objeto de acordo com

> A energia cinética mede a quantidade de energia necessária para mover alguma coisa.

$$\text{trabalho}_{1-2} = \frac{1}{2}mV_2^2 - \frac{1}{2}mV_1^2 \qquad \text{13.1}$$

em que m é a massa do objeto e V_1 e V_2 são as velocidades do objeto nas posições 1 e 2, respectivamente. Para compreender melhor a Equação (13.1), considere o exemplo a seguir. Quando você empurra um cortador de grama que inicialmente está parado, você executa um trabalho mecânico sobre ele, movendo-o; consequentemente, isso altera a energia cinética do valor zero para algum valor diferente de zero.

Energia cinética

Um objeto com massa m e se movendo a uma velocidade V tem energia cinética igual a

$$\text{energia cinética} = \frac{1}{2}mV^2 \qquad \text{13.2}$$

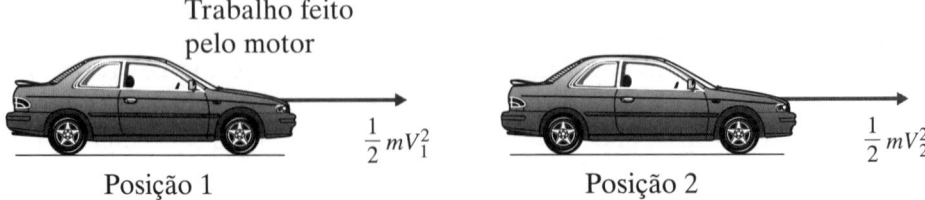

Trabalho feito pelo motor

$\frac{1}{2}mV_1^2$ Posição 1

$\frac{1}{2}mV_2^2$ Posição 2

FIGURA 13.1   Relação entre o trabalho e alteração na energia cinética.

A unidade para energia cinética no SI é **joule**, que é uma unidade derivada. A unidade de joule substitui o kg das unidades de massa e o m/s das unidades de velocidade, conforme mostrado aqui.

$$\text{energia cinética} = \frac{1}{2}mV^2 = (\text{kg})\left(\frac{\text{m}}{\text{s}}\right)^2 = \overbrace{(\text{kg})\left(\frac{m}{s^2}\right)}^{\text{N}}(\text{m}) = \text{N} \cdot \text{m} = \text{joule} = \text{J}$$

Observe que o fator $\frac{1}{2}$ na equação de energia cinética não tem utilidade. Conforme discutido na seção anterior, essa é a alteração na energia cinética (ΔKE) usada na análise de engenharia, conforme a Equação (13.1). A mudança na energia cinética é dada por

$$\Delta\text{KE} = \frac{1}{2}mV_2^2 - \frac{1}{2}mV_1^2 \qquad \boxed{13.3}$$

EXEMPLO 13.1 Determine a força resultante necessária para fazer um carro que está viajando a 90 km/h até a parada total em uma distância de 100 m. A massa do carro é 1 400 kg.

Comecemos a análise alterando as unidades de velocidade para m/s, e depois usando a Equação (13.1) para analisar o problema.

$$V_1 = V_{\text{inicial}} = 90\left(\frac{\text{km}}{\text{h}}\right)\left(\frac{1\text{h}}{3600\,\text{s}}\right)\left(\frac{1000\,\text{m}}{1\text{km}}\right) = 25\frac{\text{m}}{\text{s}}$$

$$V_2 = V_{\text{final}} = 0$$

$$\text{trabalho}_{1-2} = (\text{força})(\text{distância}) = \frac{1}{2}mV_2^2 - \frac{1}{2}mV_1^2$$

$$(\text{força})(100\,\text{m}) = 0 - \frac{1}{2}(1400\,\text{kg})\left(25\,\frac{\text{m}}{\text{s}}\right)^2$$

$$\text{força} = -4375\,\text{N}$$

Observe que na análise do Exemplo 13.1 houve uma alteração na energia cinética. Observe também que o valor negativo da força indica que ela deve ser aplicada na direção oposta ao movimento, conforme esperado.

Energia potencial

O trabalho necessário para levantar um objeto com massa m por uma distância vertical Δh é chamado **energia potencial gravitacional**. Essa é a força mecânica que deve ser executada para superar a força gravitacional da Terra sobre o objeto (veja a Figura 13.2). A alteração na energia potencial do objeto quando sua elevação é alterada é dada por

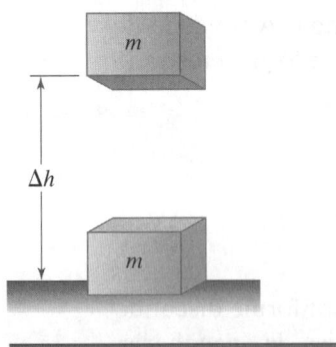

FIGURA 13.2

Alteração na energia potencial de um objeto.

> alteração na energia potencial $= \Delta \text{PE} = mg \, \Delta h$ **13.4**

em que

  m = massa do objeto (kg)

  g = aceleração decorrente da gravidade (9,81 m/s²)

  Δh = alteração na elevação (m)

A unidade da energia potencial no SI também é o joule, uma unidade derivada, que substitui o kg da massa, o m/s² da aceleração da gravidade, e o m da alteração na elevação:

$$\text{energia pontencial} = \Delta mg \Delta h = (\text{kg}) \overbrace{\left(\frac{\text{m}}{\text{s}^2}\right)}^{\text{N}} (\text{m}) = \text{N} \cdot \text{m} = \text{J}$$

> A energia potencial mede a quantidade de energia necessária para elevar um corpo ou objeto.

Como no caso da energia cinética, lembre-se de que o importante nos cálculos de engenharia é a alteração na energia potencial. Por exemplo, a energia necessária para levantar um elevador do primeiro para o segundo andar é a mesma necessária para levantá-lo do terceiro para o quarto andar, desde que a distância entre cada andar seja a mesma.

EXEMPLO 13.2

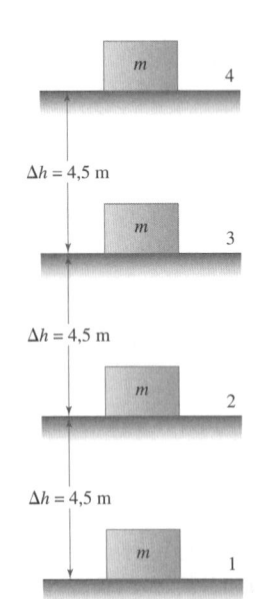

FIGURA 13.3

Esquema para o Exemplo 13.2.

Calcule a energia necessária para levantar um elevador e seus ocupantes com massa de 2 000 kg nas seguintes situações: (a) entre o primeiro e o segundo andar, (b) entre o terceiro e o quarto andar, (c) entre o primeiro e o quarto andar. (Veja Figura 13.3) A distância vertical entre cada andar é de 4,5 m.

Podemos usar a Equação (13.4) para analisar este problema; a energia necessária para levantar o elevador é igual à alteração em sua energia potencial, começando com

(a) alteração na energia potencial $= mg \, \Delta h$

$$= (200 \text{ kg}) \left(9{,}81 \frac{\text{m}}{\text{s}^2}\right) (4{,}5\text{m}) = 88 \ 290 \text{ J}$$

(b) alteração na energia potencial $= mg \, \Delta h$

$$= (200 \text{ kg}) \left(9{,}81 \frac{\text{m}}{\text{s}^2}\right) (4{,}5\text{m}) = 88 \ 290 \text{ J}$$

(c) alteração na energia potencial $= mg \, \Delta h$

$$= (200 \text{ kg}) \left(9{,}81 \frac{\text{m}}{\text{s}^2}\right) (13{,}5\text{m}) = 264 \ 870 \text{ J}$$

Observe que a quantidade de energia necessária para levantar o elevador do primeiro para o segundo andar, e do terceiro para o quarto andar, é a mesma. Perceba também que desconsideramos qualquer efeito de atrito em nossa análise. O requisito de energia real seria maior na presença de atrito.

Energia elástica

Conforme explicamos no Capítulo 10, as molas são usadas em diversos produtos, como carros, balanças, prendedores de roupa e impressoras. Quando a mola é esticada ou comprimida a partir da posição de equilíbrio, a **energia elástica** é armazenada na mola, e será liberada quando a mola puder retornar à posição inicial (veja a Figura 13.4). A energia elástica armazenada na mola, quando ela é esticada a uma distância x ou comprimida, é dada por

$$\text{energia elástica} = \frac{1}{2}kx^2 \qquad \boxed{13.5}$$

em que
- k = constante da mola (N/m)
- x = deflexão da mola a partir da posição nula (m)

A unidade da energia elástica no SI também é joule. Ela é obtida pela substituição do N/m da constante da mola e do m da deformação, conforme mostrado a seguir:

$$\text{energia elástica} = \frac{1}{2}kx^2 = \left(\frac{N}{m}\right)(m)^2 = N \cdot m = J$$

Observe mais uma vez que o fator $\frac{1}{2}$ na equação de energia elástica não tem utilidade. Agora, vamos considerar a mola da Figura 13.5; ela é esticada por x_1 para a posição 1 e, depois, por x_2 para a posição 2. A energia elástica armazenada na mola na posição 1 é dada por

$$\text{energia elástica} = \frac{1}{2}kx_1^2$$

$$\text{energia elástica} = \frac{1}{2}kx_2^2 \qquad \boxed{13.6}$$

$$\text{alteração na energia elástica} = \Delta EE = \frac{1}{2}kx_2^2 - \frac{1}{2}kx_1^2$$

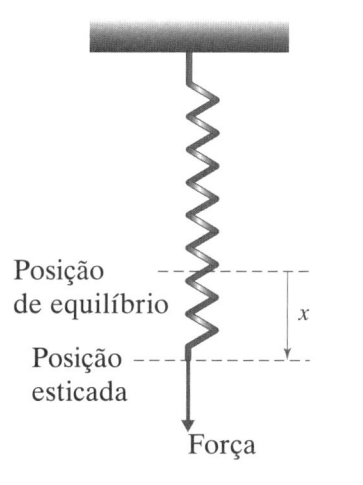

FIGURA 13.4 Energia elástica da mola.

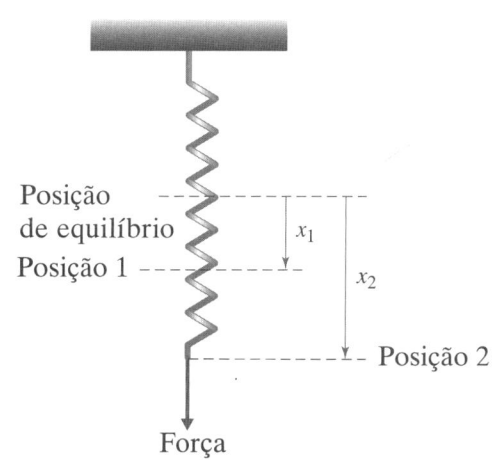

FIGURA 13.5 Variação da energia elástica de uma mola.

EXEMPLO 13.3   Determine a alteração na energia elástica da mola da Figura 13.6 quando ela é esticada: (a) da posição 1 para a posição 2, (b) da posição 2 para a posição 3, e (c) da posição 1 para a posição 3. A constante da mola é $k = 100$ N/cm. Veja informações adicionais na Figura 13.6.

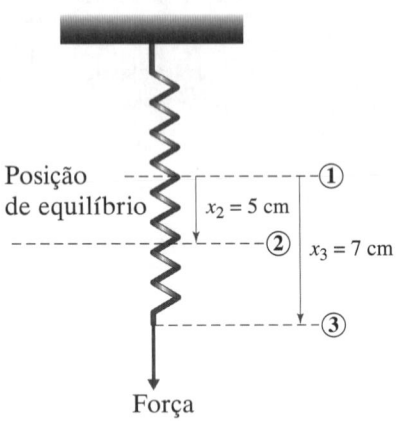

Posição de equilíbrio

$x_2 = 5$ cm

$x_3 = 7$ cm

① ② ③

Força

FIGURA 13.6   Mola no Exemplo 13.3.

Começamos convertendo as unidades da constante da mola de N/cm para N/m da seguinte maneira:

$$(100 \text{ N/cm})(100 \text{ cm/m}) = 10\,000 \text{ N/m}$$

Usando a Equação (13.6), agora podemos responder a estas questões:

alteração na energia elástica = $\Delta EE = \dfrac{1}{2}kx_2^2 - \dfrac{1}{2}kx_1^2$

(a) $\Delta EE = \dfrac{1}{2}kx_2^2 - \dfrac{1}{2}kx_1^2 = \dfrac{1}{2}(10\,000\,\text{N/m})(0,05)^2 - 0 = 12,5\,\text{J}$

(b) $\Delta EE = \dfrac{1}{2}kx_3^2 - \dfrac{1}{2}kx_2^2 = \dfrac{1}{2}(10\,000\,\text{N/m})(0,07)^2 - \dfrac{1}{2}(10\,000\,\text{N/m})(0,05)^2 = 12\,\text{J}$

(c) $\Delta EE = \dfrac{1}{2}kx_3^2 - \dfrac{1}{2}kx_1^2 = \dfrac{1}{2}(10\,000\,\text{N/m})(0,07)^2 - 0 = 24,5\,\text{J}$

Energia térmica

No Capítulo 11 explicamos que a transferência de **energia térmica** ocorre sempre que há diferença de temperatura em um corpo, ou entre dois corpos, ou entre um corpo e seu ambiente. Essa forma de transferência de energia é chamada *calor*. Lembre-se de que o calor sempre flui de uma região de temperatura alta para uma região de temperatura baixa. Discutimos também os três modos de transferência de calor — condução, convecção e radiação —, bem como as duas unidades mais usadas para medir a energia térmica — (1) a caloria e (2) o joule.

> A energia térmica mede a quantidade de energia necessária para aquecer ou esfriar alguma coisa.

A **caloria** é definida pela quantidade de calor necessária para elevar a temperatura de 1 g de água em 1° C. E como você se lembra de nossa discussão no Capítulo 11, em unidades SI não há diferença entre as unidades de energia térmica e as de energia mecânica, portanto, as unidades de energia térmica são definidas em termos de dimensões fundamentais de massa, comprimento e tempo. No sistema de unidades SI, o joule é a unidade de energia e está definida por

$$1 \text{ joule} = 1 \text{ N} \cdot \text{m} = 1 \text{ kg} \cdot \text{m}^2/\text{s}^2$$

Finalmente, a energia interna é a medida da atividade molecular de uma substância e está relacionada à temperatura de uma substância. Conforme explicado no Capítulo 11, quanto mais alta a temperatura de um objeto, mais alta sua atividade molecular e, portanto, maior sua energia interna.

OA² 13.2 Conservação de energia

Conservação de energia mecânica

Na ausência da transferência de calor e presumindo perdas negligenciáveis e nenhum trabalho, a *conservação de energia mecânica* afirma que o total de energia mecânica de um sistema é constante. Em outras palavras, a mudança na energia cinética do objeto, mais a mudança na energia elástica, mais a mudança na energia potencial do objeto resulta em zero. Essa afirmação é representada matematicamente como segue.

$$\Delta KE + \Delta PE + \Delta EE = 0 \qquad \boxed{13.7}$$

A Equação (13.7) afirma que o conteúdo de energia de um sistema pode mudar de forma, mas o conteúdo de energia total do sistema é constante.

EXEMPLO 13.4 Em um processo de manufatura, os carrinhos descem por uma superfície inclinada, conforme a Figura 13.7. Calcule a altura da qual o carrinho deve ser liberado para que, quando chegar ao ponto *A*, ele tenha velocidade de 2,5 m/s. Desconsidere o atrito dos roletes.

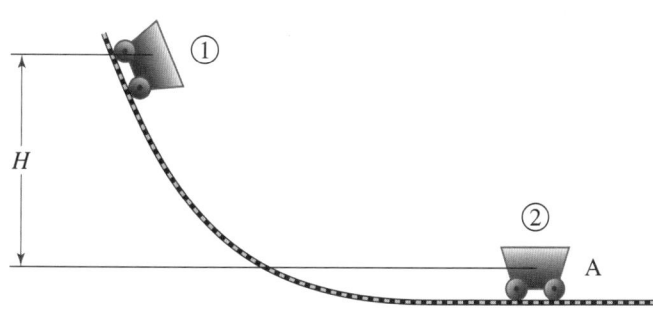

FIGURA 13.7 Esquema do Exemplo 13.4.

Podemos resolver este problema usando a Equação (13.7)

$$\Delta KE + \Delta PE + \Delta EE = 0$$

$$\Delta KE = \frac{1}{2} m\, V_2^2 - \frac{1}{2} mV_1^2 = \frac{1}{2} m(2,5\,\text{m/s})^2 - 0$$

$$\Delta EE = 0$$

$$\Delta PE = mg\,\Delta h = -m\left(9,81\frac{\text{m}}{\text{s}^2}\right)H$$

$$\frac{1}{2} m(2,5\,\text{m/s})^2 + -m\left(9,81\frac{\text{m}}{\text{s}^2}\right)H = 0$$

E resolvendo H, temos

$$H = 0,318\ \text{m}$$

Observe, o sinal de menos associado à mudança na energia potencial indica (mostra) que a energia potencial do carrinho está diminuindo.

Primeira lei da termodinâmica

Anteriormente, discutimos a conservação da energia mecânica. Afirmamos que, na ausência da transferência de calor, e presumindo perdas negligenciáveis e nenhum trabalho, a conservação da energia mecânica indica que o total de energia mecânica de um sistema é constante. Nesta seção, discutiremos os efeitos de calor e trabalho na conservação de energia. Há várias maneiras de descrever a conservação de energia, ou a primeira lei de termodinâmica. De modo simples, a *primeira lei de termodinâmica* afirma que a energia é conservada. Ela não pode ser criada nem destruída; ela só pode mudar de forma. Outra afirmação mais elaborada da primeira lei diz que, para um sistema com massa fixa, a transferência de calor resultante no sistema menos o trabalho feito pelo sistema é igual à mudança na energia total do sistema (veja a Figura 13.8) de acordo com

$$Q - W = \Delta E \qquad \text{13.8}$$

em que

Q = transferência de calor resultante no sistema ($\Sigma Q_{\text{entrada}} - \Sigma Q_{\text{realizado}}$) em joules (J)

W = trabalho resultante feito pelo sistema ($\Sigma W_{\text{entrada}} - \Sigma W_{\text{realizado}}$) em joules (J)

ΔE = mudança resultante na energia total do sistema em joules (J), em que E representa a soma da energia interna, energia cinética, energia potencial, energia elástica e outras formas de energia do sistema.

Há uma convenção de sinal associada à Equação (13.8) que deve ser seguida com cuidado. A transferência de calor para dentro do sistema, ou o trabalho feito pelo sistema, é considerada uma grandeza positiva, ao passo que a transferência de calor para fora do sistema, ou o trabalho sofrido pelo sistema, é uma grandeza negativa. Esse tipo de convenção de sinal mostra que o

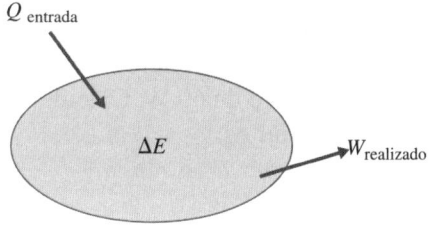

$Q_{entrada}$

ΔE

$W_{realizado}$

| FIGURA 13.8 | A primeira lei de termodinâmica para um sistema com massa fixa. |

trabalho feito sobre o sistema aumenta a energia total do sistema, enquanto o trabalho feito pelo sistema diminui a energia total do sistema. Observe também que, usando essa convenção de sinal, a transferência de calor para dentro do sistema aumenta a energia total, enquanto a transferência de calor para fora do sistema diminui sua energia total.

Você também pode pensar na primeira lei de termodinâmica da seguinte maneira: Com relação à energia, no máximo você terá a mesma quantidade de energia inicial. Não é possível retirar de um sistema mais energia do que a quantidade que você coloca nele. Por exemplo, se você colocar 100 J em um sistema em forma de trabalho, poderá obter 100 J do sistema na forma de mudança na energia interna, cinética ou potencial. Na medida em que você aprende mais sobre energia, vai percebendo que, de acordo com a segunda lei de termodinâmica, infelizmente não é possível atingir um nível de equilíbrio, porque sempre há perdas ao longo do processo. Discutiremos o efeito das perdas em termos de desempenho e eficiência de vários sistemas mais adiante, neste capítulo.

> A primeira lei de termodinâmica afirma que, para um sistema com massa fixa, a transferência de calor resultante no sistema menos o trabalho feito pelo sistema é igual à mudança na energia total do sistema.

EXEMPLO 13.5

Determine a alteração na energia total do sistema da Figura 13.9. O aquecedor emprega 150 W (J/s) no recipiente de água. A perda de calor do recipiente de água para a atmosfera é de 60 W. Calcule a mudança na energia total da água no recipiente após 5 minutos.

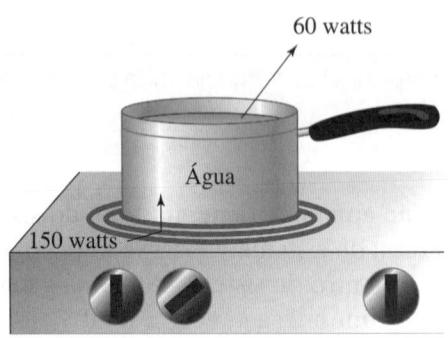

FIGURA 13.9   Esquema para o Exemplo 13.5.

Usamos a Equação (13.8) para resolver este problema.

$$Q - W = \Delta E$$
$$W = 0$$
$$(150\ \text{J / s})(300\ \text{s}) - (60\ \text{J / s})(300\ \text{s}) = \Delta E$$
$$\Delta E = 27\ \text{kJ}$$

Observe que, para este problema, não há alteração na energia cinética nem na energia potencial do sistema (água dentro do recipiente). Sendo assim, a alteração na energia total é igual à alteração na energia interna da água. Além disso, o aumento na energia interna manifesta-se em aumento na temperatura da água.

Antes de continuar

Responda às seguintes perguntas para testar seu conhecimento adquirido nas seções anteriores.

1. Em suas próprias palavras, explique o que significa trabalho.

2. Qual é a diferença entre trabalho e energia?

3. Dê exemplos de formas de energia e explique o que elas medem.

4. Quais são as unidades de energia no SI e no sistema norte-americano?

5. Em suas próprias palavras, descreva a conservação de energia.

Vocabulário – Indique o significado dos termos a seguir:

Trabalho _____

Energia cinética _____

Energia potencial _____

Energia elástica _____

Energia térmica _____

Primeira lei da termodinâmica _____

OA³ 13.3   Força

Na Seção 13.1, revimos o conceito de trabalho apresentado no Capítulo 10 e explicamos as diferentes formas de energia. Agora vejamos o que significa o termo potência. A **potência** é formalmente definida como o tempo necessário para realizar um trabalho, ou simplesmente o trabalho necessário, ou energia, dividido pelo tempo empregado na realização da tarefa (trabalho).

$$\text{potência} = \frac{\text{trabalho}}{\text{tempo}} = \frac{(\text{força})(\text{distância})}{\text{tempo}} \qquad \boxed{13.9}$$

ou

$$\text{potência} = \frac{\text{energia}}{\text{tempo}}$$

De acordo com a Equação (13.9), que define a potência, deve ficar claro que o valor da potência necessária para realizar uma tarefa representa a rapidez com que você deseja que essa tarefa seja concluída. Se você deseja que ela seja feita em um tempo menor, é necessário empregar mais potência. Para demonstrar melhor esse assunto, imagine que para realizar uma tarefa seja necessário empregar 3 600 J. A próxima questão será "com que rapidez desejamos que essa tarefa seja feita"? Se desejarmos que a tarefa seja feita em 1 segundo, é necessário empregar 3 600 J/s de potência; se desejarmos que a tarefa seja feita em 1 minuto, então será necessário empregar 60 J/s de potência; e se desejarmos que ela seja feita em 1 hora, então será necessário empregar a potência de 1 J/s. Para este exemplo simples, perceba que, para executar a mesma tarefa em um período de tempo menor, é necessário empregar mais potência. Mais potência significa mais gasto de energia por segundo. Outro exemplo que você conhece é a seguinte situação: Em qual tarefa você usa mais potência: subir um lance de escada andando ou correndo? Logicamente, como você já sabe, é necessária mais potência para subir as escadas correndo pois assim você executa a mesma quantidade de trabalho em um período de tempo menor. Muitos gerentes de engenharia entendem o conceito de potência muito bem, é por isso que compreendem o benefício de equipes de trabalho. Para concluir um projeto em menos tempo, em vez de atribuir a tarefa a uma pessoa, divide-se a tarefa entre várias pessoas da equipe. Espera-se mais aproveitamento de energia de uma equipe do que de uma única pessoa, assim, a tarefa será concluída em menos tempo.

> A potência representa a quantidade de trabalho feito ou energia gasta por unidade de tempo.

Watts e cavalo-vapor

Conforme explicado na seção anterior, a força é definida pelo tempo necessário para a realização do trabalho, ou em outras palavras, o trabalho ou energia dividido pelo tempo. As unidades de força em unidade SI são definidas da seguinte forma:

$$\text{potência} = \frac{\text{trabalho}}{\text{tempo}} = \frac{(\text{força})(\text{distância})}{\text{tempo}} = \frac{\text{N} \cdot \text{m}}{\text{s}} = \frac{\text{J}}{\text{-}} = \text{W} \qquad \boxed{13.10}$$

Observe que 1 N·m é igual a 1 joule (J) e 1 J/s é igual a 1 **watt** (W):

$$1 \text{ hp} = 745,69 \text{ W} \cong 746 \text{ W} \qquad \boxed{13.11}$$

Lembre-se também de que 1 hp é um pouco menos do que 1 kW. Outra unidade que às vezes é confundida com unidade de potência é o quilowatt-hora, usado para medir o consumo de eletricidade em residências e no setor produtivo. Primeiro, quilowatt-hora (kWh) é uma unidade de energia — não de potência. Um **quilowatt-hora** representa a quantidade de energia consumida durante 1 hora por um dispositivo que utiliza um **quilowatt** (kW), ou 1 000 joules por segundo (J/s). Portanto,

1 kW = 1 000 W = 1 000 J/s
1 kWh = (1 000 J/s)(3 600 s) = 3 600 000 J = 3,6 MJ
1 kWh = 3,6 MJ

Em projetos de aquecimento, ventilação e ar-condicionado (HVAC), outra unidade comum é **ton de refrigeração** ou **resfriamento**. Uma ton de refrigeração representa a capacidade de um sistema de refrigeração de congelar 1 tonelada de água líquida a 0° C em gelo 0° C em 24 horas. Assim, temos:

1 ton de refrigeração = 221 kJ/min

No caso de uma unidade de ar-condicionado, uma ton de resfriamento representa a capacidade do sistema de ar-condicionado de remover 211 kJ/min de energia térmica de um prédio em 1 hora. Logicamente, a capacidade de um sistema de ar-condicionado residencial depende do tamanho do prédio, da construção, do sombreamento, a orientação das janelas e a região climática. As unidades de ar-condicionado residenciais geralmente têm capacidade de 1 a 5 toneladas.

Para conferir quais magnitudes relativas watt e cavalo-vapor representam fisicamente, considere os exemplos a seguir.

Veremos novamente este problema, após discutir a eficiência, para determinar a quantidade de combustível necessária em uma usina elétrica para fornecer a quantidade de energia calculada no Exemplo 13.6.

EXEMPLO 13.6 Determine a potência necessária para mover 30 pessoas, com massa média de 61 kg cada uma, entre dois andares de um prédio a uma distância vertical de 5 m, em 2 s.

A potência necessária é determinada por

$$\text{potência} = \frac{\text{trabalho}}{\text{tempo}} = \frac{(30 \text{ Pessoas})\left(61 \dfrac{\text{kg}}{\text{pessoa}}\right)\left(9,81 \dfrac{\text{m}}{\text{s}^2}\right)(5\,\text{m})}{2\,\text{s}} \cong 45\,000\,\text{W}$$

O requisito mínimo de energia para essa tarefa é equivalente a fornecer eletricidade para quinze lâmpadas de 100W durante 1 minuto (90 000 J). Da próxima vez em que estiver com preguiça e pensar em pegar o elevador para subir um andar, reconsidere e pense na quantidade de energia que pode ser economizada se usar as escadas em vez do elevador. Por exemplo, se 1 milhão de pessoas decidirem usar escadas diariamente durante um ano, a quantidade mínima de energia economizada, com base na estimativa de 220 dias de trabalho por ano, seria

$$\text{economia de energia} = \left(\frac{90\,000\,\text{J}}{30\,\text{pessoas}}\right)\left(\frac{1}{\text{dia}}\right)(1\,000\,000\,\text{pessoas})(220\,\text{dias})$$
$$= 660 \times 10^9\,\text{J} = 660\,\text{GJ}$$

EXEMPLO 13.7

Determine a potência necessária para mover uma pessoa que pesa 1 000 N numa distância vertical de 1 m em 1 s.

$$\text{potência} = \frac{\text{trabalho}}{\text{tempo}} = \frac{(1000\,\text{N})(1\,\text{m})}{1\,\text{s}} = 1000\frac{(\text{N}\cdot\text{m})}{\text{s}} = 1\,\text{kW}$$

Portanto, 1 kW representa a potência necessária para levantar uma pessoa que pesa 1 000 N por uma distância de 1 m em 1 s. Há diversas maneiras de pensar sobre o que 1 kW representa fisicamente. Também poderia ser interpretado como a potência necessária para levantar um objeto que pesa 100 N por uma distância de 10 m em 1 s. O quão forte você é?

Eu levanto 1 000 N a uma distância de 1 metro em 1 segundo; isso é 1 quilowatt.

EXEMPLO 13.8

Determine a potência necessária para mover um objeto que pesa 800 N por uma distância vertical de 4 m em 2 s.

A potência necessária expressa em unidades SI é dada por

$$\text{potência} = \frac{\text{trabalho}}{\text{tempo}} = \frac{(800\,\text{N})(4\,\text{m})}{2\,\text{s}} = 1600\,\text{W}$$

EXEMPLO 13.9

Muitos de vocês já viram anúncios de carro em que o fabricante conta vantagem sobre a rapidez do carro ao ir de 0 a 100 km/h. De acordo com o fabricante, o modelo BMW 750iL pode ir de 0 a 100 km/h em 6,7 segundos. Esse desempenho geralmente é medido em uma pista de teste. O motor do carro está classificado em 243 kW a 5 000 rpm. O carro tem o peso registrado de 23 kN. Esse argumento do fabricante é justificável?

Bem, para responder a esta questão você há de concordar que seria mais divertido ir a um revendedor BMW e pegar o carro para testar na pista de corrida. Porém, vamos responder a esta pergunta com o conhecimento que você adquiriu até agora neste curso. Primeiro precisamos fazer algumas suposições. Podemos assumir que o motorista pese 900 N e o peso registrado do carro inclua gasolina suficiente para esse teste. Em seguida, convertemos os valores de velocidade e massa em unidades apropriadas.

$$V_1 = V_{\text{inicial}} = 0\,\frac{\text{m}}{\text{s}}$$

$$V_2 = V_{\text{final}} = \left(100\,\frac{\text{km}}{\text{h}}\right)\left(\frac{1\,\text{h}}{3\,600\,\text{s}}\right)\left(\frac{1000\,\text{m}}{1\,\text{km}}\right) = 28\,\frac{\text{m}}{\text{s}}$$

$$m = \frac{\text{peso}}{g} = \frac{(23\,000\,\text{N} + 900\,\text{N})}{9,81\,\frac{\text{m}}{\text{s}^2}} = 2\,435\,\text{kg}$$

Usando a Equação (13.1), podemos determinar o trabalho necessário para ir de 0 a 100 km/h.

$$\text{trabalho}_{1-2} = \frac{1}{2}mV_2^2 - \frac{1}{2}mV_1^2$$

$$\text{trabalho}_{1-2} = \frac{1}{2}(2\,435\,\text{kg})\left(828\,\frac{\text{m}}{\text{s}}\right)^2 - 0 = 955\,\text{kJ}$$

O requisito de potência para realizar esse trabalho em 6,7 segundos é

$$\text{potência} = \frac{\text{trabalho}}{\text{tempo}} = \frac{955\,\text{kJ}}{6,7\,\text{s}} = 142\,\text{kW}$$

Lembre-se de que a força ainda precisa superar a resistência do ar e sempre há perdas mecânicas adicionais no carro, mas ainda é seguro dizer que o argumento do fabricante é bom.

OA⁴ **13.4** Eficiência

Conforme mencionado anteriormente, sempre há uma perda associada a um sistema dinâmico. Em engenharia, quando desejamos mostrar se uma máquina ou um sistema está funcionando bem, expressamos isso como **eficiência**. Em geral, a eficiência de um sistema é definida por

$$\text{eficiência} = \frac{\text{saída real}}{\text{entrada necessária}}$$

13.12

Todas as máquinas e sistemas de engenharia requerem mais entrada do que eles empregam. Nas próximas seções, veremos as eficiências de componentes e sistemas comuns de engenharia.

Eficiência de usina elétrica

A água é usada em todas as usinas a vapor geradoras de energia para produzir eletricidade. Veja na Figura 13.10 um esquema simples de usina elétrica. O combustível é queimado em uma caldeira para gerar calor, que por sua vez é transferido à água em forma líquida para que esta se transforme em vapor; o vapor passa pelas pás da turbina girando-as, o que movimenta o gerador conectado à turbina, criando assim a eletricidade. O vapor de baixa pressão se liquefaz em um condensador e é bombeado para a caldeira novamente, fechando um ciclo, como mostra a Figura 13.10. A eficiência geral de uma usina elétrica a vapor é definida por

$$\text{eficiência de usina elétrica} = \frac{\text{energia gerada}}{\text{entrada de energia proveniente do combustível}}$$

13.13

A eficiência das usinas elétricas de hoje, em que um combustível fóssil (óleo, gás, carvão) é queimado na caldeira, é de quase 40%, e para usinas nucleares a eficiência geral é quase 34%.

A eletricidade também é gerada por água líquida armazenada em barragens. A água é direcionada para turbinas localizadas nas usinas hidroelétricas alojadas em barragens para gerar eletricidade. A energia potencial da água armazenada atrás da barragem é convertida em energia cinética na medida em que a água flui pela turbina. Consequentemente ela gira a turbina, que aciona o gerador.

> A eficiência é uma medida da energia empregada a fim de se obter o resultado desejado.

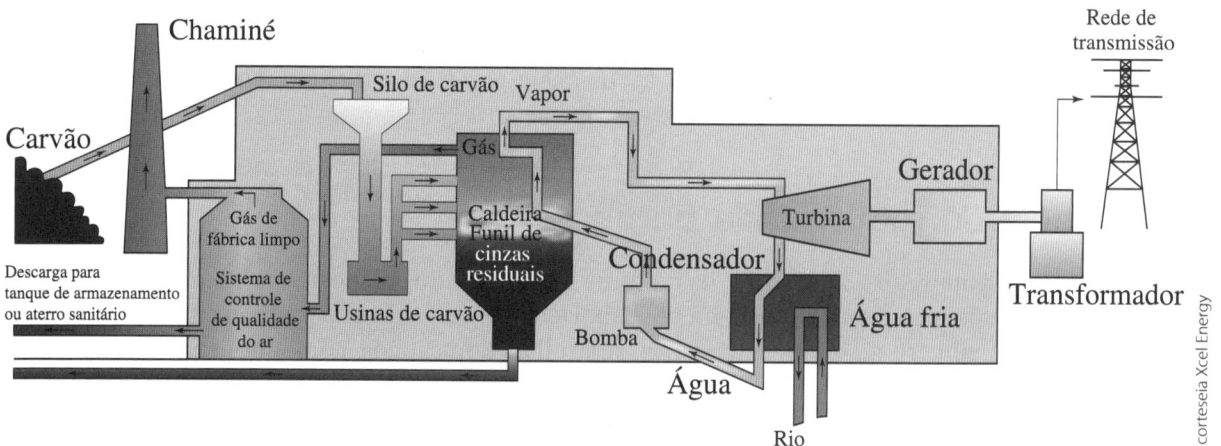

FIGURA 13.10 Esquema de uma usina a vapor.

EXEMPLO 13.10

No exemplo 13.6, determinamos a potência necessária para mover 30 pessoas, com massa média de 61 kg cada uma, entre dois andares de um prédio, ou seja, uma distância vertical de 5 m, em 2 s. A energia e os requisitos de potência eram 90 000 J e 45 000 W, respectivamente. Além disso, calculamos as possibilidades de economizar energia se 1 milhão de pessoas decidissem diariamente ir para o primeiro andar caminhando em vez de pegar o elevador. A quantidade mínima de energia economizada durante um ano, com base na estimativa de 220 dias úteis em um ano, seria de 660 GJ. Vamos agora estimar a quantidade de combustíveis, como carvão, que poderia ser economizada em uma usina de força, presumindo a eficiência geral de 38% da usina e o poder calorífico de aproximadamente 7,5 MJ/kg para o carvão.

$$\text{eficiência da usina de energia} = \frac{\text{eficiência da usina de energia}}{\text{energia proveniente do combustível}}$$

$$0,38 = \frac{660\,\text{GJ}}{\text{energia proveniente do combustível}} \Rightarrow \text{energia proveniente do combustível}$$

$$= 1,74 \times 10^{12}\,\text{J} = 1,74\,\text{TJ}$$

$$\text{quantidade de carvão necessária} = \frac{1,74 \times 10^{12}\,\text{J}}{7,5 \times 10^{6}\,\dfrac{\text{J}}{\text{kg}}} = 232000\,\text{kg}$$

Como você pode ver, a quantidade de carvão que poderia ser economizada é bem grande! Antes de pegar um elevador na próxima vez, pense na quantidade de combustível — sem mencionar a poluição — que poderia ser economizada se as pessoas usassem somente as escadas para subir um andar!

Eficiência de motor de combustão interna

A eficiência térmica de um típico motor à gasolina é aproximadamente de 25% a 30%, e de um motor a diesel é de 35% a 40%. A eficiência térmica de um motor de combustão interna é definida por

$$\text{eficiência térmica} = \frac{\text{potência fornecida}}{\text{potência fornecida pelo calor da queima do combustível}} \qquad \boxed{13.14}$$

Lembre-se de que, quando expressar a eficiência geral de um carro, você deve considerar também as perdas mecânicas.

Eficiência do motor e da bomba

Conforme explicamos no Capítulo 12, os motores movem muitos dispositivos e equipamentos que tornam nossa vida mais confortável e menos laboriosa (Figura 13.11). Como exemplo, identificamos um grande número de motores em vários aparelhos domésticos, como motores que movem o compressor do refrigerador, coletores de lixo, ventiladores de exaustão, DVD player, aspirador de pó, o prato giratório do micro-ondas, secador de cabelo, barbeador elétrico, ventoinhas de computador e unidade de disco rígido. Ao escolherem motores para esses produtos, os engenheiros consideram a eficiência do motor como um dos critérios de projeto. A eficiência de um motor elétrico pode ser definida simplesmente por

$$\text{eficiência} = \frac{\text{potência de entrada no dispositivo acionado pelo motor}}{\text{entrada de potência elétrica no motor}} \qquad 13.15$$

FIGURA 13.11   Serra elétrica.

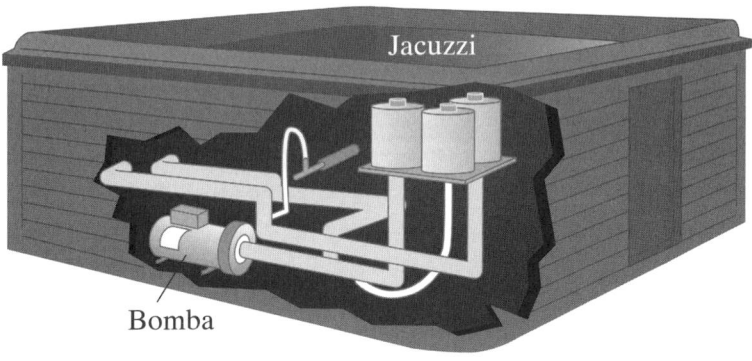

FIGURA 13.12   Uma Jacuzzi®.

A eficiência dos motores é uma função da carga e velocidade. Os fabricantes de motores elétricos fornecem curvas e tabelas do desempenho de seus produtos que mostram, entre outras informações, a eficiência do motor.

Existem bombas nos sistemas hidráulicos (Figura 13.12), no sistema de combustível de automóveis e nos sistemas que fornecem água para a rede hidráulica da cidade. As bombas também são usadas no processamento de alimentos e em usinas petroquímicas. A função de uma bomba é aumentar a pressão do líquido que entra nela. O aumento de pressão no fluido é usado para superar o atrito do tubo e as perdas em conexões e válvulas e para transportar o líquido para um local mais alto. As bombas em si são acionadas por motores elétricos ou a combustão. A eficiência de uma bomba é definida por

$$\text{eficiência} = \frac{\text{entrada de potência para o fluido pela bomba}}{\text{entrada de potência na bomba pelo motor}} \qquad 13.16$$

A eficiência de uma bomba, em determinada velocidade operacional, é uma função da vazão e do aumento de pressão (carga) da bomba. Os fabricantes de bombas fornecem curvas de desempenho ou tabelas que mostram, entre outros dados, a eficiência da bomba.

Eficiência de sistemas de aquecimento, resfriamento e refrigeração

Antes de discutirmos a eficiência dos sistemas de aquecimento, resfriamento e refrigeração, vamos conhecer os principais componentes desses sistemas e como eles funcionam. Começamos com os sistemas de resfriamento e refrigeração, pois seus projetos e operações são similares. A maioria dos sistemas de ar-condicionado e refrigeração de hoje é projetada de acordo com um ciclo de compressão de vapor. Veja na Figura 13.13 um esquema de um ciclo de compressão de vapor. Os principais componentes do ciclo de compressão de vapor são um condensador, um evaporador, um compressor e um dispositivo de estrangulamento, como uma válvula de expansão ou um tubo capilar, conforme a Figura 13.13.

O refrigerante é o fluido que transporta a energia térmica do evaporador, onde ela é absorvida, até o condensador, de onde ela é rejeitada para o meio ambiente. Com referência à Figura 13.13, na etapa 1, o refrigerante é uma mistura de líquido e vapor. Na medida em que ele flui pelo evaporador, seu estado muda completamente para vapor. A mudança de estado é provocada pela transferência de calor do meio para o evaporador e, em consequência, para o refrigerante, que entra no tubo evaporador em um estado de mistura de líquido/vapor, com temperatura e pressão muito baixas. A temperatura do ar em torno do evaporador é muito mais alta do que a temperatura do evaporador, assim ocorre a transferência de calor do ar para o evaporador, passando o refrigerante para o estado de vapor.

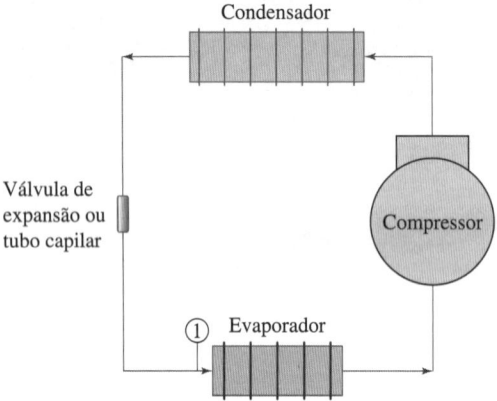

Condensador

Válvula de expansão ou tubo capilar

Compressor

① Evaporador

FIGURA 13.13 Um esquema de um ciclo de compressão de vapor.

O evaporador de um refrigerador é uma bobina feita de vários tubos dentro da seção do congelador (veja Figura 13.14). Em uma unidade de ar-condicionado (Figura 13.15), a bobina do evaporador está localizada na tubulação, próxima à unidade de ventilador-fornalha da casa. Depois de sair do evaporador, o refrigerante entra no compressor, onde tem sua temperatura e sua pressão elevadas. O lado de descarga do compressor é conectado à entrada do condensador, por onde o refrigerante entra, em estado vapor e em alta temperatura e pressão. Como a sua temperatura no condensador é maior do que a do ar ao redor, ocorre transferência de calor para o ar ambiente e, consequentemente, a energia térmica é rejeitada para o ambiente. Assim como o evaporador, o condensador também é feito de vários tubos com boa condutividade térmica. Na medida em que o refrigerante flui pelo condensador, mais e mais calor é removido (ou transferido para o ambiente); como resultado, ele muda do estado vapor para o líquido, e sai da bobina do condensador no estado líquido. Nos modelos mais antigos de refrigerador doméstico, o condensador é uma série de tubos pretos localizados na

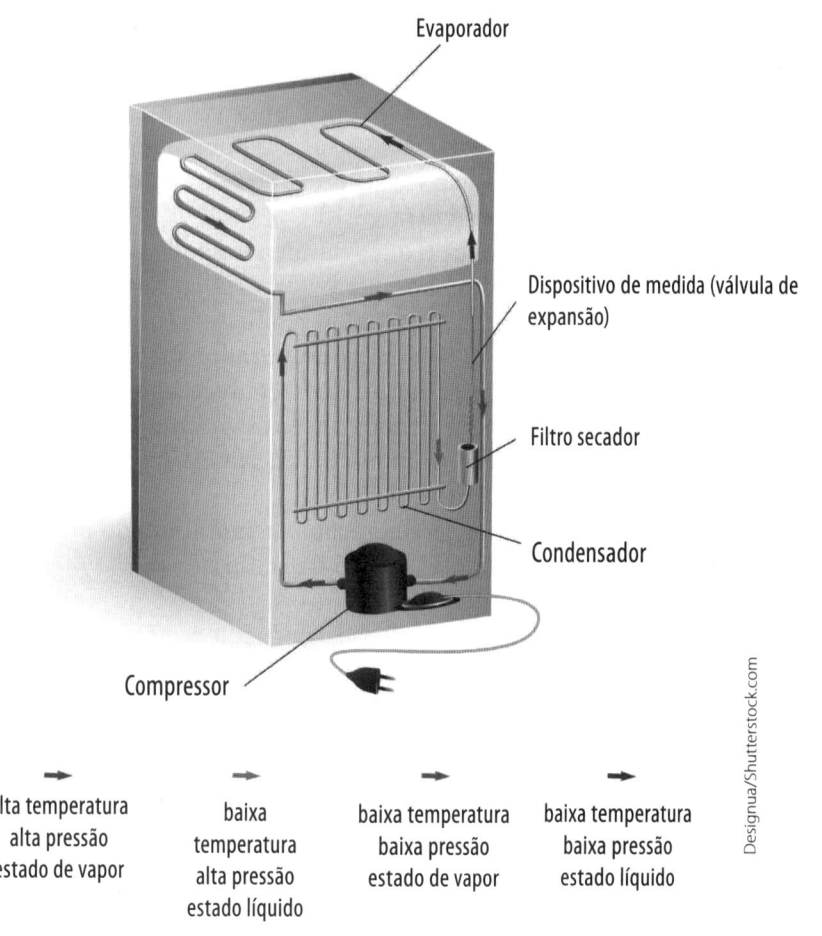

Evaporador
Dispositivo de medida (válvula de expansão)
Filtro secador
Condensador
Compressor
alta temperatura
alta pressão
estado de vapor
baixa
temperatura
alta pressão
estado líquido
baixa temperatura
baixa pressão
estado de vapor
baixa temperatura
baixa pressão
estado líquido
Designua/Shutterstock.com

FIGURA 13.14 Localização do evaporador e do condensador no refrigerador doméstico.

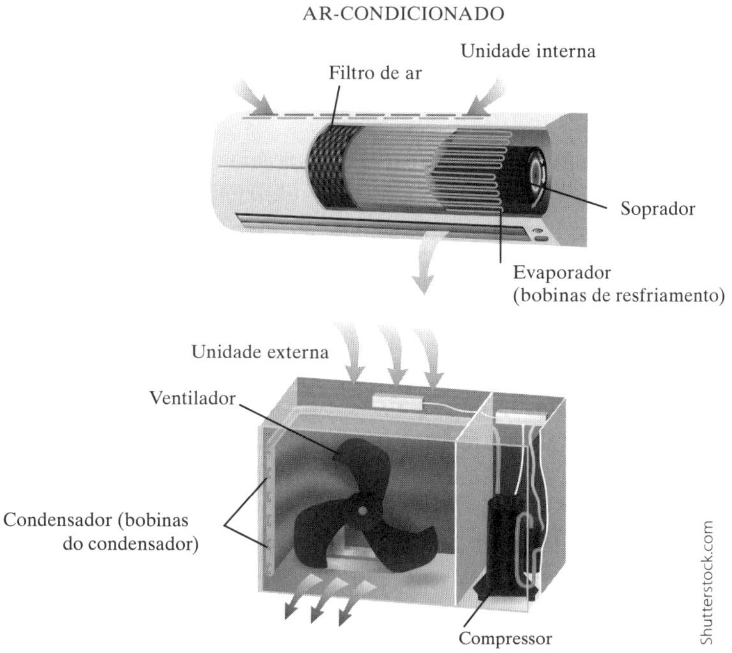

AR-CONDICIONADO
Unidade interna
Filtro de ar
Soprador
Evaporador
(bobinas de resfriamento)
Unidade externa
Ventilador
Condensador (bobinas
do condensador)
Compressor
Shutterstock.com

FIGURA 13.15 Unidade de ar-condicionado.

parte de trás do aparelho. Em uma unidade de ar-condicionado, o condensador fica fora do prédio junto ao compressor e um ventilador que força o ar sobre o condensador. Após sair do condensador, o refrigerante líquido flui por uma válvula de expansão ou um tubo capilar comprido, que o faz expandir. A expansão é seguida por uma queda de temperatura e pressão. O refrigerante sai da válvula de expansão ou tubo capilar e flui para dentro do evaporador, completando o ciclo ilustrado na Figura 13.13.

Outro ponto que vale mencionar é que, em uma unidade de ar-condicionado, o ar quente flui na seção do evaporador e, na medida em que o ar esfria, a umidade (o vapor de água) no ar condensa na parte de fora da bobina do evaporador. No final do processo, a água condensada na parte de cima do evaporador é drenada. Assim, o evaporador também atua como um dispositivo de desumidificação. Esse processo é similar ao que acontece quando o ar quente e úmido entra em contato com um copo de água gelada. Todos vocês já viram a condensação formada na superfície externa de um copo de água gelada enquanto o ar quente e úmido ao redor esfria. Discutiremos a umidade absoluta e relativa no Capítulo 17.

A eficiência de um sistema de refrigeração ou uma unidade de ar-condicionado é fornecida pelo coeficiente de desempenho (COP), que é definido por

$$COP = \frac{\text{remoção de calor do evaporador}}{\text{entrada de energia no compressor}} \qquad \boxed{13.17}$$

Use unidades consistentes para calcular o coeficiente de desempenho. O COP da maioria das unidades de compressão de vapor é 2,9 a 4,9. Nos Estados Unidos, é costume expressar o coeficiente de desempenho de um sistema refrigeração ou de ar-condicionado usando as unidades SI e norte-americanas misturadas. Muitas vezes, o coeficiente de desempenho é chamado razão de eficiência de energia (EER, Energy Efficiency Ratio) ou **razão de eficiência de energia sazonal (SEER, Seasonal Energy Efficiency Ratio)**. Nesses casos, a remoção de calor é expressa em Btu, e a entrada de energia no compressor é expressa em watt-hora e, como 1 Wh = 3,412 Btu, são obtidos EER ou SEER superiores a 10 como coeficientes de desempenho. Portanto, lembre-se de que, nos Estados Unidos, o EER é definido da seguinte maneira:

$$EER = \frac{\text{remoção de calor do evaporador (Btu)}}{\text{entrada de energia no compressor (Wh)}} \qquad \boxed{13.18}$$

O motivo do uso de unidades de Wh para entrada de energia no compressor é que os compressores são abastecidos eletricamente, e o consumo de eletricidade é medido (mesmo nos Estados Unidos) em kWh. As unidades de ar-condicionado atuais apresentam valores SEER que variam de mais ou menos 10 a 17. De fato, as novas unidades de ar-condicionado vendidas nos Estados Unidos devem ter um valor SEER de no mínimo 10. Em 1992, o governo dos Estados Unidos estabeleceu um padrão de eficiência mínima para vários aparelhos, como unidades de ar-condicionado e fornalhas a gás.

Na fornalha a gás, o gás natural é queimado e os produtos quentes da combustão passam para um trocador de calor, onde a energia térmica é transportada para o ar interno frio que está passando pelo trocador de calor. O ar quente é distribuído pela casa por conduítes. Conforme mencionado, em 1992 o governo dos Estados Unidos estabeleceu uma classificação mínima de **eficiência de utilização de combustível anual (AFUE, Annual Fuel Utilization Efficiency)** em 78% para fornalhas instaladas em residências novas, portanto, os fabricantes devem projetar fornalhas a gás dentro desse padrão. Hoje, muitas fornalhas de alta eficiência oferecem classificações AFUE entre 80% e 96%.

EXEMPLO 13.11

Uma unidade de ar-condicionado tem capacidade de refrigeração de 24 000 kJ/h. Se a unidade tiver uma razão de eficiência de energia (EER) de 10, qual quantidade de energia elétrica será consumida em 1 h? Se uma empresa de energia cobra 12 centavos por kWh, quanto custaria o funcionamento da unidade de ar-condicionado por um mês (30 dias), presumindo que ela funcione 10 horas por dia? Qual é o coeficiente de desempenho (COP) dessa unidade de ar-condicionado?

Podemos calcular o consumo de energia dessa unidade de ar-condicionado usando a Equação (13.18).

$$EER = \frac{\text{remoção de calor do evaporador (kJ)}}{\text{entrada de energia no compressor (Wh)}}$$

$$10 = \frac{24\,000\,(kJ)}{\text{entrada de energia no compressor (Wh)}}$$

Entrada de energia na unidade por 1 h de operação = 2 400 Wh = 2,4 kWh.

O custo do funcionamento dessa unidade por um mês, no período de 10 horas por dia, é calculado da seguinte maneira:

$$\text{custo para operar a unidade} = \left(\frac{2,4\,kWh}{1\,h}\right)\left(\frac{10\,h}{dia}\right)\left(\frac{\$0,12}{kWh}\right)(30\,dias) = \$86,40$$

O coeficiente de desempenho (COP) é calculado da Equação (13.18):

$$COP = \frac{\text{remoção de calor do evaporador}}{\text{entrada de energia no compressor}} = \frac{24\,000\,kJ}{(2\,400\,Wh)} = 2,9$$

Observe a relação entre o EER e COP:

$$COP = \frac{EER}{3,412} = \frac{10}{3,412} = 2,9$$

Antes de continuar

Responda às seguintes perguntas para testar seu conhecimento adquirido nas seções anteriores.

1. Qual é a diferença entre energia e potência?

2. Qual é a unidade SI para potência?

3. O que significa eficiência e por que é importante saber a eficiência dos produtos que usamos em nossa vida diária?

Vocabulário – Indique o significado dos termos a seguir:

Quilowatt-hora _____

Potência _____

Quilowatt _____

Eficiência _____

OA⁵ 13.5 Fontes de energia, geração e consumo

Como ressaltamos ao longo deste livro, há certos conceitos que todo engenheiro, independentemente da área de especialização, deve saber. Neste capítulo, discutimos a importância de energia e potência na análise de engenharia e em nossa vida diária. Reforçamos a necessidade da energia para construir estruturas, fabricar mercadorias, mover ou levantar coisas, cultivar e processar alimentos e aquecer ou resfriar as residências. Assim, se você planeja ser engenheiro civil, mecânico ou elétrico, precisa de um sólido conhecimento de como medir a quantidade de energia necessária. É igualmente importante para cada engenheiro conhecer as fontes de energia, a geração e a taxa de consumo, sobretudo neste período da nossa história, em que o crescimento da demanda de energia do mundo está entre um dos desafios mais difíceis a serem enfrentados. Como futuros engenheiros, nos deparamos com dois problemas: fonte de energia e emissões; e as soluções para esses problemas exigem abordagens inovadoras. O uso de energia *per capita* no mundo aumenta de maneira contínua com o crescimento da economia do mundo. Somado a essas preocupações, há o esperado aumento da população mundial dos atuais 6,5 bilhões para cerca de 9 bilhões até a metade deste século. Contamos com vocês para lidar com essas preocupações, e ainda permitir a elevação do padrão de vida nos países em desenvolvimento. Para estudar as fontes de energia, a geração e o consumo vamos nos concentrar sobre os dados dos Estados Unidos (da última década). Entretanto, reconheça esse problema como global, que requer soluções globais por todos os engenheiros do mundo. Estamos usando os dados da última década apenas como meio de trazer informações importantes a você. Além disso, recomendamos que você veja dados atuais e compare-os com os fornecidos aqui.

Veja na Figura 13.16 o consumo de energia primária dos Estados Unidos por fonte e setor e na Figura 13.17, a sua descrição. Em seguida, explicaremos resumidamente algumas das principais fontes.

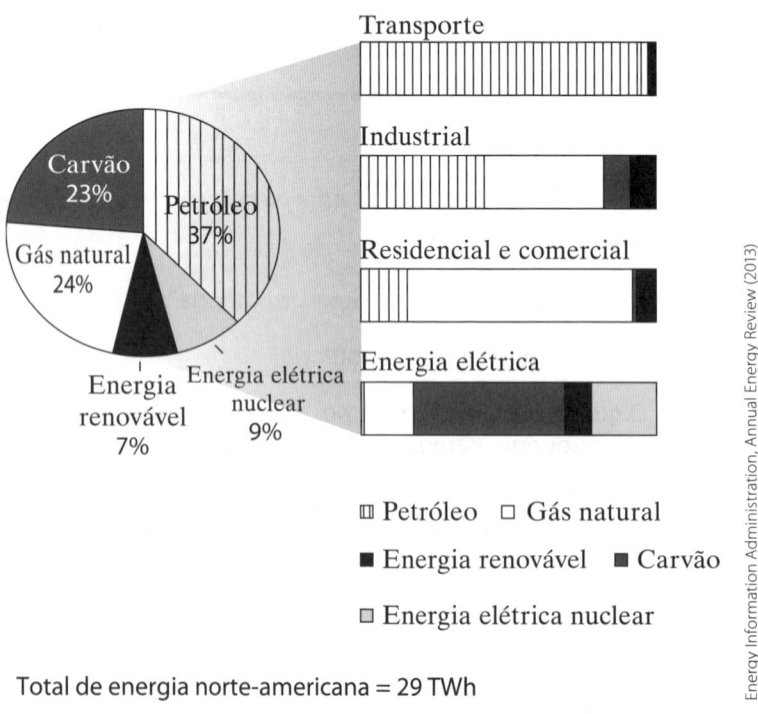

Total de energia norte-americana = 29 TWh

FIGURA 13.16 O consumo de energia norte-americano por fonte e setor em 2008.

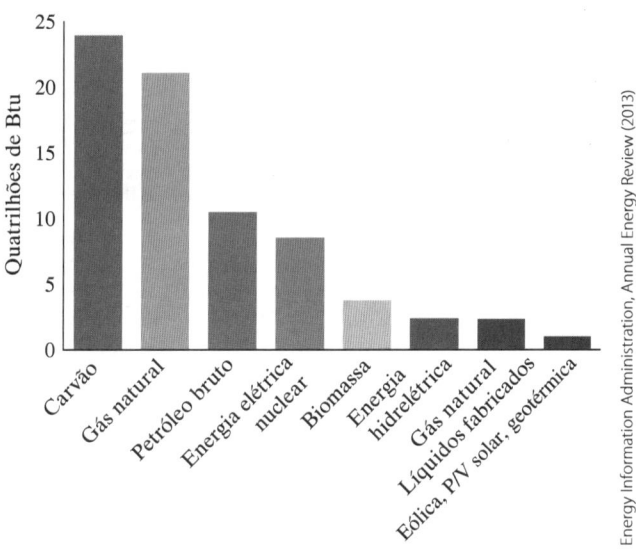

FIGURA 13.17 | A produção de energia dos Estados Unidos por fonte principal (2008).

Carvão

Em 2007, as usinas elétricas dos Estados Unidos geraram em torno de 4157 bilhões de quilowatt-hora.

Para gerar eletricidade, eram usados carvão, gás natural, petróleo, energia nuclear e fontes renováveis. Examinando a Figura 13.18, observe que quase metade (48,5%) de toda a eletricidade gerada nos Estados Unidos veio do carvão. As usinas de energia a carvão queimam o carvão em caldeiras ou geradores de vapor para produzir vapor. O vapor então gira as turbinas que

Total = 4 157 bilhões de quilowatt-hora

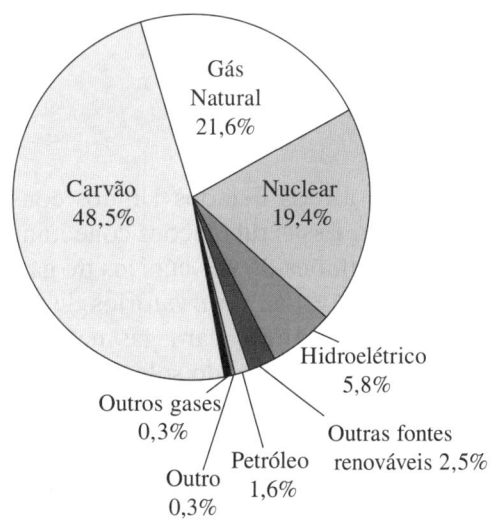

FIGURA 13.18 | Geração líquida do setor de energia elétrica dos Estados Unidos (2007).

EIA, Formulário EIA-923, "Relatório de Operações da Usina Elétrica" e formulário(s) precedente(s) incluindo Formulário EIA-906, Relatório de Usina Elétrica" e Formulário EIA-920, "Relatório de Usina Elétrica e de Calor Combinado".

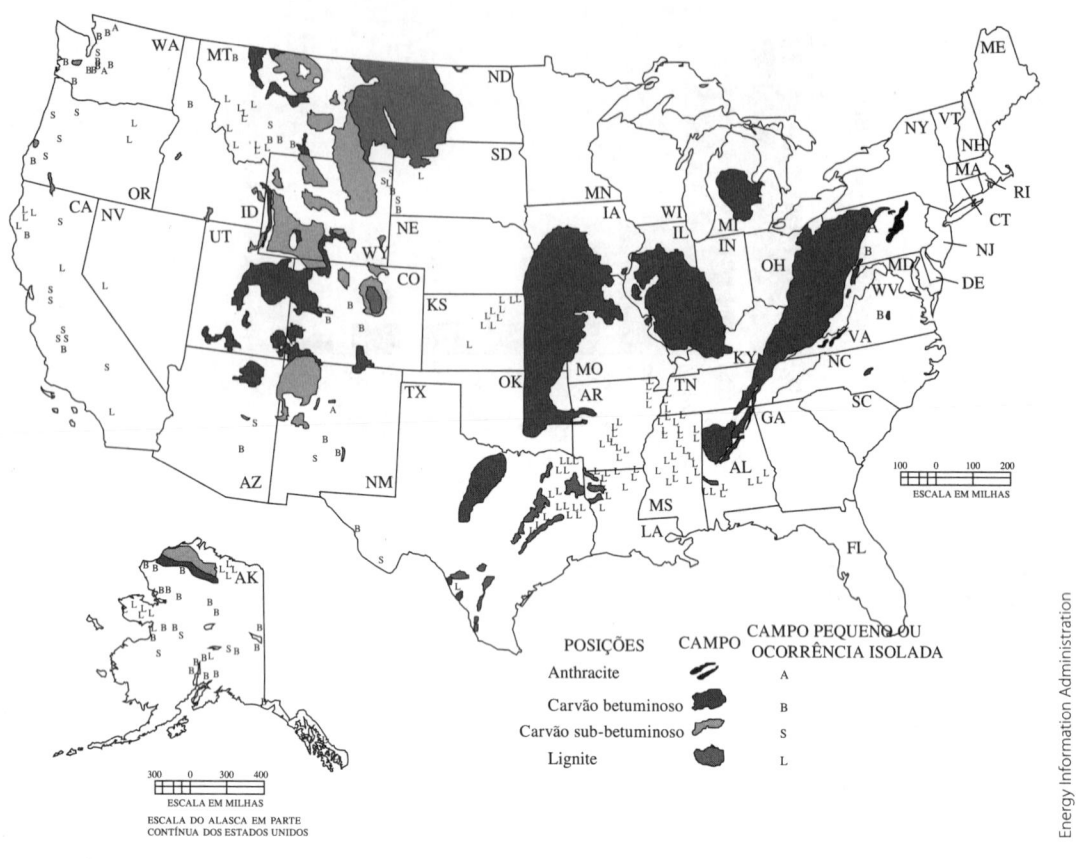

POSIÇÕES | CAMPO | CAMPO PEQUENO OU OCORRÊNCIA ISOLADA
Anthracite | | A
Carvão betuminoso | | B
Carvão sub-betuminoso | | S
Lignite | | L

ESCALA EM MILHAS

ESCALA DO ALASCA EM PARTE
CONTÍNUA DOS ESTADOS UNIDOS

Energy Information Administration

FIGURA 13.19 | Regiões de extração do carvão nos Estados Unidos.

são conectadas a geradores para criar eletricidade. A Figura 13.19 mostra as principais regiões de extração de carvão nos Estados Unidos. De acordo com o Departamento de Energia Norte--Americano, cerca de 93% do carvão extraído nos Estados Unidos é usado na geração de eletricidade. O restante do carvão é usado em outras indústrias para processar materiais, como aço, cimento e papel.

Gás natural

A rede de transporte de gás natural dos Estados Unidos consiste de 1,5 milhão de milhas de tubulações principais e secundárias. Essas tubulações conectam mercados e áreas de produção e, em 2008, forneceram mais de 650 bilhões de pés cúbicos de gás natural para cerca de 70 milhões de clientes (Figura 13.20). Cavernas de sal, reservatórios de óleo esgotados e represas aquíferas servem como armazenamentos subterrâneos para gás natural como fonte de reserva sazonal. Instalações de armazenamento acima do nível do solo também são usadas como depósitos de gás natural. Em 2007 havia em torno de 400 campos ativos de armazenamento. Veja na Figura 13.20 as principais tubulações de transporte de gás nos Estados Unidos e, na Figura 13.21, a porcentagem de milhagem de tubulação de transmissão de gás natural em cada estado.

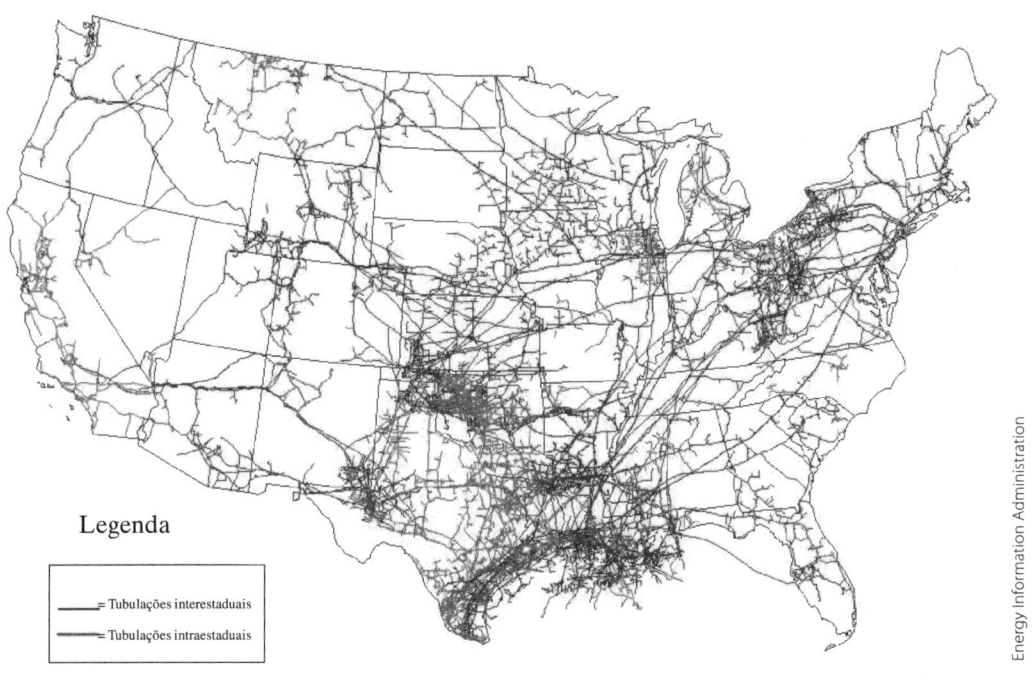

Legenda

— = Tubulações interestaduais

— = Tubulações intraestaduais

Energy Information Administration

FIGURA 13.20 Rede de transporte de gás natural dos Estados Unidos. 1,5 milhão de milhas de tubulações principais e outras tubulações ligando áreas de produção e mercados.

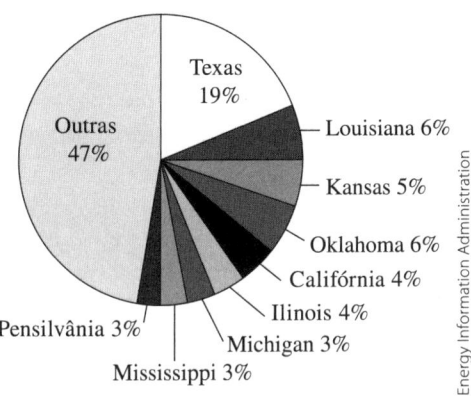

Texas 19%
Louisiana 6%
Kansas 5%
Oklahoma 6%
Califórnia 4%
Ilinois 4%
Michigan 3%
Mississippi 3%
Pensilvânia 3%
Outras 47%

Energy Information Administration

FIGURA 13.21 Porcentagem de milhagem de tubulação de transmissão de gás natural dos Estados Unidos em cada estado (2008).

Óleo de aquecimento

Óleo de aquecimento é um produto do petróleo usado para aquecer casas na América do Norte, em particular na parte nordeste do país. Em refinarias, o óleo bruto é refinado em óleo lubrificante e outros tipos de combustíveis, como gasolina, *diesel*, combustível de aviação/querosene e óleo de aquecimento. O óleo de aquecimento e o *diesel* são semelhantes em composição; a principal diferença é o teor de enxofre. O óleo de aquecimento tem mais enxofre do que o combustível *diesel*. Além disso, como o óleo de aquecimento é isento de imposto e não pode ser usado legalmente como combustível para carros e caminhões nas rodovias, o Serviço da Receita Federal dos Estados Unidos exige que o óleo de aquecimento seja tingido de vermelho. A cor vermelha torna evidente que o produto é isento de impostos e não pode ser legalmente usado como *diesel*.

Energia nuclear

Há dois processos pelos quais a **energia nuclear** é aproveitada, fissão nuclear e fusão nuclear. As usinas nucleares (Figura 13.22) usam fissão nuclear para produzir eletricidade. Na fissão nuclear, para liberar energia, os átomos de urânio são bombardeados com pequenas partículas chamadas nêutrons. Esse processo divide os átomos de urânio e libera mais nêutrons e energia na forma de calor e radiação. Os nêutrons adicionais passam a bombardear outros átomos de urânio, e o processo se repete, levando à reação em cadeia. Veja esse processo na Figura 13.23. O combustível mais usado pelas usinas nucleares é o urânio 235, ou simplesmente U-235. Ele é relativamente raro e deve ser processado do urânio extraído das minas. De acordo com o Departamento de Energia dos Estados Unidos, os proprietários de operadores de reatores de energia nuclear civil norte-americanos adquiriram o equivalente a 24 milhões de quilogramas de urânio durante 2008, dos quais 14% vieram dos Estados Unidos e os 86% restante vieram de outros países (42% da Austrália e Canadá, 33% do Cazaquistão, Rússia e Uzbequistão, e 11% do Brasil, da República Tcheca, Namíbia, Nigéria, África do Sul e Reino Unido).

A energia no núcleo ou centro dos átomos também pode ser liberada pelo processo chamado fusão nuclear. Na fusão nuclear, a energia é liberada quando os átomos são combinados ou fundidos para formar um átomo maior. Esse processo é mesmo pelo qual é formada a energia do Sol. Veja na Figura 13.24 a porcentagem de eletricidade gerada por combustível nuclear durante 1973 a 2008. Em seguida, discutiremos fontes de energia renováveis, como hídrica, solar, eólica, etanol e biodiesel.

FIGURA 13.22   Uma usina nuclear.

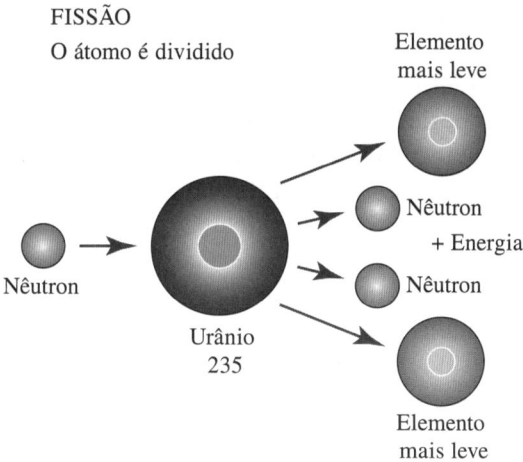

FISSÃO
O átomo é dividido

Nêutron → Urânio 235 → Elemento mais leve / Nêutron + Energia / Nêutron / Elemento mais leve

FIGURA 13.23 Processo de fissão nuclear.

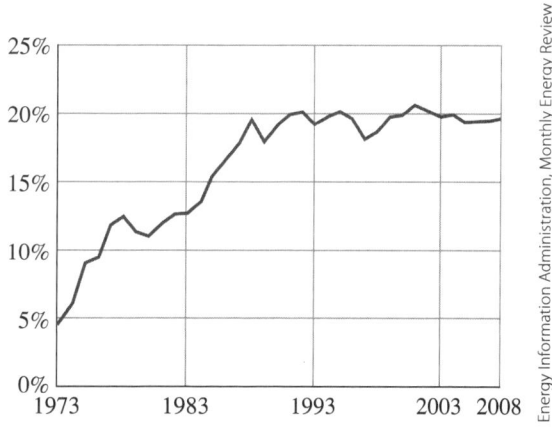

FIGURA 13.24 Eletricidade gerada por combustível nuclear no período 1973–2008.

Energia hídrica

A energia hídrica responde por 6% da geração de eletricidade total dos Estados Unidos. Em 2008, representava 67% da geração de energia de todas as fontes de energia renováveis. Na usina hidrelétrica, para gerar eletricidade, a água é armazenada em barragens e é direcionada para turbinas conectadas aos geradores localizados dentro da usina. Aproximadamente 31% de toda a energia hídrica dos Estados Unidos é gerada no estado de Washington, na barragem de Coulee, a maior instalação hidrelétrica do país.

Energia solar

Em decorrência das questões atuais de energia e sustentabilidade, houve um novo interesse em energia solar. A energia solar vem do Sol, que está a uma distância média de 93 milhões de milhas da Terra. O Sol é um reator de fusão nuclear, com a temperatura da superfície de cerca de 5500°C. A energia solar que atinge a Terra chega na forma de radiação eletromagnética, consistindo de um amplo espectro de comprimentos de onda e intensidades de energia. Quase

> Há dois tipos básicos de sistemas de aquecimento solar ativo: líquido e ar.

metade da energia solar recebida na Terra está na faixa de luz visível. A radiação solar pode ser dividida em três faixas: a ultravioleta, a visível e a infravermelha. Muitos de vocês já tiveram uma experiência em primeira mão com a faixa ultravioleta, que causa queimaduras solares. A faixa visível compreende mais ou menos 48% da radiação útil para aquecimento, e a infravermelha compõe o restante. Como você já sabe, a órbita da Terra em torno do Sol é elíptica. Quando o Sol está mais perto da Terra, a superfície da Terra recebe um pouco mais de energia solar. A Terra está mais próxima do Sol quando é verão no hemisfério sul e inverno no hemisfério norte. Como a distância da Terra com relação ao Sol muda durante o ano, a energia que chega à atmosfera externa da Terra varia de 1 300 a 1 480 W/m². Na distância média da Terra ao Sol, na borda da atmosfera da Terra, a intensidade da energia do Sol é de 1 350 W/m². A quantidade de radiação disponível em um local na superfície da Terra depende de muitos fatores, como posição geográfica, estação, paisagem local e tempo, e o horário do dia.

Quando a energia solar passa pela atmosfera da Terra, uma parte é absorvida, outra parte é espalhada e outra é refletida pelas nuvens, poeira, poluentes, incêndios florestais, vulcões ou vapor de água. A radiação solar que atinge a superfície da Terra sem se dispersar é chamada radiação solar direta. As condições atmosféricas podem ser reduzidas em 10% em dias claros e secos, e em 100% em dias com nuvens espessas. Veja os raios diretos e radiação difusa na Figura 13.25.

Sistemas solares

Usando várias tecnologias, a radiação solar pode ser convertida em formas de energia aproveitáveis para aquecimento de água e ar, ou geração de eletricidade. A viabilidade econômica dos sistemas solares depende da quantidade de radiação solar disponível no local. Em muitos países, os dados sobre radiação dos sistemas de aquecimento solar da água ou aquecimento do espaço estão expressos em watts por metro quadrado por dia, ou seja, kW/m²/dia. Os dados de radiação para sistemas elétricos solares (fotovoltaico) são representados como quilowatt-hora por metro quadrado kWh/m².

Há dois tipos básicos de **sistemas** de aquecimento **solar ativo**: líquido e ar. Os sistemas líquidos usam água ou uma mistura de água e anticongelante (em climas frios) para coletar energia

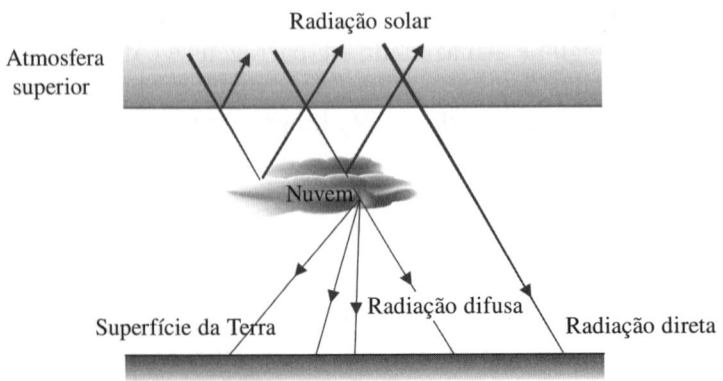

FIGURA 13.25 A radiação em uso direto e difuso.

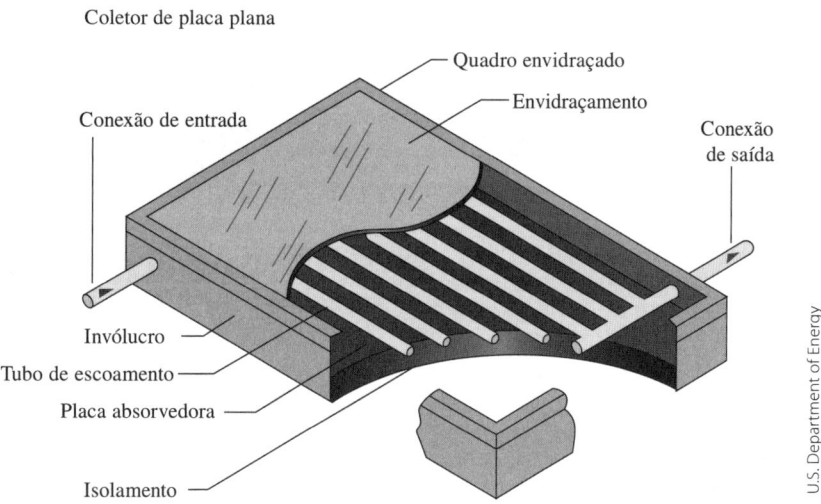

Coletor de placa plana

Quadro envidraçado

Envidraçamento

Conexão de entrada

Conexão de saída

Invólucro

Tubo de escoamento

Placa absorvedora

Isolamento

U.S. Department of Energy

FIGURA 13.26 Um esquema de um coletor solar.

solar. Em tais sistemas, o líquido é aquecido em um coletor solar (Figura 13.26) e depois transportado por uma bomba para um sistema de armazenamento. Em contrapartida, em sistemas com ar, o ar é aquecido em coletores e transportado para armazenamento por sopradores. Muitos sistemas solares podem não fornecer um aquecimento adequado para um espaço ou para a água. Por isso, é necessário um sistema de aquecimento auxiliar ou de reserva. Veja na Figura 13.27 os principais componentes de um sistema de aquecimento solar de água tipo líquido ativo. Observe a fotografia de uma residência em Golden, Colorado, com sistema solar líquido na Figura 13.28.

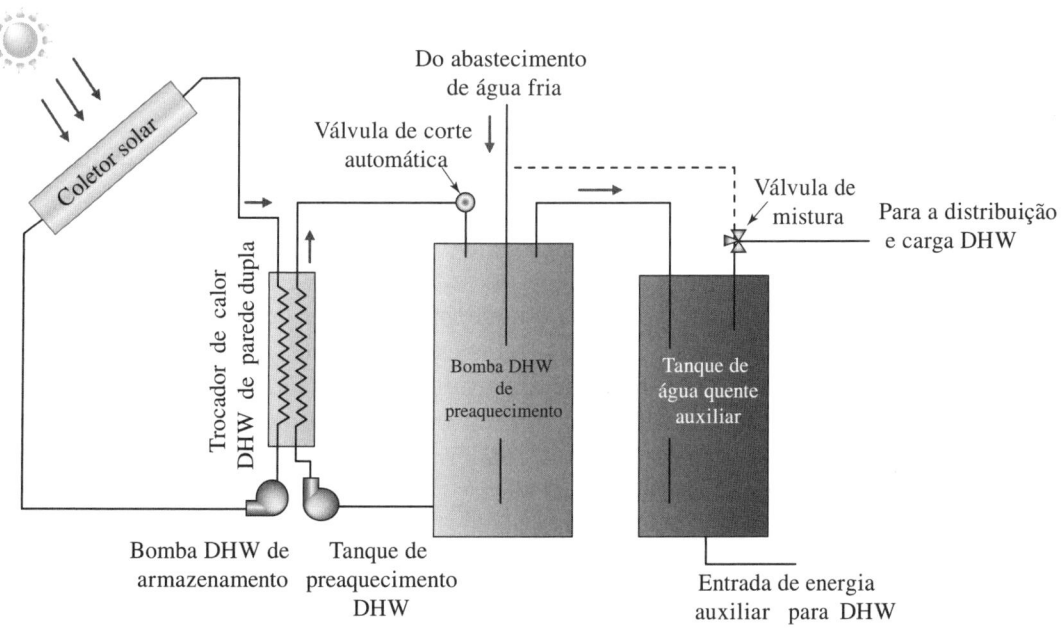

Do abastecimento de água fria

Válvula de corte automática

Válvula de mistura

Para a distribuição e carga DHW

Coletor solar

Trocador de calor DHW de parede dupla

Bomba DHW de preaquecimento

Tanque de água quente auxiliar

Bomba DHW de armazenamento

Tanque de preaquecimento DHW

Entrada de energia auxiliar para DHW

FIGURA 13.27 Esquema do sistema de aquecimento solar de água. DHW é abreviação para *domestic hot water*, 'água quente doméstica' em português.

FIGURA 13.28 Essa residência em Golden, Colorado, usa o sistema de aquecimento solar líquido para o aquecimento de água e do espaço.

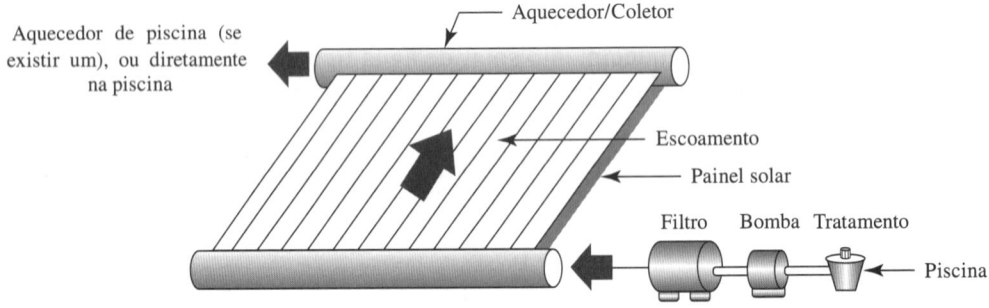

FIGURA 13.29 Aquecedor solar de piscina.

Em climas moderados, os sistemas de aquecimento solar de água também são usados para aquecer piscinas. O objetivo deste tipo de sistema é estender a estação de natação. Os aquecedores solares para piscinas funcionam em temperaturas um pouco mais altas do que a temperatura do ar ambiente. Muitos desses sistemas usam coletores não envidraçados e econômicos, feitos de materiais plásticos. Como eles não são isolados, requerem grandes áreas coletoras, aproximadamente 50% a 100% da área da piscina (Figura 13.29).

Sistema solar passivo

Os **sistemas solares passivos** não usam nenhum componente mecânico, como coletores, bombas, sopradores ou ventiladores, para coletar, transportar ou distribuir calor solar para várias partes de um edifício. Em vez disso, um *sistema solar passivo direto* usa grandes áreas de vidro na parede do sul de um prédio e uma massa térmica para coletar a energia solar. A energia solar é armazenada durante o dia nas espessas paredes internas de alvenaria e nos pisos, e é liberada à noite. Em climas frios, os sistemas passivos também usam cortinas de isolamento à noite para cobrir as áreas de vidro e reduzir a perda de calor. Outro recurso do sistema solar passivo é a existência de um beiral para sombrear as janelas durante o verão, conforme mostrado na Figura 13.30. Projetos *passivos de ganho indireto* utilizam uma massa de armazenamento colocada entre a parede de vidro e o espaço aquecido (Figura 13.31). Quando o ar entre o vidro e a parede de alvenaria é aquecido, ele sobe e entra na sala pelas frestas na parte superior da parede. O ar da sala entra na aresta inferior e é aquecido, e sobe entre o vidro e a parede de alvenaria. Nem todo o calor solar é transferido para o ar; um pouco dele é armazenado.

> Um sistema solar passivo direto usa grandes áreas de vidro na parede sul de um prédio e uma massa térmica para coletar a energia solar.

Outro tipo comum de sistema solar é o solário. O espaço pode ser usado como estufa, átrio, varanda ou terraço. Pisos e paredes de alvenaria ou concreto, recipientes de água ou poços cobertos podem servir como armazenamento térmico. Veja na Figura 13.32 a fotografia do cômodo interior de uma casa passiva.

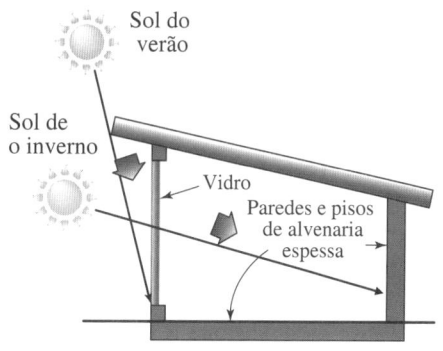

Ganho direto pela parede voltada para o sul

FIGURA 13.30   Esquema de um prédio com ganho solar passivo direto.

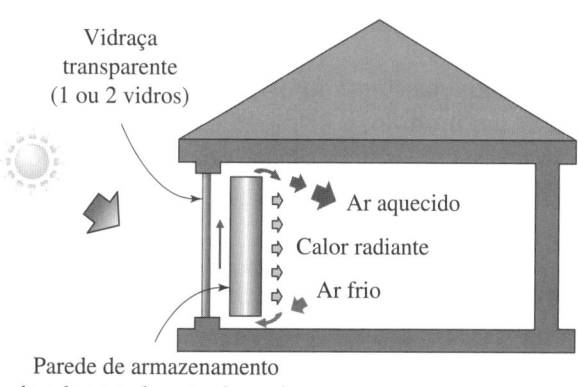

FIGURA 13.31   Esquema de um prédio com ganho passivo indireto.

Cortesia de DOE/NREL

FIGURA 13.32 | Interior de uma casa com aquecimento solar.

Sistemas fotovoltaicos

Um sistema fotovoltaico converte a energia da luz diretamente em eletricidade. Consiste em uma matriz fotovoltaica, baterias, controlador de carga e um inversor (dispositivo que converte corrente contínua em corrente alternada). Veja na Figura 13.33 exemplos de sistemas fotovoltaicos. Eles têm vários tamanhos e formatos e muitas vezes são classificados em sistemas independentes, sistemas híbridos e sistemas ligados à rede. Os sistemas não conectados à rede pública são chamados independentes. Os sistemas híbridos são aqueles que usam uma combinação de matrizes fotovoltaicas e alguma outra forma de energia, como *diesel* ou eólica. Como o nome indica, os sistemas ligados à rede são conectados à rede pública. Uma das maiores usinas de energia fotovoltaica ligadas à rede nos Estados Unidos é a usina fotovoltaica de Alamosa (Figura 13.34), localizada em uma área de 82 acres na região centro-sul do Colorado. Ela entrou em funcionamento em 2007 e gera cerca de 8,2 megawatts.

> O sistema fotovoltaico converte energia da luz diretamente em eletricidade.

O fundamento de qualquer sistema fotovoltaico está nas células. As **células fotovoltaicas** são combinadas para formar um **módulo**, e os módulos são combinados para formar uma **matriz**. As células fotovoltaicas são classificadas em cristalino, silicone policristalino e silicone amorfo. Veja na Figura 13.35 exemplos de células voltaicas.

Energia eólica

Energia eólica é uma forma de energia solar. Como já sabem, por causa da inclinação e da órbita da Terra, o Sol a aquece na atmosfera em taxas diferentes. Vocês também já sabem que o ar quente sobe e o ar frio desce para substituí-lo. Enquanto o ar se move, ele gera energia cinética. Então parte dessa energia cinética pode ser convertida em energia mecânica e em eletricidade.

Cortesia de DOE/NREL

(a)

Cortesia de DOE/NREL

(b)

Cortesia NASA, ID: jsc2006e43519

(c)

Cortesia de DOE/NREL

(d)

Cortesia de DOE/NREL

(e)

Cortesia de DOE/NREL

(f)

Exemplos de sistemas fotovoltaicos: (a) telhado de um estacionamento, (b) bicicleta solar, (c) estação espacial, (d) telhado de residência, (e) telhas fotovoltaicas, (f) instalação de comunicação remota.

FIGURA 13.34   A usina fotovoltaica de Alamosa, no Colorado, Estados Unidos.

Veja na Figura 13.36 um mapa de recursos eólicos. Observe que o potencial para gerar eletrici-dade a partir do vento é categorizado de marginal a excelente, com base nas velocidades do vento. Dois tipos de turbinas eólicas são usadas para extrair a energia do vento: turbinas de eixo vertical (Figura 13.37) e turbinas de eixo horizontal. Observe na Figura 13.38 esquemas de uma turbina de eixo vertical e de uma de eixo horizontal. A turbina de eixo vertical aceita o vento de qualquer ângulo, requer torres leves e é de fácil manutenção. A principal desvantagem desse tipo de turbina é que seus rotores ficam perto do solo, onde a velocidade do vento é relativamente baixa, o que resulta em pouco desempenho. Muitas turbinas eólicas em uso nos Estados Unidos são de eixo horizontal. As turbinas eólicas são em geral classificadas como pequenas (<100 kW), intermediá-rias (<250 kW) e grandes (250 kW a 2 MW).

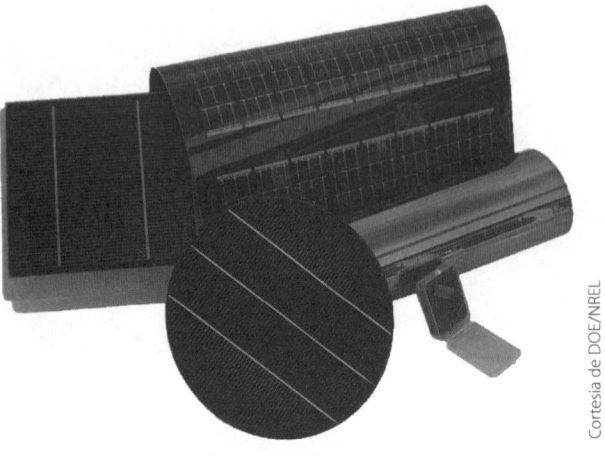

FIGURA 13.35   Exemplos de materiais fotovoltaicos.

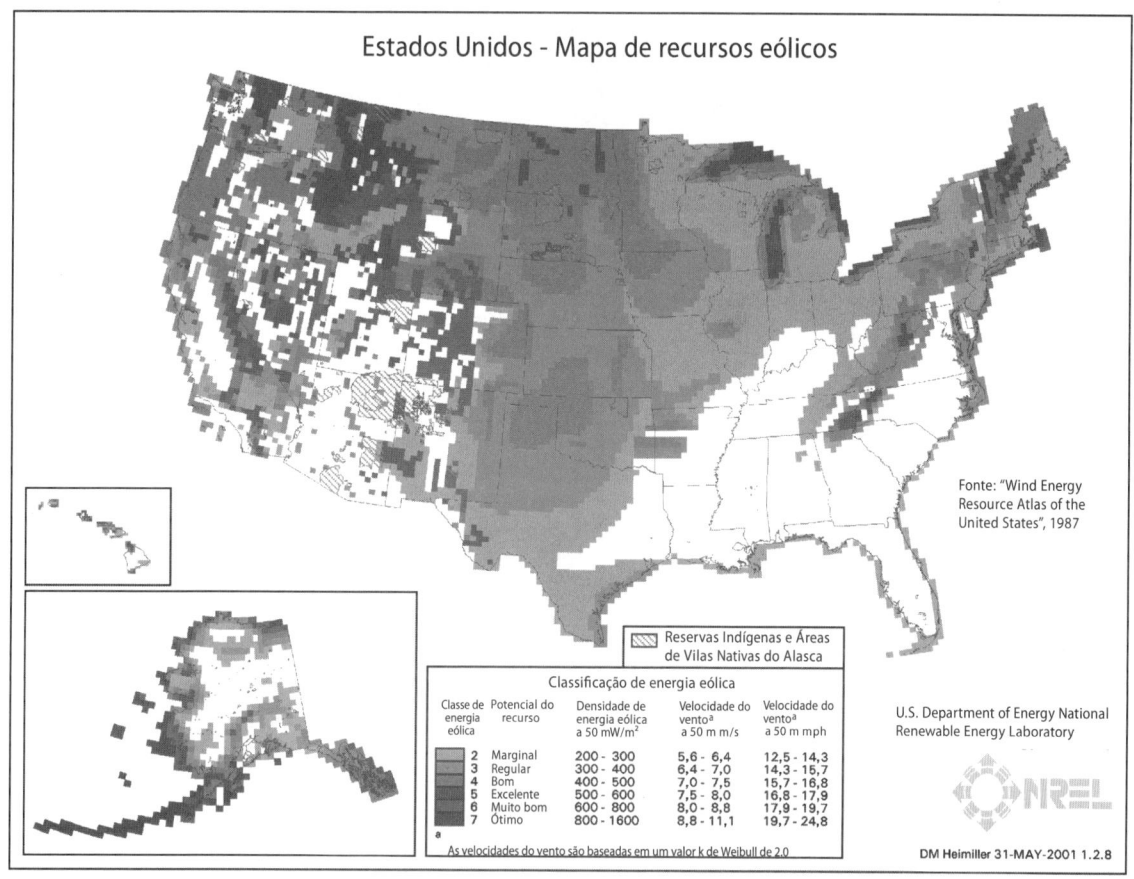

Estados Unidos - Mapa de recursos eólicos

Fonte: "Wind Energy Resource Atlas of the United States", 1987

Reservas Indígenas e Áreas de Vilas Nativas do Alasca

Classificação de energia eólica

Classe de energia eólica	Potencial do recurso	Densidade de energia eólica a 50 mW/m²	Velocidade do vento[a] a 50 m m/s	Velocidade do vento[a] a 50 m mph
2	Marginal	200 - 300	5,6 - 6,4	12,5 - 14,3
3	Regular	300 - 400	6,4 - 7,0	14,3 - 15,7
4	Bom	400 - 500	7,0 - 7,5	15,7 - 16,8
5	Excelente	500 - 600	7,5 - 8,0	16,8 - 17,9
6	Muito bom	600 - 800	8,0 - 8,8	17,9 - 19,7
7	Ótimo	800 - 1600	8,8 - 11,1	19,7 - 24,8

a
As velocidades do vento são baseadas em um valor k de Weibull de 2.0

U.S. Department of Energy National Renewable Energy Laboratory

DM Heimiller 31-MAY-2001 1.2.8

Cortesia de DOE/NREL

FIGURA 13.36 Mapa de recursos eólicos americanos.

Aqui estão algumas terminologias que você poderia achar útil ao estudar os principais componentes da turbina eólica:

- As *pás* e o *cubo* são chamados de *rotores*. Muitas turbinas de eixo horizontal possuem duas ou três pás.

- A *caixa de engrenagem* conecta o eixo de baixa velocidade do rotor ao eixo de alta velocidade do gerador.

- O *motor de guinada* controla a condução da guinada para manter as pás viradas para o vento, quando a direção deste muda.

- O *controlador* aciona a turbina eólica com velocidades de 10 a 25 km/h, e a interrompe em aproximadamente 100 km/h para evitar danos nas pás e nos componentes. O anemômetro mede a velocidade do vento e transmite os dados ao controlador.

- O *freio* interrompe o rotor em situações de emergência ou ventos fortes. O freio é aplicado mecanicamente, eletricamente ou hidraulicamente.

FIGURA 13.37 Exemplos de turbina de vento de eixo vertical.

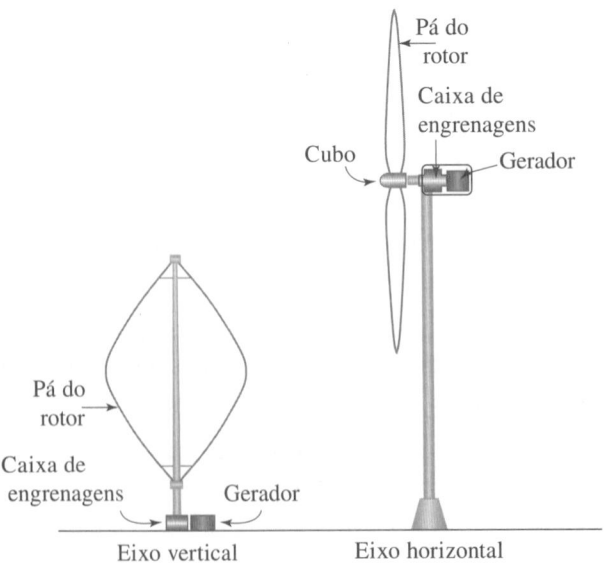

FIGURA 13.38 Esquemas de uma turbina eólica de eixo vertical ("eggbeater") e de uma turbina eólica de eixo horizontal.

Etanol e biodiesel

Etanol é um combustível à base de álcool feito de açúcares presentes no milho e na cevada. Outras fontes, como arroz, cana-de-açúcar e cascas de batata, também são usadas para produzir etanol. A maior parte do etanol usado nos Estados Unidos hoje é destilada do milho. Vocês já devem ter visto os sinais E10 nos postos de gasolina. Essa designação E10 refere-se ao combustível que mistura 10% de etanol e 90% de gasolina. Outro combustível renovável do qual você pode ter ouvido falar é o biodiesel. Biodiesel é um combustível normalmente feito de óleos vegetais ou gordura de restaurante reciclada e pode ser usado em motores a *diesel*. A designação B20 refere-se à mistura de 20% de biodiesel com 80% de *diesel* de petróleo.

Conforme mencionamos no início desta seção, como futuros engenheiros vocês enfrentarão dois problemas: fontes de energia e emissões. As soluções para esses problemas requerem abordagens inovadoras, portanto, estude bastante nas aulas de engenharia, prepare-se bem e siga o caminho pensando sobre como se capacitar para resolver esses problemas.

Antes de continuar

Responda às seguintes perguntas para testar seu conhecimento adquirido nas seções anteriores.

1. Qual é a principal fonte de produção de energia nos Estados Unidos?

2. Qual é a porcentagem de energia elétrica gerada por fissão nuclear nos Estados Unidos?

3. Qual é a porcentagem de energia elétrica gerada por fontes renováveis nos Estados Unidos?

4. Descreva os sistemas de aquecimento solar ativo. Como eles funcionam?

5. Como a eletricidade é gerada em um sistema fotovoltaico?

Vocabulário – Indique o significado dos termos a seguir:

Energia nuclear _____

Sistema solar ativo _____

Sistema solar passivo _____

Células fotovoltaicas _____

Módulo fotovoltaico _____

Matriz fotovoltaica _____

Ming Dong

Meu nome é Ming Dong. Atualmente estou cursando o segundo ano na Carnegie Mellon University. Faço uma graduação dupla em engenharia mecânica e engenharia biomédica. Vim para os Estados Unidos quando tinha 12 anos e cresci em uma família chinesa tradicional. Meus pais esperavam que eu me formasse em química ou biologia. Eles achavam que engenharia era muito "infantil". Mas eu decidi cursar engenharia, pois para mim é a combinação de matemática, ciência e arte — três de meus assuntos favoritos.

Agora gosto de engenharia ainda mais; é uma área muito fascinante. Aprendo algo novo todo dia. Engenharia é criatividade; é a combinação de matemática e ciência, e como aplicá-las na vida real. É criar algo real e ajudar a resolver problemas reais. O maior desafio que enfrentei foi me sentir confortável na sala de aula com tantos homens. Há aproximadamente 15% de mulheres nas aulas de engenharia mecânica.

Cortesia de Ming Dong

Foi difícil, a princípio, porque eu precisava provar que "Não sou apenas uma garota. Sou tão boa quanto os meninos". Porém, depois de ter me acostumado a ter aulas com os garotos, pareceu-me menos clara essa diferença entre garotas e garotos; somos todos estudantes de engenharia.

Após a graduação, tenho esperança de conseguir um emprego e trabalhar uns dois anos, depois retornar à faculdade para ingressar em um programa de doutorado e realizar uma pesquisa na área de neuroengenharia.

Dominique Green

Engenharia para mim tem sido sempre uma forma de pensar. Lembro-me de crescer completamente fascinado por ciência, matemática e por programas de TV, como Mr. Wizard e os diversos programas educacionais em PBS (Public Broadcasting Service). Foi divertido, porque tive a oportunidade de trabalhar com PBS em um de meus projetos na Accenture (a empresa em que trabalho atualmente). Uma grande oportunidade de realização pessoal na carreira de engenharia veio quando ingressei na escola de ensino médio e senti facilidade em lidar com experimentos manuais em programas como BEAMS (Becoming Enthusiastic About Math and Science), patrocinados pela Thomas Jefferson National Laboratory (entidade de pesquisa financiada pelo Departamento de Energia). Enquanto estava nesse estágio, conheci o Secretário O'Leary, que trabalhou com o Presidente Clinton. Nós tiramos muitas fotos, algumas ainda estão expostas no quarto de minha mãe, em Newport News, VA. Meu entusiasmo mais tarde se transformou em diversos estágios no Thomas Jefferson National Laboratory, NASA, e Newport News Shipbuilding, todos me ajudaram muito a consolidar meu comprometimento

Cortesia de Dominique Green

com a matemática, ciência e engenharia.

Meu maior triunfo na juventude, e ainda hoje, tem sido a empolgação por matemática e ciência, que impulsionou minha ascensão acadêmica. A decisão de cursar engenharia estava fundamentada em minhas conquistas em feiras de ciência e competições tecnológicas, minha habilidade nas aulas de matemática e ciência durante o ensino médio e nos estágios reais (desafiadores) que venci, tudo isso antes e durante a faculdade.

O melhor de tudo é que sempre trabalhei em empresas de tecnologia em engenharia, fiz estágios na área de engenharia e recebi muitas bolsas estudantis.

O maior desafio que enfrentei como estudante foi tentar conciliar meus estudos com minhas atividades extracurriculares. Eu não tinha realmente muito tempo para me dedicar às atividades externas como gostaria. Como engenheiro, na verdade é necessário se comprometer 100% com as atividades acadêmicas para aprender tanto em tão curto período de tempo. Olhando para trás, nos meus quatro anos de estudo de engenharia, gostaria de ter feito mais daquilo tudo que me fez seguir o curso, como unir duas equipes de mecânica de automóveis em uma só (eu era membro da Equipe de Veículo Elétrico Híbrido). Desejaria ter tido tempo de criar outra tecnologia e tê-la patenteado antes de concluir a graduação. Eu tinha muitas ideias no papel que nunca se concretizaram. Felizmente, eu tinha boas notas quando essas ideias surgiram e agora tudo que preciso é ter mais tempo de novo para trazer essas ideias do papel para a vida real. Não se trata de deixar tudo para trás, pois sempre é a escola de graduação que fornece os recursos necessários para que a pesquisa gere ideias concretas. O currículo de graduação é tal que muitos professores não estão autorizados a oferecer aos alunos experimentos e projetos interessantes, pois eles precisam atender aos requisitos para ter créditos.

A coisa que mais me fascina na engenharia é que ela é completamente aberta. Posso me lembrar de quando estava julgando uma competição da cidade do futuro em tecnologia, alguns meses atrás, na qual participavam estudantes do ensino fundamental e médio. Algumas das ideias eram fantásticas. Hoje, a engenharia é um ponto fundamental de qualquer tecnologia ou inovação. A engenharia é a pista e as rodas necessárias para mover boas ideias. Gosto dessa diversidade, pois certa vez me deparei falando para pessoas com todos os tipos de sotaques, religiões e sexos em nossa tentativa de resolver problemas complexos, compartilhando nossa base de conhecimento. No mundo da engenharia, você é julgado quanto ao entendimento, às habilidades e aos conhecimentos. Fica tudo entre o que você sabe e o que você não sabe para compor sua carreira. A engenharia é algo que não lhe permite fingir quando alguém pede para que explique os princípios básicos dos campos eletromagnéticos e sua função no universo.

Eu ainda não sinto que meu projeto mais interessante já tenha sido concretizado. Isso é engraçado, porque todos os projetos em que me envolvi foram simples projetos práticos. Não tive a sorte de fazer muitos projetos práticos de engenharia nos últimos dois anos. A maior parte de meu trabalho foi na área de concepção e supervisão de processo comercial e implantação de *software*. Meu trabalho com o projeto do Veículo Elétrico Híbrido (em que os automóveis usam células combustíveis e têm a água como subproduto) talvez tenha sido o mais gratificante, pois ele ainda tem aplicação na vida real. É óbvio que podemos olhar a nossa volta e ver como os preços da gasolina têm afetado nossas escolhas em buscar fontes de energia alternativa. Meu experimento é de fato para o futuro da tecnologia e saber disso me dá esperança de um dia vê-lo no piso do *showroom* de algum revendedor de carros ou de alguma família.

RESUMO

OA¹ Trabalho, energia mecânica e energia térmica

Precisamos de energia para criar bens, construir moradias, cultivar e processar alimentos, e manter nossas casas em condições confortáveis de temperatura e umidade. A energia pode ter formas diferentes, ela nos ajuda a explicar melhor quantitativamente os requisitos para mover objetos como nossos carros, para levantar coisas como um elevador ou para aquecer ou resfriar nossas casas. A energia é definida e classificada em diferentes categorias, como energia cinética, energia potencial e energia térmica. O trabalho é realizado quando uma força move um objeto por certa distância. Além disso, quando realizamos trabalho em um objeto, mudamos sua energia; em outras palavras, precisamos de energia para fazer trabalho.

A energia cinética é a quantificação de energia ou trabalho necessário para mover algo. A unidade SI da energia cinética é o joule. Além disso, quando realizamos trabalho em um objeto ou contra ele, mudamos sua energia cinética.

O trabalho necessário para levantar um objeto por uma distância vertical é chamado energia potencial. A unidade SI da energia potencial também é o joule.

Quando uma mola é esticada ou comprimida a partir da posição de repouso, energia elástica é armazenada na mola. Essa energia será liberada quando a mola puder retornar para a posição original.

A energia térmica ou transferência de calor ocorre sempre que existir diferença de temperatura dentro de um objeto, ou entre um corpo e seu ambiente. Lembre-se também de que o calor sempre flui da região de alta temperatura para a região de baixa temperatura. As três unidades mais usadas para medir a energia térmica são a unidade térmica britânica (Btu), a caloria e o joule.

OA² Conservação de energia

Na ausência da transferência de calor e presumindo perdas negligenciáveis e nenhum trabalho, a conservação de energia mecânica afirma que a energia mecânica total do sistema é constante. Ou seja, a soma entre a mudança na energia cinética do objeto, a mudança na energia elástica e a mudança na energia potencial do objeto deve ser zero.

Os efeitos do calor e do trabalho na conservação de energia são representados na primeira lei de termodinâmica. A primeira lei afirma que, para um sistema de massa fixa, a transferência de calor resultante no sistema menos o trabalho feito pelo sistema é igual à mudança na energia total do sistema.

OA³ Força

Por enquanto, você deve compreender a potência, suas unidades comuns e como ela está relacionada a trabalho e energia. A potência é a variação com o tempo da realização de trabalho ou a rapidez com que você gasta energia. O valor da potência necessária para executar um trabalho (realizar a tarefa) representa a rapidez com a qual você deseja que o trabalho (tarefa) seja feito. Se você deseja que o trabalho seja feito em um período de tempo mais curto, é necessário empregar mais potência.

$$\text{potência} = \frac{\text{trabalho}}{\text{tempo}} = \frac{\text{energia}}{\text{tempo}}$$

A unidade do SI para potência é o watt

OA⁴ Eficiência

É necessário que você conheça a definição básica de eficiência e suas diversas formas, como eficiência térmica, SEER e AFUE, que são as mais usadas para expressar as eficiências em sistemas de aquecimento, ventilação e ar-condicionado (HVAC), além de aparelhos domésticos. Em geral, a eficiência de um sistema é definida por

$$\text{Eficiência} = \frac{\text{saída real}}{\text{entrada necessária}}$$

Todas as máquinas e sistemas requerem mais entrada de energia do que o que eles dispensam. Por exemplo, a eficiência térmica de um típico motor a gasolina é de cerca de 25% a 30%. A eficiência térmica de um motor de combustão interna é definida por

$$\text{Eficiência} = \frac{\text{saída de potência do carro}}{\text{entrada de potência como calor do combustível queimado}}$$

OA⁵ Fontes de energia, geração e consumo

Você precisa estar familiarizado com o consumo de energia primária dos Estados Unidos por fonte (por exemplo, carvão, gás natural, óleo bruto, energia nuclear, etc.) e setor (por exemplo, transporte, industrial, residencial e comercial). Você deve compreender os sistemas solares ativo e passivo e sistemas fotovoltaicos, assim como os tipos diferentes de turbinas eólicas e seus principais componentes (por exemplo, pás e *cubo*, caixa de engrenagem, motor de guinada, controlador e freio).

TERMOS-CHAVE

AFUE	Energia térmica	SEER
Aquecimento solar ativo	Energia	Sistema solar ativo
Célula fotovoltaica	Potência	Sistema solar passivo
Eficiência	Joule	Tonelada de refrigeração ou resfriamento
Energia cinética	Quilowatt	Trabalho
Energia elástica	Quilowatt-hora,	Watt
Energia nuclear	Matriz fotovoltaica	
Energia potencial gravitacional	Módulo fotovoltaico	

APLIQUE O QUE APRENDEU

Identifique maneiras de economizar energia: por exemplo, subir um andar a pé em vez de usar o elevador, ou andar de bicicleta por uma hora todo dia em vez de usar o carro. Estime a quantidade de energia que você poderia economizar todo ano com sua proposta. Calcule também a quantidade de combustível que pode ser economizada dessa maneira. Discuta suas suposições e apresente sua análise em um breve relatório.

PROBLEMAS

Problemas que promovem aprendizado permanente estão indicados por 🔑

13.1 Qual quantidade de gás natural é necessário queimar para aquecer 20 litros de água de 0 °C a 30 °C?

13.2 Verifique os dados dos seguintes modelos de carro fabricados no último ano:

a. Toyota Camry

b. Honda Accord

c. BMW 750 Li

Você pode visitar o *site* car.com para reunir mais informações. Para cada carro, execute cálculos semelhantes ao Exemplo 13.9 a fim de determinar a potência necessária para acelerá-lo de 0 a 100 km/h. Relate todas as suas suposições.

13.3 Um elevador tem a capacidade classificada em 1 000 kg. Ele pode transportar pessoas de acordo com essa capacidade e, entre o primeiro e o quinto andar, isto é, a uma distância vertical de 5 m entre cada andar, em 7 s. Estime os requisitos de potência para esse elevador.

13.4 Determine a força resultante necessária para fazer um carro a 120 km/h parar totalmente em uma distância de 100 m. A massa do carro é 2 000 kg. O que acontece com a energia cinética inicial? Para onde ela vai ou em qual forma de energia ela é convertida?

13.5 Uma bomba centrífuga é acionada por um motor. O desempenho da bomba revela as seguintes informações:

A entrada de potência na bomba pelo motor (kW):

0,5, 0,7, 0,9, 1,0, 1,2

A entrada de potência no fluido pela bomba (kW):

0,3, 0,55, 0,7, 0,9, 1,0

Ilustre a curva de eficiência. A eficiência de uma bomba é uma função da vazão. Presuma que as leituras da vazão que correspondem aos pontos de potência dados estejam representadas em intervalos regulares.

13.6 Uma usina elétrica tem eficiência geral de 30%. Ela gera 30 MW de eletricidade e utiliza carvão de Montana (veja Tabela 11.9) como combustível. Determine a quantidade carvão queimada para manter a geração de 30 MW de eletricidade.

13.7 Estime a quantidade de gasolina que poderia ser economizada se todos os carros de passageiros em seu país tivessem 1 000 quilômetros a menos de uso a cada ano. Registre suas suposições e apresente um breve relatório sobre suas descobertas.

13.8 Investigue a taxa de consumo de potência típica dos seguintes produtos:

a. refrigerador doméstico

b. aparelho de televisão de 65 cm

c. lavadora de roupas

d. secadora de roupas elétrica

e. aspirador de pó

f. secador de cabelo

Descreva suas descobertas em um breve relatório.

13.9 Investigue a taxa de consumo de potência típica dos seguintes produtos:

a. computador pessoal com monitor de 50 cm

b. impressora a *laser*

c. telefone celular

d. calculadora de mão

Descreva suas descobertas em um breve relatório.

13.10 Observe o tamanho da fornalha e o tamanho do aparelho de ar-condicionado em sua casa. Investigue os índices SEER e AFUE das unidades.

13.11 Investigue o tamanho de uma fornalha a gás usada em uma residência típica de uma família no estado de Nova Iorque. Compare esse tamanho com as fornalhas usadas em Minnesota e no Kansas.

13.12 Uma unidade de ar-condicionado tem capacidade de refrigeração de duas toneladas. Se a unidade tiver uma razão de eficiência de energia classificada (EER) de 11, qual quantidade de energia elétrica será consumida pela unidade em 1 h? Se uma empresa de energia cobra 14 centavos por kWh, quanto custaria o funcionamento da unidade de ar-condicionado por um mês (31 dias), 8 horas por dia? Qual é o coeficiente de desempenho (COP) dessa unidade de ar-condicionado?

13.13 Visite uma loja que venda unidades de ar-condicionado montadas em janelas. Obtenha informações sobre suas capacidades de resfriamento e os valores de EER. Entre em contato com a companhia de energia e determine o custo da eletricidade em sua área. Calcule o custo do funcionamento do aparelho de ar-condicionado durante todo o verão. Escreva um breve memorando para seu instrutor descrevendo suas descobertas e suposições.

Para os problemas 13.14 a 13.20 use os dados da tabela abaixo.

13.14 Calcule e ilustre a porcentagem de cada combustível usado para gerar eletricidade a cada ano, conforme a tabela.

13.15 Calcule e ilustre a porcentagem do aumento no consumo de carvão para os dados apresentados na tabela.

13.16 Converta os dados fornecidos pela tabela de quilowatt-hora em joules.

13.17 Presumindo uma eficiência média de 35% das usinas elétricas e um poder calorífico de aproximadamente 7,5 MJ/kg, calcule a quantidade de carvão (em kg) necessária para gerar eletricidade a cada ano, conforme a tabela.

Geração de eletricidade por combustível, 1980–2030 (bilhões de quilowatt-hora)– Dados do Departamento de Energia dos Estados Unidos

Ano	Carvão	Petróleo	Gás natural	Energia nuclear	Renovável/Outro
1980	1 161,562	245,9942	346,2399	251,1156	284,6883
1990	1 594,011	126,6211	372,7652	576,8617	357,2381
2000	1 966,265	111,221	601,0382	753,8929	356,4786
2005	2 040,913	115,4264	751,8189	774,0726	375,8663
2010	2 217,555	104,8182	773,8234	808,6948	475,7432
2020	2 504,786	106,6799	1 102,762	870,698	515,1523 valores estimados
2030	3 380,674	114,6741	992,7706	870,5909	559,1335 valores estimados

Dados do Departamento de Energia dos Estados Unidos

13.18 Quantos quilogramas de carvão poderiam ser economizados se aumentássemos a eficiência média das usinas elétricas em 1% para 36%?

13.19 Presumindo uma eficiência média de 35% das usinas de energia e um poder calorífico de aproximadamente 40 MJ/m³, calcule a quantidade de gás natural necessária para gerar eletricidade a cada ano de acordo com a tabela. Dê o resultado em m³.

13.20 Quantos metros cúbicos e quilogramas de gás natural poderiam ser economizados se aumentássemos a eficiência média das usinas elétricas em 1% para 36%?

13.21 Visite um fabricante de placas para coletor solar e obtenha planilhas de custo e eficiência para coletores de uma única placa e de placa dupla.

13.22 A parede de alvenaria ilustrada na Figura 13.27 é a chamada parede de Trombe em honra a Felix Trombe, que desenvolveu esse conceito. Investigue os fatores que devem ser considerados ao dimensionar (espessura) a parede de Trombe. Escreva um breve relatório explicando o que descobriu.

13.23 Os sistemas fotovoltaicos são projetados com base em "horas de pico de sol". O que é uma hora de pico de sol?

13.24 Você já observou que os coletores solares são inclinados em determinado ângulo. Investigue a inclinação dos coletores solares. Com base em que ela é feita? Escreva um breve relatório explicando o que descobriu.

13.25 Para uma turbina eólica, procure a definição dos seguintes termos: solidez do rotor, razão de velocidade de ponta, fator de capacidade e limite de Betz. Escreva um breve relatório explicando o que descobriu.

13.26 Calcule a quantidade de gás natural necessária para esquentar 75 litros de água a partir da temperatura ambiente de 21°C para 48°C para tomar banho, sendo que o aquecedor de água tem eficiência de (a) 78%, (b) 85%, e (c) 90%.

Projeto VI

Objetivo: Projetar um sistema de catapulta com os materiais listados, que lance uma bola de pingue-pongue a uma distância máxima e em uma direção específica. Durante o lançamento, o sistema de catapulta deve ser trabalhado por apenas um membro da equipe. Cada equipe poderá praticar o lançamento uma vez. Trinta minutos serão permitidos para a preparação.

Material fornecido: 8 faixas de borracha; 50 cm de fita adesiva; 50 cm de barbante; 2 copos Dixie; 2 folhas de papel (A4); 4 canudos plásticos; 2 colheres plásticas; 8 palitos de sorvete; 4 tachinhas; uma bola de pingue-pongue.
O sistema que lançar a bola de pingue-pongue a uma distância máxima na direção especificada vencerá.

Espetáculo da engenharia

Hoover Dam*

Hoover Dam é um dos projetos multiuso do Bureau of Reclamation no Rio Colorado. Esses projetos controlam enchentes; armazenam água para irrigação, para o município e para a indústria; e fornecem energia elétrica, recreação, pesca e um ambiente agradável da natureza.

O Hoover Dam é uma represa do tipo gravidade em arco de concreto, na qual a carga de água é carregada tanto pela ação da gravidade quanto pela ação do arco horizontal. A primeira construção de concreto para a barragem foi feita em 6 de junho de 1933, e a última foi instalada na represa em 29 de maio de 1935. A seguir um resumo de alguns fatos sobre Hoover Dam.

* Materiais foram adaptados de Departamento de Recuperação dos Estados Unidos.

Andrew Zarivny/Shutterstock.com

Dimensões da represa: Altura: 218 m; comprimento na crista: 373 m; largura no topo: 13,5 m; largura na base: 198 m

Peso: 6 milhões de toneladas métricas

Estatísticas do reservatório: Capacidade: 35,1 bilhões de m^3; comprimento: 177 km; linha costeira: 880 km; profundidade máxima: 150 m; área de superfície: 635 m^2

Quantidades de materiais usados no projeto: Concreto: 3 552 000m^3; explosivos: 2,9 milhares de toneladas métricas; chapas de aço e tubos de saída: 39 600 toneladas métricas; tubos e fixações: 3 000 toneladas métricas (1 350 km); aço de reforço: 20 250 toneladas métricas; proporções de mistura de concreto: 1,00 parte de cimento, 2,45 partes de areia, 1,75 parte de cascalho fino, 1,46 parte de cascalho médio, 1,66 parte de cascalho grosso, 2,18 partes de pedras de calçada (75 a 225 mm), 0,54 parte de água

A represa foi construída em blocos, ou colunas verticais, variando em tamanho de cerca de 18 m^2 na face rio acima da represa a aproximadamente 7,5 m^2 na face rio abaixo. As colunas adjacentes foram travadas juntas por um sistema de chaves verticais nas juntas radiais e chaves horizontais nas juntas circunferenciais. Depois que o concreto esfriou, a estrutura foi reforçada por uma mistura de cimento e água chamada argamassa, que foi inserida nos espaços criados entre as colunas por contração depois do resfriamento do concreto. O resultado foi uma estrutura monolítica (uma só peça).

Hoover Dam em si contém 2,47 milhões de metros cúbicos de concreto. Além disso, há 3,31 milhões cúbicos de concreto na represa, na usina elétrica e no trabalho pertinente. Esse montante de concreto construiria um monumento de 30 m^2 e 4 km; seria mais alto do que o Empire State (que tem 375 m) se colocado em um bloco comum na cidade; ou pavimentaria uma rodovia de 4,8 m de largura, de São Francisco à cidade de Nova Iorque.

O reservatório Na elevação de 372,3, Lake Mead, o maior lago feito pela mão humana nos Estados Unidos, contém 35 bilhões de m^3. Esse reservatório armazenará o fluxo médio inteiro do rio por dois anos. É tanta água que cobriria o estado inteiro da Pensilvânia a uma profundidade de 30 cm.

O Lake Mead estende-se aproximadamente 176 km rio acima, em direção ao Grand Canyon, e 56 km até Virgin River. A largura do Lake Mead varia de várias centenas de metros nos cânions até 13 km. O reservatório cobre em torno de 64 milhares de hectares, ou 630 km^2.

A recreação, embora um subproduto deste projeto, constitui uma importante função dos lagos e fluxos controlados criados por Hoover e outras represas na parte inferior do Rio Colorado hoje. Lake Mead é uma das áreas de recreação mais populares da América, com temporada de 12 meses. Ele atrai mais de 9 milhões de visitantes por ano para nadar, pescar, esquiar e velejar. O lago e a área ao redor são administrados pelo Serviço de Parque Nacional como parte da Área de Recreação Nacional do Lake Mead, que também inclui o Lake Mohave na parte de baixo da Represa de Hoover.

A usina de força Existem 17 turbinas principais na usina de força de Hoover. As turbinas originais foram todas substituídas após um programa de renovação, entre 1986 e 1993. A usina tem capacidade nominal de 2 074 000 kW. Isso inclui duas unidades de estação de serviço, classificadas em 2 400 kW cada.

Hoover Dam gera energia hidrelétrica de baixo custo para uso em Nevada, Arizona e Califórnia. Hoover Dam sozinha gera mais de 4 bilhões de kWh por ano — suficiente para atender 1,3 milhão de pessoas. De 1939 a 1949, a usina de Hoover Power foi a maior instalação hidrelétrica do mundo; com capacidade instalada de 2,08 milhões de kW, e ainda é uma das maiores do país.

A Hoover Dam pagou o seu próprio custo de $ 165 milhões, com juros, para o tesouro federal pela venda de sua energia. Sua energia é comercializada pela Western Area Power Administration para 15 entidades no Arizona, Califórnia e Nevada, sob contratos que expiram em 2017. Mais da metade, 56%, vai para usuários do sul da Califórnia; as empreiteiras do Arizona recebem 19%; e os usuários de Nevada ficam com 25%. As rendas da venda dessa energia agora pagam a operação da represa e sua manutenção. As empreiteiras de energia também pagaram pela atualização da capacidade nominal da usina de energia de 1,3 milhão para mais de 2,0 milhões kW.

PROBLEMAS

1. Calcule a pressão da água na parte inferior da represa quando o seu nível estiver com dois terços da altura da represa. Calcule também a magnitude da força decorrente da pressão da água que atua em uma faixa estreita (1 m por 100 ft m) localizada na base da represa.

2. Hoover Dam gera mais de 4 bilhões de kWh por ano. Quantas lâmpadas de 100 watt poderiam ser alimentadas a cada hora pela usina elétrica de Hoover Dam?

3. Qual quantidade de carvão é necessária em uma usina de energia a vapor com eficiência térmica de 34% para gerar energia suficiente para igualar os 4 bilhões de kWh por ano gerados pela Hoover Dam? Presuma que o carvão venha de Montana (veja os dados do poder calorífico no Capítulo 11).

Ferramentas de engenharia da computação

Usando *software* disponível para resolução de problemas de engenharia

Na Parte 3 deste livro, apresentamos o Microsoft Excel™ e o MATLAB®, duas ferramentas computacionais mais usadas pelos engenheiros para solucionar problemas de engenharia. Essas ferramentas da computação são usadas para registrar, organizar, analisar dados usando fórmulas e apresentar os resultados da análise em gráficos. O MATLAB também é muito versátil, pois você pode usá-lo para escrever seus próprios programas de resolução de problemas complexos.

Ferramentas computacionais da engenharia: planilhas eletrônicas

Nos anos recentes, o uso de planilhas como ferramenta de análise e projeto cresceu rapidamente. Planilhas de uso fácil, como Excel, são utilizadas por engenheiros para registrar, organizar e analisar dados, e apresentar os resultados da análise em gráficos.

OBJETIVOS DE APRENDIZADO

OA¹   **Fundamentos do Microsoft Excel:** explicar os fundamentos do ambiente da pasta de trabalho do Excel, incluindo células e seus endereços (absoluto, relativo e misto), um intervalo e como criar fórmulas

OA²   **Funções do Excel:** saber usar as funções integradas de matemática, trigonometria, estatística, de engenharia, lógica e financeira do Excel

OA³   **Plotagem com Excel:** saber plotar dois conjuntos de dados com intervalos diferentes no mesmo gráfico

OA⁴   **Operações com matrizes no Excel:** saber usar o Excel para executar operações com matrizes e resolver um conjunto de equações lineares

OA⁵   **Introdução ao Visual Basic para aplicativos do Excel:** saber usar o VBA do Excel; uma linguagem de programação que permite usar o Excel de forma mais eficiente

PASTA DE TRABALHO E VBA

DEBATE INICIAL

Planilha eletrônica é uma ferramenta que pode ser usada para resolver problemas de engenharia. As planilhas normalmente são usadas para registrar, organizar e analisar dados usando fórmulas. As planilhas também são usadas para apresentar os resultados da análise em forma de gráfico, como mostrado aqui. Embora os engenheiros ainda escrevam programas de computador para resolver problemas complexos de engenharia, os problemas mais simples podem ser resolvidos com a ajuda de uma planilha.

O *software* de planilhas Excel consiste de duas partes: a pasta de trabalho e o Visual Basic Editor. No ambiente da pasta de trabalho você pode resolver muitos problemas simples de engenharia. VBA é uma linguagem de programação que permite usar o Excel de forma mais eficiente e resolver problemas mais complicados.

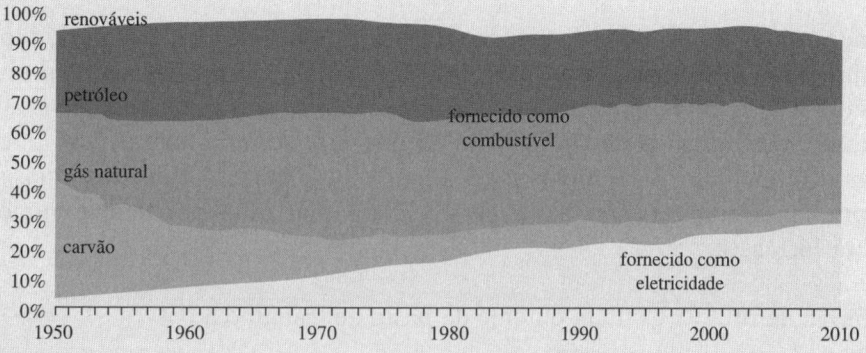

As porcentagens da eletricidade no fornecimento de energia nos Estados Unidos cresceram de maneira significativa desde 1950

Fonte: U.S. Energy Information Administration (2012)

Para os estudantes: Como é sua prática no uso do Excel? Você sabe a diferença entre referência de célula absoluta, referência de célula relativa e referência de célula mista? Sabe o que significa intervalo? Sabe como usar o Excel para resolver um conjunto de equações lineares simultaneamente? Você pode usar o Excel para encontrar uma função que melhor se encaixe a um conjunto de dados? O que é VBA?

Neste capítulo, discutiremos o uso de planilhas para resolver problemas de engenharia. Antes da introdução das planilhas eletrônicas, os engenheiros escreviam seus próprios programas de computador. Os programas de computador normalmente eram escritos para problemas para os quais eram necessários mais do que alguns poucos cálculos manuais. FORTRAN era uma linguagem de programação comum usada por muitos engenheiros para executar cálculos numéricos. Embora os engenheiros ainda escrevam programas de computador para resolver problemas complexos de engenharia, os problemas mais simples podem ser resolvidos com a ajuda de uma planilha. Se comparadas à escrita de um programa de computador e sua depuração, as planilhas são muito mais fáceis de usar para registrar, organizar e analisar dados usando fórmulas inseridas pelo usuário. As planilhas também são empregadas para apresentar os resultados da análise em forma de gráficos. Por serem fáceis de usar, as planilhas são comuns em muitas outras áreas, incluindo negócios, marketing e contabilidade.

Este capítulo começa discutindo a composição básica do Microsoft Excel, um programa de planilhas bastante comum. Explicaremos como uma planilha é dividida em linhas e colunas e como inserir dados ou fórmulas na célula ativa. Explicaremos também o uso de outras ferramentas como as funções matemáticas, estatísticas e lógicas do Excel. Apresentaremos também a plotagem dos resultados da análise de engenharia usando Excel. Se você já estiver familiarizado com Excel, poderá pular as seções 14.1 e 14.2.

OA¹ 14.1 Fundamentos do Microsoft Excel

Começaremos explicando os componentes básicos do Excel; em seguida, depois que você tiver boa compreensão desses conceitos, usaremos o Excel para resolver alguns problemas de engenharia. Como é o caso em qualquer área nova que se explore, as planilhas têm sua própria terminologia. Portanto, certifique-se de dedicar um tempo para se familiarizar com a terminologia, para que possa acompanhar os exemplos mais adiante. A Figura 14.1 mostra uma janela do Excel típica. Os principais componentes da janela do Excel, marcados por setas e numerados como mostra a Figura 14.1, são:

1. **Barra de títulos:** Contém o nome da pasta de trabalho ativa.
2. **Barra de menus (guia):** Contém os comandos usados pelo Excel para executar determinadas tarefas.
3. **Barra de ferramentas:** Contém botões (ícones) que executam comandos usados pelo Excel.
4. **Célula ativa:** Uma planilha é dividida em linhas e colunas. Uma célula é a caixa que se vê como resultado da interseção de uma coluna e uma linha. *Célula ativa* refere-se a uma célula específica selecionada.
5. **Barra de fórmula:** Mostra os dados ou a fórmula usada na célula ativa.

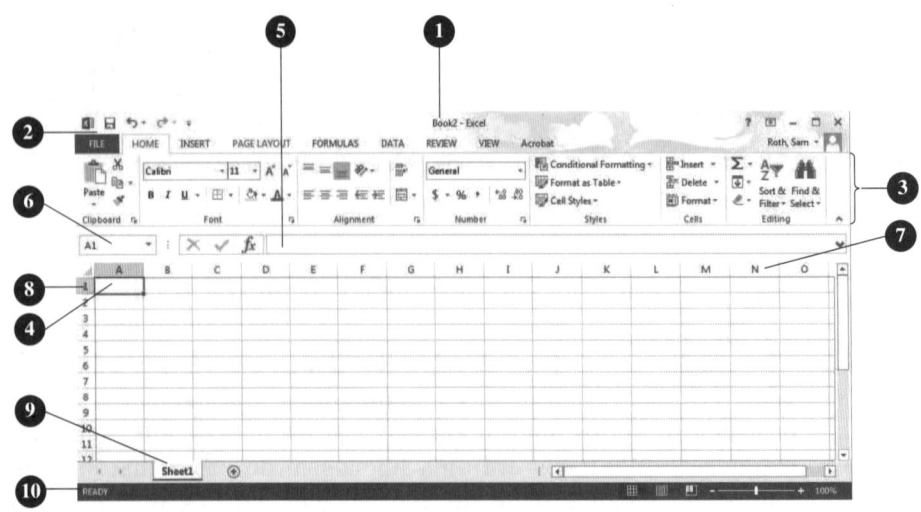

FIGURA 14.1   Os componentes da janela do Excel.

6. **Caixa de nome:** Contém o endereço da célula ativa.

7. **Título da coluna:** Uma planilha é dividida em linhas e colunas. As colunas são marcadas por A, B, C, D etc.

8. **Título da linha:** As linhas são identificadas por números 1, 2, 3, 4 etc.

9. **Guias de planilhas:** Permite a movimentação de uma planilha para outra. Como você aprenderá mais tarde, é possível nomear essas planilhas.

10. **Barra de *status*:** Fornecem informações sobre o modo de comando. "Pronto", por exemplo, indica que o programa está preparado para aceitar a entrada de uma célula; "Editar" indica que o Excel está no modo de edição.

Uma *pasta de trabalho* é o arquivo da planilha que você cria e salva. Uma pasta de trabalho pode consistir em muitas planilhas e gráficos. Uma *planilha* representa as linhas e colunas em que são inseridas as informações, como dados, fórmulas e resultados de vários cálculos. Como veremos, também é possível incluir gráficos como parte de uma determinada planilha.

Nomeando planilhas

Para nomear uma planilha, dê dois cliques na guia da planilha a ser nomeada, digite o nome desejado e pressione a tecla Enter. É possível mover uma planilha (ou alterar sua posição) na pasta de trabalho, para a posição desejada entre outras planilhas, selecionando a guia da planilha e pressionando o botão esquerdo do *mouse*.

Células e endereços

Conforme mostrada na Figura 14.1, a planilha é dividida em linhas e colunas. As colunas são marcadas por A, B, C, D etc., enquanto as linhas são identificadas por números 1, 2, 3, 4 etc. **Célula** representa a caixa que se vê como resultado da interseção de uma **linha** e uma **coluna**. É possível inserir várias entidades em uma célula. Por exemplo, pode-se digitar palavras, inserir números ou uma fórmula. Para inserir palavras ou números na célula, simplesmente escolha a célula em que deseja inserir informações, digite as informações e depois pressione a tecla Enter no teclado. Talvez a forma mais simples de se movimentar na planilha seja usar o *mouse*. Por exemplo, se deseja se movimentar da célula A5 para a célula C8, mova o *mouse* de forma que o ponteiro fique na célula desejada e então clique no botão esquerdo. Para editar o conteúdo da célula, escolha a célula, clique duas vezes no botão esquerdo do *mouse* e, da mesma forma que edita um documento em um processador de textos, use combinações das teclas DELETE, BACKSPACE e setas de direção. Como alternativa ao clique duplo, pode-se usar a tecla F2 para selecionar o modo de edição.

Lembre-se de que à medida que se torna mais proficiente no uso do Excel, você aprenderá que determinadas tarefas podem ser realizadas de forma diferente. Neste capítulo, explicaremos uma dessas formas, que você poderá facilmente acompanhar.

O *software* Excel consiste em duas partes: a pasta de trabalho e o Visual Basic Editor. A pasta de trabalho — o arquivo de planilhas — é dividida em planilhas, e cada planilha é dividida em colunas, linhas e células. O Visual Basic for Applications (VBA) é uma linguagem de programação que permite usar o Excel de forma mais eficiente.

Intervalos

Como você poderá ver ao formatar, analisar ou plotar dados, geralmente é conveniente selecionar várias células simultaneamente. As células selecionadas simultaneamente são chamadas de **intervalos**.

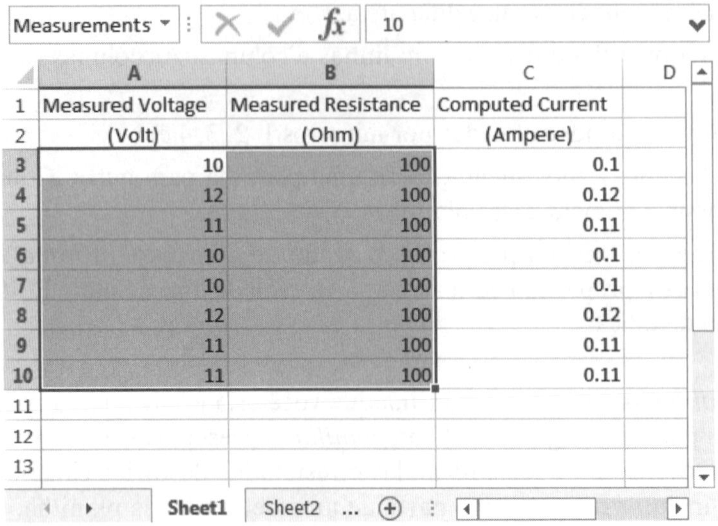

	A	B	C	D
1	Measured Voltage	Measured Resistance	Computed Current	
2	(Volt)	(Ohm)	(Ampere)	
3	10	100	0.1	
4	12	100	0.12	
5	11	100	0.11	
6	10	100	0.1	
7	10	100	0.1	
8	12	100	0.12	
9	11	100	0.11	
10	11	100	0.11	
11				
12				
13				

FIGURA 14.2   Um exemplo mostrando a seleção de um intervalo de células.

Para definir um intervalo, comece com a primeira célula que deseja incluir no intervalo e depois arraste o *mouse* (pressionando o botão esquerdo) para a última célula que deve ser incluída no intervalo. Um exemplo de seleção de intervalo é mostrado na Figura 14.2. Observe que, em linguagem da planilha, um intervalo é definido pelo endereço que se inicia na célula situada na parte superior à esquerda no intervalo, seguido por dois pontos, :, e que termina na célula situada na parte inferior à direita no intervalo. Por exemplo, para selecionar células de A3 a B10, primeiro selecionamos A3 e depois arrastamos o *mouse* em sentido diagonal para B10. Em linguagem da planilha, esse intervalo é especificado da seguinte maneira: A3:B10. Há situações em que se deseja selecionar várias células que não estão lado a lado. Nesses casos, deve-se primeiro selecionar as células contíguas e depois, mantendo pressionada a tecla Ctrl, arrastar o *mouse* para selecionar as células não contíguas.

O Excel permite que o usuário atribua nomes a intervalos (células selecionadas). Para nomear um intervalo, primeiro selecione o intervalo como acabamos de descrever, depois clique na caixa Nome na barra de fórmula e digite o nome que deseja atribuir ao intervalo. Você pode usar letras maiúsculas e minúsculas com números, mas nenhum espaço é permitido entre os caracteres ou números. Por exemplo, como mostra a Figura 14.2, agrupamos as voltagens medidas e a resistência em um intervalo, ao qual demos o nome de *Medidas*. Em seguida, pode-se usar o nome em fórmulas ou dados de plotagem.

Inserindo células, colunas e linhas

Após inserir dados na planilha, você pode perceber que deveria ter inserido alguns dados adicionais entre duas células, colunas ou linhas que acabou de criar. Nesse caso, sempre podem ser inseridas células, colunas ou linhas novas entre células colunas e linhas já existentes, em uma planilha. Para inserir novas células entre outras células existentes, deve-se primeiro selecionar as células em que as novas células devem ser inseridas. Em seguida, no menu **Inserir** (clique no botão direito do *mouse*) escolha a opção **Células**. Indique se você deseja que as células selecionadas sejam deslocadas para a direita ou para baixo. Por exemplo, digamos que você deseja inserir três células novas no local E8 a E11 (E8:E11) e deslocar o conteúdo existente de E8:E11 para baixo. Primeiro, selecione as células E8:E11; depois, no menu **Inserir**, escolha a opção **Deslocar célula** para baixo. Para inserir uma coluna, clique no botão indicador de coluna à direita do local em que você deseja inserir a nova coluna. Em seguida, clique no botão direito do *mouse* e escolha **Inserir**. O procedimento é similar a inserir uma nova linha entre linhas existentes. Por exemplo, se você deseja inserir uma nova coluna entre as colunas D e E, deve primeiro selecionar a coluna E, clicar então no botão direito do *mouse* e escolher **Inserir**; a nova coluna será inserida à esquerda da coluna E. Para inserir mais de uma coluna ou linha simultaneamente, você deve selecionar quantos botões indicadores de coluna forem necessários à direita de onde deseja inserir as colunas. Por exemplo, se deseja inserir três novas colunas entre as colunas D e E, então deve primeiro selecionar E, F, G; depois clicar no botão direito do *mouse* e escolher **Inserir**; as três colunas novas serão inseridas à esquerda da coluna E.

Criando fórmulas no Excel

Por ora você sabe que, para analisar vários problemas, os engenheiros usam fórmulas que representam leis físicas e químicas que governam nosso ambiente. Você pode usar o Excel para inserir fórmulas de engenharia e calcular os resultados. No Excel, uma fórmula sempre começa com o sinal de igualdade, =. Para inserir uma fórmula, selecione a célula em que deseja colocar o resultado da fórmula. Na barra de fórmula, digite o sinal de igualdade e a fórmula. Quando digitar a fórmula, lembre-se de que deve usar parênteses para indicar a ordem das operações. Por exemplo, se digitar = 100 + 5*2, o Excel executará primeiro a multiplicação, que resulta no valor de 10, e depois esse resultado seria adicionado a 100, que resulta no valor geral de 110 para a fórmula. Se, entretanto, você deseja que o Excel primeiro adicione 100 a 5 e depois multiplique o resultado, 105, por 2, deve colocar 100 + 5 entre parênteses, da seguinte maneira: = (100+5)*2, o que resulta no valor de 210. As operações aritméticas básicas do Excel são mostradas na Tabela 14.1.

TABELA 14.1	Operações aritméticas básicas do Excel		
Operação	**Símbolo**	**Exemplo: As células A5 e A6 contêm os valores 10 e 2, respectivamente**	**A célula A7 contém o resultado da fórmula mostrada no exemplo**
Adição	+	= A5 + A6 + 20	32
Subtração	-	= A5 - A6	8
Multiplicação	*	= (A5 * A6) + 9	29
Divisão	/	= (A5/2,5) + A6	6
Potenciação	^	= (A5^A6)^0,5	10

EXEMPLO 14.1

Como explicamos nos capítulos anteriores, as propriedades termodinâmicas de uma substância, incluindo densidade, viscosidade, condutividade térmica e capacidade térmica, exercem importante função nos cálculos de engenharia. Conforme discutido, os valores das propriedades termodinâmicas representam informações como o quanto um material é compacto para determinado volume (densidade), com que facilidade o material flui (viscosidade), se o material é bom condutor de calor (condutividade térmica) ou se o material é bom em armazenar energia térmica (capacidade térmica). Os valores das propriedades termofísicas normalmente são medidos em laboratórios sob determinadas condições. Além disso, os valores de propriedades termofísicas de uma substância geralmente mudam com a temperatura. O exemplo a seguir mostrará como a densidade padrão do ar muda com a temperatura. A densidade padrão do ar é uma função da temperatura e pode ser aproximada usando-se a lei dos gases ideais, de acordo com

$$\rho = \frac{P}{RT}$$

em que

P = pressão atmosférica padrão (101,3 kPa)

R = constante de gás; seu valor para o ar é 286,9 $\left(\dfrac{J}{kg \cdot K} \right)$

T = temperatura do ar (K)

Usando o Excel, desejamos criar uma tabela para mostrar a densidade do ar como uma função da temperatura no intervalo de 0 °C (273,15 K) a 50 °C (323,15 K) em incrementos de 5 °C.

Siga as etapas a seguir, observando as planilhas do Excel mostradas nas figuras.

1. Na célula A1, digite **Densidade do ar como uma função da temperatura**.

2. Nas células A3 e B3, digite **Temperatura (C), Densidade (kg/m³)**, respectivamente.

3. Nas células A5 e A6, digite **0** e **5**, respectivamente (Figura 14.3).

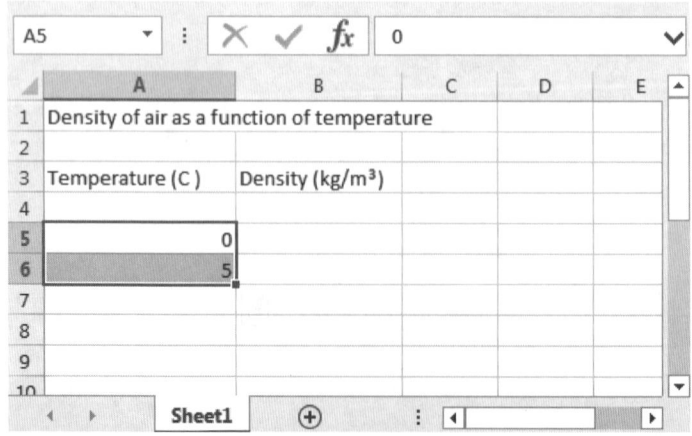

FIGURA 14.3   Etapas 1, 2 e 3.

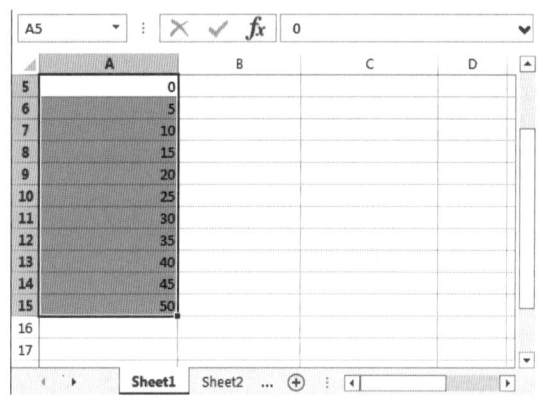

FIGURA 14.4

4. Selecione as células A5 e A6 e use o comando **Preencher** com a função + para copiar o padrão nas células A7 a A15 (Figura 14.4).

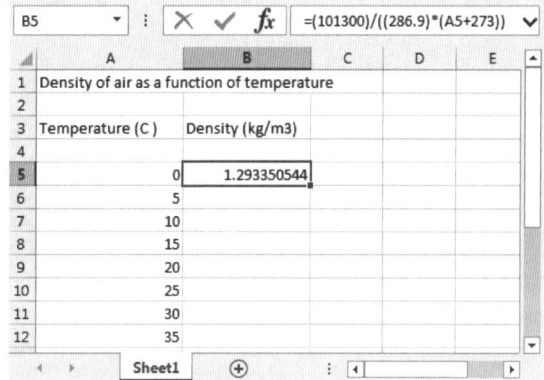

FIGURA 14.5

5. Na célula B5, digite a fórmula = $(101300)/((286,9)*(A5 + 273))$, como mostra a Figura 14.5.

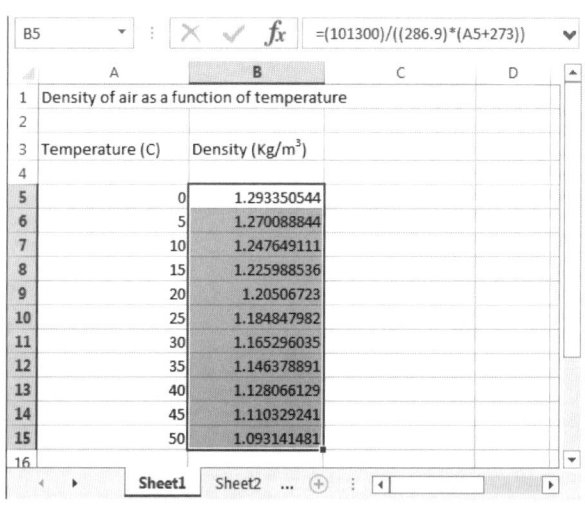

FIGURA 14.6

6. Use o menu **Início** e o comando **Preencher** para copiar a fórmula nas células B6 a B15 (Figura 14.6). Você também pode fazer isso usando o comando **Preencher** com a função +.

7. Selecione as células B5: B15, clique no botão direito e selecione **Formatar Células**. Altere o número de casas decimais para 2, como mostra a Figura 14.7.

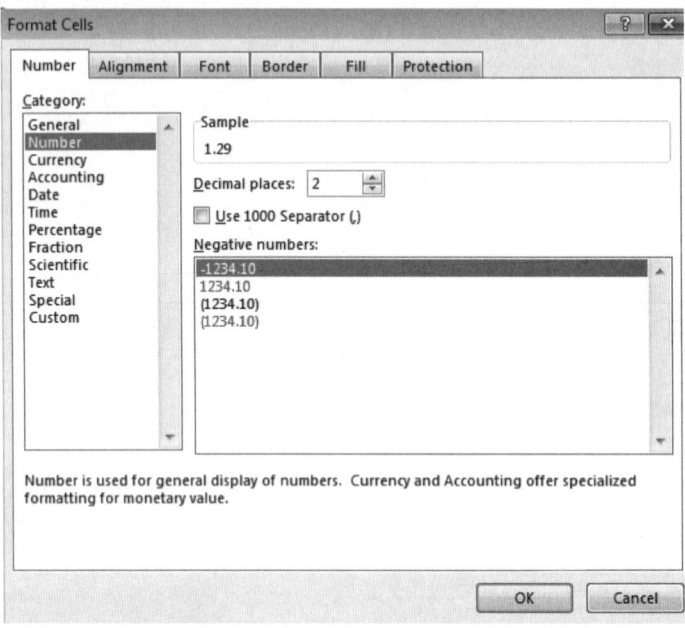

FIGURA 14.7

Os resultados finais para o Exemplo 14.1 são mostrados na Figura 14.8. O conteúdo da célula foi centralizado usando o botão de centralizar (ícone) da barra de ferramentas.

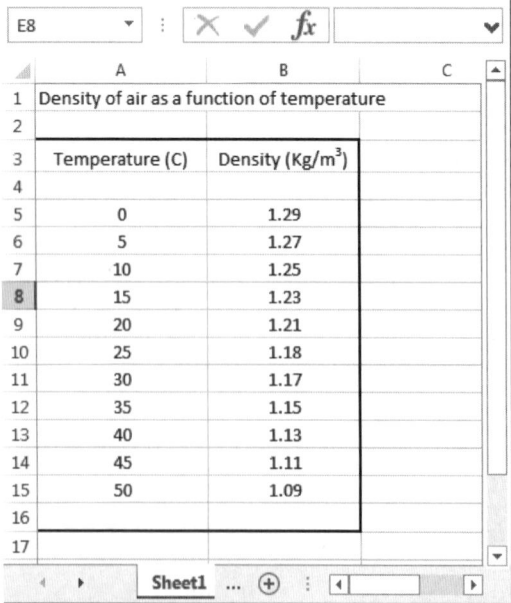

FIGURA 14.8   Finais para o Exemplo 14.1.

Referência de célula absoluta, referência de célula relativa e referência de célula mista

Ao criar fórmulas, é necessário ter cuidado quanto a como se referir ao endereço de uma célula, especialmente se você estiver planejando usar o comando **Preencher** para copiar o padrão das fórmulas em outras células. Há três maneiras de fazer referência a um endereço de célula na fórmula: *referência absoluta, referência relativa* e *referência mista*.

Para entender melhor as diferenças entre referência absoluta, relativa e mista, considere os exemplos mostrados na Figura 14.9. Como o nome indica, a **referência absoluta** não muda quando o comando **Preencher** é usado para copiar a fórmula em outras células. A referência absoluta a uma célula é feita por $column-letter$row-number. Por exemplo, A3 sempre fará referência ao conteúdo da célula A3, independentemente de como a fórmula seja copiada. No exemplo mostrado, a célula A3 contém o valor 1.000 e se fôssemos inserir a fórmula = 0,06*A3 na célula B3, o resultado seria 60. Agora, se fôssemos usar o comando **Preencher** e copiar a fórmula nas células B4 a B11, o resultado seria o valor 60 aparecendo nas células B4 a B11, como mostra a Figura 14.9(a).

> Há três maneiras de fazer referência a um endereço de célula em uma fórmula: referência absoluta, referência relativa e referência mista.

Poderíamos fazer uma **referência relativa** para A3, que mudaria a fórmula quando o comando **Preencher** fosse usado para copiar a fórmula em outras células. Para fazer uma referência relativa a uma célula, um caractere especial, como $, não é necessário. Basta fazer referência ao endereço da célula. Por exemplo, se inserirmos a fórmula = 0,06*A3 na célula B3, o resultado será 60; se usarmos o comando **Preencher** para copiar a fórmula na célula B4, o A3 na fórmula será automaticamente substituído por A4, resultando em um valor de 75. Observe que a fórmula na célula B4 agora torna-se = 0,06*A4. O resultado da aplicação do comando **Preencher** nas células B4 a B11 é mostrado na Figura 14.9(b).

A **referência de célula mista** pode ser feita de duas maneiras: (1) Pode-se manter a coluna absoluta (inalterada) e ter uma linha relativa ou (2) pode-se manter a linha absoluta e ter uma coluna relativa. Por exemplo, se usarmos $A3 em uma fórmula, isso significa que a coluna A permanece absoluta e inalterada, mas a linha 3 é uma linha de referência e muda quando a fórmula é copiada para outras células. Por outro lado, A$3 significa que a linha 3 permanece absoluta enquanto a coluna A muda quando a fórmula é copiada para outras células. O uso da referência de célula mista é demonstrado no exemplo a seguir.

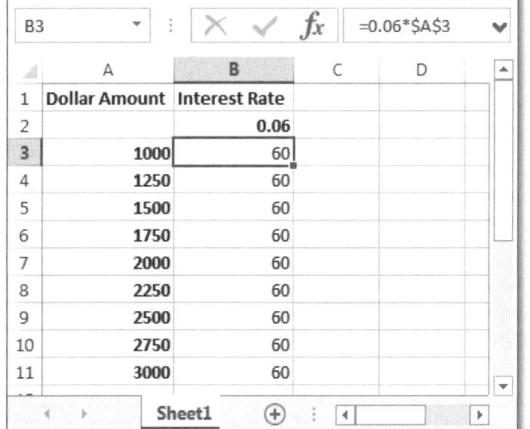
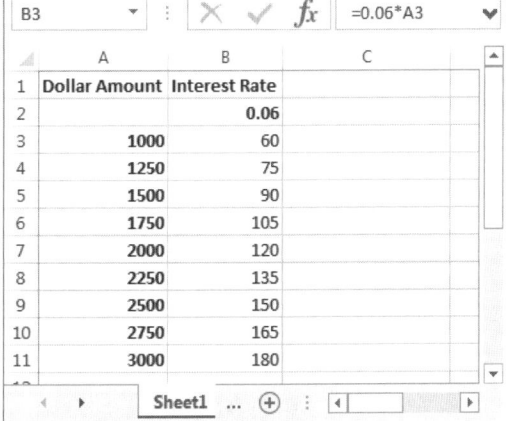

FIGURA 14.9   Exemplos mostrando a diferença entre os resultados de uma fórmula quando são feitas referências de célula absoluta e relativa na fórmula.

EXEMPLO 14.2

Usando o Excel, crie uma tabela que mostre a relação entre os juros ganhos e o valor depositado, como mostra a Tabela 14.2. Para construir a tabela do Exemplo 14.2 usando o Excel, primeiro criaremos a coluna de valor em dólar e a linha de juros, como mostra a Figura 14.10. Em seguida, digitamos na célula B3 a fórmula = **$A3*B$2**. Em seguida usamos o comando **Preencher** para copiar a fórmula em outras células, resultando na tabela mostrada na Figura 14.10. Observe que o cifrão antes de A3 significa que a coluna A deve permanecer inalterada nos cálculos quando a fórmula for copiada em outras células. Note também que o cifrão antes de 2 significa que a linha 2 deve permanecer inalterada nos cálculos quando o comando **Preencher** for usado.

TABELA 14.2 Relação entre os juros ganhos e o valor depositado

Valor em dólar	Taxa de juros			
	0,06	0,07	0,075	0,08
1.000	60	70	75	80
1.250	75	87,5	93,75	100
1.500	90	105	112,5	120
1.750	105	122,5	131,25	140
2.000	120	140	150	160
2.250	135	157,5	168,75	180
2.500	150	175	187,5	200
2.750	165	192,5	206,25	220
3.000	180	210	225	240

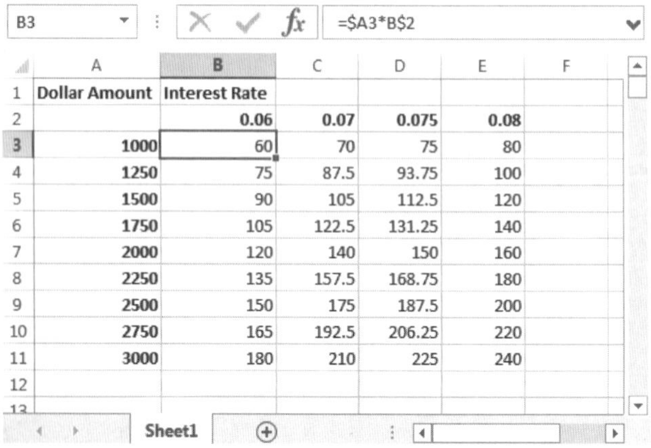

B3 f_x =$A3*B$2

	A	B	C	D	E	F
1	Dollar Amount	Interest Rate				
2		0.06	0.07	0.075	0.08	
3	1000	60	70	75	80	
4	1250	75	87.5	93.75	100	
5	1500	90	105	112.5	120	
6	1750	105	122.5	131.25	140	
7	2000	120	140	150	160	
8	2250	135	157.5	168.75	180	
9	2500	150	175	187.5	200	
10	2750	165	192.5	206.25	220	
11	3000	180	210	225	240	
12						
13						

Sheet1 (+)

FIGURA 14.10 Planilha do Excel para o Exemplo 14.2.

OAᵉ **14.2** Funções do Excel

O Excel oferece grande seleção de funções integradas que podem ser usadas para analisar dados. Por funções integradas nos referimos a funções padrão como seno ou cosseno de um ângulo, bem como fórmulas que calculam o valor total, o valor médio ou o desvio padrão de um conjunto de pontos de dados. As funções Excel são agrupadas em várias categorias, incluindo funções matemáticas e trigonométricas, estatísticas, financeiras e lógicas. Neste capítulo, discutiremos algumas funções comuns que você pode usar durante sua formação em engenharia ou posteriormente na prática profissional. Você pode inserir uma função em qualquer célula simplesmente digitando, se souber, o nome da função. Caso não saiba, pode pressionar o botão **Inserir Função** (f_x) e no menu selecionar a categoria Função e o nome da Função. Há também o botão Ajuda no canto inferior esquerdo do menu **Inserir Função**, que depois de ativado e seguido, leva a informações sobre o que a função calcula e como ela deve ser usada.

> As funções do Excel são agrupadas em várias categorias, incluindo funções matemáticas e trigonométricas, estatísticas, financeiras, lógicas e de engenharia. As funções lógicas, por exemplo, permitem o teste de várias condições durante a programação de fórmulas para análise de dados.

Alguns exemplos de funções do Excel comumente empregadas, com seu uso correto e descrições, são mostrados na Tabela 14.3. Consulte o Exemplo 14.3 e a Figura 14.11 quando estudar a Tabela 14.3.

Mais exemplos de funções do Excel são mostrados na Tabela 14.4.

EXEMPLO 14.3

Um conjunto de valores é dado na planilha mostrada na Figura 14.11. Familiarize-se com algumas funções integradas do Excel, conforme descritas na Tabela 14.3. Quando estudar a Tabela 14.3, observe que as colunas A e B contêm o intervalo de dados denominado *valores*; a célula D1 contém o ângulo 180. Observe também que as funções foram digitadas nas células E1 a E14; consequentemente, os resultados das funções do Excel executadas são mostrados nessas células.

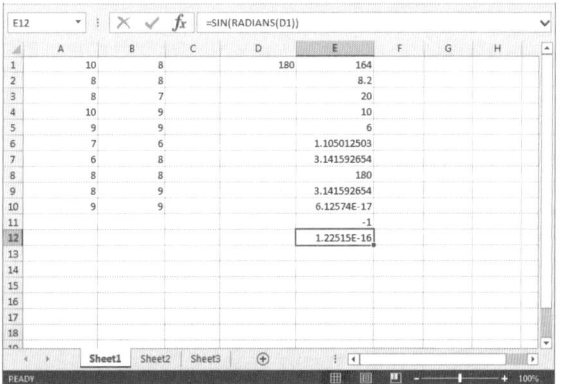

FIGURA 14.11   Planilha do Excel para o Exemplo 14.3.

| TABELA 14.3 | Algumas funções do Excel que podem ser usadas nas análises de engenharia |

Função	Descrição da função	Exemplo	Resultado do exemplo
SUM (intervalo)	Soma os valores em determinado intervalo.	=SUM(A1:B10) ou =SUM(valores)	164
AVERAGE (intervalo)	Calcula o valor médio dos dados em determinado intervalo.	=AVERAGE(A1:B10) ou =AVERAGE(valores)	8,2
COUNT	Conta o número de valores em determinado intervalo.	=COUNT (A1:B10) ou =COUNT(valores)	20
MAX	Determina o maior valor em determinado intervalo.	=MAX(A1:B10) ou =MAX(valores)	10
MIN	Determinada o menor valor em determinado intervalo.	=MIN(A1:B10) ou =MIN(valores)	6
STDEV	Calcula o desvio padrão dos dados em determinado intervalo.	=STDEV(A1:B10) ou =STDEV(valores)	1,105
PI	Retorna o valor de π, 3,141519265358979, calculado até 15 dígitos.	=PI()	3,141519265358979
DEGREES	Converte o valor, na célula, de radianos para graus.	=DEGREES(PI())	180
RADIANS	Converte o valor de graus para radianos.	RADIANS(90) ou =RADIANS(D1)	1,57079 3,14159
COS	Retorna o valor de cosseno do argumento. O argumento deve estar em radianos.	=COS(PI()/2) ou =COS(RADIANS(D1))	0 −1
SIN	Retorna o valor de seno do argumento. O argumento deve estar em radianos.	=SIN(PI()/2) ou =SIN(RADIANS(D1))	1 0

| TABELA 14.4 | Mais exemplos de funções adicionais do Excel |

Função	Descrição da função
SQRT(x)	Retorna a raiz quadrada do valor x.
FACT(x)	Retorna o valor do fatorial de x. Por exemplo, FACT (5) retornará: (5)(4)(3)(2)(1) = 120.
Funções trigonométricas	
TAN(x)	Retorna o valor da tangente de x. O argumento deve estar em radianos.
DEGREES (x)	Converte o valor de x de radianos para graus. Retorna o valor de x em graus.

(Continua)

TABELA 14.4	Mais exemplos de funções adicionais do Excel (*Continuação*)
ACOS(x)	Essa é a função inversa do cosseno de x. É usada para determinar o valor de um ângulo quando seu valor de cosseno é conhecido. Retorna o valor do ângulo em radianos quando o valor de cosseno entre –1 e 1 é usado para o argumento x.
ASIN(x)	Essa é a função inversa do seno de x. É usada para determinar o valor de um ângulo quando seu valor de seno é conhecido. Retorna o valor do ângulo em radianos quando o valor de seno fica entre –1 e 1.
ATAN(x)	Essa é a função inversa da tangente de x. É usada para determinar o valor de um ângulo quando seu valor de tangente é conhecido.
Funções exponenciais e logarítmicas	
EXP(x)	Retorna o valor de e^x.
LN(x)	Retorna o valor do logaritmo natural de x. Observe que x deve ser maior que 0.
LOG(x)	Retorna o valor do logaritmo comum de x.

As funções agora e hoje

Quando você trabalha em um documento importante do Excel, é importante indicar quando o documento foi modificado pela última vez. Em uma das células superiores, você pode digitar **"Modificado pela Última Vez:"** e, na célula ao lado, pode usar a função **=agora()** ou **=hoje()**. Em seguida, cada vez que você acessar o documento do Excel, a função **agora()** automaticamente atualizará a data e a hora em que o arquivo foi usado pela última vez. Assim, quando você imprimir a planilha, ela mostrará a data e a hora. Se você usar a função **hoje()**, apenas a data será atualizada.

EXEMPLO 14.4

Usando o Excel, calcule a média (média aritmética) e o desvio padrão dos dados da densidade da água fornecidos na Tabela 14.5. Consulte o Capítulo 19, Seção 19.5, para aprender o que representa o valor do desvio padrão para um conjunto de pontos de dados.

Consulte a Figura 14.12 ao seguir as etapas.

1. Na célula B1, digite **Achados do Grupo A** e, na célula C1, digite **Achados do Grupo B**.

2. Nas células B3 e C3, digite **Densidade (kg /m³)**. Destaque o 3 no kg/m³ e use o seguinte comando para tornar 3 um expoente: clique no botão direito do *mouse* e escolha **Formatar Células...**" Em seguida, clique na guia **Fonte** e ative a chave de expoente. Nas células B5 a C14, digite os valores de densidade para o Grupo A e o Grupo B.

3. Em seguida, desejamos calcular as médias aritméticas para dados do Grupo A e do Grupo B, mas primeiro precisamos criar um título para esse cálculo. Como estamos calculando a média, podemos também usar a palavra AVERAGE como título; assim, na célula B15, digite **AVERAGE:**.

4. Para que o Excel calcule a média, usamos a função AVERAGE da seguinte maneira: na célula B16, digitamos **=AVERAGE(B5:B14)** e da mesma forma, na célula C16, digitamos **=AVERAGE(C5:C14)**.

5. Em seguida, daremos um título para o cálculo do desvio padrão simplesmente digitando na célula B18 **STAND. DEV.**

| TABELA 14.5 | Dados para o Exemplo 14.4 |

Achados do Grupo A	Achados do Grupo B
ρ (kg/m³)	ρ (kg/m³)
1.020	950
1.015	940
990	890
1.060	1.080
1.030	1.120
950	900
975	1.040
1.020	1.150
980	910
960	1.020

6. Para calcular o desvio padrão para os Achados do Grupo A, na célula B19 digite = **STDEV(B5:B14)** e, para calcular o desvio padrão para os Achados do Grupo B, na célula C19 digite = **STDEV(C5:C14)**. Observe que usamos a função STDEV e o intervalo de dados apropriado.

Os resultados finais para o Exemplo 14.4 são mostrados na Figura 14.12.

	A	B	C	D	E
1		Group A Findings	Group B Findings		
2					
3		Density (kg/m³)	Density (kg/m³)		
4					
5		1020	950		
6		1015	940		
7		990	890		
8		1060	1080		
9		1030	1120		
10		950	900		
11		975	1040		
12		1020	1150		
13		980	910		
14		960	1020		
15		AVERAGE:			
16		1000	1000		
17					
18		STAND. DEV.	STAND. DEV.		
19		34.56	95.22		
20					
21					
22					

Sheet1

| FIGURA 14.12 | Planilha do Excel para o Exemplo 14.4. |

Usando funções lógicas do Excel

Nesta seção, veremos algumas das funções lógicas do Excel. Essas funções permitem que sejam testadas várias condições durante a programação de fórmulas para análise de dados. As funções lógicas do Excel e suas descrições são mostradas na Tabela 14.6.

O Excel também oferece operadores relacionais ou de comparação para testar a magnitude relativa de vários argumentos. Esses operadores relacionais são mostrados na Tabela 14.7. Usaremos o Exemplo 14.5 para demonstrar o uso de funções lógicas do Excel e operadores relacionais.

TABELA 14.6   Funções lógicas do Excel

Funções lógicas	Descrição da função
AND(logic1, logic2, logic3, …)	Retorna verdadeiro se todos os argumentos forem verdadeiros e falso se algum dos argumentos for falso.
FALSE ()	Retorna o valor lógico falso.
IF(logical test, value_if_true, value_if_false)	Primeiro avalia o teste lógico; se verdadeiro, então retorna value_if_true; se falso, retorna value_if_false.
NOT(logical)	Inverte a lógica de seu argumento; retorna verdadeiro para um argumento falso, e falso para um argumento verdadeiro.
OR(logical1, logical2, …)	Retorna TRUE se algum argumento for verdadeiro e FALSE se todos os argumentos forem falsos.
TRUE()	Retorna o valor lógico TRUE.

TABELA 14.7   Operadores relacionais do Excel e suas descrições

Operador relacional	Descrição
<	Menor que
<=	Menor ou igual a
=	Igual a
>	Maior que
>=	Maior ou igual a
<>	Diferente de

EXEMPLO 14.5

A tubulação mostrada na Figura 14.13 é conectada à válvula de controle (retenção) que funciona quando a pressão na linha atinge 20 psi. Foram feitas, e registradas, várias leituras em momentos diferentes.

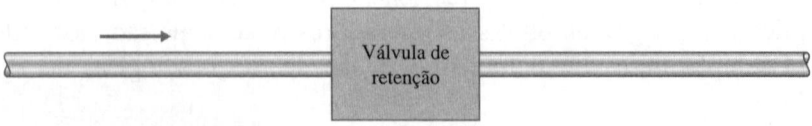

FIGURA 14.13   Diagrama esquemático para o Exemplo 14.5.

Usando as funções lógicas do Excel, crie uma lista que mostre as correspondentes posições aberta e fechada da válvula de retenção (veja Figura 14.14).

A solução do Exemplo 14.5 é mostrada na Figura 14.14. As leituras de pressão foram digitadas na coluna A. Na célula B3, digitamos a fórmula = **IF(A3 > = 20,"OPEN","CLOSED")** e usamos o comando **Preencher** para copiar a fórmula nas células B4 a B10. Observe que usamos o operador relacional >= e a referência relativa na função **IF**.

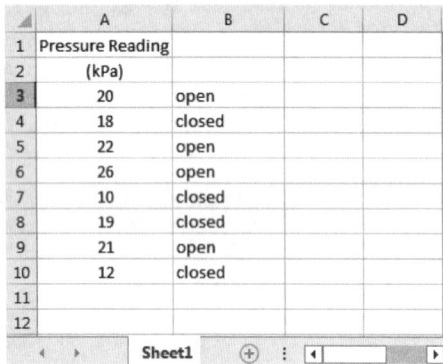

	A	B	C	D
1	Pressure Reading			
2	(kPa)			
3	20	open		
4	18	closed		
5	22	open		
6	26	open		
7	10	closed		
8	19	closed		
9	21	open		
10	12	closed		
11				
12				

Sheet1

FIGURA 14.14   Solução para o exemplo 14.5.

Antes de continuar

Responda as perguntas a seguir para testar o que aprendeu.

1. Qual é a diferença entre uma pasta de trabalho e uma planilha de trabalho?

2. O que é um intervalo?

3. Explique o que significa referência de célula absoluta, referência de célula relativa e referência de célula mista.

4. Dê exemplos de funções matemáticas e estatísticas do Excel.

5. Dê exemplos de funções lógicas do Excel e operadores relacionais.

Vocabulário – Indique o significado dos termos a seguir.

Intervalo _____

Referência de célula absoluta _____

Referência de célula mista _____

Função lógica _____

OA³ 14.3 Plotagem com Excel

As planilhas de hoje oferecem muitas opções para criar gráficos. Você pode criar gráficos de colunas (ou histogramas), de linhas, pizza ou gráficos *xy*. Como estudante de engenharia e posteriormente, na prática profissional, muitos dos gráficos que você criará serão do tipo *xy*. Portanto, em seguida, explicaremos em detalhes como criar um gráfico *xy*.

O Excel oferece o Assistente de Gráfico, que é uma série de **caixas de diálogo** que percorre as etapas necessárias para criar um gráfico. Para criar um gráfico usando o Assistente de Gráfico do Excel, siga o procedimento explicado aqui.

- Selecione o intervalo de dados, conforme explicado anteriormente neste capítulo.

- Clique na guia Inserir.

- Selecione o gráfico do tipo **XY (Dispersão)**. Esse tipo de gráfico oferece cinco opções de subtipos de gráficos. (É importante observar aqui que o gráfico do tipo **Linha** muitas vezes é usado incorretamente no lugar do tipo **XY (Dispersão)**).

- Das quatro opções de subtipos de gráficos, selecione a opção **"pontos de dados conectados por linhas suaves"**.

- Em seguida você pode usar as Ferramentas de Gráfico (Design, Layout, Formato) para modificar o gráfico.

- Por exemplo, pode usar as ferramentas de **Layout** para inserir Título do Gráfico, Títulos de Eixos e Linhas de Grade.

Ao criar um gráfico de engenharia, quer você esteja usando o Excel ou desenhando à mão livre, deve incluir rótulos apropriados com unidades apropriadas para cada eixo. O gráfico também deve conter um número de figura e um título que explique o que o gráfico representa. Se mais de um conjunto de dados for plotado no mesmo gráfico, também deverá haver uma legenda ou lista mostrando os símbolos usados para diferentes conjuntos de dados.

> Você pode criar gráficos de colunas (ou histogramas), de linhas, pizza ou gráficos *xy*. Como engenheiro, muitos dos gráficos que criar serão do tipo *xy*.

EXEMPLO 14.6 Usando os resultados do Exemplo 14.1, crie um gráfico mostrando o valor da densidade do ar como uma função da temperatura.

1. Primeiro, selecione o intervalo de dados como mostra a figura 14.15.

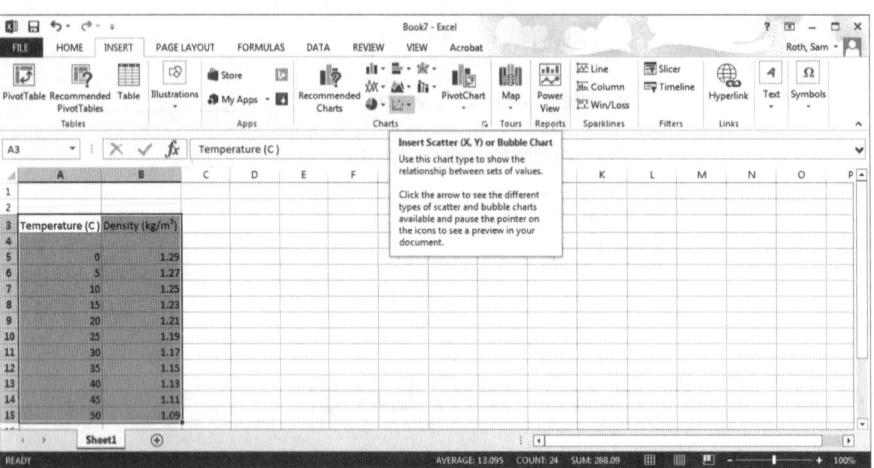

FIGURA 14.15

2. Em seguida, clique na guia **Inserir** e depois selecione o botão Dispersão com Linhas Suaves e Marcadores (Figura 14.16).

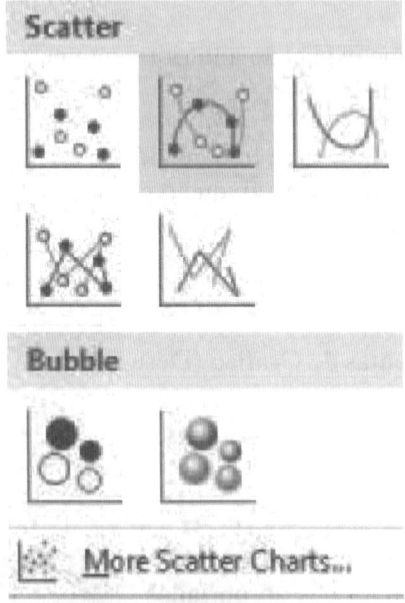

FIGURA 14.16

3. Agora você verá o gráfico (Figura 14.17). Em seguida, acrescente os Títulos eixo X e eixo Y e modifique o título do gráfico e as linhas de grade conforme desejado. Para isso, escolha a guia Layout e clique nos botões Títulos dos Eixos, Título do Gráfico ou em Linhas de Grade.

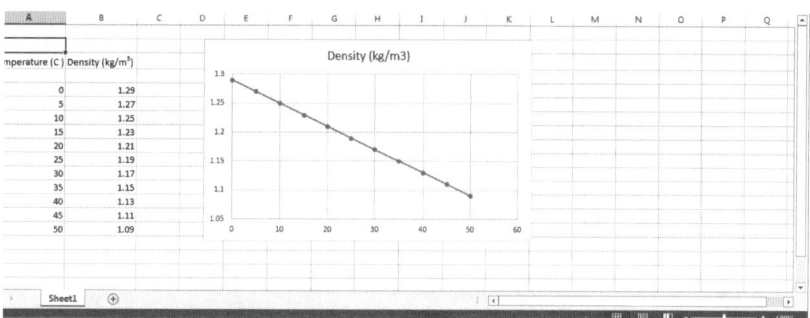

FIGURA 14.17

4. Finalmente, você pode colocar o gráfico em um local apropriado, como mostra a Figura 14.18. Se por algum motivo precisar fazer alterações, clique no item que deseja alterar, em seguida no botão direito e um menu será exibido.

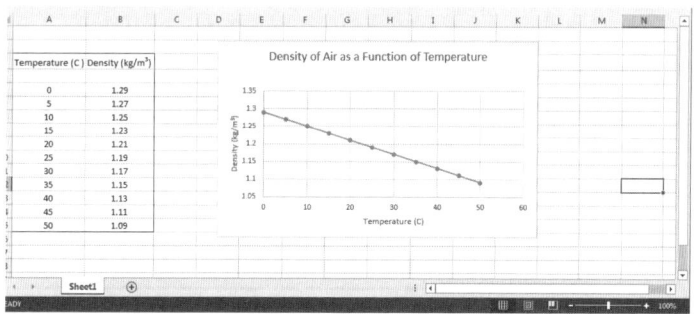

FIGURA 14.18

É válido observar que você pode plotar mais de um conjunto de dados em um mesmo gráfico. Para isso, primeiro selecione o gráfico clicando em qualquer lugar em sua área; depois, no menu **Gráfico**, use **Selecionar Dados...** e siga as etapas para plotar o outro conjunto de dados no gráfico.

Plotagem de dois conjuntos de dados com diferentes intervalos no mesmo gráfico

Às vezes, é conveniente mostrar a plotagem de duas variáveis *versus* a mesma variável em um gráfico simples. Por exemplo, na Figura 14.19, mostramos como a temperatura do ar e a velocidade do vento mudam com o mesmo tempo de variável. Usando o Exemplo 14.7, mostraremos como você pode plotar dois conjuntos de dados com diferentes intervalos no mesmo gráfico.

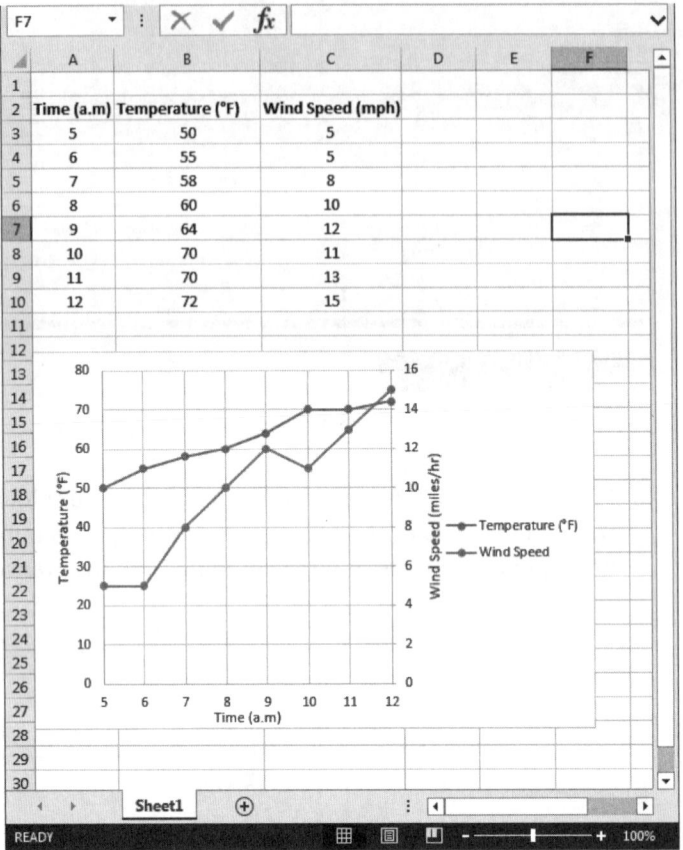

FIGURA 14.19   Uso do Excel para plotar dois conjuntos de dados com diferentes intervalos.

EXEMPLO 14.7

Use a seguinte relação empírica para plotar o consumo de combustível em km por litro e em litros por km para um carro ao qual se aplica a relação a seguir. Observação: V é a velocidade do carro em km por hora e a relação dada é válida para $20 \leq V \leq 75$.

$$\text{Consumo de combustível (km por litro)} = \frac{1000 \times V}{900 + V^{1,85}}$$

Siga as etapas a seguir, observando as planilhas do Excel mostradas nas figuras.

1. Primeiro, na Figura 14.20, usando o Excel e a fórmula dada, calculamos o consumo de combustível em km por litro e em litros por km para o intervalo de velocidades dado. Observe que os valores das células C3 a C14 são o inverso dos valores das células B3 a B14.

2. Plotamos o consumo de combustível em km por litro *versus* a velocidade, como mostra a Figura 14.21.

3. Com o ponteiro do *mouse* na área do gráfico, clique no botão direito e escolha **Selecionar Dados...**, como mostra a Figura 14.21.

4. Em **Selecionar Fonte de Dados**, sob Entradas de Legenda, clique no botão Adicionar (Figura 14.22), digite o nome da série e escolha os valores de Série X e os valores de Série Y, como mostra a Figura 14.23.

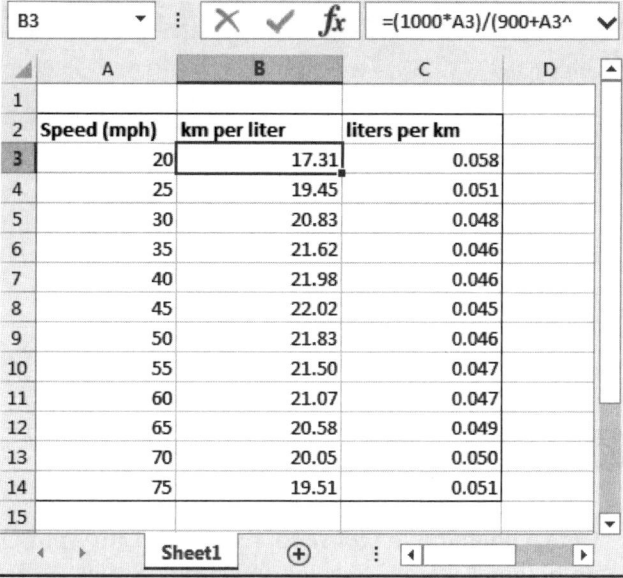

FIGURA 14.20 Cálculo do consumo de combustível.

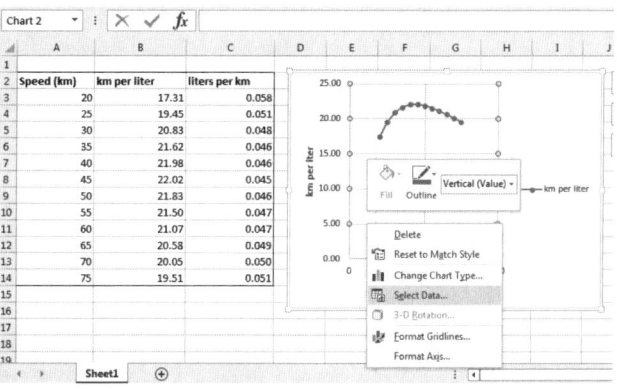

FIGURA 14.21 Plotagem do consumo de combustível.

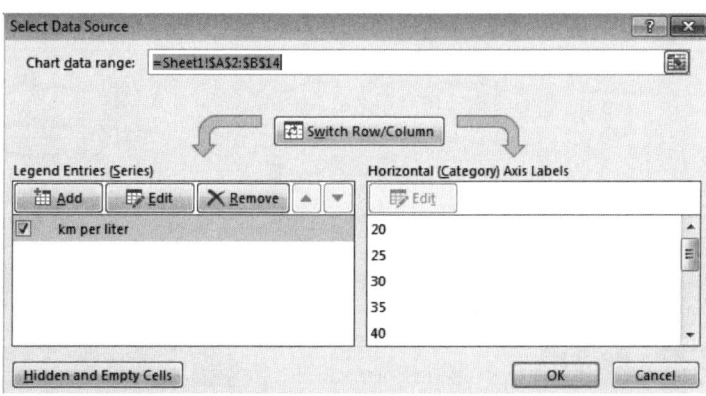

FIGURA 14.22 Selecionar Fonte de Dados.

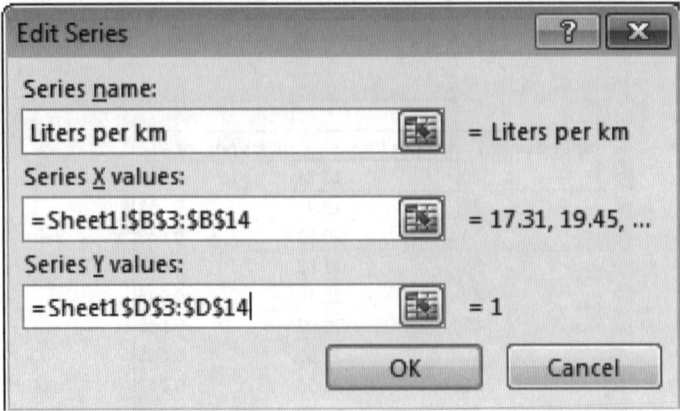

FIGURA 14.23 Escolha dos valores das séries X e Y.

5. Com o ponteiro do *mouse* sobre a curva Litros por Quilômetro, clique duas vezes no botão esquerdo. Escolha **Formatar Séries de Dados...**; depois, sob Opções de Série, ative o Eixo Secundário (Figura 14.24). Se desejar, você também pode alterar o estilo de linha (Figura 14.25) para linhas pontilhadas; assim, quanto imprimir seu gráfico, ficará mais fácil comparar as curvas.

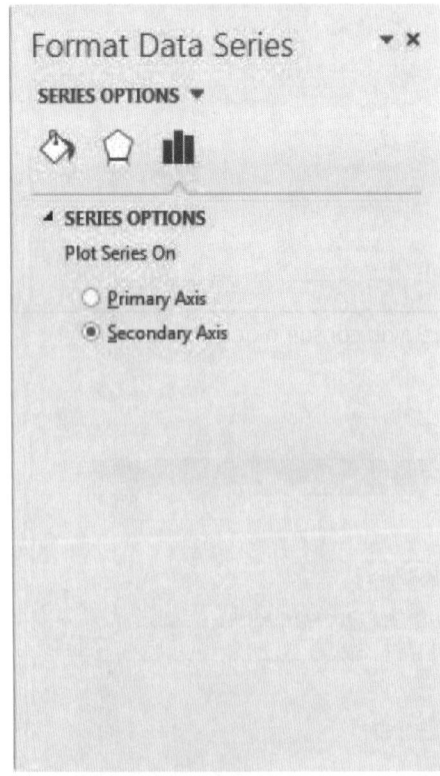

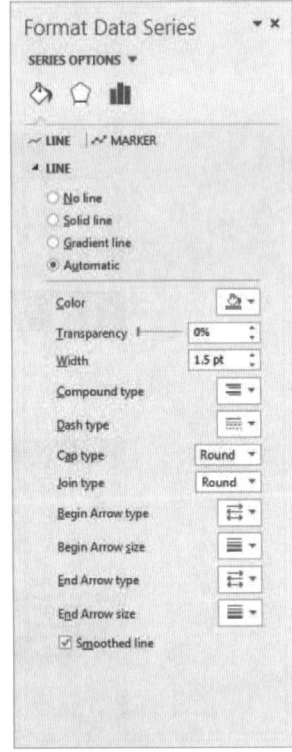

FIGURA 14.24 Opções de Formatar Séries de Dados.

FIGURA 14.25 Escolha do estilo da linha.

Os resultados finais para o Exemplo 14.7 são mostrados na Figura 14.26.

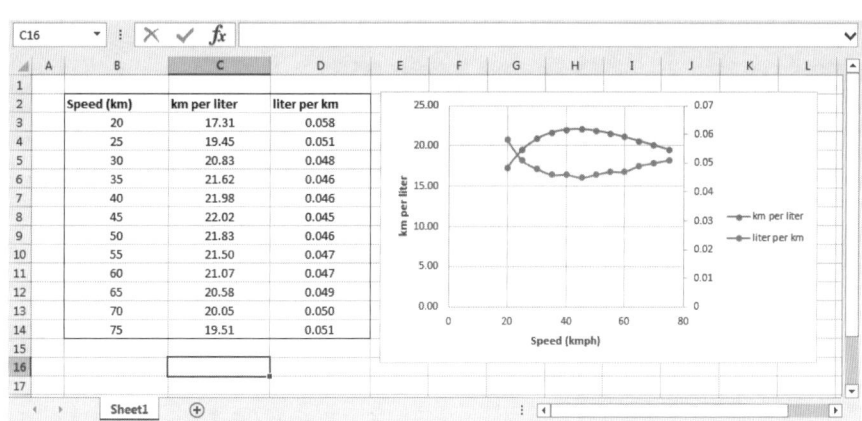

Resultados finais para o Exemplo 14.7.

Ajuste de curvas com o Excel

O **ajuste de curvas** é usado para encontrar uma equação que melhor se ajuste a um conjunto de dados. Há várias técnicas que podem ser usadas para determinar essas funções. Você aprenderá sobre elas em suas aulas de métodos numéricos e em outras aulas futuras do curso de engenharia. O objetivo desta seção é demonstrar como usar o Excel para encontrar uma equação que melhor se ajuste ao conjunto de dados que você plotou. Demonstraremos os recursos de ajuste de curvas do Excel usando os exemplos a seguir.

> Você pode usar o Excel para encontrar uma equação que melhor se encaixe a um conjunto de dados.

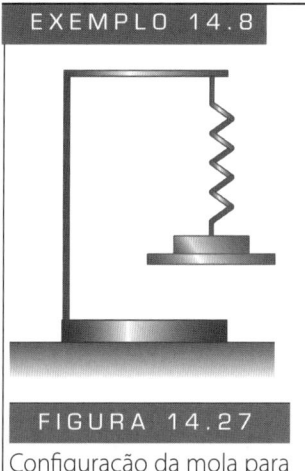

Configuração da mola para o Exemplo 14.8.

No Capítulo 10, discutimos molas lineares. Agora veremos novamente o Exemplo 10.1 para mostrar como é possível usar o Excel para obter a equação que melhor se ajuste a um conjunto de dados de força–deflexão para uma mola linear. Para determinar o valor da constante de uma dada mola, colocamos pesos mortos em uma de suas extremidades, conforme mostra a Figura 14.27. Medimos e registramos a deflexão causada pelos pesos correspondentes, como mostra a Tabela 14.8. Qual é o valor da constante da mola?

Lembre-se de que a constante k da mola é determinada calculando-se a inclinação de uma linha de força–deflexão (ou seja, inclinação = mudança na força/mudança na deflexão). Usamos o Excel para plotar os resultados deflexão–carga do experimento usando o gráfico XY (Dispersão) sem conectar os pontos de dados, como mostra a Figura 14.28. Se você fosse conectar os pontos de força-deflexão experimentais, talvez não conseguisse obter uma linha reta que passasse em cada ponto experimental. Nesse caso, tente chegar ao melhor ajuste dos pontos de dados. Há procedimentos matemáticos (incluindo técnicas de quadrados mínimos) que permitem encontrar o melhor ajuste para um conjunto de pontos de dados. O Excel faz uso dessas técnicas.

Para adicionar a linha de tendência ou o melhor ajuste, com o ponteiro do *mouse* sobre um ponto de dados, clique no botão direito e escolha **Adicionar Linha de Tendência ...**, como mostra a Figura 14.29. Em seguida, na caixa de diálogo **Formatar Linha de Tendência**, sob tipo de **Tendência/Regressão**, selecione **Linear**, ative **Definir interceptação=** e **Exibir equação no gráfico**, como mostra a Figura 14.30.

TABELA 14.8	Os resultados do experimento para o Exemplo 14.8

Peso (N)	Deflexão da mola (mm)
5,0	9,0
10,0	17,0
15,0	29,0
20,0	35,0

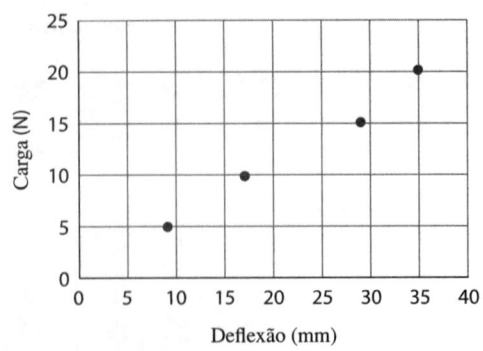

FIGURA 14.28 A plotagem XY (Dispersão) dos pontos de dados experimentais conectados.

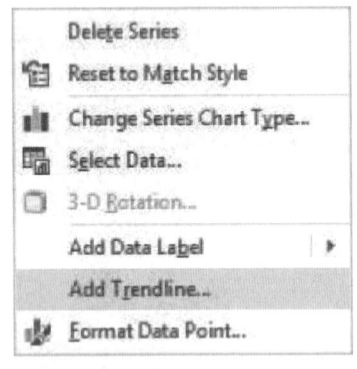

FIGURA 14.29 Adicionar Linha de Tendência

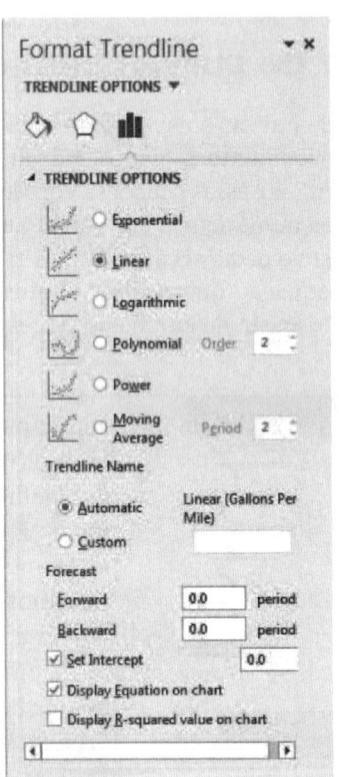

FIGURA 14.30 A caixa de diálogo Formatar Linha de Tendência.

Depois de pressionar fechar, você deve ver a equação $y = 0,5542x$ no gráfico, como mostra a Figura 14.31. Nós editamos as variáveis da equação para refletir as variáveis experimentais, como mostra a Figura 14.32.

Para editar a equação, clique com o botão esquerdo sobre a equação ($y = 0,5542x$) e altere-a para $F = 0,5542 x$, em que F = carga (N) e x = deflexão (mm), como mostra a Figura 14.32.

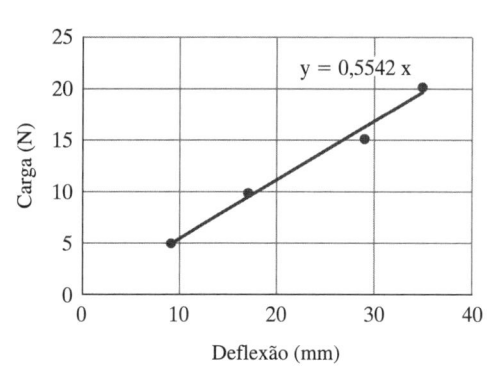

FIGURA 14.31 O ajuste linear para os dados do Exemplo 14.8.

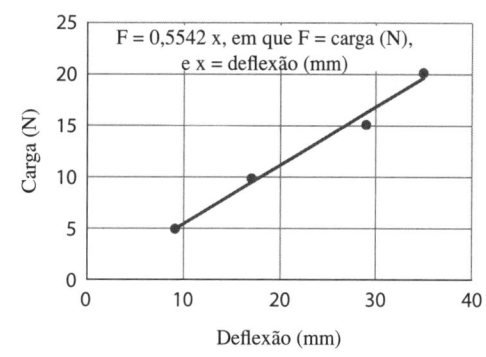

FIGURA 14.32 O ajuste linear editado para dados do Exemplo 14.8.

TABELA 14.9 Comparação entre as forças medida e prevista da mola

Deflexão da mola medida, x (mm)	Força da mola medida (N)	Força prevista (N) usando: $F=0,5542\,x$
9,0	5,0	5,0
17,0	10,0	9,4
29,0	15,0	16,1
35,0	20,0	19,4

Para examinar se a equação linear $F = 0,5542x$ se ajusta aos dados, comparamos os resultados da força obtidos da equação com os pontos de dados reais mostrados na Tabela 14.9. Como se pode ver, a equação se ajusta aos dados razoavelmente bem.

EXEMPLO 14.9 Encontre a equação que melhor se ajuste ao conjunto de pontos de dados da Tabela 14.10.

Primeiro plotamos os pontos de dados usando o gráfico XY (Dispersão) sem conectar os pontos de dados, como mostra a Figura 14.33.

Clique no botão direito nos pontos de dados para adicionar uma linha de tendência. A partir da plotagem dos pontos de dados, deve ficar claro que uma equação que descreve a relação entre x e y não é linear. Selecione uma polinomial de segunda ordem (Ordem: 2), ative a opção **Exibir equação no gráfico** e **Exibir valor de R-quadrado no gráfico**, como mostra a Figura 14.34. Depois de pressionar Fechar, você poderá ver a equação $y = x^2 - 3x + 2$ e $R^2 = 1$ no gráfico, como mostra a Figura 14.35. O R^2 é chamado de coeficiente de determinação e seu valor fornece uma indicação da qualidade do ajuste. $R^2 = 1$ indica

TABELA 14.10 Um conjunto de pontos de dados	
X	Y
0,00	2,00
0,50	0,75
1,00	0,00
1,50	– 0,25
2,00	0,00
2,50	0,75
3,00	2,00

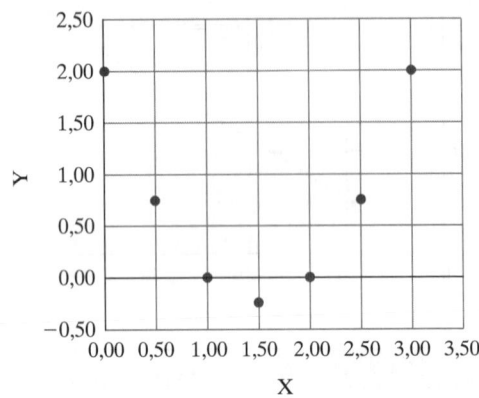

FIGURA 14.33 A plotagem XY (Dispersão) de pontos de dados para o Exemplo 14.9.

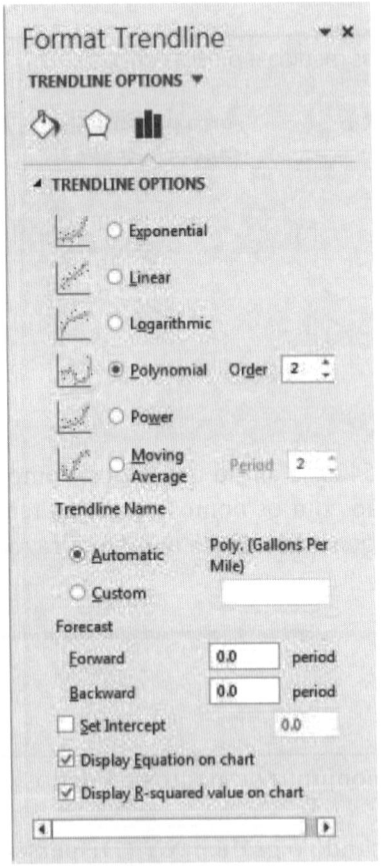

FIGURA 14.34 A caixa de diálogo Adicionar Linha de Tendência.

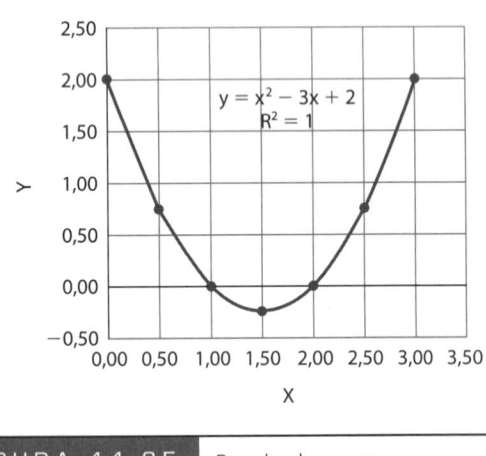

FIGURA 14.35 Resultados para o Exemplo 14.9.

ajuste perfeito e valores R^2 próximos de zero indicam ajuste extremamente ruim. A comparação entre os valores de y reais e previstos (usando a equação $y = x^2 - 3x + 2$) é mostrada na Tabela 14.11.

TABELA 14.11	Comparação entre valores de y reais e previstos	
X	**y real**	**Valor previsto de y usando** $y = x^2 - 3x + 2$
0,00	2,00	2,00
0,50	0,75	0,75
1,00	0,00	0,00
1,50	-0,25	-0,25
2,00	0,00	0,00
2,50	0,75	0,75
3,00	2,00	2,00

OA[4] 14.4 Operações com matrizes no Excel

Durante sua formação em engenharia, você aprenderá sobre os diferentes tipos de variáveis físicas. Existem aquelas identificáveis por um único valor ou magnitude. Por exemplo, o tempo pode ser descrito por um único valor, como 2 horas. Esses tipos de variáveis físicas identificáveis por um único valor são chamados *escalares*. A temperatura é outro exemplo de variável escalar. Por outro lado, se você fosse descrever a velocidade de um veículo, não apenas deveria especificar quão rápido ele se move (velocidade) mas também sua direção. As variáveis físicas que possuem magnitude e direção são chamadas *vetores*. Também há outras quantidades que, para serem descritas com exatidão, mais de duas informações devem ser especificadas. Por exemplo, se você fosse descrever a localização (em relação à entrada de uma garagem) de um carro estacionado em uma garagem de várias vagas, precisaria especificar o piso (coordenada *z*) e depois a localização do carro nesse piso, especificando a seção e a fileira (coordenadas *x* e *y*). Uma matriz muitas vezes é usada para descrever situações que requerem muitos valores. **Matriz** é um arranjo de números, variáveis ou termos matemáticos. Os números ou variáveis que compõem a matriz são chamados de *elementos da matriz*. O *tamanho* de uma matriz é definido por seu número de linhas e colunas. Uma matriz pode consistir em *m* linhas e *n* colunas. Por exemplo,

$$[N] = \begin{bmatrix} 6 & 5 & 9 \\ 1 & 26 & 14 \\ -5 & 8 & 0 \end{bmatrix} \quad \{L\} = \begin{Bmatrix} x \\ y \\ z \end{Bmatrix}$$

A matriz [*N*] é uma matriz três por três (ou 3 x 3) cujos elementos são números e {*L*} é uma matriz três por um com seus elementos representando as variáveis *x*, *y* e *z*. [*N*] é chamada de matriz quadrada. Uma matriz *quadrada* tem o mesmo número de linhas e colunas. O elemento de uma matriz é indicado por seu local. Por exemplo, o elemento na primeira linha e terceira coluna da matriz [*N*] é indicado por n_{13} e seu valor é nove.

Neste livro, indicamos a matriz por uma **letra em negrito** entre parênteses [] ou chaves {}, por exemplo: $[N]$, $[T]$, $\{F\}$ e os elementos das matrizes são representados por letras minúsculas regulares. As chaves {} são usadas para distinguir uma matriz de coluna. A matriz de coluna é definida como uma matriz que tem uma coluna, mas pode ter muitas linhas. Por outro lado, a matriz de linha é uma matriz que tem uma linha, mas pode ter muitas colunas.

$$\{A\} = \begin{Bmatrix} 1 \\ 5 \\ -2 \\ 3 \end{Bmatrix} \text{ e } \{X\} = \begin{Bmatrix} x_1 \\ x_2 \\ x_3 \end{Bmatrix}$$

são exemplos de matrizes de colunas, ao passo que

$$[C] = [5 \; 0 \; 2 \; -3] \text{ e } [Y] = [y_1 \; y_2 \; y_3]$$

são exemplos de matrizes de linha.

Na Seção 18.5, discutiremos álgebra matricial mais detalhadamente. Se você não possui conhecimentos de álgebra matricial, leia a Seção 18.5 antes de estudar os exemplos a seguir.

Álgebra matricial

Usando o Exemplo 14.10, mostraremos como empregar o Excel para executar certas operações com matrizes.

EXEMPLO 14.10

Dadas as matrizes: $[A] = \begin{bmatrix} 0 & 5 & 0 \\ 8 & 3 & 7 \\ 9 & -2 & 9 \end{bmatrix}$, $[B] = \begin{bmatrix} 4 & 6 & -2 \\ 7 & 2 & 3 \\ 1 & 3 & -4 \end{bmatrix}$, e $\{C\} = \begin{Bmatrix} -1 \\ 2 \\ 5 \end{Bmatrix}$, use o Excel

para executar as operações a seguir.

(a) $[A] + [B] = ?$
(b) $[A] - [B] = ?$
(c) $[A][B] = ?$
(d) $[A]\{C\} = ?$

Se você não tiver nenhum conhecimento em álgebra matricial, estude a Seção 18.5 para aprender as regras de operações com matrizes. Os cálculos manuais para o problema deste exemplo também são mostrados nessa seção.

Siga as etapas a seguir, observando as planilhas do Excel mostradas nas figuras.

1. Nas células mostradas, digite os caracteres e valores apropriados. Use as opções **Formatar Células** e **Fonte** para criar variáveis em negrito, como mostra a Figura 14.36.

2. Na célula A10, digite $[A] + [B] =$ e, usando o botão esquerdo do *mouse*, selecione as células B9 a D11, como mostra a Figura 14.37.

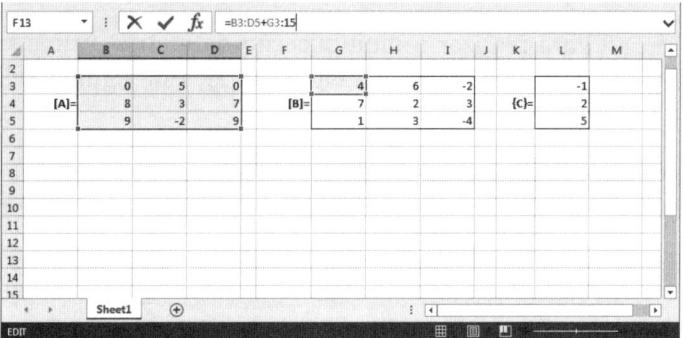

FIGURA 14.36

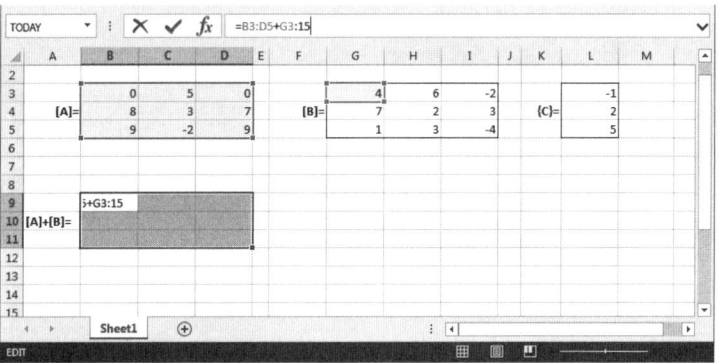

FIGURA 14.37

3. Em seguida, na barra de fórmula, digite = **B3:D5 + G3:I5** e, enquanto mantém pressionadas as teclas **Ctrl** e **Shift**, pressione a tecla **Enter**. Observe que usando o *mouse* você também pode selecionar os intervalos B3:D5 ou G3:I5, em vez de digitá-los. Essa sequência de operações criará o resultado mostrado na Figura 14.38. Você deve seguir um procedimento similar ao destacado na etapa 2 para executar [*A*] - [*B*], porém, na barra de fórmula, deve digitar = **B3:D5 — G3: I5**.

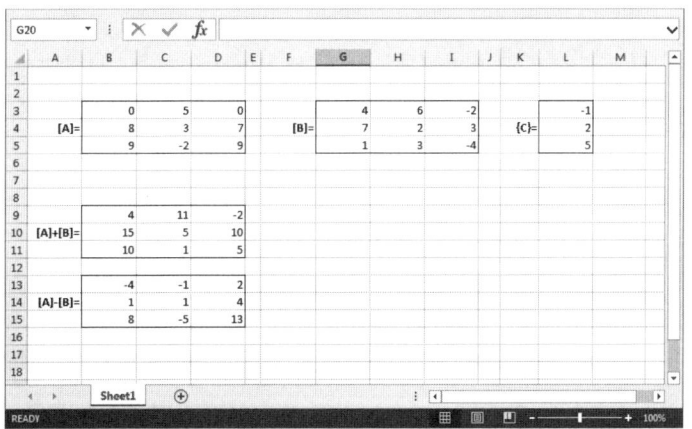

FIGURA 14.38

4. Para realizar a multiplicação da matriz, primeiro digite $[A][B]$ = na célula A18, como mostra a Figura 14.39. Em seguida, selecione as células B17 a D19.

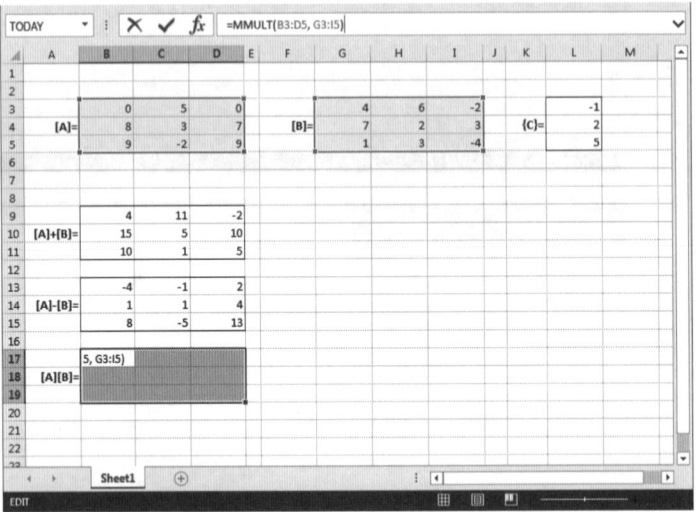

FIGURA 14.39

5. Na barra de fórmula, digite **=MMULT(B3:D5,G3:I5)** e, enquanto mantém pressionadas as teclas **Ctrl** e **Shift**, pressione a tecla **Enter**. Da mesma forma, você pode executar a operação $[A]\{C\}$. Primeiro, selecione as células B21 e B23, na barra de fórmula, digite **=MMULT(B3:D5,L3:L5)** e, enquanto mantém pressionadas as teclas **Ctrl** e **Shift**, pressione a tecla **Enter**. Essa sequência de operações criará o resultado mostrado na Figura 14.40.

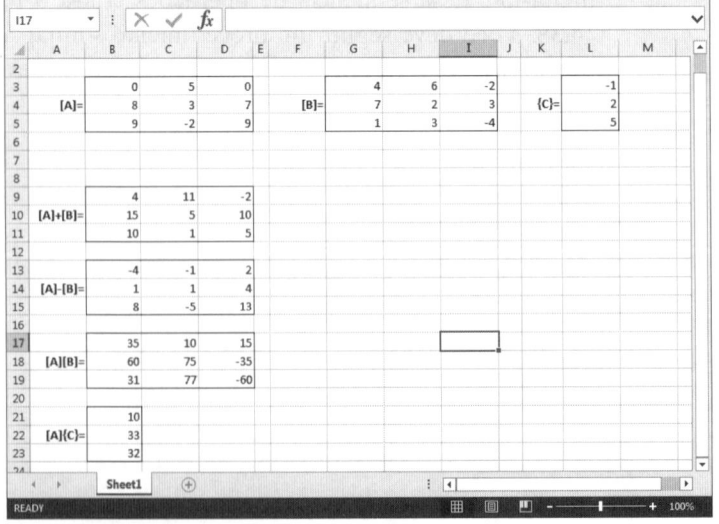

FIGURA 14.40   Resultados para o Exemplo 14.10.

A formulação de muitos problemas de engenharia leva a um sistema de equações algébricas. Como você aprenderá posteriormente nas aulas de matemática e engenharia, há diversas maneiras de usar o Excel para resolver um conjunto de equações lineares. No Exemplo 14.11, mostraremos como é possível usar o Excel para obter uma solução para um conjunto de equações lineares simultâneas.

EXEMPLO 14.11

Considere as três seguintes equações lineares com três incógnitas: x_1, x_2 e x_3. Nossa intenção aqui é mostrar como usar o Excel para resolver um conjunto de equações lineares.

$$2x_1 + x_2 + x_3 = 13$$
$$3x_1 + 2x_2 + 4x_3 = 32$$
$$5x_1 - x_2 + 3x_3 = 17$$

A solução para esse problema é discutida em detalhes no Capítulo 18 e é dada por: $x_1 = 2$, $x_2 = 5$ e $x_3 = 4$. A solução pode ser verificada facilmente substituindo-se os resultados (os valores de x_1, x_2, e x_3) nas três equações lineares.

$$2(2) + 5 + 4 = 13$$
$$3(2) + 2(5) + 4(4) = 32$$
$$5(2) - 5 + 3(4) = 17 \qquad \textbf{C.Q.D.}$$

Agora, a solução do Excel. Siga as etapas a seguir, observando as planilhas do Excel mostradas nas figuras.

1. Nas células mostradas na Figura 14.41, digite os caracteres e valores apropriados. Use as opções **Formatar Células** e **Fonte** para criar as variáveis em negrito e subscrito.

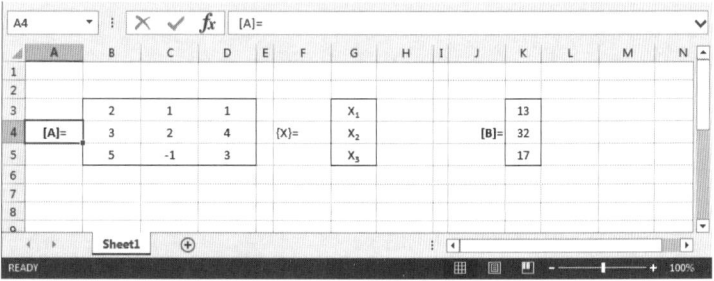

FIGURA 14.41

2. Na célula A10, digite $[A]^{-1} =$ e, usando o botão esquerdo do *mouse*, selecione as células B9 a D11, como mostra a Figura 14.42.

3. Em seguida, na barra de fórmula, digite **=MINVERSE(B3:D5)** e, enquanto mantém pressionadas as teclas **Ctrl** e **Shift**, pressione a tecla **Enter**. Essa sequência de operações criará o resultado mostrado na Figura 14.43. O inverso da matriz $[A]$ é calculado.

4. Digite as informações mostradas nas células A14, B13 a B15, C14, D14 e E14, como mostra a Figura 14.44.

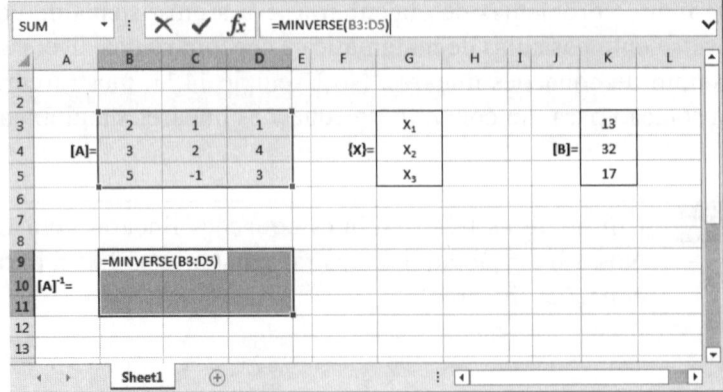

FIGURA 14.42

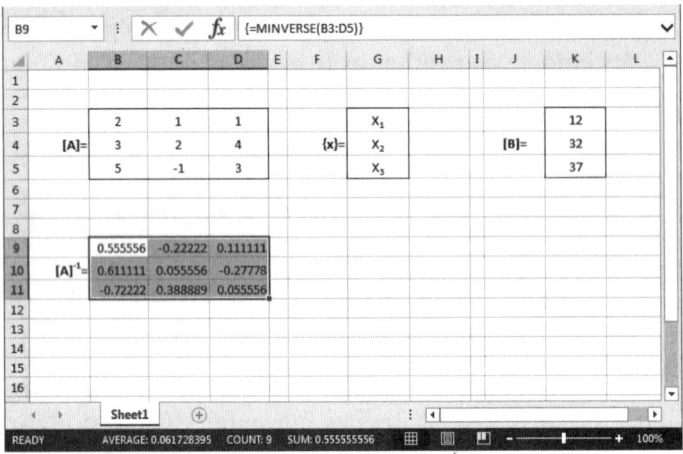

FIGURA 14.43

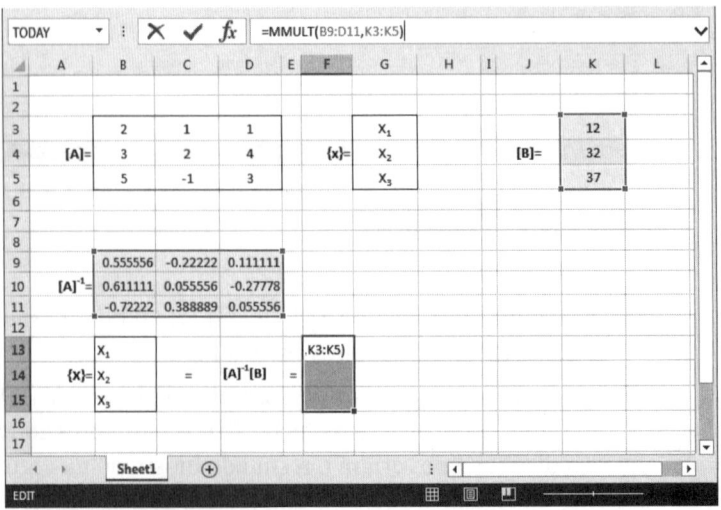

FIGURA 14.44

5. Em seguida, selecione as células F13 e F15 na barra de fórmula, digite **=MMULT(B9:D11, K3:K5);** e, enquanto mantém pressionadas as teclas **Ctrl** e **Shift**, pressione a tecla **Enter**. Essa sequência de operações criará o resultado mostrado na Figura 14.45. Os valores de x_1, x_2 e x_3 são agora calculados.

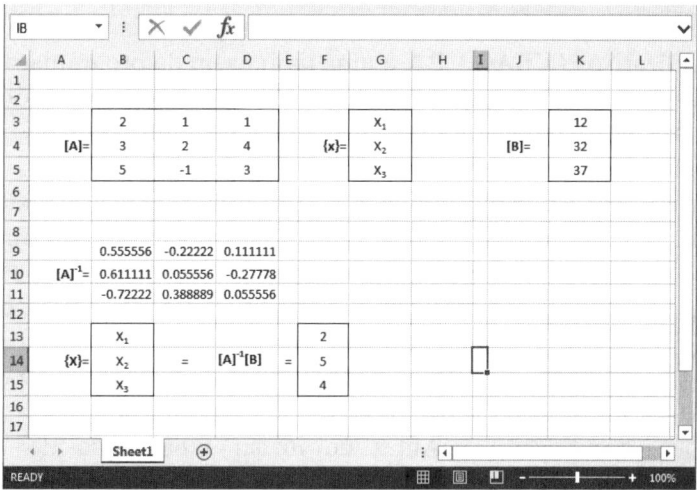

FIGURA 14.45 Resultados para o Exemplo 14.11.

OA⁵ 14.5 Introdução ao Visual Basic para aplicativos do Excel

Conforme mencionado anteriormente, o *software* Excel consiste em duas partes: a pasta de trabalho e o Visual Basic Editor. Nas seções anteriores, você aprendeu a usar o ambiente da pasta de trabalho do Excel para resolver problemas de engenharia. Nesta seção, discutiremos o **Visual Basic para Aplicativos (VBA)**. VBA é uma linguagem de programação que permite usar o Excel de forma mais eficiente. Há muitos livros que discutem os recursos do VBA para resolver vários problemas. Aqui, nossa intenção é introduzir somente algumas ideias básicas, para que você possa realizar algumas operações essenciais.

Nas seções a seguir, explicaremos como inserir e recuperar dados, exibir resultados, criar uma sub-rotina e como usar as funções integradas do Excel em um programa VBA. Também explicaremos como criar um loop e usar matrizes. Nesta seção, mostraremos também como criar uma caixa de diálogo personalizada. Além disso, usaremos exemplos anteriores para enfatizar que o VBA é apenas outra ferramenta que pode ser usada para resolver vários problemas de engenharia.

> O Visual Basic para Aplicativos (VBA) é uma linguagem de programação que permite usar o Excel de forma mais eficiente. Com o VBA, pode-se escrever programas para inserir e recuperar dados usando as funções integradas do Excel para realizar análises e exibir resultados.

Antes de iniciar uma seção do VBA, é necessário exibir o **Desenvolvedor** na Excel Ribbon. Use a opção para adicionar o **Desenvolvedor** à Excel Ribbon. Há um outro item que você deve entender. Está relacionado ao recurso de segurança do Microsoft Office. Quando você cria um programa VBA (uma macro em VBA), o Excel anexa uma extensão especial de *.xlsm*. Para evitar problemas de segurança indesejáveis, é necessário definir, na **Central de Confiabilidade**, as configurações de macro para **Desabilitar todas as macros com notificação**. Também é importante observar que, sempre que você reabrir o arquivo *.xlsm*, é necessário ativar as macros; caso contrário, não será possível executar o módulo.

Um código de VBA simples

Neste exemplo, escrevemos um programa simples para converter um valor de temperatura fornecido na pasta de trabalho de graus Celsius para graus Fahrenheit.

1. Abra uma nova pasta de trabalho do Excel, digite, na Planilha1, o conteúdo mostrado na Figura 14.46 e salve-a como VBA_Lesson_1.xlsm. Certifique-se de salvá-la com a extensão .xlsm.

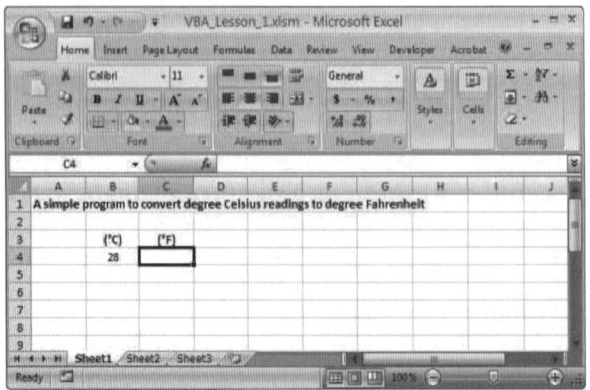

FIGURA 14.46

2. Escolha a guia **Desenvolvedor** e clique no ícone **Visual Basic** para ativá-lo. Em seguida, no editor **Visual Basic**, clique em **Inserir**; depois, escolha **Módulo** e digite o programa (código) mostrado na Figura 14.47. Observe que depois de digitar **Sub temperature_conversion ()** e ao pressionar a tecla Enter, o editor VBA colocará automaticamente uma End Sub no final da página. À medida que digita o programa, observe as cores diferentes usadas pelo editor. Cada cor traz um significado diferente. A cor azul, por exemplo, é usada para palavras-chave, a vermelha para erros e a verde para documentação e comentários. O sinal de interrogação simples no início de uma linha indica um comentário e, consequentemente, essa linha não será tratada como um comando e não será executada.

```
Sub temperature _ conversion()
'This statement starts the subroutine and names it temperature _ conversion
Sheets("sheet1").Select
'This statement selects sheet1
Range("B4").Select
'This statement selects cell B4
deg _ C = ActiveCell.Value
'This statement assigns the value in cell B4 to a variable that we named deg _ C
deg _ F = (9/5) * deg _ C + 32
'This statement makes the conversion from degree Celsius to degree Fahrenheit
'It converts the deg _ C value to degree Fahrenheit and assigns it to a variable we named deg _ F
Range("C4").Select
'This statement selects cell C4
ActiveCell.Value = deg _ F
'This statement assigns the value of the variable deg _ F to the active cell, which is cell C4
End Sub
'The last statement ends the subroutine
```

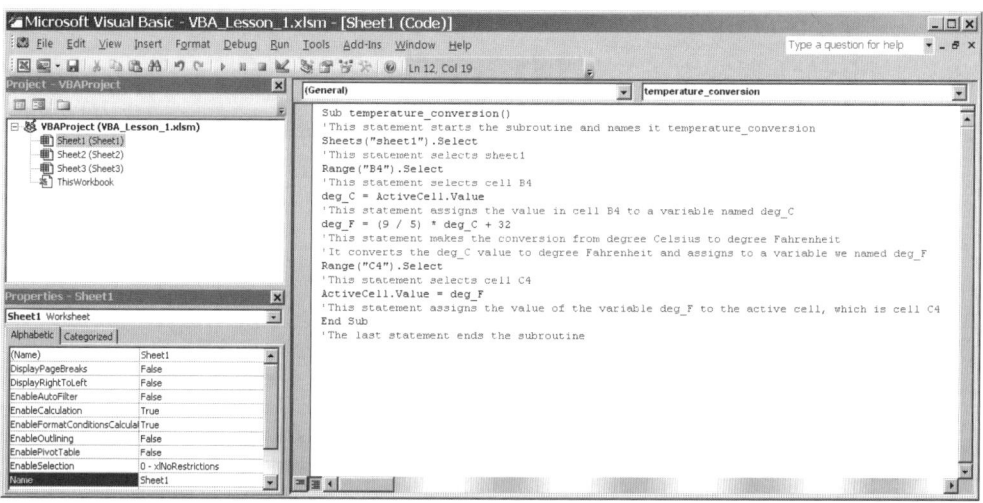

FIGURA 14.47

3. Para executar o código, clique em **Executar** e depois em **Run Sub/UserForm**. Verá, então, o resultado na Planilha1, como mostra a Figura 14.48.

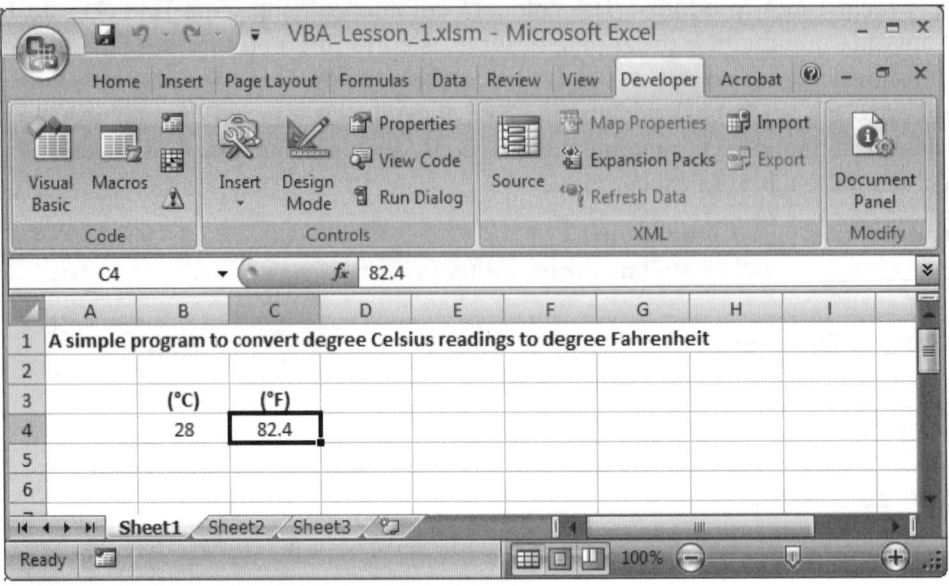

FIGURA 14.48

4. Exclua os valores B4 e C4, de 28 e 82,4, respectivamente, digite um valor diferente em B4, e execute o código novamente.

Usando as funções do Excel no VBA

Neste exemplo, escrevemos um programa simples para usar a função integrada do Excel. Usaremos a função Average para calcular a média da densidade do ar em determinada variação de temperatura, usando os dados do Exemplo 14.1.

1. Abra uma nova pasta de trabalho do Excel e, na Planilha1, digite o conteúdo mostrado na Figura 14.49. Salve-a como VBA_Lesson_2.xlsm.

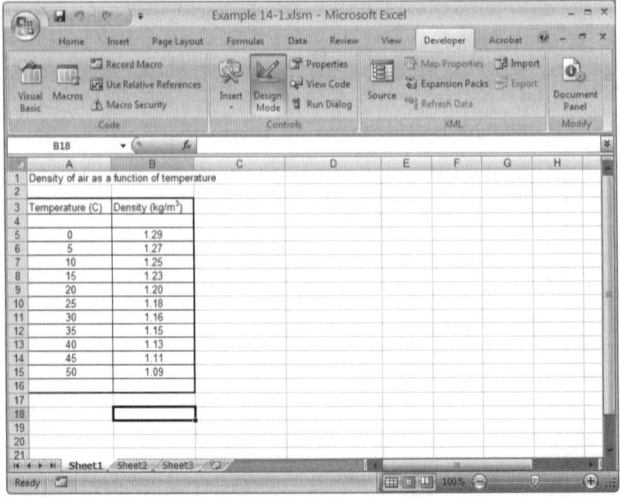

FIGURA 14.49

2. Ative o editor Visual Basic, clique em **Inserir**, em seguida escolha **Módulo** e digite o código mostrado aqui (veja também a Figura 14.50).

```
Sub Using _ Excel _ Builtin _ Function _ Average()
Sheets("sheet1").Select
Average _ Density = Application.WorksheetFunction.
Average(Range("B5:B15"))
'This statement selects the "Average", a built-in
function of Excel, to calculate the
'average of density values in cells B5 through B15 and assigns the result
to the variable Average _ Density
MsgBox "The average air density is = " & Average _
Density & " (kg/m^3)"
'This statement uses the Message Box (MsgBox) to
display both text and the average value.
'Notice the text that is to be displayed must be
enclosed in double quotation marks.
'Notice the ampersand (&) is used to include
additional information such as numeric values or
other texts.
'Notice that in order to display numeric values,
you need not to enclose the variable in double
quotation marks.
End Sub
```

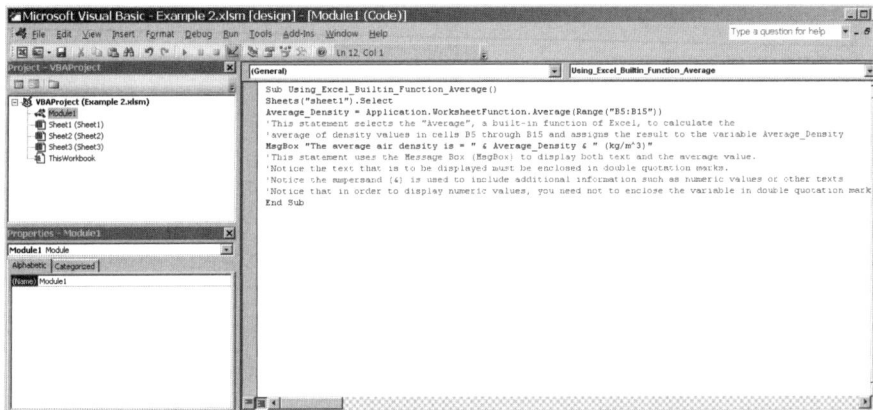

FIGURA 14.50

3. Para executar o código, clique em **Executar** e depois em **Run Sub/UserForm**. Verá, então, o resultado na Figura 14.51.

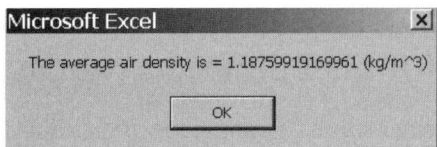

FIGURA 14.51

4. Se você quisesse exibir o resultado na Planilha1, célula B18, digamos, seria necessário remover o comando

```
MsgBox "The average air density is = "& Average _
Density & " (kg/m^3)"
```
e em seu lugar inserir o comando
```
Range("B18").Select
ActiveCell.value=Average _ Density
```

como mostra a Figura 14.52. Os resultados finais são mostrados na Figura 14.53.

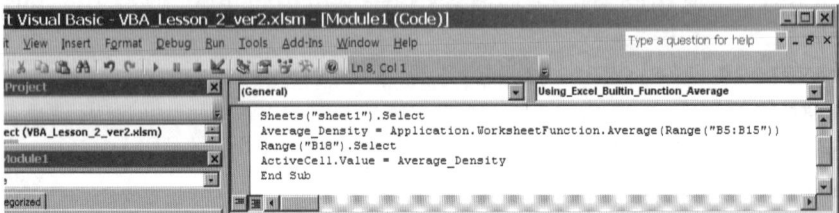

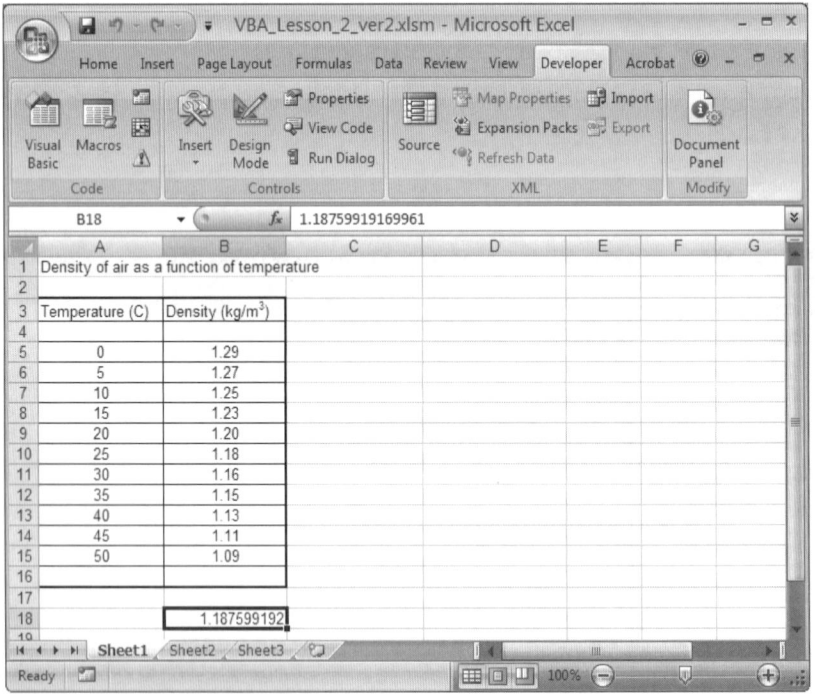

Aprendendo com a gravação de macros

Uma forma simples de aprender sobre os comandos orientados a projeto e a sintaxe do VBA é usar a opção **Gravar Macro**. Vamos usar a Planilha1 do Exemplo 14.1 para demonstrar como isso é possível.

1. Abra o arquivo anterior, VBA_Lesson_2.xlsm, e salve-o como VBA_ Lesson_3.xlsm.
2. Clique na guia **Desenvolvedor** e depois, na seção Código, clique em **Gravar Macro**. A caixa de diálogo aparecerá em seguida. Na caixa de diálogo Gravar Macro, para o nome da Macro digite ChangeFormat; nas teclas de atalho (após Ctrl+) digite F e, para o tipo de Descrição, Alterar *Formato do Texto para Negrito e Tamanho 14*. As informações que você precisa digitar nos campos da caixa de diálogo Gravar Macro são mostradas na Figura 14.54.

   Clique em **Parar Gravação** na seção Código.

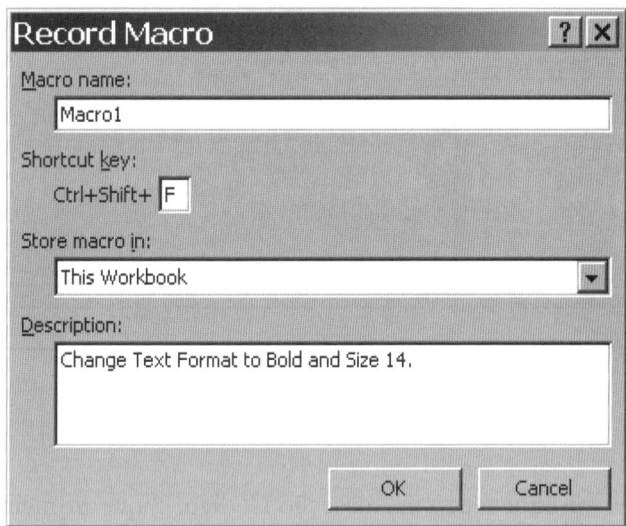

FIGURA 14.54

3. Em seguida, escolha a célula A1; depois, clique no botão direito do *mouse* em Formatar Células... e Fonte, altere o estilo da fonte para Negrito, o tamanho para 14 e em seguida clique em OK.
4. Clique em **Parar Gravação** na seção Código.
5. Agora você pode visualizar o código que foi criado indo para o editor do VBA e clicando duas vezes em Module2. Você deve ver o código mostrado na Figura 14.55.

   Observe que para fazer alterações simples de formato na célula A1, primeiro você precisa selecionar a célula A1 (o objeto) emitindo o comando **Range("A1").Select**. Em seguida, pode alterar as propriedades do objeto emitindo comandos como

```
With Selection.Font
  .Name = "Arial"
  .FontStyle = "Bold"
  .Size = 14
End With
```

Também é importante observar que, no exemplo, fizemos uso de uma referência absoluta. Isso significa que a macro que criamos aplica-se somente à célula A1. Se, por exemplo, você selecionasse a célula A3 e usasse a tecla de atalho **Ctrl+Shift+F**, não ocorreria nenhuma alteração no formato. Se você quisesse usar a macro para alterar o formato de outras células, seria necessário usar uma referência relativa, aplicando o procedimento descrito na etapa a seguir.

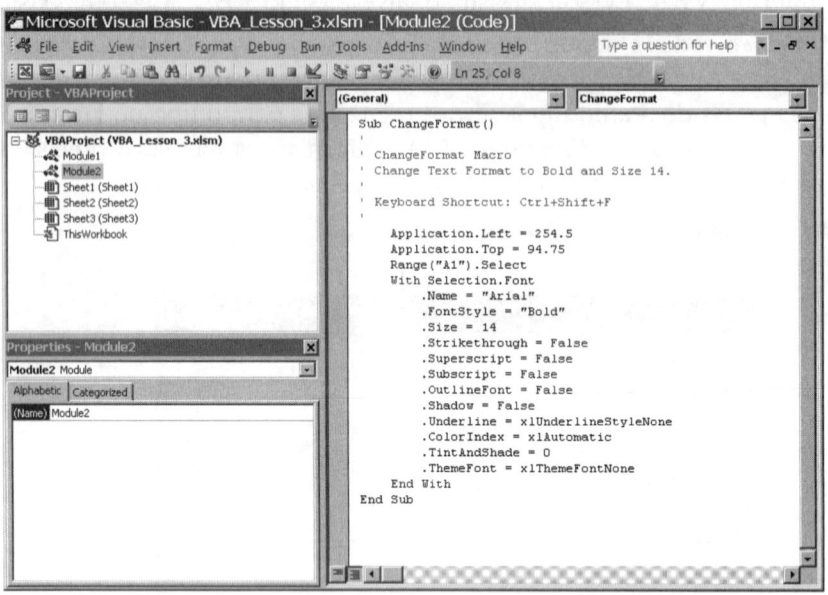

FIGURA 14.55

6. Clique na guia **Desenvolvedor** e depois, na seção Código, clique primeiro em **Usar Referências Relativas** e então em **Gravar Macro**. Na caixa de diálogo **Gravar Macro**, para o *Nome da macro* digite **ChangeFormatRelative;** nas teclas de atalho (após Ctrl+) digite R e, para a Descrição, digite **Alterar Formato de Texto Usando Referência Relativa.**

Os resultados são mostrados na Figura 14.56.

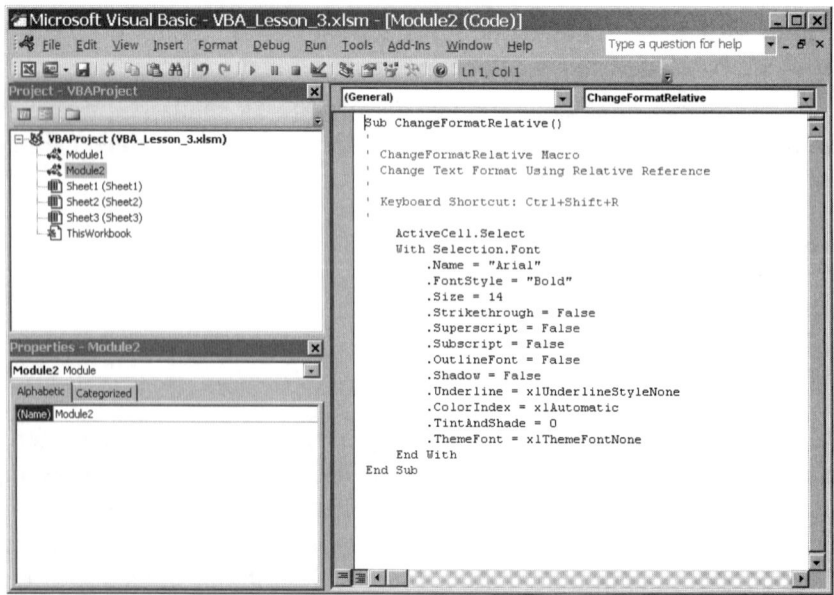

FIGURA 14.56

Observe que, em comparação com o exemplo anterior, em vez de **Range("A1").Select**, a célula ativa agora está selecionada e o comando **ActiveCell.Select** é emitido. Observe também que o restante do código parece idêntico ao exemplo anterior. Para tentar a nova macro, selecione, por exemplo, a célula A3 e aplique a tecla de atalho **Ctrl+Shift+R**. O tamanho da fonte do texto Temperatura mudará para 14 e o estilo da fonte agora será Negrito.

Sintaxe orientada a objetos do VBA

O código VBA usa a sintaxe **orientada a objetos**. Para entender o que queremos dizer com sintaxe orientada a objetos e programação orientada a objetos, considere o exemplo a seguir. Um prédio de vários andares — que chamaremos de "EngineersHouse"— consiste em 50 apartamentos individuais (Apartment #1, Apartment #2,..., Apartment #49 e Apartment #50). O prédio inteiro (EngineersHouse) é considerado um objeto. Além disso, cada apartamento também pode ser considerado um objeto que contém objetos adicionais, como sistema de iluminação, unidades de aquecimento e refrigeração, utensílios, etc., com diferentes propriedades que podemos alterar. Por exemplo, em determinado instante, Apartment#27 pode ter as seguintes definições.

```
EngineersHourse.Apartment#27.LivingRoom.Lighting = on
```

ou

```
EngineersHourse.Apartment#27.Kitechen.Refrigerator.
Temperatature.Value = 5
```

Da mesma forma, usando a sintaxe orientada a objetos do VBA, você pode alterar as propriedades de vários objetos. Por exemplo, em nosso *VBA_Lesson_1.xlsm* quando você emitiu o comando **Sheets("sheet1").Select**, selecionou o objeto chamado Sheet1 ou, quando emitiu os comandos **Range("B4").Select** e **deg_C= ActiveCell.Value**, selecionou a célula B4 e atribuiu seu valor (conteúdo) a uma variável chamada **deg_C**. Como outro exemplo, a respeito de macros, selecionamos a célula A1 (o objeto) e depois mudamos o estilo e o tamanho da fonte emitindo os seguintes comandos:

```
Range("A1").Select
With Selection.Font
        .Name = "Arial"
        .FontStyle = "Bold"
        .Size = 14
End With
```

Conforme mencionamos anteriormente, a intenção desta seção é fornecer algumas ideias básicas sobre o VBA. Para obter uma cobertura detalhada, é necessário consultar os livros totalmente dedicados ao VBA. Agora que você viu e entendeu um pouco da sintaxe orientada a objetos, discutiremos a seguir um exemplo de um loop repetitivo em VBA.

Exemplo de um LoopFor

Como mencionamos anteriormente, geralmente é necessário que os engenheiros, ao escrever um programa de computador, executem várias vezes uma linha ou um bloco de código de computador. O VBA fornece o comando **for** para essas situações.

Usando o **loopfor**, você pode executar uma linha ou um bloco de código por um número especificado (definido) de vezes. A sintaxe de um loopfor é

```
for index = start-value to end-value
a line or a block of your computer code
next
```

Por exemplo, suponha que você queira avaliar a função $y = x^2 + 10$ para valores de x de 22,00, 22,50, 23,00, 23,50 e 24,00. Essa operação resultará nos valores de y correspondentes de 494,00, 516,25, 539,00, 562,25 e 586,00. O código VBA desse exemplo então terá a forma mostrada na Figura 14.57.

```
Sub for _ loop _ example()
Worksheets("Sheet1").Activate
'This statement activates Sheet1
Range("A1,A6").Activate
'This Statement activates cells A1 through A6
Range("B1,B6").Activate
'This Statement activates cells B1 through B6
Cells(1, 1) = "x values"
'This statement writes the text x values in the cell located in row 1,
column 1 (column A) of Sheet1
Cells(1, 2) = "y values"
'This statement writes the text y values in the cell located in row 1,
column 2 (column B) of Sheet1
x = 22
For i = 1 To 5
y = x ^ 2 + 10
Cells(i + 1, "A") = x
'This statement assigns (writes) the x value to the cell located in row
i+1 and column A;
'As the i values changes so does the row number
Cells(i + 1, "B") = y
'This statement assigns (writes) the y value to the cell located in row
i+1 and column B;
'As the i values changes so does the row number
x = x + 0.5
Next i
End Sub
```

Agora, se você executar o código, deverá ver os resultados na Planilha1 mostrados na Figura 14.58.

Observe que, nesse exemplo, o índice é o número inteiro i e seu valor inicial é 1. Ele é incrementado por um valor de 1 e seu valor final é 5.

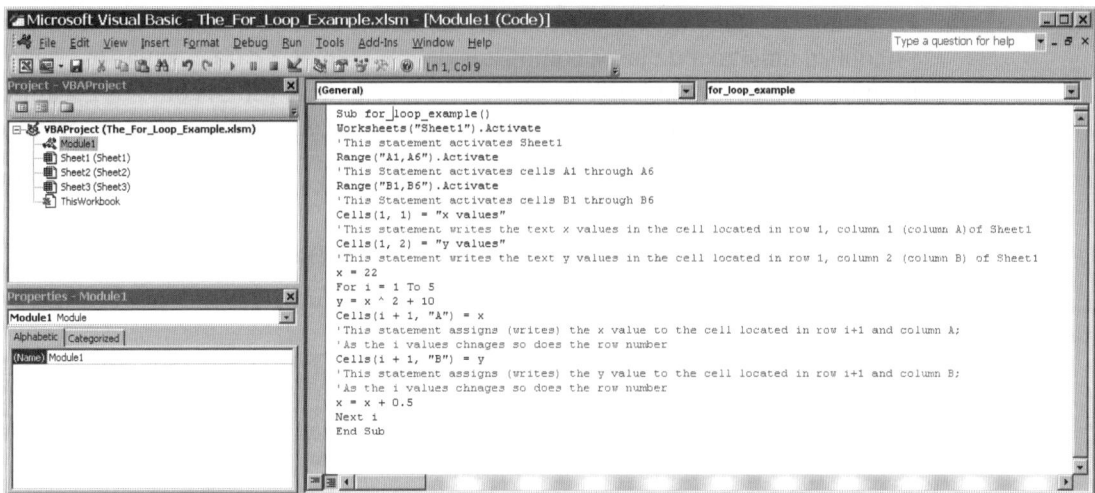

FIGURA 14.57

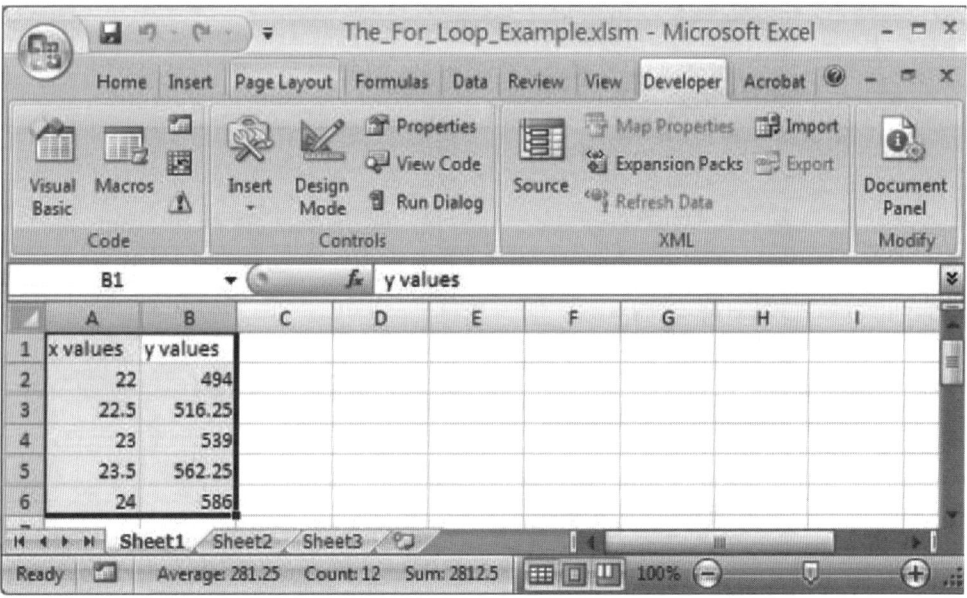

FIGURA 14.58

Caixa de diálogo personalizada

Em seguida, veremos o Exemplo 20.8 do Capítulo 20 para demonstrar como criar uma caixa de diálogo personalizada no Exemplo 14.11.

EXEMPLO 14.12

Determine os pagamentos mensais de um empréstimo de cinco anos, no valor de $10.000, a uma taxa de juros compostos de 8% ao mês. (Para calcular os pagamentos mensais, consulte o Capítulo 20. Reveja na Equação (20.5) como os pagamentos mensais estão relacionados ao valor do empréstimo, à taxa de juros e ao prazo.)

1. Inicie uma nova Pasta de Trabalho do Excel e dê a ela o nome de Exemplo 14.11.xlsm.

2. Clique em **Desenvolvedor** e depois em **Visual Basic**.

3. Clique em **Inserir** e depois em **UserForm** (Figura 14.59).

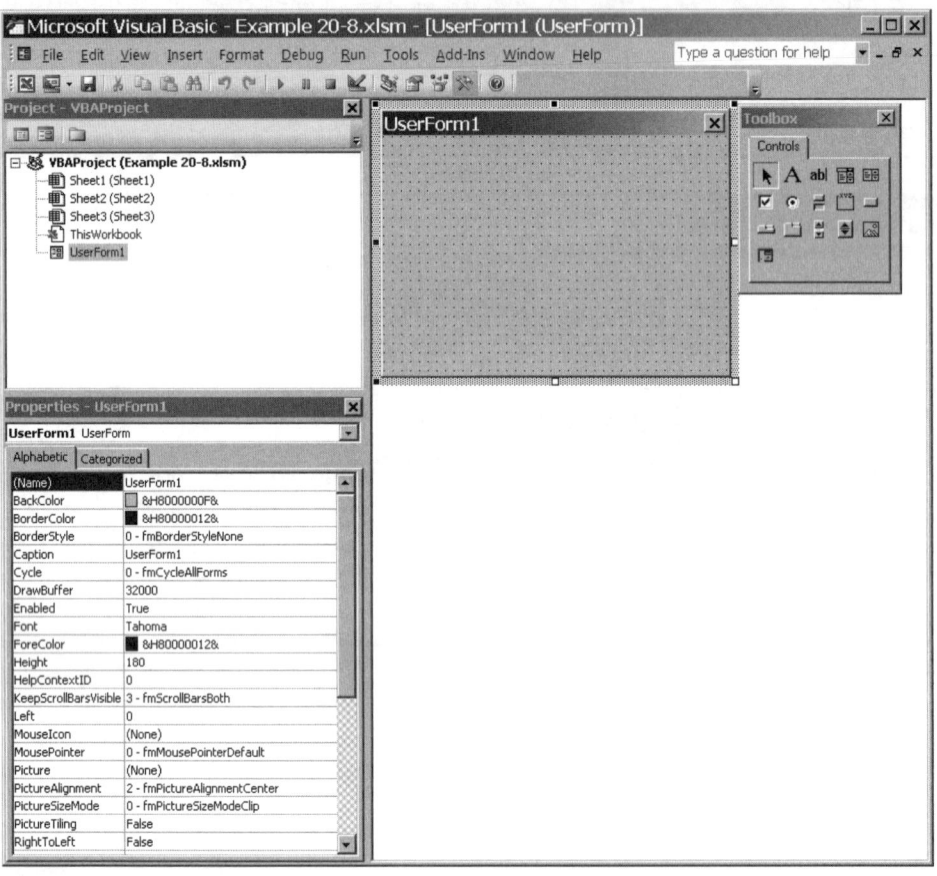

FIGURA 14.59

4. Na janela Propriedades, sob **Alfabético** e (Nome), atribua um nome como Loan_Payments (Pagamentos do Empréstimo). Esse é o nome do UserForm que estamos criando. Observe que não é permitido espaço no campo Nome.

5. Na janela Propriedades, sob **Alfabético** e Legenda, atribua um nome como Monthly Loan Payment Calculator (Figura 14.60). Esse é o nome da caixa de diálogo. Observe que é permitido espaço no campo caixa de diálogo.

6. Em seguida, crie os rótulos e caixas de entrada correspondentes para Loan Amount (Valor do Empréstimo) ($), Interest Rate (Taxa de Juros) (%) e Years (Anos). Na Caixa de Ferramentas, clique na ferramenta Rótulos (o botão **A** grande na Figura 14.61(a)). Você deve ver agora uma cruz; mova-a sobre a caixa de diálogo Monthly Loan Payment Calculator, em seguida pressione o botão esquerdo do *mouse*, desenhe uma caixa (Figura 14.61(b)) e redimensione-a conforme desejado.

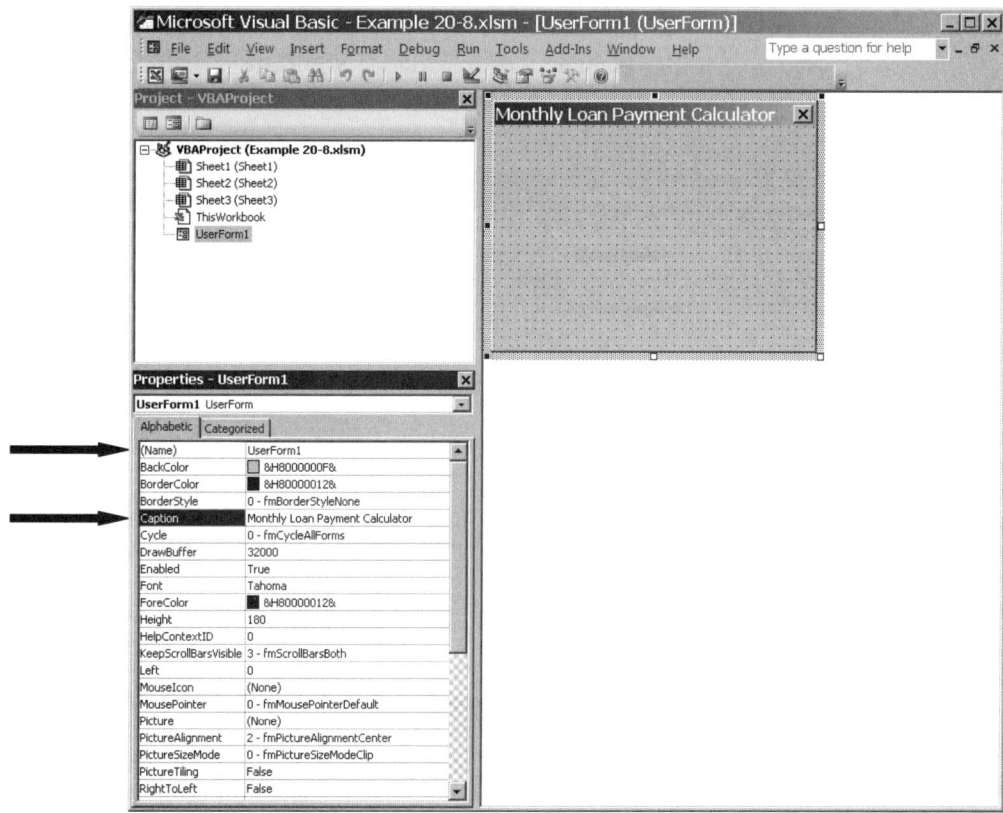

FIGURA 14.60

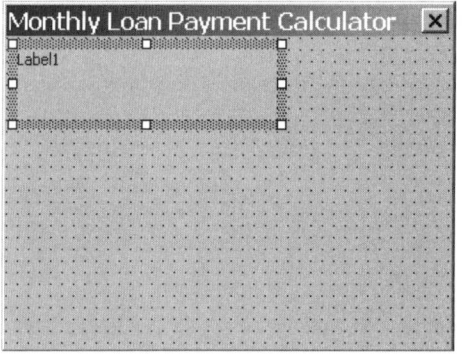

FIGURA 14.61

7. Na janela Propriedades mostrada na Figura 14.62(a), sob **Alfabético** e (Nome), atribua um nome como Loan (Empréstimo). Esse é o nome da caixa do rótulo. Observe que não é permitido espaço no campo Nome.

8. Na janela Propriedades, sob **Alfabético** e Legenda, atribua um nome como Loan Amount ($). Esse é o nome da caixa de rótulo (Figura 14.62(b)). Observe que é permitido espaço no nome da caixa.

9. Altere a propriedade BackColor como mostrado.

10. Na janela Propriedades, sob **Categorizado**, clique em BackColor e BackStyle e altere suas propriedades como mostrado.

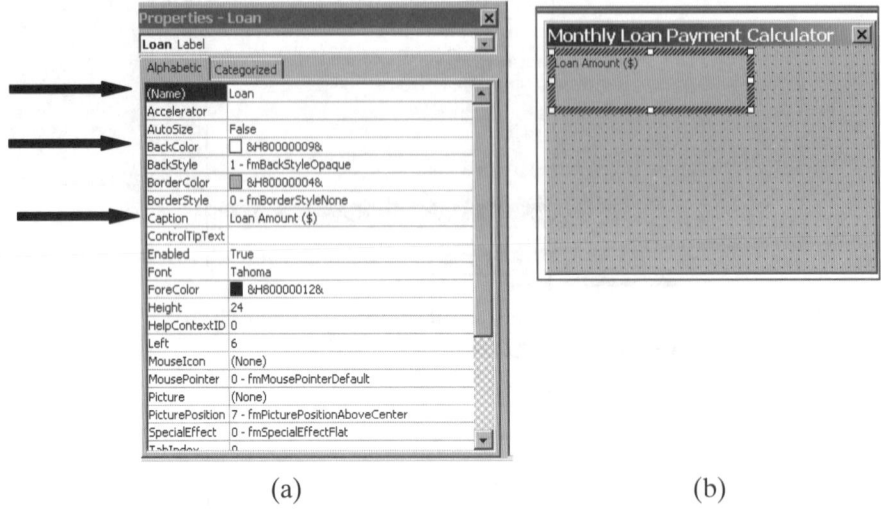

(a)   (b)

FIGURA 14.62

11. Na janela Propriedades, sob **Categorizado**, selecione **Fonte** e escolha o estilo e o tamanho desejados. Escolheremos Negrito e 14, como na Figura 14.63(a).

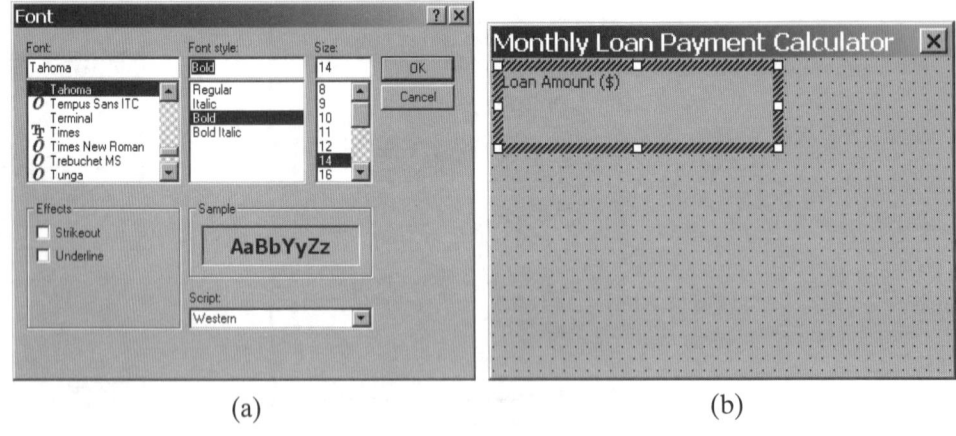

(a)   (b)

FIGURA 14.63

12. Em seguida, crie uma caixa de entrada(a) perto da caixa de rótulo Loan Amount ($). Na Caixa de Ferramentas, clique em TextBox (o botão **ab**) (na Figura 14.61(a)). Você deve ver agora uma cruz; mova-a para a direita da caixa de rótulo Loan Amount ($), em seguida pressione o botão esquerdo do *mouse*, desenhe uma caixa e redimensione-a conforme desejado. Nomeie essa caixa de texto Loan_Amount (Figura 14.64(a)). Altere também a propriedade BackColor, como mostra a Figura 14.64(b).

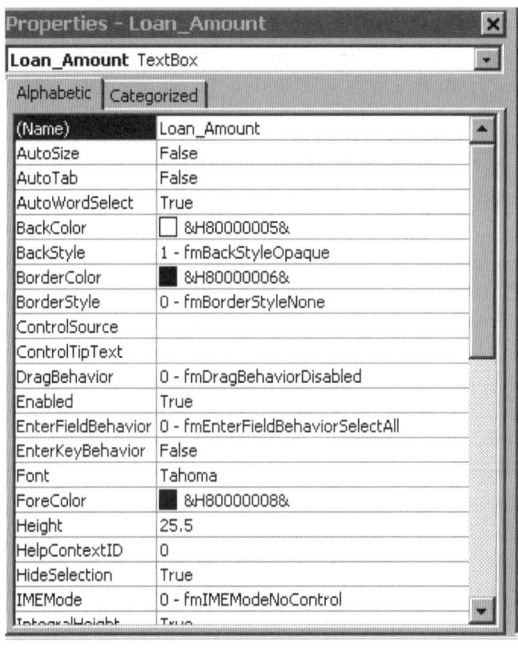

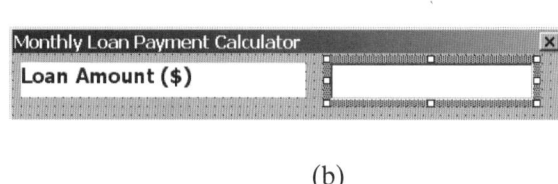

(a)   (b)

FIGURA 14.64

13. De maneira similar, crie caixas de rótulo e de entrada de texto para Interest Rate (%). Para o **Nome**, use Interest_Rate e, para a **Legenda**, use Interest Rate (%). Nomeie a caixa de texto correspondente como Nominal_Interest_Rate.

14. De modo análogo, crie caixas de rótulo e de entrada de texto para Years. Use Years para o **Nome**. Para a **Legenda**, use Years e nomeie a caixa de texto correspondente como Number_of_Years.

15. Crie mais uma caixa de rótulo e de texto. Para o **Nome**, use Monthly_Payments e, para a **Legenda**, use Monthly Loan Payments. Nomeie a caixa de texto correspondente como Payments.

Os resultados são mostrados na Figura 14.65.

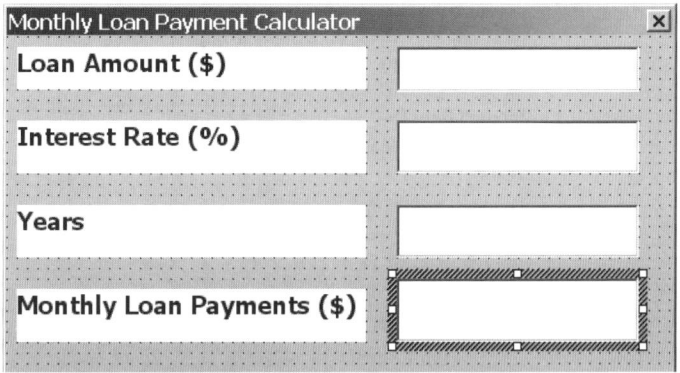

FIGURA 14.65

16. Em seguida, usando o botão de comando da Caixa de Ferramentas mostrado na Figura 14.66, crie os botões Calcular e Concluído.

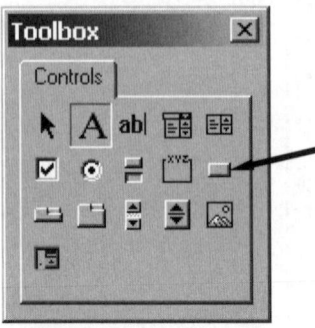

FIGURA 14.66

17. Use o Editor de Texto do Visual Basic e digite o código fornecido na Figura 14.67.

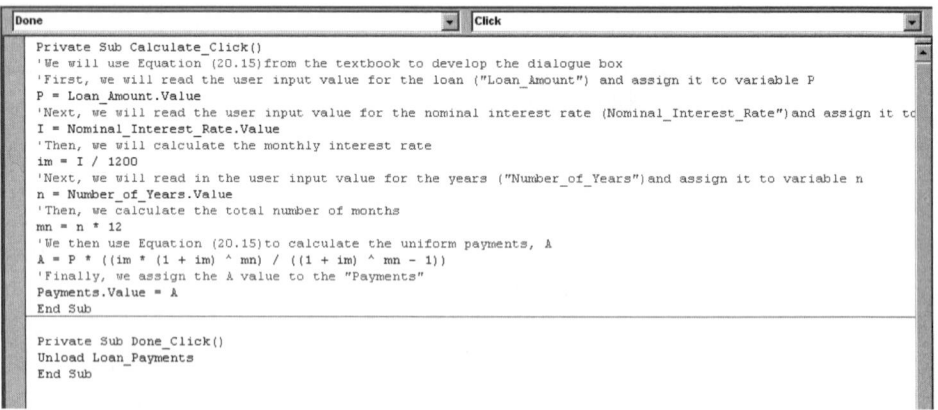

FIGURA 14.67

18. Execute o código. Insira os dados a seguir e depois clique no botão Calcular mostrado na Figura 14.68.

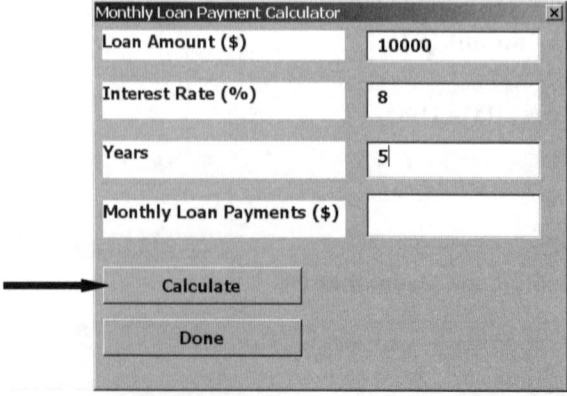

FIGURA 14.68

19. O pagamento mensal do empréstimo é agora calculado e exibido como mostra a Figura 14.69. Clique no botão Concluído para sair do código.

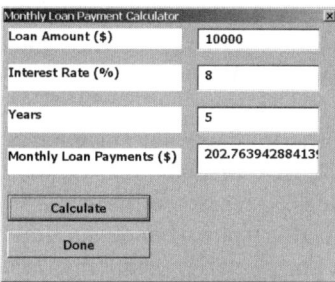

FIGURA 14.69

20. Agora, veja se você pode alterar as propriedades das caixas de diálogo, de rótulos e de texto para criar uma Calculadora de Pagamento de Empréstimo Mensal que se pareça com a mostrada a seguir.

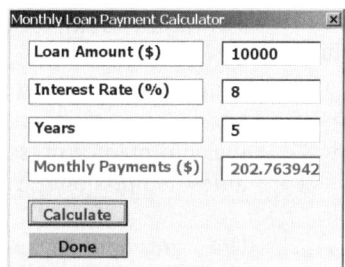

FIGURA 14.70

Antes de continuar

Responda as perguntas a seguir para testar o que aprendeu

1. O que é VBA?

2. O que é uma sub-rotina?

3. O que é uma macro?

4. Explique o que significa sintaxe orientada a objetos.

Vocabulário – Indique o significado dos termos a seguir:

Programação orientada a objetos _____

Macro _____

LoopFor _____

Propriedade de um objeto _____

RESUMO

OA¹ Fundamentos do Microsoft Excel

As planilhas são usadas para registrar, organizar e analisar dados usando fórmulas. Elas também são usadas para apresentar os resultados de uma análise em forma de gráfico. Uma pasta de trabalho — o arquivo de planilha — é dividida em planilhas e cada planilha divide-se em colunas, linhas e células. As colunas são marcadas por A, B, C, D etc., enquanto as linhas são identificadas por números 1, 2, 3, 4, etc. Célula é a caixa que se vê como resultado da interseção de uma linha e uma coluna. As células selecionadas simultaneamente são chamadas de intervalos. Ao criar fórmulas, é necessário ter cuidado sobre como se referir ao endereço de uma célula, especialmente se você estiver planejando usar o comando **Preencher** para copiar o padrão das fórmulas em outras células. Há três maneiras de fazer referência a um endereço de célula em uma fórmula: referência absoluta, referência relativa e referência mista. Por ora, você também sabe que pode usar o Excel para inserir fórmulas de engenharia e calcular os resultados.

OA² Funções do Excel

O Excel oferece grande seleção de funções integradas que podem ser usadas para analisar dados. Por funções integradas, nos referimos a funções padrão como seno ou cosseno de um ângulo, bem como fórmulas que calculam o valor total, o valor médio ou o desvio padrão de um conjunto de pontos de dados. As funções do Excel são agrupadas em várias categorias, incluindo funções matemáticas e trigonométricas, estatísticas, financeiras, lógicas e de engenharia. As funções lógicas, por exemplo, permitem testar várias condições durante a programação de fórmulas para análise de dados.

OA³ Plotagem com Excel

O Excel oferece muitas opções para criar gráficos. Você pode criar gráficos de colunas (ou histogramas), de linhas, pizza ou gráficos *xy*. Como estudante de engenharia e posteriormente, na prática profissional, muitos dos gráficos que você criará serão do tipo *xy*. Às vezes, é conveniente mostrar a plotagem de duas ou mais variáveis *versus* a mesma variável em um gráfico simples. Por enquanto, você deve saber como criar essas plotagens. Você também deve saber como usar o Excel para encontrar uma equação que melhor se encaixe a um conjunto de dados.

OA⁴ Operações com matrizes no Excel

Você também deve saber como usar o Excel para executar operações com matrizes como adição, subtração, multiplicação e resolver um conjunto de equações lineares. Quando executar operações com matrizes no Excel,você deve observar que é necessário seguir uma sequência de operações que incluem manter pressionadas as teclas Ctrl e Shift antes de pressionar a tecla Enter.

OA⁵ Introdução ao Visual Basic para aplicativos do Excel

O *software* Excel consiste em duas partes: a pasta de trabalho e o Visual Basic Editor. Visual Basic for Applications (VBA) é uma linguagem de programação que permite usar o Excel de forma mais eficiente. Por enquanto, você deve saber como criar sub-rotinas, inserir e recuperar dados, usar as funções integradas do Excel em seu programa e exibir os resultados. Também deve familiarizar-se com a criação de loops, o uso de matrizes e a construção de caixas de diálogo para resolver problemas comuns.

TERMOS-CHAVE

Álgebra matricial	Linha	Referência de célula absoluta
Ajuste de curva	LoopFor	Referência de célula mista
Caixa de diálogo	Gravar macro	Referência de célula relativa
Célula	Intervalo	Sintaxe orientada a objetos
Coluna	Matriz	VBA
Desenvolvedor	Parar gravação	

APLIQUE O QUE APRENDEU

A pressão atmosférica normalmente é expressa em uma das seguintes unidades: pascal (Pa), libras por polegada quadrada (lb/pol.²), milímetros de mercúrio (mm.Hg) e polegadas de mercúrio (pol.Hg). Use o VBA e crie uma caixa de diálogo personalizada para converter valores de pressão atmosférica de libras por polegada quadrada para pascal, milímetros de mercúrio e polegadas de mercúrio.

PROBLEMAS

Problemas que promovem aprendizado permanente estão indicados por

14.1 Usando o menu **Ajuda** do Excel, discuta como são usadas as seguintes funções. Crie um exemplo simples e demonstre o uso apropriado da função.

  a. TRUNC(number, num_digits)

  b. ROUND(number, num_digits)

  c. COMBIN(number, number_chosen)

  d. DEGREES(angle)

  e. SLOPE(known_y's, known_x's)

  f. CEILING(number, significance)

14.2 No Capítulo 20, abordaremos os conceitos básicos da engenharia econômica. Por enquanto, usando o menu **Ajuda** do Excel, familiarize-se com as funções a seguir. Crie um exemplo simples e demonstre o uso apropriado da função.

  a. FV(rate, nper, pmt, pv, type)

  b. IPMT(rate, per, nper, pv, fv, type)

  c. NPER(rate, pmt, pv, fv, type)

  d. PV(rate, nper, pmt, fv, type)

14.3 No Capítulo 10, discutimos a pressão dos fluidos e a função das torres de água em pequenas cidades. Lembre-se de que a função de uma torre de água é criar pressão na água do sistema municipal para atender as residências e para outros usos na cidade. Para atingir esse propósito, a água é armazenada em grandes quantidades em tanques elevados. Lembre-se também que a pressão da água municipal pode variar de uma cidade para outra, mas geralmente fica entre 350 e 550 kPa. Nesta atividade, use o Excel para criar uma tabela que mostre a relação entre a altura da água acima do solo, na torre de água, e a pressão da água em uma tubulação localizada na base da torre de água. A relação é dada por

onde

$$P = \rho g h$$

P = pressão da água na base da torre de água (Pa)

ρ = densidade da água, (rho) = 1.000 kg/m³

g = aceleração da gravidade, g = 9,81 m/s²

h = altura da água acima do solo (m)

Crie uma tabela que mostre a pressão da água em uma tubulação localizada na base da torre de água à medida que você varia a altura da água em incrementos de 3 m. Demonstre também a pressão da água *versus* a altura da água em metros. Qual seria o nível da água na torre de água para criar pressão de água de 550 kPa em uma tubulação na base da torre?

14.4 Como explicamos no Capítulo 10, viscosidade é uma medida da facilidade com que um fluido pode fluir. Por exemplo, o mel tem valor mais alto de viscosidade do que a água, pois se você derramar água e mel lado a lado em uma superfície inclinada, a água fluirá muito mais rápido. A viscosidade do fluido exerce função importante nas análises de muitos problemas da dinâmica de fluidos. A viscosidade da água pode ser determinada a partir da seguinte correlação:

$$\mu = c_1 10^{c_2/(T-c_3)}$$

onde

μ= viscosidade (N/s · m²)

T = temperatura (K)

$c_1 = 2{,}414 \times 10^{-5}$ (N/s · m²)

$c_2 = 247{,}8$ K

$c_3 = 140$ K

Usando o Excel, crie uma tabela que mostre a viscosidade da água como uma função da temperatura no intervalo de 0° C (273,15 K) a 100° C (373,15 K) em incrementos de 5° C. Crie também um gráfico mostrando o valor da viscosidade como uma função da temperatura.

14.5 Usando o Excel, crie uma tabela que mostre a relação entre unidades de temperatura em graus Celsius e Fahrenheit na variação de –50 a 150° C. Use incrementos de 10° C.

14.6 Usando o Excel, crie uma tabela que mostre a relação entre unidades de altura de pessoas em centímetros, polegadas e pés no intervalo de 150 cm a 2 m. Use incrementos de 5 cm.

14.7 Usando o Excel, crie uma tabela que mostre a relação entre unidades de massa para descrever a massa de pessoas em quilogramas, *slugs* e libras na variação de 20 kg a 120 kg. Use incrementos de 5 kg.

14.8 Usando o Excel, crie uma tabela que mostre a relação entre unidades de pressão em Pa, psi e polegadas de água no intervalo de 1.000 a 10.000 Pa. Use incrementos de 500 Pa.

14.9 Usando o Excel, crie uma tabela que mostre a relação entre unidades de pressão em Pa e psi no intervalo de 10 kPa a 100 kPa. Use incrementos de 5 kPa.

14.10 Usando o Excel, crie uma tabela que mostre a relação entre unidades de potência em watts e cavalo-vapor no intervalo de 100 W a 10.000 W. Use incrementos menores de 100 W até 1.000 W e, depois, use incrementos de 1.000 W até 10.000 W.

14.11 Como explicamos no Capítulo 7, a resistência do ar ao movimento de um veículo é algo importante que os engenheiros investigam. Como você também deve saber, a força de arrasto que atua sobre um carro é determinada experimentalmente colocando-se o carro em um túnel de vento. A velocidade do ar dentro do túnel é alterada e a força de arrasto que atua sobre o carro é medida. Para determinado carro, os dados experimentais são em geral representados por um único coeficiente chamado *coeficiente de arrasto*. Ele é definido pela relação a seguir:

$$C_d = \frac{F_d}{\frac{1}{2}\rho V^2 A}$$

onde

C_d = coeficiente de arrasto (adimensional)

F_d = força de arrasto medida (N)

ρ = densidade do ar (kg/m³)

	A	B	C	D	E	F	G	H	I	J	K	L
4	Table-1 Power requirement (kW)											
5												
6	Car				Ambient Temperature (C)							
7	speed (m/s)											
8		0	5	10	15	20	25	30	35	40	45	
9	15	2.0	2.0	2.0	1.9	1.9	1.9	1.8	1.8	1.8	1.7	
10	20	4.8	4.7	4.7	4.6	4.5	4.4	4.3	4.3	4.2	4.1	
11	25	9.4	9.3	9.1	8.9	8.8	8.6	8.5	8.4	8.2	8.1	
12	30	16.3	16.0	15.7	15.4	15.2	14.9	14.7	14.4	14.2	14.0	
13	35	25.9	25.4	24.9	24.5	24.1	23.7	23.3	22.9	22.6	22.2	
14												
15												
16	Table-2 Power requirement (hp)											
17												
18		0	5	10	15	20	25	30	35	40	45	
19	15	2.7	2.7	2.6	2.6	2.5	2.5	2.5	2.4	2.4	2.3	
20	20	6.5	6.4	6.2	6.1	6.0	5.9	5.8	5.7	5.6	5.6	
21	25	12.6	12.4	12.2	12.0	11.8	11.6	11.4	11.2	11.0	10.8	
22	30	21.8	21.4	21.1	20.7	20.3	20.0	19.7	19.4	19.0	18.7	
23	35	34.7	34.0	33.4	32.9	32.3	31.8	31.2	30.7	30.2	29.8	
24												

Problema 14.11

V = velocidade do ar dentro do túnel (m/s)

A = área frontal do carro (m²)

A área frontal A representa a projeção frontal da área do carro e pode ser aproximada simplesmente multiplicando-se 0,85 vezes a largura e a altura de um retângulo que contorna a frente do veículo. Essa é a área que se vê ao observar o carro de uma direção normal e direto nas grades frontais. O fator 0,85 é usado para ajustar as bordas arredondadas, o espaço de abertura abaixo do para-choque, e assim por diante. Para se ter uma ideia, os valores de coeficiente de arrasto típicos para carros esportivos estão entre 0,27 e 0,38 e para sedãs, entre 0,34 e 0,5.

O requisito de potência para superar a resistência do ar é calculado por

$$P = F_d V$$

onde

P= potência (watts)

O objetivo do exercício é ver como o requisito de potência muda com a velocidade do carro e a temperatura do ar. Determine o requisito de potência para superar a resistência do ar para um carro que apresente um coeficiente de arrasto nominal de 0,4, largura de 190 cm e altura de 145 cm. Faça variações da velocidade do ar no intervalo de 15 m/s < V < 35 m/s e altere o intervalo de densidade do ar de 1,11 kg/m³< ρ <1,29 kg/m³. O intervalo de densidade do ar fornecido corresponde a 0° a 45° C. Você pode usar a lei dos gases ideais para relacionar a densidade do ar com sua temperatura. Apresente suas descobertas em kilowatts, como mostra a planilha a seguir. Discuta suas descobertas em termos de consumo de potência como uma função da velocidade e da temperatura do ar.

14.12 A viga engastada na ilustração é usada para suporte de uma carga que atua em uma sacada. A deflexão da linha central da viga é dada pela seguinte equação:

$$y = \frac{-wx^2}{24EI}(x^2 - 4Lx + 6L^2)$$

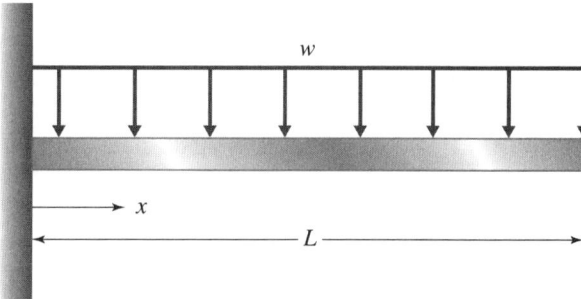

Problema 14.12

onde

y = deflexão em determinado local x (m)

w = carga distribuída (N/m)

E = módulo de elasticidade (N/m²)

I = segundo momento de área (m⁴)

x = distância do suporte como mostrado (x)

L = comprimento da viga (m)

Usando o Excel, faça a plotagem da deflexão de uma viga cujo comprimento é 5 m com módulo de elasticidade E = 200 GPa e I =99,1 x 10⁶ mm⁴. A viga é projetada para sustentar uma carga de 10.000 N/m. Qual é a deflexão máxima da viga?

14.13 Aletas, ou superfícies estendidas, normalmente são usadas em diversas aplicações de engenharia para obter resfriamento. Exemplos comuns incluem o cabeçote de motores de motocicletas, o cabeçote de motores de cortadores de grama, o dissipador de calor usado em equipamentos eletrônicos e os trocadores de calor de tubos aletados em aplicações para aquecimento e resfriamento de ambientes. Considere um perfil retangular de aletas de alumínio na figura a seguir, que são usadas para remover o calor de uma superfície cuja temperatura é 100° C (T_{base} = 100° C). A temperatura do ar ambiente é 20° C. Estamos interessados em determinar como a temperatura da aleta varia ao longo do comprimento e em plotar essa variação de temperatura. Para aletas compridas, a distribuição de temperatura ao longo da aleta é dada por

$$T - T_{ambiente} = (T_{base} - T_{ambiente})e^{-mx}$$

onde

$$m = m = \sqrt{\frac{hp}{kA}}$$

h = o coeficiente de transferência de calor (W/m². K)

p = perímetro da aleta 2 * (a+b), (m)

A = área da seção transversal da aleta (a*b), (m²)

k = condutividade térmica do material da aleta (W/m. K)

Faça a plotagem da distribuição da temperatura ao longo da aleta usando os seguintes dados: k = 168 W/m · K, h = 12 W/m² · K, a= 0,05 m, b = 0,01 m. Varie x de 0 a 0,1 m em incrementos de 0,01 m.

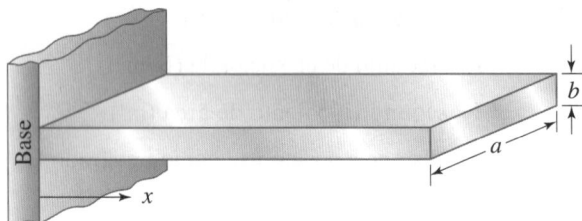

Problema 14.13

14.14 Uma pessoa de nome Huebscher desenvolveu a relação entre o tamanho equivalente de dutos circulares e dutos retangulares, de acordo com

$$D = 1,3 \frac{(ab)^{0,625}}{(a+b)^{0,25}}$$

onde

D = diâmetro do duto circular equivalente (mm)

a = dimensão de um lado do duto retangular (mm)

b = a outra dimensão do duto retangular (mm)

Usando o Excel, crie uma tabela que mostre a relação entre as dimensões dos dutos circular e retangular, similar à mostrada na tabela a seguir.

Comprimento b	Comprimento de um lado do duto retangular (comprimento a), mm				
	100	125	150	175	200
400	207				
450					
500					
550					
600					

14.15 Um tubo de Pitot é um dispositivo normalmente usado em túneis de vento para medir a velocidade do ar que flui sobre um modelo. A velocidade do ar é medida a partir da seguinte equação:

$$V = \sqrt{\frac{2 P_d}{\rho}}$$

onde

V = velocidade do ar (m/s)

P_d = pressão dinâmica (Pa)

ρ = densidade do ar (1,23 kg/m³)

Usando o Excel, crie uma tabela que mostre a velocidade do ar para o intervalo de pressão dinâmica de 500 a 800 Pa. Use incrementos de 50 Pa.

14.16 Use o Excel para resolver o Exemplo 7.1. Lembre-se de que aplicamos a regra trapezoidal para determinar a área do formato dado.

14.17 Discutiremos engenharia econômica no Capítulo 20. Usando o Excel, crie uma tabela que possa ser usada para determinar os pagamentos mensais de um empréstimo pelo período de cinco anos. Os pagamentos mensais são calculados a partir de

$$A = P \left[\frac{\left(\frac{i}{1200}\right)\left(1 + \frac{i}{1200}\right)^{60}}{\left(1 + \frac{i}{1200}\right)^{60} - 1} \right]$$

onde

A = pagamentos mensais em dólares

P = o empréstimo em dólares

i = a taxa de juros, ex., 7, 7,5, ..., 9

Empréstimo	Taxa de juros				
	7	7,5	8	8,5	9
10.000					
15.000					
20.000					
25.000					

14.18 Uma pessoa chamada Sutterland desenvolveu a correlação que pode ser usada para avaliar a viscosidade do ar como uma função da temperatura, que é dada por

$$\mu = \frac{c_1 T^{0,5}}{1 + \dfrac{c_2}{T}}$$

onde

μ = viscosidade (N/s/m²)

T = temperatura (K)

$$c_1 = 1,458 \times 10^{-6} \left(\frac{\text{kg}}{\text{m} \cdot \text{s} \cdot \text{K}^{1/2}} \right)$$

$c_2 = 110,4$ K

Crie uma tabela que mostre a viscosidade do ar como uma função da temperatura no intervalo de 0° C (273, 15 K) a 100° C (373,15 K) em incrementos de 5° C. Crie também um gráfico mostrando o valor da viscosidade como uma função da temperatura como mostra a planilha a seguir.

14.19 No Capítulo 11, explicamos o conceito dos fatores de arrefecimento pelo vento. Dissemos que as taxas de transferência de calor de seu corpo para o ambiente aumentam em um dia frio e com vento. Simplificando, você perde mais calor corpóreo em dias frios e com vento do que em dias amenos. O índice de arrefecimento pelo vento responde pelo efeito combinado de velocidade do vento e temperatura do ar. Ele é responsável pela perda de calor corpóreo adicional que ocorre em dias frios e com vento. Os valores antigos de arrefecimento pelo vento foram determinados empiricamente e uma correlação comum usada para determinar o índice de arrefecimento pelo vento era

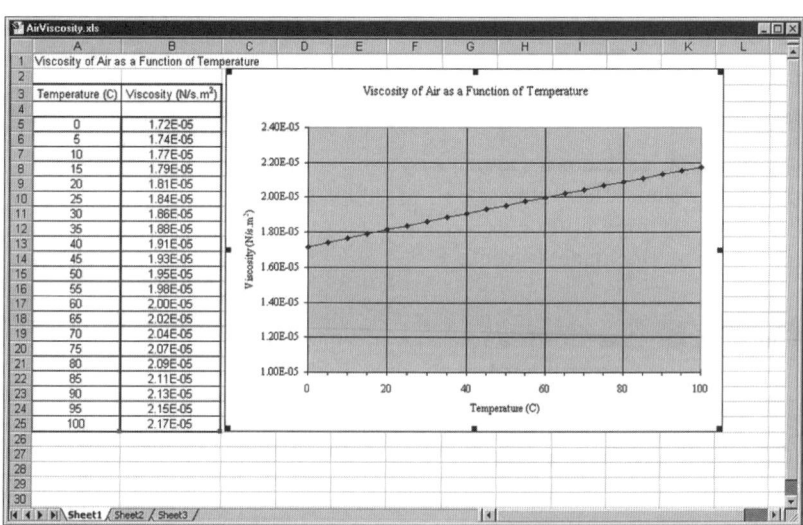

Problema 14.18

Problema 14.19

		10	5	0	-5	-10	-15	-20	-25	-30
Wind speed (km/h)	20	3.6	-2.8	-9.2	-15.6	-22.0	-28.4	-34.8	-41.2	-47.6
	30	1.0	-6.0	-12.9	-19.9	-26.8	-33.8	-40.7	-47.7	-54.6
	40	-0.7	-8.1	-15.4	-22.7	-30.0	-37.4	-44.7	-52.0	-59.4
	50	-1.9	-9.5	-17.1	-24.7	-32.2	-39.8	-47.4	-55.0	-62.6
	60	-2.7	-10.4	-18.2	-25.9	-33.7	-41.5	-49.2	-57.0	-64.7
	70	-3.2	-11.0	-18.9	-26.8	-34.6	-42.5	-50.3	-58.2	-66.1
	80	-3.4	-11.3	-19.3	-27.2	-35.1	-43.0	-50.9	-58.8	-66.6

$$WCI = (10,45 - V + 10\sqrt{V})(33 - T_a)$$
onde

WCI = índice de arrefecimento pelo vento (kcal/m² · h)
V = velocidade do vento (m/s)
T_a = temperatura do ar ambiente (°C)

e o valor 33 é a temperatura de superfície do corpo em graus Celsius.
A temperatura do arrefecimento pelo vento equivalente mais comum $T_{equivalente}$ (°C) era fornecida por

$$T_{equivalente} = 0,045(5,27\,V^{0,5} + 10,45 - 0,28\,V) \times (T_a - 33) + 33$$

Observe que V é expresso em km/h.
Crie uma tabela que mostre as temperaturas de arrefecimento pelo vento no intervalo de temperatura do ar ambiente de -30° C < T_a< 10° C e a velocidade do ar de 20 km/h <V< 80 km/h, como mostra a planilha a seguir.

14.20 Use os dados fornecidos na Figura 14.10 e duplique o gráfico mostrado lá.

14.21 Use o Excel para plotar os dados a seguir. Use dois eixos y diferentes. Use uma escala de zero a 40° C para a temperatura e de zero a 12 km/h para a velocidade do vento.

Tempo (P.M.)	Temperatura (°C)	Velocidade do vento (km/h)
1	24	4
2	27	5
3	29	8
4	29	5
5	26	5
6	24	4
7	21	3
8	20	3

14.22 Use o Excel para plotar os dados de uma bomba, fornecidos a seguir. Use dois eixos y diferentes. Use uma escala de zero a 140 cm para a carga e de zero a 100 para a eficiência.

Vazão (L/min)	Carga da bomba (cm)	Eficiência (%)
0	120	1
2	119,2	10
4	116,8	30
6	112,8	50
8	107,2	70
10	100	80
12	91,2	79
14	80,8	72
16	68,8	50
18	55,2	30

14.23 Use a relação empírica a seguir para plotar o consumo de combustível em quilômetros por litro e em litros por quilômetros para um carro ao qual se aplica a relação a seguir. *Observação:* V é a velocidade do carro em km por hora e a relação dada é válida para $30 \le V \le 70$.

Consumo de Combustível (km/L)
$$= \frac{1050 \times V}{910 + V^{1,88}}$$

14.24 Começando com uma folha de papel de 10 cm × 10 cm, qual é o maior volume que você pode criar ao cortar x cm × x cm de cada canto do papel e depois dobrar os lados. Use o Excel para obter a solução. *Dica:* O volume criado ao cortar x cm × x cm de cada canto da folha de papel de 10 cm ×10 cm é fornecido por $V = (10 - 2x)(10 - 2x)x$

14.25 Dadas as matrizes:

$$[A] = \begin{bmatrix} 4 & 2 & 1 \\ 7 & 0 & -7 \\ 1 & -5 & 3 \end{bmatrix}, [B] = \begin{bmatrix} 1 & 2 & -1 \\ 5 & 3 & 3 \\ 4 & 5 & -7 \end{bmatrix} \text{ e}$$

$$[C] = \begin{Bmatrix} 1 \\ -2 \\ 4 \end{Bmatrix}, \text{ execute as seguintes operações}$$

usando o Excel.

a. $[A] + [B] =?$
b. $[A] - [B] = ?$
c. $3[A] = ?$
d. $[A][B] = ?$
e. $[A]\{C\} = ?$

14.26 Resolva o seguinte conjunto de equações usando o Excel.

$$\begin{bmatrix} 1 & 1 & 1 \\ 2 & 5 & 1 \\ -3 & 1 & 5 \end{bmatrix} \begin{Bmatrix} x_1 \\ x_2 \\ x_3 \end{Bmatrix} = \begin{Bmatrix} 6 \\ 15 \\ 14 \end{Bmatrix}$$

14.27 Resolva o seguinte conjunto de equações usando o Excel.

$$\begin{bmatrix} 7,11 & -1,23 & 0 & 0 & 0 \\ -1,23 & 1,99 & -0,76 & 0 & 0 \\ 0 & -0,76 & 0,851 & 0,091 & 0 \\ 0 & 0 & -0,091 & 2,31 & -2,22 \\ 0 & 0 & 0 & -2,22 & 3,69 \end{bmatrix} \begin{bmatrix} T_1 \\ T_2 \\ T_3 \\ T_4 \\ T_5 \end{bmatrix}$$

$$= \begin{Bmatrix} (5,88)(20) \\ 0 \\ 0 \\ 0 \\ (1,47)(70) \end{Bmatrix}$$

14.28 Encontre a equação que melhor se ajusta ao conjunto de pontos de dados seguir. Compare os valores real e previsto de *y*.

x	0	1	2	3	4	5	6	7	8	9	10
y	10	12	15	19	23	25	27	32	34	36	41

14.29 Encontre a equação que melhor se ajusta ao conjunto de pontos de dados a seguir. Compare os valores real e previsto de *y*.

x	0	1	2	3	4	5	6	7	8
y	5	8	15	32	65	120	203	320	477

14.30 Encontre a equação que melhor se ajusta ao conjunto de pontos de dados a seguir. Compare os valores real e previsto de *y*.

x	0	5	10	15	20	25	30	35	40	45	50
y	100	101,25	105	111,25	120	131,25	145	161,25	180	201,25	225

14.31 Use VBA para criar uma caixa de diálogo personalizada para o Problema 14.10.

14.32 Use VBA para criar uma caixa de diálogo personalizada para o Problema 14.11.

14.33 Use VBA para criar uma caixa de diálogo personalizada para o Problema 14.14.

14.34 Use VBA para criar uma caixa de diálogo personalizada para o Problema 14.15.

Ferramentas computacionais para engenharia MATLAB

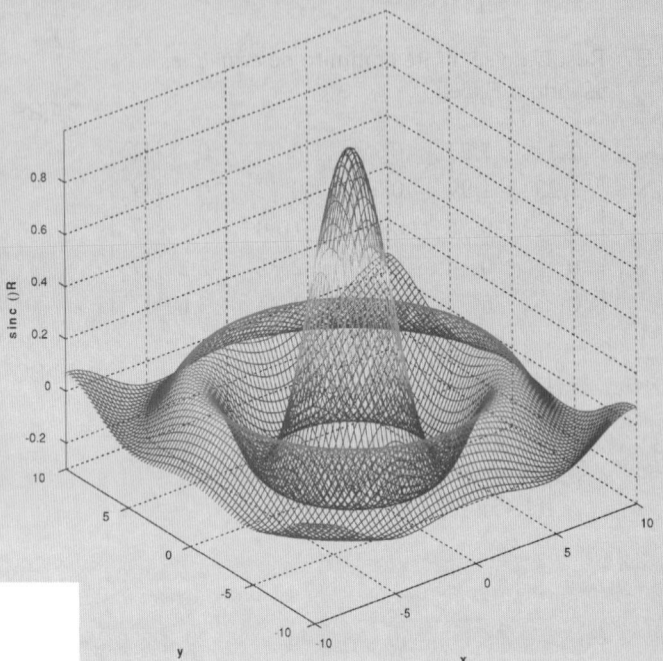

MATLAB® é um *software* matemático que pode ser usado para resolver vários problemas de engenharia. Antes da introdução do MATLAB, os engenheiros escreviam os próprios programas de computador para resolver problemas de engenharia. Mesmo que ainda escrevam código de computador para resolver problemas complexos, os engenheiros agora podem se beneficiar das funções integradas do *software*. O MATLAB também é muito versátil; você pode usá-lo para escrever seus próprios programas.

OBJETIVOS DE APRENDIZADO

OA¹ **Fundamentos do MATLAB:** explicar os fundamentos do ambiente MATLAB

OA² **Funções, controle de loop e expressões condicionais do MATLAB:** descrever como usar as funções integradas do MATLAB; explicar como executar um bloco de códigos muitas vezes, com base no atendimento de uma condição

OA³ **Plotagem com MATLAB:** saber criar plotagens no ambiente MATLAB

OA⁴ **Cálculo de matrizes com MATLAB:** saber usar o MATLAB para executar operações com matrizes e resolver conjuntos de equações lineares

OA⁵ **Matemática simbólica com MATLAB:** descrever como usar os recursos simbólicos do MATLAB para apresentar um problema e sua solução usando símbolos

CONSTRUINDO A ROUPA ESPACIAL DO FUTURO POR DAVA NEWMAN

DEBATE INICIAL

Nos últimos doze anos, trabalhei com colegas e alunos no Massachusetts Institute of Technology (MIT) e com colaboradores de várias disciplinas em todo o mundo para desenvolver um novo tipo de roupa espacial. Minha esperança é que os astronautas que um dia caminharão na superfície de Marte estejam protegidos por uma versão futura do que chamamos de "BioSuit™".

As roupas que mantiveram vivos os astronautas da NASA na superfície da Lua e as usadas pela tripulação do Ônibus Espacial e da Estação Espacial Internacional para atividades extraveiculares (EVAs, *extraveicular activities*), incluindo as missões de reparo do Hubble, são maravilhas tecnológicas; na verdade, são miniaturas de naves espaciais que fornecem pressão, oxigênio e controle térmico que os seres humanos precisam para sobreviver no vácuo do espaço. O maior problema com essas roupas é sua rigidez. O ar que fornece a pressão necessária para os corpos dos astronautas os transforma em balões rígidos, o que dificulta os movimentos. Essas roupas são oficialmente conhecidas como EMUs — unidades de mobilidade extraveicular (*extraveicular mobility units*), porém permitem mobilidade limitada. Os astronautas que realizam trabalho de reparo no espaço consideram a rigidez das luvas um desafio; imagine manipular ferramentas e pequenas peças por horas usando luvas preenchidas com gás que inibem a flexibilidade dos dedos.

A futura exploração do espaço será dispendiosa. Se enviarmos seres humanos a Marte, vamos querer maximizar os esforços e o retorno científico. Uma contribuição para essa eficiência precisará ser um novo tipo de roupa espacial que permita a nossos astronautas exploradores mover-se livre e rapidamente na superfície marciana. Essa roupa pode ser o BioSuit. O BioSuit fundamenta-se na ideia de que existe outra forma de aplicar a pressão necessária no corpo de um astronauta. Pelo menos em teoria, uma roupa ajustável à forma que exerça pressão diretamente sobre a pele pode fazer isso. O que é necessário é um tecido elástico e uma estrutura que possa fornecer cerca de um terço da pressão atmosférica ao nível do mar ou 30 kPa (aproximadamente

a pressão no topo do Monte Everest). A roupa aderida à pele permitiria um grau de mobilidade, que é impossível na roupa preenchida com gás. Ela também seria potencialmente mais segura. Enquanto um atrito ou a perfuração causada por um micrometeoro na roupa tradicional poderia representar a súbita ameaça de descompressão, como no caso de um balão, resultando em uma emergência e término imediato da EVA — uma pequena ruptura na BioSuit poderia ser rapidamente reparada com um tipo de bandagem Ace™ de alta tecnologia.

Colaboradores de fora da comunidade MIT incluem a Trotti and Associates, Inc., uma empresa de arquitetura e *design* industrial de Cambridge, Massachusetts, engenheiros da Draper Laboratories e a Dainese, fabricante italiana de trajes de couro para corridas de motocicleta — roupas de couro e fibra de carbono desenvolvidas para proteger motociclistas que correm até 320 km/h. Reunir os projetistas da Trotti and Associates, os alunos da Rhode Island School of Design e meus alunos de engenharia no MIT influenciou consideravelmente a forma como nossos grupos trabalham. Em nossas primeiras sessões juntos para idealizar uma roupa espacial tipo segunda pele, meus estudantes de engenharia gastaram muito tempo debruçados em seus *laptops*, calculando e analisando as equações aplicáveis, enquanto os *designers*— pensadores visuais — pegavam blocos de rascunho e começavam imediatamente a desenhar para abordar o problema. Depois de trabalharem juntos por semanas, os engenheiros se sentiram mais confortáveis com a ideia de esboçar soluções e alguns *designers* incluíram o MATLAB e sua abordagem mais analítica a seu repertório. Ao final, todos haviam se aprimorado.

Para ver o artigo na íntegra, visite: <http://www.nasa.gov>.

Para os estudantes: Você percebe a importância de ferramentas computacionais como o MATLAB para resolver problemas complicados? Consegue imaginar outros motivos para aprender a usar o MATLAB?

Neste capítulo, discutiremos o uso do MATLAB para resolver problemas de engenharia. MATLAB é um *software* matemático disponível em muitos laboratórios de universidades hoje em dia. É uma ferramenta muito poderosa, especialmente para manipular matrizes; de fato, foi originalmente projetado com esse propósito. Há muitos bons livros que discutem os recursos do MATLAB para resolver uma gama completa de problemas. Aqui, nossa intenção é introduzir somente algumas ideias básicas, para que você possa realizar algumas operações essenciais. Durante sua formação em engenharia, você aprenderá mais, em outras aulas, sobre como usar o MATLAB de maneira eficiente para resolver uma ampla variedade de problemas de engenharia. Como discutimos no Capítulo 14, antes da introdução das planilhas eletrônicas e de programas matemáticos como o MATLAB, os engenheiros escreviam os próprios programas de computador para resolver problemas de engenharia. Mesmo que ainda escrevam código de computador para resolver problemas complexos, os engenheiros agora podem se beneficiar das funções integradas de *software* que estão prontamente disponíveis com ferramentas computacionais como o MATLAB. O MATLAB também é muito versátil; você pode usá-lo para escrever os próprios programas.

Este capítulo começa discutindo a composição básica do MATLAB. Explicaremos como inserir dados ou uma fórmula no MATLAB e como realizar alguns cálculos de engenharia típicos. Explicaremos também o uso de outras funções matemáticas, estatísticas e lógicas do MATLAB. Neste capítulo, apresentamos também a plotagem dos resultados de uma análise de engenharia usando MATLAB. Finalmente, discutiremos brevemente o ajuste de curvas e os recursos simbólicos do MATLAB. Matemática simbólica refere-se ao uso de símbolos em vez de números para definir problemas. Além disso, usaremos exemplos do Capítulo 14 (Excel) para enfatizar que o MATLAB é apenas outra ferramenta que pode ser usada para resolver diversos problemas de engenharia.

OA¹ 15.1 Fundamentos do MATLAB

Começaremos explicando algumas ideias básicas; em seguida, quando você dispuser de um bom conhecimento desses conceitos, usaremos o MATLAB para resolver alguns problemas de engenharia. Como é o caso em qualquer área nova que se explore, o MATLAB tem a própria sintaxe e terminologia. Uma janela do MATLAB típica é mostrada na Figura 15.1. Os principais componentes da janela do MATLAB no modo padrão estão marcados por setas e números, como mostra a Figura 15.1.

1. **Menu Tabs/Bar:** Contêm os comandos para executar determinadas tarefas, como salvar seu espaço de trabalho ou importar dados.

2. **Current Folder:** mostra o diretório ativo, mas você também pode usá-la para alterar o diretório.

3. **Current Folder Window:** mostra todos os arquivos, seus tipos, tamanhos e descrições no diretório atual.

4. **Command Window:** é onde você insere variáveis e emite comandos do MATLAB.

5. **Command History Window:** mostra a hora e a data em que os comandos foram emitidos durante as sessões anteriores do MATLAB; também mostra o histórico de comandos da sessão atual (ativa).

6. **Workspace:** mostra as variáveis criadas durante a sessão do MATLAB.

Conforme mostrado na Figura 15.1, o *layout* da área de trabalho do MATLAB, no modo padrão, está dividido em quatro janelas: Current Folder, **Command Window**, Workspace e **Command History**. Você digita (insere) comandos na Command Window (janela de comandos). Por exemplo, pode atribuir valores a variáveis ou plotar um conjunto de variáveis. A janela Command History (histórico de comandos) mostra a data e a hora dos comandos que você emitiu durante as sessões anteriores do MATLAB. Também mostra o histórico de comandos na sessão atual (ativa). Você pode transferir comandos antigos, emitidos durante sessões anteriores, da janela de histórico de comandos para a janela de comandos. Para isso,

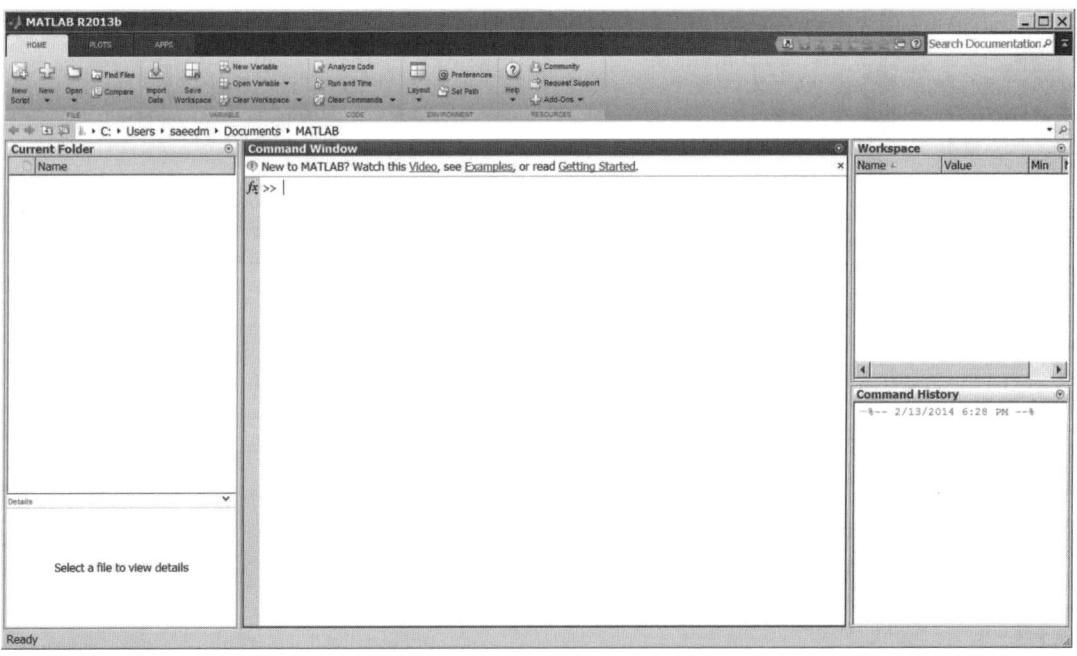

FIGURA 15.1   *Layout* da área de trabalho do MATLAB.

> No ambiente MATLAB, é possível atribuir valores a uma variável ou definir os elementos de uma matriz. Você também pode usar o MATLAB para inserir fórmulas de engenharia e calcular os resultados. Quando digitar sua fórmula, use parênteses para indicar a ordem das operações.

mova o ponteiro do *mouse* sobre o comando que deseja transferir; em seguida, clique no botão esquerdo e, mantendo pressionado o botão, arraste a linha de comando antiga para a janela de comandos. Opcionalmente, quando pressionar a tecla de seta para cima, o comando executado anteriormente aparecerá novamente. Você também pode copiar e colar comandos da janela de comandos atual, editá-los e usá-los novamente. Para limpar o conteúdo da janela de comandos, digite **clc.**

No ambiente MATLAB, é possível atribuir valores a uma variável e definir os elementos de uma matriz. Por exemplo, conforme mostra a Figura 15.2, para atribuir o valor de 5 à variável x, na janela de comandos, depois do sinal do *prompt>>*, basta digitar **x = 5**. As operações escalares (aritméticas) básicas do MATLAB são mostradas na Tabela 15.1.

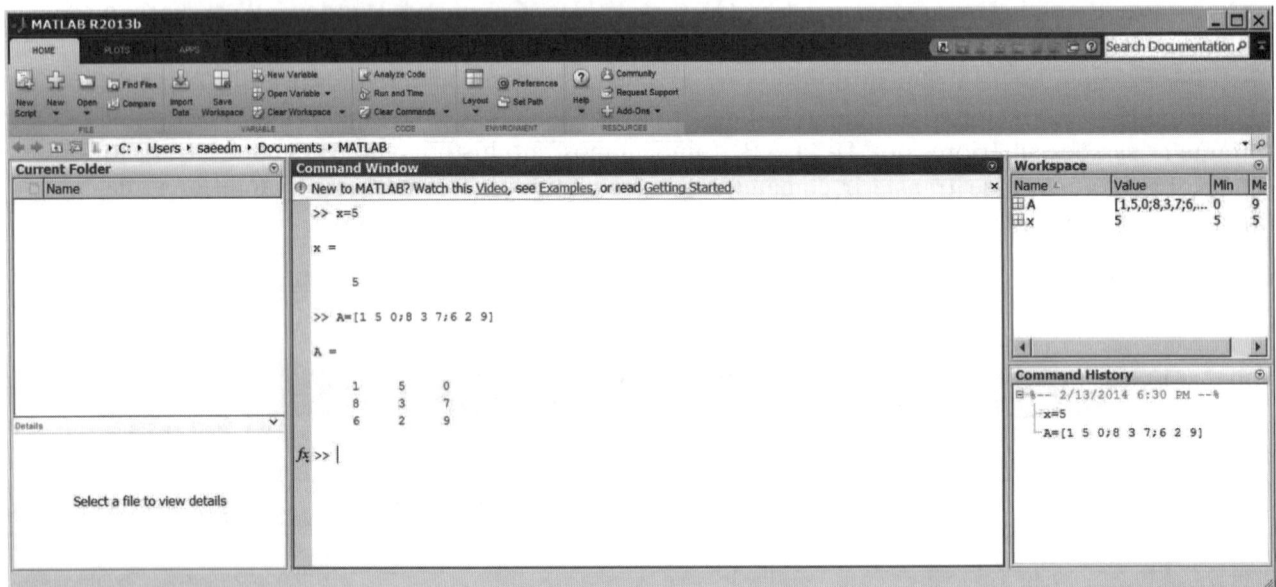

FIGURA 15.2   Exemplos de atribuição de valores ou definição de elementos de uma matriz no MATLAB.

TABELA 15.1   Operadores escalares (aritméticos) básicos do MATLAB

Operação	Símbolo	Exemplo X = 5 e y = 3	Resultado
Adição	+	x+y	8
Subtração	–	x – y	2
Multiplicação	*	x*y	15
Divisão	/	(x+y)/2	4
Potenciação	^	x^2	25

Conforme explicamos na Seção 14.4, durante sua formação em engenharia você aprenderá sobre os diferentes tipos de variáveis físicas. Algumas variáveis são identificáveis por um único valor ou por magnitude. O tempo, por exemplo, pode ser descrito por um único valor, como 2 horas. Variáveis físicas identificáveis por um único valor são chamadas *escalares*. A temperatura é outro exemplo de variável escalar. Por outro lado, se for descrever a velocidade de um veículo, não apenas deve especificar a rapidez com que ele se move (velocidade), mas também sua direção. As variáveis físicas que possuem magnitude e direção são chamadas *vetores*.

Também há outras quantidades que requerem a especificação de mais de duas informações. Se fôssemos descrever, por exemplo, o local em que um carro está estacionado em uma garagem de vários andares (em relação à entrada da garagem), precisaríamos especificar o piso (a coordenada *z*) e depois a localização do carro naquele andar (coordenadas x e *y*). A **matriz** muitas vezes é usada para descrever situações que envolvem muitos valores. Em geral, uma matriz é um arranjo de números, variáveis ou termos matemáticos. Para definir os elementos de uma matriz, por exemplo

$$[A] = \begin{bmatrix} 1 & 5 & 0 \\ 8 & 3 & 7 \\ 6 & 2 & 9 \end{bmatrix},$$

digitamos

```
A = [1 5 0;8 3 7;6 2 9]
```

Observe que no MATLAB os elementos da matriz são colocados entre colchetes [ ] e separados por espaços em branco, e os elementos de cada linha são separados por ponto-e--vírgula (;) como mostra a Figura 15.2.

Na Seção 18.5, discutiremos álgebra matricial mais detalhadamente. Caso não possua conhecimentos de álgebra matricial, leia a Seção 18.5 antes de estudar os exemplos do MATLAB que lidam com matrizes.

Comandos `format`, `disp` e `fprintf`

O MATLAB oferece vários comandos que podem ser usados para exibir resultados de cálculos. O comando **format** do MATLAB permite exibir valores de determinadas maneiras. Por exemplo, se definir x = 2/3, o MATLAB exibirá x = 0,6667. Por padrão, o MATLAB exibe quatro casas decimais. Se desejar mais casas decimais, digite format long. Agora, se digitar x novamente, o valor de *x* será exibido com 14 casas decimais, ou seja x = 0,66666666666667. Você pode controlar de outras formas o modo como o valor de *x* é exibido, conforme mostra a Tabela 15.2. É importante observar que o comando format não afeta o número de dígitos mantidos quando os cálculos são realizados pelo MATLAB, mas apenas a maneira como os valores são exibidos.

O comando **disp** é usado para exibir texto ou valores. Por exemplo, em **x = [1 2 3 4 5]**, o comando **disp(x)** exibirá 1 2 3 4 5, ou o comando disp('Result =') exibirá Result =. Observe que o texto que você deseja exibir deve estar entre aspas simples.

O **fprintf** é um comando de impressão (exibição) que oferece grande flexibilidade. Você pode usá-lo para imprimir texto e/ou valores com um número desejado de dígitos. Também pode usar caracteres de formatação especial, como \n e \t, para produzir alimentação de linhas e guias. O exemplo a seguir demonstrará o uso do comando fprintf.

| TABELA 15.2 | Opções do comando Format |

Comando do MATLAB	Como o resultado de x=2/3 é exibido	Explicação
format short	0,6667	Exibe o formato padrão de quatro casas decimais.
format long	0,66666666666667	Exibe 14 casas decimais.
format rat	2/3	Exibe frações de números inteiros.
format bank	0,67	Exibe duas casas decimais.
format short e	6,6667e-001	Exibe notação científica com quatro casas decimais.
format long e	6,66666666666666e-001	Exibe notação científica com 14 casas decimais.
format hex	3fe5555555555555	Exibe saída hexadecimal.
format +	+	Exibe +, –, ou espaço em branco se o número for positivo, negativo ou zero, respectivamente.
format compact		Suprime linhas em branco na saída.

| EXEMPLO 15.1 | Na janela de comandos do MATLAB, digite os comandos a seguir.

```
x = 10
fprintf ('The value of x é %g \n', x)
```

O MATLAB exibirá

```
The value of x é 10
```

Uma captura de tela da janela de comandos para o Exemplo 15.1 é mostrada na Figura 15.3.

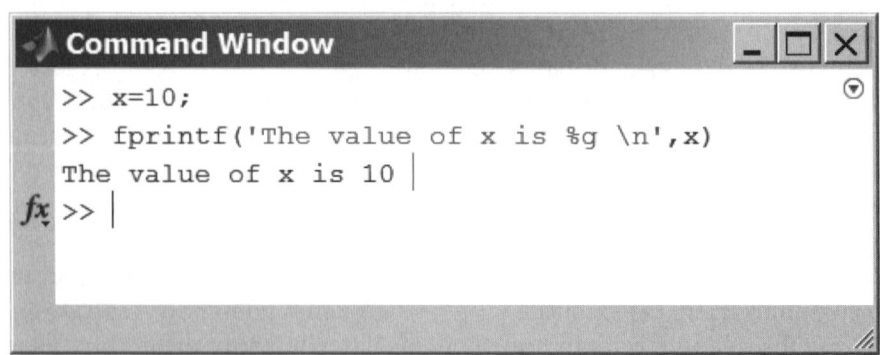

| FIGURA 15.3 | Captura de tela da janela de comandos para o Exemplo 15.1.

Observe que o texto e o código de formatação estão entre aspas simples. Observe também que %g é um caractere de formato numérico que é substituído pelo valor de x, 10. Também é importante mencionar que o MATLAB não produzirá uma saída até que encontre o \n.

Os recursos adicionais dos comandos `disp` e `fprintf` serão demonstrados posteriormente com outros exemplos.

Salvando o espaço de trabalho do MATLAB

Você pode salvar o espaço de trabalho em um arquivo emitindo o comando: **save your _ filename**. O `your _ filename` é o nome que se deseja atribuir para o **workspace** (espaço de trabalho). Mais tarde você poderá carregar o arquivo do disco para a memória emitindo o comando: **load your _ filename**. Com o tempo, poderá criar muitos arquivos; poderá usar então o comando **dir** para listar o conteúdo do diretório. Em operações simples, poderá usar a janela de comandos para inserir variáveis e emitir comandos do MATLAB. No entanto, ao gravar um programa maior do que algumas linhas, use o M-file. Mais adiante neste capítulo, explicaremos como criar, editar, executar e depurar o M-file.

Gerando intervalo de valores

Ao criar, analisar e plotar dados, muitas vezes é conveniente criar um intervalo de números. Para criar um *intervalo* de dados ou uma matriz de linha, basta especificar o número inicial, o incremento e o número final. Por exemplo, para gerar um conjunto de valores *x* no intervalo de zero a 100 em incrementos de 25 (ex., 0 25 50 75 100), na janela de comandos, digite

```
x = 0:25:100
```

Observe que na linguagem MATLAB o intervalo é definido por um valor inicial seguido por dois-pontos (:), o incremento também seguido por dois-pontos e o valor final. Como outro exemplo, se você digitar

```
Countdown =5:-1:0
```

a matriz de linha de contagem regressiva terá os valores 5 4 3 2 1 0.

Criando fórmulas no MATLAB

Como dissemos anteriormente, os engenheiros usam fórmulas que representam as leis físicas e químicas que regem nosso ambiente para analisar vários problemas. Você pode usar o MATLAB para inserir fórmulas de engenharia e calcular os resultados. Lembre-se de que ao digitar sua fórmula deve usar parênteses para indicar a ordem da operação. Por exemplo, na janela de comandos do MATLAB, se você digitar **count = 100+5*2**, o MATLAB executará primeiro a multiplicação, que resulta no valor de 10 e, então, esse resultado será adicionado a 100, que resulta no valor total de 110. Entretanto, se quiser que o MATLAB adicione 100 a 5 primeiro e depois multiplique o resultado de 105 por 2, deve colocar 100 e 5 entre parênteses, assim: **count = (100+5)*2**, que resulta no valor de 210. As operações aritméticas básicas do MATLAB são mostradas na Tabela 15.3.

| TABELA 15.3 | Operações aritméticas básicas do MATLAB | | |

Operação	Símbolo	Exemplo: x=10 e y=2	z, o resultado da fórmula mostrada no exemplo
Adição	+	z = x + y + 20	32
Subtração	–	z = x – y	8
Multiplicação	*	z = (x*y)+9	29
Divisão	/	z = (x/2,5) + y	6
Potenciação	∧	z = (x∧y)∧0,5	10

Operação elemento a elemento

Além das operações escalares (aritméticas) básicas, o MATLAB fornece **operações de elemento a elemento** e **operações com matrizes**. Os símbolos do MATLAB para operações de elemento a elemento são mostrados na Tabela 15.4. Para entender melhor como usá-los, suponha que você meça e registre a massa (kg) e a velocidade (m/s) de cinco atletas que estão correndo em linha reta: **m = [60 55 70 68 72]** e **s = [4 4.5 3.8 3.6 3.1]**. Observe que as matrizes da massa **m** e da velocidade **s** possuem cinco elementos. Agora suponha que você esteja interessado em determinar a magnitude do *momentum* de cada atleta. Podemos calcular o *momentum* para cada atleta usando a operação de multiplicação de elemento a elemento do MATLAB da seguinte maneira: **momentum = m.*s**, o que resulta em **momentum = [240 247.5 266 244.8 223.2]**. Observe o símbolo de multiplicação (.*) para a operação de elemento a elemento.

Para melhorar seu entendimento sobre as operações de elemento a elemento, na janela de comandos do MATLAB digite **a = [7 4 31]** e **b = [1, 3,5, 7]** e, em seguida, tente as seguintes operações:

```
>>a+b
ans = 8  7  8  6
>>a-b
ans = 6  1  -2  -8
>>3*a
ans = 21  12  9  -3
>>3.*a
ans = 21  12  9  -3
```

| TABELA 15.4 | Operações elemento a elemento do MATLAB | |

Operação	Operações aritméticas	Símbolo equivalente na operação elemento a elemento
Adição	+	+
Subtração	–	–
Multiplicação	*	.*
Divisão	/	./
Potenciação	∧	.∧

```
>>a.*b
ans = 7 12 15 -7
>>b.*a
ans = 7 12 15 -7
>>3.^a
ans = 1.0e+003*
   2.1870 0.0810 0.0270 0.0003
>>a.^b
ans = 7 64 243 -1
>>b.^a
ans = 1.0000 81.0000 125.0000 0.1429
```

Tente sozinho o exemplo a seguir.

**EXEMPLO 14.1
(REVISTO)**

O exemplo a seguir mostrará como a densidade do ar padrão muda com a temperatura. Ele também usa a operação de elemento a elemento do MATLAB. A densidade do ar padrão é uma função da temperatura e pode ser aproximada usando-se a lei dos gases ideais, de acordo com

$$\rho = \frac{P}{RT}$$

onde

P = pressão atmosférica padrão (101,3 kPa)

R = constante do gás; seu valor para o ar é 286,9 $\left(\dfrac{J}{kg \cdot K}\right)$

T= temperatura do ar (k)

Usando MATLAB, desejamos criar uma tabela para mostrar a densidade do ar como uma função da temperatura na faixa de 0° C (273,15 K) a 50° C (323,15 K) em incrementos de 5° C.

Na janela de comandos do MATLAB, digitamos os seguintes comandos:

```
>>Temperature = 0:5:50;
>>Density = 101300./((286.9)*(Temperature+273));
>>fprintf('\n\n');disp(' Temperature(C)
    Density(kg/m^3)');disp([Temperature',Density'])
```

Nos comandos mostrados, o ponto-e-vírgula**;** suprime a ação de exibição automática do MATLAB. Se você digitar **Temperature = 0:5:50** sem o ponto-e-vírgula no final, o MATLAB exibirá os valores de temperatura em uma linha. Ele mostrará

```
Temperature =
0   5   10   15   20   25   30   35   40   45   50
```

A ./ é uma operação de divisão de elemento a elemento especial que informa ao MATLAB para executar a operação de divisão para cada valor de temperatura.

No comando **disp**, a aspa simples nas variáveis **Temperature'** e **Density'** mudará os valores da temperatura e da densidade, que estão armazenados em linhas, para o formato de coluna, antes de serem exibidos. Em operações com matrizes, o processo de mudança de linhas para colunas é chamado de transposição da matriz. Os resultados finais para o Exemplo 14.1 (revisto) são mostrados na Figura 15.4. Observe que os valores da temperatura e da densidade são mostrados em colunas. Observe também o uso dos comandos fprintf e disp.

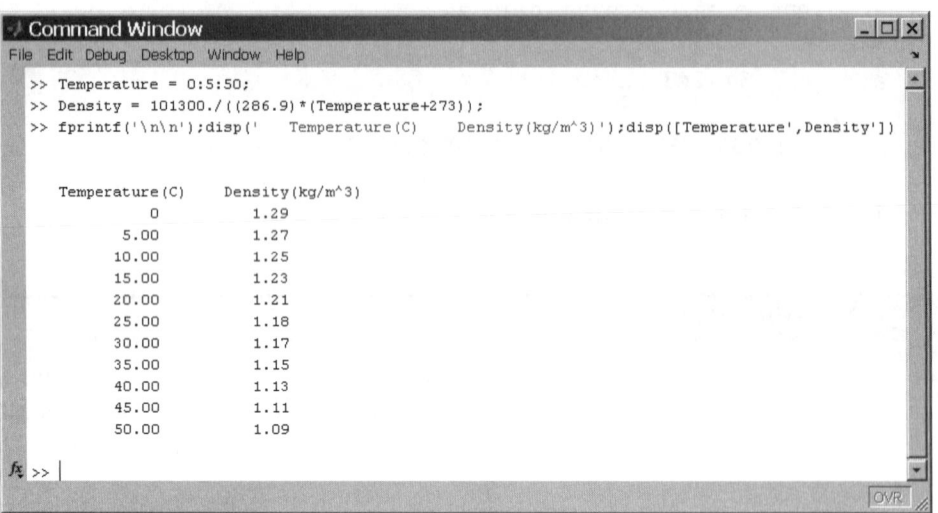

FIGURA 15.4 Resultado do Exemplo 14.1 (revisto).

Operações com matrizes

O MATLAB oferece muitas ferramentas para **operações com matrizes** e manipulação de matrizes. A Tabela 15.5 mostra exemplos desses recursos. Explicaremos as operações com matrizes no MATLAB com mais detalhes na Seção 15.5.

TABELA 15.5 Exemplos de operações com matrizes no MATLAB

Operação	Símbolos ou Comandos	Exemplo: A e B são matrizes que você definiu
Adição	+	A + B
Subtração	–	A – B
Multiplicação	*	A * B
Transposição	nome da matriz '	A '
Inversão	inv(nome da matriz)	inv(A)
Determinantes	det(nome da matriz)	det(A)
Eigenvalues	eig(nome da matriz)	eig(A)
Divisão à esquerda (usa eliminação de Gauss para resolver um conjunto de equações lineares)	\	Veja Exemplo 15.5

EXEMPLO 14.2 (REVISTO)

Usando MATLAB, crie uma tabela que mostre a relação entre os juros ganhos e o valor depositado, como mostra a Tabela 15.6.

Para criar uma tabela similar à Tabela 15.6, digitamos os seguintes comandos:

```
>> format bank
>> Amount = 1000:250:3000;
>> Interest _ Rate = 0.06:0.01:0.08;
>> Interest _ Earned = (Amount')*(Interest _ Rate);
>> fprintf('\n\n\t\t\t\t\t\t\t Interest
   Rate');fprintf('\n\t Amount\t\t');...
fprintf('\t\t %g',Interest _ Rate);fprintf('\n');
   disp ([Amount',Interest _ Earned])
```

| **TABELA 15.6** | A relação entre os juros ganhos e o valor depositado |

Valor em dólar	Taxa de juros		
	0,06	0,07	0,08
1.000	60	70	80
1.250	75	87,5	100
1.500	90	105	120
1.750	105	122,5	140
2.000	120	140	160
2.250	135	157,5	180
2.500	150	175	200
2.750	165	192,5	220
3.000	180	210	240

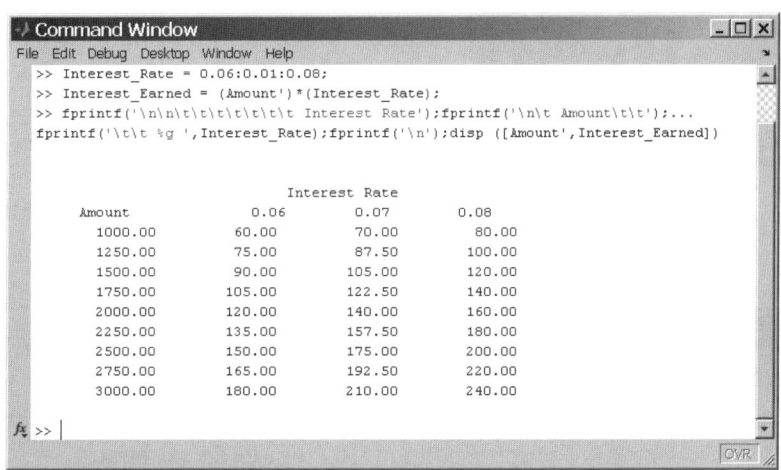

| **FIGURA 15.5** | Os comandos e o resultado para o Exemplo 14.2 (revisto). |

> Observe que os três períodos... (uma elipse) representam um marcador de continuação em MATLAB. A elipse significa que há mais a seguir nesta linha de comando.

Na última linha de comando, observe que os três pontos. . . (uma reticência) representam um marcador de continuação em MATLAB. A reticência significa que há mais a seguir nessa linha de comando. Observe o uso dos comandos `fprintf` e `disp`. O resultado final para Exemplo o 14.2 (revisto) é mostrado na Figura 15.5.

Antes de continuar

Responda as perguntas a seguir para testar o que aprendeu.

1. Como gerar um intervalo de valores no MATLAB?

2. Explique a diferença entre operações elemento a elemento e operações com matrizes.

3. Como exibir texto e valores no MATLAB?

4. Como controlar o número de casas decimais exibidas no MATLAB?

5. Como inserir elementos de uma matriz no MATLAB?

OA² 15.2 Funções, controle de loop e expressões condicionais do MATLAB

O MATLAB oferece grande seleção de funções integradas que podem ser usadas para analisar dados. Como discutimos no capítulo anterior, por funções integradas nos referimos a funções padrão como seno ou cosseno de um ângulo, bem como a fórmulas que calculam o valor total, o valor médio ou o desvio padrão de um conjunto de pontos de dados. As funções do MATLAB são agrupadas em várias categorias, incluindo funções matemáticas e trigonométricas, estatísticas e lógicas. Neste capítulo, discutiremos algumas das funções comuns. O MATLAB oferece um menu de ajuda que você pode usar para obter informações sobre vários comandos e funções.

> O MATLAB oferece grande seleção de funções integradas que podem ser usadas para analisar dados. Elas incluem funções matemáticas, estatísticas, trigonométricas e de engenharia.

O botão de ajuda é marcado por um sinal de interrogação? localizado na barra da guia principal. Você também pode digitar **help** e o nome do comando para aprender a usar o comando.

Alguns exemplos de funções do MATLAB usadas normalmente, juntamente com o uso correto e as descrições, são mostrados na Tabela 15.7. Consulte o Exemplo 15.2 quando estudar a Tabela 15.7.

EXEMPLO 15.2

O seguinte conjunto de valores será usado para introduzir algumas das funções integradas do MATLAB. Massa = [102 115 99 106 103 95 97 102 98 96]. Ao estudar a Tabela 15.7, note que os resultados das funções executadas são mostrados sob a coluna "Resultado do exemplo".

Mais exemplos das funções do MATLAB são mostrados na Tabela 15.8.

TABELA 15.7	Algumas funções do MATLAB que podem ser usadas em análises de engenharia		
Função	**Descrição da função**	**Exemplo**	**Resultado do Exemplo**
sum	Soma os valores de determinada matriz.	sum(Mass)	1 013
mean	Calcula o valor médio dos dados em determinada matriz.	mean(Mass)	101,3
max	Determina o maior valor em determinada matriz.	max(Mass)	115
min	Determina o menor valor em determinada matriz.	min(Mass)	95
std	Calcula o desvio padrão dos valores em determinada matriz.	std(Mass)	5,93
sort	Classifica em ordem crescente os valores em determinada matriz.	sort(Mass)	95 96 97 98 99 102 102 103 106 115
pi	Retorna o valor de π 3,14151926535897 ...	pi	3,14151926535897...
tan	Retorna o valor da tangente do argumento. O argumento deve estar em radianos.	tan(pi/4)	1
cos	Retorna o valor do cosseno do argumento. O argumento deve estar em radianos.	cos(pi/2)	0
sen	Retorna o valor do seno do argumento. O argumento deve estar em radianos.	sin(pi/2)	1

TABELA 15.8	Mais exemplos de funções do MATLAB
Função	**Descrição da função**
sqrt(x)	Retorna a raiz quadrada do valor x.
Factorial(x)	Retorna o valor do fatorial de x. Por exemplo, fatorial (5) retornará: (5)(4)(3)(2)(1) = 120.
Funções trigonométricas	
acos(x)	Função cosseno inversa de x. Determina o valor de um ângulo quando o valor de seu cosseno
	é conhecido.
asin(x)	Função seno inversa de x. Determina o valor de um ângulo quando o valor de seu seno é conhecido.
atan(x)	Função tangente inversa de x. Determinar o valor de um ângulo quando o valor de sua tangente é conhecido.
Funções exponenciais e logarítmicas	
exp(x)	Retorna o valor de e^x.
log(x)	Retorna o valor do logaritmo natural de x.
log10(x)	Retorna o valor do logaritmo comum (base 10) de x.
log2(x)	Retorna o valor do logaritmo base 2 de x.

EXEMPLO 14.4
(REVISTO)

Usando MATLAB, calcule a média aritmética e o desvio padrão dos dados da densidade da água fornecidos na Tabela 15.9. Consulte o Capítulo 19, Seção 19.4, para aprender o que representa o valor do desvio padrão para um conjunto de pontos de dados.

TABELA 15.9 Dados do Exemplo 14.4 (revisto)

Achados do Grupo A	Achados do Grupo B
ρ (kg/m³)	ρ (kg/m³)
1.020	950
1.015	940
990	890
1.060	1.080
1.030	1.120
950	900
975	1040
1.020	1.150
980	910
960	1.020

Os resultados finais para o Exemplo 14.4 (revisto) são mostrados na Figura 15.6. Os comandos do MATLAB que levam a esses resultados são:

```
>> Density_A = [1020 1015 990 1060 1030 950 975 1020 980
               960];
>> Density_B = [950 940 890 1080 1120 900 1040 1150 910
               1020];
>> Density_A_Average = mean(Density_A)
Density_A_Average =
1000.00
>> Density_B_Average = mean(Density_B)
Density_B_Average =
1000.00
>> Standard_Deviation_For_Group_A = std(Density_A)
Standard_Deviation_For_Group_A =
34.56
>> Standard_Deviation_For_Group_B = std(Density_B)
Standard_Deviation_For_Group_B =
95.22
>>
```

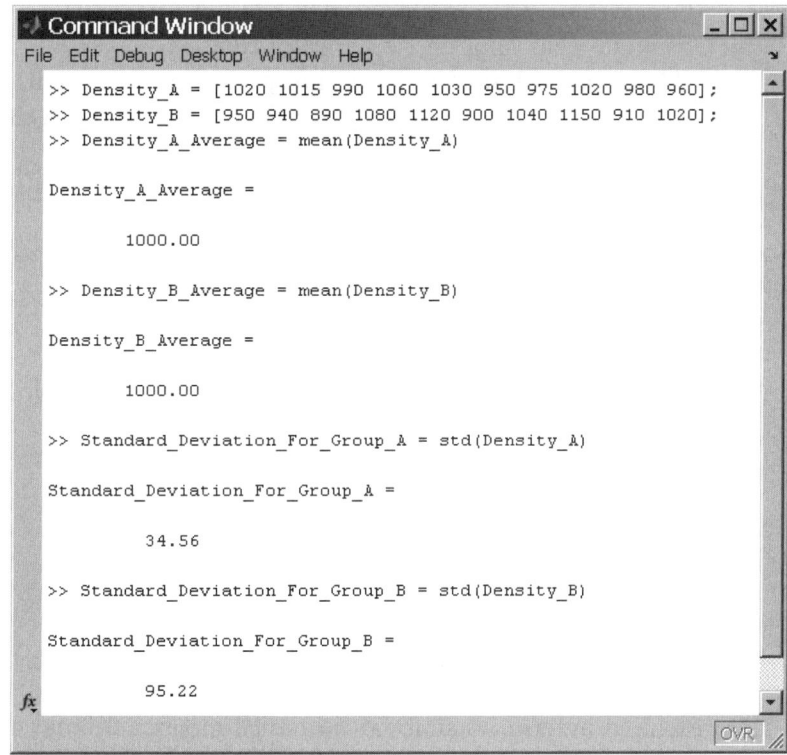

FIGURA 15.6   Janela de comandos do MATLAB para o Exemplo 14.4 (revisto).

Controle de loop – Comandos *for* e *while*

Quando escrevemos um programa de computador, geralmente é necessário executar várias vezes uma linha ou um bloco do código do computador. O MATLAB fornece os comandos *for* e *while* para essas situações.

O loop*for* – Usando o loop *for*, pode-se executar uma linha ou um bloco de código por um número especificado (definido) de vezes. A sintaxe de um loop*for* é

```
for index = start-value : increment : end-value
    uma linha ou um bloco do código do computador
end
```

Por exemplo, suponha que você deseje avaliar a função $y = x^2 10$ para valores de x de 22,00, 22,50, 23,00, 23,50 e 24,00. Essa operação resultará nos valores correspondentes a 494,00, 516,25, 539,00, 562,25 e 586,00. O código MATLAB para esse exemplo terá então a forma a seguir:

```
x = 22.0;
for i = 1:1:5
    y=x^2+10;
    disp([x', y'])
    x = x + 0.5;
end
```

> Quando requerido pela lógica do programa, o MATLAB fornece comandos *for* e *while* para executar um bloco do código do computador várias vezes.

Observe que, no exemplo anterior, o índice é o i inteiro, cujo valor inicial é 1, incrementado pelo valor de 1 e seu valor final é 5.

O loop*while* – Usando o loop*while*, pode-se executar uma linha ou um bloco de código até que uma condição específica seja atendida. A sintaxe de um loop-*while* é

```
while controlling-expression
   a line or a block of your computer code
end
```

Com o comando *while*, desde que a expressão de controle seja verdadeira, a linha ou o bloco de código será executado. Para o exemplo anterior, o código MATLAB que usa o comando *while* torna-se:

```
x = 22.0;
while x <= 24.00
      y=x^2+10;
      disp([x',y'])
      x = x + 0.5;
end
```

No exemplo anterior, o símbolo <= indica menor ou igual a, e é chamado de operador relacional ou de comparação. Explicaremos a seguir a lógica e os operadores relacionais do MATLAB.

Usando operadores lógicos e relacionais do MATLAB

Nesta seção, veremos alguns dos operadores lógicos do MATLAB. Esses operadores permitem que várias condições sejam testadas. Os operadores lógicos do MATLAB e suas descrições são mostrados na Tabela 15.10. O MATLAB também oferece operadores relacionais ou de comparação para testar a magnitude relativa de vários argumentos. Esses operadores relacionais são mostrados na Tabela 15.11.

TABELA 15.10 Operadores lógicos do MATLAB

Operador lógico	Símbolo	Descrição
and	&	TRUE se ambas as condições forem verdadeiras
or	|	TRUE se uma ou ambas as condições forem verdadeiras
not	~	FALSE se o resultado de uma condição for TRUE e TRUE se o resultado de uma condição for FALSE
exclusive or	xor	FALSE se ambas as condições forem TRUE ou FALSE e TRUE se exatamente uma das duas condições for verdadeira
any		TRUE se qualquer elemento do vetor for diferente de zero
all		TRUE se todos os elementos de vetor forem diferentes de zero

| TABELA 15.11 | Operadores relacionais do MATLAB e suas descrições |

Operador relacional	Significado
<	Menor do que
< =	Menor do que ou igual a
= =	Igual a
>	Maior do que
=	Maior do que ou igual a
~ =	Diferente de

Expressões condicionais – *if, else*

Ao escrever um programa de computador, às vezes é necessário executar uma linha ou um bloco de código com base no atendimento a uma condição ou conjunto de condições (true). O MATLAB fornece comandos *if* e *else* para essas situações.

> Os operadores lógicos do MATLAB permitem que o programador teste várias condições. O MATLAB fornece os comandos *if* e *else* para executar um bloco de código com base no atendimento a uma condição ou conjunto de condições.

A *if* statement – A *if* statement é a forma mais simples de controle condicional. Usando a *if* statement, é possível executar uma linha ou um bloco do programa, desde que a expressão após a *if* statement seja verdadeira. A sintaxe da *if* statement é

```
if expression
  a line or a block of your computer code
end
```

Por exemplo, suponha o seguinte conjunto de notas para um exame: 85, 92, 50, 77, 80, 59, 65, 97, 72, 40. Estamos interessados em escrever um código que mostre que as notas abaixo de 60 indicam reprovação. O código MATLAB para esse exemplo poderia ter a seguinte forma:

```
scores = [85 92 50 77 80 59 65 97 72 40];
for i=1:1:10
  if scores (i) <60
     fprintf('\t %g \t\t\t\t\t FAILING\n', scores (i))
  end
end
```

A *if, else* statement – A *else* statement nos permite executar outra(s) linha(s) de código(s) de computador se a expressão após a *if* statement não for verdadeira. Por exemplo, suponha que estamos interessados em mostrar não apenas as notas que indicam reprovação, mas também as que mostram aprovação. Podemos então modificar nosso código da seguinte maneira:

```
scores = [85 92 50 77 80 59 65 97 72 40];
for i=1:1:10
    if scores (i) >=60
    fprintf('\t %g \t\t\t\t\t PASSING\n', scores (i));
else
    fprintf('\t %g \t\t\t\t\t FAILING\n', scores (i))
  end
end
```

Na janela de comando do MATLAB, tente os exemplos anteriores sozinho.

O MATLAB também fornece o comando *elseif*, que pode ser usado com as expressões *if* e *else*. Faça esse estudo por conta própria. No menu de ajuda do MATLAB, digite *help elseif* para aprender sobre a expressão elseif.

EXEMPLO 14.5 (REVISTO)

A tubulação mostrada na Figura 15.7 é conectada a uma válvula de controle (retenção) que funciona quando a pressão na linha atinge 20 psi. Várias leituras foram tomadas diferentes vezes e registradas. Usando as funções lógicas do MATLAB, crie uma lista que mostre as correspondentes posições aberta e fechada da válvula de retenção.

```
>> pressure=[20 18 22 26 19 19 21 12];
>> fprintf('\t Line Pressure (kPa) \t Valve Position\n\n');for i=1:8
if pressure(i) >=20
fprintf('\t %g \t\t\t\t OPEN\n',pressure(i))
else
fprintf('\t %g \t\t\t\t CLOSED\n',pressure(i))
end
end
```

FIGURA 15.7 Um diagrama esquemático para o Exemplo 14.5 (revisado).

A solução para o Exemplo 14.5 (revisado) é mostrada na Figura 15.8. Os comandos que levam à solução são:

```
>> pressure=[20 18 22 26 19 19 21 12]
>>fprintf('\t Line Pressure (kPa) \t Valve Position\n\n');
for i=1:8
if pressure(i) >=20
fprintf('\t %g \t\t\t\t OPEN\n',pressure(i))
else
fprintf('\t %g \t\t\t\t CLOSED\n',pressure(i))
end
end
```

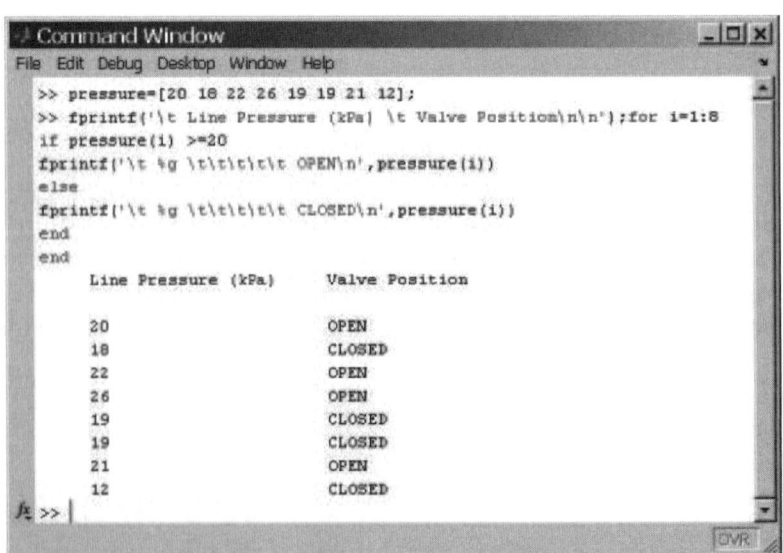

FIGURA 15.8 A solução do exemplo 14.5 (revisado).

O M-File

Conforme explicado anteriormente, em operações simples podemos usar a janela de comandos do MATLAB para inserir variáveis e emitir comandos. No entanto, quando tiver de gravar um programa maior do que algumas linhas, use um **M-file**, nomeado dessa forma em razão da extensão *.m*. Você pode criar um M-file usando qualquer editor ou o editor/depurador do MATLAB. Para criar um M-file, abra o editor do M-file indo para **HOME** → **New Script**; o MATLAB abrirá uma nova janela na qual você pode digitar seu programa. Enquanto digita o programa, você pode observar que o MATLAB atribui números de linha na coluna da esquerda da janela. Os números de linha são bastante úteis para depuração do programa. Para salvar o arquivo, basta clicar em **EDITOR** → **Save As ...** e digitar o nome do arquivo. O nome de seu arquivo deve começar com uma letra e pode incluir outros caracteres como sublinhado e dígitos. Tome cuidado para não nomear o arquivo com nomes de comandos do MATLAB. Para ver se um nome de arquivo é usado por um comando do MATLAB, digite **exist ('nome do arquivo')** na janela de comandos do MATLAB. Para executar seu programa, clique em **Run** na guia EDITOR. Não desanime se encontrar erros ao tentar executar seu programa pela primeira vez. Isso é normal. Você pode usar o depurador para encontrar erros. Para saber mais sobre as opções de depuração, digite *help debug* na janela de comandos do MATLAB.

EXEMPLO 15.3

Diz-se que, quando Pascal tinha 7 anos de idade, ele chegou à fórmula $\frac{n(n+1)}{2}$ para determinar a soma de 1, 2, 3, ..., até *n*. A história sugere que um dia um professor pediu a ele que somasse os números de 1 a 100. Pascal deu a resposta em poucos minutos. Acredita-se que Pascal resolveu o problema da seguinte maneira:

Primeiro, em uma linha, ele escreveu os números de 1 a 100, assim

1 2 3 4...................99 100

Em seguida, na segunda linha, escreveu os números de trás para frente:

100 99 98 97...................2 1

Em seguida, somou os números das duas linhas, o que resultou em uma centena de valores iguais a 101:

101 101 101 101...................101 101

Pascal também percebeu que o resultado deveria ser dividido por 2, já que ele havia escrito os números de 1 a 100 duas vezes, para chegar à resposta: $\frac{100(101)}{2} = 5050$. Depois, ele generalizou sua abordagem e chegou à fórmula $\frac{n(n+1)}{2}$

A seguir, escreveremos um programa de computador usando um M-file que pede ao usuário um valor para *n* e calcula a soma de 1 a *n*. Para tornar o programa interessante, não usaremos a fórmula de Pascal; em vez disso, usaremos um loop*for* para resolver o problema. Usamos o Editor do MATLAB para criar o programa e denominá-lo **For_loop_Example.m**, como mostra a Figura 15.9.

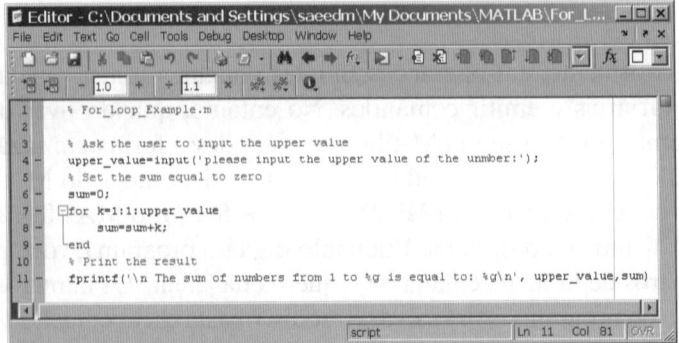

FIGURA 15.9 O M-file para o Exemplo 15.3.

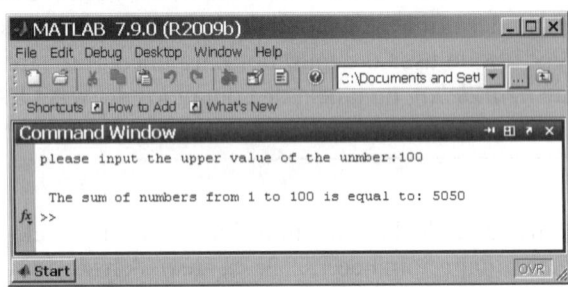

FIGURA 15.10 Os resultados para o Exemplo 15.3.

No programa mostrado, o símbolo % indica comentários e qualquer texto após o símbolo % será tratado como comentário pelo MATLAB. Observe também que movendo o cursor você pode encontrar os números de linha (Ln) e coluna (Col) correspondentes a um local específico em seu programa. Os números de linha e coluna são mostrados no lado direito, no canto inferior da janela do editor. Conforme veremos, o conhecimento dos números de linha e coluna é útil para depurar o programa. Executamos o programa clicando em **Debug → Save File and Run**; o resultado é mostrado na Figura 15.10.

Antes de continuar

Responda às perguntas a seguir para testar o que aprendeu.

1. Dê exemplos de funções integradas do MATLAB.

2. Dê exemplos de controle de loop do MATLAB.

3. Dê exemplos de expressões condicionais do MATLAB.

4. O que é um M-file?

OA³ 15.3 Plotagem com MATLAB

O MATLAB oferece muitas opções para criar gráficos. Você pode criar, por exemplo, gráficos x–y, gráficos de colunas (ou histogramas), contornos ou plotagens de superfície. Conforme mencionamos no Capítulo 14, como estudante de engenharia e posteriormente, na prática profissional, muitos dos gráficos que você criará serão gráficos do tipo x-y. Portanto, explicaremos detalhadamente como criar um gráfico x-y.

EXEMPLO 15.4

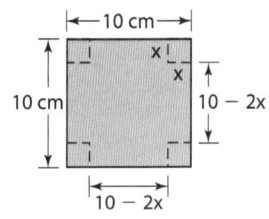

FIGURA 15.11

A folha de 10 cm × 10 cm do Exemplo 15.4.

A partir de uma folha de papel de 10 cm × 10 cm, qual é o maior volume que se pode criar ao cortar x cm × x cm de cada canto da folha e depois dobrar os lados? Veja a Figura 15.11. Use o MATLAB para encontrar a solução.

O volume criado ao cortar x cm × x cm de cada canto da folha de 10 cm × 10 cm é fornecido por $V = (10 - 2x)(10 - 2x)x$. Além disso, sabemos que, para $x = 0$ e $x = 5$, o volume será zero. Portanto, precisamos criar um intervalo de valores x de 0 a 5 usando alguns pequenos incrementos, como 0,1. Em seguida, vamos plotar o volume *versus* x e procurar o valor máximo do volume. Estes são os comandos do MATLAB que levam à solução:

```
>> x = 0:0.1:5;
>> volume = (10-2*x).*(10-2*x).*x;
>> plot (x,volume)
>> title ('Volume as a function of x')
>> xlabel ('x (cm)')
>> ylabel ('Volume (cm^3)')
>> grid minor
>>
```

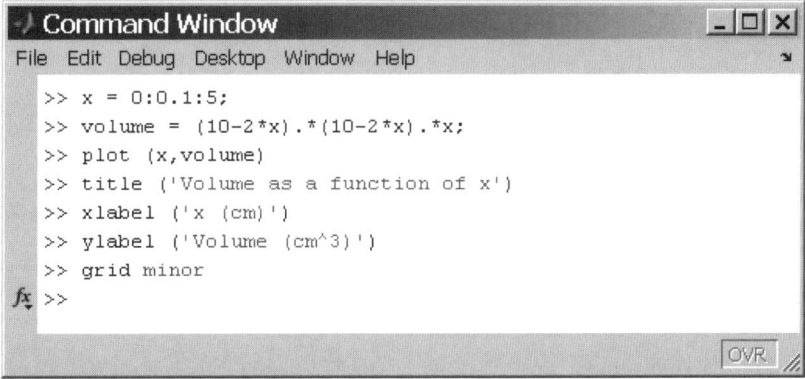

FIGURA 15.12   Janela de comandos do MATLAB para o Exemplo 15.4.

A janela de comandos do MATLAB para o Exemplo 15.4 é mostrada na Figura 15.12. A plotagem do volume *versus* x é mostrada na Figura 15.13.

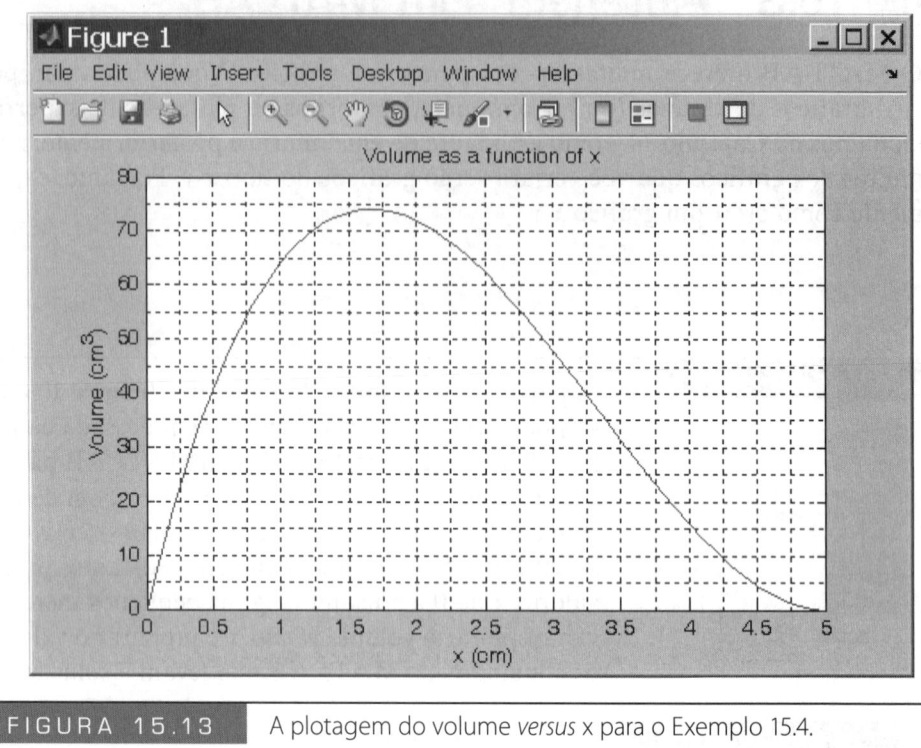

| FIGURA 15.13 | A plotagem do volume *versus* x para o Exemplo 15.4. |

Vamos agora discutir os comandos MATLAB normalmente utilizados na plotagem de dados. O comando `plot(x,y)` faz a plotagem de valores **y** *versus* valores **x**. Você pode usar vários tipos de linha, símbolos de plotagem ou cores com o comando `plot(x, y, s)`, onde **s** é uma cadeia de caracteres que define um tipo de linha, símbolo de plotagem ou cor de linha particular. O **s** pode ter uma das propriedades mostradas na Tabela 15.12.

| TABELA 15.12 | Propriedades de linhas e símbolos do MATLAB |

S	Cor	S	Símbolo de dados	S	Tipo de linha
b	Azul (blue)	.	Ponto	-	Cheia
g	Verde (green)	O	Círculo	:	Dois-pontos
r	Vermelho (red)	x	x	-.	Traço-ponto
c	Ciano	+	Mais	-	Pontilhada
m	Magenta	*	Asterisco		
y	Amarelo (yellow)	s	Quadrado (square)		
k	Preto (black)	d	Diamante		
		v	Triângulo (para baixo)		
		^	Triângulo (para cima)		
		<	Triângulo (para a esquerda)		
		>	Triângulo (para a direita)		

Por exemplo, se você emitir o comando `plot (x,y, 'k*-')`, o MATLAB irá plotar a curva usando uma linha preta cheia com o marcador * mostrado em cada ponto de dados. Se você não especificar a cor da linha, o MATLAB automaticamente atribuirá uma cor à plotar.

Usando o comando `title('text')`, você pode adicionar texto na parte superior da plotagem. O comando `xlabel('text')` cria o título para o eixo *x*. O texto que você coloca entre aspas simples será mostrado abaixo do eixo *x*. Da mesma forma, o comando `ylabel ('text')` cria o título para o eixo *y*. Para ativar as linhas de grade, digite o comando `grid on` (ou apenas `grid`). O comando `grid off` remove as linhas de grade. Para ativar as linhas de grade menores, como mostra a Figura 15.13, digite o comando `grid minor`.

Geralmente, é mais fácil usar o editor de propriedades do gráfico. Por exemplo, para deixar a linha de uma curva mais grossa, alterar a cor da linha e adicionar marcadores aos pontos de dados (com o ponteiro do *mouse* sobre a curva) clique duas vezes com o botão esquerdo. Verifique primeiro se você está no modo de seleção. Pode ser necessário clicar na seta próxima ao ícone de impressão para ativar o modo de seleção. Após clicar duas vezes na linha, você deve ver a linha e a janela do editor de marcadores. Conforme mostrado na Figura 15.14, aumentamos a espessura da linha de 0,5 para 2, alteramos a cor da linha para preto e definimos o estilo do marcador de ponto de dados para diamante. Essas novas definições estão refletidas na Figura 15.15.

Em seguida, adicionamos um ponteiro e uma seta no valor máximo do volume selecionando **TextArrow** sob a opção **Insert** (veja Figura 15.16) e adicionamos o texto "Maximum volume occurs at *x* = 1,7 cm" ("Volume máximo ocorre em *x* = 1,7 cm"). Essas adições estão refletidas na Figura 15.17.

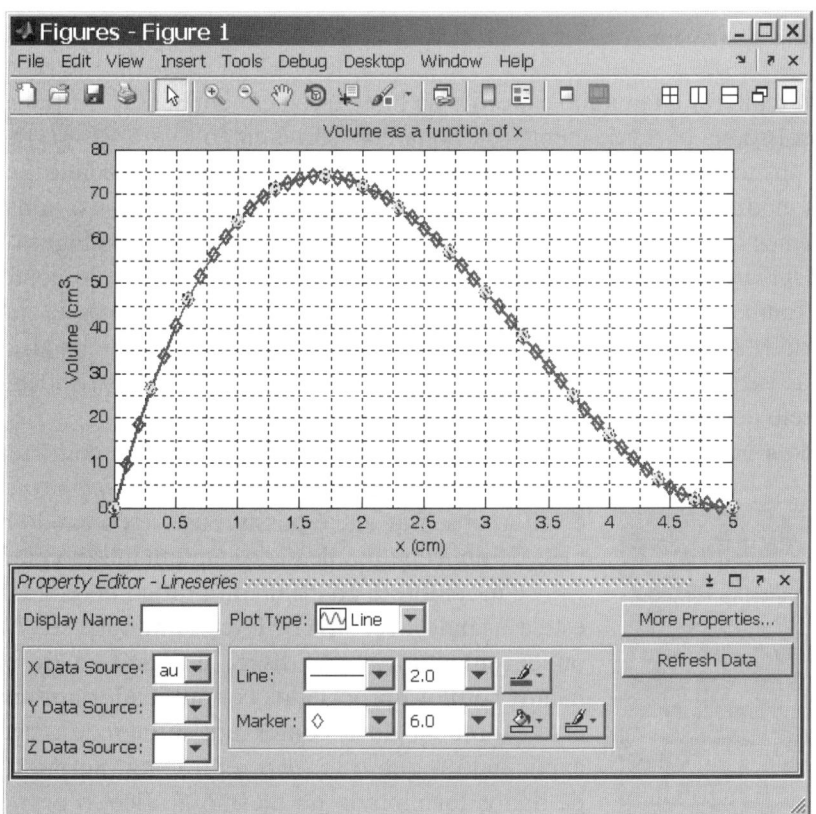

FIGURA 15.14 Editor de propriedades de linha do MATLAB.

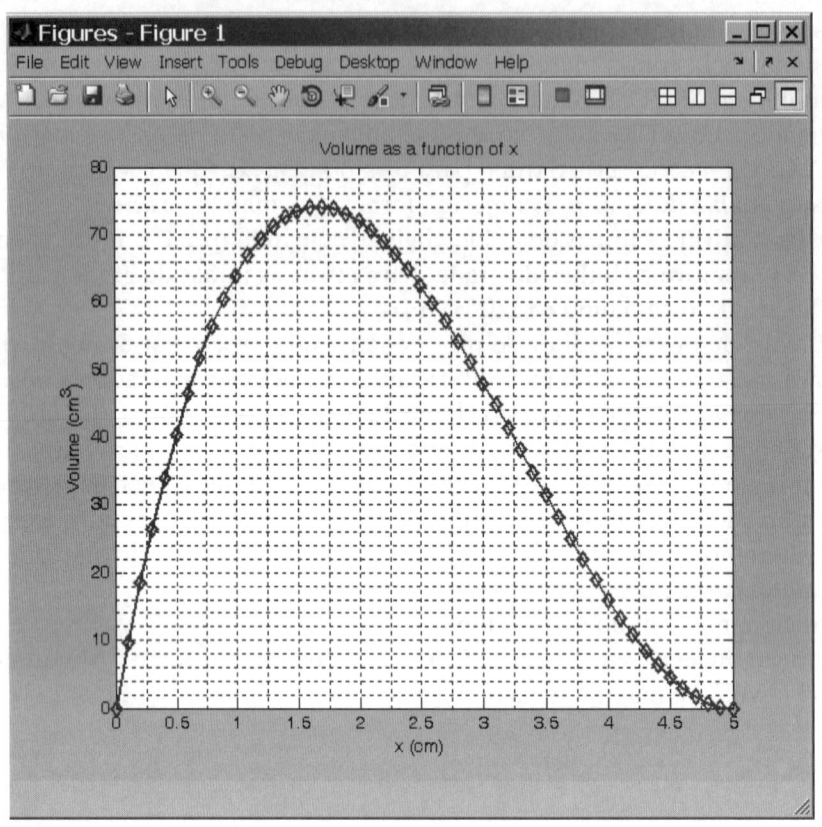

FIGURA 15.15 Plotagem do Exemplo 15.4 com propriedades modificadas.

Também podemos alterar o tamanho e o estilo da fonte e colocar em negrito o título ou os rótulos dos eixos. Para fazer isso, na barra de menu, selecionamos **Edit** e então **FigureProperties...** Em seguida, selecionamos o objeto que desejamos modificar e, usando o editor de propriedade mostrado na Figura 15.18, podemos modificar as propriedades do objeto selecionado. Alteramos o tamanho e o peso da fonte no título e nos rótulos do Exemplo 15.4; as alterações são mostradas na Figura 15.19.

Com o MATLAB, podemos gerar outros tipos de plotagens, incluindo contorno e plotagens de superfície. Também podemos controlar as escalas dos eixos x e y. Por exemplo, o comando **loglog(x,y)** do MATLAB utiliza as escalas logarítmicas de base 10 para os eixos x e y. Observe que x e y são as variáveis que desejamos plotar. O comando **loglog(x,y)** é idêntico ao comando **plot(x,y)**, exceto pelo fato de utilizar eixos logarítmicos.

O comando **semilogx(x,y)** ou **semilogy(x,y)** cria uma plotagem com escalas logarítmicas de base 10 apenas para o eixo x ou apenas para o eixo y. Finalmente, é válido observar que é possível usar o comando **hold** para plotar mais de um conjunto de dados em um mesmo gráfico.

Um lembrete ao criar um gráfico de engenharia, quer você esteja usando MATLAB, Excel, um outro *software* de desenho ou desenhando à mão livre: um gráfico de engenharia deve incluir rótulos apropriados com unidades apropriadas para cada eixo. Também deve conter um número da figura e um título explicando o que o gráfico representa. Se mais de um conjunto de dados for plotado no mesmo gráfico, o gráfico também deve conter uma legenda ou lista mostrando os símbolos usados para diferentes conjuntos de dados.

O comando **plot(x,y,s)** do MATLAB faz a plotagem de valores y *versus* valores x. O s é uma cadeia de caracteres que define um tipo de linha, símbolo de plotagem ou cor de linha particular. Por exemplo, se você usa o comando **plot(x,y,'k*-')**, o MATLAB irá plotar a curva usando uma linha preta cheia com o marcador * mostrado em cada ponto de dados.

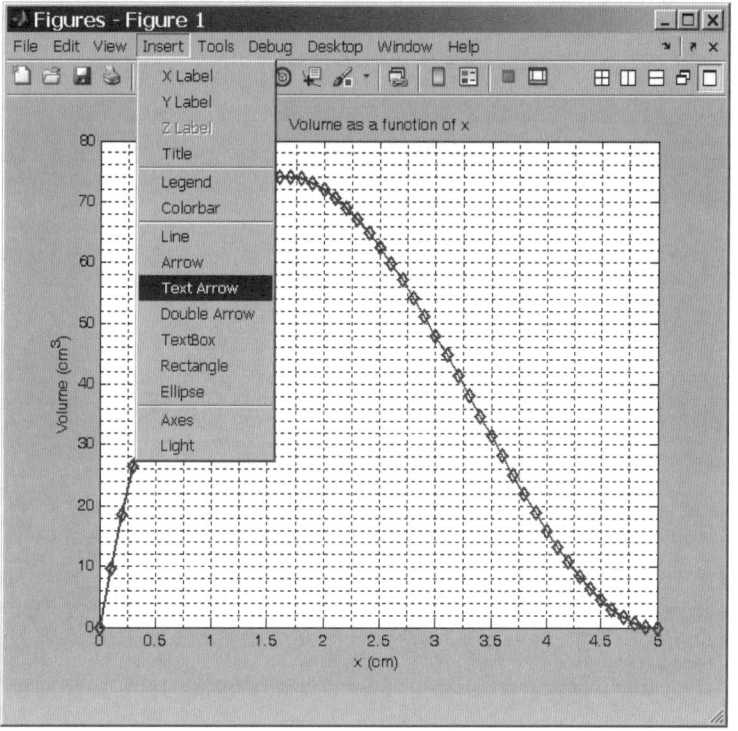

FIGURA 15.16   Usando as opções Insert Text Arrow, você pode adicionar setas ou texto à plotagem.

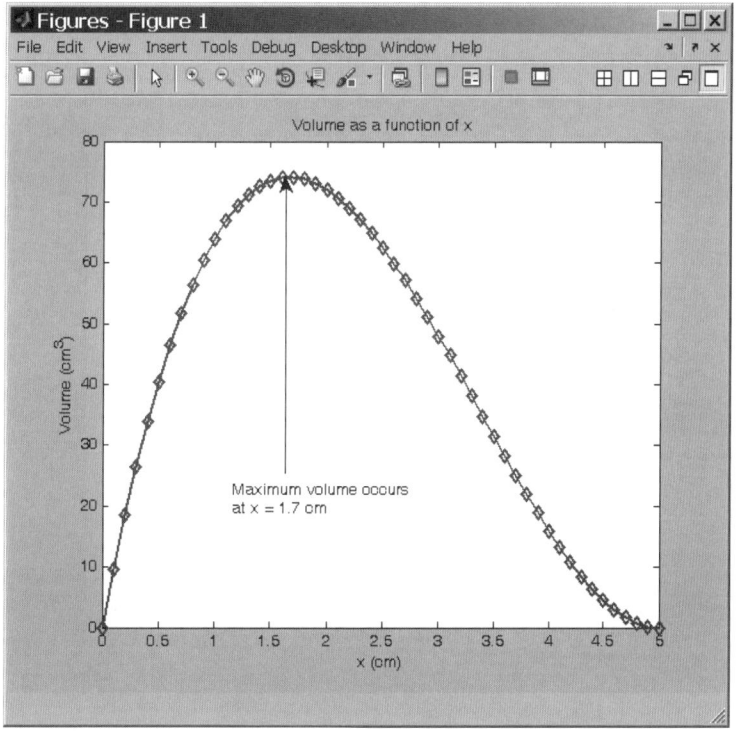

FIGURA 15.17   A solução para o exemplo 15.4.

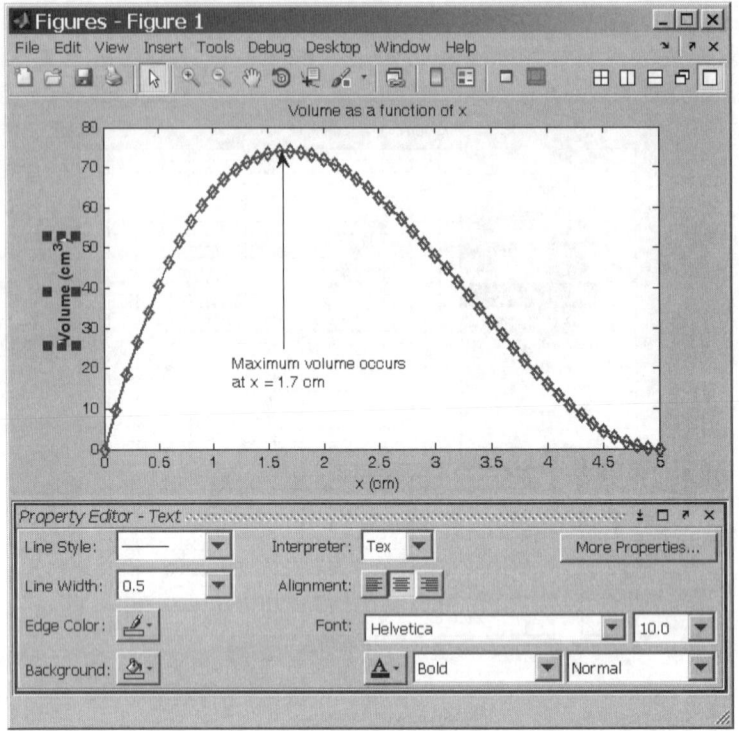

FIGURA 15.18 Editor de propriedades do MATLAB.

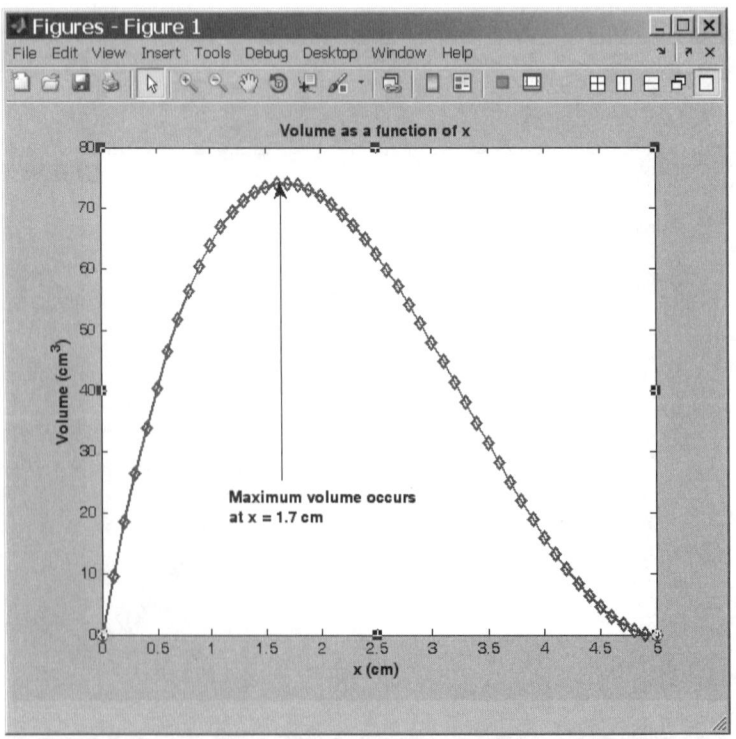

FIGURA 15.19 O resultados para o Exemplo 15.4.

EXEMPLO 14.6
(REVISTO)

Usando os resultados do Exemplo 14.1, crie um gráfico mostrando o valor da densidade do ar como uma função da temperatura.

A janela de comandos e a plotagem da densidade do ar como uma função da temperatura são mostradas nas Figuras 15.20 e 15.21, respectivamente.

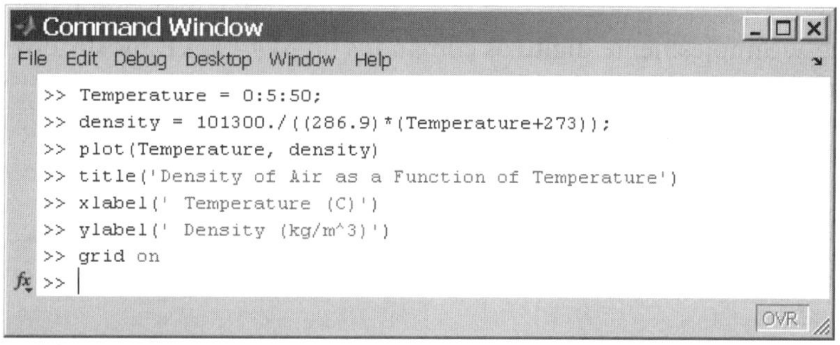

```
>> Temperature = 0:5:50;
>> density = 101300./((286.9)*(Temperature+273));
>> plot(Temperature, density)
>> title('Density of Air as a Function of Temperature')
>> xlabel(' Temperature (C)')
>> ylabel(' Density (kg/m^3)')
>> grid on
>>
```

FIGURA 15.20   Janela de comandos para o Exemplo 14.6 (revisado).

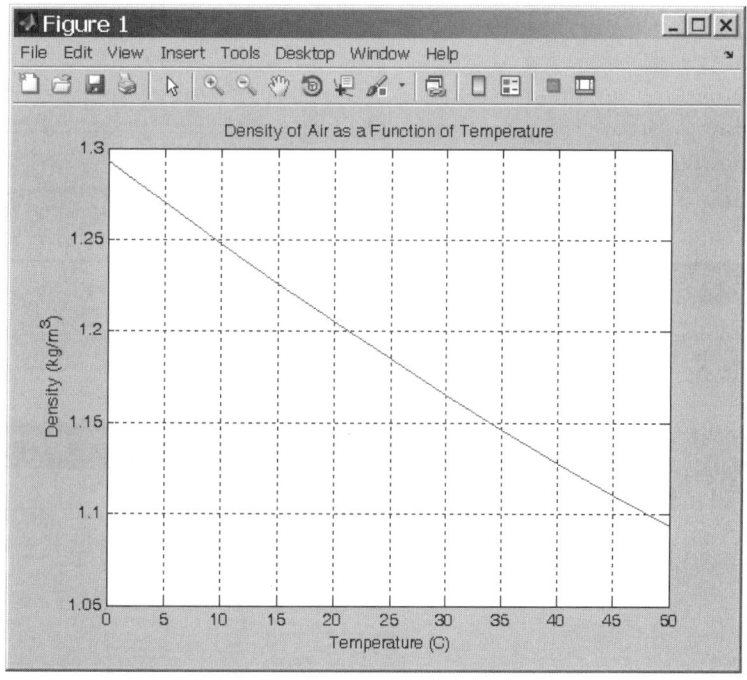

FIGURA 15.21   Plotagem da densidade do ar para o Exemplo 14.6 (revisado).

Importando arquivos de dados do Excel e de outros programas para o MATLAB

Às vezes, pode ser conveniente importar para o MATLAB arquivos de dados gerados por outros programas, como o Excel, para análises adicionais. Para demonstrar como lidar com a importação de arquivos de dados para o MATLAB, considere o arquivo do Excel mostrado na Figura 15.22. O arquivo do Excel

> Você pode importar para o MATLAB, para análises adicionais, arquivos de dados gerados por outros programas, como o Excel.

foi criado para o Exemplo 15.4 com duas colunas: os valores de x e os volumes correspondentes. Para importar esse arquivo para o MATLAB, na guia HOME, selecione **Import Data;** em seguida, vá para o diretório apropriado e abra o arquivo que você deseja. O MATLAB importará os dados e os salvará como variáveis **x** e **volume** (Figura 15.23).

Agora, digamos que você queira plotar o volume como uma função de x. Simplesmente digite os comandos do MATLAB mostrados na Figura 15.24. A plotagem resultante é mostrada na Figura 15.25.

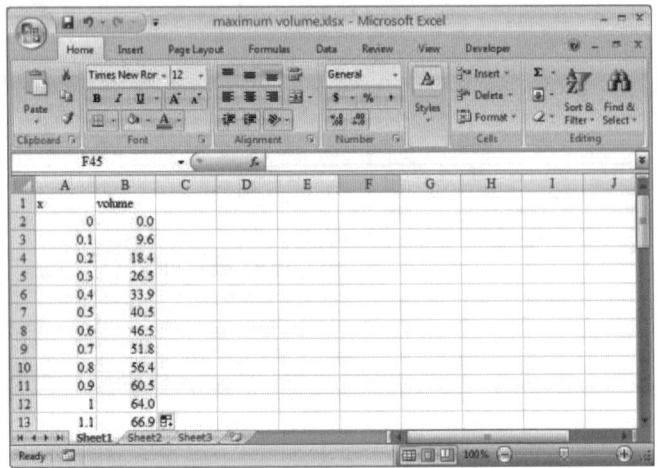

FIGURA 15.22 O arquivo de dados do Excel usado no Exemplo 15.4.

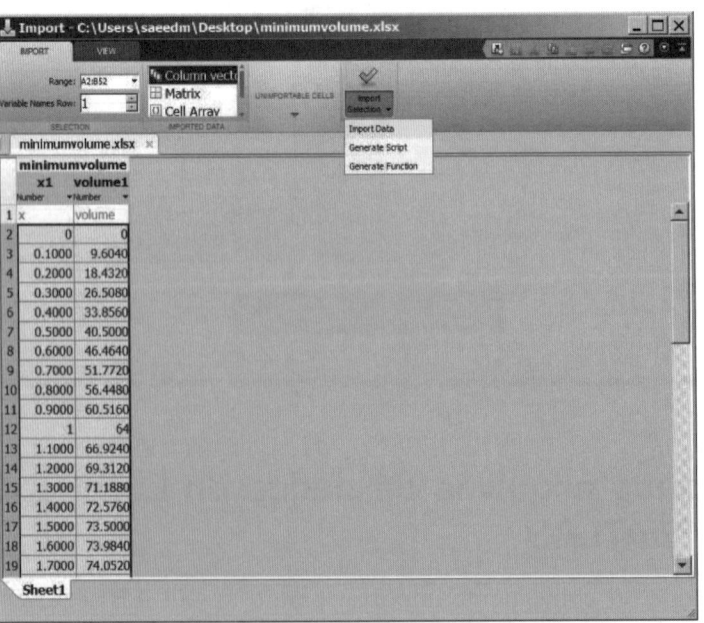

FIGURA 15.23 Assistente de importação do MATLAB.

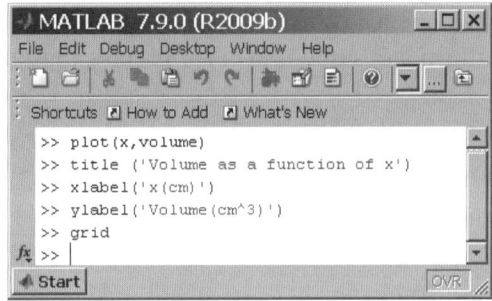

FIGURA 15.24 Os comandos que levam à plotagem mostrada na Figura 15.25.

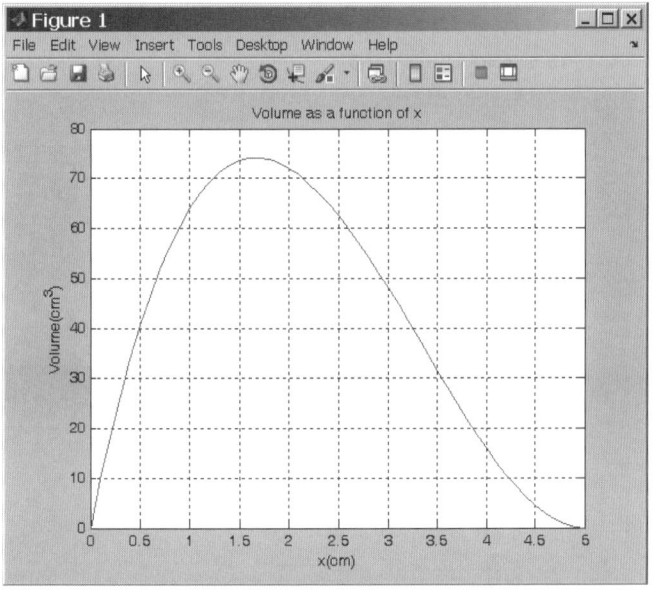

FIGURA 15.25 Plotagem do volume *versus* x usando dados importados de um arquivo do Excel.

OA⁴ 15.4 Cálculo de matrizes com MATLAB

Como explicado anteriormente, o MATLAB oferece muitas ferramentas para operações com matrizes e manipulações de matrizes. A Tabela 15.4 mostra exemplos desses recursos. Demonstraremos alguns dos comandos de matrizes do MATLAB com a ajuda dos exemplos a seguir.

EXEMPLO 15.5 Dadas as seguintes matrizes:

$$[A] = \begin{bmatrix} 0 & 5 & 0 \\ 8 & 3 & 7 \\ 9 & -2 & 9 \end{bmatrix}, [B] = \begin{bmatrix} 4 & 6 & -2 \\ 7 & 2 & 3 \\ 1 & 3 & -4 \end{bmatrix}, \{C\} = \begin{Bmatrix} -1 \\ 2 \\ 5 \end{Bmatrix}$$

usando MATLAB, execute as seguintes operações. (a) $[A] + [B] = ?$, (b) $[A] - [B] = ?$, (c) $3[A] = ?$, (d) $[A][B] = ?$, (e) $[A]\{C\}$? (f) determinante de $[A]$.

A solução é mostrada na Figura 15.26. Quando estudar esses exemplos, observe que a resposta fornecida pelo MATLAB é mostrada em fonte regular. As informações que o usuário precisa digitar são mostradas em **negrito**.

```
>> A=[0 5 0;8 3 7;9 -2 9]
A =
   0  5  0
   8  3  7
   9 -2  9
>> B=[4 6 -2;7 2 3;1 3 -4]
B =
   4  6 -2
   7  2  3
   1  3 -4
>> C=[-1; 2; 5]
C =
  -1
   2
   5
>> A + B
ans =
    4 11 -2
   15  5 10
   10  1  5
>> A-B
ans =
   -4 -1  2
    1  1  4
    8 -5 13
>>3*A
ans =
    0 15  0
   24  9 21
   27 -6 27
>>A*B
ans =
   35 10 15
   60 75 -35
   31 77 -60
>>A*C
ans =
   10
   33
   32
>>det(A)
ans =
  -45
>>
```

FIGURA 15.26 A solução para o exemplo 15.5.

EXEMPLO 15.6

A formulação de muitos problemas de engenharia leva a um sistema de equações algébricas. Como você aprenderá posteriormente nas aulas de matemática e engenharia, há diversas maneiras de resolver um conjunto de equações lineares. Resolva o conjunto de equações a seguir usando a eliminação de Gauss, invertendo a matriz $[A]$ (os coeficientes das incógnitas) e multiplicando-a pela matriz $\{b\}$ (os valores no lado direito das equações). O método de eliminação de Gauss é discutido em detalhes na Seção 18.5. Aqui, nossa intenção é mostrar como usar o MATLAB para resolver um conjunto de equações lineares.

$$2x_1 + x_2 + x_3 = 13$$
$$3x_1 + 2x_2 + 4x_3 = 32$$
$$5x_1 - x_2 + 3x_3 = 17$$

Para esse problema, a matriz de coeficientes $[A]$ e a matriz do lado direito $\{b\}$ são

$$[A] = \begin{bmatrix} 2 & 1 & 1 \\ 3 & 2 & 4 \\ 5 & -1 & 3 \end{bmatrix} \text{ e } \{b\} = \begin{Bmatrix} 13 \\ 32 \\ 17 \end{Bmatrix}$$

Usaremos primeiro o operador de divisão à esquerda \ da matriz do MATLAB para resolver esse problema. O operador \ resolve o problema usando a eliminação de Gauss. Então, solucionamos o problema usando o comando `inv`.

```
>> A = [2 1 1;3 2 4;5 -1 3]
A =
   2  1  1
   3  2  4
   5 -1  3
>> b = [13;32;17]
b =
   13
   32
   17
>> x = A\b
x =
   2.0000
   5.0000
   4.0000
>> x = inv(A)*b
x =
   2.0000
   5.0000
   4.0000
```

Observe que se você substituir a solução $x_1 = 2$, $x_2 = 5$ e $x_3 = 4$ em cada equação, descobrirá que ela as satisfaz. Ou seja: $2(2) + 5 + 4 = 13$, $3(2) + 2(5) + 4(4) = 32$ e $5(2) - 5 + 3(4) = 17$.

Ajuste de curvas com o MATLAB

Na Seção 14.3, discutimos o conceito de **ajuste de curvas**. O MATLAB oferece várias opções de ajuste de curvas. Usaremos o Exemplo 14.9 para mostrar como é possível usar o MATLAB para obter uma equação que melhor se ajuste a um conjunto de pontos de dados. Para o Exemplo 14.9 (revisto), usaremos o comando **POLYFIT(x, y, = n)**, que determina os coeficientes $c_0, c_1, c_2, ..., c_n$ de uma função polinomial de ordem n que melhor se ajuste aos dados de acordo com:

$$y = c_0 x^n + c_1 x^{n-1} + c_2 x^{n-2} + c_3 x^{n-3} + ... c_n$$

EXEMPLO 14.9 (REVISTO)

Encontre a equação que melhor se ajuste ao conjunto de pontos de dados da Tabela 15.13.

Na Seção 14.3, plotagens de pontos de dados revelaram que a relação entre y e x é quadrática (função polinomial de segunda ordem). Para obter os coeficientes da função polinomial de segunda ordem que melhor se ajuste aos dados, digitamos a sequência de comandos a seguir. A janela de comandos do MATLAB para o Exemplo 14.9 (revisto) é mostrada na Figura 15.27.

```
>> format compact
>> x=0:0.5:3
>> y = [2 0.75 0 -0.25 0 0.75 2]
>> Coefficients = polyfit(x,y,2)
```

TABELA 15.13

Conjunto de pontos de dados para o Exemplo 14.9 (revisado)

X	Y
0,00	2,00
0,50	0,75
1,00	0,00
1,50	−0,25
2,00	0,00
2,50	0,75
3,00	2,00

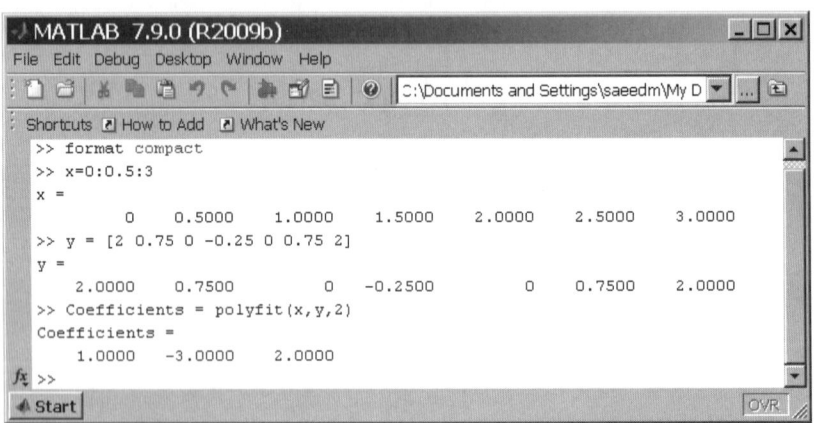

FIGURA 15.27 Janela de comandos para o Exemplo 14.9 (revisado).

Mediante a execução do comando `polyfit`, o MATLAB retornará os seguintes coeficientes: $c_0 = 1$, $c_1 = -3$ e $c_2 = 2$, que levam à equação $y = x^2 - 3x + 2$.

OA⁵ 15.5 Matemática simbólica com MATLAB

Nas seções anteriores, discutimos como usar o MATLAB para resolver problemas de engenharia com valores numéricos. Nesta seção, explicaremos resumidamente os recursos simbólicos do MATLAB. Em matemática simbólica, como o nome indica, o problema e a solução são apresentados usando símbolos como x, em vez de valores numéricos. Demonstraremos os recursos simbólicosdo MATLAB usando os Exemplos 15.7 e 15.8.

EXEMPLO 15.7

Usaremos as funções a seguir para executar as operações simbólicas do MATLAB, conforme mostrado na Tabela 15.14.

$$f_1(x) = x^2 - 5x + 6$$
$$f_2(x) = x - 3$$
$$f_3(x) = (x + 5)^2$$
$$f_4(x) = 5x - y + 2x - y$$

TABELA 15.14 Exemplos de operações simbólicas do MATLAB

Função	Descrição da função	Exemplo	Resultado do exemplo
sym	Cria uma função simbólica.	F1x = sym('x^2 – 5 * x + 6') F2x = sym('x – 3') F3x = sym('(x + 5)^ 2') F4x = sym('5 * x – y + 2* x – y')	F1x = x^2 – 5 * x + 6 F2x = x – 3 F3x = (x + 5)^2 F4x = 5*x – y + 2 * x – y
factor	Quando possível, fatora a função em termos mais simples.	factor(Fx1)	(x – 2)*(x – 3)
simplify	Simplifica a função.	simplify(F1x /F2x)	x–2
expand	Expande a função.	expand(F3x)	x^2 + 10*x+25
collect	Simplifica uma expressão simbólica coletando coeficientes semelhantes.	collect(F4x)	7*x–2*y
solve	Resolve a expressão para suas raízes.	solve(F1x)	x = 2 e x = 3
ezplot (f, min, max)	Faz a plotagem da função f para os valores de seu argumento entre min. e máx.	ezplot(F1x,0,5)	Veja figura 15.28

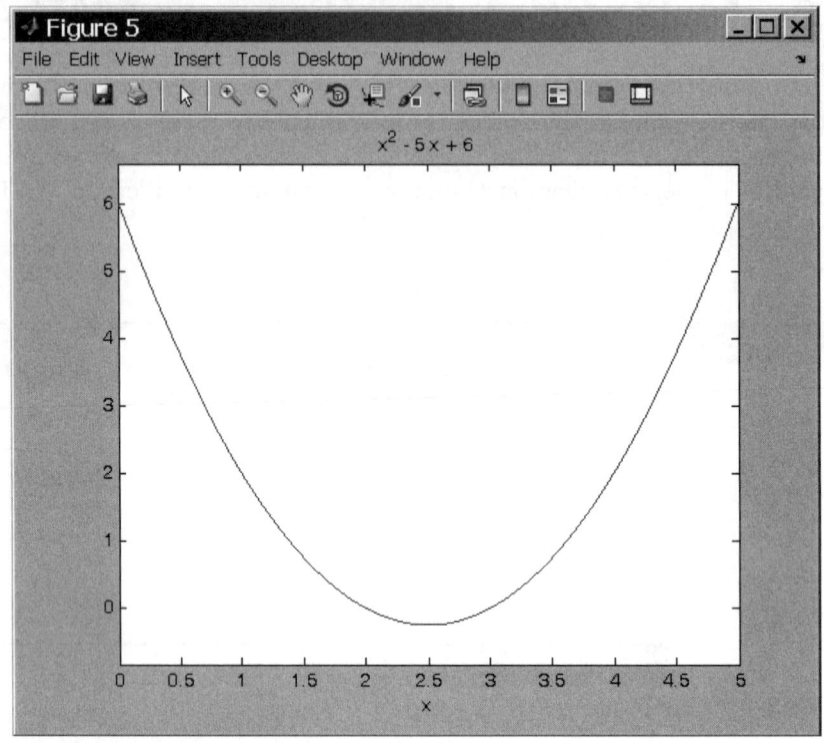

| FIGURA 15.28 | O *ezplot* para o exemplo 15.7; veja a última linha na Tabela 15.14 |

Soluções de equações lineares simultâneas

Nesta seção, mostraremos como usar os solucionadores simbólicos do MATLAB para obter soluções para um conjunto de equações lineares.

EXEMPLO 15.8

Considere a seguir as três equações lineares com três incógnitas: x, y e z.

$$2x+y + z = 13$$
$$3x+2y + 4z = 32$$
$$5x-y + 3z = 17$$

No MATLAB, o comando **solve** é usado para obter soluções para equações algébricas simbólicas. A forma básica desse comando é **solve('eqn1','eqn2', . . . ,'eqn')**. Conforme mostrado a seguir, primeiro definimos cada equação e depois usamos o comando **solve** para obter a solução.

```
>>equation _ 1 = '2*x+y+z=13';
>>equation _ 2 = '3*x+2*y+4*z=32';
>>equation _ 3 = '5*x-y+3*z=17';
>>[x,y,z] = solve(equation _ 1,equation _ 2,equation _ 3)
```

A solução é fornecida por $x = 2$, $y = 5$ e $z = 4$. A janela de comandos do MATLAB para o Exemplo 15.8 é mostrada na Figura 15.29.

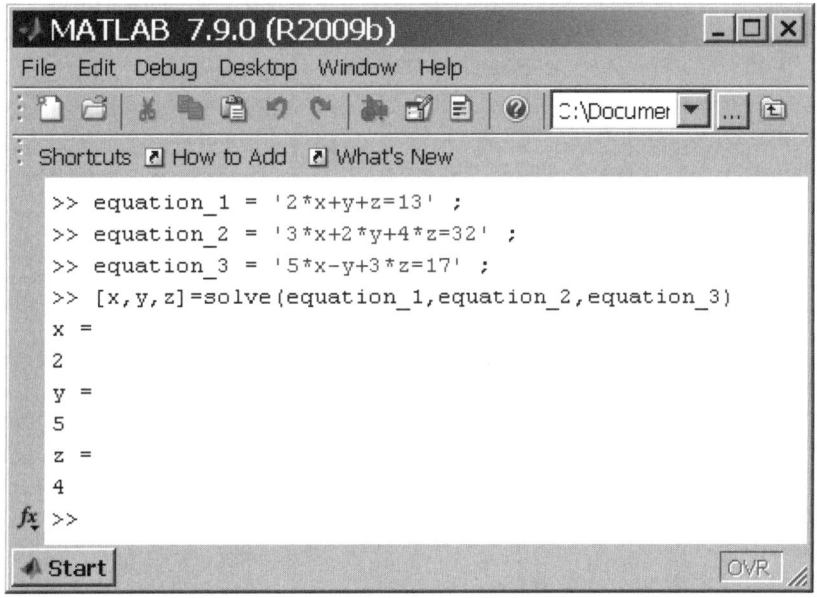

FIGURA 15.29 A solução do conjunto de equações lineares discutida no Exemplo 15.8.

Conforme dissemos no início deste capítulo, há muitos bons livros que discutem os recursos do MATLAB para resolver vários problemas. Aqui, nossa intenção é introduzir somente algumas ideias básicas para que você possa realizar algumas operações essenciais. Durante sua formação em engenharia, em outras aulas você aprenderá mais sobre como usar o MATLAB de maneira eficiente para solucionar diversos problemas de engenharia.

Os recursos simbólicos do MATLAB permitem resolver problemas de engenharia e apresentar a solução usando símbolos, como x, em vez de valores numéricos.

Antes de continuar

Responda às perguntas a seguir para testar o que aprendeu.

1. Explique as etapas que devem ser seguidas para plotar no MATLAB.

2. Explique como importar um arquivo do Excel para o MATLAB.

3. Dê exemplos de operações com matrizes no MATLAB.

4. Explique como ajustar uma curva para um conjunto de dados no MATLAB.

5. Dê exemplos de operações simbólicas do MATLAB.

Steve Chapman

Perfil profissional

A engenharia tem sido uma carreira interessante e estimulante para mim. Trabalhei em muitas áreas diferentes durante minha vida, mas em todas elas descobri a vantagem de empregar as habilidades de solução de problemas que aprendi como estudante de engenharia e comecei a aplicar desde então para solucionar problemas do dia a dia.

Concluí o curso de Engenharia Elétrica na Louisiana State University (LSU) em 1975 e então servi como oficial na Marinha dos Estados Unidos por quatro anos. A Marinha me levou para fora de Louisiana e me deu a oportunidade de conhecer o país pela primeira vez, já que tive postos em Mare Island, Califórnia e Orlando, Flórida. Usei um aspecto de minhas habilidades de engenharia nesse trabalho, pois servi principalmente como instrutor em Engenharia Elétrica nas escolas de Energia Nuclear da Marinha.

O próximo episódio importante em minha carreira foi servir como Professor Assistente no Houston College of Technology, enquanto simultaneamente estudava processamento de sinal digital na Rice University. A vida acadêmica era muito diferente, mas também utilizava as habilidades básicas da engenharia que aprendi durante a graduação.

Depois, mudei-me para o Lincoln Laboratory do Massachusetts Institute of Technology (MIT), em Lexington, Massachusetts. Lá me tornei pesquisador em radar, aplicando as habilidades de processamento de sinal adquiridas na Rice University ao desenvolvimento de novos sistemas de radar e algoritmos. Por nove anos, eu e minha família vivemos em Kwajalein Atoll, nas Ilhas Marshall, trabalhando com radares de primeira classe usados para controlar testes de ICBM, novos lançamentos de satélites, entre outras atividades. Eu tinha uma vida ótima em um paraíso tropical; íamos de bicicleta até o aeroporto todas as manhãs e voávamos para trabalhar!

Também passei três anos fazendo pesquisa de processamento de sinal sísmico na Shell Oil Company, em Houston, Texas. Lá empreguei as mesmas habilidades de engenharia e processamento de sinal em um domínio totalmente diferente: a procura de petróleo. Esse trabalho foi estimulante, muito diferente do trabalho que realizei no MIT, mas igualmente satisfatório.

Em 1995, minha família e eu imigramos para a Austrália e agora vivemos em Melbourne. Trabalho para a BAE SYSTEMS Australia, projetando programas que modelam a defesa de navios de guerra ou grupos de tarefas contra ataques de aviões e mísseis. Esse trabalho me leva para todo o mundo, para laboratórios de marinhas e de pesquisa em inúmeros países. Ele integra todos os diferentes componentes de minha carreira anterior: experiência naval, radar, processamento de sinal, mísseis, etc. É um trabalho muito interessante e desafiador, mas ainda estou aplicando exatamente as mesmas habilidades que aprendi na LSU há muito tempo.

Acrescentando algumas quinquilharias ao longo do caminho (como a escrita de livros sobre maquinário elétrico, MATLAB, Fortran, Java, etc.), no geral tenho me divertido, me distraio muito nessa carreira estimulante, como ninguém pode imaginar. Nessa trajetória, conheci os Estados Unidos e o mundo. Meus empregadores me pagaram bons salários para que eu fosse trabalhar todos os dias e me divertir. O que mais se pode querer em uma carreira?

Fonte: Steve Chapman

RESUMO

OA¹   Fundamentos do MATLAB

Você pode usar o MATLAB para resolver vários problemas de engenharia. Uma vez no ambiente MATLAB, é possível atribuir valores a uma variável ou definir os elementos de uma matriz. Por enquanto, você deve saber que os elementos da matriz são colocados entre chaves [ ] e separados por espaços em branco e que os elementos de cada linha são separados pela combinação de ponto-e-vírgula. O MATLAB também oferece vários comandos que podem ser usados para exibir os resultados de seu cálculo.

OA² Funções, controle de loop e expressões condicionais do MATLAB

O MATLAB oferece uma grande seleção de funções matemáticas, trigonométricas, estatísticas, lógicas e de engenharia que podem ser usadas para analisar dados. Além disso, quando escrevemos um programa de computador para resolver problemas de engenharia, geralmente é necessário executar várias vezes uma linha ou um bloco do código do computador. O MATLAB fornece os comandos *for* e *while* para essas situações. Também oferece operadores lógicos que permitem testar várias condições. Em alguns casos, ao solucionar um problema de engenharia, torna-se necessário executar uma linha ou um bloco de código com base no atendimento de uma condição ou de um conjunto de condições. O MATLAB fornece os comandos *if* e *else* para essas situações.

OA³ Plotagem com MATLAB

O MATLAB oferece muitas opções para criar gráficos. Você pode criar gráficos x–y, gráficos de colunas (ou histogramas), contornos ou plotagens de superfície. O comando do MATLAB mais usado normalmente para plotagem de valores de *y versus* valores de *x* é o comando `plot (x,y)`. Depois de criar o gráfico, você pode usar o editor de propriedades de gráficos do MATLAB para alterar o tipo de linha, sua espessura, cor, etc.

OA⁴ Cálculo de matrizes com MATLAB

A formulação de muitos problemas de engenharia leva a um sistema de equações algébricas que devem ser resolvidas simultaneamente. O MATLAB é uma ferramenta muito poderosa, especialmente para manipular matrizes; de fato, ele foi originalmente projetado com esse propósito. As operações com matrizes comuns que podem ser realizadas pelo MATLAB incluem adição, subtração, multiplicação, transposição, inversão e determinantes. Com o MATLAB, também se pode usar o método de eliminação de Gauss para resolver um conjunto de equações lineares.

OA⁵ Matemática simbólica com MATLAB

Às vezes é necessário apresentar um problema e sua solução usando símbolos, como *x* em vez de valores numéricos. O MATLAB também oferece diversos recursos para lidar com tais situações.

TERMOS-CHAVE

Ajuste de curvas	`fprintf`	Operações de elemento a
Comando `for`	*if* statement	elemento
Comando *while*	*if*, *else* statement	Operações com matrizes
Command History	Importando arquivos do Excel	Plotagem
Command Window	Matemática simbólica	Workspace
`disp`	Matriz	
`format`	M-file	

APLIQUE O QUE APRENDEU

Conforme discutido no Capítulo 11, em 1º de novembro de 2001, o U.S. National Weather Service (Serviço Nacional de Meteorologia dos Estados Unidos) implantou um novo índice de temperatura de arrefecimento pelo vento (WCT – *windchill temperature*) destinado a elaborar um cálculo mais preciso de quanto o ar frio é sentido pela pele humana. O índice atual é baseado na perda de calor da pele exposta e foi testado em humanos. O gráfico de arrefecimento pelo vento inclui um indicador de queimadura pelo frio que mostra os pontos em que a temperatura, a velocidade do vento e o tempo de exposição produzirão queimaduras pelo frio em humanos. O gráfico inclui três áreas sombreadas que indicam o perigo de queimadura pelo frio. Cada área sombreada mostra quanto tempo (30, 10 e 5 minutos) uma pessoa pode ficar exposta antes de desenvolver queimaduras pelo frio. Por exemplo, uma temperatura de 0° F (–18° C) e uma velocidade do vento de 15 mph (24 km/h) produzirão uma temperatura de arrefecimento pelo vento de –19° F (–28° C). Sob essas condições, a pele exposta pode congelar em 30 minutos. Escreva um programa do MATLAB com base em entrada, pelo usuário, da temperatura e da velocidade do vento que calcule a temperatura de arrefecimento pelo vento e forneça o alerta apropriado.

PROBLEMAS

Problemas que promovem aprendizado permanente estão indicados por 🔑

15.1 Usando o menu de ajuda do MATLAB, discuta como as seguintes funções são usadas. Crie um exemplo simples e demonstre o uso apropriado da função.

a. ABS (X)

b. TIC, TOC

c. SIZE (x)

d. FIX (x)

e. FLOOR (x)

f. CEIL (x)

g. CALENDAR

15.2 No Capítulo 10, discutimos a pressão dos fluidos e a função das torres de água em pequenas cidades. Use o MATLAB para criar uma tabela que mostre a relação entre a altura da água acima do solo, na torre de água, e a pressão da água em uma tubulação localizada na base da torre de água. A relação é dada por

$$P = \rho g h$$

onde

P = pressão da água na base da torre de água (kPa)
ρ = densidade da água (ρ = 1.000 kg/m³)
g = aceleração da gravidade (g = 9,81 m/s²)
h = altura da água acima do solo (m)

Crie uma tabela que mostre a pressão da água em kPa em uma tubulação localizada na base da torre de água à medida que você varia a altura da água em incrementos de 3 m. Demonstre também a pressão da água (kPa) *versus* a altura da água em pés. Qual seria o nível da água na torre de água para criar a pressão de água de 550 kPa em uma tubulação na base da torre?

15.3 Como explicamos no Capítulo 10, viscosidade é uma medida da facilidade com que um fluido pode fluir. A viscosidade da água pode ser determinada a partir da seguinte correlação:

$$\mu = c_1 10^{\left(\frac{c_2}{T - c_3}\right)}$$

Onde

μ = viscosidade (N/s·m²)
T = temperatura (K)
c_1 = 2,414 x 10⁻⁵ (N/s·m²)
c_2 = 247,8 K
c_3 = 140 K

Usando o MATLAB, crie uma tabela que mostre a viscosidade da água como uma função da temperatura no intervalo de 0° C (273,15 K) a 100° C (373,15 K) em incrementos de 5° C. Crie também um gráfico mostrando o valor da viscosidade como uma função da temperatura.

15.4 Usando o MATLAB, crie uma tabela que mostre a relação entre unidades de temperatura em graus Celsius e Fahrenheit na variação de –50° C a 150° C. Use incrementos de 10° C.

15.5 Usando o MATLAB, crie uma tabela que mostre a relação entre unidades de altura de pessoas em centímetros, polegadas e pés no intervalo de 150 cm a 2 m. Use incrementos de 5 cm.

15.6 Usando o MATLAB, crie uma tabela que mostre a relação entre unidades de massa para descrever a massa de pessoas em quilogramas, *slugs* e libras na variação de 20 kg a 120 kg. Use incrementos de 5 kg.

15.7 Usando o MATLAB, crie uma tabela que mostre a relação entre unidades de pressão em Pa, psi e polegadas de água no intervalo de 1 000 Pa a 10 000 Pa. Use incrementos de 500Pa.

15.8 Usando o MATLAB, crie uma tabela que mostre a relação entre as unidades de pressão em Pa e psi no intervalo de 10 kPa a 100 kPa. Use incrementos de 0,5 kPa.

15.9 Usando o MATLAB, crie uma tabela que mostre a relação entre unidades de potência em watts e cavalo-vapor no intervalo de 100 W a 10 000 W. Use incrementos menores de 100 W até 1 000 W, e depois, use incrementos de 1 000 W até 10 000 W.

15.10 Como explicamos em capítulos anteriores, a resistência do ar ao movimento de um veículo é algo importante que os engenheiros investigam. A força de arrasto que atua sobre um carro é determinada experimentalmente colocando-se o carro em um túnel de vento. A velocidade do ar dentro do túnel é alterada e a força de arrasto que atua sobre o carro é medida. Para determinado carro, os dados experimentais geralmente são representados por um único coeficiente chamado coeficiente de arrasto. Ele é definido pela relação a seguir:

$$C_d = \frac{F_d}{\frac{1}{2}\rho V^2 A}$$

onde

C_d = coeficiente de arrasto (adimensional)

F_d = força de arrasto medida (N)

ρ = densidade do ar (kg/m³)

V = velocidade do ar dentro do túnel (m/s)

A = área frontal do carro (m²)

A área frontal A representa a projeção frontal da área do carro e pode ser aproximada simplesmente multiplicando-se 0,85 vezes a largura e a altura de um retângulo que contorna a frente do veículo. Essa é a área que se vê ao observar o carro de uma direção normal e direto na grade frontal. O fator 0,85 é usado para ajustar as bordas arredondadas, o espaço de abertura abaixo do para-choque, e assim em diante. Para se ter uma ideia, os valores de coeficiente de arrasto típicos para carros esportivos estão entre 0,27 e 0,38 e para sedãs, entre 0,34 e 0,5.
O requisito de potência para superar a resistência do ar é calculado por

$$P = F_d V$$

onde

$$P = \text{potência (W)}$$

O objetivo deste problema é ver como o requisito de potência muda com a velocidade do carro e a temperatura do ar. Determine o requisito de potência para superar a resistência do ar para um carro que apresente um coeficiente de arrasto nominal de 0,4, largura de 190 cm e altura de 145 cm. Faça variações da velocidade do ar no intervalo de 15m/s <V< 35 m/s e altere o intervalo de densidade do ar de 1,11 kg/m³<ρ<1,29 kg/m³. O intervalo de densidade do ar fornecido corresponde a 0° C a 45° C. Você pode usar a lei dos gases ideais para relacionar a densidade do ar a sua temperatura. Apresente suas descobertas em kilowatts e cavalo-vapor. Discuta suas descobertas em termos de consumo de potência como uma função da velocidade e da temperatura do ar.

15.11 A viga engastada na ilustração é usada para suporte de uma carga que atua em uma sacada. A deflexão da linha central da viga é dada pela seguinte equação

$$y = \frac{-wx^2}{24EI}(x^2 - 4Lx + 6L^2)$$

onde
y = deflexão em determinado local de x (m)
w = carga distribuída (N/m)
E = módulo de elasticidade (N/m²)
I = segundo momento de área (m⁴)
x = distância do suporte como mostrado (m)

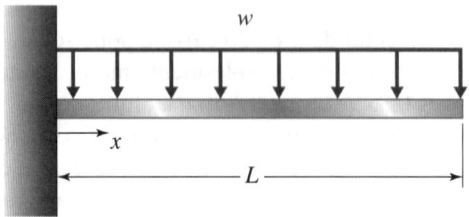

Problema 15.11

L = comprimento da viga (m)
Usando o MATLAB, faça a plotagem da deflexão de uma viga cujo comprimento é 5 m com módulo de elasticidade de $E = 200$ GPa e $I = 99{,}1 \times 10^6$ mm⁴. A viga é projetada para sustentar uma carga de 10.000 N/m. Qual é a deflexão máxima da viga?

15.12 Aletas, ou superfícies estendidas, normalmente são usadas em diversas aplicações de engenharia para obter resfriamento. Exemplos comuns incluem o cabeçote de motores de motocicletas, o cabeçote de motores de cortadores de grama, o dissipador de calor usado em equipamentos eletrônicos e trocadores de calor de tubos aletados em aplicações para aquecimento e resfriamento de ambientes. Considere o perfil retangular de aletas de alumínio mostrado no Problema 14.13, que são usadas para remover calor de uma superfície cuja temperatura é 100°

C. A temperatura do ar ambiente é 20° C. Estamos interessados em determinar como a temperatura da aleta varia ao longo de seu comprimento e em plotar essa variação de temperatura. Para aletas compridas, a distribuição de temperatura ao longo da aleta é fornecida por

$$T - T_{ambiente} = (T_{base} - T_{ambiente})e^{-mx}$$

onde

$$m = \sqrt{\frac{hp}{kA}}$$

e

h = o coeficiente de transferência de calor (W/m². K)

p = perímetro da aleta 2 * (a+b), (m)

A = área da seção transversal da aleta $(a*b)$ (m²)

k = condutividade térmica do material da aleta (W/m·K)

Faça a plotagem da distribuição da temperatura ao longo da aleta usando os seguintes dados: $k = 168$ W/m·K, $h = 12$ W/m²·K, $a = 0{,}05$ m, $b = 0{,}01$ m. Varie x de 0 a 0,1 m em incrementos de 0,01 m.

15.13 Uma pessoa de nome Huebscher desenvolveu a relação entre o tamanho equivalente de dutos circulares e dutos retangulares, de acordo com

$$D = 1{,}3\frac{(ab)^{0,625}}{(a+b)^{0,25}}$$

onde

D = diâmetro do duto circular equivalente (mm)
a = dimensão de um lado do duto retangular (mm)
b = dimensão do outro lado do duto retangular (mm)

Usando o MATLAB, crie uma tabela que mostre a relação entre as dimensões dos dutos circular e retangular, similar àquela mostrada na tabela a seguir.

Comprimento de um lado do duto retangular (comprimento *a*), mm					
Comprimento *b*	100	125	150	175	200
400					
450					
500					
550					
600					

15.14 Um tubo de Pitot é um dispositivo normalmente usado em túneis de vento para medir a velocidade do ar que flui sobre um modelo. A velocidade do ar é medida a partir da seguinte equação:

$$V = \sqrt{\frac{2P_d}{\rho}}$$

onde

V = velocidade do ar (m/s)

P_d = pressão dinâmica (Pa)

ρ = densidade do ar (1,23 kg/m³)

15.15 Usando o MATLAB, crie uma tabela que mostre a velocidade do ar para o intervalo de pressão dinâmica de 500 Pa a 800 Pa. Use incrementos de 50 Pa.

Use o MATLAB para resolver o Exemplo 7.1. Lembre-se de que aplicamos a regra trapezoidal para determinar a área do formato dado. Crie um arquivo do Excel com os dados fornecidos e depois importe o arquivo para o MATLAB.

15.16 Discutiremos engenharia econômica no Capítulo 20. Usando o MATLAB, crie uma tabela que possa ser usada para determinar os pagamentos mensais de um empréstimo pelo período de cinco anos. Os pagamentos mensais são calculados a partir de

$$A = P\left[\frac{\left(\frac{i}{1200}\right)\left(1+\frac{i}{1200}\right)^{60}}{\left(1+\frac{i}{1200}\right)^{60}-1}\right]$$

onde

A = pagamentos mensais em dólares

P = empréstimo em dólares

i = taxa de juros, ex., 7, 7,5, ..., 9

	Taxa de juros				
Empréstimo	7	7,5	8	8,5	9
10.000					
15.000					
20.000					
25.000					

15.17 Uma pessoa chamada Sutterland desenvolveu uma correlação que pode ser usada para avaliar a viscosidade do ar como uma função da temperatura, que é dada por

$$\mu = \frac{c_1 T^{0,5}}{1+\frac{c_2}{T}}$$

onde

μ = viscosidade (N/s·m²)

T = temperatura (K)

$$c_1 = 1,458 \times 10^{-6}\left(\frac{kg}{m \cdot s \cdot K^{1/2}}\right)$$

$c_2 = 110,4$ K

Crie uma tabela que mostre a densidade do ar como uma função da temperatura na faixa de 0° C (273,15 K) a 100° C (373,15 K) em incrementos de 5° C. Crie também um gráfico mostrando o valor da viscosidade como uma função de temperatura.

15.18 No Capítulo 11, explicamos o conceito dos fatores de arrefecimento pelo vento. Os valores antigos de arrefecimento pelo vento foram determinados empiricamente e a temperatura equivalente do arrefecimento pelo vento comum $T_{equivalente}$ (°C) era dada por

$$T_{equivalente} = 0,045(5,27 V^{0,5} + 10,45 - 0,28 V) \cdot (T_a - 33) + 33$$

Crie uma tabela que mostre as temperaturas de arrefecimento pelo vento para a faixa de temperatura do ar ambiente de –30° C $<T<$ 10° C e velocidades do vento de 5 m/s $<V<$ 20 m/s.

15.19 Dadas as matrizes:

$$[A] = \begin{bmatrix} 4 & 2 & 1 \\ 7 & 0 & -7 \\ 1 & -5 & 3 \end{bmatrix}, \quad [B] = \begin{bmatrix} 1 & 2 & -1 \\ 5 & 3 & 3 \\ 4 & 5 & -7 \end{bmatrix} \text{ e}$$

$$\{C\} = \begin{Bmatrix} 1 \\ -2 \\ 4 \end{Bmatrix}, \text{ execute as operações a}$$

seguir usando MATLAB.

a. $[A] + [B] = ?$

b. $[A] - [B] = ?$

c. $3[A] = ?$

d. $[A][B] = ?$

e. $[A]\{C\} = ?$

15.20 Dadas as seguintes matrizes:

$$[A] = \begin{bmatrix} 2 & 10 & 0 \\ 16 & 6 & 14 \\ 12 & -4 & 18 \end{bmatrix}, \text{ e } [B] = \begin{bmatrix} 2 & 10 & 0 \\ 4 & 20 & 0 \\ 12 & -4 & 18 \end{bmatrix},$$

calcule o determinante de [A] e de [B] usando o MATLAB.

15.21 Resolva o conjunto de equações a seguir usando o MATLAB.

$$\begin{bmatrix} 10875000 & -1812500 & 0 \\ -1812500 & 6343750 & -4531250 \\ 0 & -4531250 & 4531250 \end{bmatrix} \begin{Bmatrix} u_2 \\ u_3 \\ u_4 \end{Bmatrix}$$

$$= \begin{Bmatrix} 0 \\ 0 \\ 800 \end{Bmatrix}$$

15.22 Resolva conjunto de equações a seguir usando o MATLAB.

$$\begin{bmatrix} 1 & 1 & 1 \\ 2 & 5 & 1 \\ -3 & 1 & 5 \end{bmatrix} \begin{Bmatrix} x_1 \\ x_2 \\ x_3 \end{Bmatrix} = \begin{Bmatrix} 6 \\ 15 \\ 14 \end{Bmatrix}$$

15.23 Resolva o conjunto de equações a seguir usando o MATLAB.

$$\begin{bmatrix} 7,11 & -1,23 & 0 & 0 & 0 \\ -1,23 & 1,99 & -0,76 & 0 & 0 \\ 0 & -0,76 & 0,851 & -0,091 & 0 \\ 0 & 0 & -0,091 & 2,31 & -2,22 \\ 0 & 0 & 0 & -2,22 & 3,69 \end{bmatrix} \begin{Bmatrix} T_1 \\ T_2 \\ T_3 \\ T_4 \\ T_5 \end{Bmatrix} = \begin{Bmatrix} (5,88)(20) \\ 0 \\ 0 \\ 0 \\ (1,47)(70) \end{Bmatrix}$$

15.24 Resolva o conjunto de equações a seguir usando o MATLAB.

$$10^5 \begin{bmatrix} 7,2 & 0 & 0 & 0 & -1,49 & -1,49 \\ 0 & 7,2 & 0 & -4,22 & -1,49 & -1,49 \\ 0 & 0 & 8,44 & 0 & -4,22 & 0 \\ 0 & -4,22 & 0 & 4,22 & 0 & 0 \\ -1,49 & -1,49 & -4,22 & 0 & 5,71 & 1,49 \\ -1,49 & -1,49 & 0 & 0 & 1,49 & 1,49 \end{bmatrix} \begin{Bmatrix} x_1 \\ x_2 \\ x_3 \\ x_4 \\ x_5 \\ x_6 \end{Bmatrix} = \begin{Bmatrix} 0 \\ 0 \\ 0 \\ -500 \\ 0 \\ -500 \end{Bmatrix}$$

15.25 Encontre a equação que melhor se ajusta ao conjunto de pontos de dados a seguir. Compare os valores real e previsto de y. Faça a plotagem dos dados primeiro.

x	0	1	2	3	4	5	6	7	8	9	10
y	10	12	15	19	23	25	27	32	34	36	41

15.26 Encontre a equação que melhor se ajusta ao conjunto de pontos de dados a seguir. Compare os valores real e previsto de y. Faça a plotagem dos dados primeiro.

x	0	1	2	3	4	5	6	7	8
y	5	8	15	32	65	120	203	320	477

15.27 Encontre a equação que melhor se ajusta ao conjunto de pontos de dados a seguir. Compare os valores real e previsto de y. Faça a plotagem dos dados primeiro.

x	0	5	10	15	20	25	30	35	40	45	50
y	100	101,25	105	111,25	120	131,25	145	161,25	180	201,25	225

15.28 Encontre a equação que melhor se ajusta aos pontos de dados de força-deflexão fornecidos na Tabela 10.1(a). Compare os valores de força real e previsto. Faça a plotagem dos dados primeiro.

Força (N)	Deflexão da mola (mm)
5	9
10	17
15	29
20	35

15.29 Os dados fornecidos na tabela representam a distribuição de velocidade dentro de um tubo. Encontre a equação que melhor se ajusta aos dados fornecidos de velocidade–distância radial do fluido. Compare os valores de velocidade real e previsto. Faça a plotagem dos dados primeiro.

Distância radial (m)	Velocidade do fluido (m/s)
– 0,1	0
– 0,08	0,17
– 0,06	0,33
– 0,04	0,42
– 0,02	0,49
0 centro do tubo	0,5
0,02	0,48
0,04	0,43
0,06	0,32
0,08	0,18
0,1	0

15.30 Os dados fornecidos na tabela representam a temperatura de resfriamento de uma placa como uma função do tempo durante um estágio de processamento do material. Encontre a equação que melhor se ajusta aos dados de temperatura-tempo fornecidos. Compare os valores de temperatura real e previsto. Faça a plotagem dos dados primeiro.

Temperatura (°C)	Tempo (h)
900	0
722	0,2
580	0,4
468	0,6
379	0,8
308	1,0
252	1,2
207	1,4
172	1,6
143	1,8
121	2,0
103	2,2
89	2,4
78	2,6
69	2,8
62	3,0

15.31 Escreva uma função chamada **Peso** que, quando chamada na janela de comandos, calcule o peso em libra-força com base na entrada da massa em quilogramas.

15.32 O índice de massa corporal (IMC) é uma maneira de determinar a obesidade e se uma pessoa está acima do peso. Ele é calculado a partir de

$$IMC = \frac{massa \text{ em kg}}{\left[altura \left(\text{em metro} \right) \right]^2}$$

Escreva um programa que crie a tabela mostrada a seguir. Os valores de IMC no intervalo de 18,5–24,9, 25,0–29,9 e >30,0 são classificados como peso normal, sobrepeso e obesidade, respectivamente.

Altura (m)	Massa (kg)						
	50	55	60	65	70	75	80
1,5	22,2	24,4	26,7	28,9	31,1	33,3	35,6
1,6	19,5	21,5	23,4	25,4	27,3	29,3	31,3
1,7	17,3	19,0	20,8	22,5	24,2	26,0	27,7
1,8	15,4	17,0	18,5	20,1	21,6	23,1	24,7
1,9	13,9	15,2	16,6	18,0	19,4	20,8	22,2

Para os problemas 15.33 a 15.40, siga cada linha de código do MATLAB e mostre o resultado ou indique se ocorrerá erro ao executar os comandos.

15.33
```
A = [3 1 0;4 0 1];
B = [ –3 1 4;5 6 – 1];
C = [A,B]
```

15.34
```
B = [1;0; –5;4];
D = B´
```

15.35
```
X = [4 5 – 2 8];
Y = [2 0 1 10];
Z = (X < Y)
Z = Y(X ~= Y)
```

15.36
```
i = 5
for k = 1:3:7
```

```
i = i + k;
       end
       value = i
```

15.37

```
       A = [5 0 2];
       B = [1 5 4];
       C = B.^A
```

15.38

```
       i = 10;
       k = 2;
       while k < 4
       i = i + k;
       k = k + 1;
       end
       value = i
```

15.39

```
       A = [3 1 0;4 0 1];
       B = [ -3; 1; 4];
       C = A*B
```

15.40

```
       X = [0:1:5];
       Y = X.^2 + 4;
       plot(X,Y)
       xlabel('X')
       ylabel('Y')
```

Comunicação gráfica de engenharia

Conduzindo informações para outros engenheiros, operadores, técnicos e gerentes

Os engenheiros usam plantas técnicas para transmitir informações úteis de maneira padronizada. A planta de engenharia fornece informações como a forma do produto, as dimensões, materiais a partir dos quais o produto foi fabricado e as etapas de montagem. Algumas plantas de engenharia são específicas para determinada disciplina. Por exemplo, os engenheiros civis lidam com terreno ou perímetros, topografia, construção e desenho do plano cotado. Os engenheiros elétricos e eletrônicos, por outro lado, podem lidar com desenhos de montagem de placa de circuito impresso, planos de perfuração de placa de circuito impresso e diagramas de fiação. Os engenheiros usam símbolos e sinais especiais para transmitir ideias, análises e soluções de problemas. Na Parte Quatro deste livro, apresentaremos os princípios e as regras da comunicação gráfica, e os símbolos da engenharia. O bom conhecimento desses princípios permitirá que os alunos transmitam e entendam as informações de forma eficiente.

| CAPÍTULO 16 | DESENHOS E SÍMBOLOS DA ENGENHARIA |

Desenhos e símbolos da engenharia

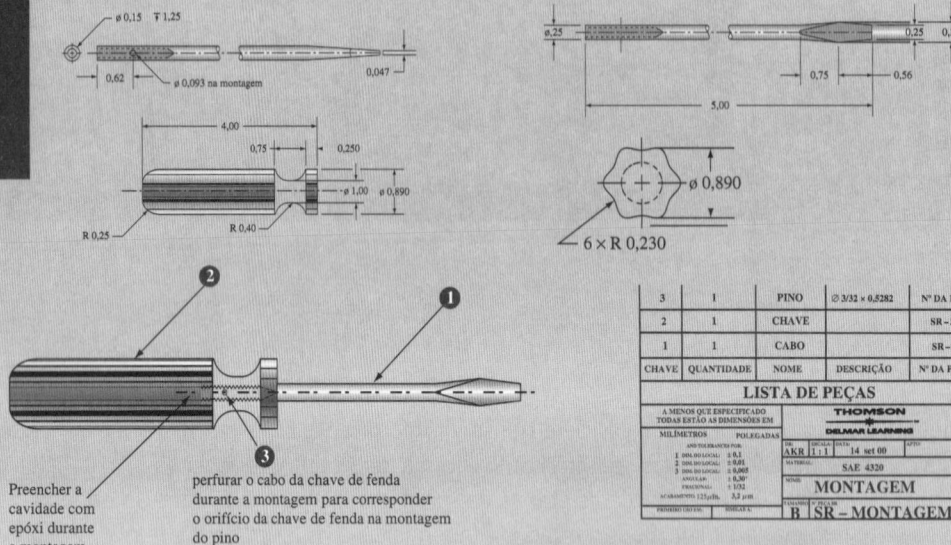

Baseados em Madsen, Engineering Drawing and Design, 4e. Delmar Learning, parte da Cengage Learning, Inc., 2007.

Desenhos de engenharia, como os esquemas mostrados aqui, são importantes na comunicação com outros engenheiros ou operadores de maneira padronizada e que permita a visualização do produto proposto. Informações, como o formato do produto, o seu tamanho, o tipo de material usado e as etapas de montagem, são fornecidas por esses desenhos.

OBJETIVOS DE APRENDIZADO

OA¹ **Desenhos mecânicos:** explicar as regras básicas que os engenheiros, projetistas e operadores devem seguir para desenhar ou ler desenhos mecânicos

OA² **Desenhos civil, elétrico e eletrônico:** explicar por que precisamos de desenhos específicos para cada área e dar alguns exemplos

OA³ **Modelagem sólida:** explicar as ideias básicas que o *software* de modelagem sólida utiliza para criar modelos de objetos com superfícies e volumes que parecem quase indistinguíveis dos objetos reais

OA⁴ **Símbolos de engenharia:** explicar por que os símbolos de engenharia são necessários e dar alguns exemplos de símbolos comuns em engenharia mecânica, elétrica e civil

COMUNICAÇÃO GRÁFICA DE ENGENHARIA

Transmitindo informações para outros engenheiros, operadores, técnicos e gerentes

Os engenheiros usam desenhos técnicos para transmitir informações úteis de maneira padronizada. O desenho de engenharia fornece informações, como a forma do produto, as dimensões, os materiais usados e as etapas de montagem. Hoje, com o *software* de modelagem sólida, podemos criar modelos de objetos com superfícies e volumes quase idênticos aos dos objetos reais. O *software* de modelagem sólida permite testar a montagem de peças na tela do computador a fim de evitar problemas antes que as peças sejam de fato fabricadas e montadas. Alguns desenhos de engenharia são específicos para determinada disciplina. Por exemplo, os engenheiros civis lidam com terrenos ou contornos, topografia, construção e desenho de levantamento de rotas. Já os engenheiros elétricos e eletrônicos lidam com desenhos de montagem de placas de circuito impresso, planos de perfuração de placa de circuito impresso e diagramas de fiação. Os engenheiros usam símbolos e sinais especiais para transmitir ideias, análises e soluções de problemas. Um bom conhecimento desses princípios permite aos alunos transmitir e entender as informações de forma eficiente.

Para os estudantes: Você já teve uma ideia de um produto ou um serviço? Como você fez para divulgar sua ideia?

Sinais de trânsito são projetados e desenvolvidos de acordo com padrões nacionais e internacionais aceitáveis para transmitir informações, não apenas de forma eficiente, mas também da forma mais rápida possível. Por exemplo, o sinal de "Pare", que tem a forma de octógono com fundo vermelho, informa que todos devem parar o carro. Quando os carros autônomos (autodirigíveis) se tornarem realidade, ainda precisaremos de sinais de trânsito?

Os engenheiros usam tipos de desenhos especiais, chamados desenhos técnicos, para transmitir suas ideias e informações de projetos sobre produtos. Esses desenhos retratam dados essenciais, como o formato do produto, o tamanho, tipo de material usado e etapas de montagem. Além disso, os técnicos usam as informações fornecidas pelos engenheiros ou desenhistas nos desenhos técnicos para fazer as peças. Para sistemas complicados, compostos de várias peças, os desenhos também servem como um guia de montagem, mostrando como as diversas peças se encaixam. Ao longo do semestre muitos de vocês terão aulas sobre desenhos de engenharia, nas quais aprenderão detalhes sobre como criar tais desenhos. Por enquanto, veja nas seções a seguir uma breve introdução dos princípios da comunicação gráfica na engenharia. Discutiremos por que os desenhos técnicos são importantes, como são feitos, e quais regras devem ser seguidas para criá-los. Os símbolos e sinais da engenharia também fornecem informações valiosas. Esses símbolos são a "linguagem" usada pelos engenheiros na transmissão de ideias, soluções para problemas, ou análises de determinadas situações. Neste capítulo também discutiremos a necessidade de símbolos de engenharia convencionais e mostraremos alguns símbolos comuns usados em engenharia civil, elétrica e mecânica.

OA¹ 16.1 Desenhos mecânicos

Alguma vez você já pensou em criar um produto novo que pudesse facilitar alguma tarefa? Você transmitiu sua ideia a outras pessoas? Quais foram os primeiros passos que você deu para tornar sua ideia clara e conhecida de seu público? Imagine que esteja tomando um café com uma amiga e decida compartilhar sua ideia sobre um produto. Depois de conversar um pouco sobre a ideia, para esclarecê-la, você naturalmente faz um desenho ou esboça um diagrama para mostrar como seria o produto. Você já ouviu a frase "uma imagem vale mais do que mil palavras"; pois bem, na engenharia, o desenho vale ainda mais! Os desenhos técnicos ou desenhos de engenharia são importantes na transmissão de informações úteis a outros engenheiros ou operadores. Eles usam um padrão que permite que os leitores visualizem o produto proposto da melhor maneira. Mais precisamente, com dados, como dimensões do produto proposto ou como seria sua aparência quando visualizado de cima, ou de lado, ou de frente. Os desenhos também especificam o tipo de material a ser usado na fabricação desse produto. Para fazer ou ler desenhos de engenharia, primeiro você deve aprender as regras padrão a serem seguidas por todos os engenheiros, desenhistas ou operadores. Nas seções a seguir, discutiremos um pouco essas regras.

Vistas ortográficas

As **vistas ortográficas** (diagramas) mostram como seria a projeção de um objeto visto de cima, de frente ou de lado. Para entender melhor o que queremos dizer com vistas ortográficas, imagine que o objeto ilustrado na Figura 16.1 está no centro de uma caixa de vidro.

> As vistas ortográficas mostram como seria a projeção de um objeto visto de cima, de frente ou de lado.

Agora, se você desenhar linhas perpendiculares saindo dos cantos do objeto nas faces da caixa de vidro, veria os contornos representados na Figura 16.1. Os contornos são chamados de projeção ortográfica do objeto nos planos *horizontal*, *vertical* e *perfil*.

Agora imagine que as faces dessa caixa de vidro sejam abertas ou desdobradas. Isso resultará no *layout* mostrado na Figura 16.2. Observe as localizações relativas nas exibições superior, inferior, frontal, posterior, do lado direito e do lado esquerdo.

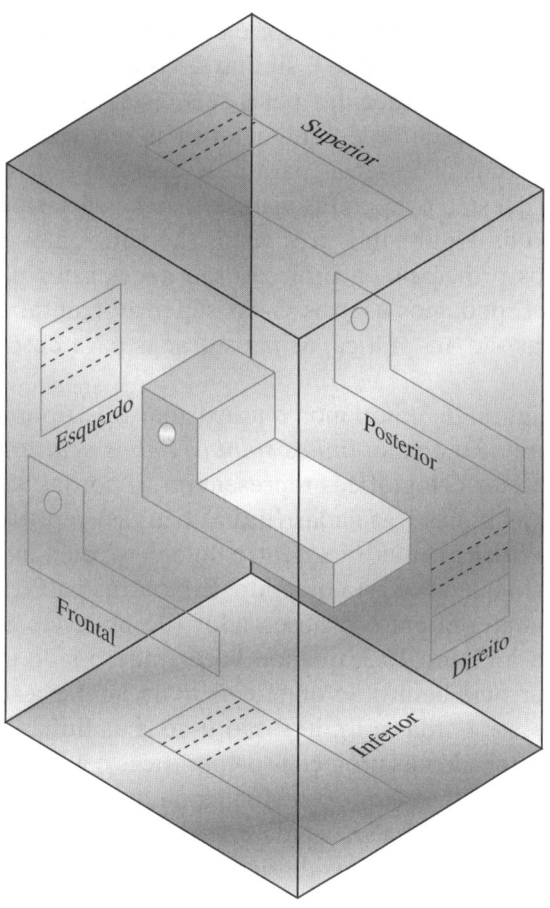

Projeção ortográfica de um objeto nos planos horizontal, vertical e perfil.

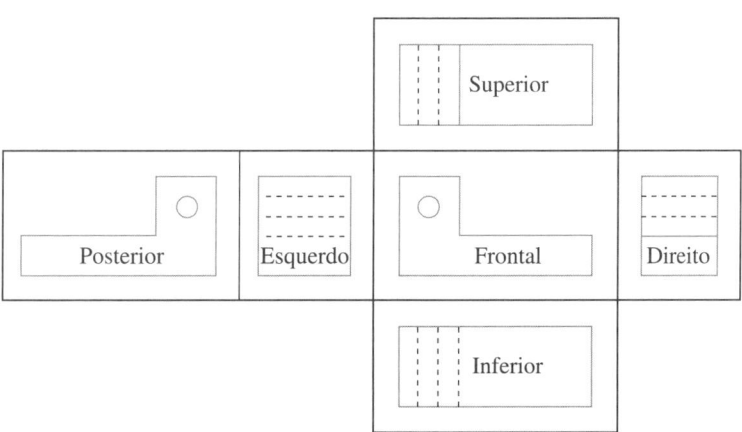

Localizações relativas das vistas superior, inferior, frontal, posterior, lado direito e lado esquerdo.

Agora você percebe que a vista superior é similar à vista inferior, a vista frontal é similar à vista posterior, e a vista do lado direito é similar à vista do lado esquerdo. Note, portanto, certa redundância nas informações fornecidas pelas seis vistas (diagramas). Dessa forma, você pode concluir que não há necessidade de desenhar todas as seis vistas para descrever este objeto. Na verdade, o número de vistas necessárias para descrever um objeto depende da complexidade do seu formato. Assim, a questão é "quantas vistas são necessárias para descrever completamente o objeto?" Para o objeto da Figura 16.1, três vistas são suficientes para descrevê-lo por completo, pois apenas três planos principais da projeção são necessários para mostrá-lo. Com relação ao exemplo da Figura 16.1, podemos usar as vistas superior, frontal e direita para descrever todo o objeto. Essas três vistas são, na prática, as mais usadas para descrever objetos e estão indicadas na Figura 16.3.

Examinando a Figura 16.3, notamos que existem três tipos diferentes de linhas nas vistas ortográficas para descrever o objeto: *linhas sólidas*, *linhas ocultas* ou *tracejadas* e *linhas centrais*. As linhas sólidas nas vistas ortográficas representam as bordas visíveis dos planos ou a intersecção de dois planos. Já as linhas tracejadas (linhas ocultas) representam a borda de um plano ou os limites extremos do orifício cilíndrico dentro do objeto, ou a interseção de dois planos que não ficam visíveis da direção que você está olhando. Em outras palavras, linhas tracejadas são usadas quando existe algum material entre o observador (de onde ele está olhando) e o local real da borda. Com referência à Figura 16.3, quando você exibe o lado direito do objeto, essa projeção contém os limites do orifício dentro do objeto, além da intersecção de dois planos localizados no objeto. Para mostrar essas bordas e limites, são usadas as linhas sólidas e tracejadas. O terceiro tipo de linha que é empregado nas projeções ortográficas é a linha central, ou a linha de simetria, que mostra a localização dos centros dos orifícios ou os centros dos cilindros. Preste atenção na diferença de padrões entre a linha tracejada e a linha central. Veja na Figura 16.3 exemplos de linhas sólidas, linhas tracejadas e linhas de simetria.

Conforme foi dito anteriormente, o número de vistas que você pode desenhar para representar um objeto dependerá da complexidade do objeto. Por exemplo, se você deseja mostrar uma arruela ou uma gaxeta, precisará desenhar apenas a vista superior e especificar a sua espessura. Para outros objetos, como parafusos, podemos desenhar apenas duas vistas. Veja outros exemplos de objetos que requerem uma ou duas vistas na Figura 16.4.

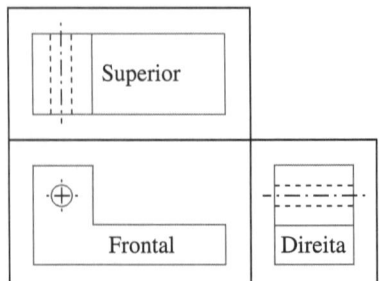

FIGURA 16.3   As vistas superior, frontal e direita de um objeto.

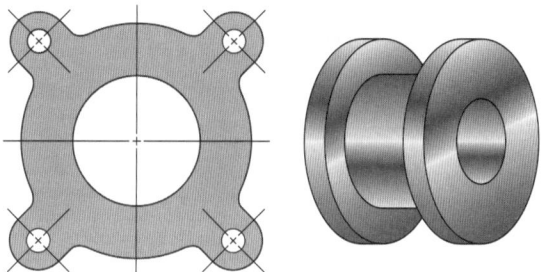

| FIGURA 16.4 | Exemplos de objetos que requerem uma ou duas vistas. |

| EXEMPLO 16.1 | Desenhe as vistas ortográficas do objeto mostrado na Figura 16.5(a). |

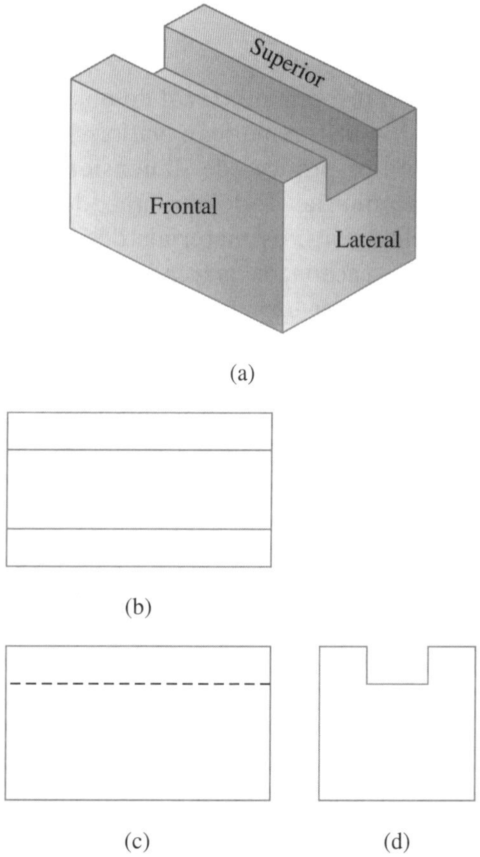

(a)

(b)

(c)   (d)

| FIGURA 16.5 | Um objeto e suas vistas ortográficas: (a) o objeto, (b) a vista |
superior, (c) a vista frontal e (d) a vista lateral.

Dimensionamento e tolerância

Os desenhos de engenharia fornecem informações sobre o formato, o tamanho e o material de um produto. Na seção anterior, discutimos as maneiras de desenhar as vistas ortográficas. Não

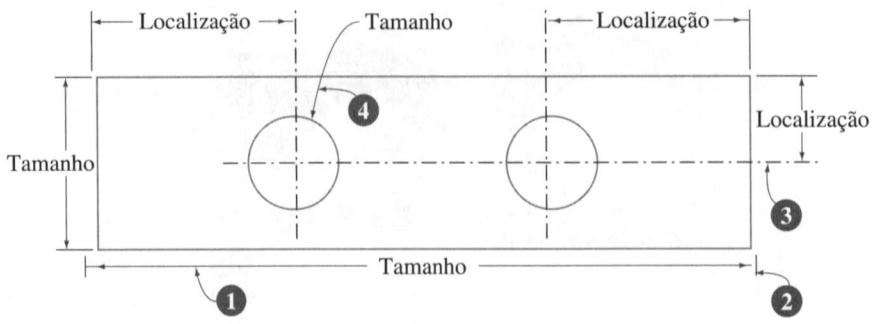

FIGURA 16.6   Os fundamentos das práticas de dimensionamento: (1) linha dimensional, (2) linha de extensão, (3) linha central e (4) guia.

dissemos nada sobre como mostrar o tamanho real do objeto nos desenhos. O **Instituto Nacional Norte Americano de Padrões** (**ANSI**, American National Standards Institute) define os padrões para as práticas de **dimensionamento** e **tolerância** em desenhos de engenharia. Todo desenho de engenharia deve incluir dimensões, tolerâncias, os materiais dos quais são feitos os produtos, as superfícies acabadas marcadas e outras observações, como número das peças, por exemplo. É importante fornecer todas essas informações nos diagramas por muitos motivos. Um operador precisa conhecer os desenhos detalhados sem necessariamente entrar em contato com o engenheiro ou com o desenhista, a fim de perguntar qual é o tamanho, ou quais são as tolerâncias, ou tipo de material do qual o objeto é feito. Existem basicamente dois conceitos que precisam ser lembrados na especificação das dimensões em um desenho de engenharia: *tamanho* e *local*. Conforme a Figura 16.6, você precisa especificar não apenas a largura ou o comprimento do objeto, mas também a localização do centro do orifício ou centro de um filete na peça. Além disso, um desenho é dimensionado com a ajuda de *linhas de dimensão, linhas de extensão, linhas centrais* e *guias*.

> O ANSI define os padrões para as práticas de dimensionamento e tolerância em desenhos de engenharia. Todo desenho de engenharia deve incluir dimensões, tolerâncias, os materiais dos quais são feitos os produtos e as superfícies acabadas marcadas.

As *linhas dimensionais* fornecem informações sobre o tamanho do objeto; por exemplo, a largura e o comprimento. É necessário mostrar as dimensões gerais do objeto para que o operador determine a quantidade total de material bruto a partir do qual ele vai fazer a peça. Assim como o próprio nome indica, as *linhas de extensão* são aquelas que se estendem dos pontos sobre os quais a dimensão ou o local está especificado. As linhas de extensão são paralelas umas das outras, e as linhas dimensionais são posicionadas entre elas, conforme a Figura 16.6. As *guias* são setas que apontam para um círculo ou um filete, a fim de especificar os tamanhos. Geralmente os desenhos são feitos em *"Não Em Escala"* (NTS), portanto, o fator de escala para o desenho também deve ser especificado. Além das dimensões, todos os desenhos de engenharia devem conter um quadro com os seguintes itens: nome da pessoa que fez o desenho, título do desenho, data, escala, número da folha e número do desenho. Essas informações são mostradas no canto superior ou inferior direito do desenho. Veja na Figura 16.7 um exemplo de quadro de informações.

Em poucas palavras, vamos detalhar os filetes, que muitas vezes são desprezados nos desenhos de engenharia, tornando-se um ponto fraco que pode gerar problemas. *Filetes* são bordas arredondadas de um objeto; seu tamanho e o raio de arredondamento devem ser especificados em todos os desenhos. Caso contrário, o operador poderá não realizar os arredondamentos das

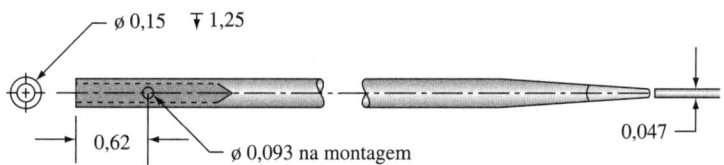

ø 0,15   ∓ 1,25

0,62   ø 0,093 na montagem

0,047

(a) Desenho detalhado da **CHAVE DE FENDA** com base no esboço do engenheiro, antes da emissão da solicitação de alteração de engenharia (ECR, *engineering change request*). Observe o "o" no canto direito inferior. Isso indica um desenho original e sem alterações. Os valores de dimensão nesta figura estão em polegadas.

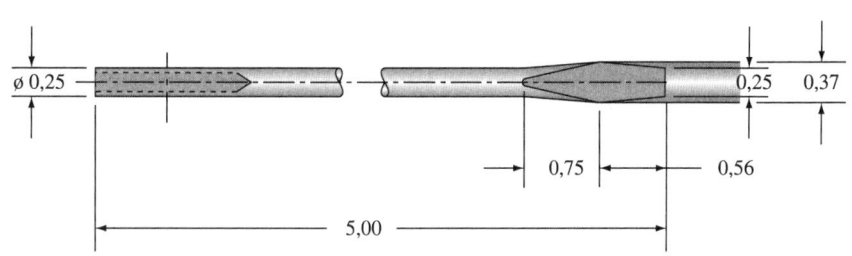

ø 0,25   0,25   0,37

0,75   0,56

5,00

(b) Desenho detalhado do **CABO** criado com base no esboço de um engenheiro. Os valores de dimensão nesta figura estão em polegadas.

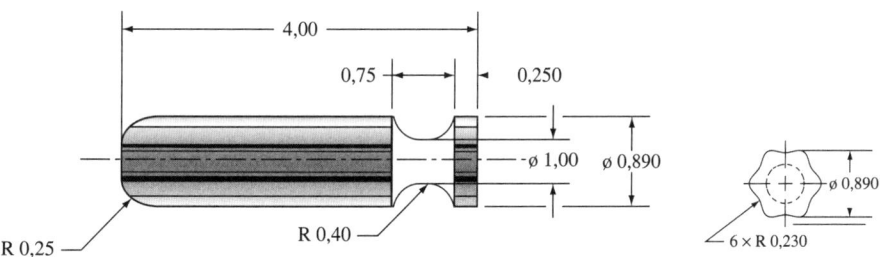

4,00

0,75   0,250

ø 1,00   ø 0,890

ø 0,890

R 0,25   R 0,40   6 × R 0,230

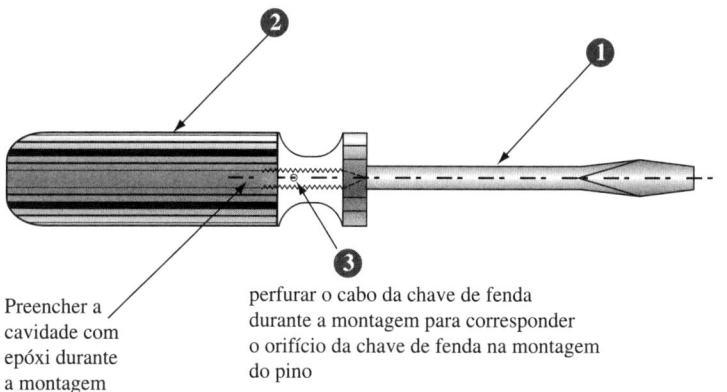

Preencher a cavidade com epóxi durante a montagem

perfurar o cabo da chave de fenda durante a montagem para corresponder o orifício da chave de fenda na montagem do pino

3	1	PINO	⌀ 3/32 × 0,5282	Nº DA PEÇA
2	1	CHAVE		SR – 31
1	1	CABO		SR – 30
CHAVE	QUANTIDADE	NOME	DESCRIÇÃO	Nº DA PEÇA

LISTA DE PEÇAS

A MENOS QUE ESPECIFICADO TODAS ESTÃO AS DIMENSÕES EM
THOMSON
DELMAR LEARNING

MILÍMETROS   POLEGADAS

AND TOLERANCES FOR:
1 DIM. DO LOCAL: ± 0,1
2 DIM. DO LOCAL: ± 0,01
3 DIM. DO LOCAL: ± 0,005
ANGULAR: ± 0,30°
FRACIONAL: ± 1/32
ACABAMENTO:125μin.   3,2 μm

DR: AKR   ESCALA: 1 : 1   DATA: 14 set 00   APTO:

MATERIAL: SAE 4320

NOME: **MONTAGEM**

PRIMEIRO USO EM: SIMILAR A:

TAMANHO: **B** | Nº PEÇA SR **SR – MONTAGEM** | VER **0**

(c) Desenho da montagem da chave de fenda.

bordas, o que pode criar problemas ou falha nas peças. Alguns de vocês aprenderão mais tarde, nas aulas de mecânica dos materiais, que peças mecânicas com bordas afiadas ou redução repentina nas áreas transversais podem falhar quando submetidas a cargas por causa da concentração de tensão próximo às regiões afiadas. Uma maneira simples de reduzir a tensão nessas regiões é arredondando as bordas e criando uma redução gradual nas áreas transversais.

Os produtos de engenharia em geral contêm muitas peças. Na atual economia global, peças feitas para um produto em um local devem ser facilmente compatíveis com peças feitas em outros lugares. Quando você especifica a dimensão no desenho — por exemplo, 2,50 centímetros — com qual exatidão a dimensão real da peça precisa se aproximar dos 2,50 cm determinados para que a peça se encaixe corretamente em outras peças no produto? Tudo seria bem encaixado se a dimensão real da peça fosse 2,49 cm ou 2,51 cm? Se for assim, no que se refere a essa dimensão, você deve especificar uma tolerância de ±0,01 cm em seu desenho. A tolerância é um assunto amplo com regras e símbolos próprios, e como mencionamos antes, o American National Standard Institute (Instituto Nacional Norte Americano de Padrões) estabelece os padrões de tolerância para profissionais que criam ou leem desenhos de engenharia. Aqui, apresentamos um resumo dessas ideias; você deve consultar os padrões se estiver planejando preparar um desenho real de engenharia.

EXEMPLO 16.2 Mostre as dimensões do objeto na Figura 16.8 em suas vistas ortográficas.

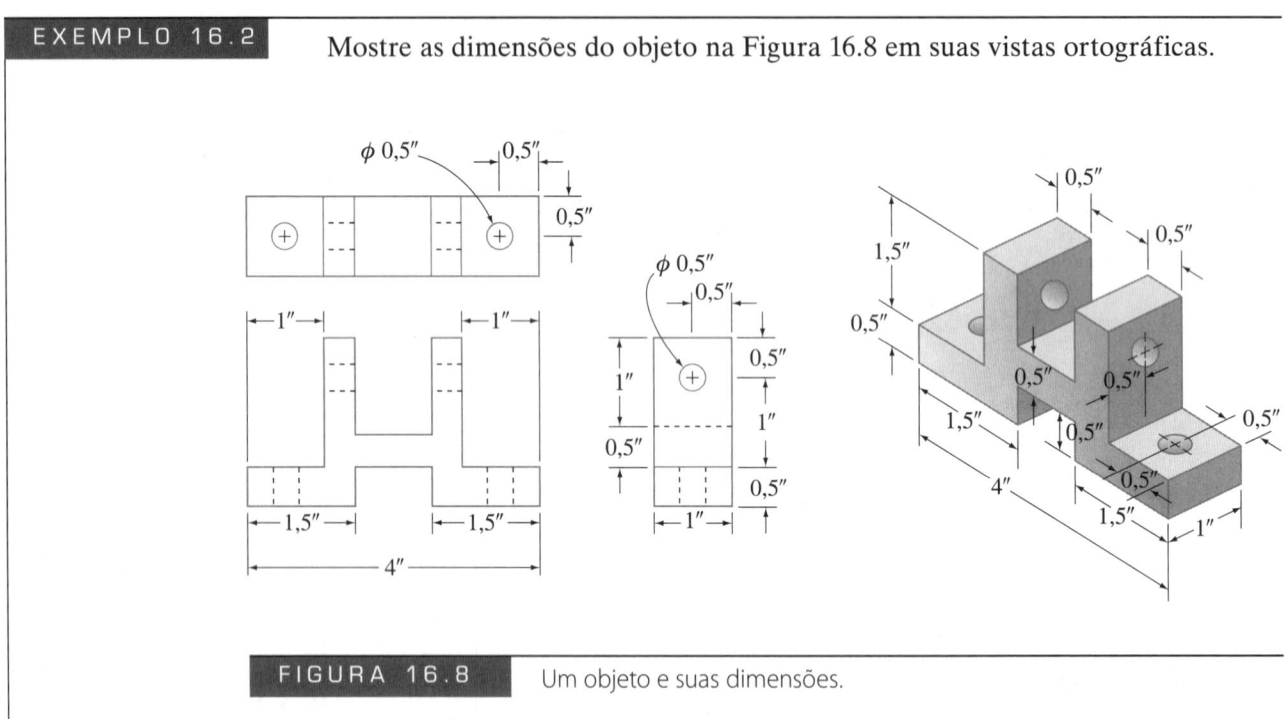

FIGURA 16.8 Um objeto e suas dimensões.

Vista isométrica

Se for difícil visualizar um objeto usando apenas as vistas ortográficas, faz-se também um esboço isométrico. O **desenho isométrico** mostra as três dimensões de um objeto em uma vista única. Os desenhos isométricos às vezes são chamados ilustrações técnicas e usados para mostrar quais partes ou produtos aparecem nos manuais de peças, manual de manutenção e catálogos de produtos. Veja na Figura 16.9 exemplos de desenhos isométricos.

> O desenho isométrico mostra as três dimensões de um objeto em uma vista única.

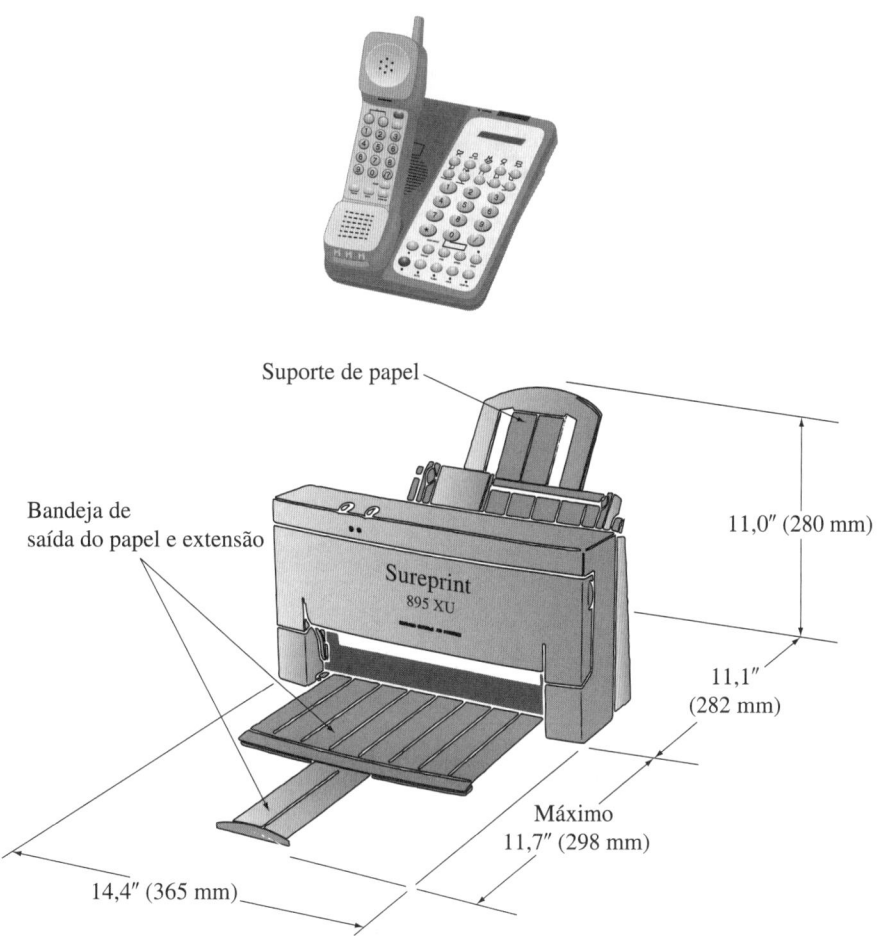

FIGURA 16.9 Exemplos de desenhos isométricos.

Como nas vistas ortográficas, há regras específicas que devem ser seguidas para desenhar a vista isométrica de um objeto. Usaremos o objeto ilustrado na Figura 16.10 para demonstrar as etapas necessárias para desenhar a vista isométrica de um objeto.

Etapa 1: Desenhe os eixos de largura, altura e profundidade, conforme a Figura 16.11(a). Observe que a grade isométrica consiste nos eixos de largura e profundidade; eles formam um ângulo de 30° com uma linha horizontal. Observe também que o eixo de altura cria um ângulo de 90° com a linha horizontal e um ângulo de 60° em cada eixo de profundidade e largura.

Etapa 2: Meça e desenhe a largura, altura e profundidade total do objeto. Desenhe as linhas 1–2, 1–3 e 1–4 conforme a Figura 16.11(b).

Etapa 3: Crie as faces de trabalho frontal, superior e lateral. Desenhe a linha 2–5 paralela à linha 1–3; desenhe a linha 4–6 paralela à linha 1–3; desenhe a linha 3–5 paralela à linha 1–2; desenhe a linha 3–6 paralela à linha 1–4; desenhe a linha 5–7 paralela à linha 3–6; e desenhe a linha 6–7 paralela à linha 3–5, conforme a Figura 16.11(c).

O objeto usado na demonstração das etapas para criar uma vista isométrica.

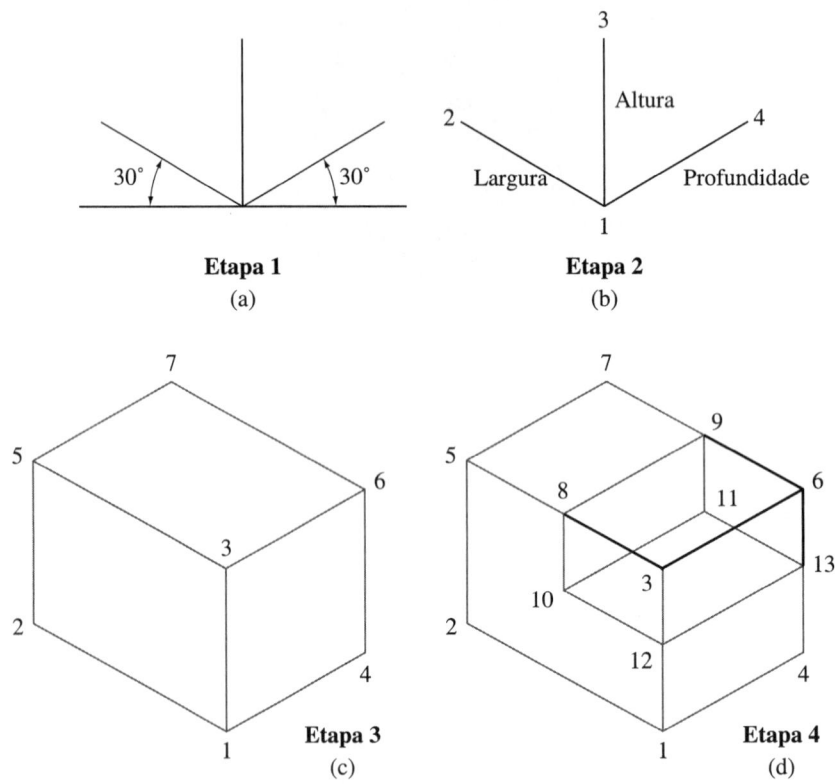

Etapas na criação de vista isométrica: (1) Crie os eixos isométricos e a grade; (2) marque a altura, a largura e a profundidade do objeto na grade isométrica; (3) crie as faces de trabalho frontal, superior e lateral; (4) complete o desenho.

Etapa 4:   Complete o desenho conforme os números de linhas remanescentes e remova as linhas indesejadas 3–6, 3–8, 3–12, 6–13 e 6–9, como mostra a Figura 16.11(d).

Em seguida, usaremos um exemplo para demonstrar as etapas na criação da vista isométrica de um objeto.

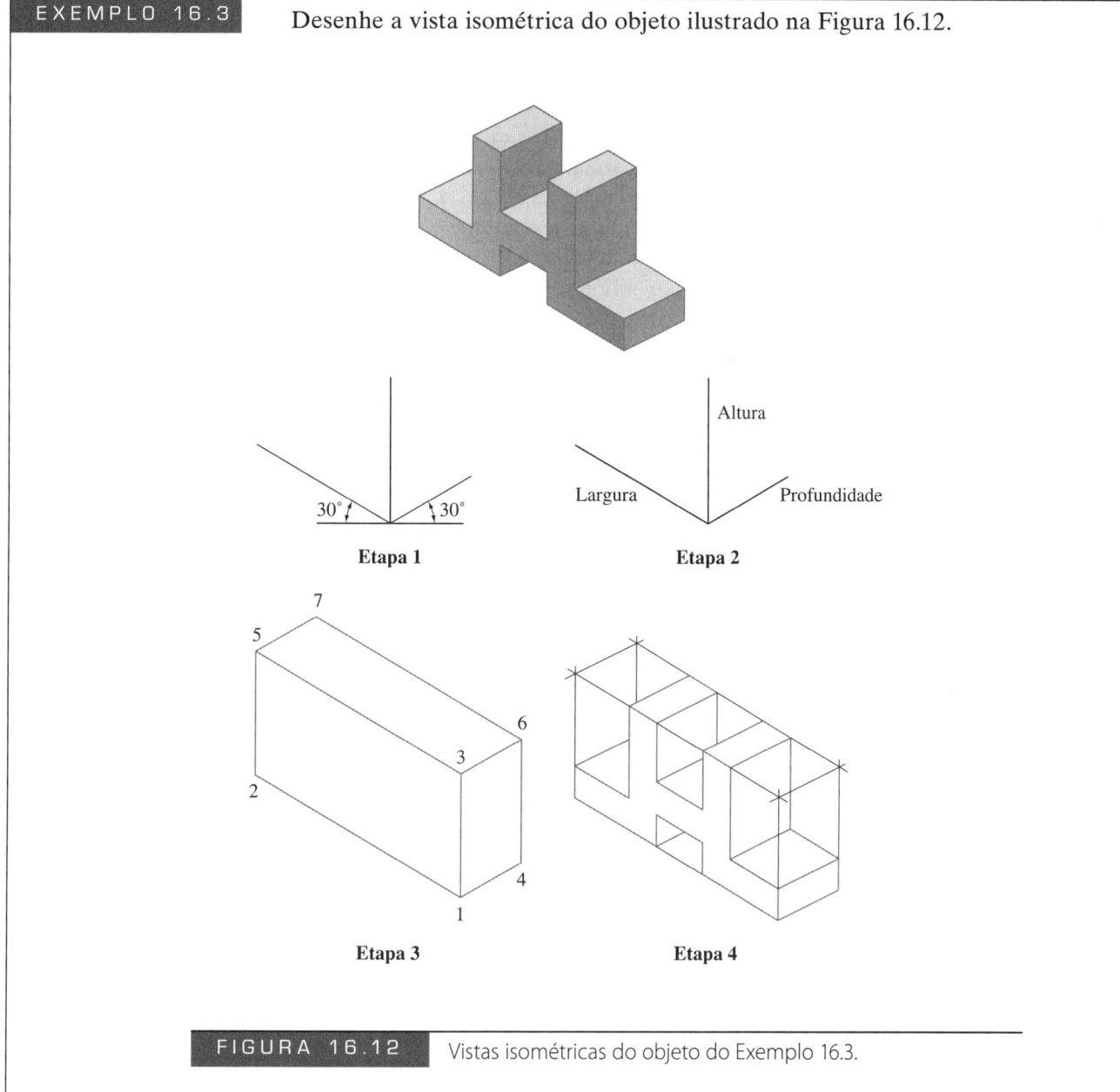

EXEMPLO 16.3   Desenhe a vista isométrica do objeto ilustrado na Figura 16.12.

Etapa 1

Etapa 2

Etapa 3

Etapa 4

FIGURA 16.12   Vistas isométricas do objeto do Exemplo 16.3.

Vistas seccionais

Lembre-se da seção sobre vistas ortográficas que usam linhas tracejadas (ocultas) para representar a borda de um plano ou a intersecção de dois planos ou limites de um orifício que não são visíveis do seu ponto de vista. Como mencionamos, é óbvio que isso acontece quando existe algum material entre você e a borda. Para objetos com interior complexo – por exemplo, com muitos orifícios interiores ou bordas – o uso de linhas tracejadas nas vistas ortográficas poderia resultar em um desenho confuso, dificultando a leitura do desenho e atrapalhando o leitor na visualização do que está dentro do objeto. Um exemplo de objeto com interior complexo está na Figura 16.13. Nesses casos, são usadas as **vistas seccionais**. As vistas seccionais revelam o interior do objeto. Uma vista seccional é criada por um corte imaginário do objeto, em determinada direção, para

> Para objetos com interiores complexos, são usadas as vistas seccionais. As vistas seccionais revelam o interior do objeto. A vista seccional é criada por um corte imaginário do objeto, em determinada direção, para revelar seu interior.

revelar seu interior. As vistas seccionais são desenhadas para mostrar claramente as partes sólidas e as cavidades no objeto.

Agora vamos observar o procedimento para criar uma vista seccional. A primeira etapa na criação da vista seccional é definir o plano de corte e a direção da vista. A direção da vista é marcada por setas direcionais, como as da Figura 16.14. Além disso, as letras de identificação são usadas com as setas direcionais para nomear a seção. A etapa seguinte é identificar e mostrar a vista seccional cuja parte do objeto é feita de material sólido e contém cavidades. A seção sólida da vista é então marcada por linhas inclinadas paralelas. Esse método de marcação da parte sólida da vista é chamado *cross-hatching*. Veja na Figura 16.14 um exemplo de plano de corte, sua seta direcional, sua letra identificadora e o *cross-hatching*.

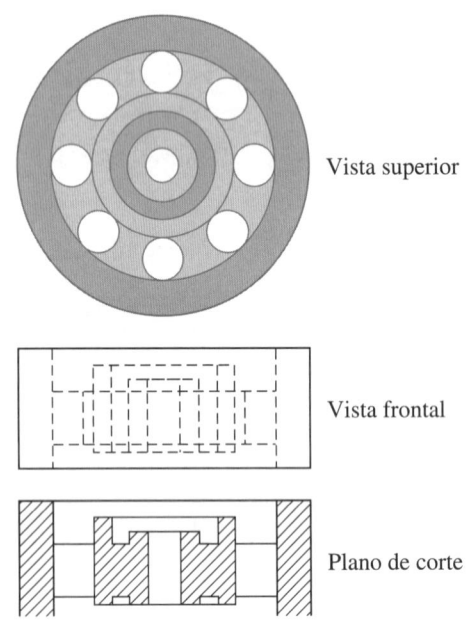

Vista superior

Vista frontal

Plano de corte

FIGURA 16.13 Objeto com interior complexo.

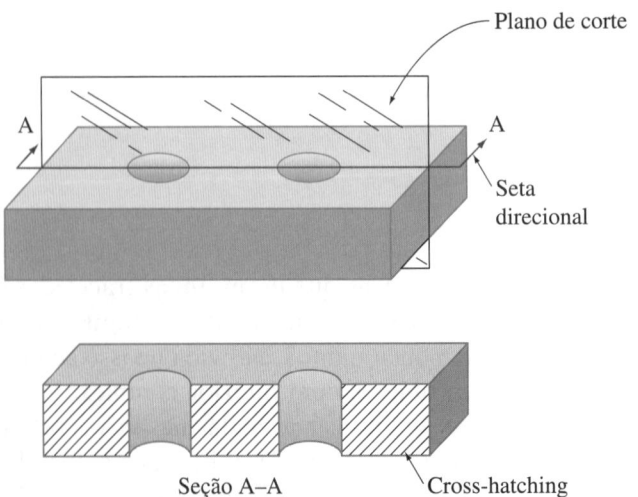

Plano de corte

Seta direcional

Seção A–A

Cross-hatching

FIGURA 16.14 Vista seccional de um objeto. Padrões de *cross-hatch* também indicam o tipo de material do qual as peças são feitas.

Com base na complexidade do interior de um objeto, são usados diferentes métodos para mostrar as vistas secionais. Os tipos de seção mais comuns são *seção integral, seção ao meio, seção partida, seção girada* e *seção removida.*

- Vistas de seção integral são criadas quando o plano de corte passa completamente pelo objeto, conforme a Figura 16.14.

- Vistas ao meio são usadas para objetos simétricos. Para tais objetos, é costume desenhar metade do objeto na vista seccional e a outra metade na vista exterior. A principal vantagem das vistas ao meio é que elas mostram o interior e o exterior do objeto em uma única vista. Veja um exemplo de vista ao meio na Figura 16.15.

- As vistas de seção girada podem ser usadas quando o objeto tem uma seção transversal uniforme com um formato difícil de visualizar. Nesses casos, a seção transversal é girada em 90° e é mostrada no plano de visualização. Veja um exemplo de seção girada na Figura 16.16.

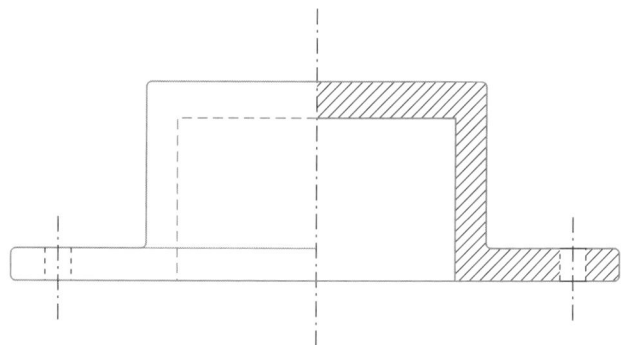

FIGURA 16.15 Exemplo de vista de metade seccional.

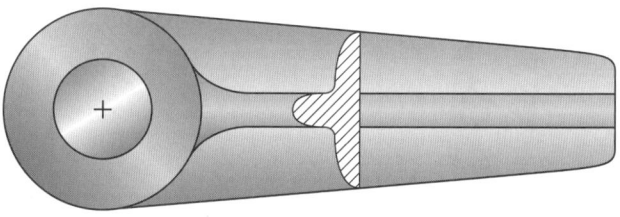

FIGURA 16.16 Exemplo de vista de seção girada.

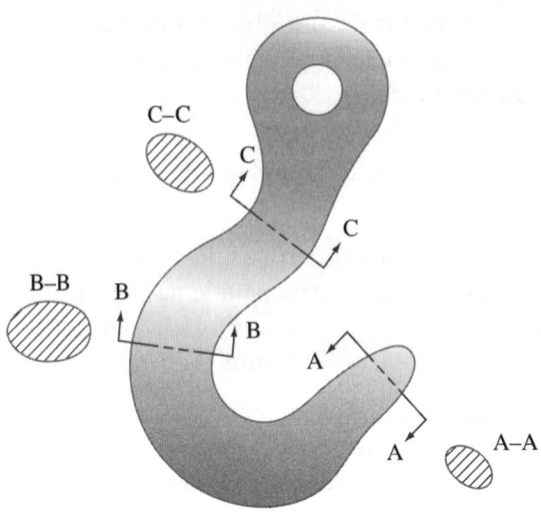

| FIGURA 16.17 | Exemplo de um objeto com seções removidas. |

- Seções removidas são similares às seções giradas; a diferença é que, em vez de desenhar a vista girada no próprio ponto de vista, as seções removidas são mostradas ao lado do ponto de vista. Elas podem ser usadas para objetos com seção transversal variável, e em geral são mostrados muitos cortes secccionais. É importante observar que os planos de corte devem ser marcados de maneira correta, conforme a Figura 16.17.

| EXEMPLO 16.4 | Desenhe a vista seccional do objeto mostrado na Figura 16.18, como marcada pelo plano de corte. |

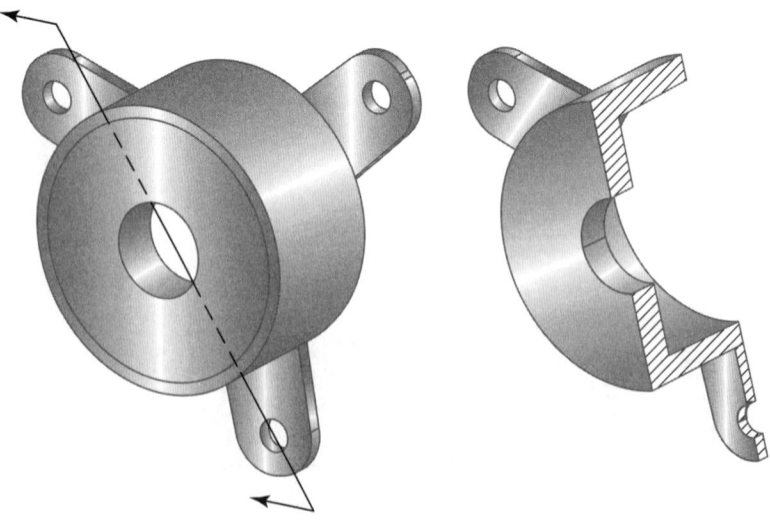

| FIGURA 16.18 | O objeto usado no Exemplo 16.4. |

Antes de continuar

Responda às seguintes perguntas para testar seu conhecimento adquirido nas seções anteriores.

1. Explique o que significa vistas ortográficas.

2. Qual organização estabelece o padrão para práticas de dimensionamento e tolerância?

3. Explique o que significa desenho isométrico.

4. Explique quando usamos as vistas seccionais e como elas são feitas.

Vocabulário – Indique o significado dos termos a seguir:

Vistas ortográficas _____

Desenho isométrico _____

Vistas seccionais _____

OA² 16.2 Desenhos civil, elétrico e eletrônico

Além dos tipos de desenhos que discutimos até agora, também há os desenhos específicos da carreira de engenharia. Por exemplo, os engenheiros civis em geral lidam com terrenos ou contornos, topografia, construção, conexão, detalhes de reforço e desenho do levantamento de rota. Veja alguns exemplos de **desenhos** usados na **engenharia civil** na Figura 16.19. Para produzir esses desenhos, primeiro é feita um levantamento. Levantamento é o processo por meio do qual algo (como um terreno) é medido. Durante o levantamento, as informações como distâncias, direção e elevação são medidas e registradas. Outros exemplos de desenhos específicos da carreira incluem desenhos de montagem de placa de circuito impresso, planos de perfuração de placas de circuito impresso e diagramas de fiação; todos são muito usados por engenheiros elétricos e eletrônicos. Veja na Figura 16.20 exemplos de desenhos **elétricos** e **eletrônicos**.

OA³ 16.3 Modelagem sólida

Desde há alguns anos o uso de *softwares* de modelagem como ferramenta de projeto cresceu rapidamente. Pacotes fáceis de usar, como AutoCAD, SolidWorks e Creo, tornaram-se ferramentas comuns nas mãos dos engenheiros. Com elas podemos criar modelos de objetos com superfícies e volumes que são quase idênticos aos objetos reais. Esses modelos sólidos são ótimos recursos visuais pois representam as peças que compõem um produto antes que sejam fabricadas. O *software* de modelagem sólida também permite testar a montagem de peças na tela do computador para examinar quaisquer problemas antes que elas sejam de fato fabricadas e montadas. Além disso, as alterações no formato e no tamanho de uma peça podem ser feitas com rapidez usando esse *software*. Depois que o projeto é finalizado, os desenhos gerados por computador podem ser enviados

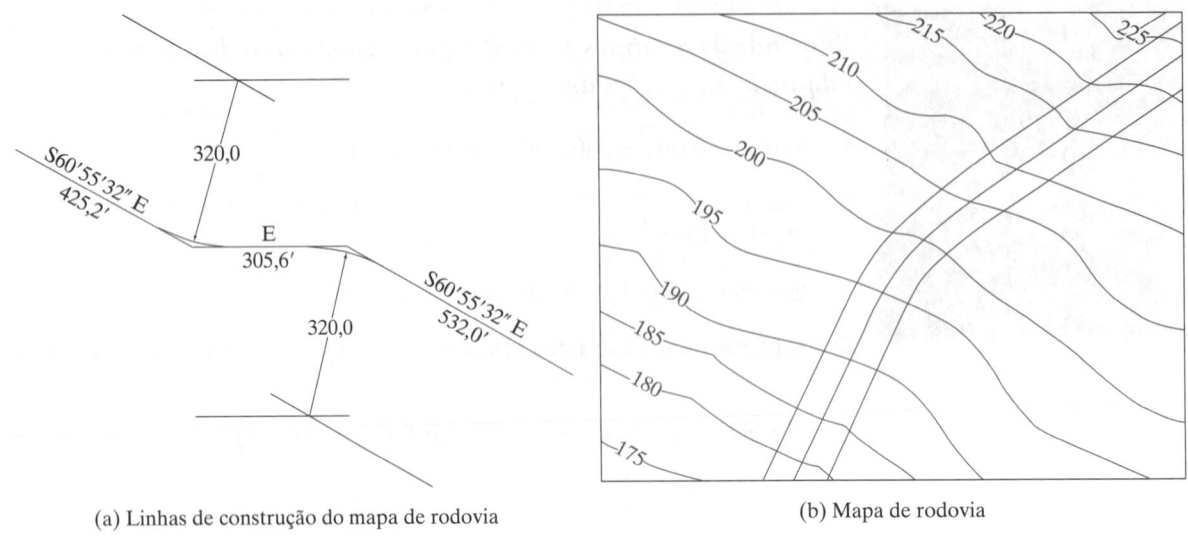

(a) Linhas de construção do mapa de rodovia

(b) Mapa de rodovia

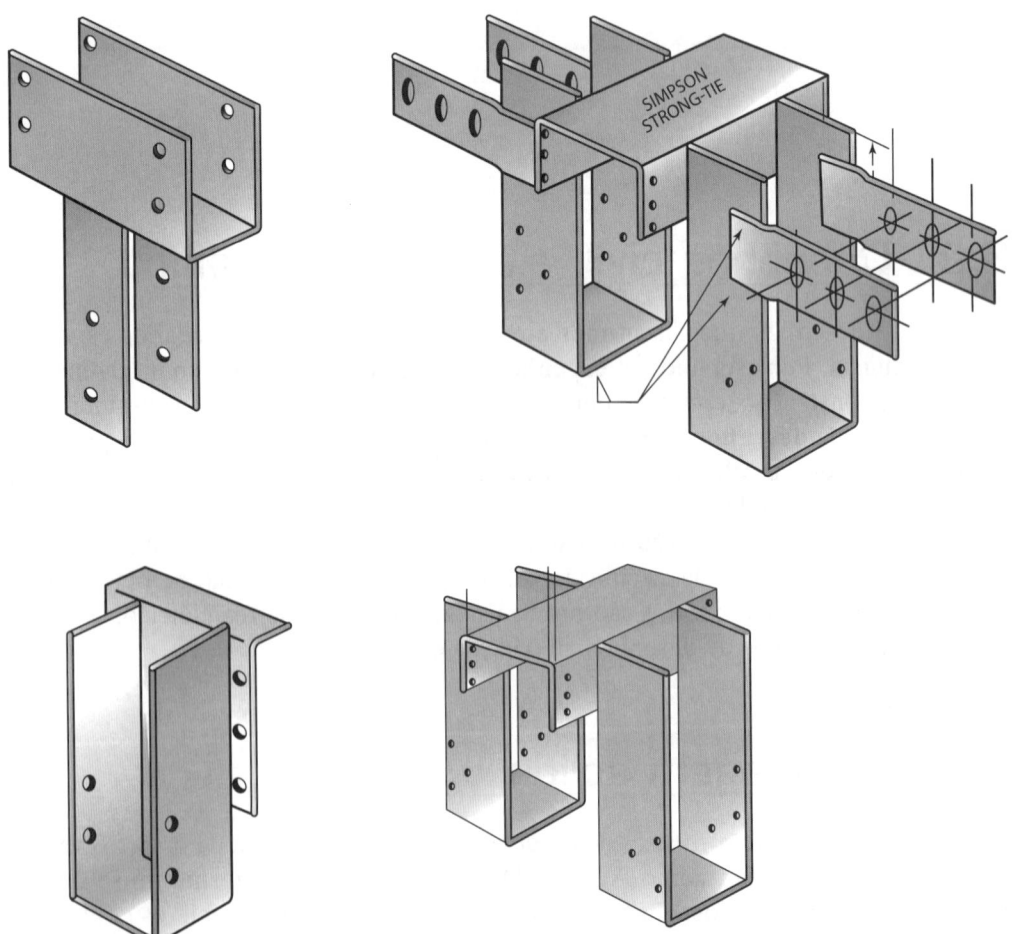

(c) Conectores comuns de vigas metálicas usinadas.

FIGURA 16.19   Exemplos de desenhos usados em engenharia civil.

Com base em Simpson Strong-Tie Company, Inc.

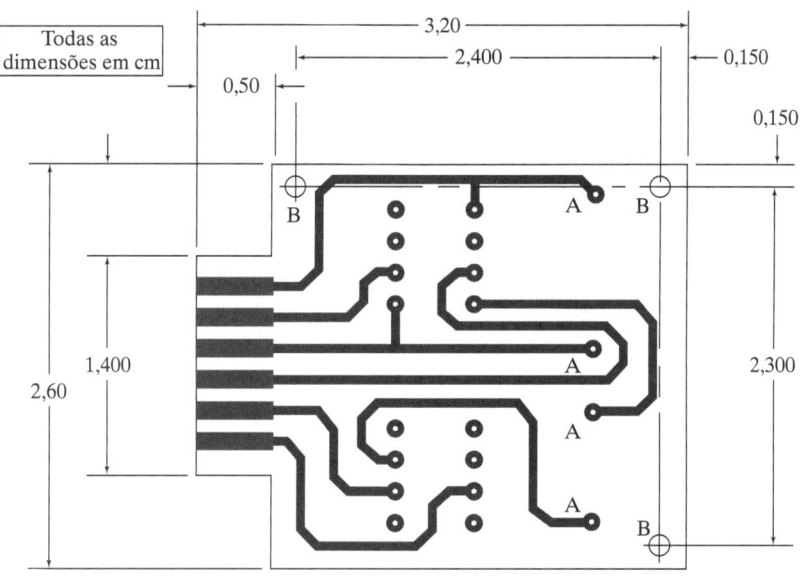

(a) Plano de perfuração de placa de circuito impressa

LETRA	QUANTIDADE	TAMANHO	OBSERVAÇÕES
NENHUM	16	0,040	Através do filme
A	4	0,063	Através do filme
B	3	0,125	

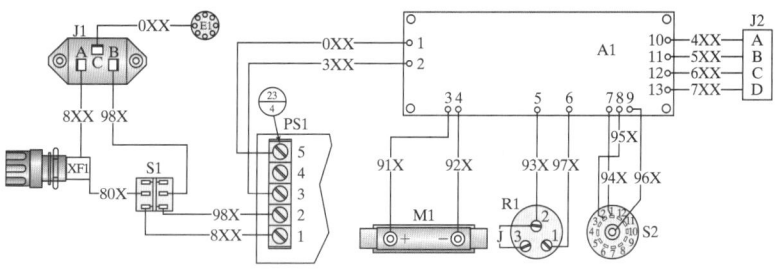

(b) Diagrama de fiação

FIGURA 16.20 Exemplos de desenhos usados em engenharia elétrica e eletrônica.

diretamente para as máquinas controladas por comando numérico computadorizado (CNC, *computer numerically controlled*) a fim de produzirem as peças.

O *software* de modelagem sólida também é usado por arquitetos e engenheiros na apresentação de conceitos. Por exemplo, um arquiteto usa esse *software* para mostrar ao cliente um modelo do exterior ou interior da construção proposta. Os engenheiros de projeto empregam o *software* de modelagem sólida para mostrar conceitos de formatos de carros, barcos, computadores, entre outros. Os modelos gerados por computador economizam tempo e dinheiro. Além disso, há *softwares* adicionais que fazem uso desses modelos sólidos para executar análises adicionais de engenharia, como cálculos de tensão ou cálculos de distribuição de temperatura para produtos sujeitos a cargas e/ou transferência de calor. Veja na Figura 16.21 alguns exemplos de modelos sólidos gerados por *software* usado com frequência.

> Exemplos de desenhos específicos de uma carreira incluem os desenhos de montagem de placa de circuito impresso e diagramas de fiação, que são muito usados por engenheiros elétricos e eletrônicos.

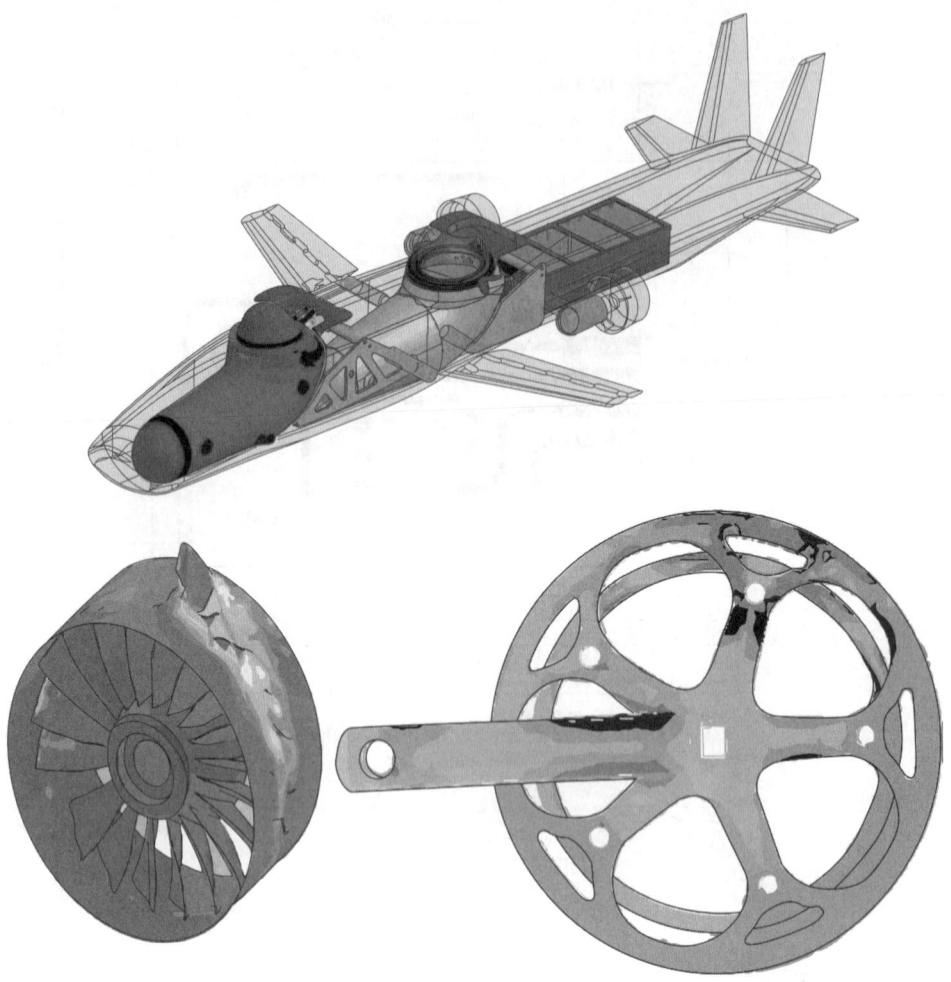

　Exemplos de modelos sólidos gerados por computador.

Vejamos agora brevemente como o *software* de modelagem sólida gera modelos sólidos. Há duas maneiras de criar o modelo sólido de um objeto: *modelagem da base para o topo* e *modelagem do topo para a base*. Com a modelagem da base para o topo você começa definindo os pontos-chave, depois as linhas, as áreas e os volumes. Os pontos-chave são usados para definir os vértices do objeto. As linhas, as próximas na hierarquia da modelagem de base para o topo, são usadas para representar as bordas do objeto. Você também pode usar as linhas criadas para gerar uma superfície. Por exemplo, para criar um retângulo, primeiro você define os pontos dos cantos por quatro pontos-chave, depois conecta os pontos-chave para definir as quatro linhas, e depois define a área do retângulo fechando-a com quatro linhas. Estas são as maneiras adicionais de criar áreas: (1) desenhando a linha ao longo do caminho, (2) girando a linha em torno do eixo, (3) criando o filete de área, (4) recobrindo um conjunto de linhas, e (5) deslocando as áreas. Com a operação de filete de área, você pode criar um filete de raio constante tangente a outras duas áreas. Você pode gerar uma superfície lisa sobre um

> Os modelos sólidos são ótimos recursos visuais pois representam as peças que compõem o produto antes que sejam fabricadas. O *software* de modelagem sólida também permite testar a montagem de peças na tela do computador para examinar quaisquer problemas antes que as peças sejam de fato fabricadas e montadas.

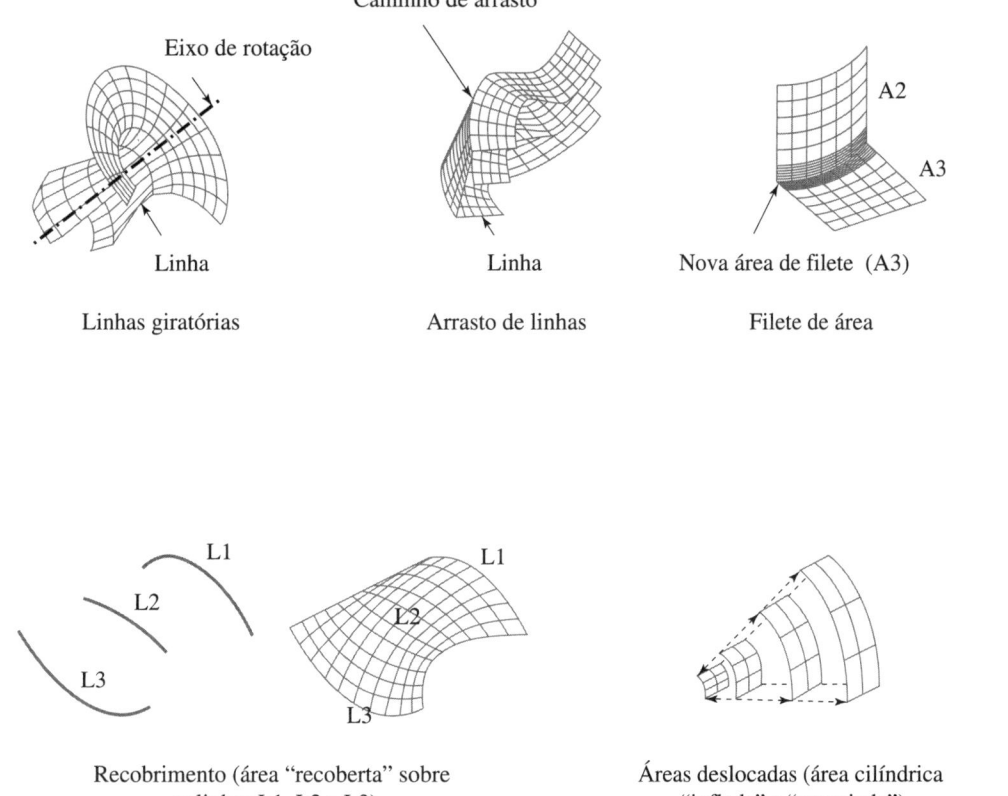

Eixo de rotação

Caminho de arrasto

A2

A3

Linha

Linha

Nova área de filete (A3)

Linhas giratórias

Arrasto de linhas

Filete de área

L1

L2

L3

L1

L2

L3

Recobrimento (área "recoberta" sobre as linhas L1, L2 e L3)

Áreas deslocadas (área cilíndrica "inflada" e "esvaziada")

FIGURA 16.22 Métodos adicionais de geração de área.

conjunto de linhas usando a operação de recobrimento. Usando o comando de deslocamento de área, você pode gerar uma área deslocando a área existente. Todas estas operações são mostradas na Figura 16.22.

As áreas criadas podem então ser reunidas para fechar e criar um volume. Assim como se faz com as áreas, você também pode gerar volumes arrastando ou expulsando uma área ao longo de uma linha (caminho) ou girando uma área sobre uma linha (eixo de rotação). Veja alguns exemplos dessas operações geradoras de volume na Figura 16.23.

Com a modelagem do topo para a base, você pode criar superfícies ou objetos sólidos tridimensionais usando área e volume *primitivos*. Primitivos são formatos geométricos simples. Primitivos bidimensionais incluem retângulos, círculos e polígonos, e volumes primitivos tridimensionais incluem blocos, prismas, cilindros, cones e esferas, como mostra a Figura 16.24.

Independentemente de como você gera áreas e volumes, pode usar operações booleanas para adicionar (unir) ou subtrair entidades a fim de criar um modelo sólido. Veja alguns exemplos na Figura 16.25.

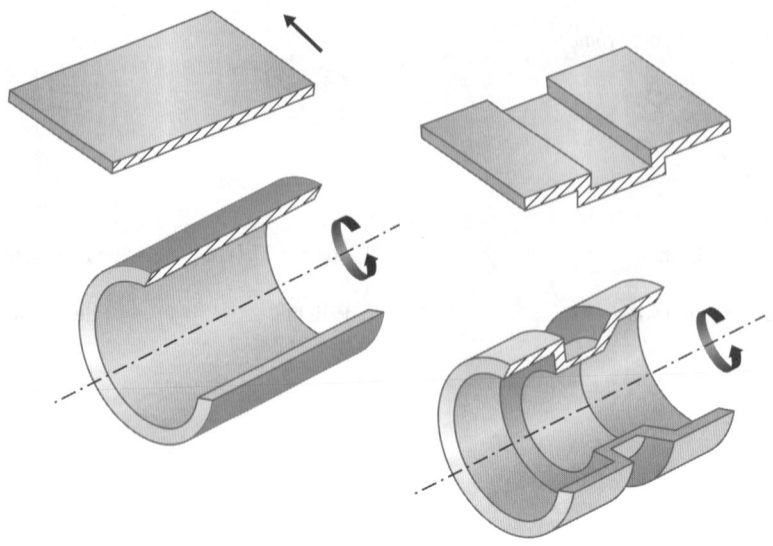

FIGURA 16.23 Exemplos de operações geradoras de volume.

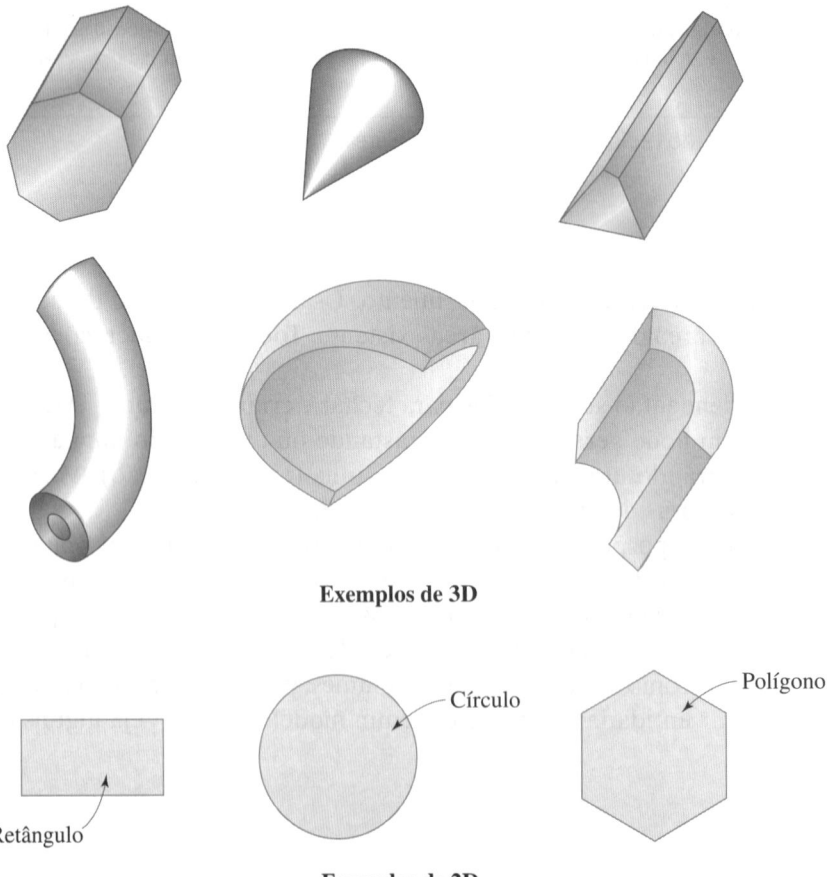

Exemplos de 3D

Exemplos de 2D

FIGURA 16.24 Exemplos de primitivos bi e tridimensionais.

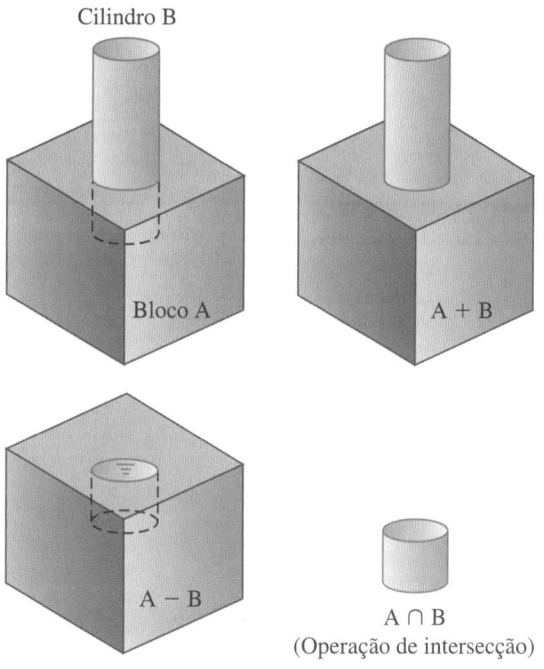

FIGURA 16.25 | Exemplos de operações booleanas de união (adição), subtração e intersecção.

EXEMPLO 16.5 Demonstre a criação de modelos sólidos dos objetos ilustrados na Figura 16.26 usando as operações discutidas nesta seção.

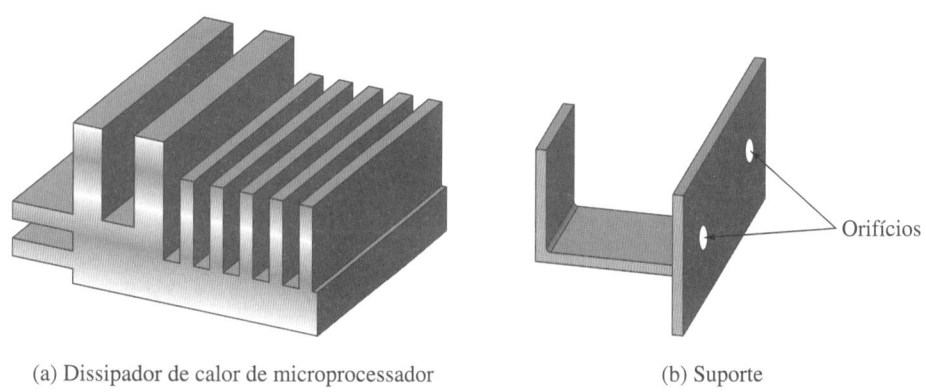

(a) Dissipador de calor de microprocessador   (b) Suporte

FIGURA 16.26 | Objetos do Exemplo 16.5.

(a) Para criar o modelo sólido do dissipador de calor da Figura 16.26(a), desenhamos primeiro a sua vista frontal, como mostra a Figura 16.27.

Depois extrusamos esse perfil na direção normal, o que leva ao modelo sólido do dissipador de calor, conforme a Figura 16.26(a).

(b) Do mesmo modo que o suporte fornecido na Figura 16.26(b), começamos criando o perfil mostrado na Figura 16.28.

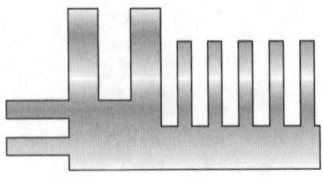

| FIGURA 16.27 | Vista frontal. |

| FIGURA 16.28 | Perfil parcial do suporte. |

Em seguida, extrusamos o perfil na direção normal, como mostra a Figura 16.29.

Então criamos o bloco e os orifícios. Para criar os orifícios, partimos de dois cilindros sólidos e depois usamos a operação booleana para subtraí-los do bloco. Finalmente, adicionamos o novo volume do bloco ao volume que criamos pelo método de extrusão, conforme a Figura 16.30.

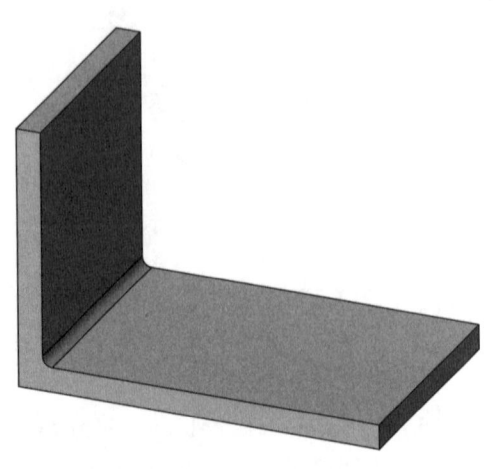

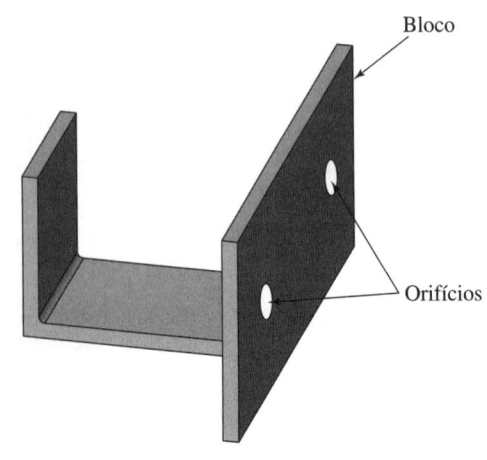

Bloco

Orifícios

| FIGURA 16.29 | Perfil extrusado. |

| FIGURA 16.30 | Modelo sólido do suporte. |

Antes de continuar

Responda às seguintes perguntas para testar seu conhecimento adquirido nas seções anteriores.

1. Explique a necessidade de desenhos específicos da carreira.

2. Dê exemplos de desenhos de engenharia civil.

3. Dê exemplos de desenhos elétricos e eletrônicos.

4. Explique o que significa modelagem sólida.

5. Há duas maneiras de criar o modelo sólido de um objeto; explique-as.

Vocabulário – Indique o significado dos termos a seguir:

Abordagem da base para o topo _____

Primitivo _____

Modelo sólido _____

Abordagem do topo para a base _____

OA⁴ 16.4 Símbolos de engenharia

Os símbolos na Figura 16.31 são a "linguagem" usada pelos engenheiros para transmitir ideias, soluções de problemas, ou análises de determinadas situações. No estudo da engenharia você verá como os engenheiros se comunicam graficamente entre eles. Nesta seção, discutiremos a necessidade de **símbolos de engenharia** convencionais como uma forma de conduzir informações e se comunicar efetivamente com outros engenheiros. Começaremos explicando a necessidade de sinais e símbolos de engenharia. Em seguida, discutiremos alguns dos símbolos mais usados na engenharia civil, na elétrica e na mecânica.

Você pode ter carteira de habilitação de motorista ou provavelmente já esteve em um carro em uma rodovia. Portanto, já está familiarizado com os sinais de trânsito que fornecem informações relevantes aos motoristas. Veja na Figura 16.32 alguns exemplos de sinais de trânsito que são projetados e desenvolvidos com base em padrões nacionais e internacionais, com o objetivo de transmitir informações de maneira eficiente e rápida. Por exemplo, um sinal de 'Pare', que tem a forma de octógono com fundo vermelho, informa que todos devem parar o carro.

Um sinal que indica que a estrada adiante pode estar coberta de gelo é outro exemplo de aviso para que você reduza a velocidade por causa das condições da estrada que podem colocá-lo em situação de perigo. Essas mesmas informações poderiam ser transmitidas de outras maneiras. No lugar do sinal indicando estrada escorregadia, o departamento de rodovias poderia ter colocado as seguintes palavras em uma placa: "Hei, você! Cuidado. A estrada está escorregadia e você pode acabar em uma vala!" Ou eles poderiam ter instalado um aviso de alto-falante aos motoristas: "Hei, cuidado, estrada escorregadia à frente. Cuide-se ou pode acabar em uma vala". Qual das formas de aviso é a mais eficiente, eficaz e menos dispendiosa para transmitir essa

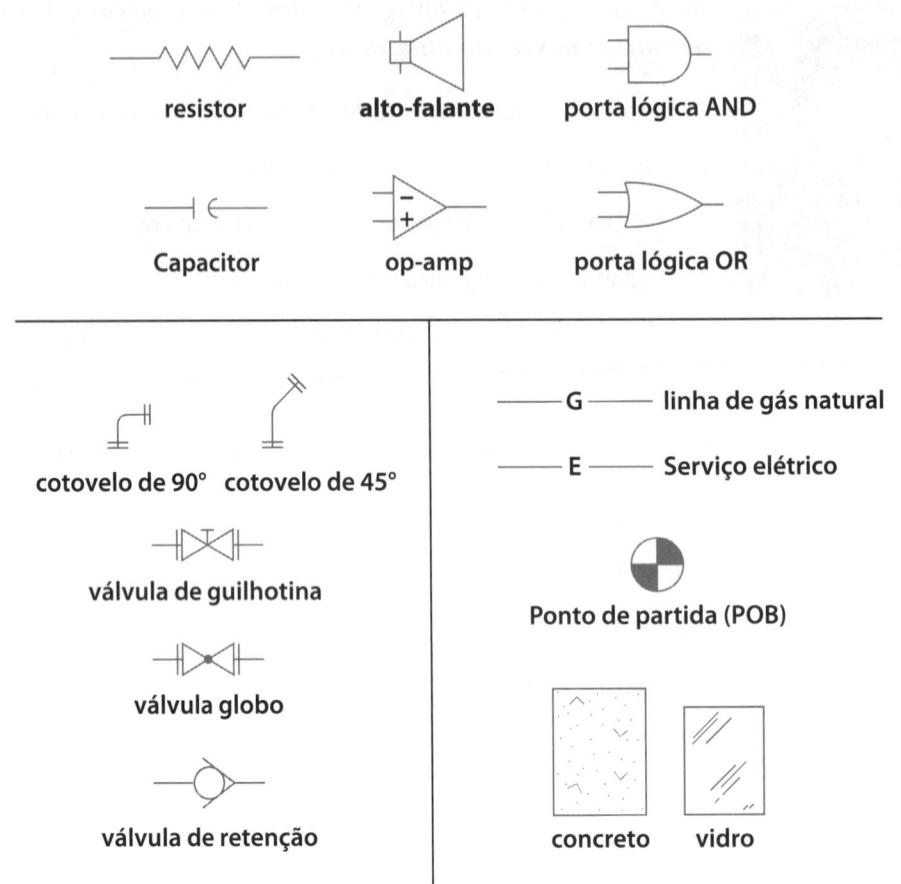

resistor   alto-falante   porta lógica AND

Capacitor   op-amp   porta lógica OR

cotovelo de 90°   cotovelo de 45°

válvula de guilhotina

válvula globo

válvula de retenção

—— G —— linha de gás natural

—— E —— Serviço elétrico

Ponto de partida (POB)

concreto   vidro

FIGURA 16.31 Símbolos e sinais da engenharia fornecem informações relevantes.

INTERSTATE 95   STOP   YIELD

Biro Levente/Shutterstock.com

FIGURA 16.32 Exemplos de sinais de trânsito.

informação? Você entende esses exemplos e a questão envolvida. As informações de estrada e de trânsito podem ser transmitidas de maneira rápida, barata e eficiente por sinais e símbolos. É claro que, para entender o significado dos sinais, é preciso estudá-los e aprender o que significam antes de passar pelo teste de direção. Talvez no futuro os novos avanços tecnológicos permitam que as informações de estrada e trânsito cheguem diretamente em formato digital, sem fio, ao computador do seu carro, que responderá de maneira autônoma às informações! Nesse caso, você ainda precisaria saber o significado dos sinais, e os departamentos de estrada ainda precisariam postá-los?

Exemplos de símbolos comuns em engenharia civil, elétrica e mecânica

De acordo com os exemplos da seção anterior, informações relevantes podem ser fornecidas de diversas maneiras: por uma longa frase escrita oralmente, graficamente ou simbolicamente, ou por uma combinação dessas maneiras. Mas qual delas é a mais eficiente? Enquanto você estuda os diversos tópicos da engenharia, não apenas aprende muitos conceitos novos, como também aprende a forma gráfica empregada pelos engenheiros na comunicação entre si. Você verá que os sinais e símbolos de engenharia que fornecem informações relevantes economizam tempo, dinheiro e espaço. Esses símbolos e sinais são uma linguagem usada pelos engenheiros para transmitir ideias, soluções de problemas, ou análises de determinadas situações. Por exemplo, os engenheiros elétricos usam símbolos para representar os componentes de um sistema elétrico ou eletrônico, como um aparelho de televisão, um telefone celular ou um computador. Veja alguns exemplos de símbolos de engenharia na Tabela 16.1.

Os engenheiros mecânicos usam diagramas para mostrar o *layout* de redes de tubulação em construções ou para mostrar a disposição de dutos de suprimento de ar e ventiladores em um sistema de aquecimento ou resfriamento.

> Os símbolos de engenharia são a "linguagem" usada pelos engenheiros para transmitir ideias, soluções de problemas, ou análises de determinadas situações.

TABELA 16.1	Exemplos de símbolos de engenharia

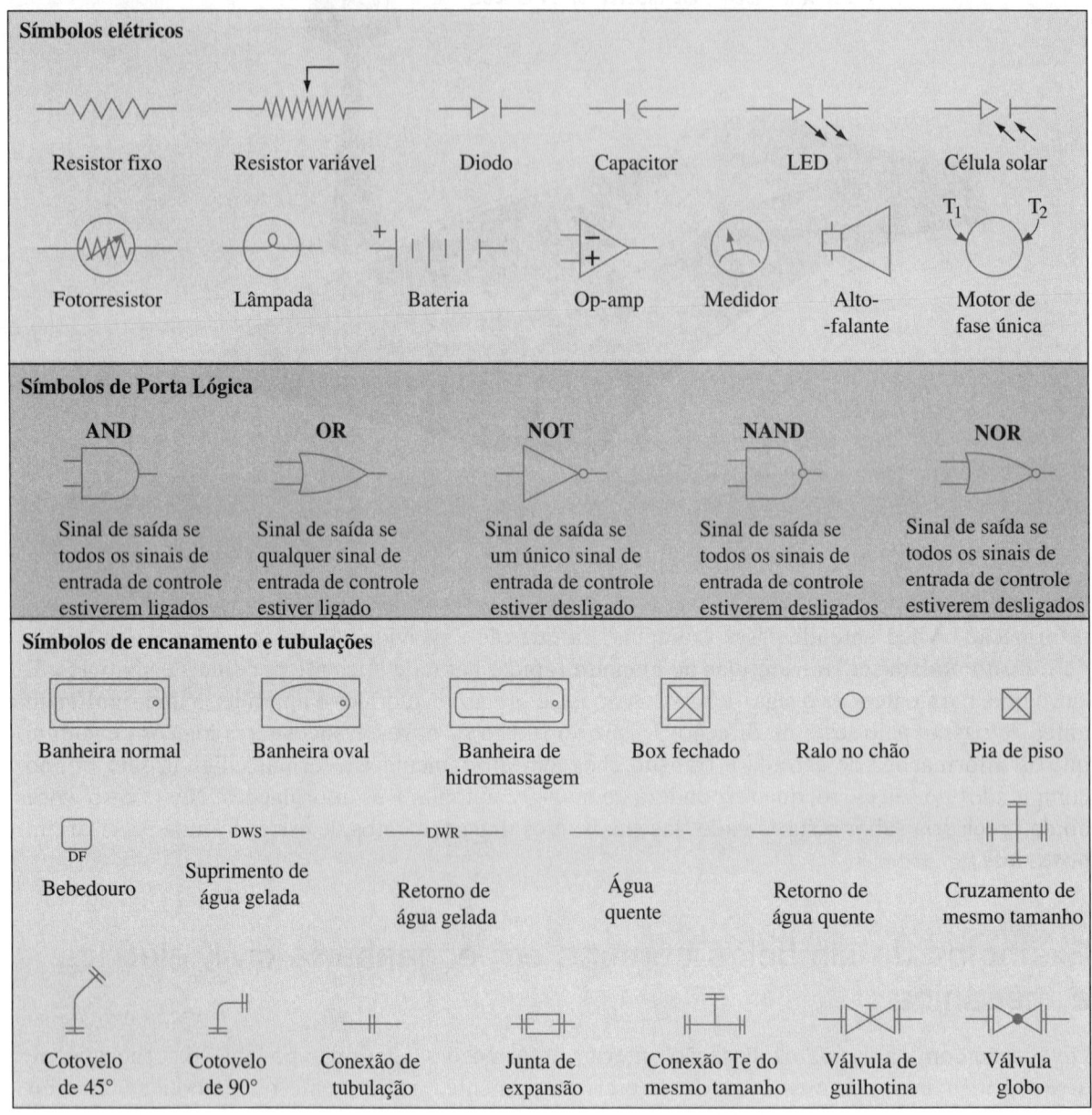

Com base em American Technical Publishers, Ltd

Veja um exemplo de desenho de sistema HVAC (aparelho de aquecimento, ventilação e ar-condicionado) na Figura 16.33.

Para informações mais detalhadas sobre símbolos, veja os seguintes documentos:

Graphic Electrical Symbols for Air-Conditioning and Refrigeration Equipment by ARI (ARI 130-88).

Graphic Symbols for Electrical and Electronic Diagrams by IEEE (ANSI/IEEE 315-1975).

Graphic Symbols for Pipe Fittings, Valves, and Piping by ASME (ANSI/ASME ASME Y32.2.2.3-1949 (R 1988)).

Symbols for Mechanical and Acoustical Elements as Used in Schematic Diagrams by ASME (ANSI/ASME Y32.18-1972 (R 1985)).

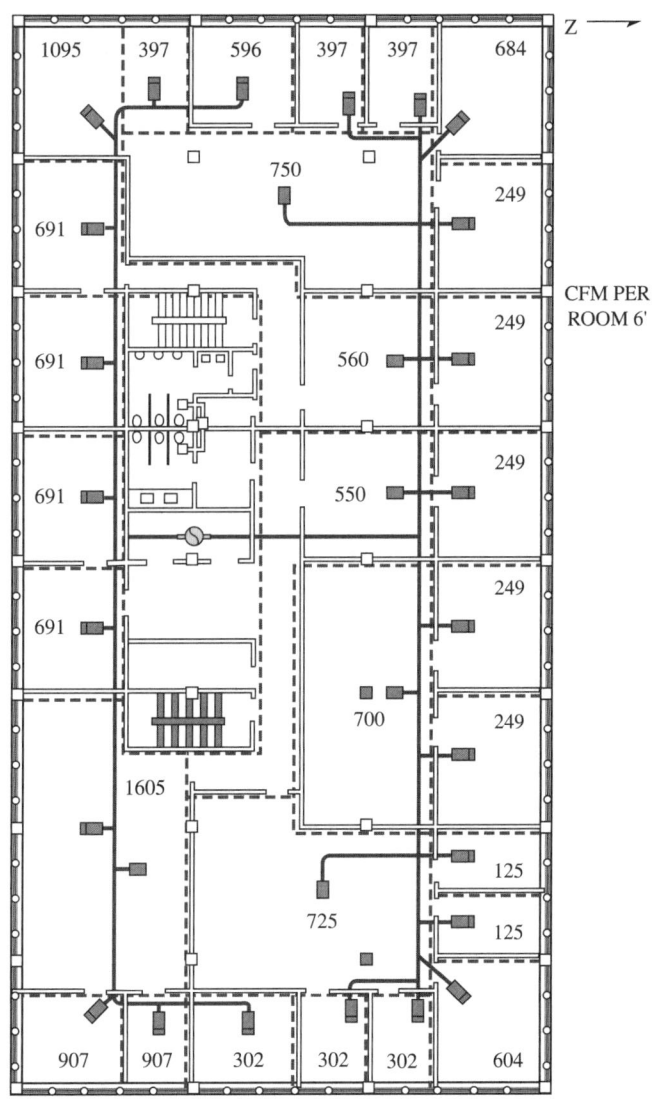

FIGURA 16.33 Sistema HVAC com duto de linha simples mostrando o layout do tronco proposto e canalização.

Com base em The Trane Company, La Crosse, WI

Antes de continuar

Responda às seguintes perguntas para testar seu conhecimento adquirido nas seções anteriores.

1. Explique a necessidade dos símbolos de engenharia.

2. Dê exemplos de símbolos comuns de engenharia civil.

3. Dê exemplos de símbolos comuns de engenharia elétrica.

4. Dê exemplos de símbolos comuns de engenharia mecânica.

Vocabulário – Indique o significado dos termos a seguir:

Diodo _____

LED _____

HVAC _____

Jerome Antonio

Perfil profissional

Quando adolescente, ao concluir o ensino médio em Gana, eu estava entre seguir a carreira militar ou ser engenheiro. Felizmente para mim, na época de tomar essa decisão, o serviço militar anunciou um novo esquema no qual jovens academicamente promissores, e que estavam para se formar em escola secundária, seriam treinados na academia militar para as forças armadas enquanto prosseguiam na educação universitária, em formação de engenharia, medicina e outras profissões. Obtive vantagem nesse esquema e, depois de três anos de treinamento, fui contratado como oficial no corpo de engenheiros elétricos e engenheiros mecânicos do exército. Logo depois o serviço militar patrocinou meu programa de engenharia na Universidade de Kwame Nkrumah de Ciência de Tecnologia em Kumasi, Gana.

Meu interesse pessoal era a engenharia elétrica, mas precisei seguir o programa de engenharia mecânica, pois era a disciplina com mais necessidade no meu programa de patrocínio. Felizmente, após o primeiro ano comum do programa, durante o qual todos os alunos recebem os mesmos cursos em todas as disciplinas de engenharia, percebi que gostava mais das aulas de engenharia mecânica do que das outras. Eu me formei depois de quatro anos no programa com um grau de Primeira Classe em engenharia mecânica, e retornei às Forças Armadas. Recebi a missão de cuidar da manutenção de uma grande oficina que conserta e modifica vários equipamentos, desde veículos militares e equipamentos de comunicação, até armas.

Dois anos depois de deixar a Universidade em Gana, fui enviado ao Reino Unido para estudos de pós-graduação. Fui admitido no Colégio Imperial de Ciências e Tecnologia, que era na época um dos colégios constituintes da Universidade de Londres. No Colégio

Cortesia de Jerry Antonio

Imperial concluí meu programa de Mestrado em Mecânica Aplicada Avançada. Em seguida, fiz um trabalho de pesquisa para obter o doutorado em engenharia mecânica, e depois retornei a Gana.

No início dos anos 1980, houve um declínio sem precedentes na economia do país, resultando em um massivo êxodo de profissionais em busca de vidas melhores no exterior. As universidades estavam entre as mais duramente afetadas por esse problema. Muitos departamentos acadêmicos nas universidades se viram em colapso iminente como resultado da redução no quadro de professores. Foi com essas condições que as Forças Armadas de Gana concordaram em me enviar para a Escola de Engenharia, na universidade onde comecei minha vida acadêmica, para ajudar na arte de ensinar. Enfim, depois de ser liberado do serviço militar, pude aderir a uma posição permanente de professor na universidade.

Embora eu tenha passado boa parte de minha vida profissional em universidades, ensinando e administrando, também tive muitas oportunidades de me envolver em atividades profissionais de engenharia. Um dos trabalhos que julguei mais interessantes foi realizar consultoria na análise de problemas em uma usina de energia térmica. É muito gratificante ver na prática projetos surgirem dos conselhos profissionais de uma pessoa. Enquanto seguia na minha carreira na engenharia, deparei-me cada vez mais com a função de servir à comunidade, por meio de integração em vários órgãos. Trabalhei em vários órgãos responsáveis por aconselhar o governo em uma ampla variedade de questões. Por exemplo, por vários anos servi na Câmara Nacional das Indústrias de Pequeno Porte e na Câmara Nacional de Exames para Profissionais e Técnicos. Eu acho que as habilidades básicas de solução de problemas que eu aprendi na escola de engenharia sempre me caíram bem no desempenho de minhas funções seja na engenharia, seja fora dela.

Em meu trabalho profissional pude identificar vários fatores que contribuem para a carreira de engenharia de sucesso. Dentre elas estão o conhecimento e a sensibilidade nos diversos contextos nos quais a engenharia é praticada. Como engenheiro, muitas vezes percebi que o sucesso de meu trabalho dependia da habilidade de apreciar como meu trabalho afeta e é afetado por problemas fora da engenharia, como história, práticas sociais e culturais, restrições legais e questões ambientais. Os alunos podem começar a se preparar para enfrentar esse desafio fazendo as escolhas com inteligência diante de atividades não técnicas, participando de atividades multiculturais no campus e frequentando seminários e conferências públicas em áreas fora das próprias carreiras. Eles também podem se preparar para a prática da engenharia no contexto global, avaliando a si próprios diante das oportunidades de interação com estudantes e professores de universidades de outras partes do mundo. É crescente o número de universidades com programas de intercâmbio que podem ser muito apropriados para ampliar a perspectiva dos participantes. Uma das

experiências que teve impacto muito positivo em meu próprio treinamento como engenheiro foi um longo período de férias que passei em Zurique, Suíça, trabalhando com outros estudantes em uma fábrica de turbo máquinas. Essa experiência foi possível graças à Associação Internacional de Intercâmbio de Estudantes para Experiência Técnica (IAESTE).

Depois de passar todos esses anos ensinando engenharia em Gana, decidi buscar novos desafios em outros locais antes de me aposentar. Trabalhei como professor visitante na Universidade Estadual Técnica e Agrícola da Carolina do Norte, nos Estados Unidos. Lecionar engenharia na América foi uma experiência bem inusitada, por causa das diferenças nos recursos de ensino e aprendizagem e da diversificada formação dos estudantes. Entretanto, minhas experiências confirmaram o fato de que não importa onde você tenha estudado, todos os alunos de engenharia precisam dos mesmos princípios para se preparar para uma vida profissional de sucesso: desenvolvimento do pensamento crítico e boas habilidades para resolver problemas. Como estudante, você deve perceber que quando seus professores insistem em exigir de vocês atribuições e tarefas de maneira clara e disciplinada, ou quando insistem em determinar prazos para entrega das tarefas, eles estão te ajudando a adquirir as habilidades necessárias para o sucesso não apenas na prática da engenharia, mas também nos aspectos não profissionais da vida.

RESUMO

OA¹ Desenhos mecânicos

Os desenhos mecânicos são importantes na transmissão de informações úteis a outros engenheiros ou operadores. Eles usam um padrão que permite que os leitores visualizem o produto proposto da melhor maneira. As vistas ortográficas mostram como seria a projeção de um objeto visto de cima, de frente ou de lado. Já o desenho isométrico mostra as três dimensões de um objeto em uma única vista. Para objetos com interiores complexos, são usadas as vistas seccionais, que revelam o interior do objeto e são criadas a partir de um corte imaginário

do objeto, em determinada direção. Além disso, o American National Standards Institute define os padrões para as práticas de dimensionamento e tolerância para desenhos de engenharia. Todo desenho de engenharia deve incluir dimensões, tolerâncias, os materiais dos quais os produtos são feitos, e o acabamento das superfícies.

OA² Desenhos civil, elétrico e eletrônico

Além dos desenhos de engenharia mecânica, existem os desenhos específicos de cada carreira. Por exemplo, os engenheiros civis lidam com terrenos ou contornos, topografia, conexões, construção e desenho do levantamento de rota. Outros exemplos de desenhos específicos da disciplina incluem desenhos de montagem de placa de circuito impresso e diagramas de fiação muito usados por engenheiros elétricos e eletrônicos.

OA³ Modelagem sólida

Com um *software* de modelagem sólida podemos criar modelos de objetos com superfícies e volumes que são quase idênticos aos objetos reais. Os modelos sólidos são ótimos recursos visuais pois representam as peças que compõem um produto antes que sejam fabricadas. O *software* de modelagem sólida também permite testar a montagem de peças na tela do computador para examinar quaisquer problemas antes que elas sejam de fato fabricadas e montadas. Há duas maneiras de criar o modelo sólido de um objeto: modelagem da base para o topo e modelagem do topo para a base. Com a modelagem da base para o topo você começa definindo os pontos-chave, depois as linhas, as áreas e os volumes. Com a modelagem do topo para a base, você pode criar superfícies ou objetos sólidos tridimensionais usando área e volume primitivos. Primitivos são formatos geométricos simples como retângulos, círculos, polígonos, blocos, prismas, cilindros, cones e esferas.

OA⁴ Símbolos de engenharia

Símbolos são a "linguagem" usada pelos engenheiros para transmitir ideias, soluções de problemas, ou análises de determinadas situações. Por exemplo, os engenheiros mecânicos usam símbolos e diagramas para representar o *layout* das redes de tubulação em construções ou a disposição dos dutos de suprimento de ar e ventiladores no sistema de aquecimento ou resfriamento. Os engenheiros elétricos usam símbolos para representar os componentes do sistema elétrico ou eletrônico, como um aparelho de televisão, um telefone celular ou um computador.

TERMOS-CHAVE

ANSI	Desenho isométrico	Vistas seccionais
Desenhos de engenharia civil,	Símbolos da engenharia	Modelagem sólida
Dimensionamento e tolerância	Vista isométrica	
Desenhos de engenharia elétrica e eletrônica	Vistas ortográficas	

APLIQUE O QUE APRENDEU

Selecione uma ferramenta ou uma caixa de ferramentas e forneça todos os desenhos necessários para o item.

Seu relatório final deve incluir pelo menos:
1. vistas ortográficas;
2. vistas isométricas;
3. dimensões e tolerâncias;
4. materiais dos quais o item é fabricado; e
5. etapas de montagem.

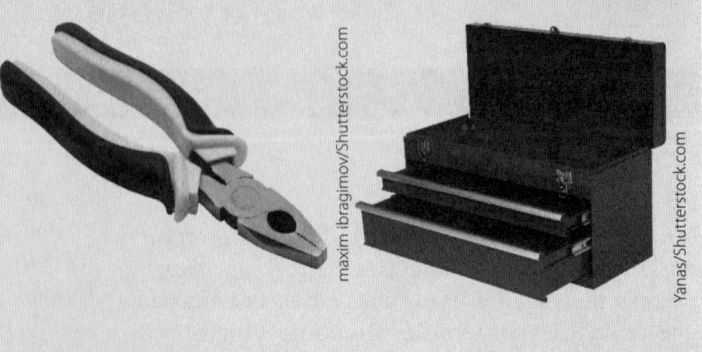

maxim ibragimov/Shutterstock.com

Yanas/Shutterstock.com

PROBLEMAS

Problemas que promovem aprendizado permanente estão indicados por 🔑
Para os Problemas 16.1 a 16.19, desenhe as vistas ortográficas do topo, da frente e da direita dos objetos ilustrados. Indique quando um objeto precisa ter uma ou duas vistas para ser descrito integralmente.

16.1

Problema 16.1

16.4

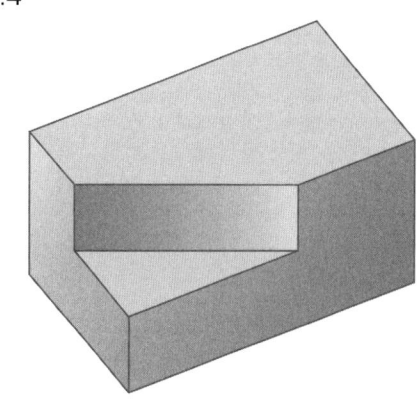

Problema 16.4

16.2

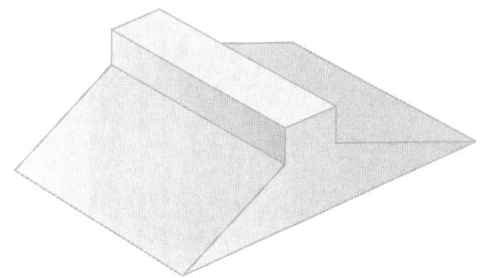

Problema 16.2

16.5

Problema 16.5

16.3

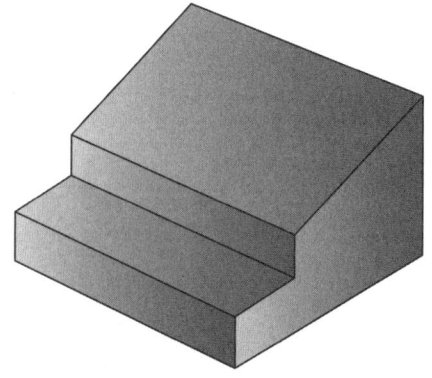

Problema 16.3

16.6

Problema 16.6
Com base em Madsen, Engineering Drawing and Design, 4e. Delmar Learning, parte da Cengage Learning, Inc., 2007

16.7

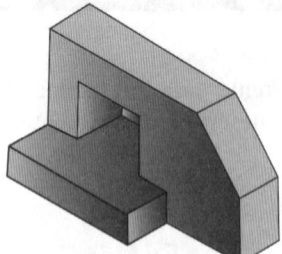

Problema 16.7
Com base em Madsen, Engineering Drawing and Design, 4e. Delmar Learning, parte da Cengage Learning, Inc., 2007.

16.8

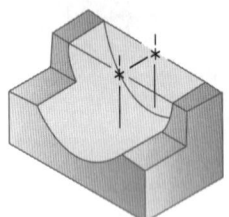

Problema 16.8
Com base em Madsen, Engineering Drawing and Design, 4e. Delmar Learning, parte da Cengage Learning, Inc., 2007.

16.9

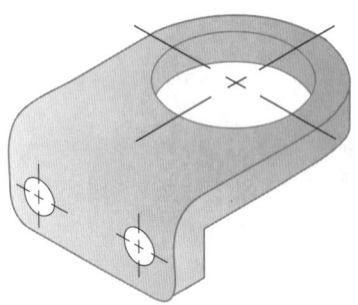

Problema 16.9
Com base em Madsen, Engineering Drawing and Design, 4e. Delmar Learning, parte da Cengage Learning, Inc., 2007.

16.10

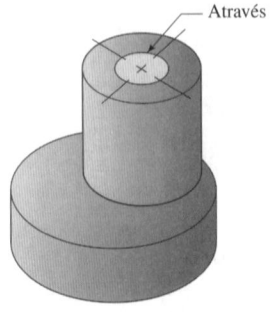

Problema 16.10
Com base em Madsen, Engineering Drawing and Design, 4e. Delmar Learning, parte da Cengage Learning, Inc., 2007.

16.11

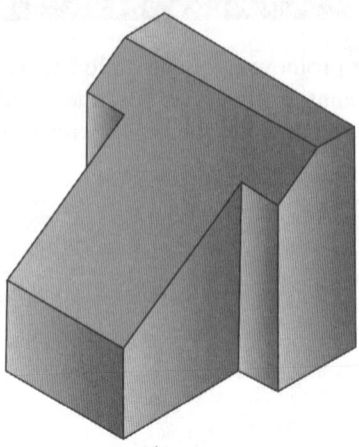

Problema 16.11
Com base em Madsen, Engineering Drawing and Design, 4e. Delmar Learning, parte da Cengage Learning, Inc., 2007.

16.12

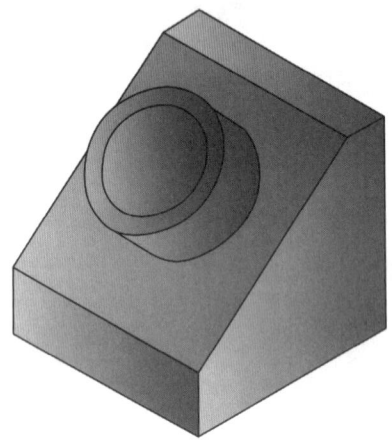

Problema 16.12
Com base em Madsen, Engineering Drawing and Design, 4e. Delmar Learning, parte da Cengage Learning, Inc., 2007.

16.13

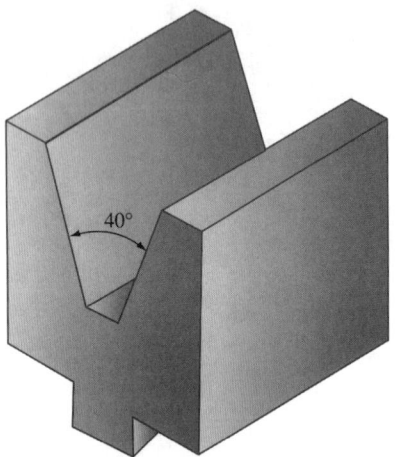

Problema 16.13
Com base em Madsen, Engineering Drawing and Design, 4e. Delmar Learning, parte da Cengage Learning, Inc., 2007.

16.14

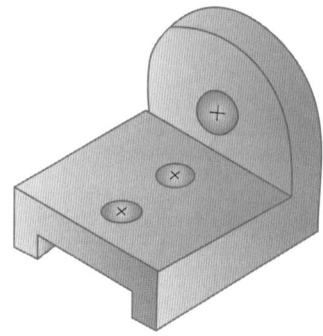

Problema 16.14
Com base em Madsen, Engineering Drawing and Design, 4e. Delmar
Learning, parte da Cengage Learning, Inc., 2007.

16.15

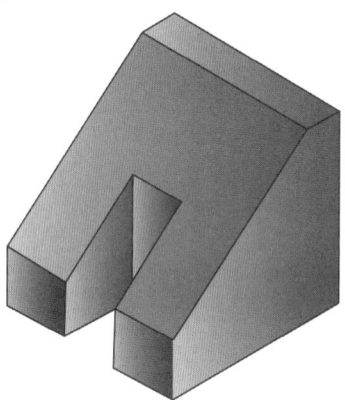

Problema 16.15
Com base em Madsen, Engineering Drawing and Design, 4e. Delmar
Learning, parte da Cengage Learning, Inc., 2007.

16.16

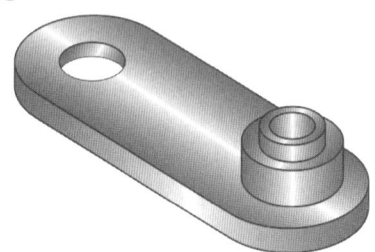

Problema 16.16

16.17

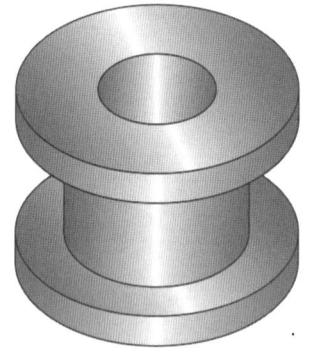

Problema 16.17

16.18

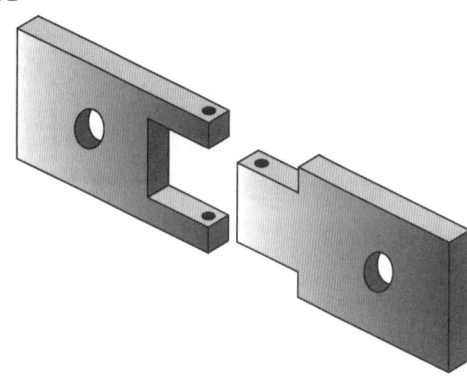

Problema 16.18

16.19

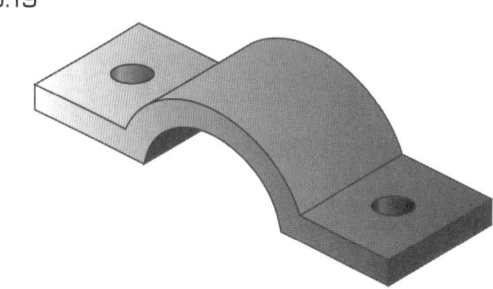

Problema 16.19

Para Problemas 16.20 a 16.23, use os planos de corte
indicados para desenhar as vistas seccionais.

16.20

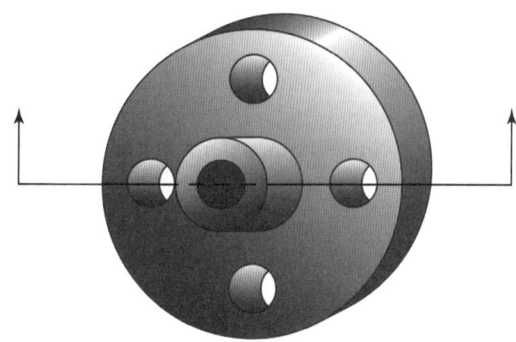

Problema 16.20

16.21

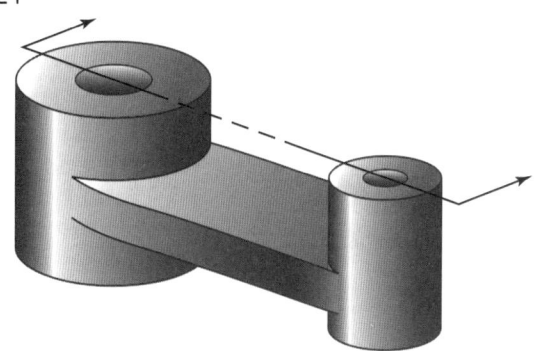

Problema 16.21

16.22

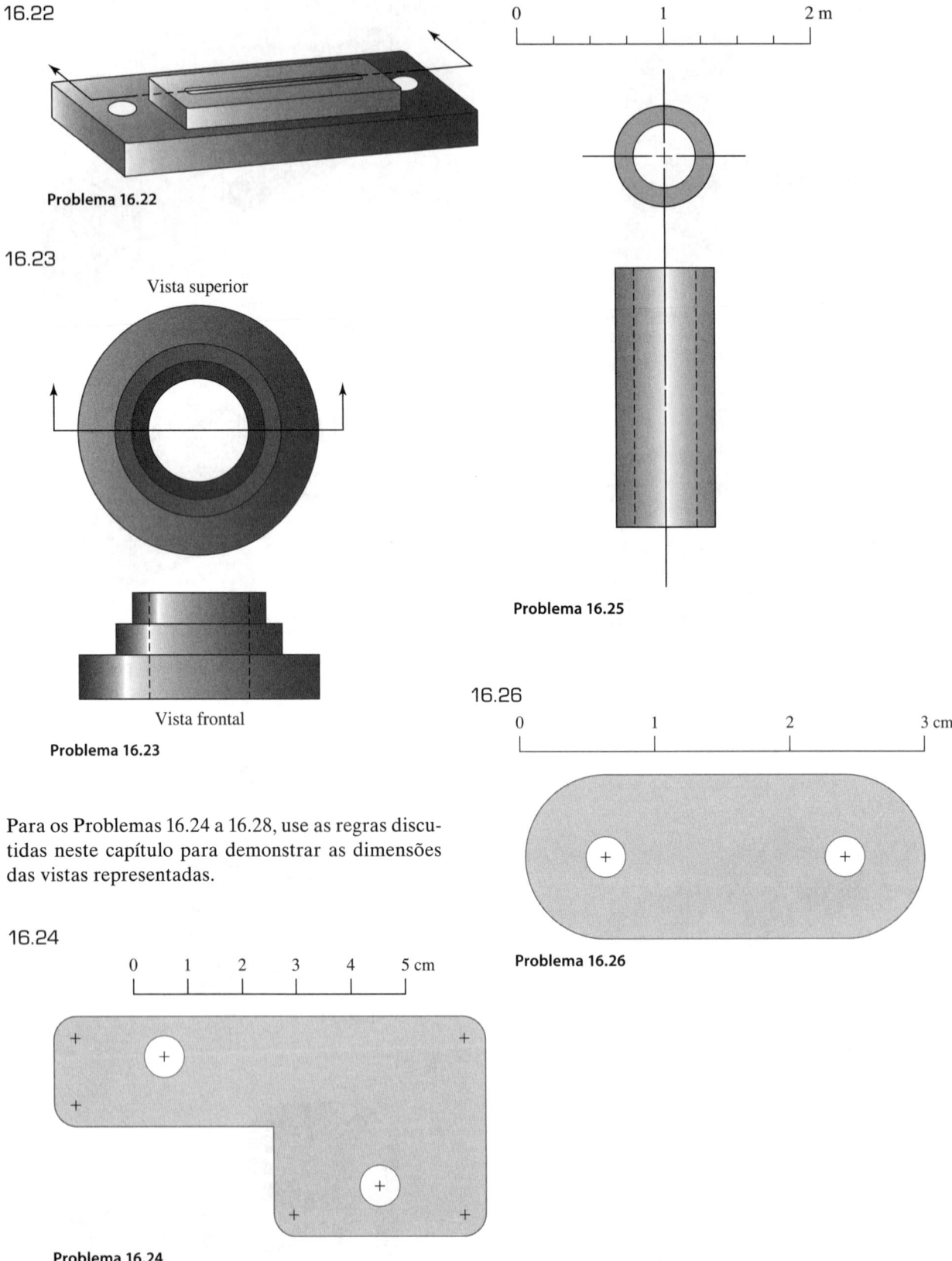

Problema 16.22

16.23

Vista superior

Problema 16.23

Vista frontal

Problema 16.25

16.26

Problema 16.26

Para os Problemas 16.24 a 16.28, use as regras discutidas neste capítulo para demonstrar as dimensões das vistas representadas.

16.24

Problema 16.24

16.25

16.27

0   1   2   3   4   5 cm

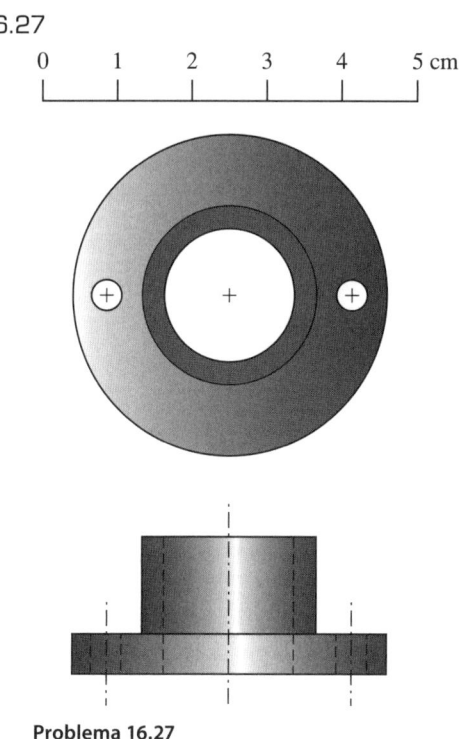

Problema 16.27

Para os Problemas 16.29 a 16.32, mostre as dimensões dos objetos nas vistas ortográficas.

16.28

0   1   2   3   4   5   6 cm

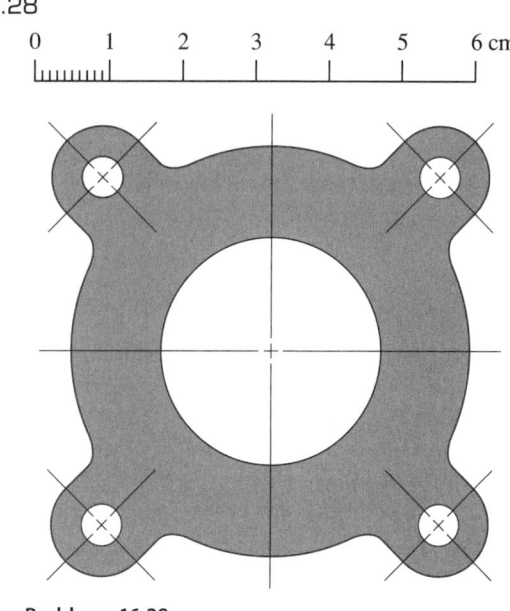

Problema 16.28

16.29

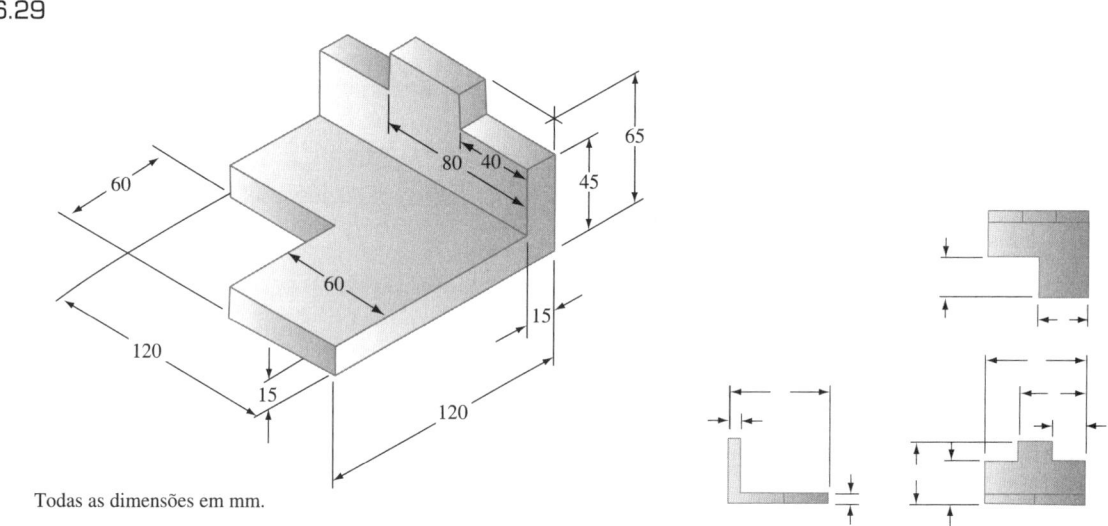

Todas as dimensões em mm.

Problema 16.29
Com base em Madsen, Engineering Drawing and Design, 4e. Delmar Learning, parte da Cengage Learning, Inc., 2007.

16.30

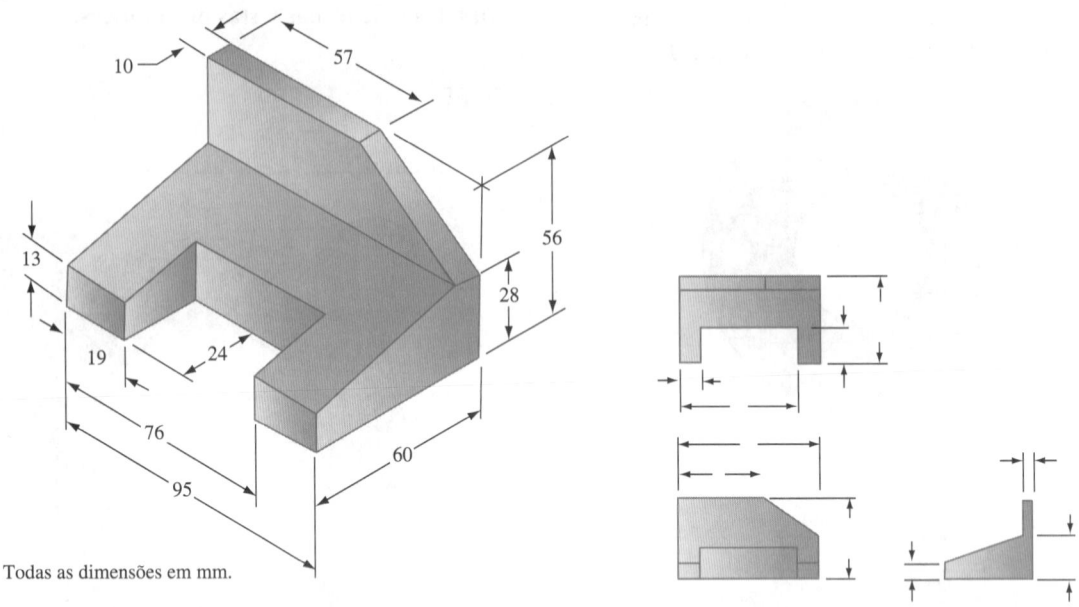

Todas as dimensões em mm.

Problema 16.30
Com base em Madsen, Engineering Drawing and Design, 4e. Delmar Learning, parte da Cengage Learning, Inc., 2007.

16.31

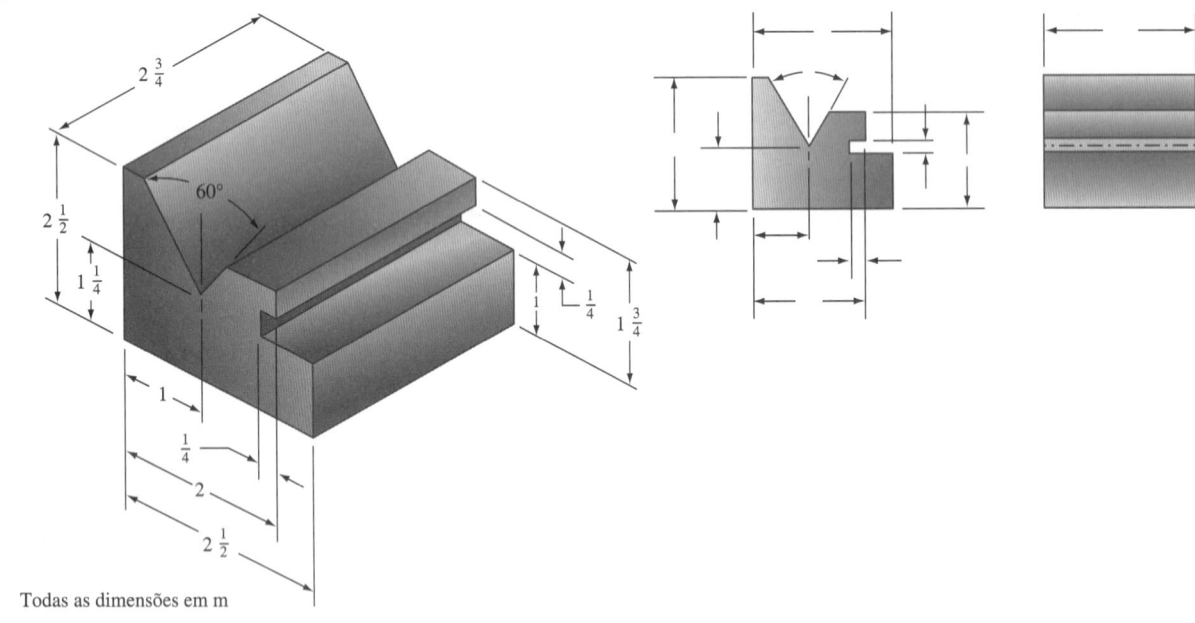

Todas as dimensões em m

Problema 16.31
Com base em Madsen, Engineering Drawing and Design, 4e. Delmar Learning, parte da Cengage Learning, Inc., 2007.

16.32

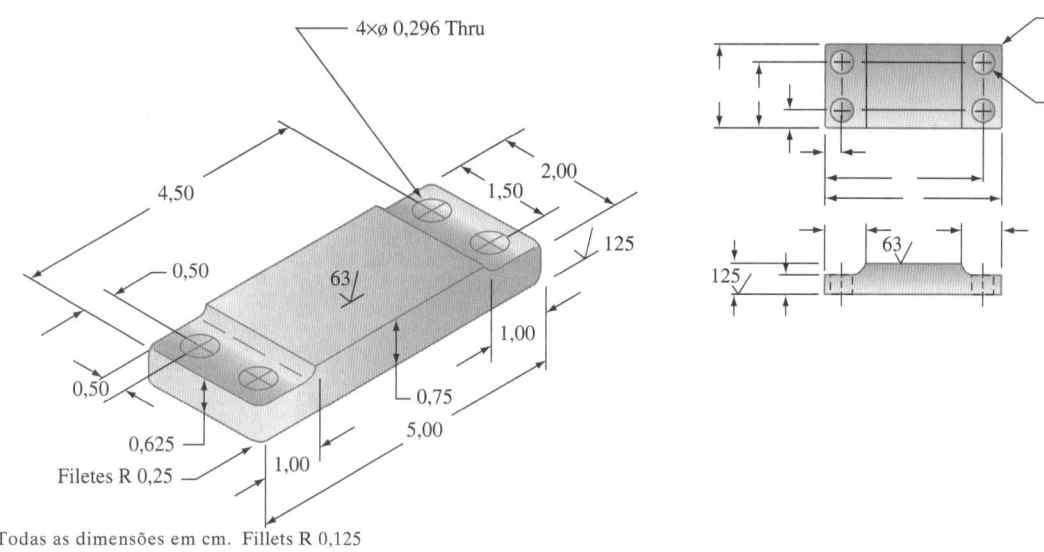

Todas as dimensões em cm. Fillets R 0,125

Problema 16.32
Com base em Madsen, Engineering Drawing and Design, 4e. Delmar Learning, parte da Cengage Learning, Inc., 2007.

Para os Problemas 16.33 a 16.38, desenhe a vista isométrica dos objetos citados. Faça as medições ou estimativas das dimensões necessárias.

16.33 Aparelho de televisão.

16.36 Barbeador.

16.34 Computador.

16.37 Cadeira.

16.35 Telefone.

16.38 Carro.

16.39 Siga a etapas discutidas na Seção 16.4 e desenhe a vista isométrica do Problema 16.4.

16.40 Siga a etapas discutidas na Seção 16.4 e desenhe a vista isométrica do Problema 16.6.

16.41 Siga a etapas discutidas na Seção 16.4 e desenhe a vista isométrica do Problema 16.7.

16.42 Siga a etapas discutidas na Seção 16.4 e desenhe a vista isométrica do Problema 16.11.

16.43 Siga a etapas discutidas na Seção 16.4 e desenhe a vista isométrica do Problema 16.13.

Para Problemas 16.44 a 16.48, discuta como você criaria o modelo sólido dos respectivos objetos. Veja o Exemplo 16.5 para entender melhor o que está sendo solicitado.

16.44 Suporte.

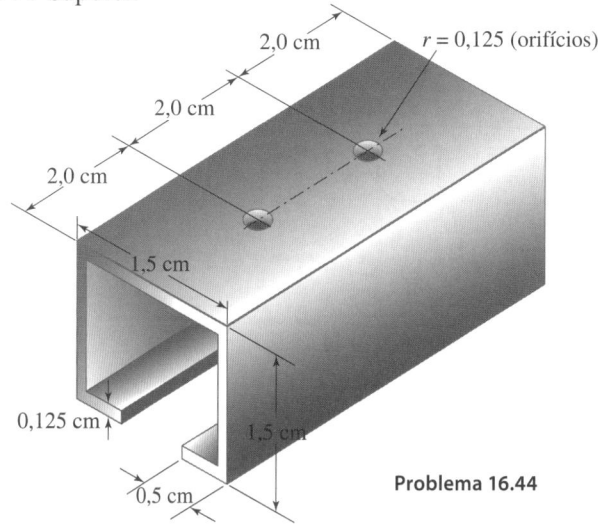

Problema 16.44

16.45 Roda.

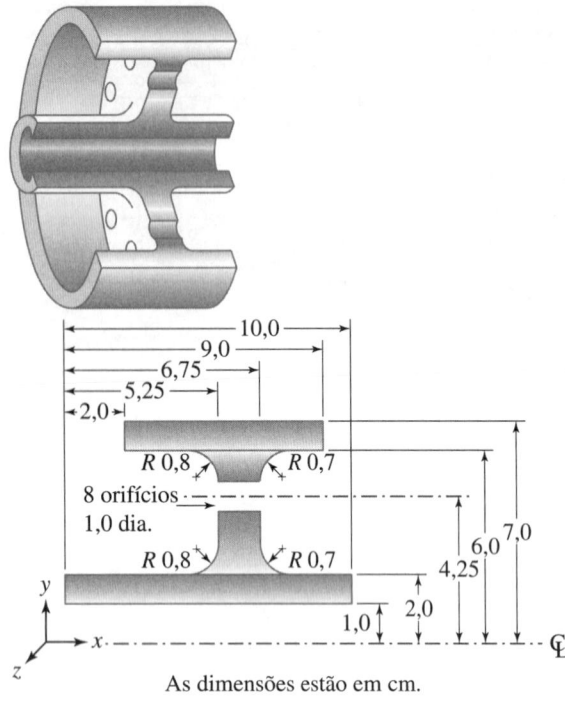

As dimensões estão em cm.

Problema 16.45

16.46 Tubo.

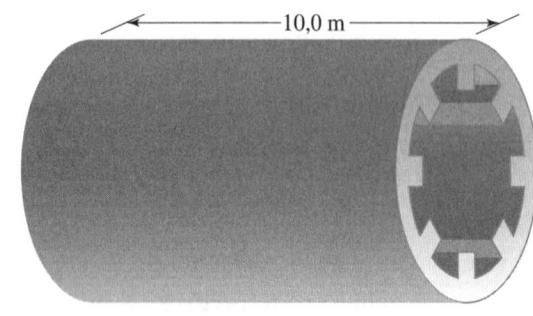

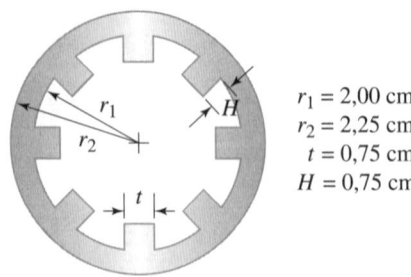

$r_1 = 2,00$ cm
$r_2 = 2,25$ cm
$t = 0,75$ cm
$H = 0,75$ cm

Problema 16.46

16.47 Soquete.

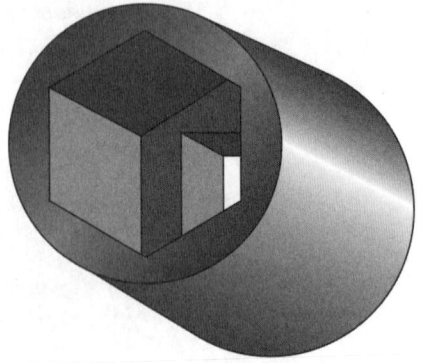

Problema 16.47

16.48 Trocador de calor. Os tubos passam por todas as aletas.

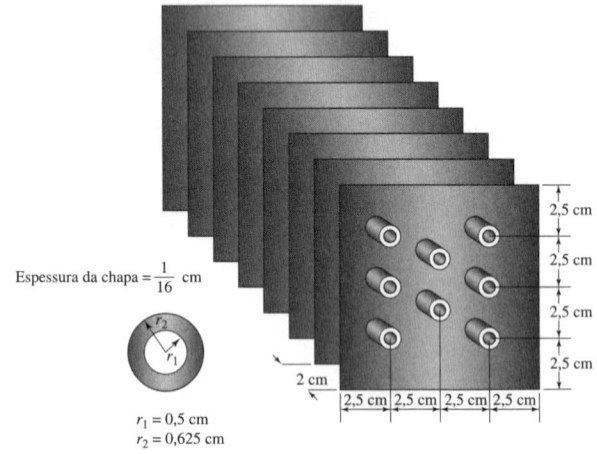

Espessura da chapa $= \frac{1}{16}$ cm

$r_1 = 0,5$ cm
$r_2 = 0,625$ cm

Problema 16.48

16.49 Usando a Tabela 16.1, identifique os símbolos de engenharia ilustrados na figura a seguir.

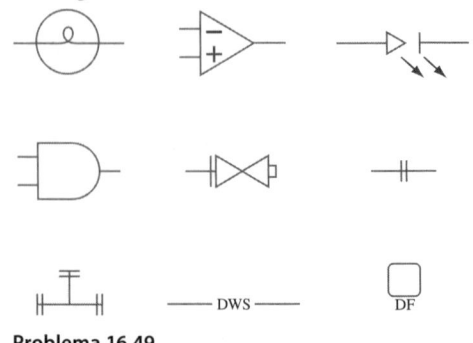

Problema 16.49

16.50 Usando a Tabela 16.1, identifique os componentes do sistema lógico ilustrado na figura.

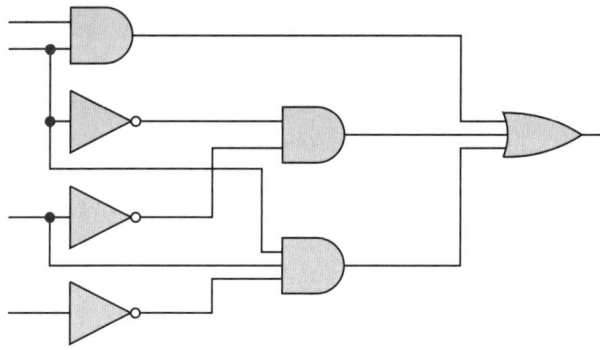

Problema 16.50

Espetáculo da engenharia

Boeing 777 * Avião comercial

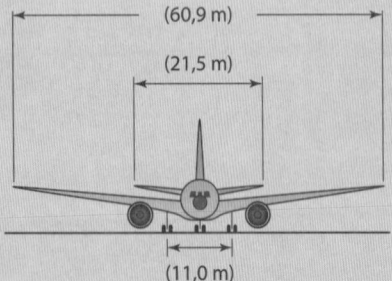

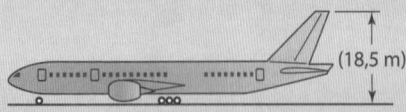

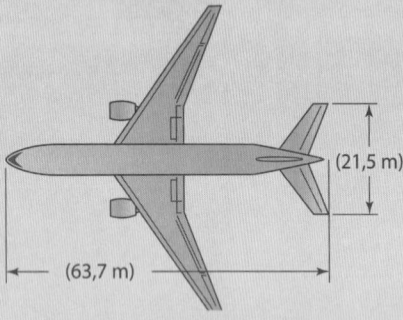

Visão geral

O Boeing 777 foi o primeiro avião comercial totalmente projetado usando a tecnologia de modelagem sólida digital tridimensional. O núcleo do grupo do projeto consistia em 238 membros que incluíam engenheiros de várias formações. Diversas empresas aeroespaciais internacionais da Europa, do Canadá e da Ásia/Pacífico contribuíram para o projeto e produção do 777. A indústria aeroespacial japonesa era uma das maiores dentre as empresas estrangeiras. Representantes dos clientes da linha aérea, como Nippon Airways e British Airways, também forneceram contribuições para o projeto do 777. Durante o processo, os diferentes componentes do avião foram projetados, testados, montados (para assegurar ajuste perfeito) e desmontados em uma rede de computadores. Foram usadas cerca de 1 700 estações de trabalho individuais e 4 computadores *mainframe* IBM. O

uso dos computadores e o *software* de engenharia eliminaram a necessidade de desenvolver um caríssimo protótipo em escala integral. A tecnologia de modelagem sólida digital permitiu que os engenheiros melhorassem a qualidade do trabalho, experimentassem vários conceitos de projeto, e reduzissem as alterações e erros. Tudo isso resultou em menos custo e mais eficiência na construção e instalação de várias peças e componentes.

Os engenheiros usaram, entre outros *softwares*, o CATIA (Computer-Aided Three-Dimensional Interactive Application) e o ELFINI (Finite Element Analysis System), ambos desenvolvidos por Dassault Systems da França e licenciados nos Estados Unidos pela IBM. Os projetistas também usaram o EPIC (Electronic Preassembly Integration on CATIA) e outros aplicativos de pré-montagem digital desenvolvidos pela Boeing.

A Série 777, o maior *twinjet* do mundo (na época em que ele foi projetado), dispões de três modelos: o modelo inicial, 777-200; o modelo 777-200ER (Extended Range); e o modelo maior 777-300. O 777-300 é uma extensão (10 m) do modelo inicial 777-200 para um total de 73,9 m. Em seu *layout* econômico, o 777-300 pode acomodar até 550 passageiros. Entretanto, ele foi configurado para acomodar 368 a 386 passageiros em três classes com mais conforto.

Em termos de gama de capacidade, o 777-300 pode cumprir rotas de até 10 370 km. O 777-300 tem quase a mesma capacidade de passageiros e alcance dos modelos 747-100/-200, mas utiliza um terço a menos de combustível e tem 40% menos de custo de manutenção. É lógico que isso resulta em um custo operacional menor.

A massa máxima básica de decolagem para o 777-300 é 263 080 kg; o maior peso máximo de decolagem disponível atualmente é de 299 370 kg. A capacidade máxima de combustível é 171 160 L. O 777-300 tem volume de carga total disponível de 200,5 m³.

A comunicação por satélite e sistemas de posicionamento global são fundamentais para as aeronaves. A asa do 777 utiliza o aerofólio com a maior eficiência aerodinâmica já desenvolvida para

* Materiais foram adaptados com permissão dos documentos da Boeing.

aviação comercial subsônica. A asa tem extensão de 60,9 m. O projeto avançado da asa melhora a capacidade da aeronave para subir rapidamente e manter cruzeiro em altitudes mais altas do que as aeronaves anteriores. O desenho da asa também permite que a aeronave transporte toda a carga de passageiros partindo de aeroportos de altas altitudes e temperaturas. O combustível é armazenado totalmente nas asas e na parte estrutural central. O modelo de maior alcance e o modelo 777-300 podem carregar até 171 155 L.

A Boeing Company, mediante pedido dos compradores de aeronaves, pode instalar motores de três principais fabricantes: Pratt & Whitney, General Electric e Rolls-Royce. Esses motores são classificados na categoria de empuxo entre 333 000 e 346 500 N. Para os modelos de maior alcance e o 777-300, esses motores serão capazes de atingir empuxos classificados na categoria de 378 000 a 441 000N.

Materiais estruturais novos, leves e econômicos são usados em diversas aplicações do 777. Por exemplo, no revestimento da asa e nas longarinas é usada uma liga de alumínio aprimorada, 7055. Essa liga oferece mais força de compressão do que as ligas anteriores, permitindo que os projetistas economizem peso e melhorando a resistência contra corrosão e fadiga. As caudas verticais e horizontais são feitas de compostos leves. As vigas do piso na cabine dos passageiros também são feitas de materiais compósitos avançados.

As principais informações de voo, navegação e motor são apresentadas em seis grandes visores planos de cristal líquido. Além da economia de espaço, os novos visores são mais leves e precisam de menos energia, pois geram menos calor, e precisam de menos resfriamento quando comparado às telas de tubo de raios catódicos convencionais. A tela plana permanece bem visível em todas as condições, mesmo diante de luz direta.

O Boeing 777 usa um Sistema de Gerenciamento de Informações Integrado da Aeronave que fornece à tripulação de voo e manutenção todas as informações pertinentes à condição geral da aeronave, os requisitos de manutenção e as principais funções operacionais, incluindo gerenciamento de voo, empuxo e comunicação.

A tripulação do voo controla e manuseia os comandos por meio de fios elétricos, direcionado por computadores, diretamente aos acionadores hidráulicos para elevadores, lemes, ailerons e outras superfícies de controle. O sistema de controle de voo "fly-by-wire" dos três eixos economiza no peso, simplifica a montagem de fábrica, quando comparado aos sistemas mecânicos convencionais que contavam com cabos de aço, e requer menos peças sobressalentes e menos manutenção no serviço aéreo.

A principal parte do sistema 777 é um barramento de dados digital de duas vias patenteado pela Boeing, que foi adotado como o novo padrão industrial: ARINC 629. Ele permite que os sistemas da aeronave e seus computadores se comuniquem entre si através de um caminho de fios (um par trançado de fios), em vez de fios separados e de uma só via. Isso simplifica a montagem e é mais leve, enquanto aumenta a confiabilidade por meio da redução na quantidade de fios e conectores. Há 11 desses *pathways* ARINC 629 no 777.

O interior do Boeing 777 possui uma das cabines de passageiros mais espaçosa já desenvolvida; o interior do 777 oferece flexibilidade de configuração. As zonas de flexibilidade foram projetadas nas áreas da cabine especificadas pelas linhas aéreas, primariamente nas portas da aeronave. Em incrementos de 25 mm, cozinhas e lavatórios podem ser posicionados em qualquer lugar dentro dessas zonas, que são pré-moldadas para acomodar fiação, encanamento e utensílios. Unidades de serviço de passageiros com compartimentos de armazenamento de teto são projetados para remoção rápida sem interferir nos painéis do teto, dutos de ar-condicionado ou estrutura de suporte. Uma alteração típica na configuração do 777 pode ser feita em 72 horas, enquanto esse tipo de mudança poderia levar duas a três semanas em outra aeronave. Para um serviço de voo melhorado e mais eficiente, o 777 é equipado com um sistema de gerenciamento de cabine avançado, vinculado a um console de controle computadorizado, e que auxilia a tripulação, permitindo novos serviços aos passageiros, como um sistema de som digital comparável aos aparelhos de disco compacto ou *home* estéreo de última geração.

O principal trem de aterrissagem do 777 tem uma configuração de dois apoios, mas tem carros de seis rodas, em vez das quatro rodas convencionais. Isso resulta em 12 rodas no trem de aterrissagem, o que distribui melhor o peso nas áreas de taxiamento e pistas, e evita a necessidade de mecanismos suplementares de duas rodas sob o centro da fuselagem. Outra vantagem é que os carros de seis rodas permitem um projeto de freio mais econômico. O trem de aterrissagem 777 é o maior já incorporado a uma aeronave comercial.

Os testes de voo em 1 000 ciclos da Boeing-United Airlines para o motor da Pratt & Whitney foram concluídos em 22 de maio de 1995. Além disso, os fabricantes do motor e muitos fornecedores de peças para aeronaves intensificaram os próprios esforços de desenvolvimento e teste para garantir que os produtos atendessem aos requisitos da linha aérea.

Esse minucioso programa de testes demonstrou os aspectos do projeto necessários para obter aprovação para operações do motor duplo de ampla extensão (ETOPS, extended-range twin-engine operations). Todos os 777s são aptos a ETOPS como parte do projeto básico. Para assegurar confiabilidade, o 777 com motores da Pratt & Whitney foi testado e voou sob todas as condições apropriadas para provar sua capacidade de voar em missões ETOPS. A Tabela 1 fornece um resumo das especificações do Boeing 777.

PROBLEMAS

1. Usando os dados do Boeing 777 fornecidos, estime o tempo de voo da cidade de Nova Iorque para Londres.
2. Calcule a massa de passageiros, combustível e carga para um voo completo.
3. Usando o alcance máximo e dados de capacidade de combustível, calcule o consumo de combustível do Boeing 777 por hora e por km.

TABELA 1	Especificações do Boeing 777-200/300	
Variável do projeto	**777-200**	**777-300**
Assentos	305 a 320 passageiros em três classes	368 a 386 passageiros em três classes
Comprimento	63,7 m	73,9 m
Extensão da asa	60,9 m	60,9 m
Altura da cauda	18,5 m	18,5 m
Motores	Pratt & Whitney 4000	Pratt & Whitney 4000
	General Electric GE90	General Electric GE90
	Rolls-Royce Trent 800	Rolls-Royce Trent 800
Massa máxima para decolagem	229 520 kg	263 080 kg
Capacidade de combustível	117 335 L	171 160 L
Capacidade de altitude	11 975 m	11 095 m
Velocidade de cruzeiro	893 km/h	893 km/h
	Mach 0,84	Mach 0,84
Capacidade de carga	160 m³	214 m³
Alcance máximo	9 525 km	10 370 km

4. Calcule a quantidade de movimento linear do Boeing 777 em velocidade de cruzeiro e com dois terços da massa máxima de decolagem.
5. Calcule o número de Mach do Boeing 777 em velocidade de cruzeiro usando

$$\text{Número de Mach} = \frac{\text{velocidade de cruzeiro}}{\sqrt{kRT}}$$

em que

 k = razão de calor específico = 1,4
 R = constante de gás do ar = 287 J/kg·K
 T = temperatura do ar em altitude de cruzeiro (K)

Compare o número de Mach que você obteve com o fornecido na tabela de dados da Boeing.
6. Conforme já mencionamos, a tripulação do voo controla e manuseia os comandos por meio de fios elétricos, direcionado por computadores, diretamente aos acionadores hidráulicos para elevadores, lemes, ailerons e outras superfícies de controle. Observe os elevadores, lemes e ailerons para um avião pequeno na figura a seguir. Em um avião pequeno, os ailerons são movidos girando o manche na cabine de comando. Quando o manche é girado para a esquerda, o aileron esquerdo se move para cima e o direito se move para baixo. É assim que os pilotos iniciam a curva para a esquerda. Em um avião menor, o leme é operado pelos pés do piloto. Quando o piloto pressiona o pedal do leme esquerdo, o nariz do avião se move para a esquerda. Quando ele pressiona o pedal do leme direito, o nariz do avião se move para a direita. Os elevadores fazem o nariz do avião se mover para cima e para baixo. Quando o piloto puxa para trás o manche na cabine, o nariz do avião se move para cima. Quando o manche é pressionado para frente, o nariz do avião se move para baixo.

Investigue a aerodinâmica de manuseio de voo com mais detalhes. Explique o que acontece na distribuição de pressão do ar sobre essas superfícies quando as orientações são alteradas. Quais são as direções da força resultante das distribuições de pressão sobre essas superfícies? Escreva um breve relatório discutindo suas descobertas.

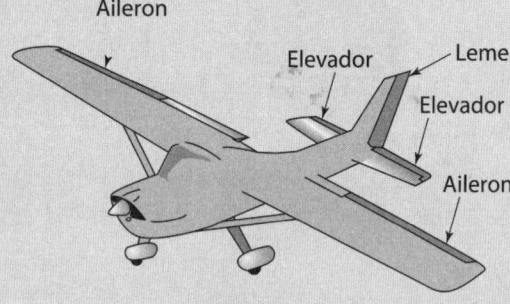

Seleção de materiais de engenharia

Uma importante decisão de projeto

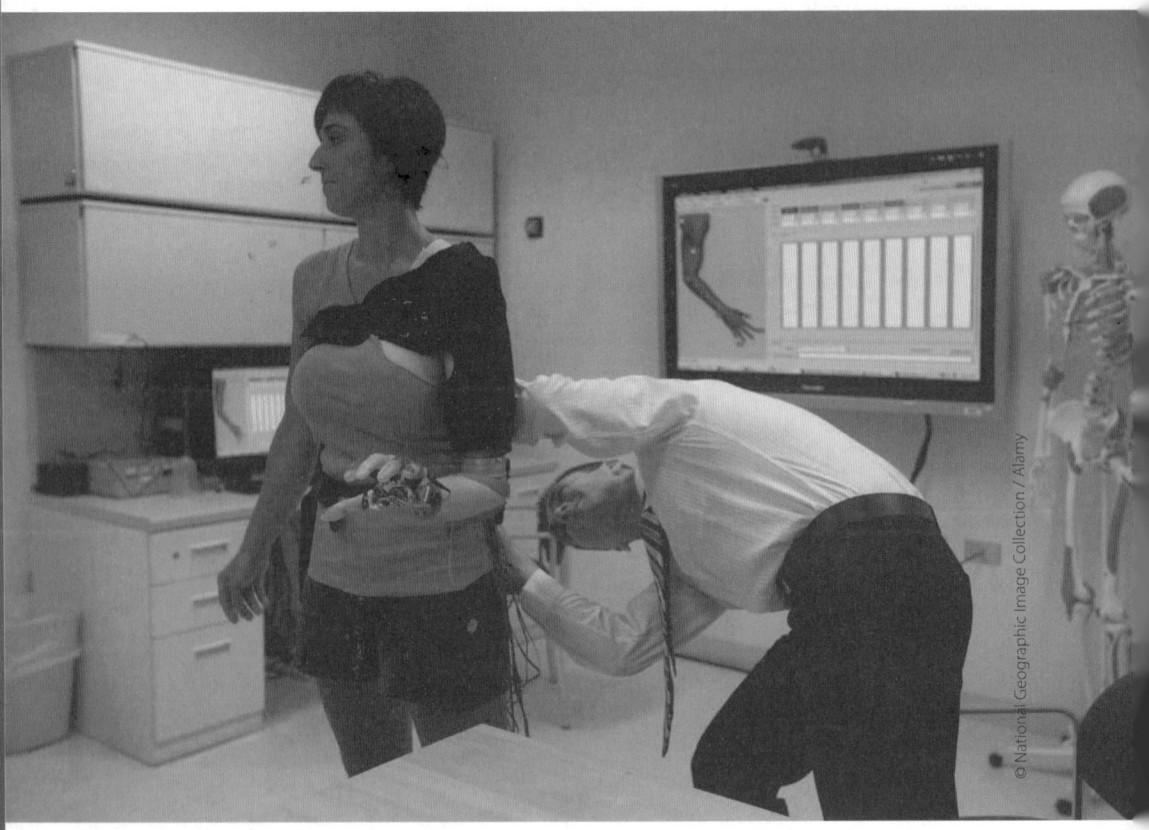

Como engenheiro, quer você esteja projetando a peça de uma máquina, um brinquedo, a estrutura de um automóvel ou membros artificiais, a seleção de materiais é uma importante decisão de projeto. Nesta parte do livro, apresentamos um olhar mais atento a materiais como metais e suas ligas, plásticos, vidro, madeira, compósitos e concreto, os quais normalmente são usados em várias aplicações de engenharia. Discutiremos também algumas características básicas dos materiais considerados em projetos.

CAPÍTULO 17	MATERIAIS DE ENGENHARIA

17

Materiais de engenharia

dibrova/Shutterstock.com

Vladimir Gjorgiev/Shutterstock.com

nito/Shutterstock.com

Antonio Abrignani/Shutterstock.com

leonello calvetti/Shutterstock.com

Alena Brozova/Shutterstock.com

Tatiana53/Shutterstock.com

Tatiana53/Shutterstock.com

Quando os engenheiros selecionam materiais para um produto, consideram muitos fatores, incluindo custos, peso, corrosividade e capacidade de carga.

OBJETIVOS DE APRENDIZADO

OA[1]   Seleção e origem do material: explicar os fatores considerados ao selecionar um material para um produto e de onde vêm os materiais

OA[2]   Propriedades dos materiais: descrever importantes propriedades dos materiais

OA[3]   Metais: descrever diferentes metais, suas composições e aplicações

OA[4]   Concreto: descrever seus ingredientes básicos e uso

OA[5]   Madeira, plástico, silício, vidro e compósitos: descrever suas composições e aplicações

OA[6]   Materiais fluidos – ar e água: explicar sua função em nossa vida diária, suas propriedades e aplicações

O QUE VOCÊ ACHA?

DEBATE INICIAL

Até o século passado, a solução utilizada para melhorar o desempenho de um carro era instalar um motor maior. Nos futuros carros híbridos e elétricos, entretanto, a resposta pode ser instalar motores com ímãs mais poderosos. Até os anos 1980, os ímãs mais poderosos disponíveis eram feitos de uma liga contendo samário e cobalto. Entretanto, a mineração e o processamento desses metais apresentam desafios: o samário é um dos 17 elementos terras-raras e muito caro para refinar, enquanto a maior parte do cobalto vem de minas em regiões instáveis da África.

Em 1982, quando os pesquisadores da General Motors desenvolveram um ímã de neodímio, parecia ter surgido uma alternativa ideal. Enquanto o neodímio também é um dos metais terras-raras — uma denominação errônea, já que na verdade são de fato muito comuns, porém amplamente dispersos — ele é mais abundante que o samário e, na época, mais barato. Quando combinado com ferro e boro — ambos elementos prontamente disponíveis — produziu ímãs poderosos.

No motor elétrico do carro híbrido, por exemplo, apenas 1 kg de ímã de neodímio pode proporcionar 60 kW, suficiente para mover um veículo pesando 1.361 kg, como o Toyota Prius. O neodímio é um material magnético ideal, pois ajuda a reter a carga magnética durante todas as condições de dirigibilidade, e quando disprósio é adicionado à liga, o desempenho em altas temperaturas é preservado.

Nas décadas recentes, a demanda por neodímio aumentou muito, o que é o resultado de sua utilidade na produção de ímãs leves e compactos usados em dispositivos como unidades de disco de computadores e alto-falantes de sistemas de áudio. Hoje, a China controla mais de 90% da produção mundial de metais terras-raras e regula rigorosamente sua exportação. Em 2010,

Óxidos de terras-raras; em sentido horário, a partir do topo, ao centro: praseodímio, cério, lantânio, neodímio, samário e gadolínio.

Imagem de Peggy Greb, USDA

a China suspendeu as exportações de terras-raras para o Japão, por causa de uma disputa territorial. O tumulto fez os preços do neodímio subirem de menos de US$ 50 o quilograma no início de 2010 para quase US$ 500 no verão de 2011.

Embora os fornecimentos tenham sido retomados e os preços baixado desde então, as incertezas no fornecimento estimularam pesquisas por alternativas. Empresas como a Molycorp, que está reabrindo e expandindo sua mina de terras-raras em Mountain Pass, Califórnia (aproximadamente 90 km ao sul de Las Vegas), estão buscando novas fontes desses metais. Novos suprimentos não são as únicas pesquisas em andamento: a Honda anunciou que iniciaria a reciclagem de metais raros, retirados de componentes de carros usados, como as baterias de níquel metal hidreto usadas em carros híbridos, que contêm pequenas quantidades de neodímio, juntamente com lantânio e cério. Em 2011, a Toyota declarou que estava desenvolvendo motores por indução que não necessitavam de ímãs raros.

Fonte: Jim Witkin, "A Push to Make Motors With Fewer Rare Earths," The New York Times, 20 de abril, 2012, disponível em http://www.nytimes.com/2012/04/22/automobiles/a-push-to-make-motors-with-fewerrare-earths.html?pagewanted=1&_r=0

Para os estudantes: O que você pensa sobre reciclar mais, projetar com materiais alternativos ou expandir a mineração? Quanto você acha que consumirá de materiais como metais, plásticos, vidro e madeira ao longo de sua vida?

Como discutimos no Capítulo 1, os engenheiros projetam milhões de produtos e serviços que usamos em nosso cotidiano: carros, computadores, aviões, roupas, brinquedos, aparelhos domésticos, equipamentos cirúrgicos, equipamentos de aquecimento e refrigeração, equipamentos médicos, ferramentas e máquinas que fazem vários produtos. Os engenheiros também projetam e supervisionam a construção de prédios, barragens, rodovias, usinas elétricas e sistemas de transporte de massa.

Como engenheiro de projeto, quer você esteja projetando a peça de uma máquina, um brinquedo ou uma estrutura para um automóvel, a seleção de materiais é uma decisão de projeto importante. Há diversos fatores que os engenheiros consideram quando selecionam materiais para uma aplicação específica. Eles consideram, por exemplo, propriedades do material como densidade, resistência máxima, flexibilidade, usinabilidade, durabilidade, expansão térmica, condutividade elétrica e térmica e resistência à corrosão. Eles também consideram o custo do material e a facilidade com que ele pode ser reparado. Os engenheiros estão sempre à procura de maneiras de utilizar materiais avançados para fabricar produtos mais leves e mais fortes para diferentes aplicações.

Neste capítulo, vamos olhar mais de perto os materiais que normalmente são usados em várias aplicações de engenharia. Também discutiremos algumas das características físicas básicas dos materiais considerados em projetos. Vamos examinar materiais sólidos comuns como metais e suas ligas, plásticos, vidro, madeira, e os que solidificam ao longo do tempo (como o concreto). Também investigaremos mais detalhadamente fluidos básicos como o ar e a água, que não apenas são necessários na sustentação da vida, mas também exercem funções importantes na engenharia. Você já parou para pensar sobre a importante função que o ar exerce no processamento dos alimentos, no acionamento de ferramentas elétricas ou nos pneus de seu carro para proporcionar uma viagem confortável? Talvez você não pense na água como um material de engenharia, porém nós não precisamos dela apenas para viver, mas também para gerar eletricidade em usinas à vapor e hidroelétricas, além de usarmos água em alta pressão, o que funciona como uma serra, para cortar materiais.

OA¹ 17.1 Seleção e origem do material

Engenheiros de projeto, quando selecionam materiais para seus produtos, muitas vezes fazem perguntas como: Quanto o material será resistente quando submetido à carga esperada? Ele vai falhar, e se não o fizer, com que segurança vai suportar a carga? Como o material vai se comportar se sua temperatura for alterada? O material vai continuar tão resistente quanto é em condições normais se sua temperatura for aumentada? Quanto ele vai expandir se sua temperatura for aumentada? Quanto ele é pesado e flexível? Quais são suas propriedades de absorção de energia? O material pode se corroer? Como ele se comportará na presença de determinados produtos químicos? Quanto pode custar? Ele dissipa o calor de modo eficiente? Poder atuar como condutor ou como isolante elétrico?

É importante observar que colocamos apenas algumas questões genéricas; poderíamos ter formulado outras perguntas se considerássemos as especificidades da aplicação. Por exemplo, ao selecionar materiais para implantes em aplicações de bioengenharia, deve-se considerar muitos fatores adicionais, incluindo: O material é tóxico para o corpo? Pode ser esterilizado? Quando entra em contato com os fluidos corporais, pode corroer-se ou deteriorar-se? Uma vez que o corpo humano é um sistema dinâmico, também deveríamos perguntar: Como o material reagirá ao choque elétrico e à fadiga? As propriedades mecânicas do material de implante são compatíveis com as propriedades dos ossos para garantir distribuições de pressão apropriadas

Ao selecionar materiais para um produto, os engenheiros consideram muitos fatores, incluindo custo, peso, corrosividade e capacidade de carga.

nas superfícies de contato? Esses são exemplos de perguntas específicas adicionais que podem ser feitas para encontrar o material apropriado para uma aplicação específica.

Por ora, deve ficar claro que as propriedades e os custos dos materiais são fatores importantes do projeto. Entretanto, para entender melhor as propriedades dos materiais, primeiro precisamos entender os estados físicos de uma substância. Discutimos os estados físicos da matéria no Capítulo 9; como revisão e a título de continuidade e conveniência, vamos apresentá-las novamente de modo sucinto.

Conforme discutimos no Capítulo 9, quando olhamos ao redor, descobrimos que a matéria existe em várias formas. Também observamos que a matéria pode mudar de forma quando sua condição e as condições do ambiente mudam. Explicamos ainda que todos os objetos sólidos, os líquidos, os gases e os seres vivos são feitos de matéria e ela, em si, é feita de átomos ou elementos químicos. Há 106 elementos químicos conhecidos até hoje. Os átomos de características similares são agrupados e mostrados em uma tabela chamada tabela periódica de elementos químicos. Os átomos são feitos de partículas ainda menores, que chamamos de *elétrons, prótons* e *nêutrons*. Nas suas primeiras aulas de química você estudará esses conceitos mais detalhadamente (se ainda não o fez). Alguns alunos poderão optar por estudar engenharia química; nesse caso, dedicarão mais tempo

> A matéria pode existir em quatro estados físicos: sólido, líquido, gasoso (vapor) ou plasma.

ao estudo da química. Mas, por enquanto, lembre-se de que os átomos são os blocos construtores básicos de toda matéria. Os átomos são combinados naturalmente ou em laboratório para criar moléculas. Por exemplo, como você já deve saber, as moléculas de água são compostas por dois átomos de hidrogênio e um átomo de oxigênio. Um copo de água é composto de bilhões de moléculas homogêneas de água. A molécula é a menor parte de determinada matéria que ainda mantém suas propriedades características.

Dependendo da própria condição e das condições do ambiente, a matéria pode existir em quatro estados físicos: sólido, líquido, gasoso ou plasma. Vamos considerar a água que bebemos todos os dias. Como você já sabe, sob certas condições, a água existe na forma sólida, que chamamos de *gelo* (Figura 17.1). À pressão atmosférica padrão, a água existe em forma sólida enquanto sua temperatura for mantida a 0°C. À pressão atmosférica padrão, se você aquecer o gelo e

FIGURA 17.1   Cubos de gelo.

FIGURA 17.2   Vapor.

consequentemente mudar sua temperatura, o gelo derreterá e passará à forma líquida. Sob pressão padrão no nível do mar, a água permanece líquida até a temperatura de 100°C enquanto continuar sendo aquecida. Se conduzir esse experimento além disso, acrescentando mais calor à água, seu estado passará de líquido para gasoso. Esse estado da água normalmente é conhecido como *vapor* (Figura 17.2). Se tiver meios de aquecer a água a temperatura ainda mais alta, acima de 2.000°C, descobrirá que você pode quebrar as moléculas da água em seus átomos e que finalmente seus átomos podem ser quebrados em elétrons e núcleos livres, o que chamamos de *plasma*.

Em geral, as propriedades mecânicas e termofísicas de um material dependem de seu estado físico. Como você sabe, a partir de sua experiência cotidiana, a densidade do gelo é diferente da densidade da água líquida (cubos de gelo flutuam na água líquida) e a densidade da água líquida é diferente da densidade do vapor. Além disso, as propriedades de um material em um único estado podem depender da temperatura e da pressão ao redor. Por exemplo, se quiser saber qual é a densidade da água líquida na variação da temperatura de 4°C a 100°C à pressão atmosférica padrão, descobrirá que sua densidade diminui com o aumento da temperatura nessa variação. Portanto, as propriedades dos materiais dependem não apenas do estado físico, mas também da temperatura e da pressão. Esse é outro fator importante a ser lembrado ao selecionar materiais.

A seguir, para entendermos melhor de onde vêm os materiais, é necessário olhar mais atentamente para nossa casa, a Terra. Como já aprendemos no ensino médio, a Terra é o terceiro planeta a partir do Sol. Ela tem formato esférico com diâmetro médio de 12.756,3 km e massa aproximada de $5,98 \times 10^{24}$ kg. Além disso, para representar melhor a estrutura da Terra, ela é dividida em grandes camadas localizadas acima e abaixo da superfície (Figura 17.3). Por exemplo, a **atmosfera** representa o ar que cobre a superfície da Terra. O ar estende-se por aproximadamente 140 km da superfície da Terra até um ponto chamado de limite do espaço.

Nosso conhecimento do que está dentro da Terra e sua composição continua a se ampliar. A cada dia aprendemos, com os estudos que tratam da superfície da Terra e da camada próxima a ela, sobre rochas, taxas de transferência de calor no interior, gravidade, campos magnéticos e terremotos. Os resultados desses estudos sugerem que a Terra é composta de diferentes camadas com diferentes características e que sua massa é composta de ferro, oxigênio e silício (cerca de 32% de ferro, 30% de oxigênio e 15% de silício). Ela também contém outros elementos, como enxofre, níquel, magnésio e alumínio. A estrutura abaixo da superfície da Terra (Figura 17.4) normalmente é agrupada em quatro camadas: *crosta*, *manto*, *núcleo externo* e *núcleo interno* (Tabela 17.1). Essa classificação baseia-se nas propriedades dos materiais e na maneira como eles se movem ou fluem.

> A estrutura abaixo da superfície da Terra normalmente é agrupada em crosta, manto, núcleo externo e núcleo interno.

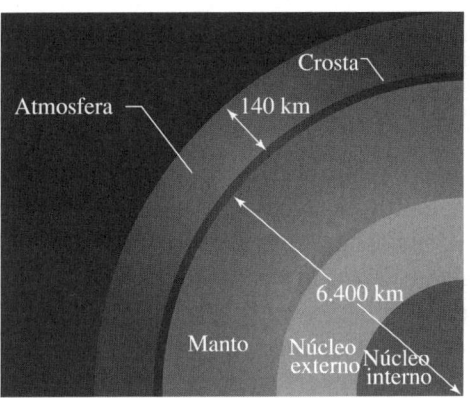

FIGURA 17.3 As camadas da Terra.

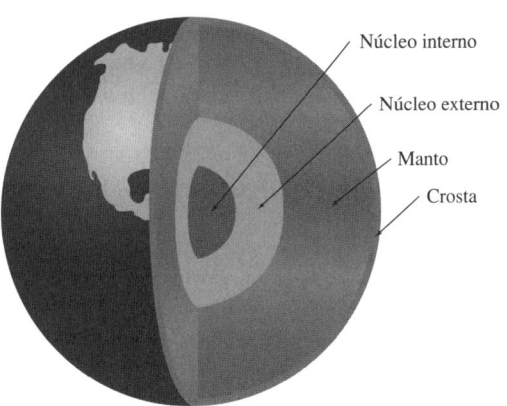

FIGURA 17.4 O núcleo da Terra.

TABELA 17.1 Massa aproximada de cada camada da Terra

	Massa aproximada (kg)	Porcentagem da massa total da Terra
Atmosfera	$5,1 \times 10^{18}$	0,000086
Oceanos	$1,4 \times 10^{21}$	0,024
Crosta	$2,6 \times 10^{22}$	0,44
Manto	$4,04 \times 10^{24}$	68,47
Núcleo		
Núcleo externo	$1,83 \times 10^{24}$	31,01
Núcleo interno	$9,65 \times 10^{22}$	1,63

A *crosta* compõe aproximadamente 0,5% da massa total da Terra e 1% de seu volume. Em decorrência do fácil acesso aos materiais próximos da superfície, sua composição e estrutura têm sido intensamente estudadas. Sua espessura máxima é de 40 km. Os cientistas puderam coletar amostras da crosta até a profundidade de 12 quilômetros; entretanto, como as despesas com perfuração aumentam com a profundidade, o avanço aos locais mais profundos foi diminuindo. A crosta da Terra — o fundo oceânico e os continentes — é composta por cerca de doze placas que se movem contínua e lentamente (alguns centímetros por ano). Além disso, os limites dessas placas — onde elas se juntam — marcam regiões de terremotos e atividades vulcânicas. Com o passar do tempo, as colisões dessas placas criaram cadeias de montanhas em todo o mundo. Também é importante observar que a crosta é mais fina sob os continentes e mais espessa sob o solo oceânico.

Conforme mostrado na Tabela 17.1, a maior parte da massa da Terra vem do manto. O *manto* é feito de rocha derretida que fica embaixo da crosta e compõe aproximadamente 84% do volume da Terra. Diferentemente da crosta, o que sabemos da composição do manto baseia-se nos estudos sobre propagação do som, fluxo de calor, terremotos, campos magnéticos e gravitacionais. Fundamentada nesses estudos e em investigações laboratoriais adicionais está a sugestão de que a parte mais baixa do manto é feita de minerais de ferro e de silicato de magnésio. O manto começa aproximadamente 40 km abaixo da superfície da Terra e estende-se a uma profundidade de 2.900 km.

O *núcleo interno* e o *núcleo externo* compõem cerca de 33% da massa da Terra e 15% de seu volume. Nosso conhecimento das estruturas dos núcleos interno e externo vêm do estudo dos terremotos e, em particular, do comportamento e da velocidade de cisalhamento e das ondas de compressão no núcleo. De acordo com esses estudos, o núcleo interno é considerado sólido e o núcleo externo, fluido, sendo composto principalmente de ferro. O núcleo externo começa a uma profundidade de 2.900 km e se estende até 5.200 km. O núcleo interno está localizado entre 5.200 a 6.400 km abaixo da superfície da Terra.

Antes de continuar

Responda às perguntas a seguir para testar o que aprendeu.

1. Dê exemplos das propriedades que os engenheiros consideram quando selecionam materiais para um produto ou aplicação.

2. Quais são os estados físicos da matéria?

3. Dê os nomes das diferentes camadas que compõem a Terra.

4. Qual camada da Terra contém a maior quantidade de massa?

5. Quais são os principais componentes químicos da Terra?

Vocabulário – Indique o significado dos termos a seguir.

Plasma _____

Crosta continental _____

Crosta oceânica _____

Manto _____

Núcleo interno _____

Núcleo externo _____

OA² **17.2** Propriedades dos materiais

Conforme explicamos até este ponto, ao selecionar um material para determinada aplicação e, sendo engenheiro, você precisa considerar algumas propriedades dos materiais. Em geral, essas propriedades podem ser divididas em três grupos: *elétricas, mecânicas e térmicas*. Em aplicações elétricas e eletrônicas, por exemplo, é importante a resistividade elétrica dos materiais. Quanta resistência ao fluxo de eletricidade o material oferece? Em muitas aplicações de engenharia mecânica, civil e aeroespacial, são importantes as propriedades mecânicas dos materiais. Essas propriedades incluem módulo de elasticidade, módulo de rigidez, resistência à tração, resistência à compressão, relação resistência-peso, módulo de resiliência e de módulo de rigidez. Em aplicações que lidam com fluidos (líquidos e gases), são importantes as propriedades térmicas e físicas, como condutividade térmica, capacidade calorífica, viscosidade, pressão de vapor e compressibilidade. A expansão térmica de um material, seja ele sólido ou fluido, é também um fator relevante do projeto. A resistência à corrosão é outro fator que deve ser considerado durante a seleção de materiais.

> Em geral, as propriedades de um material podem ser divididas em três grupos: elétricas, mecânicas e térmicas.

As propriedades de um material dependem de muitos fatores: como ele foi processado, sua idade, composição química exata, não homogeneidades ou defeitos em seu interior etc. As propriedades do material também mudam com a temperatura e o tempo, à medida que o material envelhece. A maioria das empresas que vendem materiais fornecerá, quando solicitado, informações sobre as propriedades importantes dos materiais que fabricam. Tenha em mente que, na prática profissional, você deve usar em seus cálculos os valores das propriedades fornecidos pelos fabricantes. Os valores das propriedades apresentados neste e em outros livros-texto devem ser utilizados como valores típicos, não como valores exatos.

Nos capítulos anteriores explicamos o que significam algumas propriedades dos materiais. O significado daquelas e de outras propriedades que ainda não explicamos está resumido a seguir.

Resistividade elétrica O valor da **resistividade elétrica** é uma medida da resistência do material ao fluxo de eletricidade. Plásticos e materiais cerâmicos, por exemplo, tipicamente têm alta resistividade, enquanto os metais normalmente têm baixa resistividade. Entre os melhores condutores de eletricidade estão a prata e o cobre.

Densidade A **densidade** é definida como massa por unidade de volume; é uma medida de quanto um material é compacto para determinado volume. A densidade média de ligas de alumínio, por exemplo, é de 2.700 kg/m³. A densidade do aço é 7.850 kg/m³, portanto a densidade do alumínio é aproximadamente um terço da densidade do aço.

Módulo de elasticidade (Módulo de Young) O **módulo de elasticidade** é uma medida da facilidade com que um material irá esticar ao ser puxado (sujeito a uma força de tração) ou encurtar ao ser empurrado (sujeito a uma força de compressão). Quanto maior o valor do módulo de elasticidade, maior será a força necessária para esticar ou encurtar o material. Por exemplo, o módulo de elasticidade da liga de alumínio está na faixa de 70 a 79 GPa, ao passo que o aço tem um módulo de elasticidade na faixa de 190 a 210 GPa; por conseguinte, o aço é cerca de três vezes mais rígido que as ligas de alumínio.

Módulo de rigidez (Módulo de cisalhamento) O **módulo de rigidez** é uma medida da facilidade com que um material pode ser torcido ou cortado. O valor do módulo de rigidez, também chamado *módulo de cisalhamento*, mostra a resistência de um dado material à deformação por cisalhamento. Os engenheiros consideram o valor do módulo de cisalhamento ao selecionar materiais para eixos e hastes que estão sujeitos a binários de torção. Por exemplo, o módulo de rigidez ou módulo de cisalhamento de ligas de alumínio está na faixa de 26 a 36 GPa, ao passo que o módulo de cisalhamento do aço está na faixa de 75 a 80 GPa. Portanto, o aço é aproximadamente três vezes mais rígido em cisalhamento que o alumínio.

Resistência à tração A **resistência à tração** de um material é determinada pela medição da carga de tração máxima que uma amostra de material em forma de barra retangular ou cilindro pode suportar sem danificar-se. A resistência à tração ou a resistência máxima de um material é expressa como a força de tração máxima por unidade de área transversal da amostra. Quando uma amostra de material é testada quanto à resistência, a carga de tração aplicada aumenta lentamente. No início do teste, o material deformará elasticamente, o que significa que se a carga for removida, o material retornará ao seu tamanho e forma originais, sem qualquer deformação permanente. O ponto em que o material deixa de apresentar esse comportamento elástico é chamado de *ponto de escoamento*. A tensão de escoamento representa a carga máxima que o material pode suportar sem qualquer deformação permanente. Em certas aplicações de projetos de engenharia (especialmente envolvendo materiais frágeis), a resistência ao escoamento é usada como a resistência à tração.

Resistência à compressão Alguns materiais são mais fortes na compressão do que na tensão; o concreto é um bom exemplo. A **resistência à compressão** de um material é determinada pela medição da carga de compressão máxima que uma amostra de material em forma de barra retangular, cilindro ou cubo pode suportar sem danificar-se. A resistência à compressão máxima de um material é expressa como a força de compressão máxima por unidade de área transversal da amostra. O concreto tem resistência à compressão na faixa de 10 a 70 MPa.

Módulo de resiliência **Módulo de resiliência** é uma propriedade mecânica do material que indica o quanto ele é eficaz na absorção de energia mecânica, sem sofrer qualquer dano permanente.

Módulo de rigidez **Módulo de rigidez** é uma propriedade mecânica do material que indica a capacidade de suportar sobrecarga antes de se quebrar.

Relação resistência/peso Como o nome indica, é a relação entre a resistência do material e seu peso específico (peso do material por unidade de volume). Com base na aplicação, os engenheiros usam a resistência ao escoamento ou a resistência máxima de um material quando determinam sua **relação resistência/peso**.

Expansão térmica O coeficiente de expansão linear pode ser utilizado para determinar a mudança no comprimento (o comprimento original) de um material que ocorreria se a temperatura fosse alterada. A **expansão térmica** é uma importante a ser considerada ao projetar produtos e estruturas que podem experimentar uma oscilação relativamente grande de temperatura durante sua vida útil.

Condutividade térmica A **condutividade térmica** é uma propriedade que mostra o quanto um material é bom em transferir energia térmica (calor) de uma região de alta temperatura para uma região de baixa temperatura em seu interior.

Capacidade calorífica Alguns materiais são melhores do que outros no armazenamento da energia térmica. O valor da **capacidade calorífica** representa a quantidade de energia térmica necessária para elevar a temperatura de uma massa de 1 quilograma de um material em 1 grau Celsius. Materiais com grandes valores de capacidade calorífica são bons em armazenar energia térmica. Viscosidade, pressão de vapor e módulo de compressibilidade volumétrica são propriedades adicionais dos fluidos que os engenheiros consideram no projeto.

Viscosidade O valor da **viscosidade** de um fluido representa uma medida da facilidade com que um dado fluido pode escoar. Quanto maior for o valor da viscosidade, mais resistência ao escoamento um fluido apresentará. Por exemplo, seria necessária menos energia para o transporte de água em um tubo do que para o transporte de óleo lubrificante ou glicerina.

Pressão de vapor Sob as mesmas condições, os fluidos com os valores baixos de **pressão de vapor** não evaporam tão rapidamente como aqueles com valores altos de pressão de vapor. Por exemplo, se você deixar uma panela com água e uma panela com glicerina lado a lado em uma sala, a água vai evaporar e deixar a panela muito antes que se note qualquer alteração no nível da glicerina.

Módulo de compressibilidade volumétrica O módulo de compressibilidade de um fluido indica o quanto esse fluido é compressível. Com que facilidade se pode reduzir o volume de um fluido quando sua pressão é aumentada? Como discutimos no Capítulo 10, seria necessária uma pressão de $2,24 \times 10^9$ N/m^2 para reduzir 1 m^3 de volume de água em 1%, ou seja, para reduzi-lo a um volume final de 0,99 m^3.

Nesta seção, explicamos o significado e a importância de algumas propriedades físicas dos materiais. As tabelas 17.2 a 17.5 mostram algumas propriedades de materiais sólidos. Nas seções seguintes, examinaremos a aplicação e a composição química de alguns materiais comuns de engenharia.

| TABELA 17.2 | Módulo de elasticidade e módulo de cisalhamento de materiais selecionados |

Material	Módulo de elasticidade (GPa)	Módulo de cisalhamento (GPa)
Ligas de alumínio	70-79	26-30
Latão	96-110	36-41
Bronze	96-120	36-44
Ferro fundido	83-170	32-69
Concreto (compressão)	17-31	
Ligas de cobre	110-120	40-47
Vidro	48-83	19-35
Ligas de magnésio	41-45	15-17
Níquel	210	80
Plásticos		
Náilon	2,1-3,4	
Polietileno	0,7-1,4	
Rocha (compressão)		
Granito, mármore, quartzo	40-100	
Calcário, arenito	20-70	
Borracha	0,0007-0,004	0,0002-0,001
Aço	190-210	75-80
Ligas de titânio	100-120	39-44
Tungstênio	340-380	140-160
Madeira (flexível)		
Abeto-de-douglas	11-13	
Carvalho	11-12	
Pinheiro americano	11-14	

Baseado em Gere, Mechanics of Materials, 5. ed. 2001, Cengage Learning.

| TABELA 17.3 | Densidade de materiais selecionados |

Material	Densidade da massa (kg/m³)	Peso específico (kN/m³)
Ligas de alumínio	2.600-2.800	25,5-27,5
Latão	8.400-8.600	82,4-84,4
Bronze	8.200-8.800	80,4-86,3
Ferro fundido	7.000-7.400	68,7-72,5
Concreto		
Simples	2.300	22,5
Reforçado	2.400	23,5
Leve	1.100-1.800	10,8-17,7
Cobre	8.900	87,3
Vidro	2.400-2.800	23,5-27,5
Ligas de magnésio	1.760-1.830	17,3-18,0
Níquel	8.800	86,3
Plásticos		
Náilon	880-1.100	8,6-10,8
Polietileno	960-1.400	9,4-13,7
Rocha		
Granito, mármore, quartzo	2.600-2.900	25,5-28,4
Calcário, arenito	2.000-2.900	19,6-28,4
Borracha	960-1.300	9,4-12,7
Aço	7.850	77,0
Ligas de titânio	4.500	44,1
Tungstênio	1.900	18,6
Madeira (ar seco)		
Abeto de Douglas	480-560	4,7-5,5
Carvalho	640-720	6,3-7,1
Pinheiro americano	560-640	5,5-6,3

Baseado em Gere, Mechanics of Materials, 5.ed. 2001, Cengage Learning.

| TABELA 17.4 | Resistência de materiais selecionados | |

Material	Resistência ao escoamento (MPa)	Resistência máxima (MPa)
Ligas de alumínio	35-500	100-550
Latão	70-550	200-620
Bronze	82-690	200-830
Ferro fundido (tensão)	120-290	69-480
Ferro fundido (compressão)		340-1.400
Concreto (compressão)		10-70
Ligas de cobre	55-760	230-830
Vidro		30-1.000
Vidro laminado		70
Fibras de vidro		7.000-20.000
Ligas de magnésio	80-280	140-340
Níquel	100-620	310-760
Plásticos		
Náilon		40-80
Polietileno		7-28
Rocha (compressão)		
Granito, mármore, quartzo		50-280
Calcário, arenito		20-200
Borracha	1-7	7-20
Aço		
Alta resistência	340-1.000	550-1.200
Usinagem	340-700	550-860
Mola	400-1.600	700-1.900
Inoxidável	280-700	400-1.000
Ferramenta	520	900
Cabo de aço	280-1.000	550-1.400
Aço estrutural	200-700	340-830
Ligas de titânio	760-1.000	900-1.200
Tungstênio		1.400-4.000
Madeira (flexível)		
Abeto-de-douglas	30-50	50-80
Carvalho	40-60	50-100
Pinheiro americano	40-60	50-100
Madeira (compressão paralela aos veios)		
Abeto-de-douglas	30-50	40-70
Carvalho	30-40	30-50
Pinheiro americano	30-50	40-70

Baseado em Gere, Mechanics of Materials, 5. ed. 2001, Cengage Learning.

| TABELA 17.5 | Coeficientes de expansão térmica para materiais selecionados |

Material	Coeficiente de expansão térmica (1/°C) 10^6
Ligas de alumínio	23
Latão	19,1-21,2
Bronze	18-21
Ferro fundido	9,9-12
Concreto	7-14
Ligas de cobre	16,6-17,6
Vidro	5-11
Ligas de magnésio	26,1-28,8
Níquel	13
Plásticos	
Náilon	70-140
Polietileno	140-290
Rocha	5-9
Borracha	130-200
Aço	10-18
Alta resistência	14
Inoxidável	17
Estrutural	12
Ligas de titânio	8,1-11
Tungstênio	4,3

Baseado em Gere, Mechanics of Materials, 5. ed. 2001, Cengage Learning.

*Observe que os coeficientes dados nesta tabela devem ser multiplicados por 10^{-6} para que sejam obtidos os valores reais dos coeficientes de expansão térmica.

Antes de continuar

Responda às perguntas a seguir para testar o que aprendeu

1. Dê três exemplos de propriedades térmicas de um material.
2. Dê três exemplos de propriedades mecânicas de um material.
3. Cite um exemplo de propriedade elétrica de um material.
4. Explique, com suas palavras, o que significa a resistência à tração de um material.
5. Explique o que se entende por módulo de elasticidade de um material.

Vocabulário – Indique o significado dos termos a seguir.

Densidade _____

Viscosidade _____

Capacidade calorífica _____

Condutividade térmica _____

Expansão térmica _____

Pressão de vapor _____

Relação resistência-peso _____

OA³ 17.3 Metais

Nesta seção, examinamos brevemente a composição química e as aplicações comuns dos metais. Discutiremos os **metais leves**, cobre e suas ligas, ferro e aço.

Metais leves

Por terem densidade baixa (em relação ao aço), o alumínio, o titânio e o magnésio normalmente são denominados *metais leves*. Em decorrência de sua relação resistência-peso relativamente alta, os metais leves são usados em muitas aplicações estruturais e aeroespaciais.

O alumínio e suas ligas têm densidade de aproximadamente um terço da densidade do aço. O alumínio puro é muito macio e por isso geralmente é usado em aplicações eletrônicas e na fabricação de refletores e folhas metálicas. Por ser macio e ter resistência à tração relativamente pequena, o alumínio puro é ligado com outros metais para torná-lo mais forte, mais fácil de soldar e para aumentar sua resistência a ambientes corrosivos. O alumínio normalmente é ligado

> Alumínio, titânio e magnésio são chamados de metais leves porque possuem baixa densidade (em relação ao aço).

com cobre (Cu), zinco (Zn), magnésio (Mg), manganês (Mn), silício (Si) e lítio (Li). O American National Standards Institute (ANSI) atribui números para especificar ligas de alumínio. Em termos gerais, o alumínio e suas ligas resistem à corrosão, são fáceis de moer e cortar e podem ser submetidas a brasagem ou soldagem. Peças de alumínio também podem ser conectadas com o uso de adesivos. Elas são boas condutoras de eletricidade e calor e, portanto, têm alta condutividade térmica e baixa resistência elétrica. O alumínio é fabricado em chapas, placas, folhas, hastes e fios, e extrudado para a fabricação de esquadrias de janelas e peças automotivas. Você já está familiarizado, no dia a dia, com produtos de alumínio comuns (Figura 17.5), como latas de refrigerante, folhas de papel-alumínio, grampos de saquinhos de chá (que não enferrujam), blocos de motores, entre outros. A utilização do alumínio em vários setores de nossa economia é mostrada na Figura 17.6; a maior parte do alumínio produzido é consumida pelos setores de embalagens, transporte, construção e elétrico.

O titânio apresenta excelente relação resistência-peso. Ele é usado em aplicações em que se esperam temperaturas relativamente altas, de mais de 400°C até 600°C. As ligas de titânio são usadas em pás de ventiladores e de compressores de motores de turbina a gás de aviões comerciais e militares. De fato, sem a utilização das ligas de titânio, os motores dos aviões comerciais não seriam possíveis. Como o alumínio, o titânio é ligado a outros metais para melhorar suas propriedades. As ligas de titânio apresentam excelente resistência à corrosão. O titânio é um tanto caro em comparação com o alumínio. Também é mais pesado do que ele, com uma densidade que é

(a)   (b)   (c)

FIGURA 17.5 Usos do alumínio.

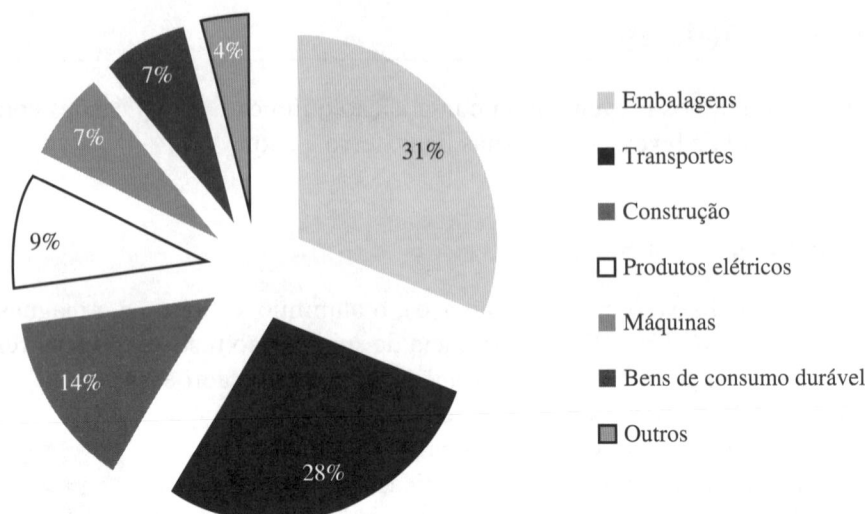

- Embalagens
- Transportes
- Construção
- Produtos elétricos
- Máquinas
- Bens de consumo durável
- Outros

FIGURA 17.6 Utilização de alumínio por vários setores.

quase metade da densidade do aço. Em razão de sua relação resistência-peso relativamente alta, as ligas de titânio são usadas em estruturas (fuselagem e asas) de aeronaves comerciais e militares e em componentes do trem de pouso. As ligas de titânio estão se tornando o metal de escolha para muitos produtos (Figura 17.7); elas podem ser encontradas em tacos de golfe, estruturas de bicicletas, raquetes de tênis e armações de óculos. Por causa da excelente resistência à corrosão, as ligas de titânio também têm sido usadas em tubulações em fábricas de dessalinização. Próteses de quadris e outras articulações são exemplos de aplicações médicas nas quais o titânio vem sendo utilizado atualmente.

Como mostra a Figura 17.8, aproximadamente 94% de concentrado mineral de titânio foi consumido como dióxido de titânio (TiO_2), que normalmente é usado como pigmento em tintas, plásticos e papéis. Os 6% restantes são usados na produção de fios de soldadura, produtos químicos e metais.

Com sua aparência prateada, o *magnésio* é outro metal leve parecido com alumínio, porém mais leve, com densidade aproximada de 1.700 kg/m³. O magnésio puro não oferece boa resistência para aplicações estruturais e, por isso, é ligado com outros elementos como alumínio, manganês e zinco para melhorar suas características mecânicas. O magnésio e suas ligas são usados em aplicações nucleares, baterias de células secas, aplicações aeroespaciais e em algumas autopeças, como ânodos sacrificiais para proteger outros metais contra a corrosão. As propriedades mecânicas dos metais leves são mostradas nas tabelas 17.2 a 17.5.

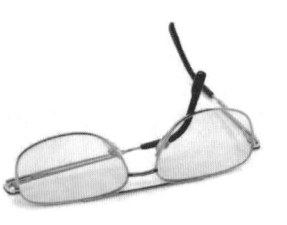

FIGURA 17.7 Usos do titânio.

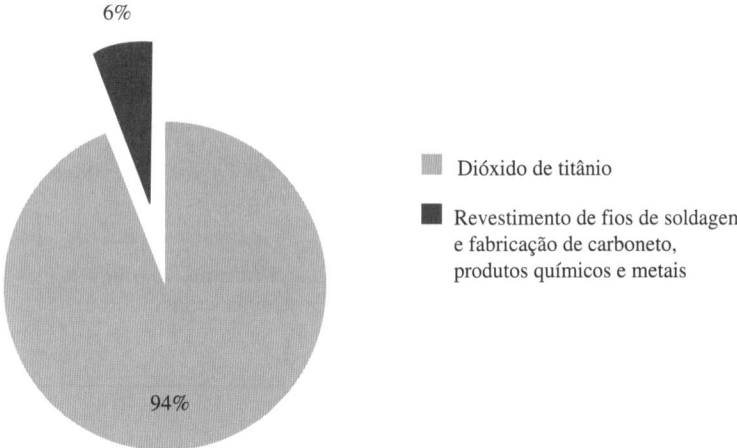

6%

94%

■ Dióxido de titânio

■ Revestimento de fios de soldagem
e fabricação de carboneto,
produtos químicos e metais

FIGURA 17.8 Porcentagem de concentrado mineral de titânio usado em cada setor.

Cobre e suas ligas

O **cobre** é um bom condutor de eletricidade e, por esse motivo, é comumente usado em muitas aplicações elétricas, incluindo fiação doméstica (Figura 17.9(a)). O cobre e muitas de suas ligas também são bons condutores de calor e sua propriedade térmica o torna uma boa opção para aplicações de troca de calor em sistemas de ar-condicionado e refrigeração. As ligas de cobre também são usadas em tubos, canos e conexões para tubulações (Figura 17.9(c)) e em aplicações de aquecimento.

Ligas de cobre O cobre é ligado com zinco, estanho, alumínio, níquel e outros elementos para modificar suas propriedades. Quando é ligado com zinco, normalmente é chamado de **latão**. As propriedades mecânicas do latão dependem da composição exata dos percentuais de cobre e de zinco. O **bronze** é uma liga de cobre e estanho. O cobre também é ligado com alumínio e essa liga é denominada *bronze de alumínio*. O cobre e suas ligas também são usados em linhas de freios hidráulicos, bombas e parafusos.

A porcentagem de consumo de cobre em vários setores de nossa economia é mostrada na Figura 17.10. A maioria do cobre extraído é consumido nas indústrias da construção e de produtos elétricos e eletrônicos.

(a)   (b)   (c)

igor.stevanovic/Shutterstock.com

mazalis/Shutterstock.com

Constantine Pankin/ Shutterstock.com

FIGURA 17.9 Usos do cobre.

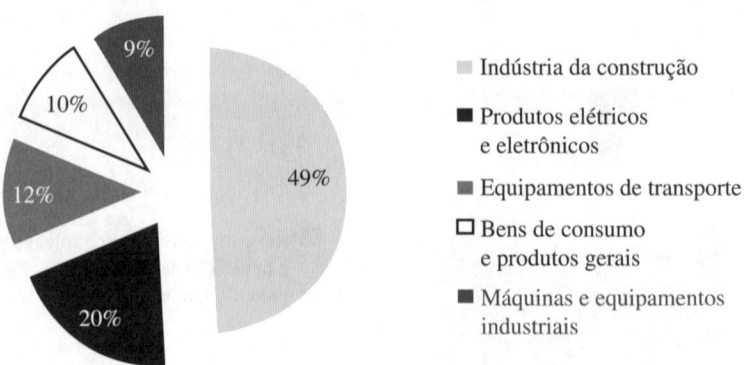

Indústria da construção

■ Produtos elétricos e eletrônicos

■ Equipamentos de transporte

☐ Bens de consumo e produtos gerais

■ Máquinas e equipamentos industriais

FIGURA 17.10 Utilização do cobre por vários setores.

Conforme mencionado anteriormente, o cobre é ligado com zinco, estanho, alumínio, níquel e outros elementos para modificar suas propriedades. O zinco também é ligado com outros materiais para aumentar a resistência à corrosão. Como mostra a Figura 17.11, 55% do zinco consumido destinou-se à galvanização e 16% à produção de latão e de bronze. O zinco também é consumido pelas indústrias de borracha, produtos químicos e tintas.

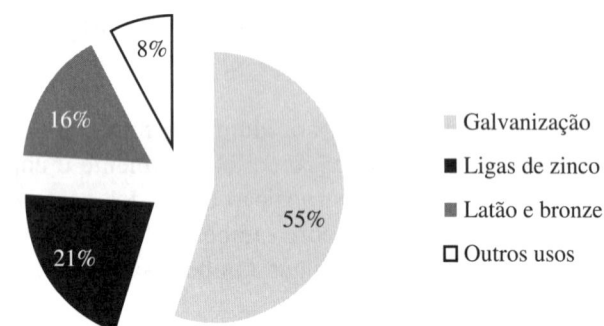

■ Galvanização

■ Ligas de zinco

■ Latão e bronze

☐ Outros usos

FIGURA 17.11 Porcentagens do consumo de zinco por uso final.

Ferro e aço

Aço é um material comum (Figura 17.12) usado na estrutura de construções, pontes e no corpo de equipamentos como refrigeradores, fornos, lavadoras de louças, lavadoras e secadoras de roupas e utensílios de cozinha. *Aço* é uma liga de ferro com aproximadamente 2% ou menos de carbono. O ferro puro é macio e, portanto, não é bom para aplicações estruturais. Mas a adição de uma pequena quantidade de carbono ao ferro o endurece e proporciona ao aço melhores propriedades mecânicas, como maior resistência. As propriedades do aço podem ser modificadas com a adição de elementos como cromo, níquel, manganês, silício e tungstênio. O

> Aço é uma liga de ferro com aproximadamente 2% ou menos de carbono. A adição de carbono ao ferro confere maior resistência ao aço.

(a)   (b)   (c)

FIGURA 17.12   Usos do aço.

cromo, por exemplo, é usado para aumentar a resistência do aço à corrosão. Em geral, o aço pode ser classificado em três grandes grupos: (1) aço-carbono, contendo aproximadamente 0,015 a 2% de carbono, (2) aço de baixa liga, com o máximo de 8% de elementos de liga e (3) aço de alta liga, contendo mais de 8% de elementos de liga. O aço-carbono responde pela maior parte do consumo de aço no mundo, portanto você pode encontrá-lo facilmente nas carcaças de equipamentos e carros. Aços de baixa liga possuem boa resistência e são comumente usados como peças de máquinas e ferramentas e membros estruturais. Aços de alta liga, como os **aços inoxidáveis**, podem conter aproximadamente 10% a 30% de cromo e até 35% de níquel. Os aços inoxidáveis do tipo 18/8, que contêm 18% de cromo e 8% de níquel, são comumente usados em talheres, utensílios de cozinha e outros produtos domésticos. Finalmente, o **ferro fundido** também é uma liga de ferro que possui de 2% a 4% de carbono. Observe que a adição de mais carbono ao ferro altera completamente suas propriedades. De fato, o ferro fundido é um material quebradiço, ao passo que a maior parte das ligas de ferro que contêm menos de 2% de carbono é dúctil.

Como mostra a Figura 17.13, muito do consumo de aço vem dos centros de serviços em aço e dos setores de construção e automotivo.

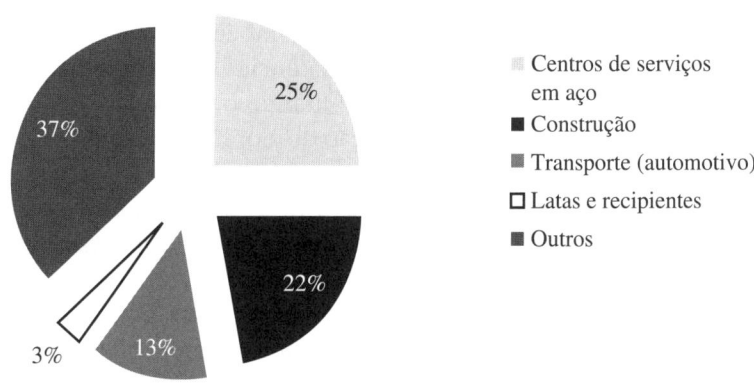

- Centros de serviços em aço
- Construção
- Transporte (automotivo)
- Latas e recipientes
- Outros

FIGURA 17.13   Porcentagens do consumo de aço por setor.

Responda às perguntas a seguir para testar o que aprendeu

1. O que é um metal leve?

2. Qual é a diferença entre aço e ferro?

3. Dê exemplos de aplicações nas quais o titânio é usado.

4. Dê exemplos de usos do alumínio.

5. Dê exemplos de usos do cobre.

Vocabulário – Indique o significado dos termos a seguir.

Aço _____

Bronze _____

Latão _____

Aço inoxidável 18/8 _____

OA⁴ 17.4 Concreto

Hoje, o concreto é usado frequentemente na construção (Figura 17.14) de estradas, pontes, prédios, túneis e represas. O que é conhecido normalmente como **concreto** consiste em três ingredientes principais: agregados, cimento e água. Agregados referem-se a materiais como cascalho e areia, enquanto cimento refere-se ao agente empregado para aglutinar os agregados. Os tipos e os tamanhos (miúdos ou graúdos) dos agregados usados na preparação do concreto variam, dependendo da aplicação. A quantidade de água usada na preparação do concreto (relação água-cimento) pode influenciar em sua resistência. Logicamente, a mistura deve ter água suficiente para que o concreto possa ser despejado e uma pasta de cimento consistente que envolva completamente todos os agregados.

Concreto é uma mistura de cimento, agregados (como areia e cascalho) e água.

A relação cimento-agregados usada na preparação também afeta a resistência e a durabilidade do concreto. Outro fator que pode influenciar a resistência de cura do concreto é a temperatura do ambiente no momento em que ele é despejado. Quando o concreto é despejado em climas frios, é adicionado cloreto de cálcio ao cimento. A adição de cloreto de cálcio acelerará o processo de cura para compensar o efeito da baixa temperatura ambiental. Você também já deve ter observado, ao caminhar próximo a locais em que o concreto foi recentemente despejado, que é pulverizada água sobre ele após o despejamento. Isso é feito para controlar a taxa de contração do concreto à medida que ele se endurece.

O concreto é um material quebradiço que pode suportar muito melhor cargas compressivas do que cargas de tração. Por causa disso, o concreto normalmente é **armado** com barras ou malhas de ferro, que consistem em finas hastes metálicas, para aumentar sua capacidade de sustentação de carga, especialmente em seções onde se espera alguma resistência à tração. O concreto

(a)

(b)

(c)

FIGURA 17.14 Usos do concreto.

é despejado em formas que contêm malhas metálicas ou barras de aço. O concreto armado é usado em fundações, pisos, paredes e colunas. Outra prática comum na construção é a utilização de **concreto pré-fabricado**. Lajes, blocos e elementos estruturais de concreto pré-fabricado são produzidos em menos tempo e com menos custo nas fábricas em que as condições ambientais são controladas. As partes em concreto pré-fabricado são então levadas para o local da construção, onde serão erguidas. Conforme mencionamos, o concreto apresenta uma força compressiva maior do que a força de tração. Em razão disso, o concreto também é **protendido**, da seguinte forma: antes de ser despejado em formas com hastes ou fios de aço, estas são esticadas; após o concreto ter sido despejado e ter decorrido tempo suficiente, a tensão nas hastes nos fios é liberada. Esse processo, por sua vez, comprime o concreto. O concreto protendido então atua como uma mola comprimida, que se tornará descomprimida sob a ação da carga de tração. Portanto, a seção de concreto protendido não experimentará nenhuma força de tração até que ela tenha sido completamente descomprimida. É importante observar mais uma vez que o motivo do emprego dessa prática é o fato do concreto ser fraco sob tração.

As porcentagens de uso do cimento em vários setores é mostrada na Figura 17.15. Como se poderia esperar, os projetos de economia e construção em particular definem a maior parte da produção do cimento.

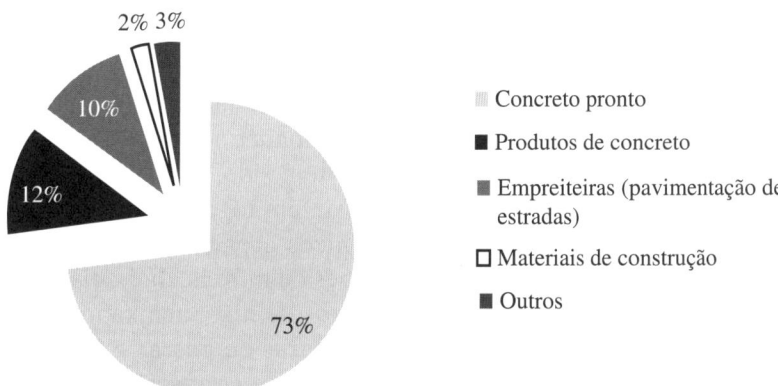

Concreto pronto
Produtos de concreto
Empreiteiras (pavimentação de estradas)
Materiais de construção
Outros

FIGURA 17.15 Porcentagens de uso do cimento por setor.

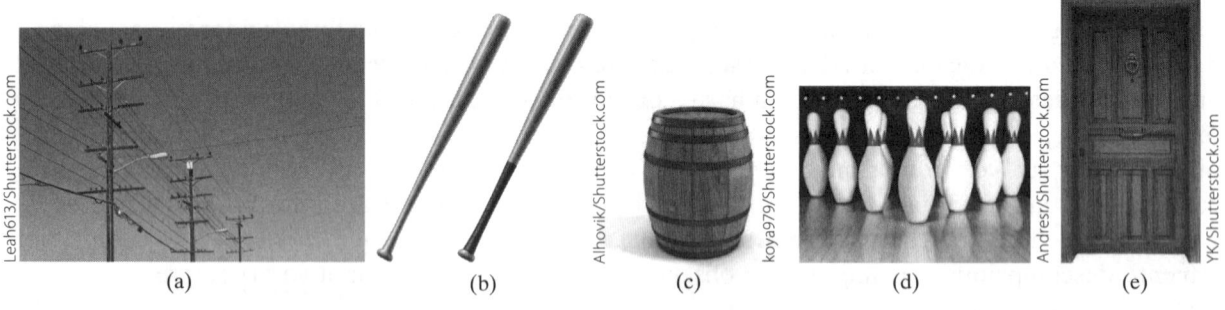

(a)　　(b)　　(c)　　(d)　　(e)

FIGURA 17.16 Usos da madeira.

OA⁵ 17.5 Madeira, plástico, silício, vidro e compósitos

Madeira

Ao longo da história, por causa da sua abundância em muitas partes do mundo, a madeira tem sido a opção de material para muitas aplicações. A madeira é uma fonte renovável e, por ser fácil trabalhar com ela e também por sua resistência, tem sido usada para fazer muitos produtos. A madeira também tem sido usada como combustível em fogões e lareiras. Atualmente, a madeira é usada em diversos produtos, de postes telefônicos a palitos de dentes. Exemplos comuns de produtos de madeira incluem pisos, tetos, armações de móveis, divisórias de paredes, portas, itens decorativos, molduras de janelas, enfeites em carros de luxo, abaixadores de língua, prendedores de roupas, bastões de beisebol, pinos de boliche, varas de pescar e barris de vinho (veja Figura 17.16). A madeira também é o ingrediente principal na confecção de vários produtos de papel. Enquanto um elemento estrutural de aço é suscetível à ferrugem, a madeira é sensível ao fogo, a cupins e ao apodrecimento. A madeira é um material *anisotrópico,* o que significa que suas propriedades dependem da direção. Por exemplo, como você já deve saber, sob força axial (quando puxada), a madeira é mais forte na direção paralela as suas fibras do que na direção transversal a elas. Entretanto, a madeira é mais forte na direção normal em relação as suas fibras quando ela é curvada. As propriedades da madeira também dependem de seu teor de umidade; quanto mais baixo o teor de umidade, mais forte é a madeira. A densidade da madeira geralmente é uma boa indicação de sua resistência. Normalmente, quanto mais alta a densidade da madeira, maior sua resistência. Além disso, qualquer defeito, como nós, afeta sua capacidade de suportar carga. Logicamente, o local do nó e a extensão do defeito afetam diretamente sua resistência.

> A madeira é um material anisotrópico, o que significa que suas propriedades dependem da direção.

A madeira é normalmente classificada em madeira de fibras longas e madeira de fibras curtas. A **madeira de fibras longas** é feita de árvores que possuem cones (coníferas), como o pinheiro, o abeto-vermelho e o abeto-de-douglas. A **madeira de fibras curtas** é feita de árvores que possuem folhas largas ou que têm flores. Exemplos de madeiras de fibras curtas incluem a nogueira, o bordo, o carvalho e a faia. Essa classificação em madeira de fibras longas e madeira de fibras curtas deve ser usada com cuidado, pois há algumas madeiras de fibras curtas mais macias do que as madeiras de fibras longas.

Plástico

A partir do final do século XX, os plásticos passaram, cada vez mais, a ser a opção de material para muitas aplicações. Eles são leves, fortes, baratos e facilmente moldados em vários formatos (Figura 17.17). Mais de 100 milhões de toneladas métricas de plástico são produzidas anualmente em todo o mundo. É claro que esse número aumenta com a demanda por materiais baratos, duráveis e descartáveis. A maioria das pessoas já está familiarizada com exemplos de produtos plásticos, como sacolas de supermercado, sacos de lixo, garrafas de refrigerantes, frascos de produtos de limpeza, tapumes de vinil, tubulações de PVC (*polyvinyl chloride*-cloreto de polivinila), válvulas e acessórios prontamente disponíveis em lojas de materiais de construção. Pratos, copos, garfos, facas e colheres de isopor e embalagens de sanduíches são outros exemplos de produtos plásticos utilizados diariamente.

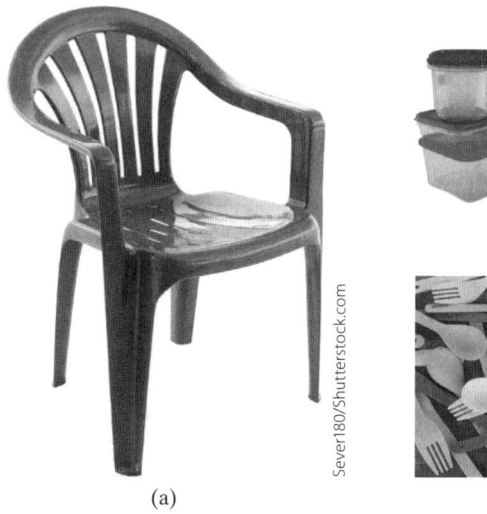

(a)

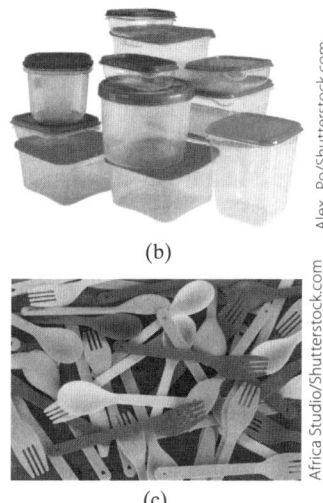

(b)

(c)

FIGURA 17.17   Usos de produtos à base de polímeros.

Os **polímeros** são a base do que chamamos plástico. São compostos químicos que apresentam estruturas moleculares muito grandes e semelhantes a cadeias. Os plásticos geralmente são classificados em duas categorias: **termoplásticos** e **termorrígidos**. Quando aquecidos a certas temperaturas, os termoplásticos podem ser moldados e remoldados. Por exemplo, quando se reciclam pratos de isopor, eles podem ser aquecidos e remodelados para originar copos, tigelas ou peças de outros formatos. Os termorrígidos, ao contrário, não podem ser remodelados em outros formatos por meio de aquecimento. A aplicação de calor aos termorrígidos não amolece o material para remoldagem; em vez disso, o material simplesmente se quebra. Há muitas outras maneiras de classificar os plásticos; eles podem ser classificados com base em sua composição química, estrutura molecular (a maneira como as moléculas são organizadas) ou densidade. Por exemplo, com base na composição química, os plásticos mais comumente produzidos são polietileno, polipropileno, cloreto de polivinila e isopor. Uma sacola de supermercado é um exemplo de produto feito de polietileno de alta densidade (HDPE – *high-density polyethylene*). Entretanto, observe que, em um sentido mais amplo, o polietileno e o isopor são termoplásticos. Em geral, o modo como as moléculas de um plástico estão organizadas influencia suas propriedades mecânicas e térmicas.

Os plásticos têm valores de condutividade térmica e elétrica relativamente baixos. Alguns materiais plásticos, como os copos de isopor, são projetados para ter ar aprisionado em seu interior para reduzir ainda mais a condução de calor. Os plásticos são facilmente coloridos com o uso de vários óxidos metálicos. O óxido de titânio e o zinco são usados para fazer o plástico parecer branco. O carbono é usado para dar às folhas de plástico a cor preta, como em alguns sacos de lixo. Dependendo da aplicação, são usados outros aditivos aos polímeros para a obtenção de características específicas, como rigidez, flexibilidade, maior resistência ou vida útil mais longa e livre de mudanças na aparência ou nas propriedades mecânicas do plástico ao longo do tempo. Assim como com outros materiais, pesquisas estão sendo realizadas todos os dias para tornar os plásticos mais fortes e mais duráveis, para controlar o processo de envelhecimento, torná-los menos suscetíveis aos danos causados pelo Sol e para controlar a difusão de água e gás através deles. Este último aprimoramento é especialmente importante quando o objetivo é acrescentar prazo de validade aos alimentos embalados em plásticos. Quem estiver planejando estudar engenharia química terá um semestre inteiro para explorar polímeros bem mais detalhadamente.

Silício

O **silício** é um elemento químico não metálico amplamente usado na fabricação de transístores e de vários *chips* eletrônicos e de computadores (Figura 17.18). O silício puro não é encontrado na natureza; ele é encontrado na forma de dióxido de silício em areias e rochas ou combinado com outros elementos, como alumínio, cálcio, sódio ou magnésio na forma normalmente denominada *silicatos*. Por causa de sua estrutura atômica, o silício é um excelente semicondutor, um material cujas propriedades de condutividade elétrica podem ser alteradas para que ele atue tanto como condutor de eletricidade como quanto isolante (impedindo o fluxo de eletricidade). O silício também é usado como elemento ligante com outros elementos como ferro e cobre para conferir determinadas características ao aço e ao latão.

Tome cuidado para não confundir silício com **silicone**, que é um composto sintético consistindo de silício, oxigênio, carbono e hidrogênio. Você pode encontrar silicones em lubrificantes, vernizes e produtos impermeáveis.

> Silicone é um composto sintético que consiste de silício, oxigênio, carbono e hidrogênio. Certifique-se de não confundi-lo com silício, que é um elemento químico não metálico.

Oleksiy Mark/Shutterstock.com

Usos do silicone.

Vidro

O **vidro** normalmente é usado em produtos como janelas, lâmpadas, utensílios domésticos (como copos), frascos de produtos químicos, garrafas de bebidas e itens decorativos (veja Figura 17.19). A composição do vidro depende de sua aplicação. A forma mais amplamente usada é o vidro sodo-cálcico. Os materiais usados na fabricação do vidro sodo-cálcico incluem areia (dióxido de silício), calcário (carbonato de cálcio) e soda (carbonato de sódio). Outros materiais são adicionados para criar determinadas características para aplicações específicas. As garrafas de vidro, por exemplo, contêm aproximadamente 2% de óxido de alumínio e as chapas de vidro contêm aproximadamente 4% de óxido de magnésio. Óxidos metálicos também são adicionados para dar várias cores aos vidros. O óxido de prata dá ao vidro uma coloração amarelada e o óxido de cobre confere a ele uma tonalidade azul ou esverdeada — as variações dependem da quantidade adicionada à composição do vidro. Vidros ópticos possuem composições químicas muito específicas e são bem caros. A composição do vidro óptico influenciará em seus índices de refração e em suas propriedades de dispersão da luz. O vidro feito totalmente de sílica (dióxido de silício) tem propriedades muito desejadas por diversos setores industriais (como o de fibra óptica), mas sua fabricação é muito cara, pois a areia precisa ser aquecida a temperaturas que excedam 1.700°C. O vidro de sílica apresenta baixo coeficiente de expansão térmica, alta resistividade elétrica e alta transparência à luz ultravioleta. Por ter baixo coeficiente de expansão térmica, o vidro de sílica

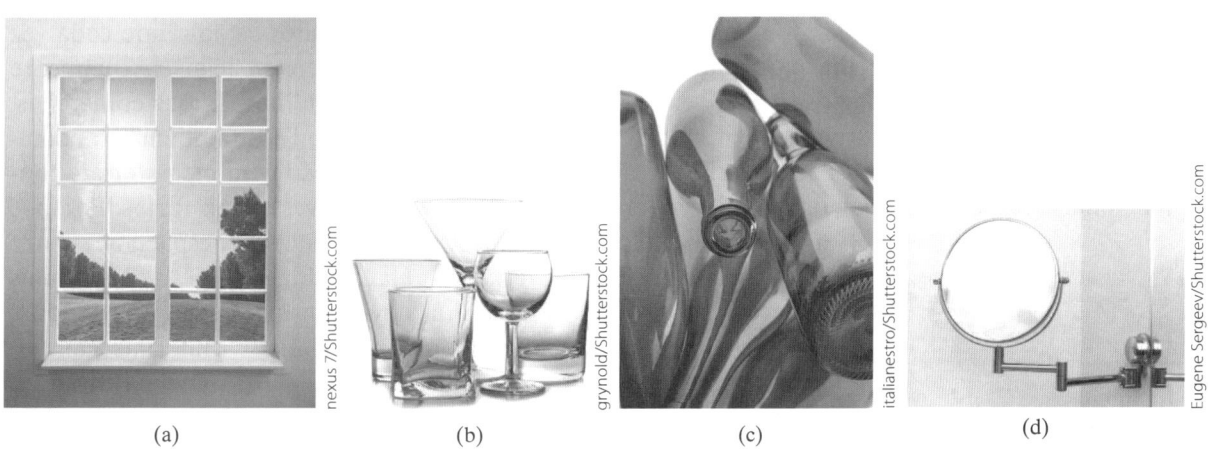

(a)   (b)   (c)   (d)

nexus 7/Shutterstock.com   grynold/Shutterstock.com   italianestro/Shutterstock.com   Eugene Sergeev/Shutterstock.com

Usos do vidro.

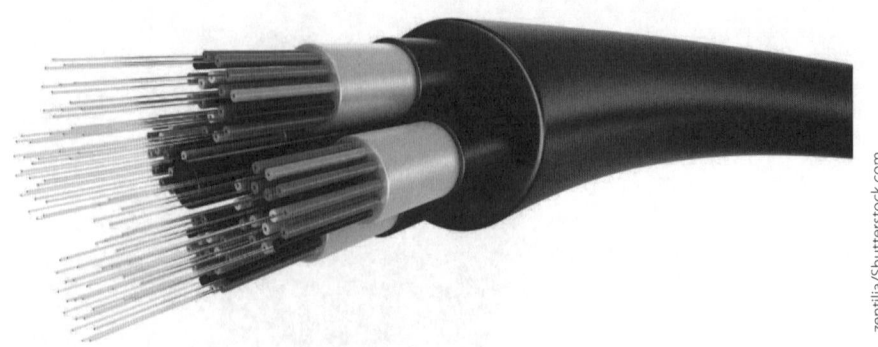

zentilia/Shutterstock.com

FIGURA 17.20 Usos da fibra de vidro.

pode ser usado em aplicações de alta temperatura. O vidro comum tem coeficiente de expansão térmica relativamente alto, portanto quando sua temperatura é alterada bruscamente, ele pode quebrar-se facilmente em razão das tensões térmicas desenvolvidas pela mudança de temperatura. Panelas de vidro contêm óxido bórico e óxido de alumínio para reduzir o coeficiente de expansão térmica.

Fibra de vidro As **fibras de vidro** são muito usadas hoje em fibras ópticas, que é a ramificação da ciência que lida com a transmissão de dados, voz e imagens por meio de finas fibras de vidro ou plástico. Todos os dias, fios de cobre são substituídos por fibras de vidro transparentes na telecomunicação para conectar computadores em redes. As fibras de vidro (Figura 17.20) normalmente possuem diâmetro externo de 0,0125 mm (12 mícrons) e diâmetro interno do núcleo transmissor de 0,01 mm (10 mícrons). Sinais de luz infravermelha em variações de comprimento de onda de 0,8 a 0,9 m ou 1,3 a 1,6 m são gerados por diodos emissores de luz ou *lasers* semicondutores e viajam através do núcleo interno da fibra de vidro.

Os sinais ópticos gerados dessa maneira podem viajar até 100 km sem qualquer necessidade de serem amplificados novamente. As fibras plásticas de polimetilmetacrilato, poliestireno ou policarbonato também são usadas nas fibras ópticas. Essas fibras de plástico são, em geral, mais baratas e mais flexíveis do que as de vidro. Mas quando comparadas a elas, as fibras plásticas exigem mais amplificação de sinais devido a maior perda óptica. Geralmente são utilizadas em computadores ligados em rede em prédios.

Compósitos

Em decorrência de seu peso leve e boa resistência, os materiais compósitos estão sendo cada vez mais os materiais de escolha para inúmeros produtos e aplicações aeroespaciais. Atualmente encontramos materiais compósitos em aviões militares, helicópteros, satélites, aviões comerciais, mesas e cadeiras de restaurantes e em muitos equipamentos esportivos. Eles também são comumente usados para reparo de carrocerias de automóveis. Em comparação com os materiais convencionais (como os metais), os materiais compósitos podem ser mais leves e mais fortes. Por esse motivo, são usados amplamente em aplicações aeroespaciais.

> Os compósitos são criados pela combinação de dois ou mais materiais sólidos para formar um novo material cujas propriedades são superiores às dos componentes individuais.

Os compósitos são criados pela combinação de dois ou mais materiais sólidos para formar um novo material cujas propriedades são superiores às dos componentes individuais. Materiais **compósitos** consistem em dois ingredientes principais: material matriz e fibras. As fibras são integradas ao material matriz, como alumínio ou outros metais, plásticos ou cerâmicas. As fibras de vidro, grafite e carboneto de silício são exemplos de fibras usadas na construção de materiais compósitos. A resistência das fibras aumenta quando integradas ao material matriz e o material compósito criado dessa maneira fica mais leve e mais forte. Além disso, uma vez que uma rachadura comece em um material simples por causa de carga excessiva ou de imperfeições, ela se propagará até o ponto de falha. Por outro lado, em um material compósito, se uma ou mais fibras falharem, isso não necessariamente levará à falha das outras fibras ou do material como um todo. Além disso, as fibras em um material compósito podem ser orientadas em determinada direção ou em muitas direções para oferecer mais resistência na direção das cargas previstas. Portanto, os materiais compósitos são projetados para aplicações de carga específicas. Por exemplo, se a carga prevista for uniaxial, o que significa que ela é aplicada em uma única direção, então todas as fibras serão alinhadas na direção dessa carga prevista. Para aplicações em que são previstas cargas multi direcionais, as fibras são alinhadas em diferentes direções para tornar o material igualmente resistente em várias direções.

Dependendo do tipo de material matriz hospedeiro usado na criação do material compósito, os compósitos podem ser classificados em três classes: (1) compósito de matriz polimérica, (2) compósito de matriz metálica e (3) compósito de matriz cerâmica. Discutimos as características dos materiais de matriz anteriormente quando falamos sobre metais e plásticos.

Antes de continuar

Responda às perguntas a seguir para testar o que aprendeu

1. Explique a diferença entre madeira de fibras longas e madeira de fibras curtas.

2. Explique, com suas palavras, o significado da palavra "polímero".

3. Qual é a diferença entre termoplásticos e termorrígidos?

4. Qual é a diferença entre silício e silicone?

5. Quais são os materiais usados na fabricação do vidro sodo-cálcico?

6. Quais são os principais constituintes dos materiais compósitos?

Vocabulário – Indique o significado dos termos a seguir.

Fibra de vidro _____

Termoplásticos _____

Polímero _____

Silício _____

Silicatos _____

Material anisotrópico _____

Material compósito _____

OA⁶ 17.6 Materiais fluidos – ar e água

Fluido refere-se tanto a líquidos como a gases. O ar e a água estão entre os fluidos mais abundantes da Terra. Eles são importantes na sustentação da vida e são usados em muitas aplicações de engenharia. Falaremos brevemente sobre eles a seguir.

Ar

Todos precisamos do ar e da água para viver. Pelo fato do ar estar prontamente disponível para nós, ele também é usado na engenharia como um meio de refrigeração e aquecimento no processamento de alimentos, no controle do conforto térmico dentro dos edifícios, como um meio de controle para ligar e desligar equipamentos e para acionar ferramentas elétricas. O ar comprimido nos pneus de um carro fornece um meio de amortecimento para transferir o peso do carro para a estrada. Entender as propriedades do ar e como ele se comporta, bem como entender as forças de sustentação e arrasto, é importante em muitas aplicações de engenharia. Entender melhor como o ar se comporta em certas condições leva a projetos de aviões e automóveis melhores. A atmosfera da Terra, a que nos referimos como ar, é uma mistura de aproximadamente 78% de nitrogênio, 21% de oxigênio e menos de 1% de argônio. Pequenas quantidades de outros gases estão presentes nela, como mostra a Tabela 17.6.

> O ar é uma mistura de nitrogênio, oxigênio e pequenas quantidades de outros gases, como argônio, dióxido de carbono, dióxido de enxofre e óxido de nitrogênio.
>
> Dependendo de sua temperatura, o ar que circunda a Terra pode ser dividido em quatro regiões: troposfera, estratosfera, mesosfera e termosfera.

Há outros gases presentes na atmosfera, incluindo dióxido de carbono, dióxido de enxofre e óxido de nitrogênio. A atmosfera também contém vapor de água. O nível de concentração desses gases depende da altitude e da localização geográfica. Em altitudes mais elevadas (10 a 50 km), a atmosfera da Terra também contém ozônio. Ainda que esses gases componham uma pequena porcentagem da atmosfera da Terra, eles exercem uma função significativa na manutenção de um ambiente termicamente confortável para nós e para outras espécies. O ozônio, por exemplo, absorve muito da radiação ultravioleta que vem do Sol e que poderia nos causar danos. O dióxido de carbono exerce uma importante função na sustentação da vida vegetal; entretanto, o excesso de dióxido de carbono na atmosfera é prejudicial, pois provoca aquecimento.

| TABELA 17.6 | Composição do ar seco |

Gases	Volume em porcentagem
Nitrogênio (N_2)	78,084
Oxigênio (O_2)	20,946
Argônio (Ar)	0,934
Pequenas quantidades de outros gases estão presentes na atmosfera incluindo:	
Neônio (Ne)	0,0018
Hélio (He)	0,000524
Metano (CH_4)	0,0002
Criptônio (Kr)	0,000114
Hidrogênio (H_2)	0,00005
Óxido nitroso (N_2O)	0,00005
Xenônio (Xe)	0,0000087

Atmosfera Vamos agora estudar a **atmosfera** da Terra mais detalhadamente. O ar que circunda a Terra pode ser dividido em quatro regiões distintas: **troposfera**, **estratosfera, mesosfera** e **termosfera** (veja Figura 17.21). A camada de ar mais próxima da superfície da Terra é chamada **troposfera** e exerce importante função na formação do nosso clima. A radiação do Sol aquece a superfície da Terra e, por sua vez, aquece o ar próximo à superfície. À medida que o ar é aquecido, ele se move para longe da superfície da Terra e esfria. O vapor de água na atmosfera na forma de nuvens permite o transporte da água do oceano para a terra na forma de chuva e neve. Como mostra a Figura 17.21, a temperatura da troposfera diminui com a altitude. A **estratosfera** começa na altitude de aproximadamente 20 quilômetros, e a temperatura do ar nessa região aumenta com a altitude, como mostrado. O motivo do aumento da temperatura na estratosfera é o fato de o ozônio nessa camada absorver a radiação ultravioleta (UV) e, consequentemente, aquecê-la. A região acima da estratosfera é chamada **mesosfera** e contém quantidades relativamente pequenas de ozônio; consequentemente, a temperatura do ar diminui novamente, como mostra a Figura 17.21. A última camada de ar ao redor da Terra é denominada **termosfera**; a

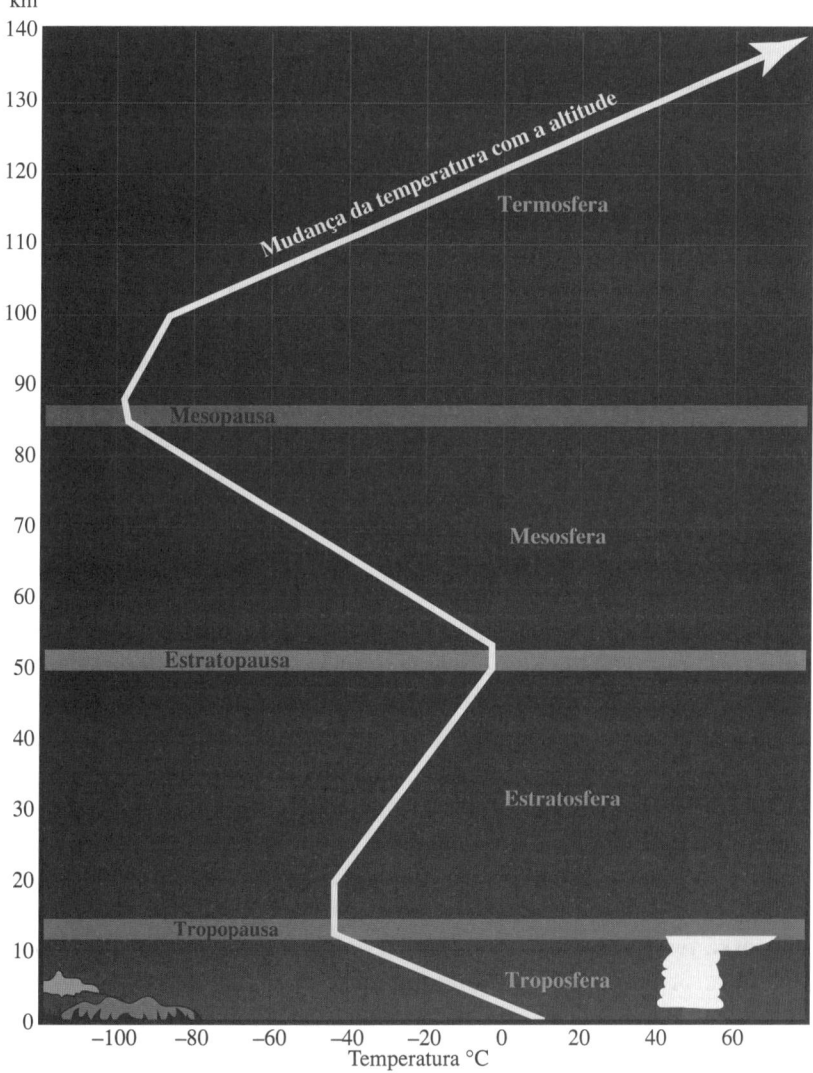

FIGURA 17.21 As diferentes camadas da atmosfera da Terra.

temperatura nessa camada aumenta novamente com a altitude por causa da absorção da radiação solar pelas moléculas de oxigênio na termosfera.

Umidade Há duas maneiras comuns de expressar a quantidade de vapor de água no ar: umidade absoluta (ou taxa de umidade) e umidade relativa. A **umidade absoluta** é definida como a proporção da massa de vapor de água em uma unidade de massa de ar seco, de acordo com

$$\text{umidade absoluta} = \frac{\text{massa de vapor de água}\,(\text{kg})}{\text{massa de ar seco}\,(\text{kg})} \qquad \boxed{17.1}$$

Para os seres humanos, o nível de um ambiente confortável é melhor expresso pela **umidade relativa**, que é definida como a razão entre a quantidade de vapor de água, ou a umidade no ar, e a quantidade máxima de umidade que o ar pode conter a uma dada temperatura. Portanto, a umidade relativa é definida como

$$\text{umidade relativa} = \frac{\text{quantidade de umidade no ar}\,(\text{kg})}{\text{quantidade máxima de umidade que o ar pode conter}\,(\text{kg})} \qquad \boxed{17.2}$$

A maioria das pessoas sente-se confortável quando a umidade relativa está em torno de 30% a 50%. Quanto maior a temperatura do ar, mais vapor de água o ar pode conter antes de ser totalmente saturado. Por causa de sua abundância, o ar normalmente é usado no processamento de alimentos, especialmente em processos de desidratação para a produção de frutas secas, massas, cereais e misturas para sopas. O ar quente é transportado sobre o alimento para absorver vapor de água.

Entender como o ar se comporta em determinadas pressões e temperaturas também é importante ao projetar carros para superar a resistência do ar ou prédios para retirar a carga dos ventos.

Água

Você já sabe que todos os seres vivos precisam de água para viver. Além de água para beber, também precisamos de água para lavar roupas, cozinhar, cuidar da higiene pessoal e combater incêndios. Você também deve saber que dois terços da superfície da Terra são cobertos por água, mas que muito dessa água não pode ser consumida diretamente, por conter sal e outros minerais. A radiação do Sol evapora a água; os vapores de água formam nuvens e ao final — sob condições favoráveis — transformam-se em água líquida ou neve e caem sobre a terra e o oceano. Na terra, dependendo da quantidade de precipitação, parte da água infiltra-se no solo, parte dela pode ser absorvida pela vegetação e parte escorre formando córregos ou rios e se acumula em reservatórios naturais chamados lagos. **Água de superfície** refere-se à água de reservatórios, lagos, rios e córregos. **Água subterrânea** refere-se à água infiltrada no solo; as águas de superfície e as subterrâneas eventualmente retornam para o oceano, e o ciclo da água é concluído (veja Figura 17.22).

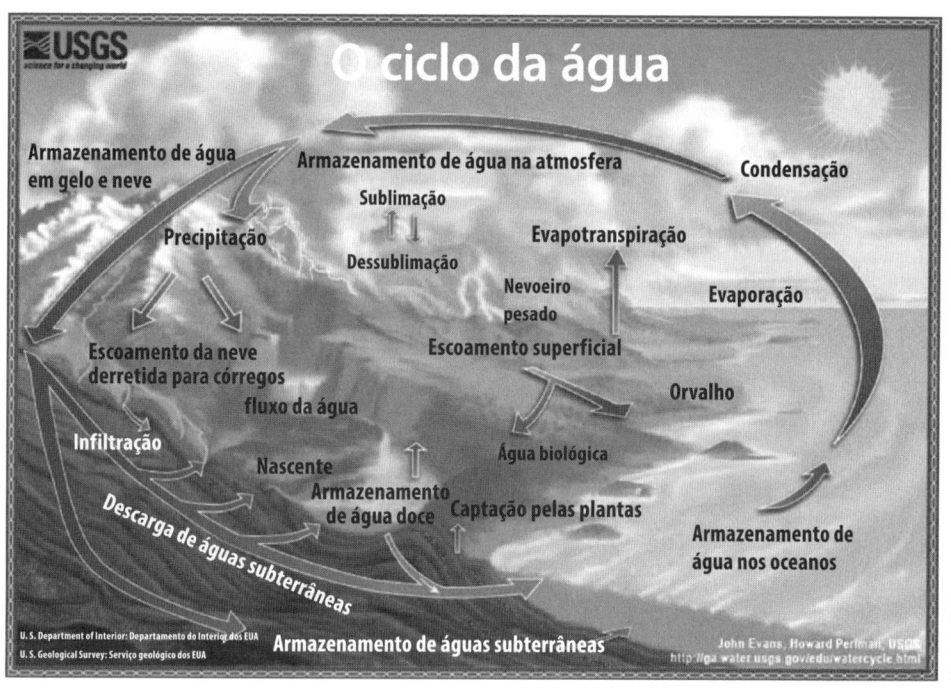

Fonte: USGS

FIGURA 17.22 | O ciclo da água.

Conforme dissemos anteriormente, todos sabemos que precisamos de água para viver, mas o que talvez não percebamos é que ela pode ser considerada um material comum de engenharia. A água é usada em todas as usinas geradoras de energia para produzir eletricidade. Como explicamos no Capítulo 13, o combustível é queimado em uma caldeira para gerar calor que, por sua vez, é adicionado à água líquida para mudar seu estado físico para vapor. O vapor passa pelas pás das turbinas, girando-as, o que aciona o gerador conectado à turbina, criando eletricidade. O vapor de baixa pressão se liquefaz em um condensador e é bombeado pela caldeira novamente, fechando o ciclo. A água líquida armazenada atrás das barragens também é guiada pelas turbinas de água localizadas nas usinas hidroelétricas para gerar eletricidade. Os engenheiros mecânicos precisam entender as propriedades termofísicas da água líquida e do vapor ao projetar usinas elétricas.

Também precisamos da água para cultivar frutas, vegetais, nozes, algodão, árvores etc. Canais de irrigação são projetados por engenheiros civis para fornecer água para fazendas e campos de agricultura. A água também é usada como ferramenta de corte. Água em alta pressão contendo partículas abrasivas é usada para cortar mármore ou metais. A água é comumente usada como agente de resfriamento ou limpeza em muitas empresas de processamento de alimentos e em aplicações industriais. Assim, a água não é somente transportada para nossas casas para uso doméstico, mas também é empregada em muitas aplicações de engenharia. Portanto, entender as propriedades da água e como ela pode ser usada para transportar energia térmica ou o que é necessário para transportar a água de um local para outro é importante para engenheiros mecânicos, civis, de produção, agrícolas, entre outros. Discutimos as normas da Environmental Protection Agency (EPA) para água potável no Capítulo 3.

Antes de continuar

Responda às perguntas a seguir para testar o que aprendeu

1. Quais são os principais gases que compõem a atmosfera?

2. Qual é a função do ozônio na atmosfera?

3. Com suas palavras, explique o ciclo da água.

4. Com suas palavras, explique a diferença entre umidade absoluta e umidade relativa.

Vocabulário – Indique o significado dos termos a seguir

Umidade relativa _____

Troposfera _____

Estratosfera _____

Mesosfera _____

Termosfera _____

Água subterrânea _____

RESUMO

OA¹ Seleção e origem do material

Quando os engenheiros selecionam materiais para um produto, consideram muitos fatores, incluindo custo, peso, corrosividade e capacidade de carga. Você deve saber o que significa estado físico da matéria. A matéria pode existir nos estados sólido, líquido, gasoso ou plasma e esses estados podem mudar quando sua condição ou ambiente que a circunda são alterados. A água é um bom exemplo. Ela pode existir na forma sólida (gelo), líquida, ou gasosa (conhecida como vapor). Você também deve ter um bom conhecimento da estrutura da Terra: tamanho, camadas e composição química principal. Você deve estar familiarizado com os elementos básicos como alumínio, zinco, ferro, cobre, níquel e magnésio que extraímos da Terra para fazer produtos. A Terra tem formato esférico com diâmetro de 12.756,3 km e massa aproximada de $5,98 \times 10^{24}$ kg. Ela é divida em grandes camadas que estão localizadas acima e abaixo de sua superfície. A massa da Terra é composta principalmente de ferro, oxigênio e silício (aproximadamente 32% de ferro, 30% de oxigênio e 15% de silício). Ela também contém outros elementos como enxofre, níquel, magnésio e alumínio. A estrutura abaixo da superfície da Terra geralmente é agrupada em quatro camadas: crosta, manto, núcleo externo e núcleo interno. A crosta compõe até 0,5% da massa da Terra e 1% de seu volume. O manto é feito de rocha derretida que fica abaixo da crosta e compõe aproximadamente 84% do volume da Terra. O núcleo interno e o núcleo externo compõem cerca de 33% da massa da Terra e 15% de seu volume. O núcleo interno é considerado sólido e o núcleo externo, fluido, sendo composto principalmente de ferro.

OA² Propriedades dos materiais

Você deve entender propriedades básicas dos materiais, como densidade, módulo de elasticidade, condutividade térmica e viscosidade. As propriedades de um material dependem de muitos fatores, incluindo sua composição química exata e como ele foi processado. As propriedades de um material também mudam com a temperatura e o tempo, conforme o material envelhece. Você deve ser capaz de explicar, com suas próprias palavras, algumas das propriedades básicas de um material. O valor da resistividade elétrica, por exemplo, é uma medida da resistência do material ao fluxo de eletricidade, a densidade é uma medida de quanto o material é compacto para determinado volume, módulo de elasticidade é uma medida da facilidade com que um material irá esticar ao ser puxado (sujeito a uma força de tração) ou encurtar ao ser empurrado (sujeito a uma força de compressão) e condutividade térmica é uma propriedade do material que mostra o quanto um material é bom em transferir energia térmica (calor) de uma região de alta temperatura para uma região de baixa temperatura em seu interior

OA³   Metais

Você deve estar familiarizado com aplicações comuns de materiais básicos como metais leves, aço e suas ligas. Por terem densidade baixa (em relação ao aço), o alumínio, o titânio e o magnésio normalmente são denominados *metais leves* e são usados em muitas aplicações estruturais e aeroespaciais. O alumínio e suas ligas têm densidade de aproximadamente um terço da densidade do aço. O alumínio geralmente é ligado a outros metais como cobre, zinco e magnésio (Mg). Exemplos de produtos de alumínio comuns incluem latas de refrigerantes, folhas de papel-alumínio, grampos de saquinhos de chá, isolamento de prédios, entre outros.

O titânio apresenta excelente relação resistência-peso. Ele é usado em aplicações em que se esperam temperaturas relativamente altas, de mais de 400°C até 600°C. As ligas de titânio são usadas em pás de ventiladores e de compressores de motores de turbina a gás de aviões comerciais e militares. Também são usadas em estruturas (fuselagem e asas) de aeronaves comerciais e militares e em componentes do trem de pouso.

Magnésio é outro metal leve que se parece com alumínio, porém mais leve. Normalmente ele é ligado com outros elementos como alumínio, manganês e zinco para melhorar suas propriedades. O magnésio e suas ligas são usados em aplicações nucleares, em baterias de células secas e em aplicações aeroespaciais.

O cobre é um bom condutor de eletricidade e calor e, por esse motivo, geralmente é usado em muitas aplicações elétricas e de aquecimento e resfriamento. As ligas de cobre também são usadas em tubos, canos e conexões para tubulações. Quando o cobre é ligado ao zinco, é normalmente chamado de *latão*. *Bronze* é uma liga de cobre e estanho.

O aço é um material comum usado na estrutura de construções, pontes e no corpo de equipamentos como geladeiras, fogões, lavadoras de louças, lavadoras e secadoras de roupas e utensílios de cozinha. Aço é uma liga de ferro com aproximadamente 2% ou menos de carbono. As propriedades do aço podem ser modificadas com a adição de elementos como cromo, níquel, manganês, silício e tungstênio.

Os aços inoxidáveis do tipo 18/8, que contêm 18% de cromo e 8% de níquel, normalmente são usados em talheres, utensílios de cozinha e outros produtos domésticos. Ferro fundido também é uma liga de ferro que possui de 2% a 4% de carbono.

OA⁴   Concreto

O concreto é usado geralmente na construção de estradas, pontes, prédios, túneis e represas. Consiste em três ingredientes principais: agregados, cimento e água. Os agregados são materiais como cascalho e areia, enquanto o cimento é o agente empregado para aglutinar os agregados. O concreto geralmente é *armado* com barras ou malhas de ferro, que consistem em finas hastes metálicas, para aumentar sua capacidade de sustentação de carga. Outra prática comum na construção é a utilização de *concreto pré-fabricado*. Lajes, blocos e membros estruturais de concreto pré-fabricado são produzidos em menos tempo e com menos custo nas fábricas em que as condições ambientais são controladas. Como o concreto tem força compressiva maior do que a força de tração, ele é *protendido* sendo despejado em formas com hastes ou fios de aço que são esticados. O concreto protendido então atua como uma mola comprimida, que se tornará descomprimida sob a ação da carga de tração.

OA⁵   Madeira, plástico, silício, vidro e compósitos

Exemplos comuns de produtos de madeira incluem pisos, tetos, armações de móveis, divisórias de paredes, portas, itens decorativos, molduras de janelas, enfeites em carros de luxo, abaixadores de língua, prendedores de roupas, bastões de beisebol, pinos de boliche, varas de pescar e barris de vinho. A madeira florestal normalmente é classificada como *madeira de fibras longas* e *madeira de fibras curtas*. A madeira de fibras longas é feita de árvores que possuem cones (coníferas), como o pinheiro, o abeto-vermelho e o abeto-de-douglas. Por outro lado, a madeira de fibras curtas é feita de árvores que possuem folhas largas ou flores.

Os produtos plásticos incluem sacolas de supermercados, sacos de lixo, garrafas de refrigerantes, frascos de produtos de limpeza, tapumes de vinil, tubulações de PVC (*polyvinyl chloride*-cloreto de polivinila), válvulas e acessórios. Pratos, copos, garfos, facas e colheres de isopor e embalagens de sanduíches são outros exemplos de produtos plásticos utilizados diariamente. Os *polímeros* são a base do que chamamos de plástico. São composto químicos que apresentam estruturas moleculares muito grandes e semelhantes a cadeias. Os plásticos geralmente são classificados em duas categorias: *termoplásticos* e *termorrígidos*. Quando aquecidos a certas temperaturas, os termoplásticos podem ser moldados e remoldados. Os termorrígidos, ao contrário, não podem ser remodelados em outros formatos por intermédio de aquecimento.

O silício é um elemento químico não metálico amplamente usado na fabricação de transístores e de vários *chips* eletrônicos e de computadores. Ele é encontrado na forma de dióxido de silício em areias e rochas ou combinado com outros elementos, como alumínio, cálcio, sódio ou magnésio na forma normalmente denominada *silicatos*. Por causa de sua estrutura atômica, o silício é um excelente semicondutor, um material cujas propriedades de condutividade elétrica podem ser alteradas para que ele atue tanto como condutor de eletricidade como quanto isolante (impedindo o fluxo de eletricidade).

O vidro normalmente é usado em produtos como janelas, lâmpadas, utensílios domésticos (como copos), frascos de produtos químicos, garrafas de bebidas e itens decorativos. A composição do vidro depende de sua aplicação. A forma mais amplamente usada é o vidro sodo-cálcico. Os materiais usados na fabricação do vidro sodo-cálcico incluem areia (dióxido de silício), calcário (carbonato de cálcio) e soda (carbonato de sódio). Outros materiais são adicionados para criar determinadas características para aplicações específicas. As fibras de vidro são muito usadas hoje em fibras ópticas, que é a ramificação da ciência que lida com a transmissão de dados, voz e imagens por meio de finas fibras de vidro ou plástico. Todos os dias, fios de cobre estão sendo substituídos por fibras de vidro transparentes na telecomunicação para conectar computadores em redes.

Os materiais compósitos são encontrados em aviões militares, helicópteros, satélites, aviões comerciais, mesas e cadeiras de restaurantes e em muitos equipamentos esportivos. Em comparação com os materiais convencionais, como os metais, os materiais compósitos podem ser mais leves e mais fortes. Os materiais compósitos consistem em dois ingredientes principais: material matriz e fibras. As fibras são integradas ao material matriz, como alumínio ou outros metais, plásticos ou cerâmicas. As fibras de vidro, grafite e carboneto de silício são exemplos de fibras usadas na construção de materiais compósitos. A resistência das fibras aumenta quando integradas ao material matriz, e o material compósito criado dessa maneira fica mais leve e forte.

OA⁶   Materiais fluidos – ar e água

Você deve relembrar das características da atmosfera. O ar é uma mistura de nitrogênio, oxigênio e pequenas quantidades de outros gases, como argônio, dióxido de carbono, dióxido de enxofre e óxido de nitrogênio. O ar que circunda a Terra (dependendo de sua temperatura) pode ser dividido em quatro regiões: troposfera, estratosfera, mesosfera e termosfera. Você também deve saber que o dióxido de carbono exerce uma importante função na sustentação da vida na Terra; entretanto, se a atmosfera contiver muito dióxido de carbono, ela não permitirá que a Terra esfrie eficientemente pela radiação, o que resulta no efeito estufa. Os boletins meteorológicos muitas vezes contêm expressões como "previsão do tempo" ou "mudança climática". Qual é a diferença entre tempo e clima? Tempo representa condições atmosféricas como temperatura, pressão, velocidade do vento e nível de umidade que podem ocorrer durante um período de horas ou dias. A previsão do tempo, por exemplo, pode informar a aproximação de uma tempestade de neve ou de um temporal com detalhes sobre a temperatura, velocidade do vento e a quantidade de chuva ou neve. O clima, por outro lado, representa as condições meteorológicas médias durante um longo período de tempo. Por longo período de tempo queremos dizer muitas décadas. Quando dizemos, por exemplo, que Chicago é fria e ventosa no inverno ou que Houston é quente e úmida no verão, estamos falando sobre o clima dessas cidades. Observe que, mesmo que Chicago venha a ter um inverno moderado em determinado ano, sabemos pelos dados históricos apurados ao longo de muitos anos que a cidade é fria e ventosa no inverno. Todavia, se Chicago tiver muitos invernos leves e calmos consecutivos, podemos dizer que talvez o clima de Chicago esteja mudando. Por que é importante saber a distinção entre tempo e clima? Quando os cientistas nos avisam sobre o aquecimento global, estão falando sobre uma tendência de aquecimento, como a temperatura média da Terra que está aumentando. A tendência baseia-se nos dados médios obtidos em muitas décadas. A elevação da temperatura da Terra, que também indica oceanos mais aquecidos, significa grandes tempestades e anomalias climáticas.

Você deve conhecer o ciclo da água e perceber que a quantidade total de água disponível na Terra permanece constante. Mesmo quando muda de estado, de líquido para sólido (gelo) ou de líquido para vapor, não perdemos nem ganhamos água na Terra. Você também deve estar familiarizado com a terminologia dos recursos hídricos e saber o que significam, por exemplo, as expressões "água de superfície" e "água subterrânea".

TERMOS-CHAVE

Aço inoxidável
Água de superfície
Água subterrânea
Atmosfera
Bronze
Capacidade calorífica
Compósitos
Concreto
Concreto armado
Concreto pré-fabricado
Concreto protentido
Condutividade térmica
Densidade
Estratosfera

Expansão térmica
Ferro fundido
Fibra de vidro
Força de tração
Latão
Madeira de fibras curtas
Madeira de fibras longas
Mesosfera
Metais leves
Módulo de elasticidade
Módulo de resiliência
Módulo de dureza
Módulo de rigidez
Pressão de vapor

Relação resistência-peso
Resistência à compressão
Resistência à tração
Resistividade elétrica
Silício
Silicone
Termoplásticos
Termorrígidos
Termosfera
Troposfera
Umidade absoluta
Umidade relativa
Viscosidade

APLIQUE O QUE APRENDEU

Todos os dias, usamos uma ampla variedade de produtos de papel em casa e na escola. Esses produtos são feitos de diferentes tipos de papel. A polpa da madeira é o ingrediente principal usado na fabricação de produtos de papel. É uma prática comum primeiro moer a madeira e depois cozinhá-la com alguns produtos químicos. Investigue a composição, os métodos de processamento e a taxa de consumo anual de produtos de papel nos Estados Unidos e escreva um breve relatório discutindo suas descobertas. Os produtos a serem investigados devem incluir papéis para impressão, papéis sanitários, papel-manteiga, papel de cera, sacolas de papel, caixas de papelão e toalhas de papel.

PROBLEMAS

Problemas que promovem aprendizado permanente estão indicados por

17.1 Identifique e liste pelo menos dez materiais diferentes usados em carros.

17.2 Cite pelo menos cinco materiais diferentes usados em geladeiras.

17.3 Identifique e liste pelo menos cinco materiais diferentes usados em aparelhos de TV ou computadores.

17.4 Liste pelo menos dez materiais diferentes usados no acabamento de edifícios (paredes, pisos, telhados, janelas, portas).

17.5 Liste pelo menos cinco materiais diferentes usados para fabricar molduras para janelas e portas.

17.6 Liste os materiais usados na fabricação de lâmpadas fluorescentes compactas.

17.7 Identifique em sua casa ao menos dez produtos que contenham plástico.

17.8 Em um breve relatório, discuta as vantagens e desvantagens de usar materiais como isopor, papel, vidro, aço inoxidável e cerâmica em xícaras de café ou chá.

17.9 Como você já sabe, os materiais empregados em telhados impedem que a água penetre na estrutura do telhado. Há uma grande variedade desses materiais disponíveis no mercado atualmente. Em algumas residências, por exemplo, são usadas telhas asfálticas feitas a partir de feltro seco impregnado com asfalto quente. Outras casas usam telhas de madeiras como cedro ou sequoia. Muitas casas na Califórnia utilizam telhas de barro interligadas. Investigue as propriedades e características dos diversos materiais para telhados. Escreva um breve relatório discutindo suas descobertas.

17.10 Visite uma loja de materiais de construção e tente reunir informações sobre vários tipos de materiais isolantes que podem ser usados em residências. Escreva um breve relatório discutindo as vantagens, desvantagens e características dos vários materiais isolantes, incluindo suas características térmicas em termos do valor de R.

17.11 Investigue as características das ligas de titânio usadas em equipamentos esportivos, como quadros de bicicletas, raquetes de tênis e tacos de golfe. Escreva um breve relatório discutindo suas descobertas.

17.12 Investigue as características das ligas de titânio usadas em próteses para quadris e próteses articulares. Escreva um breve relatório discutindo suas descobertas.

17.13 Ligas de cobalto-cromo, aço inoxidável e ligas de titânio são biomateriais comuns utilizados em implantes cirúrgicos. Investigue a utilização desses biomateriais e escreva um breve relatório discutindo as vantagens e desvantagens de cada um.

17.14 De acordo com a Aluminum Association, todos os anos mais de 100 bilhões de latas de alumínio são produzidas, das quais aproximadamente 60% são recicladas. Meça a massa de dez latas de alumínio e use a massa média de 1 lata para estimar a massa total das latas recicladas.

17.15 Endoscopia é um exame médico de partes internas do corpo humano por meio da inserção de um instrumento óptico iluminado em um orifício do corpo. Fibroscópios operam em comprimentos de onda visíveis e consistem em dois componentes principais: um feixe de fibras que ilumina a área examinada e componente que transmite as imagens da área examinada para os olhos do médico ou para um monitor. Investigue o projeto dos fibroscópios ou do endoscópio de fibra óptica e discuta suas descobertas em um breve relatório.

17.16 Copos brilhantes de cristal são muito procurados pelas pessoas como símbolo de riqueza. Esse cristal geralmente contém monóxido de chumbo. Investigue detalhadamente as propriedades do cristal e escreva um breve relatório discutindo suas descobertas.

17.17 A maioria das pessoas já deve ter visto sacolas de supermercado que contêm rótulos e informações impressas. Investigue como essas informações são impressas nessas sacolas. Uma prática comum, por exemplo, é o processo que emprega tinta úmida; um outro processo faz uso de decalque transferido a *laser* ou por calor. Descreva suas descobertas em um breve relatório.

17.18 Teflon e náilon são nomes comerciais de plásticos usados em muitos produtos. Pesquise os nomes químicos desses produtos e dê pelo menos cinco exemplos de sua utilização.

17.19 Investigue como são feitos os seguintes produtos de madeira: compensados, painéis aglomerados, laminados e painéis de fibra. Descreva suas descobertas em um breve relatório. Investigue também os métodos comuns de preservação da madeira e discuta suas descobertas em seu relatório. Qual é o impacto ambiental da produção e da utilização desses produtos?

17.20 Investigue os usos comuns do algodão e suas propriedades típicas. Descreva suas descobertas em um breve relatório.

17.21 Olhe pela sua casa e calcule quantos metros ou pés de fios de cobre visíveis são utilizados. Considere os fios de extensão e os cabos de alimentação de itens comuns como secador de cabelo, TV, carregador de celular, carregador de computador, lâmpadas, cabos de impressora, geladeira, forno de micro-ondas, entre outros. Escreva um breve relatório discutindo suas descobertas.

17.22 Quantas latas ou copos de refrigerante você bebe por dia? Calcule seu consumo anual de alumínio e/ou vidro. Registre seus resultados em quilogramas por ano.

17.23 Investigue a quantidade de aço usada na fabricação dos seguintes equipamentos: lavadora e secadora de roupas, lavadora de louças, geladeira e fogão. Descreva suas descobertas em um breve relatório.

17.24 Esta é uma tarefa para ser feita em grupo. Investigue a quantidade de concreto usada para fazer uma calçada ou uma passarela. Calcule a quantidade de concreto usado para fazer as passarelas de seu *campus*. Descreva suas descobertas em um breve relatório.

17.25 Calcule a quantidade de papel que você consome a cada ano. Considere seus hábitos e necessidades de impressão, utilização de folhas soltas ou encadernadas e o consumo de revistas e jornais. Que quantidade de madeira seria necessária para atender a sua demanda? Descreva suas descobertas em um breve relatório.

17.26 De acordo com algumas estimativas, consumimos duas vezes mais bens e serviços do que consumíamos há cinquenta anos. Consequentemente, nosso apetite por matéria-prima, da madeira ao aço, cresce continuamente. O aumento da população mundial e de nosso padrão de vida só agravará esse problema. O que você pode fazer para reverter essa tendência? Discuta sugestões apoiadas em dados em um pequeno relatório.

17.27 Conforme discutimos neste capítulo, ao selecionar materiais para aplicações mecânicas, o valor do módulo de resiliência para um material mostra o quanto ele é bom em absorver energia mecânica sem sofrer qualquer dano permanente. Outra característica importante de um material é sua habilidade em suportar sobrecargas antes de quebrar-se. O valor do módulo de rigidez fornece essa informação. Pesquise os valores dos módulos de resiliência e de rigidez do(a) titânio e (b) aço.

17.28 Investigue e discuta algumas das características dos materiais usados na construção de pontes.

17.29 Conforme discutimos neste capítulo, a relação resistência-peso de um material é um critério importante ao selecionar materiais para aplicações aeroespaciais. Calcule a relação resistência-peso média dos seguintes materiais: liga de alumínio, liga de titânio e aço. Use as tabelas 17.3 e 17.4 para procurar valores apropriados.

17.30 Em média, quanto uma raquete de tênis de liga de alumínio ficará mais pesada se for feita e liga de titânio? Consiga uma raquete de tênis e faça as medidas necessárias para executar sua análise.

17.31 Máquinas de testes de tração são usadas para medir as propriedades mecânicas dos materiais, como o módulo de elasticidade e a resistência à tração. Visite o *site* da MTS Systems Corporation para obter informações sobre máquinas de testes usadas para testar a resistência de materiais. Escreva um breve relatório discutindo suas descobertas.

17.32 Como a maioria de vocês sabem, os aviões de transporte comercial voam a uma altitude aproximada de 10.000 m. A força necessária para manter o voo nivelado depende da resistência aerodinâmica naquela altitude, que pode ser calculada pela relação

$$\text{força} = \frac{1}{2}\rho_{ar}C_D A U^3$$

onde ρ_{ar} é a densidade do ar em determinada altitude, C_D representa o coeficiente de resistência do avião, A é a área projetada da asa e U representa a velocidade de cruzeiro do avião. Assuma que um avião esteja se movendo a uma velocidade constante e, com C_D permanecendo constante, determine a proporção da força que será necessária quando o avião estiver voando a 8.000 m e a 11.000 m.

17.33 Investigue o consumo diário médio de água por pessoa nos Estados Unidos. Descreva necessidades pessoais e públicas em um breve relatório. Discuta também fatores como localização geográfica, época do ano, hora do dia e custos de padrões de consumo. Durante as primeiras horas da manhã, por exemplo, o consumo de água é maior. Os engenheiros civis precisam considerar todos esses fatores quando projetam sistemas hidráulicos para cidades. Presumindo que a expectativa de vida das pessoas tenha aumentado em cinco anos nas últimas décadas, que quantidade de água será necessária para manter 50 milhões de pessoas?

17.34 Quando um anel fica preso no dedo, muitas pessoas recorrem à água e ao sabão como um lubrificante para liberar o anel. Em tempos remotos, a gordura animal era um lubrificante comum usado nos eixos das rodas. Peças móveis de máquinas, o pistão dos motores dos automóveis e os rolamentos são exemplos de componentes mecânicos que precisam de lubrificação. Lubrificante é uma substância introduzida em peças que apresentam relativa movimentação para reduzir o desgaste e a fricção. Os lubrificantes devem ter características apropriadas para determinada situação. Para lubrificantes líquidos, por exemplo, a viscosidade é uma das propriedades importantes. Os pontos de fulgor e combustão e de turvação e escoamento são exemplos de outras características examinadas quando se selecionam lubrificantes. Investigue o uso de lubrificantes à base de petróleo para reduzir o desgaste e a fricção dos componentes mecânicos atuais. Escreva um breve relatório discutindo a aplicação e as características dos lubrificantes sólidos e à base de petróleo líquido usados comumente, como o óleo SAE 10W-40 e o grafite.

Projeto VII

Objetivo: Com os materiais relacionados a seguir, projetar um veículo que transportará um ovo com segurança. O veículo sofrerá uma queda de uma altura de 4 metros. Serão concedidos 30 minutos para o preparo.

Materiais fornecidos: 4 tiras de borracha; 900 mm de fita adesiva; 6 m de mola; 2 pratos de papel; 2 copos de isopor; 2 folhas de papel (A4); 4 canudos; 4 clipes de papel pequenos; 4 clipes de papel grandes; um ovo cru. Vence a equipe cujo veículo sofra a queda mais lenta sem quebrar o ovo.

Fred Stein Archive/Contributor/Archive Photos/Getty Images

"Quem nunca cometeu um erro nunca tentou nada novo".
— ALBERT EINSTEIN (1879 – 1955)

Celeste Baine

Decidi me tornar engenheira porque sabia que teria desafios, e meu lado idealista desejava tornar o mundo um lugar melhor para viver. Os engenheiros eram solucionadores de problemas e sempre tive uma solução criativa para tudo o que acontecia em minha vida. No ensino médio, eu não era a melhor aluna em matemática e em ciências, mas realmente me divertia nas aulas e sentia que poderia fazer qualquer coisa que decidisse fazer. Visitei o departamento de engenharia biomédica de um hospital local e percebi que já tinha ficado atraída antes mesmo de terminar a visita.

Depois de uma prova de cálculo particularmente difícil no meu segundo ano, vivi um momento que definiu meu curso. Eu estava me esforçando nas aulas, e parecia que todos estavam se saindo melhor do que eu com menos esforço. Fui até a sala do meu orientador e disse a ele que achava que eu não seria uma boa engenheira porque não era como todos os outros. Eu estava preocupada com o fato de os empregadores quererem apenas saber qual era meu GPA. E 3,4 era bom o bastante? Ele me disse: "Celeste, o mundo precisa de todo tipo de engenheiro. Você não precisa ser igual aos outros". Suas palavras me ergueram, e de repente percebi que eu poderia me comunicar melhor (falando e escrevendo) do

que a grande maioria dos colegas de classe. Percebi que eu tinha habilidades que eram quase impossíveis de aprender em livros. Eu poderia ser um dos mais valiosos tipos de engenheiros porque sabia como trabalhar com pessoas e como gerenciar meus pontos fortes e fracos.

Atualmente sou diretora do Engineering Education Service Center. Trabalho com vários projetos que ajudam a promover a engenharia no mercado K-12[1]. Desenvolvo apresentações de multimídia e livros que mostram como a engenharia é uma carreira divertida, gratificante e lucrativa. Sou autora de mais de vinte livros sobre carreiras em engenharia e educação e fui apontada como uma das pessoas Nifty-Fifty que tiveram grande influência no campo da engenharia pelo USA Science and Engineering Festival (Festival dos EUA de Ciências e Engenharia).

---

1 K-12 é um termo usado no EUA para a soma do ensino primário e secundário. (N.T.)

Espetáculo da engenharia

O motor a jato*

Introdução

Você acha que tem problemas? Então, imagine-se sendo uma molécula de ar a 9.000 m quando de repente você é acometido por um motor a jato Pratt & Whitney de cinco toneladas?

Durante os 40 milésimos de segundos seguintes, você, Sr. ou Sra. Molécula, será açoitado por 18 etapas de compressão, chamuscado em um forno aquecido a cerca de 1.650 °C, expandido por uma turbina e empurrado de volta com uma tremenda dor de cabeça.

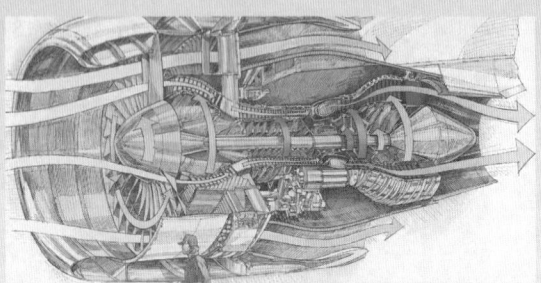

Com base em Pratt & Whitney, uma empresa do grupo United Techonologies. Texto de Matthew Broder.

---

* Os materiais foram adaptados com permissão da Pratt & Whitney, uma empresa do grupo United Techonologies. Texto de Matthew Broder.

Isso é basicamente o que acontece todos os dias nos céus com milhares de aviões equipados com motores Pratt, indo de um lugar a outro, enquanto os passageiros e a tripulação desses aviões experimentam uma calma e segura vibração, resultante da precisão na fabricação desses motores.

O princípio da propulsão a jato tem sido demonstrado por qualquer pessoa que encha um balão e acidentalmente o deixe escapar por não tê-lo amarrado firmemente. O ar armazenado no balão acelera precipitadamente para sair pela parte mais estreita do pescoço do balão. Essa aceleração, ou mudança de velocidade do ar, combina-se com o peso do próprio ar para produzir impulso. É esse impulso que faz com que o balão saia ziguezagueando pela sala.

O motor a jato original, que estreou em um programa comercial em 1952, realizou essa mesma manobra em uma escala vertiginosa e com absoluto controle. O avanço da tecnologia dos motores a jato nas quatro décadas passadas tem sido aumentar a quantidade de ar que entra no motor e alterar a velocidade desse ar com eficiência cada vez maior. Todos os exemplos deste artigo foram extraídos da família mais poderosa de motores já em operação, o Pratt & Whitney 4.000s.

O motor a jato

Ventilador O processo de propulsão começa com o imenso ventilador de 2,7 m de diâmetro, na frente do motor, girando 2.800 vezes por minuto em velocidade de decolagem. Esse ventilador suga o ar a 1.180 kg por segundo, ou o suficiente para retirar o ar de uma casa com quatro quartos em menos de meio segundo.

Compressão À medida que o ar sai do ventilador, ele é separado em dois fluxos. O fluxo menor, aproximadamente 15% do volume total do ar, chamado ar primário ou ar central, entra no primeiro dos dois compressores que estão girando na mesma direção que o ventilador. À medida que o ar primário passa em cada etapa dos dois compressores, a temperatura e a pressão se elevam.

Combustão Quando a compressão está concluída, o ar, agora com uma pressão 30 vezes maior e 610°C mais quente, é forçado através de um forno ou combustor. Na câmara de combustão, o combustível é adicionado e queimado. A temperatura do ar sobe ainda mais e o ar finalmente está pronto para fazer os dois trabalhos para os quais foi preparado.

Turbina O primeiro trabalho é expandir pela pás das duas turbinas, fazendo-as girar como o vento gira os braços de um moinho de vento. As turbinas giram os eixos que acionam os compressores e o ventilador na frente do motor. É esse processo, no qual o motor extrai energia do ar que acabou de capturar, que permite que os jatos modernos operem com tamanha eficiência de combustível.

Exaustor O segundo trabalho é empurrar a aeronave. Após passar pelas turbinas, o ar quente é forçado pela abertura do exaustor na parte traseira do motor. As paredes estreitas do exaustor forçam o ar a se acelerar e, assim como no balão, a massa de ar combinada a sua aceleração impulsiona o motor e o avião que está ligado a ele.

Ar do ventilador e ar de desvio O fluxo de ar maior que sai do ventilador representa 85% do total e é chamado de ar do ventilador ou ar de desvio, pois ele contorna todo esse processo.

O motor em si está cercado por um recipiente metálico chamado nacele, que tem o formato de um cone de sorvete cortado na parte de inferior, visto pela lateral. O ar de desvio é forçado por um espaço ainda mais estreito entre a parede da nacele e o motor, melhorando a velocidade ao longo do caminho.

Por causa de seu imenso volume, o ar de desvio precisa apenas acelerar um pouco para produzir um enorme impulso. No motor PW4084, o ar de desvio representa 90% do impulso e oferece o benefício adicional de manter o motor mais frio, mais silencioso e mais eficiente no consumo do combustível.

Matemática, estatística e economia em engenharia

Por que elas são importantes?

Os problemas de engenharia são modelos matemáticos de situações físicas, com diferentes formatos, que contam com vários conceitos matemáticos. Portanto, é essencial o bom entendimento dos conceitos matemáticos na formulação e na solução de diversos problemas de engenharia. Além disso, os modelos estatísticos estão se tornando ferramentas comuns nas mãos de engenheiros práticos para resolver problemas de controle de qualidade e confiabilidade, e também na análise de falhas. Os engenheiros civis usam os modelos estatísticos para estudar a credibilidade dos materiais de construção e das estruturas, a fim de gerar controle das inundações. Os engenheiros elétricos usam modelos estatísticos para processamento de sinais e para desenvolver *software* de reconhecimento de voz. Os engenheiros de produção usam estatísticas para assegurar o controle de qualidade dos produtos que produzem. Os engenheiros mecânicos usam as estatísticas para estudar a falha dos materiais e peças de máquinas. Os fatores econômicos também exercem importantes funções na tomada de decisão de um projeto de engenharia. Se você projeta um produto cuja fabricação é muito cara, então ele não poderá ser vendido a preço acessível ao consumidor e ainda ser lucrativo para a empresa. Na última parte deste livro, apresentaremos importantes conceitos matemáticos, estatísticos e econômicos.

Matemática em engenharia

Velocidade (kmph))	Velocidade (m/s)	Distância de frenagem (m)
0	0,0	0
5	1,4	3,8
10	2,8	8l,2
15	4,2	13,2
20	5,6	18,8
25	6,9	24,6
30	8,3	31,4
35	9,7	38,4
40	11,1	46,8
45	12,5	55,4
50	13,9	64,6
55	15,3	74,4
60	16,7	84,8
65	18,1	95,9
70	19,4	106,6
75	20,8	118,8
80	22,2	131,6

"I THINK YOU SHOULD BE MORE EXPLICIT HERE IN STEP TWO."

Copyright © 2014 by Sidney Harris.

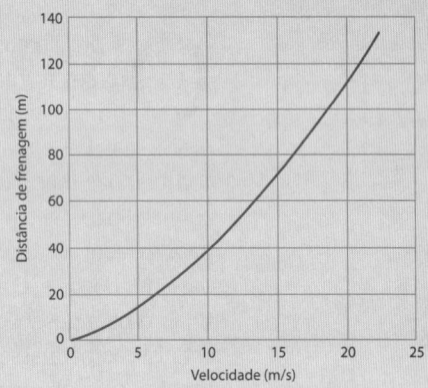

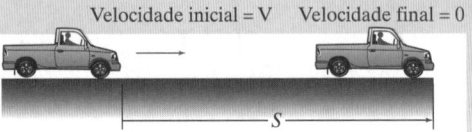

Velocidade inicial = V   Velocidade final = 0

S

Para gerar este gráfico foram usados $G = 0$, $f = 0,33$ e $T = 2,5$ segundos.

Em geral, os problemas de engenharia são modelos matemáticos de situações físicas. Para projetar rodovias, por exemplo, os engenheiros civis usam um modelo conhecido como *distância de frenagem*. Esse modelo simples estima a distância que um motorista precisa para, viajando a determinada velocidade, parar o carro após detectar um perigo. O modelo proposto pela American Association of State Highway and Transportation Officials (AASHTO) (Associação Americana de Estradas Estaduais e Organizações de Transporte) é mostrado por

$$S = \frac{V^2}{2g(f \pm G)} + TV$$

onde

S = distância de frenagem (m)

V = velocidade inicial (m/s)

g = aceleração da gravidade, 9,81 m/s²

f = coeficiente de fricção entre pneus e rodovia

G = inclinação da rodovia $\left(\dfrac{\%}{100}\right)$

T = tempo de reação do motorista (s)

OBJETIVOS DE APRENDIZADO

OA¹ **Símbolos matemáticos e alfabeto grego:** conhecer símbolos matemáticos importantes e as letras do alfabeto grego

OA² **Modelos lineares:** explicar equações lineares, suas características e como são usadas para descrever problemas de engenharia

OA³ **Modelos não lineares:** explicar equações não lineares, suas características e como são usadas para representar problemas de engenharia

OA⁴ **Modelos exponenciais e logarítmicos:** aprender sobre as funções exponenciais e logarítmicas, suas importantes características e como são usadas para modelar problemas de engenharia

OA⁵ **Álgebra matricial:** elaborar definições básicas e operações, e explicar por que a álgebra matricial tem importante papel na solução de problemas de engenharia

OA⁶ **Cálculo:** explicar os principais conceitos relacionados ao cálculo diferencial e integral

OA⁷ **Equações diferenciais:** explicar o que queremos dizer por equações diferenciais e dar exemplos de condições de contorno e iniciais

O QUE VOCÊ ACHA?

DEBATE INICIAL

Desempenho norte-americano em aritmética

Os adultos norte-americanos classificaram-se abaixo da média internacional em aritmética, Os Estados Unidos ficaram atrás de 18 países e estão no mesmo nível que Irlanda e França, porém acima de Itália e Espanha.

Níveis de proficiência

Quinze países apresentaram porcentagens maiores do que os Estados Unidos de adultos que atingiram o nível de proficiência mais alto (4/5) em aritmética. A porcentagem norte-americana (9 %) ficou abaixo da média internacional (12 %). A porcentagem de adultos no nível de proficiência mais alto em aritmética variou de 19 % (Finlândia, Japão e Suécia) a 4 % (Espanha). A porcentagem da população com níveis de proficiência mais baixos foi superior nos Estados Unidos do que na média internacional.

Desempenho dos subgrupos nos Estados Unidos

Entre os jovens (16 a 24 anos), a classificação em aritmética dos Estados Unidos ficou abaixo da média internacional e somente um país (Itália) apresentou classificação não muito diferente da dos norte-americanos, o que colocou os Estados Unidos na parte inferior do *ranking*. De fato, diferentemente da alfabetização, o desempenho dos adultos norte-americanos em aritmética em todas as faixas etárias ficou abaixo da média internacional.

O desempenho dos adultos norte-americanos também ficou abaixo da média internacional em todos os níveis educacionais, *status* de participação na força de trabalho, níveis de renda e de saúde. Entre os grupos raciais e étnicos dentro dos Estados Unidos, os brancos obtiveram melhor classificação em aritmética do que os negros e os hispânicos.

A diferença nas pontuações médias entre níveis educacionais parentais foi maior nos Estados Unidos do que na média internacional, enquanto a diferença, nos Estados Unidos, entre os nascidos no país e os estrangeiros não foi significativamente diferente da média internacional.

A diferença nas pontuações de aritmética entre gêneros nos Estados Unidos foi similar à média internacional. O desempenho dos adultos mais novos e mais velhos apresentou mais similaridade entre si do que o dos adultos mais novos e mais velhos no cenário internacional. Finalmente, a diferença entre os indivíduos com saúde precária e razoável e aqueles com saúde boa e excelente foi maior nos Estados Unidos do que no cenário internacional.

A aritmética é definida como "a capacidade de acessar, usar, interpretar e comunicar ideias e informações matemáticas, de envolver-se em demandas matemáticas e gerenciá-las em diversas situações na vida adulta".

Jack Buckley, Comissário, Centro Nacional de Estatísticas em Educação, Declaração na PIAAC 2012, Departamento de Educação dos EUA

Para os estudantes: Por que você acha que o desempenho dos adultos norte-americanos em aritmética situa-se abaixo da média internacional?

Em geral, os problemas de engenharia são modelos matemáticos de situações físicas. Os modelos matemáticos de problemas de engenharia podem ter muitas formas diferentes, e alguns levam a modelos lineares, ao passo que outros resultam em modelos não lineares. Alguns problemas de engenharia são formulados na forma de equações diferenciais e outros na forma de integrais. A formulação de muitos problemas de engenharia resulta em um conjunto de equações algébricas lineares que podem ser resolvidas simultaneamente. É essencial o bom entendimento de álgebra matricial na formulação e na solução desses problemas. Portanto, neste capítulo, discutiremos vários modelos matemáticos que normalmente são usados para resolver problemas de engenharia. Começamos nossa discussão explicando a necessidade de símbolos convencionais como forma de transmitir informações e comunicar-se de modo eficaz com outros engenheiros. Também serão fornecidos exemplos de símbolos matemáticos. Em seguida, discutiremos a importância de conhecer o alfabeto grego e seu uso em fórmulas de engenharia e desenhos. Esta seção será seguida por uma discussão de modelos lineares e não lineares simples. A seguir, apresentaremos álgebra matricial, com terminologia e regras próprias, que serão definidas e explicadas. Passaremos, então, a discutir brevemente os cálculos e sua importância na solução de problemas de engenharia. Os cálculos normalmente são divididos em duas áreas: cálculo diferencial e cálculo integral. Finalmente, será apresentada a função das equações diferenciais na formulação de problemas de engenharia e suas soluções.

É importante lembrar que o objetivo deste capítulo é focalizar os importantes conceitos matemáticos e destacar por que a matemática é tão importante na formação de engenharia. O foco deste capítulo não é explicar os conceitos matemáticos detalhadamente; isso será feito posteriormente, em suas aulas de matemática.

OA¹ 18.1   Símbolos matemáticos e alfabeto grego

Como você já deve saber, a matemática é uma linguagem que possui símbolos e terminologia próprios. Na escola fundamental, você aprendeu os símbolos usados nas operações aritméticas, como os sinais de adição, subtração, divisão e multiplicação. Posteriormente, você aprendeu os símbolos de graus, os símbolos da trigonometria, entre outros. Nos quatro anos seguintes, você conhecerá outros símbolos matemáticos e seus significados. Procure entender bem o que eles significam e como usá-los corretamente para se comunicar com outros alunos ou com seu professor. Exemplos de alguns **símbolos matemáticos** são apresentados na Tabela 18.1.

TABELA 18.1   Alguns símbolos matemáticos

+	Mais ou positivo	$\geq$	Maior ou igual a
-	Menos ou negativo	$\|x\|$	Valor absoluto de x
$\pm$	Mais ou menos	α	Proporcional a
$\times$ ou $\cdot$	Multiplicação	$\therefore$	Então
$\div$ ou /	Divisão	Σ	Somatória
:	Razão	$\int$	Integral
<	Menor que	!	Fatorial, por exemplo, $5! = 5 \times 4 \times 3 \times 2 \times 1$
>	Maior que	Δ	Delta (diferença)
<<	Muito menor que	∂	Parcial
>>	Muito maior que	π	Pi (valor: 3,1415926...)
=	Igual	∞	Infinito
$\approx$	Aproximadamente igual	$^\circ$	Grau
$\neq$	Não igual a	( )	Parênteses
$\equiv$	Idêntico	[ ]	Colchetes
$\leq$	Menor ou igual a	{ }	Chaves

Alfabeto grego e números romanos

À medida que você assiste mais e mais aulas de matemática e de engenharia, verá o quanto é comum o uso de letras gregas para expressar ângulos, dimensões e variáveis físicas em desenhos, expressões e equações matemáticas. Reserve alguns minutos para aprender e memorizar essas letras. Conhecer esses símbolos permitirá que você poupe tempo quando se comunicar com outros alunos ou quando fizer uma pergunta para seu professor. Você verá que a ciência e a engenharia às vezes também fazem uso dos números romanos. O **alfabeto grego** e os números romanos são mostrados nas Tabelas 18.2 e 18.3, respectivamente.

> A matemática é uma linguagem que possui símbolos e terminologia próprios. Também é importante memorizar as letras gregas, pois elas são usadas nos desenhos de engenharia e nas equações matemáticas.

TABELA 18.2 Alfabeto grego

A	α	Alfa	I	ι	Iota	P	ρ	Rô
B	β	Beta	K	κ	Capa	Σ	σ	Sigma
Γ	γ	Gama	Λ	λ	Lambda	T	τ	Tau
Δ	δ	Delta	M	μ	Mi	Υ	υ	Upsilon
E	ε	Épsilon	N	ν	Ni	Φ	ϕ	Fi
Z	ζ	Zeta	Ξ	ξ	Csi	X	χ	Qui
H	η	Eta	O	o	Ômicron	Ψ	ψ	Psi
Θ	θ	Teta	Π	π	Pi	Ω	ω	Ômega

TABELA 18.3 Números romanos

I	= 1	XIV	= 14	XC	= 90
II	= 2	XV	= 15	C	= 100
III	= 3	XVI	= 16	CC	= 200
IIII ou IV	= 4	XVII	= 17	CCC	= 300
V	= 5	XVIII	= 18	CCCC ou CD	= 400
VI	= 6	XIX	= 19	D	= 500
VII	= 7	XX	= 20	DC	= 600
VIII	= 8	XXX	= 30	DCC	= 700
IX	= 9	XL	= 40	DCCC	= 800
X	= 10	L	= 50	CM	= 900
XI	= 11	LX	= 60	M	= 1000
XII	= 12	LXX	= 70	MM	= 2000
XIII	= 13	LXXX	= 80		

OA² 18.2 Modelos lineares

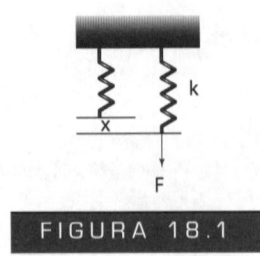

FIGURA 18.1

Modelos lineares são as formas mais simples de equações normalmente usadas para descrever várias situações de engenharia. Nesta seção, primeiro discutiremos alguns exemplos de problemas de engenharia em que são encontrados os modelos matemáticos lineares. Depois explicaremos as características básicas dos modelos lineares.

Mola linear No Capítulo 10, discutimos a lei de Hook, que afirma que diante da força elástica, a deformação de uma mola é diretamente proporcional à força aplicada (Figura 18.1) e, consequentemente, à força interna na mola, de acordo com

$$F = kx \qquad \text{18.1}$$

onde

F = força da mola (N ou lb)
k = constante da mola (N/mm ou N/cm)
x = deformação da mola (mm ou cm)
    use unidades compatíveis com k)

Ao examinar a Equação (18.1) fica claro que a força da mola, F, depende de quanto a mola é esticada ou comprimida. Em matemática, F é chamada uma **variável dependente**. A força da mola é chamada variável dependente porque seu valor depende da deformação da mola x. Considere a força em uma mola com rigidez de $k = 2$ N/mm, como mostra a Figura 18.2. Para o modelo linear que descreve o comportamento dessa mola, a constante $k = 2$ N/mm representa a inclinação da linha. O valor de 2 N/mm nos informa que cada vez que a mola for esticada ou comprimida em 1 mm, a força da mola será alterada em 2 N. Ou, em outras palavras, a força necessária para comprimir ou estender a mola em 1 mm adicional é 2 N. Além disso, observe que para $x = 0$, a força da mola é $F = 0$. Nem todas as molas apresentam comportamentos lineares. De fato, você pode ver muitas molas na prática da engenharia cujos comportamentos são descritos por modelos não lineares.

x (mm)	F (N)
0	0
5	10
10	20
15	30
20	40

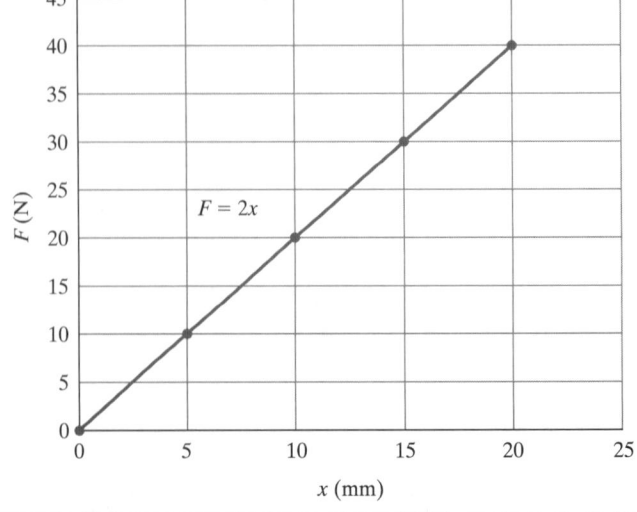

FIGURA 18.2   Modelo linear para a relação força-deflexão da mola.

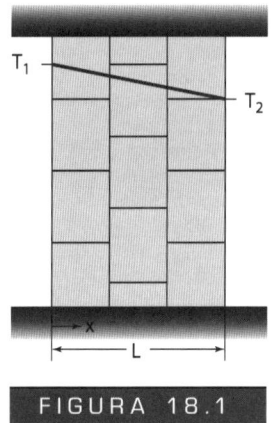

FIGURA 18.1

Distribuição da temperatura na parede de um avião A distribuição da temperatura na parede de um avião é outro exemplo em que um modelo matemático linear descreve como a temperatura varia na parede (Figura 18.3). Assumindo-se um estado permanente, a distribuição da temperatura – como a temperatura varia na espessura da parede – é dada por

$$T(x) = (T_2 - T_1)\frac{x}{L} + T_1 \qquad \boxed{18.2}$$

onde

$T(x)$ = distribuição da temperatura (°C)
T_2 = temperatura na superfície 2 (°C)
T_1 = temperatura na superfície 1 (°C)
x = distância da superfície 1 (m)
L = espessura da parede (m)

Para esse modelo linear, T é a variável dependente e x é a variável independente. A variável x é chamada **variável independente** porque a posição de x não é dependente da temperatura. Vamos agora considerar a situação para a qual T_1 = 68 °C, T_2 = 38 °C e L = 0,5 m. Para essas condições, a **inclinação** do modelo linear é dada por $(T_2 - T_1)/L = -60°$ C/m, como mostra a Figura 18.4. Observe que para essas condições, a linha que descreve a relação entre a temperatura e a posição intercepta o eixo da temperatura no valor de 68 (ou seja, em x = 0, T = 68 °C).

Podemos descrever muitas outras situações de engenharia para as quais as relações lineares existem entre variáveis dependentes e independentes. Por exemplo, como explicamos no Capítulo 12, *resistividade* é uma medida da resistência de um material à corrente elétrica. Os valores de resistividade geralmente são medidos com amostras de um cubo ou cilindro com área de 1 m² e comprimento de 1 m. A resistência da amostra então é dada por

$$R = \frac{\rho\ell}{a}$$

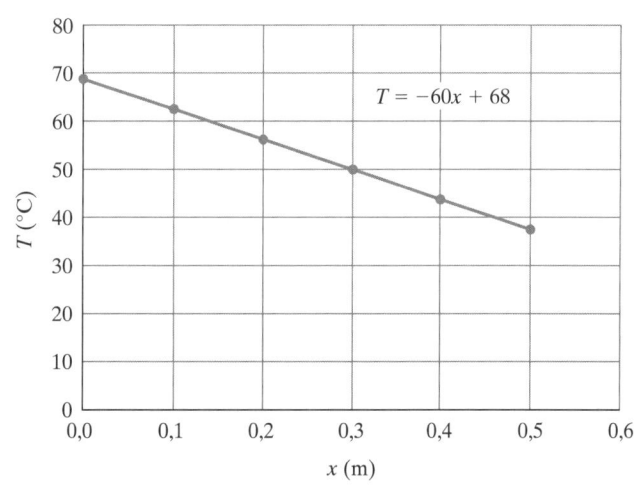

$T_1 = 68°$ F
$T_2 = 38°$ F
$L = 0,5$ ft

x (m)	T (x)
0	68
0,1	62
0,2	56
0,3	50
0,4	44
0,5	38

$T = -60x + 68$

FIGURA 18.4   Distribuição da temperatura em uma parede.

$T(°C)$	$T(°F)$	$T(°C)$	$T(°F)$
-40	**-40**	35	95
-35	**-31**	40	104
-30	-22	45	113
-25	-13	50	122
-20	-4	55	131
-15	5	60	140
-10	14	65	149
-5	23	70	158
0	**32**	75	167
5	**41**	80	176
10	50	85	185
15	59	90	194
20	68	**95**	**203**
25	77	**100**	**212**
30	86		

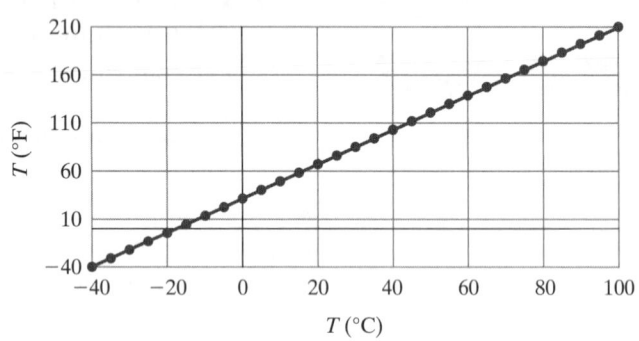

FIGURA 18.5 A relação entre as escalas Fahrenheit e Celsius.

Onde ρ é a resistividade, ℓ é o comprimento da amostra e a é a área transversal da amostra. Como você pode ver, para valores constantes de ρ e a, existe uma relação linear entre R e o comprimento ℓ.

A relação entre vários sistemas de unidades também é linear. Vamos demonstrar esse fato usando um exemplo com escalas de temperatura. No Capítulo 11, discutimos a relação entre as duas escalas de temperatura, Fahrenheit e Celsius, que é dada por

$$T(°F) = \frac{9}{5}T(°C) + 32 \qquad \boxed{18.3}$$

Ilustramos a relação entre as escalas Fahrenheit e Celsius para a variação de temperatura mostrada na Figura 18.5. Observe que a inclinação da linha que descreve a relação é $9/5 = 1,8$ e que a linha intercepta o eixo Fahrenheit a 32 (ou seja, $T(°C) = 0$, $T(°F) = 32$).

Equações lineares e inclinações

Agora que você compreende a importância de modelos lineares ao descrever situações de engenharia, vamos considerar algumas das características básicas de um modelo linear. Como você já sabe, a forma básica de uma equação linear é dada por

$$y = ax + b \qquad \boxed{18.4}$$

onde

$$a = \text{inclinação} = \frac{\Delta y}{\Delta x} = \frac{\text{mudança no valor de } y}{\text{mudança no valor de } x}$$

$b = $ intercepta o eixo y (o valor de y em $x = 0$)

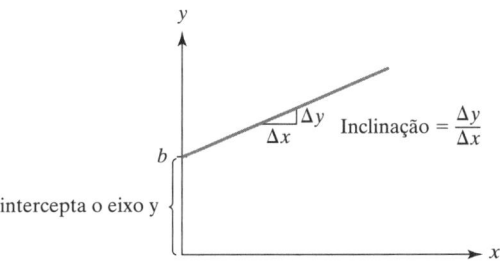

FIGURA 18.6 Um modelo linear.

A Equação (18.4) está plotada e mostrada na Figura 18.6. Observe os valores positivos assumidos para a interseção com o eixo y e a inclinação na Figura 18.6. A inclinação de um modelo linear mostra o quanto a variável dependente y muda cada vez que uma mudança na variável independente x é introduzida. Além disso, para um modelo linear, o valor da inclinação é sempre constante.

Comparemos os modelos anteriores de exemplos de situações de engenharia com a Equação (18.4): para o exemplo da mola, a inclinação tem valor de 2 e a interseção com o eixo y é zero. Como mencionamos antes, o valor da inclinação 2 N/mm expressa que toda vez que esticarmos a mola em 1 milímetro, a força da mola aumentará em 2 N. Para o modelo de distribuição de temperatura-, a inclinação tem valor de –60 C/m e a interseção com o eixo y é dada pelo valor de 68° C. Para o exemplo das escalas de temperatura, ao comparar a Equação (18.3) com a Equação (18.4), observe que $T(°F)$ corresponde a y e $T(°C)$ corresponde a x. A inclinação e a interseção com o eixo y para esse modelo linear são dadas por 9/5 e 32, respectivamente. Você pode constatar isso facilmente a partir dos valores mostrados na Figura 18.5. A inclinação mostra que para qualquer mudança de 5° C, a mudança na escala Fahrenheit correspondente é 9° F, independentemente da posição da mudança na escala de temperatura.

> A inclinação de um modelo linear é constante e mostra quanto a variável dependente se altera sempre que é introduzida uma alteração na variável independente.

$$a = \text{inclinação} = \frac{\Delta y}{\Delta x} = \frac{\text{mudança no valor de } y}{\text{mudança no valor de } x} = \frac{\overbrace{(-31) - (-40)}^{9}}{\underbrace{(-35) - (-40)}_{5}}$$

$$= \frac{\overbrace{41 - 32}^{9}}{\underbrace{5 - 0}_{5}} = \frac{\overbrace{212 - 203}^{9}}{\underbrace{100 - 95}_{5}} = \frac{9}{5}$$

Os modelos lineares podem ter diferentes formas com diferentes características. Resumimos as características de vários modelos lineares na Tabela 18.4. Procure estudá-las cuidadosamente.

Interpolação linear

Às vezes, é preciso procurar um valor em uma tabela que não possui incrementos exatos que correspondam à sua necessidade. Vamos, por exemplo, considerar a variação da densidade do ar e da pressão atmosférica como uma função da altitude, como mostra a Tabela 10.4 (reapresentada aqui como referência). Vamos agora presumir que você queira calcular o consumo de energia de um avião que pode estar voando a uma altitude de 7.300 m. Para realizar esse cálculo, você precisaria da

| TABELA 18.4 | Resumo de modelos lineares e suas características |

Modelo linear		Características
$y = ax + b$		Inclinação a e interseção com o eixo y b.
$y = b$		Inclinação zero, interseção com o eixo y b e linha horizontal passando pelo ponto b no eixo y.
$x = c$		Inclinação indefinida, interseção com o eixo y c e linha vertical passando pelo ponto c no eixo x.
$c_1 x + c_2 y = c_3$		Forma geral com interseções com os eixos x e y, inclinação $-c_1/c_2$, interseção com o eixo y c_3/c_2 e interseção com o eixo x c_3/c_1.

densidade do ar nessa altitude. Consequentemente, precisaria consultar a Tabela 10.4; no entanto, a tabela não mostra o valor da densidade do ar correspondente à altitude de 7 300 m. Os incrementos de altitude mostrados na tabela não correspondem à sua necessidade. O que fazer então?

Uma abordagem seria estimar o valor da densidade do ar em 7 300 m usando os valores vizinhos de 7 000 m (0,590 kg/m³) e 8 000 m (0,526 kg/m³). Podemos presumir que em altitudes de 7 000 m a 8 000 m, os valores de densidade do ar mudem linearmente de 0,590 kg/m³ para 0,526 kg/m³. Usando os dois triângulos similares ACE e BCD mostrados na Figura 18.7 que acompanha a Tabela 10.4, podemos então estimar a densidade do ar a 7 300 m usando **interpolação linear** desta maneira:

$$\frac{\overline{BC}}{\overline{AC}} = \frac{\overline{BD}}{\overline{AE}}$$

$$\frac{8\,000 - 7\,300}{8\,000 - 7\,000} = \frac{0,526 - \text{densidade do ar @ 7\,300 m}}{0,526 - 0,590}$$

Para a densidade do ar a 7 300 m, obtemos $\rho_{@7\,300} = 0,578$ kg/m³.

TABELA 10.4	Variação da atmosfera padrão com altitude

Altitude (m)	Pressão atmosférica (kPa)	Densidade do ar (kg/m³)
0 (nível do mar)	101,325	1,225
500	95,46	1,167
1 000	89,87	1,112
1 500	84,55	1,058
2 000	79,50	1,006
2 500	74,70	0,957
3 000	70,11	0,909
3 500	65,87	0,863
4 000	61,66	0,819
4 500	57,75	0,777
5 000	54,05	0,736
6 000	47,22	0,660
7 000	41,11	0,590
8 000	35,66	0,526
9 000	30,80	0,467
10 000	26,50	0,413
11 000	22,70	0,365
12 000	19,40	0,312
13 000	16,58	0,266
14 000	14,17	0,228
15 000	12,11	0,195

Dados do U.S. Standard Atmosphere (1962)

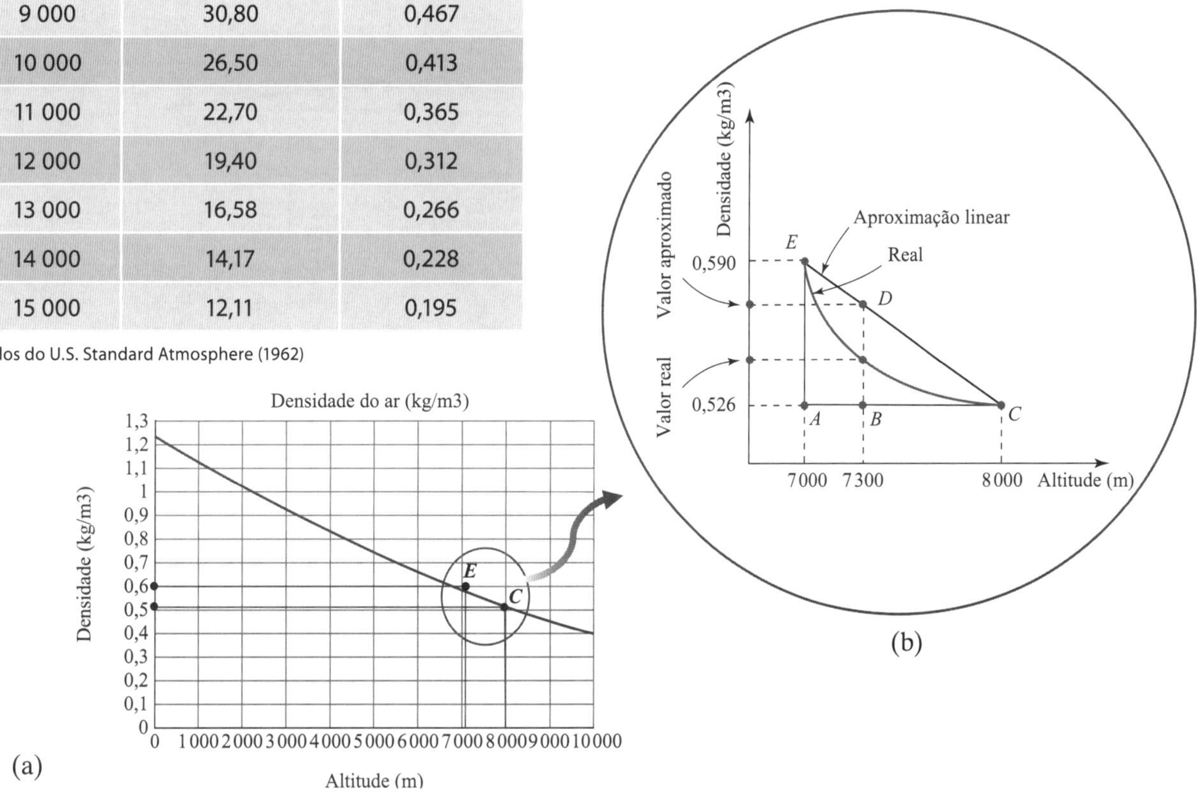

(a)

(b)

FIGURA 18.7

Sistemas de equações lineares

Às vezes, a formulação de um problema de engenharia leva a um conjunto de equações lineares que devem ser resolvidas simultaneamente. Na Seção 18.5, discutimos a forma geral para esses problemas e o procedimento para obter a solução. Aqui, discutiremos um método gráfico simples que pode ser usado para obter a solução de um modelo que possui duas equações com duas incógnitas. Considere, por exemplo, as seguintes equações, com x e y como variáveis desconhecidas.

$$2x + 4y = 10$$ 18.5a

$$4x + y = 6$$ 18.5b

As Equações (18.5a) e (18.5b) estão plotadas e mostradas na Figura 18.8. A interseção das duas linhas representa a solução x, que é dada por $x = 1$, pois, como se pode ver, em $x = 1$ ambas as equações têm o mesmo valor para y. Então, substituímos x na Equação (18.5a) ou na Equação (18.5b) para determinar y; o resultado é $y = 2$. Esse também é o valor que se obtém ao desenhar uma linha perpendicular ao eixo y a partir do ponto de interseção.

x	(10 – 2x)/4	6 – 4x
0	2,5	6
0,5	2,25	4
1	**2**	**2**
1,5	1,75	0
2	1,5	–2
2,5	1,25	–4
3	1	–6
3,5	0,75	–8
4	0,5	–10
4,5	0,25	–12
5	0	–14
5,5	–0,25	–16
6	–0,5	–18

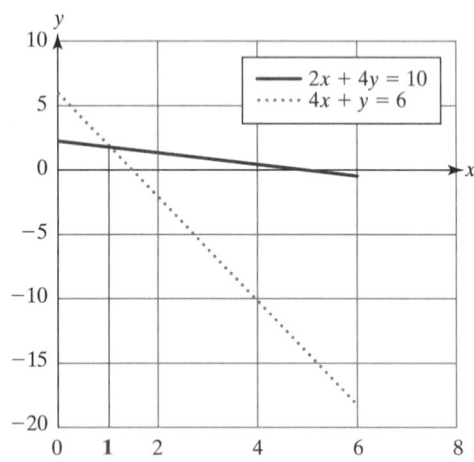

FIGURA 18.8   Plotagem das equações (18.5a) e (18.5b).

Antes de continuar

Responda às perguntas a seguir para testar o que aprendeu.

1. Por que é importante conhecer os símbolos matemáticos?

2. Por que é importante conhecer o alfabeto grego?

3. Dê exemplo de um modelo linear em engenharia.

4. Quais são as características básicas de um modelo linear?

Vocabulário - Indique o significado dos termos a seguir.

Modelo linear _____

Inclinação _____

Inclinação indefinida _____

Interpolação linear _____

OA³ 18.3 Modelos não lineares

Em muitas situações de engenharia, os **modelos não lineares** são usados para descrever as relações entre variáveis dependentes e independentes, pois elas preveem as relações reais mais precisamente do que os modelos lineares. Nesta seção, primeiro discutiremos alguns exemplos de situações de engenharia em que são encontrados modelos matemáticos não lineares. Depois explicaremos algumas características básicas dos modelos não lineares.

Funções polinomiais

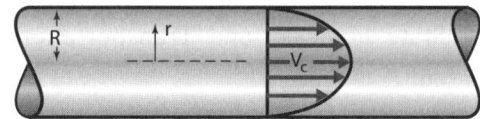

FIGURA 18.9

Velocidade do fluido laminar dentro de um tubo Aqueles que planejam se tornar engenheiros aeroespaciais, químicos, civis ou mecânicos terão, posteriormente, aulas de mecânica dos fluidos. Nessas aulas, entre outros tópicos, aprenderão sobre o fluxo dos fluidos em tubos e conduítes. Para um fluxo laminar (um fluxo bem comportado), a distribuição da velocidade – como a velocidade do fluido muda em determinada seção transversal – dentro de um tubo (Figura 18.9) é dada por

$$u(r) = V_c\left[1 - \left(\frac{r}{R}\right)^2\right] \qquad \boxed{18.6}$$

onde
$u(r)$ = velocidade do fluido na distância radial r (m/s)
V_c = velocidade da linha central (m/s)
r = distância radial medida a partir do centro do tubo (m)
R = raio do tubo (m)

A distribuição da velocidade para uma situação onde V_c = 0,5 m/s e R = 0,1 m é mostrada na Figura 18.10. Pela Figura 18.10, é evidente que a equação da velocidade é um polinômio de segundo grau (uma função não linear) e que a inclinação desse tipo de modelo não é constante (ela muda com r). Para o exemplo, para qualquer alteração de 0,01 m em r, a variável dependente u muda em quantidades diferentes, dependendo do ponto no tubo em que se avalia a mudança.

$$\text{inclinação} = \frac{\text{mudança no valor da velocidade}}{\text{mudança no valor da posição}} = \frac{\overset{-0,005}{\overbrace{(0,495) - (0,5)}}}{\underset{0,01}{\underbrace{(0,01 - 0)}}} \neq \frac{\overset{-0,095}{\overbrace{0 - 0,095}}}{\underset{0,01}{\underbrace{0,1 - 0,09}}}$$

r	u (r)	r	u (r)
0,1	0	−0,01	0,495
0,09	0,095	−0,02	0,48
0,08	0,18	−0,03	0,455
0,07	0,255	−0,04	0,42
0,06	0,32	−0,05	0,375
0,05	0,375	−0,06	0,32
0,04	0,42	−0,07	0,255
0,03	0,455	−0,08	0,18
0,02	0,48	−0,09	0,095
0,01	0,495	−0,1	0
0	0,5		

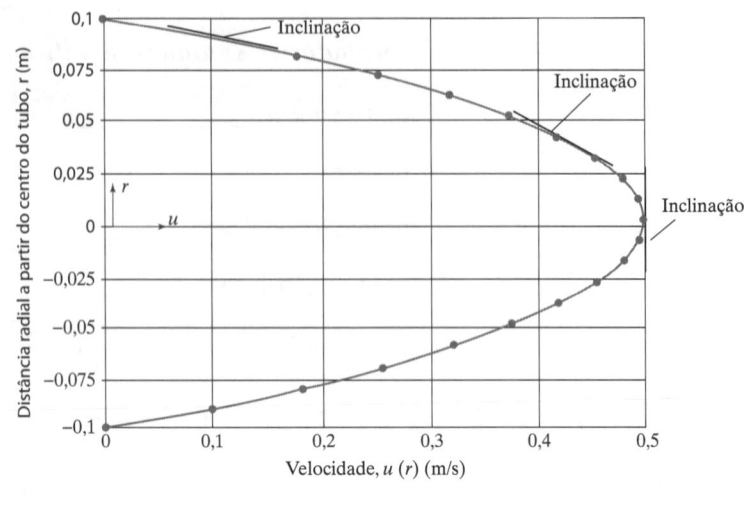

FIGURA 18.10 Exemplo de distribuição da velocidade de um fluido dentro de um tubo.

Distância de frenagem Um modelo conhecido como distância de frenagem é usado por engenheiros civis para projetar rodovias. Esse modelo simples calcula a distância que um motorista precisa para, trafegando a uma determinada velocidade, parar o carro após detectar um perigo (Figura 18.11). O modelo proposto pela American Association of State Highway and Transportation Officials (AASHTO) é dado por

$$S = \frac{V^2}{2g(f \pm G)} + TV \qquad \boxed{18.7}$$

onde

S = distância de frenagem (m)

V = velocidade inicial (m/s)

g = aceleração da gravidade, 9,81 m/s^2

f = coeficiente de fricção entre os pneus e a rodovia

G = inclinação da rodovia $\dfrac{\%}{100}$

T = tempo de reação do motorista (s)

Na Equação (18.7), o valor típico para o coeficiente de fricção entre os pneus e a rodovia f é 0,33 e o tempo de reação do motorista varia entre 0,6 a 1,2 segundo; entretanto, em projetos de rodovias, normalmente é usado um valor conservador de 2,5 segundos. No denominador da Equação (18.7), mais (+) indica aumento e menos (−), redução. Um gráfico mostrando a distância

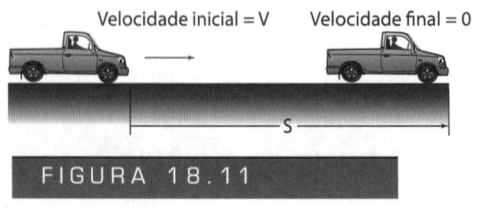

Velocidade inicial = V   Velocidade final = 0

S

FIGURA 18.11

Velocidade (kmph)	Velocidade (m/s)	Distância de frenagem(m)
0	0,0	0
5	1,4	3,8
10	2,8	8,2
15	4,2	13,2
20	5,6	18,8
25	6,9	24,6
30	8,3	31,4
35	9,7	38,8
40	11,1	46,8
45	12,5	55,4
50	13,9	64,6
55	15,3	74,4
60	16,7	84,8
65	18,1	95,9
70	19,4	106,6
75	20,8	118,8
80	22,2	131,6

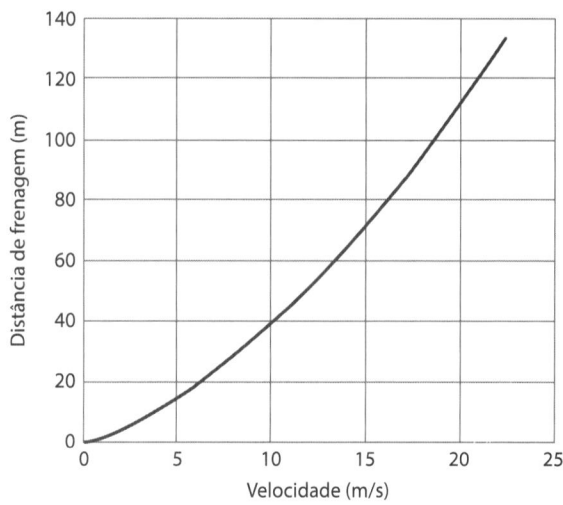

FIGURA 18.12 Distância de frenagem para um carro viajando em velocidades de até 80 m/s.

de frenagem para uma rodovia plana como uma função de velocidade inicial é mostrado na Figura 18.12 (para gerar esse gráfico foram usados $G = 0$, $f = 0,33$ e $T = 2,5$ segundos). Esse é outro exemplo em que um polinômio de segundo grau descreve uma situação de engenharia.

Novamente, observe que a inclinação desse modelo não é constante, ou seja, para qualquer mudança de 5 kmph na velocidade, a variável dependente S muda em quantidades diferentes com base no ponto da faixa de velocidade em que se introduz na mudança:

$$\text{inclinação} = \frac{\text{mudança na distância de frenagem } S}{\text{mudança na velocidade } V} = \frac{\overbrace{(8,2) - (3,8)}^{4,4}}{\underbrace{(10 - 5)}_{5 \text{ kmph}}} \neq \frac{\overbrace{74,4 - 64,6}^{9,8}}{\underbrace{55 - 50}_{5 \text{ kmph}}}$$

Podemos descrever muitas outras situações de engenharia com polinômios de segundo grau. A trajetória de um projétil sob uma desaceleração constante, o consumo de energia para um elemento resistivo, a força de arrasto ou a resistência do ar ao movimento de um veículo são representados por modelos de segundo grau.

Deflexão de uma viga A deflexão de uma viga engastada é um exemplo de situação de engenharia em que é utilizado um modelo polinomial de ordem superior. Por exemplo, a viga engastada (apoiada em uma extremidade) mostrada na Figura 18.13 é usada para apoiar uma carga que atua em uma sacada. A deflexão da linha central da viga é dada pela seguinte equação polinomial de quarto grau.

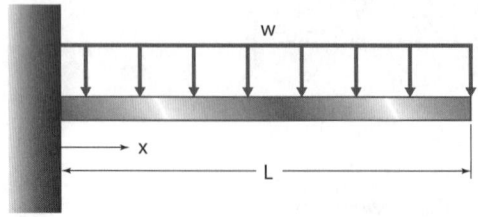

FIGURA 18.13 FIGURA 18.13 | Uma viga engastada.

$$y = \frac{-wx^2}{24EI}\left(x^2 - 4Lx + 6L^2\right)$$ 18.8

onde

> y = deflexão em um dado local x (m)
> w = carga distribuída (N/m)
> E = módulo de elasticidade (N/m²)
> I = segundo momento de área (m⁴)
> x = distância do suporte como mostrado (m)
> L = comprimento da viga (m)

A deflexão de uma viga com comprimento de 5 m, módulo de elasticidade E = 200 GPa, I = 99,1 x 10⁶ mm⁴ e para uma carga de 10.000 N/m é mostrada na Figura 18.14.

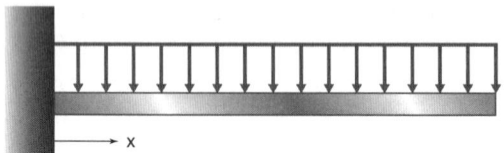

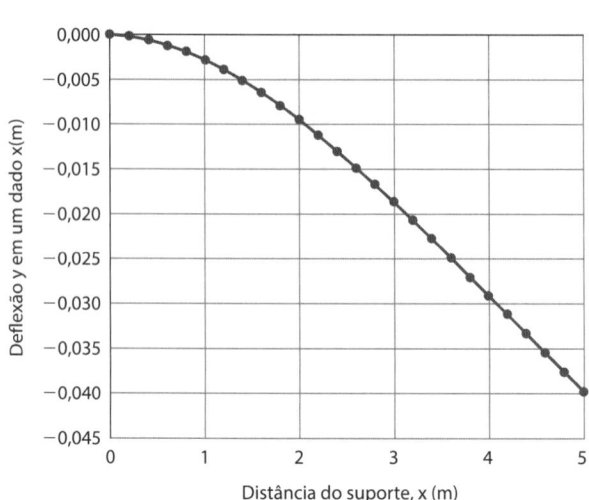

x (m)	y (m)	x (m)	y (m)
0	0	2,6	−0,01489
0,2	−0,00012	2,8	−0,01678
0,4	−0,00048	3	−0,01873
0,6	−0,00105	3,2	−0,02072
0,8	−0,00181	3,4	−0,02274
1	−0,00275	3,6	−0,02478
1,2	−0,00386	3,8	−0,02685
1,4	−0,00511	4	−0,02893
1,6	−0,00649	4,2	−0,03102
1,8	−0,00799	4,4	−0,03311
2	−0,00959	4,6	−0,03521
2,2	−0,01128	4,8	−0,03732
2,4	−0,01305	5	−0,03942

FIGURA 18.14 | A deflexão de uma viga engastada.

Agora que você compreende a importância dos modelos polinomiais para descrever situações de engenharia, vamos considerar algumas das características básicas desses modelos. A forma geral de uma função polinomial (modelo) é dada por

$$y = f(\text{x}) = a_0 + a_1 x + a_2 x^2 + a_3 x^3 + \dots + a_n x^n \qquad \boxed{18.9}$$

em que a_0, a_1, ..., a^n são coeficientes que podem assumir valores diferentes e n é um número inteiro positivo que define a ordem do polinômio. Para a velocidade do fluido laminar e os exemplos de distância de frenagem, n é igual a 2 e a deflexão da viga foi representada por um polinômio de quarto grau.

Ao contrário dos modelos lineares, os polinômios de segundo grau e superiores têm inclinações variáveis, indicando que cada vez que se introduz uma mudança no valor da variável independente x, a mudança correspondente na variável dependente y dependerá de onde essa mudança for introduzida na variação de x. Para melhor visualizar a inclinação em determinado valor de x, desenhe uma linha tangente à curva no valor x correspondente, como mostra a Figura 18.15. Outra característica importante de uma função polinomial é que a variável dependente y tem valor igual a zero

> Ao contrário dos modelos lineares, os modelos não lineares têm inclinações variáveis

nos pontos em que ela intercepta o eixo x. Por exemplo, para a situação da velocidade do fluido laminar mostrada na Figura 18.10, a variável dependente, velocidade u, tem valores iguais a zero em $r = 0{,}1$ m e $r = -0{,}1$ m.

Como um outro exemplo, considere o polinômio de terceiro grau $y = f(x) = x^3 - 6x^2 + 3x + 10$, como mostra a Figura 18.15. Essa função intercepta o eixo x em $x = -1$, $x = 2$ e $x = 5$. Esses pontos são chamados *raízes reais* da função polinomial. Nem todas as funções polinomiais têm raízes reais. Por exemplo, a função $f(x) = x^2 + 4$ não tem raiz real. Como mostrado na Figura 18.16, a função não intercepta o eixo x; se você resolver $f(x) = x^2 + 4 = 0$, encontrará $x^2 = -4$. Mesmo que essa função não tenha uma raiz real, ela ainda possui raízes imaginárias. Você aprenderá sobre raízes imaginárias nas aulas de matemática avançada e engenharia.

A seguir, consideramos outras formas de modelos de engenharia não lineares.

x	$f(x) = x^3 - 6x^2 + 3x + 10$
−3	−80
−2	−28
−1	0
0	10
1	8
2	0
3	−8
4	−10
5	0
6	28

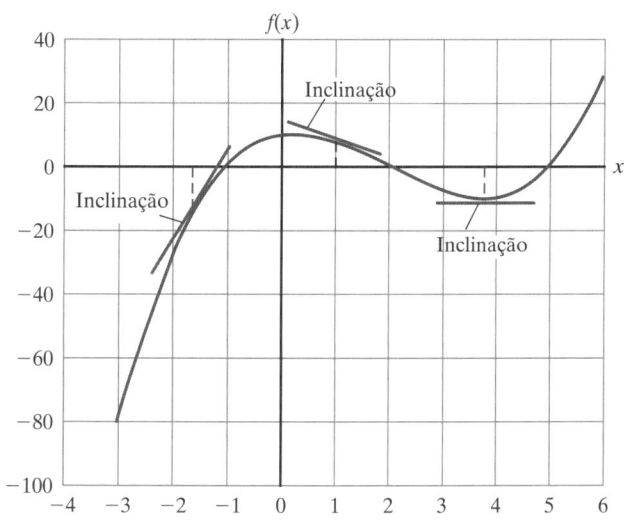

FIGURA 18.15 As raízes reais de uma função polinomial de terceiro grau.

x	$f(x) = x^2 + 4$
−3	13
−2	8
−1	5
0	4
1	5
2	8
3	13

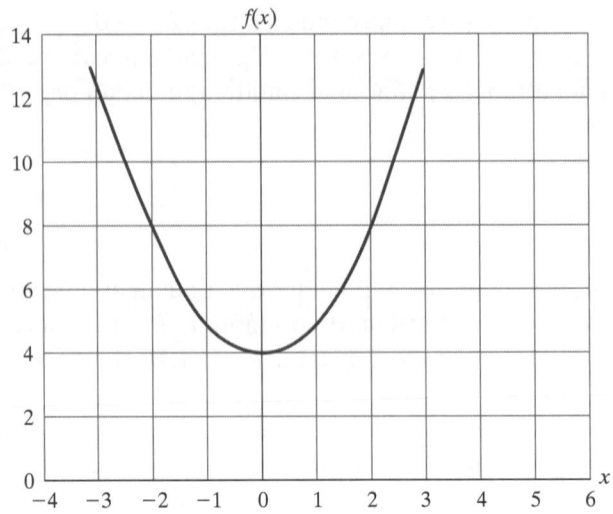

FIGURA 18.16 Uma função com raízes imaginárias.

Antes de continuar

Responda às perguntas a seguir para testar o que aprendeu.

1. Quais são as características básicas dos modelos não lineares?

2. Qual é diferença entre as inclinações de um modelo não linear e as de um modelo linear?

3. O que são raízes reais de uma função polinomial?

Vocabulário – Indique o significado dos termos a seguir.

Fluxo laminar _____

Viga engastada _____

Função polinomial _____

OA⁴ 18.4 Modelos exponenciais e logarítmicos

Nesta seção, discutiremos os modelos exponenciais e logarítmicos e suas características básicas.

Resfriamento de placas de aço Em um processo de recozimento – no qual materiais como vidro e metal são aquecidos a altas temperaturas e então resfriados lentamente para que endureçam – finas placas de aço (k = condutividade térmica = 40 W/m · k, ρ = densidade = 7.800 kg/m³, e c = calor específico = 400 J/kg · K) são aquecidas à temperatura de 900° C e depois resfriadas em ambiente com temperatura de 35° C e coeficiente de transferência de calor de h = 25 W/m² ·K. Cada placa tem a espessura de L = 5 cm. Estamos interessados em determinar qual é a temperatura da placa após 1hora.

Aqueles que prosseguirem na carreira de engenharia aeroespacial, química, mecânica ou de materiais, aprenderão na aula de transferência de calor os conceitos subjacentes que conduzem à solução. Por enquanto, para determinar a temperatura de uma placa após 1hora, usamos a seguinte equação exponencial.

$$\frac{T - T_{ambiente}}{T_{inicial} - T_{ambiente}} = \exp\left(\frac{-2h}{\rho cL}t\right)$$

18.10

Na Equação (18.10), T representa a temperatura da placa no tempo t. Usando a Equação (18.10), calculamos a temperatura da placa após cada intervalo de 12 minutos (0,2 h). A distribuição da temperatura correspondente é mostrada na Figura 18.17.

Tempo (h)	Temperatura (°C)
0	900
0,2	722
0,4	580
0,6	468
0,8	379
1	308
1,2	252
1,4	207
1,6	172
1,8	143
2	121
2,2	103
2,4	89
2,6	78
2,8	69
3	62
3,2	57
3,4	52
3,6	49
3,8	46
4	44
4,2	42
4,4	40
4,6	39
4,8	38
5	38

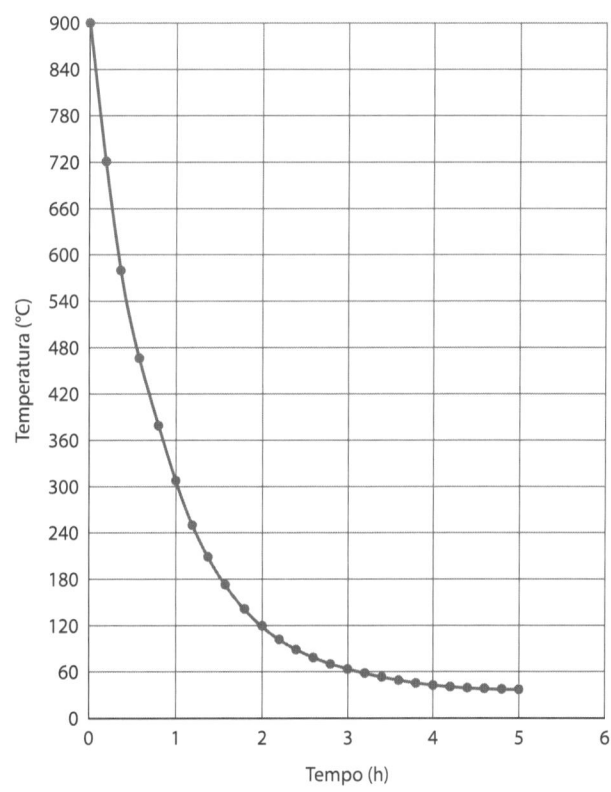

FIGURA 18.17 O resfriamento de uma peça de metal.

Examinando a Figura 18.17, observamos que a temperatura da placa após 1 hora é de 308° C. Além disso, a figura mostra que, durante a primeira hora, a temperatura da placa cai de 900° C para 308° C (queda de temperatura de 592° C). Durante a segunda hora, a temperatura da placa cai de 308° C para 121° C (queda de 187° C) e durante a terceira hora, a queda de temperatura é de 59° C. Como você pode ver, a taxa de resfriamento é muito mais alta no início e muito mais baixa no final. Também é possível observar que a temperatura começa a nivelar no final do processo de resfriamento (após aproximadamente 4,6 horas). Esta é a característica mais importante da **função exponencial**: o valor da variável independente começa a nivelar à medida que o valor da variável independente aumenta.

Vejamos agora o que se entende por função exponencial. A forma mais simples de função exponencial é dada por $f(x) = e^x$, onde e é um número irracional com valor aproximado de 2,718281. A título de auxílio visual para melhor entendimento de e^x e para comparação, plotamos as funções 2^x, e^x e 3^x e mostramos os resultados na Figura 18.18. Observe na figura que também mostramos como o valor de e é determinado. Detenha-se por alguns minutos estudando a Figura 18.18 e observe as tendências e características das funções.

> Na modelagem de problemas de engenharia usando a função exponencial, a taxa de mudança da variável dependente é muito mais alta no início e muito mais baixa no final. A mudança nivela no final.

As funções exponenciais possuem características importantes, como demonstram os exemplos da Tabela 18.5. O Exemplo 1 mostra as alterações que ocorrem em um modelo exponencial quando a taxa de crescimento de uma função exponencial aumenta. O Exemplo 2 mostra alterações similares para uma função exponencial decrescente. Observe esses importantes efeitos ao estudar a Tabela 18.5. Um bom entendimento desses conceitos será benéfico em suas futuras aulas de engenharia.

Outra forma interessante da função exponencial é $f(x) = e^{-x^2}$. Você encontrará esse tipo de função exponencial em expressões de distribuições de probabilidade. Discutiremos distribuições de probabilidade mais detalhadamente no Capítulo 19. Para comparação, plotamos as funções $f(x) = 2^{-x^2}$ e $f(x) = e^{-x^2}$ e as mostramos na Figura 18.19. Observe a forma de sino dessas funções.

Funções logarítmicas

Nesta seção, discutiremos as **funções logarítmicas**. Para mostrar a importância das funções logarítmicas, voltaremos ao resfriamento das placas de aço e faremos uma pergunta diferente.

Resfriamento de placas de aço (revisitado). Em um processo de recozimento, finas placas de aço (k = condutividade térmica = 40 W/m · k, ρ = densidade = 7.800 kg/m³, e c = calor específico = 400 J/kg · K) são aquecidas à temperatura de 900° C e depois resfriadas em ambiente com temperatura de 35° C e coeficiente de transferência de calor de h = 25 W/m² · K. Cada placa tem a espessura de L = 5 cm. Agora estamos interessados em determinar quanto tempo levaria para a placa atingir a temperatura de 50° C. Para isso, usaremos a seguinte equação logarítmica.

$$t = \frac{\rho c L}{2h} \ln\frac{T_i - T_f}{T - T_f} = \frac{(7.800\,\text{kg/m}^3)(400\,\text{J/kg} \cdot \text{K})(0,05\,\text{m})}{(2)(25\,\text{W/m} \cdot \text{K})} \ln\frac{900-35}{50-35}$$

$$= 12.650\,\text{s} = 3,5\text{h}$$

n	$\left(1+\dfrac{1}{n}\right)^n$
1	2,000000
2	2,250000
5	2,488320
10	2,593742
20	2,653298
50	2,691588
100	2,704814
200	2,711517
500	2,715569
1000	2,716924
2000	2,717603
5000	2,718010
10000	2,718146

X	$f(x)=2^x$	$f(x)=e^x$	$f(x)=3^x$
0	1	1,00	1,00
0,2	1,15	1,22	1,25
0,4	1,32	1,49	1,55
0,6	1,52	1,82	1,93
0,8	1,74	2,23	2,41
1	2,00	2,72	3,00
1,2	2,30	3,32	3,74
1,4	2,64	4,06	4,66
1,6	3,03	4,95	5,80
1,8	3,48	6,05	7,22
2	4,00	7,39	9,00
2,2	4,59	9,03	11,21
2,4	5,28	11,02	13,97
2,6	6,06	13,46	17,40
2,8	6,96	16,44	21,67
3	8,00	20,09	27,00
3,2	9,19	24,53	33,63
3,4	10,56	29,96	41,90
3,6	12,13	36,60	52,20
3,8	13,93	44,70	65,02
4	16,00	54,60	81,00

Como $n \to \infty$
$(1 + 1/n)^n \to 2,7182818285.\ldots$

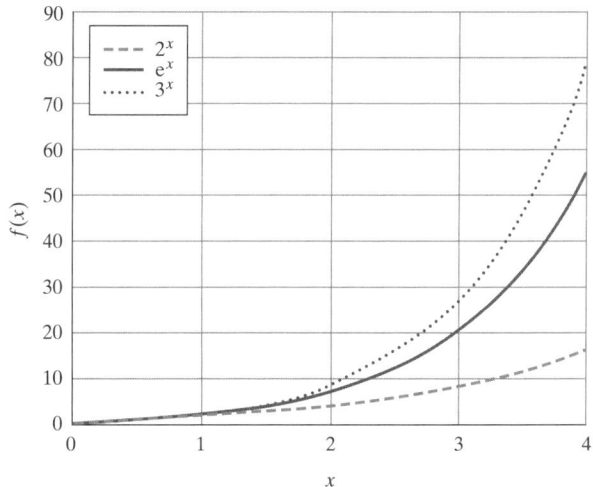

FIGURA 18.18 A comparação das funções 2^x, e^x e 3^x.

Mas o que se entende por função logarítmica? As funções logarítmicas são definidas para facilitar cálculos. Por exemplo, se fizermos $10^x = y$, então definimos que $\log y = x$. O termo "log" significa "logaritmo na base-10" ou "logaritmo comum". Por exemplo, você sabe que qualquer número (diferente de zero) elevado à potência zero é igual a 1 (ex., $10^0 = 1$); usando a definição de logaritmo comum, $\log 1 = 0$, para $10^1 = 10$, $\log 10 = 1$, para $10^2 = 100$, $\log 100 = 2$, e assim por diante. Por outro lado, se fizermos $e^x = y$, então definimos

TABELA 18.5	Algumas características importantes das funções exponenciais

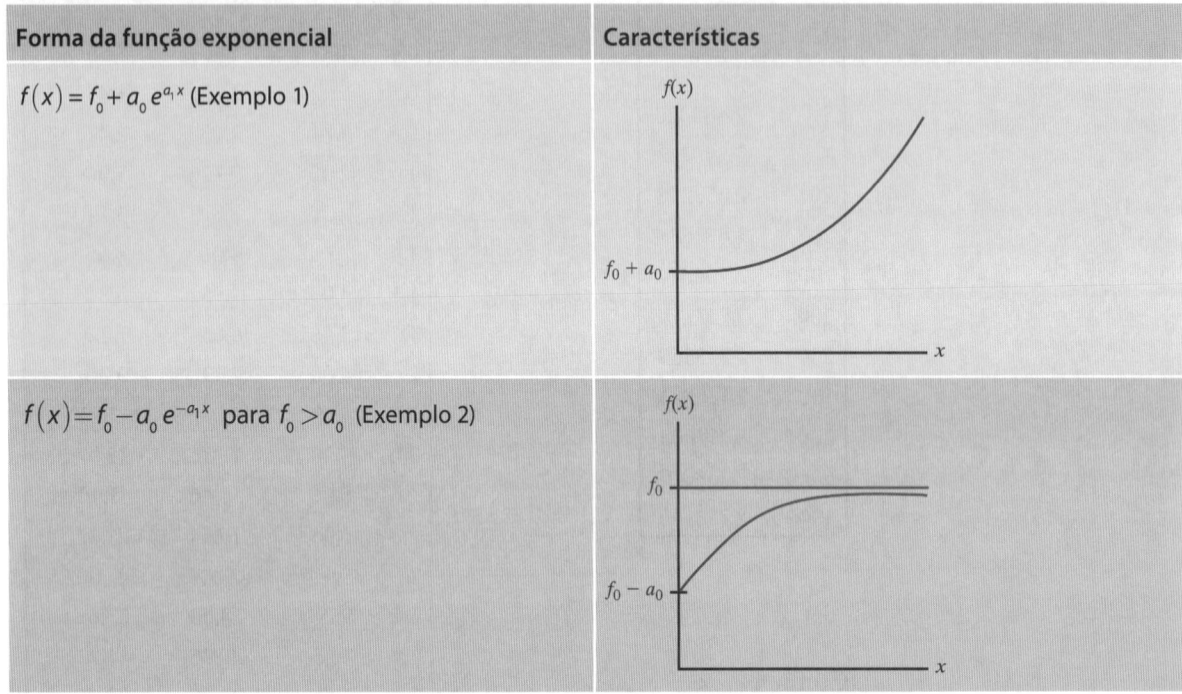

Forma da função exponencial	Características
$f(x) = f_0 + a_0 e^{a_1 x}$ (Exemplo 1)	$f(x)$ ... $f_0 + a_0$ ... x
$f(x) = f_0 - a_0 e^{-a_1 x}$ para $f_0 > a_0$ (Exemplo 2)	$f(x)$ ... f_0 ... $f_0 - a_0$ ... x

x	$y=2^{-x^2}$	e^{-x^2}	x	$y=2^{-x^2}$	e^{-x^2}
−2,6	0,009	0,001	0,2	0,973	0,961
−2,4	0,018	0,003	0,4	0,895	0,852
−2,2	0,035	0,008	0,6	0,779	0,698
−2	0,063	0,018	0,8	0,642	0,527
−1,8	0,106	0,039	1	0,500	0,368
−1,6	0,170	0,077	1,2	0,369	0,237
−1,4	0,257	0,141	1,4	0,257	0,141
−1,2	0,369	0,237	1,6	0,170	0,077
−1	0,500	0,368	1,8	0,106	0,039
−0,8	0,642	0,527	2	0,063	0,018
−0,6	0,779	0,698	2,2	0,035	0,008
−0,4	0,895	0,852	2,4	0,018	0,003
−0,2	0,973	0,961	2,6	0,009	0,001
0	1,000	1,000			

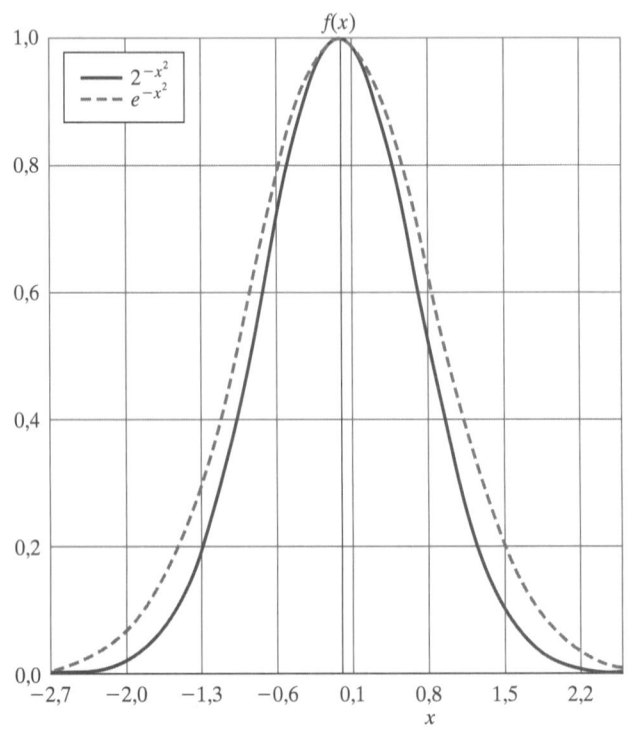

FIGURA 18.19	A plotagem de $f(x) = 2^{-x^2}$ e $f(x) = e^{-x^2}$

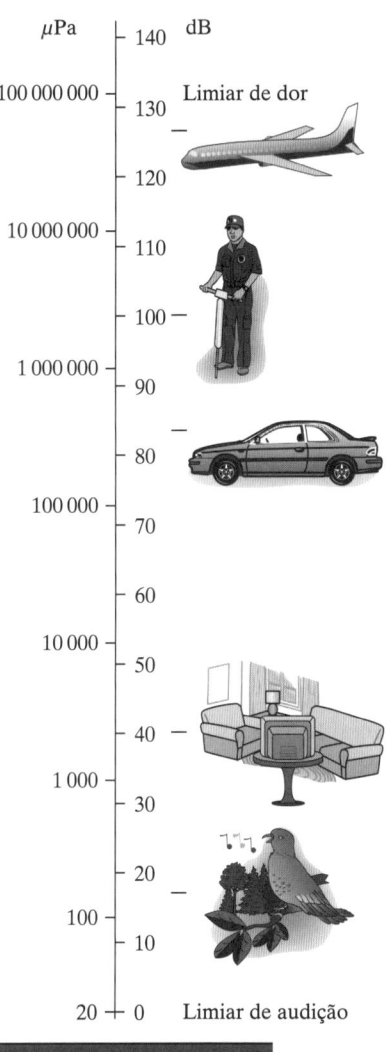

μPa ┤ 140 dB

100 000 000 ─ 130 Limiar de dor

─ 120

10 000 000 ─ 110

─ 100

1 000 000 ─ 90

─ 80

100 000 ─ 70

─ 60

10 000 ─ 50

─ 40

1 000 ─ 30

─ 20

100 ─ 10

20 ┤ 0 Limiar de audição

FIGURA 18.20

ln $y = x$, e o símbolo ln significa logaritmo de base-e (ou logaritmo natural). Além disso, a relação entre o logaritmo natural e o logaritmo comum é dada por ln $x =$ (ln 10) (log x) = 2,302585 log x. Usando as definições logarítmicas, podemos também obter as seguintes identidades, as quais acharemos úteis ao simplificar relações de engenharia.

$$\log xy = \log x + \log y \quad \log \frac{x}{y} = \log x - \log y \quad \log x^n = n \log x$$

Escala Decibel Em engenharia, o volume do som normalmente é expresso na unidade chamada decibel (dB) indicada na Figura 18.20. O limiar de audição (ou seja, o som mais fraco que um ser humano saudável pode ouvir) é 20 μPa ou 20x10^{-6} Pa. Note que isso se deve a uma mudança na pressão do ar extremamente pequena. Na outra extremidade da escalada audição está o limiar de dor da audição, que é causado por uma alteração na pressão de aproximadamente 100x10^6 μPa. Para manter os números gerenciáveis na escala de audição (de 20 μPa a 100 000 000 μPa), a escala decibel é definida por dB = 20 log (I /20) μPa, em que I representa a mudança de pressão (em μPa) gerada pela fonte de som. Por exemplo, o som gerado por um carro em movimento (que gera uma mudança de pressão de 200 000 μPa) apresenta um índice de decibel de 20 log (200 000 μPa/20) μPa = 80 dB. Os índices de decibeis de sons comuns são mostrados na Figura 18.20.

Finalmente, as relações matemáticas a seguir podem ser úteis durante sua formação em engenharia.

$$x^n x^m = x^{n+m} \quad (xy)^n = x^n y^n \quad (x^n)^m = x^{nm} \quad x^0 = 1 \; (x \neq 0)$$
$$x^{-n} = \frac{1}{x^n} \quad \frac{x^n}{x^m} = x^{n-m} \quad \left(\frac{x}{y}\right)^n = \frac{x^n}{y^n}$$

Antes de continuar

Responda às perguntas a seguir para testar o que aprendeu.

1. Quais são algumas das características importantes das funções exponenciais?

2. Explique a diferença entre as inclinações de um modelo não linear e as de um modelo exponencial.

3. Por que definimos as funções logarítmicas e como elas são definidas?

4. Como definimos o logaritmo natural?

Vocabulário – Indique o significado dos termos a seguir.

Função exponencial _____

Função logarítmica _____

Logaritmo natural _____

Escala Decibel _____

OA⁵ 18.5   Álgebra matricial

Como você aprenderá mais tarde durante sua formação em engenharia, a formulação de muitos problemas de engenharia — como a vibração de máquinas, aviões e estruturas, as deflexões de junções em sistemas estruturais, o fluxo de corrente em derivações de circuitos elétricos e o fluxo de fluidos em redes de tubulação — leva a um conjunto de equações algébricas lineares que são resolvidas simultaneamente. O bom entendimento de álgebra matricial é essencial na formulação e na solução desses modelos. Como em outras áreas, a álgebra matricial tem terminologia própria e segue um conjunto de regras. Forneceremos nesta seção uma breve visão geral da álgebra matricial e sua terminologia.

Definições básicas

Durante sua formação em engenharia você aprenderá sobre os diferentes tipos de variáveis físicas. Algumas variáveis são identificáveis por um único valor ou por magnitude. O tempo, por exemplo, pode ser descrito por um único valor, como 2 horas. Variáveis físicas identificáveis por um único valor são chamadas *escalares*. A temperatura é outro exemplo de variável escalar. Por outro lado, se for descrever a velocidade de um veículo, você não apenas deve especificar a rapidez com que ele se move (velocidade), mas também sua direção. As variáveis físicas que possuem magnitude e direção são chamadas *vetores*. Também há outras quantidades que requerem a especificação de mais de duas informações. Se fôssemos descrever, por exemplo, o local em que um carro está estacionado em uma garagem de vários andares (em relação à entrada da garagem), precisaríamos especificar o piso (a coordenada z) e depois a localização do carro naquele andar (coordenadas x e y). A matriz muitas vezes é usada para descrever situações que envolvem muitos valores. Uma **matriz** é um arranjo de números, variáveis ou termos matemáticos. Os números ou as variáveis que compõem a matriz são chamados de **elementos da matriz**. O *tamanho* de uma matriz é definido pelo número de linhas e colunas. Uma matriz pode ter m linhas e n colunas. Por exemplo,

$$[N] = \begin{bmatrix} 6 & 5 & 9 \\ 1 & 26 & 14 \\ -5 & 8 & 0 \end{bmatrix} \quad \{L\} = \begin{Bmatrix} x \\ y \\ z \end{Bmatrix}$$

A matriz $[N]$ é uma matriz 3 por 3 (ou 3 x 3) cujos elementos são números e a matriz $\{L\}$ é uma matriz 3 por 1 cujos elementos representam as variáveis x, y e z. A matriz $[N]$ é denominada matriz quadrada. Uma matriz *quadrada* tem o mesmo número de linhas e colunas. O elemento de uma matriz é indicado por seu local. Por exemplo, o elemento na primeira linha e terceira coluna da matriz [N] é indicado por n_{13}, (lê-se "n sub 13") e seu valor é 9. Neste livro, indicamos a matriz por uma **letra em negrito** entre colchetes [] e chaves {}; por exemplo, [N], [T], {F}; os elementos da matriz são representados por letras minúsculas regulares. As chaves {} são usadas para distinguir matrizes de coluna. Matriz de coluna é definida como uma matriz que tem uma coluna, mas pode ter muitas linhas. Por outro lado, a matriz de linha é uma matriz que tem uma linha, mas pode ter muitas colunas. A seguir, exemplos de matrizes de coluna e de linha.

$$\{A\} = \begin{Bmatrix} 1 \\ 5 \\ -2 \\ 3 \end{Bmatrix} \text{ e } \{X\} = \begin{Bmatrix} x_1 \\ x_2 \\ x_3 \end{Bmatrix}$$

são exemplos de matrizes de colunas, ao passo que

$$[C] = [5 \ 0 \ 2 \ -2] \text{ e } [Y] = [y_1 \ y_2 \ y_3]$$

são exemplos de matrizes de linha.

Matriz diagonal e matriz unidade. Matriz diagonal é a que possui elementos apenas ao longo de sua diagonal principal; em todos os outros locais, os elementos são iguais a zero. A seguir, um exemplo de matriz diagonal 4 × 4.

$$[A] = \begin{bmatrix} 5 & 0 & 0 & 0 \\ 0 & 7 & 0 & 0 \\ 0 & 0 & 4 & 0 \\ 0 & 0 & 0 & 11 \end{bmatrix}$$

A diagonal na qual estão os valores 5, 7, 4 e 11 é chamada *diagonal principal*. A *matriz identidade* ou *matriz unidade* é uma matriz diagonal cujos elementos têm valor igual a 1. Abaixo, um exemplo de matriz de identidade.

$$[I] = \begin{bmatrix} 1 & 0 & 0 & . & . & 0 & 0 \\ 0 & 1 & 0 & . & . & 0 & 0 \\ 0 & 0 & 1 & . & . & 0 & 0 \\ . & . & . & . & . & . & . \\ . & . & . & . & . & . & . \\ 0 & 0 & 0 & . & . & 1 & 0 \\ 0 & 0 & 0 & . & . & 0 & 1 \end{bmatrix}$$

Adição e subtração de matrizes

Pode-se adicionar ou subtrair duas matrizes desde que elas sejam do mesmo tamanho, ou seja, desde que tenham o mesmo número de linhas e colunas. Podemos somar a matriz $[A]_{m \times n}$ de tamanho m por n (com m linhas e n colunas) à matriz $[B]_{m \times n}$ do mesmo tamanho somando os elementos semelhantes. A subtração de matrizes segue uma regra semelhante, como mostramos a seguir.

$$[A] \pm [B] = \begin{bmatrix} 10 & 3 & . & . & 2 \\ 5 & 1 & . & . & 0 \\ . & . & . & . & . \\ . & . & . & . & . \\ 9 & 2 & . & . & 7 \end{bmatrix} \pm \begin{bmatrix} 2 & 12 & . & . & 8 \\ 1 & 7 & . & . & 15 \\ . & . & . & . & . \\ . & . & . & . & . \\ 4 & 55 & . & . & 10 \end{bmatrix}$$

$$= \begin{bmatrix} (10 \pm 2) & (3 \pm 12) & . & . & (2 \pm 8) \\ (5 \pm 1) & (1 \pm 7) & . & . & (0 \pm 15) \\ . & . & . & . & . \\ . & . & . & . & . \\ (9 \pm 4) & (2 \pm 55) & . & . & (7 \pm 10) \end{bmatrix}$$

Multiplicação de matrizes

Nesta seção, discutiremos as regras para multiplicar uma matriz por uma quantidade escalar e por outra matriz.

Multiplicação de uma matriz por uma quantidade escalar Quando uma matriz $[A]$ é multiplicada por uma quantidade escalar como 5, a operação resulta em uma matriz de mesmo tamanho cujos elementos são o produto dos elementos da matriz original pela quantidade escalar. Por exemplo, quando multiplicamos a matriz $[A]$ de tamanho 3×3 pela quantidade escalar 5, essa operação resulta em outra matriz de tamanho 3×3 cujos elementos são calculados multiplicando-se cada elemento da matriz $[A]$ por 5, como mostrado a seguir.

$$5[A] = 5 \begin{bmatrix} 4 & 0 & 1 \\ -2 & 9 & 2 \\ 5 & 7 & 10 \end{bmatrix} = \begin{bmatrix} 20 & 0 & 5 \\ -10 & 45 & 10 \\ 25 & 35 & 50 \end{bmatrix} \qquad 18.11$$

Multiplicação de uma matriz por outra matriz Enquanto uma matriz de qualquer tamanho pode ser multiplicada por uma quantidade escalar, a multiplicação de matrizes pode ser executada somente quando o número de colunas da matriz *pré-multiplicadora* é igual ao número de linhas da matriz de *pós-multiplicadora*. Por exemplo, a matriz $[A]$ de tamanho $m \times n$ pode ser pré-multiplicada pela matriz $[B]$ de tamanho $n \times p$ porque o número de colunas n da matriz $[A]$ é igual ao número de linhas n da matriz $[B]$. Além disso, a multiplicação resulta em outra matriz, digamos $[C]$, de tamanho $m \times p$. A multiplicação de matrizes é realizada de acordo com a regra a seguir. Considere a multiplicação das seguintes matrizes 3 por 3 $[A]$ e 3 por 2 $[B]$.

$$[A][B] = \begin{bmatrix} 2 & 4 & 1 \\ 1 & 6 & 5 \\ -2 & 3 & 8 \end{bmatrix}_{3 \times 3} \begin{bmatrix} 7 & 23 \\ 12 & 9 \\ 16 & 11 \end{bmatrix}_{3 \times 2} = [C]_{3 \times 2}$$

Observe que o número de colunas da matriz $[A]$ é igual ao número de linhas da matriz $[B]$ e a multiplicação resultará em uma matriz de tamanho 3 por 2. Os elementos da primeira coluna da matriz resultante $[C]$ são calculados assim:

$$7 \quad 12 \quad 16 \leftarrow$$

$$[C] = \begin{bmatrix} 2 & 4 & 1 \\ 1 & 6 & 5 \\ -2 & 3 & 8 \end{bmatrix} \begin{bmatrix} & 23 \\ \uparrow & 9 \\ \uparrow & 11 \end{bmatrix}$$

$$= \begin{bmatrix} (7)(2)+(12)(4)+(16)(1) & c_{12} \\ (7)(1)+(12)(6)+(16)(5) & c_{22} \\ (7)(-2)+(12)(3)+(16)(8) & c_{32} \end{bmatrix} = \begin{bmatrix} 78 & c_{12} \\ 159 & c_{22} \\ 150 & c_{32} \end{bmatrix}$$

e os elementos da segunda coluna da matriz $[C]$ são

$$23 \quad 9 \quad 11 \leftarrow$$

$$[C] = \begin{bmatrix} 2 & 4 & 1 \\ 1 & 6 & 5 \\ -2 & 3 & 8 \end{bmatrix} \begin{bmatrix} 7 & \\ 12 & \uparrow \\ 16 & \uparrow \end{bmatrix} = \begin{bmatrix} 78 & c_{12} \\ 159 & c_{22} \\ 150 & c_{32} \end{bmatrix}$$

$$= \begin{bmatrix} 78 & (23)(2)+(9)(4)+(11)(1) \\ 159 & (23)(1)+(9)(6)+(11)(5) \\ 150 & (23)(-2)+(9)(3)+(11)(8) \end{bmatrix} = \begin{bmatrix} 78 & 93 \\ 159 & 132 \\ 150 & 69 \end{bmatrix}$$

Se você estiver trabalhando com matrizes maiores, os elementos de outras colunas são calculados de maneira semelhante. Igualmente, ao multiplicar matrizes, lembre-se de que a multiplicação de matrizes não é comutativa, exceto em casos muito especiais. Ou seja,

$$[A][B] \neq [B][A] \qquad \text{18.12}$$

Esse pode ser um bom momento para destacar que se $[I]$ for uma matriz identidade e $[A]$ uma matriz quadrada de tamanho correspondente, então pode ser prontamente demonstrado o produto

$$[I][A] = [A][I] = [A] \qquad \text{18.13}$$

EXEMPLO 18.1

Dadas as matrizes: $[A] = \begin{bmatrix} 0 & 5 & 0 \\ 8 & 3 & 7 \\ 9 & -2 & 9 \end{bmatrix}$, $[B] = \begin{bmatrix} 4 & 6 & -2 \\ 7 & 2 & 3 \\ 1 & 3 & -4 \end{bmatrix}$ e $\{C\} = \begin{Bmatrix} -1 \\ 2 \\ 5 \end{Bmatrix}$ execute as operações a seguir.

(a) $[A] + [B] = ?$
(b) $[A] - [B] = ?$
(c) $3[A] = ?$
(d) $[A][B] = ?$
(e) $[A]\{C\} = ?$
(f) Demonstre que $[I][A] = [A][I] = [A]$

Usaremos as regras de operação discutidas nas seções precedentes para responder a essas perguntas.

(a) $\lceil A \rceil + \lceil B \rceil = ?$

$$[A]+[B]=\begin{bmatrix} 0 & 5 & 0 \\ 8 & 3 & 7 \\ 9 & -2 & 9 \end{bmatrix}+\begin{bmatrix} 4 & 6 & -2 \\ 7 & 2 & 3 \\ 1 & 3 & -4 \end{bmatrix}$$

$$=\begin{bmatrix} (0+4) & (5+6) & (0+(-2)) \\ (8+7) & (3+2) & (7+3) \\ (9+1) & (-2+3) & (9+(-4)) \end{bmatrix}=\begin{bmatrix} 4 & 11 & -2 \\ 15 & 5 & 10 \\ 10 & 1 & 5 \end{bmatrix}$$

(b) $[A]-[B]=?$

$$[A]-[B]=\begin{bmatrix} 0 & 5 & 0 \\ 8 & 3 & 7 \\ 9 & -2 & 9 \end{bmatrix}-\begin{bmatrix} 4 & 6 & -2 \\ 7 & 2 & 3 \\ 1 & 3 & -4 \end{bmatrix}$$

$$=\begin{bmatrix} (0-4) & (5-6) & (0-(-2)) \\ (8-7) & (3-2) & (7-3) \\ (9-1) & (-2-3) & (9-(-4)) \end{bmatrix}=\begin{bmatrix} -4 & -1 & 2 \\ 1 & 1 & 4 \\ 8 & -5 & 13 \end{bmatrix}$$

(c) $3[A] = ?$

$$3[A]=3\begin{bmatrix} 0 & 5 & 0 \\ 8 & 3 & 7 \\ 9 & -2 & 9 \end{bmatrix}=\begin{bmatrix} 0 & (3)(5) & 0 \\ (3)(8) & (3)(3) & (3)(7) \\ (3)(9) & (3)(-2) & (3)(9) \end{bmatrix}=\begin{bmatrix} 0 & 15 & 0 \\ 24 & 9 & 21 \\ 27 & -6 & 27 \end{bmatrix}$$

(d) $[A][B]=?$

$$[A][B]=\begin{bmatrix} 0 & 5 & 0 \\ 8 & 3 & 7 \\ 9 & -2 & 9 \end{bmatrix}\begin{bmatrix} 4 & 6 & -2 \\ 7 & 2 & 3 \\ 1 & 3 & -4 \end{bmatrix}$$

$$=\begin{bmatrix} (0)(4)+(5)(7)+(0)(1) & (0)(6)+(5)(2)+(0)(3) & (0)(-2)+(5)(3)+(0)(-4) \\ (8)(4)+(3)(7)+(7)(1) & (8)(6)+(3)(2)+(7)(3) & (8)(-2)+(3)(3)+(7)(-4) \\ (9)(4)+(-2)(7)+(9)(1) & (9)(6)+(-2)(2)+(9)(3) & (9)(-2)+(-2)(3)+(9)(-4) \end{bmatrix}$$

$$=\begin{bmatrix} 35 & 10 & 15 \\ 60 & 75 & -35 \\ 31 & 77 & -60 \end{bmatrix}$$

(e) $[A]\{C\}=?$

$$[A]\{C\}=\begin{bmatrix} 0 & 5 & 0 \\ 8 & 3 & 7 \\ 9 & -2 & 9 \end{bmatrix}\begin{Bmatrix} -1 \\ 2 \\ 5 \end{Bmatrix}=\begin{Bmatrix} (0)(-1)+(5)(2)+(0)(5) \\ (8)(-1)+(3)(2)+(7)(5) \\ (9)(-1)+(-2)(2)+(9)(5) \end{Bmatrix}=\begin{Bmatrix} 10 \\ 33 \\ 32 \end{Bmatrix}$$

(f) Demonstre que $[I][A] = [A][I] = [A]$

$$[I][A] = \begin{bmatrix} 1 & 0 & 0 \\ 0 & 1 & 0 \\ 0 & 0 & 1 \end{bmatrix} \begin{bmatrix} 0 & 5 & 0 \\ 8 & 3 & 7 \\ 9 & -2 & 9 \end{bmatrix} = \begin{bmatrix} 0 & 5 & 0 \\ 8 & 3 & 7 \\ 9 & -2 & 9 \end{bmatrix} \text{ e}$$

$$[A][I] = \begin{bmatrix} 0 & 5 & 0 \\ 8 & 3 & 7 \\ 9 & -2 & 9 \end{bmatrix} \begin{bmatrix} 1 & 0 & 0 \\ 0 & 1 & 0 \\ 0 & 0 & 1 \end{bmatrix} = \begin{bmatrix} 0 & 5 & 0 \\ 8 & 3 & 7 \\ 9 & -2 & 9 \end{bmatrix}$$

Matriz transposta

Como você verá em aulas posteriores, a formulação e a solução de problemas de engenharia prestam-se a situações em que é desejável reorganizar as linhas de uma matriz nas colunas de outra matriz.

Em geral, para obter a **matriz transposta** de uma matriz $[B]$ de tamanho $m \times n$, a primeira linha dessa matriz se torna a primeira coluna de $[B]^T$, a segunda linha de $[B]$ torna-se a segunda coluna de $[B]^T$ e assim por diante, até a linha m de $[B]$ tornar-se a coluna m de $[B]^T$, resultando em uma matriz $n \times m$. A matriz $[B]^T$ é lida como a transposição da matriz $[B]$.

Às vezes, por economia de espaço, escrevemos matrizes solução, que são matrizes de colunas, como matrizes de linhas usando a transposta da solução, o que é um outro uso da transposição de matrizes. Por exemplo, representamos a solução dada pela matriz U:

$$\{U\} = \begin{Bmatrix} 7 \\ 4 \\ 9 \\ 6 \\ 12 \end{Bmatrix} \text{ por } [U]^T = \begin{bmatrix} 7 & 4 & 9 & 6 & 12 \end{bmatrix}$$

Este é um bom momento para definir a matriz simétrica. A *matriz simétrica* é uma matriz quadrada cujos elementos são simétricos em relação a sua diagonal principal. A seguir, um exemplo de matriz simétrica.

$$[A] = \begin{bmatrix} 1 & 4 & 2 & -5 \\ 4 & 5 & 15 & 20 \\ 2 & 15 & -3 & 8 \\ -5 & 20 & 8 & 0 \end{bmatrix}$$

EXEMPLO 18.2 Dadas as seguintes matrizes:

$$[A] = \begin{bmatrix} 0 & 5 & 0 \\ 8 & 3 & 7 \\ 9 & -2 & 9 \end{bmatrix} \text{ e } [B] = \begin{bmatrix} 4 & 6 & -2 \\ 7 & 2 & 3 \\ 1 & 3 & -4 \end{bmatrix}, \text{ execute as seguintes operações:}$$

(a) $[A]^T = ?$ e (b) $[B]^T = ?$

(a) Conforme explicado anteriormente, a primeira, segunda, terceira... m linhas de uma matriz tornam-se a primeira, segunda, terceira... m colunas da matriz transposta, respectivamente.

$$[A]^T = \begin{bmatrix} 0 & 8 & 9 \\ 5 & 3 & -2 \\ 0 & 7 & 9 \end{bmatrix}$$

(b) Da mesma forma,

$$[B]^T = \begin{bmatrix} 4 & 7 & 1 \\ 6 & 2 & 3 \\ -2 & 3 & -4 \end{bmatrix}$$

Determinante de uma matriz

Até este ponto, definimos a terminologia essencial de matrizes e discutimos operações básicas com matrizes. Nesta seção, definiremos o **determinante** de uma matriz. Vamos considerar a solução do seguinte conjunto de equações simultâneas:

$$a_{11}x_1 + a_{12}x_2 = b_1 \qquad \text{18.14a}$$

$$a_{21}x_1 + a_{22}x_2 = b_2 \qquad \text{18.14b}$$

Expressando as equações (18.14a) e (18.14b) em forma de matriz, temos

$$\overbrace{\begin{bmatrix} a_{11} & a_{12} \\ a_{21} & a_{22} \end{bmatrix}}^{[A]} \begin{Bmatrix} x_1 \\ x_2 \end{Bmatrix} = \begin{Bmatrix} b_1 \\ b_2 \end{Bmatrix}$$

Para determinar as incógnitas x_1 e x_2, podemos primeiro resolver x_2 em termos de x_1 usando a Equação (18.14 b) e depois substituir essa relação na Equação (18.14a). Essas etapas são mostradas a seguir.

$$x_2 = \frac{b_2 - a_{21}x_1}{a_{22}} \quad \Rightarrow \quad a_{11}x_1 + a_{12}\left(\frac{b_2 - a_{21}x_1}{a_{22}}\right) = b_1$$

Determinamos x_1:

$$x_1 = \frac{b_1 a_{22} - a_{12}b_2}{a_{11}a_{22} - a_{12}a_{21}} \qquad \text{18.15a}$$

Depois substituímos x_1 nas equações (18.14a) ou (18.14b) e obtemos:

$$x_2 = \frac{a_{11}b_2 - b_1 a_{21}}{a_{11}a_{22} - a_{12}a_{21}} \qquad \text{18.15b}$$

MATEMÁTICA EM ENGENHARIA **693**

Com referência às soluções fornecidas pelas equações (18.15a) e (18.15b), vemos que os denominadores dessas equações representam o produto dos coeficientes da diagonal principal menos o produto dos coeficientes da outra diagonal da matriz [A]. O determinante da matriz [A] 2 × 2 é $a_{11}a_{22} - a_{12}a_{21}$ e é representado de uma das seguintes maneiras:

$$\mathbf{Det}[A] \text{ ou } \mathbf{det}[A] \text{ ou } \begin{vmatrix} a_{11} & a_{12} \\ a_{21} & a_{22} \end{vmatrix} = a_{11}a_{22} - a_{12}a_{21} \qquad \text{18.16}$$

Somente o determinante de uma matriz quadrada é definido. Além disso, lembre-se de que o determinante da matriz [A] é um único número. Ou seja, depois de substituirmos os valores a_{11}, a_{12} e a_{21} em $a_{11}\,a_{22} - a_{12}\,a_{21}$, temos um único número.

Vamos agora considerar o determinante de uma matriz 3 x 3 como

$$[C] = \begin{bmatrix} c_{11} & c_{12} & c_{13} \\ c_{21} & c_{22} & c_{23} \\ c_{31} & c_{32} & c_{33} \end{bmatrix}$$

que é calculado da seguinte maneira:

$$\begin{bmatrix} c_{11} & c_{12} & c_{13} \\ c_{21} & c_{22} & c_{23} \\ c_{31} & c_{32} & c_{33} \end{bmatrix} = c_{11}c_{22}c_{33} + c_{12}c_{23}c_{31} + c_{13}c_{21}c_{32} - c_{13}c_{22}c_{31} - c_{11}c_{23}c_{32} - c_{12}c_{21}c_{33} \qquad \text{18.17}$$

Há um procedimento simples chamado *expansão direta* que pode ser usado para obter os resultados dados pela Equação (18.17). A expansão direta é realizada da seguinte forma: primeiro, repetimos e colocamos a primeira e a segunda colunas da matriz [C] próximo da terceira coluna, como mostra a Figura 18.21. Em seguida, adicionamos os produtos dos elementos diagonais das linhas cheias sólidas e os subtraímos dos produtos dos elementos diagonais das linhas tracejadas. Esse procedimento, mostrado na Figura 18.21, resulta no valor do determinante fornecido pela Equação (18.17).

O procedimento de expansão direta não pode ser usado para obter determinantes de ordem superior. Em vez disso, recorremos a um método que primeiro reduz a ordem do determinante ao que se chama um menor e então calculamos os determinantes de ordem inferior. Você aprenderá sobre os menores posteriormente em suas aulas.

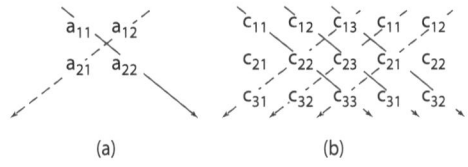

(a) (b)

FIGURA 18.21 Procedimento de expansão direta para calcular o determinante (a) da matriz 2 × 2 e (b) da matriz 3 × 3.

Dada a seguinte matriz: $[A] = \begin{bmatrix} 1 & 5 & 0 \\ 8 & 3 & 7 \\ 6 & -2 & 9 \end{bmatrix}$, calcule o determinante de $[A]$.

Como explicamos anteriormente, usando o método de expansão direta, repetimos e colocamos a primeira e a segunda colunas da matriz próximo da terceira coluna, conforme mostrado, calculamos os produtos dos elementos das linhas cheias e depois os subtraímos dos produtos dos elementos das linhas tracejadas, como mostra a Figura 18.22. O uso desse método resulta na seguinte solução.

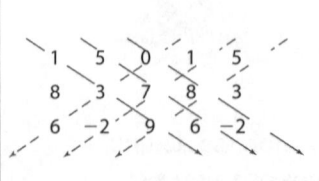

FIGURA 18.22

O método de expansão direta para o Exemplo 18.3.

$$\begin{vmatrix} 1 & 5 & 0 \\ 8 & 3 & 7 \\ 6 & -2 & 9 \end{vmatrix} = (1)(3)(9) + (5)(7)(6) + (0)(8)(-2) \\ -(5)(8)(9) - (1)(7)(-2) - (0)(3)(6) = -109$$

Quando o determinante de uma matriz é zero, a matriz é chamada *singular*. A matriz singular ocorre quando os elementos de duas ou mais linhas de uma matriz são idênticos. Considere, por exemplo, a seguinte matriz:

$[A] = \begin{bmatrix} 2 & 1 & 4 \\ 2 & 1 & 4 \\ 1 & 3 & 5 \end{bmatrix}$, cujas linhas um e dois são idênticas.

Conforme mostrado a seguir, o determinante de $[A]$ é zero.

$$\begin{vmatrix} 2 & 1 & 4 \\ 2 & 1 & 4 \\ 1 & 3 & 5 \end{vmatrix} = (2)(1)(5) + (1)(4)(1) + (4)(2)(3) \\ -(1)(2)(5) - (2)(4)(3) - (4)(1)(1) = 0$$

A singularidade da matriz também pode ocorrer quando os elementos de uma ou mais linhas de uma matriz são linearmente dependentes. Por exemplo, se multiplicarmos os elementos da segunda linha da matriz $[A]$ por um fator escalar como 7, obteremos a matriz

$[A] = \begin{bmatrix} 2 & 1 & 4 \\ 14 & 7 & 28 \\ 1 & 3 & 5 \end{bmatrix}$ que é singular, porque as linhas um e dois agora são linearmente dependentes.

Conforme mostrado a seguir, o determinante da nova matriz $[A]$ é zero.

$$\begin{vmatrix} 2 & 1 & 4 \\ 14 & 7 & 28 \\ 1 & 3 & 5 \end{vmatrix} = (2)(7)(5) + (1)(28)(1) + (4)(14)(3) \\ -(1)(14)(5) - (2)(28)(3) - (4)(7)(1) = 0$$

Soluções de equações lineares simultâneas

Como discutimos anteriormente, a formulação de muitos problemas de engenharia leva a um sistema de equações algébricas. Como você aprenderá posteriormente nas aulas de matemática e engenharia, há diversas maneiras de resolver um conjunto de equações lineares. Na seção a seguir, discutiremos uma delas.

Método de eliminação de Gauss Começaremos nossa discussão demonstrando o método de eliminação de Gauss, usando um exemplo. Considere as três seguintes equações lineares com três incógnitas: x_1, x_2 e x_3.

$$2x_1 + x_2 + x_3 = 13 \qquad \text{18.18a}$$

$$3x_1 + 2x_2 + 4x_3 = 32 \qquad \text{18.18b}$$

$$5x_1 - x_2 + 3x_3 = 17 \qquad \text{18.18c}$$

Etapa 1: Começamos dividindo a Equação (18.18a) por 2: o coeficiente do termo x_1. Essa operação leva a

$$x_1 + \frac{1}{2}x_2 + \frac{1}{2}x_3 = \frac{13}{2} \qquad \text{18.19}$$

Etapa 2: Multiplicamos a Equação (18.19) por 3: o coeficiente de x_1 na Equação (18.18b).

$$3x_1 + \frac{3}{2}x_2 + \frac{3}{2}x_3 = \frac{39}{2} \qquad \text{18.20}$$

Em seguida, subtraímos a Equação (18.20) da Equação (18.18b). Essa etapa eliminará x_1 da Equação (18.18b). Essa operação leva a

$$
\begin{array}{r}
3x_1 + 2x_2 + 4x_3 = 32 \\
-\left(3x_1 + \dfrac{3}{2}x_2 + \dfrac{3}{2}x_3 = \dfrac{39}{2}\right) \\
\hline
\dfrac{1}{2}x_2 + \dfrac{5}{2}x_3 = \dfrac{25}{2}
\end{array}
\qquad \text{18.21}
$$

Etapa 3: Da mesma forma, para eliminar x_1 da Equação (18.18c), multiplicamos a Equação (18.19) por 5: o coeficiente de x_1 na Equação (18.18c).

$$5x_1 + \frac{5}{2}x_2 + \frac{5}{2}x_3 = \frac{65}{2} \qquad \text{18.22}$$

Em seguida, subtraímos a equação acima da Equação (18.18c), que eliminará x_1 da Equação (18.18c). Essa operação leva a

$$
\begin{array}{r}
5x_1 - x_2 + 3x_3 = 17 \\
-\left(5x_1 + \dfrac{5}{2}x_2 + \dfrac{5}{2}x_3 = \dfrac{65}{2}\right) \\
\hline
-\dfrac{7}{2}x_2 + \dfrac{1}{2}x_3 = -\dfrac{31}{2}
\end{array}
\qquad \text{18.23}
$$

Vamos resumir os resultados das operações realizadas durante as etapas 1 a 3. Essas operações eliminaram x_1 das Equações (18.18b) e (18.18c).

$$x_1 + \frac{1}{2}x_2 + \frac{1}{2}x_3 = \frac{13}{2} \qquad \text{18.24a}$$

$$\frac{1}{2}x_2 + \frac{5}{2}x_3 = \frac{25}{2}$$ 18.24b

$$-\frac{7}{2}x_2 + \frac{1}{2}x_3 = -\frac{31}{2}$$ 18.24c

Etapa 4: Para eliminar x_2 da Equação (18.24c), primeiro dividimos a Equação (18.24b) por $\frac{1}{2}$, o coeficiente de x_2.

$$x_2 + 5x_3 = 25$$ 18.25

Em seguida, multiplicamos a Equação (18.25) por $\frac{-7}{2}$, o coeficiente de x_2 na Equação (18.24c) e subtraímos essa equação da Equação (18.24c). Essas operações levam a

$$-\frac{7}{2}x_2 + \frac{1}{2}x_3 = -\frac{31}{2}$$
$$-\left(-\frac{7}{2}x_2 - \frac{35}{2}x_3 = -\frac{175}{2}\right)$$
$$\overline{18x_3 = 72}$$ 18.26

Dividindo ambos os lados da Equação (18.26) por 18, temos $x_3 = 4$

Resumindo os resultados das etapas anteriores, temos

$$x_1 + \frac{1}{2}x_2 + \frac{1}{2}x_3 = \frac{13}{2}$$ 18.27

$$x_2 + 5x_3 = 25$$ 18.28

$$x_3 = 4$$ 18.29

Etapa 5: Agora podemos usar novamente a substituição para calcular os valores de x_2 e x_3. Substituímos x_3 na Equação (18.28) e calculamos x_2.

$$x_2 + 5(4) = 25 \quad \Rightarrow \quad x_2 = 5$$

Em seguida, substituímos x_3 e x_2 na Equação (18.27) e calculamos x_1.

$$x_1 + \frac{1}{2}(5) + \frac{1}{2}(4) = \frac{13}{2} \quad \Rightarrow \quad x_1 = 2$$

Matriz inversa

Nas seções anteriores, discutimos adição, subtração e multiplicação de matrizes, mas você pode ter observado que não dissemos nada sobre divisão de matrizes. Isso porque essa operação não é definida formalmente. No lugar dela, definimos a **matriz inversa** de uma matriz, a qual, ao ser multiplicada pela matriz original, resulta na matriz identidade.

$$[A]^{-1}[A] = [A][A]^{-1} = [I]$$ 18.30

Na Equação (18.30), $[A]^{-1}$ é denominada matriz inversa de [A]. Somente uma matriz quadrada e não singular possui uma matriz inversa. Na seção anterior, explicamos o método de eliminação de Gauss, que pode ser usado para obter soluções de um conjunto de equações lineares. A matriz inversa proporciona mais uma maneira de determinar as soluções de um conjunto de equações lineares. Como você aprenderá mais tarde nas aulas de matemática e engenharia, há diversas maneiras de calcular a matriz inversa de uma matriz.

Antes de continuar

Responda às perguntas a seguir para testar o que aprendeu.

1. O que se entende por elementos de uma matriz?

2. O que se entende por tamanho de uma matriz?

3. O que é matriz transposta?

4. O que se entende por determinante de uma matriz?

Vocabulário – Indique o significado dos termos a seguir.

Matriz unidade _____

Matriz quadrada _____

Matriz identidade _____

OA⁶ # 18.6 Cálculo

O estudo de **cálculo** normalmente divide-se em duas áreas: cálculo diferencial e cálculo integral. Nas seções a seguir, explicaremos alguns dos conceitos relacionados a ambas.

Cálculo diferencial

É necessário um bom entendimento de cálculo diferencial para determinar a *taxa de variação* em problemas de engenharia. A taxa de variação refere-se à forma como uma variável dependente muda em relação a uma variável independente. Vamos imaginar que, num belo dia de sol, você decida sair para um passeio. Você entra no carro, liga o motor e começa seu passeio. Enquanto está viajando em velocidade constante e apreciando a paisagem, sua curiosidade de engenheiro entra em ação e você se pergunta: Como a velocidade do meu carro está mudando? Em outras palavras, você fica interessado em saber a *taxa de variação temporal* da velocidade ou a aceleração tangencial do carro.

> O estudo de cálculo divide-se em duas áreas: cálculo diferencial e cálculo integral.

Como definido anteriormente, a taxa de variação mostra como uma variável muda em relação a outra variável. Nesse exemplo, a velocidade é a *variável dependente* e o tempo, a *variável independente*. A velocidade é chamada de variável dependente porque a velocidade do carro é uma função do tempo. A variável tempo não é dependente da velocidade e, portanto, é denominada variável independente. Se você pudesse definir uma função que descrevesse precisamente a velocidade em termos de tempo, então iria *diferenciar* a função para obter a aceleração. Com relação a esse exemplo, muitas outras perguntas podem ser feitas:

Qual é a taxa de de variação com o tempo do consumo de combustível (litros por hora)?

Qual é a taxa de variação com a distância do consumo de combustível (quilômetros por litro)?

Qual é a taxa de variação com o tempo de sua posição em relação a um local conhecido (por exemplo, a velocidade do carro)?

Os engenheiros calculam a taxa de mudança das variáveis para projetar produtos e serviços. Os engenheiros que projetaram seu carro tiveram que ter bom conhecimento do conceito de taxa de variação para construir um carro de comportamento previsível. Os fabricantes de automóveis, por exemplo, disponibilizam certas informações, como o rendimento em quilômetros por litro na cidade e na estrada. Outros exemplos familiares que envolvem taxas de variação de variáveis incluem:

Após ser ligado, como a temperatura de um fogão muda com o tempo?

Após ter sido colocado na geladeira, como a temperatura de um refrigerante muda com o tempo?

Novamente, os engenheiros que projetaram o fogão e a geladeira entendem o conceito da taxa de variação para projetar um produto que funcione de acordo com as especificações estabelecidas. O fluxo de tráfego e a movimentação de produtos em linhas de montagens são outros exemplos em que o conhecimento minucioso de taxas de variação de variáveis é aplicado.

Durante os próximos dois anos, nas suas aulas de cálculo, você aprenderá muitas regras e conceitos novos que trabalham com cálculo diferencial. Procure dedicar-se para aprender esses conceitos e regras. Nas aulas de cálculo, talvez você não aplique esses conceitos para resolver problemas de engenharia, mas tenha certeza de que os usará nas aulas de engenharia. Alguns desses conceitos regras e estão resumidos na Tabela 18.6. A seguir, veja exemplos que demonstram como aplicar as regras de cálculo diferencial. Enquanto estiver estudando esses exemplos, lembre-se de que nossa intenção aqui é apresentar algumas regras e não explicá-las exaustivamente.

EXEMPLO 18.4

Identifique as variáveis dependente e independente para as seguintes situações: consumo de água e fluxo de tráfego.

Para a situação de consumo de água, a massa ou o volume é a variável dependente e o tempo, a variável independente. Para o problema do fluxo de tráfego, o número de carros é a variável dependente e o tempo, a variável independente.

EXEMPLO 18.5

Encontre a derivada de $f(x) = x^3 - 10x^2 + 8$.

Usamos as regras 3 e 5, $f'(x) = nx^{n-1}$ da Tabela 18.6 para resolver esse problema como mostrado.

$$f'(x) = 3x^2 - 20x$$

TABELA 18.6	Resumo de definições e regras para derivadas

	Definições e regras	Explicação
1	$f'(x) = \dfrac{df}{dx} = \underset{h \to 0}{\text{limite}} \dfrac{f(x+h) - f(x)}{h}$	Definição da derivada da função $f(x)$.
2	Se $f(x) = $ constante então $f'(x) = 0$	A derivada da função constante é zero.
3	Se $f(x) = x^n$ então $f'(x) = nx^{n-1}$	Regra da potência (veja Exemplo 18.5).
4	Se $f(x) = a \cdot g(x)$ onde a é uma constante então $f'(x) = a \cdot g'(x)$	Regra para multiplicar uma constante a por uma função (veja Exemplo 18.6).
5	Se $f(x) = g(x) \pm h(x)$ então $f'(x) = g'(x) \pm h'(x)$	Regra para adicionar ou subtrair duas funções (veja Exemplo 18.7).
6	Se $f(x) = g(x) \cdot h(x)$ então $f'(x) = g'(x) \cdot h(x) + g(x) \cdot h'(x)$	Regra do produto (veja Exemplo 18.8).
7	Se $f(x) = \dfrac{g(x)}{h(x)}$ então $f'(x) = \dfrac{h(x) \cdot g'(x) - g(x) \cdot h'(x)}{[h(x)]^2}$	Regra do quociente (veja Exemplo 18.9).
8	Se $f(x) = f[g(x)] = f(u)$ onde $u = g(x)$ então $f'(x) = \dfrac{df(x)}{dx} = \dfrac{df(x)}{du} \cdot \dfrac{du}{dx}$	Regra da cadeia.
9	Se $f(x) = [g(x)]^n = u^n$ onde $u = g(x)$ então $f'(x) = n \cdot u^{n-1} \cdot \dfrac{du}{dx}$	Regra da potência para uma função geral como $g(x)$ (veja Exemplo 18.10).
10	Se $f(x) = ln|g(x)|$ então $f'(x) = \dfrac{g'(x)}{g(x)}$	Regra para funções logarítmicas naturais (veja Exemplo 18.11).
11	Se $f(x) = \exp(g(x))$ ou $f(x) = e^{g(x)}$ então $f'(x) = g'(x) \cdot e^{g(x)}$	Regra para funções exponenciais (veja Exemplo 18.12).

EXEMPLO 18.6	Encontre a derivada de $f(x) = 5(x^3 - 10x^2 + 8)$.

Usamos a regra 4, $f'(x) = a \cdot g'(x)$, da Tabela 18.6 para resolver esse problema. Se $a = 5$ e $g(x) = x^3 - 10x^2 + 8$, então a derivada de $f(x)$ é $f'(x) = 5(3x^2 - 20x) = 15x^2 - 100x$.

EXEMPLO 18.7

Encontre a derivada de $f(x) = (x^3 - 10x^2 + 8) \pm (x^5 + 5x)$.

Usamos a regra 5, $f'(x) = g'(x) \pm h'(x)$, da Tabela 18.6 para resolver esse problema:

$f'(x) = (3x^2 - 20x) \pm (5x^4 + 5)$.

EXEMPLO 18.8

Encontre a derivada de $f(x) = (x^3 - 10x^2 + 8)(x^5 - 5x)$.

Usamos a regra 6, $f'(x) = g'(x) \cdot h(x) + g(x) \cdot h'(x)$, da Tabela 18.6 para resolver esse problema. Para esse problema, $h(x) = (x^5 - 5x)$ e $g(x) = (x^3 - 10x^2 + 8)$.

$f'(x) = (3x^2 - 20x)(x^5 + 5x) + (x^3 - 10x^2 + 8)(5x^4 - 5)$
$= 8x^7 - 70x^6 + 40x^4 = 20x^3 + 150x^2 - 40$

EXEMPLO 18.9

Encontre a derivada de $f(x) = (x^3 - 10x^2 + 8) / (x^5 - 5x)$.

Usamos a regra 7, $f'(x) = [h(x) \cdot g'(x) - g(x) \cdot h'(x)] / [h(x)]^2$, da Tabela 18.6 para resolver esse problema. Para esse problema, $h(x) = (x^5 = 5x)$ e $g(x) = (x^3 - 10x^2 + 8)$.

$$f'(x) = \frac{(x^5 - 5x)(3x^2 - 20x) - (x^3 - 10x^2 + 8)(5x^4 - 5)}{(x^5 - 5x)^2}$$

EXEMPLO 18.10

Encontre a derivada de $f(x) = (x^3 - 10x^2 + 8)^4$.

Usamos a regra 9, $f'(x) = n \cdot u^{n-1} \cdot \dfrac{du}{dx}$, da Tabela 18.6 para resolver esse problema. Para esse problema, $u = (x^3 - 10x^2 + 8)$.

$f'(x) = 4(x^3 - 10x^2 + 8)^3 (3x^2 - 20x)$

EXEMPLO 18.11

Encontre a derivada de $f(x) = ln|x^3 - 10x^2 + 8|$.

Usamos a regra 10, $f'(x) = g'(x)/g(x)$, da Tabela 18.6 para resolver esse problema. Para $g(x) = x^3 - 10x^2 + 8$.

$$f'(x) = \frac{(3x^2 - 20x)}{x^3 - 10x^2 + 8}$$

EXEMPLO 18.12

Encontre a derivada de $f(x) = e^{(x^3 - 10x^2 + 8)}$.

Usamos a regra 11, $f'(x) = g'(x) \cdot e^{g(x)}$ da Tabela 18.6, para resolver esse problema. Para esse problema: $g(x) = x^3 - 10x^2 + 8$.

$f'(x) = (3x^3 - 20x)\, e^{(x^3 - 10x^2 + 8)}$

Cálculo integral

O cálculo integral desempenha uma função vital na formulação e solução de problemas de engenharia. Para demonstrar essa função, vamos considerar os exemplos a seguir.

EXEMPLO 18.13

Lembre-se de que no Capítulo 7 discutimos uma propriedade de uma área conhecida como segundo momento de área. O segundo momento de área, também conhecido como momento de inércia de área, é uma propriedade importante de uma área, pois fornece informações sobre a dificuldade de se dobrar algo e, portanto, exerce relevante função no projeto de estruturas. Explicamos que para um pequeno elemento de área A localizado a uma distância x do eixo y-y, como mostra a Figura 18.23, o momento de inércia de área é definido por

$$I_{y-y} = x^2 A \qquad \text{18.31}$$

Também incluímos mais pequenos elementos de área, como mostrado na Figura 18.24. O momento de inércia de área para o sistema de áreas discretas mostrado no eixo y-y agora é

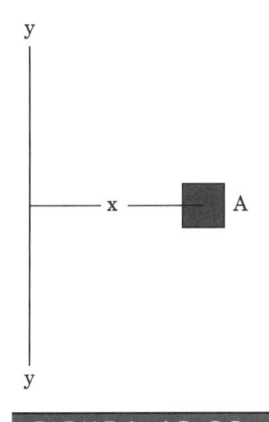

FIGURA 18.23
Pequeno elemento de área localizado a uma distância x do eixo y–y.

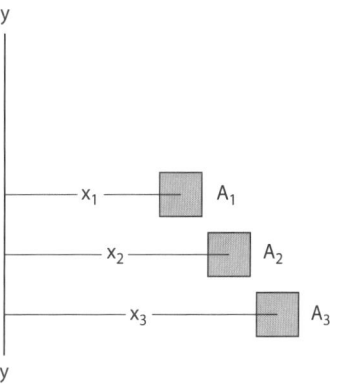

FIGURA 18.24 Segundo momento de área para três pequenos elementos de área.

$$I_{y-y} = x_1^2 A_1 + x_2^2 A_2 + x_3^2 A_3 \qquad \text{18.32}$$

Da mesma forma, podemos obter o segundo momento de área para uma área transversal, como a de um retângulo ou círculo, somando o momento de inércia de área de todos os pequenos elementos de área que compõem a seção transversal. Entretanto, para uma área transversal contínua, usamos integrais em vez de somar os termos $x^2 A$ para avaliar o momento de inércia de área. Afinal, o sinal para integral, $\int$, nada mais é do que um grande "S", indicando soma.

$$I_{y-y} = \int x^2 dA \qquad \text{18.33}$$

É possível obter o momento de inércia de área de qualquer forma geométrica executando a integração fornecida pela Equação (18.33). Por exemplo, vamos derivar uma fórmula para uma secção transversal retangular nos eixos y–y.

$$I_{y-y} = \overbrace{\int_{-w/2}^{w/2} x^2 \, dA}^{\text{etapa 1}} = \overbrace{\int_{-w/2}^{w/2} x^2 \, hdx}^{\text{etapa 2}} = \overbrace{h \int_{-w/2}^{w/2} x^2 \, dx}^{\text{etapa 4}} = \overbrace{\frac{1}{12} h w^3}^{\text{etapa 4}}$$

Etapa 1: o segundo momento da área de secção transversal retangular é igual à soma (integral) dos retângulos pequenos.

Etapa 2: fizemos a substituição $dA = hdx$ (veja Figura 18.25).

Etapa 3: simplificamos tirando h (constante) da integral.

Etapa 4: a solução; discutiremos as regras de integração posteriormente.

FIGURA 18.25 Elemento diferencial usado para calcular o segundo momento de área.

EXEMPLO 18.14 Como engenheiro civil, você poderá ser designado para a tarefa de determinar a força exercida pela água armazenada atrás de uma represa. Discutimos o conceito de pressão hidrostática no Capítulo 10 e afirmamos que, para um fluido em repouso, a pressão aumenta com a profundidade do fluido, conforme mostrado na Figura 18.26 e de acordo com

$$P = \rho g y \qquad \text{18.34}$$

onde

P = pressão do fluido em um ponto localizado à distância y abaixo da superfície da água (Pa)

ρ = densidade do fluido (kg/m³)

g = aceleração da gravidade ($g = 9{,}81$ m/s²)

y = distância do ponto abaixo da superfície do fluido (m)

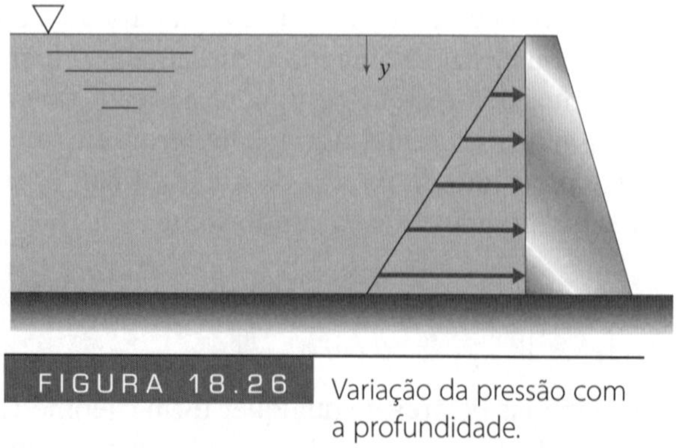

Como a força decorrente da pressão da água varia com a profundidade, precisamos adicionar a pressão exercida em áreas de várias profundidades para obter a força líquida. Considere a força atuando à profundidade y em uma área pequena dA, como mostra a Figura 18.27.

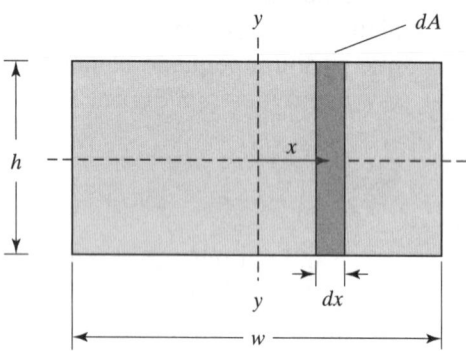

FIGURA 18.26 Variação da pressão com a profundidade.

O procedimento para calcular a força total é demonstrado nas etapas a seguir. Observe que essas etapas fazem uso de integrais.

$$\text{Força líquida} = \overbrace{\int_0^H dF}^{\text{etapa 1}} = \overbrace{\int_0^H p\,dA}^{\text{etapa 2}} = \overbrace{\int_0^H \rho gy\,dA}^{\text{etapa 3}} = \overbrace{\rho g\int_0^H y\,dA}^{\text{etapa 4}} = \overbrace{\rho gw\int_0^H y\,dy}^{\text{etapa 5}} = \overbrace{\frac{1}{2}\rho gwH^2}^{\text{etapa 6}}$$

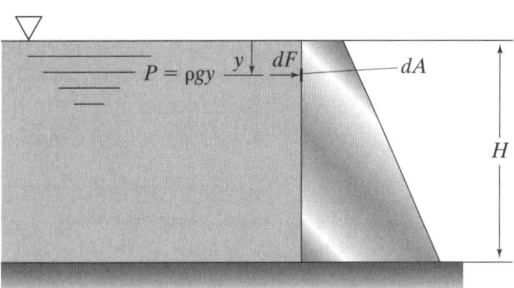

FIGURA 18.27 | Forças decorrentes da pressão atuando em uma superfície vertical.

Etapa 1: a força líquida é igual à soma (integral) de todas as pequenas forças que atuam em diferentes profundidades.

Etapa 2: fizemos a substituição $dF = p\,dA$ (lembre-se de que força é igual a pressão vezes área).

Etapa 3: utilizamos a relação entre a pressão do fluido e a profundidade do fluido, ou seja, $P = \rho gy$.

Etapa 4: simplificamos assumindo densidade de fluido constante e g constante.

Etapa 5: fizemos a substituição $dA = w\,dy$, onde w é a largura da represa.

Etapa 6: a solução; discutiremos as regras de integração posteriormente.

Poderíamos apresentar muitos outros exemplos para enfatizar a função das integrais em aplicações de engenharia.

Durante os próximos anos, nas suas aulas de cálculo, você aprenderá muitos regras e conceitos novos que trabalham com cálculo integral. Procure dedicar-se para aprender essas regras e conceitos. Alguns deles estão resumidos na Tabela 18.7. Veja, a seguir, exemplos que demonstram como aplicar algumas dessas regras. À medida que estuda esses exemplos, lembre-se novamente de que nossa intenção é familiarizá-lo com essas regras, e não fornecer uma cobertura ampla.

EXEMPLO 18.15 Avalie $\int (3x^2 - 20x)\,dx$

Usamos as regras 2 e 6 da Tabela 18.7 para resolver esse problema:

$$\int (3x^2 - 20x)\,dx = \int 3x^2\,dx + \int -20x\,dx = 3\int x^2\,dx - 20\int x\,dx$$

$$= 3\left[\frac{1}{2+1}x^3\right] - 20\left[\frac{1}{1+1}x^2\right] + C$$

$$= x^3 - 10x^2 + C$$

TABELA 18.7	Resumo das regras básicas para integrais

	Definições e regras	Explicação
1	$\int a\,dx = ax + C$	A integral de uma constante a.
2	$\int x^n\,dx = \dfrac{1}{n+1}x^{n+1} + C$	Verdadeiro para $n \neq -1$ (veja Exemplo 18.15).
3	$\int \dfrac{a}{x}\,dx = a\ln|x| + C$	Verdadeiro para $x \neq 0$ (veja Exemplo 18.18).
4	$\int e^{ax}\,dx = \dfrac{1}{a}e^{ax} + C$	A regra para a função exponencial.
5	$\int a \cdot f(x)\,dx = a\int f(x)\,dx$	Quando a = constante (veja Exemplo 18.16).
6	$\int [f(x) \pm g(x)\,dx = \int f(x)\,dx \pm \int g(x)\,dx$	Veja Exemplo 18.17.
7	$\int [u(x)]^n\ u'(x)\,dx = \dfrac{[u(x)]^{n+1}}{n+1} + C$	O método da substituição.
8	$\int e^{u(x)}u'(x)\,dx = e^{u(x)} + C$	O método da substituição (veja Exemplo 18.20).
9	$\int \dfrac{u'(x)}{u(x)}\,dx = \ln|u(x)| + C$	O método da substituição.

EXEMPLO 18.16

Avalie $\int 5(3x^2 - 20x)\,dx$

Usamos a regra 5, $\int a \cdot f(x)\,dx = a\int f(x)\,dx$, da Tabela 18.7, para resolver esse problema. Para esse problema, $a = 5$ e $f(x) = 3x^2 - 20x$, então usando os resultados do Exemplo 18.15, obtemos $\int 5(3x^2 - 20x)\,dx = 5(x^3 - 10x^2 + C)$.

EXEMPLO 18.17

Avalie $\int [(3x^2 - 20x) \pm (5x^4 - 5)]\,dx$

Usamos a regra 6, $\int [f(x) \pm g(x)]\,dx = \int f(x)\,dx \pm \int g(x)\,dx$, da Tabela 18.7 para resolver esse problema:

$$\int [(3x^2 - 20x) \pm (5x^4 - 5)]\,dx = \int (3x^2 - 20x)\,dx \pm \int (5x^4 - 5)\,dx$$
$$= (x^3 - 10x^2 + C_1) \pm (x^5 - 5x + C_2)$$

EXEMPLO 18.18

Avalie $\int \frac{10}{x} dx$.

Usamos a regra 3, $\int a/x\, dx = a \ln|x| + C$, da Tabela 18.7 para resolver esse problema:

$$\int \frac{10}{x} dx = 10 \ln|x| + C$$

EXEMPLO 18.19

Avalie $\int [(x-1)(x^2 - 2x)]dx$.

Usamos o método da substituição (regra 7) da Tabela 18.7 para resolver esse problema. Para esse problema, $u = x^2 - 2x$ e $du/dx = 2x - 2 = 2(x-1)$; reorganizamos os termos como $du = 2(x-1)dx$ ou $du/2 = (x-1)dx$. Fazendo essas substituições, temos

$$\int [(x-1)(x^2 - 2x)]dx = \int u\frac{du}{2} = \frac{1}{2}\int u\, du = \frac{1}{2}\left(\frac{u^2}{2} + C\right) = \frac{1}{2}\left[\frac{(x^2 - 2x)^2}{2} + C\right]$$

EXEMPLO 18.20

Avalie $\int \left[(x-1)e^{(x^2 - 2x)}\right]dx$.

Usamos o método da substituição (regra 8), $\int e^{u(x)}u'(x)dx = e^{u(x)} + C$, da Tabela 18.7, para resolver esse problema. Do exemplo anterior, temos $u = x^2 - 2x$ e $du/2 = (x-1)dx$. Fazendo essas substituições, obtemos

$$\int \left[(x-1)e^{(x^2 - 2x)}\right]dx = \frac{1}{2}\int e^u\, du = \frac{1}{2}(e^u) + C = \frac{1}{2}(e^{(x^2 - 2x)}) + C$$

Antes de continuar

Responda às perguntas a seguir para testar o que aprendeu.

1. Por que é importante conhecer cálculo diferencial?

2. Por que é importante conhecer cálculo integral?

3. O que queremos dizer por taxa de variação? Dê um exemplo.

4. O que o sinal de integral representa?

Vocabulário – Indique o significado dos termos a seguir.

Variável dependente _____

Variável independente _____

OA⁷ 18.7 Equações diferenciais

Muitos problemas de engenharia são modelados com o uso de equações diferenciais com um conjunto de condições de contorno e/ou iniciais. Como o nome indica, as **equações diferenciais** contêm derivadas de funções ou termos diferenciais. Além disso, as equações diferenciais são derivadas mediante a aplicação das leis e princípios fundamentais da natureza (alguns dos quais descrevemos anteriormente) a um volume ou massa muito pequenos. Essas equações diferenciais representam o equilíbrio de massa, força, energia e assim por diante. As **condições de contorno** fornecem informações sobre o que está acontecendo fisicamente no contorno de um problema. As **condições iniciais** nos dizem sobre as condições iniciais de um sistema (no tempo $t = 0$), antes de uma perturbação ou mudança ser introduzida. Quando possível, a solução exata dessas equações dá o comportamento detalhado do sistema sob um dado conjunto de condições. Exemplos de equações governantes, condições de contorno, condições iniciais e soluções são mostrados na Tabela 18.8.

TABELA 18.8 Exemplos de equações diferenciais governantes, condições de contorno, condições iniciais e soluções exatas para alguns problemas de engenharia

Tipo de problema	Equação governante, condições de contorno ou condições iniciais	Solução
Exemplo 1: A deflexão de uma viga.	$EI\dfrac{d^2Y}{dX^2} = \dfrac{wX(L-X)}{2}$ Condições limite: em $X = 0$, $Y = 0$ e em $X = L$, $Y = 0$	Deflexão da viga Y, como função da distância X: $Y = \dfrac{w}{24EI}(-X^4 + 2LX^3 - L^3X)$
Exemplo 2: A oscilação de um sistema elástico.	$\dfrac{d^2y}{dt^2} + \omega_n^2 y = 0$ em que $\omega_n^2 = \dfrac{k}{m}$ Condições iniciais: no tempo $t = 0$, $y = y_0$ e no tempo $t = 0$, $\dfrac{dy}{dt} = 0$	A posição da massa y, como função do tempo: $y(t) = y_0 \cos \omega_n t$

Exemplo 3: A distribuição de temperatura ao longo de uma aleta extensa.	$\dfrac{d^2T}{dX^2} - \dfrac{hp}{kA_c}(T - T_{ar}) = 0$ Condições de contorno: em $X = 0$, $T = T_{base}$ como $L \to \infty$, $T = T_{ar}$	Distribuição de temperatura ao longo da aleta como função de X: $T = T_{ar} + (T_{base} - T_{ar})e^{-\sqrt{\frac{hp}{kA_c}}\,X}$

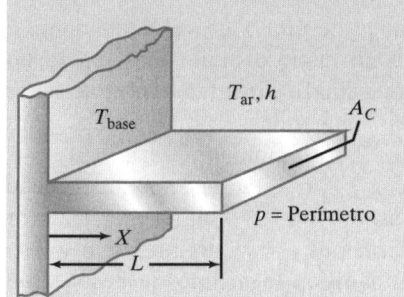

No Exemplo 1, a função Y representa a deflexão da viga no local indicado pela variável de posição X. Como mostrado na Tabela 18.8, a variável X varia de zero a L, a posição da viga. Observe que X é medido a partir do ponto de suporte à esquerda. A carga ou a força que atua sobre a viga é representada por W. As condições de contorno nos dizem o que está acontecendo nos contornos da viga. Para o Exemplo 1, nos suportes localizados em $X = 0$ e $X = L$, a deflexão da viga Y é zero. Posteriormente, na aula de equação diferencial, você aprenderá como obter a solução para esse problema conforme indicado na Tabela 18.8. A solução mostra, para uma carga W dada, como uma determinada viga se deflete em qualquer localização X. Observe que se você fizer a substituição $X = 0$ ou $X = L$ na solução, o valor de Y é zero. Como esperado, a solução satisfaz as condições de contorno.

A equação diferencial para o Exemplo 2 é derivada pela aplicação da segunda lei de Newton para a massa dada. Além disso, para esse problema, as condições iniciais nos dizem que, no tempo $t = 0$, empurramos a massa para cima a uma distância de y_0 e depois a liberamos sem imprimir a ela qualquer velocidade inicial. A solução do Exemplo 2 dá a posição da massa, conforme indicado pela variável y, em relação ao tempo t. Mostra que a massa oscilará de acordo com a respectiva função cossenoidal.

No Exemplo 3, T representa a temperatura da aleta no local indicado pela posição X, que varia de zero a L. Observe que X é medido a partir da base da aleta. As condições de contorno para esse problema nos dizem que a temperatura da aleta em sua base é T_{base} e a temperatura na extremidade da aleta será igual à temperatura do ar, desde que a aleta seja bastante extensa. A solução então mostra como a temperatura da aleta varia ao longo de seu comprimento.

Novamente, é importante lembrar que o objetivo deste capítulo foi focalizar importantes modelos e conceitos matemáticos e destacar por que a matemática é tão importante na formação de engenharia. A cobertura detalhada será fornecida posteriormente em suas aulas de matemática.

Antes de continuar

Responda às perguntas a seguir para testar o que aprendeu.

1. O que se entende por equação diferencial?

2. Na engenharia, o que a equação diferencial representa?

Vocabulário – Indique o significado dos termos a seguir.

Equação diferencial governante _____

Condição de contorno _____

Condição inicial _____

RESUMO

OA¹ Símbolos matemáticos e alfabeto grego

Você já entende a importância da matemática na engenharia. A matemática é uma linguagem que possui símbolos e terminologia próprios. É importante saber o que eles significam e usá-los corretamente. Também é importante memorizar as letras gregas, pois elas são usadas para expressar ângulos, dimensões e variáveis físicas em desenhos de engenharia e equações matemáticas.

OA² Modelos lineares

Você deve entender a importância de modelos lineares na descrição de problemas de engenharia e suas soluções. Modelos lineares são as formas mais simples de equações usadas para descrever várias situações de engenharia. Você também deve conhecer as características que definem esses modelos e o que elas representam. A inclinação de um modelo linear, por exemplo, mostra em quanto a variável dependente y muda sempre que uma mudança na variável independente x é introduzida. Além disso, para um modelo linear, o valor da inclinação é sempre constante.

OA³ Modelos não lineares

Você deve reconhecer as equações não lineares, suas características e como elas são usadas para descrever problemas de engenharia. Você deve saber que, diferentemente dos modelos lineares, os modelos não lineares têm inclinações variáveis, o que significa que cada vez que se introduz uma mudança no valor da variável independente x, a mudança correspondente na variável dependente y dependerá de onde na variação de x a mudança é introduzida.

OA⁴ Modelos exponenciais e logarítmicos

Você deve ser capaz de identificar funções exponenciais e logarítmicas, suas importantes características e como elas são usadas para modelar problemas de engenharia. A forma mais simples de uma função exponencial é dada por $f(x) = e^x$, onde e é um número irracional com valor aproximado de 2,718281. Além disso, ao modelar um problema de engenharia usando uma função exponencial,

a taxa de mudança de uma variável dependente é muito mais alta no início e muito mais baixa no final (ela nivela no final). Você também deve saber que as funções logarítmicas são definidas para facilitar cálculos. Por exemplo, se fizermos $10^x = y$, definimos que $\log y = x$; então, usando a definição de logaritmo comum, $\log 1 = 0$ ou $\log 100 = 2$. Por outro lado, se fizermos $e^x = y$, definimos $\ln y = x$, e o símbolo $\ln$ significa logaritmo de base e (ou logaritmo natural). Além disso, a relação entre o logaritmo natural e o logaritmo comum é dada por $\ln x = (\ln 10)(\log x) = 2{,}302585 \log x$.

OA⁵ Álgebra matricial

Você deve conhecer as regras para adicionar e subtrair matrizes e para multiplicar uma matriz por uma quantidade escalar ou por outra matriz. A formulação e a solução de problemas de engenharia conduzem a situações nas quais é desejável reorganizar as linhas de uma matriz nas colunas de outra matriz, o que leva à ideia de matriz transporta. Você também deve perceber que a formulação de muitos problemas de engenharia leva a um conjunto de equações algébricas lineares que são resolvidas simultaneamente. Portanto, um bom entendimento de álgebra matricial é essencial.

OA⁶ Cálculo

Você deve saber que o estudo de cálculo divide-se em duas áreas: cálculo diferencial e cálculo integral. Também deve saber que o cálculo diferencial lida com o entendimento da taxa de variação — como uma variável pode mudar em relação a outra variável — e que o cálculo integral está relacionado à soma de elementos.

OA⁷ Equações diferenciais

Você deve compreender que as equações diferenciais contêm derivadas de funções e representam o equilíbrio de massa, força, energia e assim por diante, e que as condições de contorno fornecem informações sobre o que está acontecendo fisicamente nos contornos de um problema. Além disso, deve saber que as condições iniciais fornecem informações sobre um sistema antes da introdução de uma perturbação ou mudança.

TERMOS-CHAVE

Adição de matrizes

Alfabeto grego

Cálculo

Condição de contorno

Condição inicial

Determinante

Elemento de matriz

Equação diferencial

Função exponencial

Função logarítmica

Inclinação

Interpolação linear

Matriz

Matriz inversa

Matriz transposta

Modelo linear

Modelo não linear

Multiplicação de matrizes

Símbolo matemático

Subtração de matrizes

Variável dependente

Variável independente

APLIQUE O QUE APRENDEU

Resíduos podem ser classificados em duas categorias: resíduos municipais e resíduos industriais. Resíduos municipais são basicamente o lixo que jogamos fora todos os dias. Consiste em itens como restos de alimentos, materiais de embalagem, garrafas, latas, etc. Como o nome indica, resíduos industriais referem-se aos resíduos produzidos na indústria. Esse tipo inclui materiais de construção e de demolições, lixo hospitalar e resíduos gerados durante exploração, desenvolvimento e produção de combustíveis fósseis, rochas e minerais. Visite o *site* da EPA e reúna dados sobre a geração anual de resíduos sólidos municipais (MSW, *municipal solid waste*) nos Estados unidos desde 1960 até anos recentes. Faça a plotagem desses dados em função do ano. Qual é a forma dessa função: linear ou não linear? Você pode identificar algumas características desse gráfico? Calcule a taxa de variação de MSW de cada década (1960–1970, 1970–1980, 1980–1990, 1990–2000 e 2000–2010). Apresente suas descobertas em um breve relatório.

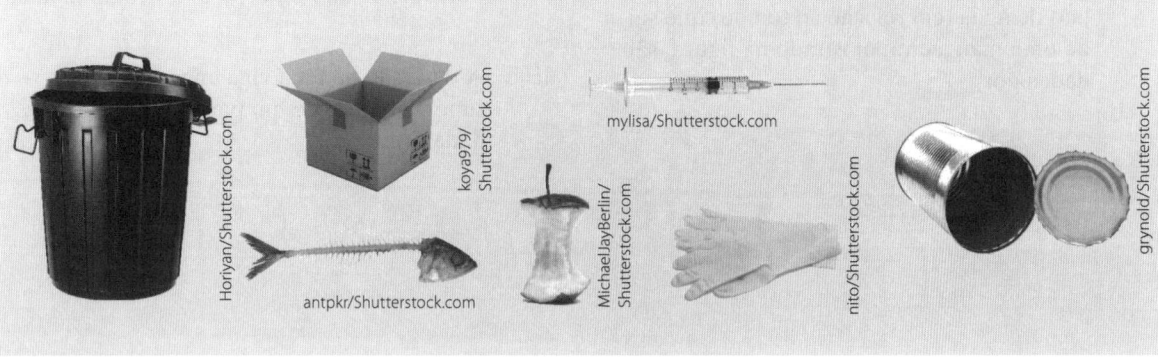

PROBLEMAS

Problemas que promovem aprendizado permanente estão indicados por 🔑

18.1 A relação força-deflexão de três molas é mostrada na figura a seguir. Qual é a rigidez (constante da mola) de cada mola? Qual das molas é a mais rígida?

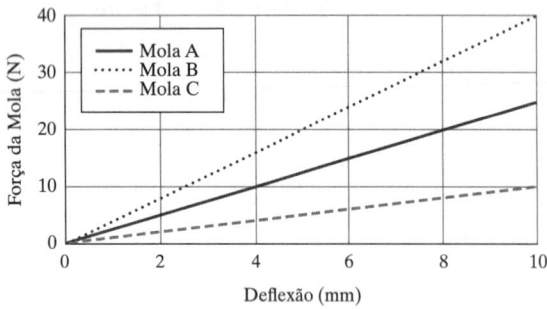

Problema 18.1

18.2 No diagrama a seguir, a mola A é uma mola linear e a mola B, uma mola dura, com características descritas pela relação $F = kx^n$. Determine o coeficiente de rigidez k para cada mola. Qual é o exponente n para a mola dura? Também explique, com suas palavras, a relação entre a força da mola e a deflexão da mola dura e como ela difere, em comportamento, da mola linear.

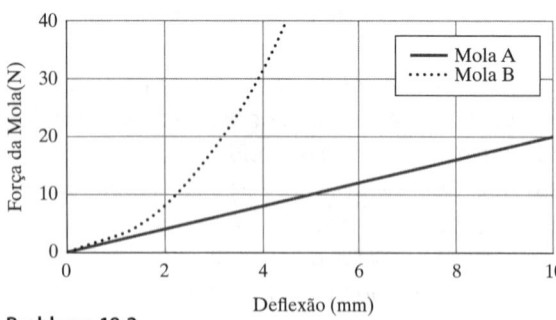

Problema 18.2

18.3 As equações que descrevem a posição de um jato de água (em relação ao tempo) que sai de uma mangueira, mostrado na figura, são dadas por

$$x = x_0 + \left(v_x\right)_0 t$$
$$y = y_0 + \left(v_y\right)_0 t - \frac{1}{2} g t^2$$

Nessas relações, x e y são coordenadas de posição, x_0 e y_0 são coordenadas iniciais da extremidade da mangueira, $(v_x)_0$ e $(v_y)_0$ são as velocidades iniciais da água que sai da mangueira nas direções x e y, $g = 9{,}81$ m/s^2 e t é o tempo.

Plote as posições x e y do jato de água como uma função do tempo. Plote também o caminho que o jato de água percorre como uma função do tempo. Calcule e plote as componentes da velocidade do jato de água como uma função do tempo.

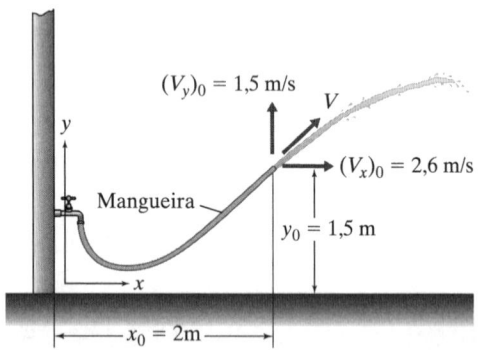

Problema 18.3

18.4 No Capítulo 12, explicamos que o consumo de energia elétrica de vários componentes elétricos pode ser determinado com a fórmula $P = VI = RI^2$, onde P é a potência em watts, V é a voltagem, I é a corrente em amperes e R é a resistência do componente em ohms.

Plote o consumo de energia de um componente elétrico com uma resistência de 145 ohms. Varie o valor da corrente de zero a 4 amperes. Discuta e plote a variação no consumo de energia como função da corrente absorvida através do componente.

18.5 A deflexão de uma viga engastada que suporta o peso de um painel publicitário é dada por

$$y = \frac{-Wx^2}{6EI}(3L - x)$$

onde

y = deflexão em um dado local x (m)
W = peso do painel (N)
E = módulo de elasticidade (N/m²)
I = segundo momento de área (m⁴)
x = distância do suporte como mostrado (m)
L = comprimento da viga (m)

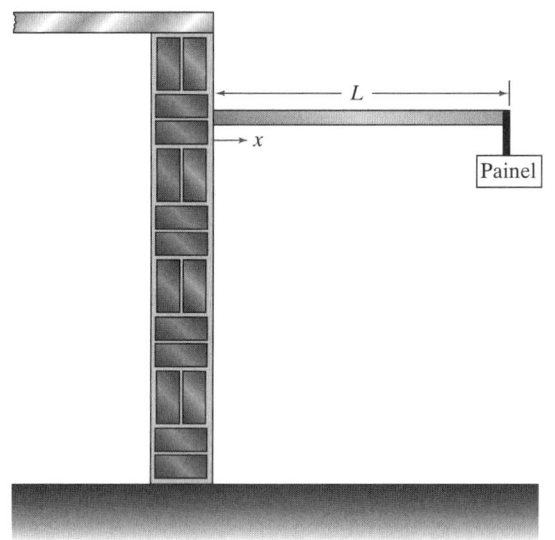

Problema 18.5

Plote a deflexão de uma viga com comprimento de 3 m, módulo de elasticidade E = 200 GPa, I = 1,2 x 10⁶ mm⁴ e para um painel de peso 1.500 N. Qual é a inclinação da deflexão da viga na parede (x = 0) e na extremidade da viga que suporta o painel (x = L)?

18.6 Como explicamos em capítulos anteriores, a força de arrasto que atua sobre um carro é determinada experimentalmente colocando-se o carro em um túnel de vento. A força de arrasto que atua no carro é determinada a partir de

$$F_d = \frac{1}{2}C_d\rho V^2 A$$

onde

F_d = força de arrasto medida (N)
C_d = coeficiente de arrasto (sem unidade)
ρ = densidade do ar (kg/m³)
V = velocidade do ar dentro do túnel (m/s)
A = área frontal do carro (m²)

A potência necessária para superar a resistência do ar é calculada por

$$P = F_d V$$

Plote a potência necessária (em kW) para superar a resistência do ar para um carro com área frontal de 1,8 m², coeficiente de arrasto de 0,4 e densidade do ar de 1,2 kg/m³. Varie a velocidade de zero a 120 km/h. Plote também a taxa de variação da potência necessária como uma função da velocidade.

18.7 A taxa de resfriamento de três materiais diferentes é mostrada na figura a seguir. A equação matemática que descreve a taxa de resfriamento para cada material é da forma exponencial $T(t) = T_{inicial}e^{-at}$. Nessa relação, $T(t)$ é a temperatura do material no tempo t e o coeficiente a representa a capacidade e a resistência térmica do material. Determine a temperatura inicial e o coeficiente a para cada material. Qual dos materiais resfria mais rapidamente e qual é o valor de a?

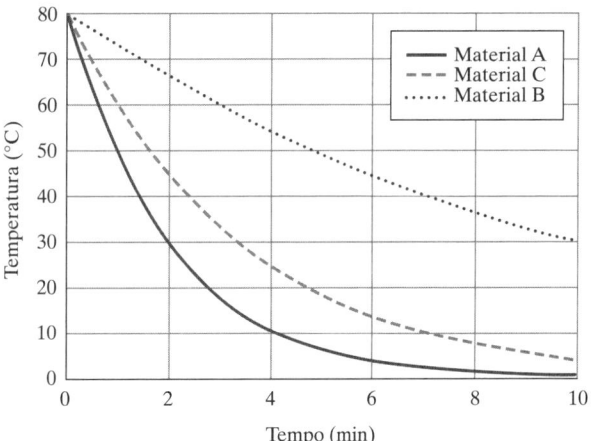

Problema 18.7

18.8 Conforme explicado em capítulos anteriores, aletas, ou superfícies extendidas, geralmente são usadas em diversas aplicações de engenharia para intensificar o resfriamento. Exemplos comuns incluem cabeçotes de motores de motocicletas, cabeçotes de motores de cortadores de grama, dissipadores de calor usado em equipamentos eletrônicos e trocadores de calor de tubos aletados em aplicações para aquecimento e resfriamento ambiental. Para aletas compridas, a distribuição de temperatura em sua extensão é dada por:

$$T - T_{ambiente} = (T_{base} - T_{ambiente})e^{-mx}$$

onde

$$m = m = \sqrt{\frac{hp}{kA}}$$

h = coeficiente de transferência de calor (W/m² · K)
p = perímetro da aleta 2 $(a + b)$(m)
A = área da secção transversal da aleta $(a \cdot b)$(m²)
k = condutividade térmica do material da aleta (W/m · K)

Quais são as variáveis dependente e independente?

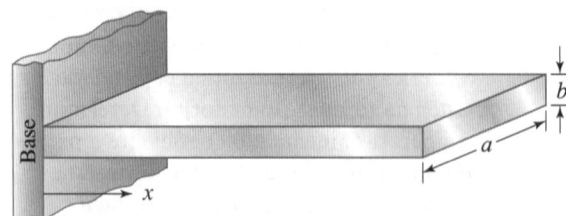

Problema 18.8

Em seguida, considere aletas de alumínio de perfil retangular mostradas na figura, que são usadas para remover o calor de uma superfície cuja temperatura é 100° C. A temperatura do ar ambiente é 20° C. Plote a distribuição da temperatura ao longo da aleta usando os seguintes dados: k = 180 W/m · K, h = 15 W/m² · K, a = 0.05 m e b = 0,015 m. Varie x de zero a 0,015 m. Qual é a temperatura da extremidade da aleta? Plote a temperatura da extremidade como uma função de k. Varie o valor k de 180 a 350 W/m · K.

18.9 Use o método gráfico discutido neste capítulo para obter a solução do seguinte conjunto de equações lineares.

$$x + 3y = 14$$
$$4x + y = 1$$

18.10 Use o método gráfico discutido neste capítulo para obter a solução do seguinte conjunto de equações lineares.

$$-2x_1 + 3x_2 = 5$$
$$x_1 + x_2 = 10$$

18.11 Sem usar calculadora, responda à seguinte questão: Se 6^4 é aproximadamente igual a 1.300, qual é o valor aproximado de 6^8?

18.12 Sem usar calculadora, responda às questões a seguir. Se log 8 = 0,9, quais são os valores de log 64, log 80, log 8.000 e log 6.400?

18.13 Plote as funções $y = x$, $y - 10^x$ e $y = \log x$. Varie o valor x de 1 a 3. A função $y = \log x$ é uma imagem espelhada de $y = 10^x$ com relação a $y = x$? Se sim, explique por quê.

18.14 Com um medidor de sonômetro foram feitas as seguintes medições para estas fontes: concerto de *rock* (100 x 10^6 μPa), britadeira (2 x 10^6 μPa) e sussurro (2.000 μPa). Converta essas leituras em decibeis.

18.15 A decolagem de um avião a jato cria um ruído com magnitude de aproximadamente 125 dB. Qual é a magnitude da perturbação de pressão (em μPa)?

18.16 Identifique o tamanho e o tipo das matrizes dadas. Indique se a matriz é quadrada, de colunas, diagonal, de linhas ou unidade (identidade).

a. $\begin{bmatrix} 3 & 2 & 0 \\ 2 & 4 & 5 \\ 0 & 5 & 6 \end{bmatrix}$
b. $\begin{Bmatrix} x \\ x^2 \\ x^3 \\ x^4 \end{Bmatrix}$

c. $\begin{bmatrix} 4 & 0 \\ 0 & 8 \end{bmatrix}$
d. $\begin{bmatrix} 1 & y & y^2 & y^3 \end{bmatrix}$

e. $\begin{bmatrix} 1 & 0 & 0 \\ 0 & 1 & 0 \\ 0 & 0 & 1 \end{bmatrix}$

18.17 Dadas as matrizes: $[A] = \begin{bmatrix} 4 & 2 & 1 \\ 7 & 0 & -7 \\ 1 & -5 & 3 \end{bmatrix}$,

$[B] = \begin{bmatrix} 1 & 2 & -1 \\ 5 & 3 & 3 \\ 4 & 5 & -7 \end{bmatrix}$ e $\{C\} = \begin{Bmatrix} 1 \\ -2 \\ 4 \end{Bmatrix}$

execute as seguintes operações.

a. $[A] + [B] = ?$

b. $[A] - [B] = ?$

c. $3[A] = ?$

d. $[A][B] = ?$

e. $[A]\{C\} = ?$

f. $[A]^2 = ?$

g. Demonstre que $[I][A] = [A][I] = [A]$

18.18 Dadas as seguintes matrizes:

$$[A] = \begin{bmatrix} 2 & 10 & 0 \\ 16 & 6 & 14 \\ 12 & -4 & 18 \end{bmatrix} \text{ e } [B] = \begin{bmatrix} 2 & 10 & 0 \\ 4 & 20 & 0 \\ 12 & -4 & 18 \end{bmatrix},$$

calcule o determinante de $[A]$ e $[B]$ por expansão direta. Qual matriz é singular?

18.19 Resolva o seguinte conjunto de equações usando o método de Gauss.

$$x + 3y = 14$$
$$4x + y = 1$$

18.20 Resolva o seguinte conjunto de equações usando o método de Gauss.

$$-2x_1 + 3x_2 = 5$$
$$x_1 + x_2 = 10$$

18.21 Resolva o seguinte conjunto de equações usando o método de Gauss.

$$\begin{bmatrix} 1 & 1 & 1 \\ 2 & 5 & 1 \\ -3 & 1 & 5 \end{bmatrix} \begin{Bmatrix} x_1 \\ x_2 \\ x_3 \end{Bmatrix} = \begin{Bmatrix} 6 \\ 15 \\ 14 \end{Bmatrix}$$

18.22 Como explicamos no Capítulo 13, um objeto de massa m e movendo-se a uma velocidade V apresenta uma energia cinética igual a

$$\text{Energia Cinética} = \frac{1}{2}mV^2.$$

Plote a energia cinética de um carro com massa de 1.500 kg como uma função de sua velocidade. Varie a velocidade de zero a 35 m/s (126 km/h). Determine a taxa de variação da energia cinética do carro como uma função da velocidade e plote essa função. O que essa taxa de variação representa?

18.23 No Capítulo 13, explicamos que, quando a mola é esticada ou comprimida a partir da posição não esticada, a energia elástica é armazenada na mola e essa energia será liberada quando a mola puder retornar à posição não esticada. A energia elástica armazenada na mola quando ela é esticada ou comprimida é determinada por

$$\text{Energia Elástica} = \int_0^x F dx$$

Obtenha as expressões para a energia elástica de uma mola linear descrita por $F = kx$ e uma mola dura cujo comportamento é descrito por $F = kx^2$.

18.24 Para o Exemplo 1 da Tabela 18.8, verifique se a solução dada satisfaz a equação diferencial governante e as condições de contorno.

18.25 Para o Exemplo 3 da Tabela 18.8, verifique se a solução dada satisfaz a equação diferencial governante e as condições iniciais.

18.26 Apresentamos a Lei da Gravitação Universal de Newton no Capítulo 10. Também explicamos a aceleração da gravidade. Crie um gráfico que mostre a aceleração da gravidade como uma função da distância da superfície da Terra. Mude a distância do nível do mar até a altitude de 5.000 m.

18.27 Para o problema 18.26, plote o peso de uma pessoa com massa de 80 kg como uma função da distância da superfície da Terra.

18.28 Uma engenheira está pensando em armazenar um material radioativo em um contêiner que ela está criando. Como parte de seu projeto, ela precisa avaliar a razão do volume para a área de superfície de dois contêineres. Crie curvas que mostrem a razão do volume para a área de superfície de dois contêineres, um esférico e um quadrado. Crie outro gráfico que mostre a diferença nas razões. Varie o raio ou a dimensão lateral de um contêiner quadrado de 50 cm a 4 m.

18.29 Como mencionamos no Capítulo 10, os engenheiros costumavam usar pêndulos para medir o valor de g em um local. A fórmula usada para medir a aceleração da gravidade é

$$g = \frac{4\pi^2 L}{T^2}$$

onde g é aceleração da gravidade m/s², L é o comprimento do pêndulo e T o período de oscilação do pêndulo (o tempo necessário para o pêndulo concluir um ciclo). Para um pêndulo de 2 m de comprimento, crie um gráfico que possa ser usado para locais entre 0 e 2.000 m de altitude e mostre g como uma função de T.

18.30 O momento de inércia de massa I de um disco é dado por

$$I = \frac{1}{2}mr^2$$

onde m é a massa do disco e r é o raio. Crie um gráfico que mostre I como uma função de r para um disco de aço com densidade de 7800 kg/m³. Varie o valor r de 10 cm a 25 cm. Assuma espessura de 1 cm.

18.31 Use o método de interpolação linear discutido na Seção 18.2 para estimar a densidade do ar à altitude de 4 150 m.

18.32 Para o resfriamento de placas de aço discutido na Seção 18.4 (Figura 18.17) usando a interpolação linear, estime a temperatura da placa para tempo = 1 hora, a partir dos dados da temperatura para tempo = 0,8 hora e tempo = 1,2 hora. Compare o valor de temperatura estimado com o valor real de 308° C. Qual é porcentagem de erro?

18.33 Para o problema da distância de frenagem da Figura 18.12, calcule a distância de frenagem para a velocidade de 44 kmph, usando os dados de 40 kmph e 48 kmph. Compare o valor da distância de frenagem estimado com o valor real da Equação (18.7). Qual é porcentagem de erro?

18.34 A variação da densidade do ar à pressão padrão como uma função de temperatura é dada na tabela a seguir. Use interpolação linear para estimar a densidade do ar a 27° C e 33° C.

Temperatura (°C)	Densidade do ar (kg/m³)
0	1,292
5	1,269
10	1,247
15	1,225
20	1,204
25	1,184
30	1,164
35	1,146

18.35 A temperatura do ar e a velocidade do som para a atmosfera padrão dos Estados Unidos são dadas na tabela a seguir. Usando interpolação linear, calcule as temperaturas do ar e as correspondentes velocidades do som nas altitudes de 1 700 m e 11 000 m.

Altitude (m)	Temperatura do ar (K)	Velocidade do som (m/s)
500	284,9	338
1 000	281,7	336
2 000	275,2	332
5 000	255,7	320
10 000	223,3	299
15 000	216,7	295
20 000	216,7	295

Para os Problemas 18.36 a 18.42 use os dados da tabela a seguir.

Geração de eletricidade por combustível — 1980–2030 (bilhões de kilowatts-hora) — Dados do Departamento de Energia dos Estados Unidos

Ano	Carvão	Petróleo	Gás natural	Combustível nuclear	Fontes renováveis/ Outras fontes	
1980	1161,562	245,9942	346,2399	251,1156	284,6883	reais valores
1990	1594,011	126,6211	372,7652	576,8617	357,2381	reais valores
2000	1966,265	111,221	601,0382	753,8929	356,4786	reais valores
2005	2040,913	115,4264	751,8189	774,0726	375,8663	reais valores
2010	2217,555	104,8182	773,8234	808,6948	475,7432	projetados valores
2020	2504,786	106,6799	1102,762	870,698	515,1523	projetados valores
2030	3380,674	114,6741	992,7706	870,5909	559,1335	projetados valores

18.36 Calcule a quantidade de eletricidade projetada para ser gerada a partir do carvão em 2017.

18.37 Calcule a quantidade de eletricidade projetada para ser gerada a partir do petróleo em 2018.

18.38 Calcule a quantidade de eletricidade projetada para ser gerada a partir do gás natural em 2024.

18.39 Calcule a quantidade de eletricidade projetada para ser gerada a partir de combustível nuclear em 2022.

18.40 Calcule a quantidade de eletricidade projetada para ser gerada a partir de fontes renováveis e de outras fontes em 2017.

18.41 Usando a interpolação linear, estime a alteração percentual da quantidade de eletricidade gerada a partir do carvão em 2007 comparada a 1987.

18.42 Usando a interpolação linear, estime a alteração percentual da quantidade total de eletricidade gerada em 2007 comparada a 1987.

18.43 Investigue o que se entende por análise numérica. Escreva um breve relatório discutindo suas descobertas e dê exemplos.

18.44 Investigue a expansão em série de Taylor. Explique como a série de Taylor é usada em sua calculadora para calcular valores de funções, como sen x, cos x e e^x, em que x representa qualquer valor. Escreva um breve relatório discutindo suas descobertas e dê exemplos.

18.45 Investigue as séries de Fourier. Explique como são usadas na engenharia. Escreva um breve relatório discutindo suas descobertas e dê exemplos.

Probabilidade e estatística em engenharia

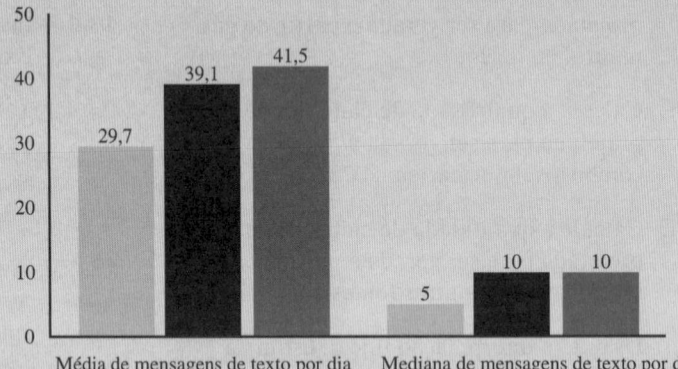

Número de mensagens de texto enviadas/recebidas por dia, 2009 – 2011

Baseado em adultos que usam mensagens de texto em seus telefones celulares

Média de mensagens de texto por dia · Mediana de mensagens de texto por dia

☐ Outono 2009 ■ Primavera 2010 ■ Primavera 2011

Fonte: The Pew Research Center's Internet & American Life Project, 26 de abril a 22 de maio de 2011, Spring Tracking Survey. n=2.277 usuários de internet de 18 anos ou mais, incluindo 755 entrevistas por celular. As entrevistas foram conduzidas em inglês e espanhol. *Os dados de maio de 2010 referem-se apenas a hispânicos falantes do inglês.

Todos os dias usamos probabilidade e estatística para prever eventos futuros. Usamos a estatística para prever o tempo e preparar-nos para emergências relacionadas ao tempo, para prever o resultado de uma disputa política ou os efeitos colaterais de um novo medicamento ou uma nova tecnologia. Os modelos estatísticos também são usados pelos engenheiros para abordar questões relativas a controle de qualidade e confiabilidade.

OBJETIVOS DE APRENDIZADO

OA[1] Probabilidade — noções básicas: explicar noções básicas de probabilidade e dar exemplos

OA[2] Estatística — noções básicas: descrever noções básicas de estatística e dar exemplos

OA[3] Distribuições de frequência: saber como organizar dados de maneira que propiciem informações e conclusões pertinentes

OA[4] Medidas de tendência central e variação — média, mediana e desvio-padrão: explicar os meios pelos quais podemos medir a dispersão de um conjunto de dados informados

OA[5] Distribuição normal: descrever o que se entende por distribuição de probabilidade e as características de uma distribuição de probabilidade que possui uma curva em forma de sino

O QUE É DIREÇÃO DISTRAÍDA?

Direção distraída é qualquer atividade que pode desviar a atenção de uma pessoa da tarefa principal de dirigir. Todas as distrações colocam em perigo a segurança do motorista, do passageiro e do pedestre. Os tipos de distrações incluem:

- Envio de mensagens de texto
- Uso de celular
- Comer e beber
- Falar com passageiros
- Arrumar-se
- Ler; consultar mapas
- Usar um sistema de navegação
- Assistir a um vídeo
- Ajustar um rádio, CD *player* ou MP3 *player*

Mas como o envio de mensagens de texto requer atenção visual, manual e cognitiva do motorista, essa é, de longe, a distração mais alarmante.

Principais fatos e estatísticas

- Em 2011, 3.331 pessoas morreram em colisões envolvendo um motorista distraído; em 2010, foram 3.267 pessoas. Outras 387.000 pessoas ficaram feridas em colisões de veículos motorizados envolvendo um motorista distraído: em 2010, foram 416.000 feridos.
- 10% das colisões com ferimentos em 2011 foram relatadas como colisões afetadas pela distração.
- Desde dezembro de 2012, 171,3 bilhões de mensagens de texto foram enviadas nos Estados Unidos (incluindo Porto Rico, territórios e Guam) todos os meses.

- 11% de todos os motoristas com menos de 20 anos envolvidos em acidentes fatais estavam distraídos no momento da colisão. Essa faixa etária concentra a maior proporção de motoristas distraídos.
- Dos motoristas de 15 a 19 anos de idade envolvidos em acidentes fatais, 21% tiveram a atenção desviada pelo uso do celular.
- A qualquer hora do dia na América, aproximadamente 660.000 motoristas usam telefones celulares ou manuseiam dispositivos eletrônicos enquanto dirigem, um número que tem permanecido estável desde 2010.
- O envolvimento em subtarefas visuais/manuais (como pegar um telefone, fazer chamadas e enviar mensagens de texto) associado ao uso de telefones e outros dispositivos portáteis aumenta em três vezes o risco de envolvimento em acidentes.
- Enviar ou receber uma mensagem de texto faz com que o motorista desvie os olhos da estrada por 4,6 segundos em média, o que corresponde — a 90 km/h — a dirigir às escuras por uma extensão equivalente a um campo inteiro de futebol.
- Usar fones de ouvido não é substancialmente mais seguro do que não usá-los.
- Um quarto dos adolescentes respondem a uma mensagem de texto uma ou mais vezes sempre que dirigem. Vinte por cento dos adolescentes e 10% dos pais admitem que mantêm longas e múltiplas conversas via mensagens de texto enquanto dirigem.

Fonte: http://www.distraction.gov/

Para os estudantes: Você envia mensagens de texto enquanto dirige? Quantos de seus amigos ou colegas você acha que enviam mensagens de texto enquanto dirigem? Quantas pessoas nesta classe já enviaram mensagens de texto enquanto dirigiam? Como devemos organizar esses dados para que possamos extrair informações úteis?

Os modelos estatísticos estão cada vez mais sendo usados por engenheiros para abordar questões relativas a controle de qualidade e confiabilidade e para realizar análise de falhas. Os engenheiros civis usam os modelos estatísticos para estudar a confiabilidade de materiais e estruturas para construção, em projetos de controle de enchentes e no gerenciamento de abastecimento de água. Os engenheiros elétricos usam os modelos estatísticos para processamento de sinais ou para desenvolver *software* de reconhecimento de voz. Os engenheiros mecânicos usam a estatística para estudar falhas de materiais e peças de máquinas, bem como para projetar experimentos. Os engenheiros de produção usam a estatística para assegurar o controle de qualidade dos produtos que fabricam. Esses são apenas alguns exemplos do motivo pelo qual um entendimento de conceitos e modelos estatísticos é importante na engenharia. Iniciaremos explicando algumas das noções básicas em probabilidade e estatística. Em seguida discutiremos distribuições de frequência, medidas de tendência central (média e mediana), medida da variação em um conjunto de dados (desvio-padrão) e distribuições normais.

OA¹ 19.1 Probabilidade — noções básicas

Se você perguntasse a sua professora quantos alunos estão matriculados na disciplina de engenharia neste semestre, ela poderia lhe dar um número exato: 60, suponhamos. Por outro lado, se você perguntasse a ela quantos alunos estarão matriculados nessa disciplina no próximo ano ou em dois anos, ela não poderia fornecer um número exato. Ela pode ter uma estimativa com base em tendências ou outras informações, mas não pode saber exatamente quantos alunos estarão matriculados na disciplina no próximo ano. O número de alunos matriculados na disciplina no próximo ano ou em dois anos é *aleatório*. Existem muitas situações na engenharia que tratam de fenômenos aleatórios. Por exemplo, como engenheiro civil, você pode projetar uma ponte ou uma estrada. É impossível prever exatamente quantos carros usarão a estrada ou passarão sobre a ponte em um certo dia. Como engenheiro mecânico, você pode projetar um sistema de aquecimento, resfriamento e ventilação para manter a temperatura interna de uma construção em um nível confortável. Novamente, é impossível prever exatamente quanto aquecimento será necessário em um dia futuro no mês de janeiro. Como engenheiro da computação, você pode projetar uma rede cujo uso futuro não é possível prever com exatidão. Para esses tipos de situações, o melhor que podemos fazer é prever os resultados usando modelos de **probabilidade**.

A probabilidade possui terminologia própria; portanto, é uma boa ideia gastar um pouco de tempo para se familiarizar com ela. Em probabilidade, a repetição de um experimento é chamada de **ensaio**. O valor obtido em um experimento é chamado **resultado**. Um **experimento aleatório** é aquele que possui resultados aleatórios — os resultados aleatórios não podem ser previstos com exatidão. Para compreender melhor esses termos, imagine uma fábrica na qual estão sendo montados telefones celulares. Você está posicionado no fim da linha de montagem e, para realizar uma verificação final da qualidade, deve remover os celulares aleatoriamente da linha de montagem, ligá-los e desligá-los. Cada vez que retira um celular e o liga e desliga, você está realizando um experimento aleatório. Cada retirada é um *ensaio,* com um resultado que pode ser um telefone bom ou um telefone ruim. O valor obtido em cada experimento é chamado de **resultado**. Agora, imagine que em um dia você verifique duzentos telefones e, dentre eles, descubra cinco ruins. Então, a *frequência relativa* de telefones ruins é dada por $5/200 = 0,025$. Em geral, se você repetir um experimento n vezes nas mesmas condições, com um certo resultado ocorrendo m vezes, a frequência relativa do resultado será dada por m/n. Conforme n aumenta, a probabilidade p de um resultado específico é então fornecida por $p = m/n$.

> A probabilidade é uma área da ciência que trata com a previsão (estimativa) da possibilidade de ocorrência de um evento.

> **EXEMPLO 19.1**
>
> Cada pergunta em um exame de múltipla escolha possui cinco respostas listadas. Sabendo que só uma das respostas está correta, se você não estiver preparado para o exame, qual é a probabilidade de escolher a resposta correta?
>
> $$p = \frac{1}{5} = 0,2$$
>
> Aqueles que acompanham os esportes devem ter percebido que, às vezes, a probabilidade de um certo resultado é expressa em termos de chance. Por exemplo, a chance a favor de seu time pode ser expressa como 1 para 2. O que significa "chance a favor de um evento"? A chance a favor da ocorrência de um evento é definida por probabilidade (ocorrência)/probabilidade (não ocorrência). Portanto, se a probabilidade de seu time ganhar for dada por 0,33, então a chance a favor de que seu time ganhe é dada por 0,33/0,66 = 1/2 ou 1 para 2. Por outro lado, se a chance for expressa como x para y, então a probabilidade de um resultado específico será calculada a partir de $x/(x + y)$. Para esse exemplo, como esperado, $p = 1/(1 + 2) = 0,33$.

Conforme assiste a aulas avançadas de engenharia, você aprenderá mais sobre os modelos matemáticos que fornecem probabilidades de certos resultados. Nossa intenção aqui é torná-lo ciente da importância da probabilidade e da estatística na engenharia, e não abordar detalhadamente esses tópicos.

OA² 19.2 Estatística — noções básicas

A estatística é a área da ciência que trata da coleta, organização, análise e interpretação de dados. A estatística também lida de métodos e técnicas que podem ser usados para extrair conclusões sobre as características de algo com um grande número de pontos de dados — normalmente denominado uma **população** — usando uma parte menor da totalidade dos dados.

Por exemplo, usando a estatística, podemos prever o resultado de uma eleição com dois milhões de eleitores registrados, por exemplo, coletando informações de apenas 1.000 pessoas sobre como elas estão planejando votar. Como demonstra esse exemplo, não é viável nem prático contatar dois milhões de pessoas para descobrir como estão pretendendo votar. No entanto, a amostra selecionada de uma população deve representar suas características. É importante observar que, em estatística, população não se refere necessariamente a pessoas, mas a todos os dados que pertencem a uma situação ou a um problema. Por exemplo, se uma empresa estiver produzindo 15 mil parafusos por dia e deseja examinar a qualidade dos parafusos fabricados, pode selecionar apena 500 parafusos aleatoriamente para um teste de qualidade. Nesse exemplo, 15 mil parafusos é a população e os 500 parafusos selecionados representam a amostra.

Os modelos estatísticos estão se tornando ferramentas comuns nas mãos de engenheiros para a abordagem de problemas relacionados a controle de qualidade e confiabilidade, bem como para a análise de falhas. Neste estágio de sua formação, é importante perceber que, para usar modelos estatísticos, primeiro é necessário entender completamente os conceitos subjacentes. As próximas seções são dedicadas a alguns desses importantes conceitos.

OA³ 19.3 Distribuições de frequência

Como dissemos várias vezes ao longo do livro, os engenheiros são solucionadores de problema. Eles aplicam as leis físicas, químicas e a matemática para projetar, desenvolver, testar e supervisionar a fabricação de milhões de produtos e serviços. Os engenheiros executam testes para aprender como as coisas se comportam ou avaliar sua qualidade. Conforme realizam experimentos, eles coletam dados que podem ser usados para explicar melhor certas coisas e para revelar informações sobre a qualidade de produtos e serviços. Na seção anterior, definimos população e

> A estatística é uma área da ciência que trata da coleta, organização, análise e interpretação de dados.

amostras. Em geral, qualquer análise estatística se inicia com a identificação da população e da amostra. Uma vez definida uma amostra que represente a população e coletadas as informações sobre essa amostra, é preciso então organizar os dados de certa maneira para que informações e conclusões pertinentes possam ser extraídas. Para esclarecer esse processo, consideremos o exemplo a seguir.

EXEMPLO 19.2

As notas das provas de uma disciplina de química introdutória realizadas por 26 alunos são mostradas a seguir. Estamos interessados em extrair algumas conclusões sobre o desempenho desses alunos.

Notas: 58, 95, 80, 75, 68, 97, 60, 85, 75, 88, 90, 78, 62, 83, 73, 70, 70, 85, 65, 75, 53, 62, 56, 72, 79, 87

Como podemos ver pela maneira como os dados (notas) estão representados, não podemos extrair facilmente uma conclusão sobre o desempenho desse grupo de alunos. Uma maneira simples de organizar melhor os dados seria identificar as notas menores e as maiores e, em seguida, agrupar os dados em intervalos ou faixas iguais — uma faixa de tamanho 10, por exemplo, como mostra a Tabela 19.1. Dados organizados da forma mostrada nessa tabela são denominados **distribuição de frequência de dados agrupados**.

TABELA 19.1 Distribuição de frequência de dados agrupados para o Exemplo 19.2

Notas	Faixa	Frequência
58, 53, 56	50–59	3
68, 60, 62, 65, 62	60–69	5
75, 75, 78, 73, 70, 70, 75, 72, 79	70–79	9
80, 85, 88, 83, 85, 87	80–89	6
95, 97, 90	90–99	3

A maneira como as notas estão agora organizadas na Tabela 19.1 revela algumas informações úteis. Por exemplo, três alunos se saíram mal e três tiveram desempenho admirável. Além disso, nove alunos tiveram notas na faixa de 70 a 79, que é considerado um desempenho médio. Essas notas médias também constituem a maior frequência no conjunto de dados fornecido. Outra informação útil, que fica clara a partir do exame da Tabela 19.1, é que a frequência (o número de notas em uma determinada faixa) aumenta de 3 para 5 e para 9 e depois diminui de 6 para 3. Outra forma de mostrar a faixa de notas e sua frequência é usar um *gráfico de barras* (normalmente chamado **histograma**). A altura das barras mostra a frequência dos dados nas faixas fornecidas. O histograma para o Exemplo 19.2 é mostrado na Figura 19.1.

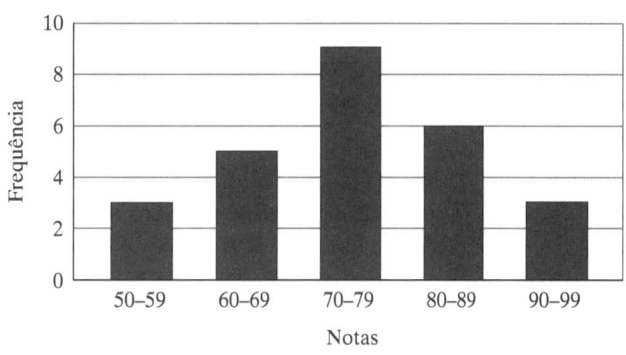

| FIGURA 19.1 | O histograma para as notas fornecidas na Tabela 19.1. |

Frequência acumulada

Os dados podem ser organizados ainda mais calculando-se a **frequência acumulada**. A frequência acumulada mostra o número acumulado de alunos com notas na faixa fornecida. Calculamos a frequência acumulada para o Exemplo 19.2 e a mostramos na Tabela 19.2. Para o Exemplo 19.2, oito notas situam-se na faixa de 50 a 69, e as notas de 17 alunos (a maioria) mostram desempenho na médio ou abaixo dela.

A distribuição de frequência acumulada também pode ser mostrada em um histograma ou em um *polígono de frequência acumulada,* como mostram as Figuras 19.2 e 19.3, respectivamente. Essas figuras apresentam as mesmas informações contidas na Tabela 19.2. No entanto, pode ser mais fácil para algumas pessoas assimilar as informações quando elas são apresentadas graficamente. Os engenheiros usam a comunicação gráfica quando ela é a forma mais clara, fácil e conveniente de transmitir as informações.

> Um histograma é uma maneira de mostrar a faixa de dados e sua frequência. A altura das barras mostra a frequência dos dados em uma determinada faixa.

Faixa	Frequência	Frequência acumulada	
50–59	3	3	3
60–69	5	3 + 5 = 8	8
70–79	9	3 + 5 + 9 = 17 ou 8 + 9 = 17	17
80–89	6	3 + 5 + 9 + 6 = 23 ou 17 + 6 = 23	23
90–99	3	3 + 5 + 9 + 6 + 3 = 26 ou 23 + 3 = 26	26

| TABELA 19.2 | Distribuição de frequência acumulada para o Exemplo 19.2 |

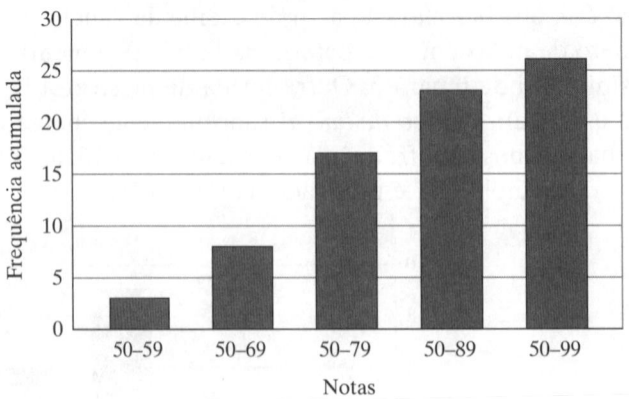

FIGURA 19.2 O histograma de frequência acumulada para o Exemplo 19.2.

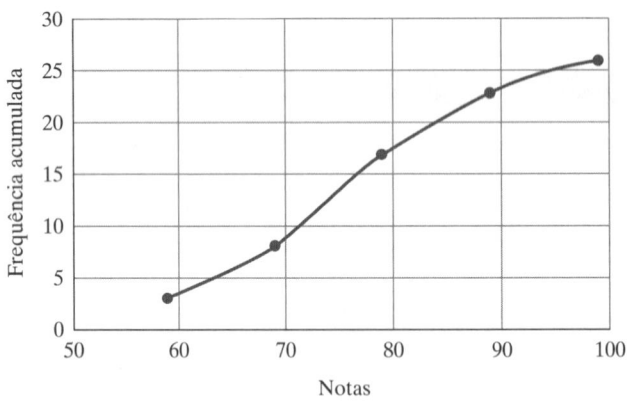

FIGURA 19.3 O polígono de frequência acumulada para o Exemplo 19.2.

Antes de continuar

Responda às perguntas a seguir para testar o que aprendeu.

1. Descreva as noções básicas de probabilidade.

2. O que a estatística implica?

3. Descreva pelo menos duas maneiras de organizar dados de forma que informações úteis possam ser obtidas.

Vocabulário — Indique o significado dos termos a seguir.

Resultado _____

População _____

Distribuição de frequência _____

Histograma _____

OA⁴ 19.4   Medidas de tendência central e variação — média, mediana e desvio-padrão

Nesta seção, discutiremos algumas formas simples de examinar a tendência central e as variações em um determinado conjunto de dados. Todo engenheiro deve ter algum entendimento dos fundamentos básico de estatística e probabilidade para analisar dados e erros experimentais. Sempre ocorrem imprecisões em observações experimentais. Se diversas variáveis forem medidas para computar um resultado final, precisaremos saber como as imprecisões associadas às medidas intermediárias influenciarão na exatidão do resultado final. Existem basicamente dois tipos de erros de observação: erros sistemáticos e erros aleatórios. Suponha que você tenha de medir a temperatura de ebulição da água pura no nível do mar e à pressão normal com um termômetro que marca 104°C. Mas você sabe, por seus conhecimentos de física, que a temperatura da água em ebulição em condições normais é de 100°C. Se as leituras desse termômetro forem usadas em um experimento, haverá erros sistemáticos. Portanto, *erros sistemáticos*, às vezes chamados *erros fixos*, são erros associados ao uso de um instrumento inexato. Esses erros podem ser detectados e evitados calibrando-se corretamente os instrumentos. Por outro lado, os *erros aleatórios* são gerados por inúmeras variações imprevisíveis em uma determinada situação de medida. Vibrações mecânicas de instrumentos ou variações de tensão na linha, fricção ou umidade podem levar a flutuações em observações experimentais. Esses são exemplos de erros aleatórios.

Suponha que dois grupos de alunos em uma aula de engenharia tenham medido a densidade da água a 20°C. Cada grupo era composto de dez alunos. Eles relataram os resultados mostrados na Tabela 19.3. Gostaríamos de saber se há erro nos dados informados.

TABELA 19.3   Densidades relatadas da água a 20°C

Resultados do Grupo A	Resultados do Grupo B
ρ (kg/m³)	ρ (kg/m³)
1020	950
1015	940
990	890
1060	1080
1030	1120
950	900
975	1040
1020	1150
980	910
960	1020
$\rho_{avg} = 1000$	$\rho_{avg} = 1000$

Vamos primeiro considerar a **média** (média aritmética) para os resultados de cada grupo. A média das densidades relatadas pelos grupos é 1.000 kg/m³. A média por si só não pode nos dizer se algum aluno ou qual(ais) aluno(s) em cada grupo pode(m) ter cometido um erro. O que precisamos é uma maneira de definir a dispersão dos dados informados. Há uma série de maneiras de fazer isso. Calculamos quanto cada densidade reportada desvia-se da média, somamos todos os desvios e, em seguida, calculamos sua média. A Tabela 19.4 mostra o desvio da média para cada densidade relatada. Como se pode ver, a soma dos desvios é zero para ambos os grupos. Isso não é uma coincidência. Na verdade, a soma dos desvios a partir da média para qualquer amostra dada é sempre zero. Isso pode ser facilmente verificado considerando-se o seguinte:

$$\bar{x} = \frac{x_1 + x_2 + x_3 + \cdots + x_{n-1} + x_n}{n} = \frac{1}{n}\sum_{i=1}^{n} x_i \qquad \boxed{19.1}$$

$$d_i = \left(x_i - \bar{x}\right) \qquad \boxed{19.2}$$

onde x_i representa os pontos de dados, $\bar{x}$ é a média, n é o número de pontos de dados e d_i representa o desvio da média.

$$\sum_{i=1}^{n} d_i = \sum_{i=1}^{n}\left(x_i - \bar{x}\right) = \sum_{i=1}^{n} x_i - \sum_{i=1}^{n} \bar{x} \qquad \boxed{19.3}$$

TABELA 19.4   Desvio da média

	Grupo A			Grupo B	
ρ	$\left(\rho - \rho_{avg}\right)$	$\left|\left(\rho - \rho_{avg}\right)\right|$	ρ	$\left(\rho - \rho_{avg}\right)$	$\left|\left(\rho - \rho_{avg}\right)\right|$
1020	+20	20	950	−50	50
1015	+15	15	940	−60	60
990	−10	10	890	−110	110
1060	+60	60	1080	+80	80
1030	+30	30	1120	+120	120
950	−50	50	900	−100	100
975	−25	25	1040	+40	40
1020	+20	20	1150	+150	150
980	−20	20	910	−90	90
960	−40	40	1020	+20	20
	$\Sigma = 0$	$\Sigma = 290$		$\Sigma = 0$	$\Sigma = 820$

$$\sum_{i=1}^{n} d_i = n\bar{x} - n\bar{x} = 0 \qquad \boxed{19.4}$$

Portanto, o valor médio dos desvios da média do conjunto de dados não pode ser usada para medir a dispersão de um determinado conjunto de dados. E se considerarmos o valor absoluto de cada desvio a partir da média? Podemos, então, calcular a média dos valores absolutos dos desvios. O resultado dessa abordagem é mostrado na terceira coluna da Tabela 19.4. Para o grupo A, o desvio médio é 29 e, para o grupo B, o desvio médio é 82. É claro que o resultado fornecido pelo grupo B é mais disperso do que os dados do grupo A. Outra forma comum de medir a dispersão de dados é calcular a **variância**. Em vez de tomar os valores absolutos de cada desvio, pode-se simplesmente elevar os desvios ao quadrado e calcular sua média:

$$v = \frac{\sum_{i=1}^{n} (x_i - \bar{x})^2}{n-1} \qquad \boxed{19.5}$$

No entanto, observe que para o exemplo fornecido a variância produz unidades $(kg/m^3)^2$. Para solucionar esse problema, podemos extrair a raiz quadrada da variância, que resulta em um número chamado **desvio-padrão**.

$$s = \sqrt{\frac{\sum_{i=1}^{n} (x_i - \bar{x})^2}{n-1}} \qquad \boxed{19.6}$$

Este pode ser um momento apropriado para dizer algumas palavras sobre o motivo de usarmos $n-1$ em vez de n para obter o desvio-padrão. Isso é feito para obter valores conservadores porque (como mencionamos) geralmente o número de ensaios experimentais é pequeno e limitado. Vamos voltar nossa atenção para os desvios padrão calculados para cada grupo de densidades na Tabela 19.5. O Grupo A possui um desvio-padrão (34,56) menor que o do grupo B (95,22). Isso mostra que as densidades relatadas pelo grupo A estão agrupadas mais próximo da média ($\rho = 1.000$ kg/m^3), enquanto os resultados relatados pelo grupo B estão mais dispersos. O desvio-padrão também pode fornecer informações sobre a frequência de um determinado conjunto de dados. Para a distribuição normal (discutida na Seção 19.5) de um conjunto de dados, mostraremos que aproximadamente 68% dos dados estarão no intervalo entre (média – s) e (média + s), aproximadamente 95% dos dados entre (média – $2s$) e (média + $2s$) e quase todos os pontos de dados devem estar entre (média – $3s$) e (média + $3s$).

> **Mediana** é o valor no meio de um conjunto de dados. É o valor que separa a metade superior da metade inferior de um conjunto de dados.

Na Seção 19.3, discutimos a distribuição de frequência para dados agrupados. A média para uma distribuição para dados agrupados é calculada a partir de

$$\bar{x} = \frac{\Sigma(xf)}{n} \qquad \boxed{19.7}$$

onde

x = pontos médios de uma determinada faixa

f = frequência de ocorrência de dados na faixa

$n = \Sigma f$ = número total de pontos de dados

| TABELA 19.5 | Cálculo do desvio padrão para cada grupo |

Grupo A	Grupo B
$\left(\rho - \rho_{avg}\right)^2$	$\left(\rho - \rho_{avg}\right)^2$
400	2500
225	3600
100	12.100
3600	6400
900	14.400
2500	10.000
625	1600
400	22.500
400	8100
1600	400
$\Sigma = 10.750$	$\Sigma = 81.600$
$s = 34{,}56\ (kg/m^3)$	$s = 95{,}22\ (kg/m^3)$

O desvio-padrão da distribuição para dados agrupados é calculado a partir de

$$s = \sqrt{\frac{\Sigma(x - \bar{x})^2 f}{n - 1}}$$

19.8

Demonstraremos a seguir o uso dessas fórmulas.

| EXEMPLO 19.3 |

Para o Exemplo 19.2, usando as Equações (19.7) e (19.8), calcule a média e o desvio-padrão das notas.

Consulte as Tabelas 19.6, 19.7 e 19.8, respectivamente, enquanto acompanha a solução. Para calcular a média, primeiro precisamos avaliar os pontos médios dos dados para cada faixa e, depois, avaliar Σxf conforme mostrado.

| TABELA 19.6 | Dados para o Exemplo 19.3 |

Faixa	Frequência
50–59	3
60–69	5
70–79	9
80–89	6
90–99	3

TABELA 19.7	Avaliação dos pontos médios dos dados e Σxf		
Faixa	**Frequencia f**	**Frequência x**	**xf**
50–59	3	54,5	163,5
60–69	5	64,5	322,5
70–79	9	74,5	670,5
80–89	6	84,5	507
90–99	3	94,5	283,5
	$n = \Sigma f = 26$		$\Sigma xf = 1947$

TABELA 19.8	Cálculo do desvio-padrão				
Faixa	**Frequência f**	**Ponto médio x**	$\bar{x}$	$x - \bar{x}$	$(x - \bar{x})^2 f$
50–59	3	54,5	74,9	–20,4	1.248,5
60–69	5	64,5	74,9	–10,4	540,8
70–79	9	74,5	74,9	–0,4	1,44
80–89	6	84,5	74,9	9,6	552,96
90–99	3	94,5	74,9	19,6	1.152,5
					$\Sigma(x - \bar{x})^2 f = 3496$

Usando a Equação (19.7), a média das notas é

$$\bar{x} = \frac{\Sigma(xf)}{n} = \frac{1947}{26} = 74,9$$

De forma semelhante, usando a Equação (19.8), calculamos o desvio-padrão, conforme mostrado na Tabela 19.8.

$$n = \Sigma f = 26$$
$$n - 1 = 25$$

$$s = \sqrt{\frac{\Sigma(x - \bar{x})^2 f}{n - 1}} = \sqrt{\frac{3496}{25}} = 11,8$$

A distribuição normal é discutida a seguir.

OA⁵ 19.5 Distribuição normal

Na Seção 19.1, explicamos o que significam experimento estatístico e resultado. Lembre-se de que o valor obtido de um experimento é chamado resultado. Em situações de engenharia, frequentemente executamos experimentos que podem ter muitos resultados. Para organizar os resultados de um experimento, é habitual usar as distribuições de probabilidade. Uma distribuição de probabilidade mostra os valores de probabilidade para a ocorrência dos resultados de um experimento. Para entendermos melhor o conceito de distribuição de probabilidade, vamos voltar nossa atenção para o Exemplo 19.2. Se considerarmos a prova de química como um experimento cujos resultados são representados pelas notas dos alunos, podemos então calcular o valor da probabilidade para cada faixa de notas dividindo cada frequência por 26 (o número total de notas). A distribuição de probabilidade para o Exemplo 19.2 é dada na Tabela 19.9. A partir do exame da Tabela 19.9, observa-se que a soma das probabilidades é 1, o que é verdadeiro para qualquer distribuição de probabilidade. O gráfico da distribuição de probabilidade para o Exemplo 19.2 é mostrado na Figura 19.4. Além disso, se essa fosse uma prova de química típica, com alunos típicos, poderíamos usar a distribuição de probabilidade para esse grupo de alunos para prever como eles se sairão em uma prova semelhante no próximo ano. Frequentemente, é difícil definir o que queremos dizer com alunos típicos ou prova típica. Contudo, se fizermos com que muito mais alunos façam essa prova e incorporarmos suas notas em nossa análise, podemos usar os resultados desse experimento para prever os resultados de uma prova semelhante a ser aplicada futuramente.

TABELA 19.9 Distribuição de probabilidade para o Exemplo 19.2

Faixa	Frequência	Probabilidade	
50–59	3	$\frac{3}{26}$	0,115
60–69	5	$\frac{5}{26}$	0,192
70–79	9	$\frac{9}{26}$	0,346
80–89	6	$\frac{6}{26}$	0,231
90–99	3	$\frac{3}{26}$	0,115
		$\Sigma p = 1$	

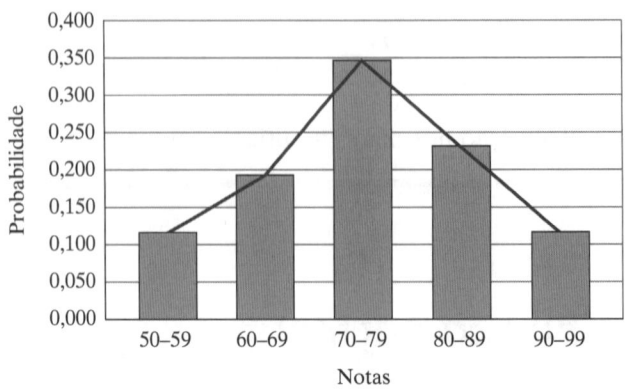

FIGURA 19.4 Diagrama de distribuição de probabilidade para o Exemplo 19.2.

À medida que o número de alunos que fazem a prova aumenta (gerando mais notas), a linha que conecta o ponto médio das notas mostrada na Figura 19.4 torna-se mais suave e assemelha-se a uma curva em forma de sino. Usamos o próximo exemplo para explicar melhor esse conceito.

EXEMPLO 19.4

Para melhorar o tempo de produção, a supervisora das linhas de montagem de uma fábrica de computadores estudou o tempo necessário para montar certas peças de um computador em várias estações. Ela mede o tempo necessário para a montagem de uma peça específica por cem pessoas em diferentes turnos e em dias diferentes. O registro de seu estudo está organizado e mostrado na Tabela 19.10.

Com base nos dados fornecidos, calculamos as probabilidades correspondentes aos intervalos de tempo necessário para que as pessoas montassem as peças. A distribuição de probabilidade para o Exemplo 19.4 é mostrada na Tabela 19.10 e na Figura 19.5.

TABELA 19.10   Dados relativos ao Exemplo 19.4

Tempo necessário para que uma pessoa monte a peça (minutos)	Frequência	Probabilidade
5	5	0,05
6	8	0,08
7	11	0,11
8	15	0,15
9	17	0,17
10	14	0,14
11	13	0,13
12	8	0,08
13	6	0,06
14	3	0,03
	$\sum = 100$	$\sum = 1$

Novamente, observe que a soma das probabilidades é igual a 1. Note também que se conectássemos os pontos médios dos resultados de tempo (como mostrado na Figura 19.5), teríamos uma curva cujo formato se assemelha a um sino. À medida que o número de pontos de dados aumenta e os intervalos diminuem, a curva de distribuição de probabilidade torna-se mais suave. Uma distribuição de probabilidade que possui uma curva em forma de sino é chamada de **distribuição normal**. A distribuição de probabilidade para muitos experimentos de engenharia assemelha-se a uma distribuição normal.

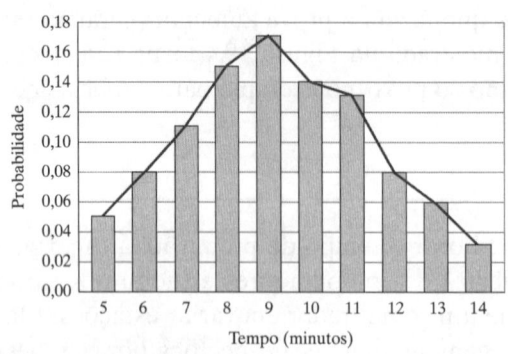

FIGURA 19.5 Gráfico da distribuição de probabilidade para o Exemplo 19.4.

A forma específica de uma curva de distribuição normal é determinada por seus valores de média e desvio-padrão. Por exemplo, como mostra a Figura 19.6, um experimento com um desvio-padrão pequeno produzirá uma curva alta e estreita, enquanto um desvio-padrão grande resultará em uma curva baixa e larga. No entanto, é importante observar que como a distribuição de probabilidade normal representa todos os resultados possíveis de um experimento (com o total de probabilidades igual a 1), a área de qualquer distribuição normal fornecida deve sempre ser igual a 1. Além disso, note que a distribuição normal é simétrica perto da média.

Em estatística, é habitual e mais fácil normalizar os valores da média e do desvio-padrão de um experimento e trabalhar com o que chamamos de *distribuição normal padronizada,* que possui média de valor zero ($\bar{x} = 0$) e desvio-padrão igual a 1 ($s = 1$). Para isso, definimos o que é comumente conhecido como **escore z** de acordo com

$$z = \frac{x - \bar{x}}{s}$$

19.9

Na Equação (19.9), z representa o número de desvios padrão em relação à média. A função matemática que descreve uma curva de distribuição normal ou curva normal padronizada é complicada e pode estar acima de seu atual nível de entendimento. A maioria dos alunos estudará isso posteriormente nas aulas de estatística ou de engenharia. Por enquanto, usando o Excel, geramos uma tabela que mostra áreas sob partes da curva de distribuição normal padronizada, mostrada na Tabela 19.11. Nesse estágio de sua formação, é importante saber como usar a tabela e resolver alguns problemas. Uma explicação mais detalhada será fornecida futuramente. Demonstraremos como usar a Tabela 19.11, utilizando inúmeros exemplos de problemas.

> Uma distribuição de probabilidade mostra os valores de probabilidade para a ocorrência dos resultados de um experimento. Uma distribuição de probabilidade que possui uma curva em forma de sino é chamada distribuição normal.

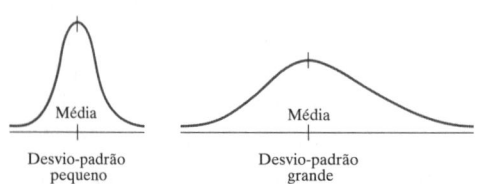

FIGURA 19.6 A forma de uma curva de distribuição normal determinada por sua média e desvio-padrão.

TABELA 19.11 Áreas sob a curva normal padronizada – os valores foram gerados usando a função "distribuição normal padrão" do Excel

Observe que a curva normal padronizada é simétrica em relação à média.

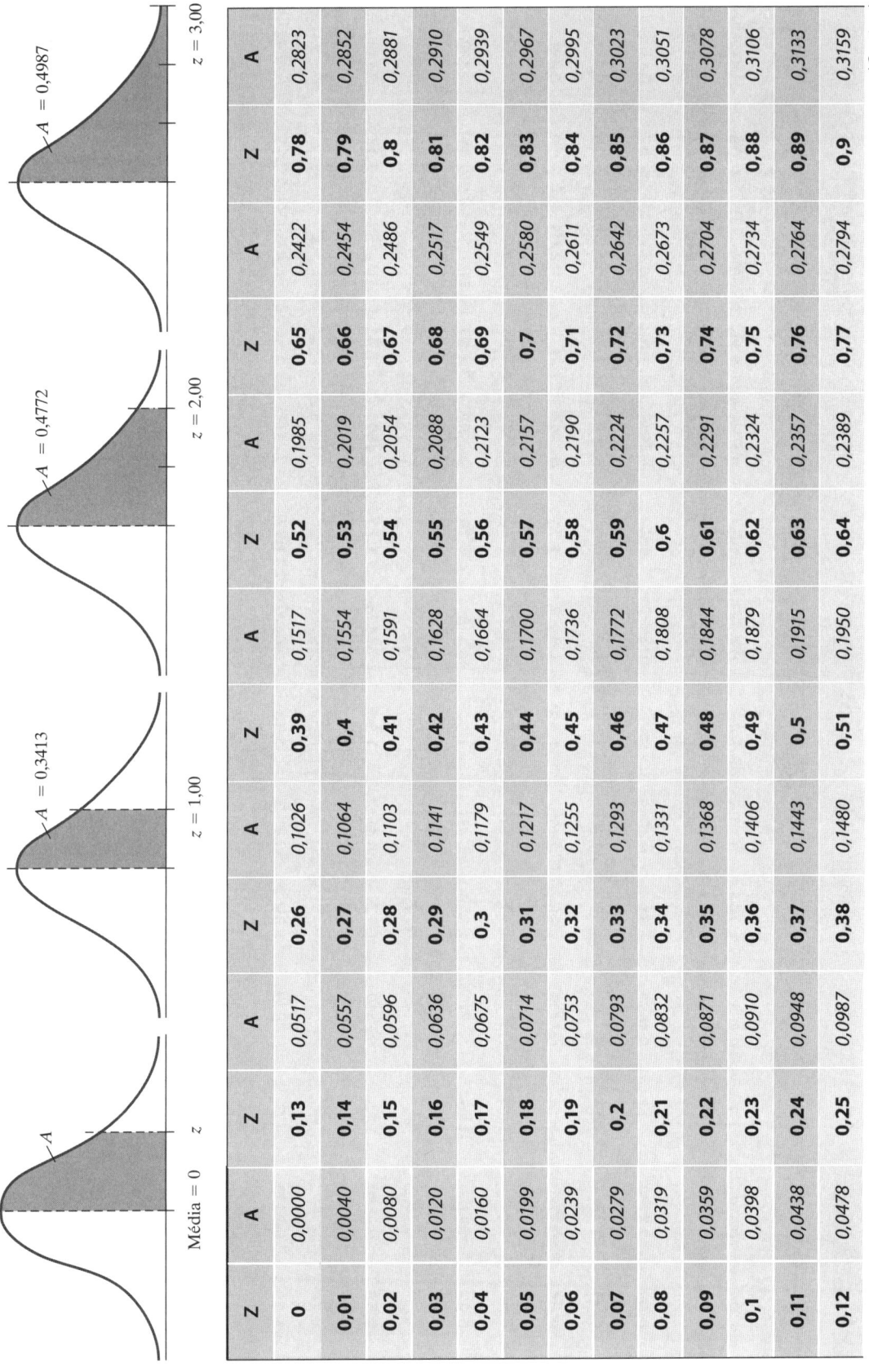

Z	A	Z	A	Z	A	Z	A	Z	A	Z	A
0	0,0000	0,13	0,0517	0,26	0,1026	0,39	0,1517	0,52	0,1985	0,65	0,2422	0,78	0,2823
0,01	0,0040	0,14	0,0557	0,27	0,1064	0,4	0,1554	0,53	0,2019	0,66	0,2454	0,79	0,2852
0,02	0,0080	0,15	0,0596	0,28	0,1103	0,41	0,1591	0,54	0,2054	0,67	0,2486	0,8	0,2881
0,03	0,0120	0,16	0,0636	0,29	0,1141	0,42	0,1628	0,55	0,2088	0,68	0,2517	0,81	0,2910
0,04	0,0160	0,17	0,0675	0,3	0,1179	0,43	0,1664	0,56	0,2123	0,69	0,2549	0,82	0,2939
0,05	0,0199	0,18	0,0714	0,31	0,1217	0,44	0,1700	0,57	0,2157	0,7	0,2580	0,83	0,2967
0,06	0,0239	0,19	0,0753	0,32	0,1255	0,45	0,1736	0,58	0,2190	0,71	0,2611	0,84	0,2995
0,07	0,0279	0,2	0,0793	0,33	0,1293	0,46	0,1772	0,59	0,2224	0,72	0,2642	0,85	0,3023
0,08	0,0319	0,21	0,0832	0,34	0,1331	0,47	0,1808	0,6	0,2257	0,73	0,2673	0,86	0,3051
0,09	0,0359	0,22	0,0871	0,35	0,1368	0,48	0,1844	0,61	0,2291	0,74	0,2704	0,87	0,3078
0,1	0,0398	0,23	0,0910	0,36	0,1406	0,49	0,1879	0,62	0,2324	0,75	0,2734	0,88	0,3106
0,11	0,0438	0,24	0,0948	0,37	0,1443	0,5	0,1915	0,63	0,2357	0,76	0,2764	0,89	0,3133
0,12	0,0478	0,25	0,0987	0,38	0,1480	0,51	0,1950	0,64	0,2389	0,77	0,2794	0,9	0,3159

(Continua)

(Continuação)

TABELA 19.11 Áreas sob a curva normal padronizada – os valores foram gerados usando a função "distribuição normal padrão" do Excel

Z	A	Z	A	Z	A	Z	A	Z	A	Z	A	Z	A
0,91	0,3186	1,1	0,3643	1,29	0,4015	1,48	0,4306	1,67	0,4525	1,86	0,4686	2,05	0,4798
0,92	0,3212	1,11	0,3665	1,3	0,4032	1,49	0,4319	1,68	0,4535	1,87	0,4693	2,06	0,4803
0,93	0,3238	1,12	0,3686	1,31	0,4049	1,5	0,4332	1,69	0,4545	1,88	0,4699	2,07	0,4808
0,94	0,3264	1,13	0,3708	1,32	0,4066	1,51	0,4345	1,7	0,4554	1,89	0,4706	2,08	0,4812
0,95	0,3289	1,14	0,3729	1,33	0,4082	1,52	0,4357	1,71	0,4564	1,9	0,4713	2,09	0,4817
0,96	0,3315	1,15	0,3749	1,34	0,4099	1,53	0,4370	1,72	0,4573	1,91	0,4719	2,1	0,4821
0,97	0,3340	1,16	0,3770	1,35	0,4115	1,54	0,4382	1,73	0,4582	1,92	0,4726	2,11	0,4826
0,98	0,3365	1,17	0,3790	1,36	0,4131	1,55	0,4394	1,74	0,4591	1,93	0,4732	2,12	0,4830
0,99	0,3389	1,18	0,3810	1,37	0,4147	1,56	0,4406	1,75	0,4599	1,94	0,4738	2,13	0,4834
1	0,3413	1,19	0,3830	1,38	0,4162	1,57	0,4418	1,76	0,4608	1,95	0,4744	2,14	0,4838
1,01	0,3438	1,2	0,3849	1,39	0,4177	1,58	0,4429	1,77	0,4616	1,96	0,4750	2,15	0,4842
1,02	0,3461	1,21	0,3869	1,4	0,4192	1,59	0,4441	1,78	0,4625	1,97	0,4756	2,16	0,4846
1,03	0,3485	1,22	0,3888	1,41	0,4207	1,6	0,4452	1,79	0,4633	1,98	0,4761	2,17	0,4850
1,04	0,3508	1,23	0,3907	1,42	0,4222	1,61	0,4463	1,8	0,4641	1,99	0,4767	2,18	0,4854
1,05	0,3531	1,24	0,3925	1,43	0,4236	1,62	0,4474	1,81	0,4649	2	0,4772	2,19	0,4857
1,06	0,3554	1,25	0,3944	1,44	0,4251	1,63	0,4484	1,82	0,4656	2,01	0,4778	2,2	0,4861
1,07	0,3577	1,26	0,3962	1,45	0,4265	1,64	0,4495	1,83	0,4664	2,02	0,4783	2,21	0,4864
1,08	0,3599	1,27	0,3980	1,46	0,4279	1,65	0,4505	1,84	0,4671	2,03	0,4788	2,22	0,4868
1,09	0,3621	1,28	0,3997	1,47	0,4292	1,66	0,4515	1,85	0,4678	2,04	0,4793	2,23	0,4871

(Continua)

TABELA 19.11 Áreas sob a curva normal padronizada – os valores foram gerados usando a função "distribuição normal padrão" do Excel

Z	A	Z	A	Z	A	Z	A	Z	A	Z	A	Z	A
2,24	0,4875	2,43	0,4925	2,62	0,4956	2,81	0,4975	3	0,4987	3,19	0,4993	3,38	0,4996
2,25	0,4878	2,44	0,4927	2,63	0,4957	2,82	0,4976	3,01	0,4987	3,2	0,4993	3,39	0,4997
2,26	0,4881	2,45	0,4929	2,64	0,4959	2,83	0,4977	3,02	0,4987	3,21	0,4993	3,4	0,4997
2,27	0,4884	2,46	0,4931	2,65	0,4960	2,84	0,4977	3,03	0,4988	3,22	0,4994	3,41	0,4997
2,28	0,4887	2,47	0,4932	2,66	0,4961	2,85	0,4978	3,04	0,4988	3,23	0,4994	3,42	0,4997
2,29	0,4890	2,48	0,4934	2,67	0,4962	2,86	0,4979	3,05	0,4989	3,24	0,4994	3,43	0,4997
2,3	0,4893	2,49	0,4936	2,68	0,4963	2,87	0,4979	3,06	0,4989	3,25	0,4994	3,44	0,4997
2,31	0,4896	2,5	0,4938	2,69	0,4964	2,88	0,4980	3,07	0,4989	3,26	0,4994	3,45	0,4997
2,32	0,4898	2,51	0,4940	2,7	0,4965	2,89	0,4981	3,08	0,4990	3,27	0,4995	3,46	0,4997
2,33	0,4901	2,52	0,4941	2,71	0,4966	2,9	0,4981	3,09	0,4990	3,28	0,4995	3,47	0,4997
2,34	0,4904	2,53	0,4943	2,72	0,4967	2,91	0,4982	3,1	0,4990	3,29	0,4995	3,48	0,4997
2,35	0,4906	2,54	0,4945	2,73	0,4968	2,92	0,4982	3,11	0,4991	3,3	0,4995	3,49	0,4998
2,36	0,4909	2,55	0,4946	2,74	0,4969	2,93	0,4983	3,12	0,4991	3,31	0,4995	3,5	0,4998
2,37	0,4911	2,56	0,4948	2,75	0,4970	2,94	0,4984	3,13	0,4991	3,32	0,4995	3,51	0,4998
2,38	0,4913	2,57	0,4949	2,76	0,4971	2,95	0,4984	3,14	0,4992	3,33	0,4996	3,52	0,4998
2,39	0,4916	2,58	0,4951	2,77	0,4972	2,96	0,4985	3,15	0,4992	3,34	0,4996	3,53	0,4998
2,4	0,4918	2,59	0,4952	2,78	0,4973	2,97	0,4985	3,16	0,4992	3,35	0,4996	...	...
2,41	0,4920	2,6	0,4953	2,79	0,4974	2,98	0,4986	3,17	0,4992	3,36	0,4996	...	...
2,42	0,4922	2,61	0,4955	2,8	0,4974	2,99	0,4986	3,18	0,4993	3,37	0,4996	3,9	0,5000

(Continuação)

EXEMPLO 19.5

Usando a Tabela 19.11, mostre que para uma distribuição normal padronizada de um conjunto de dados, aproximadamente 68% dos dados estarão no intervalo $-s$ a s, cerca de 95% dos dados estarão entre $-2s$ e $2s$ e quase todos os pontos de dados ficarão entre $-3s$ e $3s$.

Na Tabela 19.11, $z = 1$ representa um desvio-padrão acima da média e 34,13% da área total sob uma curva normal padronizada. Por outro lado, $z = -1$ representa um desvio-padrão abaixo da média e 34,13% da área total, como mostra a Figura 19.7. Portanto, para uma distribuição normal padronizada, 68% dos dados estão no intervalo $z = -1$ a $z = 1$ ($-s$ a s). De forma semelhante, $z = -2$ e $z = 2$ (dois desvios padrão acima e abaixo da média) representam, cada um deles, 0,4772% da área total sob a curva normal. Então, conforme mostrado na Figura 19.7, 95% dos dados estão no intervalo $-2s$ a $2s$. Da mesma maneira, podemos mostrar que 99,7% (para $z = -3$, $A = 0,4987$, e $z = 3$, $A = 0,4987$) ou quase todos os pontos de dados estão entre $-3s$ e $3s$.

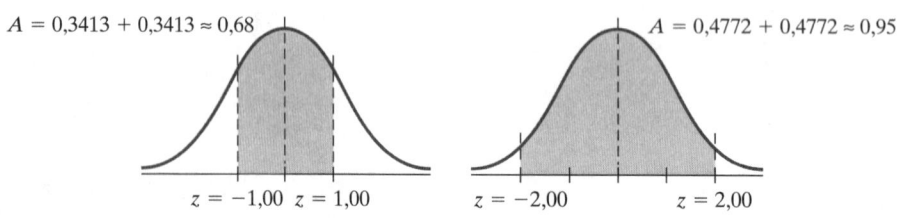

$A = 0,3413 + 0,3413 \approx 0,68$ $z = -1,00$ $z = 1,00$ $A = 0,4772 + 0,4772 \approx 0,95$ $z = -2,00$ $z = 2,00$

FIGURA 19.7   A área sob uma curva normal para o Exemplo 19.5.

EXEMPLO 19.6

Para o Exemplo 19.4, calcule a média, o desvio-padrão e determine a probabilidade de uma pessoa montar as peças do computador entre 7 e 11 minutos. Consulte a Tabela 19.12 ao seguir as etapas da solução.

TABELA 19.12   Dados para o Exemplo 19.6

Tempo (minutos) x	Frequência f	xf	$x - \bar{x}$	$(x - \bar{x})^2 f$
5	5	25	−4,22	89,04
6	8	48	−3,22	82,95
7	11	77	−2,22	54,21
8	15	120	−1,22	22,33
9	17	153	−0,22	0,82
10	14	140	0,78	8,52
11	13	143	1,78	41,19
12	8	96	2,78	61,83
13	6	78	3,78	85,73
14	3	42	4,78	168,55
		$\Sigma xf = 922$		$\Sigma (x - \bar{x})^2 f = 515,16$

$$\bar{x} = \frac{\Sigma xf}{n} = \frac{922}{100} = 9,22 \text{ minutos}$$

$$s = \sqrt{\frac{\Sigma(x - \bar{x})^2 f}{n - 1}} = \sqrt{\frac{515,16}{99}} = 2,28 \text{ minutos}$$

O valor 7 está abaixo do valor da média (9,22) e o valor z correspondente a 7 é determinado a partir de

$$z = \frac{x - \bar{x}}{s} = \frac{7 - 9,22}{2,28} = -0,97$$

Da Tabela 19.11, vem $A = 0,3340$. De forma semelhante, o valor 11 está acima do valor da média e o escore z correspondente a 11 é calculado a partir de

$$z = \frac{x - \bar{x}}{s} = \frac{11 - 9,22}{2,28} = 0,78$$

Da Tabela 19.11, vem $A = 0,2823$. Portanto, a probabilidade de uma pessoa montar uma peça de computador entre 7 e 11 minutos é de $0,3340 + 0,2823 = 0,6163$, como mostra a Figura 19.8.

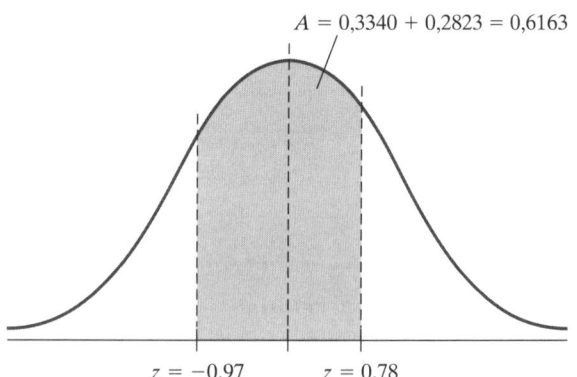

$A = 0,3340 + 0,2823 = 0,6163$

$z = -0,97$ $z = 0,78$

FIGURA 19.8 Área sob a curva de distribuição de probabilidade para o Exemplo 19.6.

EXEMPLO 19.7

Para o Exemplo 19.4, determine a probabilidade de uma pessoa montar a peça do computador em mais de 10 minutos.

Para esse problema, o escore z é

$$z = \frac{x - \bar{x}}{s} = \frac{10 - 9,22}{2,28} = 0,34$$

Da Tabela 19.11, vem $A = 0,1331$. Como desejamos determinar a probabilidade de uma pessoa montar a peça em mais de 10 minutos, precisamos calcular a área, $0,5 - 0,1331 = 0,3669$, como mostra a Figura 19.9. A probabilidade de uma pessoa montar a peça do computador em mais de 10 minutos é de aproximadamente 0,37.

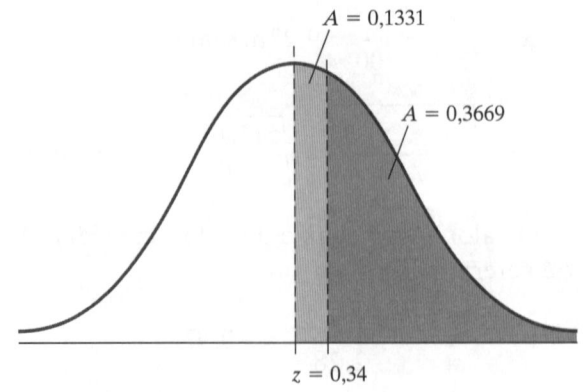

$A = 0{,}1331$

$A = 0{,}3669$

$z = 0{,}34$

FIGURA 19.9 Áreas sob a curva de distribuição de probabilidade para o Exemplo 19.7.

Em suma, tenha em mente que o propósito deste capítulo foi deixá-lo ciente da importância da probabilidade e da estatística na engenharia, e não fornecer uma cobertura detalhada de estatística. À medida que assiste às aulas de estatística e às aulas avançadas de engenharia, você aprenderá muito mais sobre conceitos e modelos estatísticos.

Antes de continuar

Responda às perguntas a seguir para testar o que aprendeu.

1. Descreva as maneiras pelas quais podemos medir a dispersão de um conjunto de dados informado.

2. Explique por que a média de um conjunto de dados não é uma boa maneira de definir a dispersão de dados informados.

3. Explique, com suas palavras, o que significa desvio padrão.

4. O que se entende por distribuição de probabilidade?

5. Quais são algumas características importantes de uma distribuição normal?

Vocabulário – Indique o significado dos termos a seguir.

Mediana _____

Distribuição de probabilidade _____

Distribuição normal _____

RESUMO

OA¹ **Probabilidade — noções básicas**

Por enquanto você deve entender a importante função da probabilidade e da estatística em diversas disciplinas da engenharia e familiarizar-se com suas terminologias. A probabilidade é o ramo da ciência que tenta prever a possibilidade de ocorrência de um evento. Em probabilidade, dá-se o nome de *ensaio* a cada uma das vezes que se repete um experimento. O valor obtido em um experimento é chamado *resultado* e um *experimento aleatório* é aquele que possui resultados aleatórios — os resultados aleatórios não podem ser previstos com exatidão.

OA² **Estatística — noções básicas**

A estatística é a área da ciência que trata da coleta, organização, análise e interpretação de dados. A estatística também lida com métodos e técnicas que podem ser usados para extrair conclusões sobre as características de algo com um grande número de pontos de dados — normalmente denominado uma *população* — usando uma parte menor da totalidade dos dados.

OA³ **Distribuições de frequência**

Uma maneira simples de organizar dados (para extrair conclusões) é identificar os pontos de dados mais altos e os mais baixos e depois agrupá-los em intervalos ou faixas iguais. Essa maneira de organizar dados normalmente é conhecida como *distribuição de frequência para dados agrupado*s. Outra maneira de mostrar faixas e suas frequências é usar um gráfico de barras ou um *histograma*. A altura das barras mostra a frequência dos dados nas faixas fornecidas.

OA⁴ **Medidas de tendência central e variação — média, mediana e desvio-padrão**

Você deve ter uma boa compreensão de medidas estatísticas de tendência central e variação. Você deve saber como calcular as informações estatísticas básicas como média, variância e desvio-padrão para um conjunto de pontos de dados. Além disso, você deve entender que o valor da média sozinho não fornece informações úteis sobre a dispersão de dados; o valor do desvio-padrão fornece uma ideia melhor sobre como os dados estão dispersos ou espalhados.

OA⁵ **Distribuição normal**

Uma distribuição de probabilidade mostra os valores de probabilidade para a ocorrência dos resultados de um experimento. Uma distribuição de probabilidade que possui uma curva em forma de sino é chamada de *distribuição normal*. Também é importante saber que o formato específico de sino de uma curva de distribuição normal é determinado por seus valores de média e desvio-padrão. Um experimento com um desvio-padrão pequeno produzirá uma curva alta e estreita, enquanto um desvio-padrão grande resultará em uma curva baixa e larga. Você também deve saber que a área sob qualquer distribuição normal dada deve sempre ser igual a 1.

TERMOS-CHAVE

Desvio-padrão	Escore z	Mediana
Distribuição de frequência para dados agrupados	Experimento aleatório	População
	Frequência acumulada	Probabilidade
Distribuição normal	Histograma	Resultado
Ensaio	Média	Variância

APLIQUE O QUE APRENDEU

O Índice de Massa Corporal (IMC) é uma maneira de determinar a obesidade e o sobrepeso. Ele é calculado a partir de

$$IMC = \frac{massa\,(\text{em kg})}{[altura\,(\text{em metro})]^2}.$$

Os valores de IMC na faixa de 18,5 a 24,9, 25,0 a 29,9 e > 30,0 classificam as pessoas como saudáveis,

Altura (m)	Massa (kg)						
	50	55	60	65	70	75	80
1,5	22,2	24,4	26,7	28,9	31,1	33,3	35,6
1,6	19,5	21,5	23,4	25,4	27,3	29,3	31,3
1,7	17,3	19,0	20,8	22,5	24,2	26,0	27,7
1,8	15,4	17,0	18,5	20,1	21,6	23,1	24,7
1,9	13,9	15,2	16,6	18,0	19,4	20,8	22,2

acima do peso e obesas, respectivamente.

Seu professor passará em classe uma folha na qual você poderá registrar sua massa e altura de forma anônima. Em seguida ele disponibilizará os dados coletados para toda a classe. Use os dados coletados e execute as tarefas a seguir.

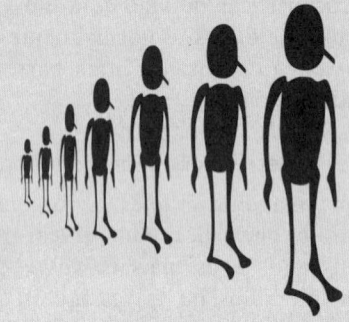

1. Crie histogramas para altura e massa.
2. Calcule a média e o desvio da altura e da massa da classe.
3. Calcule a distribuição de probabilidade para as faixas de altura e massa dadas e faça a plotagem das curvas de distribuição.
4. Calcule os valores do IMC para toda a classe e agrupe os resultados em saudável, acima do peso e obeso.

Discuta suas descobertas em um breve relatório.

PROBLEMAS

Problemas que promovem aprendizado permanente estão indicados por 🔑

19.1 As notas obtidas por 30 alunos em uma prova são mostradas a seguir. Organize os dados como na Tabela 19.1 e use o Excel para criar um histograma.

Notas: 57, 94, 81, 77, 66, 97, 62, 86, 75, 87, 91, 78, 61, 82, 74, 72, 70, 88, 66, 75, 55, 66, 58, 73, 79, 51, 63, 77, 52, 84

19.2 Para o Problema 19.1, calcule a frequência acumulada e faça a plotagem de um polígono de frequência acumulada.

19.3 Para o Problema 19.1, usando as Equações (19.1) e (19.6), calcule a média e o desvio-padrão das notas.

19.4 Para o Problema 19.1, usando as Equações (19.7) e (19.8), calcule a média e o desvio-padrão das notas.

19.5 Para o Problema 19.1, calcule a distribuição de probabilidade e faça a plotagem da curva de distribuição de probabilidade.

19.6 Para melhorar o tempo de produção, a supervisora das linhas de montagem de uma fábrica de telefones celulares estudou o tempo necessário para a montagem de certas peças de um telefone em várias estações. Ela mede o tempo necessário para a montagem de uma peça específica por 165 pessoas em diferentes turnos e em dias diferentes. O registro de seu estudo está organizado e mostrado na tabela a seguir.

Tempo necessário para a montagem da peça (minutos)	Frequência
4	15
5	20
6	28
7	34
8	28
9	24
10	16

Faça a plotagem dos dados e calcule a média e o desvio-padrão.

19.7 Para o Problema 19.6, calcule a distribuição de probabilidade e trace a respectiva curva.

19.8 Determine a média, a variância e o desvio-padrão para as peças a seguir. Os valores medidos são dados na tabela anexa.

Comprimento do parafuso (cm)	Diâmetro do tubo (cm)
2,55	1,25
2,45	1,18
2,55	1,22
2,35	1,15
2,60	1,17
2,40	1,19
2,30	1,22
2,40	1,18
2,50	1,17
2,50	1,25

19.9 Determine a média, a variância e o desvio-padrão para as peças a seguir. Os valores medidos são dados na tabela anexa.

Largura da madeira (cm)	Bolas esféricas de aço (cm)
3,50	1,00
3,55	0,95
3,45	1,05
3,60	1,10
3,55	1,00
3,40	0,90
3,40	0,85
3,65	1,05
3,35	0,95
3,60	0,90

19.10 Na próxima vez que for a um supermercado, pergunte ao gerente se pode medir a massa de pelo menos 10 caixas de cereais de sua escolha. Escolha a mesma marca e caixas do mesmo tamanho. Informe ao gerente que essa é uma tarefa para uma aula. Relate a média da massa, a variância e desvio-padrão das caixas. As informações do fabricante impressas nas caixas estão dentro de sua medição?

19.11 Repita o Problema 19.10 usando três outros produtos, como latas de sopa, de atum ou de amendoins.

19.12 Obtenha a altura, a idade e a massa dos jogadores de seu time favorito de basquete. Determine a média, a variância e o desvio-padrão para a altura, idade e massa. Discuta suas descobertas. Se não gosta de basquete, realize o experimento usando os dados de um time de futebol ou de outro esporte de sua escolha.

19.13 Para o Exemplo 19.4, determine a probabilidade de serem necessários entre 5 e 10 minutos para a montagem da peça.

19.14 Para o Exemplo 19.4, determine a probabilidade de serem necessários mais de 7 minutos para a montagem da peça.

19.15 Para o Problema 19.6 (assumindo a distribuição normal), determine a probabilidade de serem necessários entre 5 e 8 minutos para a montagem do telefone.

19.16 Imagine que você e quatro de seus colegas tenham medido a densidade do ar e registrado os valores mostrados na tabela a seguir. Determine a média, a variância e o desvio-padrão desses valores.

Densidade do ar (kg/m³)
1,27
1,21
1,28
1,25
1,24

19.17 Imagine que você e quatro de seus colegas tenham medido a viscosidade do óleo de motor e registrado os valores mostrados na tabela a seguir. Determine a média, a variância e o desvio-padrão desses valores.

Viscosidade do óleo de motor (N · s/m²)
0,15
0,10
0,12
0,11
0,14

19.18 Assumindo uma distribuição normal padronizada (Tabela 19.11), qual porcentagem dos dados está entre −1,5 s e 1,5 s?

19.19 Assumindo uma distribuição normal padronizada (Tabela 19.11), qual porcentagem dos dados está entre −0,5 s e 0,5 s?

19.20 Os valores do poder calorífico típicos do carvão em diversas localidades dos EUA são mostrados na tabela a seguir. Calcule a média, a variância e o desvio-padrão para os dados fornecidos.

Município e estado de origem do carvão	Valor do poder calorífico superior (MJ/kg)
Musselshell, Montana	28,0
Emroy, Utah	31,4
Pike, Kentucky	34,9
Cambria, Pennsylvania	36,2
Williamson, Illinois	31,8
McDowell, West Virginia	36,2

Fonte: Babcock and Wilcox Company, *Steam: Its Generation and Use* (Vapor: geração e uso).

19.21 Os valores do poder calorífico típicos do gás natural em diversas localidades dos EUA são mostrados na tabela a seguir. Calcule a média, a variância e o desvio-padrão para os dados fornecidos.

Fonte do gás	Valor do poder calorífico (MJ/kg)
Pennsylvania	53,7
Southern California	53,1
Ohio	51,2
Louisiana	50,6
Oklahoma	46,8

Fonte: Babcock and Wilcox Company, *Steam: Its Generation and Use* (Vapor: geração e uso).

19.22 Como engenheiro elétrico, você projetou uma lâmpada nova e eficiente. Para prever a expectativa de vida, você conduziu uma série de experimentos em 135 dessas lâmpadas e coletou os dados mostrados na tabela a seguir. Faça a plotagem dos dados e calcule a média e o desvio-padrão.

Número de horas que a lâmpada funcionou antes de queimar	Frequência
700	15
800	20
900	34
1000	28
1100	22
1200	16

130 000	24
140 000	15
150 000	11

19.23 Para o Problema 19.22, calcule a distribuição de probabilidade e trace a respectiva curva.

19.24 Para o Problema 19.22, determine a probabilidade (assumindo a distribuição normal) de uma lâmpada ter uma expectativa de vida entre 800 e 1.000 horas.

19.25 Para o Problema 19.22, determine a probabilidade (assumindo a distribuição normal) de uma lâmpada ter uma expectativa de vida superior a 1.000 horas.

19.26 Para o Problema 19.22, determine a probabilidade (assumindo a distribuição normal) de uma lâmpada ter uma expectativa de vida inferior a 900 horas.

19.27 Como engenheiro mecânico que trabalha para uma indústria automotiva, você conduz uma pesquisa e coleta os dados a seguir para estudar o desempenho de um motor projetado há muitos anos. Faça a plotagem dos dados e calcule a média e o desvio-padrão.

19.28 Para o Problema 19.27, calcule a distribuição de probabilidade e trace a respectiva curva.

19.29 Para o Problema 19.27, determine a probabilidade (assumindo a distribuição normal) de um carro precisar de manutenção no motor entre 70 000 e 90 000 quilômetros.

19.30 Para o Problema 19.27, determine a probabilidade (assumindo a distribuição normal) de um carro precisar de manutenção no motor após 100 000 quilômetros.

19.31 Para o Problema 19.27, determine a probabilidade (assumindo a distribuição normal) de um carro precisar de manutenção no motor antes de 85 000 quilômetros.

19.32 Para o Problema 19.27, determine a probabilidade (assumindo a distribuição normal) de um carro precisar de manutenção no motor antes de 90 000 quilômetros.

19.33 Como engenheiro que trabalha para uma empresa de engarrafamento de água, você coleta os dados a seguir para testar o desempenho dos sistemas de engarrafamento. Plote os dados e calcule a média e o desvio-padrão.

Quilômetros percorridos antes da necessidade de manutenção no motor	Frequência
70 000	12
80 000	17
90 000	22
100 000	33
110 000	42
120 000	30

Mililitros de água engarrafada	Frequência
485	13
490	17
495	25
500	40
505	23
510	18
515	15

19.34 Para o Problema 19.33, calcule a distribuição de probabilidade e trace a respectiva curva.

19.35 Para o Problema 19.33, determine a probabilidade (assumindo a distribuição normal) de uma garrafa ser preenchida entre 500 e 515 mililitros.

19.36 Para o Problema 19.33, determine a probabilidade (assumindo a distribuição normal) de uma garrafa ser preenchida com mais de 495 mililitros.

19.37 Para o Problema 19.33, determine a probabilidade (assumindo a distribuição normal) de uma garrafa ser preenchida com menos de 500 mililitros.

19.38 Para o Problema 19.33, determine a probabilidade (assumindo a distribuição normal) de uma garrafa ser preenchida com menos de 495 mililitros.

19.39 Como engenheiro químico que trabalha para um fabricante de pneus, colete os dados a seguir para testar o desempenho dos pneus. Faça a plotagem dos dados e calcule a média e o desvio-padrão.

Quilometragem segura (desgaste aceitável)	Frequência
30000	15
35000	20
40000	34
45000	32
50000	22
55000	16

19.40 Para o Problema 19.39, calcule a distribuição de probabilidade e trace a respectiva curva.

19.41 Para o Problema 19.39, determine a probabilidade (assumindo a distribuição normal) de um pneu rodar com segurança entre 45000 e 55000 quilômetros.

19.42 Para o Problema 19.39, determine a probabilidade (assumindo a distribuição normal) de um pneu rodar com segurança por mais de 50000 quilômetros.

19.43 Para o Problema 19.39, determine a probabilidade (assumindo a distribuição normal) de um pneu rodar com segurança por menos de 45000 quilômetros.

19.44 Para o Problema 19.39, determine a probabilidade (assumindo a distribuição normal) de um pneu rodar com segurança por menos de 50.000 quilômetros.

Experimentos em sala de aula — Os Problemas 19.45 a 19.50 devem ser resolvidos em sala de aula.

19.45 Seu professor passará um saco de bombons fechado. Você deve estimar o número de bombons no saco e escrevê-lo em um pedaço de papel. Seu professor então coletará os dados e compartilhará os resultados com a classe. Sua tarefa é organizar os dados de acordo com a sugestão de seu professor e calcular a média e o desvio-padrão. Calcule a distribuição de probabilidade. Sua distribuição de dados se assemelha a uma distribuição normal? Responda outras perguntas que seu instrutor formular.

19.46 Seu professor pedirá um voluntário na classe. Você deve estimar a altura dele(a) em cm e escrevê-la em um pedaço de papel. Seu professor então coletará os dados e compartilhará os resultados com a classe. Sua tarefa é organizar os dados de acordo com a sugestão de seu professor e calcular a média e o desvio-padrão. Calcule a distribuição de probabilidade. Sua distribuição de dados se assemelha a uma distribuição normal? Responda outras perguntas que seu instrutor formular.

19.47 Seu professor pedirá um voluntário na classe. Você deve estimar a massa dele(a) em kg e escrevê-la em um pedaço de papel. Seu professor então coletará os dados e compartilhará os resultados com a classe. Sua tarefa é organizar os dados de acordo com a sugestão de seu professor e calcular a média e o desvio-padrão. Calcule a distribuição de probabilidade. Sua distribuição de dados se assemelha a uma distribuição normal? Responda outras perguntas que seu instrutor formular.

19.48 Você deve anotar em um pedaço de papel o número de créditos que fará neste semestre. Seu professor então coletará os dados e compartilhará os resultados com a classe. Calcule a média e o desvio-padrão dos dados. Assumindo uma distribuição normal, determine a probabilidade de que um aluno esteja fazendo entre 12 e 15 créditos neste semestre. Qual é a probabilidade de que um aluno esteja fazendo menos de 12 créditos?

19.49 Anote em um pedaço de papel quanto (não arredonde) dinheiro você possui agora. Seu professor então coletará os dados e compartilhará os resultados com a classe. Sua tarefa é organizar os dados de acordo com a sugestão de seu professor e calcular a média e o desvio-padrão dos dados. Assumindo uma distribuição normal, determine a probabilidade de que um aluno tenha entre duas e quatro vezes o preço de uma lata de refrigerante. Qual é a probabilidade de que um aluno tenha menos de cinco vezes o preço de uma lata de refrigerante?

19.50 Anote a medida de sua cintura em um pedaço de papel. Se não souber o tamanho da sua cintura, peça uma fita métrica ao seu professor. Seu professor então coletará os dados e compartilhará os resultados com

a classe. Sua tarefa é organizar os dados de acordo com a sugestão de seu professor e calcular a média e o desvio-padrão dos dados. Assumindo uma distribuição normal, determine a probabilidade de um aluno ter uma medida de cintura inferior a 86 cm. Qual é a probabilidade de um aluno ter uma cintura cuja medida esteja entre 76 cm e 91 cm?

19.51 Como engenheiro agrícola é solicitado que você colete os dados da produção de milho e trigo dos últimos 10 anos. Você deve usar os princípios que discutimos neste capítulo para organizar os dados. Por exemplo, você pode apresentar os dados usando o histograma ou calcular a média e o desvio-padrão das colheitas mencionadas para o período fornecido. Use *slides* do PowerPoint para apresentar suas conclusões.

19.52 Colete dados sobre a quantidade de iPhones e iPads vendidas na Europa desde 2010. Use os princípios que discutimos neste capítulo para organizar os dados. Você pode identificar alguns padrões e extrair conclusões? Descreva suas descobertas em um breve relatório.

Engenharia econômica

Fonte: © Lightscapes Photography, Inc./CORBIS

As considerações econômicas desempenham papel vital no desenvolvimento de produtos e serviços e no processo de tomada de decisão em projetos de engenharia.

OBJETIVOS DE APRENDIZADO

OA¹ **Diagramas de fluxo de caixa:** explicar como os diagramas são usados na análise de problemas de engenharia econômica e fornecer exemplos

OA² **Juros simples e juros compostos:** explicar o que significam, como se diferenciam e fornecer exemplos

OA³ **Valor futuro de uma quantia presente e valor presente de uma quantia futura:** saber como calcular o valor futuro de uma quantia presente (principal) e o valor presente de uma quantia futura

OA⁴ **Taxa de juros efetiva:** explicar o que significa e fornecer um exemplo

OA⁵ **Valor presente e valor futuro de uma série de pagamentos:** saber como calcular os valores presente e futuro de uma série de pagamentos

OA⁶ **Fatores juros-tempo:** saber como usar tabelas de fatores juros-tempo para configurar e resolver problemas

OA⁷ **Escolha das melhores alternativas — tomada de decisão:** entender como usar os princípios da engenharia econômica para selecionar a melhor alternativa entre muitas opções

OA⁸ **Funções financeiras do Excel:** saber como usar as funções do Excel para configurar e resolver problemas de engenharia econômica

DEBATE INICIAL

CARTÕES DE CRÉDITO — GUIA DO CONSUMIDOR

Taxa de juros

Uma das coisas mais importantes para entender a respeito de seu cartão de crédito é a taxa de juros.

A taxa de juros é o preço que se paga pela tomada de empréstimo. Nos cartões de crédito, a taxa de juros é apresentada como uma taxa anual, denominada APR (annual percentage rate — taxa de porcentagem anual)[1].

Um cartão de crédito pode ter várias APRs. A seguir, alguns termos comuns que você deve conhecer.

Diferentes APRs para diferentes tipos de transações. Seu cartão de crédito terá sempre uma APR para compras, a quantia de juros que você pagará ao fazer compras. No caso de muitos cartões, você só terá que pagar juros sobre compras se transferir saldo devedor. Seu cartão provavelmente também terá uma APR diferente — frequentemente mais elevada — para saques ou transferências de saldo devedor.

APR inicial. Seu cartão pode ter uma APR mais baixa durante um período inicial e uma taxa mais elevada após o final desse período. De acordo com a legislação federal, o período inicial deve durar pelo menos seis meses e a empresa de cartão de crédito deve informar qual será a taxa depois que o período inicial expirar. Por exemplo, sua taxa inicial pode ser de 8,9% por seis meses e depois subir para 17,9%.

---

1   No Brasil, a taxa de juros é, quase sempre, mensal. (N.R.T.)

APR de penalidade. Sua APR pode aumentar se você acionar uma da condições passíveis de penalização, por exemplo, se pagar sua fatura com atraso ou tiver um pagamento devolvido.

As APRs podem ser fixas ou variáveis

A **APR de taxa fixa** é definida em um determinado percentual e não pode mudar durante o período estipulado em seu contrato de cartão de crédito. Se a empresa não especificar um período, a taxa não poderá mudar enquanto sua conta estiver aberta.

A **APR de taxa variável** pode mudar dependendo de um índice que não é controlado pela empresa de cartão de crédito, como a taxa básica de juros (um índice que representa a taxa de juros que a maioria dos bancos cobram de seus clientes) ou a taxa das obrigações do Tesouro (a taxa paga pelo governo por seus empréstimos de curto prazo). O pedido e o contrato do cartão de crédito informarão quantas vezes a APR de seu cartão pode mudar.

Os emissores de cartões podem oferecer combinações de taxas fixas e variáveis — por exemplo, uma APR de taxa fixa, que se torna variável após o final do período inicial. Leia cuidadosamente o contrato de cartão de crédito, para entender quando — e se — sua APR pode mudar.

Fonte: United States Federal Reserve (Reserva Federal dos Estados Unidos)

Para os estudantes: Supondo que você tenha um saldo devedor de $ 2.000 no cartão de crédito e uma APR de 12%, se precisasse pagar um adicional de $ 20 no pagamento mínimo devido a cada mês, quanto acha que economizaria?

Como explicamos no Capítulo 3, os fatores econômicos sempre desempenham papéis importantes na tomada de decisão em projetos de engenharia. Se você projeta um produto cuja fabricação é muito cara, então ele não poderá ser vendido a um preço acessível ao consumidor e ainda ser lucrativo para a empresa. O fato é que as empresas projetam produtos e prestam serviços não apenas para tornar nossa vida melhor, mas também para ganhar dinheiro. Nesta seção, discutiremos os conceitos básicos da engenharia econômica. As informações aqui fornecidas não se aplicam somente a projetos de engenharia, mas também a financiamentos de carros ou casas e empréstimos ou investimentos bancários. Algumas pessoas podem querer aplicar o conhecimento adquirido aqui para determinar seu crédito educativo ou os pagamentos do cartão de crédito. Por isso, aconselhamos a desenvolver uma boa compreensão da engenharia econômica; as informações apresentadas aqui podem ajudá-lo a administrar seu dinheiro com mais sabedoria.

OA¹ 20.1   Diagramas de fluxo de caixa

Os **diagramas de fluxo de caixa** são recursos visuais que mostram o fluxo de custos e receitas durante um determinado período. Os diagramas de fluxo de caixa mostram quando o fluxo de caixa ocorre, sua magnitude e se o fluxo de caixa é para fora do seu bolso (custo) ou para dentro dele (receita). Eles são uma importante ferramenta visual que mostram o *timing*, a magnitude e a direção do fluxo de caixa. Para esclarecer um pouco mais o conceito de diagrama de fluxo de caixa, imagine que você esteja interessado em comprar um carro novo. Sendo estudante do primeiro ano de engenharia, você pode não ter muito dinheiro em sua conta de poupança neste momento; para o propósito deste exemplo, digamos que você tenha $ 1.200 no seu nome em uma conta de poupança. O carro que você está interessado em comprar custa $ 15.500; suponhamos que, incluindo o imposto sobre vendas e outras taxas, o custo total do carro seja de $ 16.880. Assumindo que pode dar uma entrada de $ 1.000, você pede um empréstimo ao seu banco. O banco decide lhe emprestar o restante, $ 15.880, à taxa de juros de 8%. Você assinará um contrato que exige que você pague $ 315,91 por mês pelos próximos cinco anos. Em breve você aprenderá a calcular esses pagamentos mensais, mas, por enquanto, vamos nos concentrar em como desenhar o diagrama de fluxo de caixa. O diagrama de fluxo de caixa para esta atividade é mostrado na Figura 20.1. Observe na figura a direção das setas que representam o dinheiro fornecido a você pelo banco e os pagamentos que você deve fazer para o banco ao longo dos próximos cinco anos (sessenta meses).

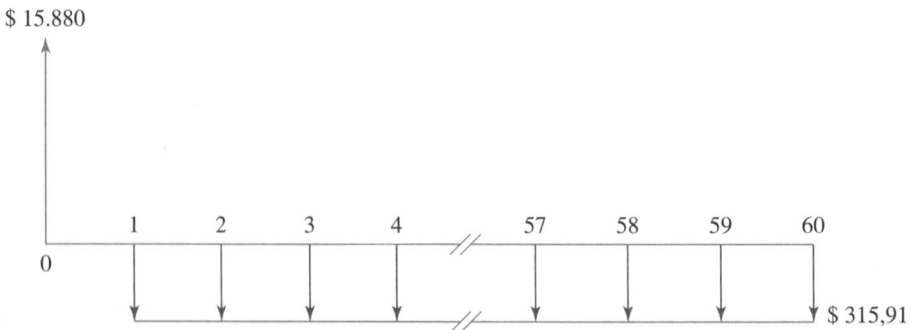

FIGURA 20.1   Um diagrama de fluxo de caixa para a quantia emprestada e os pagamentos mensais.

EXEMPLO 20.1

Desenhe o diagrama de fluxo de caixa para um investimento que inclui a compra de uma máquina que custa $ 50.000, com um custo de manutenção e operacional de $ 1.000 ao ano. Espera-se que a máquina gere receita de $ 15.000 por ano durante cinco anos. O valor residual esperado da máquina no final de cinco anos é de $ 8.000.

O diagrama de fluxo de caixa para o investimento é mostrado na Figura 20.2. Mais uma vez, observe as direções das setas. Representamos o custo inicial de

$ 50.000 e o custo de manutenção com setas apontando para baixo, enquanto o valor da receita e o valor residual da máquina são mostrados pelas setas apontando para cima.

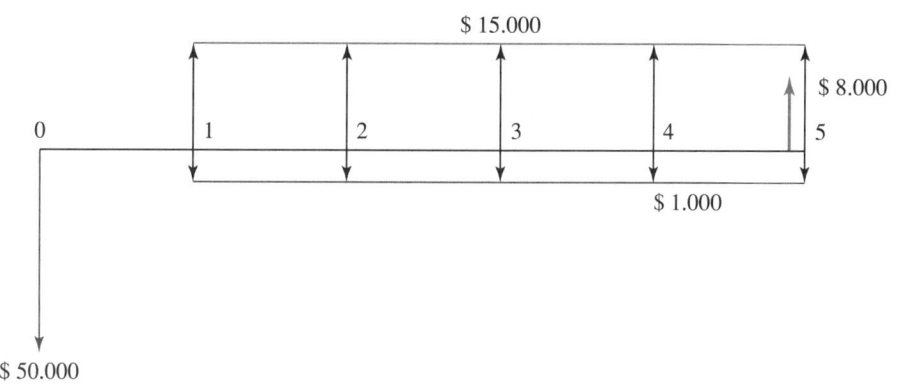

FIGURA 20.2 O diagrama de fluxo de caixa para o Exemplo 20.1.

OA² 20.2 Juros simples e juros compostos

Juros são valores adicionais — além do montante emprestado — pagos com a finalidade de ter acesso ao empréstimo. **Juros simples** são os juros pagos apenas sobre o montante inicial. Por exemplo, se você depositar $ 100,00 em um banco à taxa de juros simples de 6%, após seis anos terá $ 136 em sua conta. Em geral, se você depositar a quantia P (principal) a uma taxa i% (*interest* – juro) durante um período de n anos, o futuro valor total F (future) de P no final do enésimo ano será dado por

$$F = P + (P)(i)(n) = P(1 + ni)$$ 20.1

EXEMPLO 20.2 Calcule o valor futuro de um depósito de $ 1.500 após oito anos em uma conta que paga uma taxa de juros simples de 7%. Qual será o valor dos juros creditados nessa conta?

Você pode determinar o valor futuro da quantia depositada usando a Equação (20.1), que resulta em

$F = P(1 + ni) = 1.500[1 + 8(0,07)] = \$ 2.340$

E o total de juros creditados nessa conta será

$juros = (P)(n)(i) = (1.500)(8)(0,07) = \$ 840$

TABELA 20.1	O efeito dos juros compostos

Ano	Saldo no início do ano	Juros de 6% ao ano	Saldo no final do ano, incluindo os juros
1	100,00	6,00	106,00
2	106,00	6,36	112,36
3	112,36	6,74	119,10
4	119,10	7,14	126,24
5	126,24	7,57	133,81
6	133,81	8,02	141,83

Os juros simples são muito raros nos dias de hoje. Quase todos os juros cobrados em empréstimos ou pagos em investimentos são **juros compostos**. O conceito de juros compostos é discutido a seguir.

Juros compostos

> No regime de capitalização composta, há incidência de juros sobre os juros pagos sobre o capital inicial.

No regime de capitalização composta, há incidência de juros sobre os juros pagos sobre o capital inicial. Para entender melhor como funcionam os juros compostos ganhos ou pagos sobre o principal, considere o exemplo a seguir. Imagine que você coloca $ 100,00 em um banco que lhe paga 6% de juros capitalizados anualmente. No final do primeiro ano (ou no início do segundo ano), você terá $ 106,00 em sua conta. Você ganhou juros no valor de $ 6,00 durante o primeiro ano. No entanto, os juros obtidos durante o segundo ano são determinados por ($ 106,00) (0,06) = $ 6,36. Isso ocorre porque sobre os juros de $ 6,00 do primeiro ano também incidem 6% de juros, ou seja, 36 centavos. Assim, o total de juros auferidos durante o segundo ano é $ 6,36 e o valor total disponível em sua conta no final do segundo ano é $ 112,36. Calculando os juros e o valor total para o terceiro, quarto, quinto e sexto anos de modo similar, no final do sexto ano haverá $ 141,83 em sua conta. Consulte os cálculos detalhados na Tabela 20.1. Observe a diferença entre $ 100,00 investidos à taxa de juros simples de 6% e à taxa de 6% de juros capitalizados anualmente, por um período de seis anos. No caso de juros simples, o total de juros auferidos, após seis anos, é $ 36,00, enquanto o total de juros acumulados no regime de capitalização composta é $ 41,83 no mesmo período.

OA³ 20.3 Valor futuro de uma quantia presente e valor presente de uma quantia futura

Vamos agora desenvolver uma fórmula geral que você pode usar para calcular o **valor futuro F de uma quantia presente** P (principal), após n anos de incidência de juros de i% capitalizados anualmente. O diagrama de fluxo de caixa para essa situação é mostrado na Figura 20.3. A Tabela 20.2 foi desenvolvida com a finalidade de demonstrar passo a

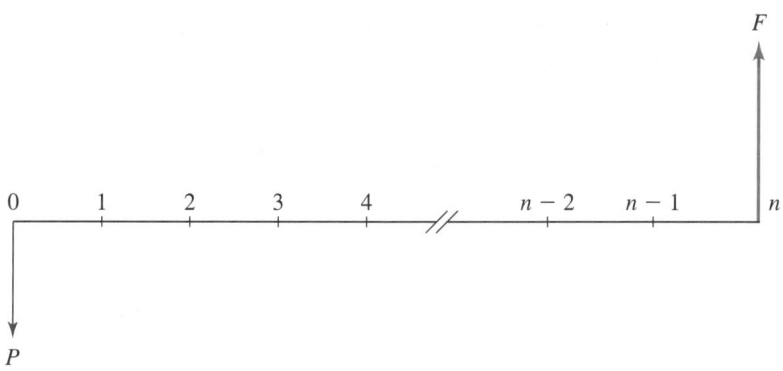

FIGURA 20.3   O diagrama de fluxo de caixa para o valor futuro de um depósito bancário feito hoje.

passo o efeito acumulativo dos juros a cada ano. Como essa tabela mostra, começando com o principal P, no final do primeiro ano teremos $P + Pi$ ou $P(1+ i)$. Durante o segundo ano, $P(1+ i)$ rende juros de $P(1 + i)i$, e adicionando os juros ao valor $P(1 + i)$ com que começamos o segundo ano, teremos uma quantia total de $P(1+ i) + P(1 + i)i$. Fatorando o termo $P(1 + i)$, teremos $P(1 + i)^2$ dólares no final do segundo ano. Observando a Tabela 20.2 você pode ver como os juros ganhos e a quantia total são calculados para o terceiro, quarto, quinto, ... e enésimo anos. Consequentemente, você pode ver que a relação entre o valor presente P e o valor futuro F de uma quantia que rende anualmente juros compostos de i%, após n anos, é dada por

$$F = P(1 + i)^n \qquad \text{20.2}$$

Muitas instituições financeiras pagam juros que são compostos mais de uma vez ao ano. Por exemplo, um banco pode lhe pagar uma taxa de juros capitalizados semestralmente (duas vezes ao ano), trimestralmente (quatro vezes ao ano) ou mensalmente (12 vezes ao ano). Se o principal P

TABELA 20.2   A relação entre o valor presente P e o valor futuro F

Ano	Saldo no início do anor	Juros ao ano	Saldo no final do ano, incluindo os juros
1	P	$(P)(i)$	$P + (P)(i) = P(1+i)$
2	$P(1+i)$	$P(1+i)(i)$	$P(1+i) + P(1+i)(i) = P(1+i)^2$
3	$P(1+i)^2$	$P(1+i)^2(i)$	$P(1+i)^2 + P(1+i)^2(i) = P(1+i)^3$
4	$P(1+i)^3$	$P(1+i)^3(i)$	$P(1+i)^3 + P(1+i)^3(i) = P(1+i)^4$
5	$P(1+i)^4$	$P(1+i)^4(i)$	$P(1+i)^4 + P(1+i)^4(i) = P(1+i)^5$
.	......	....	....
n	$P(1+i)^{n-1}$	$P(1+i)^{n-1}(i)$	$P(1+i)^{n-1} + P(1+i)^{n-1}(i) = P(1+i)^n$

for depositado por um período de n anos e os juros forem compostos por m períodos (ou m vezes) ao ano, então o valor futuro F do principal P será determinado por

$$F = P\left(1 + \frac{i}{m}\right)^{nm}$$

20.3

EXEMPLO 20.3

Calcule o valor futuro de um depósito de $ 1.500 feito hoje, após oito anos, em uma conta que rende uma taxa de juros de 7% capitalizados anualmente. Qual o total de juros a serem creditados nessa conta?

O valor futuro do depósito de $ 1.500 é calculado mediante a substituição de P, I e n na Equação (20.2), o que resulta em:

$$F = P(1 + i)^n = 1.500(1 + 0,07)^8 = \$ 2.577,27$$

O total de juros a serem creditados nessa conta é determinado pelo cálculo da diferença entre o valor futuro e o valor do depósito presente.

$$juros = \$ 2.577,27 - \$ 1.500 = \$ 1.077,27$$

EXEMPLO 20.4

Calcule o valor futuro de um depósito de $ 1.500, após oito anos, em uma conta que rende uma taxa de juros de 7% capitalizados mensalmente. Qual o total de juros a serem creditados nessa conta?

Para determinar o valor futuro do depósito de $ 1.500, substituímos P, i, m e n na Equação (20.3), o que resulta no valor futuro mostrado a seguir.

$$F = 1.500\left(1 + \frac{0,07}{12}\right)^{(8)(12)} = 1.500\left(1 + \frac{0,07}{12}\right)^{96} = \$ 2.621,73$$

E o total de juros é

$$juros = \$ 2.621,73 - \$ 1.500 = \$ 1.121,73$$

Os resultados dos Exemplos 20.2, 20.3 e 20.4 são comparados e resumidos na Tabela 20.3. Note os efeitos dos juros simples, dos juros capitalizados anualmente e dos juros capitalizados mensalmente sobre o valor futuro total do depósito de $ 1.500.

Valor presente de uma quantia futura

Vamos agora considerar a seguinte situação. Você gostaria de ter $ 2.000 disponíveis para a entrada de um carro quando se formar na faculdade em, digamos, cinco anos. Quanto dinheiro você precisa colocar hoje em um certificado de depósito (CD) com uma taxa de juros de 6,5% (capitalizados anualmente)? A relação entre os valores futuro e presente foi desenvolvida anteriormente e é dada pela Equação (20.2). Reorganizando a Equação (20.2), temos

TABELA 20.3		Comparação dos resultados para os Exemplos 20.2, 20.3 e 20.4			
Exemplo	Capital (dólares)	Taxa de juros	Duração (anos)	Valor futuro (dólares)	Juros ganhos (dólares)
20.2	1500	7%, simples	8	2.340,00	840,00
20.3	1500	7%, capitalizados anualmente	8	2.577,27	1.077,27
20.4	1500	7%, capitalizados mensalmente	8	2.621,73	1.121,73

$$P = \frac{F}{(1+i)^n} \qquad \text{20.4}$$

e substituindo o valor futuro F, a taxa de juros i e o período n na Equação (20.4), temos

$$P = \frac{2.000}{(1+0{,}065)^5} = \$\,1.459{,}76$$

Essa pode ser uma soma relativamente grande para guardar de uma vez, especialmente para um estudante do primeiro ano de engenharia. Uma opção mais realista seria guardar algum dinheiro todos os anos. Então, a questão é: quanto você precisa guardar todos os anos pelos próximos cinco anos para, com a taxa de juros dada, ter $\$\,2.000$ disponíveis no final do quinto ano? Para responder a essa pergunta, precisamos desenvolver a fórmula que lida com uma série de pagamentos ou uma série de depósitos. Essa situação é discutida na Seção 20.5.

OA⁴ 20.4 Taxa de juros efetiva

Se depositar $\$\,100{,}00$ em uma conta de poupança a 6% de capitalização mensal, então, usando a Equação (20.3), no final de um ano você terá $\$\,106{,}16$ em sua conta. Os $\$\,6{,}16$ ganhos durante o primeiro ano são superiores aos juros declarados de 6%, que seriam de $\$\,6{,}00$ para um depósito de $\$\,100{,}00$ por um período de 1 ano. Com a finalidade de evitar confusão, a taxa de juros cotada ou declarada é chamada **taxa de juros nominal** e a taxa real de juros obtidos é chamada de **taxa de juros efetiva**. Para determinar a relação entre as taxas de juros nominal e efetiva, vamos imaginar que depositamos uma quantia arbitrária P em uma conta que rende i% de juros compostos m vezes ao ano. Então, a taxa de juros efetiva pode ser determinada a partir de

> Com a finalidade de evitar confusão, a taxa de juros declarada ou cotada é chamada de taxa de juros nominal e a taxa real de juros obtidos é chamada de taxa de juros efetiva.

$$i_{\text{eff}} = \frac{\text{quantia disponível no final do ano 1} - \text{quantia inicial}}{\text{quantia inicial}}$$

$$= \frac{P\left(1+\dfrac{i}{m}\right)^m - P}{P}$$

Após eliminar os Ps e simplificar, a relação entre a taxa nominal, i, e a taxa efetiva, i_{eff}, é

$$i_{\text{eff}} = \left(1 + \frac{i}{m}\right)^m - 1 \qquad \text{20.5}$$

TABELA 20.4 O efeito dos períodos na frequência de capitalização de juros

Período de capitalização	Número total de períodos de capitalização	Valor total após 1 ano (dólares e centavos)	Juros (dólares e centavos)	Taxa de juros efetiva
Anual	1	$100(1 + 0,06) = 106,00$	6,00	6%
Semestral	2	$100\left(1 + \dfrac{0,06}{2}\right)^2 = 106,09$	6,09	6,09%
Trimestral	4	$100\left(1 + \dfrac{0,06}{4}\right)^4 = 106,13$	6,13	6,13%
Mensal	12	$100\left(1 + \dfrac{0,06}{12}\right)^{12} = 106,16$	6,16	6,16%
Diário	365	$100\left(1 + \dfrac{0,06}{365}\right)^{365} = 106,18$	6,18	6,18%

onde m representa o número de períodos de capitalização por ano. Para entender melhor o efeito da capitalização de juros, vamos ver o que acontece se depositarmos $ 100,00 em uma conta por 1 ano com base em uma taxa de 6% de juros capitalizados: anualmente; semestralmente; trimestralmente; mensalmente; e diariamente. A Tabela 20.4 mostra a diferença entre esses períodos de capitalização, a quantia total no final de 1 ano, os juros obtidos e as taxas de juros efetivas para cada caso.

Ao comparar as cinco diferentes frequências de capitalização de juros, a diferença nos juros ganhos em um investimento de $ 100,00 por um período de 1 ano pode não parecer muito grande para você, mas conforme o capital e o tempo de depósito aumentam, esse valor se torna significativo. Para demonstrar melhor o efeito do principal e do tempo de depósito, considere o exemplo a seguir.

EXEMPLO 20.5 Determine os juros obtidos sobre $ 5.000 depositados em uma conta de poupança por 10 anos, com base em uma taxa cotada de 6% de juros capitalizados: anualmente; semestralmente; trimestralmente; mensalmente; diariamente. A solução para esse problema é apresentada na Tabela 20.5.

TABELA 20.5 A solução do Exemplo 20.5

Período de capitalização	Número total de períodos de capitalização	Quantia futura total usando a Equação (16.8) (dólares e centavos)	Juros (dólares e centavos)
Anual	10	$5.000(1 + 0,06)^{10} = 8.954,23$	3.954,23
Semestral	20	$5.000\left(1 + \dfrac{0,06}{2}\right)^{20} = 9.030,55$	4.030,55
Trimestral	40	$5.000\left(1 + \dfrac{0,06}{4}\right)^{40} = 9.070,09$	4.070,09

Mensal	120	$5.000\left(1 + \dfrac{0,06}{12}\right)^{120} = 9.096,98$	4.096,98
Diário	3.650	$5.000\left(1 + \dfrac{0,06}{365}\right)^{3650} = 9.110,14$	4.110,14

EXEMPLO 20.6

Determine as taxas de juros efetivas correspondentes às taxas nominais: (a) 7% capitalizados mensalmente, (b) 16,5% capitalizados mensalmente, (c) 6% capitalizados semestralmente, (d) 9% capitalizados trimestralmente.

Podemos calcular a i_{ef} para cada caso substituindo i e m na Equação (20.5).

(a) $i_{eff} = \left(1 + \dfrac{i}{m}\right)^{m} - 1 = \left(1 + \dfrac{0,07}{12}\right)^{12} - 1 = 0,0722 \text{ ou } 7,22\%$

(b) $i_{eff} = \left(1 + \dfrac{0,165}{12}\right)^{12} - 1 = 0,1780 \text{ ou } 17,80\%$

(c) $i_{eff} = \left(1 + \dfrac{0,06}{2}\right)^{2} - 1 = 0,0609 \text{ ou } 6,09\%$

(d) $i_{eff} = \left(1 + \dfrac{0,09}{4}\right)^{4} - 1 = 0,0930 \text{ ou } 9,30\%$

Antes de continuar

Responda às perguntas a seguir para testar o que aprendeu.

1. O que se entende por diagrama de fluxo de caixa?

2. O que é taxa de juros simples?

3. O que é taxa de juros compostos?

4. O que se entende por taxa de juros nominal e taxa de juros efetiva?

5. O que é um valor futuro de uma quantidade presente?

Vocabulário – Indique o significado dos termos a seguir.

Valor futuro _____

Valor presente _____

Taxa de juros nominal _____

OA⁵ 20.5 Valor presente e valor futuro de uma série de pagamentos

Nesta seção, vamos primeiro formular a relação entre uma quantia total presente, P, e os pagamentos futuros de uma série uniforme, A, e então, a partir dessa relação, desenvolver a fórmula que relaciona a série uniforme de pagamentos A à quantia total futura F. Essa abordagem é muito mais fácil de seguir, como você verá. Para derivar essas relações, vamos primeiro considerar uma situação em que tenhamos emprestado de um banco certa quantia, denotada por P, a uma taxa de juros anual i, e que estejamos planejando pagar esse empréstimo anualmente, em parcelas iguais A, em n anos, como mostra a Figura 20.4.

Para obter a relação entre P e A, trataremos cada pagamento futuro separadamente e relacionaremos cada pagamento ao seu valor equivalente presente usando a Equação (20.4); somaremos, então, todos os termos resultantes. Essa abordagem conduz à seguinte relação:

$$P = \frac{A}{(1+i)} + \frac{A}{(1+i)^2} + \frac{A}{(1+i)^3} + \cdots + \frac{A}{(1+i)^{n-1}} + \frac{A}{(1+i)^n}$$

20.6

Como você pode ver, a Equação (20.6) não é muito simples, por isso precisamos simplificá-la de alguma forma. E se multiplicássemos ambos os lados da equação (20.6) pelo termo $(1 + i)$? Essa operação resulta na seguinte relação:

$$P(1+i) = A + \frac{A}{(1+i)} + \frac{A}{(1+i)^2} + \frac{A}{(1+i)^3} + \cdots + \frac{A}{(1+i)^{n-2}} + \frac{A}{(1+i)^{n-1}}$$

20.7

Agora, se subtrairmos a Equação (20.6) da Equação (20.7), temos

$$P(1+i) - P = A + \frac{A}{(1+i)} + \frac{A}{(1+i)^2} + \frac{A}{(1+i)^3} + \cdots + \frac{A}{(1+i)^{n-2}} + \frac{A}{(1+i)^{n-1}}$$
$$-\left[\frac{A}{(1+i)} + \frac{A}{(1+i)^2} + \frac{A}{(1+i)^3} + \cdots + \frac{A}{(1+i)^{n-1}} + \frac{A}{(1+i)^n}\right]$$

20.8a

FIGURA 20.4 O diagrama de fluxo de caixa para uma quantia emprestada e seus equivalentes pagamentos em série.

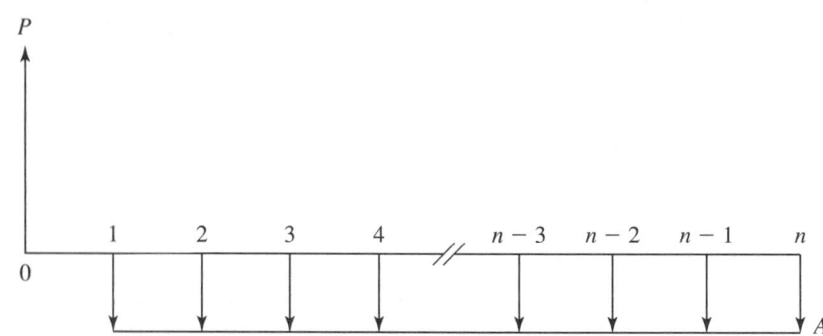

A simplificação do lado direito da Equação (20.8a) leva à seguinte relação:

$$P(1 + i) - P = A - \frac{A}{(1 + i)^n}$$

20.8b

Depois de simplificar o lado esquerdo da Equação (20.8a), temos

$$P(i) = \frac{A\left[(1 + i)^n - 1\right]}{(1 + i)^n}$$

20.8c

Agora, se dividirmos ambos os lados da Equação (20.8c) por i, teremos

$$P = A\left[\frac{(1 + i)^n - 1}{i(1 + i)^n}\right]$$

20.9

A Equação (20.9) estabelece a relação entre o valor presente de uma quantia total P e seus equivalentes pagamentos de série uniforme A. Também podemos reorganizar a Equação (20.9), para representar A em termos de P diretamente, como dado pela seguinte fórmula:

$$A = \frac{P(i)(1 + i)^n}{(1 + i)^n - 1} = P\left[\frac{(i)(1 + i)^n}{(1 + i)^n - 1}\right]$$

20.10

Valor futuro de uma série de pagamentos

Para desenvolver uma fórmula para calcular o valor futuro de uma série uniforme de pagamentos, começamos com a relação entre o valor presente e o valor futuro, a Equação (20.2) e, então, substituímos P na Equação (20.2) em termos de A utilizando a Equação (20.9). Esse procedimento é demonstrado passo a passo a seguir. A relação entre um valor presente e um valor futuro é dada pela Equação (20.2):

$$F = P(1 + i)^n$$

20.2

E a relação entre o valor presente e uma série uniforme é dada pela Equação (20.9):

$$P = A\left[\frac{(1 + i)^n - 1}{i(1 + i)^n}\right]$$

20.9

Substituindo P em termos de A na Equação (20.2), utilizando a Equação (20.9), temos

$$F = P(1 + i)^n = \overbrace{A\left[\frac{(1 + i)^n - 1}{i(1 + i)^n}\right]}^{P}(1 + i)^n$$

20.11

A simplificação da Equação (20.11) resulta na relação direta entre o valor futuro F e os pagamentos ou depósitos uniformes A:

$$F = A\left[\frac{(1 + i)^n - 1}{i}\right]$$

20.12

E, rearranjando a Equação (20.12), podemos obter uma fórmula para A em termos do valor futuro F:

$$A = F \left[\frac{i}{(1+i)^n - 1} \right] \qquad \text{20.13}$$

Agora que temos todas as ferramentas necessárias, voltamos nossa atenção para a pergunta que fizemos anteriormente sobre quanto você precisaria economizar todos os anos, pelos próximos cinco anos, para ter \$ 2.000 para a entrada de seu carro quando se formar. Lembre-se que a taxa de juros é de 6,5% capitalizados anualmente. Os depósitos anuais são calculados a partir da Equação (20.13), que leva à seguinte quantia:

$$A = 2.000 \left[\frac{0,065}{(1+0,065)^5 - 1} \right] = \$\, 351,26$$

Colocar \$ 351,26 em um banco todos os anos, pelos próximos cinco anos, pode ser mais viável que depositar a quantia total de \$ 1.459,76 hoje, especialmente se você atualmente não tem acesso a um valor tão alto.

É importante notar que as Equações (20.9), (20.10), (20.12) e (20.13), aplicam-se a uma situação em que a série uniforme de pagamentos ou rendimentos ocorre anualmente. Bem, a próxima pergunta é: como lidamos com situações em que os pagamentos são feitos mensalmente? Por exemplo, o pagamento de um empréstimo para a compra de um carro ou de uma casa ocorre mensalmente. Agora vamos modificar os nossos resultados, considerando a relação entre o valor presente P e os pagamentos ou rendimentos de série uniforme A, que ocorrem mais de uma vez por ano com a mesma frequência que a frequência de capitalização dos juros por ano. Para essa situação, a Equação (20.9) é modificada para incorporar a frequência de capitalização dos juros por ano, m, do seguinte modo:

$$P = A \left[\frac{\left(1 + \frac{i}{m}\right)^{nm} - 1}{\frac{i}{m}\left(1 + \frac{i}{m}\right)^{nm}} \right] \qquad \text{20.14}$$

Note que, com a finalidade de obter a Equação (20.14), simplesmente substituímos, na Equação (20.9), i por i/m e n por nm. A Equação (20.14) pode ser reorganizada para determinar A em termos de P de acordo com

$$A = P \left[\frac{\left(\frac{i}{m}\right)\left(1 + \frac{i}{m}\right)^{nm}}{\left(1 + \frac{i}{m}\right)^{nm} - 1} \right] \qquad \text{20.15}$$

Da mesma forma, as Equações (20.12) e (20.13) podem ser modificadas para situações em que A ocorre mais de uma vez por ano — com a mesma frequência que a capitalização dos juros — levando à seguinte relação:

$$F = A \left[\frac{\left(1 + \frac{i}{m}\right)^{mn} - 1}{\frac{i}{m}} \right] \qquad \text{20.16}$$

$$A = F \left[\frac{\dfrac{i}{m}}{\left(1 + \dfrac{i}{m}\right)^{mn} - 1} \right]$$

20.17

Finalmente, quando a frequência de uma série uniforme é diferente da frequência de capitalização dos juros, deve-se calcular primeiro i_{ef} que corresponda à frequência da série uniforme.

EXEMPLO 20.7

Voltemos à pergunta que fizemos anteriormente sobre quanto você precisaria economizar nos próximos cinco anos para ter $ 2.000 para a entrada de seu carro quando se formar. Considere agora a situação em que você faz seus depósitos todos os meses à taxa de 6,5% de juros capitalizados mensalmente.

Os depósitos são calculados a partir da Equação (20.17):

$$A = F \left[\frac{\dfrac{i}{m}}{\left(1 + \dfrac{i}{m}\right)^{mn} - 1} \right] = 2.000 \left[\frac{\dfrac{0,065}{12}}{\left(1 + \dfrac{0,065}{12}\right)^{(12)(5)} - 1} \right] = \$ \, 28,29$$

Depositar $ 28,29 no banco todos os meses pelos próximos cinco anos é ainda mais viável que depositar $ 351,26 em um banco todos os anos pelos próximos cinco anos e é certamente mais viável que depositar a quantia total de $ 1.459,76 hoje.

EXEMPLO 20.8

Determine os pagamentos mensais para um empréstimo de $ 10.000 em cinco anos à taxa de 8% de juros capitalizados mensalmente.

Para calcular os pagamentos mensais, usamos a Equação (20.15).

$$A = P \left[\frac{\left(\dfrac{i}{m}\right)\left(1 + \dfrac{i}{m}\right)^{nm}}{\left(1 + \dfrac{i}{m}\right)^{nm} - 1} \right] = 10.000 \left[\frac{\left(\dfrac{0,08}{12}\right)\left(1 + \dfrac{0,08}{12}\right)^{60}}{\left(1 + \dfrac{0,08}{12}\right)^{60} - 1} \right] = \$ \, 202,76$$

EXEMPLO 20.9

Neste problema, mostramos como lidar com situações em que a frequência de uma série uniforme é diferente da frequência de capitalização dos juros. Como mencionamos anteriormente, você deve primeiro calcular uma i_{eff} que corresponda à frequência da série uniforme. Considere as seguintes situações nas quais você deposita $ 2.000 a cada três meses durante 1 ano. Os juros são de 18% capitalizados (a) trimestralmente; (b) mensalmente. Compare os valores futuros dos depósitos no final de 1 ano.

Ao acompanhar a solução, note que os depósitos são feitos no final do mês em curso ou no início do mês seguinte. Em (a), a frequência de depósitos corresponde à frequência de capitalização dos juros. Consequentemente, o valor futuro é calculado simplesmente a partir de

$$F = 2.000 \left[\frac{(1+0,045)^4 - 1}{0,045} \right] = \$\ 8.556,38$$

Em(b), a frequência de capitalização dos juros é 12, enquanto a frequência dos depósitos é 4. Para compreender como (b) difere de (a), vamos olhar para o saldo no início e no final de cada mês, como mostra a Tabela 20.6.

Como você pode ver para a situação (b), no final do ano 1, o valor futuro dos depósitos é de $ 8.564,99, que é um pouco maior que o valor de de $ 8.556,38 para a situação (a).

| TABELA 20.6 | Saldo no início e no final de cada mês para o Exemplo 20.9 |

Mês	Saldo no início do mês (dólares)	Juros mensais de 1,5% (dólares)	Saldo no final do mês (dólares)
1	0,00	0,00	0,00
2	0,00	0,00	0,00
3	0,00	0,00	0,00
4	2.000	30,00	2.030,00
5	2.030,00	30,45	2.060,45
6	2.060,45	30,90	2.091,35
7	2.000 + 2.091,35 = 4.091,35	61,37	4.152,72
8	4.152,72	62,29	4.215,01
9	4.215,01	63,22	4.278,23
10	2.000 + 4.278,23 = 6.278,23	94,17	6.372,40
11	6.372,40	95,58	6.467,98
12	6.467,98	97,01	6.564,99
	2.000 + 6.564,99 = 8.564,99		

Como alternativa, poderíamos ter inicialmente calculado a i_{eff} que corresponde à frequência dos depósitos e, depois, usado essa taxa para calcular o valor futuro. Esses passos são

$$i_{\text{eff}} = \left(1 + \frac{0,045}{3}\right)^3 - 1 = 0,0456$$

$$F = 2.000 \left[\frac{(1+0,0456)^4 - 1}{0,0456} \right] = \$\ 8.564,02$$

Antes de continuar	*Responda às perguntas a seguir para testar o que aprendeu.*

Responda às perguntas a seguir para testar o que aprendeu.

1. O que se entende por série uniforme de pagamentos?

2. O que é valor presente de uma série uniforme de pagamentos?

3. O que é valor futuro de uma série uniforme de pagamentos?

Vocabulário – Indique o significado do termos a seguir.

Série uniforme _____

OA⁶ 20.6 Fatores juros-tempo

As fórmulas de engenharia econômica que temos desenvolvido até agora estão resumidas nas Tabelas 20.7 e 20.8. As definições dos termos das fórmulas são:

P = valor presente ou custo presente — quantia total ($\$$)
F = valor futuro ou custo futuro — quantia total ($\$$)
A = série uniforme de pagamentos ou rendimentos ($\$$)
i = taxa de juros nominal
i_{eff} = taxa de juros efetiva
n = número de anos
m = número de períodos de capitalização de juros por ano

Os fatores juros-tempo mostrados na quarta coluna da Tabela 20.7 são usados como atalhos para evitar a escrita de fórmulas longas quando avaliamos valores equivalentes de várias ocorrências de fluxo de caixa.

Por exemplo, ao avaliar a equivalência da série de pagamentos de um valor presente, em vez de escrever

$$A = P\left[\frac{(i)(1 + i)^n}{(1 + i)^n - 1}\right]$$

escrevemos $A = P(A/P, i, n)$, onde, é claro,

$$(A/P, i, n) = \left[\frac{(i)(1 + i)^n}{(1 + i)^n - 1}\right]$$

Nesse exemplo, o termo $(A/P, i, n)$ é chamado de **fator juros-tempo** e lê-se "A dado P a uma taxa de juros $i\%$ por n anos". Ele é usado para encontrar A, quando o valor presente P é dado, multiplicando-se P pelo valor do fator juros-tempo $(A/P, i, n)$. Como exemplo, os valores numéricos do fator juros-tempo para $i = 8\%$ são calculados e apresentados na Tabela 20.9.

> Os fatores juros-tempo são usados como atalhos para evitar a escrita de fórmulas longas quando avaliamos valores equivalentes de várias ocorrências de fluxo de caixa.

TABELA 20.7	Resumo das fórmulas para situações em que i é capitalizado anualmente e a série uniforme A ocorre anualmente

Para encontrar	Dado	Use esta fórmula	Fator juros-tempo
F	P	$F = P(1+i)^n$	$(F/P, i, n) = (1+i)^n$
P	F	$P = \dfrac{F}{(1+i)^n}$	$(P/F, i, n) = \dfrac{1}{(1+i)^n}$
P	A	$P = A\left[\dfrac{(1+i)^n - 1}{i(1+i)^n}\right]$	$(P/A, i, n) = \left[\dfrac{(1+i)^n - 1}{i(1+i)^n}\right]$
A	P	$A = P\left[\dfrac{(i)(1+i)^n}{(1+i)^n - 1}\right]$	$(A/P, i, n) = \left[\dfrac{(i)(1+i)^n}{(1+i)^n - 1}\right]$
F	A	$F = A\left[\dfrac{(1+i)^n - 1}{i}\right]$	$(F/A, i, n) = \left[\dfrac{(1+i)^n - 1}{i}\right]$
A	F	$A = F\left[\dfrac{(i)}{(1+i)^n - 1}\right]$	$(A/F, i, n) = \left[\dfrac{(i)}{(1+i)^n - 1}\right]$

TABELA 20.8	Resumo das fórmulas para situações em que i é capitalizado m vezes ao ano e a série uniforme A ocorre na mesma frequência

Para encontrar	Dado	Use esta fórmula
i_{eff}	i	$i_{eff} = \left(1 + \dfrac{i}{m}\right)^m - 1$
F	P	$F = P\left(1 + \dfrac{i}{m}\right)^{nm}$
P	F	$P = \dfrac{F}{\left(1 + \dfrac{i}{m}\right)^{nm}}$
P	A	$P = A\left[\dfrac{\left(1 + \dfrac{i}{m}\right)^{nm} - 1}{\dfrac{i}{m}\left(1 + \dfrac{i}{m}\right)^{nm}}\right]$
A	P	$A = P\left[\dfrac{\left(\dfrac{i}{m}\right)\left(1 + \dfrac{i}{m}\right)^{nm}}{\left(1 + \dfrac{i}{m}\right)^{nm} - 1}\right]$

F	A	$$F = A\left[\dfrac{\left(1+\dfrac{i}{m}\right)^{mn} - 1}{\dfrac{i}{m}}\right]$$
A	F	$$A = F\left[\dfrac{\dfrac{i}{m}}{\left(1+\dfrac{i}{m}\right)^{mn} - 1}\right]$$

TABELA 20.9	Fatores juros-tempo para $i = 8\%$

n	(F/P, i, n)	(P/F, i, n)	(P/A, i, n)	(A/P, i, n)	(F/A, i, n)	(A/F, i, n)
1	1,08000000	0,92592593	0,92592593	1,08000000	1,00000000	1,00000000
2	1,16640000	0,85733882	1,78326475	0,56076923	2,08000000	0,48076923
3	1,25971200	0,79383224	2,57709699	0,38803351	3,24640000	0,30803351
4	1,36048896	0,73502985	3,31212684	0,30192080	4,50611200	0,22192080
5	1,46932808	0,68058320	3,99271004	0,25045645	5,86660096	0,17045645
6	1,58687432	0,63016963	4,62287966	0,21631539	7,33592904	0,13631539
7	1,71382427	0,58349040	5,20637006	0,19207240	8,92280336	0,11207240
8	1,85093021	0,54026888	5,74663894	0,17401476	10,63662763	0,09401476
9	1,99900463	0,50024897	6,24688791	0,16007971	12,48755784	0,08007971
10	2,15892500	0,46319349	6,71008140	0,14902949	14,48656247	0,06902949
11	2,33163900	0,42888286	7,13896426	0,14007634	16,64548746	0,06007634
12	2,51817012	0,39711376	7,53607802	0,13269502	18,97712646	0,05269502
13	2,71962373	0,36769792	7,90377594	0,12652181	21,49529658	0,04652181
14	2,93719362	0,34046104	8,24423698	0,12129685	24,21492030	0,04129685
15	3,17216911	0,31524170	8,55947869	0,11682954	27,15211393	0,03682954
16	3,42594264	0,29189047	8,85136916	0,11297687	30,32428304	0,03297687
17	3,70001805	0,27026895	9,12163811	0,10962943	33,75022569	0,02962943
18	3,99601950	0,25024903	9,37188714	0,10670210	37,45024374	0,02670210
19	4,31570106	0,23171206	9,60359920	0,10412763	41,44626324	0,02412763
20	4,66095714	0,21454821	9,81814741	0,10185221	45,76196430	0,02185221

(Continua)

TABELA 20.9 Fatores juros-tempo para i = 8% (*Continuação*)

n	(F/P, i, n)	(P/F, i, n)	(P/A, i, n)	(A/P, i, n)	(F/A, i, n)	(A/F, i, n)
21	5,03383372	0,19865575	10,01680316	0,09983225	50,42292144	0,01983225
22	5,43654041	0,18394051	10,20074366	0,09803207	55,45675516	0,01803207
23	5,87146365	0,17031528	10,37105895	0,09642217	60,89329557	0,01642217
24	6,34118074	0,15769934	10,52875828	0,09497796	66,76475922	0,01497796
25	6,84847520	0,14601790	10,67477619	0,09367878	73,10593995	0,01367878
26	7,39635321	0,13520176	10,80997795	0,09250713	79,95441515	0,01250713
27	7,98806147	0,12518682	10,93516477	0,09144810	87,35076836	0,01144810
28	8,62710639	0,11591372	11,05107849	0,09048891	95,33882983	0,01048891
29	9,31727490	0,10732752	11,15840601	0,08961854	103,96593622	0,00961854
30	10,06265689	0,09937733	11,25778334	0,08882743	113,28321111	0,00882743
31	10,86766944	0,09201605	11,34979939	0,08810728	123,34586800	0,00810728
32	11,73708300	0,08520005	11,43499944	0,08745081	134,21353744	0,00745081
33	12,67604964	0,07888893	11,51388837	0,08685163	145,95062044	0,00685163
34	13,69013361	0,07304531	11,58693367	0,08630411	158,62667007	0,00630411
35	14,78534429	0,06763454	11,65456822	0,08580326	172,31680368	0,00580326
36	15,96817184	0,06262458	11,71719279	0,08534467	187,10214797	0,00534467
37	17,24562558	0,05798572	11,77517851	0,08492440	203,07031981	0,00492440
38	18,62527563	0,05369048	11,82886899	0,08453894	220,31594540	0,00453894
39	20,11529768	0,04971341	11,87858240	0,08418513	238,94122103	0,00418513
40	21,72452150	0,04603093	11,92461333	0,08386016	259,05651871	0,00386016
41	23,46248322	0,04262123	11,96723457	0,08356149	280,78104021	0,00356149
42	25,33948187	0,03946411	12,00669867	0,08328684	304,24352342	0,00328684
43	27,36664042	0,03654084	12,04323951	0,08303414	329,58300530	0,00303414
44	29,55597166	0,03383411	12,07707362	0,08280152	356,94964572	0,00280152
45	31,92044939	0,03132788	12,10840150	0,08258728	386,50561738	0,00258728
46	34,47408534	0,02900730	12,13740880	0,08238991	418,42606677	0,00238991
47	37,23201217	0,02685861	12,16426741	0,08220799	452,90015211	0,00220799
48	40,21057314	0,02486908	12,18913649	0,08204027	490,13216428	0,00204027
49	43,42741899	0,02302693	12,21216341	0,08188557	530,34273742	0,00188557
50	46,90161251	0,02132123	12,23348464	0,08174286	573,77015642	0,00174286

Valores adicionais de fatores juros-tempo para outras taxas de juros podem ser criados usando o Excel. Lembre-se de que você pode usar essas tabelas ou outras semelhantes, encontradas nas contracapas da maioria dos livros de engenharia econômica, para determinar fatores juros-tempo para taxas de juros capitalizados com frequência maior que uma vez ao ano. Para fazer isso, no entanto, você deve primeiro dividir a taxa de juros nominal cotada i pelo número da frequência da composição m e usar o número resultante para escolher a tabela de juros adequada. Você deve, então, multiplicar o número de anos n pelo número da frequência de capitalização m e usar o resultado de n vezes m como o período quando procurar por fatores juros-tempo. Por exemplo, se um problema estabelece uma taxa de 18% de juros capitalizados mensalmente durante quatro anos, você usa a tabela de juros de 1,5% (18/12 = 1,5) e, para o número de períodos, 48 (4 × 12 = 48).

EXEMPLO 20.10

Qual é o valor presente equivalente do fluxo de caixa apresentado na Figura 20.5? Ou: quanto você precisa depositar no banco hoje para conseguir fazer os saques mostrados? A taxa é de 8% de juros capitalizados anualmente.

O valor presente (PW, present worth) do fluxo de caixa dado é determinado por

$$PW = 1.000(P/A, 8\%, 4) + 3.000(P/F, 8\%, 5) + 5.000(P/F, 8\%, 7)$$

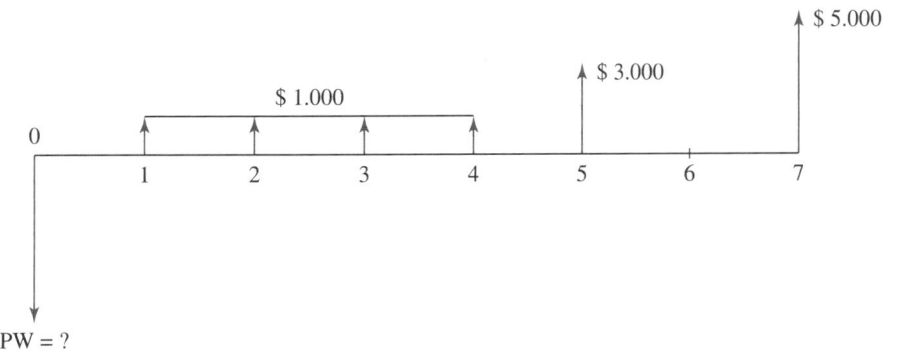

FIGURA 20.5   O diagrama do fluxo de caixa para o Exemplo 20.10.

Podemos usar a Tabela 20.8 para procurar os valores dos fatores juros-tempo; encontramos

$(P/A, 8\%, 4) = 3,31212684$
$(P/F, 8\%, 5) = 0,68058320$
$(P/F, 8\%, 7) = 0,58349040$
$PW = (1.000)(3,31212684) + (3.000)(0,68058320) + (5.000)(0,58349040)$
$PW = \$\ 8.271,32$

Portanto, se você depositar hoje $ 8.271,32 em uma conta que rende juros de 8%, pode retirar $ 1.000 nos próximos quatro anos, $ 3.000 em cinco anos e $ 5.000 em sete anos.

OA⁷ 20.7 Escolha das melhores alternativas — tomada de decisão

Até este ponto, discutimos as relações gerais que tratam de quantias, tempo e taxas de juros. Vamos agora considerar a aplicação dessas relações em um ambiente de engenharia. Imagine que lhe seja atribuída a tarefa de escolher um aparelho de ar-condicionado para sua empresa. Após uma pesquisa exaustiva, você restringiu sua seleção a duas alternativas, ambas com 10 anos de vida útil. Assumindo uma taxa de juros de 8%, encontre a melhor alternativa. Informações adicionais são dadas na Tabela 20.10. Os diagramas de fluxo de caixa para cada alternativa são mostrados na Figura 20.6.

TABELA 20.10   Dados a serem usados na seleção de um aparelho de ar-condicionado

Critério	Alternativa A	Alternativa B
Custo inicial	$ 100.000	$ 85.000
Valor residual após 10 anos	$ 10.000	$ 5.000
Custo operacional por ano	$ 2.500	$ 3.400
Custo de manutenção por ano	$ 1.000	$ 1.200

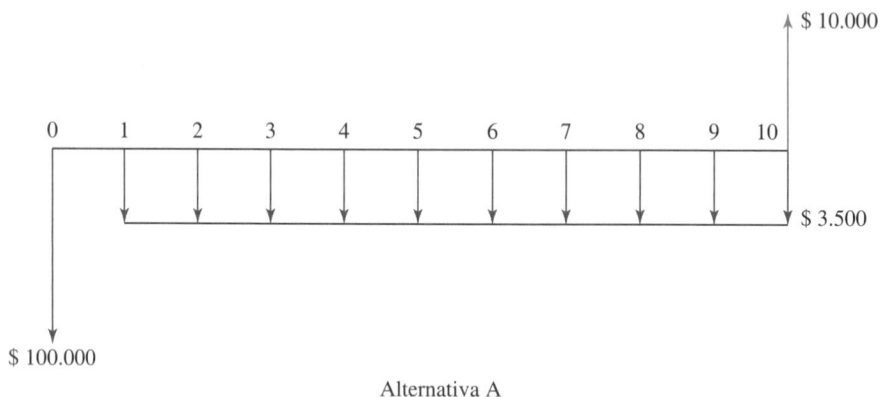

Alternativa A

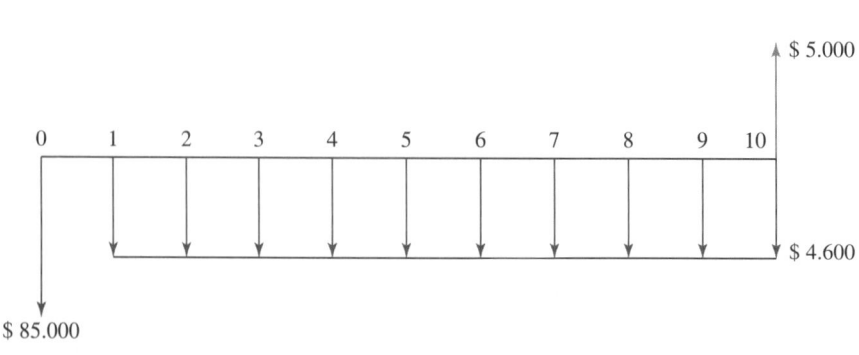

Alternativa B

FIGURA 20.6   Os diagramas de fluxo de caixa para o exemplo.

Aqui discutiremos três métodos diferentes que você pode usar para escolher a melhor alternativa econômica de muitas opções. Os três métodos são comumente denominados (1) valor presente (PW, *presente worth*) ou análise de custo presente, (2) valor anual (AW, *annual worth*) ou análise de custo anual e (3) valor futuro (FW, *future worth*) ou análise de custo futuro. Quando esses métodos são aplicados a um problema, todos levam à mesma conclusão. Portanto, na prática, é necessário aplicar apenas um deles para avaliar as opções; no entanto, com a finalidade de mostrar-lhe os detalhes desses procedimentos, aplicaremos todos esses métodos ao problema anterior.

Valor presente ou análise de custo presente Com essa abordagem, calculamos o valor presente total ou o custo presente de cada alternativa e, em seguida, escolhemos aquela com o menor custo presente ou com o maior valor ou lucro presente. Para empregar esse método, começamos calculando o valor presente equivalente de todos os fluxos de caixa. Para o problema do exemplo mencionado, a aplicação da análise do valor presente resulta em:

Alternativa A:

$$PW = -100.000 - (2.500 + 1.000)(P/A, 8\%, 10) + 10.000\ (P/F, 8\%, 10)$$

Os fatores juros-tempo para $i = 8\%$ são apresentados na Tabela 20.9.

$$PW = -100.000 - (2.500 + 1.000)(6,71008140) + (10.000)(0,46319349)$$
$$PW = -118.853,35$$

Alternativa B:

$$PW = -85.000 - (3.400 + 1.200)(P/A, 8\%, 10) + 5.000(P/F, 8\%, 10)$$
$$PW = -85.000 - (3.400 + 1.200)(6,71008140) + 5.000(0,46319349)$$
$$PW = -113.550,40$$

Note que determinamos o valor presente equivalente de todos os fluxos de caixa futuros, incluindo os custos de manutenção e de operação anuais e o valor residual da unidade de ar-condicionado. Na análise anterior, o sinal negativo indica o custo e, como a alternativa B tem um custo atual menor, ela é a escolhida.

Valor anual ou análise de custo anual Usando essa abordagem, calculamos o valor anual equivalente ou o valor de custo anual de cada alternativa e, em seguida, escolhemos aquela com o menor custo anual ou com o maior valor ou receita anual. Aplicando a análise de valor anual ao nosso problema, temos

Alternativa A:

$$AW = -(2.500 + 1.000) - 100.000(A/P, 8\%, 10) + 10.000(A/F, 8\%, 10)$$
$$AW = -(2.500 + 1.000) - (100.000)(0,14902949) + (10.000)(0,06902949)$$
$$AW = -17.712,65$$

Alternativa B:

$$AW = -(3.400 + 1.200) - 85.000(A/P, 8\%, 10) + 5.000(A/F, 8\%, 10)$$
$$AW = -(3.400 + 1.200) - 85.000(0,14902949) + 5.000(0,06902949)$$
$$AW = -16.922,35$$

Observe que, usando esse método, determinamos o valor anual equivalente de todos os fluxos de caixa e, como a alternativa B tem um custo anual inferior, ela é a escolhida.

Valor futuro ou análise de custo futuro Essa abordagem baseia-se na avaliação do valor futuro ou do custo futuro de cada alternativa. É claro que você escolherá aquela com o menor custo futuro ou com o maior valor ou lucro futuro. A seguir, a análise do valor futuro de nosso problema.

Alternativa A:

$$FW = +10.000 - 100.000(F/P, 8\%, 10) - (2.500 + 1.000)(F/A, 8\%, 10)$$
$$FW = +10.000 - 100.000(2,15892500) - (2.500 + 1.000)(14,48656247)$$
$$FW = -256.595,46$$

Alternativa B:

$$FW = +5.000 - 85.000(F/P, 8\%, 10) - (3.400 + 1.200)(F/A, 8\%, 10)$$
$$FW = +5.000 - 85.000(2,15892500) + (3.400 + 1.200)(14,4865647)$$
$$FW = -245.146,81$$

> Podemos usar o valor presente, o valor anual ou a análise de valor futuro para escolher a melhor alternativa econômica a partir de muitas opções.

Como a alternativa B tem um custo futuro menor, mais uma vez ela é a escolhida. Note que, independentemente do método que decidirmos usar, a alternativa B é economicamente a melhor opção. Além disso, para cada alternativa, todas as abordagens discutidas aqui estão relacionadas umas às outras por meio das relações (fatores) juros-tempo. Por exemplo,

Alternativa A:

$$PW = AW(P/A, 8\%, 10) = (-17.712,65)(6,71008140) = 118.853,32$$

ou

$$PW = FW(P/F, 8\%, 10) = (-256.595,46)(0,46319349) = -118.853,34$$

Alternativa B:

$$PW = AW(P/A, 8\%, 10) = (-16.922,35)(6,71008140) = -113.550,40$$

ou

$$PW = FW(P/F, 8\%, 10) = (-245.146,81)(0,46319349) = -113.550,40$$

OA[8] 20.8 Funções financeiras do Excel

Também podemos usar as **funções financeiras** do Excel para resolver problemas de engenharia econômica. Exemplos de funções financeiras do Excel e como elas podem ser usadas são apresentados na Tabela 20.11. Preste muita atenção à terminologia utilizada no Excel e aos sinais das variáveis enquanto acompanha as soluções dos exemplos.

TABELA 20.11 Exemplos de funções financeiras do Excel e como elas podem ser usadas

Fórmula	Número da equação	Função financeira do Excel	Exemplo/Seção	Como usar o Excel para resolver o problema
$F = P(1 + i)^n$ $F = P(1 + i/m)^{nm}$ F Valor futuro i Juros por ano (%) m Frequência de capitalização de juros n Período (anos) P Valor presente	(20.2) (20.3)	**= FV (Rate,Nper,Pmt,Pv,Type)** FV Valor futuro Rate Taxa de juros por período Nper Número total de períodos de pagamento em uma anuidade Pmt Pagamento feito em cada período Pv Valor presente Type Número 0 ou 1 indica quando os pagamentos são devidos. Se o tipo for omitido, assume-se ser 0. (0: no final do período, 1: no início do período) Investimento ou pagamento é descrito como um número negativo e a renda é descrita como um número positivo.	*Exemplo 20.3* *Exemplo 20.4*	= FV(0,07,8,, – 1500) = 2.577,28 = FV(0,07 / 12,8 * 12,, – 1500) = 2.621,74
$i_{eff} = \left(1 + \dfrac{i}{m}\right)^m - 1$ i_{eff} Taxa de juros efetiva por ano (%) i Juros normais por ano (%) m Frequência de capitalização dos juros	(20.5)	**= EFFECT (Nominal interest per year, Npery)** Npery Número de períodos de capitalização por ano	*Exemplo 20.6a* *Exemplo 20.6c*	= EFFECT(0,07,12) = 7,23% = EFFECT(0,06,2) = 6,09%
$P = \dfrac{F}{(1 + i)^n}$ P Valor presente i Juros por ano (%) n Período (anos) F Valor futuro	(20.4)	**= PV (Rate, Nper, Pmt, Fv, Type)** PV Valor presente Rate Taxa de juros por período Nper Número total de períodos de pagamento em uma anuidade Pmt Pagamento feito em cada período Fv Valor futuro Type Número 0 ou 1 que indica quando os pagamentos são devidos. Se o tipo for omitido, assume-se ser 0.	*Seção 20.3*	= PV(0,0065,5,2.000,,) –1.459,76
$A = F \left[\dfrac{i}{(1 + i)^n - 1} \right]$	(20.13)	**= PMT (Rate, Nper, PV, Fv, Type)** PMT Pagamento para um empréstimo com base em pagamentos constantes e em uma taxa de juros constante Rate Taxa de juros por período Nper Número total de períodos de pagamento em uma anuidade	*Seção 20.5* *Exemplo 20.7*	= PMT(0,065,5,0,2.000) = –351,27 = PMT(0,065/12,5*12,0,2.000) = –28,30

(Continua)

TABELA 20.11 Exemplos de funções financeiras do Excel e como elas podem ser usadas *(Continuação)*

Fórmula	Número da equação	Função financeira do Excel	Exemplo/Seção	Como usar o Excel para resolver o problema
$$A = P\left[\dfrac{\left(\dfrac{i}{m}\right)\left(1+\dfrac{i}{m}\right)^{nm}}{\left(1+\dfrac{i}{m}\right)^{nm}-1}\right]$$	(20.15)	Pv Valor presente Fv Valor futuro Tipo Número 0 ou 1 indica quando os pagamentos são devidos. Se o tipo for omitido, assume-se ser 0 (0: no final do período, 1: no início do período) Investimento ou pagamento é descrito como número negativo e renda é descrita como número positivo.	*Exemplo 20.8*	= PMT(0,08/12,5*12,10.000) = -202,76
$$A = F\left[\dfrac{\dfrac{i}{m}}{\left(1+\dfrac{i}{m}\right)^{nm}-1}\right]$$	(20.17)			

A Anuidade ou pagamento para um empréstimo com base em pagamentos uniformes e uma taxa de juros constante
i Juros por ano (%)
n Período (anos)
m Frequência de capitalização de juros
F Valor futuro
P Valor presente
		Dados para o Exemplo da Seção 20.7
		
		Alternativa A
		  Custo inicial
		  Valor residual após 10 anos
		  Custo operacional por ano
		  Custo de manutenção por ano
		
		Alternativa B
		  Custo inicial
		  Valor residual após 10 anos
		  Custo operacional por ano
		  Custo de manutenção por ano
			Exemplo 20.10
			Seção 20.7
			
			100.000
			10.000
			2.500
			1.000
			
			85.000
			5.000
			3.400
			1.200
				= PV(0,08, 4,1.000)+PV(0,08,5,0, 3.000)+PV(0,08,7,0,5.000)
				= -8.271,33
				PW = -100.000-PV(0,08,10,-(2.500+ 1.000))+PV(0,08,10,0,-10.000)
				= -118.853,35
				AW = -(2.500+1.000)-PMT(0,08,10, -100.000)-PMT(0,08,10,0,-10.000)
				= -17.712,65
				FW = 10.000-FV(0,08,10,0,-100.000) -FV(0,08,10,-(2.500+1.000))
				= -256.595,47
				PW = -85.000-PV(0,08,10,-(3.400+ 1.200))+PV(0,08,10,0,-5.000)
				= -113.550,41
				AW = -(3.400+1.200)-PMT(0,08,10, -85.000)+PMT(0,08,10,0,-5.000)
				= -16.922,36
				FW = 5.000-FV(0,08,10,0,-85.000)-FV(0,08,10,- (3.400+1.200))
				= -245.146,81

EXEMPLO 20.11 Um banco cobra de você, o titular de um cartão de crédito, 13,24% de juros ao mês. Imagine que você acumulou dívidas no valor de $ 4.000. O extrato de seu cartão de crédito mostra um pagamento mínimo mensal de $ 20,00. Supondo que você pondere e perceba que será melhor pagar sua dívida antes de usar seu cartão novamente, quanto tempo será necessário para quitá-la se fizer os pagamentos mínimos? Quanto tempo será necessário se você fizer pagamentos mensais de $ 50,00?

Esse problema pode ser resolvido por tentativa e erro para o valor de *n*, com as Equações (20.14) ou (20.15) ou, melhor ainda, com a função NPER do Excel. Esta função fornece o número de períodos para um investimento, desde que a taxa de juros, a série uniforme de pagamentos e o valor presente sejam conhecidos.

Para pagamentos mínimos de $ 20,00, a função `=NPER(0.1324/12, -20, -4000)` fornecerá o período de 106,19 meses ou 8,85 anos.

Para pagamentos mensais de $ 50,00, a função `=NPER(0.1324/12, -50, -4000)` fornecerá o período de 57,66 meses ou 4,8 anos.

Moral da história: Tente não entrar em dívida, mas, se o fizer, pague-a o mais rápido possível!

Finalmente, é importante notar que você poderá ter aulas de um semestre de duração na disciplina de engenharia econômica. Alguns alunos terão essas aulas em algum momento. Você aprenderá de modo mais aprofundado os princípios das relações tempo-dinheiro, incluindo análise da taxa de retorno, análise da relação custo-benefício, inflação geral de preços, títulos, métodos de depreciação, avaliação de alternativas depois de impostos e risco e incerteza na engenharia econômica. Por ora, nossa intenção tem sido apresentar-lhe a engenharia econômica, mas tenha em mente que nós apenas arranhamos a superfície. Não podemos, contudo, terminar esta seção sem lhe apresentar definições de alguns desses importantes conceitos que você aprofundará mais tarde.

Títulos

Estados e municípios emitem títulos para arrecadar fundos para pagar vários projetos, como escolas, estradas, centros de convenções e estádios. As corporações também emitem títulos para arrecadar dinheiro e expandir ou modernizar suas instalações. Há muitos tipos diferentes de títulos, mas, basicamente, eles são empréstimos que investidores fazem ao governo ou às corporações em troca de algum ganho. Quando um título é emitido, ele tem uma *data de vencimento* (de 1 ano ou menos a 30 anos ou mais), *valor nominal* (o valor originalmente pago pelo título e o valor que será reembolsado na data do vencimento) e uma *taxa de juros* (percentagem do valor nominal que é paga ao titular em intervalos regulares).

Depreciação

Os ativos (como máquinas, carros e computadores) perdem seu valor ao longo do tempo. Por exemplo, um computador comprado hoje por uma empresa por $ 2.000 não valerá isso em três ou quatro anos. As empresas usam essa redução no valor de um ativo para abater de sua receita bruta. Existem regras e diretrizes que especificam o que pode ser depreciado, em quanto e em que período. Exemplos de métodos de depreciação incluem o método da linha reta e o Modified Accelerated Cost Recovery System (MACRS)(Sistema de Recuperação de Custos Acelerado Modificado).

Custo do ciclo de vida

Na engenharia, o termo *custo do ciclo de vida* refere-se à soma de todos os custos associados a uma estrutura, um serviço ou um produto durante seu tempo de vida. Por exemplo, se você está projetando uma ponte ou uma estrada, precisa considerar os custos relacionados à definição e avaliação iniciais, ao estudo ambiental, projeto conceitual, projeto detalhado, planejamento, construção, operação, manutenção e descarte do projeto no final de sua vida útil.

Antes de continuar

Responda às perguntas a seguir para testar o que aprendeu.

1. O que são fatores juros-tempo e como eles são usados na análise de problemas de engenharia econômica?

2. Com base nos princípios da engenharia econômica, explique como você escolheria a melhor alternativa entre muitas opções.

3. Dê alguns exemplos de funções financeiras do Excel.

RESUMO

OA¹ Diagramas de fluxo de caixa

A economia desempenha papel importante na tomada de decisões em engenharia. Além disso, uma boa compreensão dos fundamentos da engenharia econômica também pode ajudá-lo a gerenciar melhor suas atividades financeiras ao longo da vida. Os diagramas de fluxo de caixa são recursos visuais que mostram o fluxo de custos e receitas durante um determinado período. Eles mostram quando o fluxo de caixa ocorre, sua magnitude e se o fluxo do caixa é para fora do seu bolso (custo) ou para dentro dele (receita).

OA² Juros simples e juros compostos

Juros são valores adicionais (além do montante emprestado) pagos com a finalidade de ter acesso ao empréstimo. Juros simples são os juros pagos apenas sobre o montante inicial. Juros compostos são os que incidem sobre os juros pagos e sobre o capital inicial.

OA³ Valor futuro de uma quantia presente e valor presente de uma quantia futura

Você deve conhecer as relações entre dinheiro, tempo e taxa de juros. Você deve estar familiarizado com a forma com que essas relações foram derivadas. Por exemplo, o valor futuro F de uma quantia presente (principal) P, após n anos de incidência de juros de $i\%$ capitalizados anualmente, é dado por $F = P(1 + i)^n$ e vice-versa $P = F/(1 + i)^n$.

OA⁴ Taxa de juros efetiva

Se depositar $ 1.000,00 em uma conta de poupança, com 4% de capitalização mensal, no final de um ano você terá $ 1.040,74 em sua conta. Os $ 40,74 ganhos durante o primeiro ano são superiores aos juros de 4% declarados, que seriam de $ 40,00 para um depósito de $ 1.000,00 por um período de 1 ano. Com a finalidade de evitar confusão, a taxa de juros cotada ou declarada é chamada de *taxa de juros nominal* e a taxa de juros reais obtida é chamada de *taxa de juros efetiva*.

OA⁵ Valor presente e valor futuro de uma série de pagamentos

Considere a situação: para comprar um carro novo, você emprestou de um banco certa quantia, designada P, a uma taxa de juros i e que espera pagar mensalmente em parcelas iguais A em n anos. Os pagamentos mensais são comumente denominados pagamentos de série uniforme e indicados por A. Além disso, existe uma relação entre a quantia emprestada P (valor presente) e o pagamento em série A. Considere outra situação: você depositou a quantia A todos os meses em uma conta de poupança que rende uma taxa de juros i por um período de n anos. Existe uma relação entre o pagamento em série A e o valor futuro F dos pagamentos.

OA⁶ Fatores juros-tempo

Os fatores juros-tempo são usados como atalhos para evitar a escrita de fórmulas longas quando avaliamos valores equivalentes de várias ocorrências de fluxo de caixa. Por exemplo, ao avaliar a equivalência da série de pagamentos de um valor presente, em vez de escrever

$$A = P\left[\frac{(i)(1 + i)^n}{(1 + i)^n - 1}\right]$$

escrevemos $A = P(A/P, i, n)$, onde, é claro,

$$(A/P, i, n) = \left[\frac{(i)(1 + i)^n}{(1 + i)^n - 1}\right]$$

Nesse exemplo, o termo $(A/P, i, n)$ é chamado de *fator juros-tempo* e lê-se "A dado P a uma taxa de juros i% por n anos". Ele é usado para encontrar A, quando o valor presente P é dado, multiplicando-se P pelo valor do fator juros-tempo $(A/P, i, n)$.

OA⁷ Escolha das melhores alternativas — tomada de decisão

Você pode usar qualquer um dos três diferentes métodos a seguir para escolher a melhor alternativa (mais econômica) entre muitas opções: valor presente (PW, *presente worth*) ou análise de custo presente, (2) valor anual (AW, *annual worth*) ou análise de custo anual e (3) valor futuro (FW, *future worth*) ou análise de custo futuro.

OA⁸ Funções financeiras do Excel

Você pode usar as funções financeiras do Excel para resolver problemas de engenharia econômica; no entanto, fique atento à terminologia usada no Excel e aos sinais das variáveis.

TERMOS-CHAVE

Diagrama de fluxo de caixa
Fatores juros-tempo
Funções financeiras do Excel
Juros compostos
Série de pagamentos
Taxa de juros efetiva
Taxa de juros nominal

Taxa de juros simples
Valor presente de uma quantia futura
Valor presente de uma série de pagamentos
Valor futuro de uma quantia presente
Valor futuro de uma série de pagamentos

APLIQUE O QUE APRENDEU

Quase todos vocês começarão uma família e comprarão uma casa em um futuro próximo. Obviamente, a maioria de nós não pode pagar uma casa em dinheiro, por isso pedimos dinheiro emprestado a um banco. Imagine que o prazo de pagamento de seu empréstimo seja de 30 anos a 6% e que você faça os pagamentos da hipoteca mensalmente. Crie uma tabela que mostre após quantos meses 25%, 50% e 75% do dinheiro emprestado terão sido pagos. Os resultados dependem da quantia emprestada? E se o empréstimo for pago em 15 anos a 5%? Quanto você economizará? Descreva suas conclusões em um breve relatório.

PROBLEMAS

Problemas que promovem aprendizado permanente estão indicados por 🔑

20.1   Calcule o valor futuro dos seguintes depósitos feitos hoje:

a. $ 10.000 a 6,75% capitalizados anualmente por 10 anos

b. $ 10.000 a 6,75% capitalizados trimestralmente por 10 anos

c. $ 10.000 a 6,75% capitalizados mensalmente por 10 anos

20.2   Calcule os juros ganhos nos depósitos feitos no Problema 20.1.

20.3   Quanto você precisa depositar em um banco hoje se estiver planejando ter $ 5.000 em quatro anos, ao terminar a faculdade? O banco oferece uma taxa de juros de 6,75% capitalizados mensalmente.

20.4   Quanto você precisa depositar em um banco todos os meses se estiver planejando ter $ 5.000 em quatro anos, ao terminar a faculdade? O banco oferece uma taxa de juros de 6,75% capitalizados mensalmente.

20.5   Determine a taxa efetiva correspondente às seguintes taxas nominais:

a. 6,25%, capitalização mensal

b. 9,25%, capitalização mensal

c. 16,9%, capitalização mensal

20.6   Usando o Excel ou uma planilha de sua escolha, crie tabelas de fatores juros-tempo semelhantes à Tabela 20.9 para $i = 6,5\%$ e $i = 6,75\%$.

20.7   Usando o Excel ou uma planilha de sua escolha, crie tabelas de fatores juros-tempo semelhantes à Tabela 20.9 para $i = 7,5\%$ e $i = 7,75\%$.

20.8   Usando o Excel ou uma planilha de sua escolha, crie tabelas de fatores juros-tempo semelhantes à Tabela 20.9 para $i = 8,5\%$ e $i = 9,5\%$.

20.9   Usando o Excel ou uma planilha de sua escolha, crie tabelas de fatores juros-tempo semelhantes à Tabela 20.9 que possam ser usadas para $i = 8,5\%$ capitalizados mensalmente.

20.10   A maioria dos alunos têm cartões de crédito, então já sabem que se não pagarem o saldo na data de vencimento, o emissor do cartão cobrará uma determinada taxa de juros a cada mês. Supondo que lhe seja cobrado 1,25% de juros todos os meses sobre seu saldo devedor, quais são as taxas de juros nominais e efetivas? Determine também a taxa de juros efetiva cobrada pela emissora de seu cartão de crédito.

20.11   Você aceitou um empréstimo no valor de $ 15.000 para comprar seu carro novo. Você concordou em pagar o empréstimo em quatro anos. De quanto será o pagamento mensal se você concordar em pagar uma taxa de juros de 9% capitalizados mensalmente? Resolva este problema para $i = 6\%$, $i = 7\%$ e $i = 8\%$ capitalizados mensalmente.

20.12   Quanto você terá disponível após cinco anos se depositar $ 100,00 por mês em uma conta que lhe paga juros de 6,75% capitalizados mensalmente?

20.13   Quanto tempo é necessário para duplicar um depósito de $ 1.000 a uma taxa de juros de

a. 6% capitalizados anualmente

b. 7% capitalizados anualmente

c. 8% capitalizados anualmente

d. Se em vez de $ 1.000 você depositar $ 5.000, o tempo para duplicar seu investimento será diferente em: a); b); c)? Em outras palavras, a soma inicial é um fator para determinar quanto tempo é necessário para duplicá-la?

Agora use suas respostas para verificar uma regra prática utilizada pelos bancos para determinar quanto tempo é necessário para duplicar uma quantia:
período para duplicar uma

$$\text{quantia} \approx \frac{72}{\text{taxa de juros}}$$

20.14   Imagine que como estagiário de engenharia lhe seja atribuída a tarefa de selecionar um motor para uma bomba. Depois de analisar os catálogos de motores, você restringiu sua escolha a dois motores de 1,5 kW. As informações adicionais coletadas são mostradas na tabela a seguir. A bomba deverá funcionar 4.200 horas por ano. Após consultar

Critério	Motor X	Motor Y
Vida útil esperada	5 anos	5 anos
Custo inicial	$ 300	$ 400
Eficiência no ponto de operação	0,75	0,85
Custo de manutenção estimado	$ 12 por ano	$ 10 por ano

a companhia de energia elétrica, você determina que o custo médio da energia é de cerca de 11 centavos por kWh. Com base nas informações aqui apresentadas, qual dos motores você recomendará?

20.15 Qual é o valor presente equivalente do fluxo de caixa dado na figura a seguir? Assuma $i = 8\%$.

20.16 Qual é valor futuro equivalente do fluxo de caixa dado na figura a seguir? Assuma $i = 8\%$.

20.17 Qual é o valor anual equivalente do fluxo de caixa dado na figura a seguir? Assuma $i = 8\%$.

20.18 Quais são os valores presente, anual e futuro equivalentes do fluxo de caixa dado na figura a seguir? Assuma $i = 8\%$.

20.19 Considere os projetos a seguir. Qual deles você aprovaria se ambos geram o mesmo rendimento? Assuma $i = 8\%$ e um período de 15 anos.

	Projeto X	Projeto Y
Custo inicial	$ 55.000	$ 80.000
Custo operacional anual	$ 15.000	$ 10.000
Custo de manutenção anual	$ 6.000	$ 4.000
Valor residual ao final de 15 anos	$ 10.000	$ 15.000

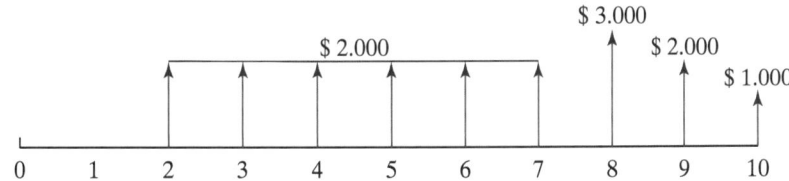

Problema 20.15

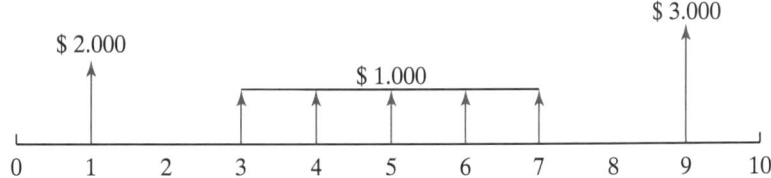

Problema 20.16

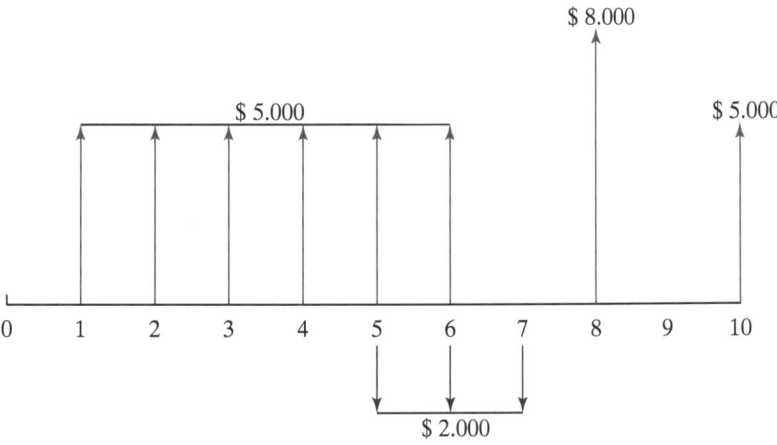

Problema 20.17

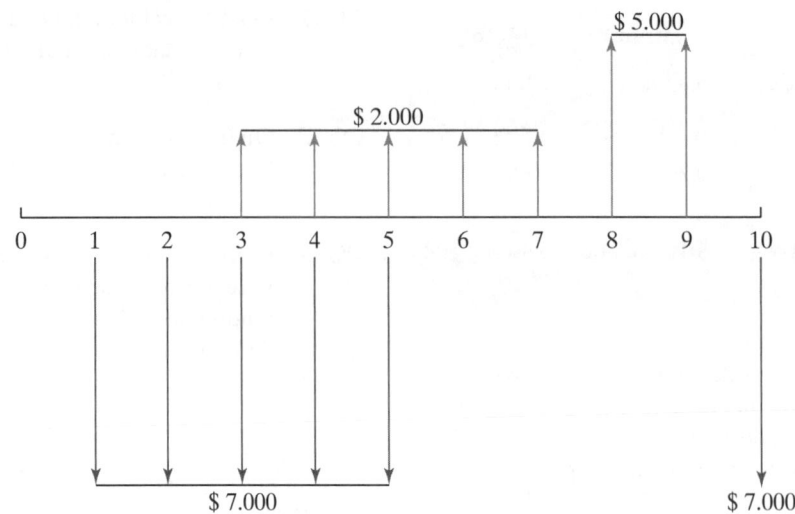

Problema 20.18

20.20 Para comprar um carro novo, imagine que você emprestou recentemente $ 15.000 de um banco que lhe cobra uma taxa nominal de 8%. O empréstimo deve ser pago em 60 meses. (a) Calcule os pagamentos mensais. (b) Assuma que o banco cobra uma taxa sobre o empréstimo de 4,5% do montante, pagável na data de concessão do empréstimo. Qual é a taxa de juros efetiva que está sendo cobrada de fato?

20.21 Imagine que a empresa em que você trabalha lhe empresta $ 8.000.000 a 8% de juros e que o empréstimo deve ser pago em sete anos de acordo com o cronograma a seguir. Determine a quantia do último pagamento.

Ano	Quantia
1	$ 1.000.000
2	$ 1.000.000
3	$ 1.000.000
4	$ 1.000.000
5	$ 1.000.000
6	$ 1.000.000
7	$?

20.22 Você precisa emprestar $ 12.000 para comprar um carro, então procura dois bancos que lhe dão duas alternativas. O primeiro banco lhe permite pagar $ 2.595,78 no final de cada ano durante seis anos. O primeiro pagamento deve ser feito no final do primeiro ano. O segundo banco oferece pagamentos mensais iguais de $ 198,87 a partir do final do primeiro mês. Quais taxas de juros os bancos estão cobrando? Qual é a alternativa mais atraente?

20.23 Qual é o valor de X se os diagramas de fluxo de caixa mostrados a seguir forem equivalentes? Assuma $i = 8\%$.

20.24 Foi apresentada a sua empresa uma oportunidade de investir em um projeto com o fluxo de caixa mostrado a seguir por dez anos. Se a empresa quiser receber pelo menos 8% sobre o investimento, você investiria no projeto?

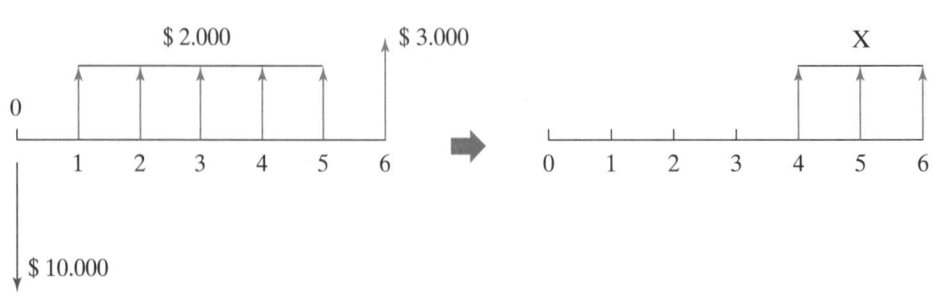

Problema 20.23

Investimento inicial	$ 10.000.000
Rendimento (anual)	$ 3.000.000
Custo do trabalho (anual)	$ 400.000
Custo do material (anual)	$ 150.000
Custo de manutenção (anual)	$ 80.000
Custo de instalação (anual)	$ 200.000

20.25 Sua empresa adquiriu uma máquina e assinou um contrato que exige que ela pague $ 2.000 por ano para a atualização dos componentes da máquina no final dos anos 6, 7 e 8. Em antecipação ao custo de atualização, sua empresa decidiu depositar quantias iguais (X) no final de cada ano, durante cinco anos consecutivos, em uma conta que rende $i = 6\%$. O primeiro depósito é feito no final do primeiro ano. Qual é o valor de X?

20.26 O prazo para pagamento do empréstimo para compra de seu carro é de seis anos, com juros de 8% capitalizados mensalmente. Depois de quantos meses você terá pago a metade do empréstimo?

20.27 Quais são os valores anual e futuro equivalentes do fluxo de caixa dado no Problema 20.15? Assuma $i = 8\%$.

20.28 Quais são os valores presente e anual equivalentes do fluxo de caixa dado no Problema 20.16? Assuma $i = 8\%$.

20.29 Quais são os valores presente e futuro equivalentes do fluxo de caixa dado no Problema 20.17? Assuma $i = 8\%$.

20.30 O fluxo de caixa dado no Problema 20.18 deve ser substituído por um fluxo de caixa equivalente com quantias iguais (X) nos finais dos anos 6, 7,8, 9 e 10. Qual é o valor de X?

20.31 O fluxo de caixa dado no Problema 20.15 deve ser substituído por um fluxo de caixa equivalente com quantias iguais (X) nos finais dos anos 5 a 10. Qual é o valor de X?

20.32 O fluxo de caixa dado no Problema 20.16 deve ser substituído por um fluxo de caixa equivalente com quantias iguais (X) nos finais dos anos 9 e 10. Qual é o valor de X?

20.33 Resolva o Problema 20.1 usando o Excel.

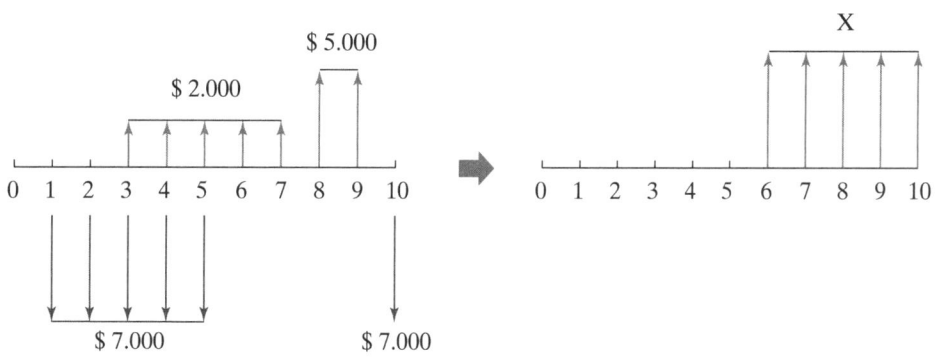

Problema 20.30

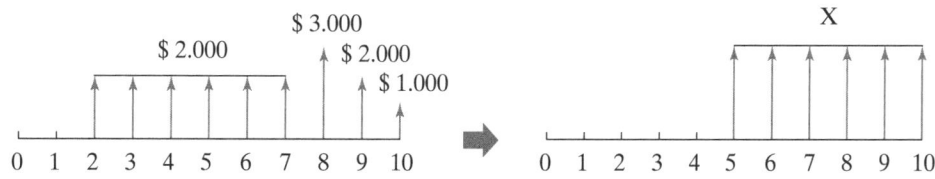

Problema 20.31

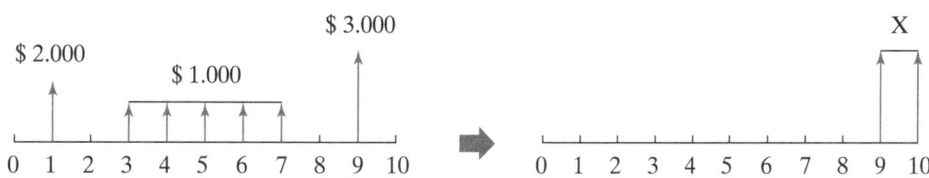

Problema 20.32

20.34 Resolva o Problema 20.3 usando o Excel.

20.35 Resolva o Problema 20.4 usando o Excel.

20.36 Resolva o Problema 20.5 usando o Excel.

20.37 Resolva o Problema 20.11 usando o Excel.

20.38 Resolva o Problema 20.15 usando o Excel.

20.39 Resolva o Problema 20.16 usando o Excel.

20.40 Resolva o Problema 20.17 usando o Excel.

20.41 Resolva o Problema 20.18 usando o Excel.

20.42 Resolva o Problema 20.19 usando o Excel.

20.43 Resolva o Problema 20.21 usando o Excel.

20.44 Resolva o Problema 20.22 usando o Excel.

20.45 Resolva o Problema 20.23 usando o Excel.

20.46 Resolva o Problema 20.24 usando o Excel.

20.47 Resolva o Problema 20.25 usando o Excel.

20.48 Resolva o Problema 20.26 usando o Excel.

20.49 Resolva o Problema 20.31 usando o Excel.

20.50 Resolva o Problema 20.32 usando o Excel.

20.51 Investigue o tipo de APR que sua empresa de cartão de crédito cobra de você. Assumindo que seu cartão de crédito tenha um saldo de $ 2.000,00, se você pagar um adicional de $ 20 do pagamento mínimo, quanto economizará? Escreva um breve relatório explicando suas conclusões.

20.52 O Departamento do Tesouro dos EUA emite títulos de capitalização que normalmente são comprados para pagar futuras despesas de educação dos filhos, planejar a aposentadoria ou presentear. Investigue o que se entende por títulos de capitalização. Escreva um breve relatório explicando suas conclusões e forneça exemplos.

20.53 O U.S. Bureau of Labor Statistics (Bureau de Estatísticas do Trabalho dos EUA) produz conjuntos de dados que mostram como os preços de bens e serviços mudam de mês para mês e de ano para ano. Investigue o Índice de Preços ao Consumidor (IPC) e escreva um breve relatório explicando suas conclusões e dando exemplos.

20.54 Como mencionamos neste capítulo, ativos como máquinas, carros e computadores perdem seu valor ao longo do tempo. As empresas usam essa redução no valor de um ativo para abater de sua receita bruta. Um exemplo de método de depreciação é o chamado método da linha reta. Investigue o que se entende por depreciação em linha reta. Escreva um breve relatório explicando suas conclusões e dando exemplos.

*"Todo mundo pensa em mudar o mundo,
mas ninguém pensa em mudar a si mesmo".*

— LEO TOLSTOY (1828–1910)

http://www.biography.com/people/leo-tolstoy-9508518

Um resumo das fórmulas descritas no livro

fluxo de tráfego: $q = \dfrac{3600\,n}{T}$

velocidade média $= \dfrac{\text{distância percorrida}}{\text{tempo}}$

aceleração média $= \dfrac{\text{mudança na velocidade}}{\text{tempo}}$

vazão volumétrica $= \dfrac{\text{volume}}{\text{tempo}}$

velocidade angular: $\omega = \dfrac{\Delta\theta}{\Delta t}$

relação entre velocidade linear e velocidade angular: $V = r\,\omega$

aceleração angular média $= \dfrac{\text{mudança na velocidade angular}}{\text{tempo}}$

densidade $= \dfrac{\text{massa}}{\text{volume}}$

volume específico $= \dfrac{\text{volume}}{\text{massa}}$

gravidade específica $= \dfrac{\text{densidade de um material}}{\text{densidade da água @}4°\,\text{C}}$

peso específico $= \dfrac{\text{peso}}{\text{volume}}$

vazão mássica $= \dfrac{\text{massa}}{\text{tempo}}$

vazão mássica = (densidade) (vazão volumétrica)

quantidade de movimento linear: $\vec{L} = m\,\vec{V}$

força da mola (lei de Hooke): $F = kx$

Segunda lei de Newton: $\sum F = ma$

Lei de Newton de atração gravitacional: $F = \dfrac{Gm_1 m_2}{r^2}$

peso: $W = mg$

pressão hidrostática: $P = \rho g h$

flutuabilidade: $F_{\text{B}} = \rho V g$

relação tensão-deformação (lei de Hooke): $\sigma = E\varepsilon$

Conversão de temperatura:

$$T(^{\circ}\text{C}) = \frac{5}{9}\big(T(^{\circ}\text{F}) - 32\big) \qquad T(^{\circ}\text{F}) = \frac{9}{5}\big(T(^{\circ}\text{C})\big) + 32$$

$$T(\text{K}) = T(^{\circ}\text{C}) + 273{,}15 \qquad T(^{\circ}\text{R}) = T(^{\circ}\text{F}) + 459{,}67$$

Lei de Fourier: $q = kA\dfrac{T_1 - T_2}{L}$

Lei de resfriamento de Newton: $q = hA\big(T_s - T_f\big)$

radiação: $q = \varepsilon\sigma A T_s^4$

coeficiente de expansão térmica linear: $\alpha_{\text{L}} = \dfrac{\Delta L}{L\,\Delta T}$

coeficiente de expansão térmica volumétrica: $\alpha_{\text{v}} = \dfrac{\Delta V}{V\,\Delta T}$

Lei de Coulomb: $F_{12} = \dfrac{kq_1 q_2}{r^2}$

Lei de Ohm: $V = RI$

potência elétrica: $P = VI$

energia cinética $= \dfrac{1}{2}mV^2$

mudança na energia potencial $= \Delta PE = mg\Delta h$

energia elástica $= \dfrac{1}{2}kx^2$

conservação de energia mecânica: $\Delta KE + \Delta PE + \Delta EE = 0$

conservação de energia – primeira lei da termodinâmica: $Q - W = \Delta E$

$$\text{potência} = \frac{\text{trabalho}}{\text{tempo}} = \frac{(\text{força})(\text{distância})}{\text{tempo}} \quad \text{ou}\quad \text{potência} = \frac{\text{energia}}{\text{tempo}}$$

$$\text{eficiência} = \frac{\text{saída real}}{\text{entrada necessária}}$$

desvio padrão: $s = \sqrt{\dfrac{\displaystyle\sum_{i=1}^{n}(x_i - \bar{x})^2}{n-1}}$

O alfabeto grego

A	α	alfa
B	β	beta
Γ	γ	gama
Δ	δ	delta
E	ε	épsilon
Z	ζ	zeta
H	η	eta
Θ	θ	teta
I	ι	iota
K	κ	capa
Λ	λ	lambda
M	μ	mi
N	ν	ni
Ξ	ξ	csi
O	o	ômicron
Π	π	pi
P	ρ	rô
Σ	σ	sigma
T	τ	tau
Υ	υ	upsilon
Φ	ϕ	fi
X	χ	qui
Ψ	ψ	psi
Ω	ω	ômega

Algumas relações trigonométricas úteis

Teorema de Pitágoras:

$$a^2 + b^2 = c^2$$

$$\operatorname{sen} \alpha = \frac{\text{cateto oposto}}{\text{hipotenusa}} = \frac{a}{c}$$

$$\operatorname{sen} \beta = \frac{\text{cateto oposto}}{\text{hipotenusa}} = \frac{b}{c}$$

$$\cos \alpha = \frac{\text{cateto adjacente}}{\text{hipotenusa}} = \frac{b}{c}$$

$$\cos \beta = \frac{\text{cateto adjacente}}{\text{hipotenusa}} = \frac{a}{c}$$

$$\tan \alpha = \frac{\operatorname{sen} \alpha}{\cos \alpha} = \frac{\text{cateto oposto}}{\text{cateto adjacente}} = \frac{a}{b}$$

$$\tan \beta = \frac{\operatorname{sen} \beta}{\cos \beta} = \frac{\text{cateto oposto}}{\text{cateto adjacente}} = \frac{b}{a}$$

Lei dos senos:

$$\frac{a}{\operatorname{sen} \alpha} = \frac{b}{\operatorname{sen} \beta} = \frac{c}{\operatorname{sen} \theta}$$

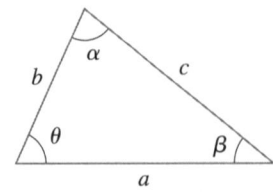

Lei dos cossenos:

$$a^2 = b^2 + c^2 - 2bc(\cos \alpha)$$

$$b^2 = a^2 + c^2 - 2ac(\cos \beta)$$

$$c^2 = a^2 + b^2 - 2ba(\cos \theta)$$

Outras relações trigonométricas úteis

$$\text{sen}^2\alpha + \cos^2\alpha = 1$$

$$\text{sen } 2\alpha = 2\,\text{sen }\alpha \cos \alpha$$

$$\cos 2\alpha = \cos^2\alpha - \text{sen}^2\alpha = 2\cos^2\alpha - 1 = 1 - 2\,\text{sen}^2\alpha$$

$$\text{sen}(-\alpha) = -\text{sen } \alpha$$

$$\cos(-\alpha) = \cos \alpha$$

$$\text{sen}(\alpha + \beta) = \text{sen } \alpha \cos \beta + \text{sen } \beta \cos \alpha$$

$$\text{sen}(\alpha - \beta) = \text{sen } \alpha \cos \beta - \text{sen } \beta \cos \alpha$$

$$\cos(\alpha + \beta) = \cos \alpha \cos \beta - \text{sen } \alpha \,\text{sen } \beta$$

$$\cos(\alpha - \beta) = \cos \alpha \cos \beta + \text{sen } \alpha \,\text{sen } \beta$$

$$\theta = \frac{S_1}{R_1} = \frac{S_2}{R_2}$$

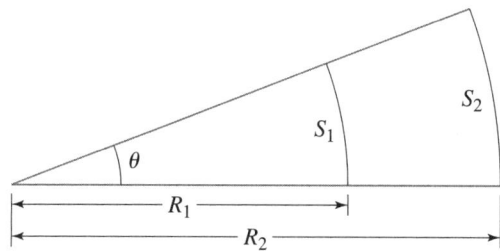

Algumas relações matemáticas úteis

$\pi = 3,14159\ldots$

$2\pi = 360$ graus

$1\,\text{radiano} = \dfrac{180}{\pi} = 57,2958°$

$1\,\text{grau} = \dfrac{\pi}{180} = 0,0174533\,\text{rad}$

$x^n x^m = x^{n+m} \qquad (xy)^n = x^n y^n$

$(x^n)^m = x^{nm} \qquad x^0 = 1 \ (x \neq 0)$

$x^{-n} = \dfrac{1}{x^n} \qquad \dfrac{x^n}{x^m} = x^{n-m} \qquad \left(\dfrac{x}{y}\right)^n = \dfrac{x^n}{y^n}$

log = logaritmo da base 10 (logaritmo comum)

$10^x = y \qquad \log y = x \qquad \log 1 = 0$

$\log 10 = 1 \qquad \log 100 = 2 \qquad \log 1.000 = 3$

$\log xy = \log x + \log y$

$\log \dfrac{x}{y} = \log x - \log y$

$\log x^n = \log x$

$e = 2,71828\ldots$

ln = logaritmo da base e (logaritmo natural)

$e^x = y \qquad \ln y = x$

$\ln x = (\ln 10)(\log x) = 2,302585 \log x$

Algumas fórmulas de área úteis

Triângulo $A = \dfrac{1}{2}bh$

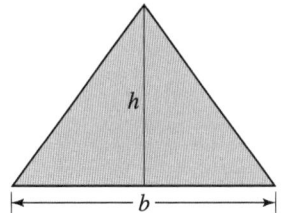

Retângulo $A = bh$

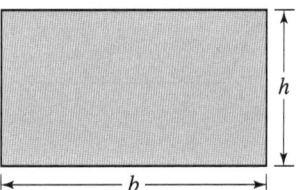

Paralelograma $A = bh$

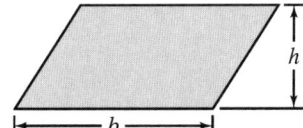

Trapézio $\qquad A = \dfrac{1}{2}(a+b)\,h$

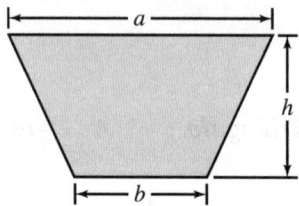

Polígno de n lados $\qquad A = \left(\dfrac{n}{4}\right) b^2 \cot\left(\dfrac{180°}{n}\right)$

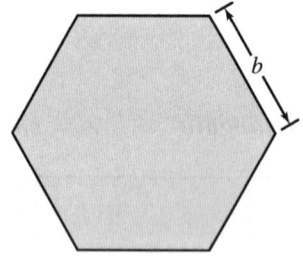

Círculo $\qquad A = \pi R^2$

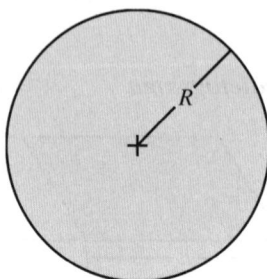

Elipse $A = \pi a b$

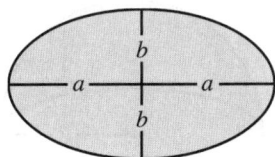

Cilindro $A = 2\pi R h$

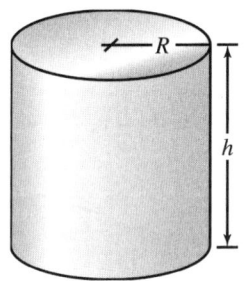

Cone circular reto $A = \pi R s = \pi R \sqrt{R^2 + h^2}$

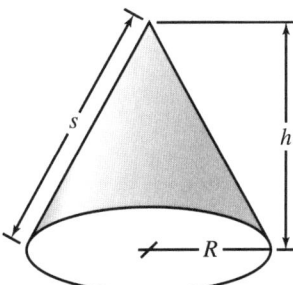

Esfera $A = 4\pi R^2$

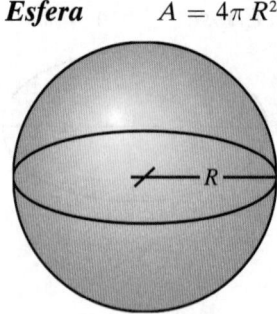

Regra dos trapézios $A \approx h\left(\dfrac{1}{2}y_0 + y_1 + y_2 + \cdots + y_{n-2} + y_{n-1} + \dfrac{1}{2}y_n\right)$

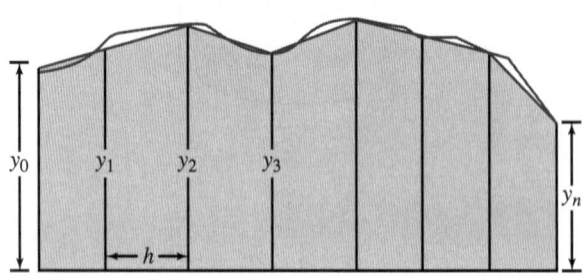

Algumas fórmulas de volume úteis

Cilindro $\qquad V = \pi R^2 h$

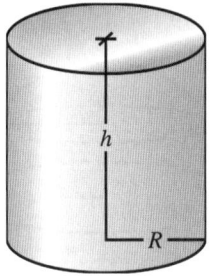

Cone circular reto $\qquad V = \frac{1}{3}\pi R^2 h$

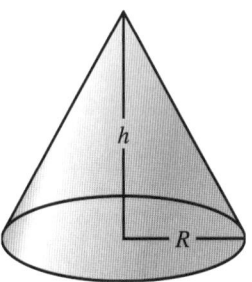

Seção de um cone $\qquad V = \frac{1}{3}\pi h\,(\,R_1^2 + R_2^2 + R_1\,R_2\,)$

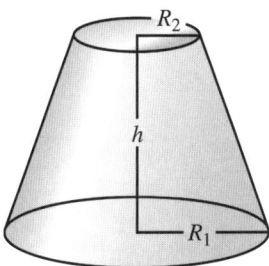

Esfera $\qquad V = \dfrac{4}{3}\pi R^3$

Seção de uma esfera $\qquad V = \dfrac{1}{6}\pi h(3a^2 + 3b^2 + h^2)$

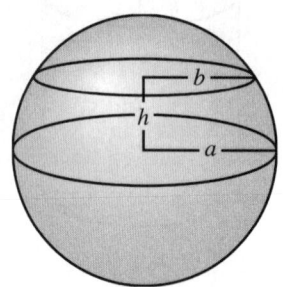

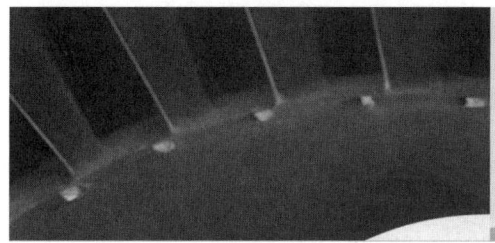

PRINCIPAIS UNIDADES USADAS NA MECÂNICA

Quantidade	Sistema Internacional (SI)			Sistema de Unidades Usual dos EUA (USCS)		
	Unidade	Símbolo	Fórmula	Unidade	Símbolo	Fórmula
Aceleração (angular)	radiano por segundo ao quadrado		rad/s²	radiano por segundo ao quadrado		rad/s²
Aceleração (linear)	Metro por segundo ao quadrado		m/s²	pé por segundo ao quadrado		ft/s²
Área	metro quadrado		m²	pé quadrado		ft²
Densidade (massa) (massa específica)	quilograma por metro cúbico		kg/m³	slug (UTM) por pé cúbico		slug/ft³
Densidade (peso) (peso específico)	newton por metro cúbico		N/m³	libra por pé cúbico	pcf (lpc)	lb/ft³
Energia; trabalho	joule	J	N·m	pé-libra		ft-lb
Força	newton	N	kg·m/s²	libra	lb	(unidade base)
Força por unidade de comprimento (intensidade de força)	newton por metro		N/m	libra por pé		lb/ft
Frequência	hertz	Hz	s⁻¹	hertz	Hz	s⁻¹
Comprimento	metro	m	(unidade base)	pé	ft	(unidade base)
Massa	quilograma	kg	(unidade base)	slug		lb-s²/ft
Momento de uma força; torque	newton metro		N·m	libra-pé		lb-ft
Momento de inércia (área)	metro à quarta potência		m⁴	polegada à quarta potência		in.⁴
Momento de inércia (massa)	quilograma por metro quadrado		kg·m²	slug (UTM) por pé quadrado		slug-ft²
Potência	watt	W	J/s (N·m/s)	pés-libra por segundo		ft-lb/s
Pressão	pascal	Pa	N/m²	libra por pé quadrado	psf	lb/ft²
Módulo da seção	metro cúbico		m³	polegada cúbica		in.³
Tensão	pascal	Pa	N/m²	libra por polegada quadrada	psi	lb/in.²
Tempo	segundo	s	(unidade base)	segundo	s	(unidade base)
Velocidade (angular)	radiano por segundo		rad/s	radiano por segundo		rad/s
Velocidade (linear)	metro por segundo		m/s	pé por segundo	fps	ft/s
Volume (líquidos)	litro	L	10⁻³m³	galão	gal.	231 in.³
Volume (sólidos)	metro cúbico		m³	pé cúbico	pc	ft³

CONVERSÕES ENTRE USCS E UNIDADES DO SI

USCS		Vezes o fator de conversão		Correspondentes em unidades do SI	
		Exato	Prático		
Aceleração (linear)					
pé por segundo ao quadrado	ft/s²	0,3048*	0,305	metro por segundo ao quadrado	m/s²
polegada por segundo ao quadrado	pol./s²	0,0254*	0,0254	metro por segundo ao quadrado	m/s²
Área					
mil circular	cmil	0,0005067	0,0005	milímetro quadrado	mm²
pé quadrado	ft²	0,09290304*	0,0929	metro quadrado	m²
polegada quadrada	pol.²	645,16*	645	milímetro quadrado	mm²
Densidade (massa)					
slug por pé cúbico	slug/ft³	515,397	515	quilograma por metro cúbico	kg/m³
Densidade (peso)					
libra por pé cúbico	lb/ft³	157,087	157	newton por metro cúbico	N/m³
libra por polegada cúbica	lb/pol.³	271,447	271	quilonewton por metro cúbico	kN/m³
Energia; trabalho					
pé-libra	ft-lb	1,35582	1,36	joule (N·m)	J
polegada-libra	pol.-lb	0,112958	0,113	joule	J
quilowatt-hora	kWh	3,6*	3,6	megajoule	MJ
Unidade térmica britânica	Btu	1055,06	1055	joule	J
Força					
libra	lb	4,44822	4,45	newton (kg·m/s²)	N
kip (1000 libras)	k	4,44822	4,45	quilonewton	kN
Força por unidade de comprimento					
libra por pé	lb/ft	14,5939	14,6	newton por metro	N/m
libra por polegada	lb/pol.	175,127	175	newton por metro	N/m
kip por pé	k/ft	14,5939	14,6	quilonewton por metro	kN/m
kip por polegada	k/pol.	175,127	175	quilonewton por metro	kN/m
Comprimento					
pé	ft	0,3048*	0,305	metro	m
polegada	pol.	25,4*	25,4	milímetro	mm
milha	mi	1,609344*	1,61	quilômetro	km
Massa					
slug	lb-s²/ft	14,5939	14,6	quilograma	kg
Momento de força: torque					
libra-pé	lb-ft	1,35582	1,36	newton metro	N·m
libra-polegada	lb-pol.	0,112985	0,113	newton metro	N·m
kip-pé	k-ft	1,35582	1,36	quilonewton metro	kN·m
kip-polegada	k-pol.	0,112985	0,113	quilonewton metro	kN·m

(Continua)

CONVERSÕES ENTRE USCS E UNIDADES DO SI (*Continuação*)

USCS		Vezes o fator de conversão		Correspondentes em unidades do SI	
		Exato	Prático		
Momento de inércia (área)					
polegada à quarta potência	pol.⁴	416,231	416,000	milímetro à quarta potência	mm⁴
polegada à quarta potência	pol.⁴	0,416231 x 10⁻⁶	0,413 x 10⁻⁶	metro à quarta potência	m⁴
Momento de inércia (massa)					
slug pé quadrado	slug-ft²	1,35582	1,36	quilograma metro quadrado	kg·m²
Potência					
pé-libra por segundo	ft-lb/s	1,35582	1,36	watt (J/s ou N·m/s)	W
pé-libra por minuto	ft-lb/min	0,0225970	0,0226	watt	W
cavalo-vapor (550 ft-lb/s)	hp	754,701	746	watt	W
Pressão; tensão					
libra por pé quadrado	psf	47,8803	47,9	pascal (N/m²)	Pa
libra por polegada quadrada	psi	6894,76	6890	pascal	Pa
kip por pé quadrado	ksf	47,8803	47,9	quilopascal	kPa
kip por polegada quadrada	ksi	6,89476	6,89	megapascal	MPa
Módulo da seção					
polegada cúbica	pol.³	16.387,1	16.400	milímetro cúbico	mm³
polegada cúbica	pol.³	16,3871 x 10⁻⁶	16,4 x 10⁻⁶	metro cúbico	m³
Velocidade (linear)					
pé por segundo	ft/s	0,3048*	0,305	metro por segundo	m/s
polegada por segundo	pol./s	0,0254*	0,0254	metro por segundo	m/s
milha por hora	mph	0,44704*	0,447	metro por segundo	m/s
milha por hora	mph	1,609344*	1,61	quilômetro por hora	km/h
Volume					
pé cúbico	ft³	0,0283168	0,0283	metro cúbico	m³
polegada cúbica	pol.³	16,3871 x 10⁻⁶	16,4 x 10⁻⁶	metro cúbico	m³
polegada cúbica	pol.³	16,3871	16,4	centímetro cúbico (cc)	cm³
galão (231 pol.³)	gal.	3,78571	3,79	litro	L
galão (231 pol.³)	gal.	0,00378541	0,00379	metro cúbico	m³

*Asteriscos denotam fator de conversão *exato*.
Observação: Para converter de unidades SI para unidades USCS, divida-as pelo fator de conversão.

Fórmulas de conversão de temperatura

$$T(^\circ\text{C}) = \frac{5}{9}[T(^\circ\text{F}) - 32] = T(\text{K}) - 273,15$$

$$T(\text{K}) = \frac{5}{9}[T(^\circ\text{F}) - 32] + 273,15 = T(^\circ\text{C}) + 273,15$$

$$T(^\circ\text{F}) = \frac{9}{5}T(^\circ\text{C}) + 32 = \frac{9}{5}T(\text{K}) - 459,67$$

PRINCIPAIS UNIDADES USADAS NA MECÂNICA

Quantidade	Sistema Internacional (SI)			Sistema de Unidades Usual dos EUA (USCS)		
	Unidade	Símbolo	Fórmula	Unidade	Símbolo	Fórmula
Aceleração (angular)	radiano por segundo ao quadrado		rad/s^2	radiano por segundo ao quadrado		rad/s^2
Aceleração (linear)	Metro por segundo ao quadrado		m/s^2	pé por segundo ao quadrado		ft/s^2
Área	metro quadrado		m^2	pé quadrado		ft^2
Densidade (massa) (massa específica)	quilograma por metro cúbico		kg/m^3	slug (UTM) por pé cúbico		$slug/ft^3$
Densidade (peso) (peso específico)	newton por metro cúbico		N/m^3	libra por pé cúbico	pcf (lpc)	lb/ft^3
Energia; trabalho	joule	J	$N \cdot m$	pé-libra		ft-lb
Força	newton	N	$kg \cdot m/s^2$	libra	lb	(unidade base)
Força por unidade de comprimento (intensidade de força)	newton por metro		N/m	libra por pé		lb/ft
Frequência	hertz	Hz	s^{-1}	hertz	Hz	s^{-1}
Comprimento	metro	m	(unidade base)	pé	ft	(unidade base)
Massa	quilograma	kg	(unidade base)	slug		$lb \text{-} s^2/ft$
Momento de uma força; torque	newton metro		$N \cdot m$	libra-pé		lb-ft
Momento de inércia (área)	metro à quarta potência		m^4	polegada à quarta potência		$in.^4$
Momento de inércia (massa)	quilograma por metro quadrado		$kg \cdot m^2$	slug (UTM) por pé quadrado		$slug \text{-} ft^2$
Potência	watt	W	J/s ($N \cdot m/s$)	pés-libra por segundo		ft-lb/s
Pressão	pascal	Pa	N/m^2	libra por pé quadrado	psf	lb/ft^2
Módulo da seção	metro cúbico		m^3	polegada cúbica		$in.^3$
Tensão	pascal	Pa	N/m^2	libra por polegada quadrada	psi	$lb/in.^2$
Tempo	segundo	s	(unidade base)	segundo	s	(unidade base)
Velocidade (angular)	radiano por segundo		rad/s	radiano por segundo		rad/s
Velocidade (linear)	metro por segundo		m/s	pé por segundo	fps	ft/s
Volume (líquidos)	litro	L	$10^{-3} m^3$	galão	gal.	$231 \ in.^3$
Volume (sólidos)	metro cúbico		m^3	pé cúbico	pc	ft^3

PROPRIEDADES FÍSICAS SELECIONADAS

Propriedade	SI	USCS

Água (doce)
    densidade de peso
    densidade de massa
	9,81 kN/m³
	1.000 kg/m³
		62,4 lb/ft³
		1,94 slug/ft³

Água do mar
    densidade de peso
    densidade de massa
	10,0 kN/m³
	1.020 kg/m³
		63,8 lb/ft³
		1,98 slugs/ft³

Alumínio (ligas estruturais)
    densidade de massa
    densidade de peso
	28 kN/m³
	2.800 kg/m³
		175 lb/ft³
		5,4 slugs/ft³

Aço
    densidade de peso
    densidade de massa
	77,0 kN/m³
	7.850 kg/m³
		4,90 lb/ft³
		15,2 slugs/ft³

Concreto reforçado
    densidade de peso
    densidade de massa
	24 kN/m³
	2.400 kg/m³
		150 lb/ft³
		4,7 slugs/ft³

Pressão atmosférica (nível do mar)
    Valor recomendado
    Valor padrão internacional
	101 kPa
	101,325 kPa
		4,7 psi
		14,6959 psi

Aceleração da gravidade (nível do mar, aprox. 45° de latitude)
    Valor recomendado
    Valor padrão internacional
	9,81 m/s²
	9,80665 m/s²
		32,2 ft/s²
		32,1740 ft/s²

PREFIXOS DO SI

Prefixo	Símbolo	Fator de multiplicação
tera	T	$10^{12} = 1\ 000\ 000\ 000\ 000$
giga	G	$10^{9} = 1\ 000\ 000\ 000$
mega	M	$10^{6} = 1\ 000\ 000$
quilo	k	$10^{3} = 1\ 000$
hecto	h	$10^{2} = 100$
deca	da	$10^{1} = 10$
deci	d	$10^{-1} = 0,1$
centi	c	$10^{-2} = 0,01$
mili	m	$10^{-3} = 0,001$
micro	μ	$10^{-6} = 0,000\ 001$
nano	n	$10^{-9} = 0,000\ 000\ 001$
pico	P	$10^{-12} = 0,000\ 000\ 000\ 001$

Nota: O uso dos prefixos hecto, deca, deci e centi não são recomendados no SI.

Impressão e acabamento:

Orgrafic
Gráfica e Editora
tel.: 25226368